现代
落叶果树病虫害
诊断与防控原色图鉴

王江柱　王勤英　仇贵生　主编

化学工业出版社

·北京·

本书在总结作者多年教学科研成果及指导生产实践经验的基础上，结合积累的大量原生态素材及创新模式集合而成。本书以全彩的形式，分别详细介绍了苹果、梨树、山楂、桃、李、杏、樱桃、葡萄、猕猴桃、核桃、板栗、柿树、枣树、石榴、草莓、蓝莓、花椒、枸杞等18种落叶果树的700多种病虫害（含病害400多种、害虫300多种）的发生与为害、症状及形态诊断、发病（生）规律、防控技术等全程植保防控技术。需要说明的是，每种病虫害均配以高清图片，全书精选4800多幅高清原色图片相配应（含病害照片3200多幅、虫害照片1600多幅）。另外，本书还精心编绘了300多幅重要病虫害的防控技术模式图（病害防控图150幅、害虫防控图160多幅），使防控技术措施更加直观、一目了然，这也是总结病虫害防控技术的一种创新与尝试。

作为当前果树栽培领域一部不可多得的大型工具参考书，全书图文并茂，彩色照片清晰生动，文字通俗易懂，技术操作简便易行，非常适合于广大果农、果树种植专业人员、农技生产与推广人员及农资经营与服务人员等阅读，也适于农业院校及科研院所的果树、植保等相关专业师生及科研人员参考。

图书在版编目（CIP）数据

现代落叶果树病虫害诊断与防控原色图鉴/王江柱，
王勤英，仇贵生主编. —北京：化学工业出版社，2018.2
ISBN 978-7-122-31490-1

Ⅰ.①现⋯　Ⅱ.①王⋯②王⋯③仇⋯　Ⅲ.①落叶果
树-病虫害防治-图集　Ⅳ.①S436.6-64

中国版本图书馆CIP数据核字（2018）第024806号

责任编辑：刘　军　冉海滢　　　　　　　　装帧设计：关　飞
责任校对：宋　夏

出版发行：化学工业出版社（北京市东城区青年湖南街13号　邮政编码100011）
印　　装：北京瑞禾彩色印刷有限公司
880mm×1230mm　1/16　印张63¾　字数1951千字　2018年7月北京第1版第1次印刷

购书咨询：010-64518888（传真：010-64519686）　　售后服务：010-64518899
网　　址：http://www.cip.com.cn
凡购买本书，如有缺损质量问题，本社销售中心负责调换。

定　　价：398.00元

本书编写人员名单

主　　编：王江柱　王勤英　仇贵生

副 主 编：李兴红　杨　雷　姜奎年

　　　　　窦连登　林　茂

编写人员：（以姓氏笔画排序）

王江柱　王勤英　井厚超　仇贵生

刘万亮　齐明星　闫文涛　孙丽娜

李　进　李　莉　李兴红　李艳艳

杨　莉　杨　雷　杨春亮　张怀江

张锋岗　陈利平　林　茂　岳　强

赵秀田　郝严雷　姜奎年　徐建波

郭丽伟　董　辉　董雅凤　雷利平

窦连登　戴振建

前　言

PREFACE
现代落叶果树病虫害诊断与防控原色图鉴

　　落叶果树是一类在我国广泛栽培的重要果树树种，据不完全统计全国总种植面积在1.1亿亩以上，其中苹果、梨树、葡萄、桃树、枣树、板栗等许多树种栽培面积及产量均具世界首位，也为我国各地农村种植结构改革和农民发家致富发挥了不可替代的作用。纵观全国各地不同落叶果树种植与管理状况，我国虽然在面积上可算种植大国，但与世界同行相比并非种植强国。除有些栽培管理技术仍需进一步提高外，有效防控各种病、虫为害的技术仍存在很大提升空间。

　　为推动我国主要落叶果树病虫害诊断与防控技术水平的不断提高，推进无公害放心果品的生产，化学工业出版社早在2012年就策划了一套《果树病虫害诊断与防治原色图鉴丛书》，以图文并茂的形式展示给广大果农、果树科技工作者及相关行业人员，力求查阅参考性强、技术通俗易懂、操作简便有效，以帮助整个果树行业的病虫害防控水平快速提升。在出版社的精心策划下，于2014年1月正式出版了该套丛书，分别为《苹果病虫害诊断与防治原色图鉴》、《梨病虫害诊断与防治原色图鉴》、《葡萄病虫害诊断与防治原色图鉴》、《枣病虫害诊断与防治原色图鉴》、《桃李 杏病虫害诊断与防治原色图鉴》、《板栗 核桃 柿病虫害诊断与防治原色图鉴》六个分册。在该套丛书中，除彩色图片系统完整、清晰度高、直观性强外，我们还将重要病害及虫害的综合防控技术以模式图的形式绘制出来，使防控技术措施一目了然、更加直观。也正是这种"防控技术模式图"的创新与尝试，使得该套丛书上市后很受业内人士关注与欢迎，甚至建议出版社再策划一部包含树种更全、病虫种类更多、模式图种类更多、图片更加系统的现代化图书。鉴于此，在化学工业出版社的再次精心策划下，我们于2015年开始了本书的资料收集、准备和编写工作。

　　在《现代落叶果树病虫害诊断与防控原色图鉴》中，起初我们收录了苹果、梨树、山楂、桃、李、杏、樱桃、葡萄、猕猴桃、核桃、板栗、柿树、枣树、石榴、草莓共15种常规落叶果树，后在市场调研时，又增加了蓝莓、花椒、枸杞这三个生产上吸需的树种。全书共收集编写了18个树种的700多种病虫害（病害400多种、害虫300多种），精选了4800多幅高清晰生态照片相配应（病害照片3200多幅、害虫照片1600多幅），并编绘了300多幅重要病虫害的防控技术模式图（病害防控图150幅、害虫防控图160多幅）。由于我国幅员辽阔、南北纬度跨度大、自然气候条件有很大差异，模式图作为指导植保技术的一种创新与尝试模式，只能作为一种技术参考，特别是在时间对应性上南北会有很大差异，因此在参考该模式图时尽量以生育期为准进行参考，并根据当地小气候条件灵活调整。

　　本书中的病虫害生态照片绝大多数为作者团队在科研、生产及市场调研等活动中亲自拍摄积累的，许多为可遇不可求的精品。但也有少数照片是业内同行、摄影爱好者等人士提供的，相关拍摄者都在照片图注后进行了标注，在此我代表编委会对这些拍摄者表示感谢！还有少数照片由于联系不到原作者，只是在参考书上参考的，这类照片也在图注后进行了标注，在此也对原图片作者表示衷心的感谢！也请所有者与我们直接联系、交流。还有少数照片是在同行交流学习过程中积累的，已很难查证其源头，故无法对照片做来源标注，还请该照片原拍摄者谅解，并最好联系声明，方便以后再有使用时明确标注，在此也向这些无名的奉献者表示衷心的感谢！

　　不同病虫害化学药剂防控的农药品种选择，绝大多数是根据2014年中华人民共和国国家卫生和计划生育委员会和农业部联合颁布的《食品安全国家标准 食品中农药最大残留限量》（GB 2763—2014）的要求为参考。所推荐农药的使用浓度或使用量，会因各落叶果品品种、栽培方式、生长时期、栽培地域生态环境条件的不同而有一定的差异。因此，在实际使用过程中，应以所购买产品的使用说明书为准，或在当地技术人员指导下进行使用。

　　本书在编写过程中，得到了河北农业大学科教兴农中心和植物保护学院、中国农业科学院（兴城）果树研究所、北京市农林科学院植物保护环境保护研究所、河北省农林科学院石家庄果树所、河北省沧州市沧县园林绿化局、山东省莱阳市果树站、山东省农业广播电视学校莱阳分校、山东省沂水县许家湖镇果树站、安徽省砀山县科学技术协会、河北科技学院、河北省邢台市植物保护检疫站、江苏龙灯化学有限公司等科研院所及部门的大力支持与指导，在此表示诚挚的感谢！同时，也向参考文献的作者表示深深的谢意！

　　由于作者的研究与工作范围、生产实践经验及所积累的技术资料还十分有限，书中肯定会有许多不足之处，恳请各位专家、同仁及广大读者给予批评指正，以便今后不断修改、完善，在此深致谢意！

王江柱

2018年4月18日

CONTENTS
现代落叶果树病虫害诊断与防控原色图鉴

目　录

第一篇　落叶果树病害 / 001

第一章　果树根部病害与寄生性种子植物 / 002

第二章　苹果病害 / 021

第三章　梨树病害 / 142

第十七章　苹果、梨树、山楂害虫 / 612

第十八章　桃、李、杏、樱桃害虫 / 719

现代落叶果树病虫害诊断与防控原色图鉴

落叶果树病害

第一章
果树根部病害与寄生性种子植物

根朽病

根朽病又称根腐病，在我国大部分果区均有不同程度发生，是一种重要的果树根部病害。一般幼树发病较少，成龄树发病较多，老树受害较重。发生初期树势衰弱、生长不良，随病情发展逐渐造成死枝死树，严重时导致果树大面积死亡，甚至果园毁灭。该病可为害苹果、梨、桃、杏、李、核桃、柿、栗、山楂、枣、石榴、杨、柳、榆、桑、刺槐等多种果树和林木。

【症状诊断】根朽病主要为害果树的根部和根颈部，有时能沿主干向上部扩展，苹果及梨树上甚至扩展至主干1～2米高处（彩图1-1）。发病后的主要症状特点是：病部皮层与木质部间及皮层内部充满白色至淡黄褐色菌丝层（彩图1-2），该菌丝层外缘呈扇状向外扩展（彩图1-3），且新鲜菌丝层在黑暗处可发出蓝绿色荧光。该病初发部位不定，但无论从何处开始发生，均迅速扩展至根颈部（彩图1-4），再由根颈部向周围蔓延。发病初期，皮层变褐、坏死，逐渐加厚并具弹性，有浓烈的蘑菇味。苹果树上皮层间因充满菌丝而分层成薄片状，梨树及桃树上分层现象不明显。后期，病部皮层逐渐腐烂，木质部也朽烂破碎。高温多雨季节，潮湿的病树基部及断根处可长出成丛的蜜黄色蘑菇状物（病菌子实体）。

彩图1-2　病根木质部表面与皮层内侧的菌丝层

彩图1-1　皮层与木质部间的菌丝层向上蔓延至主干上（苹果）

彩图1-3　病菌菌丝呈扇状向外扩展

彩图1-4 根朽病为害桃树根颈部解剖症状

少数根或根颈部局部受害时，树体上部没有明显异常；随腐烂根的增多或根颈部受害面积的扩大，地上部逐渐显出各种生长不良症状，如叶色及叶形不正、叶缘上卷、展叶迟而落叶早、坐果率降低、新梢生长量小、叶片小而黄、局部枝条枯死等（彩图1-5～彩图1-10）；后逐渐导致全树干枯死亡。该病发展较快，一般病树从出现明显症状到全株死亡不超过三年。

彩图1-5 苹果病树发芽迟、开花晚

彩图1-6 梨树受根朽病为害，树势衰弱

彩图1-7 受害桃树生长衰弱，叶片黄、落叶早

彩图1-8 樱桃根朽病病树

彩图1-9 受害杏树生长衰弱

彩图1-10　枣树根朽病，树势衰弱、叶片黄

【病原】发光假蜜环菌［*Armillariella tabescens*（Socp. et Fr.）Sing.］，属于担子菌亚门层菌纲伞菌目。不产生无性孢子及菌索，以菌丝体（层）为主。有性阶段产生蘑菇状子实体，但在病害侵染循环中无明显作用。病菌寄主范围非常广泛，可侵害300多种果树、林木等植物。

【发病规律】病菌主要以菌丝体（层）在田间病株和病株残体上越冬，病残体腐烂分解后病菌死亡，没有病残体的土壤不携带病菌。病残体在田间的移动及病健根的接触是病害传播蔓延的主要方式。病菌主要从伤口侵染，也可直接侵染衰弱根部，而后迅速扩展为害。

由旧林地、河滩地、古墓坟场及老果园改建的果园，因病残体残余可能性大或较多而容易发病，原来没有种过林木及果树的地块很少发病。树势衰弱，发病快，易导致全株枯死；树势强壮，病斑扩展缓慢，不易造成死树。

【防控技术】必须以预防为主，其关键是注意果园的前作与园地消毒灭菌；同时，及时发现与治疗病树并防止病菌传播蔓延也非常重要。

1.园地选择　新建果园时，最好选择没有种过林木及果树的地块。如果必须在旧林地、河滩地、古墓坟场或老旧果园处新建果园，则首先必须彻底清除树桩、残根、烂皮等病残体，其次要对土壤进行灌水、翻耕、晾晒、休闲等处理，以促进病残体腐烂分解。有条件的也可在夏季用塑料薄膜覆盖土壤，利用太阳热能杀死病菌；另外，还可用福尔马林200倍液浇灌土壤后覆膜，进行密闭熏蒸杀菌，1～2个月后去膜、翻地，待福尔马林充分散发后再定植苗木。

2.及时治疗病树　发现病树后及时治疗进行挽救。

首先要从根颈部向下寻找发病部位，将患病部位彻底找到，而后将受害的细支根及根颈部与大根上的局部受害组织及菌丝体彻底清除；如整条根受害，要从基部锯除，并向下将整条病根彻底挖出。病根、病皮等病残组织要彻底收集烧毁，不能随便抛弃。

其次要涂药保护伤口。清理患病部位后，在伤口上涂抹药剂保护，以防止病斑复发。有效药剂有：2.12%腐植酸铜水剂原液、30%戊唑·多菌灵悬浮剂50～100倍液、41%甲硫·戊唑醇悬浮剂50～100倍液、77%硫酸铜钙可湿性粉剂50～100倍液、2～3波美度石硫合剂等。

第三，不能彻底清除病残体的病树或轻病树，也可

对根区土壤灌药进行治疗。方法是：在树冠下正投影范围内每隔20～30厘米打一孔洞，孔径3～4厘米，孔深40～50厘米，然后每孔灌入200倍福尔马林液100毫升，灌药后用土封闭灌药孔即可。注意：衰弱树及夏季高温干旱季节不宜灌药，以免发生药害。

3.其他措施　及时在病树周围挖封锁沟，防止病树根与周围健树根的接触、传播，一般沟深50～60厘米、沟宽20～30厘米。另外，病树治疗后要加强肥水管理、控制结果量、增加叶面喷肥等，去除大根的病树还应注意根部桥接等，以保证养分与水分的正常供给及运输，促进树势恢复。

紫纹羽病

紫纹羽病也是一种重要的果树根部病害，在我国许多果区均有发生，一般以成龄树和老果园发病较重，有时在苗木上也可发生。该病为害范围很广，可侵害苹果、梨、葡萄、桃、杏、枣、核桃、柿、山楂、茶、杨、柳、桑、榆、刺槐、甘薯、花生等多种果树、林木及其他作物。

【症状诊断】紫纹羽病多从细支根开始发生，逐渐扩展到侧根、主根、根颈部，甚至地面以上。发病后的主要症状特点是：病部表面产生有紫色菌丝膜、菌索或菌核，受害部位皮层腐烂，木质部腐朽，但栓皮不腐烂，常呈鞘状套于根外（彩图1-11～彩图1-15）。

发病初期，病根表面可见稀疏的紫色菌丝或菌索，适宜条件下形成厚绒布状的紫色菌丝膜，有浓烈的蘑菇味；后期，菌丝膜上可形成表面凸起、底面扁平的半球形紫色菌核，有时病部表面也可形成较粗壮的紫黑色菌索。随菌丝生长，病部皮层开始变褐坏死，并逐渐腐烂，皮层组织腐烂后菌丝膜逐渐消失。后期皮下组织腐烂成紫黑色粉末，木质部腐朽易碎，有浓烈的蘑菇味。地上部表现与根朽病类似，初期为生长不良，树势逐渐衰弱，最后造成植株枯死，但一般情况下病树要经数年后才逐渐死亡（彩图1-16～彩图1-19）。

彩图1-11
病根表面的
紫色菌索

彩图1-12 紫纹羽病病根及菌膜

彩图1-13 苹果树干基部的紫纹羽病菌膜

彩图1-14 紫纹羽病蔓延至树干周围的菌膜

彩图1-15
紫纹羽病树干基部
的菌核

彩图1-16 紫纹羽病病树生长衰弱（苹果）

彩图1-17 紫纹羽病导致树体逐渐枯死（苹果）

彩图1-18 受害桃树树势衰弱，叶片早落

彩图1-19 紫纹羽病导致树体逐渐枯死（杏树）

【病原】桑卷担菌（*Helicobasidium mompa* Tanaka），属于担子菌亚门层菌纲木耳目。病菌不产生无性孢子，常在病根外形成紫红色菌丝膜、菌索或菌核，有时菌丝膜上可产生担子和担孢子，但比较少见。没有病残体时，病菌可在浅层土壤中存活。病菌寄主范围比较广泛，可侵害100多种高等植物（彩图1-20）。

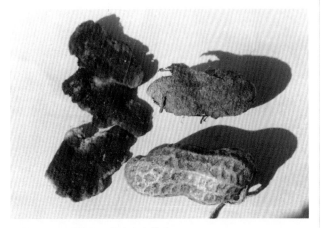

彩图1-20 花生上的紫纹羽病菌膜

【发病规律】病菌主要以菌丝（或菌丝膜）、菌索、菌核在田间病株、病株残体及土壤中越冬，菌索、菌核在土壤中可存活5～6年以上。近距离传播（果园内及其附近）主要通过病菌及病残体的移动扩散，也可通过病健根接触传播。直接穿透根皮侵染，或从各种伤口侵入为害。另外，带菌苗木的调运可以进行远距离传播。

刺槐、花生、甘薯是紫纹羽病菌的重要寄主，由刺槐林改建的果园或靠近刺槐的果园容易发病，在幼树园内间套种花生、甘薯等病菌的寄主作物易造成该病传播扩散与严重发生。树势衰弱，病害发生蔓延快而较重；树势强壮，病害发生蔓延缓慢而轻。

【防控技术】注意果园前作，不在旧林地、河滩地、古墓坟场及老果园处建园或培育苗木，是有效预防紫纹羽病的基础；培育和利用无病苗木是预防病害发生的关键；及时治疗病树是避免死树及毁园的保证。

1.园地选择 尽量不在旧林地、河滩地、古墓坟场及老旧果园处新建果园，如必须在上述地块建园，则苗木栽植前必须先进行园地内的枯木残体清除及消毒灭菌，具体方法详见"根朽病"防控技术部分。

2.培育和利用无病苗木 避免使用发生过紫纹羽病的田块、老果园、旧苗圃和种植过刺槐的林地作苗圃，是培育无病苗木的根本措施。如必须使用这样的地块育苗，则必须先进行土壤消毒灭菌处理，如休闲或轮作非寄主植物3～5年、夏季塑料薄膜覆盖利用太阳热能高温灭菌等。

调运苗木前，要进行苗圃检查，坚决不用病苗圃的苗木。定植前仔细检验，发现病苗彻底汰除并烧毁，并对剩余苗木进行药剂浸泡消毒处理。一般使用77%硫酸铜钙可湿性粉剂300～400倍液、或60%铜钙·多菌灵可湿性粉剂200～300倍液、或45%代森铵水剂500～600倍液、或70%甲基硫菌灵可湿性粉剂500～600倍液、或30%戊唑·多菌灵悬浮剂600～800倍液浸泡苗木5～10分钟，能有较好的杀菌效果。

3.及时治疗病树 发现病树找到患病部位后，首先要将病部组织彻底清除干净，并将病残体彻底清到园外烧毁，然后涂药保护伤口，有效药剂有2.12%腐植酸铜水剂原液、77%硫酸铜钙可湿性粉剂50～100倍液、70%甲基硫菌灵可湿性粉剂50～100倍液、60%铜钙·多菌灵可湿性粉剂50～80倍液、45%石硫合剂晶体20～30倍液等。其次，对病树根区土壤进行灌药消毒，效果较好的药剂有：45%代森铵水剂500～600倍液、77%硫酸铜钙可湿性粉剂500～600倍液、50%克菌丹可湿性粉剂500～600倍液、60%铜钙·多菌灵可湿性粉剂500～600倍液等。灌药液量因树体大小而异，以药液将病树主要根区渗透为宜，普通密度的成龄果树（苹果、梨、桃、枣）每株需浇灌药液100～200千克。

4.其他措施 加强果园肥水管理，培育壮树，提高树体抗病能力。病树治疗后注意及时桥接和根接，促进树势恢复。幼树时期不宜间作或套作甘薯、花生等病菌寄主作物，避免间作植物带菌传病及病菌在田间扩散蔓延。发现病树后及时挖封锁沟，防止病害传播扩散，一般沟深40～50厘米、沟宽20～30厘米。

白纹羽病

白纹羽病在我国许多果树产区均有不同程度发生，病树初期生长不良，树势逐渐衰弱，严重时导致植株枯死。该病为害范围很广，可侵害苹果、梨、桃、李、杏、葡萄、樱桃、枣、核桃、柿、茶、桑、榆、栎、甘薯、大豆、花生等多种果树、林木及农作物。

【症状诊断】白纹羽病主要为害根部，多从细支根开始发生，逐渐向侧根、主根等上部扩展，但很少扩展到根颈部及地面以上。发病后的主要症状特点是：病根表面缠绕有白色或灰白色网状菌丝，有时呈灰白色至灰褐色的菌丝膜或菌索状（彩图1-21～彩图1-25）；病根皮层腐烂，木质部腐朽，但栓皮不腐烂呈鞘状套于根外，烂根无特殊气味，腐朽木质部表面有时可产生黑色菌核。轻病树树势衰弱，发芽晚，落叶早，坐果率低，有时地上部易产生气生根；重病树枝条枯死，甚至全树死亡（彩图1-26～彩图1-29）。

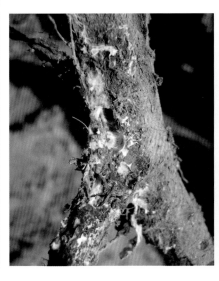

彩图1-21
白纹羽病在病根表面的白色菌丝膜

彩图1-22　病根腐烂后表面残余有白色菌丝膜

彩图1-23
幼树根颈部表面
产生的菌索

彩图1-24　葡萄病根表面产生的白色菌丝膜

彩图1-25　葡萄病根表面产生的白色菌索

彩图1-26　白纹羽病导致葡萄枝蔓上产生许多气生根

彩图1-27　梨树受白纹羽病为害，病树叶片萎蔫干枯

彩图1-28　葡萄受害较轻时，枝蔓上部新梢开始枯死

【病原】褐座坚壳 ［*Rosellinia necatrix*（Hart.）Berl.］，属于子囊菌亚门核菌纲球壳目；无性时期为白纹羽束丝菌（*Dematophora necatrix* Hart.），属于半知菌亚门丝孢纲束梗孢目。自然界常见其菌丝体阶段，有时可形成菌核，无性孢子和有性孢子非常少见。该病菌寄主范围较广，可侵害60多种高等植物（彩图1-30）。

彩图1-29　葡萄受害较重时，地上部枝蔓整体枯死

彩图1-30　甘薯表面的白纹羽病病菌菌素

【发病规律】病菌主要以菌丝（或菌丝膜）、菌索及菌核在田间病株、病株残体及土壤中越冬，菌索、菌核在土壤中可存活5～6年以上。近距离传播（果园内及其附近）主要通过病菌及病残体的移动扩散，病健根接触也可传播。直接穿透新根的柔软组织侵染，或从各种伤口侵入为害。远距离传播主要通过带病苗木的调运。

甘薯、大豆、花生是白纹羽病菌的重要寄主，在幼树园内间套种甘薯、大豆、花生等病菌的寄主作物，易造成该病传播扩散与严重发生。树势衰弱，病害发生蔓延快而较重；树势强壮，病害发生蔓延缓慢而轻。

【防控技术】避免在旧林地、河滩地、古墓坟场或老果园处建园及苗圃是预防白纹羽病的重要基础；培育和利用无病苗木是预防发病的关键；及时治疗病树是避免死树及毁园的保证；注意果园间作与加强栽培管理是防控病害的重要辅助。

1.加强苗木检验与消毒　调运苗木时应严格进行检查，最好进行产地检验，杜绝使用病苗圃的苗木，已经调入的苗木要彻底剔除病苗并对剩余苗木进行消毒处理。一般使用50%多菌灵可湿性粉剂500～600倍液、或70%甲基硫菌灵可湿性粉剂600～800倍液、或77%硫酸铜钙可湿性粉剂500～600倍液浸泡苗木3～5分钟，而后栽植。

2.加强栽培管理　育苗或建园，尽量不选用发生过白

纹羽病的田块、老苗圃、老果园、旧林地、河滩地及古墓坟场等场所，如必须使用这些场所，首先要彻底清除树桩、残根、烂皮等带病残体，然后再对土壤进行翻耕、覆膜暴晒、灌水或休闲、轮作，促进残余病残体的腐烂分解。增施有机肥及农家肥，培强树势，提高树体伤口愈合能力及抗病能力。幼树果园行间避免间套作花生、大豆、甘薯等白纹羽病菌的寄主植物，以防传入病菌及促使病菌扩散蔓延。

3.及时治疗病树　发现病树后首先找到发病部位，将病部彻底清除干净，并将病残体彻底清到园外销毁，然后涂药保护伤口，有效药剂有2.12%腐植酸铜水剂原液、30%戊唑·多菌灵悬浮剂50～100倍液、77%硫酸铜钙可湿性粉剂50～100倍液、45%石硫合剂晶体20～30倍液等。另外，也可根部灌药对轻病树进行治疗，效果较好的药剂如45%代森铵水剂500～600倍液、50%克菌丹可湿性粉剂500～600倍液、60%铜钙·多菌灵可湿性粉剂400～500倍液、70%甲基硫菌灵可湿性粉剂600～800倍液、50%多菌灵可湿性粉剂500～600倍液等。浇灌药液量因树体大小而异，以药液将整株根区渗透为宜。

4.其他措施　发现病树后，及时挖封锁沟对病树进行封闭，防止病健根接触传播，一般沟深50～60厘米、宽20～30厘米。病树治疗后及时进行根部桥接或换根，并加强肥水管理，促进树势恢复。

白绢病

白绢病在我国各果树产区均有不同程度发生，主要为害根颈部，造成根颈部皮层腐烂，严重时导致植株枯死。病菌为害范围较广，可侵害苹果、梨、桃、葡萄、茶树、桑、柳、杨、榆、花生、大豆、甘薯、番茄等多种果树、林木及农作物。

【症状诊断】白绢病主要为害树体的根颈部，尤以地表上下5～10厘米处最易发病，严重时也可侵害叶片。根颈部发病初期，表面产生白色菌丝，菌丝下表皮呈水渍状褐色病斑；随病情发展，白色菌丝逐渐覆盖整个根颈部，呈绢丝状，故称"白绢病"，高温潮湿条件下，菌丝蔓延扩散很快，至周围地面及杂草上；后期，根颈部皮层腐烂，有浓烈的酒糟味，并可溢出褐色汁液，但木质部不腐朽。8～9月份，病部表面、根颈周围地表缝隙中及杂草上，可产生许多棕褐色至茶褐色的油菜籽状菌核（彩图1-31）。轻病树叶片变小发黄，枝条节间缩短，结果多而小；当根颈部皮层腐烂环绕树干后，导致树体全株枯死（彩图1-32）。

苹果树上叶片亦可受害，形成褐色至灰褐色近圆形病斑，具有褐色至深褐色边缘，表面常呈同心轮纹状（彩图1-33）。

【病原】白绢薄膜革菌［*Pellicularia rolfsii*（Sacc.）West］，属于担子菌亚门层菌纲非褶菌目；无性时期为整齐小菌核（*Sclerotium rolfsii* Sacc.），属于半知菌亚门丝孢纲无孢目。自然界常见其菌丝体和菌核，菌核初白色，渐变为

淡黄色、棕褐色至茶褐色，似油菜籽状，直径0.8～2.3毫米。病菌寄主范围比较广泛，可侵害200多种植物（彩图1-34、彩图1-35）。

【发病规律】病菌主要以菌核在土壤中越冬，也可以菌丝体在田间病株及病残体上越冬。菌核抗逆性很强，在土壤中可存活5～6年以上，但在淹水条件下3～4个月即死亡。菌核萌发的菌丝及田间菌丝体主要通过各种伤口进

彩图1-34　花生基部的白绢病菌

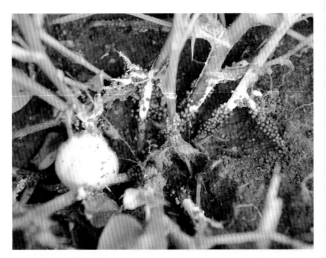
彩图1-31　白绢病的大量菌核（花生上）

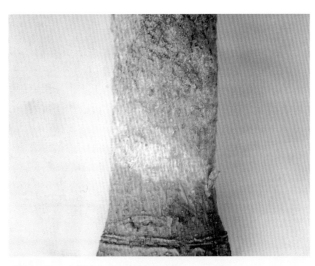
彩图1-32　白绢病为害苹果树干基部

彩图1-35　白绢病为害花生荚果

行侵染，尤以嫁接口为主，有时也可从近地面的根颈部直接侵入。菌丝蔓延扩展、菌核随水流或耕作移动，是该病近距离传播的主要途径；远距离传播主要通过带病苗木的调运。

【防控技术】
1. 培育和利用无病苗木　不要使用发生过白绢病的地块、旧林地、花生地、大豆地及瓜果蔬菜地育苗，最好选用前茬为禾本科作物的地块做苗圃，种过1年水稻或3～5年小麦、玉米的地块最好。调运和栽植前应仔细检验苗木，发现病苗彻底烧毁，剩余苗木进行药剂消毒处理后才能栽植。苗木消毒方法同"白纹羽病"。

2. 及时治疗病树　发现病树后及时对患病部位进行治疗。在彻底刮除病变组织的基础上涂药保护伤口，彻底销毁病残体，并用药剂处理病树穴及树干周围。保护伤口可用2.12%腐植酸铜原液、或3%甲基硫菌灵糊剂、或77%硫酸铜钙可湿性粉剂100～200倍液、或60%铜钙·多菌灵可湿性粉剂100～200倍液等；处理病树穴及树干周围土壤可用77%硫酸铜钙可湿性粉剂500～600倍液、或60%铜钙·多菌灵可湿性粉剂500～600倍液、或70%甲基硫菌灵可湿性粉剂600～800倍液、或45%代森铵水剂500～600

彩图1-33　苹果叶片上的白绢病病斑

倍液等进行浇灌。

3.其他措施 对树干基部进行培土,使之高出周围地面,可有效避免根颈部积水,预防菌核随流水传播。发现病树后,在病树下外围堆设闭合的环形土埂,防止菌核等病菌组织随水流传播蔓延。病树治疗后及时进行桥接,促进树势恢复。

圆斑根腐病

圆斑根腐病在我国落叶果树产区均有不同程度发生,但以北方果区发生较为普遍,土壤板结、有机质贫乏、化肥施用量偏多的果园发生为害较重。病菌为害范围非常广泛,可侵害苹果、梨、桃、杏、李、樱桃、葡萄、核桃、柿、枣、花椒、桑、柳、槐、杨等多种果树及林木,局部地区发生为害较重,对果树健康生长和可持续发展的潜在威胁很大。

【症状诊断】圆斑根腐病主要为害须根及细小根系,造成病根变褐枯死,为害轻时地上部没有异常表现,为害较重时树上可见叶片萎蔫、青枯或焦枯等症状,严重时亦常造成枝条枯死。

根部受害,先从须根开始,病根变褐枯死,后逐渐蔓延至上部的细支根,围绕须根基部形成红褐色圆形病斑,病斑扩大绕根后导致产生须根的细小根变黑褐色枯死,而后病变继续向上部根系蔓延,进而在产生病变小根的上部根上形成红褐色近圆形病斑,病变深达木质部,随后病斑蔓延成纵向的梭形或长椭圆形(彩图1-36~彩图1-38)。在病害发展过程中,较大的病根上能反复产生愈伤组织和再生新根,导致病部凹凸不平、病健组织彼此交错。严重时,后期较细病根腐朽(彩图1-39)。

地上部叶片及枝梢表现分为四种类型。

1.萎蔫型 病株部分或整株枝条生长衰弱,叶片向上卷缩,小而色淡,新梢生长缓慢,叶簇萎蔫,甚至花蕾皱缩不能开放、或开花后不能坐果。枝条呈现失水状,甚至皮层皱缩,有时表皮干死翘起呈油皮状(彩图1-40、彩图1-41)。

彩图1-37 圆斑根腐病病根上的病斑

彩图1-38 圆斑根腐病为害较重的病根

彩图1-39 圆斑根腐病导致较细病根腐朽

2.叶片青枯型 叶片骤然失水青干,多从叶缘向内发展,有时也沿主脉逐渐向外扩展。病健分界处(青干组织与正常组织分界处)有明显的红褐色晕带。严重时全叶青干,青干叶片易脱落(彩图1-42~彩图1-44)。

3.叶缘焦枯型 叶片的叶尖或叶缘枯死焦干,而中间部分保持正常。病叶不会很快脱落(彩图1-45~彩图1-47)。

4.枝枯型 根部受害较重时,与受害根相对应的枝条产生坏死,皮层变褐凹陷,枝条枯死。后期,坏死皮层崩裂,极易剥离(彩图1-48、彩图1-49)。

彩图1-36 圆斑根腐病导致细支根坏死

【病原】圆斑根腐病可由多种镰刀菌引起,如尖镰孢(*Fusarium oxysporum* Schl.)、腐皮镰孢[*F.solani*(Mart.)App.et Woll.]、弯角镰孢(*F.camptoceras* Woll.et Reink)等,均属于半知菌亚门丝孢纲瘤座孢目。病菌在土壤中广泛存在,均为弱寄生菌,并有一定的腐生性。

【发病规律】圆斑根腐病菌都是土壤习居菌,可在土壤中长期腐生生存。当果树根系生长衰弱时,病菌即可侵染而导致根系受害。地块低洼、排灌不良、土壤通透性差、营养不足、有机质贫乏、长期大量施用速效化肥、土壤板结、土质盐碱、大小年严重、果园内杂草丛生、其他病虫害发生严重等,一切导致树势及根系生长衰弱的因素,均可诱发病菌对根系的侵害,造成该病发生。

彩图 1-40　圆斑根腐病导致树势衰弱(苹果)

彩图 1-41　圆斑根腐病导致嫩梢萎蔫(苹果)

彩图 1-42　苹果圆斑根腐病的青枯型叶片

彩图 1-43　李树圆斑根腐病的青枯型叶片

彩图 1-44　核桃圆斑根腐病的青枯型叶片

彩图 1-45　梨树圆斑根腐病叶缘焦枯型

彩图1-46　樱桃圆斑根腐病叶缘焦枯型

彩图1-47　核桃圆斑根腐病叶缘焦枯型

彩图1-48　梨树严重圆斑根腐病，造成整个枝条叶片干枯

彩图1-49　核桃圆斑根腐病枝枯型

【防控技术】以增施有机肥、微生物肥料及农家肥、改良土壤质地、增加有机质含量、增强树势、提高树体抗病能力为重点，并及时治疗病树。

1. **加强栽培管理**　增施有机肥、微生物肥料及农家肥，合理施用氮、磷、钾肥，科学配合中微量元素肥料，提高土壤有机质含量，改良土壤，促进根系生长发育。深翻树盘，中耕除草，防止土壤板结，改善土壤不良状况。雨季及时排除果园积水，降低土壤湿度。根据土壤肥力水平及树势状况科学控制结果量，并加强可造成早期落叶的病虫害防控，培育壮树，提高树体抗病能力。

2. **病树适当治疗**　轻病树通过改良土壤即可促使树体恢复健壮，重病树需要辅助灌药治疗。治疗效果较好的药剂有：50%克菌丹可湿性粉剂500～600倍液、77%硫酸铜钙可湿性粉剂500～600倍液、60%铜钙·多菌灵可湿性粉剂500～600倍液、45%代森铵水剂500～600倍液、70%甲基硫菌灵可湿性粉剂或500克/升悬浮剂600～800倍液、50%多菌灵可湿性粉剂或500克/升悬浮剂500～600倍液等。灌药治疗时，若在药液中混加0.003%丙酰芸苔素内酯水剂2000～3000倍液，对促进根系发育效果较好。另外，灌药时尽量使药液将主要根区渗透。

根癌病

根癌病又称细菌性根癌病、癌肿病，在我国北方果区均有不同程度发生，以核果类果树受害较重，轻病树树势衰弱、结果少、品质降低，重病树植株枯死，甚至导致果园毁灭。病菌寄主范围非常广泛，可侵害桃、李、杏、樱桃、梅、苹果、梨、葡萄、枣、栗、核桃、无花果等多种果树。

【症状诊断】根癌病主要为害根部和根颈部，有时也可发生在主干、主枝或主蔓（葡萄）上（彩图1-50～彩图1-57）。发病后的主要症状特点是：受害部位产生癌状肿瘤，肿瘤大小不一、形状不定，后期褐色至黑褐色，表面粗糙或凹凸不平，质地木质化、较硬，但在葡萄上早期肿瘤松软、肉质、色淡（彩图1-58～彩图1-61）。发病初期，肿瘤小如豆粒，随肿瘤生长，可达核桃、拳头大小，甚至直径超过一尺。病树多树势衰弱、生长不良、植株矮小，严重时亦可导致叶片黄化、早衰，甚至全株枯死，但枯死病株以苗木、幼树和核果类果树较多（彩图1-62～彩图1-66）。

【病　原】癌肿野杆菌［*Agrobacterium tumefaciens* (Smith et Towns) Conn.］，属于革兰氏阴性细菌。病菌寄主范围非常广泛，可侵害59科142属的300多种植物。病菌发育最适酸碱度为pH7.3，耐酸碱范围为pH5.7～9.2。

【发病规律】病菌主要以细菌菌体在癌瘤组织的皮层内越冬，也可在土壤中越冬，病菌在土壤中可存活1年左右。主要通过雨水和灌溉水传播扩散，地下害虫（如蛴螬、蝼蛄等）也有一定附着传病作用；苗木带菌是该病远距离传播的重要途径。病菌从各种伤口进行侵染，尤以嫁接口为主。病菌侵入后，将致病因子Ti质粒传给寄主细胞，使该细胞成为不断分裂的转化细胞，进而导致形成肿瘤。即使后期病组织中不再有病菌存在，肿瘤仍可不断增大。

土壤潮湿有利于病菌侵染，干燥对病菌侵入不利。碱性土壤病重，酸性土壤病轻，pH≤5的土壤不能发病。切接或劈接伤口大，愈合慢，有利于病菌侵染；嫁接后培土掩埋伤口，使病菌与伤口接触，发病率高；芽接发病率低。葡萄冬季下架埋土防寒易造成枝蔓伤口，病害发生较多。

彩图1-50　根癌病在支根上的病瘤

彩图1-51　桃树侧根上的癌肿病瘤

彩图1-52　梨树根颈部癌瘤

彩图1-53　苹果幼树根颈部癌瘤

彩图1-54　枣树主干上的根癌肿瘤

彩图1-55　桃树主枝基部癌瘤

彩图1-56　梨树主枝上的根癌病肿瘤

彩图1-60　葡萄枝蔓上产生的新鲜根癌肿瘤

彩图1-57　葡萄枝蔓上的老化根癌肿瘤

彩图1-58　桃树上的根癌病新鲜肿瘤

彩图1-61　葡萄新鲜根癌肿瘤组织松软，呈肉质

彩图1-59　根癌病肿瘤内部组织（桃树）

彩图1-62　樱桃根癌病树势衰弱

彩图1-63　桃树根癌病树势衰弱、叶片黄化

彩图1-64　枣树根癌肿瘤处萌发的根蘖苗呈白化状

彩图1-65　枣树上，白化根蘖苗与根部肿瘤的对应

彩图1-66　幼树根部癌瘤

【防控技术】

1. 培育和利用无病苗木　不用老苗圃、老果园，尤其是发生过根癌病的地块作苗圃；苗木嫁接时提倡芽接法，尽量避免使用切接、劈接；栽植时使嫁接口高出地面，避免嫁接口接触土壤；碱性土壤育苗时，应适当施用酸性肥料并增施有机肥，降低土壤酸碱度；及时防治地下害虫，避免造成伤口。

苗木调运或栽植前要进行检查，最好采取苗圃检验，尽量不使用有病苗圃的苗木。如果已调进苗木，要仔细检查，发现病苗必须剔除并销毁，剩余"表面无病"的苗木进行消毒处理。一般使用1%硫酸铜溶液、或77%硫酸铜钙可湿性粉剂200～300倍液、或生物农药K84浸根3～5分钟。苗木栽植前用K84浸根处理，可预防栽植后病菌的侵染为害。

2. 病树治疗　大树发现病瘤后，首先将病组织彻底刮除，然后用1%硫酸铜溶液、或77%硫酸铜钙可湿性粉剂100～200倍液、或77%氢氧化铜可湿性粉剂200～300倍液、或2%石灰水溶液、或生物农药K84消毒伤口，再外加凡士林保护。刮下的病组织必须彻底清理并及时烧毁。其次，使用77%硫酸铜钙500～600倍液、或0.3%硫酸铜溶液、或77%氢氧化铜600～800倍液浇灌病瘤周围土壤，对土壤消毒灭菌。需要指出，核果类果树的有些品种可能对铜制剂较敏感，用药前需先进行安全性测定。

■ **毛根病** ■

毛根病主要发生在苹果树上，我国许多苹果产区均有发生，多造成树势衰弱、生长不良，甚至产量降低、品质变劣，树龄寿命缩短。

【症状诊断】毛根病主要为害根部，主根、侧根、支根均可受害，有时根颈部也可发生。发病后的主要症状特点是在根部产生出成丛的毛发状细根。有时细根密集，使病根呈"刷子"状。由于根部发育受阻，病树生长衰弱，但一般不易造成死树（彩图1-67～彩图1-69）。

【病原】发根野杆菌［*Agrobacterium rhizogenes*（Riker et Al.）Conn.］，属于革兰氏阴性细菌。病菌寄主范围很窄，仅苹果树上较常见。

彩图1-67　苹果树细支根上的毛根病症状

彩图1-68　苹果树根颈部的丛生毛发状细根

彩图1-69
盆栽的苹果
毛根病病树

【发病规律】病菌以细菌菌体在病树根部和土壤中越冬，病菌在土壤中可存活1年左右。近距离传播主要靠雨水及灌溉水的流动，土壤中的昆虫、线虫也有一定传播作用，但传播距离有限；远距离传播主要通过带菌苗木的调运。病菌从伤口侵染根部，在根皮内繁殖，并产生吲哚物质刺激根部，形成毛根。碱性土壤病重，土壤高湿有利于病菌侵染。

【防控技术】

1.培育无病苗木　不用老苗圃、老果园，尤其是发生过毛根病的地块作苗圃。在盐碱地块育苗时，应增施有机肥或酸性肥料，降低土壤pH值。雨季注意及时排水，防止土壤过度积水。

2.苗木检验与消毒　苗木调运或栽植前要进行严格检验，发现病苗必须剔除并销毁，表面无病的苗木还要进行消毒处理。一般使用1%硫酸铜溶液、或77%硫酸铜钙可湿性粉剂150～200倍液、或77%氢氧化铜可湿性粉剂200～300倍液浸根3～5分钟。

3.病树治疗　发现病树后，首先将病根彻底刮除，并将刮下的病根集中销毁，然后伤口涂抹石硫合剂、或硫酸铜钙、或氢氧化铜进行保护。严重地块或果园，还可用77%氢氧化铜可湿性粉剂800～1000倍液、或77%硫酸铜钙可湿性粉剂600～800倍液、或80%代森锌可湿性粉剂500～600倍液浇灌病树根际土壤，进行土壤消毒。

根结线虫病

根结线虫病又称根瘤病，在我国许多果树产区均有不同程度发生，主要影响树体根系的营养吸收与运输，导致树体生长不良、树势衰弱、产量和品质降低。该病除线虫直接为害外，还可传播一些病菌（毒）造成间接为害。病原线虫寄主范围非常广泛，可为害苹果、梨、桃、核桃、猕猴桃、柑橘等多种果树及茄子、番茄、花生、瓜类、甘蓝、大豆等多种瓜果蔬菜与粮棉油作物。

【症状诊断】根结线虫病仅为害根部，以细支根和小根受害最重。发病后的典型症状是根部受害处明显肿大，形成根结，小米粒大小至大米粒大小不等，内有虫瘿（彩图1-70）。根结初期为白色至黄白色，较小，松软，扩大后成黄褐色，大小因寄主种类不同、线虫种类不同而异。根部受害处侧根和须根减少，地上部叶片黄弱，发芽晚、落叶早，产量降低，果品质量下降。

【病原】可由根结线虫属（Meloidogyne）的多种线虫引起，常见种类有南方根结线虫［M.incognita（Kofoi& White）Chitwood］、爪哇根结线虫［M.javanica（Treub）Chitwood］、花生根结线虫［M.avenaria（Neal）Chitwood］和北方根结线虫（M.hapla Chitwood）四种，均属于线形动物门线虫刚垫刃目。成虫均雌雄异型，雌成虫梨形，雄成虫线形。

【发病规律】根结线虫主要以2龄幼虫在土壤中和病株残体内越冬，翌年土壤平均温度达10℃以上时开始活动为害。越冬幼虫（孵化后从卵壳中出来即为2龄）直接穿透根表皮进入根系组织内，取食为害、刺激形成瘤状根结。经2～3次蜕皮后发育为成虫，雌成虫产卵于体末端胶质囊内或土壤中，卵经一段时间孵化为幼虫。完成1代需35天左右，故1年发生多代。

彩图1-70　根结线虫病在根部为害状

近距离传播主要通过农事活动、流水、雨水及线虫本身的移动，远距离传播主要通过带病苗木的调运。适温（地温20～25℃）降雨有利于线虫活动、为害与繁殖，低温（低于10℃）干旱不利于线虫发生。土壤黏重、板结、透气性差发病轻，沙质土壤、透气性好发病较重。

【防控技术】

1.严格苗木检测与消毒　不要从病区调运苗木，对苗木进行严格检测，发现病苗必须彻底剔除并烧毁，并对剩余苗木消毒处理。一般使用1.8%阿维菌素乳油1500～2000倍液、或75%噻唑膦乳油1500～2000倍液浸泡3～5分钟，而后栽植。

2.土壤消毒处理　苗圃地或栽植前的园地，如果前茬作物根结线虫病较重，则需土壤消毒处理。一般方法为：在夏季将地翻耕整平后（土壤要有一定墒情），每亩均匀撒施10%噻唑膦颗粒剂2～3千克、或98%棉隆颗粒剂10～15千克，随后均匀翻耕混匀药剂，并立即盖膜密闭熏蒸20～30天，然后去膜、翻耕，散发残余药剂后即可使用。

3.病树治疗　发现病树后，亦可灌药治疗。一般使用1.8%阿维菌素乳油2000～3000倍液、或75%噻唑膦乳油2000～3000倍液浇灌病树树盘，使药剂渗透主要根区。另外，也可选用生物药剂进行浇灌治疗，如紫色拟青霉（*Paecilomyceslilacinum*）、芽孢杆菌（*Bacillus penetrans*）等。

苗木立枯病

苗木立枯病是指在苗圃内发生的果树实生苗立枯病，在我国各地的苗圃中均有发生，可为害海棠、杜梨、苹果、梨、桃、李、杏、樱桃、枣、栗、柿等多种果树的实生苗。轻者导致苗木细弱、影响等级，重者造成苗木死亡。

【症状诊断】苗木立枯病主要为害实生苗的茎基部或根颈部，多在幼苗出土后不久即可发病。初期，幼苗茎基部

或根颈部产生褐色水渍状斑点，近圆形或椭圆形，边缘不明显；后逐渐形成褐色凹陷缢缩病斑，长椭圆形至长条形，病健交界逐渐显著，当病斑绕茎（颈）一周后导致上部枯死，但病苗不倒伏。有时病部表面可见灰白色棉絮状或蛛丝状菌丝，拔起后连带有小土粒（彩图1-71、彩图1-72）。

彩图1-71　立枯病初期病斑

彩图1-72　立枯病病苗枯死

【病原】立枯丝核菌（*Rhizoctonia solani* Kühn），属于半知菌亚门丝孢纲无孢目。自然界常见其菌丝体和菌核，很少产生孢子。病菌寄主范围非常广泛，可侵害果树、蔬菜及粮棉油作物200多种。

【发病规律】病菌主要以菌丝体或菌核在土壤中或病残体上越冬，在土壤中可腐生存活2～3年。菌丝体或菌核萌发后直接侵染为害。田间主要通过流水和农事操作传播。地势低洼，排水不良，土壤黏重，植株密度过大，病害发生较重；阴雨潮湿，苗体幼嫩，有利于病菌侵染；苗木幼茎木质化后不易受害；前茬为蔬菜地的苗圃带菌量较大，病害发生较多。

【防控技术】

1.加强苗圃管理　① 尽量选用前茬为禾本科作物的田块育苗，若必须在前茬为蔬菜地或老苗圃地的田块育苗时，

则需进行土壤消毒处理（一般每平方米均匀撒施50%克菌丹可湿性粉剂3克、或70%甲基硫菌灵可湿性粉剂3克，将表层约10厘米土壤拌匀），或换用客土育苗（将苗圃地的10～15厘米土层更换为其他田块的无病菌土壤）。②尽量采用高畦育苗，降低苗床湿度。③增施农家肥等有机肥，疏松土壤，培育壮苗。④适当调整播种密度，改进苗床通透性。⑤注意巡回检查，发现病苗及时拔除，而后苗圃喷药防控。

2.幼苗期药剂防控　在幼苗出土后，当环境阴湿、温度低时或发现病苗后，及时喷淋药剂防控。效果较好的药剂有：50%克菌丹可湿性粉剂500～600倍液、70%甲基硫菌灵可湿性粉剂或500克/升悬浮剂600～800倍液、50%多菌灵可湿性粉剂或500克/升悬浮剂500～600倍液等。

菟丝子

菟丝子是一类全寄生型寄生性种子植物，通过吸盘与寄主植物的维管束组织连接，吸取寄主植物的养分、水分及矿物质，导致树体生长不良、树势衰弱、产量降低，甚至逐渐枯死，以苗木和幼树受害较重。菟丝子在我国许多果区均有发生，可寄生为害苹果、梨、枣、核桃、栗、柿、李等多种果树。

【症状诊断】菟丝子主要在果树上缠绕寄生进行为害，通过吸取树体的养分、水分及矿物质而进行自身生长。受害果树枝条上攀缘缠绕有大量菟丝子茎。茎的粗细、颜色因种类不同而异，日本菟丝子的茎较粗壮，呈紫红色铁丝状，中国菟丝子的茎较细弱，呈黄白色细线状。由于菟丝子从果树枝条上吸取大量营养及水分，导致受害树体生长不良、叶片黄薄、树势衰弱、产量降低、品质下降，甚至植株枯死（彩图1-73～彩图1-77）。

【病原】主要为日本菟丝子（*Cuscuta japonica* Choisy），有些地区也有中国菟丝子（*C.chinensis* Lam.）发生，均属于高等双子叶植物（旋花科）。日本菟丝子茎粗壮，多呈紫红色，生有紫色突起斑，多分枝；花序穗状，白绿色或淡红色。中国菟丝子茎纤细，多呈黄白色，分枝多；花序成伞形，花白色（彩图1-78～彩图1-81）。

彩图1-74　日本菟丝子缠绕为害梨树

彩图1-75　日本菟丝子缠绕为害李树

彩图1-76　枣树上缠满了日本菟丝子

彩图1-73　日本菟丝子缠绕为害苹果

彩图1-77　中国菟丝子在枣树上的为害状

彩图 1-78　日本菟丝子

彩图 1-79　日本菟丝子的花

彩图 1-80　中国菟丝子的花

彩图 1-81　中国菟丝子的果实（种子）

【发生特点】两种菟丝子均以种子在土壤中越冬，第二年条件适宜时种子萌发，而后寻找并攀缘缠绕在果树枝条上，通过吸根与果树的维管束组织相连，从果树上吸取养分、水分及矿物质营养。缠绕茎不断分枝、生长，不断产生吸根，如此不断扩散蔓延。种子的传播扩散是菟丝子跨年传播的主要途径。

【防控技术】菟丝子以人工防除为主，即在菟丝子发生初期及时人工铲除。另外，往年菟丝子较多的果园，也可在 5 月中旬左右地面喷施 48% 仲丁灵乳油，每亩每次喷洒药剂 400 ~ 500 毫升。

槲寄生

槲寄生俗称冬青、树冬青，是一种半寄生型寄生性种子植物，在我国许多果树产区均有发生，受害果树木质部割裂，树势变弱，严重时造成枝条枯死，甚至全树死亡。其寄主范围比较广泛，可寄生为害苹果、梨、核桃、山楂、桃、栗、柑橘等多种果树及杨、柳、榆、栎、枫杨等林木。

【症状诊断】槲寄生在果树上侵害寄生后，从寄生处丛生出黄绿色小灌木（槲寄生植株），该灌木冬季不脱落，且仍保持绿色，果树落叶后极易识别。果树枝条受害处逐渐肿大，形成瘤状，最后成鸡腿状瘤。病树发芽晚，开花迟，结果率降低，严重时造成枝枯，甚至导致死树。

【病原】槲寄生 [Viscum coloratum（Kom.）Nakai]，是一种高等双子叶植物，属槲寄生科。常绿丛生小灌木株高 30 ~ 60 厘米，枝圆筒形，黄绿色，为整齐二叉状分枝。叶片常绿，革质，对生，倒卵形至长椭圆形，长 2.5 ~ 7 厘米，宽 0.7 ~ 1.5 厘米，尖端钝，近于无柄，常具 3 脉。花雌雄异株。浆果球形，直径约 8 毫米，有黏性（彩图 1-82）。

彩图 1-82　槲寄生植株体（杨树上）

【发生特点】槲寄生果实成熟后，被鸟类取食，而后将种子随粪便排泄出来，黏固在寄主植物枝干上。翌年温湿条件适宜时种子萌发，胚根尖端与寄主皮层接触后形成吸盘，吸盘中央产生初生吸根。初生吸根直接穿透枝条皮层，沿皮层下方生出侧根，环抱木质部，然后逐年从侧根分生出次生吸根钻入皮层及木质部的表层。随枝干生长，初生及次生吸根陷入木质部深层中，受害处逐渐肿大。吸收根吸盘伸到木质部导管，吸取水分和矿物质，数日后形成胚叶，茎叶发育生长。每年开花结果，通过鸟类取食种子进行传播。

【防控技术】以人工铲除为主。秋冬果树落叶后，结合果树修剪，发现槲寄生及时连同被寄生枝条一起剪除，大枝干上的槲寄生最好连同枝干一起锯除。不能去除枝干时，需连同寄生枝和皮下内生吸根一并刮除干净。同时，还应及时清除周边其他林木上的槲寄生植株，以防传播扩散。

第二章

苹果病害

腐烂病

　　腐烂病俗称"烂皮病"、"臭皮病",是苹果树的重要病害之一,在北方苹果产区均有发生,且冬季越寒冷地区病害发生越重。发病严重果园,树干上病疤累累,枝干残缺不全,甚至整株枯死、果园毁灭。因此,腐烂病又是导致苹果园毁灭的一种重要病害(彩图2-1～彩图2-3)。

彩图2-1　腐烂病发生严重的病树,枝干伤痕累累

彩图2-2　腐烂病造成植株枯死

彩图2-3　腐烂病导致果园毁灭

　　【症状诊断】腐烂病主要为害主干、主枝,也可为害侧枝、辅养枝及小枝、干桩、果苔等,有时还可为害果实。发病后的主要症状特点为:受害部位皮层腐烂,腐烂皮层有酒糟味,后期病斑表面散生出许多小黑点(病菌子座),潮湿条件下小黑点上可冒出黄色丝状物(孢子角),可简要概括为"皮层烂、酒糟味、小黑点、冒黄丝"。

　　枝干受害后,根据病斑的发生为害特点可分为溃疡型和枝枯型两种类型。

　　溃疡型　多发生在主干、主枝等较粗大的枝干上,在枝干向阳面(彩图2-4)、枝干分杈处(彩图2-5、彩图2-6)及修剪伤口周围(彩图2-7、彩图2-8)发病较多,管理粗放的果园亦常从老病斑处向外发生(彩图2-9、彩图2-10),有时小枝条上也有发生(彩图2-11)。初期,病斑红褐色,微隆起(彩图2-12、彩图2-13),水渍状,组织松软(彩图2-14),并可流出褐色汁液(彩图2-15～彩图2-18),病斑呈椭圆形或不规则形,有时呈深浅相间的不明显轮纹状。剥开病皮,整个皮层组织呈红褐色腐烂(彩图2-19、彩图2-20),并有浓烈的酒糟味。病斑皮层烂透,且皮下木质部亦常受害,表面呈褐色坏死状(彩图2-21)。病斑出现7～10天后,病部开始失水干缩、下陷,变为黑褐色(彩图2-22),酒糟味变淡,有时边缘开裂。约半个月后,撕开病斑表皮,可见皮下聚有白色菌丝层及小黑点(彩图2-23、彩图2-24);后期,小黑点顶端逐渐突破表皮,在病斑表面呈散生状（彩图2-25～彩图2-27）；潮湿时，小黑点上产生橘黄色卷曲的丝状物，俗称"冒黄丝"（彩图2-28、彩图2-29）。腐烂病常导致树势衰弱（彩图2-30），当病斑绕枝干一周时，造成整个枝干枯死（彩图2-31）；严重时，导致死树甚至毁园（彩图2-32）。

彩图2-7　锯口处开始发生的腐烂病斑

彩图2-4
枝干向阳面，腐烂病病斑伤痕累累

彩图2-8　剪口处开始发生的腐烂病斑

彩图2-5　枝杈处开始发生的腐烂病斑

彩图2-9　老病斑边缘开始发生的腐烂病斑（病斑重犯）

彩图2-6　枝杈处病斑剖开

彩图2-10　连续多年重犯的腐烂病斑

彩图2-11 小枝条上的溃疡型病斑

彩图2-12 初期病斑，表面红褐色，边缘色深

彩图2-13 病斑边缘微隆起

彩图2-14 早春病斑较软，表面呈褐色至红褐色

彩图2-15 早春，新鲜病斑表面溢出红褐色汁液

彩图2-16 新鲜病斑，皮层呈红褐色腐烂

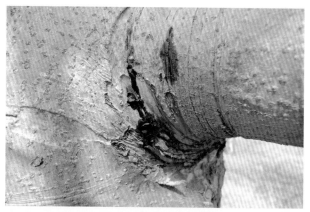

彩图2-17 枝杈处新鲜病斑表面溢出褐色汁液

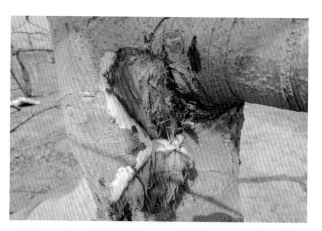

彩图2-18 溢出褐色汁液的腐烂皮层组织

彩图2-19　腐烂病斑皮层呈红褐色腐烂

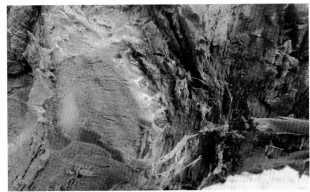

彩图2-23　腐烂病皮组织内开始产生病菌组织

彩图2-20　病斑边缘，皮层病健比较

彩图2-24　病斑栓皮下逐渐形成的病菌组织

彩图2-21　腐烂病皮下，木质部也发生变色

彩图2-25　后期，病斑表面密生出许多小黑点

彩图2-22　后期，病斑失水干缩下陷

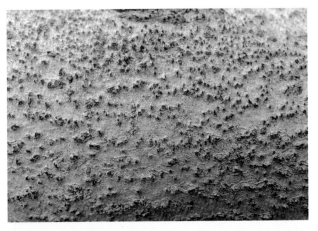

彩图2-26　病斑表面小黑点局部放大

彩图2-27　小黑点在皮下的子座组织

彩图2-31　腐烂病导致大枝枯死

彩图2-28　病斑小黑点上开始产生黄丝

彩图2-32　腐烂病造成树体死亡

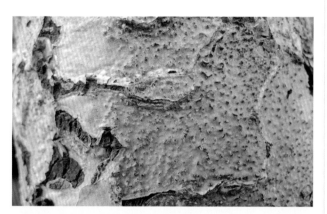

彩图2-29　病斑小黑点上冒出黄色丝状物

彩图2-33　腐烂病导致许多枝条枯死

彩图2-30　主干腐烂病斑，导致树势衰弱

　　枝枯型　多发生在衰弱枝、较细的枝条及果苔等部位，常造成枝条枯死（彩图2-33）。枝枯型病斑扩展快，形状不规则，皮层腐烂迅速绕枝一周，导致枝条枯死（彩图2-34～彩图2-36）。有时枝枯病斑的栓皮易翘起剥离（彩图2-37）。后期，病斑表面也可产生小黑点，并冒出黄丝（彩图2-38）。

彩图2-34
细小枝条枯死
（枝枯型）

彩图2-35
枝枯型病斑，
造成枯枝

彩图2-36 枝枯型病斑局部放大

果实受害，多为果枝发病后扩展到果实上所致。病斑红褐色，圆形或不规则形，常有同心轮纹，边缘清晰，病组织软烂，略有酒糟味（彩图2-39）。后期，病斑上也可产生小黑点及冒出黄丝（彩图2-40），但比较少见。

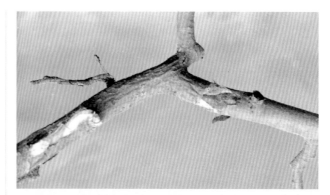

彩图2-37 枝枯型病斑表面栓皮剥离

彩图2-38 枝枯型病斑表面可产生小黑点，并冒出黄丝

彩图2-39 果实受腐烂病为害状

彩图2-40 病果后期表面也可产生小黑点

【病原】苹果黑腐皮壳（Valsa mali Miyabe et Yamada），属于子囊菌亚门核菌纲球壳菌目；无性阶段为苹果壳囊孢（Cytospora mandshurica Miura），属于半知菌亚门腔孢纲球壳孢目。病斑上的小黑点即为病菌子座，该子座分为两种。一种是产生无性阶段分生孢子器的外子座，内部常有多个腔室，潮湿条件下其顶端溢出橘黄色丝状物（孢子角），即为"冒黄丝"现象，无性阶段的小黑点上冒出1条黄丝，较粗大。另一种是产生有性阶段子囊壳的内子座，内部常有多个子囊壳，每个子囊壳具有1个孔口，潮湿条件下每个孔口均可溢出黄丝，即有性阶段的小黑点上可冒出多条黄丝，均较细小。菌丝生长温度范围为5～38℃，最适温度为28～29℃。

【发病规律】病菌主要以菌丝、子座及孢子角在田间病株（病斑）及病残体上越冬，可以说是苹果树上的习居菌。病斑上的越冬病菌可产生大量病菌孢子（黄色丝状物），主要通过风雨传播，从各种伤口侵染为害，尤其是带有死亡或衰弱组织的伤口易受侵害，如剪口、锯口、虫伤、冻伤、日灼伤及愈合不良的伤口等。另外，病菌还可从枝干的皮孔及芽眼等部位侵染。病菌侵染后，当树势强壮时处于潜伏状态，病菌在无病枝干上潜伏的主要场所有落皮层、干枯的剪口、干枯的锯口、愈合不良的各种伤口、僵芽周围及虫伤、冻伤、枝干夹角等带有死亡或衰弱组织的部位。当树体抗病力降低时，潜伏病菌开始扩展为害，逐渐形成病斑。

在果园内，腐烂病每年有两个为害高峰期，即"春季高峰"和"秋季高峰"。春季高峰主要发生在萌芽至开花阶段，一般为3～4月份，该期内病斑扩展迅速，病组织较软，酒糟味浓烈，病斑典型，为害严重，病斑扩展量占全年的70%～80%，新病斑出现数占全年新病斑总数的60%～70%，是造成死枝、死树的主要为害时期。秋季高峰主要发生在果实迅速膨大期及花芽分化期，一般为7～9月份，相对春季高峰较小，病斑扩展量占全年的10%～20%，新病斑出现数占全年的20%～30%，但该期是病菌侵染落皮层的重要时期。此外，还有两个相对静止期，即5～6月份和10月～下年2月份。5～6月份的相对静止期病菌基本停止扩展，病斑干缩凹陷，表面逐渐产生小黑点；10月～下年2月份的相对静止期，从表面看病菌没有活动，但实际上病菌在树表皮下从外向内逐渐缓慢扩展，扩展至木质部后在树皮深层又缓慢向周围扩展，为春季高峰的发生奠定基础。

腐烂病菌是一种弱寄生菌，该病的发生轻重主要受七个因素影响。①树势：树势衰弱是诱发腐烂病的最重要因素之一，即一切可以削弱树势的因素均可加重腐烂病的发生，如树龄较大、结果量过多、发生冻害、早期落叶（病、虫）发生较重、速效化肥使用量偏多、土壤黏重或板结、枝干灼伤等。②落皮层：落皮层是病菌潜伏的主要场所，是造成枝干发病的重要因素。据调查，8月份以后枝干上出现的新病斑或坏死斑点80%以上来自于落皮层侵染，尤其是粘连于皮层的落皮层。所以落皮层的多少决定腐烂病的发生轻重。③局部增温：局部增温是形成春季高峰的重要条件，在春季高峰期内发生的新病斑80%～90%出现在树干的向阳面。据测定，晴天时树干向阳面的树皮温度（T）与气温（t）具有$T = 7.7 + 1.93t$的关系。也就是说当气温为0℃时，向阳面的树皮温度为7.7℃，超过腐烂病菌生长的温度下限（5℃）；当气温为10℃时，向阳面的树皮温度为27℃，基本接近病菌生长的最适温度（28～29℃）。另外，温度高时树皮呼吸强度高，消耗营养物质多，造成了向阳面的局部营养恶化，抗病力显著降低，因而诱发腐烂病严重发生。④伤口：伤口越多，发病越重，带有死亡或衰弱组织的伤口最易感染腐烂病菌，如干缩的剪口、干缩的锯口、冻害伤口、日灼伤口、落皮伤口、老病斑伤口、虫伤伤口、病伤伤口、机械伤口等。⑤潜伏侵染：潜伏侵染是腐烂病的一个重要特征，树势衰弱时，潜伏侵染病菌是导致腐烂病暴发的主要因素。⑥木质部带菌：病斑下木质部及病斑皮层边缘外木质部的一定范围内均带有腐烂菌，病斑下木质部带菌深度可达1.5厘米，这是导致病斑复发的主要原因。⑦树体含水量：初冬树体含水量高，易发生冻害，加重腐烂病发生；早春树体含水量高，抑制病斑扩展，可减轻腐烂病发生。

【防控技术】以加强栽培管理、壮树防病为中心，以铲除树体潜伏病菌、搞好果园卫生为重点，以及时治疗病斑、减少和保护伤口、促进树势恢复等为辅助（图2-1）。

1.加强栽培管理，提高树体的抗病能力 这是有效防控腐烂病的最根本措施。①科学结果量：根据树龄、树势、土壤肥力、施肥水平、灌溉条件等合理调整结果量，使树体合理负担，做到没有明显大小年现象。②科学施肥：增施有机肥及农家肥，避免偏施氮肥，按比例使用氮、磷、钾、钙等速效化肥及中微量元素肥料。③科学灌水：秋后控制浇水，减少冻害发生；春季及时灌水，抑制春季高峰。④保叶促根：及时防控造成早期落叶的病虫害，提高光合效率，增加树体营养积累；注意防控根部病害，增施有机肥料，改良土壤，促进根系发育。

2.铲除树体带菌，减少潜伏侵染 落皮层、皮下干斑及湿润坏死斑、病斑周围的干斑、树杈夹角皮下的褐色坏死点、各种伤口周围等，都是腐烂病菌潜伏的主要场所。及早铲除这些潜伏病菌，对控制腐烂病发生为害，尤其是春季高峰的发生效果显著。

①重刮皮。一般在5～7月份树体营养充分时进行，冬、春不太寒冷的地区春、秋两季也可刮除。但重刮皮有削弱树势的作用，水肥条件好、树势旺盛的果园比较适合，弱树不能进行；

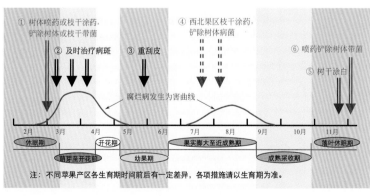

注：不同苹果产区各生育期时间前后有一定差异，各项措施请以生育期为准。

图2-1 腐烂病防控技术模式图

且刮皮前后要增施肥水，补充树体营养。刮皮方法：用锋利的刮皮刀将主干、主枝及大侧枝表面的粗皮刮干净，刮到树干"黄一块、绿一块"的程度，千万不要露白（木质部）；如若遇到坏死斑要彻底刮除，不管黄、绿、白。刮下的树皮组织要集中深埋或销毁，但刮皮后千万不要涂药，以免发生药害。5～7月刮皮后一般1个月即可形成新的木栓层。重刮皮的防病作用有三个方面：一是刮除了多年积累的潜伏病菌及小病斑，减少了树体带菌；二是刺激树体的愈伤作用，增强了抗病能力；三是更新树皮，3～4年内不再形成落皮层，减少了病菌的潜伏基地（彩图2-41～彩图2-43）。

彩图2-41 枝干表面的老翘皮

彩图2-42 早春及时刮除枝干上的老翘粗皮

彩图2-43 刮除枝干老翘粗皮的果园

② 药剂铲除。重病果园或果区一年2～3次用药，即落叶后初冬和萌芽前各喷药1次，7～9月份主干、主枝涂药1次；轻病果园或果区只喷药1次即可，一般落叶后比萌芽前喷药效果更好（要选用渗透性强的药剂）。对腐烂病菌喷药铲除效果好的药剂有：30%戊唑·多菌灵悬浮剂400～500倍液、41%甲硫·戊唑醇悬浮剂400～500倍液、77%硫酸铜钙可湿性粉剂200～300倍液、60%铜钙·多菌灵可湿性粉剂300～400倍液、45%代森铵水剂200～300倍液、40%氟硅唑乳油800～1000倍液等。喷药时，若在药液中加入渗透助剂如有机硅系列等，可显著提高对病菌的铲除效果。主干、主枝涂药时，一般选用30%戊唑·多菌灵悬浮剂100～200倍液、或41%甲硫·戊唑醇悬浮剂100～200倍液、或77%硫酸铜钙可湿性粉剂100～200倍液、或40%氟硅唑乳油400～500倍液效果较好（彩图2-44～彩图2-48）。

3. 及时治疗病斑 病斑治疗是避免死枝、死树的主要措施，目前生产上常用的治疗方法主要有刮治法、割治法和包泥法。病斑治疗的最佳时间为春季高峰期内，该阶段病斑既软又明显，易于操作；但总体而言，应立足于及时发现、及时治疗，治早、治小。

① 刮治。用锋利的刮刀将病变皮层彻底刮掉，且病斑边缘还要刮除1厘米左右的好组织，以确保清除彻底。技术关键为：刮彻底；刀口要整齐、光滑、圆润，不留毛茬，不拐急弯；刀口上面和侧面皮层边缘呈直角，下面皮层边缘呈斜面。刮后病组织集中销毁，而后病斑涂药，药剂边缘应超出病斑边缘1.5～2厘米，1个月后再补涂1次。常用有效涂抹药剂有：2.12%腐植酸铜水剂原液、30%戊唑·多菌灵悬浮剂50～100倍液、41%甲硫·戊唑醇悬浮剂50～100倍液、3%甲基硫菌灵糊剂原药、20%丁香菌酯悬浮剂100～150倍液、21%过氧乙酸水剂3～5倍液、甲托油膏[70%甲基托布津可湿性粉剂：植物油＝1：（15～20）]及石硫合剂等（彩图2-49～彩图2-66）。

② 割治。即用切割病斑的方法进行治疗。先削去病斑周围表皮，找到病斑边缘，而后用刀沿边缘外1厘米处划一深达木质部的闭合刀口，然后在病斑上纵向切割，间距0.5厘米左右。切割后病斑涂药，但必须涂抹渗透性或内吸性较强的药剂，且药剂边缘应超出闭合刀口边缘1.5～2厘米，

彩图2-44 早春枝干喷药，清园灭菌

半月左右后再涂抹1次。效果较好的药剂有上述的腐植酸铜、过氧乙酸、戊唑·多菌灵、甲硫·戊唑醇、甲托油膏等。割治法的技术关键为：必须找到病斑边缘，切割刀口要深达木质部，涂抹的药剂必须渗透性或内吸性好（彩图2-67、彩图2-68）。

彩图2-45　早春枝干喷药后的树体

彩图2-46　生长期树干涂药（西北果区）

彩图2-47　早春树干涂药灭菌（西北果区）

彩图2-48　早春主干涂药后的树体（西北果区）

彩图2-49　刮治腐烂病斑

彩图2-50　病斑刮治彻底，边缘整齐

彩图2-51　刮治病斑后涂药

彩图 2-52　按规范刮治彻底的腐烂病斑

彩图 2-56　病斑刮治不规范（留有死角），导致病斑重犯

彩图 2-53　病斑刮治后涂药

彩图 2-57　病斑重犯处剖刮症状

彩图 2-54　枝杈处病斑也必须刮治规范

彩图 2-58　病斑刮治后，因留有毛茬而愈合不良

彩图 2-55　病斑刮治不彻底，而不能愈合

彩图 2-59　腐烂病斑刮治不规范

彩图2-60　病斑刮治留有死角（容易引起重犯）

彩图2-61　刮治不当，导致腐烂病斑重犯

彩图2-62　连续多年治疗不规范，而导致多年重犯的病斑

彩图2-63　刮治腐烂病斑，木质部受损过重

彩图2-64　木质部受损过重，导致失水、裂缝

彩图2-65
规范刮治后的病斑
及愈合状况

彩图2-66　病斑刮治后，伤口愈合状

彩图2-67　割治法治疗腐烂病斑

③ 包泥。在树下取土和泥，然后在病斑上涂3～5厘米厚一层，外围超出病斑边缘4～5厘米，最后用塑料布包扎并用绳索多圈捆紧即可。一般3～4个月后就可治好。包泥法的技术关键为：泥要黏，包要严，给病斑形成一个密闭的厌氧环境（彩图2-69～彩图2-71）。

4. 及时桥接　病斑治疗后及时桥接或脚接，促进树势恢复。病斑较大时多点桥接效果更好（彩图2-72～彩图2-78）。

彩图2-68　腐烂病斑"割治"不当，造成大枝枯死

彩图2-69　腐烂病斑的规范包泥治疗

彩图2-70　腐烂病斑包泥治疗效果

彩图2-71　治疗腐烂病斑的不规范包泥

彩图2-72　病斑治疗后树上枝条嫁接

彩图2-73　桥接枝段上端嫁接口

彩图2-74　桥接口处涂泥、包膜，促进嫁接口愈合

彩图2-75　有效桥接，促进树势恢复

彩图2-76　根蘖苗多点桥接（脚接）

彩图2-77　根蘖苗多点桥接的大树

彩图2-78　特色桥接的苹果树

5.树干涂白　冬前树干涂白，可防止发生冻害，降低春季树体局部增温效应，控制腐烂病春季高峰期的为害。效果较好的涂白剂配方为：桐油或酚醛∶水玻璃∶白土∶水＝1∶（2～3）∶（2～3）∶（3～5），先将前两者配成Ⅰ液，再将后两者配成Ⅱ液，然后将Ⅱ液倒入Ⅰ液中，边倒边搅拌，混合均匀即成。为了消灭在枝干上越冬的一些害虫（螨），在涂白剂中还可混加适量的石硫合剂等杀虫剂。树干涂白后，南面可降低局部增温9℃，西面降温7.5℃，东面降温3.8℃，北面降温1℃，防病效果可达60%以上（彩图2-79）。

6.其他措施　注意保护修剪伤口，促进伤口愈合，防止病菌侵染。西北苹果产区，树干基部适当培土，防止或减轻发生冻害，预防腐烂病发生（彩图2-80～彩图2-83）。

彩图2-79　树干涂白，预防冻害，并有效降低局部增温效应

彩图2-80　修剪伤口涂药，促进愈合，预防侵染

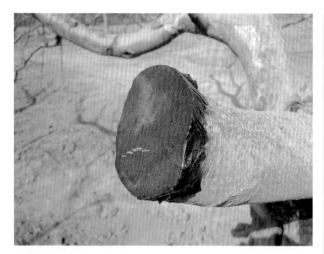

彩图 2-81　锯口黏膜保护

彩图 2-82　树干基部培土

彩图 2-83　树干下部缠围土层（西北果区）

干腐病

干腐病又称胴腐病，是苹果树的重要枝干病害之一，在许多苹果产区均有不同程度发生，一般主要为害衰弱的老树及衰弱枝条和定植后管理不良的幼树。该病除为害苹

果树外，还可侵害梨、桃、柑橘、杨、柳等十余种果树及林木。

【症状诊断】干腐病既可为害主干、主枝、侧枝、小枝等枝干部位，又可为害果实。因受害部位及树势强弱不同，可将枝干受害表现分为溃疡型、条斑型、枝枯型三种症状类型，后期各类型病斑表面均散生许多小黑点（彩图2-84），潮湿环境时其上可溢出灰白色黏液（彩图2-85）。

彩图 2-84　病斑表面密生许多小黑点

彩图 2-85　小黑点上溢出灰白色黏液

彩图 2-86　枝干上的溃疡型初期病斑

溃疡型　多发生在主干、主枝及侧枝上，初期病斑暗褐色，较湿润，稍隆起，常有褐色汁液溢出，俗称"冒油"；后期，病斑失水，干缩凹陷，表面发生龟裂，栓皮组织常呈"油皮"状翘起，病斑椭圆形或不规则形。病斑一般较浅，不烂透皮层，有时可以连片；但在树势衰弱时整个皮层可以烂透，且病斑环绕枝干后造成上部枝干枯死。具体病斑表现，受树势、生态环境及品种抗病性影响而变化较大（彩图2-86～彩图2-95）。

彩图2-90　溃疡型病斑有时边缘隆起

彩图2-87　溃疡型初期病斑栓皮开裂翘起

彩图2-91　侧枝上的溃疡型病斑，表面龟裂

彩图2-88　小枝上的溃疡型初期病斑

彩图2-92　主干上的溃疡型病斑，表面龟裂

彩图2-89　小枝上微隆起的初期溃疡病斑

彩图2-93　小枝上的溃疡型病斑，隆起、开裂

彩图2-94 小枝上溃疡型病斑，栓皮翘起，皮层龟裂

彩图2-98 条斑型病斑表层栓皮翘起

彩图2-95 溃疡型病斑后期，栓皮翘起，皮层龟裂

条斑型 主干、主枝、侧枝及小枝上均可发生，其主要特点是在枝干表面形成长条状坏死病斑。病斑初暗褐色，后表面凹陷，边缘开裂，表面常密生许多小黑点；后期病斑干缩，表面产生纵横裂纹。病斑多使皮层烂透，深达木质部（彩图2-96～彩图2-100）。

彩图2-99 条斑型病斑表面开始产生小黑点

彩图2-96 条斑型早期病斑

彩图2-97 条斑型干腐病病枝

彩图2-100
条斑型后期病斑，栓皮翘起，皮层龟裂

枝枯型 多发生在小枝上，病斑扩展迅速，常围枝一周，造成枝条枯死（彩图2-101）。后期枯枝表面密生许多小黑点，多雨潮湿时小黑点上可产生大量灰白色黏液（彩图2-102～彩图2-105）。

彩图2-101 枝枯型枯死枝条

彩图2-102 枝枯型初期病斑

彩图2-103 枝枯型中期病斑

彩图2-104 枯死枝条栓皮翘起，皮层龟裂

彩图2-105 枯死枝条表面密生许多小黑点

果实受害，初为黄褐色近圆形小斑，后扩大形成轮纹状果实腐烂，即"轮纹烂果病"（彩图2-106）。

【病原】葡萄座腔菌［*Botryosphaeria dothidea*（Mong. ex Fr.）Ces.et de Not.］，属于子囊菌亚门腔菌纲格孢腔菌目；无性阶段产生大茎点（*Macrophoma*）型和小穴壳（*Dothiorella*）型两种分生孢子器及分生孢子，均属于半知菌亚门腔孢纲球壳孢目。病斑上的小黑点多为病菌的分生孢子器，也混生有子囊壳，灰白色黏液为分生孢子或子囊孢子与一些胶体的混合物。

彩图2-106 干腐病造成的果实腐烂

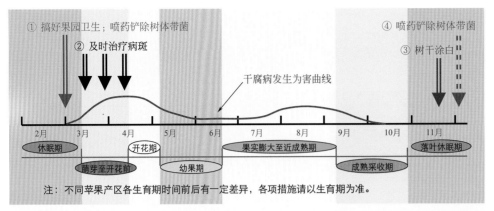

① 搞好果园卫生；喷药铲除树体带菌
② 及时治疗病斑
④ 喷药铲除树体带菌
③ 树干涂白

干腐病发生为害曲线

2月　3月　4月　5月　6月　7月　8月　9月　10月　11月

休眠期　　　　开花期　　　　果实膨大至近成熟期　　　　落叶休眠期

萌芽至开花前　　幼果期　　　成熟采收期

注：不同苹果产区各生育期时间前后有一定差异，各项措施请以生育期为准。

图2-2　干腐病防控技术模式图

【发病规律】病菌主要以菌丝体、分生孢子器及子囊壳在枝干病斑上及枯死枝上越冬，翌年产生大量病菌孢子（灰白色黏液），通过风雨传播，主要从伤口和皮孔侵染为害枝干及果实，在枝条上也能从枯芽侵染。该病菌属于弱寄生菌，病菌侵染后先在死组织上生存一段时间，而后再侵染活组织。弱树、弱枝受害重，干旱果园或干旱季节枝干病斑扩展较快而发病较重。管理粗放、土壤板结、有机质贫乏、地势低洼、肥水不足、偏施氮肥、结果量过多、伤口较多等均可加重干腐病的发生。

【防控技术】以加强栽培管理、增强树势、提高树体的抗病能力为基础，搞好果园卫生、铲除树体带菌为重点，以及时治疗较重的枝干病斑为辅助（图2-2）。

1.加强栽培管理　增施有机肥、微生物肥料及农家肥，科学施用氮、磷、钾、钙肥及中微量元素肥料。干旱季节及时灌水，多雨季节注意排水。科学调节结果量，培强树势，提高树体抗病能力。冬前及时进行树干涂白，防止冻害和日烧。及时防控各种枝干害虫及造成早期落叶的病虫害。避免造成各种机械伤口，并对伤口涂药保护，防止病菌侵染。苗木定植时避免深栽，以嫁接口在地面以上为宜。

2.铲除树体带菌　结合修剪，彻底剪除枯死枝，集中销毁。发芽前喷施1次铲除性药剂，铲除或杀灭树体上的残余病菌，重病果园落叶后冬前也可加喷1次。常用有效药剂有：30%戊唑·多菌灵悬浮剂400～600倍液、41%甲硫·戊唑醇悬浮剂400～500倍液、77%硫酸铜钙可湿性粉剂300～400倍液、60%铜钙·多菌灵可湿性粉剂300～400倍液、45%代森铵水剂200～300倍液等。喷药时，若在药液中混加有机硅类等渗透助剂，可显著提高杀菌效果。

3.及时治疗病斑　主干、主枝上的较重病斑应及时进行治疗，具体方法同"腐烂病"病斑治疗的"刮治"和"割治"方法。

枝干轮纹病

枝干轮纹病又称粗皮病，是仅次于腐烂病的重要枝干病害，在华北果区、辽宁果区、山东果区及黄河故道果区发生为害严重，西北果区发生较少。特别在富士苹果上发生严重，上述严重受害果区许多果园病株率均达100%，轻者造成树势衰弱、果实大量腐烂，重者导致植株枯死、果园毁灭（彩图2-107、彩图2-108）。

【症状诊断】枝干轮纹病在主干、主枝、侧枝及小枝上均可发生，但以主干及较大的枝干受害较多，另外还可严重为害果实。枝干受害，初期以皮孔为中心形成瘤状突起（彩图2-109～彩图2-111），而后在突起周围逐渐形成一近圆形坏死斑（彩图2-112、彩图2-113），秋后病斑边缘产生裂缝，并翘起呈马鞍形（彩图2-114、彩图2-115）；第二年病斑上逐渐产生稀疏的小黑点（彩图2-116），同时病斑继续向外扩展，在裂缝外又形成一圈环形坏死斑，秋后该坏死环斑外又开裂、翘起（彩图2-117）。如此，病斑连年扩展，即形成了轮纹状病斑（彩图2-118）。枝干上病斑多时，导致树皮粗糙（彩图2-119），故俗称"粗皮病"。轮纹病斑一般较浅，容易剥离，特别在一年生及细小枝条上（彩图2-120～彩图2-124）。但在弱树的小枝或弱枝上，病斑突起多不明显（彩图2-125），且向外扩展较快，病斑面积较大（彩图2-126），并可侵入皮层内部，深达木质部，严重时病斑连片，造成枝条衰弱甚至枯死（彩图2-127），这类病斑上当年即可散生出稀疏的小黑点（彩图2-128）。在衰弱老树或枝干上，由于病斑数量很大，枝干表面布满瘤状病斑（彩图2-129），病斑周围的坏死斑不易出现，但这类病树逐渐衰弱，易造成植株枯死、甚至果园毁灭。若当树势恢复强壮后，浅层病斑组织有时开裂翘起（彩图2-130）。

彩图2-107　枝干轮纹病导致树体枯死

果实受害，形成轮纹状果实腐烂，即"轮纹烂果病"。

【病原】梨生囊壳孢（*Physalospora piricola* Nose），属于子囊菌亚门核菌纲球壳菌目；无性阶段为轮纹大茎点（*Macrophoma kawatsukai* Hara），属于半知菌亚门腔孢纲球壳孢目。自然界常见其无性阶段，有性阶段很少发生。病斑上的小黑点即为病菌的分生孢子器，内生大量分生孢子。

该病菌寄主范围很广，除为害苹果属果树外，还可侵害梨树、桃树、山楂、核桃、板栗、枣树、杏树、李树、柑橘等多种果树。苹果树上以富士系品种受害最重。

彩图2-108　枝干轮纹病导致果园接近毁灭

彩图2-109　发病初期，病斑呈瘤状突起

彩图2-110　当年生枝上的轮纹病斑

彩图2-111　小枝上的一年生轮纹病斑

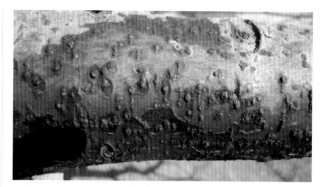

彩图2-112　一年生的轮纹病斑

彩图2-113　有时病斑边缘隆起

彩图2-114　一年生病斑，边缘开裂翘起

彩图2-115　有时病斑不隆起，平或凹陷

彩图2-116　病斑上散生许多小黑点

彩图2-117 两年生枝干轮纹病斑

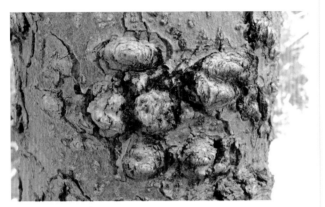

彩图2-118 多年生轮纹病斑

彩图2-119 枝干轮纹病严重时，导致树皮粗糙

彩图2-120 当年生枝上的轮纹病斑，仅为害表层

彩图2-121 瘤状病斑一般为害较浅

彩图2-122 枝干上已产生小黑点的轮纹病斑

彩图2-123 轮纹病斑的皮下坏死组织

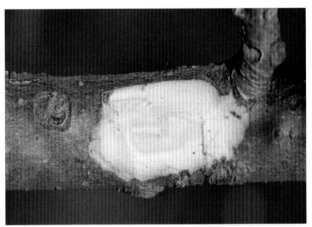

彩图2-124 枝干轮纹病斑一般只为害树皮的浅层组织，很难达木质部

彩图2-125 在衰弱枝上，初期病斑有时不隆起

彩图2-126 衰弱树上，病斑扩展快且大

彩图2-127 衰弱枝上，病斑扩展连片

彩图2-128 在衰弱枝条上，当年生病斑上即可产生小黑点

彩图2-129 严重时，枝干上布满轮纹病瘤

彩图2-130 树势强壮时，浅层受害组织开裂翘起

【发病规律】病菌主要以菌丝体、分生孢子器在枝干病斑上越冬，有时也可以子囊壳越冬，菌丝体在病组织中可存活4～5年。生长季节，小黑点上产生并溢出大量病菌孢子（灰白色黏液），以6～8月份散发量最大。主要通过风雨进行传播，传播距离一般不超过10米。病菌多从皮孔侵染为害。当年生病斑上一般不产生小黑点（分生孢子器）及病菌孢子，但衰弱枝上的病斑可产生小黑点（很难产生病菌孢子）。

老树、弱树及衰弱枝抗病力低，病害发生严重。有机肥使用量小、土壤有机质贫乏、氮肥施用量大的果园病害发生较重。管理粗放、土壤瘠薄的果园受害严重，枝干环剥可以加重该病的发生（彩图2-131）。夏季多雨潮湿有利于病菌的传播侵害。富士系苹果、元帅系苹果枝干轮纹病最重。

彩图2-131 多年环剥导致树势衰弱，枝干轮纹病严重发生

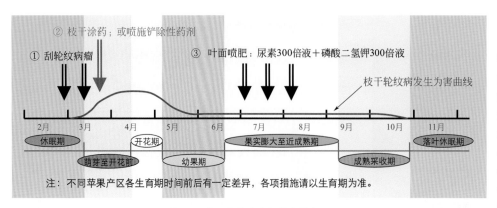

① 刮轮纹病瘤
② 枝干涂药；或喷施铲除性药剂
③ 叶面喷肥：尿素300倍液＋磷酸二氢钾300倍液
枝干轮纹病发生为害曲线

2月　3月　4月　5月　6月　7月　8月　9月　10月　11月
休眠期　　开花期　　　　　　果实膨大至近成熟期　　　　落叶休眠期
　萌芽至开花前　　　幼果期　　　　　　　　成熟采收期

注：不同苹果产区各生育期时间前后有一定差异，各项措施请以生育期为准。

图2-3　枝干轮纹病防控技术模式图

【防控技术】以加强栽培管理、壮树防病为基础，适当刮除病瘤、铲除树体带菌为辅助（图2-3）。

1.加强栽培管理，壮树防病　增施农家肥、粗肥等有机肥，按比例科学使用氮、磷、钾肥及中微量元素肥料。根据树势及施肥水平，科学调整结果量。加强修剪整形管理，尽量少环剥或不环剥。新梢停止生长后适时叶面喷肥（尿素300倍液＋磷酸二氢钾300倍液）。培强树势，提高树体抗病能力。

2.刮治病瘤，消灭病菌　发芽前，刮治枝干病瘤，集中销毁病残组织。刮治轮纹病瘤时应适当轻刮，只把表面硬皮刮破即可（彩图2-132、彩图2-133）。而后枝干涂药，杀灭残余病菌（彩图2-134）。效果较好的药剂为：甲托油膏［70%甲基托布津可湿性粉剂：植物油＝1：（20～25）］、30%戊唑·多菌灵悬浮剂150～200倍液、41%甲硫·戊唑醇悬浮剂150～200倍液、60%铜钙·多菌灵可湿性粉剂100～150倍液、40%氟硅唑乳油600～800倍液等。需要注意，甲基硫菌灵必须使用纯品，不能使用复配制剂，以免发生药害，导致死树；树势衰弱时，刮病瘤后不建议涂用甲托油膏。

3.喷药铲除残余病菌

发芽前，全园喷施1次铲除性药剂，铲除树体残余病菌，并保护枝干免遭病菌侵害。常用有效药剂有：30%戊唑·多菌灵悬浮剂400～600倍液、41%甲硫·戊唑醇悬浮剂400～500倍液、60%铜钙·多菌灵可湿性粉剂300～400倍液、77%硫酸铜钙可湿性粉剂300～400倍液、45%代森铵水剂200～300倍液等。喷药时，若在药液中混加有机硅类等渗透助剂，对铲除树体带菌效果更好；若刮除病斑后再喷药，铲除杀菌效果更佳（彩图2-135、彩图2-136）。

彩图2-133　早春刮除枝干轮纹病瘤的果园

彩图2-132　枝干轮纹病瘤刮除程度

彩图2-134　主干轮纹病瘤刮除后涂抹药剂状

彩图2-135　经过有效治疗后，枝干基本不再受害

彩图2-136　几年有效预防后，枝干上基本不再形成病瘤

木腐病

木腐病又称心腐病、心材腐朽病，是老龄树上普遍发生的一种枝干病害，在各苹果产区均有发生。病树树势衰弱，生长不良，枝干承载力降低，易被压断或被风吹断。该病除为害苹果树外，还可侵害梨树、桃树、杏树、李树、樱桃、核桃、柿树、枣树、杨、柳、榆、槐等多种果树及林木。

【症状诊断】木腐病主要为害主干、主枝及大枝，以老树、弱树受害较多。病树木质部腐朽，淡褐色疏松，间杂有白色至灰白色菌丝层（彩图2-137、彩图2-138），质软而脆，手捏易碎，刮大风时容易从病部折断。后期，从伤口处产生病菌结构，该结构因病菌种类不同而有膏药状（彩图2-139）、马蹄状（彩图2-140）、贝壳状（彩图2-141）、覆瓦状（彩图2-142）、馒头状（彩图2-143）、扇状（彩图2-144）等多种形状，灰白色至灰褐色（彩图2-145）。

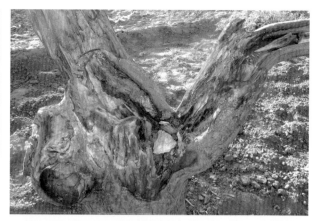

彩图2-137　病树木质部腐朽状

彩图2-138　木腐病导致苹果树木质部朽烂

彩图2-139　病树上的膏药状病菌结构

彩图2-140　病树上的马蹄状病菌结构

彩图2-141　病树上的贝壳状病菌结构

彩图2-142　病树上的覆瓦状病菌结构

彩图2-143　病树上的馒头状病菌结构

彩图2-144　病树上的扇形病菌结构

彩图2-145　引起木腐病的多孔菌

病树树势衰弱，生长不良，结果量降低，发芽开花晚，落叶早，有时叶片变黄。严重时，树体逐渐枯死。

【病原】木腐病可由多种病菌引起，均为弱寄生性真菌。常见种类有：裂褶菌（*Schizophyllum commune* Fr.）、苹果木层孔菌（*Phellinus pomaceus*）、烟色多孔菌 [*Polyporus adustus*（Willd）Fr.]、多毛栓菌（*Trametes hispida* Bagl.）、特罗格粗毛栓菌（*T.gallica*）等，均属于担子菌亚门。病树表面产生的各种病菌结构均为病菌的有性子实体，其上均可产生并散出大量病菌孢子。

【发病规律】各种木腐病菌均以多年生菌丝体和病菌子实体在病树及病残体上越冬，在树体木质部内扩展为害。条件适宜时子实体上产生病菌孢子，通过风雨或气流传播，从伤口侵染为害，特别是长期不能愈合的剪锯口。老树、弱树受害较重，管理粗放的果园发病较多。

【防控技术】加强栽培管理、壮树防病是基础，配合以促进伤口愈合、保护伤口等措施。

1.加强栽培管理　增施有机肥及农家肥，科学使用氮、磷、钾、钙肥及中微量元素肥料，合理调整结果量，培育壮树，提高树体抗病能力。

2.避免出现伤口与保护伤口　注意防治蛀干害虫，避免造成虫伤。剪口、锯口等机械伤口及时进行保护，如涂药（有效药剂同"腐烂病"病斑涂抹药剂）、刷漆、贴膜等，促进伤口愈合，防止病菌侵染。

3.及时刮除病菌子实体　病树伤口处产生的病菌子实体要及时彻底刮除，并集中烧毁，消灭或减少园内病菌，并在伤口处涂药保护。有效药剂同上述。

膏药病

膏药病主要发生在南方果区，常见有褐色膏药病和灰色膏药病两种，主要造成树势衰弱、生长不良，很难导致死树。

【症状诊断】膏药病主要为害枝干及小枝，发病后的主要症状特点是在为害部位表面产生一层圆形或不规则形状的膏药状菌膜。

褐色膏药病　菌膜褐色至栗褐色，表面呈天鹅绒状，边缘有一圈较狭窄的灰白色薄膜，后灰白色菌膜逐渐变为紫褐色至暗褐色（彩图2-146）。

灰色膏药病 菌膜灰白色至暗灰色，表面比较光滑。后期菌膜由灰白色至暗灰色变为紫褐色至黑色（彩图2-147）。

彩图2-146　褐色膏药病

彩图2-147　灰色膏药病

【病原】褐色膏药病由田中式卷担子（*Helicobasidium tanakae* Miyabe）引起，属于担子菌亚门层菌纲木耳目；灰色膏药病由茂物隔担耳（*Septobasidium bogoriense* Pat.）引起，属于担子菌亚门层菌纲隔担菌目。病斑表面的膏药状菌膜即为病菌的担子果，其上着生大量病菌孢子。

【发病规律】两种病菌均以菌膜在枝干表面越冬，病菌孢子通过风雨和昆虫进行传播，以介壳虫的分泌物为养分进行附生生长。所以，介壳虫发生为害严重的果园，该病亦常发生较重。严重时，菌膜下枝干皮层容易腐烂，导致树势衰弱。

【防控技术】以治虫防病为基础，首先要及时防控介壳虫的发生为害。其次为刮治菌膜，及时发现及时治疗。用小刀或竹片将枝干表面上的菌膜刮除，然后涂抹20%石灰乳、或77%硫酸铜钙可湿性粉剂50～70倍液、或3～5波美度石硫合剂、或45%石硫合剂晶体30～40倍液；也可直接在菌膜上涂抹77%硫酸铜钙可湿性粉剂30～50倍液，杀灭病菌。

银叶病

银叶病是一种系统侵染的真菌性病害，为苹果树的严重病害之一，在全国许多苹果产区均有不同程度发生，但以黄河故道地区的果园较为常见。病树树势衰弱，果实变小，产量降低，严重时全株枯死。该病除为害苹果树外，还可侵害梨树、桃树、杏树、李树、樱桃、枣树等多种果树。

【症状诊断】银叶病主要在叶片上表现明显症状，典型特征是叶片呈银灰色，并有光泽（彩图2-148）。该病主要为害枝干的木质部，病菌侵入后在木质部内生长蔓延，向上可蔓延至一、二年生枝条，向下可蔓延到根部，导致木质部变褐、干燥（彩图2-149、彩图2-150），有腥味，但组织不腐烂。同时，病菌在木质部内产生毒素，毒素向上输导至叶片后，使叶片表皮与叶肉分离，间隙中充满空气，在阳光下呈灰色并略带银白色光泽（彩图2-151），故称为"银叶病"。在同一树上，往往先从一个枝条上表现症状，后逐渐扩展到全树，使全树叶片均表现银叶。银叶症状在秋季较明显，且银叶症状越重，木质部变色越深。重病树的病叶上常出现不规则褐色斑块，用手指搓捻，病叶表皮容易破碎、卷曲，脱离叶肉。轻病树树势衰弱，发芽迟缓，叶片较小，结果能力逐渐降低；重病树根系逐渐腐烂死亡，最后导致整株枯死。病树枯死后，在枝干表面可产生边缘卷曲的覆瓦状淡紫色病菌结构（彩图2-152、彩图2-153）。

彩图2-148　病健（中）叶片比较

彩图2-149　病枝条（右）与健枝条斜剖面比较

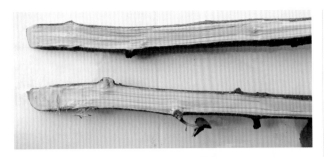

彩图2-150 病枝（上）木质部颜色明显变褐

彩图2-151 病梢（左）与健梢比较

彩图2-152 病树枝干表面逐渐产生病菌子实体（初期）

彩图2-153 病菌成熟子实体

【病原】紫软韧革菌［*Chondrostereum purpureum*（Pers.ex Fr.）Pougar］，属于担子菌亚门层菌纲非褶菌目，病死树枝干表面产生的淡紫色覆瓦状病菌结构即为病菌有性阶段的子实体，又称担子果，具有浓烈的腥味，其下表面着生子实层，产生担孢子。

【发病规律】病菌主要以菌丝体在病树枝干的木质部内越冬，也可以子实体在病树表面越冬。生长季节遇阴雨连绵时，子实体上产生病菌孢子，该孢子通过气流或雨水传播，从各种伤口（如剪口、锯口、破裂口及各种机械伤口等）侵入寄主组织。病菌侵染树体后，在木质部中生长蔓延，上下双向扩展，直至全株。病树2～3年即可全株枯死。据田间调查，病菌产生子实体一年有5～6月和9～10月两个高峰。

春、秋两季，树体内富含营养物质，有利于病菌侵染。修剪不当，树体表面机械伤口多，利于病菌侵染。土壤黏重、排水不良、地下水位较高、树势衰弱等，均可加重银叶病的发生为害。一般果园内，大树易感染银叶病，幼树发病较轻。

【防控技术】以加强果园管理、增强树势、搞好果园卫生为重点，及时治疗轻病树为辅助。

1. 加强果园管理 增施农家肥等有机肥，改良土壤，雨季注意及时排水，培育壮树，提高树体抗病能力。根据树体状况合理调整结果量，并及时树立支棍，避免枝干劈裂。尽量避免对树体造成各种机械伤口，并及时涂药保护各种修剪伤口，促进伤口愈合。效果较好的保护药剂有：77%硫酸铜钙可湿性粉剂50～100倍液、2.12%腐植酸铜水剂原液、1%硫酸铜溶液、5～10波美度石硫合剂、45%石硫合剂晶体10～20倍液、硫酸-8-羟基喹啉等。

2. 搞好果园卫生 及时铲除重病树及病死树，从树干基部锯除，并除掉根蘖苗，而后带到园外销毁。轻病树彻底锯除病枝，直到木质部颜色正常处为止。枝干表面发现病菌子实体时，彻底刮除，并将刮除的病菌组织集中烧毁或深埋，然后对伤口涂药消毒。有效药剂同上述。

3. 及时治疗轻病树 轻病树可用树干埋施硫酸-8-羟基喹啉的方法进行治疗，早春治疗（树体水分上升时）效果较好。一般使用直径1.5厘米的钻孔器在树干上钻3厘米深的孔洞，将药剂塞入洞内，每孔塞入1克药剂，而后用软木塞或宽胶带或泥土将洞口封好。用药点多少根据树体大小及病情轻重而定，树大点多、树小点少，病重点多、病轻点少。

白粉病

白粉病是苹果树上的一种常见病害，在各苹果产区均有发生，近几年在西北苹果产区的为害呈加重趋势，严重果园病梢率达30%左右，甚至许多花序亦常受害。该病除为害苹果外，还可侵害海棠、沙果、山荆子、槟子等。

【症状诊断】白粉病主要为害嫩梢和叶片，也可为害花序、幼果、芽及苗木，发病后的主要症状特点是在受害部位表面产生一层白粉状物（彩图2-154）。

彩图2-154　病叶正面布满白色粉层

彩图2-156　病梢上嫩叶全部发病

　　新梢受害，由病芽萌发形成，嫩叶和枝梢表面覆盖一层白粉（彩图2-155），病梢细弱、节间短（彩图2-156、彩图2-157）。严重时，一个枝条上可有多个病芽萌发形成的病梢（彩图2-158、彩图2-159），梢上病叶狭长，叶缘上卷，扭曲畸形（彩图2-160、彩图2-161），质硬而脆。后期新梢停止生长，叶片逐渐变褐枯死、甚至脱落（彩图2-162、彩图2-163），形成干橛。适宜条件下，秋季病斑表面可产生许多黑色毛刺状物（彩图2-164）。秋季嫩梢也可受害，表面产生白粉状物（彩图2-165、彩图2-166）及黑色毛刺状物（彩图2-167）。展叶后受害的叶片，发病初期产生近圆形白色粉斑（彩图2-168、彩图2-169），病叶多凹凸不平、甚至皱缩扭曲（彩图2-170、彩图2-171），严重时全叶逐渐布满白色粉层（彩图2-172、彩图2-173）；后期病叶表面也可产生黑色毛刺状物（彩图2-174、彩图2-175），特别是叶柄及叶脉上（彩图2-176），病叶易干枯脱落。花器受害，多由病花芽萌发形成，花萼及花柄扭曲，花瓣细长瘦弱，病部表面产生白粉（彩图2-177），病花很难坐果。幼果受害，多在萼凹处产生病斑，病斑表面布满白粉，后期病斑处表皮变褐常形成网状锈斑；有时幼果果柄也可受害（彩图2-178）。苗木受害，多从上部叶片开始发生，叶片及嫩茎表面常布满白粉状物（彩图2-179、彩图2-180）。

彩图2-157　严重病梢，嫩叶细小扭曲

彩图2-158　顶芽、亚顶芽一同形成病梢

彩图2-155　病梢叶片背面布满白粉状物

彩图2-159　枝条上许多侧芽受害病梢

彩图 2-160　侧芽病梢受害状

彩图 2-164　嫩枝白粉层上丛生大量黑色毛刺状物

彩图 2-161　顶芽病梢，叶片成柳叶状

彩图 2-165　秋季嫩梢受害状

彩图 2-162　顶芽病梢中后期症状

彩图 2-166　嫩枝受害，表面产生的白粉层

彩图 2-163　病梢逐渐枯死

彩图 2-167　嫩枝白粉病斑上开始产生黑色毛刺状物

彩图2-168　当年侵染的叶背白粉病斑

彩图2-172　当年受害叶片，背面布满白粉状物

彩图2-169　当年侵染的叶面白粉病斑

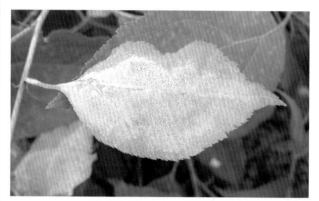

彩图2-173　当年受害叶片，叶面布满白粉状物

彩图2-170　当年受害叶片，畸形扭曲（叶背）

彩图2-174　当年受害叶片，叶背白粉层上开始产生黑刺状物

彩图2-171　当年受害叶片，畸形扭曲（叶面）

彩图2-175　当年受害叶片，叶面白粉层上开始产生黑刺状物

彩图2-176 当年受害叶片,叶背白粉层上后期产生黑刺状物

彩图2-177 花芽病梢

彩图2-178 幼果果柄受害状(罗雪娟提供)

彩图2-179 苗木顶芽病梢

彩图2-180 苗木当年受害嫩梢

【病原】白叉丝单囊壳 [*Podosphaera leucotricha*(Ell. et Ev.)Salm.],属于子囊菌亚门核菌纲白粉菌目;无性阶段为苹果粉孢霉(*Oidium* sp.),属于半知菌亚门丝孢纲丝孢目。病斑表面的白粉状物即为病菌无性阶段的分生孢子梗和分生孢子,黑色毛刺状物为其有性阶段的闭囊壳。

【发病规律】病菌主要以菌丝体在病芽内越冬,其中以顶芽带菌率最高,第一侧芽次之。第二年,病芽萌发形成病梢,产生大量分生孢子,成为初侵染来源。分生孢子通过气流传播,从气孔侵染幼叶、幼果、嫩芽、嫩梢进行为害,经3~6天的潜育期后发病。该病有多次再侵染,5~6月份为发病盛期,也是病菌侵染新芽的重点时期,7~8月份高温季节病情停滞,8月底在秋梢上又出现一个发病小高峰。病菌主要侵害幼嫩叶片,一年有两个为害高峰,与新梢生长期相吻合,但以春梢生长期为害较重。

白粉病菌喜湿怕水,春季温暖干旱、夏季多雨凉爽、秋季晴朗,有利于病害的发生和流行;连续下雨会抑制白粉病的发生。一般在干旱年份的潮湿环境中发生较重。果园偏施氮肥或钾肥不足、树冠郁闭、土壤黏重、积水过多发病较重。

【防控技术】白粉病防控技术模式如图2-4所示。

1.加强果园管理 合理施肥,合理密植,科学修剪,控制灌水,创造不利于病害发生的环境条件。往年发病较重的果园,开花前、后及时巡回检查并剪除病梢,集中深埋或销毁,7~10天1次,减少果园内发病中心及菌量。也可利用顶芽带菌率高的习性,对重病果园或重病树进行连续几年的顶芽重剪,在一定程度上清除越冬菌源。

2.及时喷药防控 一般果园在萌芽后开花前和落花后各喷药1次即可有效控制该病的发生为害;往年病害严重的果园,还需在落花后半月左右再喷药1次。效果较好的药剂有:40%腈菌唑可湿性粉剂6000~8000倍液、10%苯醚甲环唑水分散粒剂1500~2000倍液、12.5%烯唑醇可湿性粉剂2000~2500倍液、25%戊唑醇水乳剂2000~2500倍液、25%乙嘧酚悬浮剂800~1000倍液、4%四氟醚唑水乳剂600~800倍液、250克/升吡唑醚菌酯乳油2500~3000倍液、30%戊唑·多菌灵悬浮剂800~1000倍液、41%

甲硫·戊唑醇悬浮剂 600～800倍液、70%甲基硫菌灵可湿性粉剂或500克/升悬浮剂800～1000倍液及15%三唑酮可湿性粉剂1000～1200倍液等。如果春梢期病害发生较重，秋梢期则应再喷施上述药剂2～3次。

在苗圃中，从发病初期开始喷药，连喷2次左右上述药剂，即可控制苗木受害。

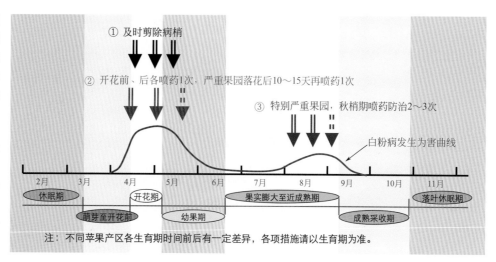

① 及时剪除病梢

② 开花前、后各喷药1次，严重果园落花后10～15天再喷药1次

③ 特别严重果园，秋梢期喷药防治2～3次

白粉病发生为害曲线

休眠期　　萌芽至开花前　　开花期　　幼果期　　果实膨大至近成熟期　　成熟采收期　　落叶休眠期

2月 3月 4月 5月 6月 7月 8月 9月 10月 11月

注：不同苹果产区各生育期时间前后有一定差异，各项措施请以生育期为准。

图2-4　白粉病防控技术模式图

斑点落叶病

斑点落叶病是造成苹果早期落叶的重要病害之一，在全国各苹果产区均有不同程度发生，特别在沿海果区及甘肃天水果区发生为害较重，严重年份的果园常造成大量早期落叶。元帅系品种感病较重，富士系品种抗病性较强。

【症状诊断】斑点落叶病主要为害叶片，也可为害叶柄、果实及一年生枝条。叶片受害，主要发生在嫩叶阶段（彩图2-181～彩图2-183），全年分为春季高峰和秋季高峰。发病初期，形成褐色圆形小斑点，直径2～3毫米（彩图2-184），在感病品种上初期病斑较大（彩图2-185）；后逐渐扩大成褐色至红褐色病斑，直径6～10毫米或更大，边缘紫褐色（彩图2-186、彩图2-187），近圆形或不规则形（彩图2-188、彩图2-189），典型病斑呈同心轮纹状（彩图2-190、彩图2-191）；有时一张叶片上同时发生许多病斑（彩图2-192）；严重时，病斑扩展联合，形成不规则形大斑（彩图2-193），病叶多扭曲变形，枝梢上许多叶片受害（彩图2-194、彩图2-195），并常造成早期落叶（彩图2-196、彩图2-197）。湿度大时，病斑表面可产生墨绿色至黑色霉状物（彩图2-198）。后期（特别是秋季），病斑变灰褐色，有时易破碎，甚至形成不规则穿孔（彩图2-199）。叶柄受害，形成褐色长条形病斑，稍凹陷，易造成叶片脱落（彩图2-200）。

果实受害，多发生在近成熟期后，形成褐色至黑褐色圆形凹陷病斑，边缘常有红色晕圈，直径多为2～3毫米（彩图2-201），不造成果实腐烂。枝条受害，多发生在一年生枝上，形成灰褐色至褐色凹陷坏死病斑，椭圆形至长椭圆形，直径2～6毫米，后期边缘常开裂。

彩图2-182　嫩梢叶片容易受害

彩图2-183　后期，嫩叶严重受害状

彩图2-181　嫩叶上的早期病斑

彩图2-184 初期病斑呈褐色小斑点

彩图2-188 叶片上的不规则形病斑

彩图2-185 感病品种叶片上的初期病斑

彩图2-189 不规则形病斑及其同心轮纹

彩图2-186 病斑边缘具有褐色晕环

彩图2-190 感病品种叶片上的典型病斑（中前期）

彩图2-187 具有褐色边缘的不规则形轮纹状病斑

彩图2-191 典型病斑，表面具有同心轮纹

彩图2-192　一张叶片同时受许多病斑为害

彩图2-196　大量叶片因斑点落叶病早期脱落

彩图2-193　许多病斑扩展连成不规则大斑

彩图2-197　脱落在地的斑点落叶病病叶

彩图2-194　许多枝梢叶片受害

彩图2-198　病斑表面产生黑色霉状物

彩图2-195　枝梢叶片严重受害状

彩图2-199　斑点落叶病后期病斑

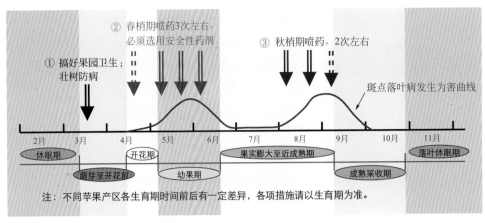

① 搞好果园卫生；
壮树防病

② 春梢期喷药3次左右，
必须选用安全性药剂

③ 秋梢期喷药，2次左右

斑点落叶病发生为害曲线

2月　3月　4月　5月　6月　7月　8月　9月　10月　11月

休眠期　　　开花期　　　　　　果实膨大至近成熟期　　　　落叶休眠期
　　萌芽至开花前　幼果期　　　　　　　　　　　成熟采收期

注：不同苹果产区各生育期时间前后有一定差异，各项措施请以生育期为准。

图2-5　斑点落叶病防控技术模式图

彩图2-200　斑点落叶病的叶柄病斑

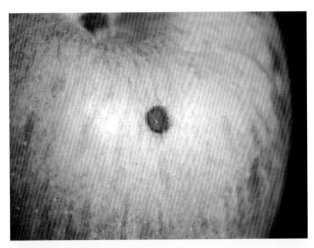

彩图2-201　果实上的斑点落叶病病斑

【病原】苹果链格孢霉强毒株系（*Alternaria mali* A.Roberts），属于半知菌亚门丝孢纲丝孢目。病斑表面产生的墨绿色至黑色霉状物即为病菌的分生孢子梗和分生孢子。

【发病规律】病菌主要以菌丝体在落叶和枝条上越冬，翌年条件适宜时产生分生孢子，通过气流及风雨传播，直接从气孔进行侵染，幼嫩叶片容易受害。该病潜育期很短，侵染1～2天后即可发病，再侵染次数多，流行性很强。病菌对苹果叶片具有很强的致病性，叶片上有3～5个病斑时即能导致落叶。每年有春梢期（5月初至6月中旬）

和秋梢期（8～9月）两个为害高峰，防治不当时有可能造成两次大量落叶，但以秋梢期发生为害较重。

斑点落叶病的发生轻重主要与降雨和品种关系密切，高温多雨时有利于病害发生，春季干旱年份病害始发期推迟，夏秋季降雨多发病重。另外，有黄叶病的叶片容易受害。元帅系品种最易感病，有些沿海地区富士系品种也容易受害。此外，树势衰弱、通风透光不良、地势低洼、地下水位高、枝细叶嫩及沿海地区等情况下均易发病。

【防控技术】关键是在搞好果园管理的基础上进行早期药剂防控。春梢期防控病菌侵染、减少园内菌量，秋梢期防控病害扩散蔓延、避免造成早期落叶（图2-5）。

1.加强果园管理　结合冬剪，彻底剪除病枝。落叶后至发芽前彻底清除落叶，集中烧毁，消灭病菌越冬场所。合理修剪，促使树冠通风透光，降低园内环境湿度。地势低洼、水位高的果园注意及时排水。增施农家肥等有机肥及中微量元素肥料，培强树势，提高树体抗病能力。往年有黄叶病发生的果园，一方面结合施用有机肥科学混施铁肥，另一方面在新梢生长期及时喷施速效铁肥。

2.科学药剂防控　这是有效防控斑点落叶病发生为害的主要措施。关键要抓住两个为害高峰：春梢期从落花后即开始喷药（严重地区花序呈铃铛球期喷第1次药），10天左右1次，需喷药3次左右；秋梢期根据降雨情况在雨季及时喷药保护，一般喷药2次左右即可控制该病为害（元帅系品种需喷药3次左右）。常用有效药剂有：10%多抗霉素可湿性粉剂1000～1500倍液、1.5%多抗霉素可湿性粉剂300～400倍液、250克/升吡唑醚菌酯乳油2000～2500倍液、80%代森锰锌（全络合态）可湿性粉剂600～800倍液、45%异菌脲悬浮剂或50%可湿性粉剂1000～1500倍液、430克/升戊唑醇悬浮剂3000～4000倍液、10%苯醚甲环唑水分散粒剂1500～2000倍液、50%克菌丹可湿性粉剂500～600倍液、30%戊唑·多菌灵悬浮剂700～800倍液、41%甲硫·戊唑醇悬浮剂600～800倍液及68.75%噁酮·锰锌水分散粒剂1000～1500倍液等。在雨前喷药效果较好，但必须选用耐雨水冲刷药剂。

◼ 轮斑病 ◼

轮斑病又称轮纹叶斑病、大斑病、大星病，在全国各苹果产区均有发生，但一般为害较轻。

【症状诊断】轮斑病主要为害叶片，以成熟叶片受害较多。病斑多从叶缘或叶中开始发生（彩图2-202），初为褐色斑点，逐渐扩展成半圆形或近圆形褐色坏死病斑，具

彩图2-202　病斑多从叶尖或叶缘开始发生

彩图2-203　典型病斑，具有明显同心轮纹

彩图2-204　病斑的叶片背面

明显或不明显同心轮纹（彩图2-203、彩图2-204），边缘清晰。病斑较大，直径多为2～3厘米。潮湿时，病斑表面产生有黑褐色至黑色霉状物（彩图2-205），不易造成叶片脱落。

【病原】苹果链格孢霉（*Alternaria mali* Roberts），属于半知菌亚门丝孢纲丝孢目，病斑表面的霉状物即为病菌的分生孢子梗和分生孢子。

【发病规律】病菌主要以菌丝体或分生孢子在病落叶上越冬。第二年条件适宜时产生分生孢子，通过风雨传播，直接或从伤口侵染叶片进行为害。该病多从8月份开始发生，多雨潮湿、树势衰弱常加重该病为害；元帅系品种容易染病，富士系品种抗病性较强。轮斑病多为零星发生，很少造成落叶。

彩图2-205　病斑表面产生有黑色霉状物

【防控技术】轮斑病防控技术模式如图2-6所示。

1.加强果园管理　增施农家肥等有机肥，科学使用速效化肥，培强树势。科学修剪，合理调整结果量，低洼果园注意及时排水。落叶后至发芽前彻底清除树上、树下的病残落叶，搞好果园卫生，清除越冬菌源。

2.适当喷药防控　轮斑病一般不需单独喷药防控，个别往年发病严重的果园从发病初期开始喷药，10～15天1次，连喷2次左右即可有效控制该病的发生为害。效果较好的有效药剂有：70%甲基硫菌灵可湿性粉剂或500克/升悬浮剂800～1000倍液、10%苯醚甲环唑水分散粒剂1500～2000倍液、25%戊唑醇乳油或水乳剂2000～2500倍液、30%戊唑·多菌灵悬浮剂800～1000倍液、41%甲硫·戊唑醇悬浮剂700～800倍液、1.5%多抗霉素可湿性粉剂300～400倍液、80%代森锰锌可湿性粉剂600～800倍液、50%克菌丹可湿性粉剂500～600倍液等；全套袋果园套袋后还可选用77%硫酸铜钙可湿性粉剂500～600倍液、60%铜钙·多菌灵可湿性粉剂400～500倍液及1：（2～3）：（200～240）倍波尔多液等铜素杀菌剂。

褐斑病

褐斑病又称绿缘褐斑病，是苹果早期落叶病的最重要病害之一，全国各苹果产区均有发生，每年均需喷药防控。

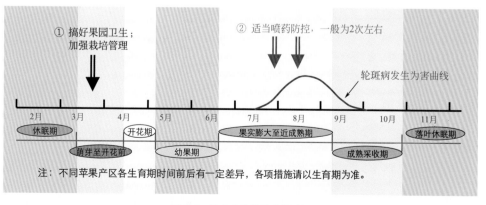

图2-6　轮斑病防控技术模式图

注：不同苹果产区各生育期时间前后有一定差异，各项措施请以生育期为准。

在多雨潮湿年份的果园，防控不当常造成大量早期落叶。受害严重果园7月份即开始落叶，8月份已造成大量落叶，并导致发二次芽、长二次叶、开二次花，对树势和产量影响很大（彩图2-206～彩图2-209）。

【症状诊断】褐斑病主要为害叶片、造成早期落叶，有时也可为害果实。叶片发病后的主要症状特点是：病斑中部褐色，边缘绿色，外围变黄，病斑上产生许多小黑点，病叶极易变黄脱落（彩图2-210～彩图2-213）。

彩图2-209 落叶后导致"二次发芽"

彩图2-206 褐斑病为害，从中下部叶片开始脱落

彩图2-210 褐斑病发生为害早期

彩图2-207 褐斑病严重时，树体叶片几乎落光

彩图2-211 病斑外围具有明显绿缘

彩图2-208 褐斑病叶片脱落满地

彩图2-212 褐斑病后期病斑

叶片受害，症状分为三种类型。

同心轮纹型 病斑近圆形，较大，直径多为6～12毫米，边缘清楚，病斑上小黑点排列成近轮纹状。叶背为暗褐色，四周浅褐色，无明显边缘（彩图2-214～彩图2-216）。

针芒型 病斑小，数量多，呈针芒放射状向外扩展，没有明显边缘，无固定形状，常遍布整张叶片，小黑点呈放射状排列或排列不规则。后期病叶逐渐变黄，病斑周围及叶背呈绿褐色（彩图2-217～彩图2-219）。

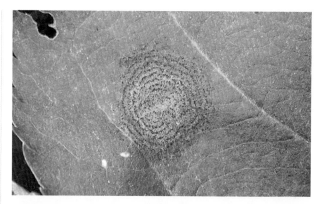

彩图2-216 同心轮纹型病斑局部放大

彩图2-213 病叶易变黄脱落

彩图2-217 针芒型初期病斑

彩图2-214 同心轮纹型初期病斑

彩图2-218 针芒型病斑（典型），叶片变黄

彩图2-215 同心轮纹型典型病斑

彩图2-219 针芒型病斑局部放大

混合型 病斑大，近圆形或不规则形，中部小黑点呈近轮纹状排列或散生，边缘有放射状褐色条纹或放射状排列的小黑点（彩图2-220、彩图2-221）。

果实多在近成熟期开始受害，病斑圆形，褐色至黑褐色，直径6～12毫米，中部凹陷，表面散生小黑点（彩图2-222）。仅果实表层及浅层果肉受害，病果肉呈褐色海绵状干腐（彩图2-223），有时病斑表面常发生开裂（彩图2-224）。

彩图2-220 混合型典型病斑

彩图2-221 混合型病斑局部放大

彩图2-222 果实表面的褐斑病病斑

彩图2-223 果实病斑皮下果肉海绵状

彩图2-224 果实病斑表面发生开裂

【病原】苹果盘二孢［*Marssonina mali*（P.Henn）Ito］，属于半知菌亚门腔孢纲黑盘孢目，病斑上的小黑点即为病菌的分生孢子盘，其上产生大量分生孢子。

【发病规律】病菌主要以菌丝体和分生孢子盘在病落叶上越冬。第二年潮湿环境时越冬病菌产生大量分生孢子，通过风雨（雨滴反溅为主）进行传播，直接侵染叶片为害。树冠下部和内膛叶片最先发病，而后逐渐向上及外围蔓延。该病潜育期短，一般为6～12天（随气温升高潜育期缩短），在果园内有多次再侵染，流行性很强。从病菌侵染到引起落叶一般为13～55天。

褐斑病发生轻重，主要取决于降雨情况，尤其是5～6月份的降雨情况，雨多、雨早病重，干旱年份病轻。5～6月份的降雨主要影响越冬病菌向上传播侵染叶片（初侵染），若此期干旱无雨，即使7、8月份雨水较多，褐斑病也不会较重，因进入7月份后越冬病菌逐渐死亡，而后期病害发生轻重主要取决于初侵染的情况。另外，弱树、弱枝病重，壮树病轻；树冠郁蔽病重，通风透光病轻；管理粗放果园病害发生早而重。多数苹果产区，6月上中旬开始发病，7～9月份为发病盛期。降雨多、防治不及时时，7月中下旬即开始落叶，8月中旬即可落去大半，8月下旬至9月初叶片落光，甚至导致树体二次发芽、二次长叶。

【防控技术】以彻底清除落叶、消灭越冬菌源为中心，加强栽培管理、促进果园通风透光、增强树势为基础，及时科学喷药防控为重点（图2-7）。

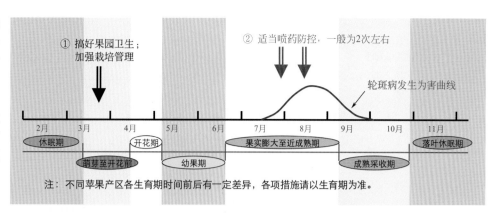

① 搞好果园卫生；加强栽培管理

② 适当喷药防控，一般为2次左右

轮斑病发生为害曲线

2月　3月　4月　5月　6月　7月　8月　9月　10月　11月

休眠期　萌芽至开花前　开花期　幼果期　果实膨大至近成熟期　成熟采收期　落叶休眠期

注：不同苹果产区各生育期时间前后有一定差异，各项措施请以生育期为准。

图2-7　褐斑病防控技术模式图

1. 搞好果园卫生，消灭越冬菌源　落叶后至发芽前，先树上、后树下彻底清除落叶，集中深埋或销毁，并在发芽前翻耕果园土壤，促进残碎病叶腐烂分解，铲除病菌越冬场所（彩图2-225）。

2. 加强栽培管理　增施农家肥等有机肥，按比例科学使用速效化肥，合理调整结果量，促使树势健壮，提高树体抗病能力。科学修剪，使树体及果园通风透光，降低园内湿度，创造不利于病害发生的生态环境。土壤黏重或地下水位高的果园要注意排水，保持适宜的土壤湿度。

彩图2-225　发芽前没有清扫落叶的果园

3. 及时喷药防控　关键是首次喷药时间，应掌握在历年发病前10天左右。第1次喷药一般应在5月底至6月上旬进行，以后每10～15天喷药1次，一般年份需喷药4～5次。对于套袋苹果，一般为套袋前喷药1次，套袋后喷药3～4次。具体喷药时间及次数应根据降雨情况灵活掌握，雨多多喷、雨少少喷，多雨年份或地区还要增喷1～2次。效果较好的内吸治疗性杀菌剂有：30%戊唑·多菌灵悬浮剂800～1000倍液、41%甲硫·戊唑醇悬浮剂700～800倍液、70%甲基硫菌灵可湿性粉剂或500克/升悬浮剂800～1000倍液、430克/升戊唑醇悬浮剂3000～4000倍液、10%苯醚甲环唑水分散粒剂1500～2000倍液、10%己唑醇乳油或悬浮剂2000～2500倍液、500克/升多菌灵悬浮剂或50%可湿性粉剂500～600倍液、60%铜钙·多菌灵可湿性粉剂500～600倍液等；效果较好的保护性杀菌剂有：80%代森锰锌（全络合态）可湿性粉剂600～800倍液、50%克菌丹可湿性粉剂500～600倍液、77%硫酸铜钙可湿性粉剂600～800倍液及1：（2～3）：（200～240）倍波尔多液等。具体喷药时，第1次建议选用内吸治疗性药剂，以后保护性药剂与内吸治疗性药剂交替使用。硫酸铜钙、铜钙·多菌灵、波尔多液均属铜素杀菌剂，防控褐斑病效果较好，但不宜在没有全套袋的苹果上使用（适用于

苹果全套袋后喷施），否则在连阴雨时可能会出现果实药害斑。另外，自行配制的波尔多液喷施后易污染叶片、果面，具体应用时需要注意（彩图2-226）。

彩图2-226　喷洒波尔多液不当，叶果受严重污染

灰斑病

灰斑病在全国各苹果产区均有发生，一般均为害较轻，很难造成早期落叶。

【症状诊断】灰斑病主要为害叶片，有时也可侵害果实。叶片受害，初期病斑呈红褐色圆形或近圆形，边缘清晰，直径多为2～6毫米；后期病斑渐变为灰白色，表面散生多个小黑点（彩图2-227）。病斑多时，常数个连合成不规则形大斑，严重时病叶呈现焦枯现象（彩图2-228）。果实受害，形成圆形或近圆形凹陷病斑，黄褐色至褐色，有时外围有深红色晕圈，后期表面散生细微小黑点。

彩图2-227　灰斑病病叶

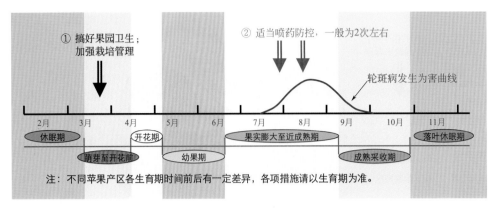

① 搞好果园卫生；
加强栽培管理

② 适当喷药防控，一般为2次左右

轮斑病发生为害曲线

| 2月 | 3月 | 4月 | 5月 | 6月 | 7月 | 8月 | 9月 | 10月 | 11月 |

休眠期　　萌芽至开花前　开花期　　幼果期　　果实膨大至近成熟期　　成熟采收期　　落叶休眠期

注：不同苹果产区各生育期时间前后有一定差异，各项措施请以生育期为准。

图2-8　灰斑病防控技术模式图

彩图2-228　许多叶片受害

【病原】梨叶点霉（*Phyllosticta pirina* Sacc.），属于半知菌亚门腔孢纲球壳孢目，病斑上的小黑点即为病菌的分生孢子器，内生大量分生孢子。

【发病规律】病菌主要以菌丝体和分生孢子器在落叶上越冬，翌年条件适宜时产生并释放出分生孢子，通过风雨传播进行侵染为害。该病在田间有再侵染。高温高湿是导致病害发生的主要因素，降雨多而早的年份病害发生早且重；另外，树势衰弱、果园郁闭、管理粗放等均可加重该病发生。

【防控技术】灰斑病防控技术模式如图2-8所示。

1.加强果园管理　增施农家肥等有机肥，按比例科学施用速效化肥或中微量元素肥料，培育壮树，提高树体抗病能力。合理修剪，促使果园通风透光，降低环境湿度。发芽前彻底清扫落叶，集中深埋或烧毁，消灭病菌越冬场所。

2.适当喷药防控　灰斑病多为零星发生，一般果园不需单独喷药防控，个别往年病害发生较重的果园，从病害发生初期开始喷药，10～15天1次，连喷2次左右即可有效控制该病的发生为害。有效药剂同"褐斑病"防控。

圆斑病

圆斑病在全国各苹果产区均有发生，一般均为害较轻，不易造成早期落叶。

【症状诊断】圆斑病主要为害叶片，也可为害果实和枝条。叶片受害，形成褐色圆形病斑，外围常有一紫褐色环纹，后期在病斑中部产生一个小黑点（彩图2-229）。果实受害，在果面上形成暗褐色圆形小斑，稍凸起，扩大后可达6毫米以上，边缘多不规则，后期表面散生出多个小黑点。枝条受害，形成淡褐色至紫色稍凹陷病斑，卵圆形或长椭圆形。

彩图2-229　圆斑病病叶

【病原】孤生叶点霉（*Phyllosticta solitaria* Ell.et Ev.），属于半知菌亚门腔孢纲球壳孢目，病斑上的小黑点即为病菌的分生孢子器，内生分生孢子。

【发病规律】病菌主要以菌丝体和分生孢子器在落叶和枝条上越冬，翌年条件适宜时产生并释放出分生孢子，通过风雨传播进行侵染为害，田间有再侵染。多雨潮湿有利于病菌传播及病害发生，特别是5、6月份降雨对其影响较大。另外，果园管理粗放、树势衰弱、通风透光不良等均可加重病害发生。

【防控技术】以加强果园管理、搞好果园卫生、促使果园通风透光、壮树防病为基础，配合以适当喷药防控。具体措施及用药方法同"灰斑病"防控技术。

白星病

【症状诊断】白星病主要为害叶片，多在夏末至秋季发生。病斑圆形或近圆形，淡褐色至灰白色，直径多为2～3毫米，表面稍发亮，有较细的褐色边缘，后期表面可散生多个小黑点。病叶上常有多个病斑散生，一般为害不重，但严重时也可造成部分叶片脱落（彩图2-230、彩图2-231）。

彩图2-230　白星病初期病斑

彩图2-231　白星病后期病斑

【病原】蒂地盾壳霉（*Coniothyrium tirolensis* Bub），属于半知菌亚门腔孢纲球壳孢目，病斑上的小黑点即为病菌的分生孢子器，内生分生孢子。

【发病规律】病菌主要以菌丝体或分生孢子器在落叶上越冬。第二年条件适宜时产生并释放出分生孢子，通过风雨传播，主要从伤口侵染叶片为害。管理粗放、地势低洼、土壤黏重、排水不良的果园容易发病，树势衰弱时病害发生较重，多雨潮湿有利于病害发生。

【防控技术】白星病防控技术模式如图2-9所示。

1.加强果园管理　落叶后至发芽前彻底清除树上、树下的病残落叶，集中深埋或销毁，消灭病菌越冬场所。增施农家肥等有机肥，按比例科学使用速效化肥及中微量元素肥料，培强树势，提高树体抗病能力。合理修剪，科学调整结果量，低洼果园注意及时排水。

2.适当喷药防控　白星病多为零星发生，一般不需单独喷药防控，个别往年受害严重的果园从发病初期开始喷药，10～15天1次，连喷2次左右即可有效控制该病的发生为害。有效药剂同"褐斑病"防控。

炭疽叶枯病

炭疽叶枯病是近几年新发生的一种叶部病害，7、8月份多雨潮湿时常导致叶片大面积变为黑褐色枯死，因由炭疽病菌引起，而得此名。该病目前在山东、河南、江苏、安徽、河北等苹果产区都已有发生，在嘎啦、金冠、乔纳金、陆奥、秦冠等感病品种上，防治不当常造成大量早期落叶，对树势和产量影响很大。

【症状诊断】炭疽叶枯病主要为害叶片，常造成大量早期落叶，严重时还可为害果实。

叶片受害，初期产生深褐色坏死斑点，边缘不明显，扩展后形成褐色至深褐色病斑，圆形、近圆形、长条形或不规则形，病斑大小不等，外围常有褐色晕圈（彩图2-232、彩图2-233），病斑多时叶片很快脱落。在高温高湿的适宜条件下，病斑扩展迅速，1～2天内即可蔓延至整张叶片，使叶片变褐色至黑褐色坏死（彩图2-234），随后病叶失水焦枯、脱落，病树2～3天即可造成大量落叶（彩图2-235）。环境条件不适宜时（温度较低或天气干燥），病斑扩展缓慢，形成大小不等的褐色至黑褐色枯死斑，且病斑较小，但有时单叶片上病斑较多，症状表现酷似褐斑病为害（彩图2-236）；该病叶在30℃下保湿1～2天后病斑上可产生大量淡黄色分生孢子堆，这是与褐斑病的主要区别。

彩图2-232　炭疽叶枯病前期病斑

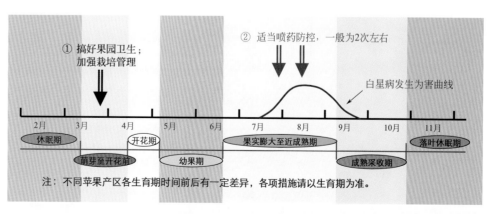

① 搞好果园卫生；加强栽培管理

② 适当喷药防控，一般为2次左右

白星病发生为害曲线

| 2月 | 3月 | 4月 | 5月 | 6月 | 7月 | 8月 | 9月 | 10月 | 11月 |

休眠期　　开花期　　　　　果实膨大至近成熟期　　　　落叶休眠期

萌芽至开花前　　幼果期　　　　　　　成熟采收期

注：不同苹果产区各生育期时间前后有一定差异，各项措施请以生育期为准。

图2-9　白星病防控技术模式图

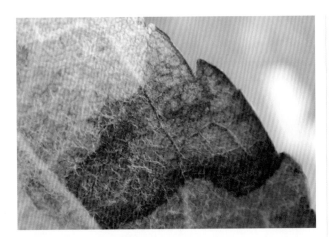

彩图2-233　炭疽叶枯病病斑叶片背面

彩图2-234　炭疽叶枯病后期病斑

彩图2-235　因病脱落的大量叶片及果实

彩图2-236　受害叶片变黄脱落,酷似褐斑病

果实受害,初为红褐色小点(彩图2-237),后发展为褐色圆形或近圆形病斑,表面凹陷,直径多为2毫米左右,周围有红褐色晕圈(彩图2-238),病斑下果肉呈褐色海绵状,深约2毫米。后期病斑表面可产生小黑点,与炭疽病类似,但病斑小、且不造成果实腐烂。

彩图2-237　炭疽叶枯病的果实受害早期症状

彩图2-238　炭疽叶枯病的果实典型症状

【病原】围小丛壳［*Glomerella cingulata*（Stonem.）Schr.et Spauld.］,属于子囊菌亚门核菌纲球壳菌目,自然条件下其有性阶段很少见,常见其无性阶段。无性阶段为胶孢炭疽菌［*Colletotrichum gloeosporioides*（Penz.）Sacc.］,属于半知菌亚门腔孢纲黑盘孢目,病斑表面的小黑点为病菌的分生孢子盘。

【发病规律】炭疽叶枯病的发生规律还不十分清楚,根据田间调查及研究分析,病菌可能主要以菌丝体及子囊壳在病落叶上越冬,也有可能在病僵果、果苔枝及一年生衰弱枝上越冬。第二年条件适宜时产生大量病菌孢子(子囊孢子及分生孢子),通过气流(子囊孢子)或风雨(分生孢子)进行传播,从皮孔或直接侵染为害。一般条件下潜育期7天以上,但在高温高湿的适宜环境下潜育期很短,发病很快,在试验条件下,30℃仅需2小时保湿就能完成侵染过程。该病潜育期短,再侵染次数多,流行性很强,特别在高温高湿环境下常造成大量早期落叶。

降雨是该病发生的必要条件，阴雨连绵易造成病害严重发生，特别是7～9月份的降雨影响最大。苹果品种间抗病性差异很大，嘎啦、乔纳金、金冠、秦冠、陆奥最易感病，富士系列、美国8号、藤木1号及红星系列品种较抗病。地势低洼、树势衰弱、枝叶茂密、结果量过大等均可加重病害发生。

【防控技术】以搞好果园卫生、加强栽培管理为基础，感病品种及时喷药预防为重点（图2-10）。

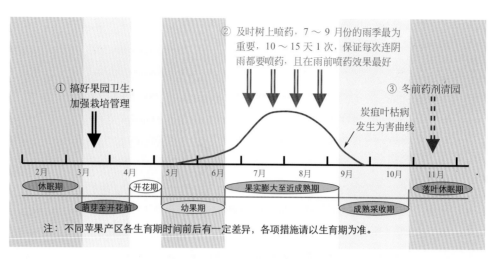

② 及时树上喷药，7～9月份的雨季最为重要，10～15天1次，保证每次连阴雨都要喷药，且在雨前喷药效果最好

① 搞好果园卫生，加强栽培管理

③ 冬前药剂清园

炭疽叶枯病发生为害曲线

2月　3月　4月　5月　6月　7月　8月　9月　10月　11月

休眠期　　开花期　　　果实膨大至近成熟期　　落叶休眠期

萌芽至开花前　　幼果期　　　成熟采收期

注：不同苹果产区各生育期时间前后有一定差异，各项措施请以生育期为准。

图2-10　炭疽叶枯病防控技术模式图

1.搞好果园卫生，消灭越冬菌源　落叶后至发芽前，先树上、后树下彻底清除落叶，集中销毁或深埋。感病品种果园在发芽前喷洒1次铲除性药剂，铲除残余病菌，并注意喷洒果园地面；如果当年病害发生较重，最好在落叶后冬前提前喷洒1次清园药剂。清园效果较好的药剂有：77%硫酸铜钙可湿性粉剂300～400倍液、60%铜钙·多菌灵可湿性粉剂300～400倍液及1：1：100倍波尔多液等。

2.加强栽培管理　增施农家肥等有机肥，科学施用速效化肥，培强树势，提高树体抗病能力。合理修剪，促使果园通风透光，雨季注意及时排水，降低园内湿度，创造不利于病害发生的环境条件。

3.及时喷药预防　在7～9月份的雨季，根据天气预报及时在雨前喷药防病，特别是将要出现连阴雨时尤为重要，10天左右1次，保证每次出现超过2天的连阴雨前叶片表面都要有药剂保护。效果较好的药剂有：45%咪鲜胺乳油1500～2000倍液、430克/升戊唑醇悬浮剂3000～4000倍液、1.5%多抗霉素可湿性粉剂300～400倍液、250克/升吡唑醚菌酯乳油2500～3000倍液、30%戊唑·多菌灵悬浮剂600～800倍液、41%甲硫·戊唑醇悬浮剂600～800倍液、80%代森锰锌（全络合态）可湿性粉剂600～800倍液、50%克菌丹可湿性粉剂500～600倍液、77%硫酸铜钙可湿性粉剂600～800倍液、60%铜钙·多菌灵可湿性粉剂500～600倍液及1：2：200倍波尔多液等。需要指出，硫酸铜钙、铜钙·多菌灵及波尔多液均为含铜杀菌剂，只建议在苹果全套袋后使用。

▓▓▓ 锈病 ▓▓▓

锈病又称赤星病，俗称"羊胡子"，在全国各苹果产区均有发生，以风景绿化区的果园发生为害较重，严重时造成早期落叶，削弱树势，影响产量。该病是一种转主寄生性病害，其转主寄主主要为桧柏，没有桧柏的果区，锈病基本不能发生。

【症状诊断】锈病主要为害叶片，也可为害果实、叶柄、果柄及新梢等绿色幼嫩组织。发病后的主要症状特点是：病部橙黄色，组织肥厚肿胀，表面初生黄色小点（性子器），后渐变为黑色，晚期病斑上产生淡黄褐色的长毛状物（锈子器），俗称"病部橙黄，肥厚肿胀，先生黄点渐变黑，后长黄毛细又长"（彩图2-239、彩图2-240）。

彩图2-239　叶片上的典型病斑（叶面）

彩图2-240　叶片上的典型病斑（叶背）

叶片受害，首先在叶片正面产生有光泽的橙黄色小斑点（彩图2-241、彩图2-242），后病斑逐渐扩大，形成近圆

形的橙黄色肿胀病斑，叶背面逐渐隆起（彩图2-243），叶正面病斑外围呈现黄绿色或红褐色晕圈（彩图2-244），正面散生橙黄色小粒点（性子器）（彩图2-245），并分泌黄褐色黏液（性孢子的胶体液）；稍后黏液干涸，小粒点渐变为黑色（彩图2-246、彩图2-247）；有时病斑变橙红色（彩图2-248、彩图2-249），病斑逐渐肥厚，两面进一步隆起；晚期，病斑背面丛生许多淡黄褐色长毛状物（锈子器）（彩图2-250、彩图2-251），有时叶片正面也可产生（彩图2-252），后期毛状物破裂，散出黄褐色的粉状物（锈孢子）。在感病品种上，病斑扩展较大，毛状物较长（彩图2-253、彩图2-254）。叶片上病斑多时，病叶扭曲畸形（彩图2-255），易变黄早落。

彩图2-244　有时病斑外围形成变色晕圈

彩图2-241　叶片正面的初期病斑

彩图2-245　叶正面病斑散生出许多橘黄色小点

彩图2-242　叶片背面的初期病斑

彩图2-246　叶面病斑上橘黄色小点渐变褐色

彩图2-243　叶背病斑组织逐渐肿大

彩图2-247　叶面病斑上的小点最后变为黑色

彩图2-248　有时病斑变橙红色（叶面）

彩图2-252　有时锈子器在叶片正面也可产生

彩图2-249　有时病斑变橙红色（叶背）

彩图2-253　感病品种上，病斑扩展很大（叶面）

彩图2-250　叶背病斑表面逐渐长出灰白色毛状物（锈子器）

彩图2-254　感病品种上，病斑扩展很大（叶背）

彩图2-251　感病品种上毛状物（锈子器）很长

彩图2-255　叶片严重受害状

果实受害，症状表现及发展过程与叶片上相似，初期病斑组织呈橘黄色肿胀（彩图2-256），逐渐在肿胀组织表面散生颜色稍深的橘黄色小点（彩图2-257），稍后渐变黑色（彩图2-258～彩图2-261），晚期在小黑点旁边产生黄褐色长毛状物（彩图2-262）。新梢、果柄、叶柄也可受害，症状表现与果实上相似，但多为纺锤形肿胀病斑（彩图2-263～彩图2-265）。

彩图2-259　近成熟果上的黄色肿胀病斑

彩图2-256　幼果受害初期

彩图2-260　近成熟果病斑上散生初橙黄色渐变黑色的小黑点

彩图2-257　幼果病斑表面散生出许多橘黄色小点

彩图2-261　套袋苹果的锈病病斑

彩图2-258　橘黄色小点逐渐变为黑色

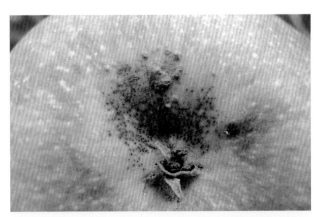

彩图2-262　后期果实病斑表面逐渐产生出黄褐色毛状物

彩图2-263 枝条受害状（锈孢子器）

彩图2-264 叶柄受害状

彩图2-265 叶片主脉受害状（叶背）

彩图2-266 转主寄主桧柏受害，发展形成菌瘿

彩图2-267 桧柏上成熟的锈病菌瘿

彩图2-268 桧柏上冬孢子角遇雨萌发

病菌侵染桧柏后，在小枝一侧或环绕小枝逐渐形成近球形瘤状菌瘿，淡褐色至褐色，大小不等，小如米粒，大到直径十几毫米（彩图2-266）。菌瘿初期表面平坦，后局部逐渐隆起，表皮破裂，露出紫褐色凸起物（冬孢子角），似鸡冠状（彩图2-267）。翌年春季遇阴雨时，凸起物吸水膨胀，成黄褐色胶质花瓣状（彩图2-268）。严重时一个枝条上形成许多瘿瘤，春季遇阴雨吸水时，常导致桧柏枝条折断。

【病原】 山田胶锈菌（Gymnosporangium yamadai Miyabe），属于担子菌亚门冬孢菌纲锈菌目，是一种转主寄生性真菌，其生活史中产生四种病菌孢子。在苹果树上产生性孢子和锈孢子，在转主寄主桧柏上产生冬孢子和担孢子。

【发病规律】 病菌以菌丝体或冬孢子角在转主寄主桧柏上越冬。第二年春天，遇阴雨时越冬菌瘿萌发，产生冬孢子角及冬孢子，冬孢子再萌发产生担孢子，担孢子经气流传播到苹果幼嫩组织上，从气孔侵染为害叶片、果实等绿色幼嫩组织，导致受害部位逐渐发病。苹果组织发病后，先产生性孢子器（橘黄色小点）及性孢子，再产生锈孢子器（黄褐色长毛状物）及锈孢子，锈孢子经气流传播侵染转主寄主桧柏等，并在桧柏上越冬。锈孢子只能侵染转主寄主桧柏，担孢子只能侵染苹果幼嫩组织，所以该病没有再侵染，一年只发生一次。

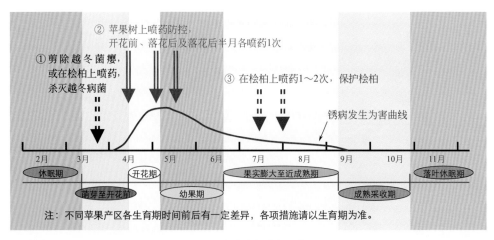

① 剪除越冬菌瘿，或在桧柏上喷药，杀灭越冬病菌

② 苹果树上喷药防控，开花前、落花后及落花后半月各喷药1次

③ 在桧柏上喷药1～2次，保护桧柏

锈病发生为害曲线

2月　3月　4月　5月　6月　7月　8月　9月　10月　11月

休眠期　　开花期　　果实膨大至近成熟期　　落叶休眠期
　萌芽至开花前　　　　　　　　　　成熟采收期
　　　幼果期

注：不同苹果产区各生育期时间前后有一定差异，各项措施请以生育期为准。

图2-11　锈病防控技术模式图

锈病是否发生及发生轻重与桧柏远近及多少密切相关，若苹果园周围5千米内没有桧柏，则不会发生锈病；近距离内桧柏数量越多，则锈病发生可能越重。在有桧柏的前提下，苹果开花前后降雨情况是影响病害发生的决定因素，阴雨潮湿则病害发生较重。

【防控技术】锈病防控技术模式如图2-11所示。

1. 消灭或减少病菌来源　彻底砍除果园周围5千米内的桧柏，是有效防治苹果锈病的最根本措施。在不能砍除桧柏的果区，可在苹果萌芽前剪除在桧柏上越冬的菌瘿；也可在苹果发芽前于桧柏上喷洒1次铲除性药剂，杀灭越冬病菌，效果较好的铲除药剂有：77%硫酸铜钙可湿性粉剂300～400倍液、30%戊唑·多菌灵悬浮剂400～500倍液、41%甲硫·戊唑醇悬浮剂400～500倍液、45%石硫合剂晶体30～50倍液、3～5波美度石硫合剂等。

2. 苹果树上喷药防控　往年锈病发生较重的果园，在苹果展叶至开花前、落花后及落花后半月左右各喷药1次，即可有效控制锈病的发生为害。常用有效药剂有：10%苯醚甲环唑水分散粒剂2000～2500倍液、40%氟硅唑乳油7000～8000倍液、40%腈菌唑可湿性粉剂6000～8000倍液、430克/升戊唑醇悬浮剂3000～4000倍液、30%戊唑·多菌灵悬浮剂800～1000倍液、41%甲硫·戊唑醇悬浮剂800～1000倍液、12.5%烯唑醇可湿性粉剂2000～2500倍液、70%甲基硫菌灵可湿性粉剂或500克/升悬浮剂800～1000倍液、80%代森锰锌（全络合态）可湿性粉剂600～800倍液、50%克菌丹可湿性粉剂600～700倍液等。

3. 喷药保护桧柏　不能砍除桧柏的地区，有条件时应对桧柏进行喷药保护。从苹果叶片背面产生黄褐色毛状物后开始在桧柏上喷药，10～15天1次，连喷2次即可基本控制桧柏受害。有效药剂同苹果树上用药。若在药液中加入石蜡油类或有机硅类等农药助剂，可显著提高用药效果。

黑星病

黑星病又称疮痂病，在欧美是一种重要苹果病害，在我国仅有少数地区发生，且主要为害小苹果，大苹果很少受害。东北三省发病较重，严重时许多果实及叶片受害，对产量和树势影响很大。

【症状诊断】黑星病主要为害叶片和果实，严重时也可为害叶柄、花及嫩枝等部位，发病后的主要症状特点是在病斑表面产生有墨绿色至黑色霉状物（彩图2-269、彩图2-270）。

彩图2-269　叶片正面的霉状物

彩图2-270　叶片背面的霉状物

叶片受害，正反两面均可出现病斑，初期病斑呈淡黄绿色的圆形或放射状（彩图2-271～彩图2-273），逐渐变为黑褐色至黑色，表面产生平绒状黑色霉层（彩图2-274），直径3～6毫米，边缘多不明显。后期，病斑向上凸起（彩图2-275），中央变灰色或灰黑色。病斑多时，叶片变小、变厚、扭曲畸形（彩图2-276），甚至早期脱落。叶柄受害，形成长条形病斑（彩图2-277）。

彩图2-274　叶面霉状物放大

彩图2-271　叶背面初期病斑

彩图2-275　嫩叶严重受害，表面凹凸不平

彩图2-272　与叶背初期霉斑对应处，正面呈退绿黄斑

彩图2-276　严重受害叶片（正面）

彩图2-273　叶正面初期病斑

彩图2-277　叶柄及叶脉受害病斑

果实上幼果至成熟果均可受害，多发生在肩部或胴部。初期病斑为黄绿色，渐变为黑褐色至黑色，圆形或椭圆形，表面产生灰黑色至黑色绒状霉层（彩图2-278、彩图2-279）。随果实生长膨大，病斑逐渐凹陷、硬化。严重时，病部凹陷龟裂（彩图2-280），病果变为凹凸不平的畸形果。近成熟果受害，病斑小而密集（彩图2-281、彩图2-282），咖啡色至黑色，角质层不破裂。

彩图2-278　小幼果受害状

彩图2-279　严重时，许多幼果受害

彩图2-280　果实早期受害，后期病斑开裂（小苹果）

彩图2-281　近成熟期果实受害初期

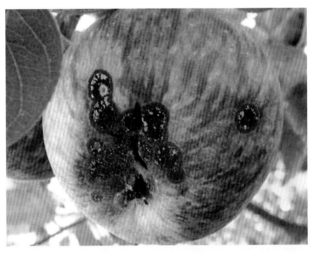

彩图2-282　成熟果受害病斑表面有大量霉状物

【病原】苹果黑星菌［*Venturia inaequalis*（Cke.）Wint.］，属于子囊菌亚门腔孢纲格孢腔菌目；无性阶段为苹果环黑星霉（*Spilocaea pomi* Fr.），属于半知菌亚门丝孢纲丝孢目。病斑表面的霉状物即为病菌无性阶段的分生孢子梗和分生孢子。其有性阶段的子囊壳多在病落叶上产生，呈小黑点状，内生子囊和子囊孢子。

【发病规律】病菌主要以菌丝体和未成熟的子囊壳在落叶上越冬。第二年春季温湿度适宜时子囊孢子逐渐成熟，遇雨水时子囊孢子释放到空中，通过气流或风雨传播，侵染幼叶、幼果，经9～14天潜育期后逐渐发病。叶片和果实发病后15天左右，病斑上开始产生分生孢子，分生孢子经风雨传播，进行再侵染，再侵染的潜育期8～10天。该病菌从落花后到果实成熟期均可进行为害，在果园内有多次再侵染。降雨早、雨量大的年份发病早且重，特别是5～6月份的降雨，是影响病害发生轻重的重要因素，夏季阴雨连绵，病害流行快。苹果品种间感病差异明显，主要以小苹果类品种受害严重。

【防控技术】以搞好果园卫生、清除越冬菌源为基础，适时喷药防控为重点（图2-12）。

1.搞好果园卫生　落叶后至发芽前，先树上、后树下彻底清扫落叶，集中深埋或烧毁，消灭越冬菌源。不易清除落叶的果园，发芽前向地面淋洗式喷洒1次铲除性药剂，杀灭在病叶中越冬的病菌，效果较好的药剂有：77%硫酸铜钙可湿性粉剂200～300倍液、60%铜钙·多菌灵可湿性粉剂200～300倍液、45%代森铵水剂100～200倍液、10%硫酸铵溶液、5%尿素溶液等。

2.生长期适当喷药防控 关键为喷药时期，一般果园落花后至幼果期最为关键，根据降雨情况及时进行喷药，10～15天

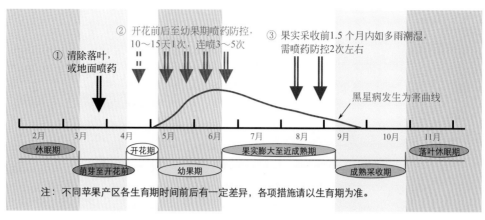

① 清除落叶，或地面喷药
② 开花前后至幼果期喷药防控，10～15天1次，连喷3～5次
③ 果实采收前1.5个月内如多雨潮湿，需喷药防控2次左右
黑星病发生为害曲线

2月 3月 4月 5月 6月 7月 8月 9月 10月 11月
休眠期　开花期　果实膨大至近成熟期　落叶休眠期
萌芽至开花前　幼果期　成熟采收期

注：不同苹果产区各生育期时间前后有一定差异，各项措施请以生育期为准。

图2-12　黑星病防控技术模式图

1次，严重地区需连续施3～4次。春季雨水较多的年份，花序分离期应增加喷药1次。果实近成熟期病害发生较重的果园，果实成熟前1.5个月内仍需喷药2次左右保护果实。雨前喷药效果最好，但必须选用耐雨水冲刷药剂。开花前及幼果期可选用的药剂有：10%苯醚甲环唑水分散粒剂2500～3000倍液、40%腈菌唑可湿性粉剂6000～8000倍液、40%氟硅唑乳油7000～8000倍液、430克/升戊唑醇悬浮剂3000～4000倍液、12.5%烯唑醇可湿性粉剂2000～2500倍液、70%甲基硫菌灵可湿性粉剂或500克/升悬浮剂800～1000倍液、30%戊唑·多菌灵悬浮剂800～1000倍液、41%甲硫·戊唑醇悬浮剂800～1000倍液、80%代森锰锌（全络合态）可湿性粉剂800～1000倍液、50%克菌丹可湿性粉剂500～600倍液等；果实近成熟期除前期有效药剂可继续选用外，还可选用77%硫酸铜钙可湿性粉剂800～1000倍液、60%铜钙·多菌灵可湿性粉剂600～800倍液等铜素杀菌剂。

花腐病

　　花腐病在许多苹果产区均有发生，其中以苹果开花前后多雨潮湿的果区发生较多，如黑龙江、吉林、辽宁、四川等地。据调查，黑龙江果区发病最重，有些年份因此病减产达30%以上（彩图2-283）。

彩图2-283　严重时，树上许多花序及叶丛枯死

【症状诊断】花腐病可为害花器、幼叶、幼果及幼嫩枝条，但以花器与幼果受害为主。

　　花腐　多从花柄开始发生，形成淡褐色至褐色坏死病斑（彩图2-284），导致花及花序呈黄褐色枯萎（彩图2-285）。花柄受害后花朵萎蔫下垂，后期病组织表面可产生灰白色霉层。严重时整个花序及果苔叶全部枯萎，并向下蔓延至果苔副梢，在果苔梢上形成褐色坏死斑，甚至造成果苔副梢枯死（彩图2-286）。

彩图2-284　花柄、叶柄受害

彩图2-285　花序受害后干枯

叶腐 幼叶展开后 2～3 天即可发病，在叶尖、叶缘或中脉两侧形成红褐色病斑，逐渐扩大成放射状，并可沿叶脉蔓延至病叶基部甚至叶柄（彩图 2-287），后期病叶枯死凋萎下垂或腐烂，严重时造成整个叶丛枯死（彩图 2-288），甚至形成枯梢。高湿条件下，病部逐渐产生大量灰白色霉状物。

彩图 2-286　花序受害，病斑蔓延至果苔副梢上

彩图 2-287　叶片受害状

彩图 2-288　许多花序及叶片受害

果腐 病菌多从柱头侵染，通过花粉管进入胚囊，再经子房壁扩展到表面。当果实长到豆粒大小时，果面出现褐色病斑，且病部有发酵气味的褐色黏液溢出（彩图 2-289）。后期全果腐烂，失水后成为僵果（彩图 2-290）。

彩图 2-289　幼果受害，表面有褐色黏液溢出

彩图 2-290　花序受害，幼果枯萎

枝腐 叶、花、果发病后，向下蔓延到嫩枝上，形成褐色溃疡状枝腐，当病斑绕枝一周时，导致枝梢枯死（彩图 2-291）。

彩图 2-291　花序枯死后，病斑蔓延至小枝上

【病原】苹果链核盘菌［*Monilinia mali*（Takahashi）Wetzel］，属于子囊菌亚门盘菌纲柔膜菌目；无性阶段为丛梗孢霉（*Monilia* sp.），属于半知菌亚门丝孢纲丝孢目。灰白色霉状物为病菌的无性阶段分生孢子梗和分生孢子。有性阶段先形成菌核，菌核萌发后产生子囊盘，子囊盘内产生并释放出子囊孢子。

【发病规律】病菌主要以菌丝体形成菌核在病果上越冬，也可在病叶及病枝上越冬。翌年春天，条件适宜时菌核萌发形成子囊盘，并释放出子囊孢子，通过气流传播，侵染为害花和叶片，引起花腐、叶腐。病花、病叶上产生的分生孢子侵染柱头，引起果腐。在嫩叶和花上的潜育期为6～7天，幼果上为9～10天。苹果萌芽展叶期多雨低温是花腐病发生的主要条件；花期若遇低温多雨，花期延长，则幼果受害加重。果园地处海拔较高的山地、土壤黏重、排水不良、通风透光不良均有利于病害发生。

【防控技术】花腐病防控技术模式如图2-13所示。

1.搞好果园卫生，消灭越冬菌源　落叶后至芽萌动前，彻底清除树上、树下的病叶、病僵果及病枯枝，集中深埋或带到园外烧毁。早春进行果园深翻，掩埋残余病残体。往年病害严重果园，在苹果萌芽期地面喷洒1次30%戊唑·多菌灵悬浮剂500～600倍液、或41%甲硫·戊唑醇悬浮剂400～500倍液、或77%硫酸铜钙可湿性粉剂300～400倍液、或60%铜钙·多菌灵可湿性粉剂300～400倍液、或3～5波美度石硫合剂，防止越冬病菌产生孢子。此外，结合疏花、疏果，及时摘除病叶、病花、病果，集中销毁，减轻田间再侵染为害。

2.生长期喷药防控　往年花腐病发生严重的果园，分别在萌芽期、初花期和盛花末期各喷药1次，即可有效控制该病的发生为害；受害较轻的果园，只在初花期喷药1次即可。效果较好的药剂有：45%异菌脲悬浮剂或50%可湿性粉剂1000～1500倍液、70%甲基硫菌灵可湿性粉剂或500克/升悬浮剂800～1000倍液、10%苯醚甲环唑水分散粒剂1500～2000倍液、50%腐霉利可湿性粉剂1000～1500倍液、40%嘧霉胺悬浮剂1000～1500倍液、50%克菌丹可湿性粉剂600～800倍液、30%戊唑·多菌灵悬浮剂1000～1200倍液、41%甲硫·戊唑醇悬浮剂800～1000倍液、50%乙霉·多菌灵可湿性粉剂1000～1200倍液等。

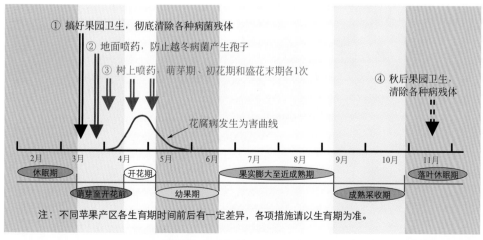

注：不同苹果产区各生育期时间前后有一定差异，各项措施请以生育期为准。

图2-13　花腐病防控技术模式图

轮纹烂果病

轮纹烂果病俗称"水烂"，是枝干轮纹病菌和干腐病菌侵害果实（彩图2-292）、导致果实腐烂的总称（两种病菌导致果实受害的症状表现很难区分），是造成果实腐烂和产量损失的最重要的果实病害，在各苹果产区均有发生，特别是夏季多雨潮湿果区发生为害较重，严重年份不套袋苹果烂果率常达50%以上。虽然近些年许多果区推广并广泛实施了果实套袋技术，在很大程度上减轻了该病的发生为害，但没有套袋的果实受害依然非常严重。因此，该病仍然是目前苹果产区的重要果实病害之一，必须高度警惕和重视。

彩图2-292　干腐病病菌引起的轮纹烂果病

【症状诊断】轮纹烂果病的典型症状特点是：以皮孔为中心形成近圆形腐烂病斑，淡褐色至深褐色，表面不凹陷，病斑颜色深浅交错呈同心轮纹状。

病斑多从果实近成熟期开始发生，采收期至贮运期继续发生。初期，以皮孔为中心产生淡红色至红色斑点（彩图2-293），扩大后成淡褐色至深褐色腐烂病斑，圆形或不规则形，典型病斑有颜色深浅交错的同心轮纹（彩图2-294、彩图2-295），且表面不凹陷。病斑腐烂多汁，腐烂果肉没有特殊异味（彩图2-296）。病斑颜色因品种不同而有一定差异：一般黄色品种颜色较淡，多呈淡褐色至褐色（彩图2-297、彩图2-298）；红色品种颜色较深，多呈褐色至深褐色（彩图2-299）。套袋苹果腐烂病斑一般颜色较淡（彩图2-300～彩图2-302）。有时病斑没有明显的同心轮纹，有时病斑边缘有一个深色圆环（如

冷库中发生的病果）。严重时，一个果实上常有多个病斑
（彩图2-303）。后期，病斑亦常凹陷，表面也可散生许多小
黑点（彩图2-304）。树上病果易脱落，严重时树下落满一
层（彩图2-305）。包装环境内的病果，表面常产生灰褐色
霉状物（彩图2-306）。

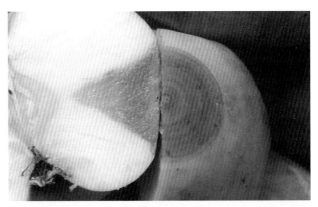

彩图2-296　轮纹烂果病病果剖面

彩图2-293　轮纹烂果病初期病斑

彩图2-297　黄色品种的果实上病斑颜色较淡

彩图2-294　枝干轮纹病病菌引起的典型轮纹状烂果

彩图2-298　黄色品种苹果的典型轮纹烂果病

彩图2-295　干腐病菌引起的典型轮纹烂果病

彩图2-299　红色品种的果实上病斑颜色较深

彩图2-300 套纸袋苹果病斑颜色多较淡且轮纹不明显

彩图2-301 套纸袋富士苹果的轮纹烂果病

彩图2-302 不套袋的着色苹果病斑颜色一般较深

彩图2-303 果实上多个病斑同时发生

彩图2-304 从病斑中央逐渐散生出小黑点

彩图2-305 轮纹烂果病导致病果大量脱落

彩图2-306 包装箱内的病果，表面有时产生病菌霉状物

　　果园中，轮纹烂果病与炭疽病症状相似（彩图2-307、彩图2-308），不易辨别，可从五个方面进行比较区分。①轮纹烂果病表面一般不凹陷，炭疽病表面平或凹陷；②轮纹烂果病表面颜色较淡并为深浅交错的轮纹状，呈淡褐色至深褐色，炭疽病颜色较深且均匀，呈红褐色至黑褐色（彩图2-309）；③轮纹烂果病腐烂果肉无特殊异味，炭疽病果肉味苦；④轮纹烂果病小黑点散生（彩图2-310），炭疽病小黑点多排列成近轮纹状；⑤轮纹烂果病小黑点上一般不产生黏液，若产生则为灰白色，炭疽病小黑点上很容易产生粉红色黏液。

彩图2-307　轮纹烂果病病果表面有时发生不规则凹陷

彩图2-308　轮纹烂果病病果表面凹陷，且小黑点排列成近轮纹状

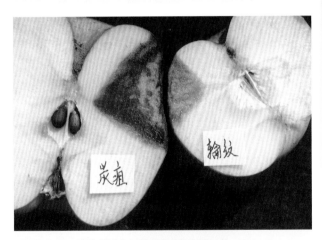
彩图2-309　轮纹烂果病与炭疽病病斑剖面比较

彩图2-310　轮纹烂果病的小黑点呈散生状

【病原】　主要病菌为梨生囊壳孢（*Physalospora piricola* Nose），属于子囊菌亚门核菌纲球壳菌目；其无性阶段为轮纹大茎点霉（*Macrophoma kawatsukai* Hara），属于半知菌亚门腔孢纲球壳孢目。自然界常见其无性阶段，有性阶段很少发生。另外，引起苹果干腐病的葡萄座腔菌［*Botryosphaeria dothidea*（Moug.ex Fr.）Ces.et de Net.］的无性阶段大茎点（*Macrophoma*）型分生孢子，也是轮纹烂果病的一种重要病原。两种病菌造成的果实腐烂，仅从症状上很难区分。病果表面的小黑点均为病菌的分生孢子器。两种病菌除为害苹果外，还均可侵害梨、桃、杏、山楂、枣等多种水果。

【发病规律】　病菌均主要以菌丝体和分生孢子器在枝干病斑上越冬，各种枯死枝上的干腐病菌也是重要的越冬菌源。生长季节，枝干上的越冬病菌产生大量病菌孢子，通过风雨传播到果实上，主要从皮孔和气孔侵染为害。病菌一般从苹果落花后7～10天开始侵染，直到皮孔封闭后结束。晚熟品种如富士系苹果皮孔封闭一般在8月底或9月上旬，即晚熟品种上病菌侵染期可长达4个多月。该病具有潜伏侵染特性，其侵染特点为：病菌幼果期开始侵染，侵染期很长，且均为初侵染；果实近成熟期开始发病，采收期严重发病，采收后继续发病；果实发病前病菌潜伏在皮孔（果点）内。

　　枝干上病菌数量的多少及枯死枝的多少是影响病害发生与否及轻重的基本条件，树势衰弱，枝干上病害严重，果园内菌量大，病害多发生严重；5～8月份的降雨情况是决定病害发生的决定因素，一般每次降雨后，都会形成一次病菌侵染高峰。另外，果园内枯死枝多，或用于开张角度的带皮支棍较多（彩图2-311），病害也会发生较重。病菌在28～29℃时扩展最快，5天病果即可全烂；5℃以下扩展缓慢，0℃左右基本停止扩展。

彩图2-311　用于开张角度的支棍上，密生许多小黑点（病菌）

【防控技术】　以搞好果园卫生、铲除树体带菌为基础，生长期保护果实不受病菌侵染为重点，喷药急救和果实安全贮运为辅助（图2-14）。

　　1.搞好果园卫生，处理越冬菌源　结合修剪，彻底剪除树上各种枯死枝、破伤枝，发芽前及时刮除主干、主枝上的轮纹病瘤及干腐病斑，并将病残体集中销毁。树体开张角度不要使用修剪下来的带皮枝段作为支棍。枝干病害

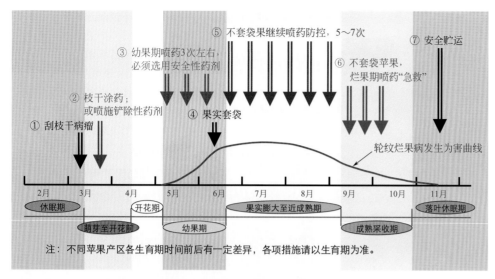

⑤ 不套袋果继续喷药防控，5～7次

③ 幼果期喷药3次左右，
必须选用安全性药剂

⑦ 安全贮运

② 枝干涂药；
或喷施铲除性药剂

⑥ 不套袋苹果，
烂果期喷药"急救"

① 刮枝干病瘤

④ 果实套袋

轮纹烂果病发生为害曲线

2月 3月 4月 5月 6月 7月 8月 9月 10月 11月

休眠期   开花期   落叶休眠期
    萌芽至开花前   幼果期   果实膨大至近成熟期   成熟采收期

注：不同苹果产区各生育期时间前后有一定差异，各项措施请以生育期为准。

图2-14 轮纹烂果病防控技术模式图

严重的果园，刮病瘤后主干、主枝涂药，杀灭残余病菌，效果较好的药剂有：甲托油膏［70%甲基硫菌灵可湿性粉剂：植物油＝1：（20～25）］、30%戊唑·多菌灵悬浮剂150～200倍液、41%甲硫·戊唑醇悬浮剂150～200倍液、60%铜钙·多菌灵可湿性粉剂100～150倍液、40%氟硅唑乳油600～800倍液等。发芽前，全园喷施1次30%戊唑·多菌灵悬浮剂400～600倍液、或41%甲硫·戊唑醇悬浮剂400～500倍液、或60%铜钙·多菌灵可湿性粉剂300～400倍液、或77%硫酸铜钙可湿性粉剂300～400倍液、或45%代森铵水剂200～300倍液，铲除枝干残余病菌。

2.喷药保护果实 从苹果落花后7～10天开始喷药，到果实套袋或果实皮孔封闭后（不套袋苹果）结束，不套袋苹果喷药时期一般为4月底或5月初至8月底或9月上旬。具体喷药时间需根据降雨情况而定，尽量在雨前喷药，雨多多喷，雨少少喷，无雨不喷，以选用耐雨水冲刷药剂效果最好。套袋苹果一般需喷药3次左右（落花后至套袋前），不套袋苹果一般需喷药8～10次。

第一时期：落花后7～10天至套袋前或麦收前（约落花后6周）。该期是幼果敏感期，用药不当极易造成果锈、果面粗糙等药害，因此必须选用优质安全有效药剂，10天左右喷药1次，连喷3次左右。常用安全有效药剂有：30%戊唑·多菌灵悬浮剂800～1000倍液、41%甲硫·戊唑醇悬浮剂800～1000倍液、70%甲基硫菌灵可湿性粉剂或500克/升悬浮剂800～1000倍液、500克/升多菌灵悬浮剂或50%可湿性粉剂600～800倍液、10%苯醚甲环唑水分散粒剂1500～2000倍液、250克/升吡唑醚菌酯乳油2500～3000倍液、430克/升戊唑醇悬浮剂3000～4000倍液、80%代森锰锌（全络合态）可湿性粉剂800～1000倍液及50%克菌丹可湿性粉剂500～600倍液等。

第二时期：麦收后（或落花后6周）至果实皮孔封闭。10～15天喷药1次，该期一般应喷药5～7次。常用有效药剂除上述药剂外，还可选用90%三乙膦酸铝可溶性粉剂600～800倍液、70%丙森锌可湿性粉剂600～800倍液、50%锰锌·多菌灵可湿性粉剂600～800倍液等。不建议

使用铜制剂及波尔多液，以免造成药害或污染果面（彩图2-312）。

若雨前没能喷药，雨后应及时喷施治疗性杀菌剂加保护性药剂，并尽量使用较高浓度，以进行补救。

3.烂果后"急救" 前期喷药不当后期开始烂果后，应及时喷用内吸性药剂进行"急救"，7天左右1次，直到果实采收。效果较好的药剂或配方有：30%戊唑·多菌灵悬浮剂600～800倍液、41%甲硫·戊唑醇悬浮剂600～800倍液、70%甲基硫菌灵可湿性粉剂或500克/升悬浮剂600～800倍液＋90%三乙膦酸铝可溶性粉剂600倍液、430克/升戊唑醇悬浮剂2500～3000倍液＋90%三乙膦酸铝可溶性粉剂600倍液等。需要指出，该"急救"措施只能控制病害暂时停止发生，并不能根除潜伏病菌。

彩图2-312 不套袋果后期喷洒波尔多液污染果面

4.果实套袋 果实套袋是防止轮纹烂果病菌中后期侵染果实的最经济、最有效的无公害方法，果实套袋后可减少喷药5～7次。常用果袋有塑膜袋和纸袋两种，以纸袋生产出的苹果质量较好。需要注意，套袋前5～7天内必须喷施1次优质安全有效药剂；若套袋时间持续较长，则最好在开始套袋5～7天后加喷药剂1次（彩图2-313、彩图2-314）。

5.安全贮运 低温贮运，基本可以控制轮纹烂果病的发生。在0～2℃贮运可以充分控制发病，5℃贮运基本不发病。另外，药剂浸果、晾干后贮运，即使在常温下也可显著抑制果实发病。30%戊唑·多菌灵悬浮剂600～800倍液、41%甲硫·戊唑醇悬浮剂600～800倍液、70%甲基硫菌灵可湿性粉剂或500克/升悬浮剂500～600倍液＋90%三乙膦酸铝可溶性粉剂500倍液、430克/升戊唑醇悬浮剂2500～3000倍液＋90%三乙膦酸铝可溶性粉剂500倍液浸

果效果较好，一般浸果0.5～1分钟即可。

彩图2-313　苹果套膜袋状

彩图2-314　苹果套纸袋状

炭疽病

炭疽病又称苦腐病，在全国各苹果产区均有发生，严重受害果园病果率可达60%～80%，常造成巨大损失。该病除为害苹果外，还可侵害梨、葡萄、桃、李、枣、核桃等多种果树。

【症状诊断】炭疽病主要为害果实，有时也可为害果苔、破伤枝及衰弱枝等枝条。果实受害，多从近成熟期开始发病，初为褐色小圆斑，外有红色晕圈，表面略凹陷或扁平（彩图2-315）；扩大后呈褐色至深褐色，圆形或近圆形，表面凹陷（彩图2-316），果肉腐烂由浅而深，可直达果心（彩图2-317）。腐烂组织初期呈圆锥状向果心扩展（彩图2-318），中后期多呈锅底状扩展（彩图2-319），病果肉味苦，故称"苦腐病"。当果面病斑扩展到1厘米左右时，从病斑中央开始逐渐产生呈轮纹状排列的小黑点（彩图2-320），潮湿时小黑点上可溢出粉红色黏液（彩图2-321、彩图2-322）。有时小黑点排列不规则，呈散生状（彩图2-323）；有时小黑点不明显，只见到粉红色黏液（彩图2-324）。病果上病斑数目多为不定，常几个至数

十个（彩图2-325），几个病斑常扩展融合，严重时造成果实大部分甚至全果腐烂；有时单个病斑扩大后也可使全果的1/3～1/2腐烂（彩图2-326）。病果易早期脱落，只有少数悬挂树上，失水干缩后成黑色僵果。晚秋受侵染的果实，因温度降低而扩展缓慢，多形成深红色小斑点，且病斑中心常有一暗褐色小点。果苔、破伤枝及衰弱枝受害，可形成不规则的褐色病斑，甚至扩展成溃疡斑，但多数症状不明显；而潮湿时病斑上均可产生小黑点及粉红色黏液。

彩图2-315　炭疽病初期病斑

彩图2-316　病斑圆形或近圆形，明显凹陷

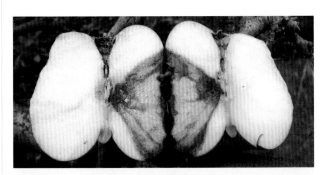

彩图2-317　炭疽病腐烂病斑直达果心

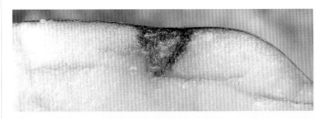

彩图2-318　初期病斑呈圆锥状向果心扩展

炭疽病与轮纹烂果病症状相似，容易混淆，但可从五个方面进行比较区分。详见"轮纹烂果病"症状诊断部分（彩图2-327、彩图2-328）。

彩图2-319　中后期病斑呈锅底状向果心扩展

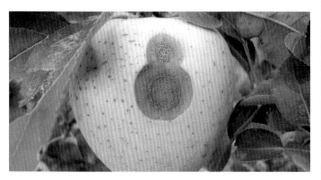

彩图2-320　病斑较小时即可产生小黑点

彩图2-321　炭疽病典型病果

彩图2-322　小黑点排列成近轮纹状，其上溢出淡粉红色黏液

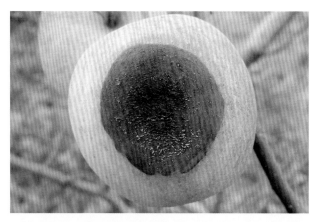

彩图2-323　小黑点有时呈散生状

彩图2-324　有时小黑点不明显，仅能看到黏液

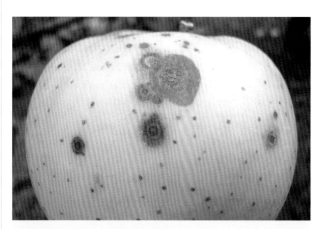

彩图2-325　果实上有多个病斑为害

彩图2-326　单病斑扩展较大

彩图2-327 有时炭疽病病斑颜色较淡

彩图2-328 有时炭疽病病斑颜色略成轮纹状

【病原】围小丛壳 [*Glomerella cingulata*（Stonem.）Schr.et Spauld.]，属于子囊菌亚门核菌纲球壳菌目，自然条件下其有性阶段很少见，常见其无性阶段。无性阶段为胶孢炭疽菌 [*Colletotrichum gloeosporioides*（Penz.）Sacc.]，属于半知菌亚门腔孢纲黑盘孢目。病斑上的小黑点即为病菌的分生孢子盘，粉红色黏液为病菌的分生孢子与胶体物的混合物。该病菌除可侵害多种果树外，还可侵害刺槐。

【发病规律】病菌主要以菌丝体在枯死枝、破伤枝、死果苔及病僵果上越冬，也可在刺槐上越冬。第二年生长季节，分生孢子盘逐渐成熟，潮湿环境下产生大量分生孢子成为初侵染源，主要通过风雨传播，从果实皮孔、伤口或直接侵入为害。条件适宜时，5～10小时即可完成侵入过程，潜育期一般为3～13天，但有时可长达40～50天以上。病菌从幼果期至成熟期均可侵染果实，但前期发生侵染的病菌由于幼果抗病力较强而处于潜伏状态，待果实接近成熟期时抗病力降低后才导致发病。该病具有明显的潜伏侵染现象。近成熟果实发病后产生的分生孢子（粉红色黏液）经传播后可再次侵染为害果实，该病在田间有多次再侵染。

炭疽病的发生轻重，主要取决于越冬病菌数量的多少和果实生长期的降雨情况。在有越冬病源的前提下，降雨早且多时，有利于炭疽病菌的产生、传播与侵染，后期病害发生则较重。刺槐是炭疽病菌的重要寄主，果园周围种植刺槐，可加重该病的发生。另外，成熟期的冰雹对发病也有重要影响，冰雹后不套袋苹果的炭疽病常常发生较重。此外，果园通风透光不良，树势衰弱，树上有许多枯死枝条，也是炭疽病发生较重的重要影响因素。

【防控技术】炭疽病防控技术模式如图2-15所示。

1.搞好果园卫生，消灭越冬菌源 结合修剪，彻底剪除枯死枝、破伤枝、死果苔等枯死及衰弱组织，集中销毁。发芽前彻底清除果园内的病僵果，尤其是挂在树上的病僵果，集中深埋。生长期及时摘除树上病果，减少园内发病中心，防止扩散蔓延。发芽前，全园喷施1次铲除性药剂，铲除树上残余病菌，并注意喷洒刺槐防护林。效果较好的药剂有：30%戊唑·多菌灵悬浮剂400～600倍液、41%甲硫·戊唑醇悬浮剂400～500倍液、60%铜钙·多菌灵可湿性粉剂300～400倍液、77%硫酸铜钙可湿性粉剂300～400倍液、45%代森铵水剂200～300倍液等。

2.加强栽培管理 不要使用刺槐作果园防护林，若已种植刺槐，应尽量压低其树冠，并注意喷药铲除病菌。增施农家肥及有机肥，培强树势，提高树体抗病能力，减轻病菌对枯死枝、破伤枝等衰弱组织的为害，降低园内病菌数量。合理修剪，使树冠通风透光，降低园内湿度，创造不利于病害发生的环境条件。

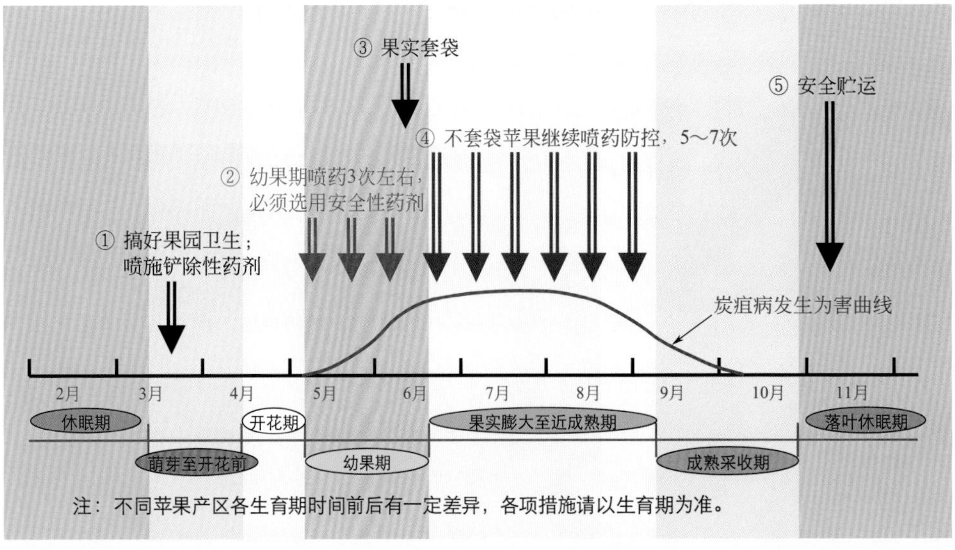

3.果实尽量套袋 果实套袋不仅可以提高果品质量，降低果实农药残留，而且在套袋后还可阻止病菌侵染果实，减少喷药次数，可谓"一举多得"（彩图2-329）。

4.生长期喷药防控 关键是适时喷药和选用有效药剂。一般从落花后7～10天开始喷药，10～15天1次，连喷3次药后套袋；不套袋苹果则需继续喷药至采收前或降雨结束，并特别注意冰雹后及时喷药。具体喷药时间及喷药次数根据降雨情

③ 果实套袋

⑤ 安全贮运

④ 不套袋苹果继续喷药防控，5～7次

② 幼果期喷药3次左右，必须选用安全性药剂

① 搞好果园卫生；喷施铲除性药剂

炭疽病发生为害曲线

| 2月 | 3月 | 4月 | 5月 | 6月 | 7月 | 8月 | 9月 | 10月 | 11月 |

休眠期　开花期　果实膨大至近成熟期　落叶休眠期

萌芽至开花前　幼果期　成熟采收期

注：不同苹果产区各生育期时间前后有一定差异，各项措施请以生育期为准。

图2-15 炭疽病防控技术模式图

况决定，并尽量在雨前喷洒耐雨水冲刷药剂，雨多多喷，雨少少喷，无雨不喷。炭疽病的发生特点与轮纹烂果病相似，结合轮纹烂果病防控即可基本控制炭疽病的发生为害。对炭疽病防控效果好的药剂有：30%戊唑·多菌灵悬浮剂800～1000倍液、41%甲硫·戊唑醇悬浮剂800～1000倍液、70%甲基硫菌灵可湿性粉剂或500克/升悬浮剂800～1000倍液、500克/升多菌灵悬浮剂或50%多菌灵可湿性粉剂600～800倍液、45%咪鲜胺乳油1500～2000倍液、430克/升戊唑醇悬浮剂3000～4000倍液、10%苯醚甲环唑水分散粒剂1500～2000倍液、250克/升吡唑醚菌酯乳油2000～2500倍液、80%代森锰锌（全络合态）可湿性粉剂800～1000倍液、50%克菌丹可湿性粉剂600～800倍液、25%溴菌腈可湿性粉剂600～800倍液、90%三乙膦酸铝可溶性粉剂600～800倍液等。生产优质高档苹果的果园，幼果期或套袋前必须选用安全优质农药；不套袋果园，中后期尽量避免使用普通波尔多液，以防药液污染果面（彩图2-330）。使用刺槐作防护林的果园，每次喷药均应连同刺槐一起喷洒。

彩图2-329 苹果套纸袋状

彩图2-330 喷施波尔多液污染果面

霉心病

霉心病又称心腐病、果腐病，是为害苹果果实的主要病害之一，在我国各主要苹果产区均有发生，以元帅系苹

果受害最重，有的果园元帅系苹果采收期的果实带菌率高达70%～80%。幼果期常引起大量落果，中后期至贮运期导致果实大量腐烂。

【症状诊断】霉心病只为害果实，从幼果期至成熟采收期、乃至贮运期均可发生，但以果实近成熟期至贮运期为害最重。发病后的主要症状特点是：从心室开始发病，逐渐向外扩展，导致心室发霉或果肉从内向外腐烂（彩图2-331），直到果实表面（彩图2-332）。初期，病果外观基本无异常表现，而心室逐渐发霉（产生霉状物）；有的病果后期病菌突破心室壁可以向外扩展，逐渐造成果肉腐烂（彩图2-333、彩图2-334），最后果实表面出现腐烂斑块。严重的霉心病，可引起幼果早期脱落，心室坏死，心室内产生粉红色、灰白色或灰绿色等颜色的霉状物；轻病果不脱落，可正常成熟，至近成熟期后逐渐发病。根据症状表现霉心病可分为两种类型。

彩图2-331 心腐型病果，尚未烂至果面

彩图2-332 烂至果面的心腐型病果果面

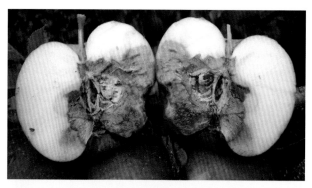

彩图2-333 粉红聚端孢霉心腐型病果

彩图2-334　交链孢霉心腐型病果

霉心型　主要特点是心室发霉，在心室内产生粉红、灰绿、灰白、灰黑等颜色的霉状物，只限于心室，病变不突破心室壁，基本不影响果实的食用（彩图2-335）。

彩图2-335　霉心型病果

心腐型　主要特点是病变组织突破心室壁由内向外腐烂，严重时可使果肉烂透，直到果实表面，腐烂果肉味苦，经济损失较重（彩图2-336）。

彩图2-336　已烂至果面的心腐型病果

【病原】　可由多种弱寄生性真菌引起，均属于半知菌亚门丝孢纲，单独侵染或混合侵染。较常见的种类有：粉红聚端孢霉 [*Trichothecium roseum*（Pers.）Link]、交链孢霉 [*Alternaria alternata*（Fr.）Keissler.]、头孢霉（*Cephalosporium* sp.）、串珠镰孢（*Fusarium moniliforme* Sheld.）、青霉（*Penicillium* sp.）等。心室内的霉状物即为病菌的菌丝体、分生孢子梗及分生孢子。

【发病规律】　病菌在自然界广泛存在，没有固定的越冬场所，可在许多基质上繁殖生存。主要通过气流传播，在苹果开花期通过柱头侵入。病菌侵染柱头后，通过萼筒逐渐向心室扩展，当病菌进入心室后而逐渐导致发病。霉心病发生轻重与花期湿度及品种关系密切，花期及花前阴雨潮湿病重，北斗及元帅系品种高感霉心病，富士系品种

发病较轻。部分品种的抗病性主要表现为抗侵入（心室），萼筒封闭、萼心距大的品种抗病菌侵入（心室）（彩图2-337），病害发生轻；萼筒开放、萼心距小的品种易导致病菌侵入（心室）（彩图2-338、彩图2-339），病害发生较重。病菌侵入心室后，品种间的抗病性差异不明显。另外，果园低洼、潮湿，树冠郁闭，树势衰弱，病害一般发生较重；采收后苹果常温贮藏，病害发生为害较重，且贮藏时间越长发病越重。

彩图2-337　萼筒封闭的抗病品种（富士）

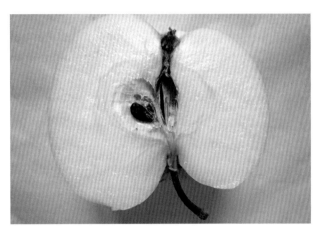

彩图2-338　萼筒开放的未受害果实

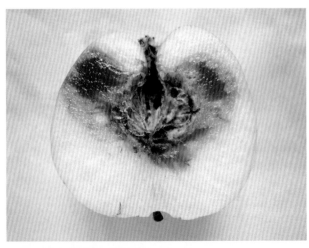

彩图2-339　萼筒开放的病果

【防控技术】　以花期喷药预防为中心，结合加强果园管理与低温贮藏运输（图2-16）。

1. 加强果园管理 增施农家肥等有机肥,科学施用速效化肥,培育壮树,提高树体抗病能力。结合修剪,及时并彻底剪除各种枯死枝,促使树冠通风透光,降低环境湿度。

2. 科学喷药预防 根据栽培品种及往年苹果受害情况决定是否需要喷药,元帅系苹果一般均需喷药预防,往年采收期病果率达3%以上的果园尽量喷药预防,关键为喷药时间和有效药剂。初花期、落花70%～80%时是喷药关键期,一般果园或品种只在后一时期喷药1次即可,重病园或品种则需各喷药1次。常用有效药剂或配方为:1.5%多抗霉素可湿性粉剂200～300倍液、30%戊唑·多菌灵悬浮剂800～1000倍液、41%甲硫·戊唑醇悬浮剂700～800倍液、70%甲基硫菌灵可湿性粉剂或500克/升悬浮剂800～1000倍液+80%代森锰锌(全络合态)可湿性粉剂600～800倍液等。花期用药必须选用安全药剂,以免发生药害。落花后喷药,对该病基本没有防控效果。

3. 低温贮藏运输 果实采收后在1～3℃下贮藏运输,可基本控制病菌生长蔓延,避免采后心腐果形成。

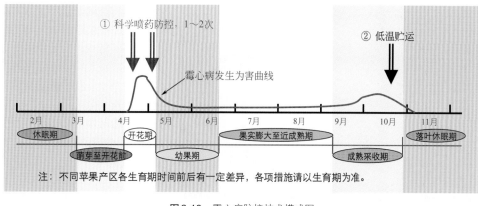

注:不同苹果产区各生育期时间前后有一定差异,各项措施请以生育期为准。

图2-16　霉心病防控技术模式图

褐腐病

褐腐病是苹果的一种重要果实病害,主要发生在果实近成熟期至贮藏运输期,在全国各苹果产区均有发生,以东北小苹果和种植密度较大的不套袋苹果园发生较多。该病除为害苹果外,还可侵害梨、桃、杏、李、樱桃等多种果树。

【症状诊断】 褐腐病只为害果实,多从近成熟期开始发生,直到采收期甚至贮运期。发病后的主要症状特点是:病果呈褐色腐烂,腐烂病斑表面产生灰白色霉丛或霉层(彩图2-340、彩图2-341)。初期病斑多以伤口(机械伤、虫伤等)为中心开始发生,果面产生淡褐色水渍状小圆斑,后病斑迅速扩大,导致果实呈褐色腐烂;在病斑向周围扩展的同时,从病斑中央向外逐渐产生灰白色霉丛,霉丛多散生(彩图2-342),有时呈轮纹状排列(彩图2-343),有时密集成层状。病果有特殊香味,果肉松软呈海绵状,略有韧性;稍失水后有弹性,甚至呈皮球状。后期病果失水干缩,成黑色僵果。贮运期果实受害,病果上常呈现蓝黑色斑块。

【病原】 寄生链核盘菌[*Monilinia fructigena*(Aderh. et Ruhl.)Honey],属于子囊菌亚门盘菌纲柔膜菌目;无性阶段为仁果褐腐丛梗孢(*Monilia fructigena* Pers.),属于半知菌亚门丝孢纲丝孢目。病果表面的灰白色霉丛为病菌的分生孢子梗和分生孢子。

【发病规律】 病菌主要以菌丝体在病僵果上越冬,第二年高温高湿条件下产生大量病菌孢子,通过风雨或气流传播,主要从伤口(虫伤、鸟啄伤、刺伤、碰伤、雹伤、裂伤等机械伤口)或皮孔侵染为害近成熟果实,潜育期5～10天。该病在果园内可有多次再侵染。

彩图2-340　病果表面布满霉丛

彩图2-341　小苹果上的散生灰白色霉丛

彩图 2-342　灰白色霉丛散生

彩图 2-343　灰白色霉丛排列成近轮纹状

越冬病僵果的多少是影响该病发生轻重的主要因素，在果园内常有积累发病习性；苹果近成熟期多雨潮湿可促进病害发生，近成熟期的果实伤口多少是该病发生轻重的决定条件。虽然病菌发育适温为25℃，但其对温度适应性极强，0℃时仍可缓慢扩展，所以有时冷藏果实仍能大量发病。

【防控技术】褐腐病防控技术模式如图2-17所示。

1.搞好果园卫生　落叶后至发芽前，彻底清除树上、树下的病僵果，集中深埋或烧毁，清除越冬病菌。果实近成熟期，及时摘除树上病果，并拣拾落地病果，减少田间

菌量，防止病菌的再传播侵染。

2.加强果园管理　增施有机肥及磷、钙肥，避免因果实缺钙而造成伤口。注意果园浇水及排水，防止水分供应失调而造成裂果、形成伤口。果实尽量套袋，阻止褐腐病菌侵害果实。及时防治蛀果害虫并驱赶鸟类，避免造成果实虫伤及啄伤。

3.适时喷药防控　往年褐腐病发生较重的不套袋果园，在果实近成熟期喷药保护是防控该病的最有效措施，特别是暴风雨后喷药尤为重要。一般从采收前1个月（中熟品种）至1.5个月（晚熟品种）开始喷药，10～15天1次，连喷2次，即可有效控制该病的发生为害。常用有效药剂有：30%戊唑·多菌灵悬浮剂800～1000倍液、41%甲硫·戊唑醇悬浮剂700～800倍液、70%甲基硫菌灵可湿性粉剂或500克/升悬浮剂800～1000倍液、10%苯醚甲环唑水分散粒剂1500～2000倍液、50%多菌灵可湿性粉剂500～600倍液、45%异菌脲悬浮剂1000～1500倍液、50%腐霉利可湿性粉剂1000～1500倍液、40%嘧霉胺悬浮剂1000～1200倍液、430克/升戊唑醇悬浮剂3000～4000倍液、50%乙霉·多菌灵可湿性粉剂800～1200倍液等。

4.安全采收与贮运　精细采收，避免果实受伤；采收后严格挑选，尽量避免病、伤果入库。褐腐病严重果园的果实，最好用药剂浸泡0.5～1分钟杀菌，待晾干后再包装、贮运。浸果药剂同树上喷药。

套袋果斑点病

套袋果斑点病又称套袋果黑点病、套袋果红点病、套袋果黑红点病，是伴随果实套袋技术的普及而发生的一种新病害，在我国套袋苹果产区均有发生，虽然不造成产量损失，但却是影响苹果品质的一种重要病害，严重果园病果率可达60%以上，经济损失巨大。

【症状诊断】套袋果斑点病只发生在套袋苹果上，其主要症状特点是：在果实表面产生一个至数个褐色至黑褐色的凹陷小斑点（彩图2-344、彩图2-345），有时斑点中央有白色粉末状果胶粉（彩图2-346）。斑点多发生在萼洼处（彩图2-347），有时也可产生在胴部、肩部及梗洼（彩图2-348）。斑点只局限在果实表层，不深入果肉内部，也不能直接造成果实腐烂，仅影响果实的外观品质，不造成产量损失，但对果品质量和价格影响较大（彩图2-349、彩图2-350）。斑点自针尖大小至小米粒大小（彩图2-351）、甚至玉米粒大小不等，常几个至十数个，连片后呈黑褐色大斑。斑点类型因病菌种类及环境条件不同而分为黑点型、红点型及褐斑型三种。

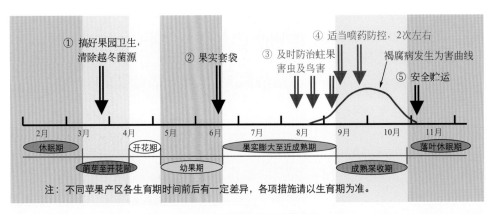

① 搞好果园卫生，清除越冬菌源

② 果实套袋

③ 及时防治蛀果害虫及鸟害

④ 适当喷药防控，2次左右

褐腐病发生为害曲线

⑤ 安全贮运

| 2月 | 3月 | 4月 | 5月 | 6月 | 7月 | 8月 | 9月 | 10月 | 11月 |

休眠期　　开花期　　　　　　果实膨大至近成熟期　　　　　落叶休眠期
　萌芽至开花前　　幼果期　　　　　　　　成熟采收期

注：不同苹果产区各生育期时间前后有一定差异，各项措施请以生育期为准。

图2-17　褐腐病防控技术模式图

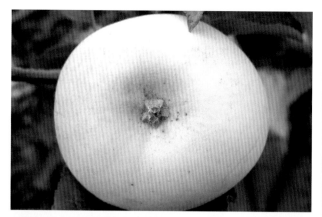

彩图 2-344　套袋果斑点病发生初期

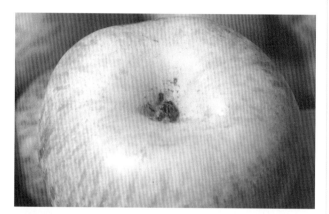

彩图 2-345　套袋果斑点病轻型病果

彩图 2-346　病斑表面有白色粉末

彩图 2-347　套塑膜袋的早期病果

彩图 2-348　梗洼端的病斑

彩图 2-349　套塑膜袋的较重病果

彩图 2-350　病（左）健（右）果比较

彩图 2-351　病斑似小米粒大小

黑点型 病斑褐色至黑褐色，较小，直径多为1～3毫米，常数个斑点散生，多发生在果实萼洼和梗洼，有时胴部也可发生（彩图2-352～彩图2-356）。

彩图2-352　黑点型初期病果（粉红聚端孢霉）

彩图2-353　黑点型中期病果（粉红聚端孢霉）

彩图2-354　黑点型典型病果（粉红聚端孢霉）

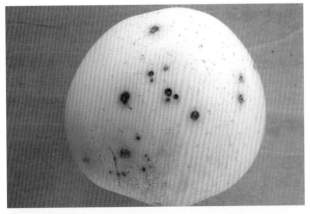

彩图2-355　黑点型病果的胴部病斑（粉红聚端孢霉）

彩图2-356　套塑膜袋的黑点型病果

红点型 病斑红褐色至褐色，外围常有淡褐色至红褐色晕圈，坏死斑点较大，可达3～5毫米，多发生在果实胴部的中下部（彩图2-357、彩图2-358）。

彩图2-357　红点型典型病果（交链孢霉）

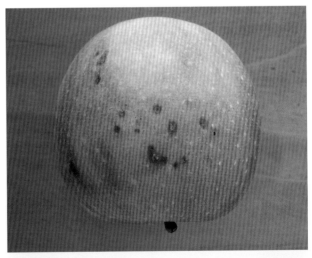

彩图2-358　红点型病果的胴部病斑（交链孢霉）

褐斑型 病斑深褐色至黑褐色，多发生在果实胴部的中下部，直径由小到大不等，小至1毫米，大至十几毫米，有时较大病斑表面可产生灰色至灰黑色霉状物（彩图2-359、彩图2-360）。

彩图2-359　褐斑型病果（头孢霉菌）

彩图2-360　病斑较大的褐斑型病果（头孢霉菌）

【病原】可由多种弱寄生性真菌引起，均属于半知菌亚门，较常见的种类有：粉红聚端孢霉［*Trichothecium roseum*（Pers.）Link］、交链孢霉［*Alternaria alternata*（Fr.）Keissler.］、点枝顶孢（*Acremonium stictum* Gams）［异名：头孢霉（*Cephalosporium* sp.）］、仁果柱盘孢霉（*Cylindrosporium pomi* Brooks）等。

【发病规律】各种病菌在自然界广泛存在，均属于果园内的习居菌。病菌孢子主要通过气流及风雨进行传播，

主要从伤口侵染为害，如生理性创伤、药害伤等。病菌不能侵害不套袋果实。套袋后，由于袋内温湿度的变化（温度高、湿度大）及果实抗病能力的降低（果皮幼嫩），而导致袋内果面上附着的病菌发生侵染，形成病斑，即病菌是在套袋前进入袋内的。套袋前阴雨潮湿，散落在果面上的病菌较多，病害发生较重；使用劣质果袋可以加重该病发生；有机肥及钙肥缺乏或使用量偏低也可加重病害发生（彩图2-361）；水分供应失衡，造成果实生长裂伤，有利于病菌发生侵染；套袋前药剂喷洒不当，预防不良是导致该病发生的主要原因。该病发生侵染后，多从果实生长中后期开始表现症状，影响果品质量。

彩图2-361　缺钙病果更易发生套袋果斑点病

【防控技术】套袋果斑点病防控技术模式如图2-18所示。

1.加强果园管理　增施农家肥等有机肥，改良土壤，提高土壤蓄水保肥能力；适量使用速效钙肥，提高果实抗病性能，预防果皮生长裂伤。选择透气性强、遮光好、耐老化的优质果袋，并适时果实套袋，富士系等晚熟品种在落花后1～1.5个月内套袋综合效果较好。

2.套袋前喷药预防　关键为套袋前喷洒优质高效药剂，即套袋前5～7天以内幼果表面应当有药剂保护，以避免将病菌套入袋内，且必须选用安全有效农药。效果较好的安全药剂有：30%戊唑·多菌灵悬浮剂700～800倍液、41%甲硫·戊唑醇悬浮剂600～800倍液、250克/升吡唑醚菌酯乳油2000～2500倍液、3%多抗霉素可湿性粉剂400～500倍液、70%甲基硫菌灵可湿性粉剂或500克/升悬浮剂800～1000倍液＋80%代森锰锌（全络合态）可湿性粉剂800～1000倍液、70%甲基硫菌灵可湿性粉剂或500克/升悬浮剂800～1000倍液＋50%克菌丹可湿性

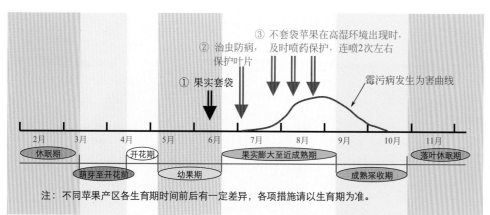

图2-18　套袋果斑点病防控技术模式图

注：不同苹果产区各生育期时间前后有一定差异，各项措施请以生育期为准。

粉剂600～700倍液、500克/升多菌灵悬浮剂600～700倍液＋80%代森锰锌（全络合态）可湿性粉剂800～1000倍液等。

链格孢果腐病

　　链格孢果腐病俗称黑腐病，在各苹果产区均有发生，主要为害近成熟期至采收后的果实，套袋苹果受害相对较多。

　　【症状诊断】链格孢果腐病只为害果实，多从果实伤口处开始发生（彩图2-362～彩图2-364），初期产生褐色至黑褐色斑点（彩图2-365），圆形或近圆形，逐渐扩大后形成褐色至黑褐色腐烂病斑，表面明显凹陷（彩图2-366），严重时果实大半部腐烂（彩图2-367），腐烂果肉呈深褐色至黑褐色（彩图2-368）。随病斑逐渐扩大，其表面或裂缝处可产生墨绿色至黑色霉状物（彩图2-369）。套纸袋苹果病斑表面颜色一般较淡，且霉状物有时呈灰褐色（彩图2-370）。

彩图2-362　病斑从果面伤口处开始发生

彩图2-363　病斑从萼洼端伤口开始发生

彩图2-364　病斑从果实裂伤处开始发生

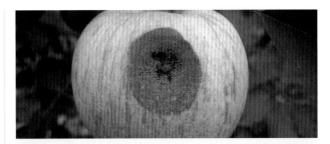

彩图2-365　初期病斑表面逐渐凹陷

彩图2-366　典型病斑：近圆形，黑褐色，逐渐产生霉状物

彩图2-367　严重病果大部分呈黑褐色腐烂

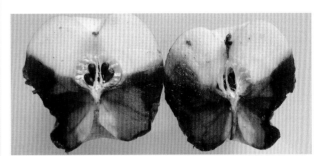

彩图2-368　病果肉呈黑褐色腐烂

彩图2-369　病斑表面产生墨绿色至黑色霉状物

彩图 2-370　套袋病果，病斑及霉状物颜色均较淡

彩图 2-371　霉污病初期病斑

【病原】链格孢霉（*Alternaria* spp.），属于半知菌亚门丝孢纲丝孢目，病斑表面的霉状物即为病菌的菌丝体、分生孢子梗及分生孢子。病菌较耐低温，在冷藏条件下仍能导致发病。

【发病规律】该病菌是一类弱寄生性真菌，在自然界广泛存在，没有固定的越冬场所。条件适宜时产生大量分生孢子，主要借助气流传播，从伤口侵染为害果实，自然生长裂伤、生理性病害伤、机械伤等均可诱使该病发生。套袋果实受害较多，果实药害、土壤缺钙、水分供应失调、多雨潮湿、树冠郁蔽等常可加重发病。

【防控技术】链格孢果腐病不需单独防控，通过加强栽培管理和搞好其他病虫害防控（特别是套袋果斑点病）即可有效预防该病的发生为害。

加强肥水管理，增施农家肥等有机肥及速效钙肥，果园适时浇水，避免果实生长伤口及生理性病害发生。合理修剪，促使树体通风透光，降低环境湿度。套袋苹果套袋前喷洒优质安全杀菌剂（详见"套袋果斑点病"防控技术），预防果实套袋后受害。

▒▒ 霉污病 ▒▒

彩图 2-372　霉污病典型病果

霉污病又称煤污病，俗称"水锈"，在全国各苹果产区均有发生，主要为害不套袋苹果，苹果生长中后期阴雨潮湿、地势低洼果园常受害较重，对果实的外观质量影响很大。

【症状诊断】霉污病主要为害果实，有时也可为害叶片。发病后的主要症状特点是：在果实或叶片表面产生棕褐色至黑色的煤烟状污斑，边缘不明显，用手容易擦掉。

果实受害，多从近成熟期开始发生（彩图 2-371），在果面上产生边缘不明显的煤烟状污斑，近圆形或不规则形（彩图 2-372 ～ 彩图 2-375），严重时污斑布满大部或整个果面（彩图 2-376），影响果实外观与着色。有时污斑沿雨水下流方向分布（彩图 2-377），故该病俗称"水锈"（彩图 2-378）。该病主要影响果实的外观质量、降低品质（彩图 2-379），基本不影响产量。

叶片受害，在叶面上布满煤烟状污斑（彩图 2-380），严重影响叶片的光合作用，导致产量降低、果实品质变劣、树势衰弱等。

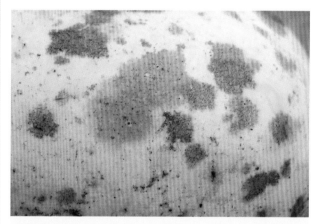

彩图 2-373　霉污病病斑放大

彩图 2-374　霉污病斑从梗洼处开始发生

彩图2-375 霉污病斑从萼洼处开始发生

彩图2-379 霉污病病（左上）健果比较

彩图2-376 严重霉污病病果

彩图2-380 霉污病为害叶片状

【病原】仁果粘壳孢［*Gloeodes pomigena*（Schw.）Colby］，属于半知菌亚门腔孢纲球壳孢目。表面的煤烟状污斑即为病菌的菌丝体与类似厚垣孢子。

【发病规律】病菌主要以菌丝体和类似厚垣孢子在枝、芽、果苔、树皮等处越冬，通过气流或风雨传播到果实及叶片表面，以表面营养物为基质进行附生，不侵入果实或叶片内部。果实生长中后期，多雨年份或低洼潮湿、树冠郁闭、通风透光不良、雾大露重的果园，果实容易受害。在高湿环境下，果实表面的分泌物不易干燥，而易诱发病菌以此为营养进行附生。叶片受害，多发生在蚜虫或介壳虫为害严重的果园，病菌以害虫蜜露为营养基质。

彩图2-377 水流状霉污病斑

【防控技术】霉污病防控技术模式如图2-19所示。

1.加强果园管理 合理修剪，改善树体通风透光条件，雨季及时排除积水，注意中耕除草，降低果园内湿度，创造不利于病害发生的环境条件。实施果实套袋，有效阻断病菌在果实表面的附生。及时防控蚜虫、介壳虫等刺吸式口器害虫，避免污染叶片，治虫防病。

2.不套袋苹果适时喷药预防 多雨年份及地势低洼、容易出现雾露环境的不套袋果园，果实生长中后期及时喷药保护果实，10～15天1次，连喷2次左右即可有效防控霉污病的为害。效果较好的药剂有：50%克菌丹可湿性粉剂500～600倍液、80%代森锰锌（全络合态）可湿性粉剂600～800倍液、70%甲基硫菌灵可湿性粉剂或500克/升悬浮剂600～800倍液、430克/升戊唑醇悬浮剂3000～4000

彩图2-378 水锈状霉污病病果

倍液、10%苯醚甲环唑水分散粒剂1500～2000倍液、30%戊唑·多菌灵悬浮剂700～800倍液、41%甲硫·戊唑醇悬浮剂600～800倍液等。

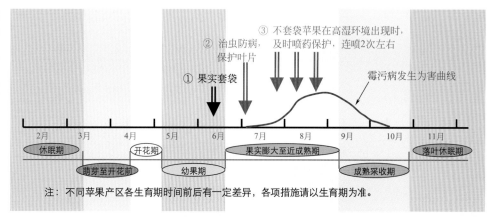

② 治虫防病，保护叶片
③ 不套袋苹果在高湿环境出现时，及时喷药保护，连喷2次左右
① 果实套袋
霉污病发生为害曲线

2月　3月　4月　5月　6月　7月　8月　9月　10月　11月

休眠期　萌芽至开花前　开花期　幼果期　果实膨大至近成熟期　成熟采收期　落叶休眠期

注：不同苹果产区各生育期时间前后有一定差异，各项措施请以生育期为准。

图2-19　霉污病防控技术模式图

蝇粪病

【症状诊断】蝇粪病又称污点病，主要为害果实，发病后的主要症状特点是在果皮表面产生黑褐色斑块，该斑块由许多蝇粪状小黑点组成，斑块形状多不规则（彩图2-381）。小黑点常散生，表面光亮，稍隆起，有时呈轮纹状排列（彩图2-382、彩图2-383）；其附生在果实表面，但用手难以擦去。该病主要影响果实的外观质量、降低品质，基本不造成实际的产量损失。蝇粪病常与霉污病混合发生，同一果实上产生两种病斑（彩图2-384）。

彩图2-381　病斑上小黑点呈散生状

彩图2-382　病斑上小黑点成近轮纹状排列

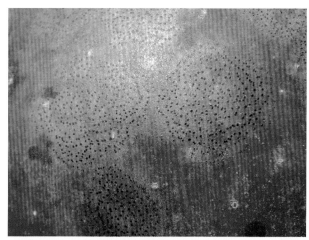

彩图2-383　蝇粪病病斑局部放大

彩图2-384　蝇粪病与霉污病混合发生

【病原】仁果细盾霉［*Leptothyrium pomi*（Mont.et Fr.）Sacc.］，属于半知菌亚门腔孢纲球壳孢目，病斑表面的小黑点即为病菌的分生孢子器。

【发病规律】病菌主要以菌丝体和分生孢子器在枝、芽、果苔、树皮等处越冬，翌年多雨潮湿季节产生分生孢子，通过风雨传播到果面上，以果面分泌物为营养进行附生，不侵入果实内部。果实生长中后期，多雨潮湿、雾大露重、树冠郁闭、通风透光不良的不套袋果园容易受害。在高湿环境下，果实表面的分泌物不易干燥，而诱发病菌

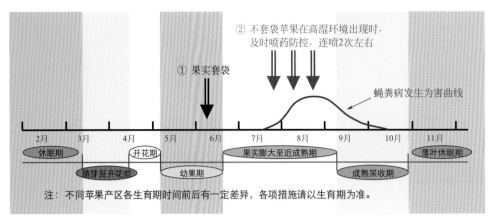

② 不套袋苹果在高湿环境出现时，及时喷药防控，连喷2次左右

① 果实套袋

蝇粪病发生为害曲线

| 2月 | 3月 | 4月 | 5月 | 6月 | 7月 | 8月 | 9月 | 10月 | 11月 |

休眠期　　　　开花期　　　　　　　果实膨大至近成熟期　　　　　落叶休眠期

萌芽至开花前　　幼果期　　　　　　　　　成熟采收期

注：不同苹果产区各生育期时间前后有一定差异，各项措施请以生育期为准。

图2-20　蝇粪病防控技术模式图

以此为营养进行附生生长，导致果实受害。

【防控技术】以加强果园管理、降低环境湿度、实施果实套袋为基础，适当喷药保护果实为辅助，即可有效控制该病的发生为害。具体措施同"霉污病"防控技术（图2-20）。

疫腐病

疫腐病又称实腐病、颈腐病，是为害苹果的重要病害之一，在许多苹果产区都有发生，个别地势低洼、阴雨潮湿的果园为害较重。特别是在矮化密植果园，应当引起高度重视。

【症状诊断】疫腐病主要为害果实和根颈部，也可为害叶片。果实受害，多发生在树冠中下部，幼果期至成果期均可发生（彩图2-385～彩图2-387）。初期果面上产生淡褐色不规则形斑块（彩图2-388），边缘不明显；高温条件下，病斑迅速扩大成近圆形或不规则形，甚至占满果实大部或整个果面（彩图2-389），边缘似水渍状，果肉呈淡褐色至褐色腐烂（彩图2-390、彩图2-391）。有时病果表面伤口处能溢出褐色汁液（彩图2-392）；有时病部表皮与果肉分离，外表似白蜡状。高湿时病斑表面产生有白色绵毛状物（彩图2-393），尤其在伤口及果肉空隙处常见。严重时，许多果实同时受害（彩图2-394）。腐烂果实有弹性，呈皮球状，后期失水干缩。病果易脱落，落地果实更易发病。

根颈部受害，病部皮层变褐腐烂（彩图2-395），严重时烂至木质部，高湿时腐烂皮层表面也可产生白色绵毛状物。轻病树，树势衰弱，发芽晚，叶片小而色淡，秋后叶片变紫、早期脱落。当腐烂病斑绕树干一周时，全树萎蔫、枯死（彩图2-396）。叶片受害，多从叶缘开始发生，病斑灰褐至暗褐色、水渍状，多呈不规则形；潮湿时病斑扩展迅速，导致全叶腐烂。

【病原】恶疫霉［*Phytophthora cactorum*（Leb.et Cohn.）Schrot.］，属于鞭毛菌亚门卵菌纲霜霉目。病部产生的白色绵毛状物即为病菌的菌丝体、孢囊梗和孢囊孢子。病菌生长发育温度为10～30℃，最适温度为25℃。

【发病规律】病菌主要以卵孢子及厚垣孢子在土壤中越冬，也可以菌丝体随病残组织越冬。生长季节遇降雨或

灌溉时，产生病菌孢子，随雨水流淌、雨滴飞溅及流水进行传播为害。果实整个生长期均可受害，但以中后期受害较多，近地面果实受害较重。阴雨潮湿是该病发生的制约条件，多雨年份发病重，地势低洼、果园杂草丛生、树冠下层枝条郁蔽等高湿环境易诱发果实受害。树干基部覆盖秸秆或积水，容易导致根颈部受害（彩图2-397、彩图2-398）。

彩图2-385　许多受害幼果

彩图2-386　膨大期果实受害

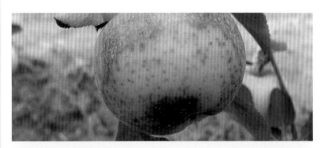

彩图2-387　近成熟期果实受害

彩图2-388　果实上的初期病斑

彩图2-389　病斑迅速扩展至全果腐烂

彩图2-390　病果呈淡褐色腐烂

彩图2-391　有时病斑颜色较深

彩图2-392　有时病果表面有汁液溢出（小苹果）

彩图2-393　病果表面产生有白色绵霉状物

彩图2-394　严重时，许多果实受害

彩图2-395　疫腐病在树干基部的为害状

彩图2-396　疫腐病导致死树

彩图2-397　果园覆盖秸秆不当，易导致树干基部受害

彩图2-398 树干基部积水状

【防控技术】疫腐病防控技术模式如图2-21所示。

1.加强果园管理 注意果园排水，及时中耕除草，疏除过密枝条及下垂枝，降低园内小气候湿度。及时回缩下垂枝，提高结果部位。树冠下铺草或覆盖地膜（彩图2-399）或果园生草栽培，可有效防止病菌向上传播，减少果实受害。果实尽量套袋，阻止病菌接触及侵染果实。及时清除树上及地面的病果、病叶，避免病害扩大蔓延。树干基部适当培土（彩图2-400），防止树干基部积水，可基本避免根颈部受害。果园内不要种植茄果类蔬菜，避免病菌相互传播、加重发病。

2.适当喷药保护果实 往年果实受害较重的果园，如果果实没有套袋，则从雨季到来前开始喷药保护果实，10～15天1次，连喷2～4次。重点喷洒下部果实及叶片，并注意喷洒树下地面。效果较好的药剂有：50%烯酰吗啉水分散粒剂1500～2000倍液、90%三乙膦酸铝可溶性粉剂600～800倍液、72%霜脲·锰锌可湿性粉剂600～800倍液、60%锰锌·氟吗啉可湿性粉剂600～800倍液、69%烯酰·锰锌可湿性粉剂600～800倍液、72%甲霜灵·锰锌可湿性粉剂600～800倍液、80%代森锰锌（全络合态）可湿性粉剂600～800倍液、50%克菌丹可湿性粉剂500～600倍液、77%硫酸铜钙可湿性粉剂600～800倍液等。

3.及时治疗根颈部病斑 发现病树后，及时扒土晾晒并刮除已腐烂变色的皮层，而后喷淋药剂保护伤口，并消毒树干周边土壤。效果较好的药剂有：77%硫酸铜钙可湿性粉剂400～500倍液、50%克菌丹可湿性粉剂400～500倍液、90%三乙膦酸铝可溶性粉剂400～500倍液、72%霜脲·锰锌可湿性粉剂400～600倍液等。同时，刮下的病组织要彻底收集并烧毁，严禁埋于地下。扒土晾晒后要用无病新土覆盖，覆土应略高于地面，避免根颈部积水。根颈部病斑较大时，应及时桥接，促进树势恢复。

彩图2-399 树下覆盖地膜

彩图2-400 树干基部培土防病

泡斑病

【症状诊断】泡斑病只为害果实，在果实皮孔周围形成淡褐色至褐色泡状病斑。多从幼果期开始发病，初期在皮孔处产生水渍状、微隆起的淡褐色小泡斑（彩图2-401），后病斑扩大、颜色变深、泡斑开裂、中部凹陷（彩图2-402、彩图2-403），圆形或近圆形，直径1～2毫米。病斑仅在表皮（彩图2-404），有时可向果肉内扩展1～2毫米。严重时，一个果上生有百余个病斑（彩图2-405），虽对产量影响不大，但商品价值显著降低。

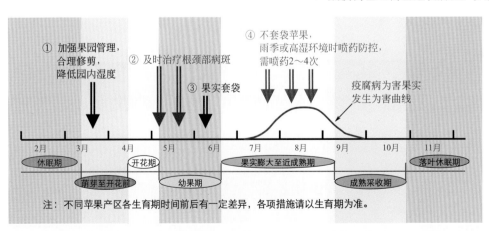

① 加强果园管理，合理修剪，降低园内湿度

② 及时治疗根颈部病斑

③ 果实套袋

④ 不套袋苹果，雨季或高湿环境时喷药防控，需喷药2～4次

疫腐病为害果实发生为害曲线

2月　3月　4月　5月　6月　7月　8月　9月　10月　11月

休眠期　　开花期　　果实膨大至近成熟期　　落叶休眠期
　　　萌芽至开花前　　幼果期　　　　成熟采收期

注：不同苹果产区各生育期时间前后有一定差异，各项措施请以生育期为准。

图2-21 疫腐病防控技术模式图

彩图2-401 泡斑病初期病斑

彩图2-402 随果实生长泡斑逐渐开裂

彩图2-403 膨大期果实，泡斑开裂状

【病原】丁香假单胞杆菌［*Pseudomonas syringae* pv.*papulans*（Rose）Dhanvantari］，属于革兰氏阴性细菌。

【发病规律】病菌主要在芽、叶痕及落地病果中越冬，生长季节依附在叶、果或杂草上存活，通过风雨传播，从气孔或皮孔侵染果实。果实受害，多从落花后半月左右开始，皮孔形成木栓组织后基本

结束。幼果期多雨潮湿年份及雾大露重果园病害发生较重。

【防控技术】泡斑病防控技术模式如图2-22所示。

彩图2-404 近成熟期果实泡斑病症状

彩图2-405 严重时，一个果实上有许多病斑

1.搞好果园卫生 首先在落叶后至发芽前，彻底清除果园内的枯枝、落叶、落果、杂草等。其次，萌芽前全园喷施1次铲除性药剂清园，铲除树上越冬病菌，有效药剂如77%硫酸铜钙可湿性粉剂300～400倍液等。

2.落花后及时喷药防控 一般从落花后半月左右开始喷药，10天左右1次，连喷2～3次即可有效控制该

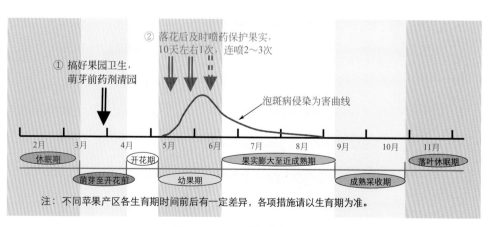

① 搞好果园卫生，萌芽前药剂清园

② 落花后及时喷药保护果实，10天左右1次，连喷2～3次

泡斑病侵染为害曲线

| 2月 | 3月 | 4月 | 5月 | 6月 | 7月 | 8月 | 9月 | 10月 | 11月 |

休眠期　　开花期　　　　果实膨大至近成熟期　　　　落叶休眠期

萌芽至开花前　幼果期　　　　　　　　成熟采收期

注：不同苹果产区各生育期时间前后有一定差异，各项措施请以生育期为准。

图2-22 泡斑病防控技术模式图

病的发生为害。效果较好的药剂有：20%噻唑锌悬浮剂500～600倍液、50%喹啉铜可湿性粉剂800～1000倍液、20%噻菌铜悬浮剂500～600倍液、20%叶枯唑可湿性粉剂1000～1500倍液等；也可喷施77%硫酸铜钙可湿性粉剂1000～1200倍液，但该药在有些品种上可能会引起果锈，需要慎重使用。

红粉病

红粉病又称红腐病，主要为害近成熟期至贮运期的果实，在各苹果产区均有发生，管理粗放的果园常发生较重。该病除为害苹果外，还可侵害梨、桃等多种果实。

【症状诊断】红粉病主要为害果实，发病后的主要症状特点是在病斑表面产生有淡粉红色霉状物（彩图2-406）。该病多从伤口处或花萼端开始发生，形成圆形或不规则形淡褐色腐烂病斑（彩图2-407～彩图2-410）。初期病斑颜色较淡、表面不凹陷，后病斑颜色变深、且表面凹陷，甚至失水成皱缩凹陷，严重时造成果实大半部腐烂；随病斑逐渐扩大，其表面逐渐产生淡粉红色霉层。高湿环境时，花萼的残余部分上也可产生红粉状物（彩图2-411），进而形成病斑。

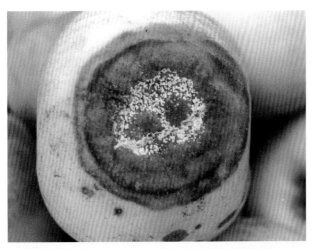

彩图2-406　病果呈褐色腐烂，表面产生有淡粉红色霉状物

彩图2-407　从果柄基部伤口开始发生的红粉病果

彩图2-408　红粉病从果实伤口处开始发生

彩图2-409　红粉病从萼洼裂伤处开始发生

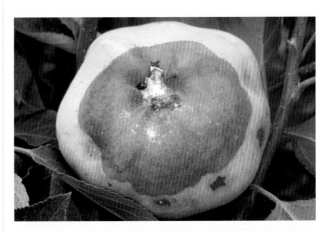

彩图2-410　从花蒂残余组织开始侵染，导致果实腐烂

彩图2-411　残存花蒂上腐生有红粉病菌

【病原】粉红聚端孢霉［*Trichothecium roseum*（Pers.）Link］，属于半知菌亚门丝孢纲丝孢目。病斑表面的淡粉红色霉状物（霉层）即为病菌的分生孢子梗和分生孢子。

【发病规律】红粉病菌是一种弱寄生性真菌，在自然界广泛生存，苹果树的枝干、枝条、果苔、僵果等部位表面均有可能存在。分生孢子主要通过气流传播，从果实伤口及死亡组织侵染，进而扩展形成病斑。一切造成果实受伤的因素均可导致该病发生，如自然裂伤、生理性病害伤、病虫害伤、机械伤等。多雨潮湿、树冠郁蔽、管理粗放的果园，病害常发生较重。

【防控技术】红粉病不需单独防控，通过加强栽培管理和搞好其他病虫害防控即可兼防。

增施农家肥等有机肥，按比例科学施用氮、磷、钾肥及中微量元素肥料，适当增施钙肥。雨季注意排水，干旱季节及时灌水，避免果实生长伤口。及时防控果实病虫害，防止果实受伤。实施果实套袋，推广套袋前喷洒优质杀菌剂技术。合理修剪，使树体通风透光，降低环境湿度。精细采收、包装，避免病、虫、伤果进入贮运环节。

灰霉病

灰霉病是一种苹果近成熟期至贮藏运输期的果实病害，在全国各苹果产区均有发生，多为零星为害。该病除为害苹果外，还可侵害梨、葡萄、樱桃、柿、草莓等多种水果。

【症状诊断】灰霉病主要为害果实，其主要症状特点是在病斑表面产生一层鼠灰色霉状物，该霉状物受震动或风吹产生灰色霉烟。发病初期病斑呈淡褐色水渍状，扩展后形成淡褐色至褐色腐烂病斑，有时病斑略呈同心轮纹状，表面稍凹陷（彩图2-412）；后期，病斑表面或伤口处产生鼠灰色霉状物（彩图2-413）。严重时，病果大部或全部腐烂。

【病原】灰葡萄孢（*Botrytis cinerea* Pers.ex Fr.），属于半知菌亚门丝孢纲丝孢目，病斑表面的鼠灰色霉状物即为病菌的分生孢子梗和分生孢子。该病菌寄主范围非常广泛，除可为害多种水果外，还可侵害番茄、辣椒、瓜类等多种瓜果蔬菜及园艺植物。

彩图2-412 灰霉病病果

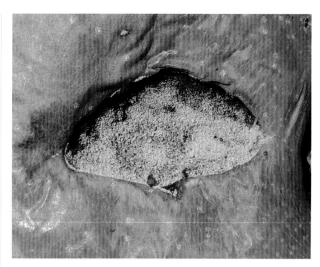

彩图2-413 灰霉病病果上的灰色霉状物

【发病规律】灰霉病菌是一种弱寄生性真菌，其寄主及生存范围非常广泛，在自然界广泛存在。分生孢子借助气流传播，主要从伤口、衰弱或死亡组织进行侵染，进而扩展为害。果实受害的主要诱因是果实伤口，特别是鸟啄伤、虫伤、不易愈合的机械伤及生长裂伤等。高温高湿可加重病害发生，但在低温环境下病菌仍能缓慢生长。另外，贮运期病健果的接触亦可导致病害扩散蔓延，并可造成批量烂果。

【防控技术】

1.防止果实受伤 加强栽培管理，增施农家肥等有机肥及磷钙肥，干旱季节及时灌水，培壮树势，促进果实伤口愈合。实施果实套袋，并注意防控为害果实的害虫。果实近成熟期后设置防鸟网，阻止鸟类对果实的啄伤危害。

2.安全贮运 包装贮运前仔细挑选，彻底剔除病虫伤果，并最好采用单果隔离包装。1～3℃低温贮运，控制灰霉病在贮运期内发生。

青霉病

青霉病又称水烂病，简称"水烂"，主要为害近成熟期至贮藏运输期的果实，在全国各地均有发生，以苹果贮运期发生较多。该病除为害苹果外，还可侵害柑橘、梨、猕猴桃等多种水果。

【症状诊断】青霉病只为害果实，主要发生在采后贮运期，多以伤口为中心开始发病（彩图2-414）。初期病斑为淡褐色圆形或近圆形，扩展后呈淡褐色腐烂（湿腐），表面平或凹陷，并呈圆锥形向果心蔓延（彩图2-415）。条件适宜时，病斑扩展迅速，十多天即可导致全果呈淡褐色至黄褐色腐烂（彩图2-416、彩图2-417），腐烂果肉呈烂泥状（彩图2-418），表面常有褐色液滴溢出，并有强烈的特殊霉味。潮湿条件下，随病斑扩展，从表面中央向周围逐渐产生小瘤状霉丛，该霉丛初为白色，渐变为灰绿色或青绿色（彩图2-419），霉丛多为散生（彩图2-420），有时呈轮纹状排列，有时形成层状。果实伤口明显时，常从伤口处开始产生（彩图2-421），有时果实内部也有霉状物（彩图

2-422）。霉丛或霉层表面产生灰绿色或青绿色粉状物，受震动或风吹时易形成"霉烟"。后期，病果失水干缩，果肉常全部消失，仅留一层果皮。

彩图 2-414 青霉病多从伤口处开始发生

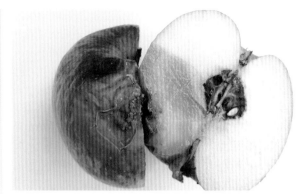

彩图 2-418 病斑表面与剖面比较

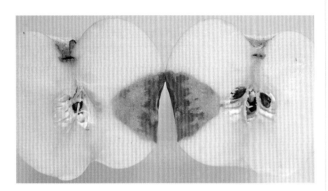

彩图 2-415 病斑呈钝圆锥状向果实内部扩展

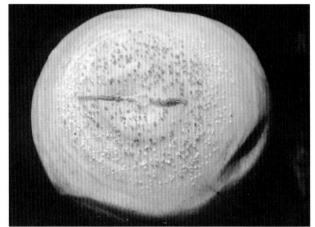

彩图 2-419 病斑表面逐渐产生灰绿色霉状物

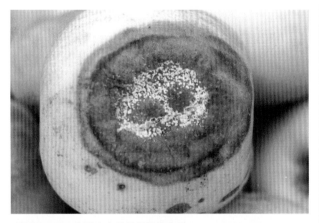

彩图 2-416 青霉病病果呈黄褐色腐烂

彩图 2-420 霉状物呈丛生状（棒状青霉）

彩图 2-417 严重时，整个果实呈淡褐色腐烂

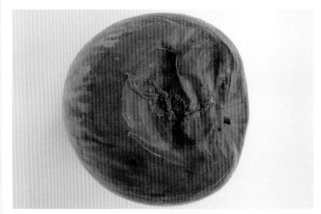

彩图 2-421 青霉状物随伤口形状产生

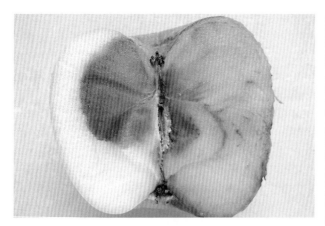

彩图2-422　有时烂果内部也产生霉状物

【病原】主要为扩展青霉［*Penicillium expansum*（Link）Thom］和意大利青霉（*P.italicum* Wehmer），均属于半知菌亚门丝孢纲丝孢目。病斑表面的灰绿色及青绿色霉状物即为病菌的分生孢子梗和分生孢子。

【发病规律】青霉病菌是一类弱寄生性真菌，可在多种基质上生存，无特定越冬场所。分生孢子通过气流传播，主要从各种机械伤口（碰伤、挤压伤、刺伤、虫伤、雹伤等）侵染为害，病健果接触也可直接侵染。破伤果多少是影响病害发生轻重的主要因素，无伤果实很少发病。高温高湿有利于病害发生，但病菌耐低温，0℃时仍能缓慢发展。

【防控技术】

1.防止果实受伤　这是预防青霉病发生的最根本措施。生长期注意防控蛀果害虫及鸟害；采收时精细操作，避免造成人为损伤；包装贮运前严格挑选，彻底剔除病、虫、伤果。

2.改善贮藏条件　贮果前进行场所消毒，清除环境中病菌。尽量采用单果隔离包装，防止贮运环境中的病害扩散蔓延。有条件的尽量采用气调贮藏及低温贮藏，以减轻病害发生。

3.适当药剂处理　包装贮运前果实消毒，能显著减轻贮运期的青霉烂果。一般使用500克/升抑霉唑乳油1000～1500倍液、或450克/升咪鲜胺乳油1000～1500倍液浸果，浸泡0.5～1分钟后捞出、晾干，而后包装贮运。

果柄基腐病

【症状诊断】果柄基腐病是一种零星发生病害，主要为害采收后的果实，有时近成熟期的树上果实也可受害。发病初期，果柄基部产生淡褐色至褐色坏死斑点，多呈不规则形（彩图2-423）；扩大后形成近圆形腐烂病斑，褐色至深褐色（彩图2-424）。高湿环境时病斑表面产生有灰白色至灰黑色霉状物（彩图2-425）。严重时病斑向果实内部及周围扩展，造成果实大部分腐烂。

【病原】可由多种弱寄生性真菌引起，均属于半知菌亚门，常见种类有链格孢霉（*Alternaria* spp.）、小穴壳菌（*Nectriella* sp.）、束梗孢霉（*Cephalotrichum* sp.）等。

【发病规律】果柄基腐病菌都属于弱寄生性真菌，在自然环境中广泛生存，主要为害近成熟期至贮藏运输期的

果实，造成果实从果柄基部开始腐烂。病菌孢子主要通过气流传播，从伤口侵染为害，采收时或采收后摇动果柄造成的伤口为最主要的侵染对象。贮运期果柄失水干枯，常加重病害发生。

彩图2-423　病斑从伤口处开始发生

彩图2-424　病斑呈深褐色腐烂

彩图2-425　病斑表面产生有灰色霉状物

【防控技术】关键是避免果柄摇动造成果实受伤，即在苹果采收和包装时均要轻拿轻放。其次为加强肥水管理，避免果实梗洼生长裂伤。第三，包装贮运时要仔细挑选，彻底剔除病、虫、伤果。第四，最好采用低温贮运，1～3℃贮运基本可以控制病害发生。

黑腐病

【症状诊断】黑腐病可为害枝梢、果实和叶片。在枝梢上主要为害1～2年生枝条，多从枯梢及枯芽处开始发病，形成赤褐色至黑褐色梭形溃疡斑，边缘不明显，中部稍凹陷，后期病斑表面散生小黑点。新发病组织紧贴木质部，后期病部皮层开裂翘起、甚至剥落，严重时导致枝梢枯死。果实受害，初期形成褐色圆形小斑点，后逐渐扩大为黑褐色至黑色腐烂病斑，表面常有同心轮纹，病组织较硬，有霉味；后期，病斑表面皱缩，并逐渐散生出许多小黑点（彩图2-426）；最后皱缩成黑色僵果。叶片受害，展叶后即可发病，初期病斑为圆形紫褐色，扩大后成黑褐色至黑色圆斑，直径2～10毫米，边缘隆起，中部凹陷；后期病斑成灰褐色，表面逐渐散生出小黑点。

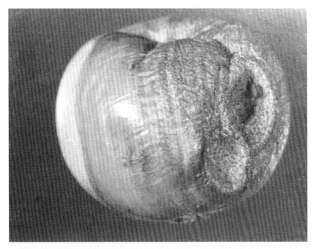

彩图2-426　黑腐病病果

【病原】仁果囊壳孢［*Physalospora obtusa*（Schw.）Cooke］，属于子囊菌亚门核菌纲球壳菌目；无性阶段为仁果球壳孢霉（*Sphaeropsis malorum* Peck），属于半知菌亚门腔孢纲球壳孢目。病斑表面的小黑点即为病菌的分生孢子器，内生大量分生孢子。

【发病规律】病菌主要以菌丝体和分生孢子器在枝条病斑、病僵果及落叶上越冬，第二年条件适宜时产生并释放出分生孢子，通过风雨传播，从伤口（枝梢、果实）和气孔（果实、叶片）侵染为害。树势衰弱枝条受害较重，近成熟期果实容易受害，成龄叶片受害较重；多雨潮湿常导致病害较重发生。

【防控技术】黑腐病防控技术模式如图2-23所示。

1.加强果园管理　增施农家肥等有机肥，按比例使用氮、磷、钾肥及中微量元素肥料，培育壮树，提高树体抗病能力。精细修剪，彻底剪除病伤枝，促使树体通风透光。发芽前，先树上、后树下彻底清除枯枝、落叶、病僵果，集中深埋或销毁。尽量实施果实套袋，阻止病菌侵害果实。

2.适当喷药防控　黑腐病多为零星发生，一般果园不需单独用药，结合轮纹烂果病防控即可有效控制该病的发生为害。具体措施详见"轮纹烂果病"防控技术部分。

黑点病

【症状诊断】黑点病主要为害果实，在许多苹果产区均有可能发生，属零星发生病害。在果实上多以皮孔为中心开始发病，形成深褐色至黑褐色或墨绿色斑点，大小不一，小的似针尖状，大的直径5毫米左右，近圆形或不规则形，稍有凹陷，不深入果肉内部，主要影响果实的外观品质（彩图2-427）。后期，病斑表面散生有小黑点。

彩图2-427　黑点病病果

【病原】苹果斑点球腔菌［*Mycosphaerella pomi*（Pass.）Walton et Orton］，属于子囊菌亚门腔菌纲座囊菌目；无性阶段为苹果斑点柱孢霉（*Cylindrosporium pomi* Brooks），属于半知菌亚门腔孢纲黑盘孢目。病斑上的小黑点多为病菌无性阶段的子座及分生孢子盘。

【发病规律】病菌主要以菌丝体、子座和分生孢子盘在病僵果上越冬，

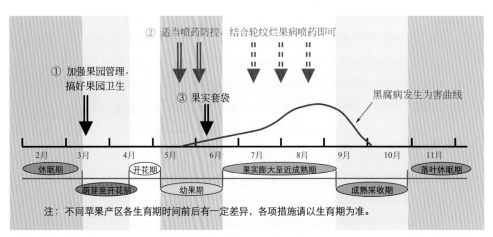

① 加强果园管理，搞好果园卫生

② 适当喷药防控，结合轮纹烂果病喷药即可

③ 果实套袋

黑腐病发生为害曲线

| 2月 | 3月 | 4月 | 5月 | 6月 | 7月 | 8月 | 9月 | 10月 | 11月 |

休眠期　　　开花期　　　　　果实膨大至近成熟期　　　　落叶休眠期

萌芽至开花前　　幼果期　　　　　成熟采收期

注：不同苹果产区各生育期时间前后有一定差异，各项措施请以生育期为准。

图2-23　黑腐病防控技术模式图

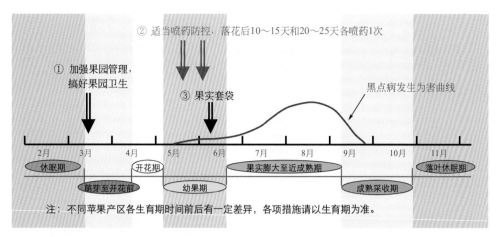

① 加强果园管理，搞好果园卫生

② 适当喷药防控，落花后10～15天和20～25天各喷药1次

③ 果实套袋

黑点病发生为害曲线

2月　3月　4月　5月　6月　7月　8月　9月　10月　11月

休眠期　　萌芽至开花前　　开花期　　幼果期　　果实膨大至近成熟期　　成熟采收期　　落叶休眠期

注：不同苹果产区各生育期时间前后有一定差异，各项措施请以生育期为准。

图2-24　黑点病防控技术模式图

翌年条件适宜时越冬病菌产生分生孢子，通过风雨传播，主要从皮孔侵染为害。苹果落花后10～30天易受侵染，潜育期40～50天，一般年份7月上中旬开始逐渐发病。苹果落花后多雨潮湿有利于病害发生，管理粗放的果园一般发病较重。

【防控技术】黑点病防控技术模式如图2-24所示。

1. 加强果园管理　苹果萌芽前，彻底清除树上、树下病僵果，集中深埋或销毁，消灭病菌越冬场所。合理修剪，促使园内通风透光，降低环境湿度。尽量实施果实套袋，阻止病菌侵害果实。

2. 适当喷药防控　黑点病多为零星发生，一般果园不需单独喷药，个别往年病害发生较重的果园，可在苹果落花后10～15天和20～25天各喷药1次即可。常用有效药剂如：30%戊唑·多菌灵悬浮剂800～1000倍液、41%甲硫·戊唑醇悬浮剂800～1000倍液、70%甲基硫菌灵可湿性粉剂或500克/升悬浮剂800～1000倍液、10%苯醚甲环唑水分散粒剂1500～2000倍液、430克/升戊唑醇悬浮剂3000～4000倍液、80%代森锰锌（全络合态）可湿性粉剂800～1000倍液及50%克菌丹可湿性粉剂500～600倍液等。

锈果病

锈果病又称花脸病，是苹果树上的一种重要系统侵染性病害，在全国各苹果产区均有不同程度发生，重病果园病株率可达50%以上。轻病树果实产量降低、品质变劣（彩图2-428），重病树果实严重发病，完全失去经济价值（彩图2-429）。该病除为害苹果外，梨树也是其重要的潜隐带毒寄主。

【症状诊断】锈果病是一种全株性病害，但主要在果实上表现明显症状，常见症状类型有四种。

锈果型　主要特点是在果实表面产生锈色斑纹。典型症状是从萼洼处开始，向梗洼方向呈放射状产生5条锈色条纹，与心室相对应，稍凹陷。该条纹由表皮细胞木栓化形成，多不规则，造成果皮停止生长。后期严重病果，果面龟裂，果实畸形，果肉僵硬，失去食用价值。国光、白龙等品种上该类型症状表现较多（彩图2-430～彩图2-437）。

花脸型　病果着色后开始表现明显症状，在果面上散生许多不着色的近圆形黄绿色斑块，使果面呈红绿相间的"花脸"状。不着色部分稍凹陷，果面略显凹凸不平，导致果实品质降低。在元帅系品种、富士系品种上表现较多（彩图2-438～彩图2-440）。

混合型　病果着色前，在萼洼附近或果面上产生锈色斑块或锈色条纹；着色后，在没有锈斑或条纹的地方或锈斑周围产生不着色的斑块而呈"花脸"状。即病果上既有锈色斑纹，又着色不均。主要发生在元帅系、富士系等着色品种上（彩图2-441～彩图2-445）。

绿点型　早期在果实表面产生多个稍显凹陷的绿色至深绿色斑块，后期导致果面明显凹凸不平，有时在绿色斑块上还可产生不规则锈斑。黄色品种上（金冠等）发生此种症状较多（彩图2-446～彩图2-448）。

彩图2-428　套袋富士苹果的轻型病果

彩图2-429　严重病果，丧失经济价值

彩图2-430　从萼洼端产生五条锈色条斑向梗洼方向生长

彩图2-431　典型锈果型病果，与心室对应产生五条锈色条斑

彩图2-432　五条锈色条斑基本与心室相对应

彩图2-433　有时锈色斑块表现没有规则

彩图2-434　许多果实果面散布着不规则锈色条斑

彩图2-435　富士苹果着色前的锈色斑纹

彩图2-436　严重病树，幼果即形成开裂

彩图2-437　锈果型严重病果，不堪食用

彩图2-438　花脸型典型病果

彩图2-439　元帅系苹果的花脸型病果

彩图2-440　套袋富士的花脸型病果

彩图2-441　轻型混合型病果

彩图2-442　富士苹果的轻型混合型病果

彩图2-443　富士苹果的较重混合型病果

彩图2-444　红星苹果的混合型病果

彩图2-445　元帅系苹果的混合型严重病果

彩图2-446　绿点型病果的早期症状

彩图2-447　绿点型较重病果

彩图2-448　许多病果呈绿点型症状

在同一株病树上，可以表现一种症状，也可表现多种症状。只要是锈果病树，全树的绝大多数果实均会发病，且只要结果，年年如此，没有年份间的变化。

【病原】苹果锈果类病毒（*Apple scar skin viroid*，ASSVd）。梨树是该类病毒的重要潜隐寄主。据调查，我国广泛栽培的梨树中，绝大多数都带有这种类病毒。

【发病规律】锈果病树全株带毒，终生受害，全树果实发病，且连年发病。主要通过嫁接传染，无论接穗还是砧木带毒均可传病，嫁接后潜育期为3～27个月；另外，在果园内病健树根的接触也可传染；还有可能通过修剪工具接触传播，但花粉和种子不能传病。梨树是该病的普遍带毒寄主，均不表现明显症状，但可通过根部接触传染苹果。远距离传播主要通过带病苗木的调运。

【防控技术】锈果病目前还没有切实有效的治疗方法，主要应立足于预防。培育和利用无病苗木或接穗，禁止在病树上选取接穗及在病树上扩繁新品种，是防止该病发生与蔓延的根本措施。

新建果园时，避免苹果、梨混栽。发现病树后，应立即销毁病树，防止扩散蔓延；但不建议立即刨除，应先用高剂量除草剂草甘膦将病树彻底杀死后，再从基部锯除，两年后彻底刨除病树根，以防刨树时造成病害传播。着色品种的病树，实施果实套纸袋，可显著减轻果实发病程度。果园作业时，病、健树应分开修剪，防止可能的病害传播。

花叶病

花叶病是苹果树上普遍发生的一种病毒性病害，在我国苹果产区普遍分布，据调查严重果园带毒株率可高达80%。病树生长缓慢，产量降低，品质下降，果实不耐贮藏，并易诱发其他病害，需要引起高度重视。

【症状诊断】花叶病主要在叶片上表现明显症状，其主要症状特点是：在绿色叶片上产生褪绿斑块或形成坏死斑，使叶片颜色浓淡不均，呈现"花叶"状。花叶的具体表现因病毒株系及轻重不同而主要分为四种类型。

轻型花叶型　症状表现最早，叶片上有许多小的黄绿色褪绿斑块或斑驳，高温季节症状可以消失，表现为隐症（彩图2-449～彩图2-452）。

彩图2-449　轻型花叶发病初期（斑驳）

彩图2-450　轻型花叶发病中期（斑驳）

彩图2-451　轻型花叶型的严重病梢

彩图2-452　轻型花叶型严重为害状

重型花叶型 叶片上有较大的黄白色褪绿斑块，甚至形成褐色枯死斑，严重病叶扭曲畸形，高温季节症状不会消失（彩图2-453～彩图2-457）。

彩图2-453 重型花叶初期症状

彩图2-454 重型花叶开始变褐枯死

彩图2-455 重型花叶的叶片扭曲畸形

彩图2-456 重型花叶中后期症状

彩图2-457 重型花叶的严重病梢

黄色网纹型 叶片褪绿主要沿叶脉发生，叶肉仍保持绿色，褪绿部分呈黄绿色至黄白色（彩图2-458）。

彩图2-458 黄色网纹型病叶

环斑型 叶片上产生圆形或近圆形的黄绿色至黄白色褪绿环斑，有时呈绿岛状（彩图2-459、彩图2-460）。

彩图2-459 环斑型病叶

彩图2-460 绿岛型病叶

【病原】苹果花叶病毒（*Apple mosaic virus*，ApMV），分为强花叶株系、弱花叶株系和沿脉变色株系。

【发病规律】花叶病是一种全株型病毒性病害，病树全株带毒，终生受害。主要通过嫁接传播，无论接穗还是砧木带毒均能传病；农事操作也可传播，但传播率较低。病害潜育期为 3 ～ 27 个月，潜育期长短，主要与嫁接时间及试验材料的大小有关。花叶症状从春梢萌发后不久即可表现，轻型症状在高温季节逐渐隐退（高温隐症），秋季凉爽后又重新出现；重型花叶没有高温隐症现象。轻病树对树体影响很小，重病树结果率降低、果实变小、甚至丧失结果能力。管理粗放的果园为害重，蔓延快。

【防控技术】花叶病只能预防，不能治疗，培育和利用无病毒苗木及接穗是预防该病的最根本措施。

1.培育和利用无病毒苗木及接穗　育苗时选用无病实生砧木，坚决杜绝在病树上剪取接穗，建立无病毒苗木采穗圃。苗圃内发现病苗，应彻底拔出销毁。严禁在病树上嫁接扩繁新品种。

2.加强栽培管理　轻病树应加强肥水管理，增施有机肥及农家肥，适当重剪，增强树势，可减轻病情为害。丧失结果能力的重病树，应及时彻底刨除。

绿皱果病

【症状诊断】绿皱果病又称绿缩果病、绿缩病，只在果实表面有明显症状，发病后的主要症状特点是：果面产生凹陷斑，且凹陷斑下的维管束组织呈绿色并弯曲变形。果实发病，多从落花后 20 天左右开始，果面先出现水渍状凹陷斑块，形状不规则，直径 2 ～ 6 毫米；随果实生长，果面逐渐凹凸不平，呈畸形状（彩图2-461）；后期，病果果皮木栓化，呈铁锈色并产生裂纹（彩图2-462）。

【病原】苹果绿皱果病毒（*Apple green crinkle virus*，AGCV）。

【发病规律】目前仅知绿皱果病通过嫁接传染，切接、芽接均可传播。嫁接传播后潜育期至少 3 年，最长可达 8 年。病树既可全树果实发病，也可部分枝条上发病，还可病果零星分布。有的品种感病后，发芽迟、开花晚，夏季几乎没有叶片，早熟叶片提早脱落；有的品种病株树体小，树势衰弱，果实变小，不耐贮藏。

彩图2-461　绿皱果病早期病果

彩图2-462　后期，病果表面产生木栓化组织

【防控技术】培育和利用无病毒苗木是彻底预防该病的最有效措施。用种子实生砧木繁育无病苗木，并从无病母树上或从未发生过病毒病的大树上采集接穗。严禁在病树上高接换头及保存与扩繁品种。发现病树要及时刨除，不能及时刨除的要在病树周围挖封锁沟，防止可能的根接触传播。

环斑病

【症状诊断】环斑病又称环斑果病，只在果实上表现明显症状。在果实基本停止生长时开始发病，在果面上形成大小不一、形状不规则的淡褐色斑块，或弧形或环形斑纹，随果实成熟度增加病斑越加明显。病斑仅限于果实表皮，不深入果肉。病果风味没有明显变化（彩图2-463）。

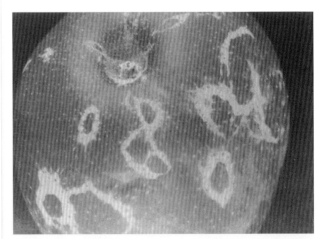

彩图2-463　环斑病病果

【病原】苹果环斑病毒（*Apple ring spot virus*，ARSV）。

【发病规律】目前仅明确环斑病可以通过嫁接传播。芽接时，潜育期长达 4 ～ 5 年甚至更久，且只局限在部分枝条的果实发病。自然受害的病树，几乎每年都有病果，但树上果实发病没有规律。

【防控技术】选择无病毒接穗和砧木，培育和利用无病毒苗木，是预防该病的最根本措施。发现病树，应及时刨除销毁，防止扩大蔓延。

畸果病

【症状诊断】畸果病只在果实上表现明显症状，从幼果期至成果期均可发病。幼果发病，果面凹凸不平，呈畸形状，易脱落。近成熟果发病，果面产生许多不规则裂缝，但不造成果实腐烂（彩图2-464）。

彩图2-464　畸果病病果

【病原】苹果畸形果病毒（*Apple deformity fruit virus*，ADFV）。

【发病规律】目前只明确畸果病可以通过嫁接传播，切接、芽接均可传病。

【防控技术】培育和利用无病毒苗木是预防畸果病的最根本措施。避免从病树上选取接穗，也不要在病树上保存和扩繁品种。发现病树，及时、彻底刨除，并集中烧毁。

衰退病

衰退病又称高接病，是伴随高接换头而逐渐发现的一种慢性衰退病害，在全国各苹果产区均有发生。该病多为复合侵染，常由3种潜隐病毒引起，有的果园带毒株率高达60%～80%。病树生长不整齐，新梢生长量小，结果较晚，产量降低，品质下降，需肥量增加。若遇不耐病毒砧木，将造成重大损失。

【症状诊断】发病初期，病树的部分须根表面出现坏死斑块，随坏死斑块扩大，须根逐渐死亡，进而导致细根、支根、侧根、主根甚至整个根系相继死亡。剖开病根观察，木质部表面产生深褐色凹陷斑或凹陷槽沟，严重时从外表即可看出。根部开始死亡后，上部新梢生长量逐渐减少，植株生长衰退，叶片色淡、小而硬、脱落早，花芽形成量少，坐果率降低，果实变小，果肉变硬，甚至果面产生凹陷条纹斑。当砧穗不亲和时，嫁接口周围肿大，形成"小脚"状，影响树体生长（彩图2-465、彩图2-466）。

彩图2-465
衰退病病树的嫁接口处症状

彩图2-466　嫁接口周围肿大

【病原】由潜隐病毒引起，主要有三种：苹果褪绿叶斑病毒（*Apple chlorotic leaf spot virus*，ACLSV）、苹果茎沟病毒（*Apple grooving virus*，ASGV）、苹果茎痘病毒（*Apple stem pitting virus*，ASPV）。三种病毒多为复合侵染。

【发病规律】衰退病主要通过嫁接传播，无论芽接、切接、劈接均可传病，在果园中还可通过病健根系接触传播。据调查，许多苹果树上均普遍带有潜隐病毒，但多数均为潜伏侵染，不表现明显症状，仅影响树体生长及产量。只有当砧穗组合均感病时或砧穗嫁接不亲和时才表现明显症状，病树根系枯死，病根木质部上产生条沟，新梢生长量减少，叶片色淡、小而硬、落叶早，开花多、坐果少，果实小、果肉硬，病树多在3～5年内衰退死亡。

【防控技术】培育和利用无病毒苗木及接穗是预防衰退病的最根本措施。尽量避免高接换头，必须换头时一定要使用无病毒接穗。严禁在带毒树上高接无病毒接穗及扩繁品种。增施农家肥等有机肥，按比例施用速效化肥及中微量元素肥料，培育壮树，提高树体耐病能力。

扁枝病

【症状诊断】扁枝病主要在枝条上表现明显症状，主要症状特点是造成枝条纵向凹陷或扁平，并扭曲变形。发病初期，枝条上呈现轻微凹陷或扁平状，随后凹陷部位发展成深沟，枝条呈扁平带状，并扭曲变形（彩图2-467、彩图2-468）。病枝变脆，并出现坏死区域。扁平部位形成层活性降低，木质部形成减少，表面有条沟，但皮层组织正常。症状多发生在较老的枝条上，当年生枝上也有发生。

彩图2-467　扁枝病症状

彩图2-468　扁枝病局部放大

【病原】苹果扁枝病毒（*Apple flat limb virus*，AFLV）。

【发病规律】扁枝病在田间主要通过嫁接传播。潜育期最短为8个月，最长可达15年，一般为1年左右。研究证明，扁枝病病毒在树体内只向上移动。该病毒除侵染苹果外，还可侵染梨、樱桃、榅桲、核桃等。

【防控技术】培育和利用无病毒苗木及接穗是预防该病的最根本措施。避免从病树上选取接穗，也不要在病树上保存和扩繁品种。发现病树，及时、彻底刨除，并集中烧毁。

纵裂病毒病

【症状诊断】纵裂病毒病主要在枝干上表现明显症状，病树沿枝干纵向产生树皮裂缝是该病的主要症状特点。

病树枝干表面可以产生多条纵向条裂，严重时深达木质部，在木质部表面也有纵向凹沟（彩图2-469～彩图2-472）。

彩图2-469　主干发病初期，树皮发生的纵裂

彩图2-470　有时主干上的纵裂深达木质部

彩图2-471　主枝上也可发病

彩图2-472　严重时，主干树皮上发生多条纵裂（白龙）

【病原】可能为苹果纵裂病毒。

【发病规律】纵裂病毒病目前尚缺乏系统研究，可能主要通过嫁接传播，无论接穗或砧木带毒均可传病。白龙品种发病较重。病树树势衰弱，坐果率降低，果实品质下降。

【防控技术】培育和利用无病毒苗木及接穗是预防该病发生的最根本措施。严禁在病树上剪取接穗及扩繁品种。发现病树后增施农家肥等有机肥，培育壮树，提高树体耐病能力，减轻病害为害程度。

缺钙症

缺钙症是影响苹果质量的重要生理性病害，在我国各苹果产区均有发生，特别是近几年发生为害程度有逐年加重趋势，应当引起高度重视。

【症状诊断】缺钙症主要表现在近成熟期至贮运期的果实上，根据症状特点分为痘斑型、苦痘型、糖蜜型、水纹型和裂纹型五种类型。有时一个病果上同时出现两种或多种症状类型，严重时许多果实同时受害，严重影响果品质量（彩图2-473～彩图2-477）。

痘斑型 俗称苦痘病，在果实萼端发生较多。初在果皮下产生褐色病变，表面颜色较深，有时呈紫红色斑点，后病斑逐渐变褐枯死，形成褐色凹陷坏死干斑，直径多为2～4毫米，常散生，病斑下果肉坏死干缩呈海绵状，病变只限浅层果肉，味苦。贮藏后期，易受杂菌侵染，导致果实腐烂（彩图2-478～彩图2-481）。

彩图2-473　痘斑型与苦痘型病果

彩图2-474　痘斑型与水纹型症状混合发生的病果

彩图2-475　痘斑型与水纹型症状混合发生的严重病果

彩图2-476　苦痘型与水纹型症状混合发生的病果

彩图2-477　严重时，许多果实发病

彩图2-478　痘斑型较轻型病果

彩图2-479　元帅系苹果的痘斑型症状

彩图2-480　痘斑型较重型病果

彩图2-481　痘斑型病果贮藏后期易受杂菌侵染，引起腐烂

苦痘型　俗称苦痘病，发生及症状特点与痘斑型相似，只是病斑较大，直径达6～12毫米，多发生在果实萼端及胴部，一个至数个散生。套袋富士系苹果发生较多。贮藏后期，也易受杂菌侵染，导致果实腐烂（彩图2-482～彩图2-489）。

彩图2-482　苦痘型病果发病早期

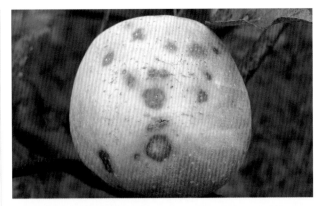

彩图2-483　苦痘型典型病果

彩图2-484　元帅系苹果的苦痘型症状

彩图2-485　苦痘型病果的大型病斑

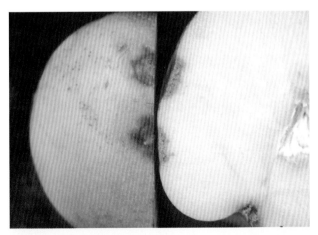

彩图2-486　苦痘型病斑剖面比较

彩图2-487 苦痘型浅层果肉的干缩坏死斑

彩图2-488 苦痘型严重病果，果实失水皱缩

彩图2-489 苦痘型病果贮藏后期易受杂菌侵染，引起腐烂

糖蜜型 俗称蜜病、水心病。病果表面透现出水渍状斑点或斑块，似透明蜡质；剖开病果，果肉内散布许多水渍状半透明斑块，或果肉大部呈水渍半透明状，似"玻璃质"。病果"甜"味增加，但风味异常。病果贮藏后，果肉常逐渐变褐、甚至腐烂（彩图2-490～彩图2-494）。

彩图2-490 黄色果实（套袋金冠）糖蜜型果面症状

彩图2-491 红色果实糖蜜型果面症状

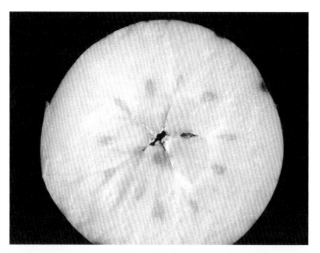

彩图2-492 糖蜜型轻型病果剖面

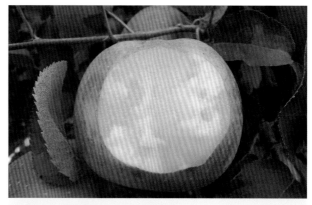

彩图2-493 糖蜜型果肉较重受害状

彩图2-494 小苹果糖蜜型果肉剖面

水纹型 病果表面产生许多小裂缝，裂缝表面木栓化，似水波纹状。有时裂缝以果柄或萼洼为中心，似呈同心轮纹状。裂缝只在果皮及表层果肉，一般不深入果实内部，不造成实际的产量损失，仅影响果实的外观质量。富士系苹果发病较重（彩图2-495～彩图2-497）。

彩图2-495 水纹型轻型病果

彩图2-496 水纹型典型病果

彩图2-497 水纹型严重病果

裂纹型 症状表现与水纹型相似，只是裂缝少而深，且排列没有规则。病果采收后易导致果实失水干缩（彩图2-498～彩图2-500）。

彩图2-498 裂纹型较轻型病果

彩图2-499 裂纹型较重型病果

彩图2-500 裂纹型星状纹病果

【**病因及发生特点**】缺钙症是一种生理性病害，由果实缺钙引起。钙是果实细胞壁间层的重要成分，能使原生质的水合度降低、黏性增大。当果实内钙离子浓度较低时，原生质及液泡膜崩解，薄壁细胞变成网状，致使果实组织松软，甚至出现褐点，外部呈现凹陷斑。

导致缺钙的根本原因是长期使用速效化肥、极少使用有机肥与农家肥、土壤严重瘠薄及过量使用氮肥。果实内

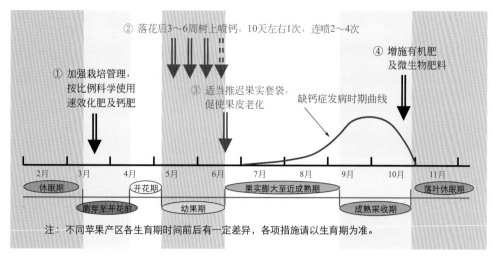

② 落花后3～6周树上喷钙，10天左右1次，连喷2～4次

① 加强栽培管理，按比例科学使用速效化肥及钙肥

③ 适当推迟果实套袋，促使果皮老化

④ 增施有机肥及微生物肥料

缺钙症发病时期曲线

2月　3月　4月　5月　6月　7月　8月　9月　10月　11月

休眠期　　　开花期　　　果实膨大至近成熟期　　　落叶休眠期

萌芽至开花前　　幼果期　　　成熟采收期

注：不同苹果产区各生育期时间前后有一定差异，各项措施请以生育期为准。

图2-25　缺钙症防控技术模式图

氮钙比≤10时不发病，氮钙比＞10时逐渐发病，氮钙比＞30时严重发病。酸性及碱性土壤均易缺钙，钾肥过多亦可加重缺钙症的表现。另外，果实套袋往往可以加重缺钙症的发生；采收过晚，果实成熟度过高，糖蜜型症状常发生较多。

【防控技术】以增施农家肥等有机肥及硼钙肥、改良土壤为基础，避免偏施氮肥，适量控制钾肥，配合以生长期喷施速效钙肥（图2-25）。

1.加强栽培管理　增施绿肥、农家肥等有机肥及微生物肥料，按比例科学施用氮、磷、钾肥及硼、钙肥，避免偏施氮肥，适量控制钾肥，以增加土壤有机质与钙素含量，并平衡钙素营养。酸性土壤每株施用消石灰2～3千克，碱性或中性土壤每株施用硝酸钙或硫酸钙1千克左右。合理修剪，使果实适当遮荫。搞好疏花疏果，科学调整结果量。适当推迟果实套袋时间，促使果皮老化。旱季注意浇水，雨季及时排水。适期采收，防止果实过度成熟。

2.喷施优质速效钙肥　树上喷钙的最佳时间是落花后3～6周，10天左右1次，一般应喷施速效钙肥2～4次。速效钙肥的优劣标准，主要从有效钙的含量多少和钙素是否易被果实吸收两个指标考量。效果较好的钙肥是以无机钙盐为主要成分的固体钙肥，这类钙肥含钙量相对较高、且易被吸收利用。生产中效果较好的速效钙肥有：速效钙400～600倍液、佳实百800～1000倍液、硝酸钙300～500倍液、高效钙或美林钙400～600倍液、腐植酸钙500～600倍液等。由于钙在树体内横向移动性小，喷钙时应重点喷布果实，使果实直接吸收利用。叶片虽能吸收，但不易向果实转移。

缩果病

缩果病又称缺硼症，在我国各苹果产区均有发生，是影响果实质量的重要病害之一。缺硼严重时，大量枝条及芽枯死，严重影响树冠扩大及花芽分化，甚至造成大枝死亡。

【症状诊断】缩果病主要在果实上表现明显症状，严

重时枝梢上也可发病。果实受害因发病早晚及品种不同而分为果面干斑、果肉木栓及果面锈斑三种类型。

果面干斑型　落花后半月左右开始发生，初期果面产生近圆形水渍状斑点，皮下果肉呈水渍状半透明，有时表面可溢出黄色黏液。后期病斑干缩凹陷，果实畸形，果肉变褐色至暗褐色坏死。重病果变小，或在干斑处开裂，易早落（彩图2-501）。

彩图2-501　幼果期的果面干斑型病果

果肉木栓型　落花后20天至采收期陆续发病。初期果肉内产生水渍状小斑点，逐渐变为褐色海绵状坏死，且多呈条状分布。幼果发病，果面凹凸不平，果实畸形，易早落；中后期发病，果形变化较小或果面凹凸不平，手握有松软感。重病果果肉内散布许多褐色海绵状坏死斑块，有时在树上病果成串发生（彩图2-502～彩图2-506）。

彩图2-502　果实膨大期缩果病症状

彩图2-503　缩果病果面凹凸不平

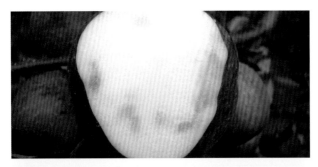

彩图2-504　病果果肉发病初期

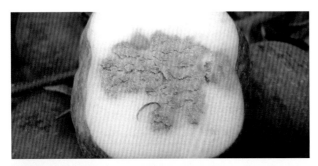

彩图2-505　后期，病果肉组织呈褐色海绵状坏死

彩图2-506　树上成串发生的病果

果面锈斑型　主要症状特点是在果柄周围的果面上产生褐色、细密的横条纹，并伴有开裂。果肉松软，淡而无味，但无坏死病变。

枝梢上的症状亦分为三种类型。一是枯梢型：多发生在夏季，新梢顶端叶片色淡，叶柄、叶脉红色扭曲，叶尖、叶缘逐渐枯死；新梢上部皮层局部坏死，随坏死斑扩大，新梢自上而下逐渐枯死，形成枯梢。二是丛枝型：枝梢上的芽不能发育或形成纤弱枝条后枯死，后枯死部位下方长出一些细枝，形成丛枝状。三是丛簇状：芽萌发后生长停滞，节间短缩，枝上长出许多小而厚的叶片，呈丛簇状。

【病因及发生特点】缩果病是一种生理性病害，由缺硼引起。硼的主要作用是促进糖的运输，对花粉形成及花粉管伸长有重要作用，花期缺硼常导致大量落花，坐果率降低。此外，硼可促进钾、钙、镁等微量元素吸收，并与核酸代谢有密切关系。缺硼时，核酸代谢受阻，细胞分裂及分化受抑制，顶芽和花蕾死亡，受精过程受阻，子房脱落，果实变小，果面凹凸不平。

沙质土壤、天然酸性土壤，硼素易流失；碱性土壤硼呈不溶状态，根系不易吸收；土壤干旱，影响硼的可溶性，植株难以吸收利用；土壤瘠薄、有机质贫乏，硼素易被固定。所以，沙性土壤、天然酸性土壤、碱性土壤及易发生干旱的坡地果园缩果病容易发生；土壤瘠薄、有机肥使用量过少、大量元素化肥（氮、磷、钾）使用量过多等，均可导致或加重缩果病发生；干旱年份病害发生较重。

【防控技术】缩果病防控技术模式如图2-26所示。

1.加强栽培管理　增施农家肥等有机肥及微生物肥料，改良土壤，按比例科学施用速效化肥及中微量元素肥料，干旱果园及时浇水。

2.根施硼肥　结合施用有机肥根施硼肥，施用量因树体大小而定。一般每株根施硼砂50～125克、或硼酸20～40克，施后立即灌水，防止产生肥害。

3.树上喷硼　在开花前、花期及落花后各喷硼1次，常用优质硼肥有：0.3%硼砂溶液、0.1%硼酸溶液、佳实百800～1000倍液、加拿大枫硼、速乐硼等。沙质土壤、碱性土壤由于土壤中硼素易流失或被固定，采用树上喷硼效果更好。

黄叶病

黄叶病又称缺铁症，主要为害苹果树嫩梢叶片，夏秋梢发病较重，在土壤中性及偏碱性的苹果产区均有发生，且碱性越强果区病害发生越重，许多果区近些年有逐年加重趋势。

【症状诊断】黄叶病主要在叶片上表现症状，先从新梢顶端的幼嫩叶片开始发病（彩图2-507、彩图2-508）。初期，叶肉变黄绿色至黄色，叶脉仍保持绿色，使叶片呈绿色网纹状（彩图2-509）；随病情加重，除主脉及中脉外，

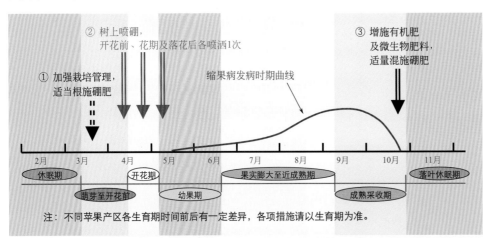

② 树上喷硼，
开花前、花期及落花后各喷洒1次

③ 增施有机肥
及微生物肥料，
适量混施硼肥

① 加强栽培管理，
适当根施硼肥

缩果病发病时期曲线

2月　3月　4月　5月　6月　7月　8月　9月　10月　11月

休眠期　　开花期　　　果实膨大至近成熟期　　　落叶休眠期

萌芽至开花前　　幼果期　　　　　成熟采收期

注：不同苹果产区各生育期时间前后有一定差异，各项措施请以生育期为准。

图2-26　缩果病防控技术模式图

细小支脉及绝大部分叶肉全部变成黄绿色或黄白色（彩图2-510），新梢上部叶片大都变黄或黄白色（彩图2-511）；严重时，病叶全部呈黄白色，叶缘开始变褐枯死（彩图2-512），甚至新梢顶端枯死、呈现枯梢现象（彩图2-513）。

【病因及发生特点】黄叶病是一种生理性病害，由于缺铁引起，土壤中缺少苹果树可以吸收利用的二价铁离子而导致发病。铁元素是叶绿素的重要组成成分，缺铁时，叶绿素合成受抑制，植物则表现出褪绿、黄化、甚至白化。由于铁元素在植物体内难以转移，所以缺铁症状多从新梢嫩叶开始表现。

彩图2-507　苗圃中黄叶病发生为害状

彩图2-508　结果大树黄叶病发生为害状

彩图2-509　发病早期，仅叶肉变黄绿色

彩图2-510　随病情发展，细支脉也逐渐退绿

彩图2-511　仅主、侧脉留有绿色

彩图2-512　叶缘开始变褐枯死

彩图2-513　严重病梢，顶端叶片变褐枯死

铁素在土壤中以难溶解的三价铁盐存在时，苹果树不能吸收利用，导致叶片缺铁黄化。盐碱地或碳酸钙含量高的土壤容易缺铁；大量使用化肥，土壤板结的地块容易缺铁；土壤黏重，排水不良，地下水位高，容易导致缺铁；

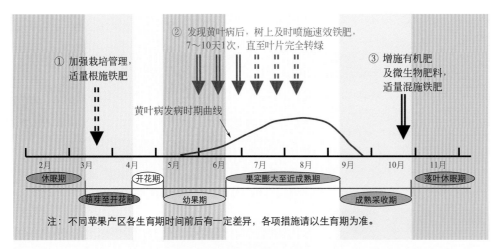

① 加强栽培管理，适量根施铁肥

② 发现黄叶病后，树上及时喷施速效铁肥，7～10天1次，直至叶片完全转绿

③ 增施有机肥及微生物肥料，适量混施铁肥

黄叶病发病时期曲线

| 2月 | 3月 | 4月 | 5月 | 6月 | 7月 | 8月 | 9月 | 10月 | 11月 |

休眠期　　开花期　　果实膨大至近成熟期　　落叶休眠期

萌芽至开花前　幼果期　　成熟采收期

注：不同苹果产区各生育期时间前后有一定差异，各项措施请以生育期为准。

图2-27　黄叶病防控技术模式图

根部、枝干有病或受损伤时，影响铁素的吸收传导，树体也可表现缺铁症状。

【防控技术】 加强果园土肥水管理，促进释放被固定的铁素，是防控黄叶病的根本措施；适当补充铁肥及叶面喷施速效铁肥相辅助（图2-27）。

1.加强果园管理 增施农家肥、绿肥等有机肥及微生物肥料，改良土壤，促使土壤中的不溶性铁转化为可溶性铁，以便树体吸收利用。结合施用有机肥混施二价铁肥，补充土壤中的可溶性铁含量，一般每株成龄树根施硫酸亚铁0.5～0.8千克。盐碱地果园适当灌水压碱，并种植深根性绿肥。低洼果园，及时开沟排水。注意防控苹果枝干病害及根部病害，保证养分运输畅通。根据果园施肥及土壤肥力水平，科学确定结果量，保持树体上下生长平衡。

2.及时树上喷铁 发现黄叶病后及时喷铁治疗，7～10天1次，直至叶片完全变绿为止。效果较好的有效铁肥有：黄腐酸二胺铁200倍液、铁多多500～600倍液、黄叶灵300～500倍液、硫酸亚铁300～400倍液＋0.05%柠檬酸＋0.2%尿素的混合液等。

小叶病

小叶病又称缺锌症，在全国各苹果产区普遍发生，对树体生长及树冠扩大影响很大。

【症状诊断】 小叶病主要在枝梢上表现症状。病枝节间短，叶片小而簇生，有时呈轮生叶状，叶形狭长，质地脆硬，叶色较淡，叶缘上卷，叶片不平展，严重时病枝逐渐枯死。病枝短截后，下部萌生枝条仍表现小叶。病枝上不能形成花芽；病树生长势衰弱，发枝力低，树冠不能扩展，显著影响树体生长与产量（彩图2-514～彩图2-517）。

【病因及发生特点】 小叶病是一种生理性病害，由于锌素供应不足引起。锌元素与生长素及叶绿素的合成有密切关系，当锌素缺乏时，生长素合成受影响，进而导致叶片和新梢生长受阻；同时，锌素缺乏也影响叶绿素合成，致使叶色较淡，甚至黄化、焦枯。

沙地果园、盐碱地果园及土壤瘠薄地果园容易缺锌，

长期施用速效化肥，特别是氮肥施用量过多、土壤板结等影响锌的吸收利用，土壤中磷酸过多可抑制根系对锌的吸收，钙、磷、钾比例失调时也影响锌的吸收利用。土壤黏重，根系发育不良，小叶病发生较重。

【防控技术】 加强施肥及土壤管理、适当增施锌肥是有效预防小叶病发生的根本措施，树上喷锌急救是避免小叶病严重为害的重要保障（图2-28）。

彩图2-514　小叶病枝条，叶片细小

彩图2-515　受害严重时，枝梢细弱、叶片狭小

彩图2-516　严重病树，外围枝梢多数发病

彩图2-517　有时小叶病和花叶病混合发生

　　1.加强栽培管理　增施农家肥等有机肥及微生物肥料，配合施用适量锌肥，改良土壤。沙地、盐碱土壤及瘠薄地，在增施有机肥的同时，按比例科学使用氮、磷、钾肥及中微量元素肥料。与有机肥混合施用锌肥时，一般每株需埋施硫酸锌0.5～0.7千克，连施3年左右效果较好。

　　2.及时树上喷锌　对于小叶病病树或病枝，萌芽期喷施1次3%～5%硫酸锌溶液，开花初期和落花后再各喷施1次0.2%硫酸锌＋0.3%尿素混合液、或300毫克/千克环烷酸锌、或氨基酸锌300～500倍液、或锌多多500～600倍液，可基本控制小叶病的当年为害。

日灼病

　　【**症状诊断**】日灼病又称"日烧病"，主要发生在果实上，有时叶片和枝干上也可发生。果实受害，多发生于向阳面，初期果面呈灰白色至苍白色（彩图2-518），有时外围有淡红色晕圈（彩图2-519）；随后，受害果皮变淡褐色至褐色坏死（彩图2-520），坏死斑外红色晕圈逐渐明显（彩图2-521～彩图2-523），但在黄色品种果实上红晕不易产生（彩图2-524）。果实着色后受害，灼伤斑多呈淡褐色，常没有明显边缘（彩图2-525、彩图2-526）。后期，坏死病

彩图2-518　初期日灼斑呈苍白色

彩图2-519　日灼斑上出现红晕

斑易受杂菌感染，表面常产生黑色霉状物（彩图2-527）。日灼病斑多为圆形或椭圆形，平或稍凹陷（彩图2-528、彩图2-529），只局限在浅层果肉，不深入果肉内部，有时后期表面可发生开裂（彩图2-530）。套纸袋果摘袋后如遇高温，日灼病斑多不规则（彩图2-531～彩图2-534），有时采收后也可受害（彩图2-535），后期表面亦可腐生霉菌（彩图2-536）。套膜袋果，在袋内即可发生日灼病，症状表现及发展过程与不套袋果相同（彩图2-537～彩图2-540），有时后期易造成裂果（彩图2-541）。

　　叶片受害，初期叶缘或叶片中部产生淡褐色灼伤斑，没有明显边缘（彩图2-542）；随病情发展，灼伤斑逐渐变褐枯死（彩图2-543）；后期枯死斑易破裂穿孔。

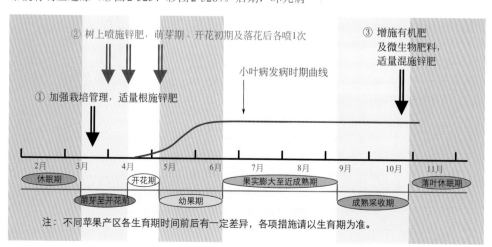

图2-28　小叶病防控技术模式图

注：不同苹果产区各生育期时间前后有一定差异，各项措施请以生育期为准。

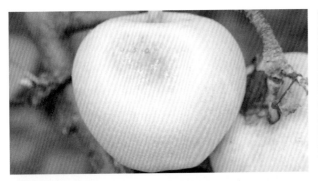

彩图 2-520　日灼斑中部组织开始变淡褐色

彩图 2-521　日灼斑中部变淡褐色，外围产生红晕

彩图 2-522　日灼斑上的褐色病变与外围红晕逐渐加剧

彩图 2-523　日灼斑褐色加深，外围红晕显著

彩图 2-524　在黄色品种上外围红晕很少产生

彩图 2-525　红色品种成果期轻度灼伤斑

彩图 2-526　红色品种成果期较重灼伤斑

彩图 2-527　后期日灼坏死斑表面易被霉菌腐生

彩图 2-528　日灼坏死斑表面较平

彩图2-529　日灼坏死斑表面凹陷

彩图2-534　套纸袋果日灼病斑表面凹陷

彩图2-530　有时日灼斑表面发生开裂

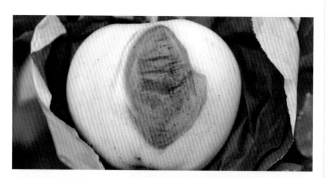

彩图2-531　套纸袋苹果，果袋破裂后易发生日灼病

彩图2-535　套纸袋果采收后有时也可发生日灼

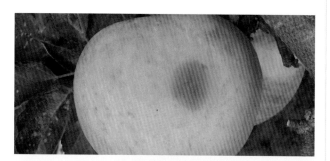

彩图2-532　套纸袋果摘袋后，日灼病发生早期

彩图2-536　套纸袋果日灼病斑上亦常腐生霉菌

彩图2-533　套纸袋果日灼病的褐变病斑

彩图2-537　套膜袋果初期日灼斑

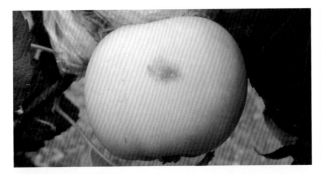

彩图2-538 套膜袋果，日灼斑中部开始褐变

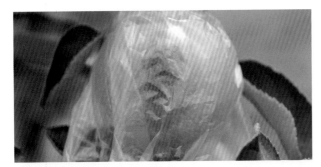

彩图2-539 套膜袋果，日灼斑逐渐变褐

彩图2-540 套膜袋果，日灼斑逐渐发展成近圆形褐色坏死斑

彩图2-541 套膜袋果，日灼斑处后期易发生裂果

彩图2-542 叶片日灼伤害早期病斑

彩图2-543 叶片日灼伤害后期枯死斑

枝干受害，在向阳面形成淡褐色至褐色灼伤斑（彩图2-544、彩图2-545），没有明显边缘，后期该病斑上易诱使腐烂病发生。

彩图2-544 苹果树主枝上的日灼伤

彩图2-545
苹果树主干上的日灼伤

【病因及发生特点】日灼病是一种生理性病害，由阳光过度直射造成。在高温干旱季节，果实或枝干无枝叶遮荫，阳光直射使果皮或树皮发生烫伤，是导致该病发生的主要因素。

日灼病多发生在炎热夏季和高温干旱季节，修剪过度、枝叶稀少，常加重日灼病发生；三唑类农药用量偏大，抑制枝叶生长，亦可加重发生为害；套袋果摘袋时温度偏高，容易造成脱袋果的日灼病。

【防控技术】合理修剪，避免修剪过度，使果实及枝干能够有枝叶遮阴。科学选用农药，避免造成药害而抑制枝叶生长。夏季注意及时灌水，保证土壤水分供应，使树体含水量充足，以提高果实及枝干耐热能力。夏季适当喷施尿素（0.3%）、磷酸二氢钾（0.3%）等叶面肥，增强果实耐热性。套纸袋果摘袋时尽量采用二次脱袋技术，逐渐提高果实的适应能力。实施树干涂白，避免枝干受害，涂白剂配方为：生石灰10～12千克、食盐2～2.5千克、豆浆0.5千克、豆油0.2～0.3千克、水36千克。

霜环病

霜环病是一种生理性病害，在全国各苹果产区均有可能发生，但以西北果区发生为害较重，严重年份果实受害率达80%以上，甚至有些果园达100%，常造成严重损失（彩图2-546、彩图2-547）。

彩图2-546　树上许多幼果受害

彩图2-547　受害严重果园摘除的大量病果

【症状诊断】霜环病仅在果实上表现症状，落花后的小幼果至成熟果均可发病，具体症状特点因受害轻重程度及受害时期早晚不同而有差异。发病初期，幼果萼端产生

变色环纹（彩图2-548），逐渐形成月牙形至环状凹陷，淡红色至深紫红色（彩图2-549）；随后，表皮细胞渐变木栓化，木栓化组织呈段带状至环状，受害较轻时不能闭合，较重时环状木栓化呈宽带状，有时木栓化边缘还可产生裂缝（彩图2-550～彩图2-554）。重病果容易脱落，受害较轻果实能够继续生长至成熟，但在成熟果萼端留有木栓化环斑或环状坏死斑等（彩图2-555～彩图2-562），有的导致果实畸形（彩图2-563）。当幼果受害较晚时，则在果实胴部形成横向段状至环状凹陷，并在凹陷处形成果皮木栓化锈斑，幼果至成熟果上均有发生（彩图2-564～彩图2-570）。

彩图2-548　幼果受害初期，萼端产生变色环纹

彩图2-549　红星幼果轻度受害状

彩图2-550　幼果萼端的环状断续坏死斑块

彩图2-551　幼果萼端局部产生果锈斑

彩图2-552 幼果期的典型霜环病果

彩图2-553 幼果萼端的宽环状果锈斑

彩图2-554 幼果多半部受害状

彩图2-555 成果期的轻型病果（a）

彩图2-556 成果期的轻型病果（b）

彩图2-557 成果期的轻型病果（c）

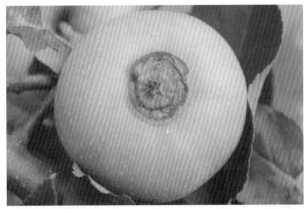

彩图2-558 成果期的典型霜环病果

彩图2-559 成果期萼端的环状木栓化（翘起）

彩图 2-560　成果期萼端果锈型病果

彩图 2-561　成果期萼端产生近环状开裂

彩图 2-562　成果期病健（中）果萼端比较

彩图 2-563　萼端局部坏死环斑，病果畸形

彩图 2-564　幼果胴部的局部果锈斑

彩图 2-565　幼果胴部的束腰型环状果锈斑

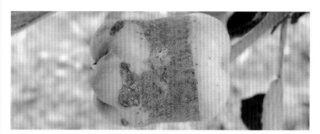

彩图 2-566　幼果胴部的宽带环状果锈斑

彩图 2-567　成熟果胴部的局部产生果锈斑

彩图 2-568　成熟果胴部产生环状果锈斑

彩图2-569　成熟果胴部产生束腰型环状果锈斑

彩图2-570　成熟果胴部宽环带不能着色

【病因及发生特点】霜环病是一种自然灾害型的生理性病害，由落花后的幼果遭受低温冻害引起，冻害严重时幼果早期脱落，轻病果逐渐发育成霜环病病果。据调查，苹果终花期后7～10天如遇低于3℃的最低气温，幼果即可能受害，且幼果期持续阴雨低温常加重病害的发生发展。

霜环病能否发生与落花后幼果是否遭遇春季低温有关。若低温发生较早，则造成冻花。另外，果园管理粗放、土壤有机质贫乏，病害常发生较重；地势低洼果园容易遭受冻害。

【防控技术】加强栽培管理，增施农家肥等有机肥，培育壮树，提高幼果抗逆能力。容易发生霜环病的果园或果区，在苹果落花至幼果期，随时注意天气变化及预报，一旦有低温寒流警报，应及时采取熏烟或喷水等措施进行预防。另外，在开花前、落花后喷施0.003%丙酰芸苔素内酯（爱增美）水剂2000～3000倍液加优质叶面微肥，能在一定程度上提高幼果抗冻能力，减轻霜环病发生。

冻害

【症状诊断】冻害是由于外界环境温度急剧下降或绝对低温或温度变化不平衡所导致的一种生理性伤害，根部、枝干、枝条、芽、花器、幼嫩叶片及果实都有可能受害，具体受害部位及表现因发生时间、温度变化程度不同而异。

冬季绝对低温　冬季温度过低，常造成幼树枝干及枝条的冻伤、浅层根系冻伤或死亡、芽枯死等，导致春季不能发芽、或发芽后幼嫩组织又逐渐枯死、或枝条枯死等。

冻害较轻时，上部枝条枯死后枝干下部还能萌生出幼嫩枝条。未枯死受害树，易诱使腐烂病发生，甚至导致树体枯死（彩图2-571～彩图2-576）。

彩图2-571　主干下部皮层受冻

彩图2-572　主干皮层受冻，边缘产生裂缝

彩图2-573　结果树受冻害，导致枯死

彩图2-574　花芽受冻害枯死

彩图2-575　受冻害枯死的花芽

彩图2-576　冻害诱发腐烂病，造成死树

早春低温多风　枝条水分随风散失过多，而土壤温度较低（地温回升慢），根系尚未活动，不能及时吸收并向上补充水分，导致上部枝条枯死（抽条）。该类型多为幼树及小枝条受害，较大枝条正常，但严重时较大枝条亦常枯死，而下部枝干能正常萌发出健康枝条（彩图2-577、彩图2-578）。

发芽开花期低温　发芽开花期至幼果期，如遇低温（急剧降温，又称"倒春寒"）伤害，轻者造成幼果萼端冻伤，降低果品质量，甚至早期落果，幼嫩叶片扭曲畸形；重者将幼芽、花序及子房冻伤或冻死，造成绝产。开花期遭受较轻冻害时，柱头、花药变褐，甚至枯死，花瓣边缘干枯，在一定程度上影响坐果（彩图2-579～彩图2-588）。

【病因及发生特点】冻害是一种由自然界温度异常变化所引起的生理性伤害，多发生在早春和秋冬交替季节。

栽培管理不当是影响冻害的主要因素。如生长期肥水过多，特别是氮肥过量，造成枝条徒长，木质化（老化）程度不够，常导致抽条及枝条枯死；结果量过多、肥水不足、病虫害造成早期落叶等，导致树势衰弱，抗逆力较低，易造成冻花、冻芽、冻果等。不同品种抗低温能力不同，容易遭受冻害的地区，应尽量栽植抗低温能力强的品种。

彩图2-578　抽条枯死的幼树上部

彩图2-579　芽萌发冻害状

彩图2-577　新植树上部抽条枯死

彩图2-580　展叶期受冻，嫩叶扭曲不平

彩图2-581　抽梢初期受冻，基部叶片扭曲不平

彩图2-582　开花初期受冻，花瓣边缘干枯，花药、柱头枯死

彩图2-583　整个花序遭受冻害

彩图2-584　开花期冻害，病（右）健（左）花比较

彩图2-585　花期冻害，柱头基部变褐

彩图2-586　花期冻害，子房内部冻害状

彩图2-587　开花后期受冻，子房变黑褐色

彩图2-588　刚刚落花的幼果冻害状

【防控技术】

1.**加强栽培管理，提高树体抗逆能力**　新建果园时，根据当地气候条件，选择耐低温能力较强的品种栽植。幼树果园，进入7月份后加强肥水管理，特别是停止使用氮肥，促进枝条老化，提高枝条保水及抗逆能力。进入结果期后，根据结果量或产量需要，加强肥水管理，科学施用氮磷钾肥；及时防控造成叶片早期脱落的病虫害，培育壮树，提高树体抗逆能力。

2.**树干涂白，降低温度骤变程度**　容易发生冻害的地区，秋后及时树干涂白，降低树体表面温度骤变程度，有效防止发生冻害。常用涂白剂配方为：水：生石灰：石硫合剂（原液）：食盐＝10：3：0.5：0.5。

3.**适当培土或覆盖保护**　落叶后树干基部适当培土，提高干基周围保温效能。春季容易发生抽条的地区，在树干北面及西北面培月牙形土埂，给树盘创造一个相对背风向阳的环境；树盘也可覆盖地膜或秸秆，促使早春地面增温及根系尽早活动，有效降低抽条危害（彩图2-589～彩图2-591）。

彩图2-589　培月牙形土埂防寒

彩图2-590　树下覆膜防寒保墒增温

彩图2-591　树下铺设秸秆防寒增温

果实冷害

果实冷害是发生在贮藏运输期的一种生理性病变，轻病果品质降低，重病果丧失食用价值，预防不当常造成严重损失。

【症状诊断】果实冷害因贮藏环境温度不同，症状表现及发展过程稍有差异。当贮藏环境温度在零下几度时，果实受冻过程发展缓慢，初期果实外表没有异常，切开果实后果肉内出现淡褐色斑块，斑块边缘不明显（彩图2-592）；随贮藏时间延长，果肉内褐变斑块逐渐扩大，直至大部分果肉呈淡褐色至褐色病变，维管束颜色较深（彩图2-593）；后期，病变扩展到果面，在果面上出现淡褐色晕斑。当贮藏温度在零下十度左右及更低时，果实受冻发展很快，初期果面上先产生淡褐色近圆形斑点，后很快形成淡褐色至褐色凹陷大斑（彩图2-594），斑下果肉呈褐色至红褐色病变（彩图2-595），常多个冻害斑散布。后期冷害果常有腐烂气味。

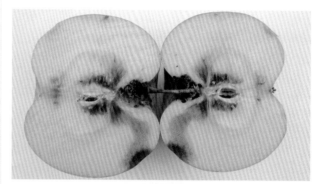

彩图2-592　冷害形成初期病果剖面

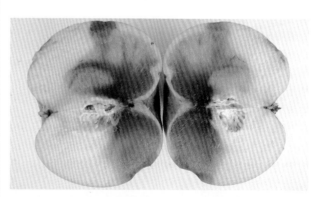

彩图2-593　冷害中期病果剖面

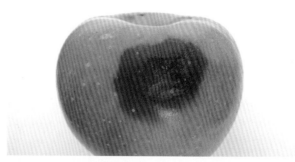

彩图2-594　果实表面冷害斑

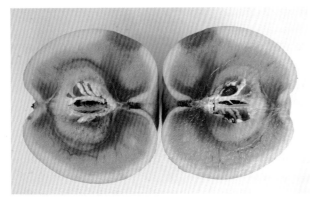

彩图2-595　严重冷害后期病果剖面

【病因及发生特点】果实冷害是一种生理性病害，主要原因是在低于苹果冰点的温度下较长时间贮存，即为果实冻伤。

果实冷害的发生主要与贮藏环境温度有关，低于–1℃贮存时即有可能发生，且温度越低冷害发生越快（冷害症状多从外向内蔓延），温度相对较高时冷害发生较慢（冷害症状多从内向外蔓延）。另外，果实含水量及成熟度与冷害发生也有一定关系，果实含水量越高越易发生冷害，果实成熟度越高冷害发生越缓慢。

【防控技术】预防果实冷害发生的最根本措施就是适温贮藏，即保证贮藏环境温度不低于–1℃。有条件的也可选用气调贮藏。另外，果实生长后期尽量控制浇水，避免果实含水量过高；同时，尽量适期采收，适当提高果实成熟度。

▪ 雹害 ▪

【症状诊断】雹害又称雹灾，主要危害叶片、果实及枝条，危害程度因冰雹大小、持续时间长短而异。危害轻时，叶片洞穿、破碎或脱落，果实破伤、质量降低、甚至诱发杂菌感染；危害重时，叶片脱落，果实伤痕累累、甚至脱落，枝条破伤，导致树势衰弱，产量降低，甚至绝产；特别严重时，果实脱落，枝断、树倒，造成果园毁灭（彩图2-596～彩图2-606）。

彩图2-596　遭受雹害的叶片，支离破碎

彩图2-597　刚刚遭受雹害的嫩梢、枝条及叶片

彩图2-598　刚刚遭受雹害的枝条

彩图2-599　枝条上雹害伤口的愈合状况

彩图2-600　曾遭受过轻度雹害的小苹果

彩图2-601　前期曾遭受较轻度雹害的果实

彩图2-602　果实膨大期遭受轻度雹害的伤害斑

彩图2-603　果实近成熟期的轻度雹害

彩图2-604　近成熟期果实上的雹害伤口

彩图2-605　膨大期果实遭受雹害，后期裂果

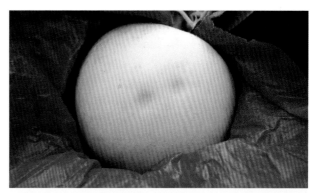

彩图2-606　套袋苹果遭受轻度雹害的伤斑

【病因及发生特点】雹害是一种自然伤害，属于机械创伤，相当于"生理性病害"。主要是由于气象因素剧变形成，很大程度上不能进行人为预防。但冰雹发生也有一定规律可循，民间就有"雹区"、"雹线"的说法。遭遇雹害后应加强栽培及肥水管理，促进树势恢复，避免继发病害的"雪上加霜"（彩图2-607）。

彩图2-607　雹害伤口诱发杂菌感染

【防控技术】

1.防雹网栽培　在经常发生冰雹危害的地区，有条件的可以在果园内架设防雹网，阻挡或减轻冰雹危害。

2.雹害后加强管理　遭遇雹害后应积极采取措施加强管理，适当减少当年结果量，增施肥水，促进树势恢复。同时，果园内及时喷洒1次内吸治疗性广谱杀菌剂，预防一些病菌借冰雹伤口侵染为害，如30%戊唑·多菌灵悬浮剂700～800倍液、41%甲硫·戊唑醇悬浮剂600～800倍液、70%甲基硫菌灵可湿性粉剂或500克/升悬浮剂600～800

倍液等。另外，也可喷施50%克菌丹可湿性粉剂500～600倍液，既能预防病菌从伤口侵染，又可促进伤口尽快干燥、愈合。

嫁接欠亲和症

【症状诊断】嫁接欠亲和症俗称"大脚症"，主要表现在主干基部的嫁接口处，采用中间砧的发生率较高。其主要症状特点是在嫁接口周围形成一个球状膨大，而嫁接口下方显著缩小。即砧木部分较细，接穗部分异常粗大；有时也有上细下粗类型。主要是木质部形成的差异，皮层部分没有明显异常（彩图2-608～彩图2-612）。

彩图2-608　嫁接口球状型（幼树）

彩图2-609　嫁接口球状型（结果大树）

彩图2-610　幼树上粗下细型

彩图2-611　成龄树上粗下细型

彩图2-612　结果树上细下粗型

【病因及发生特点】嫁接欠亲和症是一种生理性病害，主要是由于砧穗相对不亲和引起。也有研究认为是潜隐病毒为害的一种表现。

嫁接欠亲和症的发生主要与砧穗组合类型有关，当两者表现亲和力较低时，虽能嫁接成活，但很容易形成嫁接口处的异常膨大。单纯由砧穗不亲和引发的嫁接欠亲和症，发病株率高，与砧穗组合类型存在明确因果关系；若由潜隐病毒引起，发病率多呈零星分布，没有规律。另外，病树根系常发育不良，对树体的固着与支撑能力降低，成龄后易被大风刮倒。

【防控技术】选择优良的砧穗组合、培育和利用无病毒苗木，是预防嫁接欠亲和症的最根本措施。当田间发现病树时，一方面在树干基部适当培土，促使嫁接口上部生根（彩图2-613），以增加树体固着能力，但可能会改变接穗的品种特性；另一方面是增施肥水，促进根系发育，培育壮树。

彩图2-613　嫁接口下培土生根

衰老发绵

【症状诊断】衰老发绵仅发生在果实上，是果实过度成熟后的一种生理性病变，采收前后均可发生，且随果实成熟度的增加病情逐渐加重。病果果肉松软，风味变淡，发绵少汁。发病初期，果面上出现多个边缘不明显的淡褐色小斑点（彩图2-614），后斑点逐渐扩大，形成圆形或近圆形、淡褐色至褐色病斑（彩图2-615），表面稍凹陷，边缘不清晰，周围似水渍状（彩图2-616），病斑下果肉呈淡褐色崩溃，病变果肉形状多不规则、没有明显边缘（彩图2-617）。随病变进一步加重，表面病斑扩大、联合，形成不规则形褐色片状大斑（彩图2-618），凹陷明显，皮下果肉病变向深层扩展，形成淡褐色至褐色大面积果肉病变（彩图2-619）。后期，整个果实及果肉内部全部发病，果皮可轻松剥离（彩图2-620），失去食用价值。果实采收后，病情仍可继续加重（彩图2-621）。

【病因及发生特点】衰老发绵是一种生理性病害，由果实过度成熟、衰老所至。该症的发生与否及发生轻重在不同品种间存在很大差异，早熟及中早熟品种发病较多。据田间调查，有机肥施用偏少、速效化肥使用量较多且各成分间比例失调、土壤干旱等，均可显著加重病害发生程度。另据田间试验，增施钙肥能够在一定程度上减轻病害发生。

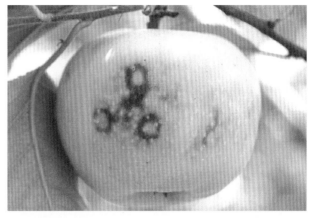

彩图2-616　斑点周围似水渍状

彩图2-617　斑点皮下果肉亦逐渐变褐

彩图2-614　发病初期，果面产生边缘不明显的淡褐色斑点

彩图2-618　严重时，褐变组织联合成片

彩图2-615　斑点颜色逐渐加深，呈褐色

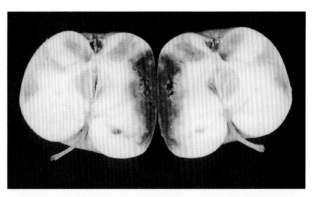

彩图2-619　果肉褐变加剧，渐成海绵状

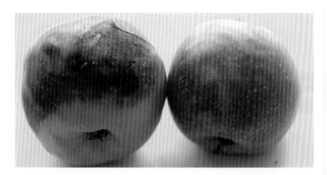

彩图2-620　严重病果果皮可轻松剥离

彩图2-621　果实采收后仍可继续发病

【防控技术】加强栽培管理，增施农家肥等有机肥，按比例科学施用氮、磷、钾肥及中微量元素肥料，适当增施钙肥，干旱季节及时浇水，提高果实的自身保鲜能力。选择较抗病品种，根据品种特点适时采收，避免果实过度成熟。

虎皮病

虎皮病又称褐烫病，是果实贮藏中后期的一种生理性病害，在全国各地均有发生，防控不当常造成严重损失。

【症状诊断】主要症状特点是果皮呈现晕状不规则褐变，似水烫状。发病初期，果皮出现不规则淡黄褐色斑块（彩图2-622）；发展后病斑颜色变深，呈褐色至暗褐色，稍显凹陷（彩图2-623）；严重时，病皮可成片撕下。病果仅表层细胞变褐，内部果肉颜色不变，但果肉松软发绵并略有酒味，后期易受霉菌感染而导致果实腐烂。病变多从果实阴面未着色部分开始发生，严重时扩展到阳面着色部位。

彩图2-622　虎皮病轻型病果

彩图2-623　虎皮病重型病果

【病因及发生特点】虎皮病是一种生理性病害，多数研究认为是在果实贮藏中后期，果皮中的天然抗氧化剂活性降低，导致果实蜡质层中产生的挥发性半萜烯类碳氢化合物α-法尼烯被氧化成共轭三烯，进而伤害果皮细胞造成的。

影响虎皮病发生的因素很多，生长期导致果实延迟成熟的栽培措施和气候条件均可诱发虎皮病发生，如氮肥过多、修剪过重、新梢生长过旺、秋雨连绵、低温高湿等；另外，采收过早、着色不良、入库不及时，贮藏环境温度过高、湿度偏低、通风不良等均可加重该病的发生。对虎皮病敏感的品种如国光、金冠、倭锦等，α-法尼烯的含量较高，共轭三烯产生量较多，病害常发生较重。

【防控技术】

1.加强栽培管理　增施农家肥等有机肥，按比例科学施用速效化肥，特别是中后期避免偏施氮肥。合理修剪，使果园通风透光，促进果实成熟及着色。适当疏花疏果，雨季注意及时排水。较感病的敏感品种不要过早采收，待果实充分成熟后适期收获。

2.实施冷库贮藏或气调贮藏　在0～2℃下贮藏，并加强通风换气，可基本控制虎皮病的发生为害。若采用气调贮藏，氧气控制在1.8%～2.5%，二氧化碳控制在2%～2.5%，其他为氮气，贮藏7.5个月也不会发生虎皮病。

3.果实采后处理　果实包装入库前，用含有二苯胺（每张纸含1.5～2毫克）或乙氧基喹（每张纸含2毫克）的包果纸包果；用0.1%二苯胺液、或0.25%～0.35%乙氧基喹液、或1%～2%卵磷脂溶液、或50%虎皮灵乳剂150～250倍液浸洗果实，待果实晾干后包装贮藏。

红玉斑点病

红玉斑点病因首次发现是在红玉品种上而得名，实际上其他品种也有发生，主要在贮藏期发病，全国各地均有发现，是较重要的一种贮藏期病害。

【症状诊断】主要症状特点是在果面上产生许多边缘清晰的近圆形褐色坏死斑点。该斑点多以皮孔为中心，多数集中在向阳面，稍凹陷，褐色至黑褐色（彩图2-624）。病部皮层坏死，不深入果肉，对果实外观品质影响较大。

彩图2-624　红玉斑点病病果

【病因及发生特点】红玉斑点病是一种生理性病害，致病因素与果实近成熟期及采收后的代谢活动有关，但具体原因尚不清楚。该病主要发生在贮藏运输期，果实采收过早或过晚、果个偏大及采前遇高温干旱的果实均发病较重，贮藏期高温常加重病害发生。果实充分成熟后采收发病较少。

【防控技术】加强栽培管理，增施农家肥等有机肥，按比例科学施用速效化肥，适当增施钙肥。干旱季节及时浇水。根据果实成熟期适时采收。尽量采用低温贮藏或气调贮藏。

裂果症

【症状诊断】裂果症简称裂果，主要发生在近成熟期的果实上。发病后在果实表面产生一条至多条裂缝，裂缝深达果肉内部，大小、形状没有一定规则，发生部位也不确定。裂缝处一般不诱发杂菌的继发侵染，仅对果品质量影响较大；但在高湿环境时，有时也可遭受杂菌感染（彩图2-625 ～彩图2-630）。

彩图2-625　裂果发生初期

彩图2-626　裂口从萼洼处开始发生

彩图2-627　严重裂果

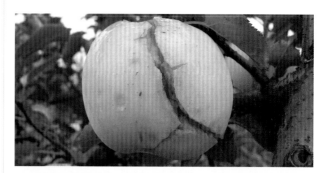

彩图2-628　乔那金苹果裂果

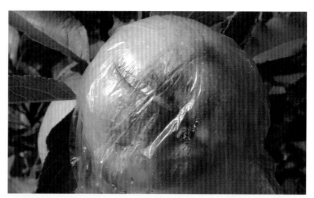

彩图2-629　套膜袋果发生裂果

彩图2-630　裂口处腐生杂菌，导致果实腐烂

【病因及发生特点】裂果症是一种生理性病害，主要由水分供应失调引起，特别是前旱后涝该病发生较多。裂果症除与水分供应失调有直接关系外，还与品种、施肥状况及一些栽培管理措施有关。富士系品种及国光容易裂果，钙肥缺乏常可加重裂果发生；套纸袋苹果，套袋偏早，摘

袋后裂果发生较多；若摘袋后遇多雨天气，亦常导致或加重裂果症的发生。

【防控技术】增施绿肥、农家肥等有机肥及微生物肥料，按比例科学施用氮、磷、钾肥及中微量元素肥料，并适当增施钙肥。干旱季节及时灌水，雨季注意排水，保证树体水分供应基本平衡，避免造成大旱、大涝。科学规划套袋时期，促使幼果果皮尽量老化。结合缺钙症防治，套袋前树上适当喷施速效钙肥。

果锈症

果锈症即为果面上产生木栓化型铁锈状物，简称"果锈"，在全国各苹果产区均有发生，有些果园严重年份病果率常达80%以上，严重影响产品质量，但对产量基本没有影响（彩图2-631、彩图2-632）。

彩图2-631　树上果实全部受害

彩图2-632　许多果实发生果锈，严重影响果品质量

【症状诊断】果锈症只在果实上表现症状，主要症状特点是在果面上形成各种类型的黄褐色木栓化果锈，幼果期至成果期均可发生。果锈实际为果实表皮细胞木栓化所致，在果面各部位均可形成。轻病果果锈在果面零星分布，斑点状至不规则片状，重病果几乎整个果面均呈黄褐色木栓化状，似"铁皮果"。该病主要对果实外观质量造成很大影响，并不对产量造成损失，甚至也不影响食用（彩图2-633～彩图2-648）。

彩图2-633　幼果表面产生果锈（金冠）

彩图2-634　萼洼轻型果锈

彩图2-635　萼洼严重果锈

彩图2-636　萼端果锈

彩图2-637　梗洼果锈

彩图2-638　霉污状果锈

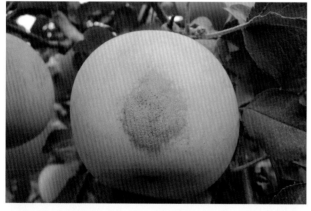

彩图2-639　片状果锈

彩图2-640　伤痕状果锈

彩图2-641　水纹状果锈

彩图2-642　条纹状果锈

彩图2-643　网纹状果锈

彩图2-644　皮孔膨大型果锈

彩图2-645 铁皮状果锈

彩图2-646 套袋富士苹果发生果锈

彩图2-647 富士苹果严重果锈

彩图2-648 金冠苹果严重果锈

【病因及发生特点】果锈症是一种生理性病害，由于果面受外界不当刺激引起，如农药刺激、喷药刺激、雨露雾等高湿环境刺激、机械损伤刺激等。其症状表现实际是果实遭受外界不当刺激受微伤后，而产生的一种愈伤保卫反应的结果。其中幼果期（落花后1.5个月内）农药选用不当造成的药物刺激影响最大。其次，幼果期雨露雾过重、果园环境中有害物质浓度偏高、果面受药液水流冲击或机械摩擦损伤、钙肥使用量偏低等，均可加重果锈症的发生为害。在低洼、沿海多雾露地区，如果选择的果袋质量较差，易吸水受潮，果实套袋后也可诱发果锈症的产生。果锈发生轻重在苹果品种间存在很大差异，金冠苹果受害最重，其他系列品种相对较轻。

【防控技术】

1.选用安全优质农药 苹果落花后的1.5个月内或套袋前必须选用优质安全有效农药，并尽量不选用乳油类药剂，以减少药物对果面的刺激，这是预防果锈症的最根本措施。常用安全优质杀菌剂有甲基硫菌灵、戊唑醇、多菌灵、苯醚甲环唑、全络合态代森锰锌、克菌丹、吡唑醚菌酯、戊唑·多菌灵、甲硫·戊唑醇等，常用安全优质杀虫杀螨剂有阿维菌素、甲氨基阿维菌素苯甲酸盐、吡虫啉、啶虫脒、非乳油型菊酯类杀虫剂、氟苯虫酰胺、氯虫苯甲酰胺、甲氧虫酰肼、灭幼脲等。

2.加强果园管理 增施农家肥等有机肥，科学使用速效化肥，适当增施硼、钙肥。合理修剪，使果园通风透光良好，降低环境湿度。选用优质果袋，提高果袋透气性。实施优质喷雾，提高药液雾化程度，避免药液对果面造成冲击伤害。

盐碱害

【症状诊断】盐碱害主要在叶片上表现明显症状，严重时嫩梢也可发病。发病初期，叶片色淡、稍小，并向叶背卷曲（彩图2-649）；逐渐从叶尖或叶缘开始变褐枯死，形成叶缘焦枯状（彩图2-650），严重时叶片大部分枯死（彩图2-651）。新梢发病，多形成枯梢。病树根系多发育不良，吸收根较少。

彩图2-649 初期，叶片边缘组织退绿变黄

彩图2-650 叶缘组织逐渐变褐色枯死

彩图2-652 火烧伤害初期

彩图2-651 受害枝条，叶片黄弱、叶缘干枯

彩图2-653 叶片逐渐萎蔫干枯

【病因及发生特点】盐碱害是一种生理性病害，由于土壤中一些盐碱成分（多为硝酸盐）含量过高，导致水分吸收受阻而引起。沿海地区果园、滩涂果园及盐碱地区果园发病较多，土壤地下水位高、过量施用速效化肥、有机肥施用量偏低等均可加重盐碱害的发生。

【防控技术】

1. 加强肥水管理，改良土壤 增施农家肥、绿肥等有机肥及微生物肥料，或间作绿肥植物后翻入土壤，如苜蓿、田菁等，以改良土壤；避免过量使用速效化肥，特别是硝态化肥。盐碱地区适当灌水压碱，降低浅层土壤盐碱含量。

2. 高垄栽植 盐碱地区及地下水位较高的低洼潮湿地区栽植苹果树时，尽量采用高垄栽植（在高垄上或垄台上栽植苹果树），可显著降低盐碱害的发生概率。

火烧伤害

【症状诊断】火烧伤害是指在果园周边或果园内放火，对苹果树所造成的高温气灼及火烤伤害，叶片受害最重，果实、枝梢也可受害。初期，叶片萎蔫，局部逐渐变褐枯死（彩图2-652）；随伤害加重，叶片整体萎蔫干枯（彩图2-653），逐渐导致枝梢枯死，甚至树体死亡（彩图2-654）。

彩图2-654 受害严重树体逐渐死亡

【病因及发生特点】火烧伤害实际是一种热力伤害，相当 于生理性病害，由焚烧秸秆、杂草、枯枝落叶等操作不当所造成。着火点距离苹果树越近伤害越重，火势越旺伤害越重，持续时间越长伤害越重，顺向刮风常导致伤害发生，并可加重火烧伤害。

【防控技术】规范农事活动及操作管理，严格防止在果园周边及果园内点火焚烧秸秆、杂草及枯枝落叶等。早春放烟预防倒春寒时，严格管控放烟点，避免产生火苗。

药害

【症状诊断】药害主要发生在苹果树的地上部分，地上各部位均可发生，以叶片和果实受害最常见。萌芽开花期造成药害，不能发芽或发芽晚，有时发芽后叶片呈"柳叶"状，有时花器上形成枯死斑，严重时整个花序枯死。叶片生长期发生药害，因导致药害的原因不同而症状表现各异。药害轻时，叶片背面叶毛呈褐色枯死，或叶片褪绿变色，在容易积累药液的叶尖及叶缘部分常受害较重；药害严重时，叶尖、叶缘或全叶，甚至整个叶丛变褐枯死。有时叶片上形成许多灼伤性枯死斑。有时叶片生长受到抑制，扭曲畸形，或呈丛生皱缩状，且叶片小、厚、硬、脆，光合作用能力显著降低，影响树势及产量（彩图2-655～彩图2-669）。

彩图2-658　叶片轻度药害，背面叶毛变褐枯死

彩图2-659　激素型除草剂飘移药害

彩图2-655　石硫合剂药害（萌芽初期），叶片呈柳叶状

彩图2-660　百草枯在叶片上的药害初期

彩图2-656　花序受害状

彩图2-657　花瓣的枯死斑状药害（花铃铛球期的轻度药害所致）

彩图2-661　百草枯在叶片上的药害枯死斑

彩图2-662 百草枯药害枯死斑上后期被杂菌腐生

彩图2-666 多效唑药害,叶片小而卷缩

彩图2-663 叶缘枯死状药害

彩图2-667 多效唑药害的受害树表现

彩图2-664 代森锰锌在叶片上的药害状

彩图2-668 多次超量使用三唑类药剂的药害状(局部)

彩图2-665 波尔多液在叶片上的药害状

彩图2-669 多次超量使用三唑类药剂的受害树

果实发生药害，轻者形成果锈，或影响果实着色；在容易积累药液部位，常造成局部药害斑点，果皮硬化，后期多发展成凹陷斑块或凹凸不平，甚至导致果实畸形。严重时，造成果实局部坏死斑，甚至开裂（彩图2-670～彩图2-678）。

彩图2-670　幼果上的果锈状药害

彩图2-671　金冠苹果幼果期的药害

彩图2-672　近成熟果上的果锈状药害

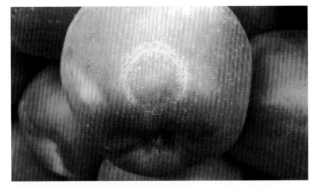

彩图2-673　果锈型环状药害斑

彩图2-674　果实上的药滴状铜制剂药害

彩图2-675　铜制剂在果实上的药害斑

彩图2-676　波尔多液在果实上的环状药害斑

彩图2-677　百草枯初期药害斑

彩图2-678　百草枯果实药害斑及裂果

　　枝干发生药害，造成枝条生长衰弱或死亡，严重时导致地上部全部干枯（彩图2-679、彩图2-680）。

　　【病因及发生特点】药害相当于生理性病害，导致其发生的原因很多，主要是化学药剂使用不当所引起。如药剂使用浓度过高、喷洒药液量过大、局部积累药液过多、药剂选用不当、药剂选择错误、药剂安全性较低、药剂混用不合理、用药过程中安全保护不够、药剂飞溅及飘移等。另外，多雨潮湿、雾大露重、高温干旱等环境条件及树势衰弱、不同生育期等树体本身状况均与药害发生有一定关系。如铜制剂在阴雨连绵时易造成药害，普通代森锰锌（非全络合态）在高温干旱时易造成药害，苹果幼果期用药不当易造成果实药害等。

　　【防控技术】防止药害发生的关键是科学使用各种化学药剂，即在正确识别和选购农药的基础上，科学使用农药，合理混用农药，根据苹果生长发育特点及环境条件科学选择优质安全有效药剂等。特别是幼果期选择药剂尤为重要，不能选用无机铜制剂、含硫黄制剂、质量低劣的代森锰锌及劣质乳油类产品等，并严格按照推荐浓度使用。其次，正确把握除草剂的用药方法与技术，防止药液飞溅、飘移等。加强栽培管理，增强树势，提高树体的耐药能力，可在一定程度上降低药害的发生程度。发生轻度药害后，及时喷洒0.003%丙酰芸苔素内酯（爱增美）水剂2000～3000倍液＋0.3%尿素、或0.136%赤·吲乙·芸苔（碧护）可湿性粉剂10000～15000倍液等，可在一定程度上减轻药害，促进树势恢复，但该措施对严重药害没有明显作用。

彩图2-679　假"托福油膏"涂抹枝干，致使枝干皮层干死爆裂

彩图2-680　假"托福油膏"涂干，导致树体死亡

第三章
梨树病害

腐烂病

腐烂病俗称烂皮病、臭皮病，是梨树上的一种重要枝干病害，在全国各梨产区均有发生，为害程度因品种抗病性不同差异较大。西洋梨品种抗病性较弱，防控不当常造成死枝、死树。中国梨品种一般抗病性较强，虽然病株率很高，但为害程度很轻，多导致树势衰弱；但在管理粗放、冻害较重、树势衰弱的梨园，亦常导致死枝、死树（彩图3-1～彩图3-3）。

【症状诊断】腐烂病主要为害梨树的主枝、侧枝，有时也可为害主干及细小枝条。发病后的主要症状特点是：受害部位皮层呈褐色腐烂（彩图3-4），有酒糟味，后期病斑干缩甚至龟裂（彩图3-5），表面散生出许多小黑点（彩图3-6），环境潮湿时小黑点上可溢出黄色丝状物（彩图3-7）。具体症状表现因受害部位不同而分为溃疡型和枝枯型两种。

溃疡型 多发生在主干、主枝及较大的枝上，初期病斑呈椭圆形、梭形或不规则形（彩图3-8～彩图3-11），稍隆起，红褐色至暗褐色（彩图3-12），皮层组织松软，呈水渍状湿腐，有时可渗出红褐色汁液（彩图3-13）。在抗病品种上，病斑扩展缓慢，但面积较大，一般只为害树皮的浅

层组织，很少烂至木质部（彩图3-14、彩图3-15），后期表面干缩龟裂（彩图3-16、彩图3-17），连年扩展后可形成近轮纹状坏死斑，病组织较坚硬，酒糟味较淡，很难造成死枝、死树，多导致树势衰弱。在感病品种或衰弱树上，皮层全部腐烂，病组织松软，有浓烈的酒糟味，常导致病斑上部叶片变黄、变红，甚至枝干枯死（彩图3-18～彩图3-20）。后期病斑上均可散生许多小黑点（彩图3-21），潮湿时小黑点上均可溢出黄色丝状物（彩图3-22），但以皮层烂透的病斑上丝状物较粗壮。

彩图3-2
库尔勒香梨的腐烂病斑

彩图3-3
库尔勒香梨的多年腐烂病斑

彩图3-1 库尔勒香梨园，受腐烂病为害惨状

彩图3-4　病斑皮层呈褐色腐烂

彩图3-8　主枝上的溃疡型初期病斑

彩图3-5　病斑干缩龟裂

彩图3-9　主干上的梭形溃　　彩图3-10　主干上的不规则
疡型病斑　　　　　　　　　形溃疡型病斑

彩图3-11　小枝上的初期溃疡型病斑（感病品种）

彩图3-6　病斑表面散生出许多小黑点

彩图3-12　春季，正在扩展蔓延的溃疡型病斑

彩图3-7　病斑上溢出的橘黄色丝状物（孢子角）

彩图3-13　新鲜溃疡型病斑，表面湿润

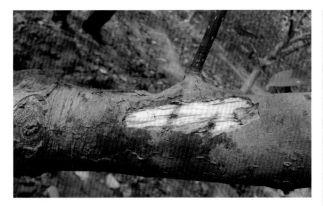

彩图 3-14　树体抗病时，病斑只为害树皮的浅层组织

彩图 3-18　腐烂病导致树势衰弱，叶片提早变色

彩图 3-15　在抗病树体上，有时病斑隆起

彩图 3-19　腐烂病导致受害枝逐渐枯死

彩图 3-16　树体抗病时，病斑龟裂，栓皮翘起

彩图 3-20　溃疡型病斑造成的枝干枯死

彩图 3-17　主枝溃疡型病斑，后期龟裂，皮层翘起

彩图 3-21　病斑上开始产生小黑点

枝枯型 多发生在衰弱树或小枝上，病斑边缘清晰或不明显，扩展迅速，很快导致枝条树皮腐烂一周，造成上部枝条枯死（彩图3-23、彩图3-24）。病皮表面亦可密生小黑点，潮湿时其上也可溢出黄色丝状物（彩图3-25）。

彩图3-25　枝枯型病斑上，亦可溢出黄丝

【病原】梨黑腐皮壳［*Valsa ambiens*（Pers.）Fr.］，属于子囊菌亚门核菌纲球壳菌目；无性阶段为梨壳囊孢（*Cytospora carphosperma* Fr.），属于半知菌亚门腔孢纲球壳孢目。病斑上的小黑点为病菌的子座组织、内生子囊壳或分生孢子器，黄色丝状物为孢子角。内生分生孢子器的小黑点上只能溢出1根黄丝，内生子囊壳的小黑点上可溢出几条黄丝。孢子角遇水溶解，释放出病菌孢子进行传播、扩散。

彩图3-22　病斑小黑点上开始溢出黄色丝状物

【发病规律】病菌主要以菌丝体、分生孢子器或子囊壳在枝干病斑内越冬，也可以菌丝体潜伏在伤口、翘皮层、皮下干斑内越冬。潮湿环境下病斑小黑点上产生并溢出大量病菌孢子，通过风雨、流水及昆虫传播，从伤口侵染为害（彩图3-26、彩图3-27）。该病具有潜伏侵染特性，当树势衰弱或侵染点周围有死亡组织时，才容易扩展发病。病害在田间有春（3、4月）、秋（8、9月）两个为害高峰，以春季高峰发生为害较重；相对应地又有两个静止期，5～7月的静止期病菌基本停止生长，而10月至翌年2月的静止期实际上病菌是在病斑内部缓慢扩展。

彩图3-23　小枝上的枝枯型病枝

彩图3-26　从剪口处开始发生的溃疡型病斑

彩图3-24　枝枯型病斑导致枝条枯死（黄金）

彩图3-27　从锯口处开始发生的溃疡型病斑

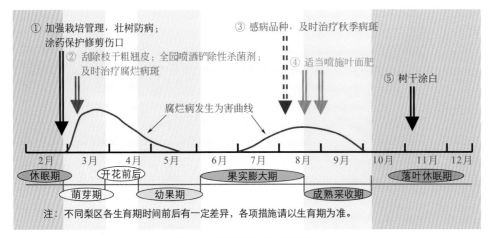

① 加强栽培管理，壮树防病；涂药保护修剪伤口；

② 刮除枝干粗翘皮；全园喷洒铲除性杀菌剂；及时治疗腐烂病斑

③ 感病品种，及时治疗秋季病斑

④ 适当喷施叶面肥

⑤ 树干涂白

腐烂病发生为害曲线

| 2月 | 3月 | 4月 | 5月 | 6月 | 7月 | 8月 | 9月 | 10月 | 11月 | 12月 |

休眠期　开花前后　　　　　　　　果实膨大期　　　　　　　落叶休眠期

萌芽期　　　幼果期　　　　　　　成熟采收期

注：不同梨区各生育期时间前后有一定差异，各项措施请以生育期为准。

图3-1　腐烂病防控技术模式图

树势衰弱是导致病害严重发生的主要条件，一切可以造成树势衰弱的因素均可加重腐烂病的发生，如结果量过大、水肥管理不善、偏施氮肥、涝害、冻害、伤口多等，特别是冻害影响最重。另外，品种间抗病性具有很大差异，秋子梨系统很少发病，白梨及沙梨系统发病较轻，西洋梨系统发病严重。在某些较抗病的品种上，如果树势强壮，病斑不用治疗往往也可自愈。

【防控技术】以壮树防病为核心，一切可以增强树势的措施均具有预防和控制腐烂发生为害的作用，保护伤口与铲除树体带菌为基础，及时治疗感病品种与衰弱树上的腐烂病斑为辅助（图3-1）。

1.加强果园管理，壮树防病　增施农家肥等有机肥，按比例科学施用速效化肥，合理灌水，雨季注意排水，科学调整结果量，促使树体健壮，提高树体抗病能力。合理修剪，尽量减小伤口，促进伤口愈合，并对较大剪、锯口及时涂药保护，防止病菌侵染。效果较好的药剂如甲托油膏[70%甲基托布津可湿性粉剂：植物油＝1：（20～25)]、2.12%腐植酸铜水剂、3%甲基硫菌灵糊剂等。

2.搞好果园卫生，铲除树体带菌　首先在萌芽前及时刮除枝干表面的粗皮、老翘皮等（彩图3-28、彩图3-29），清除病菌越冬场所；然后在芽萌动初期喷施铲除性药剂，铲除树体残余病菌。常用有效药剂有：30%戊唑·多菌灵悬浮剂400～600倍液、41%甲硫·戊唑醇悬浮剂400～500倍液、60%铜钙·多菌灵可湿性粉剂300～400倍液、77%硫酸铜钙可湿性粉剂300～400倍液、45%代森铵水剂200～300倍液等。此外，在腐烂病发生严重果园或地区，还可增加生长期枝干涂药，即在7～9月使用铲除性药剂涂抹或定向喷洒主干、主枝，铲除枝干病菌。效果较好的药剂有：30%戊唑·多菌灵悬浮剂100～200倍液、41%甲硫·戊唑醇悬浮剂100～200倍液、77%硫酸铜钙可湿性粉剂100～200倍液、3%甲基硫菌灵糊剂（只能涂抹）等。

3.及时治疗病斑　较浅病斑或抗病品种上的病斑，既可直接刮治（彩图3-30、彩图3-31），也可用划条涂药法进行治疗（割治）（彩图3-32），即用刀在病斑上纵向划条，将皮层划透，刀距0.5厘米左右，然后表面涂刷渗透性较强的药剂，如甲托油膏、21%过氧乙酸水剂3～5倍液、3%甲基硫菌灵糊剂、30%戊唑·多菌灵50～80倍液、41%甲硫·戊唑醇悬浮剂50～80倍液等。烂至木质部的病斑或

感病品种上的病斑应及时进行刮治（参考苹果树腐烂病），把腐烂皮层组织彻底刮除干净后涂药保护伤口，常用药剂如甲托油膏、腐植酸铜、过氧乙酸及30%戊唑·多菌灵50～80倍液、41%甲硫·戊唑醇50～80倍液、1.8%辛菌胺醋酸盐水剂20～30倍液等。

4.其他措施　冻害发生较重果区或腐烂病发生较重的果园，秋后冬前树干涂白（彩图3-33），降低昼夜温差。涂白剂配方为：生石灰12千克＋石硫合剂原液2千克＋食盐2千克＋水36千克，或生石灰10千克＋豆浆3～4千克＋水40～50千克。有条件的果园，也可在冬季树干绑缚防冻材料（如防寒被、稻草、纸板等）或树体覆盖防寒被，预防发生冻害。此外，注意加强造成梨树早期落叶的病虫害防控，避免造成早期落叶；梨树生长中后期喷药时，适当混加0.3%尿素及0.3%磷酸二氢钾，增加树体营养，培育壮树。

彩图3-28　枝干表面的粗翘皮（库尔勒香梨）

彩图3-29　主干、主枝刮除老翘皮

彩图 3-30 早春刮治腐烂病斑（抗病品种）

彩图 3-31 已刮治腐烂病斑的树体（抗病品种）

彩图 3-32 割治法治疗梨树腐烂病

彩图 3-33 树干涂白，预防冻害（库尔勒香梨）

干腐病

干腐病在我国各梨树产区均有发生，一般果园为害较轻，多造成树势衰弱，但为害严重时也可造成枝干枯死，甚至全株死亡。另外，病菌还可侵害果实，导致果实腐烂，损害较重。

【症状诊断】干腐病主要为害枝干（彩图 3-34 ～彩图 3-36），也可为害果实。较粗大枝干受害，初期病斑为淡褐色至褐色湿润状，俗称"冒油"，稍后病斑失水、干缩凹陷，有时病部栓皮开裂、翘起，呈"油皮"状（彩图 3-37）；后期病斑灰褐色，皮层纵横龟裂（彩图 3-38），皮下逐渐长出小黑点（彩图 3-39、彩图 3-40），潮湿时其上可溢出灰白色黏液（彩图 3-41）。病斑形状多不规则，一般为害较浅，多造成树势衰弱（彩图 3-42）。弱树及弱枝受害，病斑常将皮层烂透，病部皮层坏死、开裂，甚至木质部外露（彩图 3-43、彩图 3-44），绕枝干一周后导致上部死亡。小枝受害，病斑多为黑褐色长条形，并常导致枝枯（彩图 3-45 ～彩图 3-47），枯枝上密生小黑点，潮湿时小黑点上也可溢出灰白色黏液。

彩图 3-34 枝干上的典型一年生病斑

彩图3-35　幼树主干上的较重干腐病病斑

彩图3-39　病斑上开始散生出小黑点

彩图3-36　黄金梨小枝上的干腐病病斑

彩图3-40　干腐病病斑表面的小黑点，与腐烂病比较小而密

彩图3-37　干腐病病斑表皮翘起，呈"油皮"状

彩图3-41　干腐病小黑点上溢出灰白色黏液

彩图3-38　干腐病病斑表面龟裂

彩图3-42　干腐病造成枝干衰弱，叶片变红

彩图3-43　衰弱树或感病品种上的病斑

彩图3-44　枝干严重干腐病后期

彩图3-45　干腐病在小枝上的初期病斑

果实受害，形成果实轮纹病，症状表现与轮纹病难以区分。

【病原】贝伦格葡萄座腔菌（*Botryosphaeria berengeriana* de Not.），属于子囊菌亚门腔菌纲格孢腔菌目；无性阶段为大茎点霉（*Macrophoma* sp.），属于半知菌亚门腔孢纲球壳孢目。其有性阶段很少产生，病斑表面的小黑点多为无性阶段的分生孢子器，灰白色黏液为分生

孢子黏液。

【发病规律】病菌主要以菌丝体及分生孢子器在枝干病斑及带病残体上越冬，降雨后或潮湿环境时产生并溢出分生孢子黏液，主要通过风雨传播，从伤口或皮孔侵染为害。弱树、弱枝发病重，缓苗期的幼树容易受害，干旱果园及干旱季节病害较重。一切可以造成树势衰弱的因素均可导致或加重该病发生。果实受害，发生特点与轮纹病相同。

彩图3-46　枝条上的较重干腐病病斑

彩图3-47　枝条上较重干腐病病斑的剖刮

【防控技术】以加强栽培管理、壮树防病为中心，结合以搞好果园卫生、铲除树体带菌及病斑适当治疗（图3-2）。

1.加强果园管理，培强树势　增施农家肥等有机肥，按比例科学使用速效化肥，合理浇水，雨季注意排水，适当调整结果量，培强树势，提高树体抗病能力。梨树生长

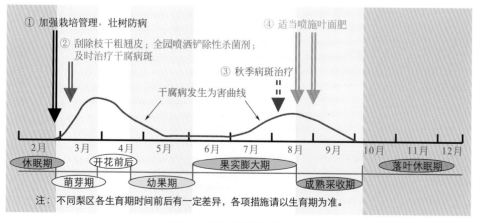

① 加强栽培管理，壮树防病

② 刮除枝干粗翘皮；全园喷洒铲除性杀菌剂；及时治疗干腐病病斑

④ 适当喷施叶面肥

③ 秋季病斑治疗

干腐病发生为害曲线

2月　3月　4月　5月　6月　7月　8月　9月　10月　11月　12月

休眠期　　开花前后　　　　　果实膨大期　　　　　　落叶休眠期

萌芽期　　　幼果期　　　　　　成熟采收期

注：不同梨区各生育期时间前后有一定差异，各项措施请以生育期为准。

图3-2　干腐病防控技术模式图

中后期适当增加喷施叶面肥（如0.3%尿素＋0.3%磷酸二氢钾等），补充树体营养，促使树体健壮。

2.搞好果园卫生，铲除树体带菌　发芽前刮除枝干粗皮、翘皮，集中烧毁或深埋，然后全园喷施1次铲除性药剂，杀灭树体残余带菌。常用有效药剂有：30%戊唑·多菌灵悬浮剂400～600倍液、41%甲硫·戊唑醇悬浮剂400～500倍液、60%铜钙·多菌灵可湿性粉剂300～400倍液、77%硫酸铜钙可湿性粉剂300～400倍液、45%代森铵水剂200～300倍液等。若在药液中混加有机硅等农药助剂，可显著增加药剂渗透性能、提高杀菌效果。

3.及时治疗病斑　枝干严重病斑应及时进行治疗，既可割治（病斑划条），也可刮治，具体方法及有效药剂同"腐烂病"的病斑治疗。

干枯病

干枯病又称胴枯病，主要为害中国梨和日本梨，在我国各主要梨产区均有发生，常导致树势衰弱、枝干开裂、皮层腐烂或坏死，管理粗放果园为害较重。

彩图3-48
干枯病病斑

彩图3-49　病斑表面小黑点上溢出淡黄色丝状物

【症状诊断】干枯病主要为害苗木和结果大树的主干、侧枝等，病斑多发生在伤口或枝干分杈处。初期病斑呈椭圆形、梭形或不规则形，红褐色、水渍状；后病斑逐渐凹陷，病健交界处产生裂缝（彩图3-48），表面散生出许多小黑点，湿度大时小黑点上产生淡黄色丝状物（彩图3-49）。严重时，病斑下陷明显，树皮开裂、翘起，露出木质部；当病斑绕枝干一半以上时，上部逐渐枯死，病死树皮上逐渐产生许多小黑点。另外，病菌还可侵害病斑下面的木质部，形成灰褐色至暗褐色病斑，木质部逐渐腐朽，刮大风时易从病斑处折断。

干枯病与干腐病症状不易区分，特别是在发病中前期，最好进行病原鉴定。典型症状区别为：干枯病的病斑扩展较缓慢，病斑多呈方形或椭圆形，而干腐病上下方向扩展较快，病斑多呈梭形或长条形，颜色也较深，略带黑色；如果用刀片轻轻削去病皮表层，用放大镜观察，干枯病的一个小黑点上仅有一个黄白色点，而干腐病上常有两个以上白点。

【病原】福士拟茎点霉（*Phomopsis fukushii* Tanaka et Endo），属于半知菌亚门腔孢纲球壳孢目，病斑上的小黑点即为病菌的分生孢子器，淡黄色丝状物为分生孢子角，内含大量分生孢子。

【发病规律】病菌以菌丝体和分生孢子器在枝干病斑上越冬，第二年遇降雨等潮湿环境时溢出分生孢子角，被雨水溶解后散出分生孢子，通过风雨传播进行侵染为害。病斑内越冬的菌丝体，温度适宜时即扩展为害，导致病斑扩大蔓延。春、秋两季病斑扩展较快，夏季扩展很慢。

树势强弱与病害发生具有密切关系，树势强发病轻，树势弱发病重。管理粗放、土壤瘠薄、肥水不足、土质黏重、地势低洼、排水不良、冬季低温冻害、修剪过重、伤口过多及通风不良等因素均有利于病害发生。另外，中国梨和日本梨受害较重，西洋梨很少受害。

【防控技术】干枯病防控技术模式如图3-3所示。

1.加强果园管理及苗木检验　增施农家肥等有机肥及微生物肥料，按比例科学施用速效化肥，适当调整结果量，培强树势，提高树体抗病能力。合理修剪，注意保护较大的修剪伤口；干旱季节及时浇水，雨季注意排水；冬前树干涂白，避免发生冻害。梨树生长中后期适当增加叶面喷肥，补充树体营养，培育健壮树体。新建果园时，加强苗木检验，防止苗木带菌传病。

2.铲除树体带菌　萌芽前刮除树体上的老皮、粗皮、翘皮，集中烧毁或深埋，消灭病菌越冬场所。然后在发芽前全园喷施1次铲除性药剂，铲除树体上的残余越冬病菌。效果较好的有效药剂同"干腐病"。

3.及时治疗病斑　主要方法为刮治，以发芽前治疗效果最好，也可在秋季高峰期内或其他时期治疗。具体方法同"腐烂病"的病斑治疗。

木腐病

木腐病又称心腐病、心材腐朽病，主要为害成年老树

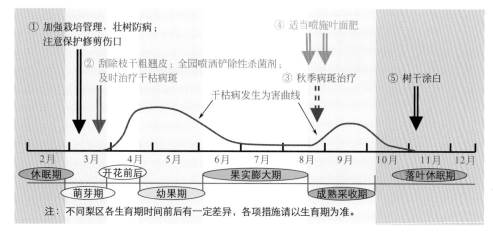

① 加强栽培管理，壮树防病；
注意保护修剪伤口

② 刮除枝干粗翘皮，全园喷洒铲除性杀菌剂；
及时治疗干枯病斑

④ 适当喷施叶面肥

③ 秋季病斑治疗

⑤ 树干涂白

干枯病发生为害曲线

| 2月 | 3月 | 4月 | 5月 | 6月 | 7月 | 8月 | 9月 | 10月 | 11月 | 12月 |

休眠期　　开花前后　　　　　果实膨大期　　　　　　　　落叶休眠期

萌芽期　　　幼果期　　　　　　　成熟采收期

注：不同梨区各生育期时间前后有一定差异，各项措施请以生育期为准。

图3-3　干枯病防控技术模式图

【病原】可由多种病菌引起，常见种类有：截孢层孔菌［*Fomes truncatospora*（Lloyd）Teng］、假红绿层孔菌［*Fomes marginatus*（Eers. ex Fr.）Gill］、李针层孔菌［*Phellinus pomaceus*（Pers. ex Gray）Quel.］、木蹄层孔菌［*Pyropolyporus fomentarius*（L.ex Fr.）Teng］等，均属于担子菌亚门层菌纲非褶菌目，均为弱寄生性真菌。树体表面的病菌结构即为病菌的担子果，其上产生并释放出大量病菌孢子（担孢子）。

和衰弱树，在全国各梨产区均有发生。病树木质部腐朽，支撑力降低，刮大风时枝干容易折断。

【症状诊断】木腐病主要为害衰老树和衰弱树的主干、主枝，导致树势更加衰弱，甚至叶片变黄早落、枝干枯死，在老龄梨园中普遍发生。病菌在木质部内扩展为害，造成木质部腐朽（彩图3-50），手捏易碎，负载力降低，刮大风时或结果量过大时容易从病部折断（彩图3-51）。后期，在受害枝干表面伤口处可产生灰白色至黄褐色的马蹄状物、馒头状物、层状物、贝壳状物、膏药状物等病菌结构（彩图3-52～彩图3-55），这些病菌结构也是判断树体是否受害的重要表面症状。

彩图3-52　病树表面产生马蹄状病菌结构

彩图3-50　病树木质部腐朽

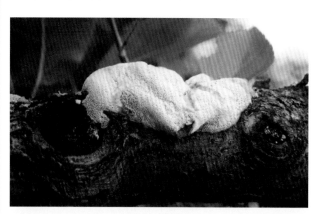

彩图3-53　病树表面产生馒头状病菌结构

彩图3-51　病树枝干容易折断

彩图3-54　病树表面产生贝壳状病菌结构

彩图 3-55 病树表面产生膏药状病菌结构

【发病规律】病菌主要以多年生菌丝体在病树及病残体木质部内越冬，菌丝体在木质部内可连年扩展为害。枝干表面形成的病菌结构上产生的病菌孢子通过气流或风雨传播，从伤口侵染为害。长期不能愈合的锯口最易被病菌侵染。树势衰弱、机械伤口多且不易愈合是诱使该病发生较重的主要因素，老龄树、衰弱树、破肚树受害较重。

【防控技术】关键措施为加强栽培管理，科学施肥灌水，合理调节挂果量，培强树势，壮树防病。

采用科学修剪技术，削光锯口，促进伤口愈合；不易愈合的伤口及时涂药保护，防止病菌侵染，有效药剂如甲托油膏、甲基硫菌灵糊剂、腐植酸铜水剂、石硫合剂及伤口保鲜膜等。树龄较大的老树，注意用水泥或石灰土堵塞树洞，防止病菌为害。及时刮除病树表面的病菌结构，集中烧毁，并及时清除病死树及病死枝干。冬前树干涂白，防止日烧和冻害，避免造成伤口。结合腐烂病等其他枝干病害的春季药剂清园，铲除园内病菌。梨树生长中后期适当增加叶面喷肥，补充树体营养，培育健壮树体。

褐色膏药病

褐色膏药病主要发生在南方梨区，以浙江梨区发生较多，可导致树势衰弱，但很难造成死树。

【症状诊断】该病主要为害枝干，在枝干表面着生圆形或不规则形的菌膜，似膏药状，褐色至栗褐色，表面呈天鹅绒状。菌膜外缘有一圈较狭窄的灰白色薄膜，后灰白色菌膜逐渐变为紫褐色至暗褐色（彩图3-56）。

彩图 3-56 梨树褐色膏药病

【病原】田中氏隔担耳［*Septobasidium tanakae*（Miy-

abe）Boed.et Steinm］，属于担子菌亚门层菌纲隔担菌目，枝干表面的菌膜即为病菌的担子果，其上产生大量病菌孢子（担孢子）。

【发病规律】病菌以菌膜在枝干表面越冬，病菌孢子通过风雨和昆虫进行传播，以蚧壳虫的分泌物为养料进行腐生生长。所以，蚧壳虫发生为害严重的果园，该病亦常发生较重。

【防控技术】首先要及时防控蚧壳虫的发生为害，治虫防病。其次为刮治菌膜，用小刀或竹片将枝干表面上的菌膜刮除，然后涂抹20%石灰乳、或77%硫酸铜钙可湿性粉剂50倍液、或3～5波美度石硫合剂、或45%石硫合剂晶体30～40倍液；也可直接在菌膜上涂抹77%硫酸铜钙可湿性粉剂30～50倍液，杀灭病菌。合理修剪，使园通风透光良好，降低环境湿度，创造不利于病害发生的生态条件。

灰色膏药病

灰色膏药病主要发生在南方梨区，以浙江梨区发生较多，可导致树势衰弱，但很难造成死树。

【症状诊断】该病主要为害枝干，在枝干表面着生圆形或不规则形菌膜，似膏药状，灰白色至暗灰色，表面比较光滑。后期，菌膜由灰白色至暗灰色变为紫褐色至黑色（彩图3-57）。

彩图 3-57 梨树灰色膏药病

【病原】茂物隔担耳（*Septobasidium bogoriense* Pat.），属于担子菌亚门层菌纲隔担菌目，枝干表面的膏药状物即为病菌的担子果，其上着生大量担孢子。

【发病规律】病菌以菌膜在枝干表面越冬，病菌孢子通过风雨和昆虫进行传播，以蚧壳虫的分泌物为养料进行腐生生长。所以，蚧壳虫发生为害严重的果园，该病亦常发生较重。

【防控技术】同"褐色膏药病"。

锈水病

锈水病主要发生在江苏、浙江、安徽、山东等省的少数果园，主要为害梨树的骨干枝，发病后易导致骨干枝枯死，甚至全株死亡。其次，果实亦可受害，该病可导致果实软烂，造成较大损失。

【症状诊断】锈水病主要为害梨树的骨干枝，发病后的主要症状特点是：在病树枝干上流出许多褐色锈水状液体。枝干受害后初期症状不明显，后逐渐从病树的皮孔、叶痕或伤口处渗出锈色小水珠，或有较多的锈水突然渗出（彩图3-58），但枝干外表无明显病斑；用刀削开树皮检查，病皮呈淡红色，并有红褐色小斑或丝状条纹，病皮松软充水，有酒糟味。不久，病皮内积水增多，从皮孔、叶痕或伤口处大量渗出（彩图3-59），渗出液初无色透明，2～3小时内渐变为乳白色、红褐色（彩图3-60），最后为铁锈色，具黏性，风干后成胶状物。重病枝皮层烂透深达形成层，上部枝条常迅速枯死；轻病枝腐烂组织扩展缓慢，受害枝多不枯死，树皮常干缩纵裂（彩图3-61、彩图3-62），树叶提早变红脱落（彩图3-63）。

彩图3-62　侧枝受害后症状

彩图3-58　病树侧枝开始发病

彩图3-59　病树枝干上流出许多汁液

彩图3-60　菌脓从病斑伤口处溢出

彩图3-63　病树受害状

有时果实也可受害，造成果实软腐。病果早期症状不明显，或在果皮上出现水渍状病斑，迅速发展后，果皮变青褐色至褐色，果肉腐烂成糨糊状，有酒糟味。腐烂果汁日晒后也很快变为铁锈色。

【病原】欧氏杆菌（*Erwinia* sp.），是一种革兰氏阴性细菌，病斑渗出液内含有大量细菌菌体。

【发病规律】病菌潜伏在病树枝干形成层与木质部间的病组织内越冬，第二年4至5月间繁殖后从病部流出含有大量病菌的锈水，通过雨水和昆虫（黏附）传播，从伤口、气孔、皮孔等侵染为害。果实受害，主要通过蛀果害虫的蛀孔进行侵染，尤以梨小食心虫的蛀孔为主。高温高湿是该病发生的重要条件，树势衰弱常加重病害发生。砀山酥梨、黄梨、鸭梨最易感病，日本梨和西洋梨抗性较强。

【防控技术】以清除田间菌源为基础，加强栽培管理、壮树防病为辅助，结合以果实套袋和及时防控蛀果害虫、避免果实受害（图3-4）。

彩图3-61　病树主干产生纵裂

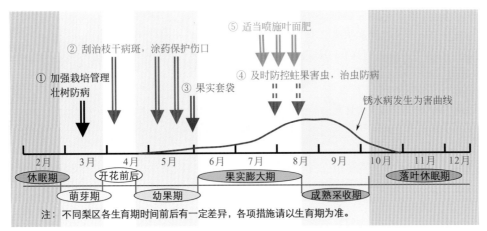

⑤ 适当喷施叶面肥

② 刮治枝干病斑，涂药保护伤口

④ 及时防控蛀果害虫，治虫防病

① 加强栽培管理
壮树防病

③ 果实套袋

锈水病发生为害曲线

2月　3月　4月　5月　6月　7月　8月　9月　10月　11月　12月

休眠期　　开花前后　　　　果实膨大期　　　　　　落叶休眠期

萌芽期　　幼果期　　　　　　成熟采收期

注：不同梨区各生育期时间前后有一定差异，各项措施请以生育期为准。

图3-4　锈水病防控技术模式图

1.刮治枝干病斑，清除田间菌源　在冬季、早春及生长期均可进行，及时彻底刮除病皮，清除菌源，将病残组织带到园外销毁。然后涂药保护伤口，效果较好的有效药剂如：1%～2%硫酸铜溶液、77%硫酸铜钙可湿性粉剂100～200倍液、1∶1∶50倍波尔多浆及石硫合剂残渣等。由于病树枝干上附有携带病菌的锈水，因此伤口涂药时，连同整个枝干一起涂抹效果较好（彩图3-64）。

彩图3-64　石硫合剂涂抹枝干

2.加强栽培管理　增施农家肥等有机肥，干旱时及时灌水，雨季注意排水，合理修剪，科学调整结果量，改善树体营养状况，培强树势，提高树体抗病能力。梨树生长中后期适当增加叶面喷肥，补充树体营养，培育健壮树体。尽量果实套袋，保护果实免受侵害。

3.及时防控蛀干及蛀果害虫　蛀干及蛀果害虫的伤口是病菌侵染的重要途径，钻蛀害虫又是病菌的重要传播媒介，所以及时防控钻蛀性害虫可有效减轻病菌侵害。

黑星病

黑星病又称疮痂病、黑霉病，果农俗称荞麦皮、乌码等，是梨树上最重要的病害之一，在全国各梨产区均有发生，以河北、辽宁、山东、河南、陕西、山西、安徽、吉林等北方梨区为害最重，防控不当常造成严重损失。该病流行时，既可导致早期大量落叶，削弱树势，间接影响产量与品质，又可造成果实受害、甚至畸形，直接影响品质与产量。所以，黑星病防控已经成为梨园管理的重要常规性措施。

【症状诊断】黑星病可侵害梨树的所有绿色幼嫩组织，以叶片、果实和新梢受害最重，严重时还可为害叶柄、果柄、芽、花序等。发病后的主要症状特点是病斑表面产生墨绿色至黑色霉状物（彩图3-65）。

彩图3-65　叶片背面的墨绿色至黑色霉状物

叶片受害，多数先在叶背产生墨绿色至黑色霉状物（彩图3-66），而后相对应的叶片正面逐渐出现边缘不明显的淡黄绿色斑点（彩图3-67）。病斑多时，霉状物布满大部分叶背（彩图3-68、彩图3-69），典型霉状物呈星芒状（彩图3-70），叶正面则呈花叶状（彩图3-71），主脉病斑上霉状物较多（彩图3-72）。有时霉状物也可在叶正面产生（彩图3-73、彩图3-74）。后期，病斑变褐枯死（彩图3-75），严重时导致早期落叶（彩图3-76）。叶柄受害，形成黑色椭圆形或长条形病斑（彩图3-77、彩图3-78），稍凹陷，表面产生黑色霉层，易造成叶片变黄、变红，甚至脱落（彩图3-79、彩图3-80）。

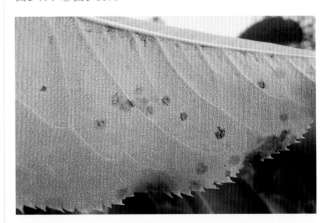

彩图3-66　发病初期，叶背产生墨绿色至黑色霉点

彩图3-67　相对应的叶片正面，逐渐出现褪绿黄点

彩图3-71　叶正面逐渐发展成近花叶状

彩图3-68　严重时，霉点布满整个叶背

彩图3-72　叶背主脉上产生大量霉状物

彩图3-69　有时霉状物在侧脉和支脉上产生较多

彩图3-73　有时叶片正面也可产生霉状物

彩图3-70　霉点逐渐发展成为星芒状霉状物

彩图3-74　叶片正面主脉上产生大量霉状物

彩图 3-75 后期，叶正面形成褐色枯死斑

彩图 3-76 黑星病发生严重时，导致大量叶片早期脱落

彩图 3-77 春梢叶片的叶柄受害

彩图 3-78 秋梢叶片的叶柄受害

彩图 3-79 秋梢叶柄受害，叶片变黄

彩图 3-80 秋梢叶柄受害，叶片变红

　　果实受害，从刚落花的幼果至成熟果乃至贮运期果实均可发病，但以近成熟果受害较多。幼果受害，多在果柄基部或果面上形成较大病斑，初为淡黄色至淡褐色近圆形斑点（彩图 3-81），后表面逐渐产生墨绿色至黑色霉层（彩图 3-82），甚至霉状物布满整个果面（彩图 3-83），严重时整个花序上的幼果多数受害（彩图 3-84、彩图 3-85），并导致幼果早期脱落。幼果果柄也可受害，症状表现与叶柄上相似（彩图 3-86）。果实膨大期受害，多数形成圆形或近圆形黑色病斑（彩图 3-87 ～彩图 3-89）；较早发病者，病斑凹陷、开裂（彩图 3-90、彩图 3-91），病果畸形、易早期脱落；较晚发病者，病斑略凹陷，可产生浓密霉状物（彩图 3-92、彩图 3-93），有时病斑外围具有明显黄晕（彩图 3-94）。气候干燥时，病斑表面很少产生霉层，表现为"青疔"状；环境潮湿时，霉状物上有时可腐生"红粉菌"（彩图 3-95）。病斑用药物控制住后，表面产生木栓化组织（彩图 3-96），随果实膨大木栓组织龟裂翘起，似"荞麦皮"状（彩图 3-97 ～彩图 3-99）。近成熟期至贮运期发病的果实，果面先产生较大黄斑，后黄斑表面逐渐产生稀疏黑霉，表面平或稍凹陷或凹陷不明显（彩图 3-100 ～彩图 3-107）；套袋果有时也可受害，但病果在袋内产生的霉状物有时为浓密的灰色（彩图 3-108 ～彩图 3-113）。

彩图3-81 幼果受害，发病初期

彩图3-82 幼果病斑表面的浓密黑色霉状物

彩图3-83 严重时，幼果表面布满黑色霉状物

彩图3-84 整个花序的多数幼果受害

彩图3-85 疏除掉的受害幼果

彩图3-86 幼果果柄受害，发病初期病斑

彩图3-87 膨大期果实受害，发病初期

彩图3-88 巴梨果上的初期病斑

彩图3-89 苹果梨果上的初期病斑

彩图3-90 膨大期病果,病斑表面凹陷

彩图3-91 有时病斑表面产生开裂

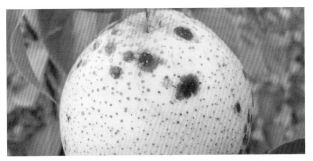

彩图3-92 膨大期典型病果,表面产生浓密的墨绿色至黑色霉状物

彩图3-93 霉状物有时呈浓密的灰色

彩图3-94 病斑外围具有黄晕

彩图3-95 病斑表面次生感染红粉病菌

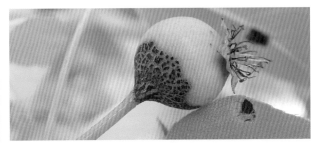

彩图3-96 幼果病斑治住后,病斑表面呈木栓化状

彩图3-97 治住后的幼果病斑,呈疮痂状

彩图3-98 膨大期果实,病斑被药剂治住后的症状

彩图3-99 治住后的膨大期果实病斑,似疮痂状

彩图3-100　鸭梨黑星病病果

彩图3-101　酥梨黑星病病果

彩图3-102　雪花梨黑星病病果

彩图3-103　雪花梨黑星病病果与健果（右）比较

彩图3-104　南国梨中后期发病症状

彩图3-105　金坠梨黑星病病果

彩图3-106　巴梨黑星病病果

彩图3-107　严重时，许多果实受害

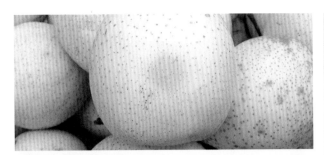

彩图3-108 套袋梨黑星病初期病斑（鸭梨）

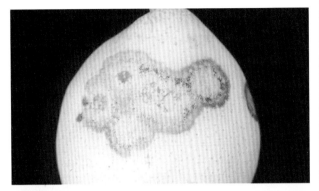

彩图3-109 套袋果上发生有多个病斑（鸭梨）

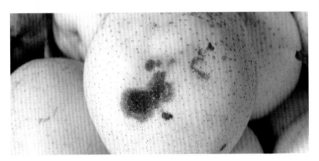

彩图3-110 套袋果病斑表面逐渐产生墨绿色至黑色霉状物（鸭梨）

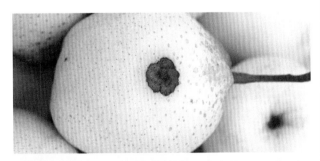

彩图3-111 套袋果上的后期病斑（鸭梨）

彩图3-112 套袋果发病较早时，病斑表面稍显凹陷

彩图3-113 套袋雪花梨黑星病病果

芽受害，病芽鳞片表面产生黑斑（彩图3-114）。重病芽枯死，病菌向周围扩展，在一年生枝上形成黑色病斑，中部开裂，但不产生霉层（彩图3-115）。轻病芽，正常萌发，形成病梢。较重病芽，部分坏死，部分仍可萌发，形成不完全芽或仅萌发出1～2张叶片（彩图3-116）。在一个枝条上，亚顶芽最易受害（彩图3-117），且病芽绝大多数为叶芽，花芽极少受害。

彩图3-114
芽鳞受害状

彩图3-115
病芽枯死后在枝上的遗留病斑

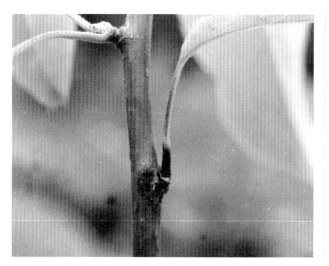

彩图3-116　病芽部分存活时，仍能萌发出叶片

彩图3-119　霉状物从病梢基部逐渐向上蔓延

彩图3-117　亚顶芽受害，萌发的整个叶丛全部发病

彩图3-120　霉状物扩展至叶柄上

　　新梢发病，均为病芽萌发形成，其主要特点是从下至上逐渐产生黑色霉层（彩图3-118、彩图3-119），后整个新梢布满黑霉，故俗称"乌码"。有时黑霉可扩展到叶柄、甚至叶片基部及叶脉上（彩图3-120、彩图3-121）。严重时，病梢叶片逐渐变黄、变红、干枯、脱落，最后只留下一个"黑橛"。顶芽、侧芽均可受害萌发形成病梢（彩图3-122、彩图3-123），严重时一个枝上可形成许多病梢。

彩图3-121　霉状物逐渐蔓延至叶片基部

彩图3-118　病梢发病初期，基部开始产生霉状物

彩图3-122　侧芽受害，萌发形成的病梢

彩图3-123 顶芽、亚顶芽均受害形成病梢

【病原】梨黑星菌（*Venturia pirina* Aderh.），属于子囊菌亚门腔菌纲格孢腔菌目；无性阶段为梨黑星孢 [*Fusicladium pirinum*（Lib.）Fuckel]，属于半知菌亚门丝孢纲丛梗孢目。病斑表面的黑色霉状物即为病菌无性阶段的分生孢子梗和分生孢子。其有性阶段的子囊座（壳）多产生在落叶上，子囊座（壳）翌年春季成熟，而后释放出子囊孢子。

【发病规律】黑星病菌的越冬方式有三种：一是以菌丝体在病芽内越冬，第二年病芽萌发形成病梢，产生大量分生孢子成为初侵染来源；二是以菌丝体和未成熟的子囊壳在病落叶上越冬，翌年春天子囊壳成熟，释放出子囊孢子成为初侵染来源；三是以分生孢子在病落叶上越冬，翌年直接成为初侵染来源。三种越冬方式在不同地区、不同年份其重要性不同。

华北梨区一般年份病菌主要在病芽内越冬，第二年病芽萌发形成的病梢上产生的分生孢子是主要的初侵染来源，病梢形成后一般可连续产生分生孢子38～57天；在冬季温暖潮湿的年份或地区，病菌也可以菌丝体或未成熟的子囊壳在病叶上越冬，第二年梨树发芽开花时子囊壳成熟，释放出子囊孢子成为初侵染来源；在冬季冷凉干燥的年份或地区，落叶上的分生孢子也可直接成为初侵染来源。

病梢上产生的分生孢子、越冬成活的分生孢子及生长期产生的分生孢子，均主要借助风雨传播进行侵染为害。越冬后产生的子囊孢子，主要借助气流传播进行侵染为害。病菌传播后，在叶片上主要从气孔侵入，也可穿透表皮直接侵入；在果实上主要从皮孔侵入，也可直接侵入。

幼叶、幼果受害后，经过12～29天的潜育期逐渐发病，产生分生孢子（墨绿色至黑色霉状物），通过风雨传播，在果园内扩散蔓延，进行再侵染。幼叶、幼果受害后产生的分生孢子是后期病害发生的主要菌源。黑星病在田间有多次再侵染，流行性很强，防控不当极易造成严重损失。叶片受害以幼嫩叶片受侵染为主，展叶一个月后基本不再受害；果实整个生长期均可受害，但以果实越接近成熟越易受侵染发病。

在不考虑越冬菌源的前提下，黑星病的发生轻重与降雨情况关系非常密切，尤其是幼果期的降雨。雨日多，病害发生则重。该病在田间有两个发生高峰，一是落花后至果实膨大初期，二是采收前1～1.5个月。前期是病梢出现及病菌为害幼叶幼果、使幼叶幼果发病、并在幼叶幼果上积累菌量的时期，该期内病梢出现的多少、幼叶幼果发病率的高低是决定当年黑星病发生轻重的主要因素之一。后期果实越接近成熟受害越重，是病菌严重为害果实的时期，不套袋果实尤其易受害；果袋抗老化能力差时，后期多雨潮湿也可导致套袋果近成熟期较重受害。在特殊年份，需要特别注意在叶片上越冬的病菌，特别是冬季温暖潮湿的年份或环境，需要及早防控幼叶幼果受害。另外，相同条件下，密植果园、郁闭果园、低洼潮湿果园常发病较重。

【防控技术】关键是必须做到预防为主，把病害控制在尚未发生或初发阶段。以搞好果园卫生、消灭越冬菌源、减少果园内菌量为基础，以科学药剂防控为重点，适当果实套袋为辅助（图3-5）。

1. 搞好果园卫生 主要应抓住三个环节。① 落叶后至发芽前彻底清除树上、树下的落叶，集中深埋或烧毁（彩图3-124）；并在发芽前翻耕树盘，促进残余病菌死亡。② 萌芽后开花前（花序呈铃铛球期）喷洒1次内吸治疗性药剂，杀死芽内潜伏病菌，降低病梢形成数量。效果较好的药剂有：10%苯醚甲环唑水分散粒剂1500～2000倍液、25%苯醚甲环唑乳油5000～6000倍液、40%腈菌唑可湿性粉剂6000～8000倍液、12.5%烯唑醇可湿性粉剂1500～2000倍液、40%氟硅唑乳油7000～8000倍液、430克/升戊唑醇悬浮剂3000～4000倍液及5%～10%硫酸铵溶液等。③ 在病梢形成期内，7天左右巡回检查1次，发现病梢，立即摘除烧毁或深埋。注意病梢摘除方式，避免人为扩

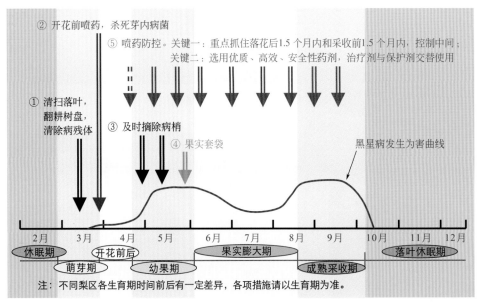

② 开花前喷药，杀死芽内病菌

⑤ 喷药防控。关键一：重点抓住落花后1.5个月内和采收前1.5个月内，控制中间；关键二：选用优质、高效、安全性药剂，治疗剂与保护剂交替使用

① 清扫落叶，翻耕树盘，清除病残体

③ 及时摘除病梢

④ 果实套袋

黑星病发生为害曲线

2月　3月　4月　5月　6月　7月　8月　9月　10月　11月　12月

休眠期　　开花前后　　　果实膨大期　　落叶休眠期
　　萌芽期　　幼果期　　　　成熟采收期

注：不同梨区各生育期时间前后有一定差异，各项措施请以生育期为准。

图3-5 黑星病防控技术模式图

散传播。

彩图3-124　梨园内落叶状

2.生长期药剂防控　及时喷药和选用有效药剂是保证防控效果的关键。不同果园、不同年份喷药时期及次数不同，但总体而言应贯彻"抓两头"的原则，即落花后至果实膨大初期（麦收前）和采收前1.5个月。落花后至果实膨大初期的防控目的是控制初侵染，即控制幼叶、幼果受害，一般需喷药3～4次。采收前1.5个月主要是防控果实受害，不套袋果尤为重要，一般应喷药3次左右，不套袋果采收前7～10天必须喷药1次，以保护果实。此外，两段时期中间还需喷药2次左右。如果冬季温暖潮湿，落叶上的病菌将会非常易传播侵染，特别是不易清扫落叶的丘陵或山地果园，应在落花后立即喷施1次非乳油的内吸治疗性药剂，最好连同地面一起喷洒。具体喷药时间及次数根据降雨情况灵活掌握，雨多多喷，雨少少喷，并坚持将内吸治疗性杀菌剂与保护性杀菌剂交替使用。

效果较好的内吸治疗性杀菌剂有：10%苯醚甲环唑水分散粒剂2000～2500倍液、25%苯醚甲环唑乳油6000～8000倍液（幼果期慎用）、430克/升戊唑醇悬浮剂3000～4000倍液、40%氟硅唑乳油7000～8000倍液（幼果期慎用）、12%腈菌唑乳油2000～2500倍液（幼果期慎用）、12.5%烯唑醇可湿性粉剂2000～2500倍液、30%戊唑·多菌灵悬浮剂800～1000倍液、41%甲硫·戊唑醇悬浮剂700～800倍液、70%甲基硫菌灵可湿性粉剂或500克/升悬浮剂800～1000倍液等。效果较好的保护性杀菌剂有：80%代森锰锌（全络合态）可湿性粉剂600～800倍液、50%克菌丹可湿性粉剂500～700倍液、70%丙森锌可湿性粉剂600～700倍液及70%代森锰锌可湿性粉剂1000～1200倍液（易发生药害，幼果期慎用）、77%硫酸铜钙可湿性粉剂800～1000倍液（幼果期慎用）、1：（2～3）：（200～240）倍波尔多液（幼果期和采收前不宜使用）等（彩图3-125、彩图3-126）。

彩图3-125　波尔多液污染叶片，影响光合作用

彩图3-126　果面上的波尔多液药斑

3.实施果实套袋　果实套袋既可提高果品质量、降低农药残留，还可防止套袋后病菌侵害果实，进而减少中后期喷药次数。但必须选用抗老化能力强的优质果袋。

黑斑病

黑斑病是一种重要梨树病害，在全国各梨产区均有发生，以日本梨、苹果梨、西洋梨发生较重，防控不当常造成大量裂果及早期落果，损失惨重。中国梨一般受害较轻，主要在叶片上发生，果实很少受害。

【症状诊断】黑斑病主要为害叶片和果实，有时也可为害新梢。

叶片受害，幼叶即可发病，初为圆形小黑点，扩大后形成黑色圆形病斑，病斑颜色较均匀，正反面没有明显差异（彩图3-127、彩图3-128）；中期病斑呈圆形或近圆形，中部褐色，边缘黑褐色至黑色（彩图3-129）；后期病斑较大，近圆形或不规则形，直径达1厘米左右，中部灰白色，边缘黑褐色，有时病斑颜色呈轮纹状（彩图3-130～彩图3-132）。病斑多时，后期常连合成不规则形，导致叶片凹凸不平、甚至破碎（彩图3-133、彩图3-134）。湿度大时，病斑表面可产生墨绿色至黑色霉状物，尤以叶背面较多（彩图3-135）。严重时，造成早期落叶。有时叶柄也可受害，多形成梭形或长椭圆形黑色病斑，稍凹陷（彩图3-136），易造成叶片脱落。

彩图3-127　叶片正面的初期病斑

彩图 3-128　叶片背面的初期病斑

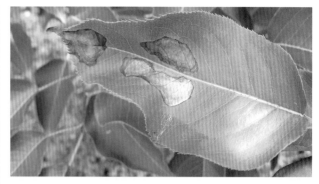

彩图 3-132　叶片病斑有时呈不规则形

彩图 3-129　幼嫩叶片的中期病斑

彩图 3-133　病斑多时，叶片略显凹凸不平（叶面）

彩图 3-130　典型病斑呈近同心轮纹状

彩图 3-134　病斑多时，叶片略显凹凸不平（叶背）

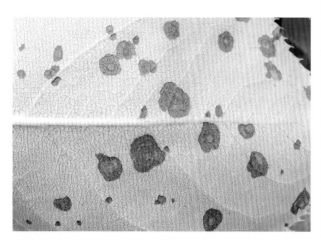

彩图 3-131　病斑背面也有隐约轮纹

彩图 3-135　潮湿时，叶片背面产生有墨绿色至黑色霉状物

彩图3-136　叶柄受害状

　　幼果受害，主要发生在日、韩梨品种上。初期在果面上产生一至数个黑色圆形小斑点，后病斑不断扩大，逐渐发展为近圆形或椭圆形黑斑，稍凹陷，表面产生黑色霉状物；后期病斑明显凹陷，果面常产生裂缝，病果多畸形、龟裂，裂缝可深达果心（彩图3-137），病果易早期脱落。近成熟果受害，形成黑褐色至黑色凹陷病斑，呈圆形或近圆形，有时病斑表面可产生黑色霉状物（彩图3-138）。

彩图3-137　感病品种幼果受害状

彩图3-138　苹果梨近成熟果实上的病斑

　　新梢受害，初为近圆形或椭圆形黑色病斑，稍凹陷（彩图3-139），后期逐渐形成长椭圆形或不规则形的明显凹陷黑斑，且病健交界处常产生裂缝（彩图3-140）。病梢易折断或枯死。

　　【病原】菊池交链孢（*Alternaria kikuchiana* Tanaka），属于半知菌亚门丝孢纲丝孢目，病斑表面的黑色霉状物即为病菌的分生孢子梗和分生孢子。

　　【发病规律】病菌主要以菌丝体及分生孢子在病叶上越冬，也可在病果及病梢上越冬。翌年梨树生长季

节产生分生孢子，通过风雨传播，从气孔、皮孔或直接侵染为害。在近成熟果上主要通过伤口侵染。叶片受害，以嫩叶最易感病，接种后1天即出现病斑；老叶抗病性较强。该病潜育期短，有多次再侵染，多雨年份常导致大批叶片干枯、甚至早期脱落。高温、高湿有利于病害发生；地势低洼、通风不良、肥料不足、氮肥过多、树势衰弱等不利因素均可加重该病的发生为害。

彩图3-139　嫩梢上的黑斑病病斑

彩图3-140　小枝上的黑斑病病斑

　　品种间抗病性差异比较显著，日、韩梨品种最易感病，西洋梨次之，中国梨较抗病。日本梨系统的品种以20世纪发病最重。在中国梨系统中，雪花梨发病最重，砀山酥梨也较感病，鸭梨比较抗病。

　　【防控技术】以加强栽培管理、壮树防病为基础，搞好果园卫生、减少越冬菌源和生长期及时喷药防控为重点（图3-6）。

　　1.加强果园管理　增施农家肥等有机肥及微生物肥料，按比例科学使用速效化肥，促使树体生长健壮，提高树体抗病能力。地势低洼、排水不良的果园，注意及时排水。合理修剪，促使果园通风透光，降低环境湿度。日、韩梨品种实施果实套袋，避免果实受害。

　　2.搞好果园卫生，减少越冬菌源　落叶后至萌芽前，

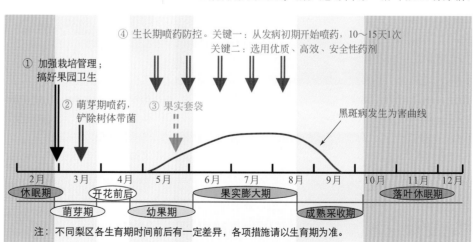

图3-6　黑斑病防控技术模式图

彻底清除果园内的落叶、落果，集中深埋或烧毁，消灭病菌越冬场所。萌芽前，全园喷施1次30%戊唑·多菌灵悬浮剂400～600倍液、或41%甲硫·戊唑醇悬浮剂400～500倍液、或60%铜钙·多菌灵可湿性粉剂300～400倍液、或77%硫酸铜钙可湿性粉剂300～400倍液、或45%代森铵水剂200～300倍液等，铲除树上越冬病菌。

3. 生长期及时喷药防控 根据品种抗病性强弱，科学安排喷药时间和喷药次数。一般果园从初见病叶或病害发生初期或雨季到来前开始喷药，10～15天1次，连喷3～5次。效果较好的药剂有：10%多抗霉素可湿性粉剂1000～1500倍液、1.5%多抗霉素可湿性粉剂300～400倍液、80%代森锰锌（全络合态）可湿性粉剂600～800倍液、50%异菌脲可湿性粉剂或45%悬浮剂1000～1500倍液、430克/升戊唑醇悬浮剂3000～4000倍液、30%戊唑·多菌灵悬浮剂800～1000倍液、41%甲硫·戊唑醇悬浮剂800～1000倍液、50%克菌丹可湿性粉剂500～600倍液、10%苯醚甲环唑水分散粒剂1500～2000倍液等。生长后期或果实套袋后，也可选用普通的70%代森锰锌可湿性粉剂1000～1200倍液，但应缩短喷药间隔期，并避开高温季节，以免发生药害。

轮纹叶斑病

轮纹叶斑病又称轮斑病，在全国各梨产区均有发生，是一种零星发生病害，一般为害不重。

【症状诊断】轮纹叶斑病主要为害叶片，多发生在生长中后期。初期形成近圆形黑褐色病斑，扩展后为淡褐色至褐色，中部色淡、边缘色深，外围有深褐色边缘，有时具不明显同心轮纹（彩图3-141、彩图3-142）。病斑较大，直径多在1厘米以上。潮湿条件下，病斑背面可产生黑色霉状物，后期表面还可次生长出具长柄的微型伞状物（彩图3-143）。严重时，叶片上有多个病斑（彩图3-144、彩图3-145）。

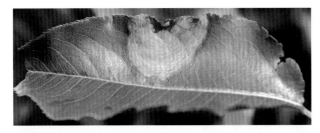

彩图 3-141　轮纹叶斑病病叶正面病斑

彩图 3-142　轮纹叶斑病病叶背面病斑

彩图 3-143　后期病斑表面常次生出微型伞状物

彩图 3-144　严重时叶片上具有多个病斑

彩图 3-145　严重时许多叶片受害

轮纹叶斑病与黑斑病相似，发病初期较难区分，但该病发生时期较晚，发病后扩展较快，病斑扩大后叶正面比黑斑病颜色淡，且病斑较大，直径多在1厘米以上。

【病原】苹果链格孢（*Alternaria mali* Roberts），属于半知菌亚门丝孢纲丝孢目，病斑表面的黑色霉状物即为病菌的分生孢子梗和分生孢子。

【发病规律】病菌主要以菌丝体和分生孢子在病叶上越冬。分生孢子通过风雨传播，条件适宜时进行侵染为害。以生长中后期的老熟叶片受害为主。树势衰弱、枝叶茂密、通风透光不良、结果量大、地势低洼、多雨潮湿等均有利于该病的发生为害。

【防控技术】

1.加强果园管理 增施农家肥等有机肥，按比例科学使用速效化肥，合理调整结果量，培强树势，提高树体抗病能力。发芽前彻底清扫落叶，集中深埋或烧毁，消灭越冬菌源。果实生长中后期，适当增加叶面喷肥，如0.3%尿素＋0.3%磷酸二氢钾等，补充树体营养，促使树体健壮。

2.适当喷药防控 一般不需单独进行喷药，个别发病严重果园在病害发生初期喷药防控1～2次即可。效果较好的药剂同"黑斑病"。

▓ 锈病 ▓

锈病又称赤星病，俗称"羊胡子"，是一种转主寄生性病害，在全国各梨产区均有发生，以附近有大量桧柏等转主寄主的梨园受害较重，特别是风景绿化区内的梨园经常严重受害。春季多雨年份，几乎每张叶片上都有病斑，易造成叶片早期脱落。

【症状诊断】锈病主要为害叶片，也可为害果实、叶柄、果柄、嫩枝等幼嫩组织。发病后的主要症状特点是：病部橙黄色，组织肥厚肿胀，先产生黄点，渐变黑色，后期长出细长的黄白色毛状物。

叶片受害，先在叶背面产生有光泽的橙黄色隆起斑点（彩图3-146），后逐渐扩大成近圆形的橙黄色肥厚病斑，外围有一黄绿色晕圈，随后病斑表面密生许多橙黄色小点（性子器）（彩图3-147）；潮湿时，黄色小点上溢出橘黄色黏液（性孢子），黏液干后小点渐变为黑色（彩图3-148、彩图3-149），此时黄晕外还可逐渐形成红色晕圈（彩图3-150）。同时，病组织增生肥厚明显，叶背面隆起，并逐渐从隆起上产生许多初期灰黄色、渐变灰褐色的毛管状物（锈子器）（彩图3-151、彩图3-152）；毛管状物后期先端破裂（彩图3-153），散出大量黄褐色粉末（锈孢子）；有时毛管状物也可在病斑正面产生（彩图3-154）；后期，叶正面病斑常变褐枯死（彩图3-155）。病斑多时，常造成叶片扭曲、畸形、变色（彩图3-156～彩图3-163），甚至枯死脱落。叶片主脉也可受害，发病后症状表现与其他部位相似，只是毛管状物在叶片两面均可产生（彩图3-164～彩图3-167）。叶柄受害，症状表现与叶片上相似，但病斑呈纺锤形肿起，后期毛管状物在小黑点周围产生（彩图3-168～彩图3-170）。叶柄受害后，叶片容易脱落。

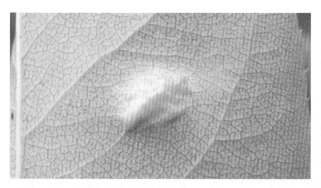

彩图3-146　初期病斑，向叶背隆起

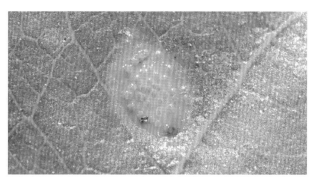

彩图3-147　叶正面病斑上开始产生橘红色小点

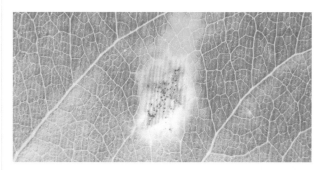

彩图3-148　叶面病斑上的小点渐变褐色

彩图3-149　小点最后变为黑色

彩图3-150　病斑周围渐变红色

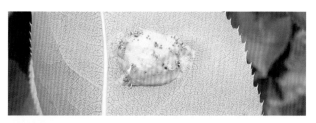

彩图3-151　病斑背面开始产生毛管状物

彩图3-152　毛管状物细长，呈"羊胡子"状

彩图3-153　后期，毛管状物破裂

彩图3-154　有时，毛管状物也可在叶片正面产生

彩图3-155　叶片正面形成褐色枯死斑

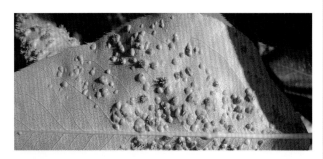

彩图3-156　叶背有许多隆起的病斑

彩图3-157　叶正面的许多病斑上均开始产生小点

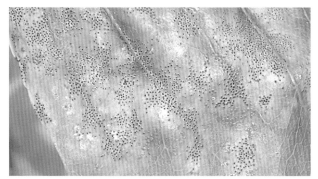

彩图3-158　病斑多时，褐色小点布满叶片

彩图3-159　叶背的许多病斑上均开始产生毛管状物

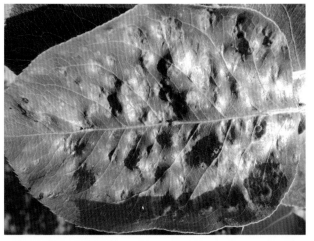

彩图3-160　严重受害叶片，凹凸不平

彩图3-161　严重受害叶片，变色成花叶状

彩图3-162　春季，树体叶片严重受害状

彩图3-163　夏季，树体叶片严重受害状

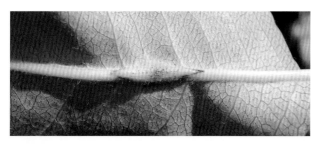

彩图3-164　叶片主脉受害早期（叶背）

彩图3-165　叶背主脉病斑隆起，表面开始产生橘红色小点

彩图3-166　叶背主脉病斑上产生毛管状物

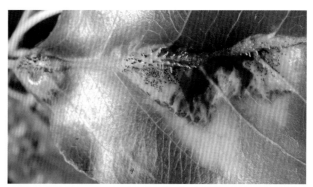

彩图3-167　叶面主脉病斑，也可产生小点及毛管状物

彩图3-168　叶柄受害早期

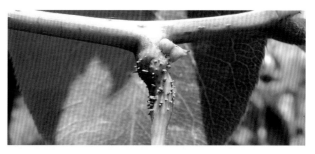

彩图3-169　叶柄病斑上开始产生毛管状物

彩图3-170　叶柄病斑上丛生许多毛管状物

果实受害，症状特点与叶片上类似，只是后期在病斑周围丛生许多灰白色毛管状物（彩图3-171、彩图3-172），病果多畸形早落。果柄、嫩枝受害，症状表现与叶柄上相同（彩图3-173）。

彩图3-171　果实受害的前期症状

彩图3-172　果实受害的后期症状

彩图3-173　嫩枝受害的前期症状

在桧柏等转主寄主上，初期先在针叶、叶腋或小枝上产生黄色斑点，后斑点逐渐膨大隆起，形成灰褐色至褐色近球形肿瘤；翌年春季，肿瘤继续膨大，表皮破裂，长出圆锥形或楔形或条形的红褐色隆起角状物（冬孢子角）（彩图3-174）。春雨后角状物吸水膨胀，形成橙黄色至黄褐色舌状胶质块（彩图3-175），干缩后表面皱缩成污胶物。

彩图3-174　病菌在转主寄主桧柏上的为害状

彩图3-175　桧柏上的冬孢子角萌发

【病原】梨胶锈菌（*Gymnosporangium haraeanum* Syd.），属于担子菌亚门冬孢子纲锈菌目。梨树上病斑表面的橙黄色或黑色小点为病菌的性子器，其上产生的橙黄色黏液为性孢子黏液；毛管状物为锈子器，其内散出的黄褐色粉末为锈孢子，锈孢子只能侵染转主寄主桧柏等。桧柏的褐色肿瘤上产生的红褐色角状物为冬孢子角，冬孢子角萌发产生担孢子，担孢子只能侵染为害梨树。

【发病规律】锈病是一种转主寄生性病害，其转主寄主主要为桧柏，病菌以菌丝体或冬孢子角在转主寄主桧柏上越冬。第二年春季，梨树发芽前后遇雨时冬孢子角萌发，产生担孢子，通过气流传播到梨树的幼嫩组织上，从气孔或直接侵染为害。梨树发病后先产生性子器和性孢子，两者交配后产生锈子器和锈孢子，锈孢子只能侵染其转主寄主桧柏等，所以锈病在一年中只能发生一次，没有再侵染。

锈病能否发生，决定于梨园周围有无桧柏；发生轻重与春季降雨（梨树萌芽后30～40天内）关系密切。桧柏对梨树的有效影响距离一般为2.5～5千米，最远不超过10千米，距离越近影响越大。在有转主寄主的前提下，春季多雨潮湿、雨量大、雨日多锈病发生较重，天气干燥锈病发生较轻。

【防控技术】锈病防控技术模式如图3-7所示。

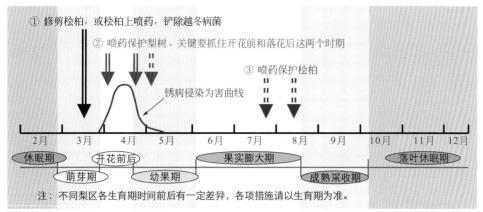

① 修剪桧柏，或桧柏上喷药，铲除越冬病菌

② 喷药保护梨树。关键要抓住开花前和落花后这两个时期

③ 喷药保护桧柏

锈病侵染为害曲线

2月　3月　4月　5月　6月　7月　8月　9月　10月　11月　12月

休眠期　　开花前后　　　果实膨大期　　　落叶休眠期
　萌芽期　　幼果期　　　　成熟采收期

注：不同梨区各生育期时间前后有一定差异，各项措施请以生育期为准。

图3-7　锈病防控技术模式图

1.消灭和控制越冬菌源　彻底砍除梨园周围5千米以内的桧柏等转主寄主，可基本避免锈病的发生为害。不能砍除桧柏时，可在春雨前修剪桧柏，剪除越冬病菌（冬孢子角），集中销毁；或在梨树发芽时给桧柏等转主寄主喷药，杀灭越冬病菌，效果较好的药剂如：3～5波美度石硫合剂、45%石硫合剂晶体40～60倍液、77%硫酸铜钙可湿性粉剂300～400倍液、1：（1～2）：（100～160）倍波尔多液等。

2.喷药保护梨树　往年锈病发生较轻果园，在梨树发芽后开花前（铃铛球期）和落花后各喷药1次，即可有效控制锈病的发生为害；往年锈病发生严重果园，还需在落花后半月左右再喷药1次。常用有效药剂有：10%苯醚甲环唑水分散粒剂2000～2500倍液、40%腈菌唑可湿性粉剂7000～8000倍液、430克/升戊唑醇悬浮剂4000～5000倍液、70%甲基硫菌灵可湿性粉剂或500克/升悬浮剂800～1000倍液、30%戊唑·多菌灵悬浮剂800～1000倍液、41%甲硫·戊唑醇悬浮剂800～1000倍液、80%代森锰锌（全络合态）可湿性粉剂800～1000倍液、50%克菌丹可湿性粉剂500～600倍液及12.5%烯唑醇可湿性粉剂2000～2500倍液等。

3.喷药保护转主寄主　梨树叶片背面产生长毛状物后，在桧柏等转主寄主植物上喷药1～2次进行保护。有效药剂同梨树生长期用药。

4.其他措施　尽量不要在风景绿化区内栽植梨树，也不要在梨主产区内种植桧柏等锈病的转主寄主植物，更不能在梨园周边繁育桧柏等锈病转主寄主植物的绿化苗木。

白粉病

白粉病是梨树上的一种常见病害，在全国各梨树种植区均有发生，一般为害不重。但近几年有些果园发生为害呈逐年加重趋势，应当引起特别注意。

【症状诊断】白粉病主要为害成熟叶片，多从树冠下部的老叶开始发生，逐渐向上蔓延，发病后的主要症状特点是在叶片背面产生一层白粉状物。发病初期，首先在叶片背面产生圆形或不规则形的白色霉斑（彩图3-176），随病情发展，病斑数量不断增多，并逐渐扩展到叶背的大

部（彩图3-177），使叶片背面布满白粉状物（彩图3-178）。有时白粉状物被其他霉菌腐生，呈现黑褐色霉斑或霉层（彩图3-179）。后期，在白粉状物上逐渐散生出许多初期黄色、渐变褐色、最后呈黑色的小颗粒（彩图3-180～彩图3-185）；与背面粉斑对应处的叶正面变黄绿色至黄色，边缘不明显。严重时，可以造成早期落叶。

彩图3-176　叶片背面的初期粉斑

彩图3-177　白粉状物几乎布满整个叶背

彩图3-178　有时白粉层较厚而明显

彩图3-179　白粉层上腐生有污染霉菌

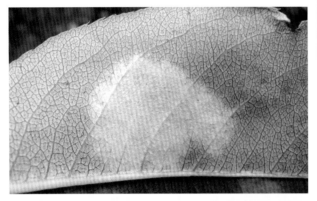

彩图3-180　白粉层上开始产生闭囊壳（淡黄色颗粒状物）

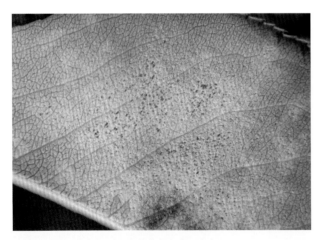

彩图3-181　白粉层上的颗粒状物颜色逐渐加深

彩图3-182　闭囊壳由黄色渐变为黄褐色，最后呈黑褐色至黑色

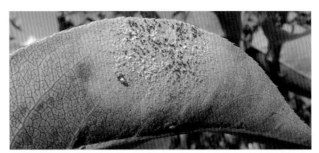

彩图3-183　闭囊壳形成的不同阶段比较

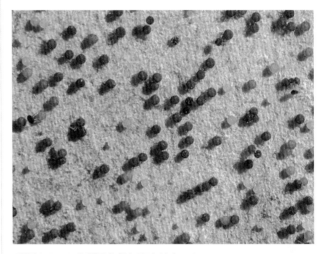

彩图3-184　白粉层上的闭囊壳放大

彩图3-185　后期叶背白粉层上散布许多黑褐色至黑色闭囊壳

【病原】梨球针壳［*Phyllactinia pyri*（Cast.）Homma］，属于子囊菌亚门核菌纲白粉菌目；无性阶段为拟小卵孢（*Ovulariopsis* sp.），属于半知菌亚门丝孢纲丝孢目。病斑表面的初为黄色、渐变褐色、最后呈黑色的小颗粒即为病菌的闭囊壳，白粉状物为病菌的菌丝体和无性阶段的分生孢子梗及分生孢子。

【发病规律】病菌主要以闭囊壳在落叶上或附着在枝干表面越冬。第二年夏季闭囊壳内散出子囊孢子，通过气流传播，从叶片背面的气孔侵染叶片为害。初侵染发病后产生的分生孢子经气流传播后进行再侵染，使病害不断扩散蔓延。一般果园多从7月份开始发病，8、9月份为发病盛期。后期多雨潮湿有利于病害发生。果园郁蔽、通风透光不良、地势低洼、排水不及时、偏施氮肥等均可加重该病发生。

【防控技术】白粉病防控技术模式如图3-8所示。

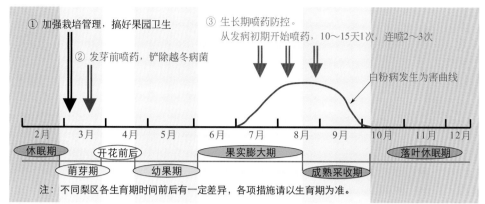

① 加强栽培管理，搞好果园卫生

② 发芽前喷药，铲除越冬病菌

③ 生长期喷药防控。
从发病初期开始喷药，10～15天1次，连喷2～3次

白粉病发生为害曲线

| 2月 | 3月 | 4月 | 5月 | 6月 | 7月 | 8月 | 9月 | 10月 | 11月 | 12月 |

休眠期　　开花前后　　　　　　果实膨大期　　　　　　落叶休眠期
　萌芽期　　　幼果期　　　　　　　　成熟采收期

注：不同梨区各生育期时间前后有一定差异，各项措施请以生育期为准。

图3-8　白粉病防控技术模式图

1. **加强果园栽培管理**　合理施肥，避免偏施氮肥，特别是生长中后期。及时排水，科学修剪，使果园通风透光良好，降低环境湿度。发芽前彻底清扫落叶，集中深埋或烧毁，消灭病菌越冬场所。

2. **萌芽期喷药**　芽萌动时，喷施1次3～5波美度石硫合剂，或45%石硫合剂晶体50～80倍液、或77%硫酸铜钙可湿性粉剂300～400倍液，杀灭枝干上的附着越冬病菌。

3. **生长期适时喷药**　从病害发生初期或雨季到来前开始喷药，10天左右1次，连喷2～3次，重点喷洒叶片背面。效果较好的药剂有：40%腈菌唑可湿性粉剂6000～8000倍液、430克/升戊唑醇悬浮剂3000～4000倍液、12.5%烯唑醇可湿性粉剂2000～2500倍液、10%苯醚甲环唑水分散粒剂2000～2500倍液、30%戊唑·多菌灵悬浮剂800～1000倍液、41%甲硫·戊唑醇悬浮剂800～1000倍液、70%甲基硫菌灵可湿性粉剂或500克/升悬浮剂800～1000倍液、25%三唑酮可湿性粉剂1500～2000倍液、40%氟硅唑乳油7000～8000倍液、50%克菌丹可湿性粉剂500～600倍液、80%硫黄水分散粒剂1000～1500倍液等。

叶炭疽病

叶炭疽病在全国各梨产区均有发生，一般多为零星发生，但在管理粗放果园常发生较重，特别是连续多年管理粗放的果园，在中后期多雨潮湿条件下常造成早期落叶。

【症状诊断】叶炭疽病主要为害叶片，严重时叶柄也可受害。叶片受害，初期在叶面上产生淡褐色至红褐色圆形小斑点（彩图3-186），稍后逐渐扩大成褐色圆形或多角形病斑（彩图3-187、彩图3-188），叶背病斑颜色较深（彩图3-189、彩图3-190）；后期病斑呈灰褐色至灰白色，常有同心轮纹（彩图3-191）。有时主脉及其附近病斑较多（彩图3-192），病斑多时常相互遇合成不规则形褐色斑块（彩图3-193），严重时病叶变黄、脱落（彩图3-194），形成早期落叶（彩图3-195）。湿度大时，病斑表面可产生许多淡红色小点，后变为黑色。叶柄受害，形成长椭圆形或长条形病斑，褐色至黑褐色，稍凹陷（彩图3-196），易导致叶片脱落。

【病原】胶孢炭疽菌［Colletotrichum gloeosporioides

（Penz.）Sacc.］，属于半知菌亚门腔孢纲黑盘孢目。病斑表面产生的初为淡红色、渐变黑色的小点即为病菌的分生孢子盘，其上产生分生孢子。

【发病规律】病菌主要以菌丝体和分生孢子盘在病落叶上越冬。翌年条件适宜时产生分生孢子，通过风雨传播进行侵染为害，田间有多次再侵染。梨树生长中后期发生较多。树势衰弱、枝叶茂密、结果量大、地势低洼、管理粗放的果园发病较多，阴雨潮湿有利于病害发生。

彩图3-186　叶片上的初期病斑

彩图3-187　叶片病斑少时，多呈近圆形

彩图3-188　叶片病斑多时，常呈多角形

彩图 3-189　叶片背面近圆形病斑

彩图 3-190　叶片背面多角形病斑

彩图 3-191　有时病斑表面有不明显轮纹

彩图 3-192　主脉及其附近病斑

彩图 3-193　病斑多时形成斑块

彩图 3-194　严重时，叶片变黄脱落

彩图 3-195　受害严重果园，早期落叶

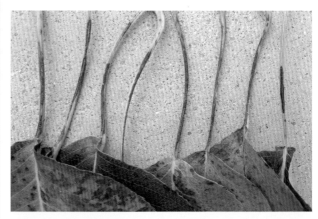

彩图 3-196　叶柄受害状

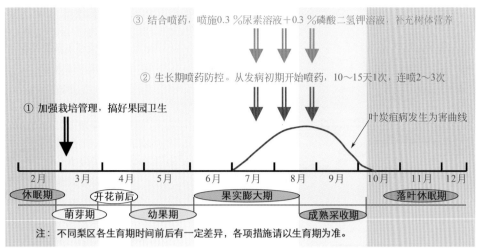

③ 结合喷药，喷施0.3%尿素溶液＋0.3%磷酸二氢钾溶液；补充树体营养

② 生长期喷药防控。从发病初期开始喷药，10～15天1次，连喷2～3次

① 加强栽培管理，搞好果园卫生

叶炭疽病发生为害曲线

2月　3月　4月　5月　6月　7月　8月　9月　10月　11月　12月

休眠期　　开花前后　　　　果实膨大期　　　　落叶休眠期
　萌芽期　　　幼果期　　　　　　成熟采收期

注：不同梨区各生育期时间前后有一定差异，各项措施请以生育期为准。

图3-9　叶炭疽病防控技术模式图

【防控技术】叶炭疽病防控技术模式如图3-9所示。

1.加强果园管理　发芽前彻底清扫落叶，集中深埋或烧毁，消灭病菌越冬场所。增施肥水，合理调整结果量，促使树体生长健壮，提高抗病能力。合理修剪，使果园通风透光，及时除草，雨季注意排水，降低环境湿度。结合药剂防控，在中后期喷施0.3%尿素溶液＋0.3%磷酸二氢钾溶液，补充树体营养，促使树体健壮。

2.生长期喷药防控　一般果园不需单独喷药防控，个别往年病害严重果园，从病害发生初期或雨季到来前开始喷药，10～15天1次，连喷2～3次即可。效果较好的药剂有：70%甲基硫菌灵可湿性粉剂或500克/升悬浮剂800～1000倍液、430克/升戊唑醇悬浮剂3000～4000倍液、10%苯醚甲环唑水分散粒剂2000～2500倍液、30%戊唑·多菌灵悬浮剂800～1000倍液、41%甲硫·戊唑醇悬浮剂800～1000倍液、50%多菌灵可湿性粉剂或500克/升悬浮剂600～800倍液、25%溴菌腈可湿性粉剂600～800倍液、450克/升咪鲜胺乳油1000～1500倍液、80%代森锰锌（全络合态）可湿性粉剂600～800倍液、50%克菌丹可湿性粉剂500～600倍液、77%硫酸铜钙可湿性粉剂800～1000倍液等。

褐斑病

褐斑病又称白星病、斑枯病，在全国各梨产区均有发生，以南方梨区发生相对较重，发病严重可导致早期落叶，对树势和产量有一定影响。

【症状诊断】褐斑病主要为害叶片，有时也可为害叶柄。叶片受害，初期形成圆形或近圆形深褐色斑点（彩图3-197、彩图3-198），后扩展为中部灰白色、边缘褐色的近圆形病斑，直径多2～4毫米，表面稍凹陷（彩图3-199）。后期，病斑表面散生出多个小黑点（彩图3-200）。受害严重叶片，其上散布数十个病斑（彩图3-201、彩图3-202），且常相互遇合成不规则形灰白色大斑，有时病斑穿孔。严重时，病叶变黄脱落（彩图3-203），导致树势衰弱。叶柄

受害，形成褐色至深褐色长条形或长椭圆形病斑，稍凹陷，易导致叶片脱落。

【病原】梨球腔菌[*Mycosphaerella sentina*（Fr.）Schrot.]，属于子囊菌亚门腔菌纲座囊菌目；无性阶段为梨生壳针孢（*Septoria piricola* Desm.），属于半知菌亚门腔孢纲球壳孢目。病斑表面的小黑点即为病菌的无性阶段分生孢子器，内生分生孢子；其有性阶段子囊壳在落叶后逐渐形成，内生子囊孢子。

彩图3-197　叶片正面的初期病斑

彩图3-198　叶片背面的初期病斑

彩图3-199　后期，病斑表面稍凹陷

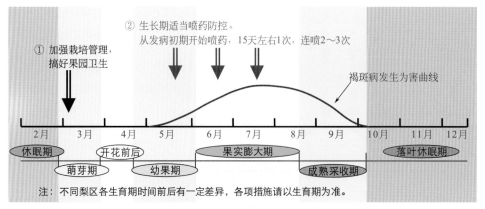

① 加强栽培管理，搞好果园卫生

② 生长期适当喷药防控。
从发病初期开始喷药，15天左右1次，连喷2～3次

褐斑病发生为害曲线

| 2月 | 3月 | 4月 | 5月 | 6月 | 7月 | 8月 | 9月 | 10月 | 11月 | 12月 |

休眠期　　　　开花前后　　　　　果实膨大期　　　　　　落叶休眠期
　　萌芽期　　　　幼果期　　　　　　　成熟采收期

注：不同梨区各生育期时间前后有一定差异，各项措施请以生育期为准。

图3-10　褐斑病防控技术模式图

彩图3-200　后期，病斑表面散生有小黑点

彩图3-201　严重时，叶片上散布许多病斑（叶正面）

彩图3-202　叶片上散布许多病斑（叶背面）

【发病规律】病菌主要以分生孢子器和子囊座（壳）在病落叶上越冬。翌年春季子囊孢子成熟、释放，与分生孢子一起成为初侵染来源，通过风雨传播到叶片上进行侵染为害。初侵染发病后产生分生孢子，随风雨传播进行再侵染。病害发生严重时引起早期落叶。雨水早、湿度大时发病较重，树势衰弱、排水不良、管理粗放的果园发病较多。

【防控技术】褐斑病防控技术模式如图3-10所示。

彩图3-203　严重时，病叶逐渐变黄脱落

1.加强果园管理　增施有机肥及中微量元素肥料，科学调整结果量，培育健壮树势，提高树体抗病能力。合理修剪，促进果园通风透光，雨后及时排水，降低园内湿度。发芽前彻底清扫落叶，集中深埋或烧毁，消灭越冬菌源。

2.生长期适当喷药防控　褐斑病一般不需单独喷药，个别往年病害严重果园，从发病初期开始喷药，15天左右1次，连喷2～3次即可有效控制该病的发生为害。效果较好的药剂有：30%戊唑·多菌灵悬浮剂800～1000倍液、41%甲硫·戊唑醇悬浮剂800～1000倍液、70%甲基硫菌灵可湿性粉剂或500克/升悬浮剂800～1000倍液、430克/升戊唑醇悬浮剂3000～4000倍液、10%苯醚甲环唑水分散粒剂2000～2500倍液、25%苯醚甲环唑乳油7000～8000倍液、50%多菌灵可湿性粉剂或500克/升悬浮剂600～800倍液、80%代森锰锌（全络合态）可湿性粉剂600～800倍液、50%克菌丹可湿性粉剂500～600倍液、77%硫酸铜钙可湿性粉剂800～1000倍液（套袋后喷施）等。

灰斑病

【症状诊断】灰斑病是一种零星发生病害，主要为害叶片，多发生在生长中后期。病斑初期近圆形、淡灰色，扩展后为圆形或不规则形，灰白色，直径一般为2～4毫米；病健交界处有一微隆起的褐色线纹（彩图3-204）。后期，病斑表面常散生出许多小黑点（彩图3-205）。

彩图3-204　灰斑病叶片正面

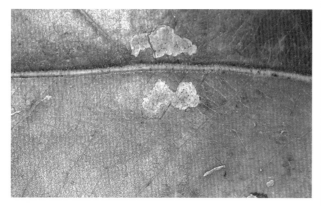

彩图3-205　病斑表面散生多个小黑点

灰斑病与褐斑病相似，但褐斑病褐色边缘明显，且中部颜色较深，呈灰褐色；而灰斑病褐色边缘线纹不明显，且病斑颜色较浅，呈灰白色。

【病原】梨叶点霉（*Phyllosticta pirina* Sacc.），属于半知菌亚门腔孢纲球壳孢目。病斑表面的小黑点即为病菌的分生孢子器，内生分生孢子。

【发病规律】病菌主要以菌丝体或分生孢子器在病落叶上越冬。翌年条件适宜时释放出分生孢子，通过风雨传播进行侵染为害。该病多为零星发生，很少造成叶片脱落。树势衰弱、枝叶郁弊、阴雨潮湿有利于病害发生。

【防控技术】

1.加强果园管理　增施农家肥等有机肥，按比例科学使用速效化肥，合理调整结果量，培壮树势，提高树体抗病能力。合理修剪，使树体通风透光，雨季注意排水，降低环境湿度。落叶后至发芽前，彻底清扫落叶，集中深埋或烧毁，消灭病菌越冬场所。

2.生长期适当喷药防控　该病多为零星发生，一般不需单独进行喷药。个别往年病害严重果园，在7～8月或病害发生初期喷药防控1～2次即可。效果较好的药剂同"褐斑病"。

花腐病

【症状诊断】花腐病是一种零星发生病害，在南方梨区较为常见，梨树开花前后多雨潮湿的果园发生较多。该病主要为害花器，多从花柄处开始发生，形成淡褐色至褐色坏死病斑，导致花及花序呈黄褐色枯萎。花柄受害后花朵萎蔫下垂，后期病组织表面可产生灰白色霉层。严重时整个花序及果苔叶全部枯萎，并向下蔓延至果苔上，形成褐色坏死斑（彩图3-206）。

彩图3-206　花腐病导致花序枯死

【病原】链核盘菌（*Monilinia* sp.），属于子囊菌亚门盘菌纲柔膜菌目；无性阶段为丛梗孢霉（*Monilia* sp.），属于半知菌亚门丝孢纲丝孢目。灰白色霉层为病菌的无性阶段分生孢子梗和分生孢子。有性阶段先形成菌核，菌核萌发后产生子囊盘，子囊盘内产生并释放出子囊孢子。

【发病规律】病菌主要以菌丝体在病残组织上越冬。翌年形成菌核萌发产生子囊盘，并释放出子囊孢子，通过气流传播，进行侵染为害。梨树萌芽开花期多雨低温是花腐病发生的主要条件；花期若遇低温多雨，开花期延长，病害发生较重。

【防控技术】

1.搞好果园卫生　落叶后至萌芽前，彻底清除枯枝落叶，集中深埋或烧毁。往年病害发生较重果园，在梨树萌芽期地面喷洒1次30%戊唑·多菌灵悬浮剂500～600倍液、或41%甲硫·戊唑醇悬浮剂400～500倍液、或77%硫酸铜钙可湿性粉剂300～400倍液、或60%铜钙·多菌灵可湿性粉剂300～400倍液，防止越冬病菌产生孢子。落花后结合疏果，及时剪除病残花序，集中深埋处理。

2.生长期适当喷药防控　往年花腐病发生较重果园，在花序分离期和盛花末期各喷药1次，即可有效控制该病的发生为害。常用有效药剂有：45%异菌脲悬浮剂或50%可湿性粉剂1000～1500倍液、70%甲基硫菌灵可湿性粉剂或500克/升悬浮剂800～1000倍液、10%苯醚甲环唑水分散粒剂1500～2000倍液、50%腐霉利可湿性粉剂1000～1500倍液、40%嘧霉胺悬浮剂1000～1500倍液、30%戊唑·多菌灵悬浮剂800～1000倍液、41%甲硫·戊唑醇悬浮剂800～1000倍液、50%乙霉·多菌灵可湿性粉剂1000～1200倍液等。

轮纹病

轮纹病又称粗皮病、瘤皮病，在果实上还称轮纹烂果病，俗称"水烂"，是梨树上的一种重要病害，在全国各梨产区均有发生，特别在夏季多雨潮湿果区发生为害较重。

该病既可为害枝干导致树势衰弱、甚至树体枯死，又可侵害果实导致果实腐烂，造成严重损失，有些果园重病年份梨果采收后烂果率达50%以上。

【症状诊断】轮纹病主要为害枝干与果实，有时也可为害叶片。

枝干受害，初期以皮孔为中心产生瘤状突起（彩图3-207），随即病斑扩大，逐渐形成近圆形坏死斑，灰褐色至暗褐色；而后，坏死斑中部凹陷，边缘开裂翘起呈马鞍状（彩图3-208）；在衰弱树或衰弱枝上，病斑突起不明显，但扩展面积较大（彩图3-209）。第二年，病斑继续向外扩展，在老病斑外形成环状坏死斑，秋后病斑边缘开裂翘起（彩图3-210）……病斑如此连年扩展，则形成以皮孔为中心的轮纹状病斑（彩图3-211），病斑连片导致树皮粗糙，故俗称"粗皮病"（彩图3-212、彩图3-213）。病斑的二年生坏死组织上逐渐散生出小黑点（彩图3-214），衰弱树或衰弱枝的一年生病斑上也可产生小黑点（彩图3-215），潮湿时小黑点上可溢出灰白色黏液。病斑一般较浅，对枝干为害程度较轻；但在弱树或弱枝上，病斑常深入皮层内部，造成树势严重衰弱，甚至枝干死亡。

果实受害，多在采收前后发病，不同品种发病早晚稍有不同。初期，病斑以皮孔为中心，先形成近圆形水渍状褐色小斑点（彩图3-216）；扩大后，病斑表面多呈颜色深浅交错的同心轮纹状（彩图3-217），有时轮纹不明显（彩图3-218～彩图3-221）；病组织呈淡褐色软腐，并可直达果心（彩图3-222），有时表面伤口处可溢出淡褐色汁液（彩图3-223、彩图3-224）；后期，病斑表面可散生出许多小黑点（彩图3-225），其上也可溢出灰白色黏液（彩图3-226）。不同品种果实症状表现稍有差异，主要表现在病斑颜色和深浅交错的轮纹上（彩图3-227～彩图3-232）。严重时，一个果实上可形成多个病斑（彩图3-233），造成果实大部分腐烂（彩图3-234）。套袋果或贮藏期果实发病，病斑表面有时可产生灰白色菌丝层（彩图3-235）。病害流行年份，常造成大量果实腐烂、落地（彩图3-236），损失惨重。

彩图3-209　病斑隆起不明显

彩图3-210　枝干上的二年生病斑

彩图3-207　病斑呈褐色瘤状突起

彩图3-208　枝干上的一年生病斑

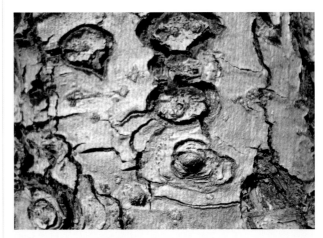

彩图3-211　枝干上的多年生病斑

彩图3-212　许多病斑导致枝干呈粗皮状

彩图3-213

有时枝干上许多病
斑均突起不明显

彩图3-214　二年生病斑上散生许多小黑点

彩图3-215　病斑表面逐渐散生出小黑点

彩图3-216　果实上的许多初期病斑

彩图3-217　果实上的典型轮纹病斑

彩图3-218　果实病斑有时轮纹不明显（鸭梨）

彩图3-219　果实病斑有时轮纹不明显（酥梨）

彩图3-220 条件适宜时，病斑扩展迅速，轮纹不明显

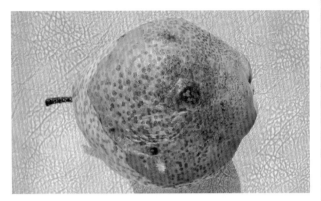

彩图3-221 贮藏环境中的病果，轮纹多不明显

彩图3-222 病组织呈淡褐色腐烂

彩图3-223 病斑伤口处有淡褐色汁液溢出（树上）

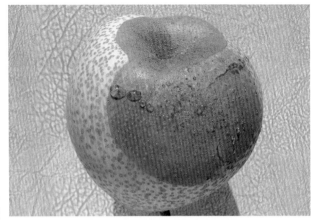

彩图3-224 病斑伤口处有淡褐色汁液溢出（贮藏果）

彩图3-225 病斑表面散生有许多小黑点

彩图3-226 病斑小黑点上可溢出灰白色黏液

彩图3-227 雪花梨轮纹病病果

彩图 3-228 黄冠梨轮纹病病果

彩图 3-232 砂梨轮纹病病果

彩图 3-229 莱阳茌梨轮纹病病果

彩图 3-233 严重时，病果上有许多轮纹病病斑

彩图 3-230 巴梨轮纹病病果

彩图 3-234 多个病斑导致果实腐烂

彩图 3-231 红巴梨轮纹病病果

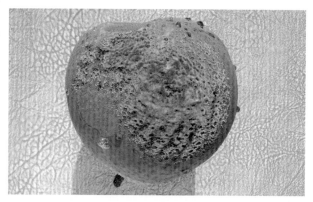

彩图 3-235 贮运环境中的病果，表面可产生灰色霉层

彩图3-236　树上许多果实受害

　　叶片受害发生较少，病斑多从叶缘开始发生，近圆形或不规则形，有明显轮纹（彩图3-237、彩图3-238）。初期病斑为褐色，渐变为灰褐色至灰白色，表面也可产生小黑点。严重时病叶干枯脱落。

彩图3-237　叶片正面的大型轮纹状病斑

彩图3-238　叶片背面的病斑

　　【病原】贝伦格葡萄座腔菌（Botryosphaeria borengeriana de Not），属于子囊菌亚门核菌纲球壳目；自然界常见其无性阶段，为轮纹大茎点霉（Macrophoma kuwatsukai Hara），属于半知菌亚门腔孢纲球壳孢目。病斑表面的小黑点即为病菌的分生孢子器，灰白色黏液为分生孢子黏液。

　　【发病规律】病菌主要以菌丝体和分生孢子器在枝干病斑上越冬，在病组织中可存活4～5年甚至更长。第二年条件适宜时（多雨潮湿），小黑点中溢出大量分生孢子（灰白色黏液），通过雨水飞溅或流淌进行传播，从皮孔侵染枝干及果实。枝干发病后，当年一般不产生病菌孢子，所以该病没有再侵染，但初侵染期很长。果实受害，从落花后10天左右开始，到皮孔封闭后结束；若皮孔封闭后遇暴风雨造成果实大量伤口，病菌还可从伤口侵染为害。病菌在果实上具有潜伏侵染特性，幼果期侵染的病菌到果实近成熟期才逐渐发病，采收前后为发病盛期。病菌侵染枝干，在整个生长季节均可发生，但以7、8月份的雨季侵染较多。

　　果实轮纹病的发生轻重与生长前期降雨状况密切相关，一般每次雨后均会形成一个病菌侵染高峰。降雨早、次数多、雨量大、雨日长，病害发生重，反之则轻。干腐病菌也是果实轮纹病的重要菌源。树势衰弱枝干受害较重；果园内枯死枝（包括用于树体开张角度的带皮支棍）及周围防护林上的枯死枝较多，果实轮纹病一般发生较重。

　　【防控技术】以搞好果园卫生、消灭越冬菌源为基础，及时喷药保护果实为重点，加强栽培管理、壮树防病、适时果实套袋为辅助（图3-11）。

　　1.搞好果园卫生，消灭越冬菌源　结合修剪，彻底剪除各种枯死枝。发芽前刮除枝干轮纹病病斑及干腐病

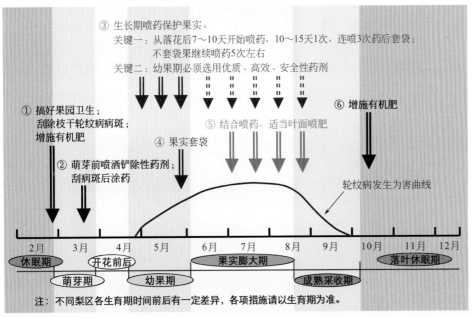

③ 生长期喷药保护果实。
　　关键一：从落花后7～10天开始喷药，10～15天1次，连喷3次药后套袋；
　　　　　　不套袋果继续喷药5次左右
　　关键二：幼果期必须选用优质、高效、安全性药剂

① 搞好果园卫生；
　刮除枝干轮纹病病斑；
　增施有机肥

② 萌芽前喷洒铲除性药剂；
　刮病斑后涂药

④ 果实套袋

⑤ 结合喷药，适当叶面喷肥

⑥ 增施有机肥

轮纹病发生为害曲线

| 2月 | 3月 | 4月 | 5月 | 6月 | 7月 | 8月 | 9月 | 10月 | 11月 | 12月 |

休眠期　　开花前后　　　　　　　　果实膨大期　　　　　　　落叶休眠期
　　萌芽期　　　　幼果期　　　　　　　　成熟采收期

注：不同梨区各生育期时间前后有一定差异，各项措施请以生育期为准。

图3-11　轮纹病防控技术模式图

病斑的变色组织，并集中销毁，减少越冬菌源。刮病斑后全园喷施1次铲除性药剂，杀灭枝干上残余的越冬病菌。铲除效果较好的药剂有：30%戊唑·多菌灵悬浮剂400～600倍液、41%甲硫·戊唑醇悬浮剂400～500倍液、60%铜钙·多菌灵可湿性粉剂300～400倍液、77%硫酸铜钙可湿性粉剂300～400倍液、45%代森铵水剂200～300倍液等。喷药时，若在药液中混加有机硅类或石蜡油类农药助剂，可显著提高铲除效果。枝干轮纹病严重果园，也可刮病斑后枝干涂抹铲除性药剂，枝干涂药以甲托油膏 [70%甲基托布津可湿性粉剂：植物油＝1：（20～25）]、30%戊唑·多菌灵悬浮剂50～100倍液、41%甲硫·戊唑醇悬浮剂50～100倍液等药剂效果较好。

2.及时喷药保护果实 关键为喷药时间和有效药剂。一般从落花后7～10天开始喷药，10～15天1次，连喷3次药后套袋，不套袋梨则继续喷药到果实皮孔封闭后结束。不套袋果的具体喷药时间、次数应根据降雨情况决定，雨多多喷，雨少少喷，无雨不喷，并尽量在雨前喷药（选用耐雨水冲刷药剂），且喷药应均匀周到。常用有效药剂有：70%甲基硫菌灵可湿性粉剂或500克/升悬浮剂800～1000倍液、30%戊唑·多菌灵悬浮剂800～1000倍液、41%甲硫·戊唑醇悬浮剂800～1000倍液、50%多菌灵可湿性粉剂或500克/升悬浮剂600～800倍液、430克/升戊唑醇悬浮剂3000～4000倍液、10%苯醚甲环唑水分散粒剂2000～2500倍液、90%三乙膦酸铝可溶性粉剂600～800倍液、250克/升吡唑醚菌酯乳油2000～2500倍液、80%代森锰锌（全络合态）可湿性粉剂600～800倍液、50%克菌丹可湿性粉剂500～600倍液、70%丙森锌可湿性粉剂500～700倍液等。

3.加强果园管理 增施农家肥等有机肥，按比例科学使用速效化肥，合理调整结果量，培强树势，提高树体抗病能力，减轻枝干轮纹病为害。尽量实施果实套袋，既可减少喷药次数，又可提高果品外观质量。果实套袋以在落花后1～1.5个月内进行综合效果较好。果实生长中后期适当增加叶面喷肥，补充树体营养，培育壮树。

炭疽病

炭疽病又称苦腐病，是梨树上的重要果实病害之一，在全国各梨产区均有发生，防控不当常造成果实大量腐烂，损失惨重。2008年安徽砀山酥梨曾遭受炭疽病的爆发性流行，许多果园病果率达70%以上，果园内外烂果遍地，砀山梨农遭受了惨痛损失。

【症状诊断】炭疽病主要为害果实，也可侵害枝条，有时还可为害叶片及叶柄。

果实受害，多从膨大后期开始发病，初期在果面上产生褐色至黑褐色小斑点（彩图3-239），有时斑点周围有绿色晕圈，稍凹陷；后病斑逐渐扩大，形成淡褐色至深褐色的腐烂病斑，表面平或凹陷（彩图3-240～彩图3-243），严重时病斑可占据果实的1/4以上，腐烂果肉味苦。严重时果面上散布多个腐烂病斑（彩图3-244），病果容易脱落（彩

图3-245）。从发病中后期开始，病斑表面逐渐产生小黑点（彩图3-246、彩图3-247），小黑点上可溢出淡粉红色黏液（彩图3-248），有时小黑点表现不明显，只看到淡粉红色黏液，典型的小黑点排列成近轮纹状。剖开病果，病组织呈褐色软烂，并呈倒圆锥形向果心扩展。果园内菌量大时，果面散生许多褐色至黑褐色小斑点（彩图3-249、彩图3-250），这种病果一般很难形成大型腐烂病斑。

彩图3-239 炭疽病发生初期（产生小黑点）

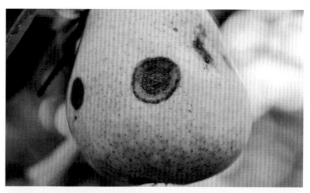

彩图3-240 炭疽病病斑表面凹陷

彩图3-241 果实上的典型炭疽病病斑

彩图3-242 有时病斑呈淡褐色

彩图3-243　有时病斑颜色显出轮纹状

彩图3-244　严重病果上形成多个腐烂病斑

彩图3-245　炭疽病病果大量脱落

彩图3-246　病斑表面产生许多小黑点

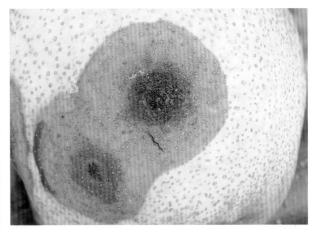

彩图3-247　病斑小黑点放大

彩图3-248　病斑表面产生淡粉红色黏液

彩图3-249　严重果园，许多果实受害

彩图3-250　果实上遭受许多病菌侵染

枝条受害，多发生在枯枝和生长衰弱的枝条上，初期形成不明显的椭圆形或长条形病斑，后逐渐发展为深褐色溃疡斑，病部皮层及木质部逐渐枯死。多雨潮湿时，枝条病斑上也可产生小黑点及粉红色黏液。

叶片受害，多发生在生长中后期。初期在叶面上散生褐色至深褐色小点，后逐渐扩展成深褐色坏死斑，呈圆形或近圆形（彩图3-251、彩图3-252），多病斑连片后呈不规则状；严重时，叶片上散生许多病斑（彩图3-253），主脉亦常受害（彩图3-254）。叶柄受害，初期病斑为椭圆形褐色斑点，扩大后形成长形褐色至黑褐色病斑（彩图3-255），稍凹陷，病叶极易变黄脱落（彩图3-256、彩图3-257）。

彩图3-251　叶片正面的炭疽病病斑

彩图3-252　叶片背面的炭疽病病斑

彩图3-253　严重时，叶片上遭受许多病菌侵染

彩图3-254　叶片主脉受害状

彩图3-255　叶柄受害状

彩图3-256　严重时，病叶易变黄脱落

彩图3-257　受害严重果园，大量叶片变黄脱落

【病原】围小丛壳［*Glomerella cingulata*（Stonem.）Spauld.et Schrenk］，属于子囊菌亚门核菌纲球壳菌目；自然界常见其无性阶段胶孢炭疽菌（*Colletotrichum gloeosporioides* Penz.），属于半知菌亚门腔孢纲黑盘孢目。病斑表面的小黑点即为病菌的分生孢子盘，粉红色黏液为分生孢子黏液。

【发病规律】病菌主要以菌丝体在枝条病斑及病僵果、病落叶中越冬。第二年温湿度适宜时产生分生孢子，主要通过风雨传播，果实上从皮孔或直接进行侵染，叶片上多从气孔进行侵染，枝条上多从伤口侵染。田间有多次再侵染，阴雨潮湿时流行性很强，采收期甚至贮运期的果

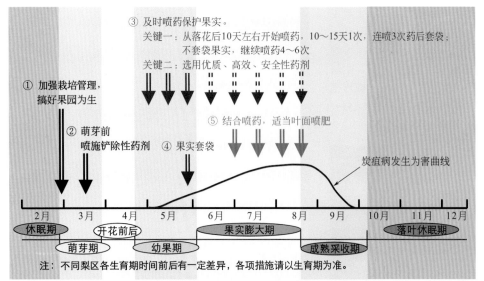

③ 及时喷药保护果实。

关键一：从落花后10天左右开始喷药，10～15天1次，连喷3次药后套袋；
不套袋果实，继续喷药4～6次

关键二：选用优质、高效、安全性药剂

① 加强栽培管理，搞好果园为生

② 萌芽前喷施铲除性药剂

④ 果实套袋

⑤ 结合喷药，适当叶面喷肥

炭疽病发生为害曲线

| 2月 | 3月 | 4月 | 5月 | 6月 | 7月 | 8月 | 9月 | 10月 | 11月 | 12月 |

休眠期　　　开花前后　　　　　果实膨大期　　　　　落叶休眠期

萌芽期　　　幼果期　　　　　成熟采收期

注：不同梨区各生育期时间前后有一定差异，各项措施请以生育期为准。

图3-12　炭疽病防控技术模式图

实仍可受害。

落花后10天左右病菌即可不断侵染果实，到膨大后期果实逐渐开始发病，发病后产生的分生孢子可不断传播扩散为害。果实上具有潜伏侵染特性。叶片及叶柄受害，多发生在中后期。多雨潮湿、通风透光不良、果园湿度大是导致该病发生较重的主要环境条件，果园管理粗放、树势衰弱等均可加重病害发生。

【防控技术】以搞好果园卫生、铲除树体带菌为基础，及时喷药保护果实为重点，实施果实套袋和加强果园管理、壮树防病为辅助（图3-12）。

1.加强果园管理　增施农家肥等有机肥，按比例科学使用速效化肥，改良土壤，培育壮树，提高树体抗病能力。落叶后至发芽前，彻底清除果园内的枯枝、落叶、病僵果，集中销毁或深埋，消灭越冬菌源。合理修剪，使果园通风透光良好，雨季及时排水，创造不利于病害发生的生态条件。发现病果及时摘除，防止病害扩大蔓延。果实生长中后期适当增加叶面喷肥，补充树体营养，培育壮树。尽量实施果实套袋，减少喷药次数，提高果实外观质量。

2.萌芽前喷药，铲除树体带菌　萌芽前，全园喷施1次铲除性药剂，杀灭树体上的越冬病菌。效果较好的药剂如：30%戊唑·多菌灵悬浮剂400～600倍液、41%甲硫·戊唑醇悬浮剂400～500倍液、77%硫酸铜钙可湿性粉剂300～400倍液、60%铜钙·多菌灵可湿性粉剂300～400倍液、45%代森铵水剂200～300倍液等。

3.生长期及时喷药保护果实　从落花后10天左右开始喷药，10～15天1次，连喷3次药后套袋，不套袋果仍需继续喷药4～6次。具体喷药时间、间隔期及喷药次数根据降雨情况灵活掌握，雨多多喷、雨少少喷，并尽量在雨前喷药（选用耐雨水冲刷药剂），且喷药应及时均匀周到。常用有效药剂有：70%甲基硫菌灵可湿性粉剂或500克/升悬浮剂800～1000倍液、430克/升戊唑醇悬浮剂3000～4000倍液、30%戊唑·多菌灵悬浮剂800～1000倍液、41%甲硫·戊唑醇悬浮剂800～1000倍液、50%多菌灵可湿性粉剂或500克/升悬浮剂600～800倍液、10%苯醚甲环唑水分散粒剂2000～2500倍液、25%溴菌腈可湿性

粉剂600～800倍液、45%咪鲜胺乳油1000～1500倍液、80%代森锰锌（全络合态）可湿性粉剂600～800倍液、50%克菌丹可湿性粉剂500～700倍液等，不套袋果的果实膨大后期还可选用77%硫酸铜钙可湿性粉剂800～1000倍液、60%铜钙·多菌灵可湿性粉剂600～800倍液、1∶（2～3）∶（200～240）倍波尔多液等含铜制剂。需要注意，使用有些含铜制剂在阴雨高湿及高温干旱时容易发生药害，应根据实际情况灵活选用。

套袋果黑点病

套袋果黑点病俗称"黑屁股"，是伴随套袋技术的普及而发生的一种新病害，在套袋梨区均有发生，以河北、山东梨区为害较重，严重年份病果率达50%以上，对果品质量造成巨大影响。

【症状诊断】套袋果黑点病只在套袋梨的果实上发生，黑点多产生在萼洼处，有时也可在胴部及肩部发生。黑点大至针尖，小至小米粒，大小不等，常几个至十数个散生，连片后呈黑褐色大斑。病变只局限在果实表层，很难深入果肉内部，也不造成果实腐烂，只影响果实的外观品质，降低产品质量，不造成产量的实际损失（彩图3-258～彩图3-264）。

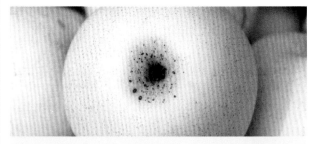

彩图3-258　套袋果黑点病轻度病果

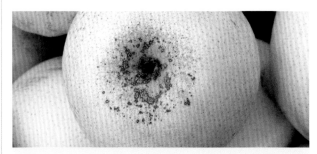

彩图3-259　套袋果黑点病中度病果

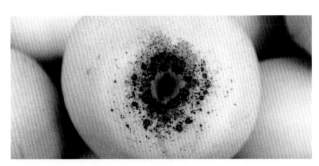

彩图3-260　套袋果黑点病重度病果

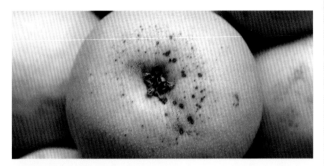

彩图3-261　褐皮梨套袋果实受害状

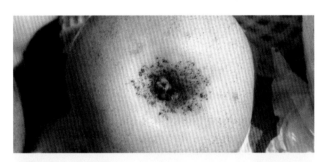

彩图3-262　红梨套袋果实受害状

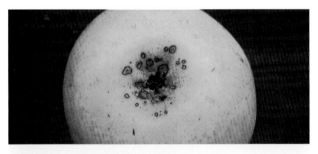

彩图3-263　套塑膜袋果实也可受害

明，套袋前果实上即有病菌存在，套袋后在特殊生态环境下（高温、高湿、果皮幼嫩、轻微药害伤等）病菌有可能侵染果实，进而导致果实受害、形成病斑。由于此类病菌均为弱寄生性真菌，致病力很弱，所以只能形成坏死斑点，而不能导致果实腐烂；但病斑伤口有时易受杂菌感染（彩图3-265），形成较大病斑。轻微药害、虫害及缺钙均有可能刺激或加重套袋果黑点病的发生，果袋质量较差（透气性差）也有可能诱发该病。

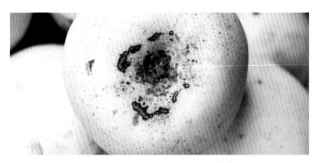

彩图3-264　病斑可以联合成片

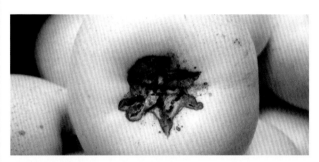

彩图3-265　病斑伤口有时易受杂菌感染

【防控技术】套袋果黑点病防控技术模式如图3-13所示。

1.套袋前喷药防控　在果实套袋前5～7天内，喷用1次优质安全广谱杀菌剂，杀灭果实表面存活的附带病菌，使果实带药套袋，防控病菌侵害果实。效果较好的药剂或组方有：30%戊唑·多菌灵悬浮剂700～800倍液、41%甲硫·戊唑醇悬浮剂600～700倍液、70%甲基硫菌灵可湿性粉剂或500克/升悬浮剂800～1000倍液＋80%代森锰锌（全络合态）可湿性粉剂800～1000倍液、70%甲基硫菌灵可湿性粉剂或500克/升悬浮剂800～1000倍液＋50%克菌丹可湿性粉剂600～700倍液、90%三乙膦酸铝可溶性粉剂600～700倍液＋50%多菌灵可湿性粉剂600～800倍液等。

【病原】可由多种弱寄生性真菌引起，常见种类为粉红聚端孢霉［*Trichothecium roseum* (Pers.) Link］和交链孢霉［*Alternaria alternata* (Fr.) Keissler.］，均属于半知菌亚门丝孢纲丝孢目。

【发病规律】套袋果黑点病菌在自然界广泛存在，没有固定越冬场所。根据大量试验及防控研究证

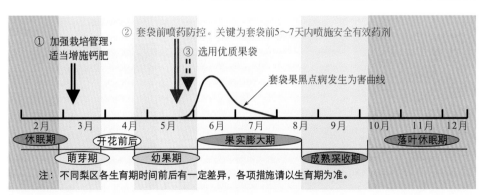

图3-13　套袋果黑点病防控技术模式图

套袋前喷药，必须选用优质安全的药剂（含杀虫剂、杀螨剂、杀菌剂、植物生长调节剂及叶面肥等），不能使用质量不好的代森锰锌等，也尽量不要使用乳油类药剂。

2.其他措施 配合使用有机肥，根部增施速效钙肥，套袋前喷施优质钙肥。加强为害果实的其他病虫害防控，如康氏粉蚧、黄粉蚜等。使用耐水性强、透气性好、抗老化的优质果袋。

褐腐病

褐腐病又称褐色腐烂病，是梨果近成熟期至采收贮运期的一种较重的果实病害，在全国各梨产区均有发生。一般果园发生为害较轻，但在蛀果害虫较重果园发病较重，严重时病果率达50%以上。此外，果实下树后如果不能及时销售，在树下堆放时，褐腐病常发生较多。

【**症状诊断**】褐腐病只为害果实，造成果实腐烂。多从近成熟期开始发生，直到采收期甚至贮藏运输期。病斑多以伤口为中心开始发生（彩图3-266），先在果面上产生淡褐色至褐色圆形水渍状小斑（彩图3-267），后病斑快速扩大，形成褐色至黑褐色腐烂（彩图3-268），并很快向全果蔓延，甚至蔓延至果柄上（彩图3-269）。在病斑扩展蔓延过程中，从病斑中央逐渐产生灰白色至灰褐色的小绒球状霉丛（彩图3-270），常呈同心轮纹状排列（彩图3-271），有时呈层状或排列不规则（彩图3-272～彩图3-274）；也有病果表面较难产生霉状物（彩图3-275）。病果软烂多汁，有特殊香味，受震极易脱落，落地成烂泥状。多数病果早期脱落，少数残留在树上。后期病果失水干缩，成为黑色僵果（彩图3-276、彩图3-277）。贮藏期发病，常造成果实集中腐烂（彩图3-278），甚至呈团堆状。

彩图3-266 病斑多从伤口处开始发生

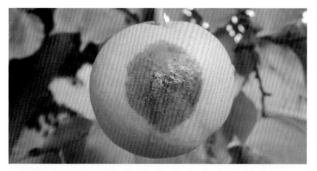

彩图3-267 褐腐病初期病斑

彩图3-268 病果呈褐色腐烂

彩图3-269 病斑逐渐蔓延至果柄上

彩图3-270 随病斑扩展，病斑表面逐渐产生灰白色霉丛

彩图3-271 病果表面的霉丛呈轮纹状排列

彩图3-272 灰白色霉丛呈散生状

彩图3-273　病果表面霉丛有时呈层状

彩图3-274　灰白色霉丛呈层带状

彩图3-275　果表面有时不产生霉状物

彩图3-276　后期，病果逐渐干缩成僵果

彩图3-277　严重时，树上许多果实受害

彩图3-278　贮藏运输环境中，许多果实受害状

【病原】寄生链核盘菌 ［*Monilinia fructigena*（Aderh. et Ruhl.）Honey］，属于子囊菌亚门盘菌纲柔膜菌目；果园内常见其无性阶段，为仁果丛梗孢（*Monilia fructigena* Pens.），属于半知菌亚门丝孢纲丛梗孢目。病斑表面的霉丛或霉层即为病菌的分生孢子梗和分生孢子。

【发病规律】病菌主要以菌丝体在病僵果上越冬（彩图3-279）。第二年条件适宜时产生大量病菌孢子，通过风雨或气流传播，主要从各种伤口（虫伤、机械伤、鸟啄伤等）及皮孔侵染为害，树上及贮运期的病健果接触也可传播（彩图3-280）。病菌侵害果实后，病斑迅速扩展，8～10天即可使全果腐烂。条件适宜时，生长期及贮运期均可重复侵染多次。贮运期初次发病，多为生长期果实带菌所致。果园内病害发生轻重主要决定于果园内的菌量多少、果实伤口多少（虫伤、鸟啄伤、机械伤等）及果实采收前1.5个月内的降雨情况。在果园内菌量较多的前提下，果实近成熟期多雨潮湿、雾大露重时病害发生较重（不套袋果）。

彩图3-279　落叶后，挂在树上的病僵果

彩图3-280　生长期，病果也可接触传播

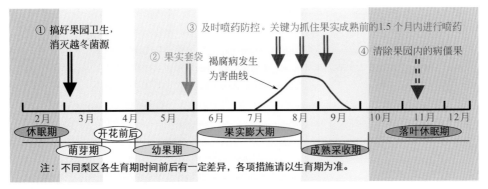

图3-14 褐腐病防控技术模式图

褐腐病菌对温度的适应范围很广，在0℃下仍能缓慢扩展，导致冷库贮存的果实继续发病，但其发育的最适温度为25℃左右。

【防控技术】 褐腐病防控技术模式如图3-14所示。

1.搞好果园卫生 采收后，彻底清除树上树下的病僵果，集中深埋；发芽前翻耕树盘，促进病残体腐烂分解及病菌死亡。生长后期，及时摘除树上病果和拣拾落地病果，集中深埋或销毁，减少园内菌量。

2.喷药保护果实 往年病害较重的不套袋果园，从果实成熟前1.5个月开始喷药，10～15天1次，连喷2～3次，即可有效控制褐腐病的发生为害。效果较好的药剂有：70%甲基硫菌灵可湿性粉剂或500克/升悬浮剂800～1000倍液、50%异菌脲可湿性粉剂或45%悬浮剂1000～1500倍液、30%戊唑·多菌灵悬浮剂800～1000倍液、41%甲硫·戊唑醇悬浮剂800～1000倍液、50%乙霉·多菌灵可湿性粉剂800～1000倍液、10%苯醚甲环唑水分散粒剂2000～2500倍液、50%克菌丹可湿性粉剂500～600倍液及40%嘧霉胺悬浮剂1000～1200倍液等。

3.其他措施 及时防控蛀果害虫，避免造成果实伤口。尽量实施果实套袋，套袋果可基本避免褐腐病菌的侵染为害。果实近成熟期架设防鸟网，防止鸟类危害。包装贮藏时仔细挑拣，彻底剔除病虫伤果，避免贮藏期果实受害。

疫腐病

疫腐病又称黑胫病、干基湿腐病、疫病，在全国各梨产区均有发生，特别在多雨潮湿果区和漫灌果园发生较多。以树干基部受害较多，轻者导致树势衰弱，重者造成树体死亡，尤以幼树果园死亡率较高。

【症状诊断】 疫腐病主要为害树干基部和果实。

树干基部受害，病部树皮呈淡褐色至黑褐色腐烂（彩图3-281），水渍状，形状不规则，多为害树皮浅层，严重时可烂至木质部。后期病部失水干缩凹陷，病健处产生裂缝。轻病树生长衰弱（彩图3-282），发芽晚，叶片呈黄绿色或淡紫红色（彩图3-283、图3-284），似缺磷状；花期延迟，果实变小，常造成早期落叶、落果。当病斑绕树干一周且使树皮烂透后，导致枝叶萎蔫、焦枯、全树死亡。

果实受害，多从近成熟期开始发生，首先在果面上产

生边缘不明显的淡褐色至褐色病斑（彩图3-285～彩图3-287），后病斑迅速加深扩大成淡褐色至深褐色或黑褐色（彩图3-288、彩图3-289），近圆形或不规则形。病斑从浅层果肉逐渐向深层发展，严重时导致果实大部甚至全果腐烂（彩图3-290），但腐烂病果相对较硬。潮湿时，病斑表面可产生许多白色绵霉状物（彩图3-291）。严重时一个果实上常发生多个病斑（彩图3-292），甚至整串果实受害（彩图3-293）。

彩图3-281 树干基部病斑

彩图3-282
病树生长衰弱

彩图3-283 病树早期显"黄叶"症状

彩图3-284　病树叶片变红

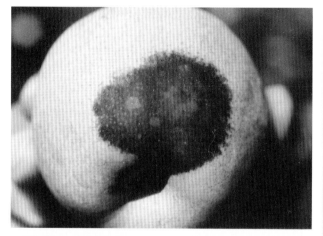

彩图3-285　疫腐病初期病斑

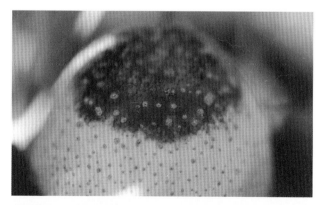

彩图3-286　从果柄基部开始发生的疫腐病病斑

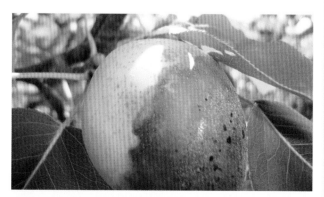

彩图3-287　病健交界处多不明显

彩图3-288　有时病斑呈淡褐色

彩图3-289　有时病斑颜色较深，呈黑褐色

彩图3-290　疫腐病导致果实大部分腐烂

彩图3-291　病斑表面产生白色绵霉状物

彩图3-292　一个果实上有多个病斑

彩图3-293　许多果实受害

【病原】恶疫霉［*Phytophthora cactorum*（Leb.et Cohn.）Schrot.］，属于鞭毛菌亚门卵菌纲霜霉目。病部产生的白色绵霉状物即为病菌的菌丝体、孢囊梗及孢囊孢子。

【发病规律】病菌主要以卵孢子、厚垣孢子或菌丝体在病组织内或随病残体在土壤中越冬。侵害树干，病菌主要通过雨水或灌溉水传播，从各种伤口侵染为害，如嫁接伤口、机械伤口、冻害伤、日灼伤等。侵害果实，病菌孢子通过雨滴飞溅传播到树冠下部的果实上，从皮孔或伤口侵染为害。果实发病后，在田间可引起多次再侵染。

地势低洼、土壤黏重、树干基部积水是造成树干受害的主要条件，嫁接口接触土壤、树干基部冻伤、日灼伤及遭受机械伤等均可诱发病菌侵害主干。果园郁蔽、通风透光不良、地势低洼、果实近成熟期阴雨潮湿等，是导致果实受害的主要因素，果实距地面越近受病菌侵害的几率越高。

【防控技术】疫腐病防控技术模式如图3-15所示。

1.加强果园管理　育苗时提倡高位嫁接，嫁接口最好高出地面30厘米左右。定植后树干基部培土或高垄栽培等，防止树干基部积水。合理修剪，及时除草，使果园通风透光良好，雨季注意及时排水，降低小气候湿度。尽量实施果实套袋，阻止果实受害。及时摘除树上病果，带到园外销毁（不能就地掩埋）。往年果实受害严重果园，通过修剪适当提高结果部位，或在树冠下铺草或覆盖地膜，防止土壤中病菌向上传播。

2.及时治疗病树　树干基部受害后，及时治疗轻病树。首先找到病部，刮除病组织，将病残体集中销毁，然后涂药保护伤口，如77%硫酸铜钙可湿性粉剂100～200倍液、90%三乙膦酸铝可溶性粉剂100～200倍液等。也可使用硫酸铜钙300～400倍液、或三乙膦酸铝200～300倍液顺树干向下淋灌，同时消毒树干周围土壤。

3.喷药保护果实　往年果实受害较重的不套袋梨园，从果实采收前1.5个月开始喷药，10～15天1次，连喷2～3次。特别注意喷布树冠中下部及土壤表面。常用有效药剂有：80%代森锰锌（全络合态）可湿性粉剂600～800倍液、50%克菌丹可湿性粉剂500～600倍液、77%硫酸铜钙可湿性粉剂800～1000倍液、90%三乙膦酸铝可溶性粉剂500～700倍液、72%霜脲·锰锌可湿性粉剂600～800倍液、50%烯酰吗啉可湿性粉剂1500～2000倍液、69%烯酰·锰锌可湿性粉剂600～800倍液、85%波尔·霜脲氰可湿性粉剂800～1000倍液、85%波尔·甲霜灵可湿性粉剂800～1000倍液等。

霉心病

霉心病又称心腐病，是一种零星发生病害，在全国各梨产区均有发生，梨树开花前后阴雨潮湿果园相对发生较重。

【症状诊断】霉心病只为害果实，发病后的主要症状特点是：从心室或心室周围的果肉向外逐渐腐烂。该病多在采收后的贮运期表现症状，严重时采收前也可发病。发病初期，先在果实的心室壁上产生褐色至黑褐色小斑，随后果心变褐色至黑褐色，心室内长出白色、灰白色、粉红色或灰褐色至灰黑色的霉状物（彩图3-294）；然后病菌逐渐从心室壁向果肉扩展（彩图3-295），形成淡褐色至黑褐

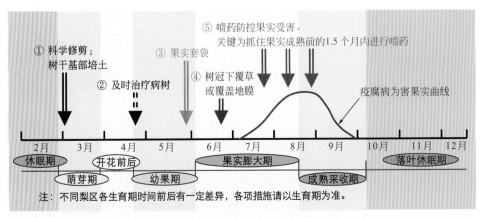

图3-15　疫腐病防控技术模式图

① 科学修剪；
树干基部培土

② 及时治疗病树

③ 果实套袋

④ 树冠下覆草
或覆盖地膜

⑤ 喷药防控果实受害。
关键为抓住果实成熟前的1.5个月内进行喷药

疫腐病为害果实曲线

2月　3月　4月　5月　6月　7月　8月　9月　10月　11月　12月

休眠期　　开花前后　　　　　果实膨大期　　　　　落叶休眠期
　萌芽期　　　幼果期　　　　　　成熟采收期

注：不同梨区各生育期时间前后有一定差异，各项措施请以生育期为准。

色的果肉腐烂（彩图3-296），严重时腐烂组织扩展到果面，在果面上呈现腐烂病斑，病组织软烂（彩图3-297）。

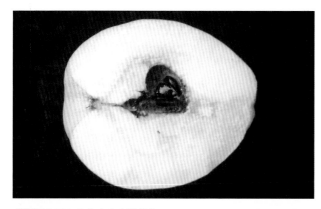

彩图3-294　心室内生有霉状物

彩图3-295　病菌突破心室壁向果肉扩展

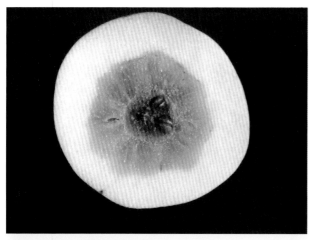

彩图3-296　心室周围果肉变褐腐烂

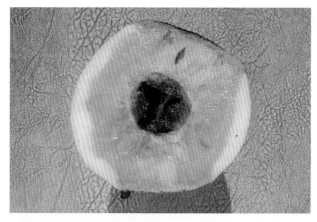

彩图3-297　腐烂组织从心室周围扩展至果面

【病原】可由多种弱寄生性真菌引起，常见种类有：粉红聚端孢霉［*Trichothecium roseum*（Pers.）Link］、交链孢霉［*Alternaria alternata*（Fr.）Keissler.］、串珠镰孢（*Fusarium moniliforme* Sheld.）等，均属于半知菌亚门丝孢纲。心室内的霉状物即为病菌的菌丝体、分生孢子梗及分生孢子。

【发病规律】霉心病菌均为弱寄生性真菌，在果园内广泛存在，没有固定越冬场所，不同病菌单独侵染或混合侵染。均借助气流及风雨传播，在花期从柱头开始侵染，通过萼筒侵入果实心室，而后在果实近成熟期后逐渐突破心室壁向果肉扩展，导致果实由内向外腐烂。花期阴雨潮湿低温是造成该病发生较重的主要因素。

【防控技术】病害发生较重果园，以药剂防控为基础，减少果实带菌率，以适当低温贮运为辅助，控制病害发生。

1.药剂防控　往年病果率较高的果园需酌情喷药预防，在盛花至盛花末期喷药1次即可（在晴朗无风天气选择安全有效药剂喷雾）。效果较好的安全有效药剂如：30%戊唑·多菌灵悬浮剂800～1000倍液、41%甲硫·戊唑醇悬浮剂800～1000倍液、1.5%多抗霉素可湿性粉剂300～400倍液、70%甲基硫菌灵可湿性粉剂或500克/升悬浮剂800～1000倍液＋80%代森锰锌（全络合态）可湿性粉剂600～800倍液等。

2.适当低温贮运　收获后采用低温贮藏或运输，能够抑制病菌生长蔓延，在一定程度上抑制果实发病。

霉污病

霉污病又称煤污病，俗称"水锈"，在全国各梨产区均有发生，尤以多雨潮湿果区发生为害较重。霉污病为害叶片，影响叶片光合作用；为害果实，降低果实品质。

【症状诊断】霉污病主要为害果实和叶片，有时也可为害嫩梢。发病后的主要症状特点是在受害部位表面产生有灰黑色至黑褐色煤烟状污斑（彩图3-298、彩图3-299）。污斑实际为一层霉状物，没有明显边缘，附生在组织表面，有时稍用力可以擦掉，严重时受害部位表面布满黑霉（彩图3-300～彩图3-304）。果实上的霉污有时沿雨水下流方向分布，故果农俗称为"水锈"（彩图3-305）。果实受害，主要影响外观质量，基本不造成产量损失（彩图3-306、彩图3-307）。

彩图3-298　霉污病典型病果

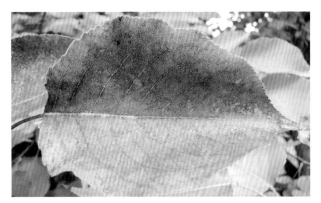

彩图3-299　霉污病为害叶片状

彩图3-303　白梨果实霉污病

彩图3-300　膨大期果实受害

彩图3-304　严重时，树上许多果实受害

彩图3-301　霉污病轻型病果（南国梨）

彩图3-305　有时病斑沿雨水下流方向分布

彩图3-302　严重霉污病病果

彩图3-306　京白梨病果（上）与健果比较

彩图3-307 酥梨病果（左）与健果比较

【病原】仁果黏壳孢 [Gloeodes pomigena（Schw.）Colby]，属于半知菌亚门腔孢纲球壳孢目。受害部位表面的霉状物为病菌的菌丝层，混杂有厚壁的褐色细胞，类似于厚垣孢子，很少产生分生孢子。

【发病规律】病菌主要以菌丝体在树体枝干表面及其他植物的枝干表面越冬。第二年产生病菌孢子，通过风雨传播进行为害，以组织表面分泌出的营养物为基质附生。多雨潮湿、地势低洼、枝叶茂密、通风透光不良、雾大露重等高湿因素是诱发该病的主要原因，蚜虫类及蚧壳虫类虫害发生较重时常加重该病发生。果实受害，多发生在果实膨大后期至采收期。

【防控技术】霉污病防控技术模式如图3-16所示。

1.加强果园管理　合理修剪，使树体通风透光良好，雨季及时排水，降低果园内湿度。实施果实套袋，有效阻断病菌在果面的附生，但必须选用透气性好、耐老化性强的优质果袋。注意蚜虫类及蚧壳虫类害虫的有效防控，达到治虫防病的目的。

2.适当喷药防控　多雨年份或处在高湿环境中的不套袋果园，果实生长中后期及时喷药防控，10～15天1次，根据环境湿度情况决定喷药次数。效果较好的药剂有：50%克菌丹可湿性粉剂500～600倍液、80%代森锰锌（全络合态）可湿性粉剂600～800倍液、30%戊唑·多菌灵悬浮剂800～1000倍液、41%甲硫·戊唑醇悬浮剂800～1000倍液、70%甲基硫菌灵可湿性粉剂或500克/升悬浮剂800～1000倍液、430克/升戊唑醇悬浮剂3000～4000倍液、10%苯醚甲环唑水分散粒剂1500～2000倍液等。

黑腐病

黑腐病是一种零星发生病害，在全国各梨产区均有发生，主要为害近成熟期及采收后的果实，果实受伤是导致该病发生的主要因素。

【症状诊断】黑腐病主要为害果实，造成果实腐烂，发病后的主要症状特点为：病斑呈褐色至黑褐色腐烂，其表面产生有墨绿色至黑色霉状物（彩图3-308）。该病主要在果实近成熟期发生，多以各种伤口为中心开始发病（彩图3-309）。初期病斑呈黑色、圆形、稍凹陷（彩图3-310），扩大后为圆形或近圆形腐烂病斑，黑褐色至黑色，明显凹陷，有时病斑略带同心轮纹。切开病斑，剖面呈半圆形，腐烂果肉呈浅褐色、味苦，严重时可烂至果心，甚至果肉大部分腐烂。随病斑扩展，其表面逐渐产生灰色至黑色霉状物，有时霉状物呈不明显的轮纹状（彩图3-311～彩图3-313）。病斑多时，常相互愈合，加速果实腐烂。不同品种腐烂病斑的颜色深浅有一定差异（彩图3-314、彩图3-315）。

彩图3-308 病斑褐色腐烂，表面产生有墨绿色至黑色霉状物

【病原】交链孢霉 [Alternaria alternata（Fr.）Keissler.]，属于半知菌亚门丝孢纲丝孢目，病斑表面的霉状物即为病菌的菌丝体、分生孢子梗及分生孢子。

【发病规律】黑腐病菌是一种弱寄生性真菌，在自然界广泛存在，没有固定越冬场所。病菌孢子主要通过气流传播，从各种伤口侵染为害。伤口多少是影响病害发生轻重的主要因素，特别是果实近成熟期后的机械

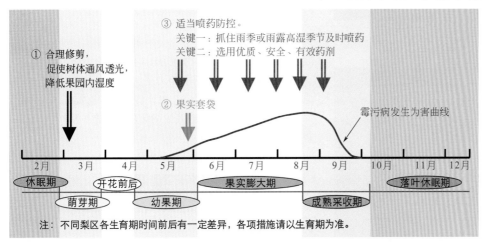

① 合理修剪，促使树体通风透光，降低果园内湿度

② 果实套袋

③ 适当喷药防控。
关键一：抓住雨季或雨露高湿季节及时喷药
关键二：选用优质、安全、有效药剂

霉污病发生为害曲线

2月　3月　4月　5月　6月　7月　8月　9月　10月　11月　12月

休眠期　　开花前后　　　　果实膨大期　　　　　　落叶休眠期
　　萌芽期　　　幼果期　　　　　　成熟采收期

注：不同梨区各生育期时间前后有一定差异，各项措施请以生育期为准。

图3-16 霉污病防控技术模式图

伤口最为关键。

彩图3-309　病斑多从伤口处开始发生

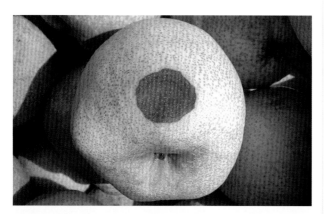

彩图3-310　酥梨果实上的初期病斑

彩图3-311　病斑表面初期产生灰色霉状物

彩图3-312　病斑表面霉状物有时呈灰黑色

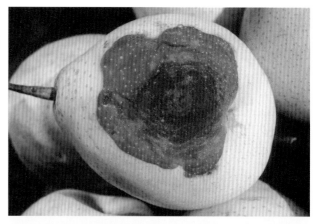

彩图3-313　典型黑腐病病果

彩图3-314　南果梨黑腐病病果

彩图3-315　沙梨黑腐病病果

【防控技术】一切防止果实受伤的措施均为防控该病的有效措施，如推广果实套袋、注意防控果实害虫、精细采摘避免果实受伤、轻拿轻放避免人为损伤等。包装贮运前严格挑选，彻底剔除病、虫、伤果。尽量采用低温贮运，在0～5℃条件下病斑扩展非常缓慢，可基本控制黑腐病的发展蔓延。

果柄基腐病

果柄基腐病是一种零星发生病害，主要为害采收后的果实，有时近成熟期果实也可受害，在我国各梨产区均有发生，发病后导致果实腐烂。

【症状诊断】果柄基腐病只为害果实，多从果柄基部开始发生（彩图3-316），初为淡黄褐色至褐色斑点，后逐渐呈圆锥形向果心扩展，造成果实腐烂（彩图3-317）。症状表现因病菌种类不同可分为三种类型。① 水烂型：果柄基部病斑呈淡褐色水渍状软烂，病斑扩展很快，常致果实大部或全部腐烂（彩图3-318、彩图3-319），有时病斑表面产生有灰白色（彩图3-320）或青绿色霉状物。② 黑腐型：果柄基部病斑扩展后呈黑褐色至黑色腐烂，明显凹陷，表面多产生黑褐色至黑色霉状物（彩图3-321）。③ 褐腐型：果柄基部病斑扩展后形成褐色溃烂，显著凹陷，后期表面散生许多黑褐色小点（彩图3-322）。

彩图3-319　水烂型严重病果剖面

彩图3-316　病害发生初期

彩图3-320　病斑表面产生有灰白色霉状物

彩图3-317　病斑沿果柄反方向，呈圆锥状向果内扩展

彩图3-321　黑腐型病果，病斑表面产生黑色霉状物

彩图3-318　水烂型严重病果，果实大部分腐烂

彩图3-322　褐腐型病果，病斑表面散生许多小黑点

【病原】可由多种弱寄生性真菌引起，常见种类有：交链孢霉［*Alternaria alternata*（Fr.）Keissler.］、青霉菌（*Penicillium* spp.）、小穴壳霉（*Dothiorella* sp.）等，均属于半知菌亚门。病斑表面的霉状物为病菌的菌丝体、分生孢子梗及分生孢子，小黑点为病菌的分生孢子器。

【发病规律】果柄基腐病菌均为弱寄生性真菌，在自然界广泛存在。病菌孢子主要借助气流传播，从伤口侵染为害。采收时及采后摇动果柄造成内伤，是诱发该病的主要因素。贮藏期果柄失水干枯可加重病害发生。若近成熟期遭遇大风，也可造成果柄基部内伤，而导致生长期果实受害。

【防控技术】采收及包装时精心操作，尽量避免摇动果柄，防止造成内伤。贮藏环境湿度控制在90% ～ 95%，防止果柄失水干枯，可减轻病害发生。采收后包装贮藏前使用药剂洗果，对防控果柄基腐病有一定效果，如使用70%甲基硫菌灵可湿性粉剂或500克/升悬浮剂800 ～ 1000倍液、或50%多菌灵可湿性粉剂600 ～ 800倍液洗果等。

红粉病

【症状诊断】红粉病只为害果实，是一种零星发生病害，多在果实生长中后期至贮运期发生，发病后的主要症状特点是在病斑表面产生一层淡粉红色霉状物（彩图3-323）。病斑多从伤口处或黑星病病斑上开始发生（彩图3-324 ～ 彩图3-327），初期病斑近圆形，淡褐色至黑褐色，后很快扩展成褐色至黑褐色腐烂病斑，表面凹陷。在病斑发展过程中，其表面逐渐产生初白色、渐变淡粉红色的霉状物（彩图3-328、彩图3-329）。病组织软烂，剖面呈淡褐色至褐色（彩图3-330），果肉味苦。后期病斑（果）失水干缩，最后常发展成黑色僵果。

彩图3-323　红粉病典型病果

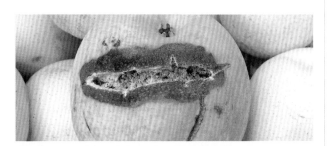

彩图3-324　红粉病多从果实伤口处开始发生

彩图3-325　果袋内从裂伤处开始发生的病果

彩图3-326　果袋内从萼端开始发生的病果

彩图3-327　从黑星病病斑上开始发生的病果

彩图3-328　树上从萼端开始发生的病果

彩图3-329　贮运期的红粉病病果

彩图3-330　红粉病病斑剖面

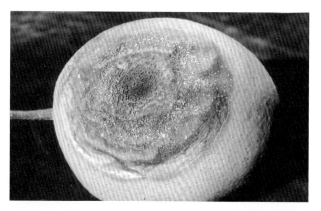

彩图3-331　病斑表面产生淡粉红色黏液

彩图3-332　病斑表面产生淡粉红色霉状物

【病原】粉红聚端孢霉［Trichothecium roseum（Pers.）Link］，属于半知菌亚门丝孢纲丝孢目。病斑表面的霉状物即为病菌的菌丝体、分生孢子梗和分生孢子。

【发病规律】红粉病菌是一种弱寄生性真菌，寄主范围非常广泛，在自然界各种场所普遍存在。分生孢子主要通过气流传播，从各种伤口侵染为害，如生长伤、机械伤、病虫害伤等。该病的发生轻重主要决定于果实上的伤口多少，特别是裂果和果实黑星病的发生轻重。

【防控技术】加强肥水管理，避免土壤忽干忽湿，结合施用有机肥适当增施钙肥，预防果实裂口。及时防控为害果实的各种病虫害，避免果实受伤。果实尽量套袋，保护果实不受伤害。包装贮运前严格挑选，彻底剔除病、虫、伤果。贮运场所适当消毒，既可选用硫黄熏蒸，也可选择福尔马林喷雾。硫黄熏蒸时每立方米使用20～25克硫黄点燃，密闭熏蒸24小时即可；喷雾消毒，一般使用1%～2%福尔马林溶液均匀周到喷洒整个贮藏场所。

红腐病

【症状诊断】红腐病是一种零星发生病害，只为害果实，主要发生在采收后的果实上，偶尔近成熟果也可受害，多以机械伤为中心开始发病。初期病斑呈圆形或近圆形，淡褐色，水渍状，后逐渐扩展成淡褐色至褐色腐烂病斑，表面凹陷；随病斑扩展，其表面逐渐产生淡粉红色黏液或霉状物（彩图3-331、彩图3-332）。

【病原】镰刀菌（Fusarium spp.），属于半知菌亚门丝孢纲瘤座孢目，病斑表面的黏液及霉状物即为病菌的分生孢子梗及分生孢子。

【发病规律】红腐病菌是一类弱寄生性真菌，寄主范围非常广泛，在自然界各种场所普遍存在。分生孢子主要通过气流及风雨传播，从各种伤口侵染为害，特别是机械伤口最为关键。果实上各种机械伤口的多少是影响该病发生轻重的主要因素。

【防控技术】关键是避免果实受伤。一切保护果实、防止果实表面受伤的措施都是有效防控该病的技术措施，如加强生长期的病虫害防控，避免造成果实虫伤、病伤，实施果实套袋，采收及包装过程中轻拿轻放，避免造成人为损伤等。其次，包装时应严格挑选，彻底汰除病、虫、伤果。

青霉病

青霉病俗称"水烂"、"霉烂"，是一种采后果实病害，在全国各地均有发生，严重时导致果实大量腐烂，且烂果附近的好果常带有特殊霉味。

【症状诊断】青霉病只为害成熟果实，多在贮藏运输期发生，造成果实呈淡褐色软烂，发病后的主要症状特点是腐烂病斑表面产生有灰绿色至青绿色霉状物。

病斑多从伤口处开始发生（彩图3-333），初期形成圆形或近圆形淡褐色小斑点，后逐渐扩展成淡褐色近圆形凹陷病斑（彩图3-334）。适宜条件下，病斑扩展迅速，导致果实大部或全部腐烂（彩图3-335），腐烂果肉呈烂泥状（彩图3-336），果肉味苦，并有特殊霉味。有时烂果表面可溢出褐色液珠。潮湿条件下，从病斑中央开始逐渐产生初期白色、渐变灰绿色至绿色的霉状物（彩图3-337、彩图3-338）；霉状物有时呈浓密的层状，有时呈轮纹状排列的霉丛状。环境干燥时，霉状物较难产生。后期，病果失水干缩，果肉全部消失，常常仅留一层皱缩果皮。

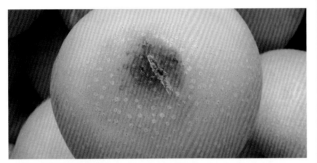

彩图3-333　病斑多从伤口处开始发生

彩图3-334　发病早期病果，病斑近圆形、凹陷

彩图3-335　果实大都腐烂，病斑颜色呈近轮纹状

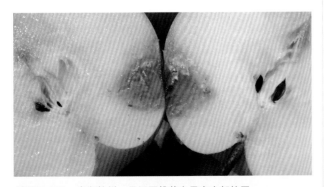

彩图3-336　病斑软烂，呈近圆锥状向果实内部扩展

彩图3-337　病斑表面霉状物初期呈灰白色

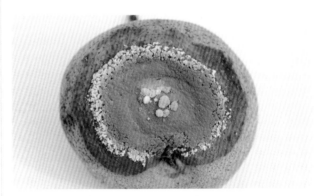

彩图3-338　霉状物逐渐变为灰绿色

【病原】可由多种青霉菌引起，常见种类为扩展青霉［Penicillium expansum（Link）Thom］和意大利青霉（P.italicum Sacc.），均属于半知菌亚门丝孢纲丝孢目。病斑表面的霉状物即为病菌的分生孢子梗和分生孢子。

【发病规律】青霉病菌都是弱寄生性真菌，寄主范围均非常广泛，在自然界普遍存在，没有固定越冬场所。分生孢子主要通过气流传播，主要从伤口侵染为害，如虫伤、机械伤、病害伤等。在贮运场所还可接触传播，并能从皮孔侵染或直接侵染。果实表面伤口多少是影响该病发生轻重的主要因素，伤口多发病重，伤口少发病轻。高温、高湿有利于病害发生，但青霉病菌在1～2℃下仍能缓慢生长，所以冷库中长期贮存时仍有病害发生。

【防控技术】关键是避免果实受伤，一切保护果实、防止果实表面受伤的措施都是有效防控该病的技术措施。如加强生长期的病虫害防控，避免造成果实虫伤、病伤；实施果实套袋，保护果实；采收及包装过程中轻拿轻放，避免造成机械损伤等。其次，包装时应严格挑选，坚决汰除病、虫、伤果。

入库前贮藏场所消毒。每立方米使用硫黄粉20～25克，均匀分多点点燃后密闭熏蒸24～48小时；或用1%～2%福尔马林溶液或4%漂白粉水溶液喷雾，而后密闭熏蒸2～3天，通风后启用；也可使用450克/升咪鲜胺乳油1000～1500倍液、或500克/升抑霉唑乳油1000～1500倍液均匀周到喷洒贮藏场所消毒。

有条件的或容易受害的品种还可在采收后用药剂浸果，晾干后再包装贮运。一般使用40%双胍三辛烷基苯磺酸盐可湿性粉剂1000～1500倍液、或450克/升咪鲜胺乳油1000～1500倍液、或500克/升抑霉唑乳油1000～1500倍液浸果5～10秒，也可使用0.5%过碳酸钠溶液浸果2～3分钟，捞出后晾干、包装、贮运。

灰霉病

【症状诊断】灰霉病是一种零星发生病害，主要为害果实，偶尔也可为害叶片。

果实受害，多发生在近成熟期至贮藏运输期，常从伤口处开始发生，发病后的主要症状特点是在病斑表面产生有鼠灰色霉状物。初期病斑多为圆形或近圆形水渍状，逐渐扩大后形成浅黄褐色至褐色腐烂病斑（彩图3-339），圆形或近圆形，有时病斑颜色深浅交错呈近轮纹状（彩图3-340）。后期病部失水，表皮逐渐皱缩凹陷，甚至全果软腐皱缩。随病斑不断扩展，其表面逐渐产生鼠灰色霉状物，多从伤口处开始产生（彩图3-341）。严重时，全果腐烂，病果成灰色霉球状。

彩图3-339　病斑呈淡褐色腐烂

彩图3-340　病斑呈近轮纹状

彩图3-341　病斑伤口处产生灰色霉状物

叶片受害，多从附着有枯死组织处开始发生，而后向周围扩展，形成褐色至深褐色病斑，圆形或近圆形，病斑较大，有时具不明显轮纹（彩图3-342、彩图3-343）。

彩图3-342　叶片上的灰霉病病斑（叶面）

彩图3-343　病斑表面产生稀疏的灰色霉状物

【病原】灰葡萄孢（*Botrytis cinerea* Pers.ex Fr.），属于半知菌亚门丝孢纲丝孢目，病斑表面的霉状物即为病菌的分生孢子梗和分生孢子。

【发病规律】灰霉病菌是一种弱寄生性真菌，寄主范围非常广泛，主要以菌丝体、菌核及分生孢子在各种病残体上越冬（夏）。病菌孢子在多种场所均可存活，通过气流传播，主要从伤口侵染为害。病健果接触也可扩散传播。阴雨潮湿、果实伤口较多，是导致该病发生的主要因素，特别是虫伤、鸟啄伤最为关键。

【防控技术】

1.**加强果园管理**　拣拾落地病果，集中深埋。合理修剪，使果园通风透光良好，降低园内湿度。实施果实套袋，保护果实免遭伤害。及时防控蛀果害虫，减少果实虫伤。有条件的果园在果实近成熟期架设防鸟网，阻挡鸟类啄伤果实。

2.**适当喷药防控**　灰霉病多为零星发生，一般不需单独药剂防控。个别往年病害较重的不套袋果园，在果实采收前1～1.5个月内遇暴风雨（含冰雹）后，可适当喷药1～2次。效果较好的药剂如：50%异菌脲可湿性粉剂或45%悬浮剂1000～1500倍液、50%腐霉利可湿性粉剂1000～1500倍液、40%嘧霉胺悬浮剂1000～1500倍液、70%甲基硫菌灵可湿性粉剂或500克/升悬浮剂800～1000倍液、50%乙霉·多菌灵可湿性粉剂800～1000倍液等。

3.**安全贮运**　具体措施同"青霉病"。

曲霉病

【症状诊断】曲霉病是一种零星发生病害，只为害果实，多发生在近成熟期至贮运期的果实上，发病后的主要症状特点是在病斑表面或病斑伤口处产生有黑褐色至黑色的霉状物。病斑常以伤口为中心开始发生，初期沿伤口蔓延，形成淡褐色至红褐色水渍状病斑；扩展后成近圆形，淡褐色至褐色，组织软烂，表面凹陷，有时病斑表面有深浅交错的轮纹。随病斑不断扩展，伤口处及病斑表面逐渐产生出黑褐色至黑色霉状物（彩图3-344）。

彩图3-344　曲霉病病果

【病原】曲霉菌（*Aspergillus* sp.），属于半知菌亚门丝孢纲丝孢目，病斑表面的霉状物即为病菌的分生孢子梗和分生孢子。

【发病规律】曲霉病菌属弱寄生性真菌，寄主范围非常广泛，在自然界广泛存在。分生孢子主要通过气流传播，从各种伤口侵染为害，如裂伤、冰雹伤、虫害伤、机械伤等，尤以机械伤口最为重要。果实上各种机械伤口的多少是影响该病发生轻重的主要因素，多雨潮湿环境常可加重病害发生。

【防控技术】关键是防止果实受伤，一切保护果实、防止果实表面受伤的措施都是有效防控该病的技术措施。如实施果实套袋，及时防控生长期的病虫害，干旱季节及时灌水，采收及包装过程中轻拿轻放等。此外，包装时还需严格挑选，坚决汰除病、虫、伤果。

果柄黑斑病

【症状诊断】果柄黑斑病是近几年在安徽砀山酥梨上新发现的一种果实病害，主要在果柄上发病，幼果期至成果期均可发生，受害果实生长缓慢或停止生长，导致形成小果（彩图3-345），且发病越早果实越小，严重时树上许多果实受害（彩图3-346）。发病初期，在果柄上产生褐色至黑褐色斑点，扩展后成椭圆形或长圆形，最后环绕果柄成长形（彩图3-347），病健交界处有时可产生裂缝，有时

不明显，有的病斑采收后仍可缓慢扩展（彩图3-348）。剖开病斑，果柄内部组织变黄褐色至淡褐色（彩图3-349）。

彩图3-345　果柄发病后，果实不能长大

彩图3-346　树上许多果实受害

彩图3-347　果柄上的典型病斑

彩图3-348　采收后，果柄仍可发病

彩图 3-349　受害果柄，内部组织变色

【病原】交链孢（*Alternaria* sp.），属于半知菌亚门丝孢刚丝孢目。

【发病规律】该病目前尚缺乏系统研究。病菌是一种弱寄生性真菌，在果园内广泛存在，没有固定越冬场所。病菌孢子主要通过风雨或气流传播进行为害。田间调查发现，树势衰弱、管理粗放果园发生较多。

【防控技术】由于该病尚缺乏系统认识，所以目前的有效防控措施建议以加强栽培管理、壮树防病为中心，并加强其他病虫害的综合防控。

花叶病

花叶病俗称病毒病，在全国各梨产区均有发生，属于零星发生的系统侵染性病害，一般为害较轻，仅造成轻微的树势衰弱，对产量和品质基本没有影响。

【症状诊断】花叶病只在叶片上表现明显症状，发病后叶片上镶嵌有许多大小不等的黄绿色至黄色斑块或线纹，使叶片呈花叶状（彩图 3-350～彩图 3-352）。轻型病叶，斑块或线纹形状多不规则，没有明显边缘，有的沿细小支脉变色，夏季高温季节症状可以消失（高温隐症）。严重时，病叶上的褪绿斑块可发展成褐色坏死斑（彩图 3-353、彩图 3-354），边缘多不明显，不是高温隐症现象。

彩图 3-350　细支脉褪绿变黄

彩图 3-351　许多细支叶脉褪绿变黄

彩图 3-352　病叶上产生有褪绿斑块

彩图 3-353　严重时，病叶上逐渐产生褐色枯死斑

彩图 3-354　重型花叶病症状

【病原】苹果褪绿叶斑病毒（Apple chlorotic leaf spot virus），苹果茎痘病毒（Apple stem pitting virus），均属于病毒类。

【发病规律】花叶病是一种病毒类病害，苗木及接穗带毒是主要传播来源，病树终生带毒。主要通过嫁接传播，无论砧木或接穗带毒，均可形成新的病株。在果园内，该病的发生轻重与树势有密切关系，壮树表现轻、弱树表现重。有些轻型花叶在夏季高温季节常出现高温隐症现象。

【防控技术】加强检验检疫，防止苗木及接穗带毒传播扩散；培育和利用无病毒苗木，最好对苗木进行产地检验，发现病苗坚决汰除；禁止在大树上高接扩繁新品种，以避免病毒侵染。发现病树后，应单独修剪，以避免病毒的传播扩散；加强肥水管理，培强树势，提高树体抗病能力，减轻病毒为害。

石痘病

石痘病又称石果病，是梨树上较严重的一种病毒性病害，在全国各梨产区均有零星发生，果实发病后完全丧失商品价值。

【症状诊断】石痘病主要在果实和枝干树皮上表现明显症状。

果实发病，在落花后10～20天的幼果上即表现症状。首先在果皮下产生暗绿色区域，后病区发育受阻，导致果实凹陷、畸形（彩图3-355）。随果实发育，凹陷区周围的果肉内有石细胞积累。果实成熟后，石细胞变为褐色，丧失食用价值。有些病果变形不明显，仅果面轻微凹凸，剖开病果，可见果肉中仍有褐色石细胞。同一病株不同年份病果率可能不同，一般在18%～94%之间。

彩图3-355　石痘病病果

在病树枝干上，新梢和枝干树皮开裂，其下组织坏死，老树死皮上可产生木栓化突起。树皮坏死程度因品种感病性不同而异。叶片上一般没有明显症状，有时春天嫩叶上产生浅绿色褪绿斑块。

【病原】苹果茎痘病毒（Apple stem pitting virus），属于病毒类。

【发病规律】石痘病是一种系统侵染性病害，病树终生带毒。主要通过嫁接传播，无论砧木、接穗带毒均可传病。植株发病后，症状表现轻重因品种不同而有很大差异。

西洋梨品种容易发病，东方梨系统中许多品种不表现症状，但病树长势衰退，产量降低。另外，病树抗寒能力降低，易发生冻害。

【防控技术】培育和利用无病毒苗木是预防该病的最根本措施。选用无病毒砧木和接穗培育苗木，避免用根蘖苗做砧木，确保种子繁殖的实生砧不携带病毒。严格选用无病毒苗木接穗，不能在病树上高接换头和扩繁新品种。增施有机肥及微生物肥料，培育壮树，提高树体抗病能力。果园内发现病树后应及时连根刨除，避免病毒自然扩散蔓延，过1～2年确认无活根后再栽植健树。

黄叶病

黄叶病又称缺铁症，在全国各梨产区均有发生，以华北和西北地区发病较重，严重时影响树势和果实产量，甚至造成枝条枯死。

【症状诊断】黄叶病主要在叶片上表现症状，多从新梢顶部嫩叶开始发病（彩图3-356）。初期，叶肉变淡黄色，叶脉及其两侧仍保持绿色（彩图3-357），叶片逐渐呈绿色网纹状（彩图3-358）；随病情发展，叶肉褪绿黄化程度逐渐加重，除主脉及中脉外，其余全部变成黄绿色或黄白色（彩图3-359），新梢上部叶片大都变黄；重病树，病叶全部呈黄白色，叶缘开始变褐焦枯（彩图3-360、彩图3-361），甚至新梢顶端枯死、形成枯梢现象（彩图3-362）。严重果园，许多树体发病（彩图3-363）。

彩图3-356　病变多从枝梢嫩叶开始发生

彩图3-357　发病初期，叶肉褪绿变黄

彩图3-358 叶脉呈绿色网纹状

彩图3-359 较重病叶，仅主脉与侧脉附近留有绿色

彩图3-360 严重病叶，叶缘变褐焦枯

彩图3-361 严重病树，许多叶片变黄

彩图3-362 严重时，枝梢枯死

彩图3-363 梨园内许多树体逐渐发病

【病因及发生特点】黄叶病是一种生理性病害，由于铁素供应不足引起，即土壤中缺少梨树可以吸收利用的水溶性铁素。铁是叶绿素形成的重要成分，缺乏时叶绿素形成受阻，故而导致叶片褪绿黄化。一般土壤中都富含铁素，但在碱性土壤中，大量可溶性二价铁离子被转化为不溶性的三价铁盐而沉淀，不能被树体吸收利用，导致梨树表现缺铁黄叶。

盐碱地或碳酸钙含量高的土壤容易缺铁；大量使用化肥（特别是速效氮肥），导致土壤板结，容易缺铁；土壤黏重，排水不良，地下水位高，容易导致缺铁；沙性土壤，渗透性强，铁素容易流失，缺铁较严重；根部或枝干有病或受损伤时，影响养分运输，树体容易表现缺铁症状；果园管理粗放，黄叶病不能及时校正时，有连年发病、且逐年发病加重的现象。春季干旱时，水分蒸发加剧，表层土壤中含盐量增加，此期又正值梨树春梢旺盛生长期，需铁量较多，所以春季黄叶病发生较重。进入雨季后，土壤中盐分下降，春梢又基本停止生长，可溶性铁相对增多，黄叶病明显减轻，甚至病叶逐渐康复。

【防控技术】黄叶病防控技术模式如图3-17所示。

1.加强栽培管理 增施农家肥、绿肥等有机肥及微生物肥料，避免偏施化肥，改良土壤，使土壤中的不溶性铁转化为可溶性态，以便树体吸收利用。盐碱地果园，春季灌水压碱，及时排除积水，控制盐分上升，并结合种植深根性绿肥，改良土壤，增加有机质含量。结合施用有机肥混施铁肥，补充土壤中的可溶性铁含量。根据树龄大小，一般每株施用硫酸亚铁或螯合铁0.5～2.0千克，若将铁肥与有机肥按1：（5～10）的比例混匀后埋施效果更好。

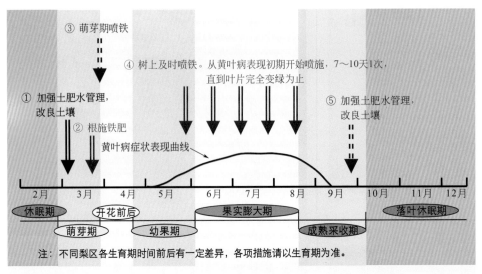

③ 萌芽期喷铁

④ 树上及时喷铁。从黄叶病表现初期开始喷施，7～10天1次，直到叶片完全变绿为止

① 加强土肥水管理，改良土壤

② 根施铁肥

黄叶病症状表现曲线

⑤ 加强土肥水管理，改良土壤

2月　3月　4月　5月　6月　7月　8月　9月　10月　11月　12月

休眠期　　开花前后　　　果实膨大期　　　落叶休眠期

萌芽期　　　幼果期　　　　成熟采收期

注：不同梨区各生育期时间前后有一定差异，各项措施请以生育期为准。

图3-17　黄叶病防控技术模式图

2.树上及时喷施铁肥　往年有黄叶病的梨树或梨园，在萌芽期喷施1次0.3%～0.5%的柠檬酸亚铁或硫酸亚铁，可显著控制黄叶病的早期发生，但持效期较短。生长期发现黄叶病后及时喷铁治疗，7～10天1次，直至叶片完全变绿为止。效果较好的铁肥有：黄腐酸二胺铁200倍液、黄叶灵300～500倍液、硫酸亚铁300～400倍液＋0.05%柠檬酸＋0.2%尿素的混合液、铁多多500～600倍液等。

小叶病

小叶病又称缺锌症，在全国各梨产区均有发生，一般为害较轻，个别严重病树枝条枯死，影响树冠扩大及产量。

【症状诊断】小叶病主要在枝梢上表现明显症状，春季发芽晚，叶片狭小、色淡。病枝节间短缩，叶片小而簇生，叶形狭长似柳叶状（彩图3-364、彩图3-365），质地脆硬，多呈淡绿色，有时叶缘上卷、叶片不平，严重时病枝逐渐枯死。病枝短截后，下部萌生枝条仍表现节间短缩、叶片细小。病枝上很少形成花芽，即使形成花芽也很难坐果。病树长势衰弱，发枝力低，树冠不能扩展，显著影响产量。

彩图3-364　病枝上的叶片呈柳叶状

【病因及发生特点】小叶病是一种生理性病害，由于树体缺锌引起。锌是梨树生长的必要微量元素之一，锌素缺乏时，生长素合成受到抑制，进而导致叶片和新梢生长受阻。沙地、碱性土壤及有机质含量少的瘠薄地果园容易缺锌，长期施用速效化肥、土壤板结影响锌的吸收利用，土壤中磷酸过多可抑制根系对锌的吸收，钙、磷、钾比例失调时影响锌的吸收利用，土壤黏重、活土层浅、根系发育不良时小叶病也发生较重。叶片中锌含量低于10～15毫克/千克时即表现缺锌症状。

彩图3-365　后期，叶片也不能长大

【防控技术】

1.加强栽培管理　增施农家肥、绿肥等有机肥及微生物肥料，提高土壤有机质含量，按比例科学使用氮、磷、钾肥及中微量元素肥料，并适当增施锌肥，改良土壤，提高土壤中锌素含量。沙地、盐碱土壤及瘠薄地果园尤为关键。施用锌肥时与有机肥混合，一般每株埋施硫酸锌0.5～1千克，一次使用持效三年左右。

2.及时树上喷锌　对于小叶病病树或病枝，萌芽期喷施1次3%～5%硫酸锌溶液，开花初期再喷施1次0.2%硫酸锌＋0.3%尿素混合液、或氨基酸锌300～500倍液、或锌多多500～600倍液、或300毫克/千克的环烷酸锌，可基本控制小叶病的当年为害。

红叶病

【症状诊断】红叶病又称缺磷症，主要在叶片上表现明显症状，多从生长中后期开始发病。初期，叶肉变淡紫红色，叶脉仍为绿色，变色边缘不明显（彩图3-366）；随病情发展，叶肉渐变紫红色，细小支脉也开始褪绿变红（彩

图3-367）；后期，除主脉及侧脉外，其余均变紫红色（彩图3-368）。有时部分枝条叶片变色，有时整株叶片变色（彩图3-369），严重时病叶早期脱落，对树势及产量影响较大。

彩图3-366　发病初期，叶肉开始变红

彩图3-367　脉间叶肉均变为淡红色

彩图3-368　许多叶片褪绿变红

彩图3-369　严重时全树叶片变红

【病因及发生特点】红叶病是一种生理性病害，主要由于磷素供应不足引起。有机肥使用量偏少，过度使用以氮肥为主的化肥，氮、磷、钾比例失调导致土壤板结，是诱发该病的主要原因。枝干病害严重、结果量过大等，均可加重该病发生。地势低洼、土壤黏重、排水不良等对该病发生亦有较大影响。

【防控技术】

1. **加强果园管理**　增施农家肥、绿肥等有机肥及微生物肥料，改良土壤，提高土壤有机质含量，按比例科学使用氮、磷、钾肥（一般比例为 N：P_2O_5：K_2O＝2：1：2）及中微量元素肥料等，是有效防控红叶病发生的技术关键。另外，合理调整结果量、雨季注意排水、加强枝干病虫害防控等，对控制该病发生也有一定效果。

2. **适当叶面喷肥**　结果量较大的果园，在生长中后期适当喷施3次左右0.3%～0.5%磷酸二氢钾溶液，可在一定程度上延缓和控制红叶病发生，并具有提高果品质量的作用。

缺硼症

【症状诊断】缺硼症主要在果实上表现明显症状，严重时枝梢和根部也可发病。果实发病，多从果实近成熟期开始，初期果面无明显异常表现，切开病果果肉内散布有不规则组织褐变（彩图3-370）；随病情发展，果肉内褐变组织逐渐枯死、范围扩大（彩图3-371～彩图3-373），褐色枯死组织呈海绵状（彩图3-374），有时病变果肉呈水渍状（彩图3-375），果面隐约显出水浸状痕迹（彩图3-376）；而后病情发展迅速，褐变组织及其附近果肉开始变褐、溃烂（彩图3-377、彩图3-378），果面也逐渐呈现出稍凹陷的阴湿斑块（彩图3-379、彩图3-380），但边缘不明显；后期，溃烂果肉迅速蔓延，直至果肉全部溃烂，仅剩果皮，此时果实表面整个呈阴湿状，甚至开始塌陷（彩图3-381～彩图3-386）。枝梢发病，初期阴面出现疱状突起，皮孔木栓化组织向外突出，削开表皮可见零星褐色小斑点；严重时，芽鳞松散，叶片稀少，逐渐出现顶枯、芽枯现象，甚至枝条枯死。根部发病，细根大量死亡，毛根减少。

彩图3-370　发病初期，皮下果肉内散布不规则褐变组织

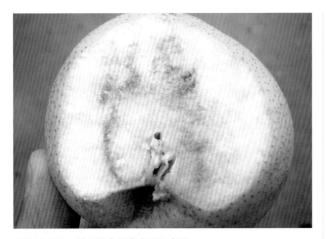

彩图 3-371 果肉褐变逐渐向深层发展

彩图 3-375 有时病变果肉呈水渍状

彩图 3-372 褐变组织逐渐成褐色坏死斑

彩图 3-376 轻病果（左）与健果果面比较

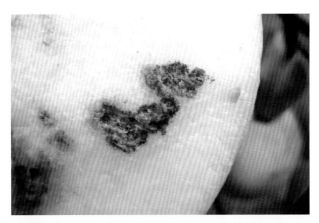

彩图 3-373 褐色坏死斑局部放大

彩图 3-377 褐变组织逐渐溃烂

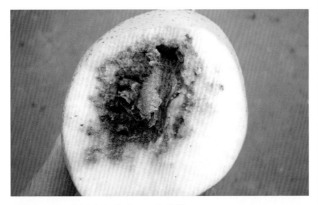

彩图 3-374 褐变组织失水，呈海绵状

彩图 3-378 有时组织溃烂迅速，颜色较淡

彩图3-379　果肉溃烂病果，果面略显水渍状凹陷

彩图3-383　果肉溃烂病果与健果（右）果面比较

彩图3-380　果肉溃烂病果剖开与健果（右）果面比较

彩图3-384　果肉溃烂如泥的病果与健果（右）果面比较

彩图3-381　严重时褐变也发展到果面

彩图3-385　果肉溃烂如泥的病果，落地破碎状

彩图3-382　果面褐变、塌陷（右为健果）

彩图3-386　严重病果后期仅剩一层果皮

【病因及发生特点】缺硼症是一种生理性病害，由于硼素供应不足引起。沙质土壤，硼素易流失；碱性土壤及石灰质多的土壤，硼素多呈不溶状态，根系不易吸收；土壤干旱，影响硼的可溶性，植株难以吸收利用；土壤瘠薄、有机质贫乏，硼素易被固定。所以，沙性土壤、碱性土壤及易发生干旱的坡地果园缺硼症容易发生；土壤瘠薄、有机肥使用量过少、大量元素化肥（氮、磷、钾）使用量过多等，均可导致或加重缺硼症发生；干旱年份病害发生较重。此外，不同品种果实对硼的敏感性不同，症状表现稍有差异。

【防控技术】

1.加强栽培管理　增施农家肥等有机肥及微生物肥料，按比例科学施用氮、磷、钾肥及中微量元素肥料，避免偏施氮肥，改良土壤。同时，结合施用有机肥根施硼肥，施用量因树体大小而定。一般每株根施硼砂100～200克、或硼酸50～100克，施硼后立即灌水。此外，干旱季节及时灌水，并在开花前后适量施肥浇水。

2.及时树上喷硼　往年缺硼较重梨园，在开花前、花期及落花后各喷施1次硼肥。效果较好的优质硼肥有：0.3%～0.5%硼砂溶液、0.15%硼酸溶液、佳实百800～1000倍液、加拿大枫硼、速乐硼等。沙质土壤、碱性土壤果园，由于土壤中硼素易流失或被固定，树上喷硼效果更好。

缺钙症

【症状诊断】缺钙症主要在果实上表现症状，果实近成熟期后发病较多。发病初期，果面上透视出水渍状斑点或斑块，后逐渐发展成片状（彩图3-387）；剖开病果，果肉内散布许多水渍状半透明斑块，严重时病果果肉大部呈水渍半透明状（彩图3-388），似"玻璃质"。病果"甜"味增加，但风味异常。病果贮藏后，果肉常逐渐变褐、甚至腐烂。

【病因及发生特点】缺钙症是一种生理性病害，由于果实缺钙引起。长期使用速效化肥、很少使用有机肥与农家肥、土壤严重瘠薄及过量使用氮肥是导致缺钙的根本原因。酸性及碱性土壤均易缺钙，钾肥过多亦可加重缺钙症的发生。此外，果实套袋往往可以加重缺钙症的发生；采收过晚，果实成熟度过高，病害发生较多。不同品种果实对钙的敏感性不同，发病程度稍有差异。

【防控技术】

1.加强栽培管理　增施农家肥等有机肥及微生物肥料，按比例科学施用氮、磷、钾肥及硼、钙肥，避免偏施氮肥，适量控制钾肥。酸性土壤每株施用消石灰2～3千克，碱性或中性土壤每株施用硝酸钙或硫酸钙1千克左右。适当推迟果实套袋，促使果皮老化。适期采收，防止果实过度成熟。

2.适当喷施速效钙肥　在幼果期喷钙效果较好，一般从落花后10天左右开始喷施，10～15天1次，套袋前连喷2～3次。效果较好的速效钙肥有：速效钙400～600倍液、佳实百800～1000倍液、硝酸钙300～500倍液、高效钙或美林钙400～600倍液、腐植酸钙500～600倍液等。

彩图3-387　果实表面显出水渍状病斑

彩图3-388　病果果肉呈水渍状

缺镁症

【症状诊断】缺镁症在南方梨区发生较多，主要在叶片上表现明显症状，多从老叶开始发生。发病初期，脉间叶肉褪绿，呈黄绿色，叶脉仍保持绿色，形成脉间黄化斑块，该斑块多从叶片内部向叶缘扩展；严重时，主脉与侧脉间叶肉组织均变黄绿色，甚至变褐枯死，仅剩主脉及侧脉保持绿色（彩图3-389）。

彩图3-389　缺镁症病叶

【病因及发生特点】缺镁症是一种生理性病害，由于镁素供应不足引起。镁是叶绿素的重要组成成分，所以缺镁时叶片表现褪绿现象。当植株缺镁时，老叶片叶肉中的镁可以通过叶脉及韧皮部向新叶转移，使叶脉及叶脉附近仍保持较高浓度，所以叶脉及其附近仍保持一定程度的绿色，而脉间出现褪绿。这也是缺镁症黄叶（老叶开始发病）与缺铁黄叶（新叶开始发病）的根本区别。

土壤瘠薄、有机质含量低、大量元素化肥（氮、磷、钾）使用过多，易造成土壤中镁元素供应不足；沙性土壤，镁元素容易流失；土壤干旱，影响镁的可溶性，植株难以吸收利用；酸性土壤，镁元素也容易流失。所以，土壤瘠薄、大量元素化肥使用量过多、沙性土壤、酸性土壤及干旱土壤均易导致缺镁症发生或加重缺镁症的表现。

【防控技术】

1.加强土肥水管理　增施农家肥等有机肥及微生物肥料，按比例科学施用氮、磷、钾肥及中微量元素肥料，避免钾肥过量。并结合施用有机肥根施镁肥，施用量因树体大小而定，一般每株根施硫酸镁1～2千克，酸性土壤也可选用碳酸镁。此外，酸性土壤注意增施石灰性肥料，调整土壤酸碱性。干旱季节及时灌水。

2.适当树上喷镁　在梨树生长中后期、或缺镁症发生初期，及时于树上喷施镁肥，10天左右1次，连喷2～3次。效果较好的优质镁肥有：0.3%～0.5%硫酸镁溶液、0.3%～0.4%碳酸镁溶液、0.3%～0.5%硫酸钾镁溶液等。

果面褐斑病

果面褐斑病又称花斑病，俗称"鸡爪病"，是近些年新发生的一种果实病害，在黄冠梨上发生较重，全国许多黄冠梨种植区均有发生，尤以果柄涂抹膨大剂的果实发病率较高（彩图3-390）。该病只为害果实皮层组织，对果实的外观质量影响很大。

彩图3-390　果柄涂药与病果的对应关系

【症状诊断】果面褐斑病主要发生在套袋梨的近成熟期至贮运期，在黄冠梨上发生较多。发病初期，果面皮孔周围出现淡褐色至褐色圆形斑点，常许多斑点散生（彩图3-391）；随斑点不断扩大，逐渐形成褐色不规则形病斑（彩图3-392）；后期，多个病斑扩展连片，形成不规则状大斑

（彩图3-393）。由于有些联合病斑近似鸡爪状，所以果农俗称"鸡爪病"。后期病斑稍凹陷，但病变组织仅限于表层，不深入果肉内部，仅影响果实的外观质量。严重时，果面上散生许多不规则形褐斑，导致果面呈花斑状，故又称"花斑病"（彩图3-394）。

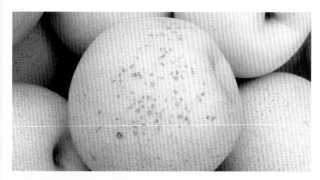
彩图3-391　病害发生初期

彩图3-392　果面褐斑病轻病果

彩图3-393　果面褐斑病中度病果

彩图3-394　果面褐斑病重度病果

【病因及发生特点】果面褐斑病是一种生理性病害，与许多因素有密切关系。经大量田间调查及试验发现，幼果期果柄涂抹果实膨大剂是导致该病发生的主要因素之一（彩图3-395），果袋透气性差、近成熟期阴雨潮湿、有机肥使用量少、氮肥施用量过多、钙肥使用量偏少等均可加重病害发生，特别是涂抹果柄的梨在近成熟期遇阴雨连绵时病害发生较重。另外，该病发生与品种关系密切，皇冠梨最易受害，黄金等品种偶尔也有发生，鸭梨未见发病。

彩图3-395　涂抹膨大剂的果柄

【防控技术】增施农家肥等有机肥及微生物肥料，与有机肥配合使用钙肥，按比例科学使用氮、磷、钾肥及中微量元素肥料。尽量避免使用果实膨大剂，可显著减轻该病发生。选用抗老化性强、疏水性能适中、透气性好的优质果袋，提高果袋透气性。适当推迟套袋时间，或采用二次套袋技术，也可在一定程度上减轻病害。落花后至套袋前，结合喷药适量喷施速效钙肥（佳实百、真钙、速效钙、美林钙、腐植酸钙等）与硼肥（硼砂、硼酸、加拿大枫硼、速乐硼等），增加果实硼钙含量，提高果实抗病能力。

蒂腐病

蒂腐病又称顶腐病、尻腐病、黑蒂病，一般只发生在洋梨品种（巴梨、三季梨等）上，故又称洋梨蒂腐病，在全国各梨产区均有发生。发病后易导致果实腐烂、脱落，严重影响梨的产量与品质。

【症状诊断】蒂腐病主要为害果实，幼果期即可发病。初期，在果实萼洼周围产生淡褐色、稍湿润的晕环（彩图3-396），随晕环逐渐扩大、颜色加深，后期晕斑成淡褐色至褐色坏死（彩图3-397）。严重时，病斑波及果顶的大半部，病部质地较硬，中央灰褐色，外围黑色，有时呈轮纹状（彩图3-398）。有时病部因感染杂菌（交链孢霉、粉红聚端孢霉等）而导致果实腐烂，并在病斑表面产生黑色或粉红色霉（彩图3-399、彩图3-400）。病果容易脱落。

【病因及发生特点】蒂腐病是一种生理性病害，其发生原因尚不十分明确。根据田间调查，6～7月份发病较多，病斑扩展较快，果实近成熟时很少发病。此外，砧木种类与病害发生有一定关系，秋子梨系做砧木容易发病，杜梨做

砧木发病较少，这可能与砧木的亲和性及根系发育有关。杜梨做砧木嫁接洋梨，根系发达，吸收能力强，树势相对较壮，病害发生较少。土壤干燥后突然降雨，发病较多；酸性土壤发病较多；土壤缺钙可能会加重蒂腐病的发生。

彩图3-396　蒂腐病发病初期

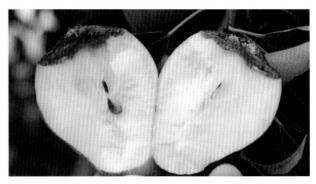
彩图3-397　洋梨蒂腐病病斑剖面

彩图3-398　病斑有时呈轮纹状

彩图3-399　病斑表面腐生有交链孢霉

彩图3-400　病斑表面腐生有粉红聚端孢霉

【防控技术】培育苗木时，尽量选用杜梨做砧木，能显著减轻蒂腐病的发生。加强果园肥水管理，增施农家肥等有机肥及微生物肥料，并适当配合根施速效钙肥，促进树势生长健壮，提高梨树抗病能力。往年蒂腐病较重的梨园，结合喷药适当喷施速效钙肥，提高果实耐病能力，优质速效钙肥如：速效钙400～600倍液、佳实百800～1000倍液、硝酸钙300～500倍液、高效钙或美林钙400～600倍液、腐植酸钙500～600倍液等。

裂果症

【症状诊断】裂果症又称裂果病，主要发生在果实生长中后期，有时幼果期也可发生。病果表面产生一至多条裂缝（彩图3-401），裂缝深达果肉内部，有时裂缝还可无序分权（彩图3-402），导致果实龟裂。发生较早的裂果，裂口处果肉表面后期可形成木栓化组织，一般裂缝较浅（彩图3-403）。发生较晚的裂果，一般裂缝较深。裂果多不造成果实腐烂，但在高湿条件下受杂菌感染后也可导致烂果（彩图3-404、彩图3-405）。不同品种果实，症状表现大同小异（彩图3-406～彩图3-410）。

彩图3-401　裂果症发生初期

彩图3-402　裂果症的典型病果

彩图3-403　裂果伤口处产生愈伤组织

彩图3-404　裂果伤口有时易被杂菌感染

彩图3-405　杂菌感染，导致裂果症病果腐烂

彩图 3-406　鸭梨裂果症病果

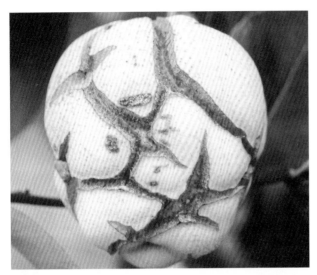

彩图 3-407　黄金梨裂果症病果

彩图 3-408　巴梨裂果症病果

彩图 3-409　大果水晶梨裂果症病果

彩图 3-410　华山梨裂果症病果

【病因及发生特点】裂果症相当于生理性病害，主要是由于水分供应失调所致。特别是前期干旱缺水、后期雨水偏多时该病发生较多，或局部低洼处积水时发生较多。水分失调时，导致果实膨胀压失衡，雨水多时果肉生长迅速、果皮生长较慢，而导致果实发生裂口。果实缺钙常加重该病发生。

【防控技术】加强肥水管理、适当增施钙肥，是有效防控裂果症的根本。增施农家肥等有机肥及微生物肥料，按比例科学使用速效化肥，与有机肥混合适量增施钙肥（硝酸钙等），幼果期结合喷药喷施钙肥（佳实百、真钙、速效钙、美林钙、腐植酸钙等）。干旱季节及时灌水，雨季注意排水，使土壤水分供应基本保持平衡。

日灼病

日灼病又称日烧病，是一种常见生理性病害，在全国各梨产区均有发生。果实受害，造成品质下降与产量损失；叶片及枝干受害，导致树势衰弱，且枝干受害后易诱使腐烂病发生。

【症状诊断】日灼病主要发生在果实和叶片上，有时枝干也可受害。果实受害，初期向阳面果皮变灰白色至苍白色（彩图3-411），没有明显边缘，着色品种外围常有淡红色晕圈；而后灼伤部位果皮逐渐变黄褐色至褐色坏死（彩图3-412～彩图3-414），坏死斑外常有淡红色晕圈（彩图3-415、彩图3-416），坏死斑及晕圈的边缘均不明显。后期，坏死斑易受杂菌感染，导致病斑表面腐生有黑色霉状物（彩图3-417）。日灼病斑多为圆形或近圆形，平或稍凹陷，病变只局限在果肉浅层，外围变色边缘多不明显。不同品种果实受害，症状表现稍有差异（彩图3-418～彩图3-420）。

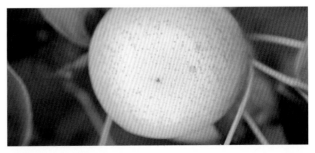

彩图 3-411　果实受害初期，病斑呈苍白色

彩图3-412　病斑开始变黄褐色

彩图3-413　病斑中部开始变褐

彩图3-414　病斑中部变褐色坏死

彩图3-415　变褐坏死斑外有淡红色晕圈

彩图3-416　褐色坏死斑逐渐扩大

彩图3-417　褐色坏死斑凹陷，并腐生霉菌

彩图3-418　苹果梨受害初期病斑

彩图3-419　苹果梨日灼斑变褐坏死

彩图3-420　褐皮梨的早期病斑

　　叶片受害，初期形成淡黄褐色不规则形晕斑或苍白色斑块（彩图3-421、彩图3-422），边缘不明显，而后逐渐发展为淡红褐色至淡褐色的近圆形或不规则形斑块（彩图3-423），外围常有黄绿色至黄白色晕圈或变色带；后期病斑变褐枯死或呈灰白色枯死（彩图3-424、彩图3-425），有时中部枯死部分呈破碎穿孔状（彩图3-426、彩图3-427），病斑外围没有明显边缘。严重时，许多叶片受害（彩

图3-428）。

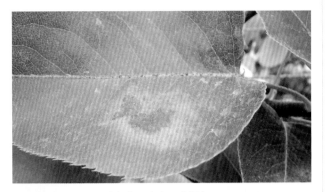

彩图3-421　叶片受害初期，病斑呈黄褐色

彩图3-425　病组织逐渐变灰白色枯死

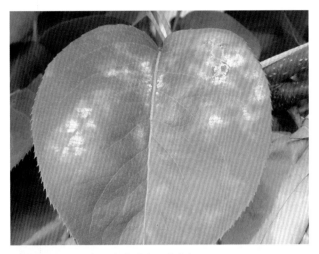

彩图3-422　有时叶片初期病斑呈苍白色

彩图3-426　后期，枯死斑易破碎穿孔

彩图3-423　受害斑逐渐成褐色

彩图3-427　最后成褐色枯斑，甚至破裂

彩图3-424　病斑中部逐渐变褐枯死

彩图3-428　许多叶片受害状

枝干受害，初期在向阳面产生灰褐色晕斑，没有明显边缘，后晕斑逐渐变红褐色，长条形或不规则形；后期，灼伤病斑上易诱使腐烂病发生。

【病因及发生特点】日灼病是一种生理性病害，由阳光过度直射造成。在炎热的夏季，高温干旱、果实和枝干遮阴不足是导致该病发生的主要因素。修剪过度、土壤干旱、植株缺水、树势衰弱常加重日灼病发生。

【防控技术】合理修剪，避免修剪过度，使果实和枝干能够有枝叶遮阴，是有效防控日灼病的关键。夏季注意及时浇水，保证土壤水分供应，使果实、叶片及枝干含水量充足，能显著提高树体耐热能力。沙质土壤果园，增施农家肥等有机肥及作物秸秆，提高土壤保水能力。夏季高温干旱、日灼病发生严重地区或果园，建议适当遮阳栽培，避免阳光过度直射，避免发生日灼病为害。

褐皮病

【症状诊断】褐皮病只发生在套袋梨上，套袋果采收脱袋后受阳光直射即逐渐发病。初期，在果面上以皮孔为中心产生许多褐色至黑褐色小点（彩图3-429、彩图3-430），随后褐点面积逐渐扩大，许多斑点联合成片，形成褐色至黑褐色大斑（彩图3-431～彩图3-433），严重时阳光直射到的整个果面全部发生病变（彩图3-434、彩图3-435）。病变只发生在果实皮层，不深入果肉内部，但对果实外观品质影响很大。

彩图3-429 套袋鸭梨脱袋后受害初期

彩图3-430 套袋黄金梨脱袋后受害初期

彩图3-431 套袋鸭梨脱袋后较重受害状

彩图3-432 套袋黄金梨脱袋后中度受害状（a）

彩图3-433 套袋黄金梨脱袋后中度受害状（b）

彩图3-434 套袋黄金梨脱袋后果面较重受害状

彩图3-435 套袋黄金梨脱袋后萼端较重受害状

【病因及发生特点】褐皮病是一种生理性病害，由套袋梨脱袋后直接受阳光直射引起，散射光没有影响。套袋梨在果袋内不受阳光直射，果面多呈黄白色至白色，采收脱袋后若受阳光直射，果面对直射光的敏感反应导致色素发生改变，继而出现果皮褐变。纸袋类型与病害发生有密切关系，遮光效果越彻底的套袋果脱袋后越易受害，如双层纸袋、内黑外黄（花）纸袋等。品种间也有一定差异，鸭梨、黄金梨、雪花梨等品种容易受害。

【防控技术】套袋梨采收后在遮阴环境下脱袋（摘袋）、遴选、包装，即可有效防止该病发生，如在遮阳篷下或在室内等。

冻害

冻害是一种自然灾害，相当于生理性病害，在全国各梨产区均有可能发生，但以北方（东北、西北、华北）梨区相对发生较重。梨树的各部位均可遭受冻害，但以花和幼果受冻发生较多，西北地区枝干亦常受冻。受害轻时，影响发芽发育、开花，坐果率降低，产量下降，品质变劣，导致树势衰弱；受害重时，花芽冻死，没有产量，甚至枝干枯死、树体死亡、果园毁灭。

【症状诊断】冻害主要发生在芽、花及幼果上，有时枝条、枝干等部位也可受害。

芽受害，轻者造成芽基变褐（彩图3-436），影响花芽质量；重者造成芽基变褐枯死（彩图3-437），甚至整芽变褐枯死（彩图3-438），不能正常发芽、开花、坐果。花序受害，轻者花序基部变褐（彩图3-439、彩图3-440），影响花序质量或开花；重者花序基部变褐枯死（彩图3-441），影响花序开放，甚至造成花序枯死（彩图3-442）。花受害，轻者花柱变褐枯死（彩图3-443），不能授粉坐果；重者整个花器变褐，花药、柱头枯死（彩图3-444），完全丧失花器功能（彩图3-445）。

幼果受害，以花萼端最敏感，轻者在萼端或萼下端形成水渍状斑、褐变或稍显畸形（彩图3-446～彩图3-448），随果实发育而发展为环状突起或木栓状环斑（彩图3-449～彩图3-452），木栓环斑的宽窄因冻害程度不同

而异，影响果品质量；重者小果局部或全部变褐（彩图3-453），早期脱落。能够正常生长成熟的受冻果实，果面上常残留有各种木栓状锈斑（彩图3-454～彩图3-457）。

彩图3-436 梨芽轻度冻害剖面

彩图3-437 梨芽中度冻害剖面

彩图3-438 梨芽重度冻害剖面

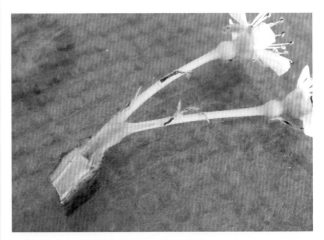

彩图3-439 花序轻微冻害，花序基部剖面

彩图3-440　花序轻度冻害，花序基部剖面

彩图3-441　中度冻害，花序基部剖面

彩图3-442　花序重度冻害，花序基部剖面

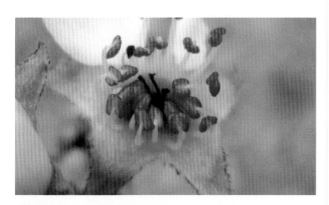

彩图3-443　花期冻害，柱头变褐枯死

彩图3-444　花瓣边缘干枯，花药、柱头枯死

彩图3-445　花期较重冻害，不能坐果

彩图3-446　小幼果轻微冻害，萼端显水渍状

彩图3-447　小幼果轻微冻害，萼端稍显变色

彩图3-448　小幼果轻微冻害，萼端稍显畸形

彩图3-449　轻度受冻幼果，近萼端逐渐产生片段状木栓化愈伤组织

彩图3-450 小幼果受冻，逐渐形成霜环

彩图3-451 小幼果受冻后形成的木栓化霜环

彩图3-452 小幼果受冻较重，木栓化冻害斑很大

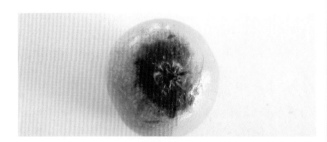

彩图3-453 幼果较重冻害的萼端冻伤状

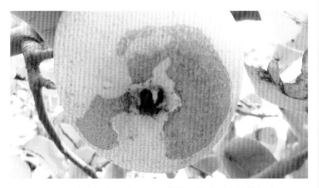

彩图3-454 幼果轻度受冻后，近成熟果萼端的木栓状锈斑

彩图3-455 幼果轻度受冻后，近成熟果胴部的木栓状锈斑

彩图3-456 幼果轻度冻害后，近成熟果萼洼端的近圆形冻害斑

彩图3-457 幼果受冻后，形成的典型霜环状冻害斑

　　小枝受害，轻者形成层变褐坏死（彩图3-458），造成枝条衰弱；重者枝条全部枯死，导致树势衰弱。枝干受害，轻者树皮浅层组织变褐，常诱使腐烂病发生，导致枝干生长衰弱，产量降低；重者树皮组织内外变褐枯死（彩图3-459），腐烂病严重发生，继而导致枝干死亡，或直接造成枝干枯死（彩图3-460），严重时果园毁灭。

　　【病因及发生特点】冻害是由于气温急剧下降或过度低温而造成的，常见冻害分为早春冻害、秋后冻害和深冬冻

彩图3-458 小枝受冻，髓部和形成层变褐坏死

彩图3-459 幼树遭受冻害，树干下部皮层爆裂

彩图3-460 幼树遭受冻害，地上部干枯死亡

害三种类型。早春冻害多发生于早春，又称"倒春寒"，当气温开始回升后遇突然急剧降温，树体已开始活动的幼嫩组织不能承受温度的剧烈变化而遭受冻害，早春冻害对梨树生长伤害很大，轻者影响发芽、开花、结果，重者造成枝条枯死，甚至死树。秋后冻害发生在秋后初冬，树体尚未完全进入休眠状态时遭遇较大程度的急剧降温，多造成小的枝条受害，一般影响较小；但幼树主干受害影响很大，常造成幼树枯死。深冬冻害是由于冬季温度过低而对树体造成的伤害，多发生在西北和东北地区，主要对主干主枝造成伤害，常诱发腐烂病发生，造成死枝死树。

上年结果量过大、施肥不足、树体贮存养分相对不足时，若翌年春天遭遇倒春寒，则受害较重。早春浇水，延缓地温回升，适当推迟树体发芽开花，有时可躲过倒春寒的危害。若8月后大肥（特别为氮肥）大水，树体秋后旺长，推迟进入休眠，则易遭受秋后冻害，特别是北方梨区。树势衰弱、地势低洼的北方地区，遭受深冬冻害的程度较重。

【防控技术】

1.加强栽培管理，壮树防冻　增施农家肥等有机肥及微生物肥料，按比例科学使用速效化肥，根据树势和施肥水平确定结果量，培育壮树，提高树体抗冻能力。梨果采收后，适当喷施叶面肥（磷酸二氢钾、尿素等），并注意防控造成早期落叶的病虫害，促进树体养分积累，增强树势。早春浇透水，增加树体含水量，既可提高树体抗冻能力，又可适当推迟树体活动，在一定程度上躲避倒春寒危害。

2.适当采取防冻措施　根据天气预报，在有寒流袭来时，做好防寒准备，如树体喷水、果园内放烟等。易发生深冬冻害的果区，建议入冬后给树体盖被或将整个果园用防寒物覆盖（彩图3-461），有条件的也可采用设施栽培，防止遭受冻害。

果实冷害

【症状诊断】果实冷害只发生在贮藏期的果实上。发病初期，果面呈现出淡褐色水渍状晕斑，略带光亮，没有

明显边缘（彩图3-462）；剖开病果，浅层果肉组织失水坏死，呈淡褐色水渍状腐败，腐败组织在果肉内零星分布（彩图3-463）。随冷害加重，果面颜色逐渐加深，变淡褐色至褐色水晕状（彩图3-464），甚至果面出现凹陷（彩图3-465）；剖开病果，整个果肉组织及心室内均呈现淡褐色至褐色水渍状腐败（彩图3-466），且腐败组织颜色逐渐加深，严重时腐败果肉失水似海绵状（彩图3-467），甚至不堪食用（彩图3-468）。

彩图3-461 梨树覆盖防寒（新疆库尔勒）

彩图3-462 发病初期，受害果实表面与健果（左）比较

彩图3-463 发病初期，病果肉与健果肉（左）比较

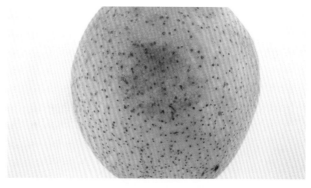

彩图3-464 果面上逐渐呈现出不明显水渍状斑

彩图3-465 随冷害加重，果面水渍状斑处显出凹陷

彩图3-466 果肉内逐渐出现不规则褐变

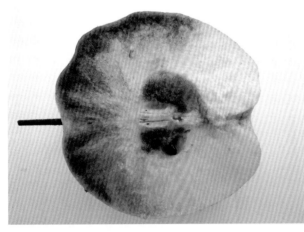

彩图3-467 果肉呈褐色海绵状腐败

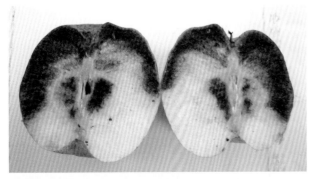

彩图3-468 严重冷害病果，不堪食用

【病因及发生特点】果实冷害是一种生理性病害，由果实长期处于0℃以下贮存或短时间内处于－5℃以下贮存造成。当梨果实处于0℃及以下时，果肉内水分就会逐渐结冰。结冰时，首先从细胞间隙的水分开始，随贮藏时间的延长或温度的继续下降，冰晶逐渐增大，并不断从细胞内吸收水分，使细胞液浓度越来越高，直至引起原生质发生不可逆转的凝固，而导致果肉褐变、坏死、腐败。同时，随着水分的不断蒸发，果实比重逐渐降低，腐败果肉渐成海绵状。

【防控技术】梨果实的正常贮藏温度为1～3℃，并要求贮藏环境温度应保持均匀一致，防止局部温度过低，土窖及闲置房贮存时应特别注意贮藏环境的温度变化。同时，应保持贮藏环境相对湿度在95%以上，以减缓果实失水。冷库贮藏时，注意入库温度与贮藏温度的差异，按具体要求实施缓慢降温，避免导致黑心病发生。

雹害

【症状诊断】雹害又称雹灾，主要危害叶片、果实及枝条，危害程度因冰雹大小、持续时间长短而异。危害轻时，叶片洞穿、破碎或脱落，果实破伤、质量降低、甚至诱发杂菌感染；危害重时，叶片脱落，果实伤痕累累、甚至脱落，枝条破伤（彩图3-469），导致树势衰弱，产量降低、甚至绝产。特别严重时，果实脱落，枝断树倒，果园毁灭。

彩图3-469 枝条上雹害伤口愈合状况

【病因及发生特点】雹害是一种异常气候伤害，属于机械创伤，相当于生理性病害。由于雹害后造成大量伤口，所以应在雹害后注意加强栽培及肥水管理，促进伤口愈合及树势恢复，避免继发病害的"雪上加霜"。

【防控技术】

1.**预防冰雹形成** 在经常发生雹害的区域，根据气象预报"放炮"破坏剧变气流，避免冰雹形成。

2.**防雹网栽培** 在经常发生冰雹危害的地区，有条件的可以在果园内架设防雹网，阻挡或减轻冰雹危害。

3.**雹害后加强管理** 遭遇雹害后应积极采取措施加强管理，适当减少当年结果量，增施肥水，促进伤口愈合及树势恢复。同时，果园内及时喷洒1次内吸治疗性广谱杀菌剂，预防一些病菌借冰雹伤口侵染为害，如30%戊唑·多菌灵悬浮剂700～800倍液、41%甲硫·戊唑醇悬浮剂

600～800倍液、70%甲基硫菌灵可湿性粉剂或500克/升悬浮剂600～800倍液等。另外，也可喷施50%克菌丹可湿性粉剂500～600倍液，既能预防病菌从伤口侵染，又可促进伤口尽快干燥、愈合。

黑皮病

【症状诊断】黑皮病只发生在贮藏期的果实上，鸭梨发生较多。发病初期，在果皮表面出现淡褐色至褐色斑块，多为不规则形（彩图3-470）。随贮藏期延长，褐变斑块逐渐扩大，常许多斑块相互连成大片，甚至蔓延到整个果面；同时，病斑颜色逐渐加深，最后成褐色至黑褐色、甚至黑色（彩图3-471）。该病只为害果皮，不深入果肉，基本不影响食用，但造成果实外观品质显著下降。

彩图3-470　黑皮病发生初期

彩图3-471　黑皮病发生中后期

【病因及发生特点】黑皮病是一种生理性病害，发生原因较为复杂，但主要与多元酚氧化酶的活性及维生素E的含量有密切关系。多元酚氧化酶把酚类物质氧化为醌，使黑色素在果皮上积累增多，而导致果皮细胞发生褐变，形成"黑皮"。其次，过低的维生素E含量相对加速了醌的氧化，使病害加重发生。栽培环境、树龄大小、采收早晚、贮藏环境、垛形、垛位及贮藏温度变化、通风换气状况等，均对黑皮病的发生有一定影响。

【防控技术】

1.适期采收、入库　根据不同果园状况、不同树龄等，分期、分批适时采收，采后及时选果、入库预冷，防止果实堆放在果园内风吹、日晒、雨淋。

2.改善贮藏条件，安全贮藏　使用带有虎皮灵药剂的药纸包装果实贮藏，能显著减轻黑皮病发生。用保鲜纸或单果塑料薄膜袋包装果实，也有一定预防作用。纸箱要有通气孔，贮藏场所注意通风换气，并控制好温度及湿度。有条件的还可采用气调贮藏。

黑心病

【症状诊断】黑心病多发生在贮藏期的果实上，鸭梨受害较重，当鸭梨在0℃冷库贮藏30～50天后即逐渐发病，有时土窖贮藏后期也可发生，发病后的主要症状特点是心室及其附近果肉变褐色至黑褐色。发病初期，在心室外皮上产生芝麻粒至绿豆粒大小的褐色斑块，后逐渐扩展到整个果心；同时，心室附近果肉也出现褐变，边缘不明显；此时，果实表面一般没有异常变化。随病情加重，心室变褐色至黑褐色，且果肉褐变逐渐向外扩展，导致外部果肉相继变褐，此时果皮上呈现出淡灰褐色的不规则晕斑，果肉发糠，风味变劣，果实重量轻、硬度差，用手捏压易下陷，丧失食用价值（彩图3-472、彩图3-473）。

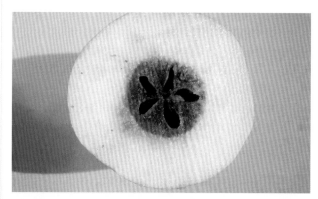

彩图3-472　黑心病中早期

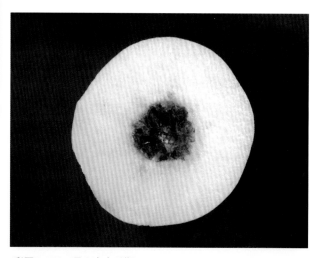

彩图3-473　黑心病中后期

【病因及发生特点】黑心病是一种生理性病害，主要是果实入库后急剧降温所致，长期低温贮藏也可导致果实发病。该病分为早期黑心和晚期黑心两种类型。早期黑心在果实进入冷库30～50天后逐渐发病，主要原因是果实在急剧降温下遭受冷害；晚期黑心多发生在土窖贮藏或冷库贮藏的后期，主要原因是果实自然衰老。土壤及果实缺钙、果实生长后期施用氮肥过多、果实氮钙比过大、采收前大量灌水等，均可加重贮藏期黑心病的发生。其次，果实成熟过度、采收期偏晚、果实内多元酚氧化酶活跃，或果实未经预冷即直接进入0℃冷库贮存，或贮藏环境中低氧、高二氧化碳等，均可加重病害发生。不同品种果实表现有一定差异，鸭梨、雪花梨最易发病。

【防控技术】

1.加强果园栽培管理　增施农家肥等有机肥及微生物肥料，按比例科学使用速效化肥，与有机肥混合适当增施钙肥。合理修剪，及时疏花、疏果，科学确定结果量，促使果实健壮发育。生长期结合喷药适当喷施速效钙肥，降低果实氮钙比。果实生长后期控制氮肥用量，进入8月份后控制浇水。根据果实生长状况适期采收，鸭梨80%果实达到如下标准时即可采收：种子颜色由尖部变褐到花籽变褐，果肉硬度12左右（硬度计）；可溶性固形物达10%以上。

2.加强冷库温度及湿度控制　果实入库后必须缓慢降温，45天左右降至贮藏温度。具体方法为：鸭梨入库时，库温不能超过15～16℃，要求1～2天入满一栋库，然后每天降温1℃；降到12℃后，每5天降1℃；降到8℃后，每4天降1℃；降到4℃后，2天降1℃，一直降到1℃，并保持在（1±0.5）℃。总之，前期降温速度宜慢，中后期适当加快，贮藏温度不能低于0℃。另外，保持库内相对湿度在90%以上，减少果实水分丧失；并注意通风换气，控制库内二氧化碳的浓度。

3.气调贮藏　有条件的果库，在保证温度、湿度前提下，尽量采用气调贮藏，将氧气控制在12%～13%、二氧化碳控制在0.31%～0.6%，其余为氮气。

果锈症

果锈症简称果锈，是果实表面产生异常黄褐色木栓化组织现象的统称，因酷似铁锈状而得名，在果实的整个生长发育期均可发生，全国各梨产区普遍存在，主要影响果实的外观质量。

彩图3-474　幼果期的药害斑状果锈

【症状诊断】果锈症从幼果期至成果期均可发生，发病后的主要症状特点是果实表皮局部细胞呈黄褐色木栓化状，严重影响果品外观质量。初期，果面上产生黄褐色斑点，后逐渐形成黄褐色片状锈斑，稍隆起。锈斑形状没有规则，有点状、片状、条状、不规则状等。锈斑发生部位也不确定，可发生在果实表面的各个部位（彩图3-474～彩图3-496）。

彩图3-475　幼果期药害型果锈（a）

彩图3-476　幼果期药害型果锈（b）

彩图3-477　幼果期药害型果锈（c）

彩图3-478　幼果期药害型果锈（d）

彩图 3-479　幼果期冻害型果锈

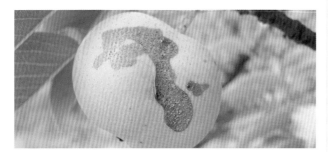

彩图 3-480　机械创伤性果锈

彩图 3-481　幼果果面机械损伤性果锈

彩图 3-482　酥梨药害型果锈

彩图 3-483　酥梨花斑型果锈（枝叶摩擦伤）

彩图 3-484　酥梨虎皮状果锈

彩图 3-485　酥梨萼端严重果锈

彩图 3-486　库尔勒香梨的果面果锈

彩图 3-487　绿宝石梨斑点状果锈

彩图3-488　南果梨许多果实受害

彩图3-489　严重木栓型果锈

彩图3-490　严重时，许多果实受害（酥梨）

彩图3-491　套袋梨果锈（a）

彩图3-492　套袋梨果锈（b）

彩图3-493　套袋梨果锈（c）

彩图3-494　套袋梨果锈（d）

彩图3-495　套袋梨果锈（萼端药害型）（e）

彩图3-496　套袋梨果锈（果袋破裂后的药害型）（f）

【病因及发生特点】果锈症实际是果面受轻微伤害后的愈伤表现，即果实在生长过程中果面受外界刺激受伤后而形成的愈伤组织，相当于生理性病害。各种机械伤（枝叶摩擦、喷药水流冲击、虫害、暴风雨等）、药害、低温伤害等均可导致形成果锈，且伤害发生越早、果锈越重。多雨潮湿、高温干旱常加重果锈的形成。

【防控技术】

1.加强果园管理　科学施肥，合理灌水，雨季及时排水，合理确定结果量，培强树势，提高树体抗逆能力。合理修剪，使果园通风透光良好，创造良好生态环境。及时防控各种害虫，避免害虫对果面造成伤害。

2.安全使用药剂　首先全生长季必须选用优质安全药剂（含杀虫剂、杀螨剂、杀菌剂、植物生长调节剂、叶面肥等），特别是幼果期或套袋前，禁止使用强刺激性农药；不同药剂混合使用时要先进行安全性试验，或在技术人员指导下使用。幼果期尽量不要使用乳油类药剂，尤其质量不好的乳油类产品。喷药时提高药液雾化效果，保证做到"喷雾"，尽量杜绝"喷水"，以减轻药液对果面的机械冲击。

肥害

【症状诊断】肥害又称肥害烧根，主要发生在细小根系上，严重时也可导致细支根受害。危害轻时，细小根系或根团枯死（彩图3-497、彩图3-498），细支根维管束变褐；施肥点靠近较大根系时，也可造成细支根局部坏死，在细支根表面形成坏死斑（彩图3-499）。随肥害加重，吸收根死亡数量及范围扩大，较大支根维管束亦逐渐变褐死亡。肥害轻时，地上部没有明显异常表现，随肥害程度加重，叶片逐渐表现黄叶等衰弱现象，进而叶片或叶缘开始变褐干枯（彩图3-500～彩图3-502）；若肥害较重，枯死根范围较大时，树上出现部分小枝或叶丛枝枯死（彩图3-503），造成树势衰弱；当肥害很重时，树上会逐渐出现叶片干枯、枝条枯死（彩图3-504、彩图3-505），最后导致全树枯死现象（彩图3-506）。有时全树枯死落叶后，还会出现二次发芽，这种现象属于枯死树的"回光返照"。

彩图3-497　细小根系枯死

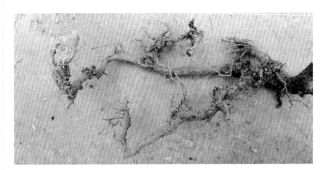

彩图3-498　吸收根枯死，细支根死亡

彩图3-499　肥害导致细支根上的局部坏死

彩图3-500　轻度肥害，叶片黄弱，局部开始变褐

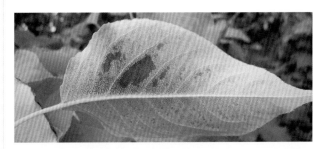

彩图3-501　轻度肥害，叶片局部开始变褐枯死

彩图3-502 中度肥害,叶片边缘开始干枯

彩图3-503 较重肥害,叶片逐渐枯死

彩图3-504 重度肥害,枝梢枯死

彩图3-505 严重肥害,叶片及枝条枯死

彩图3-506 严重肥害,植株枯死

【病因及发生特点】肥害相当于生理性病害,主要是由速效化肥施用量过大或较集中造成的,目前生产中常见的肥害现象绝大部分由于施肥过于集中。当施肥过于集中或施肥量较大时,局部肥效浓度过高,导致从根系逆向吸水,进而形成烧根。初期细小吸收根枯死,而后逐渐向上一级根系蔓延。若施肥点靠近较大根系,则在较大根系上形成枯死斑,枯死斑绕根一周,下部根系死亡。土壤瘠薄、有机质含量少,是导致肥害烧根的基础因素;速效化肥使用量过大或不当,是造成肥害的必要因素;土壤干旱,常加重肥害的发生。

【防控技术】增施农家肥、植物秸秆等有机肥及微生物肥料,提高土壤中有机质含量,扩大肥效缓冲空间。根据土壤肥力状况,按比例科学而均匀地使用速效化肥,使树冠正投影下土壤受肥均匀,避免局部过于集中及距离主根、大根过近。施肥后尽快浇水,以便肥效均匀分散。出现肥害现象后,及时灌大水冲洗,缓解肥效危害。另外,建议使用缓释肥料,可在一定程度上避免造成肥害。

盐碱害

【症状诊断】盐碱害主要在叶片上表面症状明显,严重时枝梢也可发病。初期,外围枝梢叶片最先发病,从叶缘开始出现叶肉变黄,并逐渐向内蔓延,形成叶片"镶金边"现象(彩图3-507),但"金边"内缘不规则、不整齐。随病情加重,褪绿黄边逐渐向叶片中部扩展,并进一步褪绿成黄白色,有时褪绿区域的主脉、侧脉大部分仍保持绿色。严重时,叶缘逐渐变褐、焦枯,甚至嫩梢枯死。田间发病多为整枝甚至整树叶片表现症状(彩图3-508)。

【病因及发生特点】盐碱害是一种生理性病害,主要发生在盐碱滩涂及沿海地区,由于土壤中盐碱含量较高所致。当土壤中盐碱成分含量较高时,严重影响根系对营养物质及水分的吸收利用,并在体内积累较高浓度的有害成分,进而导致叶缘开始褪绿变黄。土壤有机质贫乏、速效化肥使用量偏多、经常使用硝态氮肥、地下水位偏高、土壤干旱等均可加重盐碱害的发生。

彩图3-507　叶缘褪绿变黄

彩图3-508　枝上叶片发病状

【防控技术】增施农家肥、植物秸秆等有机肥及微生物肥料，并最好在梨树行间种植苜蓿、黑麦草等有机绿肥，提高土壤有机质含量，改良土壤。以有机肥为主，严格控制使用速效化肥，特别避免偏施氮肥，更不能使用硝态氮肥。在盐碱地区建立梨园时，最好采用宽窄行的高垄栽植，在宽行处挖渗水沟，降低土壤中盐分。有条件的果园，经常大水浇灌，排水压碱。

药害

　　药害相当于生理性病害，在全国各地均有发生，许多梨园经常造成危害。轻者造成叶片局部枯死、树势衰弱、果实品质降低、产量下降等，严重时导致大量落叶、落果、枝条枯死、甚至树体死亡等。

　　【症状诊断】药害主要表现在叶片与果实上，有时嫩枝上也可发生，严重时枝干也可受害。症状表现非常复杂，因药剂类型、受害部位和时期不同而异，在容易聚集药液的部位受害较重。叶片受害，多形成褐色坏死斑，或干尖、叶缘焦枯，严重时全叶萎蔫、枯死，甚至造成落叶；有时也可导致叶片变色、花叶、穿孔、皱缩、畸形等（彩图3-509～彩图3-537）。果实受害，轻者导致皮孔膨大，造成果皮异常粗糙，或产生果锈，或形成局部坏死斑块；重者形成凹陷坏死斑或果实凹凸不平，甚至导致果实畸形、龟裂或脱落（彩图3-538～彩图3-560）。果实受害越早，症状表现越重；反之则较轻。嫩枝受害，多形成褐色坏死斑，严重时造成嫩枝枯死（彩图3-561、彩图3-562）。枝干受害，造成枝干皮层坏死，轻者导致树势衰弱，严重时树体死亡。

彩图3-509　花叶型药害

彩图3-510　药害导致叶片褪绿

彩图3-511　沿主脉两侧变色

彩图3-512　叶片不正常变色

彩图 3-513　花期遭受药害的受害状

彩图 3-517　叶柄、果柄药害

彩图 3-514　嫩叶上的药点状灼伤斑

彩图 3-518　叶片畸形、穿孔

彩图 3-515　嫩叶药害，呈现枯死斑

彩图 3-519　叶片上形成灼伤斑点

彩图 3-516　嫩叶卷曲干枯

彩图 3-520　叶缘焦枯

彩图3-521 药害导致叶片大量脱落

彩图3-522 叶片生长受到抑制

彩图3-523 叶片畸形卷曲

彩图3-524 药害导致叶片萎蔫

彩图3-525 炔螨特在嫩叶上的药害初期

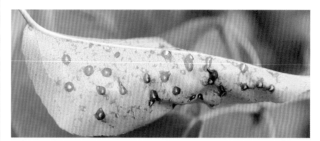

彩图3-526 炔螨特药害斑

彩图3-527 炔螨特导致叶片干枯

彩图3-528 炔螨特药害导致叶片大量脱落

彩图3-529 有机磷杀虫剂的雾点型药害

彩图 3-530　代森锰锌均匀喷雾时的叶背药害

彩图 3-531　代森锰锌喷雾不均匀时的药害斑

彩图 3-532　激素类除草剂导致梨树嫩梢叶片褪绿

彩图 3-533　激素类除草剂为害梨树状

彩图 3-534　花序上的石硫合剂药害

彩图 3-535　花序上的石硫合剂药害斑

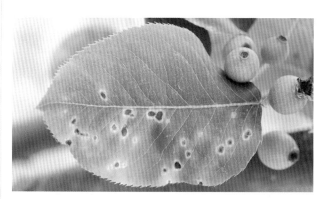

彩图 3-536　百草枯在叶片上的早期药害斑

彩图 3-537　百草枯在叶片上的后期药害斑

彩图3-538　百草枯在果实上的初期药害

彩图3-539　百草枯果实药害，药害斑开裂

彩图3-540　克菌丹使用不当的药害斑（绿宝石梨）

彩图3-541　铜制剂在果实上的药害斑

彩图3-542　波尔多液药害，导致果实皮孔粗大

彩图3-543　幼果上的药害斑，产生黑点状愈伤

彩图3-544　黑点状药害幼果与健果（左）比较

彩图3-545　幼果萼端果锈状药害

彩图3-546 幼果萼端积药状药害

彩图3-547 幼果皮孔粗大状药害

彩图3-548 幼果严重药害状

彩图3-549 幼果期萼端药害，果实膨大后症状

彩图3-550 滴状药害

彩图3-551 药液聚集斑状药害

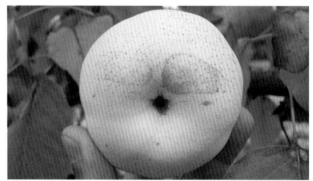

彩图3-552 套袋果的药滴状药害

彩图3-553 宿萼果萼端积药型药害

彩图3-554 果实萼端的药斑型药害

彩图3-555　果实萼端的果锈状药害

彩图3-556　套袋果萼端严重药害（a）

彩图3-557　套袋果萼端严重药害（b）

彩图3-558　套袋果萼端严重药害（c）

彩图3-559　果面严重果锈状药害

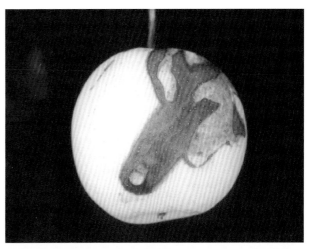

彩图3-560　果袋破裂导致药液进袋的药害

彩图3-561　嫩梢上产生坏死斑点

彩图 3-562 严重药害，嫩梢及叶片干枯

【病因及发生特点】药害的发生原因很多，主要是由化学药剂使用不当造成。如药剂使用浓度过高、局部药液积累量过多、使用敏感性药剂、药剂混用不当、用药方法或技术欠妥等。另外，高温、高湿可以加重某些药剂的药害程度；不同品种耐药性不同，发生药害的程度不同；不同生育期耐药性不同，药害发生程度及可能性不同。幼果期一般耐药性差，易产生药害；树势壮耐药性强，树势弱易出现药害。

【防控技术】根据梨树生长发育特点，科学选用和使用优质安全农药，是避免发生药害的最根本措施。

科学使用农药，严格按使用浓度配制药液，喷雾应均匀周到。喷药时避开中午高温时段和有露水时段。根据果实发育特点和药剂特性，选用优质安全药剂，幼果期避免使用强刺激性农药，如含铜制剂、不合格代森锰锌、含硫黄制剂、质量不好的乳油类制剂等。科学混配农药，不同药剂避免随意混用；必须混合用药时，要先进行安全性试验，或向有关技术人员咨询。避免选用对梨树敏感的药剂。梨树幼果期必须选用安全药剂，并尽量选用悬浮剂、可湿性粉剂、水分散粒剂、水剂、水乳剂、微乳剂等。另外，合理修剪，使树体通风透光良好，降低园内湿度；加强栽培管理，培育壮树，提高树体耐药能力。如果发生轻度药害后，及时喷洒 0.003% 丙酰芸苔素内酯水剂 2000 ～ 3000 倍液＋ 0.3% 尿素、或 0.136% 赤·吲乙·芸苔可湿性粉剂 10000 ～ 15000 倍液等，可在一定程度上减轻药害程度，促进树势恢复，但该措施对严重药害效果不明显。

第四章

山楂病害

腐烂病

腐烂病是一种重要的枝干病害，在全国各山楂产区均有发生。为害轻时造成树势衰弱，影响产量；为害重时导致死枝死树，甚至果园毁灭。

【症状诊断】腐烂病主要为害主干、主枝，有时也可为害小枝与果实。枝干受害，症状表现分为溃疡型与枝枯型两种类型。

溃疡型 主要发生在主干、主枝及枝杈处，春季和夏季衰弱树上发生较多。发病初期，病斑呈红褐色、水渍状、微隆起，圆形、长圆形或不规则形，腐烂组织松软，按压病斑可流出黄褐色至红褐色汁液，稍带酒糟味。后期，病斑失水干缩、凹陷，颜色加深，病健交界处产生裂缝，有时病斑表面也可产生；同时，病斑表面逐渐散生出黑褐色至黑色小粒点，雨后或环境潮湿时其上可溢出黄色至黄褐色丝状物（彩图4-1）。

彩图4-1
枝干上的不规则
形腐烂病斑

枝枯型 主要发生在小枝上，衰弱树上较为常见。病斑形状多不规则，迅速扩展绕枝后病斑上部枝条逐渐枯死。后期，枯枝上也可产生小黑点及黄丝（彩图4-2）。

彩图4-2 枝条受害，形成枯死枝

果实受害，多由枯死枝蔓延引起。病斑圆形或不规则形，黄褐色至红褐色，有时呈颜色深浅交替的轮纹状。病组织腐烂，稍有酒糟味，后期表面也可产生出小黑点，但很少溢出黄丝。

【病原】黑腐皮壳菌（*Valsa* sp.），属于子囊菌亚门核菌纲球壳菌目；无性阶段为蔷薇科壳囊孢（*Cytospora oxyacanthae Rab.*），属于半知菌亚门腔孢纲球壳孢目。病斑表面的小黑点即为病菌的子座组织（内生分生孢子器或子囊壳），黄色丝状物为孢子黏液。

【发病规律】病菌主要以菌丝体与子座组织（分生孢子器或子囊壳）在田间病株及病斑上越冬。翌年条件适宜时（多雨潮湿或降雨后）溢出病菌孢子，通过风或雨水传播，从各种伤口（修剪伤、冻伤、机械伤等）侵染为害。

腐烂病菌是一种弱寄生菌，树体上许多枯死组织部位均普遍带有病菌。当树势健壮时，病菌处于潜伏状态，不能导致形成病斑；而当树势衰弱或树体局部衰弱时，潜伏病菌扩展为害则导致形成病斑。一般果园一年有两个发病高峰，分别为3～5月和8～9月，且春季高峰重于秋季。

管理粗放、树势衰弱是导致该病较重发生的主要因素。土壤瘠薄、有机肥缺乏的果园发病较重，大小年频繁交替

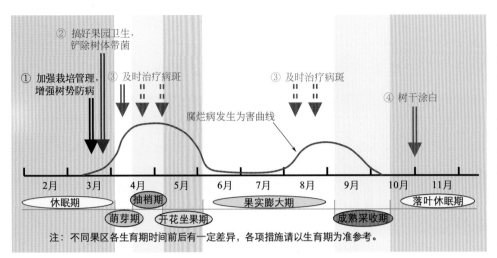

② 搞好果园卫生，
铲除树体带菌

① 加强栽培管理，
增强树势防病

③ 及时治疗病斑

③ 及时治疗病斑

④ 树干涂白

腐烂病发生为害曲线

| 2月 | 3月 | 4月 | 5月 | 6月 | 7月 | 8月 | 9月 | 10月 | 11月 |

休眠期　　　　　抽梢期　　　　　　果实膨大期　　　　　落叶休眠期

萌芽期　开花坐果期　　　　　　成熟采收期

注：不同果区各生育期时间前后有一定差异，各项措施请以生育期为准参考。

图4-1　腐烂病防控技术模式图

的果园病害较重，易发生冻害的果园病害亦发生较重。

【防控技术】以加强栽培管理、壮树防病为基础，铲除树体带菌、防控病菌为害为重点，及时治疗病斑、恢复树势健壮为辅助（图4-1）。

1.加强栽培管理，壮树防病　增施农家肥等有机肥，按比例科学使用速效化肥，培育壮树，提高树体抗病能力。根据树势及施肥水平，科学疏花疏果，合理确定树体结果量，杜绝大小年结果现象。干旱地区注意及时浇水，平地果园雨季注意排水。

2.搞好果园卫生，铲除树体带菌　结合修剪，彻底剪除病枯枝，集中带到园外销毁。粗翘皮较重的果园，发芽前尽量刮除，但不宜重刮。树体萌芽前，全园喷施1次铲除性药剂清园，杀灭树体残余病菌。清园效果较好的药剂有：30%戊唑·多菌灵悬浮剂400～600倍液、41%甲硫·戊唑醇悬浮剂400～500倍液、60%铜钙·多菌灵可湿性粉剂300～400倍液、77%硫酸铜钙可湿性粉剂300～400倍液、45%代森铵水剂200～300倍液等。

3.及时治疗病斑　发现病斑及时治疗，以刮治效果最好。早发现、早治疗，治早、治小。刮治病斑后及时涂药，有效药剂如：2.12%腐植酸铜水剂、3%甲基硫菌灵糊剂、1.8%辛菌胺醋酸盐水剂20～40倍液、30%戊唑·多菌灵悬浮剂50～80倍液、41%甲硫·戊唑醇悬浮剂50～70倍液、20%丁香菌酯悬浮剂100～200倍液等。

4.其他措施　注意防控造成早期落叶的病虫害。尽量减少各种伤口，避免过度修剪，禁止严冬修剪，修剪伤口及时涂药保护。易发生冻害地区，秋后及时树干涂白。涂白剂配方为：生石灰6千克、20波美度左右石硫合剂1千克、食盐1千克、动物油0.1千克、清水18千克。

干腐病

【症状诊断】干腐病主要为害枝干，导致树皮坏死腐烂。病斑近圆形、长椭圆形、长条形或不规则形，在壮树上只为害树皮的浅层组织，不能将树皮烂透；而在衰弱树或弱枝上，病斑常将树皮烂透，且环绕枝干后导致上部枝干死亡。发病初期，病斑呈红褐色至紫褐色，近圆形或不规则形；扩展后成长条形或不规则形，表面凹陷。后期，病健交界处产生裂缝，凹陷明显，表面逐渐密生出许多小黑点（相比腐烂病的小黑点小而密）（彩图4-3、彩图4-4），雨后或潮湿时其上溢出灰白色黏液。病树生长衰弱，发芽晚，结果小，叶色枯黄无光泽。严重时，导致枝条枯死，甚至树体死亡。

【病原】贝伦格葡萄座腔菌（*Botryosphaeria berengeriana* de Not.），属于子囊菌亚门腔菌纲格孢腔菌目；无性阶段为大茎点霉（*Macrophoma* sp.），属于半知菌亚门腔孢纲球壳孢目。病斑表面的小黑点主要为病菌的分生孢子器，灰白色黏液为分生孢子黏液。

彩图4-3　干腐病枯枝表面密生小黑点　　彩图4-4　局部小黑点放大

【发病规律】病菌主要以菌丝体和分生孢子器在枝干病斑内越冬，翌年条件适宜时产生并溢出分生孢子，通过风雨传播，从伤口或皮孔侵染为害。该菌具有潜伏侵染特性，树体或枝干衰弱时容易发病。5～6月病斑扩展较快。土壤瘠薄、有机质含量低、管理粗放果园病害发生较多，干旱缺水、遭受冻害或日灼伤害的果园受害较重，土壤贫瘠的幼树果园（特别是缓苗期）容易发病，且易造成死树。

【防控技术】加强土肥水等栽培管理，培育壮树，提高树体抗病能力。结合其他病害防控，搞好果园卫生，铲除树体带菌，并及时治疗病斑。具体措施参考"腐烂病"防控技术。

木腐病

木腐病又称心腐病、心材腐朽病，主要为害成年老树或衰弱树，在全国各山楂产区均有发生。病树木质部腐朽，支撑和负载能力降低，刮大风时枝干容易折断。

【症状诊断】木腐病主要发生在衰老树的主干、主枝上，病树树势衰弱，叶片色淡无光，结果少而小，发芽晚，落叶早。其主要症状特点是：病树枝干木质部腐朽，手捏易碎，木质部内充满灰白色菌丝，枝干表面或伤口处产生有灰白色至黄褐色的病菌结构。该病菌结构形状因病菌种类不同而异，常见有马蹄状、贝壳状、膏药状、馒头状、层状等多种类型（彩图4-5）。

彩图4-5　枝干表面的木腐病病菌结构

【病原】可由多种病菌引起，常见种类有：截孢层孔菌［Fomes truncatospora（Lloyd）Teng］、木蹄层孔菌［Pyropolyporus fomentarius（L.ex Fr.）Teng］等，均属于担子菌亚门层菌纲非褶菌目，均为弱寄生性真菌。树体表面的病菌结构即为病菌的担子果，其上产生并释放出大量病菌孢子（担孢子）。

【发病规律】病菌主要以菌丝体在病树枝干内、或病菌结构在树体表面或病残体上越冬，菌丝体在树体内能连年扩展为害。枝干表面的病菌结构上产生病菌孢子，通过气流或风雨传播，从伤口侵染为害。长期不能愈合的机械伤口易受病菌侵染。树势衰弱、机械伤口多、管理粗放果园发病多，老龄树、衰弱树受害较重。

【防控技术】加强栽培管理、壮树防病是基础，保护各类伤口并促进伤口愈合为关键。

1.加强栽培管理　增施农家肥等有机肥，按比例科学使用速效化肥，干旱季节及时灌水，培育健壮树体，提高抗病能力。合理修剪，根据树势和肥水条件科学确定结果量，避免形成大小年，促使树体健壮生长。修剪伤口后及时涂药保护或贴封保护膜，防止病菌侵染。

2.搞好果园卫生　首先，随时清除树体表面的病菌结构，集中带到园外烧毁，并对枝干伤口涂药保护。其次，结合其他病害防控，在萌芽前喷药清园，杀死部分树体表面携带病菌。

枯梢病

枯梢病主要为害结果枝梢，造成结果枝枯萎死亡，直接影响果品产量，在许多山楂产区是一种严重病害，特别在北方产区发生为害较重，一般果园枯梢率在15%～30%，严重果园高达近50%。

【症状诊断】枯梢病主要为害二年生果桩枝条，造成结果枝花期枯萎死亡。发病初期，果桩枝条皮层变褐腐烂，继而干枯、缢缩，并逐渐向下扩展蔓延。当病斑蔓延至果枝基部时，当年生果枝迅速失水萎蔫、干枯死亡。后期，病部表皮下逐渐产生出灰褐色至黑褐色小粒点，潮湿时其上可溢出乳白色丝状物。枯梢不易脱落，残存树上可达一年（彩图4-6、彩图4-7）。

彩图4-6　病梢叶片干枯

彩图4-7　枝梢枯死状

【病原】葡萄生壳梭孢（Fusicoccum viticolum Reddick），属于半知菌亚门腔孢纲球壳孢目。病斑表面的小粒点为病菌的分生孢子器，乳白色丝状物为分生孢子角。

【发病规律】病菌主要以菌丝体和分生孢子器在二、三年生果桩枝条上越冬。翌年春季新梢抽生至现蕾开花期病斑迅速向下扩展蔓延，当病斑蔓延至新梢基部时，造成当年生果枝枯萎。落花后半月左右枯梢现象基本停止发生。6、7月份，病斑上溢出许多病菌孢子，该孢子通过风雨传播，侵染为害二年生果桩，并在果桩上潜伏越冬。老龄树、衰弱树、修剪不当及管理粗放的果园发病较重，幼树、壮树发病较轻；树冠外围强壮枝条发病较轻，内膛衰弱枝条发病较重。

【防控技术】枯梢病防控技术模式如图4-2所示。

1.加强栽培管理，壮树防病　增施农家肥等有机肥，按比例科学使用速效化肥，干旱季节及时浇水，培育壮树，提高树体抗病能力。合理修剪，促使树体通风透光；科学确定结果量，保证树体健壮生长。

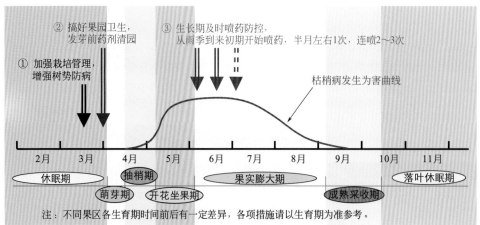

② 搞好果园卫生，发芽前药剂清园

① 加强栽培管理，增强树势防病

③ 生长期及时喷药防控，从雨季到来初期开始喷药，半月左右1次，连喷2～3次

枯梢病发生为害曲线

2月　3月　4月　5月　6月　7月　8月　9月　10月　11月

休眠期　抽梢期　果实膨大期　落叶休眠期

萌芽期　开花坐果期　成熟采收期

注：不同果区各生育期时间前后有一定差异，各项措施请以生育期为准参考。

图4-2　枯梢病防控技术模式图

2. 搞好果园卫生，发芽前药剂清园　结合修剪，彻底剪除各种枯死枝，集中带到园外销毁，消灭病菌越冬场所。往年病害发生较重果园，发芽前喷施1次铲除性药剂清园，杀灭树上残余越冬病菌。效果较好的药剂有：41%甲硫·戊唑醇悬浮剂400～500倍液、30%戊唑·多菌灵悬浮剂400～600倍液、60%铜钙·多菌灵可湿性粉剂300～400倍液、77%硫酸铜钙可湿性粉剂300～400倍液、45%代森铵水剂200～300倍液等。

3. 生长期及时喷药防控　从雨季到来初期开始喷药，半月左右1次，连喷2～3次。效果较好的药剂有：70%甲基硫菌灵可湿性粉剂或500克/升悬浮剂800～1000倍液、50%多菌灵可湿性粉剂或500克/升悬浮剂600～800倍液、430克/升戊唑醇悬浮剂3000～4000倍液、10%苯醚甲环唑水分散粒剂1500～2000倍液、50%乙霉·多菌灵可湿性粉剂1000～1200倍液、30%戊唑·多菌灵悬浮剂800～1000倍液、41%甲硫·戊唑醇悬浮剂700～800倍液等。

轮纹病

轮纹病是一种常见的果实病害，在我国各山楂产区均有发生，但以北方和华东产区发病较重。一般果园病果率在10%～20%，严重时可达50%以上，对产量与品质影响很大。

【症状诊断】轮纹病主要为害果实，也可为害枝干。果实受害，多从近成熟期开始发病，初期以皮孔为中心产生圆形小斑点，淡褐色至褐色；随病斑不断扩大，逐渐形成近圆形轮纹状腐烂病斑（彩图4-8、彩图4-9），有时病斑表面轮纹不明显（彩图4-10）。严重时，半个以上果实腐烂。枝干受害，多以皮孔为中心开始发病，初期产生暗褐色瘤状小斑点，逐渐扩大成圆形或近圆形褐色瘤状病斑（彩图4-11）；后期，病健交界处产生裂缝，病组织边缘翘起，病斑表面逐渐散生出黑色小粒点（彩图4-12）。翌年，病斑继续向周边扩展，形成环状坏死斑，后期边缘同样产生裂缝、翘起。如此可以连续扩展几年。枝干病斑多时，常导致树皮粗糙。

【病原】贝伦格葡萄座腔菌梨生转化型［*Botryospha-*

eria borengeriana de Not.f.*piricola*（Nose）Koganezawa et Sakuma］，属于子囊菌亚门核菌纲球壳菌目；自然界常见其无性阶段，为轮纹大茎点霉（*Macrophoma kuwatsukai* Hara），属于半知菌亚门腔孢纲球壳孢目。病斑表面的小黑点即为病菌的分生孢子器。

【发病规律】病菌主要以菌丝体或分生孢子器在枝干病斑上越冬，翌年温湿条件适宜时产生并溢出分生孢子，通过风雨传播，从皮孔侵染为害。果实受害，从落花后的幼果至成熟期均可发生；枝干受害，整个生长期均可发生。但均为初侵染为害，该病没有再侵染。幼果期侵染果实的病菌，具有潜伏侵染特性，到果实近成熟期才导致发病。多雨潮湿是影响该病发生的主要因素，树势衰弱、管理粗放果园发病较重。

彩图4-8　典型轮纹病病果

彩图4-9　病果剖面症状

彩图4-10　有时病斑表面没有明显轮纹

彩图4-11　枝干表面的褐色瘤状病斑

彩图4-12　病斑表面散生出小黑点

【防控技术】轮纹病防控技术模式如图4-3所示。

1.加强栽培管理，壮树防病　增施农家肥等有机肥，按比例科学使用速效化肥，干旱季节及时灌水，培育壮树，提高树体抗病能力。合理修剪，使果园通风透光，降低环境湿度。科学确定结果量，促使树体健壮。

2.搞好果园卫生，铲除树体带菌　结合其他病害防控，发芽前喷施1次铲除性药剂清园，杀灭树体带菌。效果较好的药剂同"枯梢病"清园。枝干病斑严重的果园或树体，

若在药剂清园前先轻刮枝干病斑，然后再喷药清园效果较好。

3.生长期喷药防控　以防控果实受害为主，兼防枝干受害。一般果园从落花后10天左右开始喷药，15天左右1次，连喷4～6次，以治疗性药剂与保护性药剂交替使用或混用效果较好。常用治疗性药剂有：70%甲基硫菌灵可湿性粉剂或500克/升悬浮剂800～1000倍液、50%多菌灵可湿性粉剂或500克/升悬浮剂600～800倍液、430克/升戊唑醇悬浮剂3000～4000倍液、10%苯醚甲环唑水分散粒剂1500～2000倍液、40%腈菌唑可湿性粉剂6000～8000倍液、30%戊唑·多菌灵悬浮剂800～1000倍液、41%甲硫·戊唑醇悬浮剂700～800倍液、50%乙霉·多菌灵可湿性粉剂1000～1200倍液等；常用保护性药剂有：80%代森锰锌（全络合态）可湿性粉剂600～800倍液、70%丙森锌可湿性粉剂600～800倍液、80%代森锌可湿性粉剂600～800倍液、77%硫酸铜钙可湿性粉剂800～1000倍液等。

炭疽病

【症状诊断】炭疽病主要为害果实，也可为害叶片和枝条。果实受害，多从近成熟期开始发病，初期在果面上产生淡褐色至褐色圆形病斑，后病斑逐渐扩大，形成褐色至黑褐色，圆形或近圆形凹陷病斑（彩图4-13）。后期，病斑表面可产生出小黑点，散生或近轮纹状排列；潮湿时，小黑点上可溢出淡粉红色黏液。有时一个果实上可发生多个病斑，病果不能食用。果实病斑被药剂控制住后，病组织后期易剥离翘起（彩图4-14）。叶片受害，多从叶尖或叶缘开始发生，形成褐色至红褐色大型干枯病斑，呈V字形或不规则形（彩图4-15）。枝条受害，病斑多不明显，但可产生小黑点与粉红色黏液。

【病原】胶孢炭疽菌（*Colletotrichum gloeosporioides* Penz.），属于半知菌亚门腔孢纲黑盘孢目。病斑表面的小黑点即为病菌的分生孢子盘，粉红色黏液为分生孢子黏液。

【发病规律】病菌主要以菌丝体或分生孢子盘在病枝条上越冬，也可在刺槐上（刺槐是炭疽病菌的重要寄主）越冬。翌年温湿条件适宜时越冬病菌产生分生孢子，通过风雨传播，从皮孔或直接侵染为害。果实发病后，在田间可导致再侵染。果实受害，从幼果期至采收期均可发生，一般果园7～9月为发病高峰。阴雨连绵、高温高湿、果园郁弊易导致炭疽病发生与流行，以刺槐做防护林的果园发病早且重。

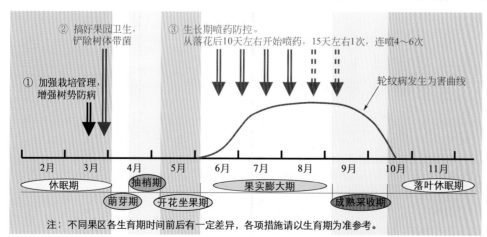

② 搞好果园卫生，铲除树体带菌

③ 生长期喷药防控。从落花后10天左右开始喷药，15天左右1次，连喷4～6次

① 加强栽培管理，增强树势防病

轮纹病发生为害曲线

| 2月 | 3月 | 4月 | 5月 | 6月 | 7月 | 8月 | 9月 | 10月 | 11月 |

休眠期　　抽梢期　　果实膨大期　　落叶休眠期

萌芽期　　开花坐果期　　成熟采收期

注：不同果区各生育期时间前后有一定差异，各项措施请以生育期为准参考。

图4-3　轮纹病防控技术模式图

彩图4-13 果实上的炭疽病病斑

彩图4-14 被药剂控制住的病斑，病组织剥离翘起

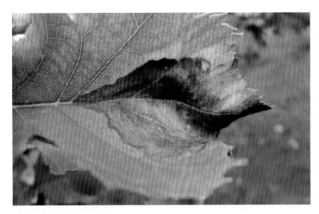

彩图4-15 炭疽病病叶

【防控技术】炭疽病防控技术模式如图4-4所示。

1. 加强栽培管理，搞好果园卫生　合理修剪，促使果园通风透光，降低环境湿度，创造不利于病害发生的生态条件。结合其他病害防控，发芽前喷施铲除性药剂清园，杀灭树上越冬病菌。以刺槐做防护林的果园，注意喷洒周围的刺槐树。有效药剂同"枯梢病"清园。

2. 生长期喷药防控　从落花后10天左右开始喷药，15天左右1次，连喷4～6次，以治疗性药剂与保护性药剂交替使用或混用效果较好。有效药剂参考"轮纹病"生长期喷药。另外，对炭疽病效果较好的药剂还有：450克/升咪鲜胺乳油1200～1500倍液、25%溴菌腈可湿性粉剂600～800倍液等。

红粉病

【症状诊断】红粉病主要为害果实，一般从近成熟果开始发生，有时采收后仍可发病。果实受害，多从伤口处或带有枯死组织的部位开始发生，初期产生褐色至深褐色病斑，后很快扩展成圆形、近圆形或不规则形干腐斑（彩图4-16），明显凹陷。随病斑发展，表面逐渐产生出淡粉红色霉状物，后期霉状物布满整个病斑表面（彩图4-17）。严重时，整个果实受害，形成僵果（彩图4-18）；甚至病斑蔓延至果柄上，造成果柄干枯（彩图4-19）。

彩图4-16 红粉病病斑呈黑褐色干腐

【病原】粉红聚端孢霉 [Trichothecium roseum (Pers.) Link]，属于半知菌亚门丝孢纲丝孢目。病斑表面的霉状物即为病菌的菌丝体、分生孢子梗和分生孢子。

【发病规律】红粉病菌是一种弱寄生性真菌，没有固定越冬场所，在自然界广泛存在。分生孢子主要通过气流或风雨传播，从伤口或枯死组织部位侵染为害。果实虫害较重、

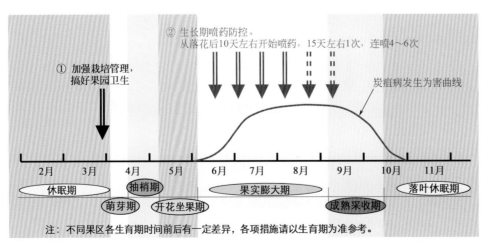

① 加强栽培管理，搞好果园卫生

② 生长期喷药防控。
从落花后10天左右开始喷药，15天左右1次，连喷4～6次

炭疽病发生为害曲线

2月　3月　4月　5月　6月　7月　8月　9月　10月　11月

休眠期　抽梢期　果实膨大期　落叶休眠期

萌芽期　开花坐果期　成熟采收期

注：不同果区各生育期时间前后有一定差异，各项措施请以生育期为准参考。

图4-4 炭疽病防控技术模式图

伤口较多、果园郁蔽、管理粗放等均有利于红粉病发生。

彩图4-17 病斑表面产生有淡粉红色霉状物

彩图4-18 红粉病僵果

彩图4-19 病斑蔓延至果柄上

【防控技术】以加强果园栽培管理和安全贮运为主。合理修剪，促使果园通风透光，降低环境湿度。结合修剪，彻底剪除各种枯死枝、病伤枝，集中带到园外销毁。加强蛀果害虫防控，减少果实伤口。易发生雹害的地区或果园，遭受雹害后加强肥水管理，促进伤口愈合。贮运前仔细挑选，彻底剔除病、虫、伤果，并尽量采用低温贮运，控制病害发生。

▉ 花腐病 ▉

花腐病是山楂上的一种重要病害，我国许多产区均有发生，特别在东北产区为害较重。流行年份，病叶率可达70%左右、病果率高达90%以上，对山楂生产威胁很大。

【症状诊断】花腐病主要为害叶片、新梢、花器及幼果。叶片受害，新展出的嫩叶即可发生。初期产生褐色斑点或短线条状小斑，后迅速扩大成红褐色至棕褐色不规则形大斑，甚至整叶枯萎；潮湿时，病叶表面产生有灰白色霉状物。新梢受害，多由病叶蔓延引起，病斑褐色至红褐色，环绕枝梢后导致形成枯梢。花器受害，多从柱头处开始，逐渐蔓延至花器腐烂、干枯（彩图4-20、彩图4-21）。幼果受害，多从落花后10天左右开始发病，初期果面上产生褐色湿腐状小斑点，约2～3天后扩展到整个果实，导致病果成暗褐色腐烂，表面常有褐色酒糟味黏液溢出，病果容易脱落（彩图4-22）。

彩图4-20 花器受花腐病为害初期

彩图4-21 花器受害，后期干枯

彩图4-22 果实上的花腐病病斑

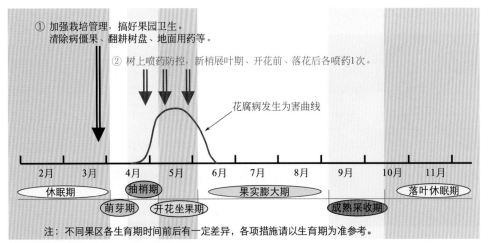

① 加强栽培管理，搞好果园卫生。
清除病僵果、翻耕树盘、地面用药等。

② 树上喷药防控，新梢展叶期、开花前、落花后各喷药1次。

花腐病发生为害曲线

2月　3月　4月　5月　6月　7月　8月　9月　10月　11月

休眠期　　抽梢期　　　果实膨大期　　　　落叶休眠期
　　　萌芽期　开花坐果期　　　成熟采收期

注：不同果区各生育期时间前后有一定差异，各项措施请以生育期为准参考。

图4-5　花腐病防控技术模式图

【病原】山楂链核盘菌 [*Monilinia johusonii*（Ell.et Ev.）Honey]，属于子囊菌亚门盘囊菌纲柔膜菌目。无性阶段为丛梗孢霉（*Monilia sp.*），属于半知菌亚门丝孢纲丝孢目。病斑表面的灰白色霉状物即为病菌的分生孢子梗与分生孢子。

【发病规律】病菌主要以菌丝体在病僵果上越冬，翌年春天环境潮湿时病僵果上产生出子囊盘并释放出子囊孢子，通过气流或风雨传播进行侵染为害。病部产生的分生孢子再经气流或风雨传播进行再侵染为害。在辽宁鞍山地区，4月下旬子囊盘开始出现，5月上旬达到高峰，5月下旬后不再发生。病菌侵染期主要集中在展叶至开花期。

展叶至开花期多雨、潮湿、低温有利于病害发生，山地果园比平原果园发病重，阴坡果园比阳坡果园发病重。

【防控技术】花腐病防控技术模式如图4-5所示。

1.加强栽培管理，搞好果园卫生　落叶后至发芽前，彻底清除病僵果，集中深埋或烧毁。而后在发芽前深翻树盘，将残余病僵果翻埋地下，阻止病菌孢子释放。不能清除病僵果的果园，也可在山楂发芽前地面喷药，杀灭越冬病菌，效果较好的药剂如：3～5波美度石硫合剂、77%硫酸铜钙可湿性粉剂200～300倍液、60%铜钙·多菌灵可湿性粉剂200～300倍液等。另外，在酸性土壤地区，也可地面撒施生石灰消毒灭菌，每亩使用量25千克左右。

2.树上喷药防控　往年病害发生较重果园，在新梢展叶期、开花前和落花后各喷药1次。有效药剂如：70%甲基硫菌灵可湿性粉剂或500克/升悬浮剂800～1000倍液、430克/升戊唑醇悬浮剂3000～4000倍液、10%苯醚甲环唑水分散粒剂1500～2000倍液、12.5%腈菌唑可湿性粉剂2000～2500倍液、50%异菌脲可湿性粉剂1000～1500倍液、30%戊唑·多菌灵悬浮剂800～1000倍液、41%甲硫·戊唑醇悬浮剂700～800倍液、50%乙霉·多菌灵可湿性粉剂1000～1200倍液等。

白粉病

白粉病俗称"弯脖子"、"花脸"，是山楂上的重要病

害之一，在我国各山楂产区均有发生。严重时造成大量果实畸形或幼果脱落，对产量与品质影响很大，并影响新梢生长与花芽形成，对第二年也有较大影响。

【症状诊断】白粉病主要为害叶片、幼果和新梢。叶片受害，初期产生黄绿色斑块，不久表面产生出绒絮状白色粉斑，叶片两面均可产生（彩图4-23、彩图4-24）。严重时，叶片上散生多个病斑，病叶皱缩、卷曲，逐渐焦枯。幼果受害，落花后即可发病，多从近果柄处开始发生，表面产生白色粉斑，并逐渐扩展到果面上，导致果实向一侧弯曲（彩图4-25、彩图4-26）。严重时，病果容易脱落。受害较晚的幼果，白色粉斑下果皮硬化，并逐渐发生龟裂，果实畸形，后期着色不良。新梢受害，病部布满白粉，节间缩短，生长细弱，后期逐渐枯死。

彩图4-23　叶片正面的白色粉斑

彩图4-24　叶片背面的白色粉斑

彩图4-25　幼果受害状

彩图4-26　许多幼果受害

【病原】蔷薇科叉丝单囊壳［*Podosphaera oxyacanthae* (DC.) de Bary］，属于子囊菌亚门核菌纲白粉菌目；无性阶段为山楂粉孢霉（*Oidium crataeg*Grogh.），属于半知菌亚门丝孢纲丝孢目。病斑表面的白色粉斑即为病菌的分生孢子梗与分生孢子。

【发病规律】病菌主要以闭囊壳在病落叶和病果上越冬，翌年春雨后释放出子囊孢子，通过气流传播，先侵染根蘗叶片，并产生分生孢子。分生孢子再通过气流传播，侵染叶片、幼果等。该病在田间有多次再侵染。山东、河北产区5、6月份为发病盛期，7月份后减缓，10月间停止发生。春季温暖干旱的年份发病较重，管理粗放、树势衰弱、种植过密等有利于病害发生，实生苗、根蘗苗发病较

重，幼树和结果树发病较轻。

【防控技术】白粉病防控技术模式如图4-6所示。

1.加强栽培管理，搞好果园卫生　落叶后至发芽前，彻底清除落叶、病僵果等，集中深埋或销毁，消灭病菌越冬场所。发芽前，翻耕树盘，将残余病残体翻埋地下，阻止子囊孢子产生及传播。不能清除病残体的山地果园，也可在山楂发芽前地面喷洒药剂，杀灭越冬病菌，有效药剂如：3～5波美度石硫合剂、30%戊唑·多菌灵悬浮剂300～400倍液、41%甲硫·戊唑醇悬浮剂300～400倍液、40%氟硅唑乳油4000～5000倍液等。结合修剪，彻底剪除根蘗苗，减少病害早期发生。另外，结合其他农事操作，及时剪除病果、病梢等，并集中深埋。

2.生长期及时喷药　一般果园在展叶期至开花前、落花后及落花后半月左右各喷药1次，即可有效控制白粉病的发生为害。往年白粉病严重果园，可适当加喷1～2次。效果较好的药剂有：430克/升戊唑醇悬浮剂3000～4000倍液、12.5%烯唑醇可湿性粉剂2000～2500倍液、12.5%腈菌唑可湿性粉剂2000～2500倍液、10%苯醚甲环唑水分散粒剂1500～2000倍液、40%氟硅唑乳油7000～8000倍液、25%乙嘧酚悬浮剂800～1000倍液、70%甲基硫菌灵可湿性粉剂或500克/升悬浮剂700～800倍液、30%戊唑·多菌灵悬浮剂800～1000倍液、41%甲硫·戊唑醇悬浮剂700～800倍液等。

锈病

锈病又称赤星病，俗称"羊胡子"，在我国各山楂产区均有发生，以风景绿化区周边的果园发病较重。严重时，许多叶片及果实受害，对产量及树势均影响很大（彩图4-27）。

【症状诊断】锈病主要为害山楂的叶片和幼果，有时叶柄、果柄、新梢也可受害。发病后的主要症状特点是：病部橙黄色肿胀，表面先产生黄色小点渐变黑褐色，后期表面丛生出黄褐色毛状物。

叶片受害，初期叶面先产生黄色小斑点，后斑点逐渐扩大肿胀，表面凹陷（彩图4-28），叶背隆起（彩图4-29）；随病斑扩大，叶正面逐渐散生出黄褐色小点，并逐渐变黑褐色（彩图4-30）；后期，叶片背面逐渐丛生出黄褐色毛状物（彩图4-31、彩图4-32）。有时病斑也可在叶脉上产生，叶脉病斑后期易导致前端叶片干枯（彩图4-33）。严重时，叶片上散生许多病斑，并易导致病叶变红、早落（彩图4-34、彩图4-35）。

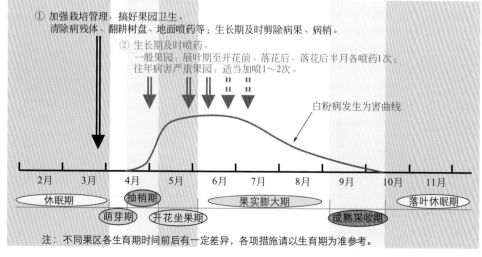

① 加强栽培管理，搞好果园卫生。
清除病残体、翻耕树盘、地面喷药等；生长期及时剪除病果、病梢。

② 生长期及时喷药。
一般果园：展叶期至开花前、落花后、落花后半月各喷药1次；
往年病害严重果园：适当加喷1～2次。

白粉病发生为害曲线

| 2月 | 3月 | 4月 | 5月 | 6月 | 7月 | 8月 | 9月 | 10月 | 11月 |

休眠期　　抽梢期　　　　　　果实膨大期　　　　　　落叶休眠期
　　　萌芽期　开花坐果期　　　　　　成熟采收期

注：不同果区各生育期时间前后有一定差异，各项措施请以生育期为准参考。

图4-6　白粉病防控技术模式图

彩图4-27　锈病严重为害状

彩图4-31　叶背病斑表面开始产生黄褐色毛状物

彩图4-28　早期病斑的叶片正面，表面凹陷

彩图4-32　病斑背面后期丛生的黄褐色毛状物

彩图4-29　早期病斑的叶片背面，表面隆起

彩图4-33　后期，叶脉上病斑导致前端叶片干枯

彩图4-30　叶正面病斑表面产生出褐色小粒点

彩图4-34　严重时，叶片上散生许多病斑

彩图4-35 严重时，病叶易变红、早落

幼果受害，多在萼端附近开始发病，有时也可从果柄端开始发生（彩图4-36）。症状表现及发展过程与叶片上相似，只是后期在褐色小点周边产生出黄褐色毛状物（彩图4-37～彩图4-41）。

彩图4-36 果实上的早期病斑，呈黄褐色微隆起

彩图4-37 果实病斑中期，表面产生有黄褐色至褐色小粒点

彩图4-38 果实病斑表面开始产生黄褐色毛状物

彩图4-39 果实病斑后期，表面丛生出黄褐色毛状物

彩图4-40 严重受害病果，后期表面布满黄褐色毛状物

彩图4-41 黄褐色毛状物放大图

叶柄、果柄及新梢受害，病斑多呈梭形或椭圆形，肿胀隆起，表面产生初黄色渐变黑褐色小点及黄褐色毛状物，后期易从病斑处折断。

【病原】梨胶锈菌山楂转化型（*Gymnosporangium haraeanum* Syd. f. sp. *crataegicola*），属于担子菌亚门冬孢菌纲锈菌目。病斑表面的初黄色渐变黄褐色的小点是病菌的性子器，黄褐色毛状物是锈子器，锈子器内散生出许多锈孢子。

【发病规律】锈病菌是一种转主寄生性病菌，其转主寄主主要为桧柏。病菌以菌丝体或冬孢子角在转主寄主桧柏上越冬。翌年春季，冬孢子角成熟，遇适量降雨后冬孢子角萌发，产生担孢子，担孢子通过气流传播到山楂树上，

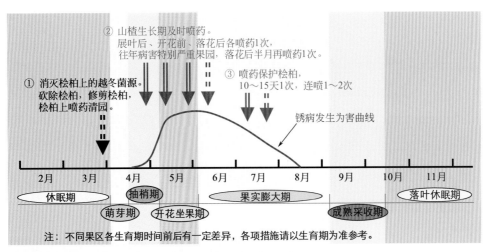

图4-7　锈病防控技术模式图

① 消灭桧柏上的越冬菌源。砍除桧柏，修剪桧柏，桧柏上喷药清园。

② 山楂生长期及时喷药。展叶后、开花前、落花后各喷药1次，往年病害特别严重果园，落花后半月再喷药1次。

③ 喷药保护桧柏，10～15天1次，连喷1～2次。

锈病发生为害曲线

2月　3月　4月　5月　6月　7月　8月　9月　10月　11月

休眠期　　抽梢期　　　　　　果实膨大期　　　　　　落叶休眠期
　　萌芽期　开花坐果期　　　　　　成熟采收期

注：不同果区各生育期时间前后有一定差异，各项措施请以生育期为准参考。

侵染叶片、幼果等幼嫩组织，经6～13天潜育期后逐渐发病。展叶后25天以内的幼嫩叶片及小幼果最易感病。发病后期，病斑表面锈子器内产生的锈孢子再经气流传播到桧柏上侵害针叶或嫩梢，而后在桧柏上越夏、越冬。该病没有再侵染。

桧柏与山楂的相互影响距离一般为2.5～5千米，山楂园周围5千米内是否有桧柏是山楂锈病发生的决定因素。在山楂园周围有桧柏的前提下，山楂展叶至幼果期的降雨情况对病害发生影响很大，降雨早、次数多、雨量大，病害发生较重，反之病害发生较轻。

【防控技术】锈病防控技术模式如图4-7所示。

1.消灭越冬菌源　山楂园周围有桧柏时，最好彻底砍除桧柏，这是防控山楂锈病的最有效措施。若不能砍除桧柏，一方面在山楂发芽前对桧柏进行修剪，尽量剪除桧柏上的冬孢子角，集中销毁；另一方面就是在山楂发芽前对桧柏树喷药清园，杀死越冬病菌。桧柏清园效果较好的药剂如：3～5波美度石硫合剂、45%石硫合剂晶体30～50倍液、77%硫酸铜钙可湿性粉剂300～400倍液、1：1：160倍波尔多液等。

2.山楂生长期及时喷药　往年山楂锈病发生较重果园，在山楂展叶后、开花前及落花后各喷药1次，即可有效控制锈病的发生为害。病害特别严重果园，最好在落花后半月左右再喷药1次。效果较好的有效药剂同"白粉病"生长期喷药。

3.喷药保护桧柏　当山楂锈病的锈子器开始破裂时，开始喷药保护桧柏，10～15天1次，连喷1～2次。有效药剂同山楂上生长期喷药。

黑星病

【症状诊断】黑星病主要为害叶片。发病初期，叶背面的叶脉间产生出稀疏的褐色霉斑，后霉斑逐渐扩大成褐色至黑褐色霉状物，形状多不规则；相对应的叶片正面，逐渐出现不规则形的褪绿黄斑。严重时，叶背许多霉斑扩展连片，甚至布满整个叶背；后期，重病叶易干枯脱落

（彩图4-42）。

【病原】山楂黑星菌（*Venturia crataegi*Adh.），属于子囊菌亚门腔菌纲格孢腔菌目；无性阶段为山楂黑星孢（*Fusicladium crataegi*Adh.），属于半知菌亚门丝孢纲丝孢目。病斑背面的霉状物即为病菌的分生孢子梗和分生孢子。

【发病规律】该病的侵染机制尚不清楚，病菌可能在落叶上越冬。在辽宁地区多从6月上旬开始发病，7月上中旬为发病盛期，9月份以后发病渐少，10月份病害停止发生。多雨潮湿有利于病害发生，多雨年份病害发生较重，干旱年份发病较轻。

彩图4-42　叶片背面的黑星病病斑

【防控技术】

1.加强果园管理　落叶后至发芽前，彻底清扫落叶，集中深埋或烧毁，减少越冬菌源。合理修剪，促使果园通风透光，降低环境湿度，创造不利于病害发生的生态条件。

2.生长期喷药防控　从病害发生初期或初见病斑时开始喷药，半月左右1次，连喷2次左右，注意喷洒叶片背面。效果较好的药剂有：430克/升戊唑醇悬浮剂3000～4000倍液、40%腈菌唑可湿性粉剂6000～8000倍液、10%苯醚甲环唑水分散粒剂1500～2000倍液、12.5%烯唑醇可湿性粉剂2000～2500倍液、40%氟硅唑乳油7000～8000倍液、70%甲基硫菌灵可湿性粉剂或500克/升悬浮剂700～800倍液、30%戊唑·多菌灵悬浮剂800～1000倍液、41%甲硫·戊唑醇悬浮剂700～800倍液等。

黑斑病

【症状诊断】黑斑病主要为害叶片，特别是黄化叶片容易受害（彩图4-43）。发病初期，叶片上产生褐色至深褐色小斑点，后病斑逐渐扩大，形成圆形或近圆形病斑，深

褐色至黑褐色；湿度大时，病斑表面产生有墨绿色至黑色霉状物（彩图4-44）。有时病斑表面隐约呈现轮纹。

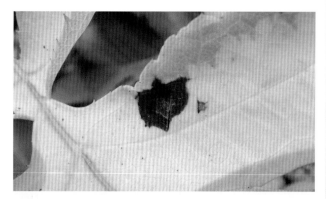

彩图4-43　黄化叶片易受黑斑病为害

彩图4-44　黑斑病典型病斑

【病原】交链孢霉（*Alternaria* sp.），属于半知菌亚门丝孢纲丝孢目。病斑表面的霉状物即为病菌的分生孢子梗和分生孢子。

【发病规律】黑斑病菌是一种弱寄生性真菌，在自然界广泛存在，没有固定越冬场所。病菌孢子主要通过风雨或气流传播进行侵染为害。多雨潮湿、树势衰弱有利于病害发生，黄叶病树发病较多。

【防控技术】

1.加强栽培管理　增施农家肥等有机肥，按比例科学使用速效化肥，适当增施铁肥，培强树势，提高树体抗病能力。发现黄叶病树，及时增施铁肥进行矫治。

2.适当喷药防控　黑斑病属于零星发生病害，一般果园不需单独喷药防控。个别往年病害发生较重果园，从病害发生初期或初见病斑时开始喷药，半月左右1次，连喷2次左右。效果较好的药剂如：10%多抗霉素可湿性粉剂1000 ～ 1500倍液、50%异菌脲可湿性粉剂1000 ～ 1500倍液、80%代森锰锌（全络合态）可湿性粉剂600 ～ 800倍液、10%苯醚甲环唑水分散粒剂1500 ～ 2000倍液、430克/升戊唑醇悬浮剂3000 ～ 4000倍液、30%戊唑·多菌灵悬浮剂800 ～ 1000倍液等。

叶斑病

叶斑病是山楂树上的一种常见病害，在我国各产区均有发生。一般年份病叶率在10% ～ 20%，严重年份可达40%以上，9月份即可导致叶片脱落，对树势及产量影响很大。

【症状诊断】叶斑病主要为害叶片，分为斑点型与斑枯型两种类型。

斑点型　初期病斑呈褐色近圆形，边缘整齐清晰，直径多为2 ～ 3毫米（彩图4-45、彩图4-46）；扩展后成近圆形或不规则形，病斑颜色变淡（彩图4-47）；后期，病斑呈灰白色，表面散生出多个小黑点（彩图4-48）。一张叶片上常有多个病斑，严重时相互连成片，成不规则形大斑，病叶易变黄、脱落。

彩图4-45　斑点型初期病斑（叶面）

彩图4-46　斑点型初期病斑（叶背）

彩图4-47　斑点型中期病斑

彩图4-48　斑点型后期病斑

斑枯型　病斑呈褐色至暗褐色，多为不规则形，直径5～10毫米（彩图4-49、彩图4-50）。严重时，多个病斑连接成不规则形大斑，易导致叶片焦枯早落。后期，病斑表面散生出较大的黑色小粒点（彩图4-51）。

彩图4-49　斑枯型早期病斑（叶面）

彩图4-50　斑枯型早期病斑（叶背）

彩图4-51　斑枯型后期病斑

斑点型与斑枯型叶斑病有时在同一叶片上混合发生（彩图4-52）。

彩图4-52　斑点型（左）与斑枯型（右）叶斑病混合发生

【病原】

斑点型　山楂生叶点霉（*Phyllosticta crataegicola* Sacc.），属于半知菌亚门腔孢纲球壳孢目。病斑表面的小黑点为病菌的分生孢子器。

斑枯型　拟盘多毛孢（*Pestalotiosis* sp.），属于半知菌亚门腔孢纲黑盘孢目。病斑表面的小黑点为病菌的分生孢子盘。

【发病规律】两种病菌均在落叶上越冬。翌年条件适宜时产生出分生孢子，通过风雨传播进行侵染为害，田间有再侵染。北方果区一般6月中旬左右开始发病，8、9月份达发病盛期，严重时9月中下旬即引起叶片脱落。

降雨早、雨日多、雨量大的年份病害发生较重，尤其是7～8月份的降雨影响最大。土质黏重、地势低洼、排水不良、树冠郁闭有利于病害发生，肥水不足、结果量过大、树势衰弱的果园发病较重。

【防控技术】叶斑病防控技术模式如图4-8所示。

1.加强果园管理　增施农家肥等有机肥，按比例科学使用速效化肥，干旱季节及时灌水，雨季注意排水，培育壮树，提高树体抗病能力。落叶后至发芽前彻底清扫落叶，集中深埋或烧毁，消灭病菌越冬场所。合理修剪，促使树体通风透光，降低环境湿度，创造不利于病害发生的生态条件。

2.喷药防控　从病害发生初期或初见病斑时开始喷药，半月左右1次，连喷3～5次。常用有效药剂有：70%甲基硫菌灵可湿性粉剂或500克/升悬浮剂800～1000倍液、50%多菌灵可湿性粉剂或500克/升悬浮剂600～800倍液、430克/升戊唑醇悬浮剂3000～4000倍液、10%苯醚甲环唑水分散粒剂1500～2000倍液、40%腈菌唑可湿性粉剂6000～8000倍液、40%氟硅唑乳油6000～8000倍液、30%戊唑·多菌灵悬浮剂800～1000倍液、41%甲硫·戊唑醇悬浮剂700～800倍液、80%代森锰锌（全络合态）可湿性粉剂600～800倍液、70%丙森锌可湿性粉剂600～800倍液、77%硫酸铜钙可湿性粉剂800～1000倍液等。

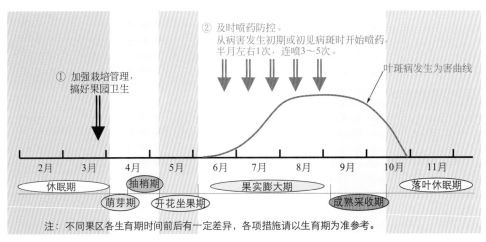

① 加强栽培管理，
搞好果园卫生

② 及时喷药防控。
从病害发生初期或初见病斑时开始喷药，
半月左右1次，连喷3~5次。

叶斑病发生为害曲线

| 2月 | 3月 | 4月 | 5月 | 6月 | 7月 | 8月 | 9月 | 10月 | 11月 |

休眠期　　　抽梢期　　　　　果实膨大期　　　　　　　落叶休眠期
　　　萌芽期　开花坐果期　　　　　成熟采收期

注：不同果区各生育期时间前后有一定差异，各项措施请以生育期为准参考。

图4-8　叶斑病防控技术模式图

黄叶病

黄叶病又称缺铁症，在全国许多山楂产区均有发生，以华北、西北及山东地区发病较重，严重时影响树势和果实产量，甚至造成枝条枯死。

【症状诊断】黄叶病主要在叶片上表现症状，多从新梢顶部嫩叶开始发病。发病初期，叶肉开始褪绿，变淡黄绿色，叶脉及其两侧仍保持绿色（彩图4-53），叶片逐渐形成绿色网纹状（彩图4-54）；随病情发展，叶肉褪绿黄化程度逐渐加重，除主脉及中脉外，其余全部变成黄绿色或黄白色（彩图4-55），新梢上部叶片大都变黄（彩图4-56）。重病树，病叶全部呈黄白色（彩图4-57），叶缘逐渐变褐焦枯（彩图4-58），甚至新梢顶端枯死、形成枯梢（彩图4-59）；严重时，整树叶片全部发病（彩图4-60）。

【病因及发生特点】黄叶病是一种生理性病害，由于铁素供应不足引起。铁是叶绿素形成的重要成分，缺铁时叶绿素形成受阻，故而导致叶片褪绿黄化。一般土壤中都富含铁素，但在碱性土壤中，大量可溶性二价铁离子被转化为不溶性的三价铁盐而沉淀，不能被树体吸收利用，导致树体表现缺铁黄叶。

彩图4-53　发病初期，叶肉开始褪绿变黄

盐碱地或碳酸钙含量高的土壤容易缺铁；大量使用化肥（特别是速效氮肥），导致土壤板结，容易缺铁；土壤黏重，排水不良，地下水位高，容易导致缺铁；沙性土壤，渗透性强，铁素容易流失，缺铁较严重；根部及枝干有病或受损伤时，影响养分运输，树体容易表现缺铁症状；果园管理粗放，黄叶病不能及时校正时，常导致连年发病、且逐年发病加重。春季干旱时，水分蒸发加剧，表层土壤中含盐量增加，易形成春季黄叶；进入雨季后，土壤中盐分下降，可溶性铁相对增多，黄叶病明显减轻，甚至轻病叶能够逐渐康复。

彩图4-54　病叶呈绿色网纹状

彩图4-55　叶肉呈黄白色，仅主侧脉留有绿色

【防控技术】黄叶病防控技术模式如图4-9所示。

1.加强栽培管理　增施农家肥、绿肥等有机肥及微生物肥料，避免偏施化肥，改良土壤，使土壤中的不溶性铁转化为可溶性态，以便树体吸收利用。盐碱地果园，春季灌水压碱，及时排除积水，控制盐分上升，并结合种植深根性绿肥，改良土壤，增加有机质含量。结合施用有机肥混施铁肥，补充土壤中的可溶性铁含量。根据树龄大小，一般每株施用硫酸亚铁或螯合铁0.5～2.0千克，若将铁肥与有机肥按1∶（5～10）的比例混匀后埋施效果更好。

彩图4-56　枝梢叶片全部褪绿变黄

彩图4-57　枝条叶片严重受害状

2.树上及时喷施铁肥　往年有黄叶病的树体或果园，在萌芽期喷施1次0.3%～0.5%的柠檬酸亚铁或硫酸亚铁，能显著控制黄叶病的早期发生，但持效期较短。生长期发现黄叶病后及时喷铁治疗，10天左右1次，直至叶片完全转绿为止。效果较好的铁肥如：黄腐酸二胺铁200倍液、黄叶灵300～500倍液、硫酸亚铁300～400倍液＋0.05%柠檬酸＋0.2%尿素的混合液、铁多多500～600倍液等。

彩图4-58　严重时，叶缘逐渐变褐焦枯

彩图4-59　病叶脱落，枝梢逐渐枯死

彩图4-60　黄叶病严重病树

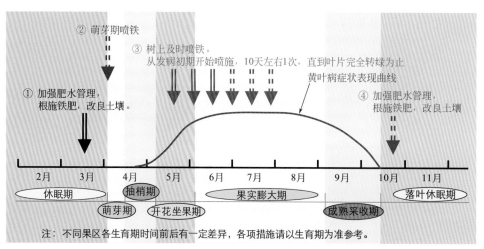

注：不同果区各生育期时间前后有一定差异，各项措施请以生育期为准参考。

图4-9　黄叶病防控技术模式图

日灼病

【症状诊断】日灼病主要为害果实，有时也可为害枝干。果实受害，初期在果实向阳面产生近圆形或不规则形的黄白色病斑，后病斑颜色逐渐加深，呈褐色至黑褐色，表面略显凹陷，后期病斑边缘常开裂翘起（彩图4-61）。病斑仅限于果实表层，不深入果肉内部。严重时，许多果实受害（彩图4-62）。在贮藏期间，病果易受霉菌感染，而导致果实腐烂。枝干受害，在向阳面形成长条形坏死斑，淡褐色至褐色，后期病斑两侧常产生裂缝。

彩图4-61 果实上的日灼病后期病斑

彩图4-62 许多果实受害状

【病因及发生特点】日灼病是一种自然伤害，相当于生理性病害，由强烈阳光过度照射引起。在炎热的夏季，连日晴天高温，天气干旱，土壤缺水，果面易遭受高温灼伤，而导致果实受害。树势衰弱、土壤瘠薄、修剪过度、枝叶量小，果实及枝干受害较重；树势强壮、枝叶茂盛、土壤肥沃，果实及枝干受害较轻。

【防控技术】增施农家肥等有机肥及作物秸秆，改良土壤，提高土壤蓄水能力，是有效防控日灼病的基础。合理修剪，建立良好的树体结构，使果实与枝干有充足枝叶遮阴，能显著预防日灼病发生。夏季注意及时浇水，保证土壤水分供应，促使果实及枝干含水量充足，能显著提高树体耐热能力，有效降低或缓解日灼伤害。在炎热夏季，如遇持续高温干旱，也可在上午及时喷洒0.2%～0.3%磷酸二氢钾溶液或1%石灰水液，能在一定程度上预防日灼病发生。

冻害

【症状诊断】山楂冻害主要发生在早春，以嫩梢、嫩叶受害为主。严重时，嫩梢冻伤枯死，影响当年产量及树势。冻害轻时，嫩梢及幼叶虽能继续生长，但叶片多畸形皱缩，影响开花坐果（彩图4-63、彩图4-64）。

彩图4-63 嫩梢期冻害，后期叶片皱缩状

彩图4-64 嫩叶受冻后，后期皱缩状

【病因及发生特点】冻害是一种自然伤害，相当于生理性病害，由气温急剧、大幅度降低引起，主要是受倒春寒的影响。地势低洼、树势衰弱、管理粗放的果园受害较重。

【防控技术】增施农家肥等有机肥，按比例科学使用速效化肥，培育壮树，提高树体抗病能力。山楂萌芽后注意收听收看天气预报，在寒流即将到来前及时喷施叶面肥等，提高树体抗逆能力，如0.2%～0.3%尿素溶液＋0.003%丙酰芸薹素内酯水剂3000倍液等。另外，也可在寒流即将到来时在果园内放烟，提高环境温度，预防冻害发生。

雹害

【症状诊断】雹害又称雹灾，主要危害叶片、果实及枝条，危害程度因冰雹大小、持续时间长短而异。危轻时，叶片洞穿、破碎或脱落，果实破伤、质量降低；危害重时，叶片脱落，果实伤痕累累、甚至脱落，枝条破伤（彩图4-65），导致树势衰弱，产量降低、甚至绝产。特别严重时，果实脱落，枝断树倒，果园毁灭。

彩图4-65　枝条雹害伤口后期愈合状

【病因及发生特点】雹害是一种异常气候伤害，属于机械创伤，相当于生理性病害。由于雹害后造成大量伤口，所以应在雹害后注意加强栽培及肥水管理，促进伤口愈合及树势恢复，避免继发其他病害。

【防控技术】在经常发生雹害的区域，根据天气预报及时"放炮"驱散剧变气流，避免冰雹形成。有条件的果园也可在果树上方架设防雹网，阻挡或减轻冰雹危害。

遭遇冰雹后，根据雹害轻重适当减少结果量，并增施肥水，促进伤口愈合及树势恢复。同时，及时喷施1次内吸治疗性药剂，预防一些病菌借雹害伤口侵染，如70%甲基硫菌灵可湿性粉剂或500克/升悬浮剂600～800倍液、30%戊唑·多菌灵悬浮剂700～800倍液、41%甲硫·戊唑醇悬浮剂600～800倍液等。

药害

【症状诊断】药害主要发生在叶片和果实上，有时嫩枝上也可发生。症状表现非常复杂，因药剂种类、受害部位和时期不同而异，在容易聚集药液的部位受害较重。叶片受害，多形成褐色坏死斑，或干尖、叶缘焦枯，严重时全叶萎蔫、枯死，甚至造成落叶；有时也可导致叶片变色、花叶、穿孔、皱缩、畸形等（彩图4-66）。果实受害，多形成局部坏死斑块，或果实凹凸不平，甚至导致果实畸形、龟裂或脱落。嫩枝受害，多形成褐色坏死斑，严重时造成枝条枯死。

彩图4-66　叶片药害的花叶状

【病因及发生特点】药害相当于生理性病害，发生原因主要是化学药剂使用不当。如药剂使用浓度过高、局部药液积累量过多、使用敏感性药剂、药剂混用不当、用药方法或技术欠妥等。高温、高湿可以加重某些药剂的药害程度；不同品种耐药性不同，发生药害的程度不同；不同生育期耐药性不同，药害发生程度及可能性不同。幼果期一般耐药性差，易产生药害；树势壮耐药性强，树势弱易出现药害。

【防控技术】选用优质安全农药与科学用药，是避免发生药害的最根本措施。使用农药时，严格按照使用浓度配制药液，均匀周到喷雾，避免在中午高温时段和露水未干时喷药。科学混配农药，不同药剂避免随意混用；必须混合用药时，要先进行安全性试验，或向有关技术人员咨询；不同药剂均需采用二次稀释法进行混配。发生轻度药害后，及时喷洒0.003%丙酰芸苔素内酯水剂2000～3000倍液＋0.3%尿素、或0.136%赤·吲乙·芸苔可湿性粉剂10000～15000倍液等，可在一定程度上减轻药害程度，促进树势恢复，但该措施对严重药害没有明显作用。

第五章
桃、李、杏、樱桃病害

▪▪▪ 腐烂病

腐烂病又称干枯病，在桃、李、杏及樱桃等核果类果树上均有发生，全国各产区均有分布，为害轻时导致树势衰弱、产量降低，严重时造成枝干枯死、甚至全树死亡。

【症状诊断】腐烂病主要为害主干、主枝，发病后的主要症状特点：病部皮层腐烂，腐烂皮层有酒糟味，后期病组织表面产生小黑点，潮湿时小黑点上可溢出橘黄色丝状物。

病斑初期症状不明显，多表现为病部凹陷，有时外部可见米粒大的流胶，胶体初为黄白色，渐变为褐色至棕褐色、甚至黑色。胶点下病组织呈黄褐色湿润腐烂，有酒糟味；腐烂组织向周围逐渐扩大。后期病部干缩凹陷，表面产生灰褐色尖头状突起，撕开表皮，可见许多似眼球状的黑色突起（彩图5-1）。该黑色突起逐渐突破表皮外露，呈小黑点状（彩图5-2）。潮湿时，小黑点上可溢出橘黄色丝状物（彩图5-3）。当病斑扩展环绕枝干后，即造成病斑部位以上枝干枯死或全树死亡（彩图5-4）。

腐烂病斑分为枝枯型和溃疡型两种。枝枯型病斑多发生在较细小枝条上，病斑扩展较快，易环绕枝条一周造成枝条枯死。溃疡型病斑多发生在较粗大枝干上，病斑四周常形成愈伤组织，但溃疡型病斑在春季或树势衰弱时易旧病复发，而造成枝干枯死或全株死亡。

【病原】核果黑腐皮壳 [Valsa leucostoma（Pers.）Fr.]，属于子囊菌亚门核菌纲球壳菌目；无性阶段为核果囊孢（Cytospora leucostoma Sacc.），属于半知菌亚门腔孢纲球壳孢目。病斑表面的小黑点为病菌的子座组织和分生孢子器（或子囊壳），橘黄色丝状物为病菌的孢子（分生孢子或子囊孢子）黏液。

【发病规律】病菌以菌丝体及子座组织（小黑点）在枝干病斑上越冬。果树生长季节病菌孢子（丝状物经雨水溶解后）通过雨水及昆虫传播，主要从伤口侵染为害，也可经皮孔侵入。冻害伤口是病菌侵染的主要途径。病菌侵染后主要在皮层内扩展为害，严重时还可侵害浅层木质部。腐烂病从早春到晚秋均可发生，但以4～6月病斑发展最快，为害也最重。

腐烂病菌是一种弱寄生性真菌，只能从伤口或自然孔口侵染，特别是带有死亡或衰弱组织的伤口更利于病菌侵染。当树势衰弱、抗病力降低时，病害将会较重发生。因此，一切导致树势衰弱、造成伤口的因素，均可诱发及加重该病的发生，冻害及火烧是导致病害严重发生的主要因素。此外，土壤黏重、有机质匮乏、偏施氮肥及枝干病虫害发生多的果园，腐烂病常发生较重；土壤干旱或发生涝

彩图5-2 病斑表面散生出许多小黑点（桃）

彩图5-1 病斑表皮下逐渐聚集形成黑色突起（桃）

彩图5-3 小黑点上溢出橘黄色丝状物（桃）

彩图5-4 腐烂病导致桃树死亡

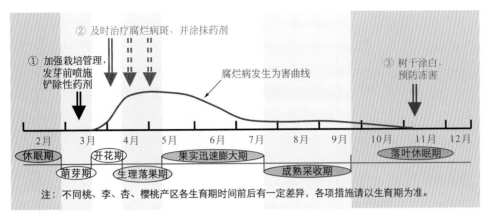

① 加强栽培管理，
发芽前喷施
铲除性药剂

② 及时治疗腐烂病斑，并涂抹药剂

腐烂病发生为害曲线

③ 树干涂白，
预防冻害

2月　3月　4月　5月　6月　7月　8月　9月　10月　11月　12月

休眠期　　开花期　　　　果实迅速膨大期　　　　落叶休眠期

萌芽期　　生理落果期　　　　成熟采收期

注：不同桃、李、杏、樱桃产区各生育期时间前后有一定差异，各项措施请以生育期为准。

图 5-1　腐烂病防控技术模式图

害的果园病害亦常发生较重。

【防控技术】腐烂病防控技术模式如图 5-1 所示。

1. 加强栽培管理，壮树防病　合理施肥，增施农家肥等有机肥，避免偏施氮肥，培强树势，提高树体的抗病能力。冬前及时树干涂白，防止发生冻害；严禁在果园内焚烧杂草、树叶等，避免灼伤树干。注意防控蛀干害虫，避免造成树干虫伤。雨季注意及时排水，避免发生涝害（彩图 5-5）。

彩图 5-5　桃树树干涂白状

2. 休眠期药剂清园　落叶后至发芽前，全园喷施 1 次铲除性药剂，铲除树体带菌，减少病菌来源。常用有效药剂有：45% 代森铵水剂 200 ～ 300 倍液、77% 硫酸铜钙可湿性粉剂 300 ～ 400 倍液、30% 戊唑·多菌灵悬浮剂 400 ～ 600 倍液、41% 甲硫·戊唑醇悬浮剂 400 ～ 500 倍液、60% 铜钙·多菌灵可湿性粉剂 300 ～ 400 倍液及 3 ～ 5 波美度石硫合剂等。

3. 及时治疗病斑　桃、李、杏、樱桃等核果类果树枝干受伤后极易流胶，伤口很难愈合，因此这类果树上的腐烂病病斑不宜进行刮治，而应轻刮病皮后涂抹内吸性或内渗性较强的药剂进行治疗。常用有效药剂如：甲基托布津油膏 [70% 甲基托布津可湿性粉剂：植物油＝1：（20 ～ 25）]、45% 代森铵水剂 100 倍液、21% 过氧乙酸水剂 3 ～ 5 倍液、30% 戊唑·多菌灵悬浮剂 100 ～ 150 倍液、41% 甲硫·戊唑醇悬浮剂 100 ～ 150 倍液、2.12% 腐植酸铜水剂原液等。

干腐病

干腐病又称真菌性流胶病，可为害桃、李、杏、樱桃等多种核果类果树，在全国各产区均有发生，特别是南方潮湿果区发生较多。轻病树树势衰弱、寿命缩短，重病树枝干枯死、甚至树体死亡。

【症状诊断】干腐病在各级枝干上均可发生，以主枝、主干受害较重。发病初期，病斑皮层常呈现疣状突起（彩图 5-6 ～ 彩图 5-11），黄褐色至暗褐色，表面湿润，稍后从病部流出黄色至黑褐色胶液（彩图 5-12 ～ 彩图 5-15）。病部流胶后，病斑逐渐干枯凹陷；剖开皮层，即看到皮下坏死病斑（彩图 5-16、彩图 5-17）。病斑多限于皮层，后期表皮常破裂（彩图 5-18、彩图 5-19），但在衰老树上病斑可深达木质部。有时枝干上常发生多个病斑（彩图 5-20），导致枝条或全树生长衰弱（彩图 5-21），严重时引起枝条或全树枯死（彩图 5-22）。发病后期，病斑表面可散生出许多黑色小粒点，但由于胶液影响不易看到。

彩图 5-6　发病初期，病斑呈瘤状隆起（桃）

彩图 5-7　李树枝干上的干腐病初期病斑

彩图5-8　有时病斑隆起不明显（桃）

彩图5-9　病斑边缘稍隆起（桃）

彩图5-10　杏树枝条受害的初期病斑

彩图5-11　杏树枝条初期病斑剖开

彩图5-12　病斑处有胶液溢出（桃）

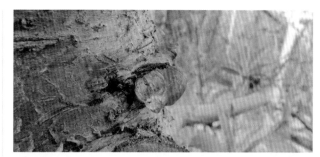

彩图5-13　病斑处溢出的块状胶液（桃）

彩图5-14　干腐病病斑上向外流胶（樱桃）

彩图5-15　干腐病病斑边缘伤口处向外流胶（樱桃）

彩图5-16　树干表皮下的干腐病病斑（樱桃）

彩图5-17 皮下干腐病病斑与健康组织比较（樱桃）

彩图5-18 病斑连片，皮层破裂（桃）

彩图5-19 树势壮时，病斑为害浅，表皮易爆裂（桃）

彩图5-20 枝条上许多病斑（桃）

彩图5-21 受害严重枝干，伤痕累累（桃）

彩图5-22 干腐病导致樱桃树死亡

【病原】 贝伦格葡萄座腔菌（*Botryosphaeria berengeriana* de Not.），属于子囊菌亚门腔菌纲格孢腔菌目；无性阶段为大茎点菌（*Macrophoma* sp.）和小穴壳菌（*Dothiorella* sp.），均属于半知菌亚门腔孢纲球壳孢目。病斑表面的小黑点即为病菌的子座组织及分生孢子器。

【发病规律】 病菌主要以菌丝体及子座、分生孢子器在枝干病斑内越冬，并可在病枝上存活多年。翌年春季逐渐溢出病菌孢子，通过风雨传播，从伤口或皮孔侵染为害。果园管理粗放、树龄较大、树势衰弱、发生冻害及蛀干害虫为害严重时，均有利于干腐病的发生为害。温暖多雨、地势低洼、土壤黏重、排水不良、地下水位较高等均可加重病害发生。

【防控技术】 干腐病防控技术模式如图5-2。

1.加强果园管理，壮树防病 增施农家肥等有机肥，合理使用速效化肥，改良土壤，增强土壤通透性能；科学确定树体结果量，适当喷施优质叶面肥，促进树势健壮，提高树体抗病能力。雨季注意排水，避免发生涝害，并尽量降低地下水位。冬前及时树干涂白，防止发生冻害；及时防控蛀干害虫，减少枝干受伤。结合修剪，清除病枝、枯枝，减少园内病菌越冬场所。

2.及时治疗病斑 核果类果树极易受伤流胶，且伤口不易愈合，所以干腐病斑不宜进行刮治，应直接涂抹内渗性药剂。效果较好的药剂如：21%过氧乙酸水剂3～5倍液、45%代森铵水剂200倍液、2.12%腐植酸铜水剂原液、

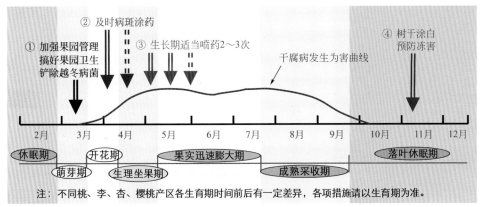

① 加强果园管理 搞好果园卫生 铲除越冬病菌
② 及时病斑涂药
③ 生长期适当喷药2～3次
干腐病发生为害曲线
④ 树干涂白 预防冻害

2月 3月 4月 5月 6月 7月 8月 9月 10月 11月 12月

休眠期 开花期 果实迅速膨大期 落叶休眠期
萌芽期 生理坐果期 成熟采收期

注：不同桃、李、杏、樱桃产区各生育期时间前后有一定差异，各项措施请以生育期为准。

图5-2 干腐病防控技术模式图

5%菌毒清水剂30～50倍液、30%戊唑·多菌灵悬浮剂100～150倍液等。

3.适当喷药防控 发芽前全园喷施一次77%硫酸铜钙可湿性粉剂300～400倍液、或45%代森铵水剂200～300倍液、或30%戊唑·多菌灵悬浮剂400～600倍液、或41%甲硫·戊唑醇悬浮剂400～500倍液、或60%铜钙·多菌灵可湿性粉剂300～400倍液、或3～5波美度石硫合剂，铲除树上越冬病菌，进行清园。病害严重果园，从落花后20天左右开始喷药，15天左右1次，连喷2～3次，可有效防控病菌侵染。生长期常用有效药剂有：70%甲基硫菌灵可湿性粉剂或500克/升悬浮剂800～1000倍液、50%多菌灵可湿性粉剂或500克/升悬浮剂600～800倍液、10%苯醚甲环唑水分散粒剂1500～2000倍液、430克/升戊唑醇悬浮剂3000～4000倍液、30%戊唑·多菌灵悬浮剂800～1000倍液、41%甲硫·戊唑醇悬浮剂700～800倍液、250克/升吡唑醚菌酯乳油2000～3000倍液等。

木腐病

木腐病又称心腐病、心材木腐病，在桃、李、杏、樱桃等核果类果树上普遍发生，全国各产区均匀分布，以衰弱树和老树受害较重。病树树势衰弱，产量下降，负载力降低。

【症状诊断】木腐病主要侵害树体的木质部，造成木质部腐朽，衰老的粗大枝干受害较重。病树木质部内充满菌丝组织，变白疏松，质软而脆，腐朽易碎（彩图5-23）。枝干支撑能力降低，刮大风时或结果量稍大时，易从病部折断或劈裂（彩图5-24）。后期，枝干表面伤口处产生出病菌结构（子实体），该结构因病菌种类不同而形态较复杂，如覆瓦状、贝壳状、膏药状、马蹄状、珊瑚状、蛋糕状、馒头状等（彩图5-25～彩图5-37）。病树树势衰弱，新梢生长量小，叶色变淡，落叶较早。

【病原】木腐病可由多种弱寄生性真菌引起，常见种类有：裂褶菌（*Schizophyllum commune* Fries）、暗黄层孔菌[*Fomes fulvus*（Scop.）Gill.]、木蹄层孔菌[*F.fomentarius*（L.ex Fr.）Kickx.]、截孢层孔菌[*F.truncatospora*（Lloyd）Teng]、假红绿层孔菌[*F.marginatus*（Eers.ex Fr.）Gill]、

多毛栓菌（*Trametes hispida* Bagl.）、单色云芝（*Polystictus unicolor* Fr.）、李木层孔菌[*Phellinus pomaceus*（Pers.ex Gray）Quel.]等，均属于担子菌亚门层菌纲非褶菌目。树体表面的病菌结构即为病菌的担子果，其上产生并释放出大量病菌孢子（担孢子）。

【发病规律】病菌主要以菌丝体和病菌结构在病树上越冬，菌丝体在树体内连年扩展为害。树体表面产生病菌子实体后逐渐散发出病菌孢子，该孢子通过风雨或气流传播，从各种伤口侵染为害，特别是长期不能愈合的锯口最为关键。病菌侵染后在木质部内扩展为害，导致木质部腐朽，后期在树体表面的伤口处产生病菌结构。衰弱树、老龄树及管理粗放的果园发病较重。

彩图5-23 木质部内充满灰白色菌丝，导致木质部腐朽（桃）

彩图5-24 木腐病导致桃树枝干劈裂

彩图5-25 覆瓦状病原菌结构

彩图5-26 樱桃树干表面产生贝壳状病菌结构

彩图5-30 马蹄状病原菌结构形成后期（桃）

彩图5-27 桃树枝干上的贝壳状病原菌结构

彩图5-31 李树主干上的马蹄状病菌结构

彩图5-28 樱桃树干表面产生多孔型病菌结构

彩图5-32 马蹄状病原菌结构形成初期（下面观）

彩图5-29 膏药状病原菌结构

彩图5-33 珊瑚状病原菌结构

彩图5-34 蛋糕状病原菌结构形成初期

彩图5-35 蛋糕状病原菌结构

彩图5-36 馒头状病原菌结构

彩图5-37 粉红色病原菌结构

【防控技术】

1.加强果园管理，壮树防病 增施农家肥等有机肥，合理使用速效化肥，科学确定结果量，促进树势健壮，提高树体抗病能力。雨季注意及时排水，干旱季节及时灌水，保证树体水分供应平衡。结合腐烂病防控，落叶后至发芽前喷药清园，杀灭树体表面病菌。

2.防止树体受伤，及时保护修剪伤口 加强蛀干害虫的防控，尽量避免树体受伤。采用科学修剪技术，并及时涂药保护修剪伤口，促进伤口愈合。一般使用剪锯口保护膜或"腐烂病"伤口涂抹药剂效果较好。

3.及时处理病树、弱树 发现病死树及衰弱老树，应及早刨除烧毁。轻病树表面产生病菌结构后，立即刮除并集中烧毁，而后伤口涂抹2.12%腐植酸铜水剂原液、或30%戊唑·多菌灵悬浮剂100～150倍液、或45%代森铵水剂200倍液、或5%菌毒清水剂30～50倍液消毒。

褐色膏药病

褐色膏药病简称"膏药病"，在桃、李、杏、樱桃等核果类果树上均可发生，以南方果区较为常见。病树一般受害较轻，严重时树势衰弱。

【症状诊断】褐色膏药病主要发生在枝干上，发病后的主要症状特点是在枝干表面产生有膏药状病菌结构（菌丝层膜）。该菌膜呈圆形、近圆形或不规则形，有时环绕整个枝干，表面呈丝绒状，灰白色至栗褐色，外缘有狭窄的灰白色带。菌膜下树皮易发生轻度腐烂，导致树势衰弱（彩图5-38～彩图5-44）。

彩图5-38 李树主干上的褐色膏药病初期菌斑

彩图5-39 李树枝条上的褐色膏药病中早期菌斑

彩图5-40　褐色膏药病菌斑表面呈丝绒状（李）

彩图5-41　菌膜边缘（桃树）

彩图5-42　桃树较大枝干上的丝绒状菌膜

彩图5-43　桃树小枝上的菌膜，表面呈丝绒状

彩图5-44

病害严重时，枝干表面布满膏药状物（李）

果园内，褐色膏药病常与灰色膏药病同时发生（彩图5-45）。

【病原】田中氏隔担耳［*Septobasidium tanakae*（Miyabe）Boed.et Steinm］，属于担子菌亚门层菌纲隔担目，枝干表面的菌膜即为病菌的担子果，其上产生大量病菌孢子（担孢子）。

【发病规律】病菌主要以菌丝体或菌膜在枝干表面病斑上越冬。病菌孢子通过风雨或昆虫传播，以枝干表面营养为基质进行生长，特别是蚧壳虫的分泌物最为适宜。所以蚧壳虫发生较重的果园膏药病通常也发生较重。另外，管理粗放、地势低洼、阴湿郁闭、通风不良的果园亦常有利于该病发生。

彩图5-45　褐色膏药病（上）与灰色膏药病（下）一起发生

【防控技术】

1.治虫防病　及时防控各种蚧壳虫的发生为害，没有蚧壳虫发生的果园，膏药病很少发生。

2.刮除菌膜　用竹片或小刀刮除菌膜，然后涂抹20%石灰水、或3～5波美度石硫合剂。

3.其他措施　加强栽培管理，科学修剪，促进果园通风透光，雨季及时排水，降低环境湿度。

灰色膏药病

灰色膏药病简称"膏药病"，在桃、李、杏、樱桃等核果类果树上均可发生，以南方果区较为常见。病树一般受害较轻，严重时树势衰弱。

【症状诊断】灰色膏药病主要发生在枝干上，发病后的主要症状特点是在枝干表面产生有膏药状菌丝层膜。该菌膜呈圆形或不规则形，有时环绕整个枝干，表面较平滑。初期为灰白色至茶褐色，质地疏松，呈海绵状，逐渐变为鼠灰色或暗灰色，后期多为紫褐色至黑色。菌膜下树皮发生轻度腐烂，导致树势衰弱（彩图5-46～彩图5-50）。

彩图5-46　桃树小枝上的较早期菌膜

彩图5-47　桃树小枝上的后期菌膜

彩图5-48　桃树较大枝干上的后期菌膜

彩图5-49　李树枝条上的早期菌斑

彩图5-50　李树枝条上的后期菌斑

【病原】茂物隔担耳（*Septobasidium bogoriense* Pat.），属于担子菌亚门层菌纲隔担菌目，枝干表面的膏药状菌膜即为病菌的担子果，其上着生大量担孢子。

【发病规律】病菌主要以菌丝体或菌膜在枝干表面病斑上越冬。病菌孢子通过风雨或昆虫传播，以枝干表面营养为基质进行生长，特别是蚧壳虫的分泌物最为适宜。所以蚧壳虫发生较重的果园膏药病通常也发生较重。另外，管理粗放、地势低洼、阴湿郁闭、通风不良的果园亦常有利于该病发生。

【防控技术】

1.治虫防病　及时防控各种蚧壳虫的发生为害，没有蚧壳虫发生的果园，膏药病很少发生。

2.刮除菌膜　用竹片或小刀刮除菌膜，然后涂抹20%石灰水、或3～5波美度石硫合剂。

3.其他措施　加强栽培管理，科学修剪，促进果园通风透光，雨季及时排水，降低环境湿度。

▋▋细菌性穿孔病▋▋

细菌性穿孔病俗称"穿孔病"，在桃、李、杏、樱桃等核果类果树上均有发生，全国各产区均有分布，是一种常见病害。发生严重时，易造成大量落叶，对树势和产量影响很大；特别是在有些感病品种上，果实受害常造成严重损失。

【症状诊断】细菌性穿孔病主要为害叶片，也可侵害果实和枝梢。

叶片受害，整个生长期均可发生（彩图5-51）。发病初期，先在叶背产生多角形或不规则形水渍状小点，有时斑点呈紫红色，病斑多时可以连片（彩图5-52～彩图5-56）；扩大后呈圆形、多角形或不规则形，紫褐色至褐色，直径约2毫米；而后病斑周围产生黄色晕圈，病斑干枯，病健交界处产生一圈裂纹（彩图5-57～彩图5-60）；最后枯死病斑脱落形成穿孔，病斑多呈不规则形（彩图5-61）。穿孔边缘不整齐，有时部分枯死组织与叶片相连暂不完全脱落，病斑多时造成叶片支离破碎（彩图5-62～彩图5-65）。严重时，常导致早期落叶。

彩图5-55　杏树叶片上的初期病斑

彩图5-51　叶片受害，从小幼果期即开始发生（桃）

彩图5-56　樱桃叶片上的初期病斑

彩图5-52　桃叶片正面的初期病斑

彩图5-57　病斑边缘开始产生离层，形成裂缝（桃）

彩图5-53　桃叶片背面的初期病斑

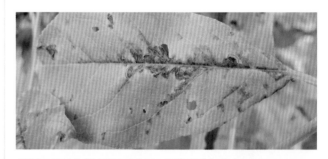

彩图5-58　病斑边缘产生离层，逐渐形成穿孔（李）

彩图5-54　李叶片背面的初期病斑

彩图5-59　形成穿孔前的叶背面症状（李）

彩图5-60 病斑边缘产生离层，逐渐形成穿孔（樱桃）

彩图5-61 病斑形状多不规则（桃）

彩图5 62 病斑枯死组织有时暂不能完全脱落（桃）

彩图5-63 叶片受害后期，病叶支离破碎（桃）

彩图5-64 李叶片受害穿孔状

彩图5-65 杏树叶片上的后期穿孔状

　　枝梢受害，形成春季溃疡和夏季溃疡两种病斑。春季溃疡发生在一年生枝条上，春季开始发病，初为暗褐色小疱疹，扩展后形成暗褐色至深褐色病斑，长椭圆形至长条形，稍凹陷（彩图5-66）。后期表皮破裂，形成溃疡病斑，有时有细菌溢出。严重时，病斑环绕枝条，形成枯梢。夏季溃疡发生在当年生枝上，初以皮孔为中心形成紫红色病斑，有时病斑具流胶现象（彩图5-67～彩图5-69）。扩展后成褐色至紫褐色长椭圆形病斑，稍凹陷，边缘呈水渍状（彩图5-70）。后期病斑干缩凹陷，暗褐色，长椭圆形至不规则形，有时表面开裂（彩图5-71）。

彩图5-66 桃一年生枝上的春季溃疡病斑后期症状

彩图5-67 桃当年生枝上的夏季溃疡病斑发病初期

彩图5-68　桃夏季溃疡病斑，病组织逐渐变褐枯死

彩图5-69　有时夏季溃疡病斑上发生流胶（桃）

彩图5-70　樱桃嫩枝上的细菌性穿孔病病斑

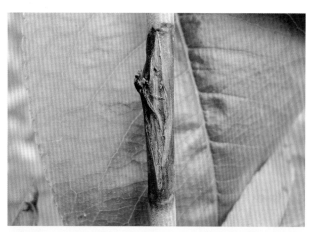

彩图5-71　桃夏季溃疡病斑后期症状

果实受害，幼果期至成果期均可发生。幼果发病，初为水渍状近圆形小斑点（彩图5-72），逐渐发展为淡褐色稍

凹陷病斑，直径1～2毫米。近成熟果发病，初为暗紫色圆形病斑，边缘水渍状，扩展后形成淡褐色至褐色凹陷病斑（彩图5-73、彩图5-74），直径多为1毫米。严重时，病斑连片，果实浅层组织呈淡褐色至褐色坏死。随果实生长，连片病斑表面发生龟裂，甚至伤口处产生流胶，严重影响果品质量（彩图5-75～彩图5-77）。

彩图5-72　毛桃幼果上的初期病斑

彩图5-73　近成熟期桃果上的初期病斑

彩图5-74　油桃果实上的初期病斑

彩图5-75　病斑逐渐导致果面发生龟裂（油桃）

彩图5-76　有时果实病斑伤口产生流胶（油桃）

彩图5-77　桃感病品种果实上的严重受害状

【病原】油菜黄单胞杆菌李致病变种 [*Xanthomonas compestri* pv.*pruni*（Smith）Dye]，属于革兰氏阴性细菌。病菌在枝上溃疡组织内可存活1年以上。

【发病规律】病菌主要在枝条溃疡病斑上越冬。翌年随气温升高而开始活动，并从病组织中溢出菌脓，借助风雨或昆虫传播，通过叶片气孔、枝条和果实的皮孔侵染为害。温度高时病斑发展快，潜育期短，再侵染次数多，病害流行性强。温度在25～26℃时潜育期约为4～5天，温度在20℃时潜育期为16天。春季及初夏多雨潮湿是导致该病早期发生的主要条件，夏季多雨潮湿将造成该病严重发

生。7～8月份为病害发生盛期。树势衰弱、枝叶茂密、通风透光不良可加重该病发生，地势低洼、排水不良、偏施氮肥的果园病害较重，有黄叶病的树上极易发生穿孔病，并易造成早期落叶。品种间抗病性差异显著，有些桃品种果实高度感病。

【防控技术】细菌性穿孔病防控技术模式如图5-3所示。

1.加强果园管理　增施农家肥等有机肥，按比例施用速效化肥，避免偏施氮肥，增强树势，提高树体抗病能力。结合修剪彻底剪除病枝及枯死枝，集中烧毁，减少园内菌量，清除其越冬场所。低洼果园注意及时排水，生长季节科学修剪促使果园通风透光，降低环境湿度，创造不利于病害发生的生态条件。感病品种尽量实施果实套袋，阻止病菌为害果实。黄叶病较重果园，加强黄叶病的防控。

2.发芽前喷药，铲除越冬病菌　发芽前，全园喷施一次铲除性药剂，杀死树体带菌，减少越冬菌源。常用有效药剂有：77%硫酸铜钙可湿性粉剂200～300倍液、1：1：100倍波尔多液、80%波尔多液可湿性粉剂200～300倍液及45%石硫合剂晶体40～50倍液等。

3.生长期及时喷药防控　一般果园从落花后1个月开始第一期喷药，10～15天1次，连喷2～3次；第二期喷药在雨季进行，亦需喷药2～3次。对该病防控效果较好的药剂有：20%噻唑锌悬浮剂400～600倍液、80%代森锌可湿性粉剂500～700倍液、3%中生菌素可湿性粉剂600～800倍液、20%噻菌铜悬浮剂600～800倍液、20%叶枯唑可湿性粉剂600～800倍液、及1：4：240倍硫酸锌石灰液等。

褐斑穿孔病

【症状诊断】褐斑穿孔病在桃、李、杏、樱桃等核果类果树上均可发生，病菌主要为害叶片，也可侵害嫩梢和果实。叶片受害，初期病斑为紫红色至紫褐色圆形或近圆形，直径1～4毫米，具有明显边缘（彩图5-78～彩图5-82）。随病斑发展，边缘逐渐清晰，外围有时产生黄色晕圈，中部淡褐色至灰褐色，边缘紫色或紫红色（彩图5-83、彩图5-84）。后期，病斑边缘产生离层，形成裂缝，逐渐穿孔（彩图5-85～彩图5-87），穿孔边缘较整齐，外围常有明显的坏死组织残余（彩图5-88）。潮湿时，病斑表面可产生灰褐色霉状物（彩图5-89、彩图5-90）。嫩梢及果实受害，病斑与叶片上相似，嫩梢上病斑多为长椭圆形或长条形（彩图5-91、彩图5-92），果实上病斑为近圆形，后期均可产生灰褐色霉状物。

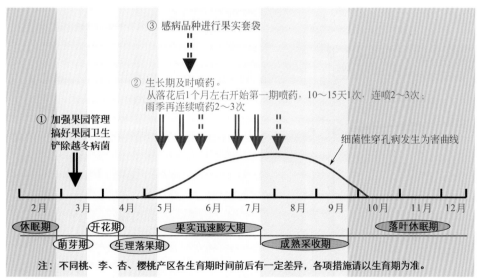

③ 感病品种进行果实套袋

② 生长期及时喷药。
从落花后1个月左右开始第一期喷药，10～15天1次，连喷2～3次；
雨季再连续喷药2～3次

① 加强果园管理
搞好果园卫生
铲除越冬病菌

细菌性穿孔病发生为害曲线

| 2月 | 3月 | 4月 | 5月 | 6月 | 7月 | 8月 | 9月 | 10月 | 11月 | 12月 |

休眠期　　开花期　　　果实迅速膨大期　　　　　　落叶休眠期
　　萌芽期　　生理落果期　　　　成熟采收期

注：不同桃、李、杏、樱桃产区各生育期时间前后有一定差异，各项措施请以生育期为准。

图5-3　细菌性穿孔病防控技术模式图

彩图5-78　桃褐斑穿孔病初期病斑

彩图5-79　李褐斑穿孔病初期病斑

彩图5-80　杏褐斑穿孔病初期病斑

彩图5-81　樱桃叶片正面的初期病斑

彩图5-82　樱桃叶片背面的初期病斑

彩图5-83　桃褐斑穿孔病中期病斑

彩图5-84　樱桃褐斑穿孔病的中期病斑

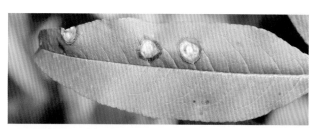

彩图5-85　枯死斑边缘产生裂缝（桃）

彩图5-86　褐斑穿孔病穿孔状（李）

彩图5-87　病斑边缘开裂、脱落，形成穿孔（杏）

彩图5-88　桃叶上褐斑穿孔病为害状

彩图5-89　病斑表面产生有霉状物（桃）

【病原】嗜果刀孢霉［*Clasterosporium carpophilum* (Lew) Aderh.］，属于半知菌亚门丝孢纲丝孢目。病斑表面的灰褐色霉状物即为病菌的分生孢子梗和分生孢子。

【发病规律】病菌主要以菌丝体在病叶及枝梢病斑上越冬。第二年果树生长季节下降雨时产生分生孢子，通过风雨传播，直接侵染叶片、嫩梢及果实进行为害。低温多

雨有利于病害发生，地势低洼、果园郁闭、通风透光不良及树势衰弱、管理粗放的果园多发病较重。

彩图5-90　发病后期，病斑表面产生有灰褐色小霉点（樱桃）

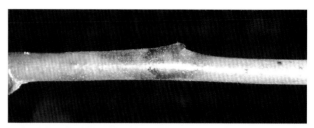

彩图5-91　桃嫩枝上的初期病斑

【防控技术】褐斑穿孔病防控技术模式如图5-4所示。

1.加强果园管理　增施农家肥等有机肥及磷、钾肥，避免偏施氮肥，增强树势，提高树体抗病能力。发芽前彻底清除落叶，剪除各种病枝、枯枝，集中销毁，减少病菌越冬数量，清除其越冬场所。合理修剪（冬剪、夏剪），促使果园通风透光，雨季注意及时排水，降低园内湿度，创造不利于病害发生的生态条件。

2.生长期及时喷药防控　从落花后1月左右开始喷药，10～15天1次，连喷2～4次。第一次用药以选用具有内吸治疗作用的药剂较好。常用有效药剂有：30%戊唑·多菌灵悬浮剂800～1000倍液、41%甲硫·戊唑醇悬浮剂700～800倍液、10%苯醚甲环唑水分散粒剂1500～2000倍液、430克/升戊唑醇悬浮剂3000～4000倍液、40%腈菌唑可湿性粉剂7000～8000倍液、70%甲基硫菌灵可湿性粉剂或500克/升悬浮剂800～1000倍液、50%多菌灵可湿性粉剂或500克/升悬浮剂600～800倍液、80%代森锰锌（全络合态）可湿性粉剂800～1000倍液、50%克菌丹可湿性粉剂500～700倍液、80%代森锌可湿性粉剂600～800倍液及1：4：240倍硫酸锌石灰液等。

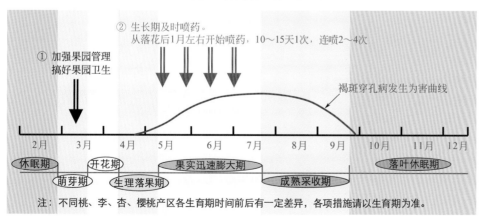

② 生长期及时喷药。
从落花后1月左右开始喷药，10～15天1次，连喷2～4次

① 加强果园管理
搞好果园卫生

褐斑穿孔病发生为害曲线

2月　3月　4月　5月　6月　7月　8月　9月　10月　11月　12月

休眠期　萌芽期　开花期　生理落果期　果实迅速膨大期　成熟采收期　落叶休眠期

注：不同桃、李、杏、樱桃产区各生育期时间前后有一定差异，各项措施请以生育期为准。

图5-4　褐斑穿孔病防控技术模式图

彩图5-92　桃枝条上的后期病斑

霉斑穿孔病

【症状诊断】霉斑穿孔病在桃、李、杏、樱桃等核果类果树上均可发生，病菌主要为害叶片，也可侵害枝梢、芽及果实。叶片受害，初期病斑为淡黄绿色，逐渐发展为褐色圆形或不规则形，外围常有黄绿色晕圈（彩图5-93～彩图5-95），直径多为2～6毫米。后期，病斑边缘产生裂缝，逐渐导致病斑脱落，形成穿孔（彩图5-96～彩图5-101），穿孔边缘整齐，无坏死组织残留（彩图5-102）。严重时，病叶上常散布多个病斑（彩图5-103）。潮湿环境时，病斑表面可产生污褐色霉状物（彩图5-104）。枝梢受害，多以芽为中心形成长椭圆形病斑，中部褐色，边缘紫褐色，常产生裂纹和流胶（彩图5-105～彩图5-107）。果实受害，病斑初为紫色，渐变褐色，边缘红色，中央稍凹陷。

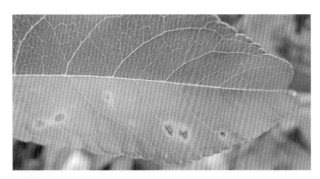

彩图5-93　桃霉斑穿孔病初期病斑

彩图5-94　李霉斑穿孔病初期病斑

彩图5-95　杏叶片上霉斑穿孔病初期病斑

彩图5-96　病斑边缘开始形成离层（桃）

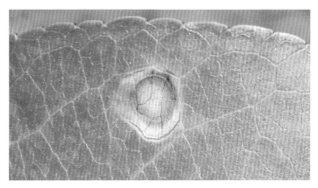

彩图5-97　局部病斑放大（桃）

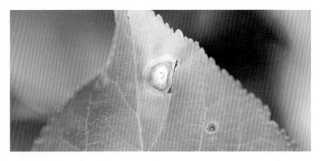

彩图5-98　病斑边缘开始产生离层（杏）

彩图5-99　病斑边缘产生离层，即将脱落穿孔（李）

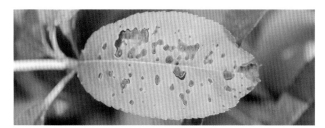

彩图5-100 桃霉斑穿孔病中后期病斑

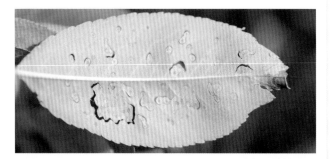

彩图5-101 桃霉斑穿孔病穿孔前叶背症状

彩图5-102 桃霉斑穿孔病叶片穿孔状

彩图5-103 叶片上散布有多个病斑（李）

彩图5-104 病斑表面产生有污褐色霉状物（桃）

彩图5-105 桃枝条上的初期病斑

彩图5-106 枝条上病斑呈长椭圆形（桃）

彩图5-107 有时枝条病斑上易发生流胶（桃）

【病原】核果穿孔尾孢（*Cercoapora circumscissa* Sacc.），属于半知菌亚门丝孢纲丝孢目。病斑表面的霉状物即为病菌的分生孢子梗和分生孢子。

【发病规律】病菌主要以菌丝体及分生孢子在病枝梢和芽内越冬。翌年桃树发芽展叶时逐渐产生分生孢子，通过风雨传播，直接侵染叶片为害。叶片发病后产生的分生孢子，再经风雨传播，侵害叶片、枝梢及果实。

病菌分生孢子在5～6℃时即可萌发侵染，日平均气温19℃时病害潜育期仅为5天。低温、多雨、高湿有利于病害发生，树势衰弱、地势低洼、阴湿郁闭及管理粗放的果园病害发生较重。

【防控技术】霉斑穿孔病防控技术模式如图5-5所示。

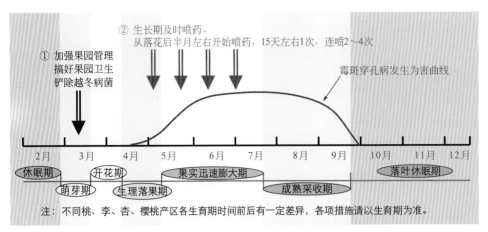

① 加强果园管理
搞好果园卫生
铲除越冬病菌

② 生长期及时喷药。
从落花后半月左右开始喷药，15天左右1次，连喷2~4次

霉斑穿孔病发生为害曲线

2月　3月　4月　5月　6月　7月　8月　9月　10月　11月　12月

休眠期　开花期　果实迅速膨大期　落叶休眠期
萌芽期　生理落果期　成熟采收期

注：不同桃、李、杏、樱桃产区各生育期时间前后有一定差异，各项措施请以生育期为准。

图5-5　霉斑穿孔病防控技术模式图

1.加强果园管理　增施农家肥等有机肥，按比例科学施用速效化肥，培强树势，提高树体抗病能力。结合冬剪，彻底剪除病枝、枯枝，清除病菌越冬场所。合理冬剪，科学夏剪，促使果园通风透光良好，并注意雨季及时排水，降低园内湿度，创造不利于病害发生的生态条件。

2.发芽前喷药清园，铲除越冬病菌　发芽前，全园喷施1次铲除性药剂，杀灭树上残余越冬菌源。效果较好的有效药剂有：77%硫酸铜钙可湿性粉剂300~400倍液、30%戊唑·多菌灵悬浮剂400~600倍液、41%甲硫·戊唑醇悬浮剂400~500倍液、60%铜钙·多菌灵可湿性粉剂300~400倍液、45%代森铵水剂200~300倍液等。

3.生长期及时喷药防控　从落花后半月左右开始喷药，15天左右1次，连喷2~4次。有效药剂同"褐斑穿孔病"。

轮纹叶斑病

【症状诊断】轮纹叶斑病在桃、李、杏、樱桃上均有发生，只为害叶片。病斑呈圆形或近圆形，边缘褐色至紫褐色，中部灰色至灰褐色，直径3~12毫米（彩图5-108~彩图5-112），典型病斑具有明显同心轮纹（彩图5-113、彩图5-114）。有时病斑边缘亦可产生离层，形成穿孔（彩图5-115）。后期病斑表面散生出多个小黑点。有时病斑受杂菌腐生，表面产生有黑色霉状物（彩图5-116、彩图5-117）。该病一般为害较轻，但严重时也可造成叶片早期脱落。

【病原】李生壳二孢（*Ascochyta prunia*），属于半知菌亚门腔孢纲球壳孢目。病斑表面的小黑点为病菌的分生孢子器，表面的霉状物是后期腐生的杂菌。

【发病规律】病菌主要以菌丝体和分生孢子器在落叶中越冬。翌年条件适宜时产生分生孢子，通过风雨传播进行侵染为害。7~8月份为发生盛期。管理粗放、树势衰弱、地势低洼果园发生较多，多雨潮湿的雨季病害发生较重。

【防控技术】

1.加强果园管理　增施农家肥等有机肥，按比例科学施用速效化肥，避免偏施氮肥，培强树势，提高树体抗病能力。落叶后至发芽前，彻底清除树上、树下的落叶，集

中深埋或烧毁，消灭病菌越冬场所。合理冬剪，科学夏剪，促使园内通风透光良好，雨季注意及时排水，创造不利于病害发生的生态条件。

2.生长期适当喷药防控　轮纹叶斑病属零星发生病害，一般不需单独进行喷药。个别往年病害发生较重果园，从雨季到来初期或病害发生初期开始喷药，10~15天1次，连喷2次左右即可有效控制该病的发生为害。常用有效药剂同"褐斑穿孔病"。

彩图5-108　李叶片上的轮纹叶斑病病斑

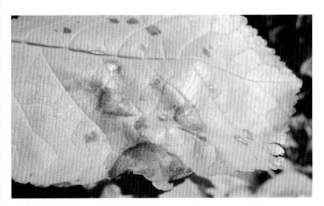

彩图5-109　樱桃叶片正面的轮纹叶斑病病斑

彩图5-110　樱桃叶片背面的轮纹叶斑病病斑

彩图5-111 杏轮纹叶斑病的叶面症状

彩图5-112 杏轮纹叶斑病的叶背症状

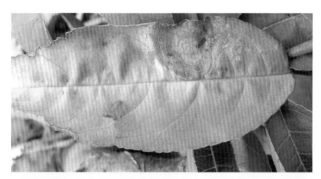

彩图5-113 桃轮纹叶斑病典型病斑

彩图5-114 樱桃轮纹叶斑病典型病斑

彩图5-115 有时病斑边缘形成离层，产生裂缝（桃）

彩图5-116 病斑表面腐生有黑色霉状物（桃）

彩图5-117 病斑表面腐生有黑色霉状物（樱桃）

白粉病

　　白粉病在桃、李、杏、樱桃等核果类果树上均可发生，全国各产区均有分布。

　　【症状诊断】白粉病主要为害叶片，也可为害新梢和果实，还可侵染芽。发病后的主要症状特点是在受害部位表面产生一层白粉状物。

　　叶片受害，多发生在叶片正面，初期在叶面产生近圆形白色粉斑（彩图5-118～彩图5-120），后粉斑逐渐扩大成片状，病斑多时相互连片，叶面布满白粉（彩图5-121～彩图5-123）；有时粉斑也可在叶背产生（彩图5-124），相对应叶面出现褪绿黄斑（彩图5-125）。后期，在白粉状物上可散生许多褐色至黑色的小颗粒状物（彩图5-126），严重时叶片背面也可产生（彩图5-127）。受害严重病叶凹凸不平、扭曲畸形、甚至脱落。严重时，许多叶片受害（彩图

5-128），导致树势衰弱，甚至造成落叶。果实受害，表面产生白色粉斑，病斑处稍凹陷，严重时病果畸形。新梢受害，多为病芽萌发形成，嫩梢及其叶片表面布满白粉状物；后期，叶片干枯脱落，新梢枯死。芽受害，一般没有明显症状。

彩图5-118　桃叶上白粉病的初期粉斑

彩图5-119　李叶片上的白粉病初期粉斑

彩图5-120　樱桃白粉病发病初期粉斑

彩图5-121　桃叶片表面布满白粉状物

彩图5-122　严重时，白粉斑连片（李）

彩图5-123　白粉层几乎布满整个叶片（樱桃）

彩图5-124　李树上，有时白粉病粉斑也在叶背产生

彩图5-125　叶片正面出现边缘不明显的褪绿黄斑（李）

彩图5-126　白粉状物上后期散生许多黑色颗粒（桃叶正面）

彩图5-127 叶背白粉状物上后期也散生有许多黑色颗粒（桃）

彩图5-128 桃树严重受害状

【病原】三指叉丝单囊壳［*Podosphaera tridactyla*（Wallr.）de Bary］，属于子囊菌亚门核菌纲白粉菌目；无性阶段为核果巴氏粉孢霉（*Oidium passerinii* Bertoloru），属于半知菌亚门丝孢纲丝孢目。病斑表面的黑色小颗粒即为病菌有性阶段的闭囊壳，白色粉斑是病菌无性阶段的分生孢子梗和分生孢子。

【发病规律】病菌主要以菌丝体在病芽内、或以闭囊壳在叶片上越冬。叶片上越冬的病菌第二年产生子囊孢子，通过气流传播进行侵染为害，而后在田间蔓延。在芽内越冬的病菌，随病芽萌发形成病梢，产生大量分生孢子，通过气流传播进行扩散为害。病菌多从气孔或皮孔侵染，该病在田间有多次再侵染，再侵染传播均为气流传播。一般5～6月份果园内出现病叶、病果，进入6月份后病害开始快速蔓延，严重时9月份出现落叶。

白粉病对湿度要求比较特殊，病菌喜湿、怕旱、又怕积水。一般在干旱年份潮湿环境的果园或多雨季节通风透光良好的果园发生较多，管理粗放果园或苗圃容易受害。

【防控技术】白粉病防控技术模式如图5-6所示。

1.搞好果园卫生 发芽前彻底清扫落叶，集中深埋或烧毁，消灭在落叶上越冬的病菌。春季发现病梢后及时剪除，集中深埋，减少田间发病中心及菌量。

2.生长期喷药防控 往年病梢发生较重的果园，在落花后立即开始喷药，7～10天1次，连喷2次，控制和减少病梢形成。然后从叶片上初见粉斑时开始喷药（多为5～6月份），10～15天1次，连喷2～4次，即可有效控制白粉病的发生为害。常用有效药剂有：25%乙嘧酚悬浮剂800～1000倍液、4%四氟醚唑水乳剂800～1000倍液、50%醚菌酯水分散粒剂2500～3000倍液、250克/升吡唑醚菌酯乳油2500～3000倍液、40%腈菌唑可湿性粉剂7000～8000倍液、12.5%烯唑醇可湿性粉剂2000～2500倍液、430克/升戊唑醇悬浮剂3000～4000倍液、10%苯醚甲环唑水分散粒剂2000～2500倍液、30%戊唑·多菌灵悬浮剂800～1000倍液、41%甲硫·戊唑醇悬浮剂700～800倍液、70%甲基硫菌灵可湿性粉剂或500克/升悬浮剂800～1000倍液等。

炭疽病

炭疽病是一种常见果实病害，在桃、李、杏、樱桃等核果类果树上均有发生，全国各产区均有分布。严重发生时导致大量烂果，常造成巨大损失。

【症状诊断】炭疽病主要为害果实，也可侵害新梢及叶片。

果实受害，从幼果期至成熟果均可发生，以果实越接近成熟受害越重，且幼果期病害潜育期较长，越接近成熟潜育期越短。发病初期，果面上产生淡褐色至深褐色水渍状斑点（彩图5-129），后病斑不断扩大，形成圆形或近圆形凹陷腐烂病斑，呈红褐色至深褐色（彩图5-130），典型病斑表面常产生成同心轮纹状排列的小黑点（彩图5-131），小黑点上可溢出淡粉红色黏液（彩图5-132）。有时小黑点表现不明显，仅可看到呈轮纹状排列的淡粉红色黏液彩（图5-133）；有时黏液排列也不规则，多表现为片状（彩图5-134）。若病害发生较早，病斑被药剂控制住后，表面常发生龟裂（彩图5-135）。病斑颜色

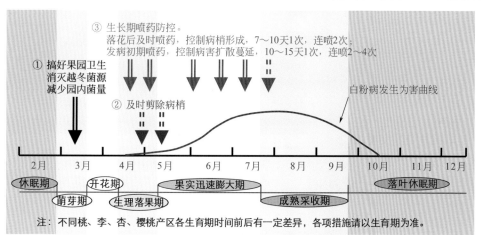

③ 生长期喷药防控。
落花后及时喷药，控制病梢形成，7～10天1次，连喷2次；
发病初期喷药，控制病害扩散蔓延，10～15天1次，连喷2～4次

① 搞好果园卫生
消灭越冬菌源
减少园内菌量

② 及时剪除病梢

白粉病发生为害曲线

2月 3月 4月 5月 6月 7月 8月 9月 10月 11月 12月

休眠期　开花期　果实迅速膨大期　落叶休眠期
萌芽期　生理落果期　成熟采收期

注：不同桃、李、杏、樱桃产区各生育期时间前后有一定差异，各项措施请以生育期为准。

图5-6 白粉病防控技术模式图

因寄主种类不同稍有差异，一般在桃果上颜色较淡，李果上颜色较深。另外，果实病斑上有时还可产生流胶（彩图5-136）。严重时，果实大部分腐烂，腐烂果肉味苦。病果容易脱落，后期形成僵果。

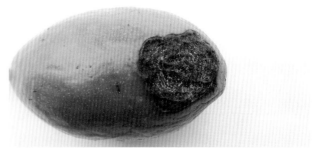

彩图 5-133　淡粉红色黏液呈近轮纹状排列（李）

彩图 5-129　李果上炭疽病初期病斑

彩图 5-134　病斑表面淡粉红色黏液呈片状（李）

彩图 5-130　炭疽病病斑凹陷，组织呈褐色腐烂（李）

彩图 5-135　早期果实病斑被药剂控制住后，表面容易龟裂（李）

彩图 5-131　病斑表面小黑点排列成轮纹状（桃）

彩图 5-136　有时炭疽病病斑上产生流胶（李）

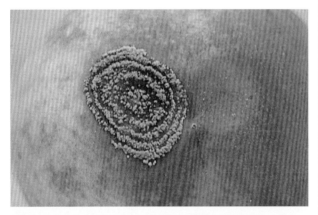

彩图 5-132　病斑表面产生有轮纹状排列的淡粉红色黏液（桃）

新梢受害，形成褐色至深褐色稍凹陷的长椭圆形病斑，严重时导致病枝枯死。桃叶片受害，形成淡褐色至褐色圆形或不规则形病斑，边缘常具紫红色晕圈（彩图5-137），后期病部常干枯脱落。樱桃叶片受害，多形成褐色圆形病斑，叶背病斑颜色较深（彩图5-138、彩图5-139）。

彩图5-137　桃叶片上的炭疽病病斑

彩图5-138　樱桃老叶片叶的炭疽病病斑

彩图5-139　樱桃老叶叶背的炭疽病病斑

【病原】围小丛壳［*Glomerella cingulata*（Stonem.）Spauld.et Schrenk］，属于子囊菌亚门核菌纲球壳菌目；无性

阶段为胶孢炭疽菌［*Colletotrichum gloeosporioides*（Penz.）Sacc.］，属于半知菌亚门腔孢纲黑盘孢目。病斑表面的小黑点为病菌的分生孢子盘，淡粉红色黏液为分生孢子黏液。

【发病规律】病菌主要以菌丝体和分生孢子盘在病枝及病僵果上越冬。第二年条件适宜时产生分生孢子，通过风雨及昆虫传播，直接侵染果实及新梢等组织进行为害。幼果从落花后半月左右即可受病菌侵染，直到果实成熟采收期均可受害，田间有多次再侵染。该病具有潜伏侵染现象，幼果期潜育期较长，果实越接近成熟潜育期越短，即果实越接近成熟受害后越容易发病。果实生长期低温多雨有利于病菌侵染，果实近成熟期高温、高湿病害发生较重。另外，果园管理粗放、土壤黏重、排水不良、枝叶郁闭、通风透光不良、树势衰弱等均有利于病害发生。桃、李、杏的不同品种间感病性差异明显，多雨潮湿地区新建果园时注意选择抗病品种。

【防控技术】炭疽病防控技术模式如图5-7所示。

1.处理越冬菌源　结合冬剪，彻底剪除树上枯枝与病僵果，并拣拾树下的病僵果，集中烧毁或深埋。发芽前，全园喷施1次铲除性药剂，铲除枝上残余越冬病菌。常用有效药剂有：45%代森铵水剂200～300倍液、30%戊唑·多菌灵悬浮剂400～600倍液、41%甲硫·戊唑醇悬浮剂400～500倍液、60%铜钙·多菌灵可湿性粉剂300～400倍液、77%硫酸铜钙可湿性粉剂300～400倍液及1：1：100倍波尔多液等。另外，萌芽后至开花前后，及时剪除陆续形成的病枯枝，减少田间菌源。

2.生长期喷药防控　一般从落花后半月左右开始喷药，10～15天1次，连续喷施，直到果实套袋或果实采收前7～10天结束。具体喷药间隔期根据降雨情况而定，尽量在雨前喷药，雨多湿度大间隔期应适当缩短，少雨干旱间隔期可适当延长。常用有效药剂有：30%戊唑·多菌灵悬浮剂800～1000倍液、41%甲硫·戊唑醇悬浮剂700～800倍液、70%甲基硫菌灵可湿性粉剂或500克/升悬浮剂800～1000倍液、450克/升咪鲜胺乳油1000～1500倍液、10%苯醚甲环唑水分散粒剂1500～2000倍液、25%溴菌腈可湿性粉剂500～700倍液、430克/升戊唑醇悬浮剂3000～4000倍液、250克/升吡唑醚菌酯乳油2500～3000倍液、50%多菌灵可湿性粉剂或500克/升悬浮剂600～800倍液、80%代森锰锌（全络合态）可湿性粉剂800～1000倍液、50%克菌丹可湿性粉剂500～700倍液、70%丙森锌可湿性粉剂600～800倍液等。具体喷药时，注意不同类型药剂交替使用。

3.其他措施　增施有机肥及磷、钾肥，改良土壤，培强树势。合理修剪，促进果园通风透光，降低环境湿度。定果后适当实施果实套袋（彩图5-140），阻止病菌侵染，但套袋前必须均匀周到喷药1次。

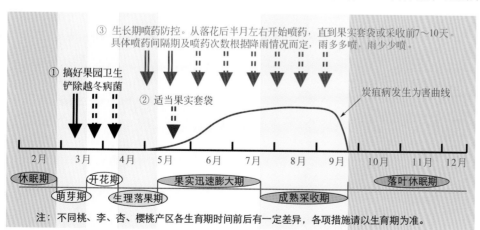

③ 生长期喷药防控。从落花后半月左右开始喷药，直到果实套袋或采前7～10天。具体喷药间隔期及喷药次数根据降雨情况而定，雨多多喷，雨少少喷。

① 搞好果园卫生铲除越冬病菌

② 适当果实套袋

炭疽病发生为害曲线

2月　3月　4月　5月　6月　7月　8月　9月　10月　11月　12月

休眠期　萌芽期　开花期　生理落果期　果实迅速膨大期　成熟采收期　落叶休眠期

注：不同桃、李、杏、樱桃产区各生育期时间前后有一定差异，各项措施请以生育期为准。

图5-7　炭疽病防控技术模式图

彩图 5-140　桃果实套袋状

褐腐病

褐腐病是一种重要果实病害，在桃、李、杏、樱桃等核果类果实上均可发生，全国各产区均有分布。防控不当常造成大量果实腐烂，甚至采后贮运期仍能严重发生。

【症状诊断】褐腐病主要为害果实，造成果实呈褐色腐烂，有时也可为害花、叶片及枝梢。发病后的典型症状特点是在腐烂组织表面产生有灰色霉丛或霉层。

果实受害，从幼果期至成熟期、甚至贮存期均可发生，且果实越接近成熟受害越重。幼果受害，初期在果面上产生淡褐色圆形或近圆形病斑，后病斑迅速扩展，很快造成病果大部甚至整个成褐色腐烂（彩图 5-141～彩图 5-143），此时病果表面多显现皱缩，后期干缩成僵果（彩图 5-144），悬挂在树上的僵果不易脱落（彩图 5-145）。近成熟果受害，病斑多从伤口处开始发生，初期病斑为淡褐色至褐色圆斑（彩图 5-146～彩图 5-150），后很快扩展至果实大部甚至全部，果肉也随之变褐腐烂（彩图 5-151～彩图 5-153）；继而病斑表面从发病中心向外逐渐产生灰褐色绒状霉丛或霉层（彩图 5-154～彩图 5-158），有时霉丛呈近同心轮纹状排列（彩图 5-159）；后期，病果干缩成为僵果（彩图 5-160、彩图 5-161）。近成熟果受害后容易脱落，落地病果后期失水变为僵果（彩图 5-162）。储运期果实受害，由于病菌的接触扩散传播，常造成烂箱或烂筐（彩图 5-163）。

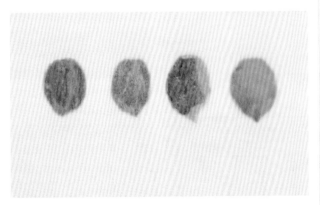

彩图 5-141　桃幼果受害症状

彩图 5-142　李幼果褐腐病

彩图 5-143　樱桃褐腐病果实受害状

彩图 5-144　樱桃褐腐病后期的病僵果

彩图 5-145　褐腐病干缩僵果冬季不易脱落（李）

彩图5-146　桃果实上的初期病斑

彩图5-147　李果实褐腐病发生初期

彩图5-148　杏褐腐病初期病斑

彩图5-149　病斑从虫伤（眼）处开始发生（桃）

彩图5-150　病斑从裂伤处开始发生（桃）

彩图5-151　油桃褐腐病病果

彩图5-152　病果呈淡褐色腐烂（李）

彩图5-153　褐腐病导致果实呈褐色腐烂（杏）

彩图 5-154 病斑表面霉状物呈散生状（桃）

彩图 5-155 李褐腐病病果表面散生许多霉丛

彩图 5-156 病斑表面霉状物呈层状（桃）

彩图 5-157 病果呈褐色腐烂，表面布满灰色霉层（杏）

彩图 5-158 桃病果表面布满灰色霉状物

彩图 5-159 病斑表面霉状物呈环带状（桃）

彩图 5-160 桃病果后期干缩，形成僵果

彩图 5-161 褐腐病病果后期干缩为僵果（李）

彩图5-162　地面上的褐腐病僵果（桃）

彩图5-163　桃果实采收后集中发病状

花部受害，多从雄蕊及花瓣尖端开始发生，先产生褐色水渍状斑点，后逐渐蔓延至全花，使残花呈褐色枯萎，湿度大时病花表面亦可产生灰褐色霉丛（彩图5-164）。叶片受害，多从叶缘开始变褐萎垂，似霜害状残留枝上。

彩图5-164　褐腐病为害桃花症状

枝梢受害，多形成溃疡型病斑，长圆形，中央稍凹陷，灰褐色，边缘紫褐色，并常伴随有流胶（彩图5-165、彩图5-166）。

彩图5-165　桃树小枝上的褐腐病早期病斑

彩图5-166　桃树小枝上的褐腐病后期病斑

【病原】　常见病菌有两种，分别为：果生链核盘菌［*Monilinia fructicola*（Wint.）Rehm.］、核果链核盘菌［*M.laxa*（Aderh.et Ruhl.）Honey］，均属于子囊菌亚门盘菌纲柔膜菌目。无性阶段为丛梗孢菌（*Monilia* spp.），属于半知菌亚门丝孢纲丝孢目。病斑表面的灰褐色霉状物即为病菌的分生孢子梗和分生孢子。

【发病规律】病菌主要以菌丝体在树上及树下的病僵果上越冬（彩图5-167），也可在枝梢的溃疡病斑上越冬。越冬病菌第二年条件适宜时产生大量病菌孢子，通过气流、风雨及昆虫传播，从接近衰败的花器组织侵染花器造成花腐，从伤口或皮孔侵染果实导致果实受害。近成熟果受害，潜育期短，有多次再侵染。采收后，病健果接触也可传播，常引起果实大量腐烂。

彩图5-167　树上悬挂许多褐腐病僵果，成为第二年初侵染来源（李）

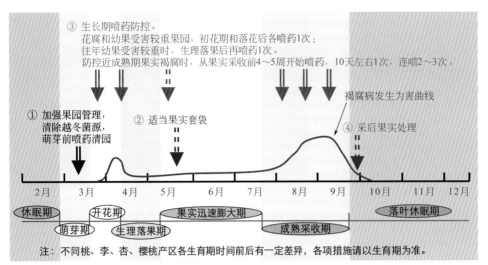

③ 生长期喷药防控。
花腐和幼果受害较重果园，初花期和落花后各喷药1次；
往年幼果受害较重者，生理落果后再喷药1次。
防控近成熟期果实褐腐时，从果实采收前4～5周开始喷药，10天左右1次，连喷2～3次。

褐腐病发生为害曲线

① 加强果园管理，清除越冬菌源，萌芽前喷药清园
② 适当果实套袋
④ 采后果实处理

2月　3月　4月　5月　6月　7月　8月　9月　10月　11月　12月

休眠期　　　　开花期　　　　果实迅速膨大期　　　　　落叶休眠期
　萌芽期　　生理落果期　　　　　　成熟采收期

注：不同桃、李、杏、樱桃产区各生育期时间前后有一定差异，各项措施请以生育期为准。

图5-8　褐腐病防控技术模式图

4.加强果园管理　合理修剪，使果园通风透光良好，雨季注意及时排水，降低环境湿度。尽量实施果实套袋，阻止病菌侵害果实，但果实套袋前必须均匀周到地喷施1次优质安全性药剂。及时防控蛀果害虫，避免果实形成虫伤。注意果园水分的管理，防止造成忽干忽湿，避免果实形成裂伤。

开花期如遇低温、多雨、高湿，容易引起花腐；果实近成熟期高湿、多雨、多雾，易引起果腐。蛀果害虫为害严重的果园，褐腐病发生较重。管理粗放、树势衰弱、地势低洼、枝叶郁闭、通风透光不良的果园有利于褐腐病的发生。果实储运过程中如遇高温、高湿，有利于病害的发生发展，常造成大量烂果。

【防控技术】褐腐病防控技术模式如图5-8所示。

1.清除越冬菌源　结合修剪，彻底清除树上和地面上的病僵果及病枝梢，集中烧毁。发芽前翻耕果园地面，将残余病残组织深埋地下，尽量清除病菌侵染来源。生长期及时摘除树上病花、病果，集中深埋或销毁，减少田间发病中心及菌量。往年褐腐病发生严重果园，萌芽前喷施1次30%戊唑·多菌灵悬浮剂400～600倍液、或41%甲硫·戊唑醇悬浮剂400～500倍液、或60%铜钙·多菌灵可湿性粉剂300～400倍液、或70%甲基硫菌灵可湿性粉剂或500克/升悬浮剂500～600倍液、或3～5波美度石硫合剂，连同地面一起喷洒，杀灭园内残余的越冬病菌。

2.生长期喷药防控　花腐和幼果褐腐发生较重的地区或果园，在初花期和落花后各喷药1次；往年幼果受害较重果园，生理落果后再喷药1次。防控近成熟期果实褐腐病时，一般果实成熟前4～5周开始喷药，10天左右1次，连喷2～3次。常用有效药剂有：24%腈苯唑悬浮剂2000～2500倍液、50%腐霉利可湿性粉剂1000～1500倍液、50%异菌脲可湿性粉剂或45%悬浮剂1000～1500倍液、40%嘧霉胺悬浮剂1000～1500倍液、10%苯醚甲环唑水分散粒剂1500～2000倍液、30%戊唑·多菌灵悬浮剂800～1000倍液、41%甲硫·戊唑醇悬浮剂700～800倍液、70%甲基硫菌灵可湿性粉剂或500克/升悬浮剂800～1000倍液、250克/升吡唑醚菌酯乳油1000～1500倍液、80%代森锰锌（全络合态）可湿性粉剂800～1000倍液、50%克菌丹可湿性粉剂500～700倍液等。

3.加强果实储运管理　储运前严格挑选果实，彻底剔除病、虫、伤果，而后用24%腈苯唑悬浮剂1500～2000倍液、或50%腐霉利可湿性粉剂800～1000倍液、或50%异菌脲可湿性粉剂或45%悬浮剂800～1000倍液浸果10～20秒，晾干后再包装储运。

灰霉病

【症状诊断】灰霉病可为害桃、李、杏、樱桃等多种果树，特别是设施栽培环境下发生较重，发病后的主要症状特点是在病组织表面产生有鼠灰色霉状物。灰霉病主要为害花器与果实，也可为害叶片、枝梢等，但均从带有衰弱或死亡组织的部位开始发生，而后向周围蔓延。

花器受害，造成雄蕊、柱头及花瓣呈淡褐色腐烂，并在腐烂组织表面产生鼠灰色霉状物（彩图5-168、彩图5-169）。幼果受害，多从残留花瓣处或雌蕊枯死组织上开始发生（彩图5-170），而后向果实蔓延，造成果实呈淡褐色腐烂（彩图5-171），病果极易脱落。近成熟果受害，多从果实伤口处开始发生，造成果实呈淡褐色腐烂（彩图5-172、彩图5-173）。叶片受害，多从腺体处或粘连有花器枯死组织处开始发生（彩图5-174～彩图5-176），逐渐形成淡褐色至褐色坏死斑（彩图5-177、彩图5-178），有时病斑呈近轮纹状（彩图5-179），有时病斑边缘可产生裂缝（彩图5-180）；当腺体处病斑直径扩展到3毫米以上时，叶柄基部产生离层，叶片逐渐脱落。枝梢受害，多为病花蔓延所致，有时也可从粘连的残败花瓣处开始发生，形成长椭圆形褐色病斑。湿度大时，幼果、叶片及枝梢病斑上均可产生鼠灰色霉状物。

彩图5-168　桃花药上产生有许多灰色霉状物

彩图5-169 残败花瓣上布满灰色霉状物（桃）

彩图5-170 柱头发病后，逐渐向小幼果蔓延（桃）

彩图5-171 病果表面布满灰色霉状物（樱桃）

彩图5-172 樱桃果实受害，多从其他病斑伤口处开始发生

彩图5-173 樱桃果实受害状

彩图5-174 从基部腺体处开始发病的桃叶片

彩图5-175 桃叶片受害，多从残花掉落处开始发生

彩图5-176 李叶片上的灰霉病病斑

彩图5-177　桃叶片上的灰霉病后期病斑

彩图5-178　樱桃叶片受害状

彩图5-179　有时叶片病斑表面具有轮纹（桃）

彩图5-180　有时病斑边缘易产生离层，形成裂缝（桃）

【病原】灰葡萄孢（*Botrytis cinnerea* Pers.ex Fr.），属于半知菌亚门丝孢纲丝孢目。病斑表面的鼠灰色霉状物即为病菌的分生孢子梗和分生孢子。

【发病规律】灰霉病病菌寄主范围非常广泛，主要以菌丝状态在各种病残体上越冬，也可在其他寄主植物上为害越冬。温湿度条件适宜时产生病菌孢子，通过气流传播，主要从衰弱组织、蜜腺及伤口处侵染为害。该病潜育期短，再侵染次数多，流行性较强。

灰霉病主要发生在设施栽培环境下，有枯死或衰弱组织是该病发生的先决条件，低温、寡照、高湿是病害严重发生的环境因素。枝叶郁闭、通风透光不良、氮肥偏施过多等均有利于病害发生。盛花期至果实硬核期是花和幼果发病盛期，新梢快速生长期是新梢发病盛期，展叶到果实成熟是叶片发病盛期。棚室内湿度大，叶面结露时间长，灰霉病发生早、为害重。叶片蜜腺上有水珠时，易被灰霉病菌侵染，是叶片发生灰霉病的主要原因。

【防控技术】

1.加强设施栽培管理　合理密植，科学修剪，避免偏施氮肥。地面覆膜，阻止土壤水分蒸发，控制环境湿度。在保证温度的前提下，加强通风，降低环境湿度。

2.搞好果园卫生　露地果园发芽前彻底清除各种病残组织，集中深埋或带到园外销毁。设施栽培时，及时摘除散落在幼果表面和嫩梢及叶片上的残花，防止病菌以此为"跳板"进而为害果实、嫩梢、叶片等。此外，设施栽培扣棚升温前，喷施1次铲除性药剂，杀灭树体及环境中的病菌。有效药剂如：30%戊唑·多菌灵悬浮剂400～600倍液、41%甲硫·戊唑醇悬浮剂400～500倍液、50%福美双可湿性粉剂300～400倍液、3～5波美度石硫合剂等。

3.适当喷药防控　露地栽培果园灰霉病发生很轻，一般不需药剂防控；设施栽培果园，根据气候状况需适当喷药或熏烟。一般在连续2天阴天时立即开始用药，7天左右1次，连续2次。喷雾常用有效药剂有：40%嘧霉胺悬浮剂1000～1500倍液、50%异菌脲可湿性粉剂或45%悬浮剂1000～1500倍液、50%腐霉利可湿性粉剂1000～1500倍液、40%双胍三辛烷基苯磺酸盐可湿性粉剂1500～2000倍液、50%乙霉·多菌灵可湿性粉剂1000～1200倍液等。熏烟常用有效药剂有：10%腐霉利烟剂每亩次300～500克、15%腐霉利烟剂每亩次200～300克、45%百菌清烟剂每亩次150～180克、30%百菌清烟剂每亩次200～250克、10%百菌清烟剂每亩次500～800克等。

▪▪▪ 黑星病 ▪▪▪

黑星病又称疮痂病，俗名"黑点病"，可为害桃、李、杏、樱桃等多种核果类果树，在全国各产区均有发生，以果实受害最重，也可侵害新梢及叶片。

【症状诊断】果实受害，发生部位不定，果实肩部、尖部及胴部均可发生（彩图5-181、彩图5-182），但以果实向阳面较多。发病初期，先产生暗褐色至深褐色圆形斑点，后发展成黑色痣状病斑（彩图5-183～彩图5-185），直径2～3毫米，常许多病斑集中发生，甚至聚合成片（彩图5-186～彩图5-188）。病斑表面产生有黑色霉状物（彩图5-189）。病菌扩展仅限于表层组织，当病部组织枯死后，果肉仍在继续生长，导致病果常在病斑处发生龟裂，呈疮痂状（彩图5-190～彩图5-192），甚至造成果实开裂（彩图5-193、彩图5-194）。严重时，许多果实集中受害（彩图5-195、彩图5-196）。新梢受害，初为长圆形浅褐色病斑（彩图5-197），后呈暗褐色（彩图5-198），病部微隆起，常发生流胶。病菌亦只在表层组织为害，病健分界明显。秋季，枝梢病斑变灰褐色至褐色，周围暗褐色至紫褐色（彩图5-199）。叶片受害，初期产生多角形或不规则形灰绿色病斑，后发展为暗色或紫红色，最后病部干枯脱落而形成穿孔。

彩图5-184　油桃果实黑星病发生初期

彩图5-181　从果实肩部开始发生的毛桃病果

彩图5-185　杏果实上的黑星病初期病斑

彩图5-182　从果实胴部开始发生的毛桃病果

彩图5-186　严重时，病斑连片（桃）

彩图5-183　油桃膨大期果实即开始发病

彩图5-187　严重时，油桃果实表面布满病斑

彩图5-188　杏果实表面散生许多黑星病病斑

彩图5-189　桃黑星病病斑局部放大

彩图5-190　后期，病斑表面逐渐发生龟裂（桃）

彩图5-191　发病后期，病斑表面发生龟裂（杏）

彩图5-192　病斑表面开裂，呈疮痂状（桃）

彩图5-193　黑星病导致果实开裂（桃）

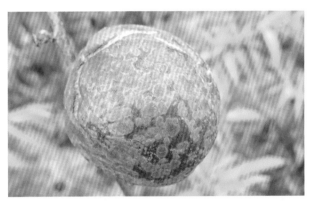

彩图5-194　黑星病导致油桃果实开裂

彩图5-195　树上许多桃果实受害

彩图5-196　发生严重时，许多杏果实受害

彩图5-197　桃树枝条受害，初期病斑淡褐色

彩图5-198　桃树枝条上的黑星病中期病斑

彩图5-199　桃树枝条病斑，后期表面产生绒状小点

【病原】嗜果芽枝霉（*Cladosporium carpophilum* Thum.），属于半知菌亚门丝孢纲丝孢目；有性阶段为嗜果黑星菌（*Venturia carpophila* Fisher），属于子囊菌亚门核菌纲球壳菌目，中国尚未发现。病斑表面的黑色霉状物是其无性阶段的分生孢子梗和分生孢子。

【发病规律】病菌主要以菌丝体在枝条病斑上越冬。第二年降雨后开始产生分生孢子，通过风雨传播，直接穿透寄主表皮层进行侵染。该病潜育期较长，桃果实上约为47～70天，新梢及叶片上为25～45天。所以该病多在中熟及晚熟品种上发生较重，早熟品种很少发生，且再侵染为害较轻。

幼果期多雨潮湿是影响黑星病发生的主要因素，多雨潮湿年份病害发生较重。果园低湿、树冠郁闭、通风透光不良等环境条件，均可加重黑星病的发生。另外，果实表面茸毛的有无及稠密程度均可影响病菌侵染。油桃、杏、李果实表面几乎没有茸毛，病菌易发生侵染；毛桃幼果期茸毛密度大，病菌不宜侵染。在毛桃上，一般落花后5～6周果实才能被病菌侵染。

彩图5-200　桃果实套袋状

【防控技术】黑星病防控技术模式如图5-9所示。

1.加强栽培管理　结合冬季修剪，剪除病枝、枯枝，集中清到园外烧毁，清除病菌越冬场所。合理修剪，使果园通风透光良好，降低环境湿度，创造不利于病害发生的生态条件。雨后及时排水，降低园内湿度，减轻病害发生。定果后果实套袋（彩图5-200），既可减少喷药次数、降低农药残留污染，又可防止病菌侵害果实，但套袋前必须均匀周到喷药1次。

2.发芽前药剂铲除越冬病菌　发芽前，全园喷施1次铲除性杀菌剂，杀灭在枝条上的越冬存活病菌。效果较好的药剂有：30%戊唑·多菌灵悬浮剂400～600倍液、41%甲硫·戊唑醇悬浮剂400～500倍液、60%铜钙·多菌灵可湿性粉剂

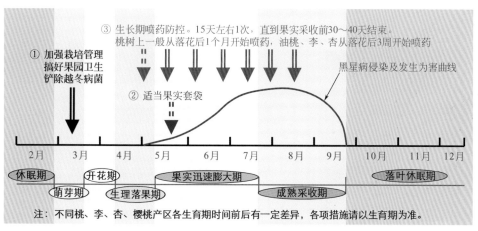

③ 生长期喷药防控。15天左右1次，直到果实采收前30～40天结束。
桃树上一般从落花后1个月开始喷药，油桃、李、杏从落花后3周开始喷药

① 加强栽培管理　搞好果园卫生　铲除越冬病菌

② 适当果实套袋

黑星病侵染及发生为害曲线

2月　3月　4月　5月　6月　7月　8月　9月　10月　11月　12月

休眠期　　开花期　　果实迅速膨大期　　　落叶休眠期
　萌芽期　　生理落果期　　　　成熟采收期

注：不同桃、李、杏、樱桃产区各生育期时间前后有一定差异，各项措施请以生育期为准。

图5-9　黑星病防控技术模式图

300～400倍液、45%代森铵水剂200～300倍液、77%硫酸铜钙可湿性粉剂300～400倍液及70%甲基硫菌灵可湿性粉剂或500克/升悬浮剂500～600倍液等。

3.生长期喷药防控 桃树上一般从落花后1个月开始喷药，15天左右1次，直到采收前30～40天结束。若为油桃、李、杏，则从落花后3周开始喷药。常用有效药剂有：30%戊唑·多菌灵悬浮剂800～1000倍液、41%甲硫·戊唑醇悬浮剂700～800倍液、70%甲基硫菌灵可湿性粉剂或500克/升悬浮剂800～1000倍液、50%多菌灵可湿性粉剂500克/升悬浮剂600～800倍液、10%苯醚甲环唑水分散粒剂1500～2000倍液、430克/升戊唑醇悬浮剂3000～4000倍液、40%腈菌唑可湿性粉剂7000～8000倍液、40%氟硅唑乳油8000～10000倍液、12.5%烯唑醇可湿性粉剂2000～2500倍液、250克/升吡唑醚菌酯乳油2500～3000倍液、80%代森锰锌（全络合态）可湿性粉剂800～1000倍液、50%克菌丹可湿性粉剂500～700倍液、70%丙森锌可湿性粉剂600～800倍液等。不同类型药剂交替使用，喷药应均匀周到。

黑腐病

【**症状诊断**】黑腐病在桃、李、杏、樱桃上均可发生，均主要为害近成熟期后的果实，造成果实腐烂。病斑多从果实伤口处或果实尖部或腹缝线处开始发生（彩图5-201～彩图5-203）。初期，产生淡褐色水渍状病斑，后病斑很快扩展为淡褐色至褐色腐烂，并明显凹陷（彩图5-204～彩图5-206）。后期，病斑表面产生墨绿色至黑色霉状物（彩图5-207），有时霉状物略显轮纹状排列（彩图5-208）。严重时，果实大部分腐烂，完全丧失食用价值。

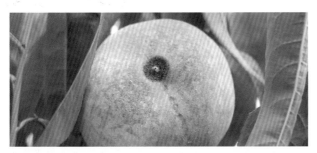

彩图5-201 桃果实尖部开始发生的病斑

彩图5-202 桃果实腹缝线处开始发生的病斑

彩图5-203 樱桃上病斑多从伤口处开始发生

彩图5-204 樱桃病果呈黑褐色腐烂

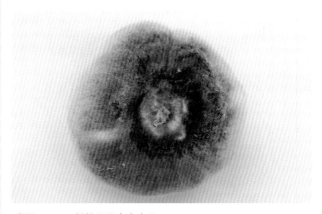

彩图5-205 蟠桃的黑腐病病果

彩图5-206 杏黑腐病病果

彩图5-207　病斑表面产生一层墨绿色至黑色霉状物（樱桃）

彩图5-208　病斑表面产生有墨绿色至黑色霉状物（桃）

【病原】交链孢霉（*Alternaria* spp.），属于半知菌亚门丝孢纲丝孢目。病斑表面的霉状物即为病菌的分生孢子梗和分生孢子。

【发病规律】黑腐病病菌是一种弱寄生性真菌，在果园内广泛存在，没有特定越冬场所。主要通过风雨及气流传播，从伤口及衰弱组织侵染为害，特别是果实上过成熟部位。果实缺钙及近成熟期后果实受伤（裂伤、虫伤、机械伤等）是诱发黑腐病的主要因素。土壤瘠薄、偏施氮肥、果园郁闭、通风透光不良等均可加重该病的发生为害。

【防控技术】

1.加强果园管理　增施农家肥等有机肥，按比例科学使用氮、磷、钾肥，适量增施钙肥。合理修剪，促使果园通风透光，降低环境湿度。干旱季节及时浇水，雨季注意及时排水，尽量保持土壤水分供应平衡，防止形成裂果。幼果期结合喷药适当喷施速效钙肥（佳实百、速效钙、美林钙等），增加果含钙量，提高抗病能力。适时采收，避免果实成熟过度。采收及包装时轻拿轻放，避免导致果实受伤。

2.生长期适当喷药防控　黑腐病属零星发生病害，一般不需单独进行喷药，往年病害发生较重果园，可从果实采收前1～1.5个月开始喷药，15天左右1次，连喷2次左右，即可有效控制该病的发生为害。常用有效药剂有：1.5%多抗霉素可湿性粉剂300～400倍液、10%多抗霉素可湿性粉剂1000～1500倍液、80%代森锰锌（全络合态）可湿性粉剂800～1000倍液、50%异菌脲可湿性粉剂或45%悬浮剂1000～1500倍液、10%苯醚甲环唑水分散粒剂1500～2000倍液、50%克菌丹可湿性粉剂500～700倍液、30%戊唑·多菌灵悬浮剂800～1000倍液等。

菌核病

菌核病在桃、李、杏及樱桃上均可发生，全国各产区均有不同程度分布。该病主要为害果实，也可为害花、枝梢及叶片。

【症状诊断】果实受害，从幼果期至成果期均可发生。初期在果实表面产生淡褐至褐色圆形或近圆形小斑点（彩图5-209、彩图5-210），后斑点迅速扩大，形成淡褐色至褐色凹陷病斑（彩图5-211、彩图5-212），呈圆形、近圆形或不规则形，果肉腐烂（彩图5-213～彩图5-215），湿度大时表面可产生灰绿色菌丝层。随病情发展，病果逐渐全部腐烂，表面产生出较厚的初为白色、渐变灰绿色的菌丝层（彩图5-216），而后菌丝层上可逐渐形成许多大小不一的黑褐色鼠粪状菌核。后期病果干缩为僵果，脱落于地面或挂在树上（彩图5-217）。

彩图5-209　膨大期桃果实发病初期

彩图5-210　近成熟期杏果受害的初期病斑

彩图5-211　油桃小幼果受害状

彩图5-215　菌核病为害杏果实症状比较

彩图5-212　膨大期杏果受害，病斑明显凹陷

彩图5-216　病果表面产生灰绿色菌丝层（桃）

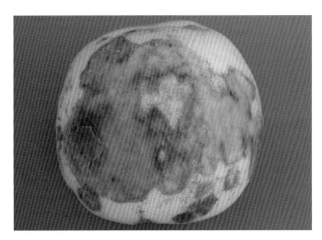

彩图5-213　近成熟期杏果受害，病斑呈淡褐色腐烂

彩图5-217　菌核病导致果实大量脱落（桃）

花受害，花器迅速变褐枯死，多残留在枝上不落（彩图5-218），有时表面可形成菌核（彩图5-219）。枝梢受害，多为病花蔓延所致，病斑褐色长圆形，有流胶现象，病斑环绕枝条后造成枯枝，当年生病枯梢多为黄褐色（彩图5-220～彩图5-222）。叶片受害，亦为病花蔓延引起，造成叶片呈淡褐色枯死（彩图5-223），有时枯叶表面也可产生白色菌丝层（彩图5-224）。

彩图5-214　桃果实受害，多从尖端开始发生

彩图5-218　桃花器受害状

彩图5-219 枯死花器表面产生有白色拟菌核（桃）

彩图5-220 桃当年生新梢受害

彩图5-221 病斑扩展至当年生梢和上年生枝上（桃）

彩图5-222 花器、当年生新梢及上年生枝相继发病（桃）

彩图5-223 桃叶片受害，多为从花器蔓延所致

彩图5-224 病叶表面产生较厚的白色菌丝层（桃）

【病原】 核盘菌［*Sclerotinia sclerotiorum*（Lib.）de Bary］，属于子囊菌亚门盘菌纲柔膜菌目。病斑表面可以产生菌丝层及菌核，多不形成病菌孢子。

【发病规律】病菌主要以菌丝体或菌核在树上及树下的病僵果中越冬。翌年开花期，菌核开始萌发产生子囊盘、并释放出子囊孢子，子囊孢子通过气流传播进行初侵染为害，发病后的病残组织又可通过风雨传播进行扩散蔓延。病菌还可通过叶、果的相互接触而直接侵染。菌核病具有连年积累发病现象，管理粗放的山地及坡地果园发病较重，春季多雨潮湿有利于病害发生。

【防控技术】菌核病防控技术模式如图5-10所示。

1.加强果园管理 落叶后至发芽前，彻底清除树上、树下的病僵果，集中深埋或烧毁，消灭病菌越冬场所及病源。及时疏花、疏果，萼片不能自然脱落的幼果及时人工辅助脱萼。合理修剪，促使果园通风透光，降低环境湿度。尽量实施果实套袋，防止果实生长中后期受害。

2.生长期喷药防控 往年菌核病发生较多的果园，首先要抓好幼果期防控，一般从落花后5天左右开始喷药，10～15天1次，连喷2次左右，并同时喷洒地面。然后再从果实采收前1个月左右开始连续喷药2次左右，防控近成熟果受害。效果较好的药剂如：40%双胍三辛烷基苯磺酸盐可湿性粉剂1200～2000倍液、40%嘧霉胺悬浮剂

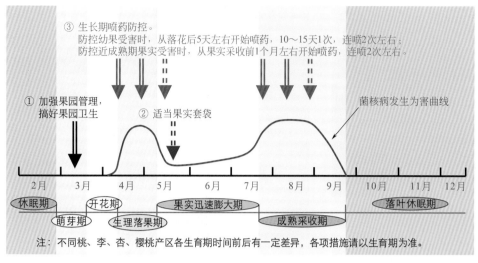

③ 生长期喷药防控。
防控幼果受害时，从落花后5天左右开始喷药，10～15天1次，连喷2次左右；
防控近成熟期果实受害时，从果实采收前1个月左右开始喷药，连喷2次左右。

① 加强果园管理，搞好果园卫生

② 适当果实套袋

菌核病发生为害曲线

2月　3月　4月　5月　6月　7月　8月　9月　10月　11月　12月

休眠期　　开花期　　果实迅速膨大期　　　　　　落叶休眠期
　萌芽期　　生理落果期　　　　成熟采收期

注：不同桃、李、杏、樱桃产区各生育期时间前后有一定差异，各项措施请以生育期为准。

图5-10　菌核病防控技术模式图

1000～1500倍液、50%异菌脲可湿性粉剂或45%悬浮剂1000～1500倍液、50%腐霉利可湿性粉剂1000～1500倍液、65%乙霉·多菌灵可湿性粉剂1000～1200倍液、41%甲硫·戊唑醇悬浮剂700～800倍液、30%戊唑·多菌灵悬浮剂800～1000倍液、80%代森锰锌（全络合态）可湿性粉剂800～1000倍液等。

霉污病

【症状诊断】霉污病主要为害果实和叶片，以果实受害经济损失最大，在桃、李、杏、樱桃等核果类果树上均有发生。果实受害，多发生在果实生长中后期，在果面上产生霉污状病斑，呈条形、近圆形或不规则形（彩图5-225～彩图5-227），霉斑附生在果实表面，不深入果实内部，对产量没有影响，但显著降低果实的外观品质。叶片受害，多在叶正面形成一层黑褐色煤状污斑（彩图5-228～彩图5-231），影响叶片的光合作用，进而影响果实产量，并导致树势衰弱。

彩图5-225　桃果实表面散生有不规则霉污状病斑

【病原】常见病菌有三种，分别为：出芽短梗霉 [*Aureobasidium pullulans*（de Bary）Arn.]、草芽枝霉 [*Cladosporium herbarum*（Pers.）Link ex Gray]、大孢芽枝霉（*C.macrocarpum* Preuss），均属于半知菌亚门丝孢纲丝孢

目。病斑表面的霉状物即为病菌的菌丝体、分生孢子梗和分生孢子。

【发病规律】霉污病病菌属"附生"类型，其在果园内广泛存在，多借助雨水或气流传播扩散，以果实表面的营养物或叶片表面的有机物为基质进行生长。果实受害多发生在近成熟期，阴雨潮湿、果面不易干燥是造成果实受害的主要条件。叶片受害，多发生在蚧壳虫、蚜虫、叶蝉等为害较重的果园内。蚧壳虫、蚜虫及叶蝉的分泌物散落在叶片及果实表面，正好为病菌提供了丰富的生存基质。此外，地势低洼、枝叶郁闭、通风透光不良等均可加重霉污病的发生为害。

【防控技术】

1.加强果园管理　合理修剪，促使果园通风透光良好，降低环境湿度。及时防控蚧壳虫、蚜虫及叶蝉类害虫，做到治虫防病。低洼果园，雨季注意及时排水。适当实施果实套袋，保护果实，防止受害。

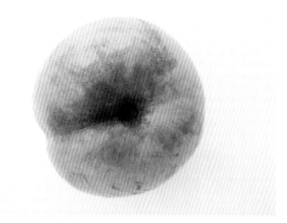

彩图5-226　李霉污病病果

彩图5-227　霉污病病斑有时呈条状（桃）

彩图5-228 桃叶片表面的霉污病病斑

彩图5-229 李叶片表面的霉状污斑

彩图5-230 杏叶片表面的煤状污斑

彩图5-231 樱桃叶片表面布满黑色"煤烟"

2.及时喷药保护果实 往年霉污病发生较多的果园，在果实近成熟期如遇阴雨潮湿的气候条件时，及时喷药保护果实，10天左右1次，连喷2～3次。效果较好的药剂有：50%克菌丹可湿性粉剂500～700倍液、80%克菌丹水分散粒剂1000～1200、30%戊唑·多菌灵悬浮剂800～1000倍液、41%甲硫·戊唑醇悬浮剂700～800倍液、10%苯醚甲环唑水分散粒剂1500～2000倍液、80%代森锰锌（全络合态）可湿性粉剂800～1000倍液＋70%甲基硫菌灵可湿性粉剂或500克/升悬浮剂800～1000倍液等。

花叶病

【症状诊断】花叶病在桃、李、杏及樱桃上均有发生，主要在叶片上表现明显症状，有时在果实上也可发病。叶片发病，多从新梢叶片开始，症状表现较复杂。有的病叶上出现许多不规则形褪绿斑块或斑驳，呈黄绿色甚至黄白色，边缘不明显，大小不统一（彩图5-232～彩图5-234）；有的病叶细小、叶脉变黄，病叶成黄色网纹状（彩图5-235）；也有的病叶褪绿黄斑后期可变褐枯死。花叶病表现轻时，高温季节症状可以消失（高温隐症），但表现严重时症状不能消失。果实发病，多表现着色不均，呈花脸状（彩图5-236）；有时果面凹凸不平，呈畸形状（彩图5-237）。

彩图5-232 桃花叶病症状表现初期

彩图5-233 桃树的典型花叶

彩图5-234 杏树花叶病病叶

彩图5-235 李叶片的花叶病

彩图5-236 樱桃病果着色不均，呈花脸状

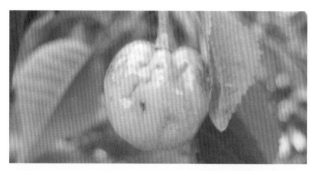

彩图5-237 樱桃病果凹凸不平，呈畸形状

【病原】主要病原有：桃潜隐花叶类病毒（*Peach latent mosaic viroid*，PLMVd）、李坏死环斑病毒（*Prunus necrotic ringspot virus*，PNRSV）、李矮缩病毒（*Prune dwarf virus*，PDV），均属于病毒类。

【发病规律】花叶病可由多种病毒引起，且症状表现因病毒种类不同而有差异。病毒一旦侵入树体，则树体终生带毒，即病毒在病树体内越冬。主要通过嫁接传播，无论接穗带毒还是砧木带毒，嫁接植株均可发病。接穗带毒是病害传播蔓延的主要途径。另外，有的病毒还可通过修剪工具传播。病毒侵入树体后，目前尚没有办法治愈。

【防控技术】根本措施是培育和利用无病毒苗木及接穗，杜绝从病树上剪取接穗繁育苗木，并禁止在病树上高接换头扩繁品种。发病植株无法治疗。果园内有花叶病树时最好单独修剪，避免可能的传播扩散。

黄叶病

【症状诊断】黄叶病在桃、李、杏、樱桃等多种果树上均可发生，均主要在叶片上表现明显症状，从嫩叶开始逐渐向老叶发展（彩图5-238、彩图5-239）。发病初期，脉间叶肉开始褪绿变黄，叶脉仍保持绿色（彩图5-240），后逐渐发展成"绿色网纹状"病叶（彩图5-241～彩图5-243）。随病情发展，褪绿叶肉组织范围逐渐扩大、程度逐渐加重，叶肉及细支脉均变为黄白色，仅剩主脉及侧脉仍有绿色或黄绿色（彩图5-244～彩图5-246），甚至叶缘开始变褐枯死（彩图5-247、彩图5-248）。重病树，新梢叶片全部变黄（彩图5-249），甚至全树叶片均变为黄白色（彩图5-250～彩图5-252），严重时叶片脱落、形成枯梢现象（彩图5-253）。

彩图5-238 叶片发病，从上部叶片开始发生（桃）

彩图5-239 新梢叶片开始发病（桃）

彩图 5-240　发病初期，叶肉组织开始变黄绿色（桃）

彩图 5-241　随病情发展，叶片呈绿色网纹状（桃）

彩图 5-242　李叶片呈绿色网纹状

彩图 5-243　杏树叶片的绿色网纹型表现

彩图 5-244　随病情加重，仅主脉、侧脉剩有绿色（桃）

彩图 5-245　随病情加重，仅主脉、侧脉剩有绿色（杏）

彩图 5-246　李新梢叶片较重受害状，仅主脉、侧脉剩有绿色

彩图 5-247　严重病叶，叶缘开始变褐枯死（桃）

彩图5-248 严重时，从叶缘开始变褐枯死（李）

彩图5-249 新梢叶片全部发病（杏）

彩图5-250 严重病树，全部叶片变黄白色（桃）

彩图5-251 李树全株叶片变黄

彩图5-252 杏树全株叶片变黄

彩图5-253 严重时叶片呈黄白色，逐渐干枯、脱落（桃）

【病因及发生特点】黄叶病是一种生理性病害，由树体缺铁引起。铁素是叶绿素的重要组成成分，当铁素含量不足时，叶绿素显著减少，而使叶片褪绿变黄、甚至变白。能被树体吸收利用的铁素为可溶性的二价铁离子，当土壤中二价铁离子不能被树体吸收利用时，或树体枝干不能输送足够的铁离子满足叶片生长需要时，即导致叶片缺铁变黄甚至变白。

碱性土壤容易缺铁，大量施用化肥、土壤板结容易缺铁，土壤黏重、排水不良及地下水位偏高的果园容易缺铁，沙性土壤、渗漏严重、保肥能力差的地块容易缺铁，根系发育不良或根部有病及枝干病害明显的树体容易表现缺铁。

【防控技术】

1.加强果园管理 增施农家肥等有机肥，按比例科学施用速效化肥，改良土壤，提高土壤保肥能力，并促使土壤中不溶性铁素（三价铁）向可溶性态（二价铁）转化。低洼果园注意排水，盐碱地适当灌水压碱。结合根施有机肥适量混施铁肥（亚铁盐），补充土壤中可溶性铁素。一般每株成年树根施硫酸亚铁0.3～0.5千克。此外，及时检查并有效防控根部病害及枝干病虫害，保证树体吸收及疏导功能通畅。

2.适当树上喷铁 发现黄叶病后及时喷铁进行矫治，7～10天1次，直到使叶片完全转绿为止。常用有效补铁配方或铁肥有：黄腐酸二胺铁200倍液、硫酸亚铁300～400倍液＋0.2%尿素＋0.05%柠檬酸混合液、黄叶灵500～600倍液、铁多多1000～1500倍液等。

缺镁症

【症状诊断】缺镁症在桃、李、杏、樱桃等果树上均有可能发生，主要在叶片上表面明显症状。叶片发病，先从基部老叶开始发生，初期脉间叶肉产生不规则褪绿黄斑（彩图5-254、彩图5-255），后逐渐向叶缘扩展，主脉、侧脉仍保持绿色（彩图5-256）；随病情加重，褪绿叶肉逐渐变黄，严重时导致全叶变黄，甚至从叶缘开始变褐干枯。

彩图5-254　樱桃叶片缺镁症初期表现

彩图5-255　发病初期，脉间叶肉开始褪绿（杏）

彩图5-256　随病情发展，仅主脉、侧脉剩有绿色（杏）

【病因及发生特点】缺镁症是一种生理性病害，由土壤中镁素供应不足引起。镁在树体内可以移动，当树体缺镁时，老叶中的镁素开始向嫩叶转移，导致老叶最先表现缺镁。镁是叶绿素的重要成分之一，缺镁时叶绿素含量降低，导致表现出类似"黄叶病"的症状。酸性土壤和沙性土壤镁素容易流失，易发生缺镁症；钾肥、磷肥使用过多，易引发缺镁症。树体根系浅时发病较重，根系深时发病较轻。

【防控技术】

1.加强栽培管理　增施农家肥等有机肥，避免偏施磷肥、钾肥，酸性土壤及沙性土壤果园适当增施镁肥。酸性土壤一般每株根施镁石灰或碳酸镁0.3～0.5千克，中性沙壤土果园一般每株根施硫酸镁0.3～0.5千克。此外，施肥时尽量开沟施用，促使根系向深层土壤发展。

2.适当叶面喷肥　树体表现缺镁时，及时进行叶面喷镁，7～10天1次，直到叶片全部转绿为止。一般使用硫酸镁100～200倍液叶面喷雾较好。

流胶病

【症状诊断】流胶病是桃、李、杏、樱桃等核果类果树上的一种常见"伤流"现象，在各级枝干上均可发生，有时也可发生在果实上（彩图5-257～彩图5-259），但以较大枝干受害最重。发病后的主要症状特点是在伤口处流出树体胶液。胶液初期无色或乳白色，透明、柔软、似玻璃质（彩图5-260～彩图5-263），与空气接触后渐变黄褐色、晶莹、较硬（彩图5-264～彩图5-266），最后胶块多呈茶褐色（彩图5-267～彩图5-270）。流胶处皮下组织坏死，破伤处多充满胶质（彩图5-271）。流胶轻时，对树体无明显影响，甚至伤口可以自愈（彩图5-272、彩图5-273）；多处流胶或胶液流量大时，树体生长衰弱（彩图5-274～彩图5-277），叶色变黄、甚至早落；严重时，造成死枝、死树（彩图5-278）。

彩图5-257　桃果实上的流胶症状

【病因及发生特点】流胶病是一种生理性病害，主要是树体受伤后引起的伤流。造成树体伤口的原因很多，自然生长形成的伤口及不能正常关闭的自然孔口是引起流胶的主要类型；各种机械类伤口如病虫害、机械损害、冻害、霜害、雹害等均可引起流胶。施肥不当、地势低洼、排灌不及时、修剪过重、结果过多、栽植过深、土壤黏重、土壤酸碱度不适等，均可导致树体生理失调，加重流胶病发生；多雨潮湿地区及果园、久旱后遭遇连阴雨等，流胶病常发生较重。

彩图5-258　李果实流胶状

彩图5-259　杏果实上的流胶表现

彩图5-260　微小伤口即能向外流胶（桃）

彩图5-261　新流出的胶体呈无色透明状（李）

彩图5-262　杏树小枝流胶状

彩图5-263　初流出的胶体呈无色透明状，而后颜色逐渐变深（桃）

彩图5-264　李树小枝流胶状

彩图5-265　后期，胶体逐渐变成黄褐色至红褐色（桃）

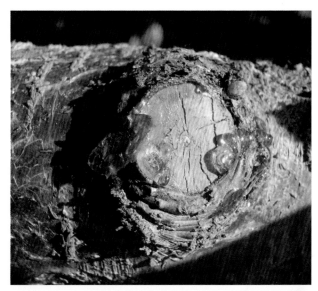

彩图5-266　从锯口处向外流胶（樱桃）

彩图5-267　杏树主干上流胶

彩图5-268　樱桃主干上，从自然生长伤处向外流胶

彩图5-269　樱桃主干上，从机械伤口处向外流胶

彩图5-270
樱桃锯伤口处开
始流胶

彩图5-271　李树小枝上流胶伤口的剖面状

彩图5-272　流胶伤口逐渐愈合（杏）

彩图5-273　李树枝条上，流胶伤口的愈合状

彩图5-274
桃树枝干上多处向
外流胶

彩图 5-275
严重病树，多点向外流胶（李）

彩图 5-276 严重时，桃树小枝上也多处流胶

彩图 5-277 严重病树，枝干上遍体鳞伤（桃）

【防控技术】

1.加强栽培管理，壮树防病　培强树势、促进伤口愈合，是防控流胶病的最根本措施。增施粗肥、农家肥等有机肥料，按比例科学使用速效化肥。干旱时及时灌水，低洼果园雨季注意排水。酸性土壤适当施用石灰或过磷酸钙，碱性土壤增施有机肥或适量施用酸性肥料，改良土壤。盐碱地注意灌水排盐、压碱。合理修剪，减少枝干伤口，及时涂药保护修剪伤口，促进伤口愈合。根据施肥水平及树势状况合理确定结果量。冬前树干涂白，防止发生冻害。

2.及时防控病虫害　注意防控各种为害枝干的病虫害，防止造成病伤、虫伤。

彩图 5-278　严重时，导致病树枯死（李）

果锈症

【症状诊断】果锈症在桃、李、杏的果实上均可发生，幼果期至成果期均可出现。初期，果面上产生黄褐色斑点，后形成黄褐色片状、条状、或不规则形锈斑。幼果期受害果实，随果实不断膨大，锈斑表面常发生龟裂，甚至产生裂缝，严重影响果实质量；近成熟期果实受害，虽很少发生裂果，但对果实外观质量影响很大（彩图 5-279 ～彩图 5-283）。

彩图 5-279　毛桃幼果期果锈

彩图 5-280　李幼果上的果锈

彩图5-281　油桃幼果期果锈

彩图5-282　油桃成熟期果锈

彩图5-283　李成熟果上的果锈

【病因及发生特点】果锈症是一种生理性病害，是果面受外界刺激伤害后形成的愈伤组织。药害（特别是幼果期）、各种机械伤（枝叶摩擦、喷药水流冲击等）均可导致形成果锈。多雨潮湿、高温干旱常加重果锈的形成。

【防控技术】

1.加强栽培管理　合理施肥，合理灌水，合理确定结果量，培强树势，提高树体抗逆能力。合理修剪，促使果园通风透光，创造良好生态环境。

2.安全使用药剂　首先应选用优质安全农药品种，禁止使用强刺激性药剂，特别是幼果期；其次，喷药时提高药液雾化效果，保证做到"喷雾"，而不是"喷水"，以避免高压水流对果面的冲击伤害。

裂果症

【症状诊断】裂果症在桃、李、杏、樱桃等水果上均可发生，多从果实近成熟期开始出现。发病后的主要

症状特点是在果面上产生一至多条裂缝（彩图5-284～彩图5-289）。裂果后期，有的果实裂缝处产生木栓化愈伤组织（彩图5-290～彩图5-293），有的病果失水干缩（彩图5-294），也有的果实裂缝处易被一些霉菌感染，进而导致果实腐烂（彩图5-295、彩图5-296）。

彩图5-284　樱桃果实裂果初期

彩图5-285　油桃幼果期裂果

彩图5-286　蟠桃膨大期裂果

彩图5-287　油桃膨大期裂果

彩图5-288　严重时，樱桃果实大部分开裂

彩图5-289　雪桃成熟期裂果

彩图5-290　杏果实的裂果，裂伤处开始形成愈伤组织

彩图5-291　李近成熟期的裂果，裂伤处开始形成愈伤组织

彩图5-292　普通桃成熟期裂果，裂伤处已形成愈伤组织

彩图5-293　油桃成熟期裂果，裂伤处已形成愈伤组织

彩图5-294　裂果后期，病果失水干缩（樱桃）

彩图5-295　裂果伤口引发杂菌感染（油桃）

彩图5-296　裂果伤口易受杂菌感染，导致果实腐烂（樱桃）

【病因及发生特点】裂果症相当于生理性病害，主要由于水分供应失调造成。沙性土壤、有机质含量低的地块易发生裂果，久旱遇雨是造成裂果的主要因素，果实膨大剂使用不当或使用过量常加重裂果发生。果实缺钙也可加重裂果症发生。裂果后遇阴雨潮湿环境，裂缝处易诱发霉菌感染，而造成果实腐烂。

【防控技术】

1.加强栽培管理　增施农家肥等有机肥，改良土壤，提高土壤保水能力。结合有机肥适当增施钙肥，或结合喷药喷施速效钙肥，提高果实钙素含量。地面覆草、生草或盖膜（彩图5-297），调控土壤水分平衡。干旱季节及时浇水，雨季注意排水。控制果实膨大剂的使用，提高果实抗裂能力。

彩图5-297　桃树树下覆膜

2.适当喷药防控　往年裂果发生严重的果园或品种，从落花后1.5个月开始喷雾防治，10～15天1次，连喷2～3次0.003%丙酰芸薹素内酯水剂3000倍液，对控制裂果症发生具有显著作用。

小脚症

【症状诊断】小脚症在桃、李、杏、樱桃等多种果树上均有发生，主要在嫁接口附近表现症状。其主要症状特点是嫁接口下部显著细小、嫁接口上部异常粗大（彩图5-298～彩图5-300）。另外，小脚症树根系多发育不良，树体很容易晃动。患有小脚症的病树结果量较少，寿命显著较短。

彩图5-298　李树小脚症

彩图5-299　杏树小脚症

彩图5-300　樱桃小脚症病树

【病因及发生特点】小脚症是一种生理性病害，由于嫁接树的砧木与接穗相对不亲和所致。当砧木与接穗亲和力欠缺时，嫁接树虽能成活、生长，但由于养分输导受阻而嫁接处生长异常，导致嫁接口下部砧木部分生长缓慢，而嫁接口上部接穗部分显著加粗。

【防控技术】选用亲和力相对较强的砧木、接穗组合是预防小脚症的最根本措施。已出现小脚症的病树，可在树干基部适当培土，诱发根系产生，适当增加根系。

日灼病

【症状诊断】日灼病在桃、李、杏、樱桃等果树上均有发生，主要为害果实，有时也可伤害枝干及叶片，以果实受害损失最大。病害多发生在阳光直射部位，有些敏感品种遮阴处也能发生。果实受害，初期多在果面向阳处产生淡褐色斑块（彩图5-301、彩图5-302），呈圆形或近圆形；后斑块变淡褐色至褐色枯死，边缘多不清晰（彩图5-303～彩图5-305）。枯死组织仅存在于果实表层或浅层果肉，不深入内部；有时褐色病斑上有胶液溢出（彩图5-306）。后期，日灼斑逐渐塌陷，表面易被一些霉菌腐生，而出现黑褐色霉层（彩图5-307）。日灼斑周围常有红色至紫红色晕圈（彩图5-308），受害较早的果实后期还可产生裂缝（彩图5-309、彩图5-310）。在某些对高温敏感的李品种上，常有许多果实受害（彩图5-311），且日灼斑有时呈现不规则的环纹状（彩图5-312）；也有品种初期受害斑呈淡褐色水渍状。

彩图5-301　李果日灼病发生初期

彩图5-302 桃果实日灼病初期症状

彩图5-306 有时日灼斑表面有胶液溢出（李）

彩图5-303 李果日灼病中期症状

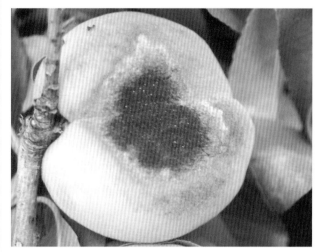

彩图5-307 日灼斑表面被杂菌腐生（桃）

彩图5-304 桃果实日灼病中期受害斑

彩图5-308 杏日灼病病果

彩图5-305 李果幼果期日灼病为害状

彩图5-309 日灼病导致果实开裂（桃）

彩图5-310 日灼病有时导致果实病斑处开裂（李）

彩图5-311 果实受害状（李）

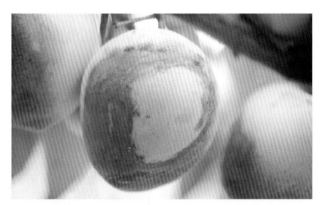

彩图5-312 日灼斑呈环纹状（李）

　　枝干受害，主要发生在向阳面，初期枝干皮层变淡褐色灼伤（彩图5-313）；随灼伤加重，病斑渐变褐色坏死，坏死斑多为长条状或带状；后期皮层坏死、干缩，纵向边缘常产生愈伤组织（彩图5-314）。

彩图 5-313
樱桃树干上的轻度
日灼伤害斑

彩图5-314 桃树枝干上的日灼伤害，皮层条带状坏死

　　【病因及发生特点】日灼病是一种生理性病害，由阳光过度直射或气温炎热引起。修剪过重，在炎热夏季果实没有充足的枝叶遮阴，是发生日灼病的主要原因。土壤干旱，果实含水量相对较低，常加重日灼病的为害。有些品种耐热性较差，日灼病（又称"气灼病"）常发生较重。连阴雨后晴天高温，亦常加重日灼病的发生。

　　【防控技术】合理修剪，避免修剪过重，使果实能够适当遮阴，防止阳光对果实直射。增施农家肥等有机肥，合理使用化肥，科学确定结果量，促进树势健壮，提高树体抗逆能力。干旱季节及时灌水，既可降低园内环境温度，又可提高果实相对含水量、增强果实耐热性能。避免过量使用多效唑，保证枝叶适量生长。另外，引进新品种时，需要充分考虑品种的耐热性等。

■ 冻害

　　【症状诊断】冻害在桃、李、杏、樱桃等果树上均可发生，树体的各个部位均可受害，但以枝干和花及幼果受害最为常见。

　　根据冻害发生时间，分为冬前早霜冻害和早春晚霜冻害两种类型。前者对树体枝干为害较重，常造成枝干皮层坏死、开裂（彩图5-315、彩图5-316），导致树势衰弱、甚至树体死亡（彩图5-317、彩图5-318），有时亦可造成花芽枯死（彩图5-319）。后者对花器、幼果及嫩梢为害较重，常造成花期冻伤、幼果受害及嫩梢枯死等，对当年坐果率及产量影响很大。

彩图5-315 冻害造成树干皮层开裂（桃）

彩图5-316　李树冻害，造成主干树皮开裂

彩图5-317　冻害导致树势衰弱，枝条基本不能生长（桃）

彩图5-318　桃树枝条受冻枯死状

彩图5-319　樱桃冻害，花芽枯死

早霜冻害发生轻时，树干形成层受伤变褐（彩图5-320～彩图5-322），随树体生长，皮层常发生纵裂（彩图5-323），这类病树多不会枯死，除枝干表现症状外，叶片常呈现黄叶状。随冻害程度加重，形成层变黑褐色坏死（彩图5-324、彩图5-325），甚至整个皮层枯死。冻害严重时，树体直接枯死，不能发芽（彩图5-326～彩图5-328）。受害稍轻的病树，由于许多浅层毛细根系大量变褐枯死，再加之枝干形成层及皮层遭受破坏，常导致树体呈现黄叶状（彩图5-329）；有时即使能够萌芽、开花、长梢，但经过一段时间的营养消耗后还会导致新梢逐渐干枯，树体逐渐死亡（彩图5-330、彩图5-331）。

彩图5-320　早霜冻害，导致树皮形成层变褐（桃）

彩图5-321　冻害造成树干整个皮层变褐（桃）

彩图5-322　樱桃主干受冻，病健树皮比较

彩图5-323　树皮裂缝处，皮层及形成层坏死（李）

彩图5-324　早霜冻害，导致树皮形成层变黑褐色坏死（桃）

彩图5-325　樱桃冻害，主干树皮变褐坏死

彩图5-326　冻害较重时，少数枝条枯死，不能发芽（桃）

彩图5-327　冻害导致桃树部分枝条枯死

彩图5-328　冻害严重时，树体枯死，不能发芽（桃）

彩图5-329　李树枝干冻害，导致叶片呈现严重黄叶症状

彩图5-330　遭受冻害的桃树，发芽后新梢又逐渐枯死

彩图5-331　有时树体发芽后又逐渐枯死（李）

花期晚霜冻害发生轻时，花器柱头及花瓣局部变褐（彩图5-332），不能坐果；严重时花器全部枯死（彩图5-333）。落花后发生冻害时，多从幼果尖部开始发病，造成果尖变褐、枯死、凹陷（彩图5-334、彩图5-335），种仁变淡褐色至褐色（彩图5-336、彩图5-337），病果容易脱落；冻害严重时，幼果脱落、新梢枯死（彩图5-338）。

彩图5-332　花期遭受冻害，柱头变褐枯死（桃）

彩图5-333　花期冻害较重时，整个花序枯死（桃）

彩图5-334　杏幼果冻害，多从果尖部开始显症

彩图5-335　杏果实尖部变褐、枯死、凹陷

彩图5-336　受冻幼果，种仁变褐（杏）

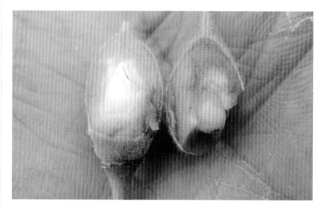

彩图5-337　正常幼果种仁（左）与受冻幼果种仁（右）比较（杏）

彩图5-338　早春晚霜冻害，新梢枯死（桃）

【病因及发生特点】冻害相当于生理性病害，主要由初冬或早春温度剧烈下降造成。经常浅层施肥，诱使浅层土壤根系过多，易发生秋后冻害。土壤瘠薄、树势衰弱、结果量过大、病虫害导致落叶较早等，多受早春冻害为害

重。地势低洼果园容易遭受冻害；秋后冻水浇水量偏大、早春浇水过早等均可加重冻害发生。

【防控技术】

1. 加强栽培管理，壮树防病 增施农家肥等有机肥，提倡开沟施肥，根据树势及施肥水平科学确定结果量，及时防控造成早期落叶的各种病虫害，培强树势，提高树体抗逆能力。根据天气预报，在寒流到来时于果园内用柴草熏烟，提高环境温度，具有一定减轻冻害的作用。冬季寒冷果区，秋后树干涂白（彩图5-339），适当减小树干表层温度变化幅度。秋后尽量少浇水或不浇水，提倡春季地温回升后灌溉。

彩图5-339 桃树树干涂白

2. 适当喷肥、喷药，增强树体抗性 早春气温变化较大的果区或年份，适当喷施叶面肥系列产品，补充树体营养，调控树体抗性。具有一定增抗作用的调控产品有：0.3%尿素＋0.3%白糖或红糖、0.003%丙酰芸苔素内酯水剂2000～3000倍液、0.136%赤·吲乙·芸苔可湿性粉剂8000～10000倍液等。

雹害

【症状诊断】雹害又称雹灾，在桃、李、杏、樱桃等果树上均可发生，主要危害叶片、果实及枝条，危害程度因冰雹大小、持续时间长短而异。危害轻时，叶片破碎或脱落，果实破伤、质量降低、发生流胶、甚至诱发杂菌感染；危害重时，叶片脱落，果实伤痕累累、甚至脱落，枝条破伤，导致树势衰弱，产量降低，甚至绝产（彩图5-340～彩图5-343）。

彩图5-340 李果实上的雹害伤口

彩图5-341 桃果实雹害伤口后期

彩图5-342 桃树枝条遭受雹害状

彩图5-343 桃树枝条雹害伤口愈合状

【病因及发生特点】雹害是一种大气自然伤害，属于机械创伤，相当于生理性病害。主要是由于气象因素剧变形成，很大程度上不能进行人为预防。但冰雹发生也有一定规律可循，民间就有"雹区"、"雹线"的说法。

【防控技术】

1. 防雹网栽培 在经常发生冰雹危害的地区，有条件的可以在果园内架设防雹网，阻挡或减轻冰雹危害。

2. 雹害后加强管理 遭遇雹害后应积极采取措施加强管理，适当减少当年结果量，增施肥水，促进树势恢复。同时，果园内及时喷洒1次内吸治疗性广谱杀菌剂，预防一些病菌借冰雹伤口侵染为害，如30%戊唑·多菌灵悬浮剂700～800倍液、41%甲硫·戊唑醇悬浮剂600～800倍液、70%甲基硫菌灵可湿性粉剂或500克/升悬浮剂600～800倍液等。另外，也可喷施50%克菌丹可湿性粉剂500～600倍液，既能预防病菌从伤口侵染，又可促进伤口尽快干燥、愈合。

涝害

【症状诊断】涝害在桃、李、杏、樱桃等核果类果树上均易发生，主要为害根部，但导致全树发病。发病初期，先造成细支根窒息死亡，继而向较粗大根系发展，在较粗根的木质部形成长条形黑褐色窒息带（彩图5-344、彩图5-345）。窒息根具酸腐气味。随根部受害加重（涝害时间延长），树上逐渐显现症状。初期，叶片萎蔫下垂，似干旱状；后叶片逐渐变黄，最后变褐枯死（彩图5-346）；进而导致枝条枯死，严重时全株死亡（彩图5-347）。果园内多成片发生（彩图5-348、彩图5-349）。

彩图5-344 涝害造成根部窒息状（桃）

彩图5-345 小根窒息死亡后，导致上一级根的受害状（桃）

彩图5-346 涝害导致桃树苗木大量枯死

彩图5-347 樱桃大树涝害枯死状

彩图5-348 樱桃苗木涝害枯死状

彩图5-349 樱桃幼树涝害枯死状

【病因及发生特点】涝害相当于生理性病害，由土壤长时间或过度积水造成。核果类果树根系长时间过度积水，使根系窒息而导致受害。地势低洼、排水不良是造成涝害的主要原因。土壤黏重常加重涝害发生。

【防控技术】

1.雨季注意排水 及时排除果园积水是有效预防涝害的最根本措施。雨季注意果园及时排水，避免园内积水，低洼果园尤为关键。

2.加强栽培管理 增施农家肥等有机肥，适当改良土壤，提高土壤通透性。排除园内积水后及时翻晾树下浅层土壤，促进根系呼吸。地势低洼、土壤黏重、雨量充沛的地区，尽量采用高垄栽培，且栽植不宜过密，以保证土壤水分适当蒸发。生长季节及时修剪，保证果园通风透光，为土壤水分蒸发创造条件。

肥害

【症状诊断】肥害在桃、李、杏、樱桃等果树上均可发生，主要在根部和叶片上表现明显症状，多为根部施肥不当造成。初期，须根、吸收根变褐坏死，并逐渐向上级根系发展，导致细小支根维管束变色；随肥害程度加重，细小支根维管束逐渐变褐、枯死（彩图5-350、彩图5-351），丧失疏导功能，进而影响树上组织养分及水分的利用与其正常生长，使叶片开始发病。叶片症状因肥料类型及受害轻重而不同，初期多表现为叶片皱缩、凹凸不平、变色、萎蔫等（彩图5-352），后期多出现变褐坏死、叶缘干枯、甚至叶片脱落等（彩图5-353）。严重时，造成大量落叶、枝条枯死，甚至植株死亡。

彩图5-350 李树肥害，根部维管束变褐

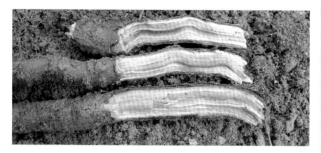

彩图5-351 肥害导致根部维管束变褐（桃）

彩图5-352 轻度肥害，叶片凹凸不平（桃）

彩图5-353 肥害较重时，叶片开始变色、坏死（桃）

【病因及发生特点】肥害相当于生理性病害，由肥料施用不当造成，特别是速效化肥。施用量过大、施肥点过于集中、施肥处距根系过近等，均易导致发生肥害。施肥种类不当，如含硫量偏高、含氯量偏高等，均可加重肥害发生。

【防控技术】科学合理的施肥种类、施肥技术及施肥方法是避免造成肥害的最根本措施。根据不同树种对不同肥料的具体要求与禁忌，科学选择肥料种类；根据树体大小、结果水平、土壤基础条件等，科学确定施肥量、施肥时间及施肥方法，特别注意不能过量使用和距离根系太近。另外，施用速效化肥后注意及时灌水，促使肥料分散、渗透，避免局部肥料浓度长时间过高。

药害

【症状诊断】药害在桃、李、杏、樱桃上均可发生，以叶片和果实受害较重，有时嫩梢也可受害。具体表现因药剂种类、药剂浓度、发生部位、环境因素等不同而异，综合分析可分为药斑型、灼伤型、变色型、焦叶型、枯死型、流胶型、落叶型、落果型、畸形型、果锈型、裂果型、僵果型等多种类型（彩图5-354～彩图5-381）。

彩图5-354 李果上的药斑型药害

彩图5-355 许多李果实受害状（药斑型）

彩图5-356　杏树叶片上的药斑型药害（百草枯）

彩图5-357　李果上的灼伤型药害

彩图5-358　桃膨大期果实上的变色型药害

彩图5-359　桃嫩叶皱缩，并不规则变色

彩图5-360　桃幼嫩叶片褪绿、白化

彩图5-361　桃叶片褪绿、白化

彩图5-362　桃树嫩枝的枝杈处开始受伤变色

彩图5-363　桃叶片叶缘逐渐枯死

彩图5-364 桃叶片上的灼伤型药害枯死斑

彩图5-368 桃树嫩枝上枯死斑（b）

彩图5-365 桃树枝梢大量枯死

彩图5-369 有时药害枯死斑上可产生流胶（桃）

彩图5-366 嫩枝上以芽为中心，逐渐形成枯死斑（桃）

彩图5-370 药害造成桃树叶片大量脱落

彩图5-367 桃树嫩枝上枯死斑（a）

彩图5-371 地面上的大量落叶（桃）

彩图5-372　许多叶片及果实脱落满地（油桃）

彩图5-373　2,4-D丁酯药害，叶片畸形（李）

彩图5-374　桃叶片脆硬、皱缩、畸形

彩图5-375　桃嫩梢及叶片扭曲、畸形

彩图5-376　桃幼果的畸形果药害

彩图5-377　杏果实上的果锈型药害

彩图5-378　桃膨大期果实上的果锈型药害

彩图5-379　桃果实套袋前造成的果锈状药害斑

彩图5-380　套袋前药害，导致果实近成熟期龟裂（桃）

彩图5-381　桃果实严重受害，形成僵果

【病因及发生特点】药害相当于生理性病害，主要是药剂使用不当造成，特别是核果类果树对一些药剂较敏感，容易造成药害。药剂使用浓度偏高、药剂种类选用不当、药剂本身存在质量问题、药剂混用不当等是造成药害的主要原因；另外，树势衰弱、高温干旱、阴雨潮湿等均可加重一些药剂的药害发生。

【防控技术】

1.科学使用农药　根据桃、李、杏、樱桃的自身特点，科学选用优质安全药剂，并科学安排用药浓度及用药方法，特别注意药剂间的混配使用。其次，核果类果树在其生长期不要选用铜素杀菌剂，慎用有机磷类杀虫剂及含单体硫类药剂，尽量少用乳油类药剂，避免随意提高用药浓度。混配用药时，一定要先试验后应用。有些药剂的安全性随温度升高而逐渐降低，因此，高温期用药时更需特别注意。

2.加强栽培管理　增施有机肥，合理使用化肥，培强树势，提高树体抗药能力。尽量实施果实套袋，阻止果实与药剂接触。合理修剪，使果园通风透光，降低环境湿度。雨季注意及时排水，避免发生涝害，影响树势。

桃折枝病

【症状诊断】折枝病主要为害桃树新梢基部，也可为害腋芽及果实。新梢基部受害，初期病斑呈褐色至暗褐色，稍凹陷，并很快环绕枝条一周，然后向上扩展蔓延1～2厘米（彩图5-382）；后期，病梢上叶片萎蔫、下垂，病枝逐渐枯死，农事操作触及或风吹极易折断。腋芽受害，多发生在5～6月份，病斑呈暗褐色，可上下扩展，最后造成腋芽枯死。新梢基部病斑向下扩展可使果实受害，果柄变暗褐色坏死，果实枯萎，不久脱落。

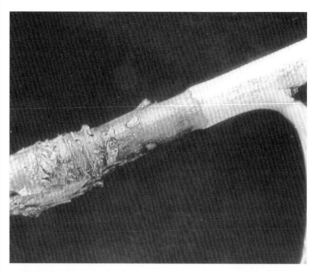

彩图5-382　桃折枝病病梢

【病原】壳梭孢霉（*Fusicoccum* sp.），属于半知菌亚门腔孢纲球壳孢目。

【发病规律】病菌主要以菌丝体和子座在患病腋芽及枝梢病斑上越冬。翌年桃树发芽后逐渐产生分生孢子，通过风雨传播，从伤口侵染为害，以修剪伤口和落叶伤痕为主。易干燥的沙质土果园、排水不良的低洼果园及河流两岸的潮湿果园发病较多，管理粗放、树势衰弱、伤口愈合能力差时，常加重折枝病的发生。

【防控技术】

1.搞好果园卫生　结合冬剪，彻底剪除病枯枝，集中带到园外销毁。发芽前，全园喷施1次铲除性药剂，杀灭在树体上越冬的残余病菌。效果较好的药剂有：30%戊唑·多菌灵悬浮剂400～600倍液、41%甲硫·戊唑醇悬浮剂400～500倍液、45%代森铵水剂200～300倍液、77%硫酸铜钙可湿性粉剂300～400倍液、60%铜钙·多菌灵可湿性粉剂300～400倍液等。

2.生长季节适当喷药防控　该病多为零星发生，一般不需单独喷药。个别往年病害发生较重的果园，可从落花后半月左右开始喷药，10～15天1次，连喷2次左右。常用有效药剂有：70%甲基硫菌灵可湿性粉剂或500克/升悬浮剂800～1000倍液、50%多菌灵可湿性粉剂或500克/升悬浮剂600～800倍液、30%戊唑·多菌灵悬浮剂800～1000倍液、41%甲硫·戊唑醇悬浮剂700～800倍液、10%苯醚甲环唑水分散粒剂2000～2500倍液、80%代森锰锌（全络合态）可湿性粉剂600～800倍液、50%克菌丹可湿性粉剂500～700倍液等。

3.加强栽培管理　增施农家肥等有机肥，按比例科学使用速效化肥，培育壮树，促进伤口愈合，提高树体抗病能力。雨季注意及时排水，生长季节合理修剪，促使果园通风透光，创造不利于病害发生的生态条件。

桃缩叶病

缩叶病是一种桃树上的常见病害，在全国各桃树产区均有发生，但以沿海、沿湖及山区果园发生较多，严重时造成大量叶片扭曲畸形，甚至早期脱落，对树势及产量影响很大。

【症状诊断】缩叶病主要为害叶片，严重时也可侵害嫩梢、花及幼果。

叶片受害，春梢刚抽出时即可发病，叶缘向后卷曲，颜色变红，并呈现波纹状。叶片展开后发病，病组织增厚，病斑向叶面膨胀增生，逐渐隆起，叶背形成凹腔（彩图5-383～彩图5-385）；随后叶片更加皱缩，显著增厚、变脆，叶面凸起部分渐变红色至紫红色（彩图5-386、彩图5-387）。春末夏初，病叶皱缩组织表面逐渐产生一层灰白色霜状物（彩图5-388）。后期，病叶变褐、焦枯（彩图5-389），容易脱落。严重时，新梢叶片大部或全部变形、皱缩（彩图5-390、彩图5-391），甚至枝梢枯死。

彩图5-386　隆起的病组织逐渐变色

彩图5-387　缩叶组织呈红褐色

彩图5-383　发病初期，病组织逐渐向叶正面增生

彩图5-384　病组织向叶正面异常增生

彩图5-388　缩叶组织表面产生一层灰白色霜状物

彩图5-385　病斑背面向叶正面凹陷

彩图5-389　后期，病组织逐渐变褐焦枯

枝梢受害后呈灰绿色或黄绿色，节间短缩，略粗胀，叶片丛生，严重时整枝枯死。花受害，花瓣肥大变长，易脱落。幼果受害，多畸形，果面常龟裂，成麻脸状，有疮疤，易脱落。

【病原】畸形外囊菌 [*Taphrina deformans*（Berk.）Tul.]，属于子囊菌亚门半子囊菌纲外囊菌目。病斑表面的灰白色霜状物即为病菌的子囊层，内生许多子囊孢子。

【发病规律】病菌主要以子囊孢子和厚壁芽孢子在桃芽鳞片上、芽鳞缝隙中及枝干表面越夏、越冬。翌年春季桃树萌芽时越冬孢子萌发，直接侵染叶片或从气孔侵染为害。受害叶片组织畸形生长，逐渐形成缩叶。病菌喜低温不耐高温，21℃以上停止扩展，因此缩叶病具有典型的越夏特征。

缩叶病多发生在滨湖、沿海、低洼潮湿及雨量充沛的丘陵桃园，早春低温多雨时病害发生较重。

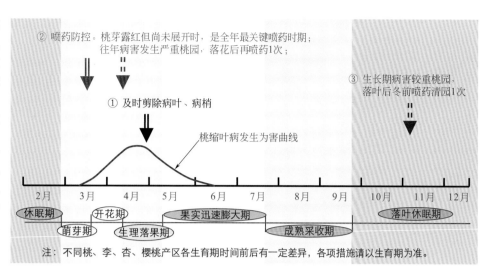

② 喷药防控。桃芽露红但尚未展开时，是全年最关键喷药时期；往年病害发生严重桃园，落花后再喷药1次；

① 及时剪除病叶、病梢

桃缩叶病发生为害曲线

③ 生长期病害较重桃园，落叶后冬前喷药清园1次

2月 3月 4月 5月 6月 7月 8月 9月 10月 11月 12月

休眠期　萌芽期　开花期　生理落果期　果实迅速膨大期　成熟采收期　落叶休眠期

注：不同桃、李、杏、樱桃产区各生育期时间前后有一定差异，各项措施请以生育期为准。

图5-11　桃缩叶病防控技术模式图

彩图5-390　新梢叶片卷曲、皱缩、增厚

彩图5-391　新梢上，多张叶片受害状

【防控技术】桃缩叶病防控技术模式如图5-11所示。

1.加强果园管理　增施肥水，控制产量，促进树势健壮，提高树体抗病能力。初见病叶时，及时人工剪除，集中深埋或销毁，减少园内病菌数量。

2.适当喷药防控　往年缩叶病较重的桃园，桃芽露红但尚未展开时是喷药防控的最关键时期，一般桃园喷药1次即可控制该病的发生为害，但喷药必须均匀周到，使全树枝干表面及芽鳞都要黏附到药液。往年特别严重果园，需落花后和落叶后各再喷药1次。效果较好的药剂有：70%甲基硫菌灵可湿性粉剂或500克/升悬浮剂600～800倍液、50%多菌灵可湿性粉剂或500克/升悬浮剂500～700倍液、80%代森锰锌（全络合态）可湿性粉剂600～800倍液、30%戊唑·多菌灵悬浮剂800～1000倍液、41%甲硫·戊唑醇悬浮剂800～1000倍液、10%苯醚甲环唑水分散粒剂1500～2000倍液、80%代森锌可湿性粉剂600～800倍液等。

桃褐锈病

【症状诊断】桃褐锈病主要为害叶片。发病初期，首先在叶片背面产生褐色圆形疱疹状小斑点，稍显隆起，常多点散生；稍后，在叶片正面相对应处出现许多褪绿黄色小斑点（彩图5-392）。随病情进一步发展，叶背褐色疱疹斑表面逐渐破裂，散出黄褐色铁锈状粉末（彩图5-393、彩图5-394）；相对应叶片正面，褪绿黄点逐渐变褐枯死（彩图5-395）。后期，叶背逐渐产生出稍突起的褐色小点。叶片上常散布许多病斑（彩图5-396），严重时病叶易变黄脱落。

彩图5-392　发病早期，叶正面产生褪绿黄色斑点

彩图5-393　叶背面逐渐散生出褐色铁锈状物

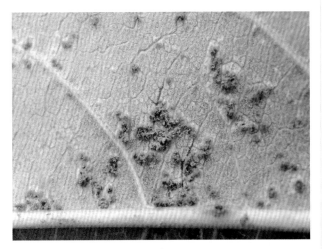

彩图5-394　褐色锈状物局部放大

彩图5-395　后期，黄色褪绿斑点逐渐变褐枯死

彩图5-396　发病叶片正面与背面症状比较

【病原】刺李瘤双胞锈菌［*Tranzschelia prunispinosae*（Pers.）Diet.］，属于担子菌亚门冬孢菌纲锈菌目。病斑背面的褐色疱疹斑和铁锈状粉末分别是病菌的夏孢子堆和夏孢子，后期形成的褐色小点为冬孢子堆。该病菌是一种全孢型转主寄生性锈菌，中间寄主为毛茛科的白头翁和唐松草属植物。

【发病规律】病菌主要以冬孢子在落叶中越冬，翌年萌发产生担孢子，侵染中间寄主植物，在中间寄主上产生孢子后通过气流传播到桃树叶片上侵染为害。其次，在温暖地区还能以夏孢子在叶片上越冬，翌年直接传播到桃叶上侵染为害。叶片发病后产生的夏孢子可以进行再侵染为害。多雨潮湿有利于病害发生。

【防控技术】

1.搞好果园卫生　桃树落叶后至发芽前，彻底清除落叶，集中烧毁或深埋，并注意清除果园内的各种杂草，消灭病菌越冬场所。

2.适当喷药防控　褐锈病多为零星发生，一般果园结合其他病害喷药兼防即可，不需单独进行喷药。个别病害发生严重果园，从病害发生初期开始喷药，10～15天1次，连喷2次左右即可。效果较好的有效药剂有：70%甲基硫菌灵可湿性粉剂或500克/升悬浮剂800～1000倍液、50%多菌灵可湿性粉剂或500克/升悬浮剂600～800倍液、10%苯醚甲环唑水分散粒剂2000～2500倍液、12.5%烯唑醇可湿性粉剂2000～2500倍液、430克/升戊唑醇悬浮剂3000～4000倍液、30%戊唑·多菌灵悬浮剂800～1000倍液、41%甲硫·戊唑醇悬浮剂700～800倍液、80%代森锰锌（全络合态）可湿性粉剂600～800倍液、50%克菌丹可湿性粉剂500～700倍液、80%代森锌可湿性粉剂600～800倍液等。

桃白锈病

【症状诊断】桃白锈病主要为害叶片。发病初期，首先在叶背面散生出淡褐色微隆起的小疱疹（彩图5-397），后逐渐在叶正面相对应处出现褪绿黄色小斑点（彩图5-398），严重时疱疹布满叶背、叶面满布黄绿色小点（彩图5-399）。随病情发展，叶背疱疹逐渐破裂，散生出淡褐色粉末。后期，在叶片背面又散生出多个白色小疱疹（彩图5-400）。

彩图5-397　叶背面逐渐产生淡褐色小疱疹

彩图5-398　发病初期，叶面产生黄绿色小斑点

彩图5-399　严重时，叶面布满黄绿色斑点

彩图5-400　叶背散生出白色小疱疹

【病原】 桃白双胞锈菌 [*Leucotelium prunipersicae* (Hori) Tranzsch.]，属于担子菌亚门冬孢菌纲锈菌目。病斑背面的淡褐色小疱疹和淡褐色粉末分别是病菌的夏孢子堆和夏孢子，后期形成的白色小疱疹是病菌的冬孢子堆。该病菌是一种转主寄生性锈菌，转主寄主为天葵。

【发病规律】病菌以菌丝体在转主寄主天葵病叶上越冬。翌年条件适宜时产生病菌孢子，通过气流传播到桃树叶片上侵染为害。叶片上产生的夏孢子可以进行再侵染为害。多雨潮湿有利于病害发生。

【防控技术】

1.消灭越冬菌源　落叶后至发芽前，彻底清除果园内及其附近杂草，铲除转主寄主天葵，消灭病菌越冬场所。

2.适当喷药防控　白锈病多为零星发生，一般果园不需进行单独喷药。个别病害发生严重果园，从病害发生初期开始喷药（多为4、5月间），10～15天1次，连喷2次左右即可。有效药剂同"桃褐锈病"。

桃白霉病

【症状诊断】桃白霉病主要为害叶片。发病初期，首先在叶背产生白色霉斑（彩图5-401），而后叶片正面逐渐出现边缘不明显的黄绿色褪绿斑块（彩图5-402）；严重时，叶背布满白霉状物，似浓霜状（彩图5-403）。后期，病叶易变黄脱落。

彩图5-401　叶片背面产生白色霉斑

彩图5-402　叶正面产生边缘不明显的黄绿色褪绿斑块

彩图5-403　严重时，叶背布满白霉状物

【病原】桃小尾孢（*Cercosporella persicae* Sacc.），属于半知菌亚门丝孢纲丝孢目。病斑背面的白霉状物即为病菌的分生孢子梗和分生孢子。

【发病规律】病菌主要以菌丝体和分生孢子梗在病落叶上越冬。翌年条件适宜时产生分生孢子，通过风雨传播进行侵染为害。可有多次再侵染。多雨潮湿有利于病害发生，果园郁蔽、通风透光不良病害发生较重。

【防控技术】

1.加强果园管理　落叶后至发芽前，彻底清除果园内及周边的落叶，集中深埋或烧毁，消灭病菌越冬场所。合理修剪，促使果园通风透光，降低环境湿度，创造不利于病害发生的生态条件。

2.适当喷药防控　白霉病多为零星发生，一般不需单独进行喷药。个别病害发生较重果园，从病害发生初期开始喷药，10～15天1次，连喷2次左右即可。效果较好的有效药剂有：30%戊唑·多菌灵悬浮剂800～1000倍液、41%甲硫·戊唑醇悬浮剂700～800倍液、70%甲基硫菌灵可湿性粉剂或500克/升悬浮剂800～1000倍液、50%多菌灵可湿性粉剂或500克/升悬浮剂600～800倍液、10%苯醚甲环唑水分散粒剂2000～2500倍液、430克/升戊唑醇悬浮剂3000～4000倍液、80%代森锰锌（全络合态）可湿性粉剂600～800倍液、50%克菌丹可湿性粉剂500～700倍液等。

桃溃疡病

【症状诊断】桃溃疡病主要为害果实，也可侵害叶片和新梢。果实受害，多发生在果实生长中后期，初期在果面上产生圆形或近圆形稍凹陷病斑，中部灰白色，外围浅褐色至红褐色（彩图5-404）；后病斑迅速扩大，凹陷明显加深，形成近圆形淡褐色凹陷腐烂病斑。潮湿环境时，病斑表面产生灰白色霉层（彩图5-405）。后期病斑失水，腐烂果肉质地绵软，成污白色，似朽木状。

彩图5-404　桃溃疡病初期病斑

彩图5-405　病斑表面产生灰白色霉层

叶片受害，形成近圆形灰褐色病斑，外围常有褐色晕圈。新梢受害，病斑呈暗褐色，长椭圆形，后发展为溃疡状。

【病原】帚梗柱孢霉（*Cylindrocladium scoparium* Morgan），属于半知菌亚门丝孢纲丝孢目。病斑表面的灰白色霉层即为病菌的分生孢子梗和分生孢子。

【发病规律】病菌主要以菌丝体或微菌核在枝梢病斑及病僵果上越冬。翌年条件适宜时产生分生孢子，通过风雨或气流传播，侵染果实、叶片及新梢。果实多在近成熟期开始发病，果面伤口有利于病菌侵染。管理粗放、地势低洼、枝条郁闭、通风透光不良、树下地面阴湿的桃园发病较多，果实近成熟期阴雨天较多的年份病害发生较重，内膛枝及近地面裙枝上的果实容易受害。

【防控技术】

1.加强果园管理　发芽前彻底清除地面僵果、落叶，集中深埋或烧毁，消灭病菌越冬场所。科学修剪，疏除过密枝、下裙枝，改善树体通风透光条件，降低园内湿度。低洼果园雨季注意及时排水。尽量实施果实套袋，阻止病菌侵害果实。

2.发芽前喷药清园　发芽前，清除地面病残体后，全园喷施1次铲除性药剂，杀灭树上残余越冬病菌。效果较好的药剂有：77%硫酸铜钙可湿性粉剂300～400倍液、60%铜钙·多菌灵可湿性粉剂300～400倍液、30%戊唑·多菌灵悬浮剂400～600倍液、41%甲硫·戊唑醇悬浮剂400～500倍液、45%代森铵水剂200～300倍液等。

3.生长期适当喷药　溃疡病多为零星发生，一般果园生长期不需单独喷药。个别往年病害发生较重果园，从桃果实硬核期开始喷药，10～15天1次，连喷2次左右即可有效控制该病的发生为害，喷药时注意喷洒树冠内膛及中下部。效果较好的药剂有：30%戊唑·多菌灵悬浮剂800～1000倍液、41%甲硫·戊唑醇悬浮剂700～800倍液、70%甲基硫菌灵可湿性粉剂或500克/升悬浮剂800～1000倍液、50%多菌灵可湿性粉剂或500克/升悬浮剂600～800倍液、10%苯醚甲环唑水分散粒剂1500～2000倍液、80%代森锰锌（全络合态）可湿性粉剂800～1000倍液、50%克菌丹可湿性粉剂500～700倍液等。

桃轮纹病

【症状诊断】桃轮纹病主要为害果实与枝干。果实受害，多从近成熟期开始发病。初期，果实表面产生淡褐色近圆形病斑（彩图5-406）；随病斑发展，逐渐形成淡褐色至褐色、圆形或近圆形腐烂病斑，有时病斑颜色深浅交错呈近轮纹状（彩图5-407），多不凹陷。后期，病斑失水凹缩，从病斑中央处开始逐渐散生出许多小黑点（彩图5-408）；稍后，小黑点上开始溢出大量灰白色黏液（彩图5-409）。腐烂病斑扩展迅速，常造成整个桃果腐烂；后期病果皱缩，表面散生大量小黑点，并产生大量灰白色黏液，常使整个病果表面成灰白色。

彩图5-406　轮纹病早期病斑

彩图5-407　病斑呈淡褐色腐烂

彩图5-408　病斑表面逐渐散生出许多小黑点

彩图5-409　小黑点上溢出灰白色黏液

枝干受害，初期产生瘤状突起（彩图5-410），后逐渐形成褐色至深褐色坏死斑，圆形或近圆形，稍凹陷（彩图5-411）。有时病斑上可发生流胶。秋季，病斑边缘逐渐出现裂缝，表面开始产生小黑点。

彩图5-410　轮纹病在枝条上的初期病瘤

彩图5-411　轮纹病在枝条上的后期病斑

【病原】轮纹大茎点霉（*Macrophoma kuwatsukai* Hara.），属于半知菌亚门腔孢纲球壳孢目。病斑表面的小黑点为病菌的分生孢子器，灰白色黏液是其分生孢子黏液。该病菌除为害桃树外，还可侵害苹果、梨、核桃等多种果树。

【发病规律】病菌主要以菌丝体和分生孢子器在病僵果及枝干病斑上越冬，且枝干病斑内的病菌可存活多年。此外，病菌还可在苹果、梨的枝干病斑内或枯死枝上越冬。第二年，条件适宜时越冬病菌产生分生孢子，通过风雨传播，主要从伤口和皮孔侵染为害。病菌幼果期即可侵染果实，但果实近成熟期才逐渐发病，且果实越接近成熟越容易受害。多雨潮湿有利于病害发生；管理粗放、土壤瘠薄、

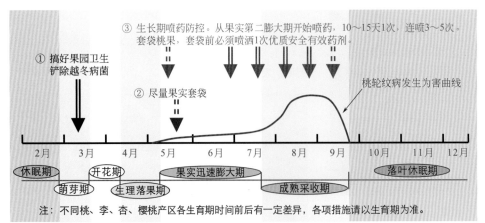

① 搞好果园卫生
铲除越冬病菌

② 尽量果实套袋

③ 生长期喷药防控。从果实第二膨大期开始喷药，10～15天1次，连喷3～5次。套袋桃果，套袋前必须喷洒1次优质安全有效药剂。

桃轮纹病发生为害曲线

| 2月 | 3月 | 4月 | 5月 | 6月 | 7月 | 8月 | 9月 | 10月 | 11月 | 12月 |

休眠期　开花期　果实迅速膨大期　落叶休眠期
萌芽期　生理落果期　成熟采收期

注：不同桃、李、杏、樱桃产区各生育期时间前后有一定差异，各项措施请以生育期为准。

图5-12　桃轮纹病防控技术模式图

树势衰弱、地势低洼的果园发病较多，与苹果或梨混栽的果园发病较重。

【防控技术】桃轮纹病防控技术模式如图5-12所示。

1.加强栽培管理　新建果园时不要与苹果或梨树混栽，已经混栽的果园注意加强苹果及梨树的轮纹病防控。增施农家肥等有机肥，按比例科学使用速效化肥，适量增施钙肥，培强树势，提高树体抗病能力。合理修剪，促使果园通风透光，降低环境湿度。尽量实施果实套袋，阻止病菌侵害果实。

2.处理越冬菌源　发芽前彻底清除树上、树下的病僵果，集中深埋或带到园外销毁。结合冬剪，剪除枯死病枝，集中带到园外烧毁。发芽前，全园喷施1次铲除性药剂，杀灭残余病菌。效果较好的药剂有：77%硫酸铜钙可湿性粉剂300～400倍液、60%铜钙·多菌灵可湿性粉剂300～400倍液、30%戊唑·多菌灵悬浮剂400～600倍液、41%甲硫·戊唑醇悬浮剂400～500倍液、45%代森铵水剂200～300倍液及1：1：100倍波尔多液等。

3.生长期喷药防控　从果实第二膨大期开始喷药，10～15天1次，连喷3～5次，具体喷药间隔期及喷药次数根据降雨情况及往年病害发生轻重决定。如果果实套袋，套袋前必须均匀周到喷洒1次安全优质有效药剂。常用优质有效药剂有：30%戊唑·多菌灵悬浮剂800～1000倍液、41%甲硫·戊唑醇悬浮剂700～800倍液、70%甲基硫菌灵可湿性粉剂或500克/升悬浮剂800～1000倍液、10%苯醚甲环唑水分散粒剂1500～2000倍液、430克/升戊唑醇悬浮剂2000～2500倍液、50%多菌灵可湿性粉剂600～800倍液、80%代森锰锌（全络合态）可湿性粉剂600～800倍液、50%克菌丹可湿性粉剂500～700倍液、70%丙森锌可湿性粉剂600～800倍液等。

桃实腐病

【症状诊断】桃实腐病又称腐败病，主要为害近成熟期后的果实，在桃、李、杏上均可发生。初期病斑多从果实尖部或腹缝线处开始发生，先形成淡褐色水渍状圆形病斑（彩图5-412）；随病情发展，病斑呈淡褐色至褐色腐烂，

腐烂组织直达果心，且病斑明显凹陷（彩图5-413、彩图5-414）；后期病斑逐渐失水干缩，表面散生出许多初为污白色、后变黑色的小粒点（彩图5-415）。潮湿时，小粒点上产生出灰白色黏液。

【病原】扁桃拟茎点霉（*Phomopsis amygdalina* Canon.），属于半知菌亚门腔孢纲球壳孢目。病斑表面的小黑点为病菌的分生孢子器，灰白色黏液是分生孢子黏液。

彩图5-412　实腐病初期病斑

彩图5-413　实腐病病果呈淡褐色腐烂

彩图5-414　有些品种的果实，病斑颜色较深

彩图5-415　发病后期，病斑表面散生出许多小黑点

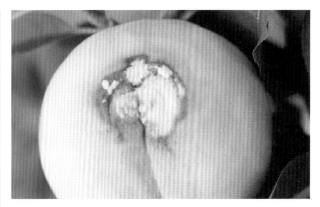

彩图5-417　病斑多从果实尖部开始发生

【发病规律】病菌主要以分生孢子器在病僵果上越冬（彩图5-416）。第二年条件适宜时产生出分生孢子，通过风雨传播，直接或从伤口侵染果实进行为害。果实越接近成熟越容易受害。果实近成熟期多雨潮湿有利于病害发生，管理粗放、地势低洼、果园郁闭、湿度较大的果园发病较重。

彩图5-416　实腐病的病僵果

彩图5-418　从果实裂伤处开始发生的病斑

【防控技术】

1.加强果园管理　增施农家肥等有机肥，按比例科学使用速效化肥，适当控制结果量，培强树势。合理修剪，促使果园通风透光，降低园内湿度。发芽前彻底清除树上、树下的病僵果，集中深埋或烧毁，减少越冬菌源。

2.生长期适当喷药防控　实腐病多为零星发生，一般不需单独喷药防控。个别往年发病较重的果园或地区，可从果实采收前1～1.5个月开始喷药，10～15天1次，连喷2次即可有效控制该病的发生为害。有效药剂同"桃轮纹病"。

彩图5-419　病斑表面产生有淡粉色霉状物

桃红粉病

【症状诊断】桃红粉病主要为害近成熟期的果实，多从果实尖部、腹缝线处或伤口处开始发生（彩图5-417、彩图5-418），造成果实腐烂。发病初期，果面上产生淡褐色水渍状小斑点，后很快扩展为淡褐色至褐色腐烂病斑，圆形或近圆形，多明显凹陷。随病斑扩展，表面逐渐产生淡粉红色霉层（彩图5-419、彩图5-420）。有时因霉层腐烂果肉皱缩，而呈不明显轮纹状。后期，腐烂病果失水干缩，多形成黑色僵果（彩图5-421）。

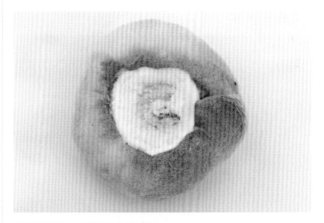

彩图5-420　蟠桃的红粉病病果

彩图5-421 病果后期失水干缩,成黑色僵果

【病原】粉红聚端孢霉［*Trichothecium roseum*（Pers.）Link.］,属于半知菌亚门丝孢纲丝孢目。病斑表面的淡粉红色霉层即为病菌的分生孢子梗和分生孢子。

【发病规律】红粉病菌是一种弱寄生性真菌,在果园内及自然界广泛存在,没有特定越冬场所。主要通过气流传播,从伤口侵染果实为害。果实近成熟期后,一切可以造成果实受伤(病虫伤、机械伤等)的因素均可导致该病发生。果实成熟衰老后易诱发病害,果实缺钙、环境潮湿时病害发生较重。

【防控技术】

1. 加强果园管理 增施农家肥等有机肥,适量根施钙肥及叶面补钙,增加果实含钙量,提高果实抗逆能力。合理修剪,促使果园通风透光,降低环境湿度。干旱季节注意浇水,雨季及时排水,尽量保持土壤水分供应平衡,减少裂果。适期采收,防止果实过度成熟衰老。加强果实近成熟期的各种病虫害防控,避免造成病虫伤口。采收及包装时轻摘、轻拿、轻放,防止果实受伤。

2. 适当药剂防控 红粉病属零星发生病害,不需单独进行喷药,个别往年病害较重果园,在果实近成熟期考虑兼防即可。

桃红腐病

【症状诊断】桃红腐病只为害近成熟期的果实,造成果实腐烂。发病初期,病斑淡褐色至褐色,圆形或近圆形,稍凹陷;随病情发展,逐渐形成明显凹陷的腐烂病斑,且表面逐渐产生淡粉红色黏液或霉层(彩图5-422、彩图5-423),有时黏液层略呈轮纹状。红腐病斑一般较小,多造成果实局部腐烂。

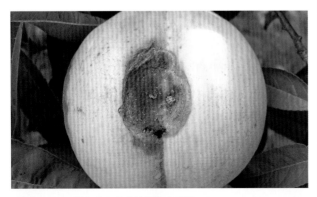
彩图5-422 病斑表面产生淡粉红色黏液

彩图5-423 病斑表面产生淡粉红色霉状物

【病原】镰刀菌(*Fusarium* spp.),属于半知菌亚门丝孢纲瘤座孢目。病斑表面的霉层即为病菌的分生孢子梗和分生孢子,淡粉红色黏液为分生孢子黏液。

【发病规律】红腐病可由多种镰刀菌引起,均属弱寄生性真菌,在果园环境中广泛存在。病菌主要通过风雨和气流传播,从各种伤口进行侵染为害。一切可以造成近成熟期至储运期果实受伤的因素均可导致和加重该病发生。另外,果实缺钙、果园郁闭、阴雨潮湿等亦均可加重果实受害。

【防控技术】红腐病是一种零星发生病害,不需单独进行防控,加强果园管理、降低果园湿度及防止果实受伤的一切措施均可预防该病发生。具体措施同"桃红粉病"。

桃曲霉病

【症状诊断】桃曲霉病仅为害近成熟期的果实,导致果实腐烂。病斑多以伤口为中心开始发生,初为淡褐色近圆形稍凹陷病斑;后病斑逐渐扩大,形成圆形或近圆形淡褐色腐烂(彩图5-424),显著凹陷。随病斑逐渐扩大,从病斑中央向外逐渐产生初灰白色、渐变黑褐色的霉层(彩图5-425),该霉层易被吹散形成"霉烟"。曲霉病病斑扩展迅速,很快导致果实大部甚至全部软腐,最后形成黑褐色"霉球"。

彩图5-424 病果呈淡褐色软烂

彩图5-425　腐烂病斑表面产生褐色霉状物

【病原】常见种类为黑曲霉（*Aspergillus niger* N.Tiegh）和杂色曲霉［*A.versicolor*（Vuill.）Tirob.］，均属于半知菌亚门丝孢纲丝孢目。病斑表面的霉状物即为病菌的分生孢子梗和分生孢子。

【发病规律】曲霉病可由多种曲霉菌引起，均属弱寄生性真菌，在自然界广泛存在。病菌通过气流传播扩散，从各种伤口侵染为害果实。果实近成熟期受伤是导致该病发生的重要条件，一切可以造成果实受伤的因素均可诱使该病发生，如裂果、虫伤、果实缺钙、过度成熟等；另外，果园郁闭、阴雨潮湿等因素均可加重病害发生。

【防控技术】桃曲霉病是一种零星发生病害，不需单独进行防控，防止果实受伤、适期采收是控制该病发生的最根本途径。具体措施同"桃红粉病"。

桃软腐病

【症状诊断】桃软腐病只为害近成熟期的果实，尤以采收前后果实受害较重。发病初期，果实表面产生淡褐色至黄褐色腐烂病斑（彩图5-426），圆形或近圆形；后病斑逐渐扩大，导致病果呈淡褐色至褐色腐烂（彩图5-427）。随病斑不断扩大，病斑表面从内向外逐渐产生初为白色、渐变为灰褐色或黑褐色、中间密布灰褐色或黑色小粒点的疏松霉层（毛状物）（彩图5-428）。后期病果常整体腐烂，表面布满灰褐色或黑褐色毛状物（彩图5-429、彩图5-430）。严重时，相贴邻的几个果实全部受害（彩图5-431），储运期常造成烂箱或烂筐。

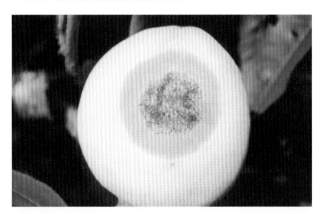

彩图5-426　软腐病初期病斑

彩图5-427　病果呈淡褐色软烂

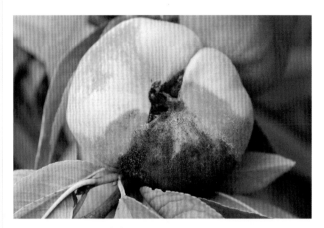

彩图5-428　蟠桃软腐病病果

彩图5-429　根霉菌导致的软腐病烂果

彩图5-430　毛霉菌导致的软腐病烂果

彩图 5-431　多个贴邻果实相继发病

产生稀疏的白色绵毛状物。

彩图 5-432　疫腐病导致果实呈淡褐色腐烂

【病原】主要为匍枝根霉（黑根霉）[*Rhizopus stolonifer* (Ehrenb.ex Fr.) Vuill.] 和总状毛霉（*Mucor recemosus* Fres.），均属于接合菌亚门接合菌纲毛霉目。病斑表面的霉状物即为病菌的菌丝体、孢囊梗及孢子囊。

【发病规律】软腐病可由多种毛霉菌引起，均属于弱寄生性低等真菌，在自然界广泛存在。病菌主要通过气流传播，主要从伤口侵染为害，病健接触时也可接触传播、侵染（病菌直接扩散到周边果实上为害）。所以，采收后经常发生烂筐、烂箱现象。果实受伤是导致该病发生的基本条件，果实成熟度偏高及高温环境均可加重软腐病发生。毛桃类品种多受害较重，油桃系列发病较轻。

【防控技术】

1. 防止果实受伤　这是控制软腐病发生的最根本措施。生长后期加强为害果实的病虫害防控；干旱时注意灌水，雨季及时排水，防止果实生长裂伤；采收及包装时轻拿轻放，避免果实受伤。

2. 合理采收，科学包装，低温储运　合理安排采收期，防止果实成熟度偏高。尽量采用单果隔离包装或加网套包装，避免果实磕碰及接触传病。建议选择低温储运（一般5～6℃），以控制病害发生。

桃疫腐病

【症状诊断】桃疫腐病主要为害树干基部及近成熟期的果实。树干基部受害，造成病部皮层组织呈褐色腐烂，当病斑环绕树干时，导致植株枯死。高湿环境时，病斑表面可产生稀疏的白色绵毛状物。果实受害，多发生在果实近成熟期，以植株下部果实受害较多。发病初期，果面产生淡褐色水渍状病斑，后很快扩展至果实大部，病斑呈淡褐色腐烂（彩图5-432），腐烂组织深达果核、相对较硬、多不凹陷。高湿时，果实病斑表面也可

【病原】恶疫霉 [*Phytophthora cactorum* (Leb.et Cohn) Schrot.]，属于鞭毛菌亚门卵菌纲霜霉目。病斑表面的白色绵毛状物即为病菌的菌丝体、孢囊梗及孢子囊。

【发病规律】疫腐病是一种低等真菌性病害，病菌主要以卵孢子、厚垣孢子或菌丝体随病残组织在土壤中越冬。翌年条件适宜时产生孢子囊或游动孢子，通过流水或风雨传播进行为害，果实受害多为雨滴飞溅引起。树干基部积水或长时间高湿，是主干受害的主要原因。果实近成熟期阴雨潮湿，易导致果实受害，以树冠中下部近地面的果实受害最重。果园郁闭、地势低洼、通风透光不良时病害发生较重。

【防控技术】桃疫腐病防控技术模式如图5-13所示。

1. 加强果园管理　合理修剪，促使果园通风透光，降低园内湿度，并适当提高结果枝部位。主干基部适当培土，避免干基直接与水接触。雨季注意及时排水。尽量实施果实套袋，保护果实免受病菌侵害。

2. 及时治疗主干病斑　发现主干受害后，找到发病部位，将病组织尽量刮除（刮下的病组织应集中带到园外销毁），然后涂药治疗病部，有效药剂如90%三乙膦酸铝可溶性粉剂100～200倍液、50%烯酰吗啉水分散粒剂300～400倍液、72%霜脲·锰锌可湿性粉剂100～150倍液、60%锰锌·氟吗啉可湿性粉剂100～200倍液等，5～7天后再涂抹一次，然后用土将树干基部培起。

3. 喷药保护果实　果实疫腐病多为零星发生，一般不需喷药防控。个别往年病害发生较重的果园或地势低洼果

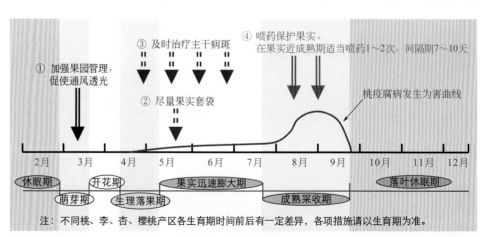

注：不同桃、李、杏、樱桃产区各生育期时间前后有一定差异，各项措施请以生育期为准。

图5-13　桃疫腐病防控技术模式图

园，在果实近成熟期遇多雨潮湿时，可适当喷药防控1～2次，间隔期7～10天，重点喷洒植株中下部果实。效果较好的药剂有：90%三乙膦酸铝可溶性粉剂600～800倍液、50%烯酰吗啉水分散粒剂1000～1500倍液、68%精甲霜·锰锌可湿性粉剂600～800倍液、72%霜脲·锰锌可湿性粉剂600～800倍液、81%甲霜·百菌清可湿性粉剂600～800倍液、60%锰锌·氟吗啉可湿性粉剂600～800倍液、72%甲霜·锰锌可湿性粉剂600～800倍液等。

桃瘿螨畸果病

【症状诊断】桃瘿螨畸果病主要为害果实，落花后幼果即开始为害，且以幼期期受害最重，严重时芽也受害。幼果发病初期，首先在果面上产生暗绿色病斑或斑驳，稍凹陷，形状多不规则（彩图5-433、彩图5-434）；后随果实膨大，病部桃毛逐渐变褐、倒伏、脱落（彩图5-435、彩图5-436），形成深绿色凹陷斑；后期，病果凹凸不平，着色不均，形成"猴头"状果（彩图5-437）。膨大期果实受害，病果凹凸不平，果面常产生纵横裂缝。严重病果，果肉木质化，不能食用。严重病树，部分叶芽坏死，开花后期常呈现有花无叶的"干枝梅"状。

彩图5-433　幼果早期受害，形成凹陷病斑

彩图5-434　病斑凹陷，果面凹凸不平

彩图5-435　病斑处桃毛变褐色

彩图5-436　病斑上桃毛变褐、倒伏、脱落

彩图5-437　幼果受害晚期，导致果实畸形

【病原】下心瘿螨（*Eriophyes catacriae* Keifer），属于微型螨类。

【发病规律】该病是一种微型螨类病害，以成螨在桃芽鳞片间及芽基部等处越冬。第二年桃树萌芽时越冬螨开始活动，开花时转移到子房上为害，而后直接在幼果上产卵、繁殖、为害，幼果期为发生为害盛期。河北中部桃区7月中下旬成螨开始从桃果转移到芽上为害，并在芽上产卵繁殖，11月下旬以雌成螨开始越冬。

【防控技术】

1.发芽前药剂清园　这是有效防控该病的关键措施之一。发芽前全园喷施1次3～5波美度石硫合剂、或45%石硫合剂晶体50～70倍液、或1.8%阿维菌素乳油1000～1500倍液，铲除越冬成螨。以淋洗式喷雾效果最好。

2.生长期喷药防控 关键是首次喷药时间。一般果园落花后立即开始喷药效果较好，10天左右1次，连喷2～3次。效果较好的药剂有：1.8%阿维菌素乳油2500～3000倍液、1%甲氨基阿维菌素苯甲酸盐乳油2000～3000倍液、50克/升高效氯氟氰菊酯乳油2500～3000倍液、20%甲氰菊酯乳油1500～2000倍液、15%哒螨灵乳油1500～2000倍液、50%硫黄悬浮剂400～600倍液、45%石硫合剂晶体200～300倍液等。喷药时必须均匀周到，淋洗式喷雾效果最好。

桃缺钙症

【症状诊断】桃缺钙症主要在近成熟期的果实上表现明显症状，症状类型较复杂，常见有水渍型、乳突型、早熟型、坏死型四种表现。

水渍型 多发生在果实尖部及腹缝线处，产生水渍状晕斑，边缘不明显，组织变软，呈淡褐色，稍凹陷（彩图5-438、彩图5-439）。

彩图5-438 果实尖部产生水渍状晕斑

彩图5-439 果实腹缝线处局部变水渍状

乳突型 果实尖部畸形生长，呈乳头状突起。突起部位提早成熟、着色，而后变软、腐烂（彩图5-440、彩图5-441）。

彩图5-440 果实尖部呈乳头状突起

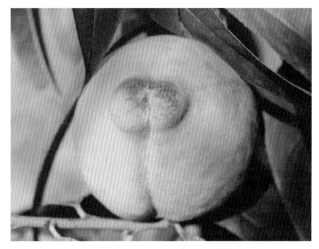

彩图5-441 果实尖部异常突起，并提早成熟、着色

早熟型 多发生在果实尖部及腹缝线处，局部较早成熟。伴随有提早变红、变软、干缩或腐烂发生（彩图5-442、彩图5-443）。

彩图5-442 果实尖部提早着色、干缩

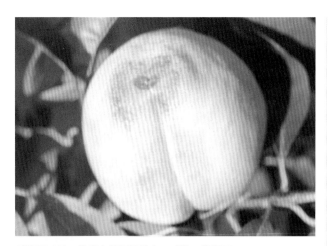

彩图5-443　果实尖部提早着色、成熟、并坏死

坏死型　多发生在果实尖部及腹缝线处，形成局部坏死干斑，淡褐色至褐色，稍凹陷（彩图5-444、彩图5-445）。

彩图5-444　果实尖部产生坏死干斑（油桃）

彩图5-445　不同坏死程度的病果比较（油桃）

【病因及发生特点】桃缺钙症是一种生理性病害，由钙素缺乏引起。土壤瘠薄、有机质含量低、长期偏施速效化肥是导致该病发生的主要因素。偏施氮肥可加重缺钙症发生，碱性土壤发病较重，土壤前旱后涝缺钙症表现严重。毛桃早熟品种缺钙表现较轻，晚熟品种常表现较重；油桃早熟品种多发病较重，晚熟品种多发病较轻。

【防控技术】

1.加强栽培管理　增施农家肥等有机肥，改良土壤；

按比例科学施用速效化肥，与有机肥混合适量根施钙肥（硝酸钙等）。干旱季节及时浇水，雨季注意排水。合理修剪，适当控制枝条旺长。

2.生长期喷施钙肥　从落花后半月左右开始叶面喷钙，10～15天1次，连喷4～6次，可基本控制缺钙症的发生为害。效果较好的钙肥为有效成分属无机钙盐的固态钙肥，如佳实百1000～1500倍液、速效钙400～500倍液、美林钙400～500倍液、硝酸钙300～400倍液等。选用液态钙肥时，注意控制喷施浓度，避免喷洒倍数过高。

桃红叶病

【症状诊断】桃红叶病主要在叶片上表现明显症状，多从老叶片开始发生（彩图5-446），逐渐向上部叶片及全株蔓延。发病初期，叶片主脉及侧脉开始变紫红色，细支脉及叶肉仍为绿色（彩图5-447）；随病情加重，细、支脉及网脉间叶肉均变紫红；最后全叶呈紫红色。严重时，除上部顶梢叶片外全树其余叶片均呈紫红色（彩图5-448），甚至大量叶片变红后脱落。

彩图5-446　红叶病多从老叶开始发生

彩图5-447　红叶病初期病叶

【病因及发生特点】桃红叶病是一种生理性病害，由于磷素供应不足引起。土壤瘠薄、有机质贫乏、速效氮肥使用量过大是导致该病发生的主要因素。该病与品种关系密切，一般早熟品种发病较重，中熟品种发病较轻，晚熟品种较少发生。

彩图 5-448　严重病树，大部分叶片变紫红色

【防控技术】

1. 加强肥水管理　增施农家肥等有机肥，按比例科学施用速效化肥，并适量增施磷、钾肥，避免偏施速效氮肥。干旱季节及时浇水，雨季注意排水。

2. 生长期适当喷施磷肥　果实进入迅速膨大期（第二膨大期）后，适当喷施速效磷肥，10～15天1次，连喷3～5次。中、早熟品种果实采收后还应适当喷磷2次左右。常用速效磷肥以磷酸二氢钾300倍液效果较好。

李红点病

李红点病是李树上的一种常见病害，在我国各李树产区均有发生，严重时常引起李树早期落叶，导致树势衰弱，并对产量影响很大。

【症状诊断】李红点病主要为害叶片，也可侵害叶柄和果实（彩图5-449）。

彩图 5-449　果实、叶片同时受害状

叶片受害，叶面上先产生橙黄色稍隆起圆形小点，继而病斑扩大，病部叶肉增厚，病斑正面开始凹陷，形成边缘清晰的橙黄色圆形病斑（彩图5-450）；稍后，表面逐渐产生出橘红色小点（彩图5-451）。随病斑发展，病部叶肉增厚明显，正面显著凹陷（彩图5-452），背面形成突

起（彩图5-453），病斑颜色呈橘红色，小粒点变深红色、甚至红黑色，并逐渐产生出黑色小点（彩图5-454～彩图5-456）。病斑多时，病叶卷曲（彩图5-457）；严重时，叶片变黄，甚至早期脱落。叶柄受害，病斑发展与叶片相似，病部肿胀（彩图5-458）。

彩图 5-450　叶片正面的初期病斑

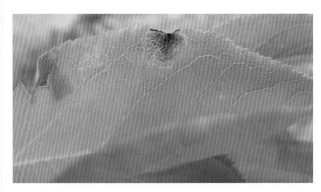

彩图 5-451　病斑正面逐渐散生出橘红色小点

彩图 5-452　叶片正面病斑凹陷

彩图 5-453　叶片背面病斑隆起

彩图5-454　后期，病斑正面小点逐渐变黑色

彩图5-455　叶片正面的后期病斑

彩图5-456　叶片背面的后期病斑

彩图5-457　严重时，许多叶片受害

彩图5-458　红点病在叶柄上的病斑

果实受害，形成橘红色凹陷病斑（彩图5-459），表面亦可散生许多深红色至红黑色小点。有时病斑表面发生开裂（彩图5-460），严重时果实畸形。

彩图5-459　幼果上的初期病斑

彩图5-460　果实受害，有时病斑处容易开裂

【病原】红疔座霉 [*Polystigma rubrum* (Pers.) DC.]，属于子囊菌亚门核菌纲球壳菌目。病斑表面的小黑点是其有性阶段的子囊壳，红色小粒点为其性孢子器。

【发病规律】病菌主要以子囊壳在病落叶上越冬。第

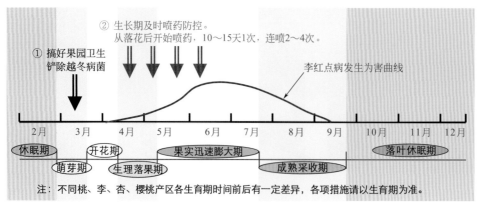

图5-14　李红点病防控技术模式图

二年开花末期，越冬病菌开始产生并释放出子囊孢子，通过风雨及气流传播，进行侵染为害。展叶后至秋季叶片及果实均可受害，均为初侵染，没有再侵染为害。多雨潮湿是影响该病发生的主要因素，管理粗放果园、山坡地果园发生较重。

【防控技术】李红点病防控技术模式如图5-14所示。

1.搞好果园卫生　落叶后至发芽前，先树上、后树下彻底清除病叶、病果，集中深埋或烧毁，消灭病菌越冬场所。不能彻底清扫落叶的山坡地果园，可在萌芽前全园连同地面普遍喷施1次铲除性药剂，杀灭落叶上的残余病菌。效果较好的药剂有：77%硫酸铜钙可湿性粉剂300～400倍液、60%铜钙·多菌灵可湿性粉剂300～400倍液、30%戊唑·多菌灵悬浮剂400～600倍液、41%甲硫·戊唑醇悬浮剂400～500倍液、45%代森铵水剂200～300倍液等。

2.生长期喷药防控　往年红点病发生较重果园，从落花后开始喷药，10～15天1次，连喷2～4次。效果较好的药剂有：30%戊唑·多菌灵悬浮剂800～1000倍液、41%甲硫·戊唑醇悬浮剂700～800倍液、70%甲基硫菌灵可湿性粉剂或500克/升悬浮剂800～1000倍液、10%苯醚甲环唑水分散粒剂1500～2000倍液、430克/升戊唑醇悬浮剂3000～4000倍液、50%多菌灵可湿性粉剂或500克/升悬浮剂600～800倍液、50%克菌丹可湿性粉剂500～700倍液、80%代森锰锌（全络合态）可湿性粉剂800～1000倍液、70%丙森锌可湿性粉剂600～800倍液等。

李袋果病

李袋果病又称囊果病，是李树上的另一种常见病害，在我国许多李树产区均有发生，以沿湖、沿海及山地果园发生较多。

【症状诊断】李袋果病主要为害幼果，也可侵害叶片和枝梢。幼果受害，果实畸形，变狭长袋状，略弯曲，淡黄绿色至红色，果面平滑（彩图5-461、彩图5-462）；后期，病果表面逐渐产生出白色粉状物（彩图5-463）。病果最后变灰色至黑褐色，脱落。病果无核，仅能见到未发育的皱形核。叶片受害，展叶后不久即变黄绿色或红色，肥厚，皱缩不平，似桃缩叶病状（彩图5-464）。枝梢受害，病部

肿胀，组织松软，呈灰色，秋后枯死，且翌年枯枝下方长出的新梢仍可发病。叶片及病梢表面5～6月份也可产生白色霜粉状物。

【病原】李外囊菌[*Taphrina pruni*（Fuckel）Tul.]，属于子囊菌亚门半子囊菌纲外囊菌目。组织表面的白色粉霜为病菌的子囊层。

【发病规律】病菌主要以子囊孢子和厚壁芽孢子在芽鳞上及病组织上越冬。第二年李树萌芽时，病菌孢子开始萌发、侵染。5～6月份为发病盛期。早春低温多雨，萌芽期拉长，病害发生较重。地势低洼、江河沿岸、低洼湖畔果园发病较多。

【防控技术】李袋果病防控技术模式如图5-15所示。

彩图5-461　李袋果病初期病果

彩图5-462　李袋果病的畸形病果

1.搞好果园卫生，铲除越冬病菌　芽萌动前，彻底清除树上、树下的病僵果，集中深埋或销毁。落花后，在病害发生初期（未产生白色粉霜之前）及时将病果、病叶及病梢剪除，集中深埋。往年袋果病经常发生的李园，在萌芽期（花芽露红前）喷施1次铲除性药剂，杀灭树上残余越冬病菌，有效药剂如：77%硫酸铜钙可湿性粉剂300～400

倍液、30%戊唑·多菌灵悬浮剂400～600倍液、41%甲硫·戊唑醇悬浮剂400～500倍液、60%铜钙·多菌灵可湿性粉剂300～400倍液、1∶1∶100倍波尔多液等。

彩图5-463　后期，病果表面产生白色粉霜

彩图5-464　李袋果病为害叶片状

2.生长期适当喷药防控　往年袋果病发生较重果园，在花芽露红后至开花前及落花后各喷药1次，即可有效控制该病的发生为害。常用有效药剂如：30%戊唑·多菌灵悬浮剂800～1000倍液、41%甲硫·戊唑醇悬浮剂700～800倍液、70%甲基硫菌灵可湿性粉剂或500克/升悬浮剂800～1000倍液、10%苯醚甲环唑水分散粒剂1500～2000倍液、80%代森锰锌（全络合态）可湿性粉剂800～1000倍液、80%代森锌可湿性粉剂600～800倍液等。

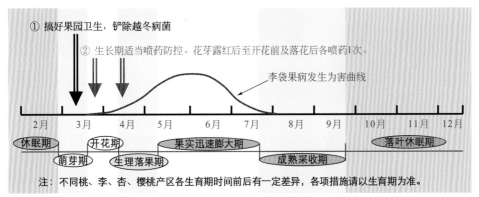

① 搞好果园卫生，铲除越冬病菌

② 生长期适当喷药防控。花芽露红后至开花前及落花后各喷药1次。

李袋果病发生为害曲线

2月　3月　4月　5月　6月　7月　8月　9月　10月　11月　12月

休眠期　开花期　果实迅速膨大期　落叶休眠期
萌芽期　生理落果期　成熟采收期

注：不同桃、李、杏、樱桃产区各生育期时间前后有一定差异，各项措施请以生育期为准。

图5-15　李袋果病防控技术模式图

杏疔病

杏疔病又称红肿病、叶枯病，在我国许多杏树产区均有发生，以北方产区发生为害较重，特别在山区果园最为常见。发病严重时，常造成很大损失。

【**症状诊断**】杏疔病主要为害新梢和叶片。新梢受害，整个新梢的枝、叶全部发病。病梢生长缓慢，节间短粗，其上叶片呈簇生状（彩图5-465）。病叶革质、变硬、显著增厚（彩图5-466），表皮黄绿色至橘黄色（彩图5-467、彩图5-468），两面均能散生出许多橘红色至黄褐色小粒点（彩图5-469、彩图5-470），潮湿时小点上逐渐溢出淡黄色黏液。后期，病叶逐渐干枯变褐，质脆易碎，并逐渐产生出黑色小粒点。严重时，树上许多新梢受害，影响树冠生长（彩图5-471）。病梢上叶片后期变黑褐色干枯（彩图5-472），挂在枝上过冬，不易脱落（彩图5-473）。

彩图5-465　整个新梢全部发病，叶片呈簇生状

彩图5-466　病叶革质、脆硬，显著增厚

【**病原**】畸形疔座霉（*Polystigma deformans* Syd.），属于子囊菌亚门核菌纲球壳菌目。病斑两面的橘红色至黄褐色小粒点为病菌的性子器，淡黄色黏液为性孢子黏液，后期的黑色小粒点为病菌的子囊壳。

【**发病规律**】病菌以子囊壳在病叶内越冬，挂在树上的病叶是病菌的主要初侵染来源。第二年春季，病叶上的子囊壳中散出许多子囊孢子，通过气流传播，直接侵染幼芽为害。病菌随新梢及叶片生长，在幼嫩组织内蔓延，4～5月间导致新梢发病，当新梢长16毫米左右时即表现明显症状。该病没有再侵染。病梢上的病叶多从10月份开始变黑褐色，并逐渐产生子囊壳越冬。

彩图5-467　病叶簇多呈黄绿色

彩图5-468　有时病叶簇呈橘黄色

彩图5-469　病叶正面散生许多橘红色小点

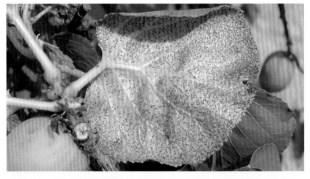

彩图5-470　病叶背面散生许多橘红色小点

彩图5-471　树上许多新梢受害

彩图5-472　后期，病梢逐渐变褐枯死

彩图5-473　枯死的病梢簇生叶片冬季不落

【防控技术】杏疔病防控技术模式如图5-16所示。

1.搞好果园卫生，清除园内病菌　落叶后至发芽前，彻底剪除病梢、病叶，并清除地面的枯枝落叶，集中深埋或烧毁。生长季节出现病梢时，及时剪除新形成的病梢、病叶，集中深埋。如此连续2～3年彻底清除病梢，即可基本控制住该病的发生为害。

2.适当喷药防控　不能彻底清除病梢或往年病害发生

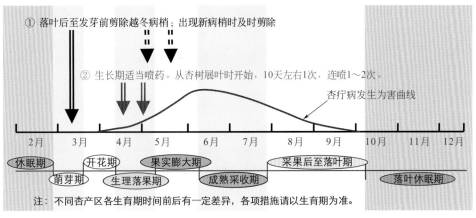

① 落叶后至发芽前剪除越冬病梢；出现新病梢时及时剪除

② 生长期适当喷药。从杏树展叶时开始，10天左右1次，连喷1～2次。

杏疗病发生为害曲线

2月　3月　4月　5月　6月　7月　8月　9月　10月　11月　12月

休眠期　　开花期　　果实膨大期　　采果后至落叶期
　萌芽期　　生理落果期　　成熟采收期　　落叶休眠期

注：不同杏产区各生育期时间前后有一定差异，各项措施请以生育期为准。

图5-16　杏疗病防控技术模式图

严重的果园，从杏树展叶期开始喷药，10天左右1次，连喷1～2次。效果较好的药剂有：30%戊唑·多菌灵悬浮剂800～1000倍液、41%甲硫·戊唑醇悬浮剂700～800倍液、70%甲基硫菌灵可湿性粉剂或500克/升悬浮剂800～1000倍液、50%多菌灵可湿性粉剂600～800倍液、10%苯醚甲环唑水分散粒剂1500～2000倍液、430克/升戊唑醇悬浮剂3000～4000倍液等。

杏银叶病

【症状诊断】银叶病主要在叶片上表现明显症状，发病后的主要症状特点是叶片呈银灰色，在阳光下具有光泽（彩图5-474、彩图5-475）。

彩图5-474　病叶呈银灰色，光亮

彩图5-475　病叶片（上）与正常叶片（下）比较

实际上该病主要为害枝干的木质部，病菌在木质部内生长蔓延，导致木质部变褐，有腥味，但组织不腐烂。同时，病菌在木质部内产生毒素，毒素向上输导至叶片后，使叶片表皮与叶肉分离，间隙中充满空气，在阳光下呈现灰色并略带银白光泽，故称为"银叶病"。在同一树上，常先从一个枝条开始表现症状，后逐渐扩展到全树，使全树叶片均表现银叶。春梢叶片症状表现明显。轻病树树势衰弱，结果能力逐渐降低；重病树根系逐渐腐烂死亡，最后导致整株枯死。

【病原】紫软韧革菌［*Chondrostereum purpureum*（Pers. ex Fr.）Pougar］，属于担子菌亚门层菌纲非褶菌目。

【发病规律】病菌主要以菌丝体在病树枝干的木质部内越冬，也可以子实体在病树表面越冬。生长季节遇阴雨连绵时，子实体上产生病菌孢子，该孢子通过气流或雨水传播，从各种伤口（如剪口、锯口、破裂口及各种机械伤口等）侵入寄主组织。病菌侵染树体后，在木质部中生长蔓延，向上下扩展，直至全株。

春、秋两季，树体内营养物质丰富，有利于病菌侵染。树体表面机械伤口多，利于病菌侵染。土壤黏重、排水不良、地下水位较高、树势衰弱等，均可加重银叶病的发生。

【防控技术】

1.加强果园管理　增施农家肥等有机肥，改良土壤，雨季注意及时排水，培育壮树，提高树体抗病能力。尽量避免对树体造成各种机械伤口，并及时涂药保护各种修剪伤口，以促进伤口愈合。

2.搞好果园卫生　及时铲除重病树及病死树，从树干基部锯除，并除掉根蘖苗，而后带到园外销毁。枝干表面发现病菌子实体时，彻底刮除，并将刮除的病菌组织集中烧毁或深埋，然后对伤口涂药消毒。消毒效果较好的药剂有：77%硫酸铜钙可湿性粉剂150～200倍液、2.12%腐植酸铜水剂原液、1%硫酸铜溶液、5～10波美度石硫合剂、45%石硫合剂晶体10～20倍液、硫酸-8-羟基喹啉等。

3.及时治疗轻病树　轻病树可用树干埋施硫酸-8-羟基喹啉的方法进行治疗，早春治疗（树体水分上升时）效果较好。一般使用直径1～1.5厘米的钻孔器在树干上钻3厘米深的孔洞，将药剂塞入洞内，每孔塞入1克药剂，而后洞口用泥土封好。用药点多少根据树体大小及病情轻重而定，树大点多、树小点少，病重点多、病轻点少。

杏果实斑点病

【症状诊断】杏果实斑点病只在果实上表现明显症状，落花后20～30天开始发病。初期，果实表皮下映出许多暗绿色水渍状小斑点，逐渐发展到果实表面，呈淡褐色至褐色，多不规则形，无明显边缘（彩图5-476）；随病情发展，病斑稍显凹陷，逐渐形成褐色至深褐色坏死斑，有时病斑边缘还可产生裂缝（彩图5-477），导致病斑翘起（彩图5-478）。剖开病果，果肉内散布有许多褐色坏死组织，边缘不明显，形状不规则（彩图5-479）。重病果表面许多褐色坏死病斑常相互连片，形成不规则形大斑，表面凹凸不平，果实不能长大，没有食用价值（彩图5-480、彩图5-481）。病树所结果实全部发病（彩图5-482），没有好果，且具有连年发病特性。

彩图5-476　果面上的初期病斑

彩图5-477　病斑变褐，边缘逐渐产生裂缝

彩图5-478　病斑边缘开裂、翘起

彩图5-479　病果果肉中散布有不规则褐色坏死斑块

彩图5-480　严重时，病斑凹陷、连片

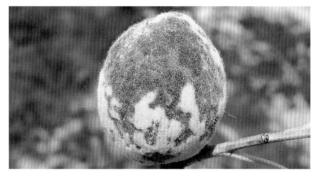

彩图5-481　严重病果，病斑连片，不堪食用

彩图5-482　枝条上果实全部受害发病

【病原】杏果实斑点病可能是一种病毒类病害，目前尚缺乏详细研究。

【发病规律】从田间调查来看，该病可通过嫁接传播，以病枝作接穗时，嫁接株果实全部发病；以病树做砧木嫁接无病接穗时，嫁接株果实不一定发病。另据调查，该病发病情况还与品种有一定关系。

【防控技术】杏果实斑点病目前还没有治疗办法，培育和利用无病苗木是防控该病的最有效措施。培育苗木时绝对不能从病树上选取接穗，也不能在病树上嫁接扩繁新品种。发现病树后，建议彻底刨除，以减少园内毒源。

▰▰ 樱桃枝枯病 ▰▰

樱桃枝枯病主要为害枝干，在我国北方樱桃产区均有发生，严重时造成枝条大量枯死，对树势及产量影响较大。

【症状诊断】枝枯病主要为害枝干。发病初期，病部产生水渍状红褐色病斑,后期变为黑褐色干疤,中部稍凹陷,边缘微隆起,有时病部表皮呈稍松弛的皱缩状(彩图5-483)。在较大枝干上,后期易纵向开裂,似开花馒头状。发病后期,病斑表面密生出许多小粒状黑色突起。严重时,病斑环绕枝干一周,导致病斑上部死亡(彩图5-484)。

彩图5-483 枝枯病枝干缩

彩图5-484 枝枯病导致枝条枯死

【病原】 苹果拟茎点霉 [*Phomopsis mali*(Schultz et Sacc.)Rob.],属于半知菌亚门腔孢纲球壳孢目。病斑表面的黑色粒状突起为病菌的子座和分生孢子器。

【发病规律】 病菌以子座组织或分生孢子器在枝干病斑上越冬,翌年条件适宜时释放出分生孢子,通过风雨传播进行侵染为害。果园内有多次再侵染。3～4年生樱桃树受害较重。

【防控技术】

1. 加强栽培管理,搞好果园卫生 增施农家肥等有机肥,按比例科学使用速效化肥,培育壮树,提高树体抗病能力。发现病枝,及时剪除,带到园外销毁。发芽前结合其他病害防控,喷施1次铲除性药剂,杀灭越冬病菌。效果较好的药剂如:77%硫酸铜钙可湿性粉剂300～400倍液、60%铜钙·多菌灵可湿性粉剂300～400倍液、30%戊唑·多菌灵悬浮剂400～600倍液、41%甲硫·戊唑醇悬浮剂400～500倍液及1:1:100倍波尔多液等。

2. 生长期适当喷药防控 往年病害发生较重果园,从果实膨大后期开始喷药,10～15天1次,连喷2次左右。效果较好的药剂有:70%甲基硫菌灵可湿性粉剂或500克/升悬浮剂800～1000倍液、430克/升戊唑醇悬浮剂3000～4000倍液、10%苯醚甲环唑水分散粒剂1500～2000倍液、30%戊唑·多菌灵悬浮剂800～1000倍液、41%甲硫·戊唑醇悬浮剂700～800倍液等。

樱桃叶点病

【症状诊断】 叶点病主要为害叶片。发病初期,叶片上产生淡绿色至淡褐色圆形小斑点,外围常有黄绿色晕圈(彩图5-485);后病斑逐渐变为红褐色至褐色,边缘颜色较深,圆形或近圆形(彩图5-486)。后期,病斑表面散生出多个小黑点。有时病斑边缘可产生裂缝,形成穿孔。严重时,叶片上散布许多病斑(彩图5-487),甚至导致叶片早期脱落。

彩图5-485 樱桃叶点病初期病斑

彩图5-486 病斑呈红褐色,圆形

彩图5-487 严重时,叶片上散布多个病斑

【病原】叶点霉（*Phyllosticta* sp.），属于半知菌亚门腔孢纲球壳孢目。病斑表面的小黑点为病菌的分生孢子器。

【发病规律】病菌以菌丝体或分生孢子器在落叶上越冬。翌年条件适宜时产生并溢出分生孢子，通过风雨传播扩散，从皮孔或气孔侵染为害。温暖潮湿有利于病害发生，地势低洼、枝条郁闭果园发病较重。一般果园多从5月份开始发病，7～9月份为发病盛期，严重时叶片大量脱落。

【防控技术】

1.加强栽培管理，搞好果园卫生　落叶后至发芽前，彻底清扫落叶，集中深埋或销毁，消灭病菌越冬场所。科学修剪，促使果园通风透光，创造不利于病害发生的生态条件。

2.生长期适当喷药防控　往年病害发生较重果园，从初见病斑时开始喷药，15天左右1次，连喷2次左右。效果较好的药剂有：41%甲硫·戊唑醇悬浮剂700～800倍液、30%戊唑·多菌灵悬浮剂800～1000倍液、70%甲基硫菌灵可湿性粉剂或500克/升悬浮剂800～1000倍液、430克/升戊唑醇悬浮剂3000～4000倍液、10%苯醚甲环唑水分散粒剂1500～2000倍液、80%代森锰锌（全络合态）可湿性粉剂700～800倍液、50%克菌丹可湿性粉剂500～700倍液等。

樱桃小叶病

【症状诊断】小叶病又称缺锌症，主要在叶片上表现明显症状，新梢叶片最易显症。枝梢叶片小而簇生，初期颜色深淡不均，叶片黄绿或脉间色淡；后期，叶形狭小，质地脆硬，不伸展，叶缘上卷，叶片或脉间黄绿色（彩图5-488）。病枝发芽晚，新梢节间短。病树花芽分化不良，花小色淡，不易坐果或果小畸形。严重时，病枝易枯死。重病树树势衰弱，根系发育不良，树冠扩展缓慢，产量降低。

彩图5-488　樱桃小叶病病枝

【病因及发生特点】小叶病是一种生理性病害，由锌素供应不足引起。锌是植物生长发育的重要矿质元素之一，参与生长素合成、酶系统活动及光合作用等。当锌素缺乏时，树体有机物合成及运转出现异常，导致叶片失绿、生长受阻、形成小叶。沙地、碱性土壤及瘠薄地块或山地果园常出现缺锌，磷肥使用偏多易加重小叶病发生。

【防控技术】

1.加强土肥管理　增施农家肥等有机肥，按比例科学使用氮、磷、钾肥及中微量元素肥料，适当增施锌肥。一般每亩使用硫酸锌3～5千克，在发芽前于树下挖放射状沟施入较好。

2.树上及时喷锌　首先在樱桃萌芽前一周左右，全树喷施1次3%～5%硫酸锌溶液。其次，在落花后再连续喷锌2次，间隔期7～10天；一般使用0.2%硫酸锌＋0.3%～0.5%尿素溶液、或300毫克/千克环烷酸锌＋0.3%尿素溶液。

樱桃畸果症

【症状诊断】畸果症俗称畸形果，主要表现为单柄联体双果、单柄联体三果及果实异形发育等。有时联体果大小基本相同，有时联体果大小不等。发生轻时，畸形果零星发生；发生重时，许多果实发病（彩图5-489～彩图5-493）。

彩图5-489　联体果同等大小发育

彩图5-490　联体果大小不等

彩图5-491　联体果后期易发生干缩

彩图5-492　果实发育畸形

　　畸形果严重影响樱桃的外观品质，甚至使其失去商品价值，常造成重大经济损失。

【病因及发生特点】畸果症是一种生理性病害，主要是花芽分化异常所致。在樱桃花芽分化期，若遇异常高温，常导致翌年出现畸形花、畸形果。因为樱桃花芽分化对高温非常敏感，如果花芽分化期遇30℃以上高温，则翌年畸形果的发生率显著提高。

彩图5-493　许多果实受害

【防控技术】

　　1.选种适宜品种　据调查，红灯、大紫的畸形果率最高，红艳、滨库、那翁、红丰相对较低，养老、芝果红畸形果率最低。

　　2.适当调节花芽分化期的环境温度　在花芽分化的温度敏感期，若遇高温天气，可用遮阳网等进行遮阳，降低环境温度和太阳辐射强度。设施栽培的樱桃园，可适当调整花芽分化期，使其避开夏季高温；也可在花芽分化期采取措施适当降低设施内温度。

　　3.及时摘除畸形花、畸形果　结合其他农事管理，及时摘除畸形花、畸形果，节约树体营养，促使正常果生长发育。

第六章

葡萄病害

▉ 霜霉病 ▉

葡萄霜霉病是一种全球性病害，在我国各葡萄产区均有发生，一般果园每年均需药剂防控，防控不当常造成严重损失，特别在夏季多雨地区或年份病害发生较重。通常因霜霉病造成的损失在20%～30%，严重时达50%以上，甚至有的葡萄园因该病造成绝收（彩图6-1）。近些年来，随着避雨栽培技术在南方葡萄产区的推广应用，霜霉病的为害在一定程度上得到了有效控制。

彩图6-1 霜霉病发生严重时，导致绝收

【症状诊断】霜霉病主要为害叶片、花序和幼果，也可为害新梢、卷须、叶柄、穗轴、果柄等幼嫩组织，发病后的主要症状特点是在受害部位表面产生有白色霜霉状物。

叶片受害，幼嫩叶片最易感病。发病初期，叶片表面先产生暗褐色油状病斑（彩图6-2、彩图6-3），随后叶面出现褪绿黄斑（彩图6-4、彩图6-5），叶背逐渐长出白色霜霉状物（彩图6-6）。病斑多沿叶脉发生（彩图6-7、彩图6-8），有时造成叶脉扭曲（彩图6-9、彩图6-10）。严重时，叶背布满白色霜霉状物（彩图6-11），相应叶片正面渐变黄褐色、甚至枯死（彩图6-12、彩图6-13），并易造成叶片早期脱落或焦枯（彩图6-14）。有时病斑扩展受叶脉限制呈多角形（彩图6-15），后期叶面病斑发展为褐色多角形坏死斑

（彩图6-16），甚至病斑穿孔；有时形成浅褐色圆形坏死斑，枯死部位易破裂穿孔（彩图6-17），相应叶背霉状物较稀疏（彩图6-18）。条件适宜时，老叶片也可受害（彩图6-19），且老叶背面霉状物浓密（彩图6-20、彩图6-21），甚至老叶的褐色枯死部位也有霉状物产生（彩图6-22）。另外，有时叶柄也可受害，表面变淡褐色，也可产生白色霜霉状物（彩图6-23）。采收后条件适宜时，秋梢叶片上霜霉病仍可严重发生（彩图6-24）。

彩图6-2 叶片正面的油状病斑

彩图6-3 叶片背面的油状病斑

彩图6-4 发病初期叶面的褪绿黄斑

彩图6-5 嫩叶表面的褪绿黄斑

彩图6-6 叶片背面的白色霜霉状物

彩图6-7 沿叶脉发生的叶面病斑

彩图6-8 叶背沿叶脉产生的霜霉状物

彩图6-9 病斑沿叶脉发生，导致叶脉扭曲

彩图6-10 叶背沿扭曲叶脉产生的白色霜霉状物

彩图6-11 叶背布满白色霜霉状物

彩图6-12　较重受害时，叶片正面病斑

彩图6-16　多角形病斑变褐枯死，甚至穿孔

彩图6-13　叶片正面病斑变褐色枯死

彩图6-17　圆形霜霉病病斑，后期破裂穿孔状

彩图6-14　严重受害叶片，后期焦枯

彩图6-18　有时叶背病斑上霉状物较稀疏

彩图6-15　霜霉状物产生受叶脉限制，呈多角形

彩图6-19　老叶正面的霜霉病病斑

彩图6-20　老叶背面的浓密白色霜霉状物

彩图6-21　老叶（左）背面与嫩叶背面的霜霉状物比较

彩图6-22　叶背枯死组织表面产生白色霜霉状物

彩图6-23　霜霉病在叶柄上的为害状

彩图6-24　霜霉病在秋梢上严重发生的葡萄园

　　果穗受害，从花蕾期至膨大期均可发生。花蕾穗受害，组织多变褐色，表面产生有白色霜霉状物（彩图6-25），后期易变褐干枯死亡（彩图6-26）。幼果穗受害，发病初期穗轴、果梗变褐（彩图6-27、彩图6-28），逐渐蔓延至果粒上，表面产生有白色霜霉状物（彩图6-29、彩图6-30）；随病情发展，变褐组织皱缩、凹陷、干枯（彩图6-31），果粒脱落。膨大期果实受害，多从果柄部位开始发生（彩图6-32、彩图6-33），组织变淡褐色凹陷（彩图6-34），有时表面也可产生霜霉状物，后期果粒皱缩干枯（彩图6-35）。

彩图6-25　花蕾穗受害，表面产生霜霉状物

彩图6-26　受害花蕾穗，组织变褐坏死，表面产生霜霉状物

彩图6-27　幼果粒及果柄表面的霜霉病褐色病斑

彩图6-31　霜霉病导致幼穗果粒变褐干枯

彩图6-28　穗轴表面的淡褐色霜霉病病斑

彩图6-32　膨大期果粒发病初期

彩图6-29　幼果粒表面的白色霜霉状物

彩图6-33　受害果粒从果柄基部开始发病

彩图6-30　穗轴病斑表面产生有白色霜霉状物

彩图6-34　果粒变淡褐色凹陷

彩图6-35　膨大期果穗受害后期

　　新稍受害，组织变淡褐色（彩图6-36），表面产生白色霜霉状物（彩图6-37），严重时新稍扭曲、变粗（彩图6-38），不能正常生长、甚至变褐枯死。

彩图6-36　嫩梢受害后的淡褐色病斑

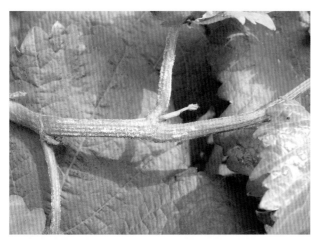

彩图6-37　受害嫩梢表面产生有白色霜霉状物

彩图6-38　受害新梢扭曲、变粗，不能正常生长

　　【病原】葡萄生单轴霉［*Plasmopara viticola*（Berk.et Curtis.）Berl et de Toni］，属于鞭毛菌亚门卵菌纲霜霉目。病斑表面的白色霜霉状物即为病菌的孢囊梗和孢子囊，其卵孢子在叶片等寄主组织内部形成。昼暖夜凉、昼夜温差大、葡萄表面有雨露等高湿条件有利于病菌孢子囊产生。

　　【发病规律】霜霉病菌主要以卵孢子在落叶等病组织中或随病残体在土壤中越冬，在冬季温暖地区也可以菌丝在芽或未落的叶片上越冬，卵孢子在土壤中能存活多年。翌年当平均气温达13℃、并有一定湿度时，越冬卵孢子萌发产生孢子囊，孢子囊再萌发释放出游动孢子，游动孢子通过风雨（雨露流淌或水滴飞溅）传播到葡萄幼嫩组织上，成为当年的初侵染来源。病菌从气孔侵入寄主组织，经7～12天潜育期导致发病，产生大量病菌孢子（白色霜霉状物）。在芽上越冬的病菌，随新梢组织生长，直接导致发病，并产生病菌孢子。新产生的病菌孢子经风雨或气流传播进行再侵染，导致再侵染发病。条件适宜时，霜霉病有多次再侵染，潜育期短，流行性强。

　　昼暖夜凉、昼夜温差大、葡萄组织表面有雨露等高湿环境条件，是病害严重发生、甚至流行的主要条件。另外，葡萄细胞液中钙钾比对霜霉病发生有一定的影响，当钙钾比小于1时组织容易感病，钙钾比大于1时组织较抗病。其次，地势低洼、种植密度过大、修剪不及时、枝叶量多时，园内通风透光不良，小气候湿度大，有利于病害发生；氮肥使用量偏多、枝条徒长时，也有利于病害发生。此外，若遇秋季多雨潮湿，如防控不及时，亦常造成秋季霜霉病严重发生。

　　【防控技术】霜霉病防控，必须以预防为主。在加强栽培管理的基础上，及时喷施有效药剂，是有效防控霜霉病为害的关键（图6-1）。

　　1.加强栽培管理　冬剪后或落叶后彻底清除修剪下的枝蔓及各种落叶，集中带到园外烧毁，消灭病菌越冬场所。需要注意，葡萄的枯枝落叶绝对不能在葡萄园内掩埋。生长期及时进行掐尖、打叉，避免枝蔓徒长。增施农家肥等有机肥及微生物肥料，适量增施钙肥，避免偏施氮肥。有条件的果园尽量采用避雨栽培，降低园内湿度，可有效控制霜霉病发生。棚室栽培葡萄，注意通风散湿，降低环境湿度，抑制病害发生。

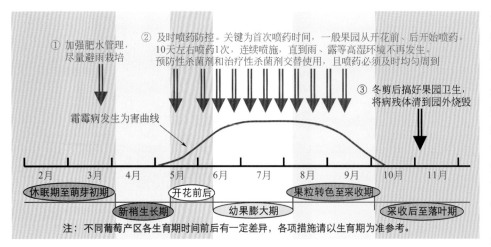

注：不同葡萄产区各生育期时间前后有一定差异，各项措施请以生育期为准参考。

图6-1 霜霉病防控技术模式图

2. 及时喷药防控 这是有效防控霜霉病的最根本措施，其关键是首次喷药时间。当昼夜平均气温达13～15℃、同时又有雨、露等高湿条件出现时，即为第一次喷药时间。一般从开花前或落花后开始喷药，10天左右1次，连续喷施，直到果实采收或雨、露不再较重发生时；若果实采收后雨、露较多，则还需喷药2次左右，甚至更多（南方葡萄产区及早熟品种采果后喷药次数较多，北方葡萄产区及晚熟品种采果后喷药次数较少）。具体喷药间隔期视降雨情况或湿度条件而定，多雨潮湿时间隔期短，少雨干旱时间隔期可适当延长。避雨栽培及棚室栽培的葡萄，一般喷药间隔期较长、且喷药次数相对较少。

具体用药时，建议预防性杀菌剂和治疗性杀菌剂交替使用，且不同类型治疗性杀菌剂也要交替使用，以免病菌产生抗药性。喷药时必须喷洒均匀周到，使叶片正面、背面及果穗表面均要着药。百菌清对红提葡萄果穗敏感，不能在未套袋红提葡萄上使用；克菌丹对红提及有些薄皮葡萄果穗敏感，也不能在未套袋的果穗上喷施。另外，不套袋葡萄采收前1.5个月以内，尽量不要使用波尔多液及代森锰锌，以免药液污染果面、影响果品质量（彩图6-39～彩图6-42）。

彩图6-39 药液喷洒不周到，叶背面无药

常用预防性杀菌剂有：77%硫酸铜钙可湿性粉剂500～700倍液、80%波尔多液可湿性粉剂500～700倍

液、1：（0.5～0.7）：（160～240）倍波尔多液、80%代森锰锌（全络合态）可湿性粉剂600～800倍液、50%克菌丹可湿性粉剂600～800倍液、70%丙森锌可湿性粉剂500～600倍液、70%代森联水分散粒剂600～800倍液、75%百菌清可湿性粉剂600～800倍液、25%嘧菌酯悬浮剂1500～2000倍液、25%吡唑醚菌酯乳油1500～2000倍液、68.75%噁酮·锰锌水分散粒剂1000～1500倍液、60%唑醚·代森联水分散粒剂1000～1500倍液等。

彩图6-40 波尔多液对叶片的污染比较

彩图6-41 波尔多液在果面上的污染药斑

常用治疗性杀菌剂有：50%烯酰吗啉水分散粒剂1500～2000倍液、20%氟吗啉可湿性粉剂800～1000倍液、90%三乙膦酸铝可溶性粉剂600～800倍液、69%烯酰·锰锌水分散粒剂600～800倍液、60%锰锌·氟吗啉可湿性粉剂600～800倍液、85%波尔·霜脲氰可湿性粉剂600～800倍液、85%波尔·甲霜灵可湿性粉剂

600～800倍液、72%甲霜·锰锌可湿性粉剂600～800倍液、72%霜脲·锰锌可湿性粉剂600～800倍液、68%精甲霜·锰锌水分散粒剂600～800倍液、64%噁霜·锰锌可湿性粉剂600～800倍液、66.8%丙森·缬霉威可湿性粉剂700～1000倍液、687.5克/升氟菌·霜霉威悬浮剂600～800倍液等。

彩图6-42　代森锰锌在果面上的污染药斑

白粉病

白粉病也是一种葡萄上的世界性病害，在我国各葡萄产区均有发生，以西北和西南地区发生为害较重，严重时，常导致叶片大面积枯萎脱落（彩图6-43）。近几年随着设施栽培的不断发展，许多设施内葡萄白粉病也有逐渐加重的趋势，应当引起高度重视。

彩图6-43　白粉病导致叶片枯萎脱落

【症状诊断】白粉病主要为害葡萄的叶片、果穗和新生枝蔓，发病后的主要症状特点是在发病部位表面产生一层白粉状物，后期有时白粉状物上可以产生初期黄色、渐变黄褐色、最后呈黑褐色的颗粒状物。

叶片受害，初期在叶面上产生白色粉斑（彩图6-44），后粉斑逐渐连片成层状，布满整个叶面（彩图6-45）；有时粉层较薄，不甚明显，主要看到叶面的淡褐色病变（彩图6-46）。后期，受害叶片卷曲不平，严重时变褐、枯萎、脱落。果实受害，果面上初期产生白色粉斑（彩图6-47），后逐渐蔓延至整个果面，甚至布满整个果穗（彩图6-48）；有

时果实受害初期没有明显粉斑，而是在果面上形成淡褐色星芒状花纹、或网状纹（彩图6-49、彩图6-50），随后果面上才逐渐产生明显的白粉状物。膨大期果实受害，果粒停止生长、硬化、畸形，容易开裂（彩图6-51），并易诱集果蝇、导致酸腐病发生（彩图6-52）。严重时整个果穗受害，果粒易枯萎脱落。果柄、穗轴亦可受害，表面产生有白粉状物（彩图6-53、彩图6-54）。新梢受害，初期产生淡褐色至褐色霉斑或网状线纹，后霉斑、线纹逐渐扩大，表面白粉状物逐渐增多（彩图6-55）；有时粉状物不明显，仅看到明显的褐色病斑（彩图6-56）。

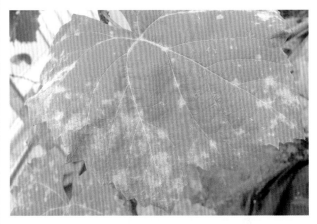

彩图6-44　发病初期，叶面上的白色粉斑

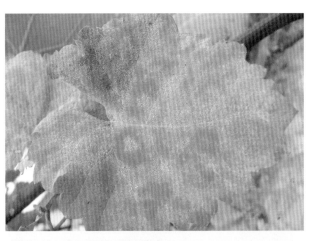

彩图6-45　叶片表面布满白粉状物

彩图6-46　病叶表面呈淡褐色病变，白粉状物不明显

彩图 6-47　果粒发病初期的白色粉斑

彩图 6-51　白粉病果粒后期发生开裂

彩图 6-48　果穗表面布满白粉状物，并开始产生颗粒状物

彩图 6-52　白粉病果粒开裂，诱集果蝇，易导致酸腐病发生

彩图 6-49　病果表面产生有星芒状花纹

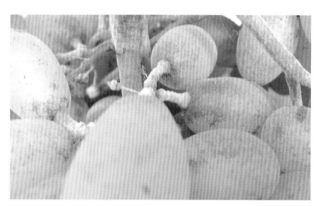

彩图 6-53　果柄受害状

彩图 6-50　白牛奶葡萄果粒表面的网纹状病斑

彩图 6-54　穗轴受害状

彩图6-55　白粉病在嫩蔓上形成的黑褐色霉斑

彩图6-56　随枝梢老化后的白粉病褐色枯斑

【病原】葡萄钩丝壳 [*Uncinula necator*（Schw.）Burr.]，属于子囊菌亚门核菌纲白粉菌目。无性阶段为托氏葡萄粉孢霉（*Oidium tuckeri* Berk.），属于半知菌亚门丝孢纲丝孢目。病斑表面的白粉状物即为病菌无性阶段的分生孢子梗和分生孢子（彩图6-57），黑褐色颗粒状物为病菌有性阶段的闭囊壳（彩图6-58）。

【发病规律】白粉病菌主要以菌丝体在寄主组织内及芽内越冬，也可以闭囊壳在叶片、果穗及枝梢等部位越冬。翌年条件适宜时，越冬菌丝体逐渐导致新生组织发病，形成初侵染来源；越冬闭囊壳则释放出子囊孢子成为初侵染来源。病菌孢子通过气流传播，从气孔侵染进行为害。该病潜育期短（最短为5～6天），再侵染次数多，条件适宜时易造成严重为害。

　　影响白粉病发生的主要因素是环境湿度，在相对湿度85%左右时最有利于病害

发生，湿度过高、过低，病害均发生较轻。此外，栽植过密、氮肥使用量过多、副梢摘除不及时、通风透光不良的果园，白粉病发生较重；嫩梢、嫩叶、幼果较老熟组织容易受害。

彩图6-57　病菌的分生孢子梗和串生分生孢子

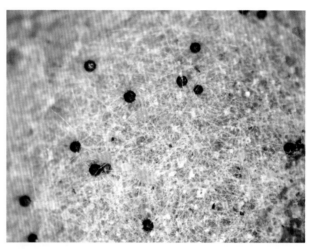

彩图6-58　病菌的闭囊壳

【防控技术】白粉病防控技术模式如图6-2所示。

1.加强栽培管理　合理施肥，增施农家肥等有机肥及微生物肥料，科学使用氮磷钾肥，避免偏施氮肥。生长期

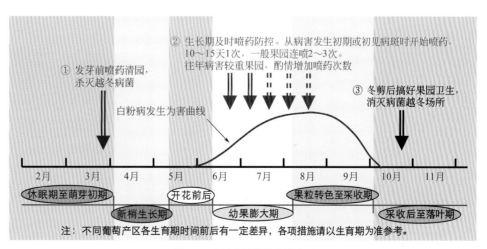

① 发芽前喷药清园，杀灭越冬病菌

② 生长期及时喷药防控。从病害发生初期或初见病斑时开始喷药，10～15天1次，一般果园连喷2～3次。往年病害较重果园，酌情增加喷药次数

白粉病发生为害曲线

③ 冬剪后搞好果园卫生，消灭病菌越冬场所

2月　3月　4月　5月　6月　7月　8月　9月　10月　11月

休眠期至萌芽初期　　新梢生长期　　开花前后　　幼果膨大期　　果粒转色至采收期　　采收后至落叶期

注：不同葡萄产区各生育期时间前后有一定差异，各项措施请以生育期为准参考。

图6-2　白粉病防控技术模式图

及时摘心、绑蔓、剪除副梢，使枝蔓分布均匀，保持园内通风透光良好。冬剪后或落叶后彻底清除果园内的枝梢、落叶、病僵果等残体，集中烧毁，消灭病菌越冬场所。

2.萌芽前药剂清园 上年白粉病发生严重果园，在葡萄萌芽前喷施1次药剂清园，杀灭附着在葡萄枝蔓上的越冬病菌（闭囊壳）。常用有效药剂如：3～5波美度石硫合剂、45%石硫合剂晶体50～70倍液、50%硫黄悬浮剂150～200倍液等。

3.生长期喷药防控 从病害发生初期或初见病斑时开始喷药，10～15天1次，一般果园连喷2～3次，往年病害较重果园，需酌情增加喷药次数。常用有效药剂有：430克/升戊唑醇悬浮剂3000～4000倍液、40%腈菌唑可湿性粉剂6000～7000倍液、12.5%烯唑醇可湿性粉剂2000～2500倍液、25%乙嘧酚悬浮剂800～1000倍液、40%双胍三辛烷基苯磺酸盐可湿性粉剂1200～1500倍液、12.5%四氟醚唑水乳剂3000～4000倍液、10%苯醚甲环唑水分散粒剂1500～2000倍液、250克/升吡唑醚菌酯乳油2500～3000倍液、25%嘧菌酯悬浮剂2000～2500倍液、50%醚菌酯水分散粒剂2500～3000倍液、70%甲基硫菌灵可湿性粉剂800～1000倍液、62.25%锰锌·腈菌唑可湿性粉剂600～800倍液、30%戊唑·多菌灵悬浮剂800～1000倍液等。具体喷药时，注意不同类型药剂交替使用或混用，以延缓病菌产生抗药性。

小褐斑病

【**症状诊断**】小褐斑病只为害叶片，是葡萄上的一种常见病害，为害严重时亦可造成早期落叶（彩图6-59）。发病初期，在叶片表面产生褐色小斑点，逐渐扩大后形成褐色至深褐色多角形或近圆形坏死斑，直径2～3毫米，一个叶片上常有多个病斑（彩图6-60、彩图6-61）。病斑边缘颜色较深、呈暗褐色，中间部位颜色较浅、呈茶褐色至灰褐色，后期病斑背面可产生灰黑色霉状物。严重时，从病斑外围开始变黄，形成黄色晕圈（彩图6-62）；许多病斑导致叶片部分或整个变黄、干枯（彩图6-63），甚至早期脱落（彩图6-64）。

彩图6-59 小褐斑病严重为害的早期落叶状

彩图6-60 小褐斑病早期叶面病斑

彩图6-61 小褐斑病早期叶背病斑

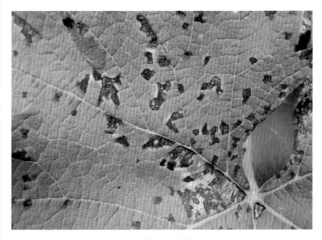

彩图6-62 病斑外围开始变黄，形成黄色晕圈

彩图6-63 小褐斑病为害后期，导致叶片变黄

彩图6-64 小褐斑病为害严重时，导致葡萄早期落叶

【病原】座束梗尾孢［*Cercospora roesleri*（Catt.）Sacc.］，属于半知菌亚门丝孢纲丝孢目。病斑表面的霉状物即为病菌的分生孢子梗和分生孢子。

【发病规律】小褐斑病菌主要以菌丝体在病落叶上越冬，也可以分生孢子在落叶上越冬。第二年初夏，病菌孢子通过气流或风雨传播，从叶片背面气孔侵染为害，经15～20天潜育期，导致发病。该病在果园内可发生多次再侵染。北方葡萄产区多从6月中下旬开始发生，7～9月份为发病盛期，严重时8月份即可造成大量落叶。

小褐斑病多从下部叶片开始发生，逐渐向上蔓延。多雨潮湿环境或年份病害发生较重，管理粗放、肥水不足、树势衰弱、结果量过大、遭受冻害等有利于病害发生，果园郁蔽、通风透光不良、小气候潮湿可以加重病害发生。

【防控技术】小褐斑病防控技术模式如图6-3所示。

1.搞好果园卫生 冬剪后或落叶后，彻底清除修剪下来的枝蔓及落叶，集中烧毁，消灭病菌越冬场所，减少越冬菌量。生长期结合整枝、摘心，及时摘除发病较重叶片，集中带到园外销毁，降低园内菌量。

2.加强栽培管理 增施有机肥及微生物肥料，按比例科学使用氮磷钾钙肥，培育壮树，提高树体抗病能力。合理修剪，及时整枝、摘心，促使果园通风透光，降低小气候湿度，创造不利于病害发生的生态条件。

3.树上喷药防控 从病害发生初期或园内初见病斑时开始喷药，10～15天1次，连喷3～5次，即可有效控制

该病的发生为害。常用有效药剂有：77%硫酸铜钙可湿性粉剂600～800倍液、80%波尔多液可湿性粉剂500～700倍液、80%代森锰锌（全络合态）可湿性粉剂600～800倍液、50%克菌丹可湿性粉剂600～800倍液、70%丙森锌可湿性粉剂500～600倍液、70%代森联水分散粒剂600～800倍液、1：（0.5～0.7）：（160～240）倍波尔多液、250克/升吡唑醚菌酯乳油2500～3000倍液、25%嘧菌酯悬浮剂2000～2500倍液、70%甲基硫菌灵可湿性粉剂或500克/升悬浮剂800～1000倍液、50%多菌灵可湿性粉剂600～800倍液、10%苯醚甲环唑水分散粒剂2000～2500倍液、430克/升戊唑醇悬浮剂3000～4000倍液、30%戊唑·多菌灵悬浮剂800～1000倍液、41%甲硫·戊唑醇悬浮剂600～800倍液、68.75%噁酮·锰锌水分散粒剂1000～1500倍液等。具体喷药时，前两次应重点喷射植株中下部叶片，喷药应均匀周到，使叶片正反两面都要着药（图6-3）。

大褐斑病

【症状诊断】大褐斑病只为害叶片，初期在叶片表面产生近圆形、多角形或不规则形褐色小斑点，后病斑逐渐扩大成3～10毫米的近圆形病斑，一张叶片上常有多个病斑散生（彩图6-65）。病斑中部黑褐色、边缘褐色，有时表面呈不规则轮纹状（彩图6-66）；叶背面病斑呈黑褐色。后期，病斑周围叶肉开始变黄，甚至整叶变黄（彩图6-67），背面逐渐产生深褐色霉状物。严重时，病斑可相互融合成直径达2厘米以上的不规则形大斑，甚至呈焦枯状，并常导致叶片早期脱落（彩图6-68）。

【病原】葡萄暗拟棒束梗霉［*Phaeoisariopsis vitis*（Lev.）Sawada］，属于半知菌亚门丝孢纲束梗孢目。病斑表面的霉状物即为病菌的孢梗束和分生孢子。

【发病规律】大褐斑病菌主要以菌丝体或分生孢子在病落叶上越冬。第二年初夏，越冬病组织上产生分生孢子，与越冬的分生孢子一起成为初侵染来源。分生孢子通过气流或风雨传播，从叶片背面气孔侵染为害，经20天左右的潜育期导致发病。该病在果园内可发生多次再侵染。北方葡萄产区多从6月中下旬开始发生，7～9月份为发病盛期，严重时8月份即可造成大量落叶。

大褐斑病多从下部叶片开始发生，逐渐向上蔓延。多雨潮湿环境或年份病害发生较重，管理粗放、肥水不足、树势衰弱、结果量过大、遭受冻害等有利于病害发生，果园郁蔽、通风透光不良、环境潮湿均可加重病害发生。

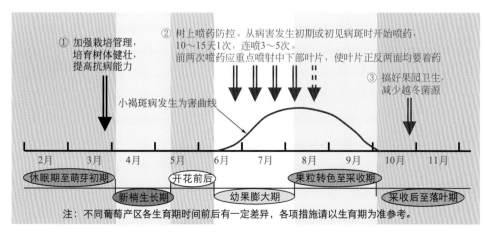

① 加强栽培管理，培育树体健壮，提高抗病能力

② 树上喷药防控。从病害发生初期或初见病斑时开始喷药，10～15天1次，连喷3～5次。前两次喷药应重点喷射中下部叶片，使叶片正反两面均要着药

③ 搞好果园卫生，减少越冬菌源

小褐斑病发生为害曲线

2月　3月　4月　5月　6月　7月　8月　9月　10月　11月

休眠期至萌芽初期　　新梢生长期　　开花前后　　幼果膨大期　　果粒转色至采收期　　采收后至落叶期

注：不同葡萄产区各生育期时间前后有一定差异，各项措施请以生育期为准参考。

图6-3 小褐斑病防控技术模式图

彩图6-65　大褐斑病发生早期病斑

彩图6-66　大褐斑病典型病斑

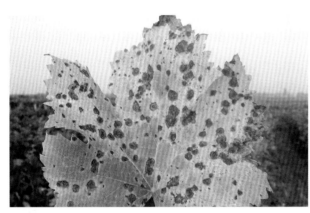

彩图6-67　大褐斑病发生后期，导致叶片变黄

彩图6-68　大褐斑病严重时，病叶焦枯、甚至早期脱落

【防控技术】参照"小褐斑病"防控技术（图6-4）。

锈病

葡萄锈病在我国各葡萄主产区均有发生，但以南方葡萄产区较为常见。该病主要为害葡萄叶片，严重发生时导致叶片丧失光合作用功能，造成叶片干枯、甚至早期落叶，对葡萄树体生长、枝条成熟、营养积累及产量均有较大影响。

【症状诊断】锈病主要为害叶片。发病初期，首先在叶片正面出现不规则的黄色小斑点或小黄斑，斑点周围呈水渍状（彩图6-69）；而后逐渐在病斑叶背面产生出锈黄色孢子堆，严重时孢子堆布满整个叶背，使叶背似覆盖一层黄色至红褐色的粉状物（彩图6-70）。秋季，叶背面黄粉状物逐渐消失，并逐渐在叶背表皮下产生出暗褐色、多角形小粒点。有时在葡萄叶柄、嫩梢和穗轴上，也可产生黄粉状物。病害严重时，易造成叶片变褐、焦枯，甚至早期脱落。

【病原】葡萄层锈菌（*Phakopsora ampelopsidis* Diet.et Syd.），属于担子菌亚门冬孢菌纲锈菌目。病斑背面的黄色粉状物为病菌的夏孢子堆和夏孢子，暗褐色小粒点为冬孢子堆。

【发病规律】葡萄锈病菌在温带和亚热带地区，主要以夏孢子堆在病残组织上存活越冬，第二年越冬孢子通过气流传播，从气孔侵染进行为害。在北方寒冷地区，病菌主要以冬孢子堆在病残组织上越冬，翌年春季温度升高后，冬孢子萌发产生担孢子，经气流传播侵染转主寄主泡花树，并逐渐产生锈孢子，锈孢子经气流传播，从气孔侵染葡萄。葡萄受害后，经7天左右潜育期发病，并逐渐产生夏孢子堆和夏孢子，夏孢子经气流传播、气孔侵入进行再侵染。锈病在田间可发生多次再侵染。

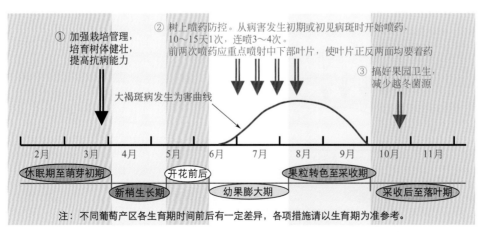

① 加强栽培管理，培育树体健壮，提高抗病能力

② 树上喷药防控。从病害发生初期或初见病斑时开始喷药，10～15天1次，连喷3～4次。
前两次喷药应重点喷射中下部叶片，使叶片正反两面均要着药。

③ 搞好果园卫生，减少越冬菌源

大褐斑病发生为害曲线

| 2月 | 3月 | 4月 | 5月 | 6月 | 7月 | 8月 | 9月 | 10月 | 11月 |

休眠期至萌芽初期　　新梢生长期　　开花前后　　幼果膨大期　　果粒转色至采收期　　采收后至落叶期

注：不同葡萄产区各生育期时间前后有一定差异，各项措施请以生育期为准参考。

图6-4　大褐斑病防控技术模式图

彩图6-69 叶片正面产生有褪绿黄点

彩图6-70 叶片背面布满黄色粉状物

锈病主要为害老叶，葡萄生长中后期发生较多。在高温季节，若阴雨连绵、夜间多露、枝叶茂密、架面阴暗潮湿，则有利于病害发生；管理粗放、植株生长势弱容易发病；通风透光不良、小气候湿度高发病严重。

【防控技术】锈病防控技术模式如图6-5所示。

1.清除越冬菌源 冬剪后或落叶后彻底清除树上、树下的各种病残体，集中带到园外销毁，减少越冬菌源。葡萄发芽前，全园喷洒1次3～5波美度石硫合剂、或45%石硫合剂晶体50～60倍液、或50%硫黄悬浮剂200～300倍液，铲除枝蔓附带病菌。

2.加强葡萄园管理 增施农家肥等有机肥及微生物肥料，培育健壮树势，提高葡萄抗病能力。合理修剪，及时整枝打杈，防止枝叶茂密、架面郁闭，促进园内通风透光。及时摘除发病初期病叶，减少田间发病中心。

3.生长期喷药防控 锈病一般不需单独进行药剂，结合防控其他病害兼防即可。上年发病较重果园，从发病初期或初见病斑时开始喷药，10天左右1次，连喷2次左右即可有效控制锈病的发生为害。常用有效药剂有：12.5%四氟醚唑水乳剂2000～3000倍液、430克/升戊唑醇悬浮剂3000～4000倍液、40%腈菌唑可湿性粉剂6000～8000倍液、12.5%烯唑醇可湿性粉剂2000～2500倍液、10%苯醚甲环唑水分散粒剂2000～2500倍液、70%甲基硫菌灵可湿性粉剂或500克/升悬浮剂800～1000倍液、30%戊唑·多菌灵悬浮剂800～1000倍液、41%甲硫·戊唑醇悬浮剂600～800倍液、77%硫酸铜钙可湿性粉剂600～800倍液、80%代森锰锌（全络合态）可湿性粉剂600～800倍液、70%代森联水分散粒剂500～700倍液及50%硫黄悬浮剂600～800倍液等。具体喷药时，注意将药液喷洒到叶片背面，以保证防控效果。

灰斑病

【症状诊断】灰斑病又称轮纹叶斑病，主要为害叶片。发病初期，叶片上产生黄褐色、圆形小斑点，边缘色浅，中央色深，可见轻微环纹；后病斑逐渐扩大，同心轮纹较为明显（彩图6-71）。环境干燥时，病斑扩展缓慢，边缘呈暗褐色，中间为淡灰褐色；湿度大时，病斑扩展迅速，多呈灰绿色至灰褐色水渍状大斑。病斑在叶缘及叶片中间均可发生，常散生，严重时，3～4天病斑即可扩展至全叶。后期，病斑背面可产生灰白色至灰褐色的霉状物。

【病原】桑生冠毛菌［*Cristulariella moricola*（Hino）Redhead］，属于半知菌亚门丝孢纲无孢目。

【发病规律】灰斑病菌主要以菌核随病残体越冬。翌年环境条件适宜时长出子实体，通过雨水传播，从伤口侵染叶片进行为害。低温、冷凉、寡照、多雨、潮湿是导致病害发生较重的主要因素。葡萄生长中后期容易受害，此时若遇适宜条件，病害将大量发生。意大利品种发病较重。

【防控技术】灰斑病防控技术模式如图6-6所示。

1.加强果园管理 冬剪后或落叶后彻底清除落叶，集中烧毁，消灭病菌越冬场所。生长季节及时打杈、摘心，保持架面通风透光良好，防止果园郁闭，降低环境湿度，创造不利于病害发生的生态条件。

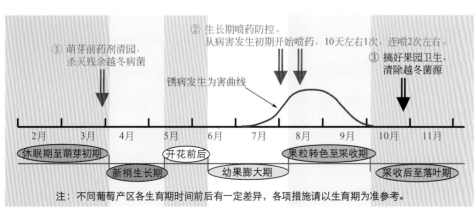

① 萌芽前药剂清园，杀灭残余越冬病菌

② 生长期喷药防控。从病害发生初期开始喷药，10天左右1次，连喷2次左右。

③ 搞好果园卫生，清除越冬菌源

锈病发生为害曲线

| 2月 | 3月 | 4月 | 5月 | 6月 | 7月 | 8月 | 9月 | 10月 | 11月 |

休眠期至萌芽初期　新梢生长期　开花前后　幼果膨大期　果粒转色至采收期　采收后至落叶期

注：不同葡萄产区各生育期时间前后有一定差异，各项措施请以生育期为准参考。

图6-5 锈病防控技术模式图

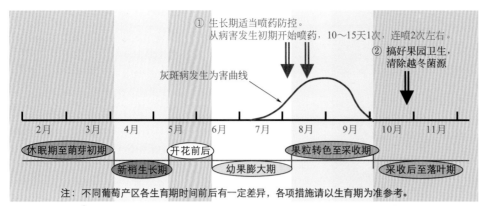

① 生长期适当喷药防控。
从病害发生初期开始喷药，10～15天1次，连喷2次左右
② 搞好果园卫生，清除越冬菌源

灰斑病发生为害曲线

| 2月 | 3月 | 4月 | 5月 | 6月 | 7月 | 8月 | 9月 | 10月 | 11月 |

休眠期至萌芽初期　　新梢生长期　　开花前后　　幼果膨大期　　果粒转色至采收期　　采收后至落叶期

注：不同葡萄产区各生育期时间前后有一定差异，各项措施请以生育期为准参考。

图6-6　灰斑病防控技术模式图

病落叶上越冬，也可以分生孢子附着在枝蔓表面越冬。第二年，落叶上产生的分生孢子及枝蔓表面的分生孢子构成初侵染来源，通过风雨传播，直接或从气孔侵入为害，经过25天左右潜育期而导致发病。该病主要发生在葡萄生长中后期，阴雨连绵是诱发病害较重发生的主要因素，管理粗放、树势衰弱常加重病害发生。

【防控技术】参照"灰斑病"防控技术。

2.适当喷药防控　灰斑病多为零星发生，一般不需单独进行喷药，结合其他病害防控兼防即可。个别上年病害发生较重果园，从病害发生初期开始喷药，10～15天1次，连喷2次左右，即可有效控制其发生为害。效果较好的药剂有：50%异菌脲可湿性粉或45%悬浮剂1000～1500倍液、430克/升戊唑醇悬浮剂3000～4000倍液、10%苯醚甲环唑水分散粒剂1500～2000倍液、70%甲基硫菌灵可湿性粉剂或500克/升悬浮剂800～1000倍液、80%代森锰锌（全络合态）可湿性粉剂600～800倍液、50%克菌丹可湿性粉剂600～800倍液、30%戊唑·多菌灵悬浮剂800～1000倍液、41%甲硫·戊唑醇悬浮剂600～800倍液等（图6-6）。

彩图6-72　轮纹病为害叶片症状

斑枯病

【症状诊断】斑枯病又叫叶斑病，主要为害叶片，多从葡萄生长中期开始发生。发病初期，在叶面上产生几个至多个小斑点，红褐色至黑色（彩图6-73）；后病斑逐渐扩大，受叶脉限制，形成多角形或近圆形病斑，直径1～2毫米（彩图6-74）；后期，病斑可数个连片，形成不规则形大斑，外围常有黄色晕圈。圆叶葡萄上的病斑直径可达2厘米，且病部边缘常变厚。叶片上病斑多时，周围组织易变黄色。

彩图6-71　灰斑病为害叶片症状

轮纹病

【症状诊断】轮纹病只为害叶片。病斑圆形或近圆形，褐色至红褐色，直径3～10毫米，有时有深浅交错的同心轮纹，病健部分界明显（彩图6-72）。后期，病斑表面散生出许多不明显的小黑点。

【病原】葡萄生盘二孢（*Marssonina viticola* Miyake），属于半知菌亚门腔孢纲黑盘孢目。病斑表面的小黑点即为病菌的分生孢子盘。

【发病规律】轮纹病菌主要以菌丝体和分生孢子盘在

彩图6-73　斑枯病为害叶片的叶面初期病斑

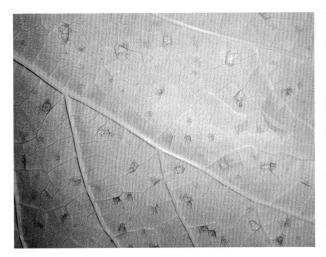

彩图6-74　叶背面斑枯病病斑

【病原】葡萄壳针孢霉（*Septoria ampelina* Berk.et Curt.），属于半知菌亚门腔孢纲球壳孢目。

【发病规律】斑枯病菌主要以菌丝体或分生孢子器在病落叶上越冬。第二年条件适宜时产生分生孢子，通过风雨传播进行为害。多雨潮湿、树势衰弱是诱发该病发生的主要因素。美洲葡萄品种及圆叶葡萄较感病，欧亚种葡萄免疫。

【防控技术】参照"灰斑病"防控技术。

穗轴褐枯病

穗轴褐枯病是葡萄开花前后的一种常见病害，在我国各葡萄产区均有发生，以南方葡萄产区发生为害较重，在西北地区发生很轻。葡萄开花前后多雨年份或地区该病多发生较重，造成穗型不整，甚至许多花穗坏死干枯（彩图6-75），一般减产10%～30%，严重时可达40%以上。

彩图6-75　许多花穗发生穗轴褐枯病

【症状诊断】穗轴褐枯病主要为害开花前后的幼果穗。发病初期，幼穗轴上产生褐色水渍状病斑，稍凹陷（彩图6-76、彩图6-77）；后病斑迅速扩展，导致穗轴变褐坏死，失水后干枯（彩图6-78、彩图6-79）。严重时，病斑

扩展至整个穗轴，使整个幼穗变褐、干枯、甚至脱落（彩图6-80）。有时叶片也可受害，在叶片上形成类似水烫状的透明状油斑（彩图6-81）。

彩图6-76　穗轴褐枯病从分穗轴上开始发生

彩图6-77　穗轴褐枯病从总穗轴上开始发生

彩图6-78　分穗轴受害，后期干枯

彩图6-79　花蕾穗分穗轴受害，花蕾干枯

彩图6-80　整个花蕾穗变褐枯死

彩图6-81　叶片受害,形成水烫状病斑

【病原】葡萄生链格孢霉（*Alternaria viticola* Brun）,属于半知菌亚门丝孢纲丝孢目。

【发病规律】穗轴褐枯病菌主要以分生孢子在病残组织、枝蔓表皮或幼芽鳞片内越冬。翌年葡萄开花前后遇多雨潮湿时,通过风雨传播进行侵染为害。初侵染发病后,病部产出分生孢子,借助风雨传播,进行再侵染为害。人工接种条件下,潜育期仅2～4天。该病主要为害花蕾穗至幼果穗,开花前后多雨潮湿是病害发生的主要条件。树势衰弱、肥料不足或氮肥过量,有利于病害发生,地势低洼、环境郁闭、通风透光不良时,病害发生较重。品种间抗病性有一定差异,巨峰和巨峰系品种容易受害。

【防控技术】穗轴褐枯病防控技术模式如图6-7所示。

1. **铲除树体带菌**　葡萄发芽前,全园喷施1次铲除性药剂清园,杀灭枝蔓表面附带病菌。效果较好的药剂有:30%戊唑·多菌灵悬浮剂400～600倍液、41%甲硫·戊唑醇悬浮剂300～500倍液、60%铜钙·多菌灵可湿性粉剂300～400倍液、77%硫酸铜钙可湿性粉剂300～400倍液等。

2. **加强栽培管理**　增施农家肥等有机肥及微生物肥料,按比例科学使用氮磷钾肥及中微量元素肥料,培育壮树,提高树体抗病能力。及时摘心、打杈,促使架面通风透光,并注意排涝降湿,创造不利于病害发生的生态条件,有效抑制病害发生。

3. **及时喷药防控**　花序分离期至开花前后是药剂防控穗轴褐枯病的关键期,一般年份在开花前5天左右和落花70%～80%时各喷药1次,即可有效控制该病的发生为害。在南方雨水较多地区,多雨时需在花序分离期增加喷药1次。效果较好的药剂有:50%异菌脲可湿性粉剂或45%悬浮剂1000～1500倍液、80%代森锰锌(全络合态)可湿性粉剂600～800倍液、40%双胍三辛烷基苯磺酸盐可湿性粉剂1000～1500倍液、10%多抗霉素可湿性粉剂1000～1500倍液、3%多抗霉素可湿性粉剂400～500倍液、10%苯醚甲环唑水分散粒剂1500～2000倍液、30%戊唑·多菌灵悬浮剂800～1000倍液等(图6-7)。

灰霉病

灰霉病是葡萄上的一种常见病害,在我国各葡萄产区均有发生,以果穗受害损失最重。幼穗期发病,影响坐果与产量;成穗期发病,影响葡萄质量与产量;贮运期发病,影响葡萄质量与效益。在南方多雨地区,开花前后的幼穗受害较重,防控不当常造成有穗无果的现象。近几年随着果穗套袋技术的普及,成穗期灰霉病发生率呈上升趋势,有些防控不当果园损失惨重,必须引起高度重视。

【症状诊断】灰霉病主要为害果穗,也可为害叶片和枝条。发病后的主要症状特点是在受害部位表面产生一层鼠灰色霉状物,该霉状物受振动或风吹易形成灰色霉烟。

果穗受害,从花蕾期至采后贮运期均可发生。花蕾穗受害,穗轴和花蕾上均可发病,病部呈褐色至深褐色坏死腐烂(彩图6-82、彩图6-83),湿度大时病部表面产生鼠灰色霉状物(彩图6-84)。幼果受害,果粒多呈褐色干枯(彩图6-85)。近成熟期至贮运期果穗受害,病斑多从果粒伤口处开始发生(彩图6-86),果穗紧密时果粒没有伤口亦常发病(彩图6-87),病果多呈褐色至淡褐色腐烂(彩图6-88),表面均易产生鼠灰色霉层(彩图6-89);相邻果粒或果穗,可通过接触进

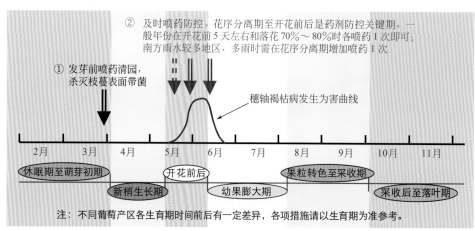

② 及时喷药防控。花序分离期至开花前后是药剂防控关键期。一般年份在开花前5天左右和落花70%～80%时各喷药1次即可;南方雨水较多地区,多雨时需在花序分离期增加喷药1次

① 发芽前喷药清园,杀灭枝蔓表面带菌

穗轴褐枯病发生为害曲线

2月　3月　4月　5月　6月　7月　8月　9月　10月　11月

休眠期至萌芽初期

新梢生长期

开花前后

幼果膨大期

果粒转色至采收期

采收后至落叶期

注:不同葡萄产区各生育期时间前后有一定差异,各项措施请以生育期为准参考。

图6-7　穗轴褐枯病防控技术模式图

行传播，导致病害扩散蔓延（彩图6-90）。果实采收后，低温贮运环境下病害仍可继续发生（彩图6-91）。

彩图6-82　花蕾受害呈褐色坏死腐烂

彩图6-83　幼穗轴上的褐色坏死病斑

彩图6-84　花蕾受害，表面产生鼠灰色霉状物

彩图6-85　灰霉病导致幼果粒褐色干枯

彩图6-86　灰霉病从果粒裂口处开始发生

彩图6-87　酒葡萄果穗上的灰霉病

彩图6-88　病果成褐色腐烂

彩图6-89　病果粒表面产生有鼠灰色霉层

彩图6-90　灰霉病通过病健果接触传染

彩图6-91　储藏期的葡萄灰霉病

叶片受害，多从叶尖、叶缘开始发生，多形成"V"形病斑，有时表面具有不完整轮纹（彩图6-92），病部组织呈淡褐色至褐色坏死腐烂，表面有稀疏的灰色霉状物（彩图6-93）。

彩图6-92　灰霉病在叶片上的为害病斑

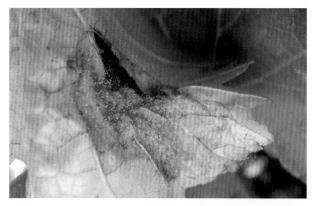

彩图6-93　叶片灰霉病斑上亦可产生霉状物

新梢、枝条受害，形成淡褐色至褐色腐烂病斑，表面产生鼠灰色霉层（彩图6-94、彩图6-95）。

彩图6-94　葡萄嫩梢受害状（白先进）

彩图6-95　灰霉病为害葡萄枝条

【病原】灰葡萄孢（*Botrytis cinerea* Pers.），属于半知菌亚门丝孢刚丝孢目。病斑表面的鼠灰色霉状物即为病菌的分生孢子梗和分生孢子。

【发病规律】灰霉病菌可为害多种寄主植物，主要以菌核、菌丝体及分生孢子在病残体、土壤中及其他寄主植物上越冬。第二年条件适宜时菌核萌发产生分生孢子，与其他寄主植物上的分生孢子及越冬态分生孢子共同构成初侵染来源。分生孢子通过气流传播，从伤口或衰弱组织侵染为害。该病潜育期很短，再侵染次数较多，条件适宜时极易造成严重为害。花穗至幼果期和果实近成熟期是果园内发病的两个高峰期。另外，由于病菌耐低温能力很强，低温时亦能缓慢生长，所以灰霉病在储运期也常有发生。

低温、潮湿、寡照有利于灰霉病发生，果实近成熟期果粒受伤（特别是裂果）可加重病害发生，管理粗放、钙磷钾肥使用不足、水分管理失调、机械伤及虫伤较多的果园容易发病，地势低洼、枝梢徒长、通风透光不良的果园发病较重。套袋前药剂防控不当时，套袋果在袋内发病较多。

【防控技术】灰霉病防控技术模式如图6-8所示。

1.搞好果园卫生　生长季节，及时剪除病花穗、病幼果穗、病果粒等病残组织，减少田间发病中心及菌量；收获期彻底清除病果，避免贮运期病害扩散蔓延；冬剪后或落叶后，彻底清除树上、树下的病僵果，集中带到园外销毁，减少园内越冬菌量。

2.加强果园管理　增施有机肥及微生物肥料，按比例科学使用氮磷钾肥及中微量元素肥料，防止枝蔓徒长、果

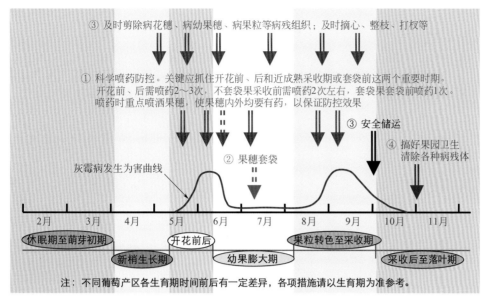

③ 及时剪除病花穗、病幼果穗、病果粒等病残组织；及时摘心、整枝、打杈等

① 科学喷药防控。关键应抓住开花前、后和近成熟采收期或套袋前这两个重要时期。开花前、后需喷药2~3次，不套袋果采前需喷药2次左右，套袋果套袋前喷药1次。喷药时重点喷洒果穗，使果穗内外均要有药，以保证防控效果

③ 安全储运

④ 搞好果园卫生清除各种病残体

② 果穗套袋

灰霉病发生为害曲线

| 2月 | 3月 | 4月 | 5月 | 6月 | 7月 | 8月 | 9月 | 10月 | 11月 |

休眠期至萌芽初期　　开花前后　　果粒转色至采收期

新梢生长期　　幼果膨大期　　采收后至落叶期

注：不同葡萄产区各生育期时间前后有一定差异，各项措施请以生育期为准参考。

图6-8　灰霉病防控技术模式图

实裂果；及时摘心、整枝、打杈，促进通风透光，降低园内湿度，控制病害发生；合理灌水，防止后期果粒开裂，避免造成伤口。加强虫害防控，减少果实受伤。

3.科学喷药防控　开花前、后和果实近成熟期至采收期是灰霉病药剂防控的两个主要时期，对于套袋葡萄套袋前用药非常重要。开花前5~7天喷药1次，落花后再喷药1~2次（间隔期7~10天）；套袋葡萄套袋前均匀周到喷药1次；不套袋果采收前需喷药2次左右（间隔期10天左右）。常用有效药剂有：400克/升嘧霉胺悬浮剂1000~1500倍液、50%异菌脲可湿性粉剂或45%悬浮剂1000~1500倍液、50%腐霉利可湿性粉剂1000~1500倍液、40%双胍三辛烷基苯磺酸盐可湿性粉剂1000~1500倍液、50%嘧菌环胺水分散粒剂1000~1500倍液、250克/升吡唑醚菌酯乳油2000~2500倍液、50%乙霉·多菌灵可湿性粉剂800~1200倍液、65%甲硫·乙霉威可湿性粉剂1000~1200倍液、75%异菌·多·锰锌可湿性粉剂600~800倍液等。

4.安全储运　首先要选择无病果穗，并在采收和包装储运过程中尽量避免造成伤口；其次，包装前也可用上述药剂浸果，晾干后再包装储运；此外，尽量采用低温储运。

黑痘病

黑痘病又称疮痂病、鸟眼病，是葡萄上的重要病害之一，在我国各葡萄产区均有发生。特别在南方多雨潮湿地区或年份发病较重，常引起新梢枯死、果粒斑点、叶片破碎等，尤其是果实受害严重时失去食用价值，造成较大经济损失。

【症状诊断】黑痘病主要为害葡萄的绿色幼嫩部分，如幼果、嫩叶、叶柄、新梢、卷须等，以果粒、新梢和叶片受害最重，果实受害损失最大。

叶片受害，初期产生针头大小的褐色小斑点（彩图

6-96），病斑扩大后呈圆形或不规则形，中央灰白色，边缘暗褐色或紫色，直径1~4毫米（彩图6-97），后期病斑中央常破裂穿孔（彩图6-98）。叶脉受害，形成凹陷梭形病斑，灰褐色至暗褐色，常造成叶片扭曲皱缩（彩图6-99），甚至变褐枯焦（彩图6-100）。新梢、枝蔓、叶柄、果柄及卷须受害，初期产生圆形、长圆形或不规则形褐色小斑点，稍隆起（彩图6-101）；后发展为长椭圆形或梭形凹陷病斑（彩图6-102），中部灰白色至灰黑色，边缘深褐色，中部有时发生开裂（彩图6-103、彩图6-104）。严重时，数个病斑扩展连片、甚至环绕枝梢、叶柄等部位一周，导致病斑上部枯死（彩图6-105、彩图6-106）。

彩图6-96　黑痘病在叶片上的初期病斑

彩图6-97　黑痘病的叶部病斑

彩图6-98　黑痘病叶部病斑穿孔状

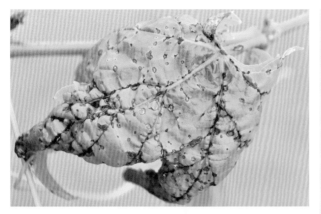

彩图6-99 叶脉受害，导致叶片扭曲皱缩

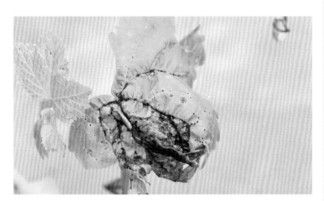

彩图6-100 叶脉受害后期，导致病叶枯焦

彩图6-101 黑痘病在嫩梢上的初期病斑

彩图6-102 黑痘病在枝梢及叶柄上的凹陷病斑

彩图6-103 黑痘病为害枝梢的开裂病斑

彩图6-104 黑痘病在卷须上的为害病斑

彩图6-105 枝梢上有许多黑痘病病斑

彩图6-106 黑痘病导致新梢枯死

果实受害，多发生在幼果期至膨大期，果实转色后不再受害。发病初期，果粒上产生褐色圆形小斑点（彩图6-107），后扩大至直径2～5毫米，中部凹陷，颜色较淡、呈灰白色，外部为深褐色，周缘紫褐色，似"鸟眼"状（彩图6-108）。严重时，多个病斑扩展连片形成大斑。随果粒膨大，病斑逐渐停止蔓延，并硬化、龟裂。后期病斑仅存在于表皮，不深入果肉，边缘常开裂翘起（彩图6-109）。病果个小、味酸，多无食用价值。环境潮湿时，病斑表面可产生黑色小点并溢出灰白色黏质物。

【病原】葡萄痂囊腔菌［*Elsinoe ampelina*（de Bary）Shear］，属于子囊菌亚门腔菌纲多腔菌目；无性阶段为葡萄痂圆孢（*Sphaceloma ampelinum* de Bary），属于半知菌亚门腔孢纲黑盘孢目。病斑表面的小黑点即为病菌无性阶段的分生孢子盘，灰白色黏质物为分生孢子黏液。

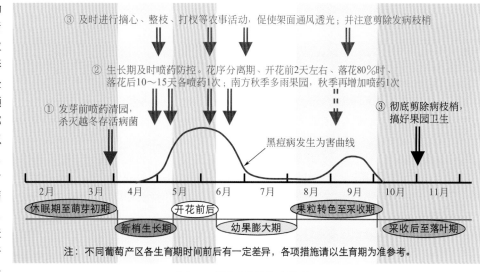

图6-9　黑痘病防控技术模式图

（图中标注内容）
③ 及时进行摘心、整枝、打杈等农事活动，促使架面通风透光；并注意剪除发病枝梢
② 生长期及时喷药防控。花序分离期、开花前2天左右、落花80%时、落花后10～15天各喷药1次；南方秋季多雨果园，秋季再增加喷药1次
① 发芽前喷药清园，杀灭越冬存活病菌
③ 彻底剪除病枝梢，搞好果园卫生
黑痘病发生为害曲线

2月　3月　4月　5月　6月　7月　8月　9月　10月　11月
休眠期至萌芽初期　新梢生长期　开花前后　幼果膨大期　果粒转色至采收期　采收后至落叶期

注：不同葡萄产区各生育期时间前后有一定差异，各项措施请以生育期为准参考。

彩图6-107　黑痘病在幼果上的初期病斑

彩图6-108　幼果粒上的鸟眼状病斑

彩图6-109　果实病斑后期边缘开裂

【发病规律】黑痘病菌主要以菌丝体在病枝梢、病果等病残组织上越冬，以结果母枝上的病斑为主，特别是秋梢病斑上的病菌生活力强，在病组织内可存活3～5年。翌年条件适宜时越冬病菌产生分生孢子，通过风雨传播到幼嫩组织上进行侵染为害，经6～12天潜育期后导致发病。发病后产生的分生孢子，再经风雨传播侵染新的幼嫩部位，引起再侵染。该病潜育期短，条件适宜时可发生多次再侵染。另外，苗木、插条可以携带黑痘病菌进行远距离传播。

黑痘病菌主要为害葡萄的幼嫩组织，高温环境时病害发生受到抑制。所以，葡萄幼嫩组织生长时期的降雨与环境湿度是影响该病发生的主要因素。春季多雨潮湿有利于病害发生，果园地势低洼、排水不良、通风透光性差、小气候湿度高的果园发病较重。另外，管理粗放、树势衰弱、氮肥施用量多、枝蔓徒长的果园，若开花前后一段时间多雨潮湿，则病害发生较重。

【防控技术】黑痘病防控技术模式如图6-9所示。

1.搞好果园卫生　结合冬剪，彻底剪除病枝梢。冬剪后或落叶后，彻底清除修剪下来的枝蔓及落叶等病残组织，集中带到园外烧毁，消灭病菌越冬场所，清除越冬菌源。生长季节结合摘心、打杈等农事活动，尽量剪除发病枝梢，减少园内发病中心。

2.加强栽培管理　合理控制肥水，增施磷钾钙肥，避免偏施氮肥，培强树势。地势低洼果园，雨后注意排水，防止果园积水。及时进行摘心、打杈、绑蔓等农事活动，促使架面通风透光，降低园内湿度，创造不利于病害发生的生态环境。

3.发芽前药剂清园 南方多雨地区果园，葡萄发芽前喷施1次铲除性药剂进行清园，杀灭枝蔓上的越冬存活病菌。效果较好的药剂如：3～5波美度石硫合剂、45%石硫合剂晶体50～70倍液、30%戊唑·多菌灵悬浮剂400～500倍液、60%铜钙·多菌灵可湿性粉剂300～400倍液、77%硫酸铜钙可湿性粉剂300～400倍液等。

4.生长期喷药防控 南方地区果园或上年病害发生较重果园，在花序分离期、开花前2天左右、落花80%时及落花后10～15天各喷药1次，即可有效控制当年黑痘病的发生为害。秋季多雨地区，若病害发生较重，则在秋季增加喷药1次，以降低枝蔓带菌越冬数量。效果较好的药剂有：70%甲基硫菌灵可湿性粉剂或500克/升悬浮剂800～1000倍液、50%多菌灵可湿性粉剂600～800倍液、430克/升戊唑醇悬浮剂3000～4000倍液、10%苯醚甲环唑水分散粒剂1500～2000倍液、250克/升吡唑醚菌酯悬浮剂2000～3000倍液、25%嘧菌酯悬浮剂2000～3000倍液、30%戊唑·多菌灵悬浮剂800～1000倍液、41%甲硫·戊唑醇悬浮剂600～800倍液、60%铜钙·多菌灵可湿性粉剂500～700倍液、80%代森锰锌（全络合态）可湿性粉剂600～800倍液、70%丙森锌可湿性粉剂500～600倍液、78%波尔·锰锌可湿性粉剂600～800倍液等（图6-9）。

炭疽病

炭疽病又称晚腐病、苦腐病，是为害葡萄果实的重要病害之一，在我国各葡萄产区均有发生，特别在南方多雨地区发生为害较重，防控不当常造成严重损失。另外，在有些酒葡萄上发生为害较重，多雨年份常导致大量烂果，损失惨重（彩图6-110）。

彩图6-110 受炭疽病严重为害的酒葡萄果穗

【症状诊断】炭疽病主要为害果实，也可为害穗轴、当年生枝蔓、叶片、叶柄、卷须等绿色组织。果实受害，多从膨大后期或转色期开始发病，初期在果面上产生褐色至黑褐色圆形小斑点（彩图6-111），扩展后逐渐形成褐色至黑褐色圆形病斑（彩图6-112）。典型病斑呈圆形或近圆形凹陷，表面产生有近轮纹状排列的黑褐色至黑色小点，

其上溢出橘红色黏液（彩图6-113）；有时小黑点表现不明显，只看到橘红色黏液（彩图6-114、彩图6-115）。有时病斑并不典型，早期可在果皮下形成星芒状褐色病斑（彩图6-116），或在果面上形成淡褐色较大病斑（彩图6-117）。发病后期，病斑常扩展到半个或整个果面，果粒软腐，有的果面发生开裂（彩图6-118），最后脱落或逐渐干缩为僵果，僵果表面密生出小黑点（彩图6-119）。穗轴、果梗受害，形成褐色、长圆形凹陷病斑，表面亦可产生小黑点及橘红色黏液（彩图6-120）。穗轴受害影响果穗生长，严重时造成果穗干枯。枝蔓、叶柄、卷须受害，一般不表现明显症状，但在中后期枝条上可产生小黑点及橘红色黏液。叶片受害，形成褐色圆形或椭圆形病斑，具有同心轮纹，多大小不等，后期表面亦可产生小黑点（彩图6-121）。

彩图6-111 发病初期，果面上产生褐点状病斑

彩图6-112 巨峰葡萄上的炭疽病病斑

彩图6-113 炭疽病典型病斑

彩图6-114　白牛奶葡萄果粒上的炭疽病病斑

彩图6-118　果实病斑表面产生裂口

彩图6-115　病斑表面橘红色黏液排成轮纹状

彩图6-119　病果粒干缩为僵果，表面密生小黑点

彩图6-116　发生初期的褐色星芒状病斑

彩图6-120　穗轴上的炭疽病病斑

彩图6-117　果粒表面的淡褐色炭疽病病斑

彩图6-121　叶片炭疽病病斑

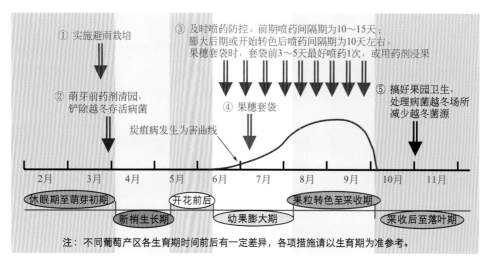

图6-10　炭疽病防控技术模式图

图中标注：
① 实施避雨栽培
② 萌芽前药剂清园，铲除越冬存活病菌
③ 及时喷药防控。前期喷药间隔期为10～15天；膨大后期或开始转色后喷药间隔期为10天左右；果穗套袋时，套袋前3～5天最好喷药1次，或用药剂浸果
④ 果穗套袋
⑤ 搞好果园卫生，处理病菌越冬场所减少越冬菌源
炭疽病发生为害曲线

2月　3月　4月　5月　6月　7月　8月　9月　10月　11月

休眠期至萌芽初期　　开花前后　　果粒转色至采收期
　　新梢生长期　　幼果膨大期　　采收后至落叶期

注：不同葡萄产区各生育期时间前后有一定差异，各项措施请以生育期为准参考。

【病原】围小丛壳［*Glomerella cingulata*（Ston.）Spauld et Schrenk］，属子囊菌亚门核菌纲球壳菌目；其无性阶段为胶孢炭疽菌（*Colletotrichum gloeosporioides* Penz.），属于半知菌亚门腔菌纲黑盘孢目。病斑表面的小黑点即为病菌无性阶段的分生孢子盘，橘红色黏液为分生孢子黏液。

【发病规律】炭疽病菌主要以菌丝体在当年生枝条（多为结果母枝）上越冬，也可在残留于葡萄架或植株上的病果穗、穗轴、卷须、叶柄等场所越冬。翌年条件适宜时，越冬病菌产生分生孢子，成为初侵染来源。该孢子通过风雨传播，直接或从皮孔、伤口进行侵染为害。病菌从落花后半月左右到果实成熟采收均可侵染果粒，但病菌具有潜伏侵染特点，幼果期侵染的病菌到近成熟期才逐渐导致发病；而近成熟期侵染的病菌，潜育期只有4～6天。果粒发病后表面产生大量分生孢子，通过风雨传播进行再侵染。炭疽病一年有多次再侵染。一般年份，病菌从落花后半月左右开始侵染为害，果实近成熟至采收期达到为害盛期。

果实生长中后期多雨潮湿、雾大露重是导致炭疽病严重发生的主要因素。果皮薄的品种受害较重，早熟品种受害轻，晚熟品种常受害严重。另外，果园通风透光不良、地势低洼、架式过低、枝蔓过密、排水不良等，都有利于炭疽病的发生为害。

【防控技术】以铲除越冬病菌为基础，及时喷药预防为重点，尽量配合以果穗套袋或避雨栽培等综合措施（图6-10）。

1.搞好果园卫生　冬剪后或落叶后，彻底清除留在植株上的带病果穗、穗梗、僵果、副梢等病残组织，并把落于地面的果穗、僵果、落叶及修剪下的枝蔓等彻底清除，集中带到园外烧毁，处理病菌越冬场所，减少越冬菌源。

2.发芽前药剂清园　葡萄发芽前，全园喷施1次铲除性药剂清园，杀灭在枝蔓上的越冬存活病菌。效果较好的药剂如：30%戊唑·多菌灵悬浮剂400～500倍液、41%甲硫·戊唑醇悬浮剂400～500倍液、77%硫酸铜钙可湿性粉剂300～400倍液、60%铜钙·多菌灵可湿性粉剂300～400倍液、2～4波美度石硫合剂等。

3.加强栽培管理　合理施肥，增施有机肥及微生物肥料，按比例科学使用氮、磷、钾肥及中微量元素肥料，培

强树势，提高树体的抗病能力。生长期及时摘心、绑蔓、处理副梢，使葡萄架面通风透光良好，降低园内湿度，控制病害侵染。低洼果园，雨后注意及时排水，防止园内积水。鲜食品种推广适时进行果穗套袋，保护果穗，阻止病菌侵染。南方多雨地区，推广避雨栽培模式，创造不利于病害传播与发生的生态条件（彩图6-122、彩图6-123）。

4.生长期喷药防控　一般从落花后半月左右开始喷药，前期10～15天喷药1次，果粒开始转色后或从膨大后期开始10天左右喷药1次，直到果穗套袋或采收前一周（不套袋果），套袋葡萄套袋前3～5天内最好用药1次。具体喷药间隔期及喷药次数根据降雨情况而定，多雨潮湿则间隔期短，干旱无雨则间隔期长。对炭疽病预防效果好的保护性杀菌剂有：77%硫酸铜钙可湿性粉剂600～800倍液、80%波尔多液可湿性粉剂500～600倍液、250克/升吡唑醚菌酯乳油2000～2500倍液、80%代森锰锌（全络合态）可湿性粉剂600～800倍液、70%丙森锌可湿性粉剂500～600倍液、70%代森联水分散粒剂600～800倍液、60%铜钙·多菌灵可湿性粉剂500～600倍液、68.75%噁酮·锰锌水分散粒剂1000～1500倍液、60%唑醚·代森联水分散粒剂1000～1500倍液、1：（0.5～0.7）：（160～240）倍波尔多液等。对炭疽病具有一定治疗作用的杀菌剂有：430克/升戊唑醇悬浮剂3000～4000倍液、10%苯醚甲环唑水分散粒剂1500～2000倍液、70%甲基硫菌灵可湿性粉剂或500克/升悬浮剂800～1000倍液、50%多菌灵可湿性粉剂或500克/升悬浮剂600～800倍液、25%溴菌腈可湿性粉剂500～700倍液、30%戊唑·多菌灵悬浮剂700～800倍液、41%甲硫·戊唑醇悬浮剂600～800倍液等。具体喷药时，建议保护性杀菌剂与治疗性杀菌剂交替使用，且喷药应均匀周到，特别是套袋前的果穗用药。对于套袋葡萄，果穗套袋后即停止喷药。

彩图6-122　果穗套袋防控炭疽病

彩图6-123　避雨栽培葡萄

白腐病

葡萄白腐病俗称水烂病、烂穗病，是为害葡萄的重要病害之一，在我国各葡萄产区均有发生，特别在葡萄转色至成熟期、多雨地区或年份发生为害较重，严重时造成许多果穗腐烂，果园内满地烂穗（彩图6-124）、路边、沟旁堆积大量烂果（彩图6-125），病害流行年份损失达50%～70%。但随着近些年来避雨栽培与套袋技术的推广普及，白腐病的发生为害基本控制在了一个较轻的水平。

彩图6-124　白腐病病果穗脱落满地

彩图6-125　堆积在路边的大量白腐病烂果

【症状诊断】白腐病主要为害果穗，也可为害枝蔓和叶片、叶柄。

果穗受害，以下部果穗发生最重，并有越接近地面发病率越高、越靠上果穗发病率越低的特性（彩图6-126）。在一个果穗上，多从穗轴、小穗梗或果梗上开始发病，初

期产生淡褐色、水渍状、边缘不明显的病斑（彩图6-127、彩图6-128），病部皮层呈淡褐色腐烂，手捻皮层易脱落，病组织有土腥味。后病斑逐渐向果粒蔓延，导致果粒从基部开始变褐腐烂，病斑无明显边缘（彩图6-129）；果粒受害初期极易受震脱落，甚至脱落果粒表面无明显异常，只是在果柄处形成离层。重病果园地面可落满一层果粒。随病斑扩展，整个果粒成褐色软腐，严重时全穗腐烂（彩图6-130）。发病后期，果柄、穗轴干枯缢缩，不脱落的果粒干缩后成为猪肝色僵果，挂在枝蔓上长久不落（彩图6-131）。随病情发展，病果粒及病穗轴表面逐渐密生出灰褐色小粒点（彩图6-132、彩图6-133），粒点上常溢出灰白色黏液（彩图6-134）；黏液多时使果粒似灰白色腐烂，故称其为"白腐病"。

彩图6-126　果穗受害，从近地面的尖部开始发生

彩图6-127　穗轴受害的发病初期

彩图6-128　穗轴受害，病部呈淡褐色腐烂

彩图6-129　果粒受害，从与果柄连接处开始发生

彩图6-132　病果粒表面密生出灰褐色小粒点

彩图6-130　果穗受害严重时，整个果穗发病

彩图6-133　白腐病僵果表面密生许多小粒点

彩图6-134　腐烂果粒表面产生许多灰白色黏液

枝蔓受害，多从伤口处或枝杈处开始发生。发病初期，病斑呈淡褐色至深褐色不规则水渍状（彩图6-135～彩图6-137），后病斑沿枝蔓迅速纵向发展，形成长条形病斑，病斑中部呈褐色凹陷、边缘颜色较深（彩图6-138、彩图6-139）。当病斑环绕枝蔓一周时（彩图6-140），导致上部枝、叶生长衰弱，果粒软化，严重时造成上部枝、叶逐渐变褐枯死（彩图6-141）。后期，病斑及枝蔓表面逐渐密生出灰褐色至深褐色小粒点（彩图6-142、彩图6-143）。较幼嫩枝蔓上的病斑，后期表皮纵裂（彩图6-144），与木质部剥离，肉质部分腐烂分解，仅残留维管束组织，呈"披麻状"（彩图6-145），且病部上端愈伤组织多形成瘤状凸起（彩图6-146）。

彩图6-131　失水干缩的白腐病僵果

彩图6-135　枝杈处的初期病斑

彩图6-136　枝蔓上的水渍状初期病斑

彩图6-137　嫩枝上的初期病斑

彩图6-138　病斑中部色淡，边缘颜色较深

彩图6-139　病斑明显缢缩凹陷

彩图6-140　病斑环绕枝蔓一周

彩图6-141　白腐病导致嫩枝枯死

彩图6-142　较嫩枝蔓受害，后期病斑表面散生的灰褐色小粒点

彩图6-143　较老枝蔓病斑上散生的深褐色小粒点

彩图6-144 枝蔓病斑，后期表皮纵裂

彩图6-145 病斑皮层组织腐烂，呈披麻状

彩图6-146 病斑上部愈伤组织呈瘤状

叶片受害，多从叶尖、叶缘开始。初期病斑呈水渍状淡褐色、近圆形或不规则形斑点（彩图6-147），后逐渐扩大成近圆形褐色大斑，直径多在2厘米以上，常有同心轮纹（彩图6-148）；发病后期，病斑易干枯破裂（彩图6-149）。病叶保湿，病斑迅速扩大，形成边缘不明显大斑，并在新发展病斑表面散生出许多灰褐色小粒点（彩图6-150）。有时叶柄也可受害，形成淡褐色腐烂病斑，导致叶片早期脱落（彩图6-151）。

彩图6-147 叶片受害的初期病斑

彩图6-148 叶片病斑上具有同心轮纹

彩图6-149 叶片病斑后期，易干枯破裂

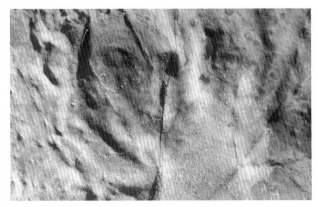

彩图6-150 病叶保湿后，表面散生许多灰褐色小粒点

彩图6-151 叶柄上的白腐病病斑

【病原】白腐盾壳霉［*Coniothyrium diplodiella*（Speg.）Sacc.］，属于半知菌亚门腔孢纲球壳孢目。病斑表面的小粒点即为病菌的分生孢子器，灰白色黏液为分生孢子黏液。分生孢子在蒸馏水中萌发率很低，在0.2%葡萄糖溶液中萌发率也不高，而在葡萄汁液中萌发率高达90%以

上，在放有穗轴的蒸馏水中萌发率最高。

【发病规律】白腐病菌主要以分生孢子器或菌丝体随病残组织在土壤中和枝蔓上越冬（彩图6-152），病残体腐烂分解后，病菌还可在土壤中腐生1～2年。在各种病残体中，以病果最为关键。病果落地后不易腐烂，其上附带的病菌可存活4～5年。在土壤中，以表土5厘米深的范围内病菌最多。翌年生长季节，土壤中的病菌孢子主要通过雨水反溅传播到近地面部位，而后不断向上传播或侵染；病枝蔓上越冬的病菌通过风雨传播进行

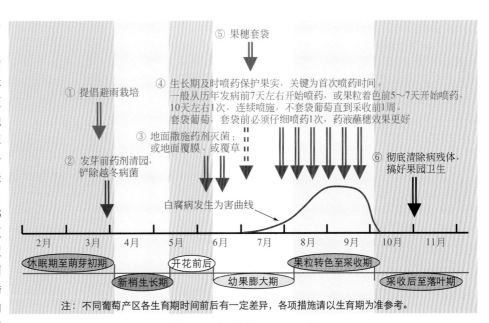

⑤ 果穗套袋

① 提倡避雨栽培

④ 生长期及时喷药保护果实，关键为首次喷药时间。一般从历年发病前7天左右开始喷药，或果粒着色前5～7天开始喷药，10天左右1次，连续喷施，不套袋葡萄直到采收前1周。套袋葡萄，套袋前必须仔细喷药1次，药液蘸穗效果更好

③ 地面撒施药剂灭菌；或地面覆膜、或覆草

② 发芽前药剂清园，铲除越冬病菌

⑥ 彻底清除病残体，搞好果园卫生

白腐病发生为害曲线

| 2月 | 3月 | 4月 | 5月 | 6月 | 7月 | 8月 | 9月 | 10月 | 11月 |

休眠期至萌芽初期　　新梢生长期　　开花前后　　幼果膨大期　　果粒转色至采收期　　采收后至落叶期

注：不同葡萄产区各生育期时间前后有一定差异，各项措施请以生育期为准参考。

图6-11　白腐病防控技术模式图

为害。受害部位发病后产生的病菌孢子借雨水传播可进行多次再侵染。白腐病菌主要通过伤口侵染，一切造成伤口的因素如暴风雨、冰雹、裂果、生长伤等均可导致病害严重发生。在适宜条件下，白腐病的潜育期最短为4天、最长为8天，一般为5～6天。由于白腐病潜育期短，再侵染次数多，所以是一种流行性很强的病害，防控不当常造成严重损失。

白腐病主要为害葡萄的老熟组织，属于葡萄的中后期病害。果实受害，多从果粒着色前后或膨大后期开始发生，越接近成熟受害越重。叶片受害，主要发生在老叶片上。枝蔓受害，以幼嫩枝蔓受害最重，但老熟枝蔓上的病菌是重要初侵染来源。

高温高湿是导致病害流行的最主要因素。葡萄生长中后期，每次雨后都会出现一个发病高峰，特别是在暴风雨或冰雹后，造成大量伤口，病害更易流行。另外，果穗距地面越近，发病越早、越重。据北方葡萄产区统计，50%以上的白腐病果穗发生在距地面80厘米以下，其中60%集中在20厘米以下。所以，篱架葡萄白腐病一般发生较重，棚架、独龙架葡萄白腐病发生较轻。

【防控技术】白腐病防控以防止果穗受害为主，铲除病菌来源、阻止病菌向上传播、防止果实受伤、有效保护果穗等措施是有效防控该病的技术关键（图6-11）。

1.加强葡萄园管理 增施有机肥及磷、钾、钙肥，培育壮树，提高树体的抗病能力。生长季节及时摘除病果、病叶、

彩图6-152　在葡萄枝蔓上越冬的白腐病菌

病蔓等，不使病残体落地，集中带到园外烧毁。科学修剪，适当提高结果部位。及时摘心、打杈，使果园通风透光，降低环境湿度。有条件的果园，提倡避雨栽培，避免雨滴飞溅传病；鲜食葡萄品种推广适时实施果穗套袋，保护果穗免受病菌侵害（彩图6-153、彩图6-154）。

彩图6-153　葡萄园避雨栽培

彩图6-154　果穗套袋防病

2.铲除越冬病菌 落叶后或冬剪后彻底清除架上、架下的各种病残组织，集中带到园外销毁，千万不能把病残体埋在园内。春季葡萄发芽前，及时喷施1次铲除性药剂清园，铲除枝蔓附带病菌，有效药剂同"炭疽病"发芽前清园。

3. **防止病菌向上传播** 从历年开始发病前10天左右开始，在地面撒施药剂，10天左右1次，连施2次。常用有效药剂如：50%福美双可湿性粉剂：硫黄粉：石灰粉=1：1：2的混合药粉，混匀后均匀撒施在地面上，每亩每次撒施混合药粉1～2千克。另外，地面薄膜覆盖、架下铺草，可有效防止雨滴反溅，对减轻病害发生具有良好效果（彩图6-155～彩图6-157）。

彩图6-155 篱架葡萄架下覆盖薄膜

彩图6-156 棚架葡萄架下覆盖薄膜

彩图6-157 篱架葡萄架下铺草

4. **生长期及时喷药防控** 从历年发病前7天左右开始喷药，或从果粒开始着色前5～7天或果粒基本长成时开始第一次喷药，以后10天左右喷药1次，直到采前一周。效果较好的药剂有：250克/升吡唑醚菌酯乳油2000～2500倍液、10%苯醚甲环唑水分散粒剂1500～2000倍液、40%腈菌唑可湿性粉剂6000～8000倍液、430克/升戊唑醇悬浮剂3000～4000倍液、50%腐霉利可湿性粉剂1000～1200倍液、30%戊唑·多菌灵悬浮剂700～800倍液、41%甲硫·戊唑醇悬浮剂600～700倍液、50%福美双可湿性粉剂600～800倍液、80%代森锰锌（全络合态）可湿性粉剂

600～800倍液等。不套袋果采收前1个月内尽量不要使用代森锰锌，以免污染果面。用药时必须均匀周到，使整个果穗内外均要着药。也可使用上述药剂浸蘸果穗，以保证果穗着药均匀。对于套袋葡萄，套袋前必须使用上述药剂均匀周到喷洒果穗1次，套袋后可以不再用药。

溃疡病

葡萄溃疡病是近些年来新发现的一种病害，由葡萄座腔菌科（*Botryosphaeriaceae*）真菌引起。我国自2009年首次报道以来，目前在浙江、广西、湖北、四川、辽宁、山东、陕西、山西、河北、天津、北京等20个省市区均有发生，且近几年有日益加重趋势，病害严重年份造成损失达30%～50%，个别果园甚至绝收。

【症状诊断】溃疡病可为害葡萄果穗、枝条及叶片。

果穗受害，引起果实腐烂，症状表现与白腐病类似，从果实转色期开始发病。发病初期，穗轴上产生黑褐色病斑，向下发展引起果柄干枯，导致果实不能正常转色（彩图6-158），严重时果实腐烂、脱落（彩图6-159、彩图6-160），不脱落果实逐渐干缩（彩图6-161）。溃疡病果实上通常不易产生病菌特征，偶尔产生致密的黑色颗粒状物（彩图6-162）；而在白腐病果实上，病菌特征极易产生，病果表面常着生大量褐色颗粒状物。

彩图6-158 穗轴发病后蔓延至果梗、果实，导致果实不能正常转色

彩图6-159 溃疡病引起的果实脱落

彩图6-160　果实脱落后的果穗

彩图6-163　溃疡病在枝条上的梭型病斑

彩图6-161　溃疡病果实干缩

彩图6-164　溃疡病导致维管束变褐

彩图6-165　溃疡病枝蔓维管束上的放射状褐色小点

彩图6-162　病果表面着生的小黑点

彩图6-166　枝条溃疡病病斑上着生许多小黑点

　　枝条受害，症状表现较复杂。在当年生枝条上形成灰白色梭形病斑，病斑表面产生许多小黑点（彩图6-163），横切发病枝条维管束变褐（彩图6-164），有时维管束出现放射状褐色小点（彩图6-165）。结果母枝剪口附近的枝条容易发病，枝蔓分枝处的病斑多为红褐色，在结果母枝和枝杈上常产生大量小黑点（彩图6-166）。葡萄主干受害，病部表面变黑色，有时可溢出白色病菌孢子黏液（彩图6-167）。病枝萌芽晚或芽枯死，甚至造成整株死亡（彩图6-168）。幼树受害，初期整株叶片变红，后逐渐萎蔫死亡（彩图6-169）。

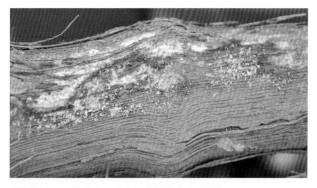

彩图6-167　葡萄主干受害，病部溢出白色黏液

彩图6-168　溃疡病导致的枝条枯死

彩图6-169　幼树受害，叶片变红

叶柄受害，多形成黑褐色梭形病斑（彩图6-170）。叶片受害，初期可见到部分叶脉变黑褐色（彩图6-171），后逐渐导致病叶变黄萎蔫（彩图6-172），有时叶肉变黄呈虎爪纹状（彩图6-173）。

彩图6-170　溃疡病在叶柄上的黑褐色梭形病斑

彩图6-171　溃疡病引起的叶脉变色

彩图6-172　溃疡病引起的叶片黄化萎蔫

彩图6-173　溃疡病引起的叶片虎爪纹

【病原】葡萄座腔菌（*Botryosphaeria* spp.），属于子囊菌亚门腔菌纲格孢腔菌目，目前我国报道的有6个种。病斑表面的小黑点即为病菌的子囊壳或无性阶段的分生孢子器。

【发病规律】溃疡病菌主要以菌丝体在病枝条、病果穗等病组织上越冬，也可以子囊壳或分生孢子器越冬。第二年条件适宜时，越冬病菌产生病菌孢子，主要通过雨水传播，从伤口或直接进行侵染为害。高温高湿有利于病害发生，管理粗放、树势衰弱果园病害发生较重。

【防控技术】溃疡病防控技术模式如图6-12所示。

1.搞好果园卫生　结合修剪，及时剪除病枯枝，并刨除死树，集中带到园外销毁。落叶后或冬剪后，彻底清除修剪下来的枝蔓及落叶、落果穗等病残体，集中带到园外销毁，减少越冬菌源。

2.加强栽培管理　增施农家肥等有机肥及微生物肥料，按比例科学使用氮磷钾肥及中微量元素肥料，培育壮树，提高树体抗病能力。及时摘心、打杈、绑蔓，促使架面通风透光良好，降低环境湿度，创造不利于病害发生的生态条件。尽量实施果穗套袋，保护果实免受病菌侵害。有条件的果园采用避雨栽培，避免植株淋雨，减少雨滴传病。

3.发芽前药剂清园　参照"炭疽病"发芽前清园。

4.生长期喷药防控　主要为喷药保护果实。一般果园首先在疏果定穗后喷药1次，然后再从果实转色前或膨大后期开始喷药，10～15天1次，连喷3次左右。果穗套袋时，套袋前必须均匀周到喷药1次，药液蘸穗效果更好。效果较好的药剂同"炭疽病"生长期喷药（图6-12）。

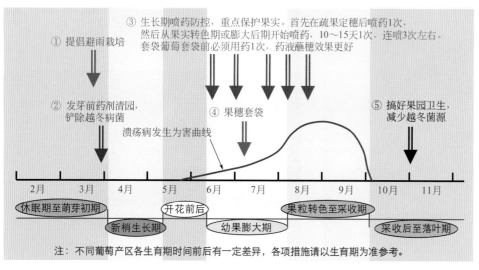

① 提倡避雨栽培

② 发芽前药剂清园，铲除越冬病菌

③ 生长期喷药防控，重点保护果实。首先在疏果定穗后喷药1次，然后从果实转色期或膨大后期开始喷药，10～15天1次，连喷3次左右。套袋葡萄套袋前必须用药1次，药液蘸穗效果更好

④ 果穗套袋

⑤ 搞好果园卫生，减少越冬菌源

溃疡病发生为害曲线

2月　3月　4月　5月　6月　7月　8月　9月　10月　11月

休眠期至萌芽初期　　开花前后　　果粒转色至采收期
新梢生长期　　幼果膨大期　　采收后至落叶期

注：不同葡萄产区各生育期时间前后有一定差异，各项措施请以生育期为准参考。

图6-12　溃疡病防控技术模式图

房枯病

【症状诊断】房枯病又称轴枯病、穗枯病、粒枯病，主要为害穗轴、果柄和果粒，有时也可为害叶片。穗轴、果柄受害，初期先产生圆形至椭圆形暗褐色至灰黑色病斑，稍凹陷；扩展后导致穗轴或果柄呈褐色至深褐色腐烂或干枯（彩图6-174、彩图6-175），进而使病部以下组织干枯，果实生长受阻，果粒开始变软，果面产生皱纹（彩图6-176、彩图6-177）；后期果粒干缩成僵果，残存于植株上不易脱落（彩图6-178）。果粒受害多发生在果穗生长中后期，初期果蒂端失水萎蔫，产生不规则淡褐色病斑，后逐渐形成暗褐色至紫褐色病斑，并扩展到全果，使果粒腐烂凹陷，表面散生出许多小黑点（彩图6-179）。叶片受害，初期产生圆形小斑点，扩大后病斑边缘褐色，中部灰白色，后期病斑中部散生有小黑点。

【病原】葡萄囊壳孢菌（*Physalospora baceae* Cavara），属于子囊菌亚门核菌纲腔菌目；无性阶段为葡萄房枯大茎点霉 [*Macrophoma faocida*（Viala et Ravaz）Cav.]，属于半知菌亚门腔孢纲球壳孢目。病斑表面的小黑点主要是其无性阶段的分生孢子器。

【发病规律】房枯病菌主要以分生孢子器、菌丝体及子囊壳在病果穗等病残组织上越冬。第二年条件适宜时产生分生孢子或子囊孢子，通过风雨传播进行为害。初侵染所致病斑不久即可产生分生孢子，进行再次侵染，条件适宜时再侵染可发生多次。该病主要发生在葡萄生长中后期，属于高温、高湿型病害，北方产区一般在6～7月份开始发生，8～9月份为发病盛期。果实生长后期高温、多雨、潮湿有利于病害发生，管理粗放、树势衰弱、果园郁蔽等环境下病害发生较重。品种间抗病性差异明显，欧亚系统葡萄较感病，如龙眼、玫瑰香等。

彩图6-175　房枯病导致穗轴干枯

彩图6-174　房枯病导致穗轴腐烂

　　房枯病与白腐病的果粒症状相似，较难区别，但两者的主要不同点为：房枯病的病果在萎缩后产生稀疏的小黑点，颗粒较大，病果不易脱落；而白腐病的病果在干缩前就已产生密集的灰白色小粒点，颗粒较小，且病果极易脱落。

彩图6-176　穗轴受害后下端果粒变软萎缩

彩图6-177　穗轴受害，下部果粒失水干缩

彩图6-178　房枯病为害后期，导致形成僵果

架下的病僵果、病叶等病残体，集中带到园外烧毁，消灭病菌越冬场所。生长季节，及时剪除病穗，带到园外销毁，减少田间发病中心。

彩图6-179　房枯病为害严重时，整个果穗干缩成僵果

2.加强果园管理　增施农家肥等有机肥及微生物肥料，按比例科学使用氮磷钾肥及中微量元素肥料，培育壮树，提高树体抗病能力。生长季节，及时摘心、整枝、打杈，使架面通风透光，并注意及时排水，降低环境湿度，创造不利于病害发生的生态条件。尽量实施果实套袋，保护果穗免受为害，但套袋前必须均匀喷施一次安全有效药剂。有条件的果园可以实施避雨栽培，有效减少雨水传病。

3.生长期喷药防控　从葡萄落花后1.5个月左右或果粒膨大后期开始喷药，10～15天1次，连喷3～5次，重点喷洒果穗。对于套袋葡萄，套袋前必须均匀周到喷药1次，套袋后可不再用药。效果较好的药剂有：250克/升吡唑醚菌酯乳油2000～2500倍液、25%嘧菌酯悬浮剂1500～2000倍液、10%苯醚甲环唑水分散粒剂1500～2000倍液、430克/升戊唑醇悬浮剂3000～4000倍液、70%甲基硫菌灵可湿性粉剂或500克/升悬浮剂800～1000倍液、50%多菌灵可湿性粉剂或500克/升悬浮剂600～800倍液、10%多抗霉素可湿性粉剂1200～1500倍液、80%代森锰锌（全络合态）可湿性粉剂600～800倍液、70%丙森锌可湿性粉剂500～600倍液、70%代森联水分散粒剂600～800倍液、30%戊唑·多菌灵悬浮剂700～800倍液、41%甲硫·戊唑醇悬浮剂600～700倍液、68.75%噁酮·锰锌水分散粒剂1000～1500倍液等。

【防控技术】房枯病防控技术模式如图6-13所示。

1.搞好果园卫生　冬剪后或落叶后，彻底清除架上、

苦腐病

【症状诊断】苦腐病主要为害果穗，以近成熟果受害较重。病菌通常从果柄向果粒蔓延，造成果粒呈淡褐色腐烂，腐烂果粒表面常产生呈轮纹状排列的小黑点（彩图6-180）。病果软烂，易脱落，有苦味。后期，病果失水，干缩凹陷，小黑点上常产生黑色黏液。病果

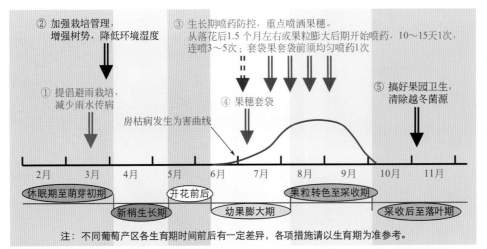

② 加强栽培管理，增强树势，降低环境湿度

③ 生长期喷药防控，重点喷洒果穗。从落花后1.5个月左右或果粒膨大后期开始喷药，10～15天1次，连喷3～5次；套袋果套袋前须均匀喷药1次

① 提倡避雨栽培，减少雨水传病

④ 果穗套袋

⑤ 搞好果园卫生，清除越冬菌源

房枯病发生为害曲线

2月　3月　4月　5月　6月　7月　8月　9月　10月　11月

休眠期至萌芽初期　　新梢生长期　　开花前后　　幼果膨大期　　果粒转色至采收期　　采收后至落叶期

注：不同葡萄产区各生育期时间前后有一定差异，各项措施请以生育期为准参考。

图6-13　房枯病防控技术模式图

失水干缩成僵果后，牢固地挂着在果穗上，很难脱落（彩图6-181）。

彩图6-180　苦腐病病果表面产生小黑点（引自国外）

彩图6-181　苦腐病为害后期，病果粒干缩成僵果（引自国外）

【病原】煤色黑盘孢霉［*Melanconium fuligineum*（Schr. et Viala）］，属于半知菌亚门腔孢纲黑盘孢目。病斑表面的小黑点即为病菌的分生孢子盘，黑色黏液为分生孢子黏液。

【发病规律】黑腐病菌主要以菌丝体和分生孢子盘在病僵果中越冬，也可以菌丝状态潜伏在枝蔓上越冬。第二年条件适宜时产生分生孢子，通过风雨传播进行为害。幼果期受侵害后，到近成熟期开始发病，病菌具有潜伏侵染特性。高温、多雨、潮湿是诱发苦腐病较重发生的主要因素。

【防控技术】

1.搞好果园卫生　冬剪后或落叶后，彻底清除架上、架下的病僵果，连同修剪下的枝蔓一起集中带到园外销毁，清除病菌越冬场所，减少越冬菌量。

2.发芽前药剂清园　参照"炭疽病"发芽前清园。

3.生长期适当喷药防控　苦腐病多为零星发生，一般果园不需单独喷药防控。个别往年发病较重果园，从葡萄采收前1.5个月或果粒膨大后期或初见病穗时开始喷药，10～15天1次，连喷2次左右即可有效控制该病的发生为害。常用有效药剂同"房枯病"生长期喷药。

黑腐病

葡萄黑腐病是葡萄上的一种常见病害，在我国许多葡萄产区均有发生，一般为害不重。有时在南方多雨葡萄产区，如遇连续高温高湿天气，也可造成一定损失。

【症状诊断】黑腐病主要为害果实和叶片，也可为害穗轴、果柄和新梢等部位，以果实受害损失最重。果实受害，初期在果面上产生紫褐色小斑点，后逐渐发展扩大至整个果粒，病部渐变为黑色、凹陷，病果粒软腐，后期表皮皱缩，并逐渐干缩成黑色僵果，挂在果穗上不易脱落。病果干缩后病斑表面散生出许多黑色小粒点（彩图6-182），小粒点上可溢出灰白色黏液（彩图6-183）。穗轴和果柄受害，病斑较小，初期灰白色，后变为黑色，稍凹陷，最终病斑可蔓延至果粒上；后期病穗轴和果梗干枯死亡，残留在结果母枝上（彩图6-184）。叶片受害，初期产生红褐色小斑点，后逐渐扩大成近圆形病斑，中央黄褐色或灰白色，外部褐色，边缘黑褐色，直径可达2～10毫米，后期病斑上产生许多小黑点，有时呈环状排列（彩图6-185）。新梢受害，形成褐色椭圆形病斑，中央凹陷，表面可产生出突起明显的黑色小粒点。

彩图6-182　病果粒表面散生有小黑点

彩图6-183　病斑小黑点上溢出灰白色黏液

彩图6-184　黑腐病腐烂果穗

彩图6-185 黑腐病在叶片上的病斑

【病原】葡萄球座菌［*Guignardiabidwellii*（Ell.）VialaetRavaz］，属于子囊菌亚门腔菌纲座囊菌目；无性阶段为葡萄黑腐茎点霉（*Phoma uvicola*Berk.et Curt），属于半知菌亚门腔孢纲球壳孢目。病斑表面的黑色小粒点即为病菌的分生孢子器或子囊壳，灰白色黏液为孢子黏液。

【发病规律】黑腐病菌主要以子囊壳随病僵果在土壤中或树上越冬，也可以分生孢子器在病组织内越冬。翌年条件适宜时，越冬子囊壳释放出子囊孢子，成为初侵染来源之一；同时，分生孢子器溢出分生孢子，也构成初侵染来源。病菌孢子通过风雨传播到葡萄果实、叶片及新梢等部位引起初侵染。初侵染发病后产生分生孢子，通过风雨传播进行再侵染。在叶片上病害潜育期为20～21天，在果实上为8～10天。多雨潮湿环境下，该病可发生多次再侵染。果实受害，从幼果期至果实成熟期均可发生。

高温、多雨、潮湿有利于病害发生。管理粗放、肥水不足、树势衰弱的果园和地势低洼、土壤黏重、排水不良的果园均发病较重。欧洲系统葡萄较感病，美洲系统葡萄较抗病。

【防控技术】黑腐病防控技术模式如图6-14所示。

1.搞好果园卫生 生长后期及时剪除病穗，带到园外销毁，减少园内发病中心。冬剪后或落叶后彻底清除树上、树下的病僵果及落叶，连同修剪下的枝蔓一起带到园外销毁，处理病菌越冬场所。

2.加强葡萄园管理 增施农家肥等有机肥及微生物肥

料，按比例科学使用氮磷钾肥及中微量元素肥料，培育壮树，提高树体抗病能力。生长季节及时摘心、打杈、整枝，促使架面通风透光，降低小环境湿度，控制病害发生。尽量实施果穗套袋，防止果实受害。南方多雨地区，推广避雨栽培，减少雨水传病。

3.生长期喷药防控 黑腐病多为零星发生，一般不需单独进行喷药。个别往年病害发生较重果园，在落花后及果实生长中后期及时喷药即可。落花后喷药1次；果实生长中后期喷药2～3次，间隔期10～15天。效果较好的药剂同"房枯病"生长期喷药。

褐点病

【症状诊断】褐点病只为害果粒。初期在果粒脐点处产生褐色坏死小斑点，似表皮组织木栓状，直径1～2毫米（彩图6-186）；后斑点缓慢扩大，成圆形或近圆形凹陷干斑，褐色至黑褐色；严重时，病斑直径达4～5毫米，明显凹陷（彩图6-187）。褐点病对果品质量影响较大，但对产量没有显著影响。

彩图6-186 褐点病初期病斑

【病原】禾黑芽枝霉［*Cladosporium herbarum*（Pers.）Lk.et Fr.］，属于半知菌亚门丝孢纲丝孢目。

【发病规律】褐点病菌是一种腐生能力较强的真菌，可在许多种植物残体上生存并越冬。生长季节条件适宜时产生分生孢子，主要借助气流及风雨传播，通过侵染花蒂残余组织而进一步为害果粒。开花前后多雨潮湿是导致该病发生的主要因素，结果量过大、树势衰弱、整枝打杈不及时均可加重该病发生。

【防控技术】

1.加强果园管理 增施农家肥等有机肥及微生物肥料，按比例使用氮磷钾肥及中微量元素肥料，合理控制结果量，培强树势，提高树体抗病能力。及时整枝、打杈、摘心，使架面通风透光良好，降低环境湿度，控制

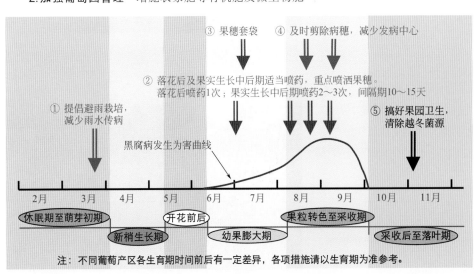

③ 果穗套袋　④ 及时剪除病穗，减少发病中心

② 落花后及果实生长中后期适当喷药，重点喷洒果穗。
落花后喷药1次；果实生长中后期喷药2～3次，间隔期10～15天

① 提倡避雨栽培，
减少雨水传病

⑤ 搞好果园卫生，
清除越冬菌源

黑腐病发生为害曲线

2月　3月　4月　5月　6月　7月　8月　9月　10月　11月

休眠期至萌芽初期　　新梢生长期　　开花前后　　幼果膨大期　　果粒转色至采收期　　采收后至落叶期

注：不同葡萄产区各生育期时间前后有一定差异，各项措施请以生育期为准参考。

图6-14 黑腐病防控技术模式图

病害发生。保护地栽培时，注意通风换气，降低设施内湿度。

2.适当药剂防控　褐点病多为零星发生，一般不需单独进行喷药。往年病害发生较重果园，在开花前、落花后及落花后15天左右各喷药1次（特别是落花后的2次药），即可有效控制该病的发生为害。效果较好的药剂有：250克/升吡唑醚菌酯乳油2000～2500倍液、25%嘧菌酯悬浮剂2000～2500倍液、430克/升戊唑醇悬浮剂3000～4000倍液、10%苯醚甲环唑水分散粒剂1500～2000倍液、70%甲基硫菌灵可湿性粉剂或500克/升悬浮剂800～1000倍液、50%多菌灵可湿性粉剂或500克/升悬浮剂600～800倍液、80%代森锰锌（全络合态）可湿性粉剂600～800倍液、30%戊唑·多菌灵悬浮剂700～800倍液、60%唑醚·代森联水分散粒剂1000～1500倍液等。

彩图6-187　发病严重时，褐点病病斑扩展较大

蝇粪病

【**症状诊断**】蝇粪病又称煤点病，主要为害果粒，也可为害穗轴、果梗、叶片、叶柄、枝蔓等。果实受害多从果粒膨大后期或转色期开始发生，在果粒表面散生多个黑褐色至黑色小斑点（彩图6-188）。该斑点稍隆起，似蝇粪状，直径为0.5～1毫米左右，只附着在果粒表面，不进入组织内部，但用手难以擦掉。病果表面蜡粉多消失，不造成果粒腐烂，仅影响果实的外观品质。其他部位受害，均在组织表面产生黑褐色蝇粪状小斑点。

彩图6-188　果粒上的蝇粪状病斑

【**病原**】仁果细盾霉［*Leptophrium pomi*（Monta.et Fr.）Sacc.］，属于半知菌亚门腔孢纲黑盘孢目。

【**发病规律**】蝇粪病菌可为害多种植物，主要以菌丝体在病枝蔓及其他寄主植物上越冬。第二年条件适宜时产生分生孢子，通过气流或雨水传播，在葡萄组织表面的蜡质层内定居为害。蝇粪病在田间有再侵染，但不严重。葡萄生长后期多雨潮湿、低温寡照，是诱发病害发生的关键因素。

【**防控技术**】

1.加强葡萄园管理　及时整枝打杈、摘心，促进葡萄架面通风透光，降低园内湿度，创造不利于病害发生的生态条件。实施果穗套袋，保护果实免遭为害。保护地栽培葡萄，注意棚室内通风换气，降低设施内环境湿度。

2.适当喷药防控　蝇粪病多为零星发生，一般不需单独进行喷药。环境湿度大的年份或果园，在果粒开始着色时或果粒开始变软时适当喷药1～2次（间隔期10天左右），即可有效控制该病的发生为害。效果较好的药剂同"褐点病"树上喷药。

霉污病

【**症状诊断**】霉污病又称煤污病、煤烟病，主要为害果穗，有时也可为害叶片、嫩梢等，发病后的主要症状特点是在受害部位表面产生一层煤烟状黑色霉状物（彩图6-189、彩图6-190）。该霉状物附生在葡萄组织表面，不进入组织内部，用手很容易将霉状物擦掉。对葡萄外观质量造成很大影响。

彩图6-189　轻型霉污病病果

彩图6-190　康氏粉蚧为害导致的霉污病

【病原】仁果黏壳孢［*Gloeodes pomigena*（Schw.）Colby］，属于半知菌亚门腔孢纲球壳孢目。也有研究者认为是煤炱菌（*Capnodium* sp.），属于子囊菌亚门腔菌纲座囊菌目。

【发病规律】霉污病菌在自然界广泛存在，没有固定越冬场所。通过气流或风雨传播进行扩散。生长期特别是果实生长中后期，以果穗等组织表面的营养物为基质进行腐生，而导致发病。蚧壳虫是诱发该病的最直接因素，蚧壳虫在果穗表面的分泌物为病菌腐生提供了重要基质。果穗套袋后，若蚧壳虫进入袋内，可导致该病严重发生。另外，阴雨潮湿常加重病害发生。

【防控技术】霉污病的防控关键为治虫防病。

1.发芽前喷药　葡萄发芽前，全园喷施1次3～5波美度石硫合剂，或45%石硫合剂晶体50～70倍液，杀灭在枝蔓上的越冬蚧壳虫。

2.生长期治虫防病　在蚧壳虫若虫发生初期开始喷药，7天左右1次，每代连喷1～2次，可有效控制蚧壳虫类的发生为害，进而达到治虫防病的效果。对蚧壳虫类害虫防效较好的药剂有：22%氟啶虫胺腈悬浮剂4000～5000倍液、22.4%螺虫乙酯悬浮剂4000～5000倍液、25%噻嗪酮可湿性粉剂1000～1500倍液、3%高渗苯氧威乳油1000倍液、5%啶虫脒乳油1500～2000倍液、70%吡虫啉水分散粒剂6000～8000倍液、20%甲氰菊酯乳油1500～2000倍液等。

3.适当喷药防病　在葡萄生长中后期，适当喷药1～2次，有效防控霉污病发生。效果较好的药剂同"褐点病"树上喷药。

酸腐病

酸腐病是葡萄上的一种重要果实病害，在我国许多葡萄产区均有发生，特别是随着套袋技术的推广普及，该病呈逐渐加重趋势。管理措施不当时常造成大量果穗腐烂，发病严重果园损失达30%～50%，甚至高达80%，已经成为严重影响我国葡萄生产的重要病害之一。

【症状诊断】酸腐病主要为害近成熟期的葡萄果穗，引起果粒褐色腐烂，组织破裂解体，其典型特点是病果流出大量黏稠状腐烂汁液（彩图6-191），腐烂果粒有醋酸味。该汁液及气味易引诱果蝇或醋蝇发生（彩图6-192），进而使烂果范围不断扩大，所以在病果穗上及其周围常有大量果蝇或醋蝇的幼虫、蛹和成虫存在（彩图6-193）。腐烂果汁可以传病，凡是从病果粒流出的腐烂汁液途经或到达的果穗组织（果实、果梗、穗轴等）均逐渐腐烂（彩图6-194）。发病后期，腐烂果粒逐渐失水、干缩（彩图6-195），最后干枯（彩图6-196），干枯果粒只剩下果皮和种子（彩图6-197）。如果是套袋葡萄，腐烂汁液极易浸湿果袋，使果袋下方成片湿润变色，俗称"尿袋"（彩图6-198）。

彩图6-191　酸腐病病果粒上流出黏稠汁液

彩图6-192　病果引诱果蝇发生

彩图6-193　酸腐病果穗上有许多果蝇或醋蝇的幼虫和蛹

彩图6-194　酸腐病逐渐传播到整个果穗使其腐烂

彩图6-195 酸腐病腐烂果粒逐渐失水、干缩

彩图6-196 酸腐病发生后期，病果穗干枯

彩图6-197 干枯果粒仅残余果皮和种子

彩图6-198 套袋葡萄酸腐病的尿袋

【病原】多数研究认为，葡萄酸腐病由酵母菌和醋酸菌引起。常见酵母菌有：假丝酵母（*Candida* spp.）、毕赤酵母（*Pichia* spp.）、有孢汉生酵母（*Hanseniaspora* spp.）和伊萨酵母（*Issatchenkia* spp.）；常见醋酸菌有：葡糖杆菌（*Gluconobacter* spp.）、醋化醋杆菌（*Acetobacter aceti*）和巴氏醋杆菌（*Acetobacter pasteurianus*）。

【发病规律】酸腐病是酵母菌与醋酸菌共同作用的结果，近成熟期果实伤口是酸腐病侵染和发生的关键。酵母菌和醋酸菌在叶片和果实表面等处普遍存在，主要通过果蝇传播，也可通过雨水传播，从伤口侵染为害。侵染伤口包括：自然裂口、风雨冰雹伤口、鸟害伤口（彩图6-199）、昆虫为害伤口（彩图6-200）及病害伤口等。病菌侵染后，逐渐代谢产生乙醇、醋酸等物质，该类物质易引诱果蝇产卵繁殖，而果蝇在取食和活动过程中，身体携带病菌进行传播。条件适宜时（温暖潮湿），果蝇大量产卵、不断繁殖，最终导致病害迅速扩散蔓延。

彩图6-199 果粒上的鸟害伤口

彩图6-200 胡蜂为害伤口

果实近成熟期果面有无伤口及伤口多少是影响酸腐病发生的主要因素。在果实有伤口的前提下，套袋果穗一般发生为害较重，不套袋葡萄发生为害较轻。

【防控技术】酸腐病以预防为主，发病后很难治疗。预防的关键就是加强果园管理，防止果实受伤，并适当结合以药剂预防。

1. 加强栽培管理 增施农家肥等有机肥及微生物肥料，按比例科学使用速效化肥，适当增施钙肥及其他中微量元素肥料。加强灌水管理，尽量保障水分平衡供应，有效预防自然生长裂伤。科学整枝管理，促使架面通风透光，降低环境湿度。科学使用各种激素类药剂，避免导致果粒开裂。鸟害发生较重地区，尽量设置防鸟网栽培，避免鸟类为害（彩图6-201）。实施果穗套袋，防止鸟类及其他昆虫为害造成伤口，但果穗套袋前必须使用1次有效药剂，以避免袋内果穗受害。不套袋葡萄，发现受害果穗后及时剪除，减少园内发病中心。

彩图6-201　葡萄防鸟网栽培

2.适当喷药防控　套袋葡萄，套袋前对果穗喷洒1次有效药剂，预防袋内果穗中后期受害。不套袋葡萄，在葡萄近成熟期喷药时，混加对酸腐病防治效果较好的药剂，预防酸腐病发生。目前对酸腐病预防效果较好的药剂为40%三辛烷基苯磺酸盐可湿性粉剂1000～1500倍液。

曲霉病

【**症状诊断**】曲霉病主要为害果穗，以果粒受害最重，是葡萄生长中后期至储运期造成果实腐烂的主要病害之一。多从伤口处开始发生，发病初期先形成淡褐色腐烂病斑，继而导致果实成淡褐色软烂，病斑伤口处及病果表面逐渐产生出黑褐色霉层（彩图6-202），该霉层经风吹可形成黑褐色"霉烟"。发病后期，软烂果粒失水，仅残留表皮及种子。

彩图6-202　曲霉病为害果粒，表面产生黑褐色霉状物

【**病原**】曲霉菌（*Aspergillus* spp.），属于半知菌亚门丝孢纲丝孢目。病斑表面的霉状物即为病菌的分生孢子梗和分生孢子。

【**发病规律**】曲霉病菌是一类弱寄生性真菌，在自然界广泛存在，没有固定越冬场所。分生孢子主要通过气流传播扩散，从果实伤口处及死亡组织处开始侵染，然后蔓延导致发病。病健果接触及病菌的生长扩散均可导致病害的小范围蔓延（果粒间、储运场所的果穗间等）。曲霉病发

生的主要条件是果实伤口，高温、高湿有利于病害发生与蔓延，果实越接近成熟越容易受害，采收后果实生命力降低，病害发生较重。

【**防控技术**】

1.加强葡萄园管理　增施农家肥等有机肥及微生物肥料，按比例科学施用速效化肥及中微量元素肥料，适量增施钙肥。合理灌水，尽量保持水分供应平衡，减少果实生长裂伤。加强鸟害与虫害防控，避免造成果实伤口，有条件的也可在葡萄生长中后期架设防鸟网（彩图6-203）。遭遇暴风雨及冰雹后，及时喷药保护伤口，并促进伤口愈合。尽量实施果穗套袋，保护果实免遭为害。及时摘心、整枝、打杈，促进架面通风透光，降低环境湿度。

彩图6-203　葡萄园架设防鸟网

2.搞好葡萄采后管理　葡萄采收后细致整理果穗，彻底剔除病、虫、伤果。包装、装箱过程中要轻拿轻放，避免造成果实伤口。短期储运尽量采取低温环境，控制病害发生；中长期储运要采取保鲜防腐措施，如使用保鲜剂、采取气调贮藏、臭氧保鲜、低温贮藏、减压处理等。

软腐病

【**症状诊断**】软腐病主要为害果穗，果实整个生长期至储运期均可发生，但以近成熟期至储运期受害较重。发病初期，果粒或果柄呈淡褐色腐烂，病斑扩展较快，很快造成整个果粒或果穗呈淡褐色软腐，腐烂组织表面产生较长的灰白色至灰黑色霉状物（彩图6-204～彩图6-206），用放大镜观察，可见霉状物中散生许多灰黑色至黑色小颗粒状物。

彩图6-204　软腐病在果柄及幼果粒上的为害前期

彩图6-205 软腐病造成幼果粒整个呈淡褐色腐烂

彩图6-206 软腐病为害近成熟果穗的症状表现

【病原】根霉菌（*Rhizopus* spp.），属于接合菌亚门接合菌纲毛霉目。病斑表面的霉状物即为病菌的菌丝体、孢囊梗、孢子囊等，其中小颗粒状物为孢子囊。

【发病规律】软腐病菌是一类弱寄生性真菌，在自然界广泛存在。病菌孢子主要通过气流传播，主要从各种伤口进行侵染为害，如机械伤、虫伤、鸟伤、生长裂伤、病害伤口等，也可从潮湿的枯死组织上开始腐生，而后向健康组织扩散为害。在同一果穗上及储运期的果穗间，还可通过接触传播和病菌生长蔓延传播，故常造成储运期果实的大量霉烂。果实受伤是病害发生的主要原因，高温、高湿常加重病害发生。

【防控技术】主要措施为加强葡萄园管理（增施有机肥及磷钾钙肥，及时整枝打杈、促进通风透光等）和搞好葡萄采后管理两个方面，具体技术措施参照"曲霉病"防控技术。

芽枯病

【症状诊断】芽枯病主要为害葡萄的芽，严重时可蔓延至周围枝蔓上。当年生枝蔓上的芽受害，初期芽表面变暗褐色，后转为黑褐色；随病情发展，病芽逐渐枯死，并在芽周围产生褐色至黑褐色坏死斑（彩图

6-207）；病斑不断扩大，在枝蔓上形成褐色长形病斑，有时病斑环绕枝蔓一周、并纵向蔓延数厘米（彩图6-208）。后期，病组织缢缩，芽眼周围组织龟裂。发病轻时，一个芽眼受害，俗称"瞎眼"；严重时，一条枝蔓上多个芽眼同时受害，甚至造成整个结果母枝枯死。

彩图6-207 当年生枝上芽的受害状

彩图6-208 芽受害，病斑蔓延至周围枝蔓上

【病原】柑橘间座壳菌（*Diaporthe medusaea* Nitschke），属于子囊菌亚门核菌纲球壳菌目；无性阶段为拟茎点霉（*Phomopsis cytosporella* Penz.et Sacc.），属于半知菌亚门腔孢纲球壳孢目。

【发病规律】芽枯病菌主要以菌丝体和分生孢子器在病组织内越冬。第二年温湿度条件适宜时产生并释放出分生孢子，通过雨水及气流传播，从伤口侵染新梢的芽部。该病潜育期较长，一般没有再侵染。高温、多雨、潮湿是病害发生的关键因素，树势衰弱、管理粗放、结果量过多、

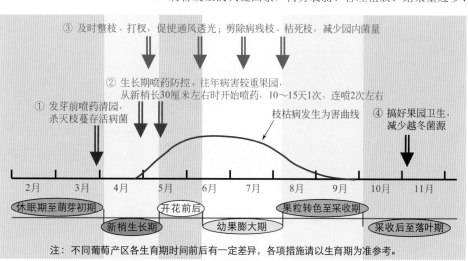

③ 及时整枝、打杈，促使通风透光；剪除病残枝、枯死枝，减少园内菌量

② 生长期喷药防控。往年病害较重果园，从新梢长30厘米左右时开始喷药，10～15天1次，连喷2次左右

① 发芽前喷药清园，杀灭枝蔓存活病菌

枝枯病发生为害曲线

④ 搞好果园卫生，减少越冬菌源

2月　3月　4月　5月　6月　7月　8月　9月　10月　11月

休眠期至萌芽初期　　开花前后　　果粒转色至采收期

新梢生长期　　幼果膨大期　　采收后至落叶期

注：不同葡萄产区各生育期时间前后有一定差异，各项措施请以生育期为准参考。

图6-15 芽枯病防控技术模式图

架面郁蔽、通风透光不良等均易导致病害发生。

【防控技术】芽枯病防控技术模式如图6-15所示。

1.加强葡萄园管理　增施农家肥等有机肥及微生物肥料，按比例科学施用氮、磷、钾、钙肥，合理保留结果量，培育壮树，提高树体抗病能力。及时绑蔓、摘心、整枝、打杈，促使园内通风透光良好，降低环境湿度，创造不利于病害发生的生态条件。

2.消灭与铲除越冬菌源　结合修剪，剪除带有病芽的枝蔓，集中带到园外烧毁。早春葡萄发芽前，全园喷施1次铲除性药剂，杀灭枝蔓上的越冬存活病菌。效果较好的药剂如：30%戊唑·多菌灵悬浮剂400～500倍液、60%铜钙·多菌灵可湿性粉剂300～400倍液、77%硫酸铜钙可湿性粉剂300～400倍液、45%代森铵水剂200～300倍液等。

3.生长期喷药防控　芽枯病多为零星发生，一般不需单独进行喷药，结合黑痘病、褐斑病、炭疽病的药剂防控，考虑兼防即可。防控黑痘病、褐斑病及炭疽病的有效药剂均可有效防控芽枯病的为害。

疫腐病

【症状诊断】疫腐病主要为害近地面的葡萄茎蔓，1～2年生枝蔓容易受害。发病初期，在近地面处的茎蔓表面产生淡褐色至褐色腐烂病斑，长椭圆形或长条形，稍凹陷，中间色淡、边缘色深（彩图6-209）；条件适宜时病斑很快绕茎蔓一周，形成缢缩病斑（彩图6-210）。受害部位皮层腐烂，常有纵向开裂（彩图6-211），导致上部枝梢萎蔫，严重时全株枯萎死亡（彩图6-212）。高湿环境下，腐烂皮层表面可产生白色绵毛状物。撕开病皮，内部木质部表面变褐坏死（彩图6-213）。轻病株，在病斑上端产生膨大的愈伤组织（彩图6-214、彩图6-215），伤口可以愈合，但植株生长衰弱（彩图6-216）。

彩图6-210　枝蔓基部缢缩的疫腐病病斑

彩图6-211　病斑凹陷，皮层纵向开裂

彩图6-212　疫腐病导致枝蔓枯萎死亡

彩图6-209　当年生枝蔓基部的早期疫腐病病斑

彩图6-213　病斑下部木质部受害状

彩图6-214　病斑上端开始产生愈伤组织

彩图6-215　病斑上部形成的膨大愈伤组织

彩图6-216　疫腐病病株长势衰弱

【病原】恶疫霉［*Phytophthora cactorum*（Leb.et Cohn.）

Schrot.］，属于鞭毛菌亚门卵菌纲霜霉目。病斑表面的白色绵毛状物即为病菌的菌丝、孢囊梗及孢子囊。

【发病规律】疫腐病菌主要以卵孢子和厚垣孢子在土壤中及病残组织上越冬，也可在其他寄主植物上越冬（病菌寄主范围非常广泛）。生长季节高湿环境时产生病菌孢子，随雨水、流水或雨滴飞溅传播，从伤口侵入为害。该病全生长季均可发生，在田间有再侵染为害。地势低洼、多雨潮湿、葡萄枝蔓基部积水及大水漫灌是诱发该病的主要因素。枝条生长幼嫩、树势衰弱、果园内杂草丛生可加重疫腐病的发生为害。

【防控技术】

1.加强果园管理　增施有机肥料，培育壮树，提高树体抗病能力。雨季注意及时排水，适当用土培高葡萄枝蔓基部，勿使葡萄基部积水。避免大水顺行漫灌，减少病菌传播。搞好果园卫生，及时防除园内杂草。

2.及时发现并治疗轻病株　注意及时检查葡萄长势（病株生长衰弱），发现病树及时治疗。先将病组织刮除，随后在病部涂抹85%波尔·霜脲氰可湿性粉剂200～300倍液、或85%波尔·甲霜灵可湿性粉剂200～300倍液、或72%霜脲·锰锌可湿性粉剂200～300倍液等进行治疗。然后扒开颈基部土壤，用药液浇灌处理；待药液渗完后，再培土于颈基部，以防积水。刮下的病组织要彻底收集到园外并烧毁。地势低洼果园或发病较多的地块，还要对病树周围植株的颈基部进行药液淋灌处理。药液浇灌效果好的药剂有：85%波尔·霜脲氰可湿性粉剂500～600倍液、85%波尔·甲霜灵可湿性粉剂500～600倍液、72%霜脲·锰锌可湿性粉剂500～600倍液、90%三乙膦酸铝可溶性粉剂500～600倍液、77%硫酸铜钙可湿性粉剂500～600倍液等。一般每株需沿茎基部向下淋灌药液1～2千克。

3.喷药预防　新栽植幼树葡萄园，在多雨季节使用上述淋灌药液重点喷洒植株中下部1～2次，可预防疫腐病发生。

枝枯病

【症状诊断】枝枯病主要为害枝蔓，严重时也可为害穗轴、果实和叶片。枝蔓受害，初期在枝蔓上产生长椭圆形或纺锤形病斑，褐色至黑褐色（彩图6-217）；后皮层坏死、表面凹陷，病皮组织产生纵裂（彩图6-218、彩图6-219）；皮下木质部出现暗褐色坏死，老枝蔓维管束发生褐变（彩图6-220）。病斑环绕枝蔓后，导致上端枝梢枯死（彩图6-221）。新梢受害，易造成整个新梢干枯死亡（彩图6-222）。穗轴发病，初期形成褐色斑点，后扩展成长椭圆形大斑（彩图6-223），严重时导致全穗腐烂干枯（彩图6-224），在干枯穗轴上可密生黑色颗粒状物。叶片受害，初期产生黄绿色小斑点（彩图6-225），扩展后形成近圆形病斑（彩图6-226）；严重时，病斑扩连成不规则大斑，易破碎穿孔（彩图6-227）。果实受害，形成圆形或不规则形腐烂病斑。

彩图 6-217 枝蔓上的枝枯病初期病斑

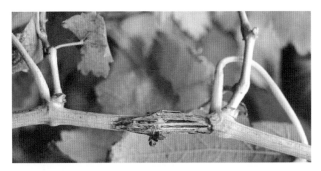

彩图 6-218 当年生枝蔓上的表皮纵裂病斑

彩图 6-219 老枝蔓上的表皮纵裂病斑

彩图 6-220 老枝蔓病斑下的维管束发生褐变

彩图 6-221 枝枯病导致新梢干枯

彩图 6-222
枝枯病造成
新梢枯死

彩图 6-223 穗轴上的黑褐色长椭圆形病斑

彩图 6-224 枝枯病引起的果穗腐烂干枯

彩图 6-225 叶片发病初期，产生黄绿色小斑点

【病原】拟盘多毛孢（*Pestalotiopsis trachicarpicola*）和 *Neopestalotiopsis vitis*，均属于半知菌亚门腔孢纲黑盘孢目。病斑表面的黑色粒状物即为病菌的分生孢子盘。

【发病规律】枝枯病菌主要以菌丝体在病枝蔓、病果穗、病叶片等病残体上越冬，也可以分生孢子潜伏在枝蔓、芽或卷须上越冬。第二年春季，当温湿度适宜时，在病残体上越冬的病菌产生分生孢子，通过气流或风雨传播，从伤口侵染为害。叶片上潜育期为2～5天，枝蔓上潜育期为20～30天。初侵染发病后产生的分生孢子，经传播进行再侵染，再侵染可发生多次。多雨、潮湿环境，阴暗郁蔽的葡萄架面及各种伤口是影响病害发生的关键因素。雹灾后或接触葡萄架丝的枝蔓容易受害。氮肥施用量偏多、枝蔓幼嫩的葡萄容易感病。

【防控技术】枝枯病防控技术模式如图6-16所示。

1. **加强葡萄园管理** 结合修剪及整枝、打杈，彻底剪除病残枝、枯死枝，集中带到园外销毁，减少园内菌源。冬剪后或落叶后，彻底清除修剪下来的枝蔓及落叶、病僵果等，集中带到园外销毁，清除病菌越冬场所，减少越冬菌源。合理施肥，避免偏施氮肥，增施有机肥，培强树势。及时摘心、打杈、整枝，促使架面通风透光，降低环境湿度。

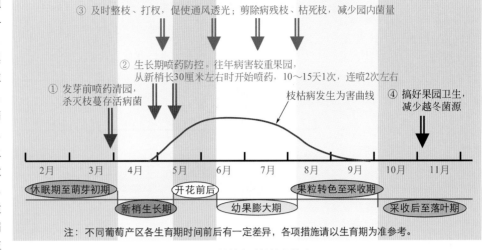

③ 及时整枝、打杈，促使通风透光；剪除病残枝、枯死枝，减少园内菌量

② 生长期喷药防控。往年病害较重果园，从新梢长30厘米左右时开始喷药，10～15天1次，连喷2次左右

① 发芽前喷药清园，杀灭枝蔓存活病菌

枝枯病发生为害曲线

④ 搞好果园卫生，减少越冬菌源

2月　3月　4月　5月　6月　7月　8月　9月　10月　11月

休眠期至萌芽初期　开花前后　果粒转色至采收期

新梢生长期　幼果膨大期　采收后至落叶期

注：不同葡萄产区各生育期时间前后有一定差异，各项措施请以生育期为准参考。

图6-16　枝枯病防控技术模式图

彩图6-226　叶片上的近圆形坏死斑

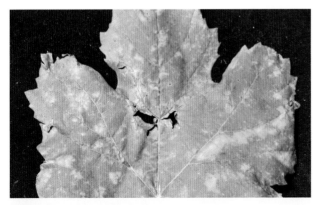

彩图6-227　病斑连片后易破碎穿孔

2. **发芽前药剂清园** 结合其他病害防控，在发芽前喷施1次铲除性药剂清园，杀灭枝蔓上的存活越冬病菌。参照"芽枯病"清园措施。

3. **生长期喷药防控** 枝枯病一般不需生长期单独喷药，结合其他病害防控兼防即可。若往年该病发生较重，则从新梢长至30厘米左右时开始喷药，10～15天1次，连喷2次左右即可有效控制其发生为害。常用有效药剂有：250克/升吡唑醚菌酯乳油2000～2500倍液、430克/升戊唑醇悬浮剂3000～4000倍液、10%苯醚甲环唑水分散粒剂1500～2000倍液、70%甲基硫菌灵可湿性粉剂或500克/升悬浮剂800～1000倍液、50%多菌灵可湿性粉剂或500克/升悬浮剂600～800倍液、80%代森锰锌（全络合态）可湿性粉剂600～800倍液、60%铜钙·多菌灵可湿性粉剂500～600倍液、60%唑醚·代森联水分散粒剂1000～1500倍液、30%戊唑·多菌灵悬浮剂700～800倍液、41%甲硫·戊唑醇悬浮剂600～800倍液等（图6-16）。

蔓枯病

蔓枯病又称蔓割病，是葡萄枝蔓上的一种常见病害，在我国各葡萄产区均有发生，以北方冬季葡萄下架埋土防寒区域较为常见，但一般为害较轻，多导致树势衰弱。个别发生较重果园，严重时也可引起整株死亡。

【症状诊断】蔓枯病主要为害枝干，以枝蔓基部受害较多，有时也可为害果穗、叶柄、卷须等。在主蔓上，初期病斑呈红褐色，略凹陷（彩图6-228）；后逐渐扩大成长条形纵裂的黑褐色大斑（彩图6-229），表面可产生出小黑点，高湿时小黑点上能溢出黄褐色黏液。后期病组织腐烂，有时病皮可纵裂成丝状。病蔓植株生长衰弱，上部表现营养不良，有时枝蔓上部产生许多气生根（彩图6-230），严重时全蔓逐渐萎蔫死亡。新生枝蔓受害，病斑颜色较淡，亦呈长条状（彩图6-231）。新梢受害，叶色变黄，叶缘卷曲，甚至新梢枯萎。叶柄、卷须受害，多形成黑褐色至黑色长条形病斑。果穗受害，穗轴、果梗干枯（彩图6-232），果粒暗淡无光，并逐渐干缩成僵果。

【病原】葡萄生小隐孢壳菌（*Cryptosporella viticola* Shear），属于子囊菌亚门核菌纲球壳菌目；无性阶段为葡萄生拟茎点霉[*Phomopsis viticola*（Sacc.）Sacc.]，属于半知菌亚门腔孢纲球壳孢目。病斑表面的小黑点多为病菌无性阶段的分生孢子器，黄褐色黏液为分生孢子黏液。

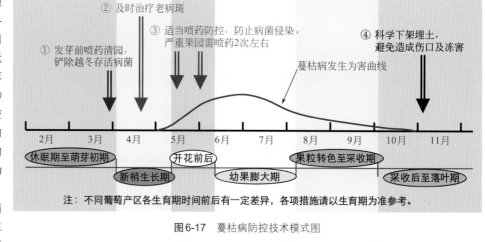

图6-17　蔓枯病防控技术模式图

【发病规律】蔓枯病菌主要以分生孢子器或菌丝体在病枝蔓上越冬。第二年5～6月份释放出大量分生孢子，通过风雨传播，主要从伤口侵染为害，以机械伤口最为关键，有时也可从气孔和皮孔侵染。潜育期21～30天。葡萄防寒埋土和出土上架造成的伤口是病菌侵染的主要部位。管理粗放、地势低洼、肥水使用不当造成树势衰弱是诱发蔓枯病的主要因素，多雨潮湿的地区或环境及冻害严重的葡萄园受害较重。带病苗木、插条等繁殖材料可进行远距离传播。

【防控技术】蔓枯病防控技术模式如图6-17所示。

彩图6-228　蔓枯病在枝蔓上的初期病斑

彩图6-229　蔓枯病在老蔓上的老病斑

彩图6-230　蔓枯病导致枝蔓上部易产生气生根

彩图6-231　新生枝蔓受害病斑

彩图6-232　葡萄果穗受害状

1.加强栽培管理　增施有机肥及微生物肥料，按比例使用氮、磷、钾、钙肥，促进树势强壮，提高树体抗病能力。合理修剪，使葡萄园通风透光，降低小气候湿度。科学下架埋土，适当增加埋土厚度，避免发生冻害；下架及上架时精心操作，尽量避免造成枝蔓伤口。调运苗木、插条等繁殖材料时，严格检查，彻底剔除带病材料，防止病害远距离传播扩散。

2.铲除越冬病菌　葡萄上架后发芽前，喷施1次铲除性药剂清园，杀灭在枝蔓上的越冬存活病菌。有效药剂参照"芽枯病"清园用药。

3.及时治疗病斑　结合农事操作检查枝蔓，发现病斑及时治疗。带有重病斑的枝蔓及时剪掉或锯除，促发健康枝蔓；轻病斑用刀刮除坏死组织，然后伤口涂抹30%戊唑·多菌灵悬浮剂50～100倍液、或41%甲硫·戊唑醇悬浮剂50～100倍液、或3～5波美度石硫合剂、或45%石硫合剂晶体30～40倍液。

4.适当喷药防控　防控蔓枯病生长期一般不需单独进行喷药，结合防控其他病害考虑兼防即可，但喷药时需重点喷洒老的枝蔓。个别往年病害严重果园或冻害较重果园，需在发芽后单独喷药防控2次左右。常用有效药剂同"枝枯病"生长期喷药。

梢枯病

【症状诊断】梢枯病主要为害幼嫩新梢，从新梢抽生期即逐渐开始发病。初期，先在新梢基部产生淡褐色至暗褐色斑点，点状或纵条状（彩图6-233），后逐渐发展为暗褐色至深褐色纵条纹（彩图6-234）；随病情发展，褐色条纹延长、变宽（彩图6-235），一个新梢上常有多处病斑（彩图6-236）。发病后期，条纹处皮层开裂，轻者产生愈伤组织（彩图6-237），重者开裂变深（彩图6-238），导致枝蔓生长衰弱、甚至枯死。副梢枝蔓也可发病（彩图6-239）。有时叶柄上也可发病，症状表现与嫩梢上相同（彩图6-240）。

彩图6-233　新梢枝蔓上的初期病斑

彩图6-234　嫩梢基部病斑发展为暗褐色纵条纹

彩图6-235　褐色条纹斑呈长条状

彩图6-236　嫩梢枝蔓上产生许多暗褐色病斑

彩图6-237　条纹斑表面产生愈伤组织

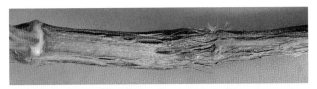

彩图6-238　老熟枝蔓上的条裂病斑

彩图6-239　副梢枝蔓上的病斑

彩图6-240　叶柄上的病斑

【病原】葡萄梢枯病毒（Grape Shoot Necrosis Virus，GSNV）。

【发病规律】梢枯病目前尚缺乏详细研究，应该是一种病毒类病害，我国在红提葡萄上表现较多。该病可通过嫁接传染，带病苗木、接穗及插条是病害传播的主要途径。

【防控技术】培育和利用无病毒苗木是目前预防梢枯病发生的最根本措施，该病一旦发生，目前尚无有效措施进行治疗。

茎痘病

【症状诊断】茎痘病又称茎纹孔病、衰退病，主要在茎蔓上表现明显症状。其主要症状特点是：砧木与接穗愈合处以上的茎蔓肿大，接穗比砧木直径显著增粗，皮层粗糙或增厚；剥开皮层，木质部表面呈现典型的痘状凹陷或长条形槽沟（彩图6-241、彩图6-242），与树皮形成层内表面狭长的隆起部分相对应。病株生长势弱，矮小，春季萌芽晚，果穗少，果粒小，表现明显衰退，砧穗生长失调，有时不能结实、甚至死亡。

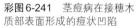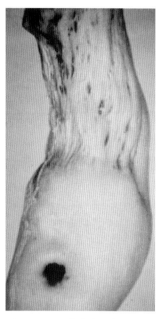

彩图6-241 茎痘病在接穗木质部表面形成的痘状凹陷

彩图6-242 茎痘病在接穗木质部表面的凹陷槽沟

【病原】葡萄茎痘病毒（Grape Stem Pitting-associated Virus，GSPaV）。

【发病规律】茎痘病毒在带毒植株内越冬。主要通过嫁接传播，无论砧木或接穗带毒均可导致发病。苗木、插条、接穗或砧木带毒是该病远距离传播的主要方式。有研究者认为葡萄花粉可以传病，也有研究者认为该病具有自然传播媒介，但均未得到有力证实。

【防控技术】

1.培育和利用无毒繁殖材料或苗木 建立无毒母本园，培育无毒母本树，繁殖和利用无毒繁殖材料及苗木。苗木调运时，严格检验、检查，彻底淘汰带毒苗木。

2.及时处理病树 发现病树，及时刨除烧毁，消灭田间发病中心。

扇叶病

扇叶病是一种世界性的病毒类病害，在我国各葡萄产区均有发生，对葡萄生产威胁很大。据研究报道，带有扇叶病的葡萄植株，生根率可降低60%，枝条产出率可减少46%，嫁接成活率降低30%～50%，产量损失达30%～80%。

【症状诊断】扇叶病是一种系统侵染性病害，但主要在叶片上表现明显症状，具体症状特点因葡萄品种、病毒株系、气候条件、肥水管理等不同而有一定差异，常分为畸形、黄化和镶脉3种类型。

畸形症状 植株矮化或生长衰弱（彩图6-243），叶片变形皱缩，左右不对称，叶缘锯齿尖锐（彩图6-244）；叶脉伸展不正常，明显向中间聚集，呈扇状（彩图6-245），有时伴随有褪绿斑驳（彩图6-246）；新梢分枝不正常，双芽，节间缩短，枝条变扁或弯曲，节部有时膨大；果穗少，穗型小，坐果不良，成熟期不整齐。

彩图6-243 扇叶病植株矮化，节间缩短

彩图6-244 扇叶病叶片叶缘呈锯齿状

彩图6-245 病叶叶脉聚集，叶片呈扇形

黄化症状 在春季叶片上先出现黄色散生斑点、环斑或条斑（彩图6-247～彩图6-249），而后形成黄绿相间的花叶；严重时病株叶片、枝蔓、果穗均变黄。叶片和枝梢变形不明显，果穗和果粒多较正常的小。后期老叶整叶黄化、枯萎、脱落。

彩图6-246 扇形病叶上有褪绿斑驳

彩图6-247 春季嫩叶上产生黄色斑点

彩图6-248 嫩叶上产生黄白色斑点

彩图6-249 叶片上有褪绿环斑

镶脉症状 春末夏初，成熟叶片沿主脉产生褪绿黄斑，逐渐向脉间扩展，形成铬黄色带纹（彩图6-250、彩图6-251）。

彩图6-250 沿叶脉形成的轻型褪绿黄斑

彩图6-251 沿叶脉褪绿的重型病叶

病株通常仅出现一种症状，有时症状潜伏，但病株树势衰弱，生命力逐渐衰退。扇叶病症状春季最明显，夏季高温时逐渐隐症。巨峰、藤稔、沙地葡萄、贝达等品种和砧木对扇叶病毒敏感，症状明显；赤霞珠、品丽珠、梅鹿辄等欧亚种葡萄对扇叶病毒不敏感，通常不表现明显症状。

【病原】 葡萄扇叶病毒（Grape Fan Leaf Virus，GFLV）。病毒粒子球型（彩图6-252）。

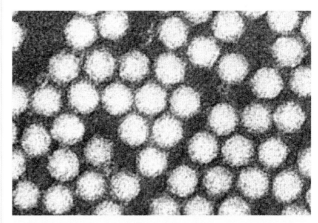

彩图6-252 扇叶病的病毒粒子电镜照片

【发病规律】扇叶病毒主要在带毒植株体内存活越冬，主要通过无性繁殖材料（插条、砧木和接穗）传播，无论接穗方或砧木方带毒，嫁接苗成活后植株均感染有病毒。带毒苗木和接穗的调运是该病远距离扩散的主要途径。另外，扇叶病毒还能经线虫（*Xiphinema index*、*X.italiae*）传播，线虫在扇叶病的田间扩散蔓延中起着重要作用，同时线虫也可附着在苗木的根系作远距离扩散。

【**防控技术**】葡萄植株一旦被病毒感染，即终生带毒，持久为害，无法通过化学药剂进行有效控制。因此，培育和利用无病毒苗木是预防扇叶病的根本措施。新建果园时，除选用无病毒苗木外，最好选择3年以上未栽植葡萄的地块，以防残留在土中的带毒线虫成为侵染来源。已建葡萄园内，如发现零星病株，应立即拔除，并用杀线虫剂对根系周围的土壤进行消毒处理。

卷叶病

卷叶病是葡萄上的一种世界性的病毒类病害，在我国各葡萄产区均有发生。病株根系发育不良，抗逆性降低，易遭受冻害，一般减产17%～40%，含糖量降低20%以上，成熟期推迟1～2周，且嫁接成活率显著降低，严重时长势急剧衰退。

彩图6-253　发病初期，脉间叶肉产生淡红色斑点

【**症状诊断**】卷叶病在不同葡萄品种上症状的表现程度不同。在欧亚葡萄品种上症状明显，在欧美葡萄品种上症状轻微，在美洲葡萄品种上则无明显症状。该病具有半潜隐特性，生长季前期无症状表现，而在果实成熟到落叶前表现明显症状，具体症状表现因病毒种类、寄主品种、病毒复合侵染及环境条件的不同而有差异。红色品种感染卷叶病毒后，在夏末或秋季，病株基部成熟叶片脉间出现红色斑点（彩图6-253）；随时间推移，斑点逐渐扩大，最后连接成片，秋季整个叶片变为暗红色，但叶脉仍保持绿色（彩图6-254、彩图6-255）。病叶增厚变脆，叶缘向下反卷（彩图6-256）；症状表现从植株基部叶片向顶部叶片扩展，严重时整株叶片全部发病（彩图6-257），树势非常衰弱（彩图6-258）。在白色葡萄品种上，症状表现相似，只是叶片颜色变黄而非变红（彩图6-259）。病株葡萄果粒小，数量少，果穗着色不良（彩图6-260），有些红色品种染病后果实苍白，基本失去商品价值。

【**病原**】目前全世界已从葡萄卷叶病植株上发现了11种葡萄卷叶病毒（Grape Leaf Roll-associated Virus，GLRaV），均属于长线形病毒（彩图6-261）。

彩图6-254　叶肉变红，主脉仍保持绿色

彩图6-255　叶肉变红，叶脉仍保持绿色，叶片反卷

彩图6-256　脉间叶肉变紫红色，叶缘下卷

彩图6-257　病株叶片全部变红

彩图6-258 病株树势衰弱，整株叶片反卷变红

彩图6-259
病株叶片反卷
变黄

彩图6-260 病株果实着色不良

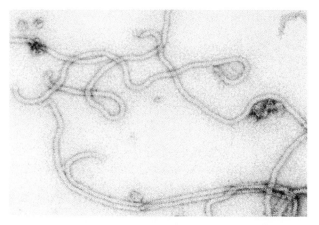

彩图6-261 葡萄卷叶病毒粒子电镜照片

【发病规律】卷叶病毒主要在带毒植株上越冬，主要通过嫁接传染，并随繁殖材料（接穗、砧木、苗木）作远距离传播扩散，也可通过粉蚧和绵蜡蚧等昆虫介体近距离传播，但不能通过种子传播。病毒侵染葡萄后，在植株体内呈不均匀分布，多在枝条、穗梗和叶柄的韧皮部聚集。卷叶病具有半潜伏侵染特性，生长前期症状表现不明显，从果实成熟期开始表现明显症状。欧亚种群葡萄症状表现明显，发病率高，受害最重；欧美杂交种葡萄较耐病，症状表现程度比欧亚种群低；美洲种群葡萄较抗病，一般不表现卷叶病症状。

【防控技术】葡萄被卷叶病毒感染后即终生带毒，持久为害，无法通过化学药剂进行有效控制。培育和栽培无病毒苗木是防控卷叶病的最根本措施。其次，新建葡萄园时，最好距离普通葡萄园30米以上，以防粉蚧等传毒介体的扩散传毒。对于已有葡萄园，发现病株，应及时拔除。及时防控粉蚧、绵蜡蚧等传毒昆虫。

花叶病

【症状诊断】花叶病主要在叶片上表现明显症状，其典型特点是在叶片上产生许多不同程度的褪绿斑点或斑块（彩图6-262、彩图6-263）。具体症状表现受季节影响而不同。春季叶片黄化，并在叶片上散生受叶脉限制的褪绿斑块，呈花叶状；进入高温夏季后，花叶症状逐渐隐蔽或不明显，但叶片皱缩变形；秋季，褪绿花叶又可在新叶上出现。病株矮小，易受冷害，果实产量和品质明显下降。

彩图6-262 病叶上散布有边缘不明显的褪绿黄斑

彩图6-263　病叶上散生许多黄白色小点

【病原】葡萄花叶病毒（Grape Mosaic Virus，GMV）。

【发病规律】花叶病毒寄主范围比较广泛，主要在田间病株内及其他寄主植物上越冬。使用和调运带毒苗木、接穗、插条是该病传播的主要途径，无论接穗、砧木只要一方带毒嫁接苗即为病株。在田间，枝叶摩擦、修剪工具可以传播，也有可能通过蚜虫传毒。

【防控技术】培育和利用无病毒苗木是预防花叶病的最根本措施，要特别注意防止接穗、砧木、插条带毒传病。若植株染病带毒，目前尚没有办法彻底治疗。另外，注意防控葡萄园内的传毒蚜虫，避免其传毒扩散花叶病的发生为害。

皮尔斯病

皮尔斯病（Grapevine pierce's disease）是葡萄上报道最早的嫁接传染性病害，1897年在美国加利福尼亚州造成了毁灭性的为害，目前我国尚未发现此病。该病除为害葡萄外，还可侵染其他28个科的植物。

【症状诊断】春季，染病植株萌芽延迟，生长缓慢。夏季，因病株疏导组织阻塞而引起水分供应失常，部分枝蔓叶片边缘出现不均匀黄化，并逐渐坏死、叶片焦枯（彩图6-264～彩图6-266），甚至叶片提前脱落，仅留叶柄完整地挂在树上；果穗皱缩枯萎，产量降低。秋季，枝蔓成熟不均匀，成熟枝条皮色变为褐色，不成熟的仍为绿色，在同一枝条上出现绿色与褐色相间的现象（彩图6-267）；病株生长衰弱，冬天容易受冻害，寿命严重缩短，仅能存活一至数年。病株根部在发病初期正常生长，但在病情严重时根部枯死，最后根颈部死亡。

彩图6-264　皮尔斯病导致叶缘呈水浸状坏死

彩图6-265　皮尔斯病导致叶缘干枯

彩图6-266　皮尔斯病导致叶缘不均匀黄化，逐渐坏死、焦枯（J. Clark）

彩图6-267　皮尔斯病导致叶片枯萎，枝条成熟度不一致（J. Clark）

【病原】一种难培养细菌（*Xylella fastidiosa* Wells et al），属格兰氏阴性，具有波纹状的细胞壁（彩图6-268）。病菌在木质部内堵塞维管组织。除侵染葡萄外，还可侵染苜蓿、扁桃、榆树、李、长春花等多种植物。

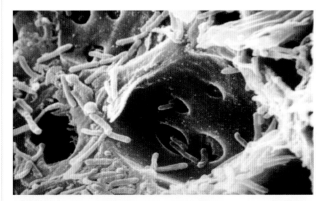

彩图6-268　皮尔斯病病原菌阻塞导管电镜照片（Doug Cook）

【发病规律】皮尔斯病菌仅局限在葡萄木质部内侵染为害，多在冬季较温暖的地区流行，主要通过沫蝉、叶蝉等木质部取食昆虫近距离传播（彩图6-269），并随带病繁殖材料远距离传播。该病寄主范围较广，可以通过介体昆虫在葡萄与其他寄主之间传播。夏末和秋季症状明显，但在有些寄主上不表现症状。

彩图6-269　皮尔斯病传播介体红头叶蝉（J. Clark）

【防控技术】

1.加强植物检疫　禁止从疫区调引苗木、种条。确需调引时，对于引进的苗木和种条应先进行隔离栽植两年，确认无病后方可继续栽培，否则必须就地彻底销毁。

2.种条温水消毒　将休眠枝条在45℃温水中浸泡3小时、或在50℃温水中浸泡45分钟，可消灭皮尔斯病菌。

3.加强栽培管理　在发病的疫区，栽培抗病品种，可以收到良好的防控效果。及时清除田间病株和杂草，可减少侵染源及传播介体，有效抑制病害扩散传播。

4.及时防控介体昆虫　秋末彻底清扫落叶并销毁，有效清除虫源。生长期及时喷施杀虫药剂，杀虫防病，防止病害传播蔓延。

金黄病

金黄病（Grapevine flavescence dorée disease）是由植原体引起的一种葡萄病害，传播性强，为害严重，可导致葡萄大量减产，甚至葡萄园毁灭。该病1957年在法国西南部首次发现，目前我国还没有葡萄植原体病害，应加强检疫措施，防止此类病害传入我国。

【症状诊断】金黄病症状表现受葡萄品种、气候条件、染病时间和植株营养状况等多种因素的影响。一般症状表现如下。

春季：病株萌芽晚，生长势减弱，节间变短；开花后出现叶脉黄化（彩图6-270）、叶片褪绿、叶缘向下卷曲（彩图6-271）、褪绿部分坏死、叶片早落等症状。

夏季：叶片反卷加重，变厚、变脆。红色果实品种叶片变红（彩图6-272），白色果实品种叶片黄化，变色叶片具有金属光泽（彩图6-273），部分叶片中央部位坏死、干枯。枝条成熟度不一致，韧皮部纤维缺乏（下垂）。

彩图6-270　金黄病叶片，叶脉黄化坏死（Biologische Bundesanstalt）

彩图6-271　金黄病叶片黄化反卷，部分枯萎（Federico Bondaz）

彩图6-272　金黄病叶片变红发亮，果穗枯萎（法国INRA）

秋季：枝条主脉坏死，发生纵裂，节间有时出现黑色泡状物；花序干燥，果穗失水枯萎（彩图6-274），易脱落。严重受害植株第二年死亡。

【病原】葡萄金黄病植原体（Grape flavescence doree Phytoplasma），是一种原核生物，存在于寄主植物筛管细胞中（彩图6-275）。对四环素类敏感，不能进行革兰氏染色。

【发病规律】葡萄金黄病在田间主要通过葡萄带叶蝉（*Scaphoideus titanus*）传播（彩图6-276），以持久性方式传病，但不能经卵传播，可随气流做远距离扩散，也可随葡萄繁殖材料的调运做远距离传播。但该病嫁接传播效率较低，随带病插条或接穗传播的效率也不高。雷司令、霞多丽、赤霞珠、黑比诺等品种对金黄病高度敏感，砧木3309C、SO4、Fercal、110R等有耐病性。

彩图6-273　金黄病叶片反卷，呈亮黄色（Robert E. Davis）

彩图6-274　金黄病果穗失水枯萎（J.K. Uyemoto）

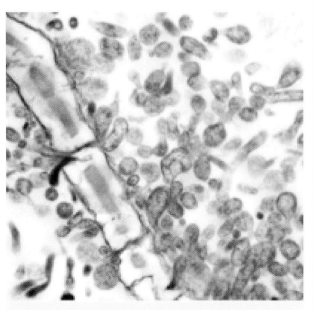

彩图6-275　葡萄金黄病植原体病原（法国INRA）

彩图6-276　金黄病传播介体——葡萄带叶蝉

【防控技术】加强植物检疫，禁止从疫区采集接穗、插条繁殖苗木，也禁止从疫区调运砧木和品种苗木。培育和栽植无病苗木。有效防控传病介体昆虫，剪除并销毁带有虫卵的枝条，发芽前喷药杀灭叶蝉虫卵，以后再喷药2～3次防治叶蝉幼虫和成虫。休眠的成熟枝条在45℃温水中浸泡3小时或在50℃温水中浸泡45分钟，可脱除植原体。

黄叶病

【症状诊断】黄叶病又称缺铁症，主要在叶片上表现明显症状，先从嫩梢叶片开始发病（彩图6-277）。初期，脉间叶肉褪绿变黄（彩图6-278），叶脉仍保持绿色，病叶呈黄绿色，形成绿色网纹状叶脉（彩图6-279）；后期，叶片发展为黄白色甚至白色（彩图6-280）；严重时，叶片边缘变褐枯死、甚至全叶枯死脱落（彩图6-281、彩图6-282）。重病株，新梢节间短、叶片小（彩图6-283），基本不能结果；严重病株，逐渐死亡（彩图6-284）。

彩图6-277　缺铁黄叶病先从新梢叶片开始发生

彩图6-278　发病初期，脉间叶肉褪绿变黄

彩图6-279　病叶变黄，叶脉呈绿色网纹状

彩图6-280　病叶变黄白色，叶脉呈绿色网纹状

彩图6-281　叶缘开始变褐枯死

彩图6-282　严重病叶后期，叶片焦枯

彩图6-283　重病株新梢节间短、叶片小

彩图6-284　严重病株，逐渐死亡

【病因及发生特点】黄叶病是一种生理性病害，由铁素供应不足引起。土壤有机质瘠薄、土质黏重、盐碱度过高（pH偏高）或含过量碳酸钙，使土壤中的可溶性铁素（二价铁）转变为不溶性状态（三价铁），树体无法吸收利用，表现为缺铁。有机肥使用量小、速效化肥使用量大、土壤板结、保肥能力差是导致缺铁的主要因素。上年结果量过大、或叶片早期脱落（霜霉病为害等）、或遭受冻害后，根系发育不良，吸收能力降低，可加重黄叶病的发生为害（彩图6-285、彩图6-286）。

彩图6-285　上年霜霉病落叶早而导致发生黄叶病

彩图6-286 冻害导致发生黄叶病

【防控技术】

1.加强栽培管理 增施农家肥等有机肥及微生物肥料，按比例科学施用氮磷钾肥及中微量元素肥料，改良土壤，促进土壤中不溶性铁素向可溶性态转化，保证根系吸收利用。结合施用有机肥，土壤埋施硫酸亚铁等铁肥（每株施硫酸亚铁0.5～1千克，与有机肥混匀后埋施；若按照柠檬酸：硫酸亚铁：腐熟有机肥＝1：3：15的比例混合施肥效果更好），提高土壤中可溶性铁的含量。合理确定结果量，避免树体负担过重，培强树势，促进根系发育。春季干旱时，及时灌水压盐，以减少表土含盐量。在土壤黏重、pH高的碱性土壤上，不能选用耐碱性较弱的贝达嫁接苗木。

2.及时叶面喷施铁肥 发现黄叶后，及时叶面喷施铁肥，补充铁素，7～10天1次，直到叶片转绿为止（彩图6-287）。常用有效铁肥有：柠檬酸铁、黄腐酸铁、铁多多、黄叶灵、病叶康、螯合铁、硫酸亚铁（混加0.1%柠檬酸效果更好）等。喷雾时混加尿素300倍液及海藻酸2000～3000倍液，可显著促进铁素的吸收利用。

彩图6-287 叶面喷施铁肥，叶片开始黄变绿

3.加强病虫害综合防控 加强叶部病虫害（霜霉病、褐斑病、叶蝉类等）的综合防控，避免造成早期落叶。

缺镁症

【症状诊断】缺镁症主要在叶片上表现明显症状，多从果实膨大期开始发病，从基部叶片向上发展（彩图6-288）。初期，在叶缘及叶脉间产生褪绿黄斑（彩图6-289），该黄斑沿叶肉组织逐渐向叶柄方向扩展（彩图6-290），且褪绿程度逐渐加重，呈黄绿色至黄白色（彩图6-291），形成绿色叶脉与黄色叶肉带相间的"虎叶"状（彩图6-292）；严重果园，许多植株发病（彩图6-293、彩图6-294）。后期病害严重时，脉间黄化条纹逐渐变褐枯死（彩图6-295）。病叶一般不早落。缺镁对果粒大小和产量影响不明显，但可导致果实着色差、成熟晚、糖分低、品质下降。

彩图6-288 缺镁症从下部叶片开始发生

彩图6-289 缺镁症初期病叶

彩图6-290 病叶上的褪绿黄斑由叶缘向内扩展

彩图6-291　病叶褪绿变色组织呈黄白色

彩图6-292　脉间变黄，形成典型的"虎叶"状

彩图6-293
园内许多植株开始发病

彩图6-294　许多植株发病后期

彩图6-295　严重时，叶缘褪绿部分逐渐向内枯死

【病因及发生特点】缺镁症是一种生理性病害，由土壤镁素供应不足引起。土壤有机肥使用过少、速效磷肥及钾肥施用过多容易引起缺镁症；酸性土壤或沙质土壤镁易流失，缺镁症发生较重；土壤中铝离子、铵离子及氢离子含量高可抑制镁离子吸收。镁是叶绿素的组成成分，在植株体内可以流动，镁不足时能从老组织流向嫩组织，所以常从枝蔓基部叶片开始发病。缺镁症多发生于葡萄生长中后期，若中后期多雨或浇水量过大，可加重缺镁症的表现。

【防控技术】

1.加强栽培管理　增施腐熟的农家肥等有机肥及微生物肥料，按比例科学施用氮、磷、钾肥及中微量元素肥料，不要偏施速效磷肥及钾肥。酸性土壤中适当施用镁石灰或碳酸镁，中性土壤中施用硫酸镁，补充土壤中有效镁含量。一般每株沟施200～300克。

2.叶面喷镁　往年缺镁症表现较重的葡萄园，从果粒膨大期或下部叶片发病初期开始叶面喷镁，10～15天1次，连喷3次左右。一般使用200～300倍硫酸镁液均匀叶面喷洒。果实转色期喷施硫酸镁还可降低穗轴坏死的发生率。

缺硼症

【症状诊断】缺硼症主要表现在叶片、果实及新梢上。叶片发病，幼叶出现水浸状淡黄色斑点，随叶片生长而逐渐明显，叶缘及脉间失绿（彩图6-296），新叶皱缩畸形；后期，叶缘变黄白色（彩图6-297），甚至焦枯。花期缺硼，常表现花冠不能脱落，呈茶褐色筒状（彩图6-298），严重时花蕾枯死脱落、坐果率降低、果粒明显变小。膨大期果实缺硼，导致果肉组织变褐坏死（彩图6-299），易形成"石头果"（果粒坚硬）。果实膨大后期缺硼，引起果粒维管束和果皮褐变（彩图6-300），果粒不能着色。新梢发病，幼嫩节间膨大，甚至膨大处枯死，梢尖附近卷须变为褐色。缺硼植株多结实不良，植株矮小，节间变短，副梢生长衰弱。

【病因及发生特点】缺硼症是一种生理性病害，由土壤中硼素供应不足引起。土壤有机质贫乏、速效化肥施用比例失调及强酸性土壤容易造成缺硼；土壤干旱，影响根系对硼素的吸收，易导致缺硼；沙性土壤，硼素易随水分淋渗，常引起缺硼；碱性土壤中，硼素易被固定，容易造成缺硼。另外，硼在植株体内不能贮存，也不能由老组织向新生组织转移，所以缺硼最先在幼嫩组织表现症状。因此，防治缺硼症的关键是保证硼素在整个葡萄生长期的平衡供应。

彩图6-296 缺硼症初期叶片，叶缘褪绿

彩图6-297 缺硼严重叶片，叶缘变黄白色

彩图6-298 花期缺硼，花冠不易脱落

彩图6-299 果实膨大期缺硼，果肉变褐坏死

彩图6-300 果实膨大后期缺硼，果皮褐变

【防控技术】

1.**加强栽培管理** 增施腐熟的农家肥等有机肥及微生物肥料，按比例科学施用氮、磷、钾、钙等速效化肥，改良土壤，提高土壤保肥能力；合理浇水，科学排水，促进根系发育，增强根系吸收功能。

2.**根施硼肥** 结合施用有机肥及农家肥，土壤施用硼肥。一般每株大树施用硼砂10～15克。施后需立即灌水。

3.**叶面喷施硼肥** 开花前、落花后7～10天、落花后20天、果粒膨大期各叶面喷施1次硼肥。一般使用硼砂300～400倍液、或硼酸400～500倍液喷雾。

缺锌症

【症状诊断】缺锌症又称大小粒、小叶病，主要表现在果穗上，严重时也可在新梢叶片上表现症状。由于锌与生长素及叶绿素的形成有关，所以缺锌时主要影响葡萄的正常生长。在果穗上主要影响种子形成和果粒的正常生长，缺锌时果穗生长散乱，果粒大小不齐，易形成无籽小果，或生长量变小等（彩图6-301～彩图6-303）。叶片上多表现为叶片小、叶缘锯齿变尖、叶片不对称、叶肉出现斑驳、叶片基部裂片发育不良等（彩图6-304）。

【病因及发生特点】缺锌症是一种生理性病害，主要由土壤锌素供应不足引起。有机肥及农家肥施用量过少、土壤瘠薄、沙质土壤、碱性土壤等均可诱发或加重缺锌症的表现。沙质土壤中，含锌量低，且有效锌易随雨水冲刷流失，所以易引起葡萄缺锌。碱性土壤中，锌盐易被转化为难溶解状态，不能被葡萄吸收利用，常造成缺锌症。土壤中多种微量元素如锌、铜、镁、锰等比例失调，元素间发生拮抗作用，可导致葡萄根系对锌元素的吸收困难。

彩图6-304　缺锌导致的新梢小叶

【防控技术】

1.加强栽培管理　增施农家肥等有机肥及微生物肥料，按比例科学使用速效化肥及中微量元素肥料，施用充分腐熟肥料，适量混施锌肥，提高土壤保锌能力及锌离子含量，促进锌肥的吸收利用。碱性土壤的葡萄园，春季干旱时，注意及时灌水压盐，以降低浅层土壤的含盐量。

2.适量喷施锌肥　往年缺锌较严重的园片，从花前2～3周开始喷施锌肥，开花前2次、落花后1次，具有较好防控效果。效果较好的锌肥有：锌多多、硫酸锌、狮马叶面肥等。

缺锰症

【症状诊断】缺锰症主要在叶片上表现明显症状，多从枝梢基部叶片开始发病。初期，叶片变浅绿色，脉间叶肉组织开始褪绿，产生受叶脉限制的细小黄色斑点（彩图6-305），似花叶状。随病情发展，叶肉组织褪绿加重，形成黄白色褪绿斑，病健交界不明显，但主脉和一级侧脉两侧叶肉仍保持绿色（彩图6-306）。阳光下叶片比遮阴处叶片症状明显。严重时，影响新梢、叶片及果实生长，导致果穗成熟延迟。含有石灰的土壤，缺锰症状常被石灰褪绿的黄化所掩盖，需要仔细诊断。

彩图6-301　缺锌导致的葡萄大小粒（幼果期）

彩图6-302　缺锌导致白牛奶葡萄果粒小而不整齐（中间为健穗）

彩图6-303　缺锌导致玫瑰香葡萄近成熟期的大小粒

彩图6-305　缺锰引起的脉间组织褪绿

彩图6-306 叶片较重缺锰症状

彩图6-307 日灼病发生严重果穗

【病因及发生特点】缺锰症是一种生理性病害，由土壤中锰素供应不足引起。植株缺锰后，影响叶绿素形成，而导致叶片出现褪绿黄化症状。酸性土壤一般不会缺锰；碱性土壤、黏重土壤易发生缺锰症，土壤通气不良、地下水位高时，缺锰症发生较重。

【防控技术】

1.加强栽培管理 增施农家肥等有机肥及微生物肥料，改善土壤理化性质，配合以适量施用锰肥，增加土壤中有效锰素含量。雨季注意及时排水，降低果园内地下水位，促使土壤通气良好，促进锰素吸收利用。

2.适当喷施锰肥 往年缺锰严重的葡萄园，在葡萄开花前及落花后适当喷施锰肥，7～10天1次，连喷3次左右，可显著改善锰素供应状况，并有增加产量和促进果粒成熟的作用。常用有效锰肥为0.3%～0.5%硫酸锰溶液。

彩图6-308 严重时，许多果实受害

日灼病

日灼病又称气灼病，俗称"日烧"，是一种生理性病害。日灼是在高温强日照直射环境下造成的一种伤害，气灼是在高温环境下（没有阳光直射）造成的一种气热伤害，两者症状表现基本相同，只是发生环境稍有差异。在离树条件下，无法对两者进行区分，因此通常将该两种伤害统称为日灼病。

【症状诊断】日灼病主要发生在果粒和叶片上。果粒受害，多为零星发生，严重时也常有许多果粒发病（彩图6-307、彩图6-308）。初期，果面上产生黄褐色近圆形伤害斑，边缘不明显，果皮及皮下果肉坏死，稍凹陷（彩图6-309）；随病情加重，病斑扩大，形成淡褐色至褐色的明显凹陷病斑，表皮皱缩，浅层果肉开始坏死；严重时，整个果粒干缩为淡褐色至紫褐色僵果（彩图6-310）。叶片受害，初期叶面产生淡褐色或黄褐色不规则形斑点或斑块，病斑处不枯死，边缘不明显（彩图6-311、彩图6-312）；随病情逐渐发展，病斑扩大，颜色加深，呈褐色至紫褐色、不规则形，边缘较明显；严重时，病斑处干枯，颜色变淡，整张叶片变褐色至红褐色，影响叶片光合作用（彩图6-313）。

彩图6-309 果粒上的日灼病早期病斑

彩图6-310 发病后期，果粒干缩为僵果

彩图6-311　日灼病在叶片上为害初期

彩图6-312　日灼病在叶片上的较轻为害状

彩图6-313　日灼病在叶片上的严重为害状

【病因及发生特点】日灼病是一种生理性病害，主要由阳光过度直射或气温过高引起。修剪过度、果实及嫩叶不能得到适当遮阴、土壤供水不足是诱发日灼病的主要原因。肥水管理不当、结果量过大，导致树势衰弱，可加重该病发生。葡萄架式对日灼病发生也有一定影响，一般篱架葡萄日灼病较重，棚架或类似于棚架架式的葡萄病害发生较轻。另外，有些品种耐热能力较低，高温干旱季节容易发病。

【防控技术】

1.加强葡萄园管理　尽量采用棚架或类似于棚架的架式栽培，使果穗能够充分遮阴。在南方葡萄产区，适当遮阴栽培，有效降低阳光对植株的直射。实施果穗套袋，避免果穗受阳光直射。推广行间生草栽培，或地面适当覆草、秸秆等，降低环境温度。增施农家肥等有机肥，合理使用氮、磷、钾、钙肥，提高土壤肥力及保水能力；适当深施肥，诱导吸收根系向深层发育，增强吸水性能，培强树势，提高树体抗逆能力。高温季节，注意及时浇水，保证土壤水分供应。适当密植，合理整枝打杈，使果穗得到充分遮阴。

2.喷药防控　高温季节，喷施0.1%硫酸铜溶液，可增强葡萄耐热性，减轻气灼病为害。也可叶面增施钙肥，提高叶片及果实耐热能力，常用叶面钙肥有硝酸钙、氨基酸钙等。一般使用0.2%～0.3%硝酸钙溶液或0.4%～0.5%氨基酸钙溶液喷雾。

冻害

【症状诊断】冻害分为休眠期冻害和生长期冻害两种。

休眠期冻害在北方葡萄产区发生较多，特别是冬季需要下架埋土防寒的果区受害较重。休眠期冻害主要发生在根部及近地面的树干部位，其明显症状表现是枝蔓发芽晚或不发芽（彩图6-314～彩图6-316）；有时发芽长出新梢后不久新梢又逐渐枯死（彩图6-317）；有的新梢则表现为黄叶状（彩图6-318）；有的表现为上部枝条枯死，而在近地面部分又萌生出许多新枝（彩图6-319）。芽受害较轻时，虽然能够萌发，但嫩叶很小、畸形、多皱，并有不规则褪绿斑块（彩图6-320）。剖开近地面处树干，韧皮部变褐色至黑褐色，形成层损伤或坏死；挖开浅层根系，许多细小支根变黑褐色死亡。冻害严重时，许多植株彻底死亡，造成果园缺株断行（彩图6-321、彩图6-322）。

彩图6-314　休眠期冻害造成许多植株不能正常发芽

彩图6-315　遭受冬季冻害的葡萄园惨状

彩图6-316　受冻害植株发芽较晚

彩图6-317　根系受冻，新生枝条逐渐枯死

彩图6-318　休眠期冻害，树体发芽晚，叶片小而黄

彩图6-319　老枝蔓冻死，基部萌出新生枝条

彩图6-320　冻害较轻芽萌生的新梢

彩图6-321　冻害造成葡萄园缺株断行

彩图6-322　锯除冻死的老枝蔓

　　生长期冻害主要发生在萌芽至嫩梢生长期。萌芽期冻害，常造成新梢不能正常抽发、畸形、扭曲等；发芽后如遇强烈低温（倒春寒），则造成嫩梢变黑褐色枯死。

　　【病因及发生特点】冻害是一种自然气候灾害，属于生理性病害范畴，主要是由温度骤然下降（温度突然大幅度降低）或冬季绝对低温造成的。葡萄下架后埋土较晚或埋土层较薄是诱发休眠期冻害发生的主要原因；结果量过大、发生早期落叶，树体营养积累较少，常加重休眠期冻害的发生程度。对于幼树，肥水过大，枝条生长过旺，枝蔓老化程度不足，亦常遭受冻害。生长期冻害，主要由于倒春寒引起，树势衰弱，抗逆能力低，受害往往较重。

　　【防控技术】葡萄下架后及时埋土防寒，根据当地气候条件适当增加埋土厚度及宽度，提高防寒效果（彩图6-323）。搞好生长期病虫害防控，避免早期落叶，增加树体养分积累，提高植株抗冻能力。增施农家肥等有机肥及微生物肥料，中后期控制氮肥，促进新生枝蔓老化，适当提高抗冻水平。特别是幼树进入7月份后停肥停水，促进枝蔓老熟。

彩图6-323　北方葡萄冬季下架埋土防寒

易发生倒春寒的地区，春季注意天气预报及气候变化，在寒流到来前适当进行预防，如熏烟、喷施叶面肥、抗冻剂等。据试验证明，寒流来临前3天左右喷施0.003%丙酰芸苔素内酯水剂2000～3000倍液，能在一定程度上抵抗倒春寒为害，混加0.3%尿素溶液效果更好。

雹害

【症状诊断】雹害可以发生在葡萄的枝蔓、叶片、果实、穗轴等各部位，但以叶片和果实受害损失最重，主要受害特点是造成大量机械伤口。叶片受害，造成叶片支离破碎或脱落，影响光合作用。果实受害，果粒脱落或果面造成机械伤口（彩图6-324、彩图6-325），该伤口易受灰霉病菌、白腐病菌、软腐病菌、酸腐病菌等感染，而导致果粒腐烂。枝蔓及穗轴受害，其表面产生许多破损性机械伤口（彩图6-326、彩图6-327），常导致树势衰弱。

彩图6-324　幼果粒受雹害伤口及愈合状

彩图6-325　近成熟果受雹灾伤害

彩图6-326　枝蔓上的雹害伤口

彩图6-327　枝蔓雹伤愈合状

【病因及发生特点】雹害是一种气象灾害，属于生理性病害范畴，由突降冰雹造成。雹害发生后，轻者造成叶片支离破碎、枝蔓伤痕累累、果面产生伤口，影响树势、产量及葡萄品质；重者导致绝产、绝收，甚至植株死亡。若冰雹发生后持续阴雨潮湿，将会导致许多从伤口侵染的病害严重发生。

【防控技术】预防雹害的首要措施就是根据天气预报，及时放炮驱散强对流乌云。其次，在经常发生雹害地区于葡萄园上方架设防雹网，避免或减轻冰雹对葡萄的直接危害（彩图6-328）。发生雹害后，及时喷药防控其他病菌感染，避免造成更大损失。一般使用50%克菌丹可湿性粉剂500～600倍液＋70%甲基硫菌灵可湿性粉剂800～1000倍液混合喷洒效果较好（不套袋红提禁用克菌丹），也可选用30%戊唑·多菌灵悬浮剂700～800倍液、或41%甲硫·戊唑醇悬浮剂600～800倍液等。在雹灾多发区，尽量实施果穗套袋，减轻或缓冲冰雹对果穗的危害。

彩图6-328　葡萄园上方架设防雹网

裂果症

【症状诊断】裂果症即为果粒异常开裂，主要发生在果实近成熟至采收期，有时膨大期果粒上也可发生（彩图6-329）。裂口发生部位不定，可发生在果柄端、果顶端及果粒胴部（彩图6-330～彩图6-332），形成较大裂缝，果肉甚至种子外露。裂口处易诱发灰霉病、酸腐病等病害发生（彩图6-333），还有可能诱发杂菌感染造成果粒腐烂，甚至引诱金龟子、胡蜂、果蝇等昆虫进行二次为害（彩图6-334）。少数几个果粒开裂，即可能诱使整穗葡萄失去食用价值。

彩图6-332　果穗上许多果粒开裂

彩图6-329　膨大期果粒发生裂口

彩图6-333　裂果诱使酸腐病发生

彩图6-330　裂口从果顶端开始发生

彩图6-334　葡萄裂果，招引果蝇为害

【病因及发生特点】裂果症是一种综合型生理性病害，多种因素均可导致果粒开裂。果实近成熟期，前期干旱、后期多雨水，水分供应失调，是诱发果粒开裂的主要因素之一；膨大剂使用剂量偏大，果穗过于紧密，常导致后期果粒挤压开裂；果实催红（熟）时，用药（乙烯利）剂量偏大，常导致果粒开裂；土壤缺钙，可加重裂果症的发生为害。不同品种敏感性不同，薄皮品种裂果往往发生较重。

【防控技术】

1. 加强栽培管理　增施农家肥等有机肥及微生物肥料，按比例科学施用氮、磷、钾肥，适量混施钙肥及其他中微量元素肥料，促进树体及果实对钙的吸收，提高果实抗逆

彩图6-331　裂口从果柄端开始发生

能力。干旱时及时浇水，多雨时及时排涝，尽量保持果园土壤水分供应平衡。行间实施生草栽培或地膜覆盖，有效控制土壤水分蒸发，尽量保持土壤墒情稳定。使用激素类果实膨大剂时，严格按照推荐剂量使用，避免随意加大浓度。近成熟期使用催红药剂时，按温度变化科学掌握适宜浓度。葡萄近成熟期多雨地区，采用避雨栽培模式，尽量降低雨水对果实含水量的影响。

2.适量喷施钙肥　从葡萄落花后半月开始，每半月左右叶面及果面喷钙1次，直到采收前半月左右，对防控果粒开裂具有良好的控制效果。常用有效钙肥有：佳实百800～1000倍液、速效钙500～600倍液、高效钙500～600倍液及氨基酸钙、腐植酸钙等。

叶缘干枯

【症状诊断】叶缘干枯是发生在葡萄叶片上的一种异常现象，植株中下部较为常见，以夏季和生长中后期发生较多。从叶片边缘开始逐渐向叶内变褐焦枯，初期发生在叶缘局部，逐渐扩展至整个叶缘（彩图6-335），后期叶片大部分干枯，严重时许多叶片发病（彩图6-336）。

彩图6-335　叶缘干枯蔓延至整个叶缘

彩图6-336　许多叶片叶缘干枯

【病因及发生特点】叶缘干枯是一种生理性病害，主要是吸收根系发育不良、上下供需不平衡引起。有机肥及农家肥使用量过少，速效化肥使用量偏多，结果量过大，发生冻害后根系发育不良，雨水过多根系吸收功能受阻等，

均可导致叶片发生叶缘干枯。另外，土壤干旱、气温偏高等，常加重叶缘干枯的发生为害。

【防控技术】增施腐熟农家肥等有机肥及微生物肥料，按比例科学施用氮、磷、钾、钙肥及中微量元素肥料，根据树势及施肥水平合理确定结果量，雨季注意及时排水，高温干旱时及时灌水，葡萄生长中后期适当喷施速效叶面肥及有效养分。行间实施生草栽培或地膜覆盖，有效控制土壤水分蒸发，尽量保持土壤墒情及水分供应稳定。加强根部病害及造成早期落叶的病害防控，促进根系发育与树体营养积累，提高树体抗逆能力。

盐碱害

【症状诊断】盐碱害是葡萄在特定环境中生长所发生的一种生理伤害，主要在新生长部位表现明显症状。发生盐碱伤害的植株生长受到抑制，一般表现植株矮小、叶片黄化变小、叶缘褪绿干枯坏死（彩图6-337）、沿叶脉间变褐干枯、新梢生长缓慢、根系不能正常生长、吸收根变褐坏死等；受害严重时，副梢生长停止，较老叶片的叶缘变褐坏死（彩图6-338），俗称为"叶缘灼伤"或"盐灼伤"。

彩图6-337　盐碱害叶片，叶缘褪绿灼伤

彩图6-338　叶缘变褐坏死

【病因及发生特点】盐碱害是一种生理性病害，是葡萄在盐分过多的土壤环境中生长所发生的生理胁迫性伤害。土壤中易形成伤害的盐碱成分主要是阳离子（钠离子、钾离子、钙离子、镁离子等）和与它们结合的阴离子（氯离

子、硫酸根离子、碳酸根离子、碳酸氢根离子等），其中对葡萄植株生长影响最大的是钠离子和氯离子。土壤中盐分过多，通过抑制根的生长、呼吸作用和水分吸收，进而抑制植株生长。许多盐碱成分抑制和破坏叶绿体内蛋白质的合成，影响叶绿体与蛋白质的结合，导致叶片变黄。盐碱地区栽植葡萄易发生盐碱害；有机肥使用量过少、速效化肥使用量过大，土壤中盐分积累过多，亦常导致葡萄盐碱害发生。

【防控技术】

1.改良土壤 增施农家肥等有机肥及微生物肥料，按比例科学使用速效化肥及中微量元素肥料，改良土壤结构。葡萄行间种植三叶草、燕麦草等绿肥作物，并及时进行剪割，增加土壤有机质含量。如在盐碱地块建园时，应提前做好挖沟排碱工作，降低地下水位，并最好换土栽植；同时，定植时深挖穴，多施有机肥作为底肥，以改善土壤结构和提升土壤肥力。

2.使用耐盐碱砧木 尽量不要在盐碱地块种植葡萄或育苗，如必须使用盐碱地块时，除改良土壤措施外，还应尽量选用耐盐碱砧木嫁接。大部分欧亚品种葡萄对盐分敏感，易遭受盐碱害；而河岸葡萄、冬葡萄、山平氏葡萄以及来自这些种的一些砧木（Ramsey、1103 Paulsen、110 Richter）较耐盐碱，使用这些砧木的嫁接苗耐盐碱能力强。

3.注意灌水 避免使用含盐碱成分高的水浇灌葡萄；雨后及灌水后注意及时中耕松土，避免土壤水分过度蒸发向上返盐碱。

■■■ 药害 ■■■

【症状诊断】药害表现主要发生在叶片和果实上，有时嫩梢上也可发生。具体药害症状因药剂种类不同而差异很大。灼伤型药剂的药害主要表现为局部药害斑枯死，激素型药剂的药害主要表现为抑制或刺激局部生长、甚至造成落叶及落果。从生产中常见表现来看，药害症状有变色、枯死斑、焦枯斑、灼伤斑、畸形、衰老、脱落等多种类型（彩图6-339～彩图6-367）。

彩图6-339 嫩梢生长期发生的有机磷类杀虫剂药害

彩图6-340 代森锰锌在叶背的药害表现

彩图6-341 百菌清在红提葡萄上的药害

彩图6-342 百草枯药害，形成坏死斑点

彩图6-343 草甘膦药害，嫩梢叶片严重变形

彩图6-344　吡草醚在叶片上的药害

彩图6-348　克菌丹与乳油类农药混用药害

彩图6-345　吡草醚在果穗上的药害

彩图6-349　克菌丹与有机磷农药混用药害

彩图6-346　乙烯利药害，导致叶片衰老干枯

彩图6-350　克菌丹与有机磷类杀虫剂混用在白牛奶葡萄幼果上的药害

彩图6-347　二氧化硫在葡萄叶片上的药害

彩图6-351　农药混用不当造成的幼果药点状药害

彩图6-352　农药混用不当造成的幼果药斑状药害

彩图6-356　激素类药害，幼果粒受害状

彩图6-353　农药混用不当造成的灼伤型药害

彩图6-357　激素类药害，穗轴异常增粗，不能坐果

彩图6-354　农药混用不当造成的膨大期果实药害

彩图6-358　激素类药害，穗轴、果柄增粗、僵硬

彩图6-355　激素类药害，穗轴、果柄受害状

彩图6-359　激素类药害，穗轴粗大僵硬

彩图6-360　激素类药害，果柄气孔膨大

彩图6-361　激素类药害，穗轴纵裂

彩图6-362　激素类药害，新梢叶片严重畸形

彩图6-363　2,4-D丁酯药害，新梢叶片畸形

彩图6-364　2,4-D丁酯药害，叶片畸形皱缩

彩图6-365　2,4-D丁酯药害，叶片呈扇叶状

彩图6-366　2,4-D丁酯药害，叶脉紧缩、叶肉消失

彩图6-367　2,4-D丁酯药害，叶缘成锯齿状畸形

【病因及发生特点】药害主要是由药剂使用不当造成的，属于生理性病害范畴。药剂品种选用不当、不慎用错药剂、使用浓度过高、混用不合理、喷药不安全、防护不周到等均可引起药害。多雨潮湿、高温干旱均可诱发产生药害，树势衰弱常加重药害表现。

【防控技术】首先是科学合理地选择和使用农药，并尽量选用安全药剂，注意合理用药种类、合理用药浓度、合理用药器械、合理混配药剂、合理用药时期、合理喷药保护等。其次为加强栽培管理，培育壮树，提高树体耐药能力。发生药害后及时补救，尽量减轻药剂危害程度，如喷施0.003%丙酰芸苔素内酯水剂1500～2000倍液、0.136%赤•吲乙•芸苔可湿性粉剂2000～3000倍液、海藻酸3000倍液等，若在喷药时混加0.3%尿素溶液及0.2%～0.3%磷酸二氢钾溶液效果更好。局部发生药害后，及时疏除受害部位，促发新的生长组织。

第七章
猕猴桃病害

溃疡病

溃疡病是猕猴桃上的一种毁灭性细菌病害，在我国各猕猴桃产区均有发生，防控不当常造成枝蔓枯死或植株死亡，轻者缺株断行，重者果园毁灭。

【症状诊断】溃疡病主要为害枝蔓、枝条，也可为害叶片和果实，以枝蔓受害最重。

枝蔓受害，多从萌芽初期开始发病。皮层变褐色腐烂（彩图7-1），并渗出褐色汁液，导致病斑表面呈褐色湿润状（彩图7-2、彩图7-3）；随病斑扩展，腐烂皮层纵向开裂（彩图7-4），表面逐渐突起（彩图7-5），多形成长条形腐烂病斑（彩图7-6）；严重时在较细枝条上，皮层病斑环绕一周后（彩图7-7），造成上部枝干或枝条萎蔫枯死。后期，病斑伤口处溢出滴状黄白色菌脓，干后多呈红褐色点状（彩图7-8）。小枝条受害，多从芽周围升始发生，初期产生暗绿色或褐色水渍状斑点，后很快扩展为暗褐色腐烂病斑（彩图7-9），稍凹陷，易造成嫩芽或嫩梢枯死（彩图7-10）。

彩图7-1　枝蔓溃疡病病斑的皮层腐烂

叶片受害，初期在叶面上产生红褐色小点，进而扩展为2～3毫米的暗褐色不规则病斑，边缘具有明显的黄色水渍状晕圈（彩图7-11）。湿度大时病斑迅速扩大，形成受叶脉限制的多角形枯死斑，有的不产生晕圈，多个病斑融合后成不规则大斑，中部褐色，边缘及叶脉暗褐色，病叶向里或外翻（彩图7-12）。

彩图7-2　病斑表面渗出褐色汁液

彩图7-3　病斑表面渗出液呈湿润状

彩图7-4　病斑腐烂皮层纵向开裂

彩图 7-5　病斑腐烂皮层肿胀突起

彩图 7-6　长条形腐烂病斑

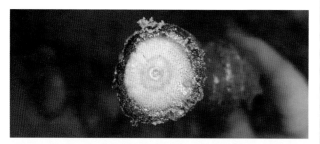

彩图 7-7　枝蔓皮层一周均坏死腐烂

彩图 7-8　病斑表面的红褐色点状脓胶

彩图 7-9　小枝上的暗褐色腐烂病斑

彩图 7-10　小枝受害，造成嫩芽枯死

彩图 7-11　叶片受害的初期病斑

彩图 7-12　叶片受害的后期病斑

　第一篇　落叶果树病害

果实受害，多从枝蔓蔓延而来，造成果实软腐，易从伤口处流出褐色汁液（彩图7-13）。

彩图7-13
果实受害发病后，易流出褐色汁液

【病原】丁香假单胞杆菌猕猴桃致病变种（*Pseudomonas syringae* pv. *actinidiae*），属于革兰阴性细菌。

【发病规律】溃疡病菌主要在枝蔓病组织内越冬，春季随病斑渗出液溢出体外，通过风雨、昆虫或农事活动工具传播，从伤口、水孔、皮孔或气孔侵染。经一段时间潜育繁殖后，逐渐导致发病。新病斑溢出菌脓后，经传播进行再侵染为害。该病菌属于低温高湿型细菌，春季旬均气温10～14℃时，如遇风雨或连日高湿阴雨天气，病害容易流行。老枝蔓发病，以萌芽前后最重，严重果园易造成植株枯死。谢花后，气温升高，病害停止流行。品种间抗病性差异显著。管理粗放、树势衰弱果园，病害发生较重。

【防控技术】溃疡病防控技术模式如图7-1所示。

1.加强栽培管理 尽量选择栽培抗病性品种，有效控制病害发生。培育和使用无病接穗及苗木，尽量避免从病区调运繁殖材料，已经调进的苗木及接穗浸泡消毒后再行使用，一般使用20%噻菌铜悬浮剂400～500倍液、或2%春雷霉素水剂300～400倍液浸泡5～10分钟后捞出晾干即可。增施农家肥等有机肥，科学使用速效化肥，特别是果实采收后增施肥水，培育健壮树势，提高树体抗病能力。夏剪及冬剪后，及时将修剪下的枝条清到园外。冬季落叶后，彻底清除园内的枯枝、落叶、病僵果等，集中带到园外销毁或深埋。

2.萌芽初期药剂清园

猕猴桃萌芽初期，全园喷施1次铲除性药剂清园，杀灭枝蔓表面的存活病菌，并有效控制新溢出的病菌。一般使用77%硫酸铜钙可湿性粉剂300～400倍液、或77%氢氧化铜可湿性粉剂500～600倍液、或3～5波美度石硫合剂40～60倍液清园。

3.药剂喷洒病斑 枝蔓上出现病斑渗出液及菌脓后，及时使用上述清园药剂定向喷洒病斑，有效杀灭溢出病菌。

4.生长期喷药防控 从猕猴桃萌芽后开始喷药，10～15天1次，直到谢花期结束（即谢花后再喷药1次），可有效控制病菌侵染。效果较好的药剂如：2%春雷霉素水剂400～600倍液、20%噻菌铜悬浮剂500～600倍液、77%硫酸铜钙可湿性粉剂600～800倍液、77%氢氧化铜可湿性粉剂1200～1500倍液等。

疫腐病

疫腐病又称疫霉病，在南方多雨潮湿地区发生较多。发病后，轻者造成树势衰弱，影响结果及产量，重者导致植株枯死。

【症状诊断】疫腐病主要为害植株颈基部，造成颈基部皮层组织变褐坏死腐烂（彩图7-14），有时病斑表面产生稀疏的灰白色毛状物；当病斑环绕颈基部一周时，导致上部植株枯死。初期，地上部叶片中午呈现缺水萎蔫状态，早晚能够恢复，很快变为全天萎蔫，进而变褐干枯，全株逐渐死亡（彩图7-15）。

彩图7-14 颈基部皮层变褐腐烂

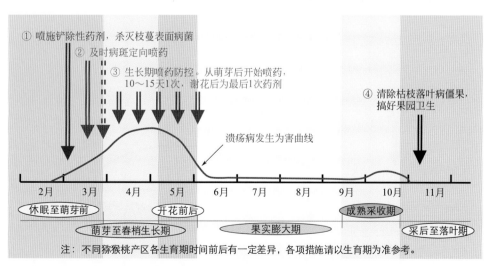

① 喷施铲除性药剂，杀灭枝蔓表面病菌
② 及时病斑定向喷药
③ 生长期喷药防控。从萌芽后开始喷药，10～15天1次，谢花后为最后1次药剂
④ 清除枯枝落叶病僵果，搞好果园卫生

溃疡病发生为害曲线

2月　3月　4月　5月　6月　7月　8月　9月　10月　11月

休眠至萌芽前　　　开花前后　　　　　成熟采收期
　　萌芽至春梢生长期　　　果实膨大期　　　　采后至落叶期

注：不同猕猴桃产区各生育期时间前后有一定差异，各项措施请以生育期为准参考。

图7-1 溃疡病防控技术模式图

彩图7-15 病株萎蔫枯死状

【病原】常见种类有柑橘生疫霉（*Phytophthora citricola* Saw.）、侧生疫霉（*P. lateralis* Tucker et Milbrath）、棕榈疫霉 [*P. palmivora*（Butl.）Butl.]，均属于鞭毛菌亚门卵菌纲霜霉目。病斑表面的稀疏灰白色毛状物即为病菌的菌丝、孢囊梗及孢子囊。

【发病规律】疫腐病菌生活能力很强、寄主范围较广，主要以卵孢子在田间病株、病残体及其他寄主植物上越冬或存活。条件适宜时（适温高湿），卵孢子萌发释放出病菌孢子，主要通过雨水传播，从伤口侵染为害。一年中可进行多次再侵染。阴雨高湿、排水不良、颈基部积水是诱使该病发生的主要条件。夏季高温季节病害发生较多，幼树较容易受害。

【防控技术】疫腐病防控技术模式如图7-2所示。

1.加强栽培管理 南方多雨潮湿地区，尽量采用高垄栽培、边沟排水种植模式，可有效防止颈基部积水。北方地区，则采用颈基部培土模式。生长期，注意清除植株颈基部及其周围的杂草，保持颈基部相对干燥。

2.适当喷淋药剂预防 病害发生较重地区，在雨季到来前用药喷淋植株颈基部，预防病害发生。一般使用85%波尔·甲霜灵可湿性粉剂500～600倍液、或85%波尔·霜脲氰可湿性粉剂500～600倍液、或72%霜脲·锰锌可湿性粉剂500～600倍液、或90%三乙膦酸铝可溶性粉剂500～600倍液、或58%烯酰·锰锌水分散粒剂500～600倍液等，顺

植株主干中下部喷淋，并将颈基部周围土壤淋湿。

3.及时治疗大树 发现大树生长衰弱或叶片萎蔫时，及时检查植株颈基部是否受害。对受害植株首先将病组织彻底刮除，然后使用上述喷淋药液浇灌植株颈基部及周围土壤，并将刮下组织集中清到园外销毁。

褐斑病

【症状诊断】褐斑病主要为害叶片，多从叶缘开始发生，也可从叶内开始发病（彩图7-16）。发病初期，多在叶缘产生暗褐色水渍状斑点，后沿叶缘或向内扩展，形成不规则形褐色病斑（彩图7-17）。高湿条件下，病斑扩展迅速，很快发展成大型病斑，中部灰褐色、边缘褐色，或灰褐色与褐色相间（彩图7-18）。后期，病斑表面散生出黑色小粒点（彩图7-19）。严重时，造成许多叶片叶缘干枯（彩图7-20）。高温下，病斑组织干枯、卷曲、容易破裂，后期易干枯脱落。叶片中部病斑一般较小。

彩图7-16 从叶内开始发生的初期病斑

【病原】小球壳菌（*Mycosphaerella* sp.），属于子囊菌亚门腔菌纲座囊菌目；无性阶段为叶点霉（*Phyllosticta* sp.），属于半知菌亚门腔孢纲球壳孢目。病斑表面的小黑点多为其无性阶段的分生孢子器。

【发病规律】褐斑病菌主要以菌丝体和分生孢子器在落叶上越冬。翌年条件适宜时产生并释放出病菌孢子，通过风雨传播到叶片上，从气孔或伤口侵染为害。该病在田间有多次再侵染。多雨潮湿是病害发生的主要条件。枝叶郁闭、通风透光不良、环境湿度大有利于病害发生，管理粗放、结果量偏高、树势衰弱果园病害发生较重。高温高湿季节是病害发生盛期。

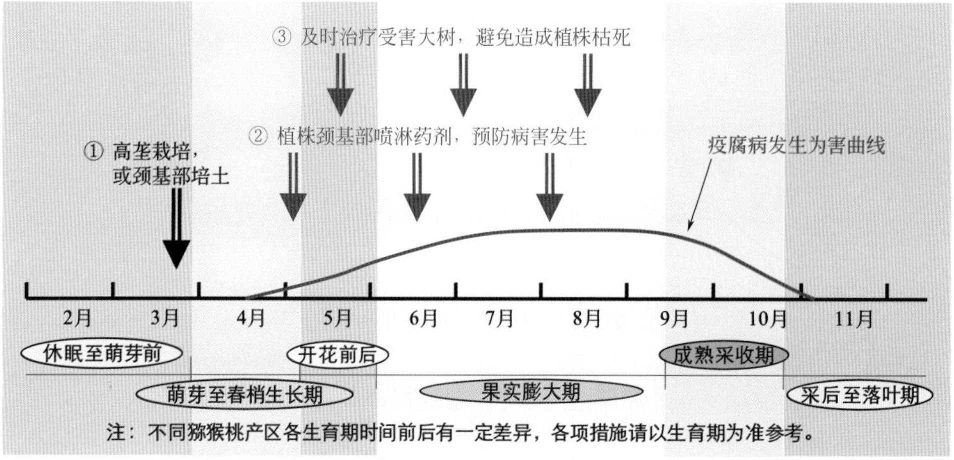

③ 及时治疗受害大树，避免造成植株枯死

② 植株颈基部喷淋药剂，预防病害发生

① 高垄栽培，或颈基部培土

疫腐病发生为害曲线

| 2月 | 3月 | 4月 | 5月 | 6月 | 7月 | 8月 | 9月 | 10月 | 11月 |

休眠至萌芽前　　　　　开花前后　　　　　　　　　　成熟采收期

萌芽至春梢生长期　　　　　果实膨大期　　　　　　采后至落叶期

注：不同猕猴桃产区各生育期时间前后有一定差异，各项措施请以生育期为准参考。

图7-2 疫腐病防控技术模式图

【防控技术】褐斑病防控技术模式如图7-3所示。

1.加强栽培管理 增施农家肥等有机肥及微生物肥料，按比例科学使用速效化肥，根据树体大小和肥水条件等合理确定结果量，培育壮树，提高树体抗病能力。合理修剪，及时打顶、拉枝及疏除徒长枝，促使树冠通风透光良好，降低环境湿度，创造不利于病害发生的生态条件。落叶后及时清除落叶，集中深埋或烧毁，消灭病菌越冬场所。

2.生长期喷药防控 一般从落花后开始喷药，10～15天1次，连喷3～4次。效果较好的药剂如：70%甲基硫菌灵可湿性粉剂或500克/升悬浮剂800～1000倍液、250克/升吡唑醚菌酯乳油2000～2500倍液、430克/升戊唑醇悬浮剂3000～4000倍液、10%苯醚甲环唑水分散粒剂1500～2000倍液、40%腈菌唑可湿性粉剂6000～8000倍液、450克/升咪鲜胺乳油1200～1500倍液、30%戊唑·多菌灵悬浮剂700～800倍液、41%甲硫·戊唑醇悬浮剂600～700倍液、80%代森锰锌（全络合态）可湿性粉剂600～800倍液等。

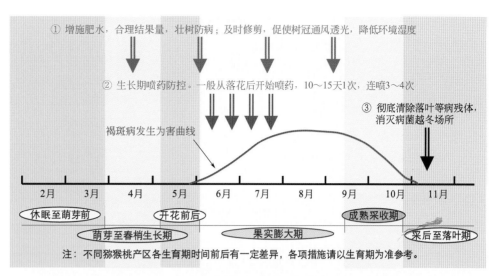

① 增施肥水，合理结果量，壮树防病；及时修剪，促使树冠通风透光，降低环境湿度

② 生长期喷药防控。一般从落花后开始喷药，10～15天1次，连喷3～4次

③ 彻底清除落叶等病残体，消灭病菌越冬场所

褐斑病发生为害曲线

| 2月 | 3月 | 4月 | 5月 | 6月 | 7月 | 8月 | 9月 | 10月 | 11月 |

休眠至萌芽前　　　开花前后　　　成熟采收期

萌芽至春梢生长期　　果实膨大期　　采后至落叶期

注：不同猕猴桃产区各生育期时间前后有一定差异，各项措施请以生育期为准参考。

图7-3 褐斑病防控技术模式图

彩图7-19 病斑表面开始散生出小黑点

彩图7-17 叶缘病斑扩展为不规则形

彩图7-20 许多叶片受害状

彩图7-18 高湿条件下形成的大型病斑

黑斑病

【症状诊断】黑斑病又称霉斑病、黑星病，主要为害叶片，有时也可为害果实和枝蔓。叶片受害，初期在叶片背面产生灰色小霉点，逐渐扩大后成暗灰色至黑色霉斑

（彩图7-21）；相应叶片正面呈现褪绿斑点，边缘不明显，后形成圆形或不规则形黄褐色至褐色病斑。一张叶片上常有数个至数十个病斑（彩图7-22），严重时叶片易早期脱落。果实受害，果面上初期产生灰色绒状小霉点，渐扩大成灰白色至黑色较大霉斑；后期霉层脱落，形成圆形或近圆形黑褐色凹陷病斑，病部果肉呈锥形或陀螺形硬块，采收后容易腐烂。枝蔓受害，初期呈现黄褐色至红褐色水渍状斑点，逐渐形成梭形或长椭圆形病斑，肿胀或稍凹陷，后期呈纵裂溃疡状，表面亦可产生灰色霉层或黑色霉点。

彩图7-21　叶片背面的黑色霉斑

彩图7-22　叶片背面散生多个病斑

【病原】猕猴桃假尾孢（*Pseudocercospora actinidiae*），属于半知菌亚门丝孢纲丝孢目。病斑表面的霉层即为病菌的分生孢子梗和分生孢子。

【发病规律】黑斑病菌主要以菌丝体在落叶及枝蔓病斑上越冬。翌年条件适宜时产生出病菌孢子，通过风雨传播，从气孔或伤口侵染为害。该病在田间有多次再侵染。常温高湿是病害发生的主要条件，进入雨季后病情扩展较快。多雨潮湿、树冠郁蔽、通风透光不良等有利于病害发生，管理粗放、结果量偏多、树势衰弱果园病害发生较重。

【防控技术】参照"褐斑病"防控技术。

灰斑病

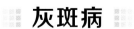

【症状诊断】灰斑病又称壳二孢灰斑病，主要为害叶

片。发病初期，在叶片上产生褐色圆形或近圆形小斑点，扩展后形成灰褐色至褐色近圆形病斑，中部色淡，边缘色深（彩图7-23），直径多为8～15毫米，有时病斑具明显轮纹（彩图7-24）。病斑背面颜色较淡，多为浅褐色。后期，病斑表面散生出小黑点。

彩图7-23　病斑中部色淡，边缘色深

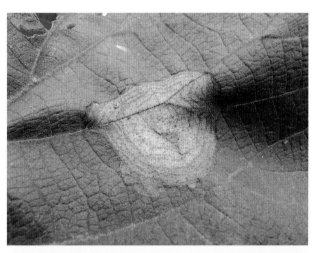

彩图7-24　病斑表面具有同心轮纹

【病原】猕猴桃壳二孢（*Ascochyta actinidiae*），属于半知菌亚门腔孢纲球壳孢目。病斑表面产生的小黑点即为病菌的分生孢子器。

【发病规律】灰斑病菌主要以菌丝体或分生孢子器在病落叶上越冬。翌年条件适宜时产生并释放出病菌孢子，通过风雨传播进行侵染为害。该病在田间有再侵染。早期多雨潮湿有利于病菌传播侵染，高温干旱有利于病害发生。所以，5～6月为病菌侵染高峰，8～9月高温少雨时病害发生较重。管理粗放、树势衰弱果园病害常发生较多。

【防控技术】灰斑病防控技术模式如图7-4所示。

1.加强栽培管理　增施农家肥等有机肥，科学确定结果量，培育健壮树势，提高树体抗病能力。冬前彻底清除落叶，集中深埋或销毁，消灭病菌越冬场所。

2.生长期喷药防控　首先在开花前喷药1次，然后在落花后再喷药2次左右，间隔期10～15天，即可有效控制该病的发生为害。有效药剂同"褐斑病"生长期喷药（图7-4）。

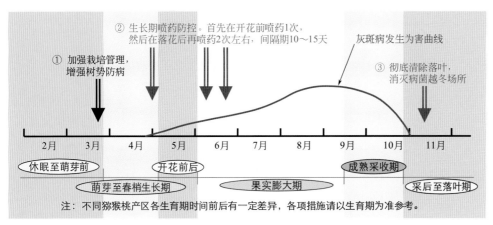

② 生长期喷药防控。首先在开花前喷药1次，然后在落花后再喷药2次左右，间隔期10~15天

① 加强栽培管理，增强树势防病

灰斑病发生为害曲线

③ 彻底清除落叶，消灭病菌越冬场所

| 2月 | 3月 | 4月 | 5月 | 6月 | 7月 | 8月 | 9月 | 10月 | 11月 |

休眠至萌芽前　　　　开花前后　　　　　　　　　成熟采收期

萌芽至春梢生长期　　　　果实膨大期　　　　　采后至落叶期

注：不同猕猴桃产区各生育期时间前后有一定差异，各项措施请以生育期为准参考。

图7-4　灰斑病防控技术模式图

轮斑病

【症状诊断】轮斑病又称黑斑病，主要为害叶片。发病初期，先在叶面上产生褐色至深褐色小斑点，后逐渐扩展成圆形或近圆形褐色病斑，典型病斑表面具有不明显同心轮纹（彩图7-25）。叶片背面病斑颜色较淡，呈灰褐色（彩图7-26）。严重时，一张叶片上散生许多病斑（彩图7-27），后期易造成病叶干枯、脱落。

彩图7-25　典型病斑表面具有不明显同心轮纹

【病原】链格孢（*Alternaria* sp.），属于半知菌亚门丝孢纲丝孢目。

【发病规律】黑斑病菌是一种弱寄生性真菌，寄主范围非常广泛，没有固定越冬场所。温湿度条件适宜时，病菌产生许多分生孢子，通过气流或风雨传播进行侵染为害。该病在田间可发生多次再侵染。9~10月份为病害发生高峰。管理粗放、树势衰弱果园发病较重。

【防控技术】

1.加强栽培管理　增施农家肥等有机肥及微生物肥料，按比例科学使用速效化肥，根据树体大小和管理水平合理确定结果量，促使树势健壮，提高树体抗病能力。冬前彻底清扫落叶，集中深埋或销毁。

2.适当喷药防控　黑斑病多为零星发生病害，一般果园结合其他病害防控兼防即可。个别该病发生较重果园，从病害发生为害初期开始喷药，10~15天1次，连喷2次左右即可。效果较好的药剂有：250克/升吡唑醚菌酯乳油2000~2500倍液、430克/升戊唑醇悬浮剂3000~4000倍液、10%苯醚甲环唑水分散粒剂1500~2000倍液、10%多抗霉素可湿性粉剂1000~1500倍液、50%异菌脲可湿性粉剂1000~1500倍液、30%戊唑·多菌灵悬浮剂700~800倍液、41%甲硫·戊唑醇悬浮剂600~700倍液、80%代森锰锌（全络合态）可湿性粉剂600~800倍液等。

彩图7-26　叶片背面病斑颜色呈灰褐色

彩图7-27　叶片上散生许多病斑

炭疽病

【症状诊断】炭疽病主要为害叶片，也可为害果实和枝蔓。叶片受害，多从叶缘开始发生，有时也可从叶中部开始出现（彩图7-28）。初期产生水渍状灰褐色斑点，后逐

渐形成褐色不规则形病斑，病健部交界明显；发病后期，病斑中间变灰白色、边缘深褐色（彩图7-29），表面散生出许多小黑点。严重时，许多病斑连片，病叶边缘卷缩，容易破碎（彩图7-30）。果实受害，初期产生水渍状圆形斑点，逐渐扩展为褐色凹陷病斑，圆形或不规则形，后期病果大部或整个腐烂。枝蔓受害，形成不明显褐色斑点，成为病菌主要越冬场所。

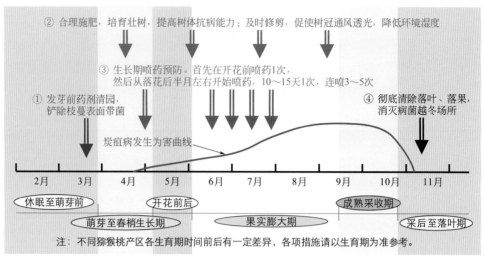

② 合理施肥，培育壮树，提高树体抗病能力；及时修剪，促使树冠通风透光，降低环境湿度

③ 生长期喷药预防。首先在开花前喷药1次，然后从落花后半月左右开始喷药，10～15天1次，连喷3～5次

① 发芽前药剂清园，铲除枝蔓表面带菌

④ 彻底清除落叶、落果，消灭病菌越冬场所

炭疽病发生为害曲线

2月 3月 4月 5月 6月 7月 8月 9月 10月 11月

休眠至萌芽前   开花前后   成熟采收期
    萌芽至春梢生长期   果实膨大期   采后至落叶期

注：不同猕猴桃产区各生育期时间前后有一定差异，各项措施请以生育期为准参考。

图7-5 炭疽病防控技术模式图

彩图7-28 有时病斑也从叶中部开始发生

彩图7-29 病斑中部灰白色，边缘深褐色

【病原】胶孢炭疽菌［*Colletotrichum gloeosporioides* (Penz.) Sacc.］，属于半知菌亚门腔孢纲黑盘孢目。

【发病规律】炭疽病菌主要以菌丝体在枝蔓上越冬，也可随病残体（病叶、病僵果）在土壤中越冬。翌年条件适宜时产生出大量病菌孢子，通过风雨传播，从伤口或气孔或直接侵染为害。初侵染发病后病斑表面产生病菌孢子，再经风雨传播进行再侵染为害，该病在田间可发生多次再侵染。炭疽病具有潜伏侵染现象，生长前期可进行侵染，但到生长中后期才开始发病，再侵染多发生在生长中后期。多雨潮湿有利于病菌的传播、侵染，树冠郁蔽、通风透光不良、环境湿度大，病害发生较多，管理粗放、树势衰弱的果园病害发生较重。

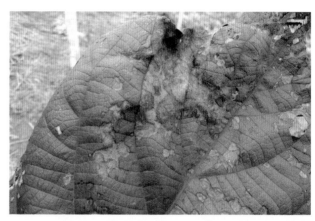

彩图7-30 病斑连片，叶缘卷缩

【防控技术】炭疽病防控技术模式如图7-5所示。

1.加强栽培管理 增施农家肥等有机肥及微生物肥料，按比例科学使用速效化肥，培育壮树，提高树体抗病能力。及时整枝修剪，疏除过密枝条，促使果园通风透光，降低环境湿度。冬前彻底清除落叶、落果及修剪下来的枝蔓，集中带到园外销毁，消灭病菌越冬场所。

2.发芽前药剂清园 猕猴桃发芽前，全园喷施1次铲除性药剂清园，杀灭枝蔓表面的越冬病菌。效果较好的药剂如：77%硫酸铜钙可湿性粉剂300～400倍液、45%代森胺水剂200～300倍液、30%戊唑·多菌灵悬浮剂400～600倍液、41%甲硫·戊唑醇悬浮剂400～500倍液等。

3.生长期喷药预防 关键为喷药时间。一般果园首先在开花前喷药1次，然后从落花后半月左右开始继续喷药，10～15天1次，连喷3～5次。效果较好的药剂有：70%甲基硫菌灵可湿性粉剂或500克/升悬浮剂800～1000倍液、250克/升吡唑醚菌酯乳油2000～2500倍液、430克/升戊唑醇悬浮剂3000～4000倍液、10%苯醚甲环唑水分散粒剂1500～2000倍液、40%腈菌唑可湿性粉剂6000～8000

倍液、450克/升咪鲜胺乳油1200～1500倍液、30%戊唑・多菌灵悬浮剂700～800倍液、41%甲硫・戊唑醇悬浮剂600～700倍液、80%代森锰锌（全络合态）可湿性粉剂600～800倍液、20%噻菌铜悬浮剂500～600倍液、77%硫酸铜钙可湿性粉剂600～800倍液等。

灰霉病

【症状诊断】灰霉病主要为害叶片和果实，有时也可为害花器，发病后的主要症状特点是在病斑表面产生一层鼠灰色霉状物，该霉状物受振动或风吹极易脱落。

果园内以花器受害最早，多从萎蔫的花瓣开始发生，导致花瓣变褐腐烂，继而蔓延至整个花器呈褐色腐烂，腐烂组织表面产生有鼠灰色霉状物。叶片受害，多由脱落到叶片上的腐败花瓣组织蔓延而来（彩图7-31），或直接从叶缘开始发生。病斑呈淡褐色至褐色坏死腐烂，叶中部病斑多呈不规则形，一般相对较小，叶背面颜色较淡（彩图7-32）；叶缘病斑常呈"V"字形向内扩展（彩图7-33），病斑相对较大，有时扩展到叶片小半部（彩图7-34）。叶片病斑表面亦可产生灰色霉状物，但一般较稀疏（彩图7-35）。果实受害，多从脱落的腐败花瓣组织蔓延而来（彩图7-36），或从病叶蔓延而来（彩图7-37），造成果实呈淡褐色腐烂，病斑表面常产生较密的灰色霉状物（彩图7-38）。若果实带菌，贮运期能够继续发病，并可接触传播。

彩图7-33　叶缘病斑呈"V"字形向内扩展

彩图7-34　叶缘病斑扩展蔓延较大

彩图7-31　叶片受害，从脱落花瓣处开始发生

彩图7-35　叶片病斑表面产生有稀疏的灰色霉状物

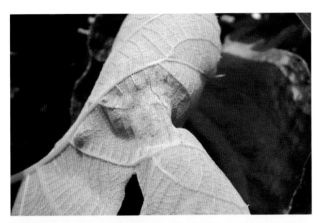

彩图7-32　叶片背面病斑呈灰褐色

彩图7-36　果实受害，从脱落的花瓣处开始发生

彩图7-37 果实受害，从病叶蔓延而来

彩图7-38 果实病斑表面产生的霉状物较密

【病原】 灰葡萄孢（*Botrytis cinerea* Pers.ex Fr.），属于半知菌亚门丝孢纲丝孢目。病斑表面的鼠灰色霉状物即为病菌的分生孢子梗和分生孢子。

【发病规律】 灰霉病菌是一种弱寄生性真菌，寄主及为害范围非常广泛，许多环境场所普遍存在，没有固定越冬场所，但其可以以菌丝体在病残体上或随病残组织在土壤中存活越冬。条件适宜时产生病菌孢子，通过气流传播，从潮湿的枯死组织或衰弱组织或伤口侵染为害。该病潜育期很短，条件适宜时可以发生多次再侵染。果园中或贮运场所，病害可以接触传播。多雨潮湿、低温寡照是病害发生的重要条件，果园内从开花期至幼果期病害发生较多。持续高湿、通风透光不良有利于病害发生。

【防控技术】 灰霉病防控技术模式如图7-6所示。

1.加强栽培管理 冬前搞好果园卫生，彻底清除落叶、落果等病残组织，集中深埋或带到园外销毁，尽量减少病菌越冬场所。生长季节搞好整枝修剪，特别是开花前后，促使园内通风透光良好，创造不利于病害发生的生态条件。

2.及时喷药防控 猕猴桃开花期遇多雨潮湿季节或环境时，及时喷药预防病害发生，一般开花前喷药1次，落花后喷药1～2次，间隔期10天左右。效果较好的药剂如：40%双胍三辛烷基苯磺酸盐可湿性粉剂1200～1500倍液、40%嘧霉胺悬浮剂1000～1500倍液、50%啶酰菌胺水分散粒剂1000～1500倍液、50%嘧菌环胺水分散粒剂1000～1500倍液、50%腐霉利可湿性粉剂1000～1500倍液、50%异菌脲可湿性粉剂或45%悬浮剂1000～1500倍液、50%乙霉·多菌灵可湿性粉剂800～1000倍液等。

轮纹病

【症状诊断】 轮纹病又称褐腐病、焦腐病、腐烂病、果实熟腐病，主要为害果实，也可为害枝蔓。果实受害，多从近成熟期开始发病，贮运期仍可发生。初期，果面上产生淡褐色至淡绿褐色圆形斑点，周围有较宽的灰绿色晕圈（彩图7-39）；后形成褐色稍凹陷的腐烂病斑，病斑处果皮易与下层分离，腐烂组织向果肉内呈圆锥形扩展。枝蔓受害，多发生在衰弱的细枝上，初期形成浅紫褐色水渍状斑点，后发展为深褐色病斑，当病斑绕枝一周时，造成皮层组织大块坏死，上部枝蔓逐渐萎蔫死亡。

【病原】 葡萄座腔菌（*Botryosphaeria dothidea*），属于子囊菌亚门核菌纲球壳菌目；无性阶段为轮纹大茎点霉（*Macrophoma kawatsukai* Hara.），属于半知菌亚门腔孢纲球壳孢目。

【发病规律】 轮纹病菌主要以菌丝体在枝蔓组织中越冬。翌年条件适宜时产生并释放出大量病菌孢子，通过风雨传播，从皮孔或伤口进行侵染为害。果实从幼果期即可受病菌侵染，但潜伏到近成熟期才逐渐发病。果实生长期多雨潮湿，是果实受病菌侵染的主要条件。枝叶茂密、通风透光不良有利于病菌侵染，管理粗放、树势衰弱、枝蔓细小果园病害发生较多。

【防控技术】 轮纹病

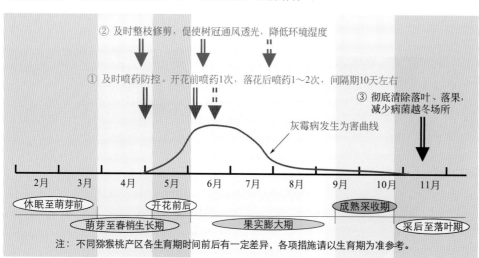

② 及时整枝修剪，促使树冠通风透光，降低环境湿度

① 及时喷药防控。开花前喷药1次，落花后喷药1～2次，间隔期10天左右

③ 彻底清除落叶、落果，减少病菌越冬场所

灰霉病发生为害曲线

2月 3月 4月 5月 6月 7月 8月 9月 10月 11月

休眠至萌芽前　　开花前后　　　　　　　　成熟采收期

萌芽至春梢生长期　　　果实膨大期　　　　　采后至落叶期

注：不同猕猴桃产区各生育期时间前后有一定差异，各项措施请以生育期为准参考。

图7-6 灰霉病防控技术模式图

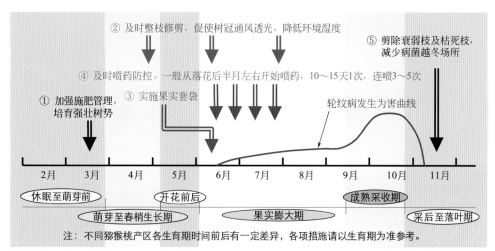

② 及时整枝修剪，促使树冠通风透光，降低环境湿度

⑤ 剪除衰弱枝及枯死枝，减少病菌越冬场所

④ 及时喷药防控。一般从落花后半月左右开始喷药，10～15天1次，连喷3～5次

① 加强施肥管理，培育强壮树势

③ 实施果实套袋

轮纹病发生为害曲线

2月　3月　4月　5月　6月　7月　8月　9月　10月　11月

休眠至萌芽前　　开花前后　　成熟采收期

萌芽至春梢生长期　　果实膨大期　　采后至落叶期

注：不同猕猴桃产区各生育期时间前后有一定差异，各项措施请以生育期为准参考。

图7-7　轮纹病防控技术模式图

防控技术模式如图7-7所示。

1.加强栽培管理　增施农家肥等有机肥及微生物肥料，按比例科学使用速效化肥，培育健壮树势，提高树体抗病能力。及时整枝修剪，尽量剪除细弱枝条，促使园内通风透光良好，降低环境湿度。尽量实施果实套袋（彩图7-40），有效预防病菌侵害果实。结合冬剪，彻底剪除衰弱枝条及枯死枝，消灭病菌越冬场所。

彩图7-39　果实轮纹病病斑

彩图7-40　猕猴桃果实套袋状

2.及时喷药防控　一般果园从落花后半月左右开始喷药，10～15天1次，连喷3～5次。效果较好的药剂同"炭疽病"生长期喷药。

疮痂病

【症状诊断】疮痂病又称果实斑点病，主要为害果实，仅为害果实的表皮组织，不深入果肉内部。早期病斑近圆形，红褐色，较小，突起呈疱疹状。许多病斑连片，形成红褐色硬痂，表面粗糙。随果实不断膨大，硬痂逐渐开裂，似疮痂状，故称疮痂病（彩图7-41）。该病主要影响果实的外观质量，对产量影响很小。

彩图7-41　疮痂病病果

【病原】壳针孢（*Septoria* sp.），属于半知菌亚门腔孢纲球壳孢目。

【发病规律】疮痂病菌主要以菌丝体在病残体上越冬。翌年条件适宜时产生并释放出病菌孢子，通过风雨传播，从伤口或气孔侵染为害。该病有再侵染但不严重。多雨潮湿有利于病害发生，枝蔓郁弊、通风透光不良的果园受害较重。

【防控技术】疮痂病多为零星发生，一般不必单独进行防控，结合其他病害防控兼防即可。具体措施参照"轮纹病"防控技术。

黄叶病

【症状诊断】黄叶病主要在叶片上表现明显症状，从枝梢顶端叶片最先发病（彩图7-42）。初期，脉间叶肉组织褪绿成黄绿色，叶脉颜色正常；随病情逐渐发展，脉间叶肉褪绿范围扩大、褪绿程度逐渐加重，形成仅主侧脉及其附近仍为绿色、其他组织均变黄绿色至黄白色的绿色网纹状（彩图7-43）；病情再进一步发展，整个叶片黄化，并逐渐从叶缘开始变褐枯死（彩图7-44）。病叶小而黄，枝梢细弱、节间短，不能正常开花结果；严重时叶片焦枯、枝梢死亡。

彩图7-42　黄叶病从枝梢叶片开始发生

彩图7-43　病叶呈绿色网纹状

彩图7-44　严重时，叶片黄化，叶缘变褐枯死

【病因及发生特点】黄叶病是由可溶性铁素（二价铁离子）供应不足所引起的一种生理性病害，在盐碱土壤或盐积化土壤的果园内发生较多。铁素是叶绿素的重要组成成分，当有效铁供应不足时，叶绿素显著减少，而导致叶片变黄、甚至变白。能被植物吸收利用的铁素为可溶性的二价铁离子，当土壤中二价铁盐含量低、不能满足树体的吸收利用时，或树体吸收功能或输导组织不能输送足量的铁离子满足叶片生长需要时，即导致黄叶病发生。

碱性土壤容易缺铁，大量使用速效化肥、土壤板结或盐积化容易缺铁，土壤黏重、排水不良或地下水位偏高的果园容易缺铁，沙性土壤、渗漏严重、保肥能力差的地块容易缺铁。根系发育不良或根部、枝蔓因病虫为害疏导功能受阻，也易导致黄叶病发生。

【防控技术】

1.加强栽培管理　增施农家肥等有机肥及微生物肥料，按比例科学使用速效化肥，适量使用有效铁肥，改良土壤。碱性土壤增施偏酸性肥料，如硫酸铵、硝酸铵、酒糟、醋糟等，降低土壤pH值，促使土壤中的不溶性铁（三价铁）转化为可溶性铁（二价铁），以便被树体吸收利用。低洼果园，一方面采用高垄栽培，另一方面雨季注意及时排水。结合根施有机肥，每株使用硫酸亚铁0.3～0.5千克。另外，注意防控为害根部和枝蔓的病虫害，以保证树体的吸收和疏导功能。

2.适当喷铁矫正　发现黄叶病时，及时喷施铁肥进行矫治，10天左右1次，直到叶片全部转绿为止。效果较好的铁肥如：0.3%～0.5%硫酸铁铵溶液、黄腐酸二胺铁200倍液、0.3%硫酸亚铁溶液+0.2%尿素溶液+0.05%柠檬酸溶液、腐植酸铁等。

缺锰症

【症状诊断】缺锰症主要在叶片上表现明显症状，多从初长成的嫩叶上开始发病。初期，脉间叶肉出现浅绿色或黄绿色斑点（彩图7-45），后斑点逐渐扩大，在侧脉间呈黄绿色条带状（彩图7-46），有时支脉间组织稍向上隆起，叶面较光亮。后期，脉间失绿黄化组织蔓延到主脉附近，甚至仅叶脉保留绿色，其余部分均变为黄绿色至淡黄绿色（彩图7-47）。严重时，病叶叶缘卷曲、干枯，叶片小，不能长大（彩图7-48）。

彩图7-45　缺锰症初期，脉间叶肉出现褪绿斑点

彩图7-46　侧脉间叶肉褪绿成黄绿色条带状

彩图7-47　病叶仅主侧脉及其附近留有绿色

彩图7-48　严重病叶，叶缘卷曲、干枯

【病因及发生特点】缺镁症是因锰素供应不足而引起的一种生理性病害，在土壤中性偏碱（pH ≥ 6.8）的果园中发生较多，土壤瘠薄、有机质贫乏果园缺锰症较重，土壤质地疏松、易发生淋溶的果园也易发生缺锰症。

【防控技术】

1. 加强施肥管理　增施农家肥等有机肥及微生物肥料，按比例科学使用速效化肥，适量使用锰肥，改良土壤。碱性土壤增施偏酸性肥料，如硫酸铵、硝酸铵、酒糟、醋糟等，降低土壤pH值，促使土壤中的锰素释放出来，以便被

树体吸收利用。结合根施有机肥，每株施用硫酸锰或碳酸锰0.1 ～ 0.2千克。

2. 适当喷施锰肥　植株表现缺锰症时，及时喷施锰肥，10 ～ 15天1次，连喷3 ～ 5次。一般使用0.3% ～ 0.5%硫酸锰溶液进行喷雾。

缺钙症

【症状诊断】缺钙症主要在叶片上表现明显症状，地下根系生长也受到影响。叶片发病，首先在新成熟叶上出现症状，叶片基部叶脉颜色暗淡、逐渐坏死（彩图7-49）；随病情发展，叶脉变黄，进而变褐坏死（彩图7-50）；最后主脉、侧脉基部大部分坏死，并蔓延至脉间，叶肉组织开始坏死，俗称"鸡爪状病"（彩图7-51）。严重时，病叶叶缘向上微卷，坏死组织发生破裂，病叶容易脱落；落叶后侧芽萌发，萌发新梢呈莲座状，梢端坏死。缺钙植株，根尖容易死亡，易引起根际病害发生，影响根系生长发育。

【病因及发生特点】缺钙症是由钙素供应不足而引起的一种生理性病害，在碱性、中性及酸性土壤上均可发生，但以碱性土壤中发病较重。土壤有机质贫乏、速效化肥使用比例失调是诱使缺钙症发生的主要因素。

彩图7-49　发病初期，基部叶脉开始变褐坏死

彩图7-50　主侧脉变黄，从基部逐渐坏死

彩图7-51　主侧脉坏死,病叶呈"鸡爪状病"状

【防控技术】

1.加强施肥管理　增施农家肥等有机肥及微生物肥料,按比例科学使用速效化肥。结合根施有机肥,酸性土壤适量使用石灰钙肥,中性及碱性土壤适量使用磷酸钙、硝酸钙等钙肥,提高土壤中钙素含量。

2.适当喷施钙肥　当植株表现缺钙时,及时叶面喷施钙肥,10～15天1次,连喷3～5次。一般使用硝酸钙400～500倍液、氨基酸钙500～600倍液及腐植酸钙、硼钙肥等。

干热风

【症状诊断】干热风在叶片、新梢和果实上均可造成为害,以叶片和新梢受害最为常见。叶片受害,初期叶缘向上反卷(彩图7-52),进而造成叶缘焦枯,严重时叶片干枯脱落;若干热风强度较大,叶片常直接发生萎蔫青枯(彩图7-53)。新梢受害,造成嫩梢缺水萎蔫,严重时逐渐干枯。果实受害,幼果易萎蔫脱落,膨大期以后果实常发生日灼现象。

彩图7-52　叶片轻度受害,叶缘向上反卷

彩图7-53　叶片较重受害,呈萎蔫青枯状

【病因及发生特点】干热风是异常气候因素所造成的一种自然伤害,相当于生理性病害。当气温超过30℃、相对湿度低于30%、风速达每秒30米以上时,即发生干热风为害。也就是说,在夏季高温干旱地区极易发生干热风。

【防控技术】根据天气预报,在干热风来临前1～3天及时进行果园灌水,提高树体含水量。干热风来临时,果园喷水,降低温度、增加湿度;若在喷水时混加0.3%尿素溶液+0.3%磷酸二氢钾溶液,能显著提高叶片等组织的耐热能力。推广果园生草栽培,既降低环境温度,又可提高环境湿度。在干热风常发地区,推广遮阴栽培,避免干热风为害。规划种植大面积果园时,适当设置防风林,有效降低风速。

冻害

【症状诊断】冻害主要发生在北方地区,分为休眠期冻害和生长期冻害两种类型。

休眠期冻害主要为害枝蔓,具体症状表现因冻害程度不同而异。严重时整株变褐枯死,春季没有新生组织萌生(彩图7-54、彩图7-55)。冻害较轻时,多为上部枝条枯死或嫁接口上方枝蔓枯死,这类植株冻害下方或砧木上仍可萌发出新梢(彩图7-56),也有的萌生新稍后又会很快枯死(彩图7-57、彩图7-58)。

彩图7-54　枝蔓受冻,皮层变褐枯死

彩图7-55　植株受冻害枯死，不能萌生新梢

彩图7-56　上部冻害枯死，下部砧木上萌生出新梢

彩图7-57　受冻枝蔓上萌生新梢后又很快枯死

彩图7-58　受冻枝蔓皮层变褐，萌生枝梢很快枯死

生长期冻害主要为害新生幼嫩枝蔓，造成嫩梢枯死或焦枯；甚至为害花序，导致花器枯死、脱落，冻害轻时虽能开花坐果，但易形成畸形果。

【病因及发生特点】冻害是一种气象伤害，相当于生理性病害，由冬季气温过低或春季倒春寒所引起。冬季绝对温度偏低，易引起休眠期冻害；春季发芽后气温急剧大幅度下降，形成倒春寒，易引起生长期的新生幼嫩组织冻害。在北方地区，冬季埋土防寒土层偏薄，极易诱使休眠期冻害发生；上年枝蔓徒长，组织木栓化，老熟程度低，休眠期冻害常发生较重。

【防控技术】

1.加强栽培管理　北方地区尽量栽植耐寒品种或选用耐寒砧木嫁接栽培品种，目前发现较好的耐寒砧木有软枣猕猴桃、狗枣猕猴桃、葛枣猕猴桃等，以软枣猕猴桃应用较多。生长中后期停止肥水管理，促使枝条老化，提高抗冻能力。

2.做好冬季防寒　冬季寒冷地区，根据当地温度状况采取相应措施进行防寒，如颈基部培土防寒、整株下架埋土防寒、覆盖防寒被等。埋土防寒时，还应注意根据冬季温度状况确定埋土厚度。

3.预防倒春寒为害　根据天气预报，及时预防倒春寒为害。如果园熏烟、喷施叶面肥等，提高树体抗冻能力。具有一定增抗作用的调控产品有：0.3%尿素溶液+0.3%食糖溶液、0.003%丙酰芸薹素内酯水剂2000～3000倍液、0.136%赤·吲乙·芸薹可湿性粉剂10000～15000倍液等。

草甘膦药害

【症状诊断】草甘膦是一种内吸传导型灭生性除草剂成分，应用不当喷洒在猕猴桃植株上即引发药害。该药害主要表现在嫩芽、嫩梢上，幼嫩组织皱缩畸形（彩图7-59），叶片不能展开，枝梢不能正常生长（彩图7-60），严重时后期枯死。

【病因及发生特点】草甘膦药害是一种化学药剂伤害，属于生理性病害范畴。药剂使用不当，喷洒到猕猴桃植株上是导致药害发生的主要原因。药害发生程度与草甘膦使用剂量、用药时环境温度有密切关系。

【防控技术】科学正确使用草甘膦药剂，避免喷洒到猕猴桃植株上，是有效防止发生药害的最根本措施。发生药害后，尽量及时剪除受药枝条，并喷施促生长类药剂适当调控，如0.003%丙酰芸薹素内酯水剂2000倍液、0.136%赤·吲乙·芸薹可湿性粉剂8000～10000倍液等。

彩图7-59 嫩芽受草甘膦为害状

彩图7-60 嫩梢受草甘膦为害状

第八章
核桃病害

▓ 腐烂病 ▓

　　腐烂病又称烂皮病、黑水病，是为害核桃枝干的严重病害之一，在我国各核桃产区均有发生，以北方核桃产区为害较重，严重果园病株率常达50%以上。树势衰弱、管理粗放果园发病较重，进入结果期后常见病死枝干，严重时导致整株死亡，对核桃生产影响很大。

　　【症状诊断】腐烂病主要为害枝干皮层，在幼树主干和成龄树较大枝干上常形成溃疡型病斑，在小枝条上多形成枝枯型症状。

　　溃疡型　病斑发生部位不定（彩图8-1～彩图8-4）。初期近梭形，暗灰色，水渍状，微肿起，表面症状不明显，手指按压可流出泡沫状液体；扩展后皮下组织呈褐色腐烂（彩图8-5），有酒糟味；潜隐在表皮下韧皮部，俗称"湿串皮"（彩图8-6）；有时许多病斑呈小岛状相互串联。皮下病斑沿枝干纵横扩展，以纵向扩展较深，常达数厘米甚至20～30厘米以上。后期病部皮层多纵向开裂，沿裂缝处流出黏稠状黑褐色液体，俗称"流黑水"（彩图8-7），黑水干后乌黑发亮似黑漆状。病斑后期失水下陷，表面散生出许多小黑点，潮湿时小黑点上溢出橘红色胶质丝状物（彩图8-8）。严重时，病斑环绕枝干一周，导致树体上部死亡（彩图8-9）。

彩图8-2　枝杈处的溃疡型病斑

彩图8-3　从修剪伤口边缘开始发生的病斑

彩图8-1　主干上的溃疡型病斑

彩图8-4　小枝上剖刮开的溃疡型病斑

彩图8-5　病部皮层呈褐色腐烂

彩图8-6
主干上病斑呈"湿串皮"状，表面多处流出黑水

彩图8-7　病斑表面流出黑水

彩图8-8　病斑表面溢出橘红色孢子角

彩图8-9　主干上发生腐烂病，导致树体枯死

枝枯型　病斑扩展迅速，腐烂皮层与木质部剥离并快速失水，导致枝条失绿、干枯。枯枝表面亦可散生出许多小黑点和橘红色胶质丝状物（彩图8-10）。

彩图8-10　枝枯型病枝，表面散生许多小黑点

【病原】胡桃壳囊孢［*Cytospora juglandis*（Dc.）Sacc.］，属于半知菌亚门腔孢纲球壳孢目。病斑表面的小黑点为病菌的子座组织与分生孢子器，橘红色胶质丝状物内含有大量分生孢子。

【发病规律】病菌主要以菌丝、子座及分生孢子器在枝干病斑内越冬。翌年条件适宜时产生并释放出大量分生孢子，通过雨水或昆虫传播，从各种伤口（冻伤、机械伤、剪锯口、嫁接口、日灼伤等）及皮孔、芽痕等处侵染。核桃整个生长季节均可被侵染为害，但以春、秋两季发生最多，且春季（4月下旬至5月）病斑扩展最快。腐烂病菌具有潜伏侵染特性。果园管理粗放、土壤瘠薄黏重、地下水位高、排水不良、施肥不足以及遭受冻害、盐碱害、日灼伤等因素，均导致树势衰弱，病害发生较重，特别是冻害对腐烂病发生影响最大；另外，高接换头、嫁接伤口保护及愈合不良时，腐烂病亦常较重发生。

在同一果园中，结果树比不结果树发病较多，老龄树比幼龄树受害重，衰弱树比强壮树受害重。在同一树上，枝干向阳面、枝干分叉处、剪锯口和其他伤口处发病较多。

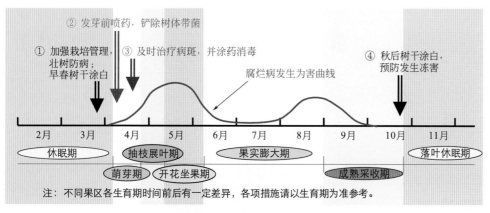

注：不同果区各生育期时间前后有一定差异，各项措施请以生育期为准参考。

图8-1　腐烂病防控技术模式图

【防控技术】壮树防病是基础，及时治疗病斑与铲除树体带菌为辅助（图8-1）。

1.加强果园管理　增施农家肥等有机肥，科学施用速效化肥，雨季注意及时排水，促进根系发育，培强树势，提高树体抗病能力。秋后、早春及时树干涂白，防止树干发生冻害或日灼伤，涂白剂配方为：生石灰∶食盐∶硫黄粉∶动物油∶水＝30∶2∶1∶1∶100。结合修剪，彻底剪除病枯枝，集中清到园外销毁。高接换头后，注意嫁接口保护，促进伤口愈合。

2.刮治病斑　一般在早春进行较好。彻底刮除病斑后，伤口表面涂药消毒。常用有效药剂有：2.12%腐植酸铜水剂原液、3%甲基硫菌灵涂抹剂原液、30%戊唑·多菌灵悬浮剂50～100倍液、70%甲基硫菌灵可湿性粉剂50～80倍液、50%多菌灵可湿性粉剂30～50倍液等。

3.休眠期药剂清园　早春树液开始流动时全园喷洒1次铲除性药剂，铲除树体带菌，减轻病害为害。效果较好的铲除性药剂有：41%甲硫·戊唑醇悬浮剂400～500倍液、30%戊唑·多菌灵悬浮剂400～600倍液、60%铜钙·多菌灵可湿性粉剂300～400倍液、77%硫酸铜钙可湿性粉剂400～500倍液、45%代森铵水剂200～300倍液等。

溃疡病

溃疡病俗称黑水病，在我国许多核桃产区均有发生，一般病株率为20%～40%，病树生长缓慢、衰弱，常见病枯枝，严重时导致整株死亡。

【症状诊断】溃疡病主要为害枝干，有时也可为害枝条。发病初期，以皮孔为中心在枝干表皮下形成褐色泡状溃疡斑，随溃疡斑扩展，表面稍隆起（彩图8-11），皮下组织呈褐色至黑褐色近圆形坏死（彩图8-12），直径0.5～1.5厘米，泡内充满褐色黏液；皮下坏死斑逐渐扩大，表皮发生开裂，流出淡褐色液体（彩图8-13～彩图8-15），遇空气后变为黑褐色（彩图8-16），导致裂缝下组织呈黑褐色；后期病斑呈梭形或长条形（彩图8-17），病组织变黑褐色坏死、腐烂（彩图8-18），有时深达木质部；最后病斑干缩下陷、多处开裂（彩图8-19），表面逐渐散生出许多小黑点（彩图8-20）。在营养枝、徒长枝等小枝条上，病斑初期

隆起（彩图8-21），后干缩凹陷、颜色变深（彩图8-22），有时仅边缘稍显隆起（彩图8-23）；而在衰弱小枝条上，病斑扩展较大（彩图8-24），常导致枝条失绿，逐渐形成枯枝；后期，表面均可密生许多针突状小黑点。潮湿时，小黑点上溢出灰白色黏液。在光滑树皮上水泡明显，在粗糙枝干上不形成水泡，皮下组织变褐腐烂，流出褐色黏液。

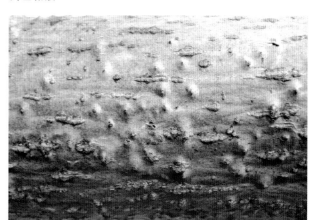

彩图8-11　初期病斑，呈泡状隆起

彩图8-12　皮下许多坏死溃疡斑

彩图8-13　病斑上渗出褐色液体

彩图 8-14　主干上多处病斑开始渗出汁液

彩图 8-15　病斑表皮开裂，溢出汁液

彩图 8-16　病斑上的渗出液颜色逐渐变深

彩图 8-17　皮下溃疡状黑褐色坏死斑

彩图 8-18　病斑皮下病组织呈黑褐色坏死

彩图 8-19　溃疡病病斑表皮多处发生开裂　　彩图 8-20　病斑表面逐渐散生出许多小黑点

彩图 8-21　小枝上的中早期溃疡病症状　　彩图 8-22　小枝上的中后期病斑，表面凹陷、颜色较深

彩图 8-23　小枝上病斑，边缘稍隆起

彩图8-24 枝条衰弱时，病斑扩展较大

【病原】有性阶段为葡萄座腔菌［*Botryosphaeria dothidea*（Moug.et Fr.）Ces.et de Not.］，属于子囊菌亚门腔菌纲格孢腔菌目；无性时期为聚生小穴壳菌（*Dothiorella gregaria* Sacc.），属于半知菌亚门腔孢纲球壳孢目。病斑表面的小黑点为病菌的子囊腔或分生孢子器，灰白色黏液为子囊孢子或分生孢子。

【发病规律】病菌主要以菌丝体、分生孢子器与分生孢子、子囊腔与子囊孢子在病组织内越冬。第二年条件适宜时病斑表面溢出大量病菌孢子，通过风或雨水传播，从伤口（日灼伤、机械伤、冻害伤等）或皮孔侵染为害。该病具有潜伏侵染现象，树势壮时病菌处于潜伏状态，当树势衰弱或生理失调时，病菌开始扩展为害，导致形成病斑。潜育期一般为15～60天，从发病到形成分生孢子器约需60～90天。

树势衰弱、枝干伤口多是诱发溃疡病较重发生的主要因素，土壤瘠薄、土质黏重、质地板结、排水不良、地下水位偏高、管理粗放及冻害较重的果园病害发生较重。核桃园周围栽植杨树、刺槐及苹果时，病菌可以相互传染，病害发生较多。树干阳面病斑多于阴面。不同核桃品种，抗病性表现有一定差异。

【防控技术】溃疡病防控技术模式如图8-2所示。

1.加强果园管理 增施农家肥等有机肥，按比例科学施用速效化肥，改良土壤，培强树势，提高树体抗病能力。雨季注意排水，地下水位偏高的地区尽量采用高垄或台地

栽培。秋后及早春适当树干涂白，防止发生冻害及日灼伤。进入秋季后控制浇水，防止发生冻害；早春及时灌水，提高树体抗病性能。

2.适当病斑治疗 在核桃流水期过后发现病斑及时进行刮治，将病组织彻底刮除干净，而后涂药保护伤口。有效药剂同"核桃腐烂病"病斑涂抹用药。

3.清除树体带菌 结合修剪，彻底剪除病枯枝，集中烧毁。发芽前全园喷施1次铲除性药剂，杀灭树体表面的越冬病菌。有效药剂同"核桃腐烂病"发芽前用药。溃疡病发生严重地区或果园，也可使用上述药剂在8月份涂刷主干及大侧枝1次。

干腐病

干腐病又称溃疡病、黑水病，主要发生在我国南方核桃产区，北方产区偶有发生，导致树势衰弱，产量降低，果实腐烂，甚至植株枯死，是核桃生产中的重要病害之一。

【症状诊断】干腐病主要为害3～7年生幼树主干和侧枝，也可为害枝梢及果实。大枝干受害，主要发生在根颈至2～3米高处及侧枝的向阳面。初期病斑多以皮孔为中心，黑褐色，近圆形，微隆起（彩图8-25），手指按压可流出泡沫状液体，有酒糟气味。后病斑逐渐扩大，常数个病斑连成梭形或不规则形，甚至达枝干的半边或大半边。病部皮层变褐色枯死，甚至腐烂，内侧木质部变灰褐色。当病斑环绕枝干一周，则导致上部枯死。后期病斑干缩凹陷，表面逐渐散生出许多粒状小黑点（彩图8-26），潮湿时其上可溢出灰白色黏液。枝梢受害，初期病斑呈黑褐色、凹陷，后迅速扩展导致整个枝梢变黑褐色枯死，表面亦可散生粒状小黑点。

果实发病，初期病斑近圆形，暗褐色，大小不等。后病斑逐渐扩大，表面凹陷，严重时达整个果实。病斑表面亦可散生出许多小黑点。病果容易脱落。

【病原】核桃囊孢壳（*Physalospora juglandis* Syd. et Hara.），属于子囊菌亚门核菌纲球壳菌目；自然界常见其无性阶段，为大茎点霉（*Macrophoma* sp.），属于半知菌亚门腔孢纲球壳孢目。病斑表面的小黑点即为病菌的子座组织与分生孢子器。

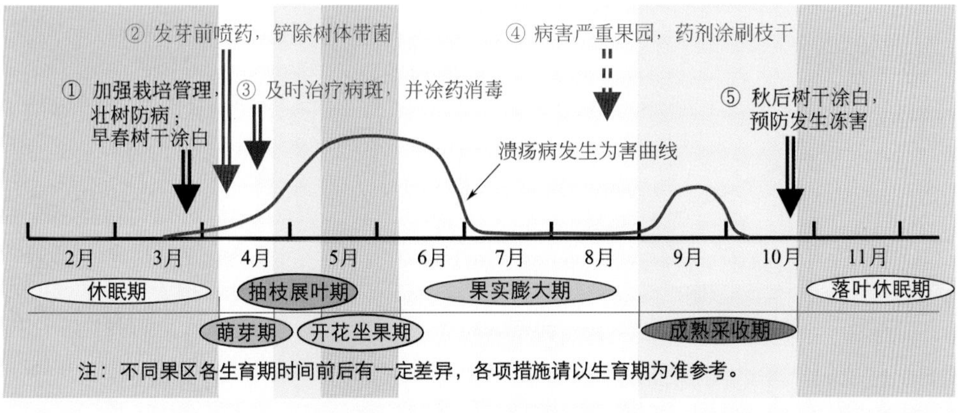

【发病规律】病菌主要以菌丝体和分生孢子器在病斑组织内越冬。翌年条件适宜时释放出病菌孢子，通过风雨传播，从皮孔或伤口侵染为害。带病苗木与接穗能进行远距离传播。菌丝在韧皮部潜育扩展，逐渐形成病斑，人工接种潜育期5～10天。夏秋季新病斑上产生分生孢子，通过风雨传播，进行再侵染。

② 发芽前喷药，铲除树体带菌　④ 病害严重果园，药剂涂刷枝干

① 加强栽培管理，③ 及时治疗病斑，并涂药消毒
壮树防病；
早春树干涂白

溃疡病发生为害曲线

⑤ 秋后树干涂白，预防发生冻害

2月　3月　4月　5月　6月　7月　8月　9月　10月　11月

休眠期　　抽枝展叶期　　果实膨大期　　落叶休眠期
　　　萌芽期　开花坐果期　　　成熟采收期

注：不同果区各生育期时间前后有一定差异，各项措施请以生育期为准参考。

图8-2 溃疡病防控技术模式图

土壤瘠薄、质地黏重、中性偏酸及偏施氮肥、高温干旱有利于病害发生，栽植后缓苗期或树势衰弱病害发生较重，枝干虫害较重、伤口多有利于病菌侵染，管理粗放果园常见干腐病发生。

彩图8-25 干腐病初期病斑

彩图8-26 后期，病斑表面散生许多小黑点

【防控技术】 干腐病防控技术模式如图8-3所示。

1.加强栽培管理 新建核桃园时，尽量选择土层深厚、疏松肥沃、排灌方便的中性地块栽植，并增施农家肥等有机肥，按比例科学使用速效化肥，培育壮树，提高树体抗病能力。生长期加强病虫害管控，特别是枝干害虫和导致早期落叶的病虫。早春和秋后注意树干涂白，预防发生日灼及冻害。结合修剪，彻底剪除枯死枝、病伤枝，并集中烧毁。

2.及时治疗病斑 发现病斑后及时进行治疗，并涂药保护伤口。具体方法及有效药剂同"核桃腐烂病"的病斑治疗。

3.适当喷药防控 首先，结合其他病害防控，注意药剂清园，即在发芽前全园喷施1次铲除性药剂，杀灭在树体上的越冬病菌。有效药剂如：77%硫酸铜钙可湿性粉剂400～500倍液、45%代森铵水剂200～300倍液、41%甲硫·戊唑醇悬浮剂400～500倍液、30%戊唑·多菌灵悬浮剂400～600倍液、60%铜钙·多菌灵可湿性粉剂300～400倍液、3～5波美度石硫合剂等。其次，往年病害严重果园，5、6月份再喷药1～2次防控病害，有效药剂如：70%甲基硫菌灵可湿性粉剂或500克/升悬浮剂800～1000倍液、430克/升戊唑醇悬浮剂3000～4000倍液、10%苯醚甲环唑水分散粒剂1500～2000倍液、30%戊唑·多菌灵悬浮剂800～1000倍液、41%甲硫·戊唑醇悬浮剂700～800倍液等。

轮纹病

【症状诊断】 轮纹病主要为害主干、主枝，形成褐色坏死斑，严重时导致树势衰弱（彩图8-27）。病斑多以皮孔为中心开始发生，先产生瘤状突起（彩图8-28），后逐渐形成近圆形褐色坏死斑，病斑外围常有黄褐色稍隆起晕环，后期病斑边缘常产生裂缝（彩图8-29）。在衰弱树或衰弱枝上，病斑扩展较快，突起不明显，多表现为凹陷坏死斑，外围亦有黄褐色稍隆起晕环（彩图8-30）。第二年病斑继续向外扩展，在1年生病斑外形成环状坏死。如此，病斑可连续扩展多年。病斑后期或在两年生病斑上，逐渐散生出不规则小黑点（彩图8-31）。

【病原】 大茎点霉（*Macrophoma* sp.），属于半知菌亚门腔孢纲球壳孢目。病斑表面的小黑点即为病菌的分生孢子器。

【发病规律】 病菌主要以菌丝体和分生孢子器在枝干病斑内越冬。第二年条件适宜时小黑点上涌出分生孢子，通过风雨传播，从皮孔或伤口侵染为害。当年生病斑上一般不产生分生孢子器或分生孢子器不成熟，所以该病在

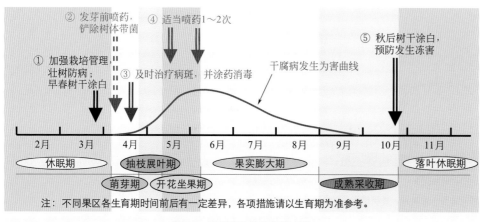

图8-3 干腐病防控技术模式图

注：不同果区各生育期时间前后有一定差异，各项措施请以生育期为准参考。

田间没有再侵染。多雨潮湿有利于病菌孢子的释放、传播及侵染，树势衰弱是导致该病发生的主要因素。由于轮纹病是苹果和梨树上的重要枝干病害，所以在核桃与苹果或梨树混栽及间套作的果园该病发生较多。

彩图8-27　枝干表面产生有许多病斑

彩图8-28　发病初期，病斑呈瘤状突起

彩图8-29　病斑近圆形，边缘开裂

彩图8-30　小枝上的轮纹病病斑

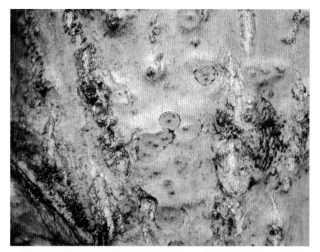

彩图8-31　后期，病斑表面散生出小黑点

【防控技术】核桃轮纹病是一种零星发生病害，一般不需单独进行防控。通过加强栽培管理，壮树防病即可有效控制其发生为害。个别轮纹病发生较重核桃园，结合其他枝干病害（如腐烂病、溃疡病、干腐病等）防控，在发芽前喷施铲除性药剂进行兼防，即可有效预防该病的发生。另外，新建核桃园时，尽量远离苹果及梨树，坚决避免与苹果或梨树混栽及间套作。

木腐病

木腐病又称腐朽病、心材腐朽病，是衰老核桃树上的一种常见病害，在各核桃产区均有发生，一般为害不重，严重发生时导致病树愈加衰弱，全株逐渐枯死。

【症状诊断】木腐病主要为害核桃树的主干、主枝，以衰老的大树受害较多，发病后的主要症状特点是导致木质部腐朽。该病多从枝干伤口处开始发生，而后在木质部内扩展蔓延，造成木质部朽烂、疏松质软，后期在病树伤口处产生许多覆瓦状、或贝壳状、或平铺状的灰白色至黄褐色的病菌结构。病树支撑和负载能力降低，刮大风时容易从病部折断，在断口处可看到木质部内生有灰白色菌丝（彩图8-32）。

彩图8-32　核桃裂褶菌木腐病子实体

【病原】常见种类为裂褶菌（*Schizophyllum commune* Fr.）和多毛栓菌（*Trametes hispida* Bagl.），均属于担子菌亚门层菌纲非褶菌目。病树表面的病菌结构即为病菌子实体，其上产生大量病菌孢子。

【发病规律】木腐病菌均属于弱寄生性真菌，均以菌丝体或子实体在田间病株或病残体上越冬。翌年条件适宜时树体内菌丝继续生长蔓延，子实体上产生病菌孢了，通过风雨或气流传播，从各种伤口侵染为害，以裂伤、修剪伤为主，而后在木质部内生长蔓延。老龄树、衰弱树、主枝折断及机械伤口多的树体容易受害，管理粗放、土壤瘠薄、病虫害发生严重的果园受害较多。

【防控技术】

1.加强栽培管理　增施农家肥等有机肥，按比例科学使用速效化肥，培育壮树，提高树体抗病能力。科学修剪，注意涂药保护较大的修剪伤口，促进伤口愈合，这是有效预防木腐病的重要措施。及时防控蛀干害虫，减少枝干伤害。

2.及时处理病树表面的病菌结构　发现病菌子实体后应尽快彻底刮除，并把所清除病菌集中带到园外烧毁，然后使用2.12%腐植酸铜水剂原液、或30%戊唑·多菌灵悬浮剂100～200倍液、或60%铜钙·多菌灵可湿性粉剂100～200倍液、或41%甲硫·戊唑醇悬浮剂100～200倍液、或77%硫酸铜钙可湿性粉剂100～200倍液等有效药剂涂抹伤口，促进伤口愈合，减少病菌侵染。

膏药病

膏药病主要发生在南方核桃产区，北方地区很少发生。为害轻时导致树势衰弱、枝干生长不良，严重时也可造成死枝死树。

【症状诊断】膏药病主要发生在枝干上或枝杈处，发病后的主要症状特点是在受害部位表面附着生有灰褐色至紫褐色的菌丝膜块，似膏药状，圆形、椭圆形或不规则形，边缘白色，后变鼠灰色。菌丝块下树皮凹陷、甚至湿腐，导致树势衰弱，严重时枝干枯死（彩图8-33）。

彩图8-33　核桃膏药病

【病原】常见种类为茂物隔担耳（*Septobasidium bogoriense* Pat.），其次还有白隔担耳（*S. albidum* Pat.）、金合欢隔担耳（*S. acaciae* Saw.）、田中氏隔担耳［*S. tanakae*（Miyabe）Boed.et Steinm.］、赖金隔担耳（*S. reinkingii* Pat.）等，均属于担子菌亚门层菌纲隔担菌目。膏药状菌丝膜块即为病菌结构。

【发病规律】病菌以菌丝膜在枝干表面越冬。翌年条件适宜时产生孢子，通过风雨或昆虫传播进行为害。该病实际是病菌与蚧壳虫的一种共生，病菌主要以蚧壳虫的分泌物为养料，蚧壳虫借菌膜覆盖得到保护，所以蚧壳虫为害重的果园常发病较重。另外，菌丝也能伸入寄主树皮层吸收营养。旬平均气温13～28℃、相对湿度78%～88%时，病菌生长扩展迅速，高温干旱不利于病菌生长。树势衰弱、土壤黏重、排水不畅、林间阴湿、通风透光不良的果园发病较重。

【防控技术】

1.加强栽培管理　适当确定栽植密度，合理修剪，促使果园通风透光，雨季及时排水，创造不利于病害发生的生态条件。增施农家肥等有机肥，科学施用速效化肥，培育壮树，提高树体抗病能力。

2.及时防控蚧壳虫（治虫防病）　往年病害发生较重果园，在核桃发芽前全园喷施1次3～5波美度石硫合剂、或45%石硫合剂晶体50～70倍液、或45%毒死蜱乳油600～800倍液，杀灭枝干表面的越冬蚧壳虫。

3.科学防控膏药病菌　结合农事操作，及时人工用竹片刮除膏药病菌膜块，然后涂抹3～5波美度石硫合剂、或45%石硫合剂晶体30～50倍液、或1∶1∶100倍波尔多液等。同时，将刮下的菌膜集中带到园外销毁。另外，在核桃落叶后使用20%松脂酸钠可溶性粉剂800倍液、或1.6%噻霉酮800倍液、或80%代森锰锌可湿性粉剂800倍液全株喷洒，均对膏药病具有较好的防控效果。

枝枯病

枝枯病是一种重要核桃病害，在我国各核桃产区均有不同程度发生，严重时常造成大量枝条枯死，对树势、树冠整齐度及产量均影响很大。

彩图8-34　枝枯病的病枯枝

【症状诊断】枝枯病主要为害小枝,多从顶梢幼嫩枝条开始发生,逐渐向下蔓延,甚至扩展到主干上。发病初期,枝条皮层呈暗灰褐色,稍凹陷,病健交界处的健组织常稍隆起;后逐渐变为浅红褐色,最后成深灰色(彩图8-34)。病部皮层坏死、干缩,有时开裂,很快扩展至绕枝条一周,造成枝枯(彩图8-35、彩图8-36),其上叶片逐渐变黄脱落。后期,枯枝表面逐渐散生出许多黑色小粒点(彩图8-37、彩图8-38),遇雨湿润后小黑点上挤出黑色短柱状孢子角(彩图8-39);再遇降雨时孢子角溶开,形成馒头状突起的黑色团块。有时,在小黑点附近产生较大的小黑丘,丘上长出几根黑色毛状物(病菌子囊壳)。

彩图8-38 枯枝表面小黑点局部放大

彩图8-35 枝枯病的病枝梢

彩图8-36 枝枯病导致枝梢干枯

彩图8-39 小黑点表面溢出的短柱状孢子角

【病原】矩圆黑盘孢(*Melanconium oblongum* Berk.),属于半知菌亚门腔孢纲黑盘孢目;有性阶段为胡桃黑盘壳[*Melanconis juglandis*(Ell.et Ev.)Groves],属于子囊菌亚门核菌纲球壳菌目。黑色小粒点为病菌的分生孢子盘,黑色短柱状孢子角及馒头状团块是病菌的分生孢子及黏液;黑色毛状物为其有性阶段的子囊壳。

【发病规律】病菌主要以菌丝体、分生孢子盘和分生孢子团块在枯枝病斑上越冬。第二年遇降雨时,分生孢子散开,通过风雨或昆虫传播,从冻伤、虫伤、日灼伤及其他机械伤等伤口侵染,导致枝条受害。经8~12天潜育期枝条开始发病,再经15~21天病枝上逐渐开始产生分生孢子盘及分生孢子,该孢子通过风雨传播进行再次侵染。6~8月份为病害发生盛期。树势衰弱是导致该病发生的主要原因,多雨潮湿有利于病菌的传播与侵染,病菌侵染后先在老皮组织内腐生,再逐渐向周边活组织蔓延为害。冻害、早春干旱、土壤板结、过度密植、排水不良等均可加重枝枯病发生。

【防控技术】枝枯病防控技术模式如图8-4所示。

1.搞好果园卫生 结合修剪,发芽前彻底剪除病枯枝,集中带到园外烧毁,消灭病菌越冬场所,减少园内菌量。生长季节,发现病枝及时剪除,防止病害扩散蔓延。

2.加强栽培管理 增施农家肥等有机肥,合理使用氮、磷、钾肥及中微量元素肥料,增强树势,提高树体抗病能力。及时防控害虫,避免造成各种机械伤口,减少病菌侵染途径。合理密植,科学修剪,雨季及时排水,创造不利于病害发生的生态条件。

彩图8-37 枯枝表面散生许多小黑点

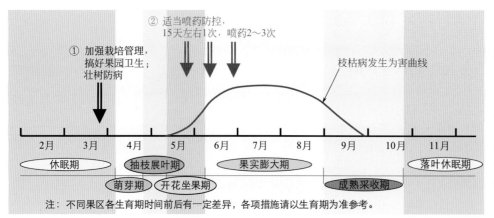

図8-4　枝枯病防控技术模式图

注：不同果区各生育期时间前后有一定差异，各项措施请以生育期为准参考。

① 加强栽培管理，搞好果园卫生；壮树防病

② 适当喷药防控，15天左右1次，喷药2～3次

枝枯病发生为害曲线

休眠期　抽枝展叶期　果实膨大期　落叶休眠期

萌芽期　开花坐果期　成熟采收期

3.适当药剂防控　往年病害发生严重果园，在5～7月份喷药预防2～3次，间隔期15天左右。有效药剂如：70%甲基硫菌灵可湿性粉剂或500克/升悬浮剂800～1000倍液、430克/升戊唑醇悬浮剂3000～4000倍液、10%苯醚甲环唑水分散粒剂1500～2000倍液、30%戊唑·多菌灵悬浮剂800～1000倍液、60%铜钙·多菌灵可湿性粉剂600～800倍液、41%甲硫·戊唑醇悬浮剂800～1000倍液、80%乙蒜素乳油1500～2000倍液、50%多菌灵可湿性粉剂600～800倍液等。

枯梢病

枯梢病又称枝枯病，在陕西、山西、山东、辽宁、云南等省时有发生，主要为害枝梢，造成枝条枯死，有时也可为害叶柄和果实。

彩图8-40　小枝上的初期病斑

【**症状诊断**】枯梢病主要为害枝梢，也可为害叶柄和果实。嫩梢受害，初期病斑不明显，逐渐成褐色失水状萎蔫，后期嫩梢枯死。小枝受害，初期病斑为黑褐色小点，近圆形，扩展后形成红褐色至深褐色病斑，稍凹陷（彩图8-40），长圆形、梭形或长条形；后期病斑失水凹陷，病健交界处有轻微隆起，表面散生出许多黄色至红褐色小粒点

（彩图8-41）。当病斑环绕枝条一周后，导致枝条枯死（彩图8-42）。叶柄受害，病斑初期为椭圆形黑褐色小点，稍凹陷，扩展后逐渐形成长椭圆形黑褐色凹陷大斑（彩图8-43），病斑绕叶柄一周后造成上端组织枯死。果实受害，初期表面产生红褐色小斑点，后病斑逐渐扩大呈近圆形黑褐色凹陷，病斑多时连成大片，并常导致果实腐烂、早落。

彩图8-41　枝梢上的枯梢病病斑

彩图8-42　病梢逐渐枯死

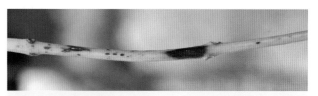

彩图8-43　叶柄上的枯梢病病斑

【**病原**】核桃拟茎点霉（*Phomopsis juglandis*），属于半知菌亚门腔孢纲球壳孢目。

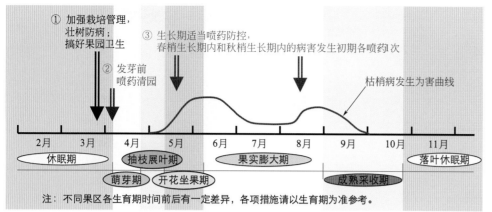

① 加强栽培管理，
壮树防病；
搞好果园卫生

③ 生长期适当喷药防控，
春梢生长期内和秋梢生长期内的病害发生初期各喷药次

② 发芽前
喷药清园

枯梢病发生为害曲线

2月　3月　4月　5月　6月　7月　8月　9月　10月　11月

休眠期　　　　抽枝展叶期　　　果实膨大期　　　　　　落叶休眠期

萌芽期　开花坐果期　　　　　成熟采收期

注：不同果区各生育期时间前后有一定差异，各项措施请以生育期为准参考。

图8-5　枯梢病防控技术模式图

【发病规律】病菌主要以分生孢子器在枝梢病斑上越冬。翌年条件适宜时溢出分生孢子，通过风雨传播，从各种伤口及皮孔侵染为害，有多次再侵染，多雨潮湿利于病菌的传播与侵染。病菌具有潜伏侵染特性。树势衰弱是导致该病发生的主要条件，早春低温、干旱多风、多雨潮湿、伤口较多等均可加重枯梢病的发生。

【防控技术】枯梢病防控技术模式如图8-5所示。

1.加强果园管理 增施农家肥等有机肥，科学施用速效化肥，培育壮树，提高树体抗病能力。结合冬剪及生长期农事活动，彻底剪除病枯梢，集中带到园外烧毁，减少病菌越冬场所及园内菌量。干旱季节及时灌水，雨季注意排水，防止核桃园过度干旱或积水。

2.发芽前喷药清园 发芽前全园喷施1次铲除性药剂，铲除树上越冬病菌。效果较好的药剂有：30%戊唑·多菌灵悬浮剂400～600倍液、41%甲硫·戊唑醇悬浮剂400～500倍液、60%铜钙·多菌灵可湿性粉剂300～400倍液、77%硫酸铜钙可湿性粉剂400～500倍液、45%代森铵水剂200～300倍液等。

3.生长期适当喷药防控 枯梢病多为零星发生，一般核桃园不需生长期单独喷药。个别往年病害发生较重果园，在春梢生长期和秋梢生长期的病害发生初期各喷药1次即可。效果较好的药剂如：70%甲基硫菌灵可湿性粉剂或500克/升悬浮剂800～1000倍液、10%苯醚甲环唑水分散粒剂1500～2000倍液、430克/升戊唑醇悬浮剂3000～4000倍液、50%多菌灵可湿性粉剂600～800倍液、30%戊唑·多菌灵悬浮剂800～1000倍液、41%甲硫·戊唑醇悬浮剂700～800倍液、80%代森锰锌（全络合态）可湿性粉剂800～1000倍液等（图8-5）。

■ 炭疽病

炭疽病是核桃上的一种重要果实病害，在我国各核桃产区普遍发生，严重果园病果率达90%以上，落果率超过50%，采收前10～20天病果迅速变黑腐烂，核仁干瘪，对核桃产量和品质影响很大。

【症状诊断】炭疽病主要为害果实，有时也可为害叶片、嫩枝。果实受害，病斑初为褐色圆形小斑点（彩图

8-44），稍凹陷；扩大后明显凹陷（彩图8-45），呈黑褐色至黑色，近圆形或不规则形，表面常有褐色汁液溢出（彩图8-46）。随病斑发展，其表面逐渐产生出呈轮纹状排列的小黑点，随后小黑点上逐渐产生出淡粉红色黏液（彩图8-47、彩图8-48），有时小黑点排列不规则，有时小黑点不明显，仅能看到淡粉红色黏液，有时黏液产生不明显（彩图8-49）。严重时，一个果实上生有许多病斑，并常扩展连片（彩图8-50），导致果实外表皮大部分变黑色腐烂；后期腐烂果皮干缩、凹陷（彩图8-51），形成黑色僵果或脱落（彩图8-52），病果核仁干瘪甚至没有核仁。叶片受害，形成褐色至深褐色不规则形病斑；有时病斑沿叶缘四周1厘米宽扩展，有的沿主、侧脉两侧呈长条形扩展，后期中间变灰白色，可形成穿孔；严重时叶片枯黄脱落。叶柄及嫩枝受害，形成长条形或不规则形黑褐色病斑（彩图8-53），后变灰褐色；嫩枝受害常从顶端向下枯萎，叶片呈焦黄色脱落。

彩图8-44　炭疽病发生初期

彩图8-45　病斑扩展，逐渐凹陷

彩图8-46 病斑表面有褐色汁液溢出

彩图8-47 炭疽病典型病斑

彩图8-48 病斑凹陷，表面产生许多淡粉红色黏液

彩图8-49 有时病斑表面淡粉红色黏液不明显

彩图8-50 一个果实上常有多个病斑为害

彩图8-51 炭疽病导致果皮干缩、凹陷

彩图8-52 炭疽病后期僵果

彩图8-53 叶柄上的炭疽病病斑

【病原】胶孢炭疽菌［*Colletotrichum gloeosporioides* （Penz.）Penz.et Sacc.］，属于半知菌亚门腔孢纲黑盘孢目。病斑表面的小黑点为分生孢子盘，淡粉红色黏液为分生孢子团块。病菌孢子萌发需要补充一定营养。

该病菌寄主范围非常广泛，除为害核桃外，还常侵害苹果、梨、葡萄、桃、李、杏、山楂、枣、柿、板栗、柑橘、芒果等多种果树及刺槐等林木，所致病害均称为炭疽病。

【发病规律】病菌主要以菌丝体和分生孢子盘在病僵果、病叶及芽上越冬，亦可在其他寄主植物的病组织上越冬。翌年条件适宜时越冬病菌产生大量分生孢子，通过风雨或昆虫传播，从伤口或自然孔口侵染，也可直接侵染。该病潜育期很短，一般为4～9天，条件适宜时可发生多次再侵染，所以流行性较强，为害较重。同时，病菌具有潜伏侵染特性，多表现为幼果期侵入、中后期发病，外观无病的果实、枝条、叶片可能带有潜伏炭疽病菌。

炭疽病的发生时期各地稍有不同，四川多从5月中旬开始发病，6～8月份为发病盛期；江苏、河南、山东等地6月下旬或7月初开始发病；河北、辽宁等省多从8月份开始发病。该病发生早晚及轻重与当年降雨情况有密切关系，降雨早、雨量多、湿度大，病菌孢子萌发侵染早，病害发生早、蔓延快，发病则重；反之，病害发生晚而轻。

另外，果园地势低洼、种植密度过大、通风透光不良等一切可以加重园内湿度的因素，均可加重炭疽病的发生。再有，核桃举肢蛾发生为害较重的果园，炭疽病亦常发生较重。

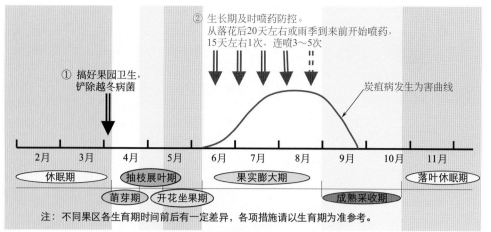

② 生长期及时喷药防控。
从落花后20天左右或雨季到来前开始喷药，
15天左右1次，连喷3～5次

① 搞好果园卫生，
铲除越冬病菌

炭疽病发生为害曲线

| 2月 | 3月 | 4月 | 5月 | 6月 | 7月 | 8月 | 9月 | 10月 | 11月 |

休眠期　　　抽枝展叶期　　　果实膨大期　　　落叶休眠期

萌芽期　开花坐果期　　　　成熟采收期

注：不同果区各生育期时间前后有一定差异，各项措施请以生育期为准参考。

图8-6　炭疽病防控技术模式图

【防控技术】以加强果园栽培管理为基础，消灭及控制园内病原和生长期适当喷药预防相结合（图8-6）。

1.**加强栽培管理**　新建核桃园时，尽量选择地势较高、通风透光良好的地块，选用优质抗病品种，合理确定栽植密度。避免与苹果、梨、桃等炭疽病菌经常为害的果树林木相邻栽植或混栽。生长期科学修剪，促使果园通风透光良好，雨季注意及时排水，降低园内环境湿度，创造不利于病害发生的生态条件。

2.**搞好果园卫生，消灭园内病菌**　发芽前彻底清除树上、树下的病僵果及落叶，集中深埋或烧毁，消灭病菌越冬场所，减少病菌初侵染来源。生长季节及时剪除病果，集中深埋，减少园内菌量，防止病菌扩散为害。往年病害发生较重核桃园，在发芽前喷施1次铲除性杀菌剂，杀灭园内残余越冬病菌，效果较好的药剂如：30%戊唑·多菌灵悬浮剂400～600倍液、41%甲硫·戊唑醇悬浮剂400～500倍液、60%铜钙·多菌灵可湿性粉剂300～400倍液、77%硫酸铜钙可湿性粉剂400～500倍液、45%代森铵水剂200～300倍液等。

3.**生长期及时喷药防控**　往年病害发生较重的核桃园，从落花后20天左右开始喷药，或从雨季到来前开始喷药，15天左右1次，连喷3～5次。常用有效药剂有：30%戊唑·多菌灵悬浮剂800～1000倍液、41%甲硫·戊唑醇悬浮剂700～800倍液、70%甲基硫菌灵可湿性粉剂或500克/升悬浮剂800～1000倍液、25%溴菌腈可湿性粉剂600～800倍液、450克/升咪鲜胺乳油1000～1500倍液、10%苯醚甲环唑水分散粒剂1500～2000倍液、50%多菌灵可湿性粉剂600～800倍液、430克/升戊唑醇悬浮剂3000～4000倍液、250克/升吡唑醚菌酯乳油1200～1500倍液、80%代森锰锌（全络合态）可湿性粉剂800～1000倍液、77%硫酸铜钙可湿性粉剂800～1000倍液等。喷药应及时均匀周到，以确保防控效果。

褐色顶端坏死病

【症状诊断】褐色顶端坏死病主要为害幼小果实的顶端，落花后在雌蕊基部、幼果顶端即可发生，严重时造成果实内部坏死，致使果实早期脱落。据调查，山东4月中下旬至5月中旬花后雌蕊干缩时便开始发病，持续到5月下旬，至6月上中旬果实膨大果壳硬化后不再发病。首先从雌蕊柱头基部的枯萎处开始发病。发病初期，在柱头底部产生约1～2毫米的褐色至深褐色斑点（彩图8-54），此时果实内部与柱头连接处已开始出现坏死；褐色病斑在果实顶端扩展至5毫米左右时（彩图8-55），果实内部已出现1/3的坏死；当果实顶端的褐色病斑扩展至2～4厘米或超过果面2/3面积时（彩图8-56、彩图8-57），果实内部几近全部坏死腐烂，病果脱落。

彩图8-54　病害发生初期

彩图8-55　病斑扩展至5毫米左右

彩图8-56　褐色病斑逐渐扩大

彩图8-57 褐色病斑扩展至3～4厘米

【病原】目前该病病原还存在一些争议，多数研究认为，可能是镰刀菌（*Fusarium* sp.）和链格孢菌（*Alternaria* sp.）及核桃黄单胞杆菌（*Xanthomonas arboricola* pv. *juglandis*）的单独侵染或复合侵染。

【发病规律】病菌可能在土壤或病果中越冬，通过风雨或昆虫传播，翌年3～4月份萌芽展叶期从花芽侵入，开花后从雌蕊柱头干缩部位开始发病。5月中下旬到6月中下旬为发病盛期。受害严重果实变黑、腐烂，甚至脱落。开花前后果园内多雨潮湿、温度高时，病害发生较重。

【防控技术】

1.加强果园管理 新建果园时合理密植，避免枝叶茂密、造成郁闭。成长期果园科学修剪，促使果园通风透光良好，降低环境湿度。多雨潮湿地区，雨季注意及时排水。

2.发芽前清园 结合其他病虫害防控，于核桃发芽前清园，全园喷施1次3～5波美度石硫合剂、或45%石硫合剂晶体60～80倍液、或77%硫酸铜钙可湿性粉剂400～500倍液、或45%代森铵水剂200～300倍液，铲除越冬病菌。

3.生长期适当喷药防控 往年褐色顶端坏死病发生为害较重果园，在核桃开花前（花序生长期）和落花后各喷药1次。效果较好的药剂如：77%硫酸铜钙可湿性粉剂800～1000倍液、50%喹啉铜可湿性粉剂1500～2000倍液、47%春雷·王铜可湿性粉剂600～800倍液、60%铜钙·多菌灵可湿性粉剂500～600倍液、80%代森锌可湿性粉剂500～600倍液等。

果仁霉腐病

【症状诊断】果仁霉腐病又称果仁霉烂病，主要发生在采收后的果仁上，是核桃采后贮运过程中的一种常见病害。发病初期，核桃外表多没有异常表现，只是重量减轻。剥开核桃壳后，可见果仁表面有霉状物产生，该霉状物因病原种类不同而异，有青绿色、粉红色、灰白色、灰黑色、黑褐色等多种类型（彩图8-58）。轻者果仁表面变黑褐色至黑色，出油量降低，品质变劣；重者果仁干瘪或腐烂、僵硬（彩图8-59），并有苦味或霉腐味，甚至不能食用。

【病原】果仁霉腐病可由多种病菌引起，多数为高等真菌。常见种类有：粉红聚端孢霉［*Trichothecium roseum* (Pers.) Link］，属于半知菌亚门丝孢纲丝孢目；黑曲霉（*Aspergillusniger* N.Tiegh），属于半知菌亚门丝孢纲丝孢

目；胶孢炭疽菌［*Colletotrichum gloeosporioides* (Penz.) Penz.et Sacc.］，属于半知菌亚门腔孢纲黑盘孢目；青霉菌（*Penicillium* spp.），属于半知菌亚门丝孢纲丝孢目；链格孢霉（*Alternaria* spp.），属于半知菌亚门丝孢纲丝孢目；镰刀菌（*Fusarium* spp.），属于半知菌亚门丝孢纲瘤座孢目；立枯丝核菌（*Rhizoctonia solani* Kühn），属于半知菌亚门丝孢纲无孢目；匍枝根霉［*Rhizopus stolonifer* (Ehrenb.ex Fr.) Vuill.］，属于接合菌亚门接合菌纲毛霉目。

彩图8-58 核桃仁表面长有灰白色霉状物

彩图8-59 核桃仁干瘪，变黑褐色（根霉菌）

【发病规律】除胶孢炭疽菌（炭疽病病菌）外，均属于弱寄生性真菌，在自然界广泛存在，没有固定的越冬场所。病菌多通过气流或风雨传播，从各种伤口（机械创伤、虫伤等）侵染为害。不同生态区域的核桃，具体病原种类存在较大差异。核桃采收后集中堆放，温度高、湿度大，或核桃潮湿，储藏场所温度高、且通风不良，均易引起果仁霉腐病的发生。

引起生长期病害的病菌通过果实带病进入，采后果实受伤后在条件适宜时向果仁扩展，导致果仁受害。

【防控技术】

1.科学采收 在核桃绿皮逐渐变黄绿色、部分核桃绿皮开裂时进行采收。采收后在阴凉通风处堆集2～3天，然后及时脱青皮、晾晒干或热风干。采收时避免出现机械损伤，包装贮运前彻底剔除病、虫、伤果。

2.包材及贮运场所消毒与安全贮运 对包装箱、袋及贮运场所，用硫黄点燃熏蒸或用甲醛消毒。库房应保持阴凉、干燥、通风，以温度15℃、相对湿度70%为宜，避免高温、潮湿。

霉污病

霉污病又称煤污病、煤烟病，在我国各核桃产区均有不同程度发生，以南方地区和郁闭山地果园发生较多，对果实品质和产量有一定影响。

【症状诊断】霉污病主要为害果实和叶片，严重时也可为害枝梢。发病初期，在受害部位表面产生一层暗色霉斑（彩图8-60、彩图8-61），有时稍带灰色；后霉斑逐渐扩大蔓延，严重时整个果实、叶片或枝梢表面布满黑色霉层（彩图8-62、彩图8-63），似煤烟状。果实受害，导致果仁干瘪，影响果实质量；叶片受害，影响叶片光合作用及树体生长（彩图8-64）。

彩图8-60 叶片轻型受害状

彩图8-61 果实受害，轻度病果

彩图8-62 果实受害，中度病果

彩图8-63 果实受害，较重病果

彩图8-64 严重时，叶片表面布满煤烟状霉

【病原】霉污病可由多种病菌引起，均为植物表面附生菌，常见种类为仁果粘壳孢［Gloeodes pomigena（Schw.）Colby］，属于半知菌亚门腔孢纲球壳孢目。受害部位表面的霉层即为病菌的菌丝体及子实体。

【发病规律】病菌主要以菌丝体和子实体在枝干表面越冬。第二年雨季，病菌孢子通过雨水、昆虫或气流传播，在果实、叶片及枝梢表面附生生长，以蚜虫、蚧壳虫等昆虫的分泌物、排泄物及植物自身分泌物为营养基质。蚜虫、蚧壳虫类发生严重的果园，霉污病常发生较重；果园郁闭、通风透光不良、多雨潮湿、雾大露重等高湿环境因素均可加重该病发生。

【防控技术】

1.加强果园管理　合理密植，科学修剪，促使果园通风透光良好，雨季及时排水，降低环境湿度，创造不利于病害发生的生态条件。注意对蚜虫、蚧壳虫类害虫的有效防控，避免其在果实及叶片表面沉积蜜露，治虫防病。

2.适当喷药防控　往年霉污病发生较多的果园，从雨季来临初期开始喷药，15天左右1次，连喷2次左右。效果较好的药剂如：50%克菌丹可湿性粉剂500～700倍液、10%苯醚甲环唑水分散粒剂1500～2000倍液、41%甲硫·戊唑醇悬浮剂700～800倍液、30%戊唑·多菌灵悬浮剂800～1000倍液、80%代森锰锌（全络合态）可湿性粉剂600～800倍液、1.5%多抗霉素可湿性粉剂300～400倍液等。

黑斑病

黑斑病又称细菌性黑斑病、黑腐病，俗称"核桃黑"，是一种世界性病害，在我国各核桃产区均有不同程度发生。病害发生早时造成幼果腐烂，甚至早期脱落，不脱落的病果核仁干瘪、出油率降低，对产量和品质影响很大。

【症状诊断】黑斑病主要为害果实和叶片，也可侵害嫩枝。

幼果受害，先在果面上产生近圆形油浸状褐色小斑点，边缘多不明显（彩图8-65）；后逐渐扩大成黑褐色凹陷病斑，圆形或近圆形（彩图8-66）；潮湿时，病斑周围有水浸状晕圈；病斑扩大可相互连片，并深入果肉，甚至直达果心，导致整个果实全部变黑腐烂，早期脱落（彩图8-67）。膨大期果实受害，果面上先产生稍隆起的褐色至黑褐色小斑点（彩图8-68、彩图8-69），后病斑逐渐凹陷、颜色变深（彩图8-70），较早的外围常有水渍状晕，较晚的晕圈不明显，且后期病斑中部颜色变淡，多呈灰褐色。严重时病斑连片，形成黑色大斑。近成熟期果实内果皮已硬化，病斑只局限在外果皮上，而导致外果皮变黑腐烂（彩图8-71～彩图8-73）；有时病皮脱落，内果皮外露。

彩图8-68　膨大期果实上的初期病斑

彩图8-69　膨大期果实上的中期病斑

彩图8-65　幼果上的初期病斑

彩图8-70　膨大期果实受害，有时病斑稍显凹陷

彩图8-66　幼果上的中期病斑

彩图8-71　近成熟期果实上的初期病斑

彩图8-67　幼果上许多病斑后期连片

彩图8-72　近成熟期果实上的中期病斑

彩图 8-73 近成熟果实上的后期病斑

叶片受害，多从叶脉及叶脉的分叉处开始发生，先产生褐色小点，扩展后成多角形或近圆形病斑（彩图 8-74～彩图 8-76），褐色至黑褐色，外围有水渍状晕，常许多病斑散生，后期病斑中央变灰白色（彩图 8-77），有时可形成穿孔。严重时多个病斑相互连成不规则形大斑，重病叶皱缩畸形，易枯萎早落。叶柄受害，症状表现与膨大期后的果实受害相似，初为稍隆起的褐色至黑褐色小点（彩图 8-78），后病斑中部凹陷（彩图 8-79），病斑多时常相互连片。

彩图 8-74 叶背面典型病斑呈多角形

彩图 8-75 叶面上散布许多病斑（中早期）

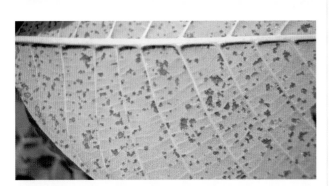

彩图 8-76 叶片背面的中早期病斑

彩图 8-77 叶面上的后期病斑

彩图 8-78 叶柄上的初期病斑

彩图 8-79 叶柄上的后期病斑

嫩枝受害，初期病斑呈淡褐色，稍隆起，外围常有水浸状晕（彩图 8-80），扩大后形成长形或不规则形病斑，褐色至黑褐色，稍凹陷（彩图 8-81）；严重时病斑扩展至围枝一周，导致病斑以上枝条枯死。

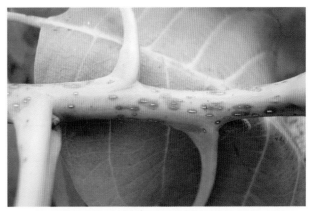

彩图 8-80 嫩枝上的初期病斑

彩图8-81 嫩枝上许多病斑后期连片

【病原】野油菜黄单胞杆菌核桃致病变种［*Xanthomonas campestris* pv. *juglandis*（Pierce）Dye.］，属于革兰氏阴性细菌。

【发病规律】病菌主要在枝梢病斑内或芽内越冬。第二年从核桃展叶时开始，病菌逐渐从病斑内溢出，通过风雨或昆虫传播，从气孔、皮孔、蜜腺及各种伤口侵染果实、叶片及嫩枝。病菌花期侵染花粉后也可随花粉传播。寄主表皮潮湿时，4～30℃均可侵染叶片，5～27℃能侵害果实，条件适宜时（气孔开放、组织内水分充足）完成侵染只需5～15分钟。该病潜育期短，叶片上一般为8～18天，果实上为5～34天，再侵染次数多，条件适宜时容易发生流行。

展叶期至开花期叶片最易受害；多雨潮湿是导致黑斑病发生的主要环境条件，降雨早、雨日时间长，病害发生早而重，夏季多雨病害发生严重，枝叶茂密的郁闭果园病害容易发生。果实受害，以核桃举肢蛾等害虫为害的伤口最易受病菌侵染。此外，不同核桃品种对黑斑病的抗感性存在显著差异。

【防控技术】黑斑病防控技术模式如图8-7所示。

1.加强果园管理 新建核桃园时，尽量选择优质抗病品种。增施农家肥等有机肥及中微量元素肥料，培育壮树，提高树体抗病能力。合理密植，科学修剪，促使果园通风透光，降低环境湿度。结合修剪，彻底剪除病枝梢及病僵果，并拣拾落地病果，集中深埋或烧毁，减少果园内病菌来源。

2.早春药剂清园 核桃发芽前，全园喷施1次77%硫酸铜钙可湿性粉剂400～500倍液、或3～5波美度石硫合剂、或45%石硫合剂晶体60～80倍液，铲除树上残余越冬病菌。

3.生长期及时喷药防控 往年黑斑病发生较重果园，分别在展叶期、落花后、幼果期及果实膨大期各喷药1次，即可有效控制该病的发生为害；少数感病品种果园，在雨季还需增加喷药1～2次，间隔期10～15天。常用有效药剂有：80%代森锌可湿性粉剂600～800倍液、20%噻唑锌悬浮剂500～600倍液、50%喹啉铜可湿性粉剂1500～2000倍液、77%硫酸铜钙可湿性粉剂800～1000倍液、46%氢氧化铜水分散粒剂800～1000倍液、47%春雷·王铜可湿性粉剂400～600倍液及1：1：200倍波尔多液等。

4.治虫防病 注意防控核桃举肢蛾等害虫的发生为害，以减少果实伤口（图8-7）。

白粉病

白粉病是核桃树上的一种常见病害，在我国各核桃产区均有不同程度发生，无论苗木还是大树均常遭受白粉病为害。该病主要为害叶片，病叶率一般为10%～30%，严重时达90%，并常导致早期落叶，对树势和产量影响较大。

【症状诊断】核桃白粉病分为两种，均主要为害叶片，其中一种也可为害新梢。发病后的主要症状特点均是在病叶表面产生白粉状物，严重时均可引起叶片早落，影响树势和产量。

叉丝壳白粉病 白粉状物主要在叶片正面产生，粉层较薄甚至不明显，后期在白粉层上形成很小的黑色颗粒。发病初期，叶片正面先产生不明显的白色粉斑，粉斑下叶片组织无明显异常变化；随病情发展，粉斑逐渐扩大、明显（彩图8-82），粉层下叶片组织逐渐出现褐变，形成褐色病斑（彩图8-83），后期叶片背面也相应出现水渍状褐变（彩图8-84、彩图8-85）。病斑多时，常相互连片，使整个叶片表面布满较薄的白粉状物（彩图8-86～彩图8-89），粉层下叶片组织及叶片背面也褐变连片（彩图8-90～彩图8-92），严重时病叶扭曲、皱缩、不平，甚至早期脱落。发病后期，白粉状物上逐渐散生许多初黄色、渐变褐色、最后呈黑褐色至黑色的小颗粒（闭囊壳），有时黑色颗粒形成后白粉层消失或不明显；相对应的叶片背面，组织褐变连片，颜色逐渐

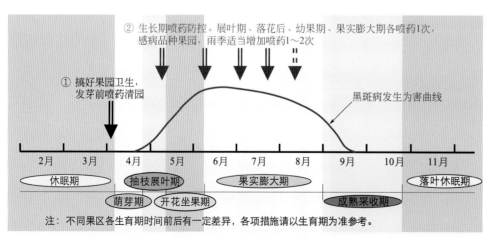

② 生长期喷药防控。展叶期、落花后、幼果期、果实膨大期各喷药1次，感病品种果园，雨季适当增加喷药1～2次

① 搞好果园卫生，发芽前喷药清园

黑斑病发生为害曲线

| 2月 | 3月 | 4月 | 5月 | 6月 | 7月 | 8月 | 9月 | 10月 | 11月 |

休眠期　　　抽枝展叶期　　　果实膨大期　　　落叶休眠期

萌芽期　开花坐果期　　　成熟采收期

注：不同果区各生育期时间前后有一定差异，各项措施请以生育期为准参考。

图8-7 黑斑病防控技术模式图

加深（彩图8-93、彩图8-94）。新梢受害，节间缩短，叶形变窄，叶缘卷曲，质地脆硬，逐渐变褐焦枯，冬季落叶后病梢呈灰白色。

彩图8-82 叶片正面的中早期白粉斑

彩图8-83 白粉层下叶片组织逐渐褐变

彩图8-84 叶片背面逐渐出现边缘不明显病斑

彩图8-85 病叶正面（上）与病叶背面（下）

彩图8-86 白粉层布满整个叶面

彩图8-87 有时白粉层相对较厚

彩图8-88 白粉病叶片（左）与健康叶片（右）叶面比较

彩图8-89 许多叶片受害状

彩图8-90 白粉层下叶片组织褐变连片

彩图8-91 生长后期病叶片正面

彩图8-92 叶片背面病斑，呈淡褐色不规则形

彩图8-93 严重时的叶背面病斑

彩图8-94 生长后期病叶片背面

球针壳白粉病 白粉状物主要在叶片背面产生，粉层较厚，呈粉霉斑或粉层状，后期在粉层上形成较大的黑色颗粒，且极易形成，叶片组织病变不明显。发病初期，叶片背面先产生白色粉斑（彩图8-95），后粉斑扩展连片，形成白色粉层，甚至布满整个叶背（彩图8-96、彩图8-97）；后期，在白色粉层上逐渐产生初期黄色、渐变黄褐色、最后呈黑褐色至黑色的颗粒状物（闭囊壳）（彩图8-98～彩图8-101）。病叶正面多没有明显异常表现。

彩图8-95 发病初期，叶背面的粉状霉斑

彩图8-96 白粉状物连片，几乎布满整个叶背

彩图8-97 严重时，许多叶片受害状

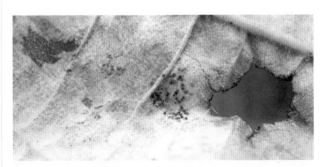

彩图8-98 白粉层上开始产生初期为黄色的颗粒状物

彩图8-99 颗粒状物初期黄色，渐变黄褐色，最后呈黑褐色至黑色

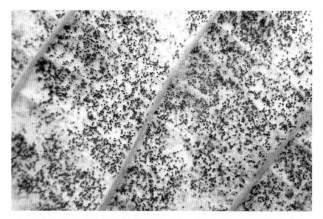
彩图8-100 颗粒状物局部放大

彩图8-101 后期，黑色颗粒状物几乎布满整个白粉层

【病原】叉丝壳白粉病由山田叉丝壳[*Microsphaera yamadai*（Salm.）Syd. ＝ *M.juglandis*（Jacz.）Golov]引起，球针壳白粉病由榛球针壳[*Phyllactinia corylea*（Pers.）Karst. ＝ *P.juglandis* Tao et Qin]引起，均属于子囊菌亚门核菌纲白粉菌目。病斑表面的白粉状物为病菌无性阶段的分生孢子梗和

分生孢子，黑色颗粒状物为其有性阶段的闭囊壳。

【发病规律】两种白粉病的病菌均以闭囊壳在病叶上及树体枝干表面附着越冬，叉丝壳白粉病菌还能以菌丝体在芽鳞上越冬。第二年生长季节，越冬存活闭囊壳遇到降雨后释放出子囊孢子，通过气流（风力）传播，从气孔侵染叶片进行为害，完成初侵染。芽鳞上越冬病菌逐渐导致新梢发病，产生分生孢子，成为初侵染来源，经气流传播，从气孔侵染叶片完成初侵染。初侵染发病后产生的分生孢子，借气流传播，进行再侵染。夏季潜育期一般为7～8天，白粉病在田间有多次再侵染。

叉丝壳白粉病发生较早，5～6月份即能见到病叶；球针壳白粉病发生较晚，多在7～8月份开始发病。两种白粉病均在秋季达到发病高峰。9～10月份开始在白粉层中产生闭囊壳，初为黄色、渐变为黄褐色、最后呈黑褐色至黑色。温暖潮湿与干燥环境交替出现有利于白粉病发生，雨季到来早的年份病害多发生早而较重，氮肥施用过多、钾肥用量较少的果园容易受害。

【防控技术】白粉病防控技术模式如图8-8所示。

1.消灭越冬菌源 落叶后至发芽前，先树上、后树下彻底清除落叶，集中深埋或烧毁，消灭病菌越冬场所。往年白粉病发生较重果园，发芽前喷施1次铲除性药剂，杀灭在树体枝干上附着越冬的病菌。常用有效药剂有：3～4波美度石硫合剂、45%石硫合剂晶体60～80倍液、30%戊唑·多菌灵悬浮剂300～400倍液、41%甲硫·戊唑醇悬浮剂300～400倍液等。

2.生长期及时喷药 从果园内初见病斑时开始喷药，10～15天1次，两种白粉病各连喷2次左右，即可有效控制白粉病的发生为害。常用有效药剂有：12.5%烯唑醇可湿性粉剂2000～2500倍液、40%腈菌唑可湿性粉剂7000～8000倍液、430克/升戊唑醇悬浮剂3000～4000倍液、10%苯醚甲环唑水分散粒剂1500～2000倍液、50%醚菌酯水分散粒剂2500～3000倍液、25%乙嘧酚悬浮剂1000～1200倍液、70%甲基硫菌灵可湿性粉剂或500克/升悬浮剂800～1000倍液、30%戊唑·多菌灵悬浮剂800～1000倍液、41%甲硫·戊唑醇悬浮剂700～800倍液、25%三唑酮可湿性粉剂1500～2000倍液等。

3.其他措施 科学施肥，增施磷、钾肥，避免偏施氮肥，提高树体抗病能力。新建核桃园时，尽量选用优质抗病品种，合理确定栽植密度（图8-8）。

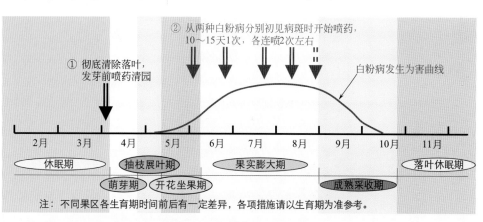
图8-8 白粉病防控技术模式图

褐斑病

【症状诊断】褐斑病又称白星病、绿缘褐斑病，主要为害叶片，有时也可为害嫩梢和果实。叶片受害，初期叶面上产生褐色小斑点，扩大后成近圆形或不规则形黄褐色至褐色病斑（彩图8-102），直径多为0.3～0.7厘米，中部灰褐色，有时具不明显同心轮纹，外围有暗黄绿色或紫褐色边缘，病健分界线不明显（彩图8-103）；叶片背面病斑颜色较深（彩图8-104）。后期，病斑表面产生许多小黑点，有时略呈同心轮纹状排列。严重时，叶片上散布许多病斑（彩图8-105），甚至扩展成片，导致叶片变黄、枯焦（彩图8-106），提早脱落。嫩梢受害，病斑呈黑褐色，长椭圆形或不规则形，稍凹陷，中央常有纵向裂纹，表面亦可产生小黑点。果实受害，多形成较小的褐色至黑褐色凹陷病斑，病斑扩展连片后，果实变黑腐烂。

彩图8-102　叶片上的中早期病斑（放大）

彩图8-103　病斑外围具有黄绿色边缘

彩图8-104　叶背面病斑颜色较深

彩图8-105　叶片上散生许多病斑（中早期病斑）

彩图8-106　许多病斑导致叶片开始变黄

【病原】核桃盘二孢［*Marssonina juglandis*（Lib.）Magn.］，属于半知菌亚门腔孢纲黑盘孢目。病斑表面的小黑点即为病菌的分生孢子盘。

【发病规律】病菌主要以菌丝体和分生孢子盘在落叶上越冬，也可在枝梢病斑上越冬。第二年条件适宜时，越冬病菌产生孢子，通过风雨或昆虫传播，从皮孔或直接侵染进行为害。该病潜育期较短，果园内可发生多次再侵染，7～8月份为发病盛期。降雨是导致该病发生流行的主要因素。多雨潮湿、叶面有水膜时有利于病菌的传播、侵染，病害发展蔓延迅速，发生为害较重。严重时引起大量叶片早期脱落，影响树势，降低果实产量及品质。

【防控技术】褐斑病防控技术模式如图8-9所示。

1.加强果园管理　落叶后至发芽前，先树上、后树下彻底清除落叶，集中深埋或烧毁，消灭病菌越冬场所。结合冬季修剪，尽量剪除有病枝梢，减少树上越冬病菌。合理修剪，促使树体通风透光，降低环境湿度，创造不利于病害发生的生态条件。

2.适当喷药防控　褐斑病多为零星发生，一般果园不需单独喷药。个别往年该病发生较重果园，从落花后开始喷药或病害发生初期开始喷药，15天左右1次，连喷2次左右即可有效控制褐斑病的发生为害。效果较好的药剂如：30%戊唑·多菌灵悬浮剂800～1000倍液、41%甲硫·戊唑醇悬浮剂700～800倍液、60%铜钙·多菌灵可湿性粉剂500～700倍液、70%甲基硫菌灵可湿性粉剂或500克/升悬浮剂800～1000倍液、50%多菌灵可湿性粉剂600～800倍液、10%苯醚甲环唑水分散粒剂1500～2000倍液、430

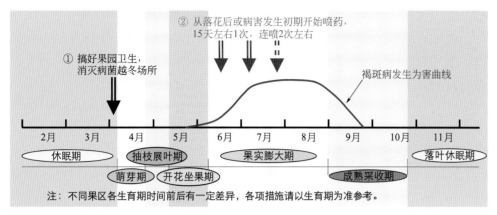

② 从落花后或病害发生初期开始喷药，15天左右1次，连喷2次左右

① 搞好果园卫生，消灭病菌越冬场所

褐斑病发生为害曲线

| 2月 | 3月 | 4月 | 5月 | 6月 | 7月 | 8月 | 9月 | 10月 | 11月 |

休眠期　　　抽枝展叶期　　　果实膨大期　　　落叶休眠期
　萌芽期　开花坐果期　　　成熟采收期

注：不同果区各生育期时间前后有一定差异，各项措施请以生育期为准参考。

图8-9　褐斑病防控技术模式图

克/升戊唑醇悬浮剂3000～4000倍液、50%克菌丹可湿性粉剂500～700倍液、80%代森锰锌（全络合态）可湿性粉剂800～1000倍液、77%硫酸铜钙可湿性粉剂800～1000倍液等。

丛枝病

丛枝病又称粉霉病、霜点病、霜斑病、黄斑病，在我国许多核桃产区均有发生。严重发生时，病树枝条枯死，树冠不整，甚至植株逐渐死亡。

【症状诊断】丛枝病多发生在侧枝上，幼树主干的萌蘖枝上也有发生，病枝簇生，茎部略肿大。病枝上叶片稍小，边缘微卷曲，初生时稍带红色（彩图8-107）。叶片受害，叶正面出现多角形或不规则形黄色褪绿斑点，稍显隆起（彩图8-108）；相对应背面，病斑凹陷，表面产生灰白色霜粉状物（彩图8-109、彩图8-110）。严重时，叶片上散布许多病斑（彩图8-111）。后期，病叶边缘逐渐焦枯，甚至早期脱落。落叶后再发新叶，叶形较小，表面逐渐产生白粉、焦枯、脱落。如此往复数次形成丛枝现象。病叶枝秋末形成许多侧芽，翌年萌发形成簇生丛枝。部分病枝冬季冻死，数年后树冠呈大小不等的丛枝状，病树逐渐死亡。

彩图8-107　枝梢受害状

【病原】核桃微座孢（*Microstroma juglandis* Sacc.），属于半知菌亚门丝孢纲瘤座孢目。病叶表面的白色霜粉状物即为病菌的分生孢子梗和分生孢子。

【发病规律】丛枝病的发生规律目前尚不十分清楚，根据田间调查和防控技术试验分析，病菌可能以分生孢子在落叶上越冬，或以菌丝在病枝梢上越冬。第二年条件适宜时，分生孢子通过风雨传播进行侵染为害。叶片上7月中旬左右开始发病，苗木和幼树感病较重，大树感病轻或很少感病。嫩叶容易受害。多雨潮湿、通风透光不良有利于病害发生，树势衰弱植株病害发生较重。

彩图8-108　叶片正面，病斑呈黄绿色隆起

彩图8-109　叶片背面，病斑凹陷，表面产生白色霉霜

彩图8-110　叶背面白色霉霜放大

彩图8-111　严重时，叶片上散布多个病斑

【防控技术】

1.加强果园管理　落叶后至发芽前，彻底清除树上、树下落叶及病丛枝，集中深埋或烧毁，消灭病菌越冬场所。合理密植，科学修剪，促使果园通风透光，创造不利于病害发生的生态条件。增施有机肥，合理使用速效化肥，培强树势，提高树体抗病能力。5～6月间，及时剪除发病枝条，集中深埋销毁。

2.适当喷药防控　丛枝病多为零星发生，一般果园不需单独用药。个别往年病害发生较重果园，从5月中下旬开始喷药，15天左右1次，连喷2～3次即可有效控制其发生为害。有效药剂如：70%甲基硫菌灵可湿性粉剂或500克/升悬浮剂800～1000倍液、10%苯醚甲环唑水分散粒剂2000～2500倍液、430克/升戊唑醇悬浮剂3000～4000倍液、30%戊唑·多菌灵悬浮剂800～1000倍液、41%甲硫·戊唑醇悬浮剂700～800倍液、80%代森锰锌（全络合态）可湿性粉剂800～1000倍液、80%代森锌可湿性粉剂600～800倍液、77%硫酸铜钙可湿性粉剂800～1000倍液等。

灰斑病

【症状诊断】灰斑病又称圆斑病，主要为害叶片，初期形成暗褐色小斑点，圆形或近圆形（彩图8-112、彩图8-113），外围常有不明显黄色晕圈（彩图8-114）；扩展后成近圆形坏死斑，直径3～8毫米，中部褐色，边缘深褐色（彩图8-115、彩图8-116）。后期病斑中央渐变灰白色，易龟裂或穿孔，其上逐渐散生出黑色小点。一张叶片上常有多个圆形病斑，严重时病叶变黄、早期脱落（彩图8-117）。

彩图8-112　灰斑病早期叶面病斑

彩图8-113　灰斑病早期叶片背面病斑

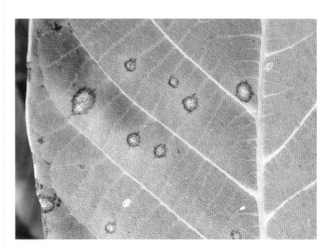

彩图8-114　病斑外围具有黄色晕圈

彩图8-115　灰斑病后期叶面病斑

【病原】核桃叶点霉［*Phyllosticta juglandis*（DC.）Sacc.］，属于半知菌亚门腔孢纲球壳孢目。病斑表面的黑色小点即为病菌的分生孢子器。

【发病规律】病菌以分生孢子器在病落叶上越冬。第二年雨季，越冬病菌散出分生孢子，通过风雨传播，完成初侵染为害。初侵染发病后，产生分生孢子，借助风雨传播进行再侵染为害。田间可有多次再侵染，但一般发生为害较轻。灰斑病多从5～6月份开始发生，8～9月份为发病盛期。多雨潮湿年份病害发生较多，管理粗放、枝叶过密、树势衰弱果园发病较重。

彩图 8-116　灰斑病后期叶片背面病斑

彩图 8-117　严重时，叶片上散布许多病斑，病叶逐渐变黄

【防控技术】灰斑病防控技术模式如图8-10所示。

1.加强果园管理　落叶后至发芽前，彻底清除树上、树下的落叶，集中深埋或烧毁，消灭病菌越冬场所。增施农家肥等有机肥，科学施用速效化肥，培育壮树，提高树体抗病能力。合理修剪，避免枝叶过密，降低环境湿度。

2.适当喷药防控　灰斑病多为零星发生，一般果园不需单独喷药。个别往年该病发生较重果园，从雨季到来初期或病害发生初期开始喷药，15天左右1次，连喷2次左右即可有效控制其发生为害。常用有效药剂有：30%戊唑·多菌灵悬浮剂800～1000倍液、41%甲硫·戊唑醇悬浮剂700～800倍液、60%铜钙·多菌灵可湿性粉剂500～700倍液、70%甲基硫菌灵可湿性粉剂或500克/升悬浮剂800～1000倍液、50%多菌灵可湿性粉剂600～800

倍液、10%苯醚甲环唑水分散粒剂1500～2000倍液、430克/升戊唑醇悬浮剂3000～4000倍液、50%克菌丹可湿性粉剂500～700倍液、80%代森锰锌（全络合态）可湿性粉剂800～1000倍液、77%硫酸铜钙可湿性粉剂800～1000倍液等。

轮斑病

【症状诊断】轮斑病主要为害叶片，多从叶缘开始发病（彩图8-118）。初为褐色至深褐色小斑点，扩展后形成褐色病斑（彩图8-119），半圆形（叶缘病斑）或近圆形（叶中央病斑），没有光泽，平均直径20毫米，有明显深浅交错的同心轮纹（彩图8-120），病斑背面颜色较深（彩图8-121）。潮湿时，病斑背面产生墨绿色至黑色霉状物。病斑多时，常相互联合形成不规则大斑（彩图8-122），严重时叶片焦枯脱落，对果实产量和品质有一定影响。

彩图 8-118　病斑多从叶缘开始发生

【病原】链格孢霉［*Alternaria alternata*（Fr.）Keissler.］，属于半知菌亚门丝孢纲丝孢目。病斑表面产生的霉状物即为病菌的分生孢子梗和分生孢子。

【发病规律】病菌可能以菌丝体及分生孢子在病落叶上越冬，翌年条件适宜时产生分生孢子，通过风雨或气流传播，从皮孔或直接侵染叶片。初侵染发病后产生的分生孢子，借助风雨或气流传播进行再侵染。再侵染在果园内可发生多次。夏季多雨年份有利于病菌的传播、侵染，病害发生较多，阴雨潮湿环境下发病较重，土壤瘠薄、管理粗放、树势衰弱的果园轮斑病较常见。

【防控技术】以搞好果园卫生、消灭越冬菌源和培强树势为基础，病害发生较重果园适当喷药防控。

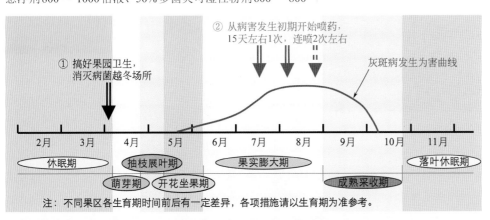

① 搞好果园卫生，消灭病菌越冬场所

② 从病害发生初期开始喷药，15天左右1次，连喷2次左右

灰斑病发生为害曲线

| 2月 | 3月 | 4月 | 5月 | 6月 | 7月 | 8月 | 9月 | 10月 | 11月 |

休眠期　　抽枝展叶期　　　果实膨大期　　　　　落叶休眠期

萌芽期　开花坐果期　　　　成熟采收期

注：不同果区各生育期时间前后有一定差异，各项措施请以生育期为准参考。

图8-10　灰斑病防控技术模式图

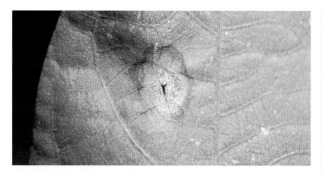

彩图8-119　典型轮斑病病斑

彩图8-120　病斑表面颜色呈近轮纹状

彩图8-121　病斑背面颜色较深

彩图8-122　病斑联合成片，表面产生有霉状物

1.加强果园管理　落叶后至发芽前，彻底清扫落叶，集中深埋或烧毁，清除病菌越冬场所。增施农家肥等有机肥及微生物肥料，按比例科学施用速效化肥，培强树势，提高树体抗病能力。合理修剪，促使园内通风透光，降低环境湿度，创造不利于病害发生的生态条件。

2.适当喷药防控　轮斑病多为零星发生，一般不需单独喷药，个别往年病害发生较重果园，从病害发生初期开始喷药，15天左右1次，连喷2次左右即可有效控制该病的发生为害。效果较好的药剂如：430克/升戊唑醇悬浮剂3000～4000倍液、10%苯醚甲环唑水分散粒剂1500～2000倍液、50%异菌脲可湿性粉剂或45%悬浮剂1000～1500倍液、80%代森锰锌（全络合态）可湿性粉剂800～1000倍液、3%多抗霉素可湿性粉剂400～600倍液、70%甲基硫菌灵可湿性粉剂或500克/升悬浮剂800～1000倍液、50%克菌丹可湿性粉剂500～700倍液等。

小斑病

【症状诊断】小斑病又称角斑病，主要为害叶片，也可为害叶柄。叶片受害，初期在叶片上产生褪绿小斑点（彩图8-123、彩图8-124），后发展为褐色坏死病斑，圆形至椭圆形或多角形（彩图8-125）；后期，病斑中部变灰白色，边缘褐色（彩图8-126），大小多为1～2毫米。通常叶片上病斑数量较多，1张叶片上约有100～500个病斑（彩图8-127），严重时病叶卷曲、干枯，早期脱落。叶柄受害，症状表现与叶片上相似，凹陷明显，病斑多为椭圆形、梭形或长条形，严重时叶柄表面布满病斑，导致叶片干枯、脱落。

【病原】链格孢菌（*Alternaria* sp.），属于半知菌亚门丝孢纲丝孢目，是一种弱寄生性真菌。

彩图8-123　发病初期，叶片正面病斑

彩图8-124　发病初期，叶片背面病斑

彩图8-125　有时病斑呈多角形（叶背病斑）

彩图8-126　后期叶面病斑

彩图8-127　严重时，叶片散布许多病斑、甚至连片

【发病规律】病菌可能以菌丝体及分生孢子在病残体上越冬，翌年条件适宜时产生分生孢子，通过风雨或气流传播，从皮孔或直接侵染叶片。初侵染发病后产生的分生孢子，借助风雨或气流传播进行再侵染。再侵染在果园内可发生多次。核桃生长中后期该病发生较多，树势衰弱、管理粗放果园发病较重，多雨潮湿有利于病害的发生发展。

【防控技术】以搞好果园卫生、消灭越冬菌源和增施肥水、培强树势为基础，病害发生较重果园适当喷药防控。具体措施同"轮斑病"防控技术。

叶枯病

叶枯病是近几年在新疆和田地区新发现的一种叶部病害，发病后导致叶片枯黄死亡，对树势及核桃产量与品质均造成很大影响，被认为是该区域核桃产业发展的巨大潜在威胁。

【症状诊断】叶枯病只为害叶片，从叶片边缘开始发病，逐渐向叶片中部扩展。发病初期，在叶缘产生褪绿病斑，近圆形（彩图8-128），后叶片组织逐渐坏死形成褐色枯斑（彩图8-129），严重时整张叶片变黄、枯死，仅中脉附近仍有绿色。后期，在叶片背面产生墨绿色霉层，有时叶正面也可产生。严重时，引起树叶大量枯死，对树势、树体生长、坐果率及核桃产量与品质均造成巨大影响。

彩图8-128　发病初期，从叶缘开始，叶肉逐渐变黄枯死

彩图8-129　从外向内，叶缘组织逐渐焦枯

【病原】链格孢霉 [*Alternaria alternate* (Fr.) Keissler.]，属于半知菌亚门丝孢纲丝孢目。病斑表面的霉状物即为病菌的分生孢子梗和分生孢子。

【发病规律】叶枯病的发生规律尚缺乏系统研究，从田间调查及致病性测定分析，病菌可能以分生孢子在病落叶或其他寄主植物上越冬。翌年核桃生长季节通过风雨或气流传播，条件适宜时从伤口或直接侵染为害。田间应该有再侵染。管理粗放、土壤盐碱、树势衰弱、枝叶郁闭果园发病较多，多雨潮湿有利于病害的发生及蔓延。

【防控技术】

1.加强果园管理　增施农家肥等有机肥及微生物肥料，按比例科学施用速效化肥，改良土壤，培育壮树，提高树体抗病能力。合理密植，科学修剪，促使树体通风透光，创造不利于病害发生的环境条件。落叶后至发芽前，彻底清扫落叶，集中深埋或烧毁，清除病菌越冬场所。

2.生长期适当喷药防控　往年叶枯病发生较重果园或地区，从病害发生初期及时开始喷药，15天左右1次，连喷2～3次。效果较好的药剂有：430克/升戊唑醇悬浮剂3000～4000倍液、10%苯醚甲环唑水分散粒剂1500～2000倍液、50%异菌脲可湿性粉剂或45%悬浮剂1000～1500倍液、80%代森锰锌（全络合态）可湿性粉剂800～1000倍液、3%多抗霉素可湿性粉剂400～600倍液、70%甲基硫菌灵可湿性粉剂800～1000倍液、50%克菌丹可湿性粉剂500～700倍液等。

毛毡病

【症状诊断】毛毡病又称丛毛病、疥子病、痂疤病，主要为害叶片。发病初期，在叶背面产生许多不规则的白色小斑点，逐渐扩大，形成凹陷斑，斑内密生白色绒毛，似毛毡状（彩图8-130）；叶正面对应处隆起呈泡状，淡绿色至黄绿色（彩图8-131、彩图8-132）。随病情发展，背面绒毛逐渐加厚，并由白色渐变为黄褐色（彩图8-133、彩图8-134），最后呈暗褐色，正面泡状隆起渐变褐色枯死（彩图8-135）。病斑大小不等，形状多为圆形或不规则形。严重时，病叶皱缩，表面凹凸不平（彩图8-136），后期变硬、干枯，甚至脱落。

彩图8-130　发病初期，叶片背面叶毛呈黄白色增生

彩图8-131　发病初期，叶片组织向正面增生隆起

彩图8-132　叶片增生组织渐变黄绿色

彩图8-133　叶背增生叶毛后期变黄褐色

彩图8-134　叶背增生叶毛局部放大

彩图8-135　后期，叶片增生组织变黄褐色

彩图8-136　许多叶片受害状

【病原】核桃绒毛瘿螨（*Eriophyes tristriatus erineus* Nal.），属于节肢动物门蛛形纲瘿螨目，是一种寄生性微型螨。螨体圆锥形，体长0.1～0.3毫米。

【发病规律】瘿螨以成虫潜入芽鳞内或在被害叶片上越冬。翌年春季，随芽的萌动出蛰为害，由芽内移动到幼嫩叶片背面，潜伏在绒毛间吸食汁液，刺激叶背绒毛增生，形成毛毡状，以保护螨体。高温干旱时瘿螨繁殖快，活动能力强，为害较重。

【防控技术】毛毡病防控技术模式如图8-11所示。

1.**加强果园管理**　落叶后至发芽前，彻底清除树上、树下的枯枝落叶残体，集中烧毁或深埋。发病初期，结合其他农事活动，发现病叶及时摘除，集中深埋或销毁，防止扩大蔓延。

2.**适当喷药防控**　结合其他害虫防控，在发芽前喷施1次铲除性药剂清园，杀灭越冬瘿螨，有效药剂如：3～5波美度石硫合剂、45%石硫合剂晶体50～70倍液、20%哒螨灵可湿性粉剂800～1000倍液等。往年瘿螨发生严重果园，发芽后至开花前和落花后需各喷药1次防控，生长期的有效药剂如：1.8%阿维菌素乳油2500～3000倍液、240克/升螺螨酯悬浮剂4000～5000倍液、20%吡螨胺乳油3000～4000倍液、20%四螨嗪可湿性粉剂1500～2000倍液、110克/升乙螨唑悬浮剂5000～6000倍液等。

3.**苗木消毒**　核桃绒毛瘿螨可随苗木及接穗进行远距离传播，因此从病区（园）调运苗木及接穗时，应进行温

水消毒。方法是：把苗木或接穗先放入30～40℃的温水中浸泡3～5分钟，然后移入50℃温水中浸泡5～7分钟，即可将潜伏在芽鳞上的瘿螨杀死。

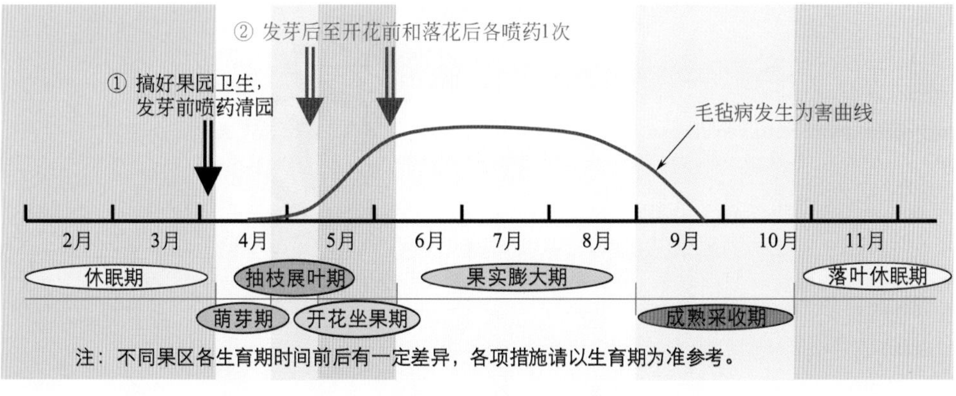

日灼病

【症状诊断】日灼病又称日烧病、日灼伤，主要在果实和叶片上发生。果实受害，初期在果面向阳处产生淡黄褐色近圆形斑块，边缘不明显；随日灼伤加重，斑块逐渐变黄褐色，后成褐色至黑褐色坏死斑，圆形或近圆形，稍凹陷，边缘常有一黄绿色至黄褐色晕圈。后期病斑呈黑褐色至黑色坏死，表面平或凹陷，边缘晕圈明显（彩图8-137），潮湿时表面常有黑色霉状物腐生。日灼病主要为害核桃青果皮，导致核仁干瘪、颜色变深、品质变劣、出油率降低，甚至早期脱落。叶片受害，初期产生淡黄白色至淡绿色不规则斑块，没有明显边缘（彩图8-138）；随病情加重，病变组织渐变淡褐色枯死，且病斑范围逐渐扩大，逐渐形成淡褐色至褐色焦枯斑（彩图8-139），甚至枯斑破碎穿孔。严重时病叶大部焦枯、卷曲（彩图8-140），对树势及果实产量与品质造成很大影响。

彩图8-137　果实受害状

【病因及发生特点】日灼病是一种生理性病害，由强烈阳光过度直射引起。夏季7、8月份如遇连日晴天，气温长时间在37.7℃以上，容易发生日灼病。气候干旱、土壤缺水常加重日灼病发生，修剪过度、枝条稀少、果实遮阴不足及管理粗放的果园日灼病发生较多。

【防控技术】增施农家肥等有机肥，改良土壤结构，促进根系发育，提高树体吸收功能，增强果实、叶片等部位的耐热能力。夏季干旱时及时浇水，补充土壤水分，有效降低

① 搞好果园卫生，发芽前喷药清园

② 发芽后至开花前和落花后各喷药1次

毛毡病发生为害曲线

2月　3月　4月　5月　6月　7月　8月　9月　10月　11月

休眠期　　抽枝展叶期　　果实膨大期　　落叶休眠期

萌芽期　开花坐果期　　成熟采收期

注：不同果区各生育期时间前后有一定差异，各项措施请以生育期为准参考。

图8-11　毛毡病防控技术模式图

环境温度。合理密植，科学修剪，使果实能够适当遮阴。结合病虫害防控适当喷施叶面肥，如0.2%～0.3%磷酸二氢钾＋0.3%尿素等，补充树体营养，提高果实等部位耐热性能。幼树适当树干涂白（如2%石灰乳等），减弱树皮表面的局部增温效应，预防枝干受害。

彩图8-138　叶片受害初期病斑

彩图8-139　叶片受害病组织变褐干枯

彩图8-140　严重时，叶片呈焦枯状

冻害

【症状诊断】核桃冻害主要是指冬后晚霜冻害，即冬后气温回升核桃发芽后、气温又剧烈降低而对新生幼嫩组织造成的冻害。冻害轻重因降温程度及低温持续时间长短而异。常见冻害状为叶片畸形、嫩梢枯死、雄花序及雌花等幼嫩组织冻伤或枯死；一般树体不会死亡，当温度回升后隐芽能继续萌发，进行营养生长，只是导致树势衰弱、当年产量降低或绝产（彩图8-141～彩图8-149）。

彩图8-141　轻微冻害，早期叶片畸形

彩图8-142　春季冻害枯梢及新生枝叶

彩图8-143　春梢受冻后，又长出幼嫩新梢

彩图8-144　春梢受冻枯死

彩图8-145　雄花序受冻状

彩图8-146　春梢及雄花序受冻

彩图8-147　雌花受冻状

彩图8-148　春梢遭受冻害的树体

彩图8-149　春梢遭受冻害的核桃园

【病因及发生特点】冻害是一种自然灾害，相当于生理性病害，由环境温度急剧过度降低造成。当环境温度急剧下降幅度超过树体承受能力时，即造成冻害发生。冻害发生与否及发生轻重受许多因素影响，如低洼处冻害重、高处冻害轻，靠近池塘或水沟处冻害轻，靠近村庄或高大树木处冻害轻，树势衰弱冻害重、树势健壮冻害轻等。另外，不同品种抗冻能力也存在较大差异。

【防控技术】

1.加强栽培管理　新建果园时，注意选择适宜当地气候条件的品种，特别注意不能盲目从南方向北方引种。增施农家肥等有机肥，按比例科学施用速效化肥，培育壮树，提高树体抗逆能力。

2.适当熏烟　在核桃发芽开花阶段，注意收听、收看天气预报，当有寒流到来时，在果园内堆放柴草熏烟，适当提高园内树体间温度，减弱寒流为害。在寒流到来前进行熏烟，从上风头开始点燃。

3.其他措施　根据天气预报，当预测将有寒流侵袭时，对树体喷施0.003%丙酰芸苔素内酯水剂2500～3000倍液＋尿素300倍液＋糖300倍液，适当补充树体营养并调节树体抗逆能力，能在一定程度上减弱寒流为害。

黄叶病

【症状诊断】黄叶病又称缺铁症，主要在叶片上表现明显症状，首先从嫩叶开始发生，逐渐向较老叶片发展。发病初期，脉间叶肉变黄绿色，各级叶脉仍保持绿色，整张叶片呈绿色网纹状（彩图8-150）；随病情发展，叶肉褪绿程度加重，呈淡黄绿色，细小支脉也开始褪绿，仅主脉、侧脉仍有绿色（彩图8-151）；病情进一步发展，叶肉变黄白色（彩图8-152、彩图8-153），叶缘逐渐开始变褐焦枯（彩图8-154）。严重时，嫩叶枯死，新梢停止生长、甚至死亡。

【病因及发生特点】黄叶病是一种生理性病害，由铁素供应不足引起。土壤瘠薄、有机质贫乏、速效化肥施用偏多、碱性偏重等是造成黄叶病发生的主要因素。在碱性土壤中，大量可溶性二价铁盐被转化为不溶于水的三价铁盐而沉淀，不能被核桃树吸收利用。盐碱地和石灰质含量高的核桃园容易发生缺铁，土壤干旱季节和枝梢旺盛生长期缺铁发生较重，地势低洼、结果量偏多、枝干与根部的病虫害等均可加重黄叶病的发生为害。

彩图8-150　叶肉褪绿，叶片呈绿色网纹状

彩图8-151　随病情加重，叶肉变黄绿色

彩图8-152　叶肉变黄白色，仅主侧脉保有绿色

彩图8-153　枝条上许多叶片发病

彩图8-154　严重时，叶片变白，叶缘变褐焦枯

【防控技术】

1.加强栽培管理　尽量不要在碱性土壤地块建园。已建果园增施绿肥、农家肥等有机肥，按比例科学使用速效化肥及中微量元素肥料，提高土壤中有机质含量，改良土壤。结合根施有机肥，混合施用铁肥，提高土壤中有效铁含量，一般每亩使用硫酸亚铁5～10千克。雨季及时排水，保证根系正常发育。合理确定结果量，促进树势健壮。及时防控根部及枝干病虫害，保证养分吸收与输导顺畅。

2.适当喷施铁肥　发现黄叶后，及时树上喷施铁肥，10天左右1次，直到叶片完全转绿为止。常用有效铁肥如：铁多多1000～1500倍液、黄腐酸二胺铁200～300倍液、黄叶灵300～500倍液、0.2%柠檬酸铁溶液、硫酸亚铁300～400倍液＋0.05%柠檬酸＋0.2%尿素混合液等。

叶缘焦枯病

　　叶缘焦枯病是近几年在新疆南疆地区新发现的一种生理性病害，受害核桃园达20%～30%。叶片变黄枯死，核仁干瘪或空仁，产量降低，品质变劣，病树核桃商品率仅有50%～70%，已严重影响了新疆南疆地区核桃产业的健康发展。

　　【症状诊断】叶缘焦枯病主要在叶片上表现明显症状，多从叶尖、叶缘开始发生。发病初期，叶尖、叶缘变黄、变褐，病健不明显，病斑逐渐枯死、焦枯，并逐渐向叶芯主脉处蔓延（彩图8-155）。复叶顶部的单叶最先表现症状，干枯前没有萎蔫现象。有的植株少数枝条上的叶片发病，有的则为全株叶片受害（彩图8-156）。病叶边缘焦枯，光合效能下降，严重时导致果实变黑干缩，核仁干瘪，产量降低，品质变劣。

　　【病因及发生特点】叶缘焦枯病是一种生理性病害，叶片中氯离子和钠离子含量显著增高及离子比例失调是导致该病发生的内在因素，土壤中氯离子和钠离子含量偏高是造成该病发生的外在因素。该病多从6月初开始发生，7月底至8月初达发病高峰。高温干旱缺水季节病害发生较重，土壤板结、碱性土壤、盐积化土壤有利于病害发生，管理粗放、树势衰弱的果园病害发生较多。

彩图8-155　叶缘焦枯病病叶

彩图8-156　树上许多叶片发病

　　3年生以下幼树很少受害，5年生以上的结果树发病普遍，15年生以上的大树发病相对较轻。

　　【防控技术】以加强栽培管理、增施有机肥及中微量元素肥料为基础，土壤调控处理和叶面喷施生理调节剂相结合，有效减弱叶片中氯离子和钠离子的富集效应。

　　1.加强肥水管理　增施农家肥、绿肥等有机肥及微生物肥料，按比例科学使用中微量元素肥料，改良土壤，早春及干旱高温季节及时科学灌水，培强树势，提高树体抗逆能力。据梁智等研究，土壤施肥分秋季采果后（10月）、春季展叶期（4月）和夏季幼果膨大期（6月下旬）三次进行，分别每亩施入农家肥1500千克、尿素66千克、三料磷肥66千克、硫酸钾33千克、硫酸锌660克、硼酸440克、硫酸亚铁880克，对防控该病效果较好。

　　2.土壤调控与叶面喷施相结合　据梁智等研究，土壤调控与叶面喷施相结合的综合防控措施，对叶缘焦枯病的防效达89.9%，比对照增产36.8%，商品率提高36.4%，效果非常显著。土壤调控处理剂配方为：每亩施用30千克硫酸钾＋200千克硫酸钙＋100千克腐植酸有机肥＋2千克聚马来酸；叶面喷施调节剂配方为：0.01%水杨酸＋0.2%甜菜碱＋0.4%硝酸钙＋25毫克/千克吲哚乙酸＋10毫克/千克黄腐酸。

2,4-D丁酯药害

　　【症状诊断】2,4-D丁酯药害主要发生在北方核桃产区，以玉米一作区发生较多。药害多在核桃果实上表现明显症状，幼嫩果实受害较重。药害初期，果面上产生许多油浸状斑点（彩图8-157），随药害加重，整个果面均呈油浸状（彩图8-158）；后期，果面变褐，果皮变硬，似铁皮状（彩图8-159），果实逐渐停止生长，核仁干瘪，甚至没有核仁，对核桃质量及产量影响很大。

彩图8-157　初期药害斑，呈油渍状斑点

彩图8-158　油渍状斑点连片，布满整个果面

彩图8-159　严重药害果，表面呈铁皮状

　　【病因及发生特点】2,4-D丁酯药害相当于生理性病害，由核桃园附近施用含有2,4-D丁酯成分的除草剂漂移到核桃园内而引起。2,4-D丁酯极易随风漂移，使用该药时若遇高温有风天气，周围的核桃经常受到伤害，甚至几百米以外的核桃也会受害。

　　【防控技术】禁止使用含有2,4-D丁酯成分的除草剂是彻底防止造成药害的根本，特别是在核桃集中产区尤为重要。如果发生药害后，立即喷施0.003%丙酰芸苔素内酯水剂2000～3000倍液、或0.136%赤·吲乙·芸苔可湿性粉剂10000～15000倍液、或0.004%芸苔素内酯1500～2000倍液1～2次，间隔期7～10天，可在一定程度上缓解药害为害，但很难将其彻底解除。

第九章
板栗病害

░ 干枯病 ░

干枯病又称胴枯病、腐烂病、疫病，是栗树上的一种重要枝干病害，在我国各板栗产区均有发生，部分地区为害较重。病树树皮腐烂，树势衰弱，病害严重时造成死枝死树，特别是有些新嫁接的小树发病较重。

【症状诊断】干枯病主要为害栗树枝干，造成皮层腐烂（彩图9-1），轻者削弱树势，重者导致死枝、死树（彩图9-2）。发病初期，枝干表面产生红褐色病斑（彩图9-3），稍隆起，组织松软，有时可溢出黄褐色汁液。撕开病皮，内部组织呈红褐色水渍状腐烂（彩图9-4），有酒糟味。随病情发展，病部逐渐失水、干缩、凹陷，后在病皮表面逐渐产生出许多黑色瘤状小粒点。进入雨季后或潮湿条件下，小粒点上可溢出橘黄色丝状物（彩图9-5、彩图9-6）。后期病皮干缩开裂（彩图9-7、彩图9-8），在病斑周围逐渐产生愈伤组织。在抗病品种上愈伤组织可从病斑下部产生，使病斑部位肿起、粗大，表面产生裂缝。在感病品种上，当病斑环绕枝干一周后，导致病斑上部枝条枯死或植株死亡。

彩图9-2 干枯病导致植株枯死

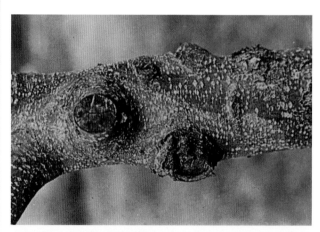

彩图9-3 干枯病的早期病斑

彩图9-1 干枯病导致树皮腐烂

彩图9-4 干枯病的树皮腐烂状

彩图9-5　病斑表面小粒点上开始溢出孢子角

彩图9-6　病斑表面小粒点上溢出的孢子角

彩图9-7　干枯病的后期病斑

彩图9-8　干枯病病斑表面开裂

【病原】寄生内座壳 ［*Endothia parasitica*（Murr.）P.J.et H.W.And.］，属于子囊菌亚门核菌纲球壳菌目。自然界常见其无性阶段，病斑表面的小粒点即为其无性时期的子座，橘黄色丝状物为分生孢子角。

【发病规律】病菌以菌丝和分生孢子器在枝干病组织内越冬。翌年春季树液流动后病菌开始活动，导致形成新病斑或在老病斑外继续扩展。萌芽至开花期病斑扩展迅速，可造成死枝、死树，以后病斑发展缓慢甚至停止扩展。进入雨季后，病斑上溢出大量病菌孢子，通过风雨传播，从各种伤口进行侵染为害，如嫁接口、剪锯口、冻害伤口、机械伤口、虫害伤口等，特别以嫁接口、愈合不良的剪锯口和冻害伤口为主（彩图9-9）。病害远距离传播主要通过带菌苗木的调运。

彩图9-9　从锯口处开始发生的干枯病病斑

土壤瘠薄或板结、施肥不足、有机质贫乏等导致树势衰弱的因素均可加重干枯病的发生。树体伤口越多、愈伤组织形成能力越低，病害发生越重。嫁接部位越低，嫁接口受冻越重，干枯病发生越重，距地面75厘米以上的嫁接口很少发病。冻害发生后，干枯病常发生较重，因此北方板栗产区干枯病相对发生较重。此外，品种间抗病性存在显著差异。

【防控技术】干枯病防控技术模式如图9-1所示。

1.加强栽培管理　增施农家肥等有机肥，按比例科学使用速效化肥，培强树势，提高树体抗病能力。适当提高嫁接部位，避免嫁接口受冻，促进嫁接口愈合；也可于嫁接口适当涂抹药泥或外包塑料薄膜，防止病菌侵染。北方产区秋后树干涂白，尽量减轻冻害发生。干枯病发生较重地区，尽量栽植丰产、抗病品种。

2.搞好果园卫生　及时剪除病死枝，带到园外烧毁。芽萌动前，全园喷施1次铲除性药剂清园，铲除树体带菌。效果较好的药剂有：30%戊唑·多菌灵悬浮剂400～600倍液、41%甲硫·戊唑醇悬浮剂400～500倍液、60%铜钙·多菌灵可湿性粉剂300～400倍液、77%硫酸铜钙可湿性粉剂300～400倍液、45%代森铵水剂200～300倍液等。

3.及时治疗病斑　发现病斑后及时进行刮治，将病变组织彻底刮除干净，而后涂药保护伤口。常用有效药剂有：2.12%腐植酸铜水剂原液、21%过氧乙酸水剂3～5倍液、70%甲基硫菌灵可湿性粉剂50～100倍液、30%戊

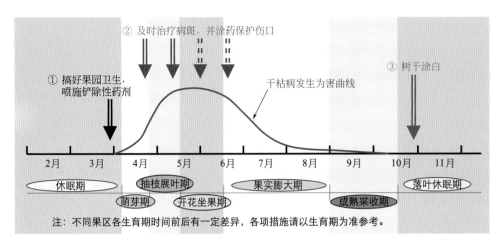

② 及时治疗病斑，并涂药保护伤口

① 搞好果园卫生，喷施铲除性药剂

干枯病发生为害曲线

③ 树干涂白

| 2月 | 3月 | 4月 | 5月 | 6月 | 7月 | 8月 | 9月 | 10月 | 11月 |

休眠期 　抽枝展叶期 　果实膨大期 　落叶休眠期

萌芽期 　开花坐果期 　成熟采收期

注：不同果区各生育期时间前后有一定差异，各项措施请以生育期为准参考。

图9-1　干枯病防控技术模式图

唑·多菌灵悬浮剂50～100倍液、41%甲硫·戊唑醇悬浮剂50～100倍液、77%硫酸铜钙可湿性粉剂50～100倍液等（彩图9-10）。

4.其他措施 调运苗木时严格检验，坚决汰除带病苗木。苗木栽植时，尽量采取大坑、熟土加有机肥模式，以促进根系发育，培育壮树。加强蛀干害虫防控，避免造成虫害伤口。

彩图9-10　干枯病病斑治疗后愈合状

疫病

疫病又称黑斑性胴枯病，在南方板栗产区发生较多，特别是潮湿低洼栗园相对较重。该病常与干枯病一起发生，使栗树受害加重。

【症状诊断】疫病主要为害近地面的主干及主枝基部，发病后的主要症状特点是在病斑处溢出煤焦状的黑色

汁液。发病初期，病部树皮开裂，流出黑色汁液，有酒糟味（彩图9-11）。刮开病皮，皮层组织变褐、松软，并有暗褐色与黄褐色相间的环纹和条纹（彩图9-12）。随病情发展，皮层组织及木质部表面变黑褐色，病皮失水干缩、凹陷、变硬，表面发生龟裂。当病斑环绕枝干一周后，导致上部树体枯死。

【病原】栗疫霉（*Phytophthora castaneae* Katsura et Vchida），属于鞭毛菌亚门卵菌纲霜霉目。

彩图9-11
疫病发生初期，树皮表面症状

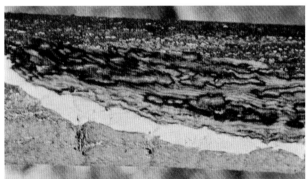

彩图9-12　刮开病斑树皮，有暗褐色与黄褐色相间的环纹和条纹

【发病规律】病菌主要以卵孢子在病组织中及土壤中越冬。翌年温度适宜时（最适温为18～27℃），形成游动孢子囊，产生游动孢子，通过降雨或灌溉水传播，进行侵染为害，每次降雨后或灌水后都可发生1次侵染。地势低洼、树干基部容易积水的栗园容易受害，密植栗园及树干基部伤口多时病害发生较重。

【防控技术】

1.加强果园管理 树干基部适当培土，避免基部积水。低洼栗园注意及时排水。注意防控枝干害虫，尽量避免造成枝干伤口。

2.及时治疗病斑　发现病斑后及时治疗,先将病组织彻底刮除干净,并将病残体集中带到园外销毁,而后对病斑进行涂药治疗及伤口保护。效果较好的药剂有:90%三乙膦酸铝可溶性粉剂50～100倍液、77%硫酸铜钙可湿性粉剂50～100倍液、25%甲霜灵可湿性粉剂50～80倍液、50%烯酰吗啉水分散粒剂100～200倍液等。

腐烂病

腐烂病主要为害枝干,属于零星发生病害,在东北地区和广西等栗区的局部产区较为常见,一般为害不重。

【症状诊断】腐烂病主要为害枝干,有时也可为害小枝。枝干受害,初期先在枝干上产生褐色水渍状病斑,稍隆起;后病斑逐渐扩大,病组织呈褐色腐烂,有时表面流出褐色汁液。后期,病斑干缩、凹陷,表面逐渐散生出褐色至黑褐色小粒点(彩图9-13);降雨后或空气潮湿时,小粒点上可溢出黄色卷须状物。小枝受害,病斑呈暗褐色,扩展迅速,很快导致形成枯枝;后期病斑表面也可产生褐色至黑褐色小粒点及黄色卷须状物。

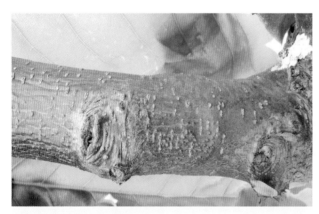

彩图9-13　枝干上的腐烂病病斑

【病原】栎黑腐皮壳(*Valsa ceratophora* Tul.),属于子囊菌亚门核菌纲球壳目。自然界常见其无性阶段(*Cytospora ceratophora*),病斑表面的小粒点即为病菌无性阶段的子座组织与分生孢子器,黄色卷须状物为其分生孢子角。

【发病规律】病菌主要以菌丝体和子座组织在病组织上越冬,翌年条件适宜时产生并释放出病菌孢子,通过风雨传播,从伤口进行侵染为害。栗园管理粗放、树势衰弱是诱使该病发生的主要因素,多雨潮湿有利于病害传播与发生,易发生冻害地区腐烂病发生较重。

【防控技术】

1.加强栗园栽培管理　增施农家肥等有机肥,按比例科学使用速效化肥,培育壮树,提高树体抗病能力。合理密植,科学修剪,促使树体间通风透光,降低环境湿度。干旱季节注意及时灌水。易发生冻害的地区,秋后及时进行树干涂白。

2.及时治疗病斑　发现病斑后及时进行刮治,而后病斑表面涂药。刮治方法及有效药剂参考"干枯病"的病斑治疗。

3.发芽前适当药剂清园　腐烂病发生较重果园,在栗树发芽前喷施1次铲除性药剂进行清园,杀灭树体上的越冬存活病菌。有效药剂同"干枯病"药剂清园。

干腐病

干腐病又称溃疡病,主要为害枝干,在我国各栗树产区均有发生,一般不造成明显为害,主要是导致树势衰弱。

【症状诊断】干腐病主要为害枝干,初期在枝干上形成淡褐色至褐色病斑,稍隆起;后病斑逐渐扩大,形成近圆形至长椭圆形病斑,有时呈长条状(彩图9-14)。后期,病斑表皮容易破裂翘起(彩图9-15),形成溃疡状病斑(彩图9-16)。典型病斑后期表面散生出许多小黑点,降雨后或环境潮湿时其上可溢出灰白色黏液。病斑多为害枝干树皮的浅层组织,主要导致树势衰弱,一般整个皮层不易烂透。

彩图9-14
栗树枝条上的
长条形病斑

彩图9-15　病斑表皮破裂翘起

彩图9-16　病斑表皮破裂呈溃疡状

【病原】贝伦格葡萄座腔菌（*Botryosphaeria berenge-riana* de Not.），属于子囊菌亚门腔菌纲格孢腔菌目。病斑表面的小黑点即为病菌的子座组织，灰白色黏液为病菌孢子黏液。

【发病规律】病菌主要以菌丝体和子座组织在病斑组织上越冬，翌年条件适宜时产生并释放出病菌孢子，通过雨水或风传播，从伤口或皮孔侵染为害。多雨潮湿有利于病害的传播扩散，树势衰弱病害发生较多，管理粗放果园病害容易发生。

【防控技术】参考"腐烂病"防控技术。

木腐病

【症状诊断】木腐病主要为害栗树的主干、主枝，以衰老的大树受害较重，发病后的主要症状特点是木质部腐朽。该病多从枝干伤口处开始发生，而后病菌逐渐在木质部内扩展蔓延，造成木质部腐朽。后期，在病树伤口处产生出病菌结构，该结构因具体病菌种类不同而异，形状如马蹄状、覆瓦状、蘑菇状、伞状、贝壳状、膏药状等（彩图9-17、彩图9-18）。病树支撑和负载能力降低，刮大风时容易从病伤处折断，从断口处可以看到木质部内分散有灰白色菌丝。

彩图9-17　主干上产生出的病菌结构

彩图9-18　锯口处产生出的病菌结构

【病原】可由多种弱寄生性真菌引起，常见种类有裂褶菌（*Schizophyllum commune* Fr.）、苹果木层孔菌 [*Phe-llinus pomaceus*（Pers.ex Gray）Quel.] 等，均属于担子菌亚门层菌纲非褶菌目。病树表面的病菌结构即为病菌的子实体。

【发病规律】病菌均以菌丝体或子实体在田间病株或病残体上越冬。翌年条件适宜时越冬病菌继续生长蔓延、并产生病菌孢子，通过气流传播，从机械伤口（生长裂伤、未愈合的修剪伤口等）侵染为害，而后在木质部内生长蔓延。老龄树、衰弱树、主枝折断及机械伤口多的栗树容易受害，管理粗放、病虫害发生严重的栗园病害较多。

【防控技术】

1.加强栽培管理　增施农家肥等有机肥，按比例科学使用速效化肥，培育壮树，提高树体抗病能力。合理修剪，注意保护大的修剪伤口，并促进伤口愈合，是有效预防木腐病的重要措施。及时防控蛀干害虫，减少枝干伤害。

2.及时处理枝干表面的病菌结构　发现木腐病的病菌结构后应尽快彻底清除，并尽量刮干净感病的木质部，然后使用30%戊唑·多菌灵悬浮剂100～200倍液、或41%甲硫·戊唑醇悬浮剂100～200倍液、或60%铜钙·多菌灵可湿性粉剂100～200倍液、或70%甲基硫菌灵可湿性粉剂或500克/升悬浮剂100～200倍液涂抹伤口，促进伤口愈合，预防病菌侵染。同时，清除的病菌结构要集中带到园外烧毁，避免留弃在园内。

膏药病

【症状诊断】膏药病主要发生在南方栗树产区，以枝干受害最重，发病后的主要症状特点是在枝干表面附着生有灰色至灰褐色的膏药状斑块（彩图9-19）。该斑块呈圆形、椭圆形或不规则形，刮去膏药状斑块后，其下树皮凹陷、甚至湿腐（彩图9-20），病害导致树势衰弱，严重时枝干枯死。

【病原】常见种类为茂物隔担耳（*Septobasidium bogo-riense* Pat.）和田中氏隔担耳 [*S.tanakae*（Miyabe）Boed.et Steinm.]，均属于担子菌亚门层菌纲隔担菌目。病树枝干表面的膏药状物即为病菌的菌丝膜及子实体。

彩图9-19　枝干表面的膏药状病原物

彩图9-20　膏药下枝干树皮受害状

彩图9-21　病枝皮层呈淡红褐色坏死

【发病规律】病菌以菌丝膜在被害枝干上越冬。翌年条件适宜时产生病菌孢子，通过风雨或昆虫传播进行为害。旬平均气温13～28℃、相对湿度78%～88%时，病菌生长扩展迅速，高温干旱不利于病菌生长。该病实际是病菌与蚧壳虫的一种共生，病菌主要以蚧壳虫的分泌物为养料，蚧壳虫借菌膜覆盖得到保护，所以蚧壳虫危害重的栗园常发病较重。树势衰弱、土壤黏重、排水不畅、通风透光不良的栗园发病较重，不同品种间具有一定抗病性差异。

【防控技术】

1.加强栽培管理　新建栗园时，尽量选择丰产抗病的优良品种，并注意合理确定栽植密度，以保证通风透光良好。增施农家肥等有机肥，按比例科学施用速效化肥，培育壮树，提高树体抗病能力。合理修剪，促使栗园通风透光，雨季及时排水，创造不利于病害发生的环境条件。

2.及时防控蚧壳虫（治虫防病）　往年病害发生较重栗园，在栗树发芽前全园喷施1次3～5波美度石硫合剂、或45%石硫合剂晶体50～70倍液，杀灭枝干表面的越冬蚧壳虫。

3.科学防控膏药病菌　结合农事操作，及时用竹片刮除膏药病斑块，然后涂抹3～5波美度石硫合剂、或45%石硫合剂晶体30～50倍液、或1∶1∶100倍波尔多液等。同时，刮下的菌膜组织要集中带到园外销毁。

枝枯病

枝枯病又称枯枝病，在我国各栗树产区均有不同程度发生，造成枝条枯死，导致树势衰弱。

【症状诊断】枝枯病主要为害各种枝条、枝梢，造成枝条或枝梢枯死。发病初期，在枝条皮层表面产生褐色病斑（彩图9-21），后快速扩展至环绕枝条一周，导致病斑上部枝条枯死（彩图9-22）。枯枝初期呈淡红褐色，后逐渐变为灰褐色，并在枯枝表面逐渐散生出许多灰褐色至黑色小粒点（彩图9-23、彩图9-24）。降雨后或湿度大时，小粒点上可溢出灰色至灰褐色黏液。病枝叶片逐渐变黄、枯死、脱落（彩图9-25），严重时造成大量枝条枯死（彩图9-26）。

彩图9-22
枝枯病为害形成的枯枝（上年病枝）

彩图9-23　病枯枝表面开始产生小粒点

彩图9-24　病枯枝表面散生出黑色小粒点

彩图9-25 枝枯病导致枝叶枯死状（当年）

彩图9-26 为害严重时，许多枝条枯死状

【病原】朱红丛赤壳［*Nectriacinnabarina*（Tode.）Fr.］，属于子囊菌亚门核菌纲球壳菌目；无性阶段为普通瘤座孢（*Tubercularia vulgaris* Tode.），属于半知菌亚门丝孢纲瘤座孢目。病枝表面的小粒点多为其无性阶段的子座组织，灰色至灰褐色黏液多为分生孢子黏液。

【发病规律】病菌主要以菌丝体和子座组织在枝条病斑上越冬。翌年条件适宜时（遇降雨等高湿条件时）产生分生孢子，通过风雨或昆虫传播，从各种伤口（机械损伤、修剪伤口、虫伤等）侵染为害（彩图9-27），经数天潜育期后引起发病。发病后枯枝上产生的病菌孢子通过风雨或昆虫传播可引起再次侵染。壮树发病很少，生长衰弱的枝条容易发病；管理粗放、春旱严重或受冻的栗树发病较多。

彩图9-27 从修剪伤口开始发病的枝枯病病斑

【防控技术】枝枯病防控技术模式如图9-2所示。

1.加强栽培管理　增施农家肥等有机肥，按比例科学施用速效化肥，培育壮树，提高树体抗病能力。结合修剪，彻底剪除各种病枯枝，集中清到园外烧毁，消灭病菌越冬场所。搞好其他病虫害防控，尽量避免造成虫害伤口。容易发生冻害的地区，秋后及时进行树干涂白，尽量避免遭受冻害。

2.发芽前喷药清园　枝枯病较重的果园，最好在萌芽前全园喷施1次铲除性杀菌剂，杀灭树体上的残余越冬病菌。效果较好的药剂有：30%戊唑·多菌灵悬浮剂400～600倍液、41%甲硫·戊唑醇悬浮剂400～500倍液、60%铜钙·多菌灵可湿性粉剂300～400倍液、77%硫酸铜钙可湿性粉剂300～400倍液、45%代森铵水剂200～300倍液等。

3.生长期适当喷药防控　枝枯病多为零星发生，一般不需单独喷药。个别往年病害发生较重栗园，从雨季到来前或病害发生初期开始喷药，半月左右1次，连喷1～2次即可。效果较好的药剂有：70%甲基硫菌灵可湿性粉剂或500克/升悬浮剂700～800倍液、50%多菌灵可湿性粉剂或500克/升悬浮剂600～800倍液、430克/升戊唑醇悬浮剂3000～4000倍液、10%苯醚甲环唑水分散粒剂1500～2000倍液、30%戊唑·多菌灵悬浮剂800～1000倍液、41%甲硫·戊唑醇悬浮剂700～800倍液、60%铜钙·多菌灵可湿性粉剂500～600倍液等（图9-2）。

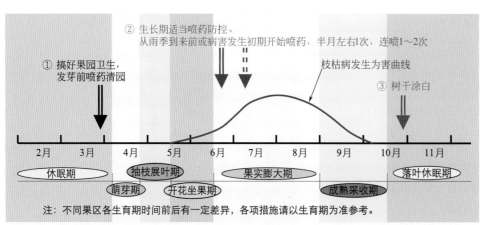

② 生长期适当喷药防控。
从雨季到来前或病害发生初期开始喷药，半月左右1次，连喷1～2次

① 搞好果园卫生，发芽前喷药清园

枝枯病发生为害曲线

③ 树干涂白

2月　3月　4月　5月　6月　7月　8月　9月　10月　11月

休眠期　　抽枝展叶期　　果实膨大期　　落叶休眠期
　萌芽期　开花坐果期　　成熟采收期

注：不同果区各生育期时间前后有一定差异，各项措施请以生育期为准参考。

图9-2　枝枯病防控技术模式图

炭疽病

炭疽病是板栗果实上的一种重要病害，在我国各栗树产区均有发生，严重时引起栗蓬早期脱落和贮藏期种仁腐烂，对果实产量和品质影响很大。

【症状诊断】炭疽病主要为害果实，也可为害栗蓬、叶片、新梢等。

果实受害，多从栗蓬开始发生，蓬刺及蓬壳变黑褐色，并逐渐向内部果实上蔓延（彩图9-28）。受害栗蓬表面常密生黑色小粒点，潮湿时可产生淡粉红色黏液。有时蓬壳内部可产生灰白色菌丝。栗蓬受害早时，不能长大，多提早脱落。受害晚的栗蓬，病害向内扩展到果实上，病栗蓬内果实一般较小。果实上多从尖部开始受害，有时也从底部或侧面开始发生，果皮变黑褐色，尖部常有灰白色菌丝（彩图9-29）。剖开病果，种仁病斑呈褐色至黑褐色（彩图9-30），味苦；随病情加重，种仁干腐萎缩，产生空腔，空腔内常生有灰白色菌丝；后期，受害严重种仁整个呈干腐状（彩图9-31）。

叶片受害，形成暗褐色病斑，多呈不规则形，后期病斑边缘颜色较深、中部颜色较淡（彩图9-32）。新梢受害，形成黑褐色凹陷病斑，椭圆形、纺锤形或不规则形，潮湿时表面可产生淡粉红色黏液（彩图9-33）。

彩图9-30 病果剖面症状与外部症状比较

彩图9-31 种仁全部呈干腐状，并形成空腔

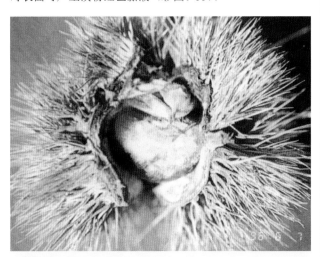

彩图9-28 栗蓬受害状

彩图9-32 炭疽病的叶片症状

彩图9-29 果实受害表面症状

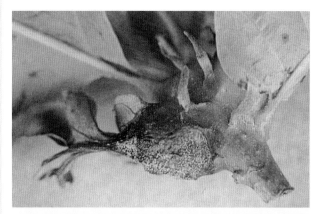

彩图9-33 嫩梢受害状，表面产生淡粉红色黏液

【病原】胶孢炭疽菌［*Colletotrichum gloeosporioides* (Penz.) Sacc.］，属于半知菌亚门腔孢纲黑盘孢目。病斑表

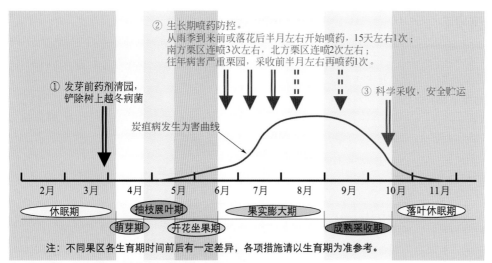

① 发芽前药剂清园，
铲除树上越冬病菌

② 生长期喷药防控。
从雨季到来前或落花后半月左右开始喷药，15天左右1次；
南方栗区连喷3次左右，北方栗区连喷2次左右；
往年病害严重栗园，采收前半月左右再喷药1次。

炭疽病发生为害曲线

③ 科学采收，安全贮运

| 2月 | 3月 | 4月 | 5月 | 6月 | 7月 | 8月 | 9月 | 10月 | 11月 |

休眠期　　　抽枝展叶期　　　　果实膨大期　　　　　　落叶休眠期
　萌芽期　　开花坐果期　　　　　　　成熟采收期

注：不同果区各生育期时间前后有一定差异，各项措施请以生育期为准参考。

图9-3　炭疽病防控技术模式图

面的小黑点为病菌的分生孢子盘，粉红色黏液为分生孢子黏液。

【发病规律】病菌主要以菌丝体或分生孢子盘在枝干上越冬，尤以潜伏在芽鳞内的病菌数量较多。第二年多雨潮湿时，越冬病菌产生分生孢子，通过风雨传播，直接侵染进行为害。落花后不久的栗蓬即可受害，直到果实生长后期病菌均可侵染，但栗蓬发病多从8月份开始。栗蓬发病后产生的病菌通过风雨传播能够进行再次侵染。果实受害，采收后仍可继续发病。

老龄树、衰弱树、密植园病害发生较重，树上枯枝、枯叶多及栗瘿蜂为害重的栗树炭疽病也发生较重，多雨潮湿的高湿环境有利于病害发生。

【防控技术】炭疽病防控技术模式如图9-3所示。

1.加强栽培管理　增施农家肥等有机肥，按比例科学施用速效化肥，合理确定结果量，适当灌水，培育壮树，提高树体抗病能力。合理密植，科学修剪，及时剪除过密枝条及枯死枝，促进果园通风透光。注意防控栗瘿蜂为害，间接控制炭疽病发生。

2.发芽前药剂清园　发芽前，全园喷施1次铲除性药剂，杀灭树上越冬病菌。效果较好的药剂有：30%戊唑·多菌灵悬浮剂400～600倍液、41%甲硫·戊唑醇悬浮剂400～500倍液、60%铜钙·多菌灵可湿性粉剂300～400倍液、77%硫酸铜钙可湿性粉剂300～400倍液、45%代森铵水剂200～300倍液等。

3.生长期喷药防控　从雨季到来前或落花后半月左右开始喷药，15天左右1次，南方栗区连喷3次左右，北方栗区连喷2次左右。往年病害发生严重果园，采收前半月左右最好再喷药1次。常用有效药剂有：70%甲基硫菌灵可湿性粉剂或500克/升悬浮剂800～1000倍液、50%多菌灵可湿性粉剂或500克/升悬浮剂600～800倍液、430克/升戊唑醇悬浮剂3000～4000倍液、450克/升咪鲜胺乳油1200～1500倍液、10%苯醚甲环唑水分散粒剂1500～2000倍液、25%溴菌腈可湿性粉剂600～800倍液、80%代森锰锌（全络合态）可湿性粉剂800～1000倍液、50%克菌丹可湿性粉剂600～800倍液、70%丙森锌可湿性粉剂600～800倍液、70%代森联水分散粒剂

600～800倍液、80%代森锌可湿性粉剂600～800倍液、30%戊唑·多菌灵悬浮剂800～1000倍液、41%甲硫·戊唑醇悬浮剂700～800倍液、60%铜钙·多菌灵可湿性粉剂500～600倍液等。

4.科学采收与安全贮运　果实成熟后带蓬采收，堆放闷沤后捡拾栗果，避免使用棍棒敲打。然后转入低温贮运，防止收获后高温导致发病。

种仁斑点病

种仁斑点病又称种仁干腐病、黑斑病，是一种重要的板栗采后病害，在我国北方板栗产区发生比较普遍，严重时常造成贮藏后期的许多果实发病，对板栗采后销售具有重大影响。该病在果实采收期一般没有明显异常，多从贮运期开始在种仁上产生小斑点，病斑逐渐扩大，导致种仁坏死、腐烂等。

【症状诊断】种仁斑点病主要为害收获后的果实，导致种仁出现病斑、甚至腐烂。刚采收的果实种仁一般没有明显异常，随贮运时间延长，病害发生逐渐加重。发病初期，种仁上先产生淡褐色、褐色或黑褐色斑点，圆形、近圆形或不规则形；而后逐渐发展成淡褐色至黑褐色病斑，圆形或不规则形，有时病斑表面可产生灰色或黑色霉状物；严重时，后期种仁逐渐腐烂或干腐。该病症状表现非常复杂，大体归纳为两种主要类型。

黑斑型　内种皮上有黑褐色病斑，种仁表面病斑呈黑褐色至黑色，近圆形或不规则形，多凹陷。病斑表面有时可产生灰褐色至灰黑色霉状物。其纵切面多呈漏斗形，灰黑色至黑褐色。严重时，一个种仁上可发生多个病斑，但很少造成整个种仁腐烂（彩图9-34～彩图9-44）。

彩图9-34　黑斑型病果，种仁初期病斑

褐斑型　内种皮上有淡褐色至褐色病斑，种仁表面病斑呈淡褐色至褐色、近圆形或不规则形，或病斑呈深褐色不规则形，淡褐色及褐色病斑多凹陷，深褐色病斑凹陷不

明显。病斑表面多产生灰白色至灰褐色霉状物。其纵切面呈漏斗形或不规则形，淡褐色至褐色。后期常造成整个果实变褐色至黑褐色腐烂，腐烂果实种皮表面常产生许多灰色霉状物（彩图9-45～彩图9-59）。

彩图9-35　黑斑型病果，从种仁尖部开始发生的初期病斑

彩图9-36　黑斑型病果，种仁病斑表面凹陷

彩图9-37　黑斑型病果，种仁典型病斑

彩图9-38　黑斑型病果，内种皮上病斑

彩图9-39　黑斑型病果，种仁尖部初期病斑剖面

彩图9-40　黑斑型病果，中期病斑剖面

彩图9-41　黑斑型病果，典型病斑剖面

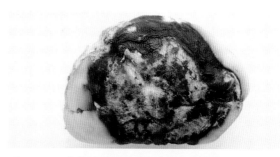

彩图9-42　为害严重的黑斑型病果

彩图9-43　种仁上具有多个黑斑型病斑

彩图9-44　多个果实种仁受害状

彩图9-45 褐斑型病果，不规则形病斑初期

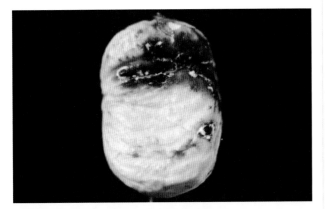

彩图9-46 褐斑型病果，不规则形中期病斑

彩图9-47 褐斑型病果，近圆形病斑（a）

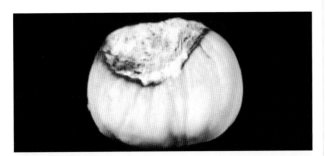

彩图9-48 褐斑型病果，近圆形病斑（b）

彩图9-49 褐斑型病果，严重为害状

彩图9-50 褐斑型病果，种仁几乎全部受害

彩图9-51 褐斑型病果，内种皮上病斑（a）

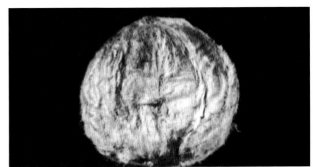

彩图9-52 褐斑型病果，内种皮上病斑（b）

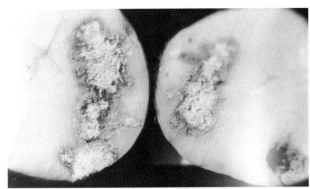

彩图9-53 褐斑型病果，病斑剖面（a）

彩图9-54 褐斑型病果，病斑剖面（b）

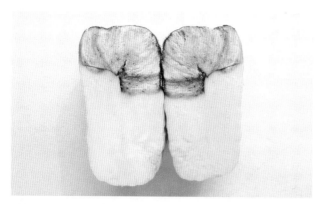

彩图9-55 褐斑型病果，病斑剖面（c）

彩图9-56 褐斑型严重病果剖面

彩图9-57 果实全部腐烂的褐斑型病果

彩图9-58 褐斑型腐烂病果，多个果实受害状

彩图9-59 青霉菌导致的褐斑型腐烂病果

有时黑斑型病斑与褐斑型病斑也可在同一果实上发生（彩图9-60）。

彩图9-60 黑斑型与褐斑型混合发生的病果

【病原】种仁斑点病的病原种类较多，引起黑斑型症状的病菌主要为胶孢炭疽菌［Colletotrichum gloeosporioides（Penz.）Sacc.］和交链孢霉［Alternaria alternata（Fr.）Keissler］；引起褐斑型和腐烂型症状的病菌主要为茄镰孢霉［Fusarium solani（Martius）App.etWr.］、串珠镰孢霉（F.moniliforme Sheld）及扩展青霉［Penicillium expansum（Link）Thom］等。胶孢炭疽菌属于半知菌亚门腔孢纲黑盘孢目，其他病菌均属于半知菌亚门丝孢纲丝孢目。

【发病规律】种仁斑点病可由多种弱寄生性高等真菌引起，他们在自然环境中均广泛存在，没有固定越冬场所，主要通过气流和风雨传播，从伤口侵染为害。果实在成熟采收至包装过程中受机械创伤及贮运期温度偏高是诱发病害发生的主要因素，炭疽型病果也可从生长期带来。贮运过程中保湿不力，种仁失水较多，导致生命力（抗病性）减弱，有利于病斑扩展。病斑扩展在25℃左右发展最快，15℃以下发展缓慢，5℃以下基本停止发展。另外，幼树、壮树上的果实发病轻，老熟、弱树上的果实发病重；树上虫害及机械伤多的栗园发病重；通风透光良好栗园的果实发病轻，郁蔽密植园的果实发病重。

【防控技术】

1. 加强板栗生产管理　增施农家肥等有机肥，深翻土壤，适当浇水，合理修剪，培育壮树，是预防果实在树上受害的基础。科学采收（成熟期集中采收栗蓬），避免棍棒敲打，是避免果实受伤的主要措施。加强树上病虫害防控，可在一定程度上减轻病害发生。

2. 尽快进入冷藏与冷藏运输　采收后，快速加工、收购、集结，而后进入冷藏，尽量缩短果实在常温下放置的时间。采收后尽快进入5℃以下的冷藏及运输环境，是控制该病发生的最有效措施。

3.保持果实含水量

采收后立即进入短期沙藏，保持果实自然含水量；收购、加工、运输及贮藏过程中加强保水措施，避免种仁失水。沙藏、收购、贮运过程中禁止盲目加水，避免造成种仁含水量的剧烈变化，防止其抗病性降低。

4.盐水漂选

收购时、或收购后贮运前，采用7.5%食盐水进行漂选，汰除漂浮的病粒，将好果粒捞出、晾干、贮运，降低贮运环节中的果实发病率。

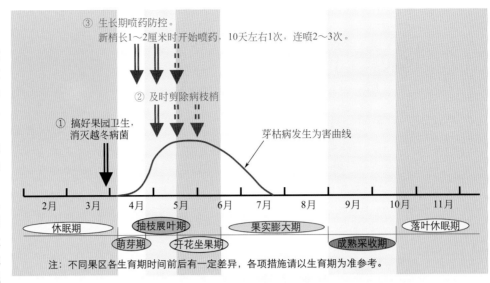

③ 生长期喷药防控。
新梢长1～2厘米时开始喷药，10天左右1次，连喷2～3次。

② 及时剪除病枝梢

① 搞好果园卫生，消灭越冬病菌

芽枯病发生为害曲线

| 2月 | 3月 | 4月 | 5月 | 6月 | 7月 | 8月 | 9月 | 10月 | 11月 |

休眠期　　　抽枝展叶期　　　果实膨大期　　　落叶休眠期
萌芽期　　开花坐果期　　　成熟采收期

注: 不同果区各生育期时间前后有一定差异，各项措施请以生育期为准参考。

图9-4　芽枯病防控技术模式图

芽枯病

【症状诊断】芽枯病又称溃疡病，主要为害嫩芽、新梢及叶片。嫩芽受害，刚萌发时即可发生，初呈淡褐色水渍状，后病芽或病梢变褐枯死（彩图9-61）。新梢受害，多从顶端开始发生，初为淡褐色水渍状，逐渐导致新梢上部甚至整个新梢变褐枯死（彩图9-62）；受害新梢常引起花穗枯死、脱落，在新梢上留下疮痂状伤痕。幼叶受害，先产生暗绿色水渍状病斑，后逐渐造成整个小叶变黑褐色、枯死。较大叶片受害，形成不规则形褐色枯死斑，周围有黄绿色晕圈；病斑多沿主脉向内发展，造成叶片向内卷曲。

彩图9-61　多个嫩芽梢受害、枯死

【病原】丁香假单胞杆菌栗溃疡致病变种［*Pseudomonas syringae* pv. *castaneae*（Kaw.）Savulescu］，属于细菌。

【发病规律】病菌主要在枝梢病组织中越冬。翌年栗树萌芽至新梢生长期（4～7月份），病部溢出菌脓，通过风雨、昆虫及枝叶接触传播，侵染嫩芽、新梢等，展叶期

为病害发生高峰。萌芽至新梢生长期多雨潮湿、刮风天数多等有利于病害发生。品种间有一定抗病性差异。

彩图9-62　新梢顶端受害、枯死

【防控技术】芽枯病防控技术模式如图9-4所示。

1.搞好果园卫生，消灭越冬病菌　结合修剪，彻底剪除病枯梢，集中烧毁或深埋。萌芽至新梢生长期，及时剪除发病枝梢及病叶，集中深埋。往年病害发生较重栗园，萌芽初期喷施1次77%硫酸铜钙可湿性粉剂400～500倍液、或1∶1∶160倍波尔多液等，杀灭越冬病菌。

2.生长期喷药防控　往年病害发生较重栗园，在新梢长1～2厘米时开始喷药，10天左右1次，连喷2～3次即可有效控制芽枯病的发生为害。常用有效药剂有：77%硫酸铜钙可湿性粉剂600～800倍液、53.8%氢氧化铜水分散粒剂600～800倍液、40%噻唑锌悬浮剂600～800倍液、3%中生菌素可湿性粉剂600～800倍液、47%春雷·王铜可湿性粉剂600～800倍液等。

叶斑病

【症状诊断】叶斑病又称枯叶病、叶枯病，仅为害叶片。发病初期，叶片上产生红褐色小斑点，后扩大为圆形

或椭圆形褐色病斑，外围有暗褐色边缘（彩图9-63）。有时病斑较大，呈不规则形。后期，病斑中部逐渐散生出多个黑色小粒点（彩图9-64）。

彩图9-63　叶斑病中期病斑

彩图9-64　叶斑病后期病斑，表面散生出小黑点

【病原】榭树拟盘多毛孢（*Pestalotiopsis flagellate* Earle），属于半知菌亚门腔菌纲黑盘孢目。病斑表面的黑色小粒点即为病菌的分生孢子盘。

【发病规律】病菌以菌丝体和分生孢子盘在病落叶上越冬，翌年条件适宜时产生分生孢子，通过风雨传播进行侵染为害。多雨潮湿年份病害发生较重，树冠郁闭、通风透光不良常加重病害发生。

【防控技术】

1.加强栽培管理　落叶后至发芽前，彻底清扫落叶，集中深埋或烧毁，消灭病菌越冬场所，减少越冬菌源。合理修剪，促使栗园通风透光良好，降低环境湿度，创造不利于病害发生的生态条件。

2.适当喷药防控　叶斑病属于零星发生病害，一般栗园不需单独进行喷药。个别往年病害发生较重栗园，从病害发生初期或初见病斑时开始喷药，10～15天1次，连喷2次左右即可有效控制该病的发生为害。效果较好的药剂如：70%甲基硫菌灵可湿性粉剂或500克/升悬浮剂800～1000倍液、50%多菌灵可湿性粉剂或500克/升悬浮剂600～800

倍液、430克/升戊唑醇悬浮剂3000～4000倍液、10%苯醚甲环唑水分散粒剂1500～2000倍液、30%戊唑·多菌灵悬浮剂800～1000倍液、41%甲硫·戊唑醇悬浮剂700～800倍液、60%铜钙·多菌灵可湿性粉剂500～600倍液、80%代森锰锌（全络合态）可湿性粉剂800～1000倍液等。

赤斑病

【症状诊断】赤斑病主要为害叶片，多从叶缘或叶脉上开始发生。发病初期，病斑呈近圆形或不规则形，红褐色，边缘常有深褐色晕圈，直径多为2～8毫米（彩图9-65）；随病斑发展，表面逐渐散生出黑色小粒点。降雨后病斑扩展迅速，多个病斑常融合成一片，导致叶缘上卷，形成半叶或全叶干枯，甚至造成叶片大量干枯脱落，或大量落果。

彩图9-65　赤斑病初期病斑

【病原】栗叶点霉（*Phyllosticta castaneae* En.et Ev.），属于半知菌亚门腔孢纲球壳孢目。病斑表面的黑色小粒点即为病菌的分生孢子器。

【发病规律】病菌主要以菌丝体和分生孢子器在病落叶上越冬。翌年温湿条件适宜时，分生孢子器中涌出分生孢子，通过风雨或昆虫传播，从伤口或气孔进行侵染为害，经过几天潜育期而导致叶片发病。该病在田间有多次再侵染。病害发生严重栗园，6～7月即可出现大量落叶、落果。多雨潮湿环境病害发生较多，管理粗放果园受害较重。

【防控技术】

1.加强栽培管理　落叶后至发芽前，彻底清除落叶，集中深埋或烧毁，消灭病菌越冬场所。合理修剪，促使果园通风透光良好，降低环境湿度，创造不利于病害发生的生态条件。平地果园，雨季注意及时排水。

2.适当喷药防控　赤斑病多为零星发生，一般栗园不需单独进行喷药。个别往年病害发生较重栗园，从病害发生初期或初见病斑时开始喷药，半月左右1次，连喷2次左右即可有效控制该病的发生为害。有效药剂同"叶斑病"喷药防控药剂。

叶斑点病

【症状诊断】叶斑点病主要为害叶片，在南方栗树产区发生较多。发病初期，叶面上散生多个针尖大小的淡黄色小斑点，稍透明，叶背呈水渍状（彩图9-66、彩图9-67）；后斑点逐渐扩大，中央出现淡褐色小点，叶背水浸状斑亦逐渐扩大（彩图9-68、彩图9-69）。随病斑发展，叶面病斑逐渐变黄褐色，外围有黄绿色晕圈（彩图9-70）；病斑背面亦变淡黄褐色，外围有水浸状晕圈（彩图9-71）。严重受害叶片，表面布满许多病斑（彩图9-72、彩图9-73）。后期，许多病斑逐渐连片，多形成不规则状大斑，正面颜色加深至褐色，外围黄绿色晕圈不再明显，病叶显著变薄（彩图9-74）。严重时，病叶逐渐变黄褐色、脱落，造成早期落叶。

【病原】叶斑点病目前尚缺乏系统研究，根据田间药剂防控效果判断，可能是一种高等真菌性病害。

【发病规律】病菌可能以菌丝体在病落叶上越冬。翌年条件适宜时产生病菌孢子，通过风雨或气流传播，进行侵染为害。阴雨潮湿、栗园郁闭，病害发生较重。南方板栗受害较重，品种间可能存在抗病性差异。

彩图9-68　叶斑点病叶面中期病斑

彩图9-69　叶斑点病叶背中期病斑

彩图9-66　叶斑点病叶面初期病斑

彩图9-70　叶斑点病叶面后期病斑

彩图9-67　叶斑点病叶背初期病斑

彩图9-71　叶斑点病后期叶背病斑外围具有晕圈

彩图9-72 叶片上散布许多病斑

彩图9-73 叶斑点病后期叶背病斑

彩图9-74 叶片严重受害状后期

【防控技术】

1.搞好栗园卫生，清除越冬菌源 落叶后至发芽前，尽量彻底清扫落叶，集中深埋或烧毁，消灭病菌越冬场所。

2.生长期喷药防控 从叶片发病初期或落花后10天左右开始喷药，10～15天1次，连喷3次左右。若在药液中混加有机硅类或石蜡油类农药助剂，效果更好。效果较好的药剂有：70%甲基硫菌灵可湿性粉剂或500克/升悬浮剂800～1000倍液、50%多菌灵可湿性粉剂600～800倍液、10%苯醚甲环唑水分散粒剂1500～2000倍液、430克/升

戊唑醇悬浮剂3000～4000倍液、30%戊唑·多菌灵悬浮剂800～1000倍液、41%甲硫·戊唑醇悬浮剂700～800倍液等。

黄叶病

【症状诊断】黄叶病又称缺铁症，主要在叶片上表现明显症状。首先从嫩叶开始发病，逐渐向较老叶片发展。发病初期，脉间叶肉变黄绿色，各级叶脉仍保持绿色，整张叶片呈绿色网纹状；随病情发展，叶肉褪绿程度加重，呈淡黄绿色，细小支脉也开始褪绿，仅主脉、侧脉仍有绿色；病情进一步发展，叶肉变黄白色，叶缘逐渐开始变褐焦枯（彩图9-75）。严重时，整株受害，嫩叶枯死，新梢停止生长、甚至死亡（彩图9-76）。

彩图9-75 叶片严重受害状

彩图9-76 植株严重受害状

【病因及发生特点】黄叶病是一种生理性病害，由铁素供应不足引起。土壤瘠薄、有机质贫乏、速效化肥施用偏多、土壤碱性偏重等，是造成黄叶病发生的主要因素。在碱性土壤中，大量可溶性二价铁盐被转化为不溶于水的三价铁盐而沉淀，不能被栗树吸收利用。盐积化土壤和石灰质含量高的栗园容易发生缺铁，土壤干旱季节和枝梢旺盛生长期缺铁发生较重，地势低洼、结果量偏多、枝干与根部的病虫害等也均可加重黄叶病的发生为害。

【防控技术】

1.加强肥水及栽培管理　增施绿肥、农家肥等有机肥，按比例科学使用速效化肥及中微量元素肥料，提高土壤中有机质含量及平衡矿质营养，改良土壤。结合根施有机肥，混合施用铁肥，提高土壤中有效铁含量，一般每亩使用硫酸亚铁5～10千克。雨季及时排水，保证根系正常发育。合理确定结果量，促进树势健壮。及时防控根部及枝干病虫害，保证养分吸收与输导顺畅。

2.适当喷施铁肥　发现黄叶后，及时树上喷施铁肥，10天左右1次，直到叶片完全转绿为止。常用有效铁肥如：铁多多1000～1500倍液、黄腐酸二胺铁200～300倍液、黄叶灵300～500倍液、0.2%柠檬酸铁溶液、硫酸亚铁300～400倍液＋0.05%柠檬酸＋0.2%尿素混合液等。

第十章
柿树病害

角斑病

角斑病俗称"柿子烘"，是柿树上的一种重要叶部病害，在我国各柿树种植区均有发生。发病严重时，采收前一个月即造成大量落叶，落叶后柿果变软、相继脱落，对产量和树势影响很大。

【症状诊断】角斑病主要为害叶片，也可为害柿蒂。叶片受害，初期在叶正面产生不规则形黄绿色斑点，边缘不明显，斑内叶脉呈黑色（彩图10-1～彩图10-4）。随病情发展，病斑颜色逐渐加深，经约1个月的发病期后，形成受叶脉限制的多角形病斑，大小2～8毫米，褐色至黑褐色，边缘颜色较深，病健组织交界明显（彩图10-5～彩图10-10）；而后病斑表面逐渐散生出黑色绒球状小粒点（彩图10-11），叶背面病斑颜色较浅，黑色边缘不明显，小黑点较稀疏。病斑多时，后期病叶逐渐变黄（彩图10-12），最后变红（彩图10-13），在变红叶片上病斑外围常有一黄绿色晕圈（彩图10-14、彩图10-15）。叶片变红后病叶容易脱落，严重时采收前1个月即造成大量落叶（彩图10-16、彩图10-17）。落叶后果实变软，相继脱落，影响树势和产量，但柿蒂大多残留树上。

彩图 10-2　叶片背面的角斑病初期病斑

彩图 10-3　叶片背面的早期病斑

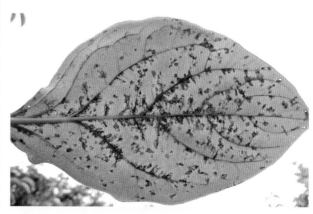

彩图 10-4　叶背面早期病斑透视

彩图 10-1　角斑病的初期病斑（叶面）

彩图 10-5　角斑病的中期病斑（叶面）

彩图 10-6　叶片背面的角斑病中期病斑

彩图 10-7　叶片背面的典型病斑

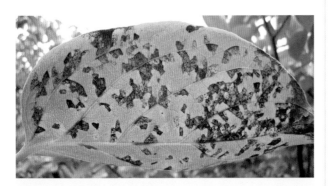

彩图 10-8　叶背典型病斑的透视

彩图 10-9　严重时，叶片上布满病斑（叶背）

彩图 10-10　许多叶片受害状

彩图 10-11　后期病斑背面产生黑褐色霉状物

彩图 10-12　严重病叶，后期逐渐变黄

彩图 10-13　树上许多叶片变红

彩图 10-17　因角斑病为害造成的大量落叶

　　柿蒂受害，多发生在四个角上，由尖端向内扩展，病斑呈淡褐色至深褐色，边缘黑色或不明显，形状不确定（彩图 10-18～彩图 10-21）。病斑两面均可产生绒球状小黑点，但以背面较多。

彩图 10-14　后期，重病叶逐渐变红（叶面）

彩图 10-18　柿蒂上的角斑病初期病斑

彩图 10-15　后期，重病叶逐渐变红（叶背）

彩图 10-19　柿蒂上的角斑病中期病斑

彩图 10-16　角斑病造成大量叶片早期脱落

彩图 10-20　柿蒂上的角斑病后期严重病斑

彩图 10-21　许多果实的柿蒂受害

另外，君迁子（黑枣）叶片及果蒂也可受害，症状表现与柿树上相似（彩图 10-22～彩图 10-25）。

彩图 10-24　君迁子病斑表面散生许多黑色绒球状小粒点

彩图 10-22　君迁子叶片上的角斑病病斑（叶面）

彩图 10-25　君迁子蒂上的角斑病病斑

彩图 10-23　君迁子叶片背面的角斑病病斑

【病原】柿尾孢菌（*Cercospora kaki* Ell.et Ev.），属于半知菌亚门丝孢纲丝孢目。病斑表面的黑色绒球状小粒点即为病菌的子座、分生孢子梗丛及分生孢子。

【发病规律】病菌主要以菌丝体和子座组织在病蒂及病叶上越冬，以树上的病蒂为主。另外，君迁子病叶及病蒂上也有越冬存活病菌。病菌在病蒂上可存活 3 年以上，病蒂能够残存树上 2～3 年。柿树落花后，高湿环境时越冬病菌产生大量分生孢子，通过风雨传播，从气孔侵染为害。该病潜育期较长，一般为 25～38 天，再侵染不严重。华北柿区 6～7 月份病菌开始侵染，8 月初开始发病，严重时 9 月份即造成大量落叶、落果；南方柿区侵染、发病及造成落叶均相对较早。

越冬菌量多少是病害发生轻重的基本决定因素，6～7 月份降雨情况影响病害发生轻重。降雨早、雨量大、雨日数多，病害将严重发生。环境潮湿的山沟内柿园，角斑病一般发生较重。与君迁子混栽的柿树病害常较重发生。另外，幼叶抗病性强、不易受侵染，老叶容易受害。

【防控技术】角斑病防控技术模式如图 10-1 所示。

1.加强果园管理　柿树发芽前，彻底清除柿树与君迁子的树上及树下的果蒂、落叶，集中深埋或烧毁，消灭病菌越冬场所。如果能够彻底清除柿树上的柿蒂和君迁子树上的果蒂，即可基本控制住角斑病的发生为害。新建柿园时，不要与君迁子混栽，并尽量远离君迁子园。新栽密植柿园，合理

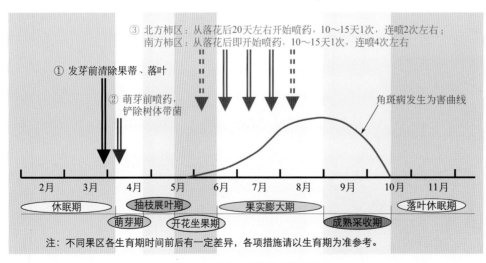

③ 北方柿区：从落花后 20 天左右开始喷药，10～15 天 1 次，连喷 2 次左右；南方柿区：从落花后即开始喷药，10～15 天 1 次，连喷 4 次左右

① 发芽前清除果蒂、落叶

② 萌芽前喷药，铲除树体带菌

角斑病发生为害曲线

| 2月 | 3月 | 4月 | 5月 | 6月 | 7月 | 8月 | 9月 | 10月 | 11月 |

休眠期　　抽枝展叶期　　果实膨大期　　落叶休眠期
萌芽期　开花坐果期　　成熟采收期

注：不同果区各生育期时间前后有一定差异，各项措施请以生育期为准参考。

图 10-1　角斑病防控技术模式图

修剪，促使园内通风透光良好，降低环境湿度。

2.发芽前药剂清园，铲除树体带菌 往年角斑病发生严重的柿园，在发芽前喷施1次铲除性杀菌剂，消灭在树上越冬的残余病菌。效果较好的药剂有：30%戊唑·多菌灵悬浮剂400～600倍液、41%甲硫·戊唑醇悬浮剂400～500倍液、60%铜钙·多菌灵可湿性粉剂300～400倍液、77%硫酸铜钙可湿性粉剂300～400倍液、45%代森铵水剂200～300倍液等。

3.生长期及时喷药防控 北方柿区从柿树落花后20天左右开始喷药，10～15天1次，连喷2次左右（多雨年份适当增加喷药次数），即可有效控制角斑病的发生为害；南方柿区因温度高、雨水多、湿度大，多从落花后即开始喷药，10～15天1次，需连喷4次左右。常用有效药剂有：30%戊唑·多菌灵悬浮剂800～1000倍液、41%甲硫·戊唑醇悬浮剂700～800倍液、70%甲基硫菌灵可湿性粉剂或500克/升悬浮剂800～1000倍液、50%多菌灵可湿性粉剂或500克/升悬浮剂600～800倍液、10%苯醚甲环唑水分散粒剂1500～2000倍液、430克/升戊唑醇悬浮剂3000～4000倍液、250克/升吡唑醚菌酯乳油2000～2500倍液、60%铜钙·多菌灵可湿性粉剂600～800倍液、80%代森锰锌（全络合态）可湿性粉剂800～1000倍液、50%克菌丹可湿性粉剂600～800倍液、70%丙森锌可湿性粉剂600～800倍液、80%代森锌可湿性粉剂600～800倍液、77%硫酸铜钙可湿性粉剂1000～1200倍液及1：（3～5）：（400～600）倍波尔多液等。

圆斑病

圆斑病俗称"柿子烘"，是柿树上的另一种重要叶部病害，在我国各柿树产区均有发生。发病严重时，造成叶片早期脱落，柿果提早变红、变软并脱落，对树势及产量影响很大。

【**症状诊断**】圆斑病主要为害叶片，也可为害柿蒂。叶片受害，初期产生褐色圆形小斑点，边缘不明显；后病斑扩展为深褐色，继而形成中央色浅（褐色）、边缘色深（深褐色）的圆形病斑（彩图10-26～彩图10-29）。叶片上病斑多时，病叶逐渐变红（彩图10-30、彩图10-31），不久则导致叶片脱落（彩图10-32）。严重时造成大量早期落叶（彩图10-33），柿果提早变红、变软、脱落，俗称"柿烘"。病叶变红后，病斑周围出现黄绿色晕圈（彩图10-34～彩图10-36）。病斑直径一般为2～3毫米，少数可达5毫米以上。后期或落叶后，病斑背面可产生黑色小粒点。

柿蒂受害，症状表现比叶片晚，多形成褐色圆斑，病斑较小（彩图10-37）。

【**病原**】柿叶球腔菌（*Mycosphaerella nawae* Hiura et Ikata），属于子囊菌亚门腔菌纲座囊菌目。叶片背面的黑色小粒点为病菌的子囊壳。

【**发病规律**】病菌主要以子囊壳在病落叶上越冬。第二年柿树落花后越冬病菌逐渐释放出子囊孢子（华北果区一般从6月中旬开始），通过气流传播，从气孔侵染为害。

彩图10-26 绿色叶片上的典型圆斑病病斑

彩图10-27 绿色叶片上散布许多病斑状

彩图10-28 转色期叶片正面的圆斑病病斑

彩图10-29 转色期叶片叶背的圆斑病病斑

彩图10-30 红色叶片上散布许多病斑状

彩图10-31　树上许多叶片受害状

彩图10-32　脱落在地面的圆斑病叶片

彩图10-33　圆斑病导致大量叶片早期脱落

彩图10-34　红色叶片上的圆斑病病斑

彩图10-35　红色叶片上的典型病斑（叶面）

彩图10-36　红色叶片上的典型病斑（叶背）

彩图10-37　柿蒂上的圆斑病病斑

　　该病潜育期较长，一般为60～100天，田间没有再侵染。华北果区一般8月下旬至9月上旬才开始表现症状，9月中下旬达发病盛期，10月上旬开始大量落叶。

　　病害发生轻重主要决定于越冬菌量的多少及初侵染的多少，6～7月份雨水多、且上年病害发生严重时，则可能导致圆斑病发生较重。

　　【防控技术】圆斑病防控技术模式如图10-2所示。

　　1.彻底清除落叶，搞好果园卫生　落叶后至发芽前，

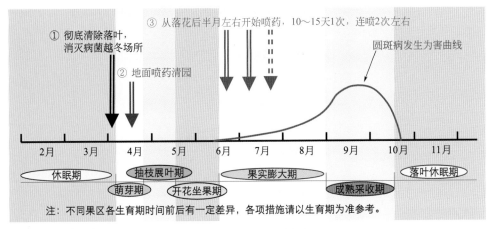

① 彻底清除落叶，消灭病菌越冬场所

② 地面喷药清园

③ 从落花后半月左右开始喷药，10～15天1次，连喷2次左右

圆斑病发生为害曲线

2月　3月　4月　5月　6月　7月　8月　9月　10月　11月

休眠期　　抽枝展叶期　　果实膨大期　　落叶休眠期

萌芽期　　开花坐果期　　成熟采收期

注：不同果区各生育期时间前后有一定差异，各项措施请以生育期为准参考。

图10-2　圆斑病防控技术模式图

先树上、后树下彻底清除落叶，集中深埋或烧毁，消灭病菌越冬场所，减少越冬菌量。不能清除落叶的山地果园，往年病害发生严重时，萌芽期地面喷药清园，杀灭落叶上的越冬病菌。清园有效药剂同"角斑病"清园用药。

2.生长期及时喷药预防　从柿树落花后半月左右开始喷药，10～15天1次，连喷2次左右，即可有效控制圆斑病的发生为害。常用有效药剂同"角斑病"生长期用药（图10-2）。

叶枯病

【症状诊断】叶枯病又称叶斑病，主要为害叶片。初期病斑近圆形或多角形，深褐色（彩图10-38、彩图10-39）；后逐渐扩展为近圆形或不规则形大斑，直径1～2厘米，边缘色深，呈深褐色，中部色淡，呈灰白色至灰褐色，有时病斑表面具有轮纹（彩图10-40、图10-41）。病叶变红后，病斑外围常有绿色晕圈。后期病斑表面可散生出许多小黑点（彩图10-42）。严重时，叶片上散布许多病斑（彩图10-43、彩图10-44），病叶易提早脱落。

彩图10-38　叶片正面的早期病斑

【病原】柿叶枯盘多毛孢（*Pestalotia diospyri* Syd.），属于半知菌亚门腔孢纲黑盘孢目。病斑表面的小黑点为病菌的分生孢子盘。

【发病规律】病菌主要以菌丝体及分生孢子盘在病落

叶上越冬。翌年条件适宜时产生分生孢子，通过风雨传播，进行侵染为害。北方果区6月份开始为害，7～9月份为发病盛期。阴雨潮湿、树势衰弱、通风透光不良的果园发病较重。

【防控技术】

1.加强栽培管理，搞好果园卫生　发芽前彻底清扫落叶，集中深埋或烧毁，清除病菌越冬场所，消灭越冬菌源。科学修剪，改善果园通风透光条件，降低环境湿度。增施农家肥等有机肥，按比例科学使用速效化肥，培育壮树，提高树体抗病能力。

彩图10-39　叶片背面的早期病斑

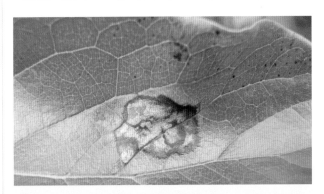

彩图10-40　病斑扩展后，中部颜色变淡

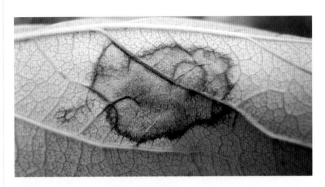

彩图10-41　叶片背面的扩展后病斑

彩图 10-42　病斑表面逐渐散生出小黑点

彩图 10-43　叶片上散生许多病斑

彩图 10-44　较重受害叶片的背面症状

2.生长期适当喷药防控　叶枯病多为零星发生，一般果园不需单独进行喷药。个别往年病害发生较重柿园，从落花后15～20天开始喷药，连喷2次左右即可有效控制该病的发生为害。常用有效药剂同"角斑病"生长期用药。

褐纹病

【症状诊断】　褐纹病又称灰霉病，主要为害叶片，严重时造成早期落叶，导致树势衰弱、产量降低、果实品质变劣。初期病斑多从叶尖或叶缘开始发生，形成淡绿色病斑；后逐渐扩大到2～3厘米，形状多不规则，病斑中部呈灰白色，边缘褐色至深褐色，有时呈轮纹状，边缘多为波浪形（彩图10-45、彩图10-46）。湿度大时，病斑表面可产生灰色霉层。严重时，叶片上散布多个病斑（彩图10-47）。后期，病叶干枯或腐烂脱落。

彩图 10-45　褐纹病叶片正面病斑

彩图 10-46　褐纹病叶片背面病斑

彩图 10-47　叶片较重受害状

【病原】　灰葡萄孢（*Botrytis cinerea* Pers.ex Fr.），属于半知菌亚门丝孢纲丝孢目。病斑表面的霉层即为病菌的分生孢子梗丛及分生孢子。

【发病规律】　病菌主要以菌丝、菌核及分生孢子在病落叶上越冬。翌年条件适宜时产生病菌孢子，通过风雨或气流传播进行侵染为害。南方柿区多从5月份开始侵染新叶，6月下旬至7月上旬达发病盛期，8～9月份造成大量落叶。多雨潮湿、树势衰弱、通风透光不良的果园发病较重。

【防控技术】

1.加强栽培管理　增施农家肥等有机肥，按比例科学使用速效化肥，改良土壤，培强树势，提高树体抗病能力。发芽前彻底清除枯枝落叶，集中深埋或销毁，消灭病菌越冬场所。合理修剪，促使果园通风透光，降低环境湿度。雨季及时排除积水，预防果园渍害，降低园内湿度。

2.适当喷药防控 褐纹病多为零星发生,一般柿园不需单独进行喷药。个别往年病害发生较重果园,从病害发生初期或柿树抽枝展叶期开始喷药,10～15天1次,连喷2次左右。效果较好的药剂有:40%嘧霉胺悬浮剂1200～1500倍液、45%异菌脲悬浮剂1200～1500倍液、70%甲基硫菌灵可湿性粉剂或500克/升悬浮剂800～1000倍液、30%戊唑·多菌灵悬浮剂800～1000倍液、41%甲硫·戊唑醇悬浮剂700～800倍液、10%苯醚甲环唑水分散粒剂2000～2500倍液、430克/升戊唑醇悬浮剂3000～4000倍液、80%代森锰锌(全络合态)可湿性粉剂800～1000倍液、77%硫酸铜钙可湿性粉剂1000～1200倍液及1:(3～5):(400～600)倍波尔多液等。

黑星病

黑星病是柿树上的一种较常见病害,在南方柿区发生较多,北方柿区发生为害较轻。

【症状诊断】 黑星病主要为害叶片、新梢及果实。叶片受害,形成黑褐色近圆形病斑,初期病斑边缘不明显(彩图10-48、彩图10-49),后轮廓较清晰,外围有明显的黄绿色晕圈(彩图10-50、彩图10-51)。有时病斑沿叶脉发生(彩图10-52、彩图10-53)。后期,病斑背面逐渐产生黑色霉状物。老病斑中部常开裂,病组织易脱落形成穿孔。严重时,叶片上散布许多病斑,易造成叶片早期脱落(彩图10-54～彩图10-57)。新梢受害,形成黑褐色至黑色凹陷病斑,长椭圆形或纺锤形,病斑较大,可达(5～10)毫米×5毫米。后期,新梢病斑中部龟裂,成溃疡状,有时容易折断。果实受害,形成圆形或不规则形病斑,呈褐色,稍凹陷(彩图10-58～彩图10-60),后期呈疮痂状,严重时病果表面布满病斑(彩图10-61)。

彩图10-48 叶片上的初期病斑(正面)

彩图10-49 叶片的上初期病斑(叶背)

彩图10-50 叶片上的中期病斑(正面)

彩图10-51 叶片上的中期病斑(背面)

彩图10-52 叶片主脉上的病斑(叶背)

彩图10-53 叶片侧支脉上的病斑(叶背)

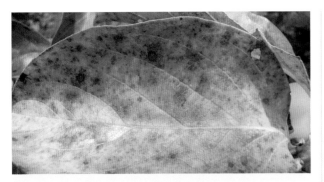

彩图10-54 严重时，叶片上散布许多病斑

彩图10-55 严重受害叶片，叶正面症状

彩图10-56 严重受害叶片，叶背面症状

彩图10-57 许多叶片受害状

彩图10-58 膨大期果实上的病斑症状

彩图10-59 近成熟期果实上的初期病斑

彩图10-60 近成熟期果实上的中期病斑

彩图10-61 近成熟期果实的严重受害状

黑星病除为害柿树外，还可为害君迁子，症状表现与柿树上相似。

【病原】柿黑星孢（*Fusicladium kaki* Hori et Yoshino），属于半知菌亚门丝孢纲丝孢目。病斑表面的黑色霉状物即

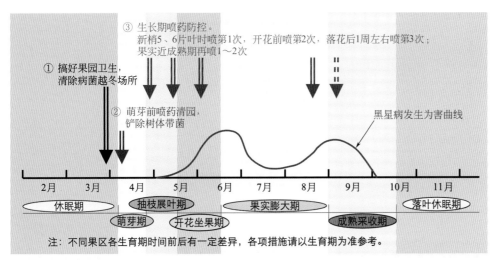

图10-3 黑星病防控技术模式图

③ 生长期喷药防控。
新梢5、6片叶时喷第1次，开花前喷第2次，落花后1周左右喷第3次；
果实近成熟期再喷1～2次

① 搞好果园卫生，
清除病菌越冬场所

② 萌芽前喷药清园，
铲除树体带菌

黑星病发生为害曲线

2月　3月　4月　5月　6月　7月　8月　9月　10月　11月

休眠期　抽枝展叶期　果实膨大期　落叶休眠期

萌芽期　开花坐果期　成熟采收期

注：不同果区各生育期时间前后有一定差异，各项措施请以生育期为准参考。

为病菌的分生孢子梗丛及分生孢子。

【发病规律】病菌主要以菌丝体在枝梢病斑上越冬，也可在落叶上越冬。第二年条件适宜时，越冬病菌产生大量分生孢子，通过风雨传播，直接侵染幼叶、幼果及新梢进行为害。黑星病潜育期较短，一般为7～10天，在田间有多次再侵染。受害严重柿园，6月中旬后即可造成落叶。夏季高温季节病害停止发展，秋季又可为害秋梢、叶片及果实。君迁子最易感病。

【防控技术】黑星病防控技术模式如图10-3所示。

1.搞好果园卫生　结合冬剪，剪除病枝梢，集中烧毁，消灭病菌越冬场所。发芽前彻底清除树上、树下的病落叶，集中深埋或烧毁。

2.发芽前喷药清园　往年病害较重果园，柿树发芽前喷施1次铲除性杀菌剂，杀灭树上残余越冬病菌。效果较好的药剂有：30%戊唑·多菌灵悬浮剂400～600倍液、41%甲硫·戊唑醇悬浮剂400～500倍液、60%铜钙·多菌灵可湿性粉剂300～400倍液、77%硫酸铜钙可湿性粉剂400～500倍液、45%代森铵水剂200～300倍液等。

3.生长期喷药防控　往年黑星病发生较重柿园，在新梢长至5、6片叶时喷施第1次药，开花前喷施第2次药，落花后1周左右喷施第3次药，果实近成熟期再喷药1～2次。常用有效药剂有：10%苯醚甲环唑水分散粒剂1500～2000倍液、40%腈菌唑可湿性粉剂6000～8000倍液、12.5%烯唑醇可湿性粉剂2000～2500倍液、40%氟硅唑乳油7000～8000倍液、430克/升戊唑醇悬浮剂3000～4000倍液、70%甲基硫菌灵可湿性粉剂或500克/升悬浮剂800～1000倍液、250克/升吡唑醚菌酯乳油2000～2500倍液、30%戊唑·多菌灵悬浮剂800～1000倍液、41%甲硫·戊唑醇悬浮剂700～800倍液、80%代森锰锌（全络合态）可湿性粉剂800～1000倍液、50%克菌丹可湿性粉剂600～800倍液、77%硫酸铜钙可湿性粉剂800～1000倍液等。

炭疽病

炭疽病是柿树上的一种严重果实病害，在我国各柿树

产区均有发生，以南方柿区发生为害较重。严重时导致大量果实提早变软、变红、脱落，使产量造成巨大损失；局部地区还常导致枝条折断、枯死，对树势及产量影响很大。

【症状诊断】炭疽病主要为害果实与新梢，有时也可为害叶片。果实受害，初期产生褐色至深褐色针头状小点（彩图10-62、彩图10-63），后逐渐扩大成圆形病斑（彩图10-64），呈深褐色至黑色。当病斑直径达5毫米以上时，中部逐渐凹陷，并从中部开始产生出小黑点，典型的小黑点呈近轮纹状排列。环境潮湿时，小黑点上可溢出淡粉红色黏液（彩图10-65、彩图10-66）。后期病斑多呈椭圆形或长椭圆形（彩图10-67、彩图10-68），表面明显凹陷，并易开裂（彩图10-69）。病斑深入果肉，形成黑色硬块（彩图10-70）。严重时，一个果实上可发生一至多个病斑（彩图10-71），病果易提早变软、变红、脱落（彩图10-72、彩图10-73）。

彩图10-62　果实上的初期病斑

彩图10-63　果实上产生多个病斑（发病初期）

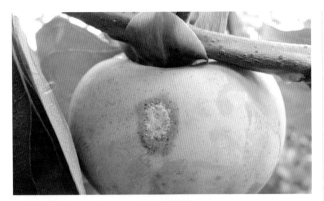

彩图 10-64　膨大期果实上的中期病斑

彩图 10-68　后期病斑多呈长椭圆形

彩图 10-65　炭疽病后期的典型病斑

彩图 10-69　后期病斑表面有时发生开裂

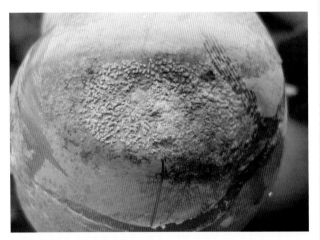

彩图 10-66　病斑表面产生淡粉红色黏液

彩图 10-70　炭疽病病斑剖面

彩图 10-67　病斑扩展，渐成椭圆形

彩图 10-71　严重时，一个果实上常有多个病斑

彩图 10-72 果实严重受害状

彩图 10-73 严重时，许多果实受害

新梢受害，初为黑色近圆形小斑点（彩图 10-74、彩图 10-75），扩大后成长椭圆形，中部凹陷（彩图 10-76、彩图 10-77），并常有纵裂（彩图 10-78），后期病斑表面也可产生小黑点及淡粉红色黏液。病斑长达 10～20 毫米，并常使病斑下面木质腐朽，病枝易折断甚至枯死。

彩图 10-74 嫩梢上的初期病斑

彩图 10-75 2 年生枝上的初期病斑

彩图 10-76 嫩梢上的中后期病斑

彩图 10-77 2 年生枝上的中期病斑

彩图 10-78 2 年生枝上的后期病斑

叶片受害多发生在叶柄及叶脉上，病斑初为黄褐色，渐变为黑褐色至黑色，长条形或不规则形。

【病原】胶孢炭疽菌（*Colletotrichum gloeosporioides* Penz.），属于半知菌亚门腔孢纲黑盘孢目。病斑表面的小黑点是病菌的分生孢子盘，淡粉红色黏液为分生孢子团块。

【发病规律】病菌主要以菌丝体和分生孢子盘在枝梢病斑中越冬。翌年条件适宜时，越冬病菌产生大量分生孢子，通过风雨或昆虫传播，从伤口或直接侵染为害。该病潜育期短，一般为 3～10 天。田间可发生多次再侵染。华北果区枝梢多从 6 月上旬开始发病，雨季为发病盛期，秋梢期仍可继续受害。果实多从 6 月下旬开始发病，直到采收期均可发生，且果实越接近成熟受害越重。南方柿区病害发生较早，且一般为害较重。该病菌喜高温高湿，所以进入雨季后病害发生较多。管理粗放、树势衰弱的柿园炭疽病容易发生。

【防控技术】炭疽病防控技术模式如图 10-4 所示。

1. 加强果园管理　增施农家肥等有机肥，科学施用速效化肥，培育壮树，提高树体抗病能力。结合冬剪，彻底剪除树上病枝、枯枝，集中深埋或烧毁，消灭病菌越冬场所。生长季节及时剪除病梢、病果，集中深埋，减少园内发病中心。

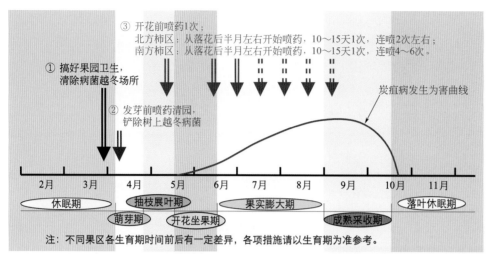

③ 开花前喷药1次；
北方柿区：从落花后半月左右开始喷药，10～15天1次，连喷2次左右；
南方柿区：从落花后半月左右开始喷药，10～15天1次，连喷4～6次。

① 搞好果园卫生，
清除病菌越冬场所

② 发芽前喷药清园，
铲除树上越冬病菌

炭疽病发生为害曲线

| 2月 | 3月 | 4月 | 5月 | 6月 | 7月 | 8月 | 9月 | 10月 | 11月 |

休眠期　　抽枝展叶期　　　果实膨大期　　　　　　　落叶休眠期

萌芽期　　开花坐果期　　　　　　成熟采收期

注：不同果区各生育期时间前后有一定差异，各项措施请以生育期为准参考。

图10-4　炭疽病防控技术模式图

2.发芽前喷药清园　往年炭疽病发生较重的柿园，在柿树发芽前喷施1次铲除性药剂，杀灭树上越冬的残余病菌。效果较好的药剂有：30%戊唑·多菌灵悬浮剂400～600倍液、41%甲硫·戊唑醇悬浮剂400～500倍液、60%铜钙·多菌灵可湿性粉剂300～400倍液、77%硫酸铜钙可湿性粉剂400～500倍液、45%代森铵水剂200～300倍液等。

3.生长期喷药防控　首先在开花前喷药1次，防止嫩梢受害，南方柿区尤为重要。然后从落花后半月左右开始喷药保护果实，10～15天1次，北方柿区连喷2次左右（多雨年份需增加喷药次数），南方柿区需连喷4～6次。常用有效药剂有：70%甲基硫菌灵可湿性粉剂或500克/升悬浮剂800～1000倍液、250克/升吡唑醚菌酯乳油1500～2000倍液、10%苯醚甲环唑水分散粒剂1500～2000倍液、430克/升戊唑醇悬浮剂3000～4000倍液、450克/升咪鲜胺乳油1200～1500倍液、25%溴菌腈可湿性粉剂600～800倍液、30%戊唑·多菌灵悬浮剂800～1000倍液、41%甲硫·戊唑醇悬浮剂700～800倍液、60%铜钙·多菌灵可湿性粉剂600～800倍液、80%代森锰锌（全络合态）可湿性粉剂800～1000倍液、70%丙森锌可湿性粉剂600～800倍液、70%代森联水分散粒剂800～1000倍液、50%克菌丹可湿性粉剂600～800倍液等。

灰霉病

【症状诊断】灰霉病在南方柿区发生较多，主要为害花、幼果及叶片，发病后的主要症状特点是在病斑表面或边缘产生有鼠灰色霉状物。花器受害，初期花朵变褐色腐烂，容易脱落；后期花萼呈褐色腐烂，表面产生鼠灰色霉状物（彩图10-79）。幼果受害，多从柱头残余组织开始发生，并产生灰色霉状物（彩图10-80）；后逐渐向小幼果上扩展，多在果蒂处产生水渍状淡褐色至深褐色斑点，并逐渐扩展到全果，果顶一般保持原状，高湿环境时表面产生一层鼠灰色霉状物。叶片受害，多从叶缘或叶尖开始发生，逐渐向叶内扩展，形成半圆形或不规则形病斑，褐色至深

褐色，外缘颜色较深（彩图10-81、彩图10-82），湿度大时表面产生有鼠灰色霉状物。有时在高湿环境下病斑扩展较快，导致形成较大病斑（彩图10-83、彩图10-84）。

【病原】灰葡萄孢（*Botrytis cinerea* Pers. ex Fr.），属于半知菌亚门丝孢纲丝孢目。病斑表面的霉状物即为病菌的分生孢子梗及分生孢子。

【发病规律】灰霉病菌寄主范围非常广泛，除为害柿树外还可侵害多种蔬菜、果树等植物，田间主要以菌丝体或菌核在各种寄主植物的病残体上越冬或存活。第二年条件适宜时，产生分生孢子，通过气流或雨水传播，首先侵染枯死组织或带有衰弱组织的部位，而后逐渐向健康组织扩展形成病斑。低温寡照、阴雨潮湿、果园郁弊、通风透光不良是导致灰霉病发生的主要因素。另外，树势衰弱、管理粗放、枝条徒长的果园常发病较重。

彩图10-79　花萼上长满灰色霉状物

彩图10-80　小幼果枯萎柱头组织开始受害

彩图 10-81　叶片正面的灰霉病病斑

彩图 10-82　叶片背面的灰霉病病斑

彩图 10-83　高湿环境时病斑扩展迅速，导致半张叶片受害

彩图 10-84　叶片上灰霉病的后期病斑

【防控技术】

1.加强果园栽培管理　增施农家肥等有机肥，科学施用速效化肥，避免偏施氮肥，培强树势，提高树体抗病能力。合理修剪，促使果园通风透光良好；雨季注意及时排水，避免园内湿气长时间滞留；及时进行果园除草等。

2.及时喷药防控　从病害发生初期开始喷药，病害常发果园在雨季到来之前开始喷药，10天左右1次，连喷2次左右，特别是开花前后最为重要。效果较好的药剂有：50%异菌脲可湿性粉剂或45%悬浮剂1200～1500倍液、50%腐霉利可湿性粉剂1000～1500倍液、40%嘧霉胺悬浮剂1200～1500倍液、40%双胍三辛烷基苯磺酸盐可湿性粉剂1200～1500倍液、50%克菌丹可湿性粉剂600～800倍液、50%霉威·多菌灵可湿性粉剂1000～1200倍液、75%异菌·多·锰锌可湿性粉剂800～1000倍液等。

霉污病

【症状诊断】霉污病又称煤污病，主要为害果实、叶片，严重时也可为害嫩枝。发病后的主要症状特点是在寄主组织表面产生一层黑色霉（煤）状物，该霉（煤）状物稍用力能够擦去。叶片受害影响光合作用，果实受害导致果品质量降低，嫩枝受害影响枝条生长（彩图10-85～彩图10-87）。

彩图 10-85　霉污病发生初期

彩图 10-86　膨大期果实受害状

彩图10-87 近成熟期果实较重受害状

【病原】主要为煤炱菌（*Capnodium* spp.），属于子囊菌亚门腔菌纲座囊菌目。病斑表面的霉状物主要是病菌无性阶段的分生孢子梗和分生孢子。

【发病规律】病菌主要以菌丝体在枝条上越冬。第二年条件适宜时，越冬病菌产生分生孢子，借助风雨传播，通过在寄主组织表面附生而进行为害。组织表面附有树体本身或蚧壳虫类等害虫的营养分泌物，导致该病发生，通风透光不良、环境湿度大、表面附着营养物不宜干燥常导致霉污病较重发生。6月上旬至9月上旬蚜虫及龟蜡蚧、红蜡蚧等蚧壳虫类害虫发生较重时，其分泌及排泄物污染果实、叶片及枝条较重，诱使霉污病发生严重。

【防控技术】

1.加强柿园管理　合理密植，适当修剪，促使园内通风透光良好，降低环境湿度，创造不利于病害发生的环境条件。加强对蚧壳虫类等害虫的防控，减少其分泌物在叶片及果实表面的沉积，清除霉污病养分基础。

2.适当喷药防病　往年该病发生较多的柿园，从病害发生初期或雨季到来前开始喷药，10～15天1次，连喷2次左右。效果较好的药剂有：50%克菌丹可湿性粉剂600～800倍液、10%苯醚甲环唑水分散粒剂1500～2000倍液、430克/升戊唑醇悬浮剂3000～4000倍液、1.5%多抗霉素可湿性粉剂300～400倍液、30%戊唑·多菌灵悬浮剂800～1000倍液、41%甲硫·戊唑醇悬浮剂700～800倍液、80%代森锰锌（全络合态）可湿性粉剂600～800倍液等。

蝇粪病

【症状诊断】蝇粪病主要为害果实，以果实近成熟期发生较多。受害果实表面产生黑褐色至黑色斑块，该斑块由许多小黑点组成，斑块形状多不规则（彩图10-88、彩图10-89）。黑斑附着在果实表面，不为害果皮、果肉，稍用力能将黑斑擦掉，但影响果实外观，降低商品价值。另外，该病菌还可在枝条上生存，但对枝条没有危害。

【病原】蝇污菌（*Zygophiala jamaicensis*），属于半知

菌亚门腔孢纲球壳孢目。病斑表面的小黑点即为病菌的分生孢子器。

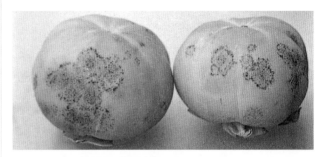

彩图10-88 蝇粪病在果实上的为害状

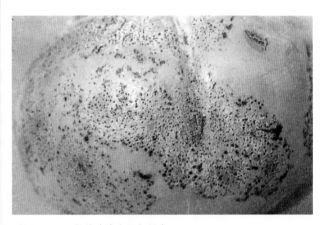

彩图10-89 蝇粪病病斑局部放大

【发病规律】病菌主要以分生孢子器在枝条表面越冬。第二年条件适宜时产生分生孢子，通过风雨传播，以果实表面的营养分泌物为基质进行附生而造成为害，6～9月份发病较多。该病只影响果实的外观品质，对产量基本没有影响。高温多雨季节或低洼潮湿果园发病较重。

【防控技术】

1.加强栽培管理　合理修剪，促使园内通风透光，雨季注意及时排水，降低园内环境湿度，创造不利于病害发生的环境条件。

2.适当喷药防控　蝇粪病多为零星发生，一般不需单独进行喷药。少数往年病害发生较重的柿园，从病害发生初期或雨季到来时开始喷药，10～15天1次，连喷2次左右即可有效控制该病的发生为害。效果较好的药剂有：50%克菌丹可湿性粉剂600～800倍液、10%苯醚甲环唑水分散粒剂1500～2000倍液、1.5%多抗霉素可湿性粉剂300～400倍液、70%甲基硫菌灵可湿性粉剂或500克/升悬浮剂800～1000倍液、430克/升戊唑醇悬浮剂3000～4000倍液、30%戊唑·多菌灵悬浮剂800～1000倍液、41%甲硫·戊唑醇悬浮剂700～800倍液、80%代森锰锌（全络合态）可湿性粉剂800～1000倍液等。

毛霉软腐病

【症状诊断】毛霉软腐病只为害果实，造成果实软烂。该病多从果实膨大后期开始发生，成熟期、乃至储运

期均可造成为害。病斑多从果实伤口处开始发生（彩图10-90），逐渐导致病果呈淡褐色软烂，表面初期产生灰白色至灰黄色长毛状菌丝，后菌丝表面逐渐产生初为黄色、渐变褐色的小球状物（彩图10-91、彩图10-92），常造成整个果实腐烂；后期病果失水后多形成僵果（彩图10-93）。

彩图10-90 病斑多从伤口处开始发生

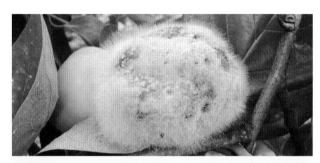

彩图10-91 膨大后期果实受害症状

彩图10-92 近成熟果实受害症状

彩图10-93 膨大期果实受害后形成的僵果

【病原】毛霉菌（*Mucor* spp.），属于接合菌亚门接合菌纲毛霉目。病斑表面的毛状物即为病菌的菌丝体和孢囊梗，小球状物为其孢子囊。

【发病规律】毛霉软腐病菌属于弱寄生菌，在自然界广泛存在，没有固定越冬场所。病菌孢子主要通过气流传播，从伤口侵染为害，特别以机械伤口为主。在储藏环境中，如果果实过度成熟，该病还可接触传播，造成果实成堆腐烂。

【防控技术】适期采收和避免果实受伤是有效防控该病的关键。首先，果实应适期采收，避免成熟过度。其次，采收及包装运输时，要轻拿轻放，避免果实受伤，并要彻底剔除病、虫、伤果。此外，最好采用单果包装或单果隔离包装，以避免储运期病果的接触传病。

黑心病

【症状诊断】黑心病（暂定名）是近几年在部分柿树产区发现的一种新病害，只为害果实，从果实膨大后期至近成熟期开始发病。初期，在果实脐点处出现隐约的褐色病变（彩图10-94、彩图10-95），剖开病果，脐点凹陷处的柱头残余组织已经变褐色至黑褐色坏死（彩图10-96）；随坏死组织逐渐向心室扩展，病变亦逐渐横向扩大（彩图10-97、彩图10-98）；后期脐点至心室及其周围组织呈黑褐色至黑色坏死腐烂（彩图10-99～彩图10-101），脐点处形成边缘不明显的黑褐色晕斑。

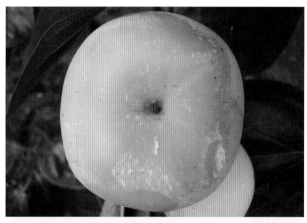

彩图10-94 近成熟果萼端的初期病斑

彩图10-95 成熟果萼端的初期病斑

彩图 10-96　发病初期病斑的剖面

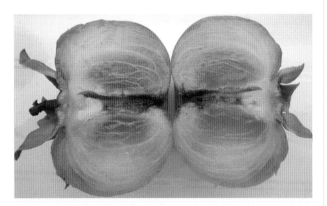
彩图 10-97　发病中期病斑的剖面

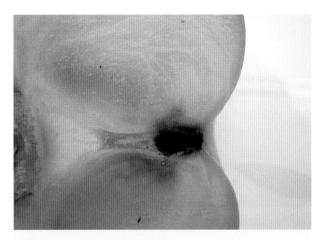
彩图 10-98　发病中期病斑剖面放大

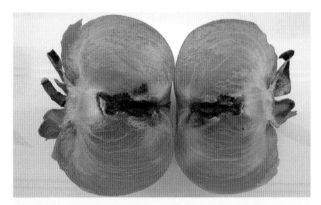
彩图 10-99　成熟果上较重病斑剖面

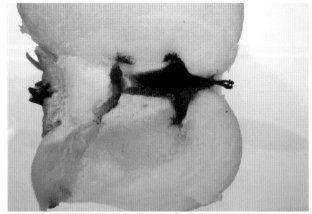
彩图 10-100　较重病斑剖面放大

彩图 10-101　膨大期果实上的严重病斑剖面

【病原】目前尚缺乏系统研究，可能属于某种（类）高等真菌，如灰葡萄孢等。

【发病规律】黑心病目前尚缺乏系统研究，从症状发生特点及田间药剂防控效果分析，可能是一种高等真菌性病害。病菌首先侵染脐点处残余的枯死柱头组织（彩图 10-102），然后待果实膨大后期至近成熟期抗病力降低时逐渐向心室内扩展，造成发病。

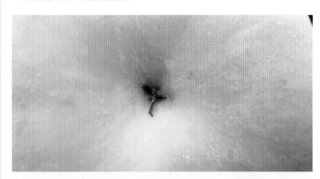
彩图 10-102　柿萼端的残存柱头组织

据田间调查，果实扁平、萼心距短的品种及脐点易裂的品种发病较重，如恭城水柿等。另外，花期至幼果期多雨潮湿、果园通风透光不良等均可加重病害发生。

【防控技术】

1.加强栽培管理，降低环境湿度　新建果园时合理密植，避免造成枝叶郁蔽。合理修剪，促使园内通风透光，降低环境湿度，创造不利于病害发生的环境条件。

2.生长期喷药防控　在落花后半月左右至果实膨大后期进行喷药，10～15天1次，连喷2～3次。效果较好的药剂有：70%甲基硫菌灵可湿性粉剂或500克/升悬浮剂800～1000倍液、250克/升吡唑醚菌酯乳油1500～2000倍液、10%苯醚甲环唑水分散粒剂1500～2000倍液、430克/升戊唑醇悬浮剂3000～4000倍液、30%戊唑·多菌灵悬浮剂800～1000倍液、41%甲硫·戊唑醇悬浮剂700～800倍液、80%代森锰锌（全络合态）可湿性粉剂800～1000倍液、50%克菌丹可湿性粉剂600～800倍液、80%代森锌可湿性粉剂600～800倍液等。

柿疯病

柿疯病在全国许多柿产区均有发生，以太行山产区较为常见。病树生长异常，枝条直立徒长，冬季枝梢枯死，结果少，果实多畸形，且易提早变软脱落；重病树不结果，甚至死亡。

【症状诊断】柿疯病是一种系统侵染性病害，主要在枝条上表现明显症状，有时果实及叶片上也有异常表现。病树发芽晚，落叶早，枝梢生长缓慢。枝条发病，新梢直立徒长，不久萎蔫死亡（彩图10-103），而后下部不定芽及隐芽又萌生新梢，随后又落叶枯死，如此则形成"鸡爪状"丛生枝（彩图10-104）。重病树新梢多长至4～5厘米即萎蔫死亡。纵剖枝条，木质部内有黑褐色纵向短条纹（彩图10-105），6月上旬至7月上旬变色较快，10月上中旬则有90%以上枝条木质部变黑。叶片上叶脉变黑，多凹凸不平，叶大而薄、质脆；叶脉变色5月下旬发展最快，到8月上旬几乎全部叶脉变黑。重病树不结果，轻病树结果少而小，果面有凹陷、甚至凹凸不平，果实橘红时凹陷处仍为绿色，但果实变红后凹陷处也变红色，而凹陷处果肉较硬。病树果实常提早变红、变软、脱落。

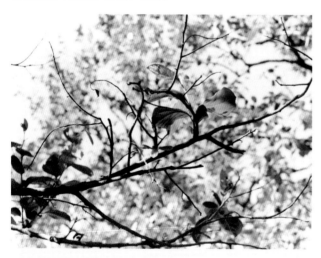

彩图10-103　柿疯病病树上的枯死小枝

【病原】类菌原体（MLO），又称为类立克次体细菌（RLB）。

【发病规律】柿疯病病原在病树体内存活越冬，全株均可发病。在生长季节，不同部位均相继表现症状。果园

内可能通过修剪工具及柿血斑叶蝉、斑衣蜡蝉等刺吸式口器害虫传播，远距离传播多为带病苗木的调运。该病一旦发生，病树将终生带病，目前尚不能彻底治愈。

彩图10-104　病树上枯死小枝呈丛生状

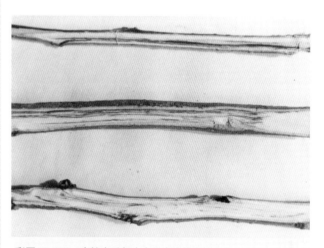

彩图10-105　病枝木质部内有纵向黑褐色短条纹

【防控技术】

1.培育和利用无病苗木　繁育品种时，不要在病树上剪取接穗，更不能在病树上扩繁新品种。调运苗木时，要严格检查，彻底汰除病苗，并尽量避免从有病柿区调进苗木。

2.加强栽培管理　增施农家肥等有机肥，按比例科学混用速效化肥，培育壮树，提高树体抗病能力。成龄大树每株埋施粗肥75～150千克、尿素1千克、过磷酸钙2.5千克，施肥后灌水，覆土保墒。花期喷施0.2%～0.3%硼砂溶液，提高坐果率。修剪时将病、健树分开修剪，防止修剪过程传病。注意防控造成早期落叶的病虫害，避免造成早期落叶，增强树体抗病能力。

3.及时治虫防病　生长期及时喷药防控柿血斑叶蝉、斑衣蜡蝉等刺吸式口器害虫，控制病害在园内蔓延。

4.适当药剂治疗　根据试验，在病树树干上打孔注射青霉素或四环素，能有效降低果实畸变率，保证一定产量。每株使用80万单位青霉素6～10克、或25万单位四环素6～10克，对水500毫升，分3次进行灌注。该措施只能在一定程度上提高果实产品质量，并不能将病树彻底治愈。

缺钙症

【症状诊断】缺钙症主要在果实上表现明显症状，多从果实近成熟期开始发病。初期，先在果实顶端产生淡褐色晕斑，点片状或片状（彩图10-106）；后病斑颜色逐渐变深，形成深褐色至黑色病斑（彩图10-107）。严重时病斑连片，面积达果面1/4 ～ 1/2，甚至多半部（彩图10-108、彩图10-109）。在有些品种上，病斑颜色较淡，呈淡褐色至褐色，病果容易变软、脱落（彩图10-110）。

彩图 10-106　缺钙症发病初期

彩图 10-107　缺钙症果实的中期病斑

彩图 10-108　缺钙症果实的较重受害状

彩图 10-109　缺钙症果实严重受害状

彩图 10-110　缺钙导致果实提早软熟

【病因及发生特点】缺钙症是一种生理性病害，由钙素供应不足引起。土壤瘠薄、有机质含量低、长期偏施速效化肥是导致缺钙症发生的重要因素。偏施氮肥可加重缺钙症发生，碱性土壤发病较重，土壤前旱后涝、或长期多雨潮湿时缺钙症表现严重。不同品种间的表现有一定差异。

【防控技术】

1.加强栽培管理　增施农家肥、绿肥等有机肥，提高土壤中有机质含量，改良土壤；按比例科学施用速效化肥，与有机肥混合适量根施钙肥（硝酸钙等）。干旱季节及时浇水，雨季注意排水。合理修剪，适当控制枝条旺长，促使果园通风透光。

2.生长期喷施钙肥　从落花后半月左右开始叶面喷钙，结合果园喷药10 ～ 15天1次，连喷4 ～ 6次，可基本控制缺钙症的发生为害。效果较好的优质钙肥是有效成分为无机钙盐的固态钙肥，如佳实百1000 ～ 1500倍液、速效钙400 ～ 500倍液、美林钙400 ～ 500倍液、硝酸钙300 ～ 400倍液等。选用液态钙肥时，注意有效钙含量和喷施浓度，避免喷洒倍数过高。

日灼病

【症状诊断】日灼病又称日烧病，主要为害果实和叶片，有时果蒂也可受害。

果实受害，常见于果实向阳面。初期，在果实向阳面先产生淡黄褐色至苍白色、近圆形斑块，边缘不明显（彩图10-111、彩图10-112）；随日灼伤加重，斑块逐渐变黄褐色（彩图10-113），后成褐色至黑褐色坏死斑（彩图10-114、彩图10-115），圆形或近圆形，稍凹陷，边缘常有一黄绿色至黄褐色晕圈；受害较早的果实，后期枯死斑表面常有开裂（彩图10-116）；严重时灼伤斑面积达果面近1/2（彩图10-117）。最后病斑成黑褐色至黑色坏死，表面平或凹陷，边缘晕圈明显，潮湿时表面常有黑色霉状物腐生。日灼病主要为害果肉浅层，一般不深入果肉内部。不同品种果实的受害表现基本相同（彩图10-118～彩图10-120）。

彩图10-114　日烧灼伤斑开始变褐枯死

彩图10-111　果实受害初期，果面显出淡黄色晕斑

彩图10-115　日灼斑渐变褐色枯死

彩图10-112　晕斑渐变淡黄褐色

彩图10-116　日灼枯死斑有时表面开裂

彩图10-113　日烧灼伤斑变黄褐色

彩图10-117　严重时，日灼斑面积达果面近1/2

彩图 10-118 磨盘柿果实的初期灼伤斑

彩图 10-119 磨盘柿果实的中期灼伤斑

彩图 10-120 磨盘柿果实的后期灼伤斑

叶片受害，初期叶面上出现淡黄色至淡褐色斑块（彩图 10-121），边缘多不明显，形状多不规则（彩图 10-122）；随日灼伤加重，褐色斑块逐渐枯死（彩图 10-123），有时枯死斑表皮爆裂、甚至形成穿孔（彩图 10-124、彩图 10-125）；后期枯死斑呈黄褐色至灰白色，外有褐色边缘；严重时叶片大半部受害（彩图 10-126）。

彩图 10-121 叶片受害初期，局部变黄绿色

彩图 10-122 受害初期病斑多形状不规则

彩图 10-123 受灼伤部位逐渐变褐枯死

彩图 10-124 灼伤枯死斑有时表皮爆裂

彩图 10-125 灼伤枯死斑有时爆裂穿孔

彩图 10-126　严重时，叶片大部分受灼伤枯死

　　果蒂受害，初期在果蒂上产生边缘不明显的淡黄色褪绿斑块（彩图 10-127），后斑块颜色逐渐加深，形成黄褐色至褐色坏死（彩图 10-128）。

彩图 10-127　果蒂受害初期，产生淡黄色褪绿斑

彩图 10-128　果蒂受害，后期形成黄褐色枯死

　　【病因及发生特点】日灼病是一种生理性病害，由强烈阳光过度直射引起，在炎热夏季容易发生。气候干旱、土壤缺水常加重日灼病发生，修剪过度、枝条稀少、果实遮阴不足及管理粗放的果园日灼病发生较多，南方山坡地果园发生较重。

　　【防控技术】增施农家肥等有机肥，改良土壤结构，促进根系发育，提高树体吸收功能，增强果实、叶片等部位的耐热能力。夏季干旱时及时浇水，补充土壤水分，有效降低环境温度。合理修剪，避免修剪过度，使果实能够适当遮荫。结合病虫害防控适当喷施叶面肥，如0.2%～0.3%磷酸二氢钾＋0.3%尿素等，补充树体营养，提高果实等部位耐热性。

◆ 冻害

　　【症状诊断】冻害分为冬后晚霜冻害和冬前早霜冻害两种类型。冬后冻害是指气温回升柿树发芽后，气温又剧烈降低，进而对新生幼嫩组织造成的冻害。冬前冻害是指秋后至初冬由于气温急剧下降，柿树尚未进入休眠期而造成的冻害。

　　晚霜冻害　冻害轻重因降温程度及低温持续时间长短而异。常导致嫩梢枯死，花蕾、嫩花及幼果等幼嫩组织冻伤或枯死（彩图 10-129、彩图 10-130）。嫩梢枯死后一般树体不会死亡，温度回升后隐芽能继续萌发，进行营养生长，只是导致树势衰弱、当年产量降低或绝产。

彩图 10-129　幼果期冻害，形成环状凹陷纹

彩图 10-130　有时凹陷纹呈双环状

　　早霜冻害　成树及苗木均可受害。轻者叶片冻伤干枯、甚至早期脱落，重者枝条枯死、甚至造成死树（彩图 10-131、彩图 10-132）。

彩图 10-131 早霜冻害，叶片受害初期

彩图 10-132 早霜冻害，叶片受害状

【病因及发生特点】冻害是一种自然灾害，相当于生理性病害，由环境温度急剧过度降低造成。当环境温度急剧下降幅度超过树体承受能力时，即造成冻害发生。冻害发生与否及发生轻重受许多因素影响，如低洼处冻害重、高处冻害轻，靠近池塘或水沟处冻害轻、靠近村庄或高大树木处冻害轻，树势衰弱冻害重、树势健壮冻害轻等。此外，不同品种存在抗冻能力的差异，在相同环境条件下对冻害的表现或受害程度可能不同。

【防控技术】

1.加强栽培管理　新建果园时，注意选择适宜当地气候条件的品种，特别注意不能盲目从南方向北方引种。增施农家肥等有机肥，按比例科学施用速效化肥，培育壮树，提高树体抗冻能力。冬前树干涂白，降低低温为害。幼树果园，树干背阴侧地面培起月牙形土埂，阻挡寒流为害及适当提高树干周围地温。

2.适当熏烟　多适用于早春。在柿树发芽开花阶段，注意收听、收看天气预报，当有寒流到来时，在果园内堆放柴草熏烟，适当提高园内树体间温度，减轻寒流为害。在寒流到来前进行，从上风头开始点燃。

3.其他措施　根据天气预报，当预测将有寒流侵袭时，对柿树喷施0.003%丙酰芸苔素内酯水剂2500～3000倍液＋尿素300倍液＋糖300倍液，适当补充树体营养，并调节树体抗逆能力，能在一定程度上减轻寒流为害。

裂果症

【症状诊断】裂果症又称裂果病，俗称裂果，主要发生在果实近成熟期至采收期，果实变软变红后发生较多，其主要症状特点就是果实表面产生裂口。病果容易脱落，完全丧失经济价值。另外，开裂伤口处易受杂菌感染，常导致果实加速软烂、脱落（彩图10-133、彩图10-134）。

彩图 10-133 果实开裂状

彩图 10-134 裂果伤口易受杂菌感染

【病因及发生特点】裂果症相当于生理性病害，是果实生理成熟后不能及时采收所致。果实近成熟期多雨潮湿易导致裂果症发生，果实缺钙易促使果实开裂，土壤瘠薄、管理粗放的柿园果实容易受害。此外，遭受病虫为害的果实易发生裂果。

【防控技术】

1.加强栽培管理　增施农家肥等有机肥，适量配合使用速效钙肥。酸性土壤每株施用消石灰2～3千克，碱性或中性土壤每株施用硝酸钙或硫酸钙1千克左右。旱季注意浇水，雨季及时排水。适期采收，防止果实过度成熟。注意防控为害果实的病虫害。

2.适当树上喷钙　从落花后20天左右开始喷施钙肥，15天左右1次，连喷2～4次。效果较好的优质钙肥是以无机钙盐为主要成分的固体钙肥，这类钙肥含钙量相对较高、且易被吸收利用。如：佳实百800～1000倍液、速效钙400～600倍液、硝酸钙300～500倍液、高效钙或美林钙400～600倍液、腐植酸钙500～600倍液等。

机械擦伤

【症状诊断】机械擦伤主要在果实上表现较重，果实近成熟后发病较多。初期，在果实表面产生淡褐色至褐色不规则状变色斑（彩图10-135）；后变色斑颜色逐渐加深，呈褐色至黑褐色，边缘明显，形状多不规则（彩图10-136）；后期，病斑变黑褐色至黑色（彩图10-137）。该病斑只为害果实表皮或表层组织，不深入果肉内部，后期病斑表面常发生裂缝。

彩图 10-135　机械擦伤初期表现

彩图 10-136　机械擦伤中期病斑

彩图 10-137　机械擦伤后期较重病斑

【病因及发生特点】机械擦伤是一种机械伤害，相当于生理性病害。主要发生原因是枝叶与果实的较重摩擦，多风果园发生较重。枝叶稠密常加重果实的摩擦伤害。

【防控技术】合理修剪，科学设置留枝密度，尽量避免可能的枝叶摩擦。加强肥水管理，培育壮树，提高树体伤口愈合能力，有效减轻枝叶摩擦伤害。易遭受风害的果园，在多风季节适当喷施优质叶面肥系列产品，能在一定程度上减轻摩擦伤害。

果锈症

【症状诊断】果锈症俗称果锈，只为害果实，多在幼果期至膨大期的果实上发生。发病后的主要症状特点是在果实表面产生黄褐色至褐色的木栓化状愈伤组织，严重影响果实外观质量。初期，果面上产生黄褐色斑点，后逐渐形成黄褐色至褐色锈斑，稍隆起。锈斑形状没有规则，有点状、片状、条状、不规则状等。锈斑发生部位也不确定，可发生在果实表面的各个部位（彩图10-138、彩图10-139）。

彩图 10-138　轻度病果

彩图 10-139　中度病果

【病因及发生特点】果锈症相当于生理性病害，是果实表面遭受轻微伤害后的愈伤表现。各种机械伤（枝叶摩擦、喷药水流冲击、虫害、暴风雨等）、药害、低温伤害等均可导致形成果锈，且伤害发生越早、果锈越重。多雨潮湿、高温干旱常加重果锈的为害。

【防控技术】加强肥水管理，培强树势，提高树体抗逆能力。科学修剪，促使果园通风透光，创造良好的生态环境。及时防控各种害虫，避免害虫对果面造成伤害。幼果期喷药时选用优质安全性药剂，避免对果面造成刺激伤害。喷药时做到真正"喷雾"，杜绝形成"水流"，减轻药液对果面的机械冲击伤害。

药害

【症状诊断】药害主要表现在叶片与果实上，有时嫩枝上也可发生。症状表现非常复杂，因药剂类型、受害部位和时期不同而异，容易聚集药液的部位受害较重。叶片受害，有时导致叶片变色、皱缩、畸形等，有时形成褐色坏死斑，或干尖、叶缘焦枯等，严重时全叶变褐、枯死，甚至造成落叶（彩图10-140～彩图10-146）。果实受害，轻者造成果锈、或形成局部坏死斑块，重者形成凹陷坏死斑、或果实凹凸不平，甚至导致果实畸形、龟裂或脱落（彩图10-147）。果实受害越早，症状表现越重；反之则较轻。嫩枝受害，多形成褐色坏死斑，严重时嫩枝枯死。

彩图10-140　叶片褪绿黄化状药害

彩图10-141　叶缘褪绿变黄

彩图10-142　叶尖、叶缘褪绿黄化逐渐加重

【病因及发生特点】药害相当于生理性病害，发生原因主要是化学药剂使用不当。如药剂使用浓度过高、局部药液积累量过多、使用敏感性药剂、药剂混用不当、用药方法或技术欠妥、飘逸性药害等。另外，高温、高湿可以加重某些药剂的药害程度；不同柿树品种耐药性不同，发生药害的程度不同；不同生育期耐药性不同，药害发生程度及可能性不同，树势壮耐药性强，树势弱易出现药害。

彩图10-143　叶缘逐渐出现褐色坏死

彩图10-144　许多叶片受害

彩图10-145　整株叶片受害状

彩图10-146　叶片扭曲畸形

彩图10-147 果实上的药滴状药害斑

【防控技术】科学选择和使用优质安全农药，是避免发生药害的最根本措施。

严格按照使用浓度配制药液，喷雾应均匀周到。喷药时避开中午高温时段和有露水时段。幼果期避免使用强刺激性农药，如含铜制剂、不合格代森锰锌、含硫黄制剂、质量不好的乳油类制剂等。科学混配农药，不同药剂避免随意混用。尽量告知柿园周围农户，避免使用对柿树有伤害的飘逸性药剂。另外，合理修剪，使树体通风透光良好，降低园内湿度；加强栽培管理，培育壮树，提高树体耐药能力。如果发生轻度药害后，及时喷洒0.003%丙酰芸苔素内酯水剂2000～3000倍液＋0.3%尿素、或0.136%赤·吲乙·芸苔可湿性粉剂10000～15000倍液等，可在一定程度上减轻药害程度，促进树势恢复，但该措施对严重药害效果不明显。

第十一章
枣树病害

腐烂病

腐烂病又称枝枯病,在我国许多枣区均有发生,以河北、河南、安徽枣区发生较多。主要为害小枝,严重时造成枝条枯死,对树势及产量影响较大。

【症状诊断】腐烂病主要为害枝条、干桩等部位,病斑多从干桩处、枝杈处、伤口处开始发生,逐渐向周围蔓延(彩图11-1~彩图11-5)。初期在枝条上产生黄褐色稍突起病斑(彩图11-6),后逐渐变褐色至红褐色,枝条皮层腐烂,并逐渐干缩凹陷(彩图11-7、彩图11-8)。后期凹陷皮层表面散生出许多小黑点(彩图11-9~彩图11-11),潮湿时小黑点上可溢出淡橘黄色丝状物(彩图11-12)。当病斑环绕枝条后,导致枝条枯死(彩图11-13)。

彩图11-3 多年生枝条上的初期病斑

彩图11-1 二年生枝条上的初期病斑

彩图11-4 病斑从干桩处开始发生

彩图11-2 枝杈处开始发生的初期病斑

彩图11-5 病斑从伤口处开始发生

彩图 11-6　病斑黄褐色至褐色，稍隆起

彩图 11-7　多年生枝条上的中期病斑

彩图 11-8　病斑表面逐渐干缩、凹陷

彩图 11-9　后期病斑凹陷，表面逐渐散生出小黑点

彩图 11-10　枝条枯死，表面散生出许多小黑点

彩图 11-11　小枝上的腐烂病斑

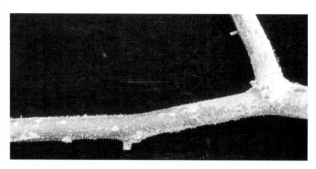

彩图 11-12　病枝保湿后，表面产生淡橘黄色孢子角

彩图 11-13　腐烂病导致上部枝干枯死

【病原】壳囊孢（*Cytospora* sp.），属于半知菌亚门腔

孢纲球壳孢目。病斑表面的小黑点即为病菌的子座与分生孢子器，橘黄色丝状物为分生孢子角。

【发病规律】病菌主要以分生孢子器和子座在枝干病斑内越冬。第二年多雨潮湿时溢出病菌孢子，通过风雨传播，从伤口侵染为害。该病菌是一种弱寄生菌，在枯枝、干桩、伤口周围及坏死组织上潜伏生存，树势衰弱时扩展形成病斑。枣园管理粗放、树势衰弱是诱发腐烂病的主要因素；另外，肥水不足，经常有枝干更新的枣园也发病较重。

【防控技术】

1.加强栽培管理　增施农家肥、绿肥等有机肥，按比例科学使用氮、磷、钾、钙肥及中微量元素肥料，培育壮树，提高树体抗病能力。结合修剪，彻底剪除有病枝条，集中烧毁，并尽量避免留存修剪枝橛。

2.发芽前喷药防控（清园）　腐烂病发生较重枣园，在修剪的基础上于枣树发芽前喷施1次铲除性药剂，杀灭树上越冬病菌，预防病斑形成。效果较好的药剂有：30%戊唑·多菌灵悬浮剂400～600倍液、41%甲硫·戊唑醇悬浮剂400～500倍液、77%硫酸铜钙可湿性粉剂300～400倍液、60%铜钙·多菌灵可湿性粉剂300～400倍液、45%代森铵水剂200～300倍液等。喷药时，若在药液中加入有机硅类或石蜡油类农药助剂，可显著提高病菌铲除效果。

木腐病

木腐病又称心腐病、心材腐朽病，主要为害衰弱树和成年老树，在全国各枣产区均有发生。

【症状诊断】木腐病主要为害枣树枝干，导致木质部腐朽。木质部受害多从边材开始发生，逐渐向心材扩展，受害木质部内充满灰白色菌丝，使木质部腐朽易碎。后期，在枝干表面或伤口处产生出一定形状的病菌结构（彩图11-14～彩图11-19）。受害枝干负载能力减弱，容易折断。

彩图 11-14　病树枝干表面产生膏药状病菌结构

彩图 11-15　病树伤口处产生蛋糕状病菌结构

彩图 11-16　病树伤口处产生馒头状病菌结构

彩图 11-17　病树裂皮缝隙处产生菌伞状病原物

彩图 11-18　病树伤口处产生灵芝状病菌结构

彩图 11-19　病树表面产生覆瓦状病菌结构

【病原】可由多种弱寄生性真菌引起，常见种类有：裂褶菌（*Schizophyllum commune* Fr.）、截孢层孔菌 [*Fomes truncatospora*（Lloyd）Teng]、木蹄层孔菌 [*Pyropolyporus fomentarius*（L.ex Fr.）Teng] 等，均属于担子菌亚门层菌纲非褶菌目。树体表面的病菌结构即为病菌的担子果，其上产生并释放出大量病菌孢子（担孢子）。

【发病规律】木腐病菌除为害枣树外还可侵害多种果树及林木。病菌主要以菌丝体及病菌结构（子实体）在病树枝干上越冬。第二年条件适宜时产生病菌结构及病菌孢子，通过气流及雨水传播，从伤口侵染为害。管理粗放、树势衰弱、枝干折断、病虫害严重的枣园木腐病常发生较重，多雨潮湿有利于病菌孢子的产生、传播及侵害。

【防控技术】

1.加强栽培管理　增施农家肥等有机肥，按比例科学使用氮、磷、钾、钙肥及中微量元素肥料，培育壮树，提高树体抗病能力，这是预防木腐病发生的最根本措施。及时清除枝干表面的各种病菌结构，并集中烧毁。

2.涂药保护修剪伤口　修剪去除较大枝干后及时涂药保护伤口，效果较好的伤口涂抹剂有：2.12%腐植酸铜水剂原液、30%戊唑·多菌灵悬浮剂50～100倍液、41%甲硫·戊唑醇悬浮剂50～100倍液、3%甲基硫菌灵膏剂、甲托油膏 [70%甲基硫菌灵可湿性粉剂：植物油=1：（20～25）] 等。

枝枯病

【症状诊断】枝枯病主要为害枝条及枝梢，造成枝条或枝梢枯死，对产量影响较大。该病多从6～7月份开始发生，初期枝条上先产生褐色小斑点，后逐渐扩展为褐色至深褐色、长圆形或纺锤形病斑，病组织稍凹陷。当病斑环绕枝条一周后，导致形成枝枯（彩图11-20、彩图11-21）。后期，病斑皮下逐渐散生出许多隆起的小粒点，遇雨或潮湿时小粒点上可溢出灰白色黏液或卷丝状物。

【病原】壳梭孢（*Fusicoccum* sp.），属于半知菌亚门腔孢纲球壳孢目。病斑表面的小粒点即为病菌的分生孢子器，灰白色黏液及卷丝状物为分生孢子。

彩图 11-21　枝枯病造成的枯死枝条

【发病规律】病菌主要以菌丝体及分生孢子器在枝条病斑内越冬。第二年高湿条件时溢出病菌孢子，通过风雨传播，从皮孔或伤口侵染为害。管理粗放、土壤贫瘠、树势衰弱是导致该病发生的主要条件，蚧壳虫类害虫为害严重时常加重该病的发生为害。大树、老龄树一般发病较重，小树、幼树发病较轻。

【防控技术】

1.加强枣园管理　增施农家肥等有机肥，科学使用速效化肥，培育壮树，提高树体抗病能力。及时剪除枯死枝及各种病虫枝，集中烧毁，消灭病菌越冬场所。雨季注意及时排涝，避免枣园积水，降低环境湿度。加强对为害枝条的蚧壳虫类害虫的防控，治虫防病。

2.发芽前喷药清园及预防　往年枝枯病严重果园，在萌芽前喷施1次铲除性药剂，杀灭树体上越冬的残余病菌。效果较好的药剂有：30%戊唑·多菌灵悬浮剂400～600倍液、41%甲硫·戊唑醇悬浮剂400～500倍液、60%铜钙·多菌灵可湿性粉剂300～400倍液、77%硫酸铜钙可湿性粉剂300～400倍液、45%代森铵水剂200～300倍液、45%石硫合剂晶体60～80倍液等。

枣疯病

枣疯病又称丛枝病，是枣树上的一种毁灭性病害，在我国各枣树产区均有发生，以山区枣树受害较重。病树俗称"公枣树"、"疯枣树"，病树三、四年后逐渐整株死亡。北京密云、河北玉田、广西灌阳等枣区就曾因枣疯病而造成了毁灭性的灾害（彩图11-22）。

彩图 11-22　枣疯病导致植株死亡，枣园毁灭

彩图 11-20　枝枯病侵害嫩梢，形成枯梢

【症状诊断】枣疯病是一种系统侵染性病害，主要在当年生器官上表现明显症状，发病后的主要症状特点是：芽不正常萌发，花器返祖，枝叶丛生，叶片小而黄化；丛枝上的叶片冬季不落，重病树枯死。

发病枝条的正芽、副芽同时萌发，而萌发形成的枝条上的正、副芽又多次同时萌发，导致枝条纤细、节间缩短，形成丛生状疯枝（彩图11-23、彩图11-24）。丛枝上的叶片黄绿甚至黄白（彩图11-25、彩图11-26），小而脆，秋季干枯（彩图11-27），冬季不脱落（彩图11-28）。

彩图11-26　丛生枝叶，叶片小而褪绿白化

彩图11-23　枣疯病的枝叶丛生症状

彩图11-27　枝条上丛生的枯死枝叶

彩图11-24　主干上长出的丛生枝叶

彩图11-25　丛生枝叶，叶片小而褪绿黄化

彩图11-28　枣疯病丛生枝叶冬季不脱落

花器绝大多数不能开花，返祖形成枝叶。雌蕊随花柄延长转化为小枝（彩图11-29），萼片、花瓣、雄蕊均变为小叶（彩图11-30）。后小枝上的芽不正常萌发，形成丛枝（彩图11-31、彩图11-32）。少数轻病树可以开花结果，但病树上的果实着色不均，呈花脸状，且果面凹凸不平，果肉疏松，没有食用价值。

彩图11-29　花期返祖，花柄伸长

彩图11-30　花期返祖，花变叶

彩图11-31　花期返祖，丛生枝叶

彩图11-32　花变叶枝，叶片小而黄化

病树萌生的根蘖苗也呈稠密的丛枝状，该萌蘖丛枝出土后不久即枯死，呈刷状（彩图11-33）。

彩图11-33
病树萌发根蘖呈丛刷状

【病原】植原体（Phytoplasma），旧称类菌原体（MLO），是一种细胞内专性寄生物。

【发病规律】枣疯病植原体在枣树根部越冬，第二年随树液流动侵染新生幼嫩组织，导致症状出现。田间蔓延主要通过病树根蘖苗和嫁接传播，自然界也可通过叶蝉类害虫传播。远距离传播主要是通过带病苗木的调运和使用。

人工嫁接时，枣疯病潜育期最短为25天，最长达1年以上。影响潜育期长短的因素主要是嫁接时间和嫁接部位。6月份以前嫁接的当年即可发病，潜育期较短；6月份以后嫁接的当年很少发病，第二年才能表现症状，潜育期较长。嫁接部位越低，潜育期越短，发病越快，根部嫁接最易发病。其主要原因是嫁接后病原物首先要运输到根部进行增殖，待在根部增殖后再运输到地上部，侵染幼嫩生长组织，而导致发病。

病树多从部分枝条上开始发病，逐渐蔓延至全株。由于芽的不正常萌发，消耗大量树体营养，最后导致枝条枯死、甚至全株死亡。大树从发病到死亡一般需要3～6年。

【防控技术】

1.培育和利用无病苗木　选用无病苗木及接穗是防止枣疯病的根本措施。不要在病树下挖取根蘖苗，也不要在病树上选取接穗，特别是不要在有病枣园的"无病树"上选取接穗及根蘖苗。调运苗木时，要进行产地调查与检验，禁止从有病枣园或枣区调运苗木。

2.加强枣园管理　增施肥水，改良土壤，培强树势，提高树体抗病能力，延缓病情发展及病树死亡。及时清除树下杂草及枣园周边的丛生灌木，减少传病虫媒的滋生场所；同时，结合其他害虫防控，注意喷药杀灭叶蝉类传病媒虫，防止病害自然蔓延。

3.及时处理病树　重病树及枯死树及时彻底刨除，特别是彻底清除病树下的根蘖苗，减少园内病源基数。轻病树在秋后至发芽前（早春树液流动前）进行手术治疗，民间有"砍百斧"治愈病树的先例（彩图11-34、彩图11-35）。后经技术改进，形成了系统的手术治疗方法。即：彻底去除病枝（疯小枝、去大枝），结合以主干环锯（从主干基部开始，每向上10厘米左右环锯1周，共环锯3～4圈，将树皮锯透）、主根环锯（主根基部环锯1圈）及断根等。另外，早春和秋季在树干木质部内埋施四环素类药剂，也有一定的治疗效果。

彩图11-34 "砍百斧"治疗枣疯病

彩图11-35 主干上"砍百斧"的伤口愈合状

锈病

锈病俗称"串叶"，是为害枣树叶片的一种严重病害，在我国各枣树产区均有发生。发病严重时，常引起大量叶片早期脱落，导致树势削弱，对枣果产量和品质均有很大影响。

【症状诊断】锈病主要为害叶片，造成叶片早期脱落，病树果实皱缩，果肉含糖量降低。

发病初期，在叶片背面散生淡绿色小点，逐渐突起形成黄褐色锈斑，即病菌的夏孢子堆（彩图11-36）。孢子堆近圆形，直径0.2～1毫米，多数散生在中脉两侧、叶尖及叶片基部，严重时布满整个叶背（彩图11-37）。后期孢子堆成熟，表皮破裂，散出黄褐色粉状夏孢子（彩图11-38）。与孢子堆对应的叶片正面，初期呈黄绿色小点（彩图11-39），病斑多时叶片呈花叶状，后期黄绿色小点变褐枯死（彩图11-40），叶片逐渐失去光泽。严重时，病叶变黄脱落（彩图11-41）。落叶多从树冠下部开始，逐渐向上蔓延，最后导致树叶全部落光（彩图11-42～彩图11-45），只留下未成熟的枣果挂在树上，后期枣果逐渐失水皱缩。病树树势衰弱，果实不能正常成熟，产量锐减，且品质低劣；落叶早时常出现二次发芽，又会影响翌年的开花坐果。

彩图11-36 发病初期，叶片背面散生出黄褐色孢子堆

彩图11-37 严重时，叶背布满黄褐色孢子堆

彩图11-38 孢子堆局部放大

彩图11-39 叶片正面逐渐出现黄绿色斑点

彩图11-40 发病后期，叶正面病斑逐渐变褐枯死

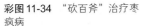

彩图11-41 受害严重病叶，易变黄、脱落

彩图11-42 果实着色前，许多叶片已经脱落

彩图11-43 果实转色期，病叶已经大量早期脱落

彩图11-44 受害严重病树，叶片已早期落光

彩图11-45 锈病造成的满地落叶

【病原】 枣层锈菌［*Phakopsora zizyphi-vulgaris*（P.Henn.）Diet.］，属于担子菌亚门冬孢菌纲锈菌目。

【发病规律】 病菌主要以夏孢子堆在落叶上越冬（彩图11-46）。翌年通过气流传播，形成初侵染来源，从叶片正面和背面直接侵入完成初侵染。初侵染发病后，产生大量病菌的夏孢子，再通过气流传播，进行再侵染为害。该病潜育期短，一般为7～15天，在田间有多次再侵染，流行性很强。

彩图11-46 落叶上有大量越冬病菌

晋冀鲁豫枣区，多从6月下旬至7月上旬开始侵染，7月上中旬的降雨量和雨露日数是影响锈病发生轻重的关键因素，降雨早并有连续阴雨时，病害发生早而重。7～8月份雨水多、雨露日多时，病害发生严重，8～9月份达病害发生盛期。严重受害枣园，8月下旬至9月上旬可致全树叶片落光。一般情况下，从发病到落叶需经30天左右，造成全树落叶则需经2个月左右。枣园郁闭、通风透光不良、环境湿度大等高湿条件有利于病害严重发生。

【防控技术】 锈病防控技术模式如图11-1所示。

1.加强栽培管理 栽植时不宜过密。对稠密枝条应适当修剪，促进枣园通风透光；及时清除园内杂草，降低环境湿度。避免与高秆作物如玉米、高粱等间作，以保证枣园通风良好。

2.处理越冬菌源 落叶后至发芽前，彻底清扫落叶，集中深埋或烧毁，消灭病菌越冬场所，减少病菌初侵染来源。

3.及时喷药防控 关键是首次喷药时间和有效药剂。一般枣区从病叶率达0.1%左右时开始喷药，10～15天1次，需连喷4～6次。具体喷药时间及次数需根据降雨情况

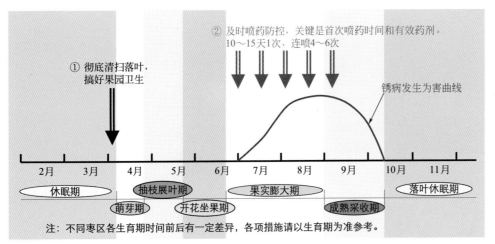

① 彻底清扫落叶，搞好果园卫生

② 及时喷药防控，关键是首次喷药时间和有效药剂。10～15天1次，连喷4～6次

锈病发生为害曲线

| 2月 | 3月 | 4月 | 5月 | 6月 | 7月 | 8月 | 9月 | 10月 | 11月 |

休眠期　　　抽枝展叶期　　　果实膨大期　　　落叶休眠期

萌芽期　　　开花坐果期　　　成熟采收期

注：不同枣区各生育期时间前后有一定差异，各项措施请以生育期为准参考。

图 11-1　锈病防控技术模式图

而定，雨多多喷，雨少少喷。北方枣区多从7月初开始第一次喷药。常用治疗性有效药剂有：430克/升戊唑醇悬浮剂3000～4000倍液、40%腈菌唑可湿性粉剂6000～8000倍液、12.5%烯唑醇可湿性粉剂2000～2500倍液、10%苯醚甲环唑水分散粒剂2000～2500倍液、70%甲基硫菌灵可湿性粉剂或500克/升悬浮剂800～1000倍液、15%三唑酮可湿性粉剂1000～1500倍液、30%戊唑·多菌灵悬浮剂800～1000倍液、41%甲硫·戊唑醇悬浮剂700～800倍液、60%铜钙·多菌灵可湿性粉剂500～700倍液等；常用预防性有效药剂有：250克/升吡唑醚菌酯乳油2000～2500倍液、80%代森锰锌（全络合态）可湿性粉剂700～800倍液、70%丙森锌可湿性粉剂600～700倍液、80%代森锌可湿性粉剂600～700倍液、77%硫酸铜钙可湿性粉剂600～800倍液及1：（2～3）：（200～240）倍波尔多液等。具体喷药时，建议第1次药剂选用治疗性杀菌剂，以后预防性杀菌剂与治疗性杀菌剂交替使用。

需要指出，铜制剂在高温干旱季节可能会有药害，应避开高温干旱季节使用。波尔多液只建议在前期使用，后期不建议喷施，否则将严重污染果面，降低果实品质。另外，喷药时必须及时均匀周到，以充分保证防控效果（彩图11-47～彩图11-51）。

彩图 11-47　波尔多液污染叶面，严重影响光合作用

彩图 11-49　硫酸铜钙（右）与波尔多液（左）防控锈病，叶片颜色比较

彩图 11-48　波尔多液污染叶面、果面，影响果实生长

彩图 11-50　喷施硫酸铜钙的枣园，果面洁净靓丽

彩图11-51 交替使用优质杀菌剂防控锈病，采收期叶片依然鲜绿、光亮

褐斑病

褐斑病又称黑腐病，是枣树上的一种常见病害，在我

国各枣产区均有发生，以北方枣区发生为害较重。流行年份许多枣区病果率常达50%以上，甚至导致绝收。

【症状诊断】褐斑病主要为害叶片和果实。叶片受害，多发生在开花前后及新梢叶片与黄化叶片上，以黄化叶片最易受害（彩图11-52、彩图11-53）。发病初期，叶片表面产生淡褐色圆形小斑点，外有黄绿色晕圈（彩图11-54、彩图11-55）；扩大后成褐色至黑褐色病斑，圆形或近圆形。严重时，一张叶片上散生许多病斑（彩图11-56），常造成病叶卷曲、焦枯（彩图11-57）。果实受害，多从白背期开始发病，初期果面上产生黄褐色不规则形变色斑，边缘较明显（彩图11-58）；后病斑逐渐扩大，形成圆形至椭圆形凹陷病斑，淡红褐色至红褐色（彩图11-59），有时病斑表面散生出小黑点（彩图11-60）；最后病果大部甚至全部变褐色至黑褐色，果面失去光泽。剖开病果，病部果肉初为淡红褐色坏死斑块，严重时全部果肉变为褐色至黑褐色腐烂（彩图11-61），病组织呈松软海绵状，味苦。受害病果出现症状2～3天后逐渐开始脱落，落地后潮湿条件下病斑表面散生出许多小黑点（彩图11-62）。

彩图11-52 黄化叶片上易发生褐斑病

彩图11-53 许多黄化叶片受害状

彩图11-54 叶片正面的初期病斑

彩图11-55 叶片背面的初期病斑

彩图11-56 叶片上散生有多个病斑

彩图11-57 严重时，褐斑病造成叶片卷曲、焦枯

彩图11-58 果实上的初期病斑

彩图11-59 中后期病斑，逐渐凹陷

彩图 11-60　病斑表面散生有小黑点

【病原】聚生小穴壳（Dothiorella gregaria Sacc.），属于半知菌亚门腔孢纲球壳孢目。病斑表面的小黑点即为病菌的分生孢子器。

【发病规律】病菌主要以菌丝体和分生孢子器在病僵果和枯死枝条上越冬。翌年高湿条件下越冬病菌产生并溢出分生孢子，通过风雨传播，从伤口、自然孔口或直接穿透表皮侵染为害。落花后半月左右病菌即可侵染幼果，但侵入幼果的病菌暂呈潜伏状态，待果实接近成熟时才逐渐扩展为害，导致发病。发病后果实上产生的病菌通过风雨传播进行再侵染，再侵染潜育期短，多为2～7天。

褐斑病在果实上的发生轻重与降雨多少关系密切，降雨次数多病害发生重，阴雨连绵时病害可能流行。另外，树势衰弱、主干环剥、枣园郁闭、通风透光不良、蝽象等害虫为害伤口较多等，均可加重该病的发生为害。

【防控技术】褐斑病防控技术模式如图11-2所示。

1.加强枣园管理　增施农家肥等有机肥，合理使用化肥，培强树势，提高树体抗病能力。落叶后至发芽前，彻底清除落地病果，集中深埋或销毁，消灭病菌越冬场所。根据枣园密度合理修剪，促使园内通风透光良好，降低园内湿度。根据树势及施肥状况，适当环剥开甲。及时防控为害果实的蝽象类等害虫，避免果实受伤。

2.发芽前喷施铲除性药剂　往年褐斑病发生较重的

枣园，在枣树发芽前喷施1次铲除性药剂，杀灭树上越冬病菌。效果较好的药剂有：30%戊唑·多菌灵悬浮剂400～600倍液、41%甲硫·戊唑醇悬浮剂400～500倍液、60%铜钙·多菌灵可湿性粉剂300～400倍液、77%硫酸铜钙可湿性粉剂300～400倍液、45%代森铵水剂200～300倍液等。

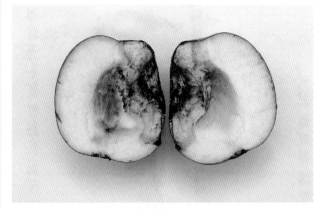
彩图 11-61　中后期病果剖面症状

彩图 11-62　病果落地后的后期症状

3.生长期喷药防控　一是开花前（花蕾期）喷药保护叶片，二是落花后喷药保护果实。保护叶片一般喷药1～2次即可；防控果实受害需从落花后半月左右开始喷药，10～15天1次，连喷4次左右。常用有效药剂有：70%甲基硫菌灵可湿性粉剂或500克/升悬浮剂800～1000倍液、430克/升戊唑醇悬浮剂3000～4000倍液、10%苯醚甲环唑水分散粒剂2000～2500倍液、50%多菌灵可湿性粉剂或500克/升悬浮剂600～800倍液、250克/升吡唑醚菌酯乳油2000～2500倍液、30%戊唑·多菌灵悬浮剂800～1000倍液、41%甲硫·戊唑醇悬浮剂700～800倍液、60%铜钙·多菌灵可湿性粉剂600～800倍液、80%代森锰锌（全络合态）可湿性粉剂800～1000倍液、50%克菌丹可湿性粉剂600～800倍液、65%代森锌可湿性粉剂500～700倍液、70%丙森锌可湿性粉剂600～800倍液、77%

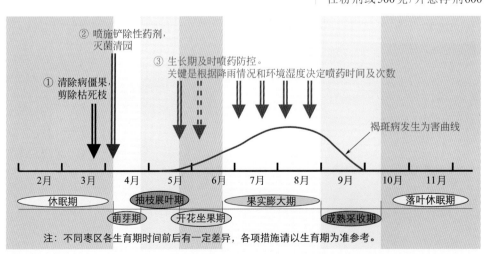

② 喷施铲除性药剂，灭菌清园

③ 生长期及时喷药防控。
关键是根据降雨情况和环境湿度决定喷药时间及次数

① 清除病僵果，剪除枯死枝

褐斑病发生为害曲线

| 2月 | 3月 | 4月 | 5月 | 6月 | 7月 | 8月 | 9月 | 10月 | 11月 |

休眠期　　　抽枝展叶期　　　果实膨大期　　　落叶休眠期

萌芽期　　开花坐果期　　成熟采收期

注：不同枣区各生育期时间前后有一定差异，各项措施请以生育期为准参考。

图 11-2　褐斑病防控技术模式图

硫酸铜钙可湿性粉剂600～800倍液及1：（2～3）：（200～240）倍波尔多液等（图11-2）。

灰斑病

【症状诊断】灰斑病主要为害叶片。初期病斑为圆形暗褐色斑点，逐渐扩展形成圆形或近圆形病斑，中部淡褐色至灰白色，外有褐色边缘（彩图11-63）。后期，病斑表面常散生出许多小黑点（彩图11-64）。

彩图 11-63　灰斑病典型病斑

彩图 11-64　病斑表面散生出小黑点

【病原】叶点霉（*Phyllosticta* sp.），属于半知菌亚门腔孢纲球壳孢目。病斑表面的小黑点即为病菌的分生孢子器。

【发病规律】病菌以分生孢子器在病落叶上越冬。翌年条件适宜时释放出分生孢子，通过风雨传播进行侵染为害。多雨潮湿年份及地势低洼枣园发病较重，管理粗放、树势衰弱有利于病害发生。

【防控技术】灰斑病防控技术模式如图11-3所示。

1.加强枣园管理　增施农家肥等有机肥，按比例科学使用速效化肥，培育壮树，提高树体抗病能力。雨季注意及时排水，避免园内积水。落叶后至发芽前彻底清扫落叶，集中烧毁或深埋，消灭病菌越冬场所。

2.生长期适当喷药防控　灰斑病属零星发生病害，一般枣园不需单独进行喷药。个别往年发病较重枣园，从病害发生初期开始喷药，10～15天1次，连喷1～2次，即可有效控制该病的发生为害。效果较好的有效药剂同"褐斑病"生长期喷药（图11-3）。

叶黑斑病

【症状诊断】叶黑斑病主要为害叶片，以毛叶枣受害较重。发病初期，叶背面产生零星淡褐色至褐色小点（彩图11-65），后逐渐扩大成圆形或不规则形褐色至黑褐色病斑（彩图11-66）；严重时，病斑相互连片，在叶背面呈现煤烟状较大黑斑，相对应叶片正面多为黄褐色斑点。后期，病叶卷曲或扭曲，容易脱落。

彩图 11-65　叶黑斑病前期病斑

彩图 11-66　叶黑斑病后期病斑

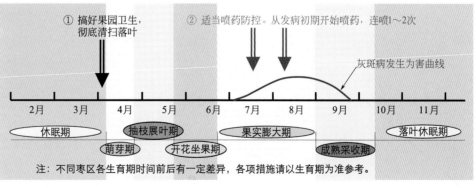

① 搞好果园卫生，彻底清扫落叶

② 适当喷药防控。从发病初期开始喷药，连喷1～2次

灰斑病发生为害曲线

| 2月 | 3月 | 4月 | 5月 | 6月 | 7月 | 8月 | 9月 | 10月 | 11月 |

休眠期　　抽枝展叶期　　果实膨大期　　落叶休眠期
萌芽期　开花坐果期　　　成熟采收期

注：不同枣区各生育期时间前后有一定差异，各项措施请以生育期为准参考。

图 11-3　灰斑病防控技术模式图

【病原】枣假尾孢（*Isariopsis imdica* var.*ziziphi*），属于半知菌亚门丝孢纲丝孢目。

【发病规律】病菌主要以菌丝体和分生孢子在落叶上越冬（夏）。条件适宜时产生分生孢子，通过风雨传播进行侵染为害。多雨潮湿是导致病害发生的主要环境条件，树势衰弱、管理粗放常加重病害发生。

【防控技术】

1.加强栽培管理 增施农家肥等有机肥，按比例使用速效化肥，培育壮树，提高树体抗病能力。合理修剪，促使枣园通风透光良好，降低小气候湿度。落叶后至发芽前，彻底清除落叶，集中深埋或烧毁，消灭病菌越冬（夏）场所。

2.适当喷药防控 该病属零星发生病害，一般枣园不需单独药剂防控。个别往年病害较重枣园，从病害发生初期开始喷药，15天左右1次，连喷2次左右即可有效控制其发生为害。效果较好的药剂有：430克/升戊唑醇悬浮剂3000～4000倍液、10%苯醚甲环唑水分散粒剂2000～2500倍液、70%甲基硫菌灵可湿性粉剂或500克/升悬浮剂800～1000倍液、50%异菌脲可湿性粉剂1000～1500倍液、1.5%多抗霉素可湿性粉剂300～400倍液、30%戊唑·多菌灵悬浮剂800～1000倍液、41%甲硫·戊唑醇悬浮剂700～800倍液、80%代森锰锌（全络合态）可湿性粉剂800～1000倍液等。

叶枯病

【症状诊断】叶枯病主要为害叶片，多从叶缘或尖部开始发生（彩图11-67）。发病初期，病斑呈淡褐色水渍状，后很快扩展为灰褐色至褐色枯死病斑（彩图11-68、彩图11-69），呈圆形或不规则形；严重时，病叶卷曲畸形、或大部分呈焦枯状（彩图11-70），甚至许多叶片受害（彩图11-71）。后期，病斑表面产生黑色霉状物（彩图11-72、彩图11-73）。

【病原】交链孢霉（*Alternaria* sp.），属于半知菌亚门丝孢纲丝孢目。病斑表面的霉状物即为病菌的分生孢子梗和分生孢子。

【发病规律】病菌主要以菌丝体在落叶上越冬。翌年条件适宜时产生病菌孢子，通过气流及风雨传播进行侵染为害。树势衰弱、肥水不良是诱发该病的主要条件，多雨潮湿季节或环境有利于病害的发生蔓延，结果量过大常加重病害发生。果实膨大期至成熟期病害发生较多。

彩图11-68 早期病斑呈褐色水渍状（叶面）

彩图11-69 叶背面的早期褐色水渍状病斑

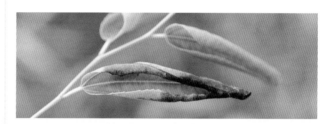

彩图11-70 病斑易导致叶片卷曲

彩图11-71 严重时，枣吊上的许多叶片受害

彩图11-67 从叶尖开始发生的初期病斑

彩图11-72 后期病斑表面产生黑色霉状物（叶面）

彩图 11-73　后期病斑表面产生黑色霉状物（叶背）

【防控技术】

1.加强枣园管理　增施农家肥等有机肥，按比例科学使用速效化肥，合理控制结果量，培育壮树，提高树体抗病能力。落叶后至发芽前彻底清扫落叶，集中烧毁，消灭病菌越冬场所。

2.生长期适当喷药防控　叶枯病属零星发生病害，一般枣园不需单独药剂防控。个别往年病害较重枣园，从病害发生初期开始适当喷药，15天左右1次，连喷2次左右即可有效控制该病的发生为害。效果较好的药剂有：10%多抗霉素可湿性粉剂1000～1500倍液、430克/升戊唑醇悬浮剂3000～4000倍液、10%苯醚甲环唑水分散粒剂2000～2500倍液、70%甲基硫菌灵可湿性粉剂或500克/升悬浮剂800～1000倍液、30%戊唑·多菌灵悬浮剂800～1000倍液、41%甲硫·戊唑醇悬浮剂700～800倍液、250克/升吡唑醚菌酯乳油2000～2500倍液、80%代森锰锌（全络合态）可湿性粉剂800～1000倍液、70%丙森锌可湿性粉剂600～800倍液等。

焦叶病

【症状诊断】焦叶病主要为害叶片，多从叶尖、叶缘开始发生。发病初期，在叶片上产生灰褐色至褐色斑点，外有淡黄色晕圈（彩图11-74）；随病情发展，逐渐形成褐色至黑褐色焦枯状坏死斑，多呈不规则形；后期，病斑表面散生出许多小黑点（彩图11-75）。严重时，枣吊上许多叶片均可受害，甚至导致早期落叶。

【病原】炭疽菌（Colletotrichum sp.），属于半知菌亚门腔孢纲黑盘孢目。病斑表面的小黑点即为病菌的分生孢子盘。

【发病规律】病菌主要以菌丝体及分生孢子盘在病叶上越冬。翌年条件适宜时产生分生孢子，通过风雨传播进行侵染为害。北方枣区多从6月中下旬开始发病，7～8月份为发病盛期。多雨潮湿有利于病害发生，树势衰弱、树冠内枯死枝多时病害发生较重，管理粗放枣园发病率较高。

【防控技术】

1.加强栽培管理　增施农家肥等有机肥，按比例科学使用速效化肥，培育壮树，提高树体抗病能力。合理修剪，彻底剪除各种枯死枝。发芽前彻底清扫落叶，集中深埋或烧毁，消灭病菌越冬场所。

2.适当喷药防控　焦叶病属于零星发生病害，一般枣园不需单独进行喷药。个别往年病害发生较重枣园，从病

害发生初期开始喷药（多为6月下旬），半月左右1次，连喷2～3次。效果较好的药剂有：430克/升戊唑醇悬浮剂3000～4000倍液、70%甲基硫菌灵可湿性粉剂或500克/升悬浮剂800～1000倍液、10%苯醚甲环唑水分散粒剂2000～2500倍液、50%多菌灵可湿性粉剂600～800倍液、25%溴菌腈可湿性粉剂600～800倍液、41%甲硫·戊唑醇悬浮剂700～800倍液、30%戊唑·多菌灵悬浮剂800～1000倍液、60%铜钙·多菌灵可湿性粉剂600～800倍液、80%代森锰锌（全络合态）可湿性粉剂800～1000倍液、77%硫酸铜钙可湿性粉剂600～800倍液、70%代森联水分散粒剂600～800倍液等。

彩图 11-74　焦叶病初期病斑

彩图 11-75　焦叶病后期病斑

斑点病

【症状诊断】斑点病主要为害叶片，有时也可为害果实。叶片受害，初期在叶面产生褐色小点，后逐渐扩展成圆形或近圆形褐色至深褐色病斑，外围有不明显晕圈（彩图11-76、彩图11-77）；后期，病斑表面散生出许多小黑点。严重时，病叶变黄、脱落。果实受害，在果面上产生褐色至黑褐色病斑，圆形或近圆形，病斑较浅。

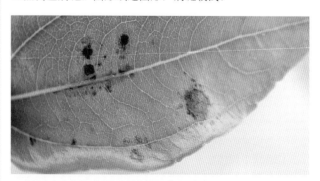

彩图 11-76　斑点病叶正面病斑

彩图 11-77　斑点病叶背面病斑

彩图 11-78　叶片上的早期病斑

【病原】枣叶斑点盾壳霉（*Coniothyrium fuckelii* Sacc.），属于半知菌亚门腔孢纲球壳孢目。病斑表面的小黑点为病菌的分生孢子器。

【发病规律】病菌主要以菌丝体及分生孢子器在病叶、病果等病残体上越冬。翌年条件适宜时，产生并释放出分生孢子，通过风雨传播，从自然孔口侵染为害。该病在田间有再侵染。多雨潮湿、管理粗放、果园郁闭、树势衰弱等，均可加重病害发生。

【防控技术】

1.加强栽培管理　增施农家肥、绿肥等有机肥，按比例科学使用氮、磷、钾、钙肥及中微量元素肥料，培育壮树，提高树体抗病能力。根据栽植密度合理修剪，促使枣园通风透光良好，降低环境湿度，创造不利于病害发生的生态条件。落叶后至发芽前，彻底清除落叶及病僵果，集中深埋或烧毁，消灭病菌越冬场所。

彩图 11-79　叶片上的中后期病斑

2.生长期适当喷药防控　斑点病属零星发生病害，一般枣园不需单独药剂防控，个别往年病害发生较重枣园，从病害发生初期开始喷药，10～15天1次，连喷2次左右即可有效控制该病的发生为害。效果较好的有效药剂有：10%苯醚甲环唑水分散粒剂2000～2500倍液、430克/升戊唑醇悬浮剂3000～4000倍液、70%甲基硫菌灵可湿性粉剂或500克/升悬浮剂800～1000倍液、250克/升吡唑醚菌酯乳油2000～2500倍液、41%甲硫·戊唑醇悬浮剂700～800倍液、30%戊唑·多菌灵悬浮剂800～1000倍液、60%铜钙·多菌灵可湿性粉剂600～800倍液、80%代森锰锌（全络合态）可湿性粉剂800～1000倍液、77%硫酸铜钙可湿性粉剂600～800倍液等。

白腐病

【症状诊断】白腐病主要为害叶片。初期在叶片上产生深褐色斑点，圆形或近圆形，有时大小不等（彩图11-78）；扩展后成褐色大型病斑，边缘为暗褐色（彩图11-79）；后期，病斑表面逐渐散生出小黑点（彩图11-80）。

【病原】橄榄色盾壳霉（*Coniothyrium aleuritis* Teng.），属于半知菌亚门腔孢纲球壳孢目。病斑表面的小黑点为病菌的分生孢子器。

彩图 11-80　后期，病斑表面散生出许多小黑点（毛叶枣）

【发病规律】病菌主要以菌丝体和分生孢子器随病残体在土壤表面或表层越冬。翌年条件适宜时产生并释放出分生孢子，通过雨水飞溅传播侵染为害。该病在田间有再侵染。高温高湿是导致病害发生的主要因素。管理粗放枣园发病较多，枣园内间作高秆作物、通风透光不良时病害发生较重。

【防控技术】

1.加强枣园栽培管理　落叶后至发芽前，彻底清扫落叶、落果，集中深埋或烧毁，消灭病菌越冬场所。枣园内避免间作高秆作物，促使园内通风透光良好，创造不利于病害发生的生态条件。

2.生长期适当喷药防控 白腐病属零星发生病害，一般枣园不需单独喷药防控。个别往年病害发生较重枣园，从病害发生初期开始喷药，15天左右1次，连喷2次左右即可有效控制该病的发生为害。效果较好的药剂同"斑点病"生长期喷药。

细菌性溃疡病

细菌性溃疡病又称溃疡病，是近些年发生的一种新病害，主要为害冬枣，在山东与河北的冬枣产区发生为害较重。防控不当时，常造成大量落蕾、落花及落叶，严重影响枣果的产量及品质。

【症状诊断】细菌性溃疡病主要为害枣吊，叶片、幼果及枣头也可受害。枣吊受害，3～6叶位最易发生。初期枣吊上产生灰白色至淡褐色疱状突起，约1毫米左右（彩图11-81）；后突起破裂形成梭形溃疡状病斑，灰白色至浅褐色，一般长3～10毫米，开裂处有时流胶（彩图11-82～彩图11-84）。叶片受害，病斑呈圆形、椭圆形或不规则形，中部灰褐色，边缘褐色，直径多为2～4毫米，叶面上常散生许多病斑（彩图11-85～彩图11-88）。幼果受害，初形成白色至淡褐色疱状突起（彩图11-89），后开裂流胶，病斑浅褐色至褐色，呈坑状凹陷（彩图11-90、彩图11-91）。枣头受害，与枣吊上症状相似。

彩图11-83 病斑开裂呈溃疡状

彩图11-84 枣吊上的后期梭形开裂病斑

彩图11-81 枣吊上的初期病斑，呈淡褐色小疱状

彩图11-85 叶片上的早期病斑

彩图11-82 疱状病斑由淡褐色渐变灰白色

彩图11-86 叶片受害早期的叶背症状

彩图 11-87 叶片上的后期病斑

彩图 11-89 膨大期果实上的初期病斑

彩图 11-88 严重时叶片上布满许多病斑

彩图 11-90 膨大期果实上的中期病斑

彩图 11-91 膨大期果实上的后期病斑

【病原】油菜黄单胞杆菌［*Xanthomonas campestris*（Pamme）Dowson］，属于革兰氏阴性细菌。

【发病规律】病原细菌主要在枣头上越冬。翌年条件适宜时溢出大量细菌，通过风雨传播，从伤口进行侵染为害。绿盲蝽等刺吸式口器害虫的为害伤口对病害发生影响最大。多雨潮湿常加重该病的发生为害，大风降雨后病情迅速加重。

该病为害枣吊及叶片，主要发生在新梢速长期至盛花期，6月中旬后枣吊上不再有新病斑出现，但以后果实和叶片受害发生较多。

【防控技术】细菌性溃疡病防控技术模式如图11-4所示。

1.消灭越冬菌源 落叶后至发芽前，彻底清扫落叶，集中深埋或烧毁，消灭病菌越冬场所。往年病害较重枣园，在枣树发芽前喷施1次77%硫酸铜钙可湿性粉剂300～400倍液、或45%代森铵水剂200～300倍液，杀灭树上越冬病菌。

2.及时治虫防病 及时防控绿盲蝽等刺吸式口器害虫，减少虫害伤口。

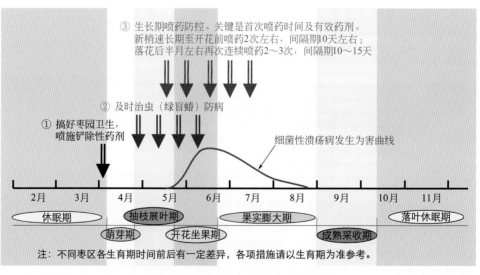

③ 生长期喷药防控。关键是首次喷药时间及有效药剂。新梢速长期至开花前喷药2次左右，间隔期10天左右；落花后半月左右再次连续喷药2～3次，间隔期10～15天

② 及时治虫（绿盲蝽）防病

① 搞好枣园卫生，喷施铲除性药剂

细菌性溃疡病发生为害曲线

2月 3月 4月 5月 6月 7月 8月 9月 10月 11月

休眠期　抽枝展叶期　果实膨大期　落叶休眠期

萌芽期　开花坐果期　成熟采收期

注：不同枣区各生育期时间前后有一定差异，各项措施请以生育期为准参考。

图 11-4 细菌性溃疡病防控技术模式图

3.生长期喷药防控 从新梢速长期开始喷药，10天左右1次，开花前连喷2次左右；然后从落花后半月左右再开始喷药，10～15天1次，连喷2～3次，保护果实。效果较好的药剂有：77%硫酸铜钙可湿性粉剂800～1000倍液、20%噻唑锌悬浮剂500～700倍液、20%噻菌铜悬浮剂500～600倍液、50%喹啉铜可湿性粉剂600～800倍液、3%中生菌素可湿性粉剂500～600倍液、2%春雷霉素可湿性粉剂500～600倍液、80%代森锌可湿性粉剂500～700倍液等。需要指出，冬枣对铜制剂较敏感，高温干旱季节冬枣上应慎重使用。

霉污病

【症状诊断】霉污病又称煤污病，主要为害叶片和果实，也可为害枝条。发病后的主要症状特点是在受害部位表面产生一层黑褐色煤烟状霉层，该霉层有时可以剥落或被雨水冲刷掉。叶片受害，影响光合作用，甚至早期脱落（彩图11-92、彩图11-93）；果实受害，影响外观品质，降低果品质量（彩图11-94、彩图11-95）。连年受害病树，新梢萌发少，花量小，坐果少，落果多，果实瘦小，产量低，甚至绝产。

彩图11-92　叶片表面附生有煤烟状霉层

彩图11-93　霉污病导致叶片扭曲、变形、脱落

彩图11-94　小枣果实的受害状

彩图11-95　枣吊和果实梗洼处的受害状

【病原】主要为煤炱菌（*Capnodium* sp.），属于子囊菌亚门腔菌纲座囊菌目。病斑表面的霉状物主要是病菌无性阶段的分生孢子梗和分生孢子。

【发病规律】病菌是一类表面附生菌，主要以菌丝及子实体在枝条表面附生越冬。翌年条件适宜时产生病菌孢子，通过风雨或气流传播，以组织表面的有机物为养分进行附生。蚧壳虫类及蚜虫类排泄的黏液和枣的分泌物是诱发该病的基本条件（该黏液及分泌物是病菌生存的附生基质），阴雨潮湿、果园郁闭、通风透光不良常加重该病的发生为害。

【防控技术】

1.加强枣园管理 根据栽培密度合理进行修剪，并避免在枣园内间作高秆作物，促使枣园通风透光，降低环境湿度。注意防控蚧壳虫类及蚜虫类害虫，治虫防病。

2.生长期适当喷药防控 一般枣园在阴雨季节喷药2次左右，即可有效控制该病的发生为害。效果较好的药剂有：50%克菌丹可湿性粉剂600～800倍液、10%苯醚甲环唑水分散粒剂1500～2000倍液、430克/升戊唑醇悬浮剂3000～4000倍液、1.5%多抗霉素可湿性粉剂300～400倍液、70%甲基硫菌灵可湿性粉剂或500克/升悬浮剂800～1000倍液、41%甲硫·戊唑醇悬浮剂700～800倍液、30%戊唑·多菌灵悬浮剂800～1000倍液、80%代森锰锌（全络合态）可湿性粉剂800～1000倍液等。

白粉病

【症状诊断】白粉病主要为害毛叶枣（又名青枣、印度枣）的幼果和叶片，严重时嫩梢也可受害。发病后的主要症状特点是在受害组织表面产生白粉状物。幼果受害，以膨大期果实最为严重，初期在病果表面产生白色粉斑（彩图11-96），后白粉状物逐渐布满病果大部甚至整个表面（彩图11-97）；后期，受害处果面变褐色至黄褐色（彩图11-98），病果粗糙、皱缩，甚至脱落。叶片受害，初期在叶背面产生白色粉斑，后白粉状物逐渐布满整个叶背，叶正面则出现褪绿至黄褐色不规则病斑，边缘不明显；后期病叶容易脱落。嫩梢受害，白粉状物布满整个枝条，嫩叶呈黄褐色皱缩，而后逐渐枯死脱落。

彩图 11-96　白粉病发病初期

彩图 11-97　严重时，病果表面布满白粉状物

彩图 11-98　后期，白粉处果面变淡褐色至黄褐色

【病原】粉孢菌（*Oidium* sp.），属于半知菌亚门丝孢纲丝孢目。病斑表面的白粉状物即为病菌的分生孢子梗和分生孢子。

【发病规律】病菌主要以菌丝体在病梢内、病叶及病僵果上越冬（夏）。条件适宜时产生分生孢子，通过气流及风雨传播进行侵染为害。该病潜育期短，在田间有多次再侵染。多雨潮湿、果园郁蔽、通风透光不良有利于病害发生。

【防控技术】

1. 加强栽培管理　落叶后至发芽前，彻底清除园内的枯枝、落叶、病僵果等，集中深埋，消灭越冬（夏）菌源。合理整形修剪，促使果园通风透光，雨季注意及时排水，创造不利于病害发生的生态环境。

2. 发芽前喷药　发芽前，全园喷施1次1～2波美度石硫合剂、或45%石硫合剂晶体80～100倍液、或50%硫黄

悬浮剂400～500倍液，铲除越冬（夏）残余病菌。

3. 生长期喷药防控　从病害发生初期或枣园内初见病斑时开始喷药，10天左右1次，连喷3次左右。常用有效药剂有：40%腈菌唑可湿性粉剂7000～8000倍液、10%苯醚甲环唑水分散粒剂2000～2500倍液、430克/升戊唑醇悬浮剂3000～4000倍液、12.5%烯唑醇可湿性粉剂2000～2500倍液、15%三唑酮乳油1500～2000倍液、250克/升吡唑醚菌酯乳油2000～2500倍液、25%乙嘧酚悬浮剂1000～1200倍液、70%甲基硫菌灵可湿性粉剂或500克/升悬浮剂800～1000倍等。

疮痂病

【症状诊断】疮痂病主要为害果实，有时也可为害叶片和新梢。果实受害，多从膨大后期开始发病，初期在果面上产生暗褐色圆形小点，后形成褐色至黑褐色凹陷病斑（彩图11-99、彩图11-100），直径多为2～3毫米；常许多病斑散生，使枣果表面皱缩、凹陷，商品质量降低（彩图11-101、彩图11-102）；发病严重时，病斑常聚合成片。病菌在果实上仅为害浅层组织，发病较早时病部组织枯死后表面常发生龟裂。叶片受害，首先在叶背产生不规则形片状失绿斑点，后逐渐发展为黑锈色病斑，叶片向叶面卷缩，严重时导致叶片脱落。新梢受害，初期病斑为椭圆形隆起状，淡褐色至暗褐色；后形成褐色至黑褐色凹陷病斑，边缘隆起，病健交界明显（彩图11-103）。

彩图 11-99　果实着色后，疮痂病发生初期

彩图 11-100　梨枣上疮痂病前期病斑

彩图 11-101 疮痂病病斑逐渐凹陷

彩图 11-102 梨枣上疮痂病后期病斑

彩图 11-103 疮痂病在嫩梢上的初期病斑

【病原】 果生芽枝霉（*Cladosporium carpophilum* Thum.），属于半知菌亚门丝孢纲丝孢目。

【发病规律】 病菌主要以菌丝体在病残体及枝条病斑上越冬。翌年条件适宜时产生分生孢子，通过风雨传播进行侵染为害。果实受害从幼果期即被侵染，但到白熟期后才逐渐表现症状。果实膨大期多雨潮湿病害发生较重，果实向阳面受害较多，蝽象类害虫为害重的枣园常导致病害较重发生。

【防控技术】 疮痂病防控技术模式如图11-5所示。

1. 加强枣园管理 落叶后至发芽前，彻底清除枯枝、落叶等病残体，集中深埋或销毁，消灭病菌越冬场所。根据栽植密度科学修剪，促使果园通风透光及枝组分布合理，创造不利于病害发生的生态环境。加强蝽象类害虫的防控，防止果实遭受虫伤。

2. 药剂铲除越冬病菌 春季发芽前，全园喷施1次铲除性药剂，杀灭在枝条上的越冬病菌。效果较好的药剂有：30%戊唑·多菌灵悬浮剂400～600倍液、41%甲硫·戊唑醇悬浮剂400～500倍液、60%铜钙·多菌灵可湿性粉剂300～400倍液、77%硫酸铜钙可湿性粉剂300～400倍液、45%代森铵水剂200～300倍液等。

3. 生长期喷药防控 疮痂病在许多枣园多为零星发生，一般不需单独进行喷药。个别往年发病较重果园，从第一次生理落果后开始喷药，10～15天1次，连喷4次左右。常用有效药剂有：430克/升戊唑醇悬浮剂3000～4000倍液、70%甲基硫菌灵可湿性粉剂或500克/升悬浮剂800～1000倍液、10%苯醚甲环唑水分散粒剂1500～2000倍液、250克/升吡唑醚菌酯乳油2000～2500倍液、30%戊唑·多菌灵悬浮剂800～1000倍液、41%甲硫·戊唑醇悬浮剂700～800倍液、60%铜钙·多菌灵可湿性粉剂500～700倍液、80%代森锰锌（全络合态）可湿性粉剂800～1000倍液、77%硫酸铜钙可湿性粉剂600～800倍液等（图11-5）。

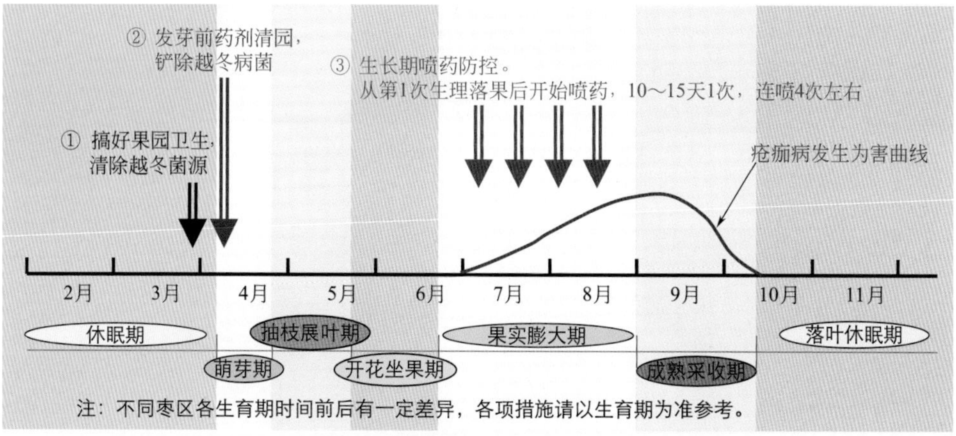

轮纹病

② 发芽前药剂清园，铲除越冬病菌

③ 生长期喷药防控。从第1次生理落果后开始喷药，10～15天1次，连喷4次左右

① 搞好果园卫生，清除越冬菌源

疮痂病发生为害曲线

| 2月 | 3月 | 4月 | 5月 | 6月 | 7月 | 8月 | 9月 | 10月 | 11月 |

休眠期　抽枝展叶期　果实膨大期　落叶休眠期

萌芽期　开花坐果期　成熟采收期

注：不同枣区各生育期时间前后有一定差异，各项措施请以生育期为准参考。

图11-5 疮痂病防控技术模式图

轮纹病又称黑腐病、浆果病，俗称"浆烂病"，病果俗称"浆烂枣"，在我国各枣产区均有发生，以河北、山东、河南、山西、陕西枣区发生为害较重。严重年份，树上病果率常达50%以上（彩图11-104），采后晾晒时烂果达80%以上，使产量与收益造成严重损失。

【症状诊断】 轮纹病主要为害果实，造成果实腐烂。果实进入白背期（红圈期）后逐渐表现症状。发病初期，病斑以皮孔为中心，先出现水渍状褐色小斑点（彩图11-105、彩图11-106），而后迅速扩展为近圆形病斑，红褐色至深褐色，有时稍凹陷（彩图11-107～彩图11-109）。典型病斑表面常有颜色深浅相间的同心轮纹（彩图11-110～彩图11-112）。剖开病果，腐烂果肉呈淡褐色，略有酒糟味（彩图11-113、彩图11-114）。严重时全果浆烂。

彩图11-104　许多果实受害状（小枣）

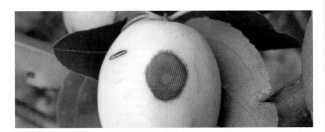

彩图11-105　轮纹病在小枣上的初期病斑

彩图11-106　轮纹病在冬枣上的初期病斑

彩图11-107　有时病斑颜色较深，呈深褐色

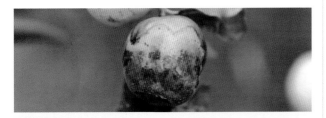

彩图11-108　有时病斑颜色较淡，呈淡褐色

彩图11-109　后期病斑表面常发生凹陷

彩图11-110　小枣上的轮纹病典型病斑

彩图11-111　冬枣上的轮纹病典型病斑

彩图11-112　有时病斑表面没有明显轮纹

彩图11-113　轮纹病初期病斑的剖面症状

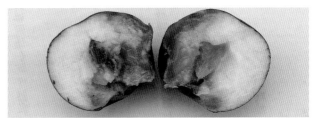

彩图11-114　轮纹病后期病斑的剖面症状

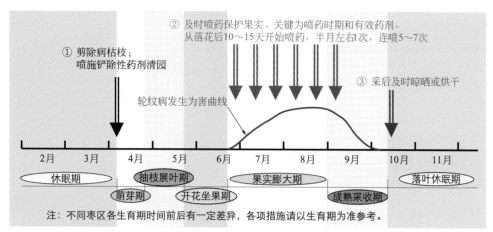

② 及时喷药保护果实。关键为喷药时期和有效药剂。从落花后10～15天开始喷药，半月左右1次，连喷5～7次

① 剪除病枯枝；喷施铲除性药剂清园

③ 采后及时晾晒或烘干

轮纹病发生为害曲线

| 2月 | 3月 | 4月 | 5月 | 6月 | 7月 | 8月 | 9月 | 10月 | 11月 |

休眠期　抽枝展叶期　果实膨大期　落叶休眠期

萌芽期　开花坐果期　成熟采收期

注：不同枣区各生育期时间前后有一定差异，各项措施请以生育期为准参考。

图11-6　轮纹病防控技术模式图

【病原】轮纹大茎点菌（*Macrophoma kuwatsukai* Hara），属于半知菌亚门腔孢纲球壳孢目。

【发病规律】病菌主要以菌丝体和分生孢子器在树体病斑及枯死枝上越冬。翌年多雨潮湿时病斑上产生分生孢子，通过雨水流淌及飞溅传播，从皮孔或伤口侵染枣果。幼果从落花后半月左右即可受病菌侵染，直到成熟采收期；但果实白背期（红圈期）后才逐渐发病，且越接近成熟发病越重。多雨潮湿年份或环境下病害发生严重；结果量过大、果实固形物含量低，常加重病害发生；采收后晾干时遇持续潮湿环境，该病常造成严重损失。

彩图11-115　波尔多液严重污染果面

彩图11-116　优质杀菌剂交替使用，在小枣上的防病效果

【防控技术】轮纹病防控技术模式如图11-6所示。

1.搞好枣园卫生，消灭越冬病菌　结合修剪，彻底剪除病枝、枯枝，减少越冬菌源。发芽前全园喷施1次铲除性药剂，杀灭枝干上的越冬病菌。效果较好的药剂

如：30%戊唑·多菌灵悬浮剂400～600倍液、41%甲硫·戊唑醇悬浮剂400～500倍液、60%铜钙·多菌灵可湿性粉剂300～400倍液、77%硫酸铜钙可湿性粉剂300～400倍液、45%代森铵水剂200～300倍液等。

2.生长期及时喷药防控　关键是掌握好喷药时期和选用有效药剂。一般枣园从落花后10～15天开始喷药，半月左右1次，需连喷5～7次。具体喷药时间及次数根据降雨情况而定，雨多多喷，雨少少喷，并尽量在雨前喷药。另外，采收前7天左右最好喷施1次内吸治疗性药剂，以防止采后晾晒过程中枣果腐烂。效果较好的药剂如：10%苯醚甲环唑水分散粒剂2000～2500倍液、430克/升戊唑醇悬浮剂3000～4000倍液、70%甲基硫菌灵可湿性粉剂或500克/升悬浮剂800～1000倍液、50%多菌灵可湿性粉剂或500克/升悬浮剂600～800倍液、10%多抗霉素可湿性粉剂1000～1500倍液、250克/升吡唑醚菌酯乳油2000～2500倍液、30%戊唑·多菌灵悬浮剂800～1000倍液、41%甲硫·戊唑醇悬浮剂700～800倍液、60%铜钙·多菌灵可湿性粉剂600～800倍液、80%代森锰锌（全络合态）可湿性粉剂800～1000倍液、50%克菌丹可湿性粉剂600～800倍液、70%丙森锌可湿性粉剂600～800倍液、77%硫酸铜钙可湿性粉剂600～800倍液、1∶（2～3）∶（200～240）倍波尔多液等。

需要指出，幼果期至果实膨大期一定要选用安全性药剂，避免对幼果造成药害形成果锈。另外，果实近成熟采收期不要再使用波尔多液，避免污染果面（彩图11-115～彩图11-117）。

3.其他措施　适当控制结果量，提高果实固形物含量，增强抗病性。采收后及时晾晒或进行暖房烘干处理，促使枣果快速适量脱水，有效控制病害发生。

彩图11-117　优质杀菌剂交替使用，在冬枣上的防病效果

炭疽病

炭疽病俗称"烧茄子病"，是枣树果实的重要病害之一，在我国许多枣区均有不同程度发生，特别以河北、山东、河南、山西枣区为害较重，近几年新疆南疆枣区也有逐渐加重的趋势。病果品质下降，严重时失去经济价值。

【症状诊断】炭疽病主要为害果实，也可侵害枣吊、枣头、枣股等。

果实受害，多从膨大后期开始发病。发病初期，在果面上产生淡黄褐色水渍状小斑点（彩图11-118、彩图11-119），逐渐扩展为黄褐色病斑，圆形或近圆形，稍凹陷（彩图11-120）；稍后病斑呈红褐色至黑褐色，凹陷明显（彩图11-121～彩图11-123）；近成熟期果实发病后，病斑外围常有红色晕圈（彩图11-124）；病斑扩大后或连片后，形状不规则，近成熟果的病斑表面多皱缩凹陷（彩图11-125）。后期，病斑表面散生出许多小黑点，有时小黑点排列成近轮纹状，潮湿时小黑点上常有淡粉红色黏液（彩图11-126～彩图11-128）。剖开病斑，病组织呈红褐色至黑褐色腐烂，达果核后果核表面变黑褐色（彩图11-129、彩图11-130）。严重病果早期脱落，轻病果晾干后果肉很薄，且果肉味苦。

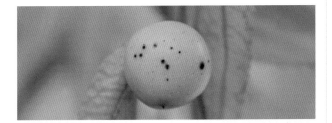

彩图11-118　炭疽病在膨大期果实上的初期病斑

彩图11-119　近成熟期果实上的初期病斑

彩图11-120　初期病斑扩展后成近圆形病斑

彩图11-121　膨大期果实上的中期病斑

彩图11-122　病斑扩展后，表面逐渐凹陷

彩图11-123　毛叶枣炭疽病中期病斑

彩图11-124　近成熟期果实受害，病斑外围易形成红色晕圈

彩图11-125　成熟果受害，后期病斑表面皱缩凹陷

枣吊、枣头、枣股受害，没有明显症状，却是病菌重要的越冬场所。

【病原】胶孢炭疽菌［*Colletotrichum gloeosporioides*（Penz.）Sacc.］，属于半知菌亚门腔孢纲黑盘孢目。病斑表面的小黑点为病菌的分生孢子盘，淡粉红色黏液为分生孢子黏液。

【发病规律】病菌主要以菌丝体和分生孢子盘在枣头、枣吊、枣股及病僵果上越冬。翌年条件适宜时，病组织上产生大量分生孢子（淡粉红色黏液），该孢子通过风雨传播，从伤口、自然孔口或直接侵染为害。初侵染发病后产生的病菌孢子，通过风雨传播后可进行再次侵染。果实从落花后半月左右至成熟采收期均可受病菌侵染，但均以果实膨大后期开始发病，即该病在田间有明显的潜伏侵染现象。潜伏期的长短受气候条件及树势强弱影响，高温干旱及树势衰弱时潜伏期较短。

果实受侵害早晚及轻重，决定于降雨的早晚和阴雨高湿环境持续时间的长短，降雨早、雨量大、高湿环境持续时间长，病害发生早而重。前期阴雨潮湿、后期湿度大时，病害发生严重。另外，炭疽病菌还可在洋槐及多种果树上越冬，因此以洋槐做防护林的枣园或靠近洋槐的枣树病害常发生较重。枣果采收后晾晒时，如遇阴雨潮湿，果实不能快速晾干，常导致病情迅速发展，造成严重损失。

【防控技术】炭疽病防控技术模式如图11-7所示。

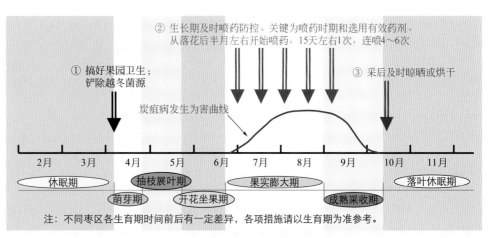

② 生长期及时喷药防控。关键为喷药时期和选用有效药剂。从落花后半月左右开始喷药，15天左右1次，连喷4～6次

① 搞好果园卫生；铲除越冬菌源

③ 采后及时晾晒或烘干

炭疽病发生为害曲线

2月　3月　4月　5月　6月　7月　8月　9月　10月　11月

休眠期　　抽枝展叶期　　果实膨大期　　落叶休眠期
萌芽期　　开花坐果期　　成熟采收期

注：不同枣区各生育期时间前后有一定差异，各项措施请以生育期为准参考。

图11-7　炭疽病防控技术模式图

彩图11-128　毛叶枣炭疽病，粉红色黏液产生量大

彩图11-129　后期病斑剖面症状

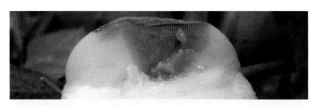

彩图11-130　毛叶枣炭疽病中期病斑剖面

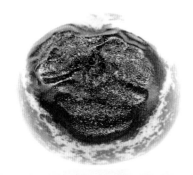

彩图11-126　病斑表面散生许多小黑点，并有淡粉红色黏液

彩图11-127　有时病斑表面小黑点不明显，仅淡粉红色黏液显著

1.搞好果园卫生　落叶后至发芽前，彻底清除病僵果，减少园内病菌越冬场所。发芽前全园喷施1次铲除性药剂，杀灭树上越冬病菌，并特别注意喷洒枣园周围的洋槐树。效果较好的药剂有：30%戊唑·多菌灵悬浮剂400～600倍液、41%甲硫·戊唑醇悬浮剂400～500倍液、77%硫酸铜钙可湿性粉剂300～400倍液、60%铜钙·多菌灵可湿性粉剂300～400倍液、45%代森铵水剂200～300倍液等。

2.生长期及时喷药防控　从落花后半月左右开始喷药，15天左右1次，连喷4～6次。具体喷药时间及次数根据降雨情况及环境湿度而定，多雨潮湿时喷药间隔期短、次数多。效果较好的药剂有：430克/升戊唑醇悬浮剂3000～4000倍液、10%苯醚甲环唑水分散粒剂

1500 ～ 2000 倍液、70% 甲基硫菌灵可湿性粉剂或 500 克/升悬浮剂 800 ～ 1000 倍液、50% 多菌灵可湿性粉剂或 500 克/升悬浮剂 600 ～ 800 倍液、450 克/升咪鲜胺乳油 1500 ～ 2000 倍液、250 克/升吡唑醚菌酯乳油 2000 ～ 2500 倍液、25% 溴菌腈可湿性粉剂 600 ～ 800 倍液、30% 戊唑·多菌灵悬浮剂 800 ～ 1000 倍液、41% 甲硫·戊唑醇悬浮剂 700 ～ 800 倍液、60% 铜钙·多菌灵可湿性粉剂 500 ～ 700 倍液、80% 代森锰锌（全络合态）可湿性粉剂 800 ～ 1000 倍液、80% 代森锌可湿性粉剂 600 ～ 800 倍液、70% 代森联水分散粒剂 600 ～ 800 倍液、77% 硫酸铜钙可湿性粉剂 600 ～ 800 倍液、1：（2 ～ 3）：（200 ～ 240）倍波尔多液等（彩图 11-131）。

彩图 11-131　病害防治好的小枣，果面光洁亮丽

3. 其他措施　加强肥水管理，培育壮树，提高树体抗病能力。采收后及时晾晒或进行暖房烘干处理，促使枣果快速适量脱水，有效抑制病害发生。

黑斑病

黑斑病又称果实黑斑病，是近些年发生的一种新病害，主要为害冬枣，在山东与河北的冬枣产区发生为害较重。枣园发病率一般达 100%，病果率一般在 25% 以上；管理粗放、防控不及时的枣园病果率在 60% 以上，严重影响冬枣的商品价值，给果农造成了很大的经济损失。

【症状诊断】黑斑病主要为害果实，在冬枣上发生较重。发病后的主要特点是在果面上产生褐色至黑色坏死斑点，该病斑因果实受害生育期及生态环境不同可分为红褐型、灰褐型、干腐型、疮痂型四种类型。

红褐型　病害发生较早，病斑圆形或近圆形，明显凹陷，中部黑褐色，外围有明显的红褐色晕圈（彩图 11-132、彩图 11-133）。严重时，果面上常有多个病斑（彩图 11-134、彩图 11-135）。

灰褐型　发病时期及病斑特点与红褐型相同，只是病斑外围晕圈为灰褐色（彩图 11-136 ～彩图 11-138）；严重受害果实表面亦常有多个病斑（彩图 11-139）。

彩图 11-132　红褐型初期病斑

彩图 11-133　红褐型病斑，边缘具有淡红褐色晕圈

彩图 11-134　果实上有多个红褐型病斑

彩图 11-135　红褐型严重病斑

彩图 11-136　灰褐型病斑，边缘具有灰褐色晕圈

彩图 11-137　灰褐型病斑扩展连片，凹陷明显

彩图 11-138　灰褐型后期病斑，表面显著凹陷

彩图 11-139　严重时果面上产生有多个灰褐型病斑

干腐型　发病时期较晚，病斑为害较浅，但扩展面积较大，呈黑褐色至黑色，有时病斑表面有不明显的同心轮纹（彩图 11-140 ～彩图 11-143）。

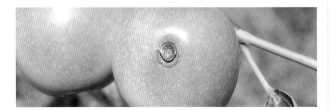

彩图 11-140　干腐型病斑局限在果肉浅层

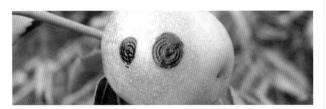

彩图 11-141　典型病斑表面具有不明显的轮纹

彩图 11-142　干腐型病斑后期边缘干缩开裂

疮痂型　多发生在近成熟期果实上，病斑仅为害浅层组织，病斑较小，呈深褐色，表面常发生龟裂（彩图 11-144、彩图 11-145）。

【病原】交链孢霉 [*Alternaria alternate*（Fr.）Keissler.]，属于半知菌亚门丝孢纲丝孢目。

【发病规律】黑斑病菌是一种弱寄生性真菌，在枣园内广泛存在，主要在树体上越冬。翌年条件适宜时产生病菌孢子，通过风雨及气流传播，主要从伤口侵染为害，尤以绿盲蝽等刺吸为害伤口为主。从幼果期（果实似豆粒大

小时）至白背期均可侵染为害。多雨潮湿环境中病害发生严重，绿盲蝽发生严重枣园病害发生重，衰弱树上病果较多（图 11-8）。

彩图 11-143　果实上散生有多个干腐型病斑

彩图 11-144　疮痂型病斑呈木栓化状

彩图 11-145　果面上散生有多个疮痂型病斑

【防控技术】黑斑病防控技术模式如图 11-8 所示。

1.加强枣园管理　增施农家肥等有机肥，合理使用速效化肥，培育壮树，提高树体抗病能力。科学修剪，促进枣园通风透光，低洼枣园雨季注意及时排水，降低环境湿度。加强绿盲蝽类害虫的防控，减少果实受虫害伤口。往年病害发生严重枣园，发芽前喷施 1 次 30% 戊唑·多菌

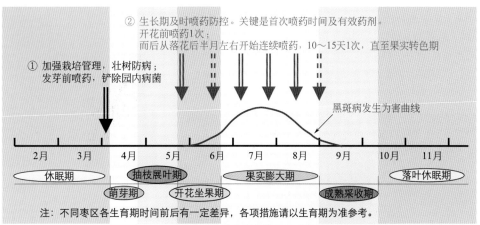

② 生长期及时喷药防控。关键是首次喷药时间及有效药剂。
开花前喷药1次；
而后从落花后半月左右开始连续喷药，10～15天1次，直至果实转色期

① 加强栽培管理，壮树防病；
发芽前喷药，铲除园内病菌

黑斑病发生为害曲线

2月　3月　4月　5月　6月　7月　8月　9月　10月　11月

休眠期　抽枝展叶期　果实膨大期　落叶休眠期
萌芽期　开花坐果期　成熟采收期

注：不同枣区各生育期时间前后有一定差异，各项措施请以生育期为准参考。

图 11-8　黑斑病防控技术模式图

灵悬浮剂400～600倍液、或41%甲硫·戊唑醇悬浮剂400～500倍液、或45%代森铵水剂200～300倍液，杀灭树上越冬病菌。

2. 生长期及时喷药防控 北方枣区开花前喷施第1次药，而后从落花后半月左右开始连续喷药，10～15天1次，直到果实转色期结束。效果较好的药剂有：430克/升戊唑醇悬浮剂3000～4000倍液、10%苯醚甲环唑水分散粒剂1500～2000倍液、1.5%多抗霉素可湿性粉剂300～400倍液、250克/升吡唑醚菌酯乳油1500～2000倍液、80%代森锰锌（全络合态）可湿性粉剂800～1000倍液、50%异菌脲可湿性粉剂或45%悬浮剂1000～1500倍液、30%戊唑·多菌灵悬浮剂800～1000倍液、41%甲硫·戊唑醇悬浮剂700～800倍液、70%甲基硫菌灵可湿性粉剂或500克/升悬浮剂800～1000倍液等（彩图11-146、彩图11-147）。

彩图11-146 早期轻型病斑，被药剂控制住后的表现

彩图11-147 早期多病斑病果，被药剂控制住后的表现

黑腐病

【症状诊断】黑腐病主要为害果实，多从果实着色期开始发病，造成果实呈黑褐色腐烂。初期果面上产生褐色小斑点，扩展后成近圆形褐色至黑褐色凹陷病斑（彩图11-148、彩图11-149）；后期病斑多呈不规则形，表面黑褐色至黑色皱缩凹陷（彩图11-150、彩图11-151），果肉呈黑褐色腐烂。后期，病果容易脱落（彩图11-152），有时病果表面散生出许多小黑点（彩图11-153）。

彩图11-148 小枣果实上的早期病斑

彩图11-149 冬枣果实上的早期病斑

彩图11-150 冬枣果实上的中期病斑

彩图11-151 小枣果实上的后期病斑

彩图11-152 落地的黑腐病病果（小枣）

彩图11-153 病斑表面散生许多小黑点

【病原】主要为壳梭孢（*Fusicoccum* sp.）和茎点霉（*Phoma* sp.），均属于半知菌亚门腔孢纲球壳孢目。病斑表面的小黑点均为病菌的分生孢子器。

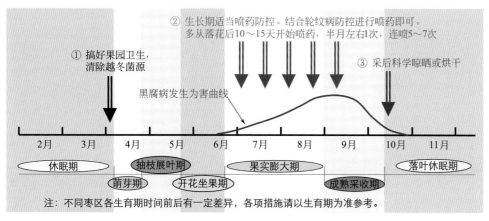

① 搞好果园卫生，清除越冬菌源

② 生长期适当喷药防控。结合轮纹病防控进行喷药即可。多从落花后10～15天开始喷药，半月左右1次，连喷5～7次

③ 采后科学晾晒或烘干

黑腐病发生为害曲线

2月　3月　4月　5月　6月　7月　8月　9月　10月　11月

休眠期　　抽枝展叶期　　果实膨大期　　落叶休眠期
萌芽期　开花坐果期　　　成熟采收期

注：不同枣区各生育期时间前后有一定差异，各项措施请以生育期为准参考。

图11-9　黑腐病防控技术模式图

【发病规律】病菌主要以菌丝体及分生孢子器在病僵果内越冬。翌年条件适宜时产生病菌孢子，通过风雨传播进行侵染为害。幼果期至成果期病菌均可侵染果实，但果实多从白背期开始逐渐发病，着色后至采收后晾晒过程中发病较重。该病具有明显的潜伏侵染现象。多雨潮湿环境有利于病菌的侵染为害。采后晾晒过程中潮湿多雾常加重该病为害。

【防控技术】黑腐病防控技术模式如图11-9所示。

1.加强枣园管理　发芽前彻底清除病僵果，集中深埋或销毁，消灭病菌越冬场所。根据栽植密度合理修剪，促使果园通风透光良好，降低环境湿度。

2.生长期适当喷药防控　黑腐病是一种偶发性病害，一般枣园不需单独进行喷药，在防控轮纹病时兼防该病即可。具体喷药时间、次数及有效药剂同"轮纹病"生长期喷药。

3.采后科学处理　采收后及时晾晒，促使枣果快速适量脱水，是避免采后病害严重发生的根本措施。当采后遇阴雨潮湿或雾大露重气候时，可采用暖房烘干处理，以有效抑制病害发生。

缩果病

缩果病又称黑腐病、褐腐病，俗称干腰病、束腰病、雾抄病、雾落头等，是枣树上的一种重要果实病害，在北方枣区发生为害较重，是影响红枣产量及品质的重要病害之一。

【症状诊断】缩果病只为害果实，造成果实大量早期脱落。果实发病，多从红圈期开始发生。先在果实腰部出现淡黄色病斑，边缘不明显，略显凹陷（彩图11-154、彩图11-155）；随后病斑变为红色至暗红色，表面凹陷皱缩明显，无光泽（彩图11-156～彩图11-159）。后期，病斑表面呈红褐色至黑红色，病果局部或大部萎缩，易早期脱落（彩图11-160～彩图11-162）。果实发病后逐渐干瘪、凹陷、皱缩，故称"缩果病"。病果干瘦、肉薄、味苦，失去经济价值。剖开病果，果肉呈浅褐色，组织萎缩松软，呈海绵状坏死，坏死组织逐渐向果肉深层蔓延，味苦。

【病原】可由多种病菌引起，常见种类有：交链孢霉［*Alternaria alternata* (Fr.) Keissler.］、毁灭茎点霉（*Phoma destructive* Plowr.）、壳梭孢（*Fusicoccum* sp.）等，均属于半知菌亚门，前者属丝孢纲丝孢目，后两者属腔孢纲球壳孢目。

【发病规律】缩果病可由多种弱寄生性真菌引起。病菌寄主范围均非常广泛，在枣园内广泛存在，没有固定越冬场所。病菌孢子主要通过风雨传播侵害果实。幼果期至成果期均可侵染，但果实发病从红圈期才逐渐开始，近成熟期进入发病盛期。阴雨潮湿、雾大露重是诱发该病的主要条件，地势低洼、密植枣园、通风透光不良时发病较重，山坳枣园比坡地枣园受害重。

彩图11-154　缩果病初期病斑

彩图11-155　小枣着色期的缩果病早期病果

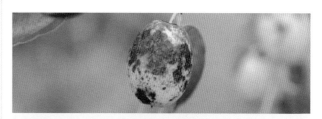

彩图11-156　小枣着色期的缩果病中期病果

彩图11-157　大枣着色期的缩果病中期病果

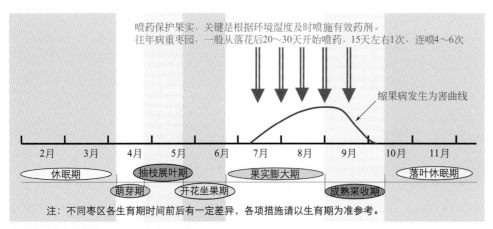

喷药保护果实，关键是根据环境湿度及时喷施有效药剂。
往年病重枣园，一般从落花后20～30天开始喷药，15天左右1次，连喷4～6次

缩果病发生为害曲线

| 2月 | 3月 | 4月 | 5月 | 6月 | 7月 | 8月 | 9月 | 10月 | 11月 |

休眠期　　抽枝展叶期　　　　果实膨大期　　　　　落叶休眠期

萌芽期　　开花坐果期　　　　　　成熟采收期

注：不同枣区各生育期时间前后有一定差异，各项措施请以生育期为准参考。

图11-10　缩果病防控技术模式图

2.科学喷药防控　这是有效防控缩果病的根本措施，其技术关键是适期喷药、持续用药和选择有效药剂。往年发病较重的枣园，一般从落花后20～30天开始喷药，15天左右1次，连喷4～6次。具体喷药时间及次数视降雨情况与环境湿度而定，阴雨潮湿多喷，无雨干旱少喷，总体原则是要保证下雨或有雾露时果面始终有药剂保护。常用有效药剂有：10%多抗霉素可湿性粉剂1000～1500倍液、50%异菌脲可湿性粉剂或45%悬浮剂1000～1500倍液、10%苯醚甲环唑水分散粒剂1500～2000倍液、430克/升戊唑醇悬浮剂3000～4000倍液、250克/升吡唑醚菌酯乳油1500～2000倍液、80%代森锰锌（全络合态）可湿性粉剂800～1000倍液、30%戊唑·多菌灵悬浮剂1000～1200倍液、41%甲硫·戊唑醇悬浮剂700～800倍液等。

彩图11-158　白背期至着色期缩果病病果

彩图11-159　发病后期树上的典型病果

彩图11-160　落地的缩果病典型病果

彩图11-161　缩果病导致果实脱落满地

彩图11-162　许多果实受害状

【防控技术】缩果病防控技术模式如图11-10所示。

1.加强枣园管理　增施农家肥等有机肥，按比例使用速效化肥，培育壮树，提高树体抗病能力。合理设置栽植密度，科学修剪，促使枣园通风透光良好，降低枣园环境湿度，创造不利于病害发生的小气候条件。

红粉病

【症状诊断】红粉病主要为害果实，多从果实近成熟

期开始发生，造成果实呈褐色至深褐色腐烂。该病的主要症状特点是：腐烂病斑皱缩凹陷（彩图11-163），表面产生淡粉红色霉层（彩图11-164、彩图11-165）。

彩图11-163　病斑皱缩凹陷

彩图11-164　病斑表面产生淡粉红色霉层

彩图11-165　红粉病造成果实腐烂、干缩

【病原】粉红聚端孢霉［*Trichothecium roseum*（Pers.）Link.］，属于半知菌亚门丝孢纲丝孢目。病斑表面的粉红色霉层即为病菌的分生孢子梗和分生孢子。

【发病规律】红粉病菌是一种弱寄生性真菌，在自然界广泛存在，没有固定越冬场所，主要为害近成熟后的果实。借助气流传播，通过伤口侵染进行为害，阴雨潮湿时果实采收后仍可继续侵害。果实表面具有伤口是导致病害发生的基本条件，阴雨潮湿常加重病害发生。

【防控技术】红粉病属零星发生病害，一般枣园不需单独进行防控，通过防控造成果实受伤的病虫害即可有效避免该病发生。采收期阴雨潮湿时，尽量采用烘干房烘干枣果，以避免红粉病为害。

软腐病

【症状诊断】软腐病主要为害果实，多从近成熟期后开始发生，果实裂口或受伤是导致该病发生的主要条件。发病初期，在果实伤口处产生淡褐色腐烂病斑（彩图11-166），后病斑迅速扩展，很快使整个果实呈淡褐色腐烂（彩图11-167），病果有霉酸味。同时，病果伤口处初期产生灰白色丝状物，逐渐从丝状物上产生许多初为灰白色、渐变灰褐色至黑褐色的小点状物，似丛生的"大头针"状（彩图11-168、彩图11-169）。

彩图11-166　发病初期，多从果实裂伤处开始发生

彩图11-167　毛叶枣软腐病病果

彩图11-168　典型病果表面产生许多毛霉状物

彩图11-169　严重时，许多果实受害状

【病原】主要为匍枝根霉 [*Rhizopus stolonifer* (Ehrenb. ex Fr.) Vuill.]，属于接合菌亚门接合菌纲毛霉目。病斑表面的毛霉状物为病菌的菌丝、孢囊梗及孢子囊。

【发病规律】软腐病菌是一种弱寄生性低等真菌，在自然界广泛存在。果实进入着色期后，病菌孢子通过气流传播，从伤口侵染为害。果实采收后不能较快晾干时，该病仍可继续发生为害。果实表面伤口（如裂伤、虫伤等）是导致病害发生的基本条件，特别是果实裂伤最易导致受害。阴雨潮湿多雾常加重病害发生。

【防控技术】加强肥水管理，适当增施钙肥（根施与喷雾相结合），科学确定结果量，防止果实生长裂伤，是有效防控软腐病的最根本措施。果实采收后遇阴雨潮湿多雾时，尽量采用烘干房烘干枣果，以减轻软腐病为害。

曲霉病

【症状诊断】曲霉病主要为害果实，多从果实近成熟期开始发生，造成果实呈淡褐色至褐色腐烂。病斑表面产生初期灰白色、渐变为褐色或黑色的"大头针"状霉状物，腐烂果实有霉酸味（彩图11-170）。

彩图11-170　曲霉病病果（发病早期）

【病原】主要为黑曲霉（*Aspergillus niger* N.Tiegh），属于半知菌亚门丝孢纲丝孢目。病斑表面的霉状物为病菌的分生孢子梗和生分生孢子。

【发病规律】曲霉病可由多种曲霉菌引起，均为弱寄生性真菌，在自然界广泛存在。主要借助气流传播，通过各种伤口侵染为害，果实裂伤、虫伤尤为主要。果实近成熟期至采后晾晒期阴雨、潮湿、多雾是诱发该病较重发生的主要环境条件，结果量过大、钙肥不足、果实裂伤较重时病害发生严重。

【防控技术】加强栽培管理，增施农家肥等有机肥，配合使用速效钙肥（根施与喷雾相结合）；适量喷施赤霉酸等促坐果药剂，合理调节结果量；干旱季节及时灌水，雨季注意排水；尽量减少果实生长裂伤。注意防控为害果实的各种害虫，避免果实遭受虫伤。采收后遇阴雨、潮湿、多雾气候时，尽量采用烘干房烘干处理，加速降低果实含水量，控制曲霉病发生。

霉腐病

【症状诊断】霉腐病又称果腐病，主要为害果实，多从果实着色后开始发生，有时幼果也可受害。发病后的主要症状特点是造成果实腐烂或干腐，病果完全失去食用价值，腐烂病果表面常产生墨绿色至黑色霉状物（彩图11-171～彩图11-175）。

彩图11-171　病斑多从果实裂伤处开始发生

彩图11-172　病斑表面逐渐产生出墨绿色霉状物

彩图11-173　严重病果后期表面布满墨绿色霉状物

彩图11-174　干腐型霉腐病病果

彩图11-175　幼果受害后期

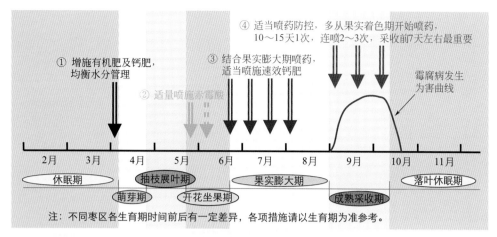

① 增施有机肥及钙肥，均衡水分管理

② 适量喷施赤霉酸

③ 结合果实膨大期喷药，适当喷施速效钙肥

④ 适当喷药防控，多从果实着色期开始喷药，10～15天1次，连喷2～3次，采收前7天左右最重要

霉腐病发生为害曲线

2月　3月　4月　5月　6月　7月　8月　9月　10月　11月

休眠期　　抽枝展叶期　　果实膨大期　　落叶休眠期

萌芽期　　开花坐果期　　成熟采收期

注：不同枣区各生育期时间前后有一定差异，各项措施请以生育期为准参考。

图11-11　霉腐病防控技术模式图

【病原】可由多种弱寄生性真菌引起，常见种类为芽枝霉（*Cladosporium* sp.），属于半知菌亚门丝孢纲丝孢目。病斑表面的霉状物即为病菌的分生孢子梗和分生孢子。

【发病规律】霉腐病可由多种弱寄生性真菌引起。病菌在自然界广泛存在，主要通过气流传播，从伤口侵染为害。果实着色后至采收期、甚至采收后均可发生。裂果、虫伤等果实伤口是诱发该病的主要因素，近成熟期后阴雨、潮湿、多雾、病害发生严重，结果量大、果实固形物含量低时容易发病。

【防控技术】霉腐病防控技术模式如图11-11所示。

1.加强枣园管理　增施农家肥、绿肥等有机肥，合理混施有效钙肥，按比例科学使用速效化肥。适量喷施赤霉酸等促坐果药剂，避免结果量过大。从幼果期开始适当喷施速效钙肥（佳实百、速效钙、美林钙等），尽量减少果实裂果。干旱季节及时灌水，雨季注意排水，防止果实开裂。加强果实近成熟期的果实害虫防控，避免果实受伤。

2.适当喷药防控　从果实着色期开始喷药，10～15天1次，连喷2～3次，采收前7天左右最好喷药1次。但采收前必须选用无公害安全药剂，以降低果实农药残留。效果较好的低毒药剂有：30%戊唑·多菌灵悬浮剂800～1000倍液、41%甲硫·戊唑醇悬浮剂700～800倍液、70%甲基硫菌灵可湿性粉剂或500克/升悬浮剂800～1000倍液、10%苯醚甲环唑水分散粒剂1500～2000倍液、430克/升戊唑醇悬浮剂3000～4000倍液等。

花叶病

【症状诊断】花叶病主要在叶片上表现明显症状，嫩梢叶片受害较重。发病初期，叶片上产生褪绿黄色斑点（彩图11-176），随病情加重，病叶逐渐发展成黄绿相间或黄白相间的花叶状（彩图11-177、彩图11-178）；严重时，叶片小而扭曲、畸形（彩图11-179、彩图11-180）。对枣树的生长和果实产量均有影响，重病树基本丧失结果能力。

【病原】枣花叶病毒［*Jujube mosaic virus*（JMV）］，属于病毒类。

【发病规律】花叶病是一种病毒类系统侵染性病害，病毒在病株内长期存活。主要通过嫁接和苗木带病传播，枣园内叶蝉、蚜虫也能传播扩散。天气干旱、叶蝉、蚜虫数量多时病害发生较重。

【防控技术】

1.培育和利用无病毒苗木　这是防止花叶病的最根本措施。禁止在病树上剪取接穗和刨用根蘖苗木，也不要在病树上扩繁新品种。

2.加强栽培管理　增施农家肥等有机肥，按比例科学使用速效化肥，合理确定结果量，培育壮树，提高树体抗病能力，减轻和控制病害发生。

3.适当治虫防病　加强对园内叶蝉类及蚜虫类等传毒媒虫的药剂防控，防止病害在枣园内自然扩散蔓延。

彩图11-176　轻型病叶的叶片上散生褪绿黄斑

彩图11-177　叶片绝大部分褪绿，呈黄绿色

彩图11-178　病叶褪绿部分呈黄白色

彩图 11-179　病梢叶片小，花叶皱缩

彩图 11-180　侧芽枝梢上的叶片全部呈花叶状皱缩

彩图 11-182　叶肉褪绿变黄，叶脉仍保持绿色

彩图 11-183　病叶呈绿色网纹状

彩图 11-184　绿色网纹状病叶的叶背

■ 黄叶病 ■

【症状诊断】黄叶病主要在叶片上表现明显症状，尤以新梢叶片及顶部叶片最易受害（彩图 11-181）。发病初期，叶肉褪绿呈黄绿色，叶脉基本保持绿色，病叶呈绿色网纹状（彩图 11-182～彩图 11-184）；随病情发展，叶肉变黄白色、甚至为白色（彩图 11-185），细支脉亦变黄白色至白色，仅主脉仍稍显绿色；严重时病叶整个变白，甚至从叶缘开始焦枯。病叶多从顶部叶片开始发生，逐渐向下蔓延，有时整个侧枝上叶片均可发病（彩图 11-186）。另外，黄叶病叶片易受褐斑病为害（彩图 11-187）。

彩图 11-181　枣吊顶部叶片症状明显

彩图 11-185　整个枝条上的叶片均已发病

彩图11-186 严重病树，开花前即已发病

彩图11-187 黄叶病叶片容易受褐斑病为害

【病因及发生特点】黄叶病是一种生理性病害，由铁素（可溶性二价铁）供应不足引起。土壤盐碱、板结、石灰质偏高、化肥施用过量等因素，是诱发该病的根本原因，根部病虫害和枝干病虫害均可加重黄叶病的表现（影响铁素的吸收、传导），干旱年份病害发生较重（尤以雨季到来前干旱发病较重）。

【防控技术】

1. 加强枣园管理　增施农家肥、绿肥等有机肥，按比例科学施用速效化肥，配合根施有效铁肥（硫酸亚铁，每株200～250克），改良土壤，这是防控黄叶病的最根本措施。干旱季节注意浇水，雨季及时排水，促进根系发育；及时防控根部及枝干病虫害，保证营养运输畅通。

2. 及时治疗黄叶病树　出现黄叶后，树上及时喷施速效铁肥，是救治黄叶病的重要手段。从黄叶病发生初期开始树上喷铁，10天左右1次，直到使叶片全部转绿为止。效果较好的速效铁肥有：黄腐酸铁、铁多多、黄叶灵、硫酸亚铁＋柠檬酸等。树上喷施铁肥时，混加0.3%尿素，能显著提高铁肥效果。

缺镁症

【症状诊断】缺镁症主要在叶片上表现明显症状，多

从中下部叶片开始发生。初期，叶尖、叶缘的叶肉组织变黄绿色，并逐渐向叶片中部发展，但叶脉仍保持绿色（彩图11-188～彩图11-190）；随病情发展，在叶尖或三主脉两侧逐渐形成黄绿色至黄白色褪色带，使叶片呈"鸡爪"状（彩图11-191、彩图11-192）；严重时，叶缘开始变褐枯死，甚至叶片脱落（彩图11-193、彩图11-194）。

彩图11-188 缺镁症发病初期（毛叶枣）

彩图11-189 叶肉褪绿变黄（小枣）

彩图11-190 叶缘及主脉叶肉变黄（毛叶枣）

彩图11-191 叶片组织大部分褪绿变黄（小枣）

彩图11-192 病叶呈"鸡爪"状

彩图11-193 严重时，叶尖变褐枯死（小枣）

彩图11-194 严重时，叶尖病变组织枯死（毛叶枣）

【病因及发生特点】缺镁症是一种生理性病害，由镁素供应不足引起。镁是叶绿素的组成成分，缺镁时叶绿素含量减少，影响叶片光合作用，枣树不能正常生长。由于镁素在枣树体内可以移动，所以缺镁时多从下部叶片开始发病。过量使用速效氮肥会抑制根系对镁元素的吸收，进而导致树体中镁素缺乏，而表现出缺镁症。

【防控技术】

1.加强施肥管理 增施农家肥等有机肥，改善土壤结构，提高土壤透气性能，促进被固定的矿质元素释放。按比例科学使用氮、磷、钾肥及中微量元素肥料，避免偏施氮肥。缺镁较重的地块，结合根施有机肥施用镁肥，一般每亩施用硫酸镁5～10千克。

2.适当树上喷镁 叶片开始发病后及时树上喷镁，10～15天1次，连喷2～3次。一般使用0.3%硫酸镁溶液均匀叶面喷雾。

日灼病

【症状诊断】日灼病主要为害果实，多从果实膨大后期开始发生，特别是冬枣上发生较多。发病初期，在果实向阳面产生淡褐色边缘不明显斑块（彩图11-195～彩图11-197），后逐渐形成近圆形或椭圆形淡褐色至深褐色病斑（彩图11-198、彩图11-199），边缘不明显、或有黄白色晕圈。随果实继续膨大，病斑表面多发生龟裂，形成裂缝（彩图11-200）。后期，病斑呈深褐色枯死，稍凹陷，边缘明显。枯死组织多局限在浅层果肉。

彩图11-195 小枣膨大期果实发病初期

彩图11-196 小枣膨大后期果实发病初期

彩图11-197 冬枣果实日灼病发生初期

彩图 11-198　冬枣果实日灼病中期病斑

彩图 11-199　日灼病病斑逐渐变褐色至深褐色

彩图 11-200　日灼病病斑后期易发生龟裂

【病因及发生特点】日灼病是一种生理性病害，主要是在炎热夏季果实不能得到充分遮阴而由阳光过度直射引起。修剪过度、结果量过多是诱发病害的条件，土壤干旱、水分供应量偏低常加重该病发生，过量使用氮肥、果实相对缺钙也可加重日灼病。

【防控技术】合理修剪、科学设置结果量，使果实适当遮阴，是防止日灼病发生的根本措施。增施有机肥，改良土壤，提高土壤蓄水量，干旱季节及时灌水，能够在一定程度上减轻日灼病的发生为害。增施钙肥、钾肥，适当叶面喷肥，对减轻日灼病发生也有一定促进作用。

冻害

【症状诊断】冻害主要发生在枝干和幼嫩组织上，因冻害发生时间和程度不同，症状表现差异很大。初冬由于急剧降温而发生的冻害，主要表现为幼嫩枝条枯死和枝干形成层变褐坏死，特别是环剥口愈合不良的枝干容易受害（彩图 11-201）。枝干发生冻害后，重者死树，第二年不能萌发；轻者新梢可以萌发，但嫩枝、枣吊生长一段时间后又会逐渐萎蔫、枯死（彩图 11-202、彩图 11-203），或者造成树势衰弱，生长不良（彩图 11-204）。早春倒春寒引起的冻害，多表现为幼嫩组织受害，嫩芽局部或全部变淡褐色枯死。轻者嫩芽局部受害仍可继续生长（彩图 11-205），重者嫩芽全部变褐枯死（彩图 11-206），严重影响树势及产量。

彩图 11-201　主干冻害，韧皮部形成层变褐

彩图 11-202　枝干冻害，新生枣吊萌生后又逐渐干枯

彩图 11-203　新生枣吊枯死

彩图 11-204　主干冻害，导致树体衰弱枯死

彩图11-205　萌芽期嫩芽轻度冻害

彩图11-206　萌芽期冻害，嫩芽变褐枯死

【病因及发生特点】冻害是一种自然灾害，相当于生理性病害，发生原因是温度急剧大幅度下降枣树不能承受。初冬温度急剧降低造成的冻害属于早霜冻害，春季温度回升后出现的急剧降温所造成的冻害属于晚霜冻害，又称倒春寒冻害。枝干环剥，结果量过大，树势衰弱，树体抗逆性弱，冻害发生较重。

【防控技术】加强栽培管理，增施农家肥等有机肥，按比例使用速效化肥，合理设置结果量，适当枝干环剥，干旱季节及时灌水，雨季注意排水，培养健壮树势，提高树体抗逆能力，减轻冻害发生。春季注意关注天气预报，在寒流到来时于枣园内熏烟，提高环境温度，避免倒春寒危害；也可在倒春寒到来前于枣园灌水，积蓄热量，减轻危害。枣树萌芽后，喷施0.003%丙酰芸薹素内酯水剂3000倍液＋0.3%尿素溶液，也可在一定程度上减缓倒春寒危害。幼树及主干环剥口愈合不良时，尽早桥接，并在落叶后（11月上旬）树干涂白、或环剥口处绑草御寒。

生理缩果病

【症状诊断】生理缩果病的主要症状特点是果实皱缩、失水、变红、脱落。与缩果病的最大区别是病果表面没有侵染性病斑，从果实膨大期至近成熟期均可发生，有的发病较早、有的发病较晚。（彩图11-207～彩图11-218）

【病因及发生特点】生理缩果病是一种生理性病害，主要发生原因是挂果量过大、树体养分供应不足。过量喷施赤霉酸促使坐果是诱发该病较重发生的主要因素之一，施肥不足、土壤瘠薄、树势衰弱、早期落叶等常加重病害

发生。

彩图11-207　膨大期果实，生理缩果病发生初期

彩图11-208　梨枣膨大期的初期病果

彩图11-209　长枣膨大期的中早期病果

彩图11-210　小枣膨大期的中期病果

彩图11-211　冬枣膨大后期的中期病果

彩图 11-212　长枣膨大期的中后期病果

彩图 11-213　梨枣膨大期的后期病果

彩图 11-214　小枣膨大后期的后期病果

彩图 11-215　膨大期果实发病，后期的干缩病果

彩图 11-216　树上许多果实发病

彩图 11-217　生理缩果病导致满地落果（小枣）

彩图 11-218　生理缩果病造成大量落果，损失惨重

【防控技术】增施农家肥、绿肥等有机肥，按比例科学施用氮、磷、钾肥及中微量元素肥料，干旱季节及时浇水，保证树体养分及时充分供应，是有效防控生理缩果病的基础。科学适量喷施赤霉酸，根据土壤营养水平合理设置结果量，是有效防控该病的根本。生长期特别是果实膨大期至着色期及时喷施硼钙肥（如佳实百等）、尿素、磷酸二氢钾、糖等，能在一定程度上减轻生理缩果病的发生为害。注意防控导致早期落叶的病虫害（锈病、叶螨等），保证叶片功能正常，制造较充足养分；尽量避免喷施波尔多液，减少叶片污染，提高叶片光合效率。

裂果症

【症状诊断】裂果症主要在果实上表现症状，在果实膨大期至成熟期均可发生，但以果实近成熟期发生较多。发病后的主要症状特点是在果面上产生不规则裂缝或裂纹（彩图 11-219～彩图 11-227）。果实开裂后品质降低；有时裂缝处易诱发杂菌感染，导致果实腐烂（彩图 11-228、彩图 11-229）。严重时，许多果实受害发病（彩图 11-230）。

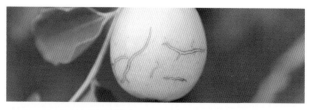

彩图 11-219　裂果症发病初期（小枣）

彩图 11-220　膨大期果实的水纹状裂果

彩图 11-221　膨大后期的水纹状裂果

彩图 11-222　膨大后期药害斑引起的裂果

彩图 11-223　近成熟期小枣裂果状

彩图 11-224　果实裂口边缘常提早转色

彩图 11-225　冬枣着色初期的裂果

彩图 11-226　大枣的裂果

彩图 11-227　毛叶枣的裂果

彩图 11-228　裂果伤口处易受杂菌感染

彩图 11-229　裂果伤口引起果实腐烂

彩图 11-230　严重时，许多果实受害状

【病因及发生特点】裂果症是一种生理性病害，夏季高温多雨、果实近成熟期果皮变薄是导致该病发生的主要因素。前期干旱、后期多雨常加重裂果症发生。开花前后过量喷施赤霉酸、结果量过大、果实缺钙等亦均可加重裂果症的为害。用药不当造成果实药害，亦可诱发果实开裂。管理粗放、土壤板结的枣园，裂果症发生较重。

【防控技术】

1.加强枣园管理　增施农家肥、绿肥等有机肥，提高土壤有机质含量，改良土壤，并配合根施有效钙肥（硝酸钙等）。开花前后适量喷施赤霉酸，使树体结果量适中。干旱季节及时浇水，雨季注意排水，尽量保持土壤水分供应平衡，防止土壤含水量剧烈变化。选用优质安全农药，避免造成果实药害。

2.生长期适当喷钙　从落花后半月左右开始喷施速效钙肥，10～15天1次，直到着色期，可显著减轻裂果症的发生为害。优质速效钙肥有：佳实百、速效钙、美林钙、钙多多、氨基酸钙等。

环剥伤害

【症状诊断】环剥伤害主要发生在枝干上，主要表现是环剥口（甲口）不能正常愈合（彩图11-231～彩图11-233）。危害轻者，环剥口局部不能愈合，造成环剥口上部枝干或枝条生长衰弱（彩图11-234），影响枣果产量与品质；危害重者，环剥口基本全部不能愈合，在枝条上环剥的造成枝条枯死（彩图11-235），在主干上环剥的则造成整株死亡（彩图11-236）。另外，环剥口愈合不良时，还常诱使腐烂病发生（彩图11-237），导致枝干受害加重。

彩图 11-231　枣树枝干上的正常环剥口

彩图 11-232　环剥口未愈合状

彩图 11-233　小枝环剥，甲口没有愈合

彩图 11-234　环剥口愈合不良，导致树势衰弱（左）

彩图 11-235　环剥伤害造成枝条枯死

彩图 11-236　环剥口未愈合，导致植株枯死

彩图 11-237　环剥口未愈合，诱使腐烂病发生

【病因及发生特点】环剥伤害是一种人为机械损伤，由方法或技术不当所造成，如环剥口过宽、重复环剥、环剥后形成层受破坏、环剥时间较晚、环剥枝条过细、环剥口受甲口虫为害等。肥水不足、树势衰弱常加重环剥伤害的发生。

【防控技术】

1.加强栽培管理　增施农家肥等有机肥，按比例科学使用速效化肥，培育壮树，提高伤口愈合能力。

2.科学环剥　根据树势强弱及枝干粗细确定是否环剥及环剥口宽度，避免随意环剥和以任意宽度环剥，以便环剥口能够按计划愈合。第一次环剥后愈合较快时，可以进行再次环割，不能进行二次环剥。环剥后注意保护环剥口形成层，避免形成层受损。注意防控甲口虫为害。

3.及时补救　如果环剥口不能按计划愈合，应及时进行补救，以促进伤口愈合。如环剥口包裹报纸、塑料薄膜、桥接等（彩图 11-238、彩图 11-239）。

彩图 11-238　环剥后包裹塑料薄膜，促进伤口愈合

彩图 11-239　环剥口愈合不良，及时桥接补救

果锈症

【症状诊断】果锈症的主要特点就是在果面上产生褐色锈斑，影响果实外观质量及商品性。锈斑为表皮细胞木栓化形成，多为片状或点状，轻者局部产生，重者整个果面均呈铁锈状（彩图 11-240～彩图 11-244）。

彩图 11-240　果锈症由果实表皮细胞木栓化形成

彩图 11-241　果锈症从果实基部开始发病

彩图 11-242　果锈症从果实积药处开始发病

彩图11-243 许多果实上发生果锈症

彩图11-244 严重病果，整个果面布满果锈

【病因及发生特点】果锈症是一种生理性病害，由果面受到伤害或外部刺激而产生愈伤组织所形成。其发生状况与栽培管理水平有关，凡管理条件好、树势健壮、叶片完整的，果锈发生轻或不发生；锈壁虱、蚧壳虫、蝽象类等为害较重的枣园及多风地区果面易受枝叶摩擦或刺伤的，果锈发生则重。高湿、低温、冷风时易引起果锈，特别是盛花后16～20天内，空气湿度越高，果锈发生越重，所以不同年份果锈发生程度有很大差异。果实氮、磷含量高，果锈发生轻；幼果期喷施铜素杀菌剂浓度偏高，易诱使果锈症发生；用药不当造成果实药害，常加重果锈发生。

【防控技术】

1.加强枣园管理 增施农家肥等有机肥，按比例科学使用氮、磷、钾肥及中微量元素肥料，培育壮树，提高树体抗逆能力。干旱季节及时浇水，雨季注意排水。选用优质安全农药，特别是幼果期不要使用铜素杀菌剂，避免药剂对果面造成刺激。果实生长期，结合喷药喷施0.003%丙酰芸薹素内酯水剂3000倍液等植物生长调节剂，能在一定程度上减轻果锈症发生。

2.治虫防病 注意防控锈壁虱、蚧壳虫、蝽象类等害虫的发生为害，以减轻对果面的伤害、刺激，避免产生果锈。

药害

【症状诊断】药害主要表现在果实和叶片上，有时枣吊、花器上也可发生，症状因药剂种类、环境条件等不同而表现非常复杂。果实上的药害症状可归纳为锈斑型（锈斑状药斑）、果锈型（不规则形果锈）、枯死斑型（局部坏死斑）、微裂型（果面产生不规则小裂口）等四大类；叶片上的药害症状可归纳为褐斑型（组织变褐但不坏死）、枯死斑型（形成局部坏死斑）、叶片老化型（叶片老化变脆，光合效能降低）等三大类；另外，在枣吊、花器上还有畸形、坏死等类型的症状（彩图11-245～彩图11-283）。

彩图11-245 药害斑处的轻度果锈状药害

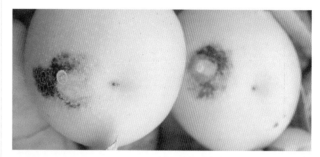

彩图11-246 果实积药点处的中度锈斑状药害

彩图11-247 药害斑导致形成果锈

彩图11-248 果实积药处的药害斑

彩图11-249 果面轻度果锈状药害

彩图11-250 果面中度果锈状药害

彩图11-251 果面上的严重果锈状药害

彩图11-252 冬枣表面的果锈状药害

彩图11-253 果面水纹状药害

彩图11-254 药害造成果面产生许多微裂

彩图11-255 农药混用不当引起的果面灼伤型药害

彩图11-256 果实积药处的烂果型药害

彩图11-257 磺隆类除草剂在果实积药处的枯死斑状药害

彩图11-258 磺隆类除草剂导致的大量枯死斑状药害果

彩图11-259 磺隆类除草剂枯死斑状药害果的剖面

彩图 11-260　激素类药剂导致果实畸形状药害

彩图 11-261　激素类药剂导致果锈增生型药害

彩图 11-262　高温季节波尔多液在果面上的药害斑

彩图 11-263　波尔多液在果面上的果锈状药害

彩图 11-264　波尔多液导致果面形成的微裂型药害

彩图 11-265　波尔多液造成果面局部干缩、凹陷、坏死

彩图 11-266　高温干旱季节，铜制剂在果面上的锈斑型药害

彩图 11-267　高温干旱季节，铜制剂在叶片背面的轻度褐变型药害

彩图 11-268　高温干旱季节，铜制剂在冬枣叶背面的褐斑型药害

彩图 11-269　波尔多液导致叶片老化

彩图 11-273　冬枣上的叶片老化型药害

彩图 11-270　药害导致叶片提早衰老、皂化（小枣）

彩图 11-274　叶缘焦枯状药害

彩图 11-271　多次超量用药，导致叶片衰老、皂化

彩图 11-275　油污染药害

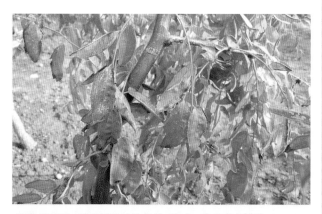

彩图 11-272　药害导致叶片衰老、皂化，失去光合效能

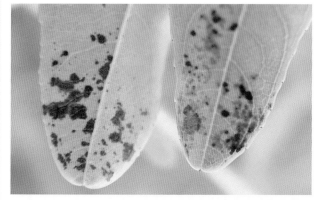

彩图 11-276　劣质乳油类农药在叶片上的灼伤型药害

彩图11-277　百草枯在叶片上的斑点状药害（叶面）

彩图11-281　赤霉素药害，导致花柄过度伸长

彩图11-278　百草枯在叶片上的斑点状药害（叶背）

彩图11-282　尿素喷洒过量在幼果上造成的肥害

彩图11-279　百草枯在枣吊上的药害斑

彩图11-283　尿素喷洒过量，在嫩梢上的肥害

【病因及发生特点】药害相当于生理性病害，发生原因很多，主要是由化学药剂及肥料使用不当造成，如使用浓度过高、局部药液积累量过多、使用敏感性药剂、药剂混用不合理等。另外，高温、高湿可以加重某些药剂的药害程度；不同品种耐药性不同，发生药害的程度不同；幼果期一般耐药性差，易产生药害；铜制剂安全性低，使用不当易造成药害。

【防控技术】科学使用农药，严格按农药使用准则、使用说明及使用浓度配制药液，将药液充分搅拌均匀后均匀周到喷雾。使用除草剂时严格定向喷雾，不能将药剂喷洒到绿色组织部位。树上喷药时避开中午高温时段和有露水时段。根据果实发育特点及品种特性，严格选用安全性药剂，幼果期避免使用强刺激性农药，如不合格代森锰锌、含硫黄制剂、铜制剂（波尔多液等）、质量不好的乳油类药剂等。

彩图11-280　石硫合剂药害

第十二章
石榴病害

疫腐病

【症状诊断】疫腐病是多雨潮湿石榴产区经常发生的一种病害，主要为害石榴树干颈基部，造成颈基部皮层腐烂，轻者导致树势衰弱，叶片变黄早落，果实产量降低，重者导致树体死亡，对石榴产业发展威胁较大。发病初期，颈基部皮层变褐腐烂，逐渐烂透（彩图12-1）；随病斑逐渐扩大，树势表现衰弱（彩图12-2）；当病斑环绕颈基部一周后，造成树体死亡。

彩图12-1　颈基部皮层变褐腐烂

彩图12-2　受害植株树势衰弱，叶片变黄

【病原】主要为疫霉菌（*Phytophthora* sp.），属于鞭毛菌亚门卵菌纲霜霉目。病菌寄主范围很广，其卵孢子亦可在土壤中存活。

【发病规律】病菌主要直接在土壤中或以卵孢子随病残体在土壤中越冬。翌年生长季节高湿条件下，病菌孢子萌发产生游动孢子，通过雨水或灌溉水的水流或水滴反溅传播，从伤口侵染为害。该病在田间有再侵染。多雨高湿是病害发生的主要条件，地势低洼、容易积水地块病害发生较重。

【防控技术】

1.加强栽培管理　多雨潮湿地区新建石榴园时，尽量采用高垄栽培，避免树体颈基部积水。平地种植时，可以在树干基部适当培土，使颈基部不能直接接触水流。施用草圈粪等有机肥时，避免将其施在树干基部。另外，注意防控颈基部害虫，避免造成伤口。

2.及时治疗轻病树　发现轻病树后，首先彻底刮除病斑组织，并集中将病残组织带至园外销毁，然后病斑处及其周围涂抹药剂消毒，促进伤口愈合。效果较好的药剂如：85%波尔·霜脲氰可湿性粉剂400～500倍液、85%波尔·甲霜灵可湿性粉剂400～500倍液、72%霜脲·锰锌可湿性粉剂400～500倍液、95%三乙膦酸铝可溶性粉剂400～500倍液、58%烯酰·锰锌可湿性粉剂400～500倍液等。

3.适当喷淋药剂预防　在多雨潮湿地区的平地果园，也可在雨季到来前使用上述药剂喷淋树干颈基部及其周围土壤进行消毒，有效预防病菌侵染。

褐斑病

褐斑病又称角斑病，是一种常见石榴病害，在各石榴产区均有发生，防控不当时8～9月即引起大量早期落叶，对树势、花芽分化及当年产量与质量均造成较大影响。

【症状诊断】褐斑病主要为害叶片，也可为害果实。叶片受害，初期产生黑褐色小斑点（彩图12-3），扩展后形成圆形或近圆形褐色病斑，有些病斑扩展受叶脉限制而成方形或多角形（彩图12-4），一般直径2～3毫米，少数可达3～4毫米。病斑边缘黑色或黑褐色、稍突起，中部褐色至灰白色，外围常有一墨绿色晕圈。叶片正反两面病斑相似（彩图12-5）。发病后期，病斑表面散生出灰黑色霉状小粒点（彩图12-6）。一张叶片上常散生多个病斑（彩图12-7），后期易导致叶片变黄脱落（彩图12-8）。严重时许多叶片受害（彩图12-9），且常与叶枯病混合发生（彩图12-10），后期造成大量早期落叶（彩图12-11）。

彩图12-6　病斑表面散生出灰黑色小粒点

彩图12-3　褐斑病发生初期病斑

彩图12-7　一张叶片上散生多个病斑

彩图12-4　褐斑病典型病斑

彩图12-8　后期，病叶变黄、脱落

彩图12-5　褐斑病的叶片背面

彩图12-9　许多叶片受害状

彩图 12-10　褐斑病与叶枯病混合发生

彩图 12-11　褐斑病造成大量早期落叶

播进行再侵染。条件适宜时再侵染可发生多次，易引起病害流行。多雨潮湿是病害发生的重要条件，地势低洼、枝叶郁蔽、树冠通风透光不良的果园有利于病害发生，管理粗放、树势衰弱的果园病害发生较重。在黄淮地区该病一般从5月下旬开始发生，7月初至8月末为病害发生盛期，严重时7月底8月初即开始落叶，8月底9月初叶片基本落光。

彩图 12-12　果实表面的初期病斑

果实受害，初期病斑为淡褐色针尖状小点（彩图12-12），后发展成圆形或近圆形稍凹陷病斑，中部色淡呈褐色，边缘色深呈深褐色，直径3～10毫米不等（彩图12-13），后期表面亦可散生出灰黑色霉状小粒点。一般不会造成果实腐烂。

【病原】　石榴尾孢霉（*Cercospora punicae* P. Henn.），属于半知菌亚门丝孢纲丝孢目，病斑表面的霉状小粒点即为病菌的丛生分生孢子梗和分生孢子。

【发病规律】　褐斑病菌主要以菌丝体在病落叶上越冬。翌年条件适宜时产生出分生孢子，通过风雨传播进行侵染为害。初侵染发病后产生的病菌孢子，再经过风雨传

彩图 12-13　果实上的典型病斑

【防控技术】　褐斑病防控技术模式如图12-1所示。

1.加强果园管理　增施农家肥等有机肥，按比例科学使用速效化肥，培育壮树，提高树体抗病能力。合理修剪，促使树冠通风透光良好，雨季注意及时排水，降低环境湿度，创造不利于病害发生的生态条件。落叶后至发芽前，彻底清扫落叶，集中深埋或销毁，消灭病菌越冬场所，减少越冬菌源。尽量实施果实套袋，避免果实中后期受害

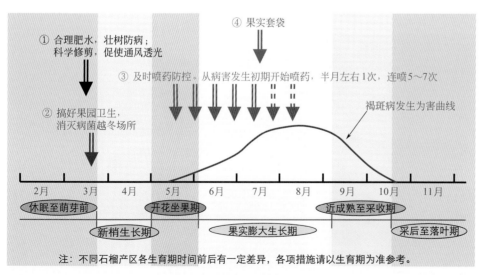

① 合理肥水，壮树防病；科学修剪，促使通风透光

④ 果实套袋

③ 及时喷药防控。从病害发生初期开始喷药，半月左右1次，连喷5～7次

② 搞好果园卫生，消灭病菌越冬场所

褐斑病发生为害曲线

2月　3月　4月　5月　6月　7月　8月　9月　10月　11月

休眠至萌芽前　　开花坐果期　　近成熟至采收期
新梢生长期　　　果实膨大生长期　　采后至落叶期

注：不同石榴产区各生育期时间前后有一定差异，各项措施请以生育期为准参考。

图 12-1　褐斑病防控技术模式图

（彩图 12-14）。

彩图 12-14　果实套塑膜袋状

2. 及时喷药防控　从病害发生初期开始喷药，半月左右1次，连喷5～7次。效果较好的药剂有：70%甲基硫菌灵可湿性粉剂或500克/升悬浮剂800～1000倍液、430克/升戊唑醇悬浮剂3000～4000倍液、10%苯醚甲环唑水分散粒剂1500～2000倍液、40%腈菌唑可湿性粉剂6000～8000倍液、250克/升吡唑醚菌酯乳油2000～3000倍液、30%戊唑·多菌灵悬浮剂700～800倍液、41%甲硫·戊唑醇悬浮剂600～800倍液、80%代森锰锌（全络合态）可湿性粉剂600～800倍液、50%克菌丹可湿性粉剂600～800倍液、77%硫酸铜钙可湿性粉剂700～800倍液等。

叶枯病

【**症状诊断**】叶枯病主要为害石榴叶片，多从叶尖、叶缘开始发生（彩图12-15），有时也从叶中部初见病斑（彩图12-16）。病斑呈圆形、近圆形或不规则形，褐色至茶褐色，扩展后常具有同心轮纹（彩图12-17）；发病后期，病斑表面散生出黑色小粒点。条件适宜时，病斑蔓延较大，甚至达叶片一半（彩图12-18）。严重时，许多叶片受害（彩图12-19），并常与褐斑病混合发生（彩图12-20）。

彩图 12-15　病斑从叶缘开始发生

彩图 12-16　从叶片中部开始发生的早期病斑

彩图 12-17　病斑表面具有同心轮纹

彩图 12-18　病斑扩展至叶片一半

彩图 12-19　许多叶片受害状

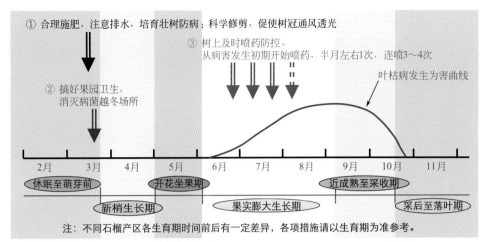

① 合理施肥，注意排水，培育壮树防病；科学修剪，促使树冠通风透光

③ 树上及时喷药防控。从病害发生初期开始喷药，半月左右1次，连喷3～4次

② 搞好果园卫生，消灭病菌越冬场所

叶枯病发生为害曲线

| 2月 | 3月 | 4月 | 5月 | 6月 | 7月 | 8月 | 9月 | 10月 | 11月 |

休眠至萌芽前　　　开花坐果期　　　　近成熟至采收期

新梢生长期　　　果实膨大生长期　　　采后至落叶期

注：不同石榴产区各生育期时间前后有一定差异，各项措施请以生育期为准参考。

图12-2　叶枯病防控技术模式图

扩展后形成褐色圆形或近圆形病斑，中部色淡，为褐色，边缘色深，为暗褐色或深褐色，直径多2～3毫米，叶片正反两面病斑相似（彩图12-22）。有时病斑外围常具有黄绿色晕圈（彩图12-23）。严重时，叶片上常散生多个病斑（彩图12-24），易导致病叶变黄脱落，并常与其他病害混合发生（彩图12-25）。果实受害，初期产生淡褐色小点，后逐渐发展为圆形、或近圆形褐色至黑褐色病斑，表面稍显凹陷，病斑多时严重影响果实的外观品质。

彩图12-20　叶枯病与褐斑病混合发生

彩图12-21　黑斑病初期病斑（叶面）

【病原】厚盘单毛孢（*Monochaetia pachyspora* Bubak），属于半知菌亚门腔孢纲黑盘孢目。病斑表面散生的小黑点即为病菌的分生孢子盘。

【发病规律】叶枯病菌主要以菌丝体或分生孢子盘在病落叶上越冬。翌年条件适宜时产生出分生孢子，通过风雨传播进行侵染为害。初侵染发病后产生的病菌孢子，再经风雨传播进行再侵染为害。条件适宜时，可发生多次再侵染。多雨潮湿是病害发生的主要条件，树冠郁蔽、地势低洼、通风透光不良有利于病害发生，管理粗放、树势衰弱的果园发病较重。

【防控技术】参照"褐斑病"防控技术。使用药剂防控时一般从幼果期开始喷药，半月左右1次，连喷3～4次（图12-2）。

黑斑病

黑斑病又称褐斑病、圆斑病，主要发生在南方石榴产区，以为害叶片为主。严重时导致叶片变黄早落，对树势及产量影响较大。

【症状诊断】黑斑病主要为害石榴叶片，有时也可为害果实。叶片受害，初期产生褐色小斑点（彩图12-21），

彩图12-22　黑斑病初期病斑（叶背）

彩图12-23　黑斑病较典型病斑

彩图12-24　许多叶片受害状

彩图12-25　黑斑病与叶枯病混合发生

【病原】石榴生尾孢霉（*Cercospora punicola*），属于半知菌亚门丝孢纲丝孢目。

【发病规律】黑斑病菌主要以菌丝体和分生孢子梗在病落叶上越冬。翌年条件适宜时产生出分生孢子，通过风雨或雨滴飞溅传播进行侵染为害。初侵染发病后产生的病菌孢子，再经风雨传播进行再侵染为害。适宜条件下再侵染可发生多次。一般年份该病多在7月中下旬～8月中下旬发生较重，多雨潮湿是病害发生的主要条件，树冠郁闭、地势低洼、通风透光不良果园有利于病害发生，管理粗放、树势衰弱果园发生为害较重。

【防控技术】参照"褐斑病"防控技术。

炭疽病

【症状诊断】炭疽病主要为害果实，也可为害叶片和枝条。果实受害，多从果实生长中后期开始发病，初期在果面上产生淡褐色至褐色小斑点，逐渐扩展成褐色至黑褐色近圆形病斑（彩图12-26），表面稍显凹陷，边缘稍显隆起（彩图12-27）；发病后期，表面散生出许多小黑点，其上可溢出淡粉红色黏液，有时小黑点不明显仅看到淡粉红色黏液（彩图12-28）。严重时，果面上散生许多病斑，扩展连片后成不规则大斑（彩图12-29）。叶片受害，多从叶尖开始发生，形成褐色坏死病斑，边缘颜色较深，外围常有褪绿晕圈（彩图12-30）。枝条受害，多不产生明显病斑，只是表面颜色稍显变深，造成枝条衰弱。

彩图12-26　果实上的炭疽病初期病斑

彩图12-27　病斑表面凹陷，边缘隆起

彩图12-28　病斑表面产生出淡粉红色黏液

彩图12-29　果实表面散生许多病斑

彩图12-30 叶片发病状

【病原】胶孢炭疽菌［*Colletotrichum gloeosporioides* (Penz.) Sacc.］，属于半知菌亚门腔孢纲黑盘孢目。病斑表面的小黑点即为病菌的分生孢子盘，淡粉红色黏液为分生孢子黏液。

【发病规律】炭疽病菌主要以菌丝体在枝条病斑上越冬，也可在病僵果上越冬。翌年条件适宜时产生出分生孢子，通过风雨或雨滴飞溅传播，从伤口或直接侵染为害。该病具有潜伏侵染特性，幼果期病菌即可侵染果实，但到果实生长中后期才逐渐开始发病。初侵染发病后病斑表面产生的病菌孢子，再经风雨传播进行再侵染，条件适宜时再侵染可发生多次。但对于套袋石榴来说，再侵染不严重，主要以初侵染为害为重。多雨潮湿是病害传播侵染的主要条件，树冠郁蔽、通风透光不良有利于病害发生，管理粗放、树势衰弱果园病害常发生较重。

【防控技术】炭疽病防控技术模式如图12-3所示。

1.加强栽培管理 增施农家肥等有机肥及微生物肥料，按比例科学使用速效化肥，培强树势，提高树体抗病能力。合理修剪，促使树冠通风透光良好，降低环境湿度，创造不利于病害发生的生态条件。结合修剪，及时除掉枯死枝、破伤枝、衰弱枝及病僵果，集中清到园外销毁，减少病菌越冬场所。落叶后至发芽前，彻底清扫落叶及病僵果，集中深埋或销毁，减少越冬菌源。尽量实施果实套袋，有效保护果实，免遭伤害。

2.发芽前药剂清园 上年病害较重果园，修剪后发芽前喷施1次铲除性药剂清园，杀灭枝条上的残余存活病菌。效果较好的药剂如：30%戊唑·多菌灵悬浮剂400～600倍液、41%甲硫·戊唑醇悬浮剂400～500倍液、77%硫酸铜钙可湿性粉剂300～400倍液、60%铜钙·多菌灵可湿性粉剂300～400倍液、45%代森铵水剂300～400倍液等。

3.生长期及时喷药防控 关键为首次喷药时间。一般果园从落花后15～20天开始喷药，半月左右1次，连喷5～7次；对于套袋石榴，套袋前为最后1次喷药。效果较好的药剂有：70%甲基硫菌灵可湿性粉剂或500克/升悬浮剂800～1000倍液、430克/升戊唑醇悬浮剂3000～4000倍液、10%苯醚甲环唑水分散粒剂1500～2000倍液、40%腈菌唑可湿性粉剂6000～8000倍液、250克/升吡唑醚菌酯乳油2000～3000倍液、450克/升咪鲜胺乳油1500～2000倍液、30%戊唑·多菌灵悬浮剂700～800倍液、41%甲硫·戊唑醇悬浮剂600～800倍液、80%代森锰锌（全络合态）可湿性粉剂600～800倍液、50%克菌丹可湿性粉剂600～800倍液、77%硫酸铜钙可湿性粉剂700～800倍液等（图12-3）。

干腐病

干腐病是为害石榴的一种常见病害，在我国各石榴产区均有发生，管理粗放果园发生为害较重，果实受害常造成较重损失。许多果园采收期病果率达10%以上，严重时超过50%。另外，枝干受害严重时，常造成死枝、死树。

【症状诊断】干腐病主要为害果实和枝干，有时也可为害花器。

果实受害，从幼果期至成熟期均可发生。幼果受害，多在萼筒处产生不规则形淡褐色斑点，后逐渐扩大成中间深褐色、边缘浅褐色的凹陷腐烂病斑，严重时导致整个幼果变褐腐烂，病果容易脱落。果实膨大期至成熟期受害，形成褐色至黑褐色干腐病斑，圆形、近圆形或不规则形（彩图12-31～彩图12-33），表面凹陷（彩图12-34），病果不易脱落；后期病斑干缩，表面散生出许多黑褐色小粒点，其上有时溢出淡粉红色黏液（彩图12-35），严重时果实大部分受害，后期多干缩为僵果（彩图12-36）。有时果实萼片亦可受害，形成褐色不规则形凹陷坏死斑（彩图12-37）。

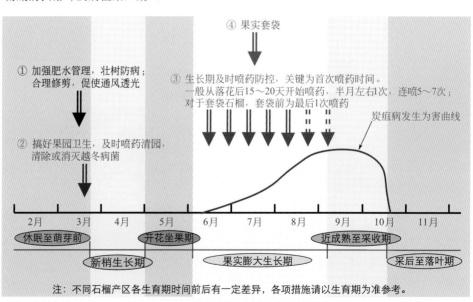

注：不同石榴产区各生育期时间前后有一定差异，各项措施请以生育期为准参考。

图12-3 炭疽病防控技术模式图

彩图 12-31　果实胴部的近圆形病斑

彩图 12-32　果实近萼端的近圆形病斑

彩图 12-33　病斑扩展为不规则形

彩图 12-34　病斑圆形，凹陷

彩图 12-35　病斑表面产生小黑点及黏液

彩图 12-36　病果干缩为僵果

彩图 12-37　果实萼片受害状

　　枝干受害，初期病斑不明显，皮层呈淡黄褐色，没有明显边缘；后皮层变为深褐色，表皮失水坏死、干裂，边缘明显，形成椭圆形或长条形病斑；条件适宜时，病斑迅速扩展为长条形或不规则形，病部皮层失水、干缩、凹陷，易龟裂、翘起、剥离，露出木质部，严重时造成枝干或全树枯死。

　　花瓣受害，部分变褐萎蔫；花萼受害，初期产生黑褐色椭圆形凹陷小斑点，后病斑逐渐扩大为淡褐色凹陷病斑，病组织坏死腐烂。

　　【病原】石榴小赤壳菌（*Nectriella versoniana* Sacc.et Penz.），属于子囊菌亚门核菌纲球壳菌目；无性阶段为石榴鲜壳孢（*Zythia versoniana* Sacc.），属于半知菌亚门腔孢纲

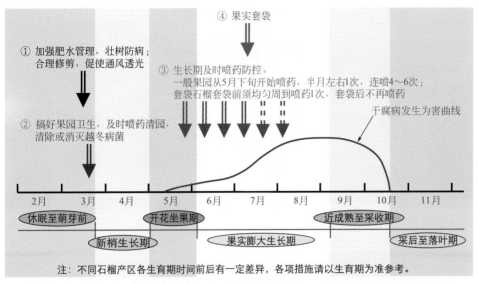

① 加强肥水管理，壮树防病；合理修剪，促使通风透光

② 搞好果园卫生，及时喷药清园，清除或消灭越冬病菌

③ 生长期及时喷药防控。一般果园从5月下旬开始喷药，半月左右1次，连喷4～6次；套袋石榴套袋前须均匀周到喷药1次，套袋后不再喷药

④ 果实套袋

干腐病发生为害曲线

2月　3月　4月　5月　6月　7月　8月　9月　10月　11月

休眠至萌芽前　　开花坐果期　　近成熟至采收期

新梢生长期　　果实膨大生长期　　采后至落叶期

注：不同石榴产区各生育期时间前后有一定差异，各项措施请以生育期为准参考。

图12-4　干腐病防控技术模式图

球壳孢目。病斑表面的黑褐色小粒点即为病菌无性阶段的分生孢子器，淡粉红色黏液为分生孢子黏液。

【**发病规律**】干腐病菌主要以菌丝体或分生孢子器在枝干病斑上及病僵果上越冬。翌年条件适宜时产生出分生孢子，成为主要初侵染来源，通过风雨传播，从伤口或自然孔口侵染为害。初侵染期很长，该病有再侵染但不严重，主要为初侵染为害。多雨潮湿是病害传播与侵染的主要条件，一般年份从5月中下旬开始发病，7月中旬后进入发病盛期。地势低洼、树冠郁弊、通风透光不良有利于病害发生，管理粗放、树势衰弱、果实害虫发生较多的果园病害发生较重。

【**防控技术**】干腐病防控技术模式如图12-4所示。

1. 加强栽培管理，搞好果园卫生，发芽前药剂清园　参照"炭疽病"防控技术。

2. 生长期及时喷药防控　一般果园从5月下旬开始喷药，半月左右1次，连喷4～6次；套袋石榴套袋前最好均匀周到喷药1次，套袋后不再喷药。效果较好的药剂同"炭疽病"生长期喷药（图12-4）。

焦腐病

【**症状诊断**】焦腐病主要为害果实，多从果实萼片处开始发生，逐渐向果实上扩散蔓延。发病初期，果萼上或果萼基部产生水渍状褐色斑点（彩图12-38），后很快扩展蔓延到果实上（彩图12-39），形成褐色至深褐色干腐病斑，造成果皮及果粒腐烂（彩图12-40）；严重时，病斑蔓延至果实一半以上。后期，病斑表面逐渐散生出许多黑色小粒点（彩图12-41），小粒点上可溢出灰白色黏液，有时在套袋果上还可看到灰色菌丝（彩图12-42）。

【**病原**】柑橘葡萄座腔菌［*Botryosphaeria rhodina*（Berk.et Curt.）Shoemaker］，属于子囊菌亚门腔菌纲格孢腔菌目；自然界常见其无性阶段，无性阶段为可可球二孢（*Botryodiplodia theobromae* Pat.），属于半知菌亚门腔孢纲球

壳孢目。病斑表面的小黑点即为病菌无性阶段的分生孢子器，灰白色黏液为分生孢子黏液。

【**发病规律**】焦腐病菌主要以菌丝体或分生孢子器在病僵果及枝干病斑上越冬。翌年条件适宜时产生出大量病菌孢子，通过风雨传播，从伤口或衰弱枯死组织进行侵染。该病初侵染期很长，田间有再侵染但不严重。多雨潮湿是病害发生的主要条件，地势低洼、树冠郁弊、通风透光不良有利于病害发生，管理粗放、树势衰弱、果实害虫发生较多的果园病害发生较重。从田间调查来看，果萼紧抱的品种果实受害较重，果萼敞散的品种果实受害较轻。

【**防控技术**】参照"干腐病"防控技术。喷药防控该病时，注意果实萼端一定要喷洒到药剂。

彩图12-38　病斑从果萼上开始发生

彩图12-39　病斑从果萼蔓延至果实上

彩图12-40　病果皮层及果粒腐烂状

彩图12-41　病斑表面散生出许多小黑点

彩图12-42　套袋果实腐烂状

彩图12-43　果萼基部的初期病斑

彩图12-44　果蒂端的淡褐色腐烂病斑

彩图12-45　腐烂病斑剖面状

彩图12-46　病斑表面具有同心轮纹

蒂腐病

【症状诊断】蒂腐病主要为害果实，引起果蒂端腐烂。初期，病斑多从果萼上或果萼基部开始发生，形成深褐色近圆形或不规则形病斑（彩图12-43）；后逐渐在果实蒂端蔓延，发展为淡褐色至褐色腐烂病斑（彩图12-44、彩图12-45），有时病斑表面具明显同心轮纹（彩图12-46）。发病后期，腐烂病斑表面散生出许多小黑点。

【病原】石榴拟茎点霉（*Phomopsis punicae*），属于半知菌亚门腔孢纲球壳孢目。病斑表面的小黑点即为病菌的分生孢子器。

【发病规律】蒂腐病菌主要以菌丝体和分生孢子器在病僵果等病残体上越冬。翌年条件适宜时产生并释放出大量分生孢子，通过风雨传播进行侵染为害。初侵染发病后产生的病菌孢子，再经风雨传播进行再侵染为害，条件适宜时田间有多次再侵染。多雨潮湿是病害发生的主要条件，地势低洼、树冠郁弊、通风透光不良有利于病害发生，管理粗放、树势衰弱果园病害发生较重。

【防控技术】参照"干腐病"防控技术。

疮痂病

【症状诊断】疮痂病主要为害果实，幼果至近成熟果均可受害。幼果受害，初期在果面上产生水渍状红褐色小斑点，稍隆起（彩图12-47），逐渐发展为紫褐色突起病斑，圆形或近圆形，直径1毫米左右（彩图12-48）；后期，随着果实不断膨大，病斑融合成不规则疮痂状，表面粗糙，逐渐发生龟裂（彩图12-49）。近成熟果受害，初期病斑为水渍状深褐色小点（彩图12-50），逐渐发展为褐色近圆形病斑，直径2～3毫米，表面有时发生开裂（彩图12-51）；后期，病斑融合成不规则大斑，表面龟裂、甚至果皮产生裂缝（彩图12-52）。

【病原】石榴痂圆孢（Sphaceloma *punicae* Bitancourt et Jenkins），属于半知菌亚门腔孢纲黑盘孢目。

【发病规律】疮痂病菌主要以菌丝体在病残组织上越冬。翌年春季温湿度条件适宜时产生分生孢子，通过风雨传播，直接或从自然孔口侵染，经几天的潜育期后出现病斑。初侵染病斑上产生的分生孢子，再经风雨传播进行再侵染。条件适宜时再侵染可发生多次。多雨潮湿是病害发生的重要条件，气温高于25℃时病害趋于停滞。秋季阴雨连绵时，病害又会再次发生或流行。地势低洼、树冠郁弊、通风透光不良有利于病害发生，管理粗放、树势衰弱的果园病害发生较重。

彩图12-47　幼果上的疮痂病初期病斑

彩图12-48　幼果上的疮痂病中期病斑

彩图12-49　幼果受害，后期形成疮痂状连片大斑

彩图12-50　近成熟果上的初期病斑

彩图12-51　近成熟果上的中期病斑

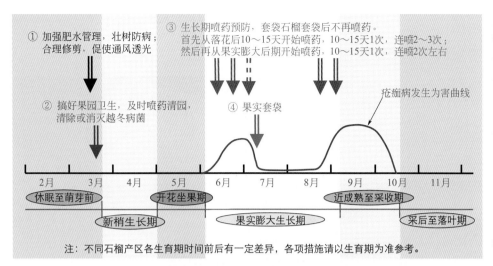

① 加强肥水管理，壮树防病；合理修剪，促使通风透光

③ 生长期喷药预防，套袋石榴套袋后不再喷药。首先从落花后10～15天开始喷药，10～15天1次，连喷2～3次；然后再从果实膨大后期开始喷药，10～15天1次，连喷2次左右

② 搞好果园卫生，及时喷药清园，清除或消灭越冬病菌

④ 果实套袋

疮痂病发生为害曲线

2月　3月　4月　5月　6月　7月　8月　9月　10月　11月

休眠至萌芽前　　新梢生长期　　开花坐果期　　果实膨大生长期　　近成熟至采收期　　采后至落叶期

注：不同石榴产区各生育期时间前后有一定差异，各项措施请以生育期为准参考。

图12-5　疮痂病防控技术模式图

克/升悬浮剂800～1000倍液、430克/升戊唑醇悬浮剂3000～4000倍液、10%苯醚甲环唑水分散粒剂1500～2000倍液、40%腈菌唑可湿性粉剂6000～8000倍液、80%代森锰锌（全络合态）可湿性粉剂600～800倍液等（图12-5）。

青霉病

彩图12-52　近成熟果受害，后期的连片疮痂病斑

【防控技术】疮痂病防控技术模式如图12-5所示。

1.加强栽培管理　增施农家肥等有机肥及微生物肥料，按比例科学使用速效化肥，培育树势健壮，提高树体抗病能力。合理修剪，促使树冠通风透光，雨季注意排水，降低环境湿度，创造不利于病害发生的生态条件。发芽前彻底剪除枯死枝、破伤枝等衰弱枝条，清除病僵果，集中带到园外销毁，减少越冬菌源。实施果实套袋，有效防护果实中后期受害。

2.发芽前药剂清园　上年病害发生较重果园，发芽前喷施1次铲除性药剂清园，杀灭树上残余越冬病菌。效果较好的药剂如：45%代森铵水剂300～400倍液、77%硫酸铜钙可湿性粉剂300～400倍液、30%戊唑·多菌灵悬浮剂400～600倍液、41%甲硫·戊唑醇悬浮剂400～500倍液、60%铜钙·多菌灵可湿性粉剂300～400倍液等。

3.生长期喷药预防　首先从落花后10～15天开始喷药预防幼果受害，10～15天1次，连喷2～3次；然后再从果实膨大后期开始继续喷药预防近成熟果受害（套袋果不再喷药），10～15天1次，连喷2次左右。效果较好的药剂有：30%戊唑·多菌灵悬浮剂700～800倍液、41%甲硫·戊唑醇悬浮剂600～800倍液、250克/升吡唑醚菌酯乳油2000～3000倍液、70%甲基硫菌灵可湿性粉剂或500

【症状诊断】青霉病主要为害果实，多从果实伤口处开始发生，发病后的主要症状特点是在病斑表面产生灰绿色至青绿色霉状物（彩图12-53）。病果呈淡褐色至褐色腐烂，表面凹陷，具有特殊霉味。

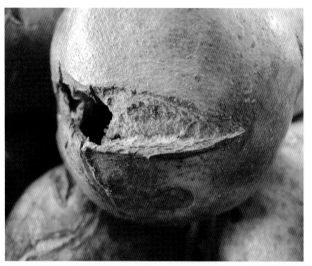

彩图12-53　青霉病多从果实伤口处开始发生

【病原】青霉菌（*Penicillium* sp.），属于半知菌亚门丝孢纲丝孢目。病斑表面的霉状物即为病菌的分生孢子梗和分生孢子。

【发病规律】青霉病菌是一种弱寄生性真菌，寄主范围非常广泛，没有固定越冬场所。分生孢子主要通过气流传播，从各种伤口侵染为害，果实裂伤尤为关键。该病主要发生在果实近成熟期至采后贮运期。缺钙果园裂果较重，易发生青霉病烂果。

【防控技术】

1.加强肥水管理　增施农家肥等有机肥，适当增施钙肥，干旱时注意及时浇水，保持水分供应平衡，避免造成裂果。生长期结合喷药适量喷施钙肥，预防果实开裂。

2.安全贮运　包装贮运前仔细挑选，彻底剔除病、虫、伤果。长途运输或长时间贮运时，也可使用50%抑霉唑乳油1000～1500倍液、或450克/升咪鲜胺乳油1000～1500倍液浸果10～15秒，捞出晾干后再包装贮运。有条件的最好采用低温贮运，3～5℃能够有效抑制病斑扩展。

霉污病

【症状诊断】霉污病又称煤污病、煤烟病，主要为害叶片和果实，发病后的主要症状特点是在受害部位表面产生一层煤烟状污斑（彩图12-54），该污斑附生在组织表面，具有一定黏性，用手较容易擦去。叶片受害，影响光合作用；果实受害，导致外观品质降低。

彩图12-54 霉污病病果

【病原】煤炱菌（*Capnodium* sp.），属于子囊菌亚门腔菌纲座囊菌目。受害部位表面的煤烟状物即为病菌的菌丝等组织结构。

【发病规律】霉污病菌是一种附生菌，以植物表面附着的营养物为基质进行生长，没有固定越冬场所。病菌主要通过风雨或气流传播进行为害，蚜虫、蚧壳虫等昆虫亦可携带扩散。蚜虫、蚧壳虫发生较重的果园，叶片及果实表面的害虫排泄物积累较多，霉污病发生较重。树冠郁蔽、通风透光不良、环境湿度大时，该病发生较重。

【防控技术】

1. 加强果园管理 首先，要搞好蚜虫、蚧壳虫等刺吸式害虫的有效防控，这是预防霉污病发生的最根本措施。其次，合理修剪，促使树冠通风透光良好，降低环境湿度。

2. 适当喷药防控 往年病害发生较重果园，在多雨潮湿季节做好害虫防控的基础上及时喷药预防，半月左右1次，连喷2次左右。效果较好的药剂如：50%克菌丹可湿性粉剂500～600倍液、77%硫酸铜钙可湿性粉剂500～600倍液、40%氟硅唑乳油6000～7000倍液等。

麻皮病

麻皮病是一种综合性果实病害，在南方石榴产区普遍发生，对果实外观品质影响很大。病害发生较重年份，病果率达30%以上，甚至超过50%。

【症状诊断】麻皮病主要为害果实，从幼果期至近成熟期均可发生。发病初期，果面上产生紫红色至红褐色小斑点（彩图12-55），后斑点逐渐扩大、数量逐渐增多，导致果面形成许多坏死斑点、或疮痂状坏死、或木栓状愈伤

组织（彩图12-56～彩图12-58），褐色至黑褐色，表面粗糙。有的似花斑状（彩图12-59），有时病变表面发生龟裂，严重影响果实的外观品质。

彩图12-55 麻皮病发病初期的斑点

彩图12-56 果实表面布满褐色坏死斑点

彩图12-57 在果实日灼病斑上继发许多坏死斑点

彩图12-58 幼果表面的木栓状愈伤组织

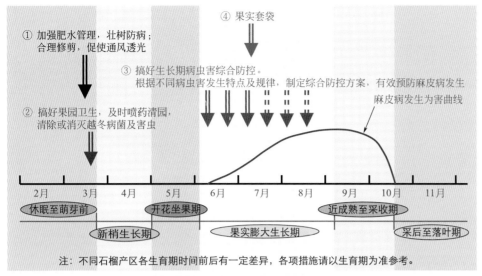

① 加强肥水管理，壮树防病；
合理修剪，促使通风透光

② 搞好果园卫生，及时喷药清园，
清除或消灭越冬病菌及害虫

③ 搞好生长期病虫害综合防控。
根据不同病虫害发生特点及规律，制定综合防控方案，有效预防麻皮病发生

④ 果实套袋

麻皮病发生为害曲线

| 2月 | 3月 | 4月 | 5月 | 6月 | 7月 | 8月 | 9月 | 10月 | 11月 |

休眠至萌芽前　　　开花坐果期　　　近成熟至采收期

新梢生长期　　果实膨大生长期　　采后至落叶期

注：不同石榴产区各生育期时间前后有一定差异，各项措施请以生育期为准参考。

图12-6　麻皮病防控技术模式图

彩图12-59　花斑状麻皮病果

【病因及发生特点】麻皮病属综合性果实病害，即由多种果实病害或害虫同时为害或相继为害形成的一种综合症状。根据田间调查，导致麻皮病形成的因素主要有疮痂病、干腐病、炭疽病、日灼病及蓟马为害等。多种病、虫既同时或相继为害，又在发生过程中相互影响、相互作用，所以就形成了一类独特的症状表现。

【防控技术】麻皮病防控技术模式如图12-6所示。

1. 加强栽培管理　增施农家肥等有机肥及微生物肥料，按比例科学使用氮、磷、钾肥及中微量元素肥料，培育壮树，提高树体抗病能力。雨季注意排水，干旱季节及时灌水，尽量保证土壤水分供应平衡。合理修剪，促使树冠通风透光，降低环境湿度。落叶后至发芽前，彻底清除各种枯枝、落叶、病僵果等病残体，集中带到园外销毁，减少病虫越冬场所。尽量实施果实套袋，保护果实免遭病虫为害。

2. 发芽前药剂清园　石榴发芽前，喷施铲除性药剂清园，杀灭树上越冬病菌及害虫。综合效果较好的药剂如：3～5波美度石硫合剂、45%石硫合剂晶体50～70倍液、45%代森铵水剂200～300倍液等。

3. 搞好生长期病虫害综合防控　根据不同病虫害发生特点及规律，制定综合防控方案，有效防控多种病虫为害，

综合预防麻皮病发生。

黄叶病

【症状诊断】黄叶病又称缺铁症，主要在叶片上表现明显症状，典型症状特点是枝梢顶端叶片褪绿变黄（彩图12-60、彩图12-61）。发病初期，脉间叶肉褪绿为黄绿色，叶脉及其附近仍保持绿色；随病情发展，褪绿范围逐渐扩大、褪绿程度逐渐加重，仅主脉留有绿色；随后病情再进一步加重，叶尖变黄白色、甚至白色，并逐渐变褐干枯。严重时，叶片干枯脱落，枝梢枯死。

彩图12-60　枝梢叶片发病状

彩图12-61　黄叶病枝梢与健康枝梢比较

【病因及发生特点】黄叶病是一种生理性病害，由铁素供应不足引起。铁素是叶绿色的重要组织成分，缺铁时，叶绿素合成受阻，导致叶片出现褪绿、黄化现象。由于有

效铁素在植株体内难以移动，所以黄叶病多从新梢嫩叶开始发生。

土壤中的铁素分为二价铁和三价铁两种形态，三价铁难溶于水，不能被树体吸收利用，二价铁才是树体吸收利用的有效铁素。盐碱地或碳酸钙含量高的土壤容易缺铁，大量使用化肥、土壤板结的地块容易缺铁，沙性土壤、渗水性强、养分容易流失的地块容易缺铁，土壤黏重、排水不良、地下水位高的地块易导致缺铁；根部或枝干受伤或有病时，影响铁素的吸收传导，树体易表现缺铁症状。

【防控技术】

1.加强栽培管理　增施农家肥等有机肥及微生物肥料，改良土壤。结合施用有机肥土壤混施二价铁肥，补充土壤中的可溶性铁含量，一般每株成龄树根施硫酸亚铁0.4～0.5千克。盐碱地果园适当灌水压碱，并种植深根性绿肥。低洼果园，及时开沟排水。及时防控石榴枝干病害及根部病害，保证养分吸收和运输畅通。根据果园土壤肥力及施肥水平，科学确定结果量，保持树体生长健壮。

2.及时喷铁矫正　发现黄叶病后及时喷铁治疗，10天左右1次，直至叶片完全变绿为止。效果较好的铁肥有：黄腐酸二胺铁200倍液、0.2%～0.3%硫酸亚铁倍液＋0.05%柠檬酸＋0.2%尿素的混合液、腐植酸铁、螯合铁等。

果锈症

【症状诊断】果锈症俗称果锈，只在果实上表现症状，其主要症状特点是果面上产生各种类型的黄褐色木栓状果锈。该果锈实际即果皮细胞受伤后的愈伤组织，因伤害种类、程度及形状不同，愈伤组织表现各异（彩图12-62～彩图12-64）。果锈主要影响果实的外观质量，对产量基本没有影响，对果实风味影响程度也较小。

【病因及发生特点】果锈症相当于生理性病害，是由果面受外界不当刺激伤害引起的，具体原因有枝叶摩擦伤害、农药刺激伤害、喷药水流冲击伤害、雨露雾高湿环境伤害及各种机械伤害等。果皮细胞组织受伤害后形成愈伤组织，即表现为果锈。

彩图12-62　表皮细胞木栓化状果锈

彩图12-63　水流型木栓状果锈

彩图12-64　枝叶擦伤型木栓状果锈

【防控技术】首先要加强果园管理，避免果实遭受各种机械伤害，如：合理修剪、降低环境湿度，提高喷药雾化质量、降低药流冲击伤害，避免喷用劣质叶面肥及生长调节剂等。其次，必须选用安全优质农药，并科学混用农药，幼果期尽量避免使用乳油类农药等，以减轻或避免农药对果面的刺激伤害。尽量实施果实套袋，并选用优质果袋，以保护果实免遭伤害。

裂果症

【症状诊断】裂果症简称裂果，俗称"果实开花"，主要发生在近成熟期的果实上，发生越早为害越重，发生越晚为害相对越轻。果实开裂以纵向为主，多从萼端开始发生（彩图12-65），也有少数为横向开裂。发生初期，仅外果皮开裂（彩图12-66），逐渐向中果皮、内果皮发展（彩图12-67），导致整个果皮、甚至果实开裂，严重时果实似开花状（彩图12-68、彩图12-69），失去商品价值。发生较晚的，虽然裂果为害较轻，但易引发青霉菌等杂菌感染（彩图12-70），造成次生为害。

【病因及发生特点】裂果症是一种生理性病害，主要是果实水分供应不均衡或不及时所引起的。前期干旱少雨水，中后期水分供应充足或过量，是诱使裂果症发生的主要因素。土壤有机质贫乏、钙素供应不足及沙性土壤果园容易发生裂果，树体修剪不当、枝条分布不均匀的树体上果实容易开裂，阴雨后突然转晴、土壤湿度大时裂果发生较重。另外，品种间裂果症轻重存在显著差异性。

彩图12-65 裂果从萼端开始发生

彩图12-66 外果皮开始开裂

彩图12-67 裂果伤口发展至中果皮

彩图12-68 整个果实开裂

彩图12-69 裂果似开花状

彩图12-70 裂果伤口处诱发青霉菌感染

【防控技术】根据当地环境条件，尽量选择适宜本地的品种栽植。增施农家肥等有机肥及微生物肥料，改良土壤结构，提高土壤蓄水、保水能力。干旱季节及时浇水，多雨时注意排水，尽量保持土壤水分供应平衡。合理修剪，使树冠枝条分布均匀，有效减轻果实开裂。结合施用有机肥适量施用钙肥，并结合喷药喷施速效钙肥，如硝酸钙、氨基酸钙、腐植酸钙等。

日灼病

【症状诊断】日灼病又称日烧病，简称日烧，可为害果实、枝干及叶片，以果实受害最为常见、且损失最重。果实受害，多发生在果实生长中后期，常于果实肩部至胴部的向阳部位发生。发病初期，果皮失去光泽（彩图12-71），隐约显出油渍状、淡褐色、近圆形病斑，边缘不明显（彩图12-72）；随病情加重，病斑渐变褐色至黑褐色（彩图12-73、彩图12-74），果皮逐渐坏死，边缘逐渐清晰，表面显出凹陷（彩图12-75）；严重时，后期皮层坏死，皮下果粒亦有灼伤，高湿时表面常腐生有霉菌。有时套袋果实亦可受害（彩图12-76、彩图12-77）。枝干受害，多发生在向阳面的阳光直射处，初期枝干表面产生不明显褐色至深褐色灼伤斑，后逐渐发展为条状坏死斑，表面凹陷，边缘产生裂缝，坏死皮层后期易发生龟裂。

彩图 12-71　果实上的日灼病初期病斑

彩图 12-72　病斑呈淡褐色油渍状

彩图 12-73　病斑表面产生深褐色小点

彩图 12-74　病斑表面变黑褐色

彩图 12-75　病斑处果皮变褐坏死

彩图 12-76　套袋石榴的日灼病初期病斑

彩图 12-77　套袋石榴的日灼病后期病斑

　　【病因及发生特点】日灼病相当于生理性病害，在炎热夏季由强烈阳光过度直接照射引起。在阳光直射下，局部蒸腾作用加强，若温度过高或持续时间较长则易导致组织灼伤，而发生日灼伤害。

　　【防控技术】科学修剪，使树冠留枝适量、并尽量均匀分布，能够为果实适当遮阴。在炎热夏季，注意及时浇水，增加树体水分含量，提高果实及枝干耐热能力。果园地面覆草或实施生草栽培，提高土壤保墒能力。有条件的也可架设遮阳网，阻挡阳光过度直射。另外，在夏季适当增加喷施0.2%～0.3%磷酸二氢钾溶液+0.3%尿素溶液，也可在一定程度提高果实的耐热能力。

第十三章

花椒病害

::: 锈病 :::

花椒锈病又称花椒鞘锈病、花椒粉锈病，在我国许多花椒产区均有发生，严重年份病叶率达50%以上，常导致花椒采后不久即大量落叶，引起二次发芽。对树势及营养积累影响很大，并直接影响第二年产量。

【症状诊断】锈病主要为害叶片，偶尔也可为害叶柄。叶片受害，初期在叶正面产生边缘不明显的水渍状褪绿斑点（彩图13-1），直径2～3毫米；与之对应处，叶背面开始产生橘黄色突起小点，其表面逐渐破裂散出橘黄色粉状物（彩图13-2），粉状物堆散生或呈环状排列（彩图13-3）；同时，叶正面褪绿黄斑逐渐扩大，并逐渐变褐坏死、形成枯死斑（彩图13-4）。一张叶片上常有许多病斑（彩图13-5），严重时许多叶片受害（彩图13-6）。秋季，叶正面褪绿黄斑及枯死斑进一步扩大（彩图13-7、彩图13-8），叶背面病斑处及其周围逐渐产生出橘红色疱状突起（彩图13-9），似蜡状，表皮不破裂，圆形或长圆形，散生或排列成环状（彩图13-10）；严重时，许多叶片受害（彩图13-11），后期严重叶片易变黄脱落（彩图13-12）。叶柄也可受害，症状表现与叶片上相似（彩图13-13）。

彩图13-2 叶背面产生的橘黄色粉状物

彩图13-3 叶背粉状物堆呈环状排列

彩图13-1 发病初期叶正面的褪绿斑点

彩图13-4 叶面开始产生褐色枯死斑

彩图 13-5　叶背散生许多病斑

彩图 13-9　秋季叶背面产生出橘红色疱状突起

彩图 13-6　许多叶片受害状

彩图 13-10　橘红色疱状突起表皮不破裂

彩图 13-7　秋季叶片正面的褪绿黄斑

彩图 13-11　秋季许多叶片严重受害状

彩图 13-8　秋季叶片正面的枯死斑

彩图 13-12　后期，严重叶片易变黄脱落

彩图 13-13 叶柄受害状

【病原】花椒鞘锈菌（*Coleosporium zanthoxyli* Diet. &Syd.），属于担子菌亚门冬孢菌纲锈菌目。病斑叶片背面产生的橘黄色物为病菌的夏孢子堆和夏孢子，橘红色物为病菌的冬孢子堆。

【发病规律】花椒锈病菌的转主寄主目前不详，因此其冬孢子堆的作用还不清楚，根据田间发病情况分析，可能以夏孢子堆在落叶上越冬。一般从 6 月中下旬开始发病，产生夏孢子后通过气流传播，直接或从气孔侵染为害。该病在田间有多次再侵染。7 月～ 9 月上中旬为发病盛期。

锈病多从树冠下部叶片开始发生，逐渐向上扩散蔓延，果实成熟前后即可造成大量落叶，严重时 9 月中下旬叶片全部落光，造成花椒树二次发芽。多雨潮湿是病害发生的主要条件，秋季雨量多、降雨频繁易造成锈病发生流行。另外，阴坡较阳坡发病重，成片花椒园较零散花椒发病重；花椒树行间种植高秆作物，园内通风透光不良，常加重病害发生。

【防控技术】锈病防控技术模式如图 13-1 所示。

1. 加强栽培管理 增施农家肥等有机肥，培强树势，提高树体抗病能力。花椒树行间避免种植高秆作物，促进花椒园通风透光，降低环境湿度，创造不利于病害发生的生态条件，阴坡花椒园尤为重要。花椒落叶后至发芽前，彻底清扫落叶，集中深埋或销毁，消灭病菌越冬场所。

2. 及时树上喷药防控 关键是喷药时间，一般从田间初见病叶时立即开始喷药，往年病害发生较重椒园，也可从 6 月初开始喷药，10 ～ 15 天喷药 1 次，连喷 3 ～ 5 次；

田间发病较重时，花椒采收后再喷药 1 ～ 2 次。效果较好的药剂有：430 克/升戊唑醇悬浮剂 3000 ～ 4000 倍液、40% 腈菌唑可湿性粉剂 6000 ～ 8000 倍液、10% 苯醚甲环唑水分散粒剂 1500 ～ 2000 倍液、12.5% 烯唑醇可湿性粉剂 2000 ～ 2500 倍液、20% 三唑酮乳油 1500 ～ 2000 倍液、70% 甲基硫菌灵可湿性粉剂或 500 克/升悬浮剂 800 ～ 1000 倍液、250 克/升丙环唑乳油 1000 ～ 1500 倍液、30% 戊唑·多菌灵悬浮剂 700 ～ 800 倍液、41% 甲硫·戊唑醇悬浮剂 600 ～ 800 倍液、80% 代森锰锌（全络合态）可湿性粉剂 600 ～ 800 倍液等。

黑斑病

黑斑病又称落叶病，是为害花椒的常见叶部病害之一，在我国陕西、甘肃、河南、山西等花椒产区均有发生。发病较重年份，一般椒园病叶率为 20% ～ 40%，严重时可达 80% 以上，造成叶片早期脱落，对树势影响很大。

彩图 13-14 黑斑病病叶（张炳炎）

【症状诊断】黑斑病主要为害叶片，严重时也可为害叶柄、嫩梢。叶片受害，初期在叶片正面产生 1 ～ 4 毫米的黑色圆形小斑点，逐渐扩展后形成黑褐色至褐色、圆形或近圆形病斑，叶背面病斑颜色较深（彩图 13-14）。后期或高湿环境下，病斑表面产生出稍突起的小黑点，高湿时其上显现乳白色胶点。病斑连片后，形成不规则形褐色至黑褐色大斑，严重时病叶易早期脱落。叶柄受害，病斑呈椭圆形，稍凹陷。嫩梢受害，形成梭形疮状病斑，紫褐色，稍隆起。

【病原】花椒盘二孢（*Marssoninazanthoxyli*），属于半知菌亚门腔孢纲黑盘孢目。病斑表面的小黑点为病菌的分生孢子盘，乳白色胶

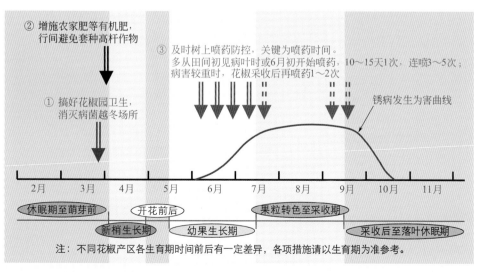

② 增施农家肥等有机肥，行间避免套种高秆作物

③ 及时树上喷药防控，关键为喷药时间。多从田间初见病叶时或 6 月开始喷药，10～15 天 1 次，连喷 3～5 次；病害较重时，花椒采收后再喷药 1～2 次

① 搞好花椒园卫生，消灭病菌越冬场所

锈病发生为害曲线

2月　3月　4月　5月　6月　7月　8月　9月　10月　11月

休眠期至萌芽前　　开花前后　　果粒转色至采收期

新梢生长期　　幼果生长期　　采收后至落叶休眠期

注：不同花椒产区各生育期时间前后有一定差异，各项措施请以生育期为准参考。

图 13-1 锈病防控技术模式图

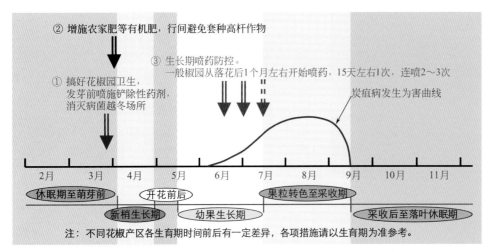

图13-2　黑斑病防控技术模式图

注：不同花椒产区各生育期时间前后有一定差异，各项措施请以生育期为准参考。

② 增施农家肥等有机肥，行间避免套种高杆作物

③ 生长期喷药防控。
一般椒园从落花后1个月左右开始喷药，15天左右1次，连喷2~3次

① 搞好花椒园卫生，发芽前喷施铲除性药剂，消灭病菌越冬场所

炭疽病发生为害曲线

休眠期至萌芽前　开花前后　果粒转色至采收期

新梢生长期　幼果生长期　采收后至落叶休眠期

点为分生孢子黏液。

【发病规律】黑斑病菌以菌丝体和分生孢子盘在病落叶上和枝梢病斑上越冬。翌年条件适宜时产生分生孢子，成为初侵染来源。病菌通过风雨传播进行侵染为害，田间有多次再侵染。病害多从下部叶片开始发生，逐渐向上部蔓延。在陕西关中和甘肃陇南地区，一般年份7月下旬~8月初开始发病，8月中旬~9月初达到发病高峰，病叶陆续开始脱落。严重时，树冠中下部叶片全部落光。病害发生早晚及轻重，主要受降雨影响，雨季早、降雨多、降雨频繁的年份或区域，病害发生早且严重。花椒园树冠枝叶茂密或套种高秆作物，通风透光不良，环境湿度大，有利于病害发生。土壤瘠薄、管理粗放、树势衰弱的椒园，病害多发生较重。

【防控技术】黑斑病防控技术模式如图13-2所示。

1.加强栽培管理　增施农家肥等有机肥，适量使用速效化肥，培育壮树，提高树体抗病能力。花椒树行间避免种植高秆作物，科学修剪整形，促使树冠通风透光，降低环境湿度，创造不利于病害发生的生态条件。花椒发芽前，彻底清除园内的落叶、枯枝，集中烧毁或深埋，减少越冬菌源。

2.生长期喷药防控　关键是在病害发生初期及时开始喷药。一般椒园从落花后1个月左右开始喷药，15天左右1次，连喷2~3次，重点喷洒植株中下部叶片。效果较好的药剂如：70%甲基硫菌灵可湿性粉剂或500克/升悬浮剂800~1000倍液、50%多菌灵可湿性粉剂600~800倍液、430克/升戊唑醇悬浮剂3000~4000倍液、40%腈菌唑可湿性粉剂6000~8000倍液、10%苯醚甲环唑水分散粒剂1500~2000倍液、30%戊唑·多菌灵悬浮剂700~800倍液、41%甲硫·戊唑醇悬浮剂600~800倍液、80%代森锰锌（全络合态）可湿性粉剂600~800倍液、77%硫酸铜钙可湿性粉剂800~1000倍液等。

炭疽病

【症状诊断】炭疽病又称黑果病，在我国许多花椒产

区均有发生，主要为害果实，也可为害枝梢、叶片。果实受害，初期在果面上产生褐色至黑褐色小斑点，扩展后形成圆形或近圆形凹陷病斑，深褐色至黑色，边缘色深，中部颜色较淡，后期中部呈灰色或灰白色（彩图13-15）。严重发生时，一个果实上常有多个病斑，易造成果实脱落。发病后期，病斑表面可产生出黑色小点，有时小点呈轮纹状排列；如遇高湿阴雨天气，小黑点上常出现淡粉红色黏液。叶片受害，形成黑褐色至黑色斑点。枝梢受害，形成椭圆形或梭形凹陷病斑。

彩图13-15　果实上的炭疽病典型病斑（张炳炎）

【病原】胶孢炭疽菌［*Colletotrichum gloeosporioides* (Penz.) Sacc.］，属于半知菌亚门腔孢纲黑盘孢目。病斑表面的小黑点即为病菌的分生孢子盘，淡粉红色黏液为分生孢子黏液。

【发病规律】炭疽病菌主要以菌丝体或分生孢子盘在病果、病叶及病枝梢上越冬。翌年温湿度条件适宜时，越冬病菌产生分生孢子，通过风雨传播，从伤口或直接侵染进行为害。初侵染发病后产生的分生孢子又经风雨传播进行再侵染，再侵染可发生多次。一般年份6月下旬~7月上旬开始发病，8月份达发病盛期。多雨潮湿是诱使病害发生的主要条件，树冠郁蔽、通风透光不良有利于病害发生，管理粗放、树势衰弱的椒园发病较重。

【防控技术】炭疽病防控技术模式如图13-3所示。

1.加强栽培管理　参照"黑斑病"防控技术。

2.发芽前喷药清园　上年病害发生较重椒园，在发芽前喷施1次铲除性药剂清园，杀灭树体上的越冬病菌，减少初侵染来源。效果较好的药剂如：3~5波美度石硫合剂、45%石硫合剂晶体50~70倍液、30%戊唑·多菌灵悬浮剂400~600倍液、60%铜钙·多菌灵可湿性粉剂300~400倍液等。

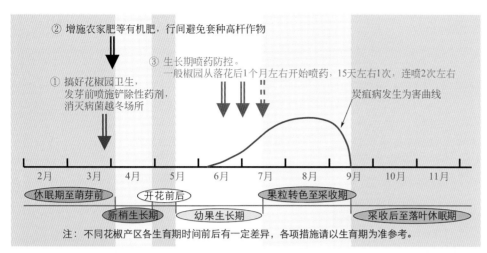

② 增施农家肥等有机肥，行间避免套种高杆作物

③ 生长期喷药防控。
一般椒园从落花后1个月左右开始喷药，15天左右1次，连喷2次左右

① 搞好花椒园卫生，
发芽前喷施铲除性药剂，
消灭病菌越冬场所

炭疽病发生为害曲线

2月　3月　4月　5月　6月　7月　8月　9月　10月　11月

休眠期至萌芽前　　　开花前后　　　　果粒转色至采收期

新梢生长期　　幼果生长期　　　　采收后至落叶休眠期

注：不同花椒产区各生育期时间前后有一定差异，各项措施请以生育期为准参考。

图13-3　炭疽病防控技术模式图

3.生长期喷药防控　一般椒园从落花后1个月左右开始喷药，15天左右1次，连喷2次左右，即可有效控制炭疽病的发生为害。常用有效药剂同"黑斑病"生长期树上喷药。

干腐病

【症状诊断】干腐病俗称流胶病，在许多省区均有发生，主要为害花椒树主干主枝部位。发病初期，病部呈黑褐色湿腐状，表皮略有凹陷，并常伴有流胶现象；后病斑扩展为长椭圆形甚至长条形，显著凹陷，黑褐色至黑色。剥开腐烂病皮，内部常见白色菌丝。后期，病斑失水干缩，皮层常发生龟裂（彩图13-16）；甚至干裂皮层脱落，露出木质部组织（彩图13-17）。病树生长衰弱，叶片易黄化，产量显著降低；当病斑扩展绕枝干一周后，导致上部枝干枯死。

彩图13-16　病斑皮层干缩龟裂

【病原】虱状竹赤霉菌［*Gibberella pulicaris*（Fr.）Sacc.］，属于子囊菌亚门核菌纲球壳菌目；无性阶段为接骨木镰孢霉（*Fusarium sambucinum* Fuckel），属于半知菌亚门丝孢纲瘤座孢目。

【发病规律】干腐病菌主要以菌丝体和繁殖组织在枝

干病斑上越冬。翌年生长季节老病斑可以继续向周边扩展，导致病斑扩大。同时，当温湿度条件适宜时，病斑上产生大量病菌孢子，通过风雨传播，从伤口侵染为害，形成新的病斑。树势衰弱时，病斑能够在全生长季扩展为害。树势衰弱、枝干害虫及日灼病为害较重的椒园，干腐病常发生较重。

彩图13-17　病斑皮层脱落，露出木质部组织

【防控技术】

1.加强栽培管理　增施农家肥等有机肥，按比例使用速效化肥，培育健壮树势，提高树体抗病能力，是有效防控干腐病发生的最根本措施。科学修剪，使树体枝干能够适当遮阴，避免发生日灼病。有条件的椒园，夏季适当增加浇水次数，提高树体水分含量，增强抗逆能力，减轻日灼病发生。注意防控花椒的枝干害虫，减少枝干虫害伤口。结合果园管理，尽量刮除病斑组织，并集中深埋或烧毁，减少园内菌量。

2.适当药剂清园　干腐病发生较重椒园或老椒园，树体带菌量较大时，结合其他病害防控，在花椒发芽前喷施1次铲除性药剂进行清园，杀灭树体表面携带的病菌。有效药剂同"炭疽病"发芽前清园药剂。

木腐病

【症状诊断】木腐病又称腐朽病、朽木病，在各花椒产区均有发生，特别在老树园和管理粗放椒园发生为害较重。该病主要为害主干主枝的木质部组织，造成木质部腐朽，负载和支撑力降低，易发生折断（彩图13-18）。同时，在枝干表面伤口处产生灰白色覆瓦状病菌结构（彩图13-19）。病树树势衰弱，产量降低，似衰老和营养不良状况。

彩图13-18　病树木质部腐朽

彩图13-19　病树表面伤口处产生的病菌子实体

【病原】裂褶菌（*Schizophyllum commune* Fr.），属于担子菌亚门层菌纲非褶菌目。病树表面的灰白色覆瓦状物即为病菌的子实体。

【发病规律】木腐病菌是一种弱寄生性真菌，可为害多种树木，在田间主要以菌丝体和子实体在花椒树及各种病树上越冬。生长季节病树内菌丝体不断在树体内生长蔓延，同时在条件适宜时产生病菌子实体，并释放出病菌孢子，该孢子通过气流传播，从树体机械伤口（修剪伤口、虫害伤口等）侵染进行为害。树势衰弱是病害发生的主要条件，管理粗放椒园病害发生较多。

【防控技术】加强肥水管理，培育生长健壮树势，提高树体抗病能力，是有效防控木腐病发生的根本措施。刮除病菌结构、清除枯死植株，搞好田园卫生，是有效防控该病的辅助措施。具体措施参照"干腐病"防控技术。

膏药病

【症状诊断】膏药病俗称黑膏药病，多发生在多雨潮湿地区的花椒树上。该病主要为害枝干，在枝干表面形成膏药状病菌结构是其主要症状特点，蚧壳虫发生为害较重的椒园该病较为常见（彩图13-20）。发病后，在枝干表面产生椭圆形或不规则形厚膜状菌丝层，多为茶褐色至棕褐色（彩图13-21），有时表面呈天鹅绒状，菌膜边缘颜色较淡。后期干燥时，菌膜常干缩龟裂。菌膜下部树皮易发生腐烂，造成树势衰弱，严重时枝干枯死。

彩图13-20　膏药病多在蚧壳虫为害处发生

彩图13-21　膏药病的菌膜结构

【病原】茂物隔担耳（*Septobasidium bogoriense* Pot.），属于担子菌亚门层菌纲隔担菌目。

【发病规律】膏药病菌主要以菌丝体在枝干表面越冬。翌年条件适宜时产生并释放出病菌孢子，主要通过气流传播进行侵染为害，昆虫亦可传病。病菌初期以蚧壳虫的分泌物为营养进行生长，所以蚧壳虫发生严重椒园膏药病亦常发生。该病发生后，部分菌丝体在枝干皮层内生长发育，导致枝干受害。蚧壳虫的发生为害是导致该病发生的主要原因，多雨潮湿、枝叶茂密、通风透光不良的椒园膏药病常发生较重。

【防控技术】

1.**加强栽培管理**　合理修剪，促使树冠通风透光，降低环境湿度。结合园内农事活动，发现膏药病及时刮除菌膜，或剪除受害较重枝条，集中带到园外销毁。注意防控蚧壳虫为害，避免膏药病发生。

2.**适当治疗病斑**　膏药病发生较重椒园，对发病部位适当定向喷药治疗，减轻为害程度。一般使用45%石硫合剂晶体150～200倍液、或45%代森铵水剂200倍液对准病斑定向喷雾治疗。

雹害

【症状诊断】雹害又称雹灾，主要危害叶片、枝条，严重时也可危害果实，其危害程度因冰雹大小、持续时间长短而异。危害轻时，叶片破裂（彩图13-22），枝条、果实一般没有明显伤害；危害重时，叶片破碎或脱落，枝条破损受伤（彩图13-23、彩图13-24），果实脱落或有伤痕；特别严重时，叶片、果实脱落，枝条折断，造成果园毁灭。

彩图13-22　叶片受损破裂状

彩图13-23　枝条上的轻型伤口

彩图13-24　枝条上的较重伤口

【病因及发生特点】雹害是一种大气自然伤害，属于机械创伤，相当于生理性病害，主要是由气象环境剧烈变化造成。虽然雹害在很大程度上不能有效人为预防，但也有一定规律可循，许多雹害的发生就具有固定区域性。另外，雹害造成大量伤口，发生雹害后应加强肥水管理、促进伤口愈合及树势恢复，并预防有些病菌从伤口侵染导致继发为害。

【防控技术】

1.**有效预防雹害发生**　在经常发生雹害的区域，尽量设置防雹炮，根据气象预报及时放炮驱散乌云。有条件的地区，也可架设防雹网，阻挡或减轻冰雹危害。

2.**雹灾后加强管理**　遭遇雹灾后，首先应加强肥水管理，促使伤口愈合及树势恢复。其次，及时喷药防止病菌从伤口侵染，有效药剂如：50%克菌丹可湿性粉剂600～800倍液、30%戊唑·多菌灵悬浮剂700～800倍液等。此外，适当喷施植物生长调节药剂，促进伤口愈合，如：0.003%丙酰芸薹素内酯水剂2000～3000倍液、0.136%赤·吲乙·芸苔可湿性粉剂10000～15000倍液等。

冻害

【症状诊断】冻害主要发生在北方较寒冷地区，常分为冬季绝对低温冻害和早春倒春寒冻害两种类型。

冬季绝对低温冻害，常造成枝干皮层爆裂、木质部变褐坏死、枝条皮层变褐、髓部褐变坏死、芽冻伤或枯死等，轻者导致树势衰弱、枝干发生裂伤、上部枝条枯死、芽不能正常萌发等，重者导致较大枝干死亡、甚至全株枯死。

早春倒春寒冻害，常造成新生幼嫩组织冻伤，轻者生长点变褐坏死，影响枝梢生长及开花结果，重者新梢冻伤枯死，当年没有产量等（彩图13-25）。

彩图13-25　早春花椒嫩梢遭受冻害状

【病因及发生特点】冻害是由自然界温度异常变化所引起的一种生理性伤害，北方及西北冬季寒冷地区容易发生，高海拔地区也发生较多。生长中后期氮肥使用过多、枝条徒长、木质化程度偏低，易发生冬季低温冻害；上年产量偏高、叶片早期脱落、肥水不足、树势衰弱时，抗逆能力降低，早春倒春寒危害较重。山地阴坡冬季低温冻害发生较重，阳坡早春倒春寒受害较重。品种间抗冻能力亦存在很大差异。

【防控技术】

1.加强栽培管理 新建椒园时，选择适应当地生态条件的品种种植。生长期合理施肥、合理浇水，培育健壮老熟植株，提高树体抗逆能力。注意防控造成早期落叶的病虫害，避免发生早期落叶。冬季较寒冷地区，秋后树干涂白，降低树体表面温度剧变程度，有效预防冬季低温冻害。

2.适当预防倒春寒危害 春季倒春寒来临前几天（根据天气预报），树体喷洒叶面营养及调节剂类药剂，能在一定程度上减轻寒流危害。一般使用0.3%尿素溶液+0.3%食糖溶液+0.3%磷酸二氢钾溶液+0.003%丙酰芸薹素内酯水剂3000倍液喷洒树冠，效果较好。

日灼病

【症状诊断】日灼病又称日烧病，主要发生在花椒枝干的向阳面，造成枝干向阳面树皮被灼伤坏死。发病初期，枝干向阳面产生褐色至深褐色长条形伤斑，病健边缘多不明显；随灼伤程度加重，坏死斑逐渐凹陷，颜色变深，病健边缘逐渐清晰；最后形成长条状凹陷坏死斑，边缘多产生裂缝。后期，坏死斑皮层干缩龟裂（彩图13-26），有时爆起脱落，露出下面木质部组织（彩图13-27、彩图13-28）。日灼伤口易诱发木腐病菌侵染。

彩图13-26 日灼斑皮层干缩龟裂

彩图13-27 日灼坏死皮层脱落，露出木质部

彩图13-28 发生多年的日灼伤害斑，皮层脱落

【病因及发生特点】日灼病是一种生理性病害，由阳光过度直射造成。在高温干旱季节，枝干无枝叶遮荫，阳光直射使树皮发生烫伤，是导致该病发生的主要因素。修剪过度、干旱缺水的椒园日灼病发生较多。

【防控技术】增施农家肥等有机肥，按比例合理使用速效化肥，培育壮树，提高树体抗逆能力。科学修剪，避免修剪过度，使枝干能够适当遮阴。高温干旱季节注意浇水，保证土壤水分供应，提高枝干含水量及耐热能力。实施树干涂白，减弱枝干表面增温效应。

第十四章
草莓病害

白粉病

白粉病在许多草莓产区均有发生，是为害草莓的一种常见病害，草莓整个生长期均可发病。苗期受害导致秧苗质量下降，移植后不易成活；果实受害严重影响草莓品质，导致商品率降低。条件适宜时，白粉病扩展迅速，极易蔓延成灾，造成严重损失。

【症状诊断】白粉病主要为害叶片、叶柄、花、花梗和果实，有时匍匐茎上也可发生，发病后的主要症状特点是在受害部位表面产生一层白粉状。叶片受害，发病初期叶片背面产生白色近圆形星状小粉斑（彩图14-1）；随病情加重，病斑逐渐向四周扩展成边缘不明显的白色粉状物。严重时，后期多个病斑连接成片，使整张叶片布满白粉；有时叶缘向上卷曲变形，甚至病叶呈汤匙状（彩图14-2）。花蕾或花器受害，花瓣呈粉红色或浅粉红色，花蕾不能开放，花托发育受阻（彩图14-3）。幼果受害，病部稍微发红，多不能正常膨大，发育停止，后期干枯（彩图14-4）。膨大后期果实受害，病果表面明显覆盖一层白粉（彩图14-5），严重影响果实质量，甚至使其失去商品价值。叶柄、果柄受害，表面亦可产生白粉状物（彩图14-6、彩图14-7）。

【病原】主要种类为羽衣草单囊壳 [*Sphaerotheca macularis*（Wallr ex Fr）Jacz. f. sp. *fragariae peries*]，属于子囊菌亚门核菌纲白粉菌目。病斑表面的白粉状物为病菌无性阶段的分生孢子梗和分生孢子。

彩图14-2 叶缘向上卷曲呈汤匙状

彩图14-1 叶片背面的白色粉状物

彩图14-3 花蕾、花托、花瓣发病状

彩图14-4 幼果不能膨大，逐渐干枯

彩图14-5 果面覆盖一层白粉状物

萌发。草莓坐果期至采收后期是病害发生为害高峰，日光温室和大棚栽培的草莓受害较重，严重时可导致绝产绝收。

彩图14-6 叶柄受害状

彩图14-7 果柄受害状

【发病规律】病菌主要以菌丝体或分生孢子在田间病株或病残体上越冬（越夏），分生孢子是主要初侵染来源，带菌幼苗等繁殖体可进行中远距离传播。环境适宜时，通过气流或雨水传播扩散，直接穿透表皮侵染为害。侵染后经5～10天潜育期发病，再经7天左右即产生新的分生孢子。新产生孢子通过传播进行再侵染为害，田间可发生多次再侵染。病菌侵染的最适温度为15～20℃，低于5℃和高于35℃均不利于发病；适宜发病的湿度为40%～80%，高湿或雨水对白粉病有抑制作用，分生孢子不能在水滴中

【防控技术】白粉病防控技术模式如图14-1所示。

1.农业防控措施 尽量选用抗病强的品种，如甜查理、红星等。栽前植后注意搞好果园卫生，草莓生长期间及时摘除老叶、病残叶及病果，集中销毁。加强肥水管理，增施有机肥料，合理施用氮、磷、钾肥，避免徒长，培育健壮植株。合理密植，保持良好的通风透光条件。大棚及温室栽培时注意适时放风，有效控制棚内湿度，晴天注意通风换气，阴天适当开棚降湿。

2.药剂防控

① 硫黄熏蒸法。适用于温室及大棚栽培的草莓，主要为预防白粉病发生，一般从10月下旬左右开始，每亩大棚使用99.5%的硫黄粉15～20克，一次熏蒸两小时，每周两次，连续熏蒸两周，可有效预防白粉病发生；若白粉病已经发生，则每天熏蒸8小时，连用7～10次后恢复预防时的使用方法（彩图14-8）。

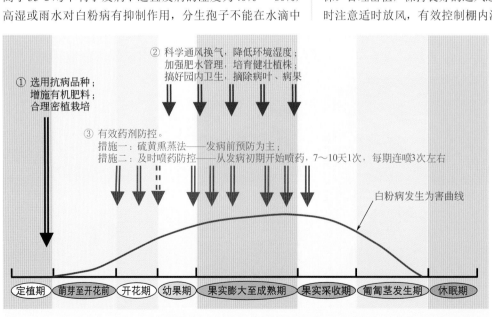

① 选用抗病品种；增施有机肥料；合理密植栽培

② 科学通风换气，降低环境湿度；加强肥水管理，培育健壮植株；搞好园内卫生，摘除病叶、病果

③ 有效药剂防控。
措施一：硫黄熏蒸法——发病前预防为主；
措施二：及时喷药防控——从发病初期开始喷药，7～10天1次，每期连喷3次左右

白粉病发生为害曲线

| 定植期 | 萌芽至开花前 | 开花期 | 幼果期 | 果实膨大至成熟期 | 果实采收期 | 葡萄茎发生期 | 休眠期 |

图14-1 白粉病防控技术模式图

彩图 14-8 硫黄熏蒸法防控白粉病

② 及时喷药防控。从病害发生初期开始喷药，7 ～ 10 天 1 次，每期连喷 3 次左右。常用有效药剂如：50% 醚菌酯干悬浮剂 3000 ～ 4000 倍液、25% 乙嘧酚悬浮剂 600 ～ 800 倍液、40% 氟硅唑乳油 8000 倍液、4% 四氟醚唑水乳剂 500 ～ 600 倍液、30% 氟菌唑可湿性粉剂 2000 ～ 3000 倍液、12.5% 腈菌唑可湿性粉剂 2000 ～ 3000 倍液等。

灰霉病

灰霉病是草莓设施栽培中的一种重要病害，全国各地均有发生。主要为害果实，条件适宜时常造成大量烂果，一般果园减产 1 ～ 3 成，发病严重地块减产达到 5 成以上，对草莓产量及品质影响很大。

【症状诊断】灰霉病主要为害果实，也可为害花器、叶片、叶柄、果柄及匍匐茎，发病后的主要症状特点是在受害部位表面产生一层鼠灰色霉状物，该霉状物受风吹极易形成"霉烟"。花器受害，多从开花期开始发生，病菌首先从开败的花瓣或较衰弱的部位侵染，致使病花成浅褐色坏死腐烂（彩图 14-9），后期表面产生灰色霉层。叶片受害，多从叶缘或黏附开败花瓣处开始发生，病斑多呈"V"字形或近圆形的黄褐色坏死腐烂（彩图 14-10、彩图 14-11），高湿时其上也可产生灰色霉层。果实受害，多从残留的花瓣处、或靠近或接触地面的部位开始发生，病斑初期呈水渍状灰白色至灰褐色腐烂（彩图 14-12），随后颜色变深，腐烂面积逐渐扩大，表面产生出浓密的灰色霉层（彩图 14-13）。叶柄、果柄受害，病斑呈褐色坏死腐烂，表面亦可产生灰色霉状物（彩图 14-14）。

彩图 14-9 灰霉病为害花器

彩图 14-10 叶片病斑呈 "V" 字形

彩图 14-11 叶片病斑呈近圆形

彩图 14-12 果实受害发病早期

彩图 14-13 病果表面布满灰色霉状物

彩图 14-14　果柄受害状

【病原】灰葡萄孢（*Botrytis cinerea* Person），属于半知菌亚门丝孢纲丝孢目。病斑表面的灰色霉状物即为病菌的分生孢子梗和分生孢子。

【发病规律】病菌以菌丝、菌核或分生孢子在病残体上或土壤中越冬（越夏）。条件适宜时病菌孢子通过风雨或农事操作进行传播，从衰弱组织侵染为害。该病在田间有多次再侵染。草莓开花坐果期至成熟采收期、甚至贮藏运输期均可受害。病菌喜温暖潮湿的环境，18～25℃、相对湿度90%以上的阴天寡照条件有利于病害的发生及流行。保护地栽培比露地栽培的草莓发病早且重。阴雨连绵、灌水过多、地膜上积水、畦面覆盖稻草、种植密度过大、生长过于繁茂等，均易导致灰霉病严重发生。

【防控技术】灰霉病防控技术模式如图14-2所示。

1. 农业防控　选用抗病品种，一般欧美系等硬果型品种抗病性较强，而日本系等软果型品种较易感病。增施有机肥，避免过多施用氮肥，防止茎叶过于茂盛；合理密植，增强通风透光。及时清除老叶、枯叶及病果，带到园外销毁或深埋。选择地势较高、通风良好的地块种植草莓，并注意与禾本科作物轮作；保护地栽培时，尽量选择深沟高畦、覆盖地膜、膜下灌溉，并注意及时通风，以降低棚室内的空气湿度，减轻病害发生。

2. 药剂防控

① 熏烟或喷粉预防。保护地栽培的草莓，从开花前开始使用10%腐霉利烟剂或45%百菌清烟剂熏烟，每亩次使用药剂300～400克，于傍晚用暗火分多点点燃后立即密闭棚室烟熏一夜，次日通风；或每亩次使用6.5%乙霉威超细粉尘剂1千克喷粉防控。7～10天1次，连续使用或与喷雾交替使用。熏烟及喷粉不会增加环境湿度，所以在潮湿环境时使用效果常优于喷雾。

② 喷药防控。以预防为主，多从开花初期开始喷药，或持续低温寡照时开始喷药，7～10天1次，每期连喷3次左右。常用有效药剂有：50%克菌丹可湿性粉剂400～600倍液、50%腐霉利可湿性粉剂800～1000倍液、50%异菌脲可湿性粉剂或45%悬浮剂1000～1200倍液、40%嘧霉胺悬浮剂800～1000倍液、50%啶酰菌胺水分散粒剂1000～1500倍液、10%多抗霉素可湿性粉剂1000～1500倍液等。具体用药时，注意不同类型药剂交替使用，以延缓病菌产生抗药性（图14-2）。

疫霉果腐病

【症状诊断】疫霉果腐病又称革腐病，主要为害果实、花及根部，有时匍匐茎也可受害。根部首先发病，由外向内逐渐变黑，呈革状。发病早期地上症状多不明显，中期后植株生长较差；进入开花结果期后，如果空气和土壤干旱，病株地上部分失水萎蔫，果实小、无光泽、味淡，严重时植株逐渐死亡（彩图14-15）。青果染病后，产生淡褐色水烫状病斑，很快蔓延至全果，导致果实变黑褐色（彩图14-16）；后期干腐硬化（彩图14-17），呈皮革状，略具弹性，故又称"革腐病"。成熟果发病时，病部稍褪色，失去光泽，白腐软化（彩图14-18），具有臭味，湿度大时果面产生白色菌丝。繁育小苗期间也能发病，主要症状是匍匐茎失水萎蔫，最后干死。

【病原】可由多种病菌引起，常见种类有恶疫霉［*Phytophthora cactorum*（Labert et Cohn）Schrot.］、柑橘褐腐疫霉［*P.citrophthora*（R.et E.Smith）Leonian］、柑橘生疫霉（*P.citricola* Saw.）、辣椒疫霉（*P.capsici* Leon.），均属于鞭毛菌亚门卵菌纲霜霉目。

【发病规律】病菌以卵孢子在病果、病根等病残体中或土壤中越冬（越夏），翌年条件适宜时产生病菌孢子，通

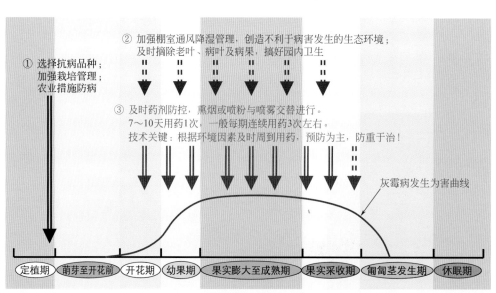

① 选择抗病品种；
加强栽培管理；
农业措施防病

② 加强棚室通风降湿管理，创造不利于病害发生的生态环境；
及时摘除老叶、病叶及病果，搞好园内卫生

③ 及时药剂防控，熏烟或喷粉与喷雾交替进行。
7～10天用药1次，一般每期连续用药3次左右。
技术关键：根据环境因素及时周到用药，预防为主，防重于治！

灰霉病发生为害曲线

| 定植期 | 萌芽至开花前 | 开花期 | 幼果期 | 果实膨大至成熟期 | 果实采收期 | 匍匐茎发生期 | 休眠期 |

图14-2　灰霉病防控技术模式图

过雨水、灌溉水及农事操作进行传播侵染。带菌土壤及带菌种苗可进行远距离传播。多雨潮湿、阴湿环境、土壤黏重有利于病害发生，连作重茬地块病害较重。

【防控技术】疫霉果腐病防控技术模式如图14-3所示。

1.农业防控 第一，尽量选择禾本科作物田栽植草莓，以减少田间菌量。第二，推广实施洁净栽培，无病种苗在无病田块栽植一般不会发病。第三，建立无病繁苗基地，实施统一供苗。第四，推广高畦栽培，防止田块积水。第五，合理施肥，避免偏施重施氮肥。

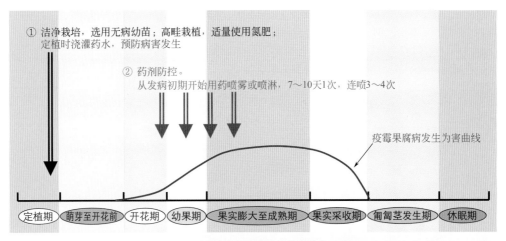

① 洁净栽培，选用无病幼苗；高畦栽植，适量使用氮肥；定植时浇灌药水，预防病害发生

② 药剂防控。从发病初期开始用药喷雾或喷淋，7～10天1次，连喷3～4次

疫霉果腐病发生为害曲线

定植期 | 萌芽至开花前 | 开花期 | 幼果期 | 果实膨大至成熟期 | 果实采收期 | 葡匐茎发生期 | 休眠期

图14-3 疫霉果腐病防控技术模式图

彩图14-15 病株逐渐萎蔫死亡

彩图14-16 果穗呈急性水烫状，变黑褐色死亡

彩图14-17 病果后期干腐硬化

彩图14-18 病果白腐软化

2.药剂防控 首先在种苗定植后浇灌定植药水，土壤消毒，预防病害发生。其次，从病害发生初期或草莓初显症状时开始喷药，并注意喷淋植株茎基部，7～10天1次，连喷3～4次。效果较好的药剂有：72.2%霜霉威盐酸盐水剂600～800倍液、50%烯酰吗啉水分散粒剂1000～1500倍液、72%霜脲·锰锌可湿性粉剂600～800倍液、58%甲霜·锰锌可湿性粉剂500～700倍液、69%烯酰·锰锌可湿性粉剂600～800倍液、81%甲霜·百菌清可湿性粉剂600～800倍液、90%三乙膦酸铝可溶性粉剂500～700倍液等。

炭疽病

炭疽病是草莓育苗期的一种严重病害，在葡匐茎抽生期至定植初期发病较重，结果后发生较轻。近些年来，炭疽病发生率呈上升趋势，尤其是连作地块，若遇高温高湿天气，炭疽病则成为育苗田的毁灭性病害。

【症状诊断】炭疽病主要为害草莓的葡匐茎、叶柄及叶片，有时也可为害托叶、花瓣、花萼及果实。发病后既可形成局部坏死病斑，又可导致全株萎蔫枯死。

叶片受害，病斑呈圆形或不规则形，直径0.5～1.5毫米，大小不等，偶有3毫米大小病斑，病斑通常呈黑色，有时为浅灰色，常类似于墨水渍。

叶柄和葡匐茎受害，初期病斑呈褐色至棕褐色，梭形或纺锤形，稍凹陷，边缘常有紫红色晕（彩图14-19、彩图14-20）；扩展后环绕叶柄或匍匐茎，导致病斑上部枯死（彩图14-21）；潮湿时，病斑上出现鲑红色的黏块。匍匐茎受害，严重时导致幼苗大量枯死，对仔苗繁育影响很大。

彩图14-19　炭疽病为害叶柄症状

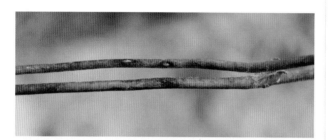

彩图14-20　炭疽病为害匍匐茎早期症状

彩图14-21　病斑绕茎后，导致上部枯死

根茎部受害，发病初期病株午后表现萎蔫，特别是中间新生的2、3张叶片在天热时出现萎蔫（彩图14-22），到傍晚后逐渐恢复；反复几天后，病情逐渐加重，萎蔫现象在傍晚及夜间不再恢复，并逐渐导致整株萎蔫、死亡（彩图14-23）。将萎蔫或枯死植株根茎部纵向切开，病部带有红褐色条纹，或呈较硬的红褐色腐烂。

彩图14-22　病株新生叶片萎蔫

彩图14-23　根颈部受害，后期病株萎蔫、死亡

病株移栽后有时还会产生芽腐症状（彩图14-24），病芽成褐色至黑色腐烂。单芽植株逐渐死亡；有多个分枝的植株，仅被侵染的分枝芽腐烂，而其余分枝继续生长，但若病菌继续扩展蔓延，也会引起整株萎蔫、死亡。纵切病芽和根颈部，被侵染的深色芽组织与健康白色的根颈组织间有明显界限。

彩图14-24　炭疽病的芽腐症状

果实受害，病斑圆形、凹陷，淡褐色至暗褐色，呈软腐状，有时表面产生出橘红色黏状物（彩图14-25）。后期病果干缩成僵果。

【病原】草莓炭疽菌（*Colletotrichum fragariae* Brooks），属于半知菌亚门腔孢纲黑盘孢目，病斑表面鲑红色的黏块及橘红色黏状物为病菌的分生孢子黏液。

【发病规律】病菌主要以分生孢子在患病组织或落地病残体内越冬，显蕾期开始在近地面植株的幼嫩部位侵染发病。在田间分生孢子借助雨水及带菌的操作工具、病叶、病果等进行传播。连作田块发病较重。偏施氮肥、栽植过密、行间郁闭等易引起植株生长柔嫩，有利于病害发生；通风透光不良，病害发生较重。草莓品种间存在抗病性差异。高温、高湿有利于病害发生，气温30℃左右、相对湿度90%以上时病害发生较重，盛夏高温雨季该病容易流行。

【防控技术】炭疽病防控技术模式如图14-4所示。

1.农业防控　不同品种间抗病性差异很大，各地应根据实际情况选用优质、高产、抗病品种，如石莓7号、达

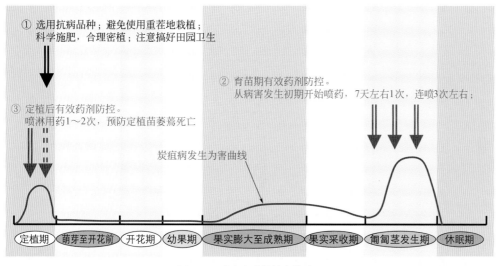

① 选用抗病品种；避免使用重茬地栽植；
   科学施肥，合理密植；注意搞好田园卫生

② 育苗期有效药剂防控。
   从病害发生初期开始喷药，7天左右1次，连喷3次左右；

③ 定植后有效药剂防控。
   喷淋用药1～2次，预防定植苗萎蔫死亡

炭疽病发生为害曲线

| 定植期 | 萌芽至开花前 | 开花期 | 幼果期 | 果实膨大至成熟期 | 果实采收期 | 匍匐茎发生期 | 休眠期 |

图14-4　炭疽病防控技术模式图

赛莱克特、甜查理等。避免在重茬地育苗，必须在重茬地育苗时注意土壤消毒。增施有机肥及磷、钾肥，避免偏施氮肥，扶壮株势，提高植株抗病能力。合理确定栽植密度，不宜过密栽植。生长期注意控制园内湿度不宜过大，易感病品种最好采用避雨育苗，高温季节适当遮盖遮阳网；及时摘除老叶、病叶、枯叶及各种病残组织，集中带到园外销毁，减少园内菌源。

2. 药剂防控　关键是育苗期防控，从病害发生初期开始喷药，7天左右1次，连喷3次左右。喷药时注意整株都要喷到，必要时还要喷淋植株根颈部位，预防根颈部受害。其次，草莓定植后再用药喷淋1～2次，有效预防高温高湿天气所导致的定植苗全株性萎蔫死亡。对炭疽病防控效果较好的药剂有：25%嘧菌酯悬浮剂1500～2000倍液、250克/升吡唑醚菌酯乳油1500～2000倍液、450克/升咪鲜胺锰盐乳油1000～1200倍液、70%甲基硫菌灵可湿性粉剂或500克/升悬浮剂600～800倍液、10%苯醚甲环唑水分散粒剂1500～2000倍液、80%代森锰锌（全络合态）可湿性粉剂600～800倍液等。具体用药时，注意不同类型药剂交替使用，以延缓病菌产生抗药性，并提高防控效果。

▨▨ 芽枯病 ▨▨

【症状诊断】芽枯病又称立枯病，主要为害花蕾、幼芽、托叶及新叶，有时成熟叶片、果梗及果实也可受害。花序、幼芽受害，导致受害部位呈灰褐色，逐渐变褐色萎蔫青枯（彩图14-26）。托叶及叶柄基部受害，形成褐色至黑褐色病变，后期逐渐坏死、干缩（彩图14-27）。新叶受害，多从叶缘开始发病，形成褐色至深褐色枯死斑（彩图14-28）。开花前后花序受害易发生急性症状，导致整株呈猝倒状、或变褐枯死（彩图14-29）。茎基部和根部受害，皮层腐烂，地上部干枯，病株容易拔起（彩图14-30）。幼果、青果及成熟果均可受害，初期病斑呈暗褐色不规则形斑块、僵硬，后期导致全果干腐，故又称干腐病。

【病原】立枯丝核菌（*Rhizoctonia solani* Kuhn），属

于半知菌亚门无孢纲无孢目。

【发病规律】病菌寄主范围非常广泛，腐生性较强，在土壤中广泛分布。主要以菌丝体或菌核随病株残体在土壤中越冬，通过病苗、带菌土壤、灌溉水及农事操作传播。多雨潮湿、植株生长衰弱，有利于病害发生。气温低并遇连阴雨天气时容易发病，寒流侵袭或湿度偏高发病较重。多肥高湿的栽培条件容易导致发病和蔓延，栽植密度过大和栽植过深常加重病害发生。在大田繁育种苗的夏季，芽枯病有时也可发生。

【防控技术】芽枯病防控技术模式如图14-5所示。

1. 培育无病仔苗　育苗土最好进行药剂消毒，一般每立方土使用68%精甲霜·锰锌水分散粒剂100克+2.5%咯菌腈悬浮剂100毫升混匀后均匀铺在苗床中，分苗后转育苗时再对苗圃地面喷施68%精甲霜·锰锌水分散粒剂600倍液封杀地面残菌。重病地块可进行土壤消毒处理，每亩使用50%克菌丹可湿性粉剂或40%噁霉灵可湿性粉剂2～3千克，拌细土后均匀撒在定植沟或定植穴中。

彩图14-25　炭疽病为害果实的症状

彩图14-26　花序、幼芽萎蔫青枯

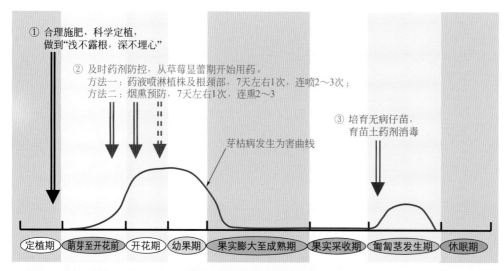

① 合理施肥，科学定植，
做到"浅不露根，深不埋心"

② 及时药剂防控，从草莓显蕾期开始用药。
方法一：药液喷淋植株及根颈部，7天左右1次，连喷2～3次；
方法二：烟熏预防，7天左右1次，连熏2～3

芽枯病发生为害曲线

③ 培育无病仔苗，
育苗土药剂消毒

| 定植期 | 萌芽至开花前 | 开花期 | 幼果期 | 果实膨大至成熟期 | 果实采收期 | 匍匐茎发生期 | 休眠期 |

图14-5　芽枯病防控技术模式图

丹可湿性粉剂500～600倍液、10%噁霉灵悬浮剂300倍液、10%多抗霉素可湿性粉剂800～1000倍液、2.5%咯菌腈悬浮剂1500倍液、40%腈菌唑可湿性粉剂5000倍液、50%嘧菌环胺水分散粒剂1500倍液等。也可以采用百菌清烟剂熏蒸的方法，每亩次使用45%百菌清烟剂200～300克，分放5～6点，傍晚点燃，密闭棚室过夜熏蒸，7天左右熏蒸1次，连熏2～3次。

彩图14-27　托叶和叶柄基部受害状

彩图14-29　急性发病呈猝倒状

彩图14-28　新叶受害枯死斑

彩图14-30　茎基部和根部受害，皮层腐烂

2. 加强栽培管理　定植草莓时切忌过深，做到"浅不露根，深不埋心"；合理密植，栽植密度不可过大；发现病株及时拔除，集中带到园外销毁；增施有机肥及发酵肥；定植后浇一次小水，防止水淹。大棚和温室等保护地栽培草莓要适时适量放风，合理灌溉，浇水宜安排在上午，浇水后迅速放风降湿。

3. 药剂防控　草莓显蕾时，开始用药喷淋草莓植株及其根颈部，7天左右1次，连续喷淋2～3次。常用喷淋有效药如：25%嘧菌酯悬浮剂1500～2000倍液、50%克菌

红中柱根腐病

红中柱根腐病又称红心根腐病、红心病、褐心病，属土传病害，是日光温室草莓栽培中的一种重要根部病害，在我国北方草莓产区发生为害较重。特别是近些年来有逐年加重趋势，严重时常造成整棚、甚至整个草莓园区毁灭，

已成为北方地区影响草莓产业发展的重要障碍。

【症状诊断】红中柱根腐病分为急性萎蔫型和慢性萎缩型两种类型。急性萎蔫型多在春夏季发生，在定植后到早春植株生长期间，植株外观上没有异常表现，到达草莓生长中后期时，草莓植株突然发病萎蔫，不久即呈青枯状全株枯死（彩图14-31）。慢性萎缩型定植后至冬初均可发生，呈矮化萎缩状，下部老叶叶缘变紫红色或紫褐色，逐渐向上扩展，后期全株萎蔫或枯死（彩图14-32、彩图14-33）。发病初期的病根，都是先由幼根前端或中部开始变褐色或黑褐色坏死、腐烂（彩图14-34），而后逐渐向上蔓延至根颈部。纵切病根后根髓部变黄褐色至褐色（彩图14-35），横切根颈部后根颈中部逐渐变黄褐色至红褐色（彩图14-36、彩图14-37）。严重时病根木质部及根颈部全部变褐坏死（彩图14-38），整条根系干枯，地上部叶片变黄或萎蔫，最后全株枯死（彩图14-39）。

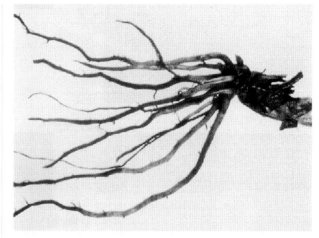

彩图14-34　根尖前端或中部变褐

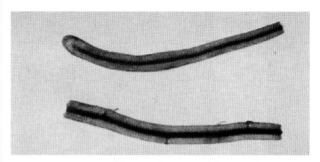

彩图14-35　病根纵切面受害状

彩图14-31　植株呈青枯状枯死

彩图14-36　病根颈部初期受害状

彩图14-32　慢性萎蔫型中期病株根部

彩图14-33　慢性萎蔫型后期病株根部

彩图14-37　病根中期纵切面受害状

彩图14-38　严重病株后期根部横切受害状

彩图14-39　病株枯死状

【病原】草莓疫霉（*Phytophthora fragariae* Hickm.），属于鞭毛菌亚门卵菌纲霜霉目。

【发病规律】病菌主要以卵孢子在土壤中越冬（越夏），卵孢子在土壤中可存活数年，带菌土壤及带病种苗均能传播扩散。土壤中的卵孢子条件适宜时萌发产生孢子囊，释放出游动孢子，侵入根部后导致发病；而后病部产生孢子囊，通过灌溉水或雨水传播蔓延。病菌侵染主根或侧根尖端的表皮后，菌丝沿中柱生长，导致中柱变红色、腐烂。土壤温度低、湿度高时容易发病，地温6～10℃为发病适温，地温高于25℃则不能发病，所以本病属低温域病害。春秋多雨年份容易发病，低洼地块排水不良或大水漫灌地块发病较重。

【防控技术】红中柱根腐病防控技术模式如图14-6所示。

1.农业防控措施　实行轮作倒茬，最好与禾本科作物轮作4年以上，以减少土壤中的病菌存活。选择没有种植过草莓的地块进行育苗，避免种苗带病。尽量选用较抗病品种，如甜查理、达赛莱克特等。施用充分腐熟的有机肥料，并注意增施磷、钾肥，培育强壮株苗。采用高畦或起垄加地膜覆盖栽培，适当提高地温，抑制病害发生。推广膜下滴灌浇水，避免大水漫灌，露地育苗时雨后及时排水。

2.药剂防控　定植前使用2.5%咯菌腈悬浮剂600倍液浸根处理3～5分钟，晾干后定植。定植后发现病株及时拔除，然后使用有效药剂消毒病株穴及其周围草莓株。一般草莓园从定植缓苗后半月左右开始植株灌药，对草莓苗周围土壤进行消毒，7～10天1次，连续灌药3～4次，可有效防控草莓红中柱根腐病的发生为害。效果较好的药剂如：25%甲霜灵可湿性粉剂800～1000倍液、64%噁霜·锰锌可湿性粉剂500～600倍液、72%霜脲·锰锌可湿性粉剂600～800倍液、72.2%霜霉威盐酸盐水剂600～700倍液、69%烯酰·锰锌水分散粒剂或可湿性粉剂600～800倍液、60%锰锌·氟吗啉可湿性粉剂600～800倍液、98%噁霉灵可湿性粉剂2000倍液等。需要指出，植株灌药必须使药液渗透到大部分根区，以保证每次用药效果。

■ "V"型褐斑病 ■

【症状诊断】"V"型褐斑病又称假轮斑病，是草莓常见病害之一，主要为害叶片，有时也可为害花和果实。叶片受害，在幼叶上病斑常从叶尖开始发生，沿中央主脉向叶基呈"V"字形或"U"字形扩展，逐渐形成"V"形病斑（彩图14-40），中部呈褐色，边缘浓褐色，严重时从叶尖伸达叶柄，甚至全叶枯死（彩图14-41），通常一张叶片上只有1个大斑。老叶上病斑初期为紫褐色小斑点，后逐渐扩大成褐色不规则形病斑，周围常有暗绿色或黄绿色晕圈。花和果实受害，花萼、花梗变褐死亡，果实呈褐色干腐状，病果坚硬，后期常被菌丝缠绕。该病与草莓褐色轮斑病的症状较难区分，"V"型褐斑病多在春季低温期盛发，而褐色轮斑病则是高温盛夏季节的重要病害。

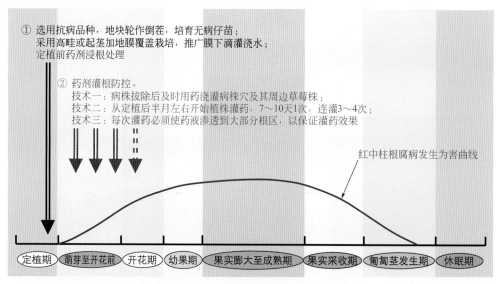

① 选用抗病品种，地块轮作倒茬，培育无病仔苗；
采用高畦或起垄加地膜覆盖栽培，推广膜下滴灌浇水；
定植前药剂浸根处理

② 药剂灌根防控。
技术一：病株拔除后及时用药浇灌病株穴及其周边草莓株；
技术二：从定植后半月左右开始植株灌药，7～10天1次，连灌3～4次；
技术三：每次灌药必须使药液渗透到大部分根区，以保证灌药效果

红中柱根腐病发生为害曲线

| 定植期 | 萌芽至开花前 | 开花期 | 幼果期 | 果实膨大至成熟期 | 果实采收期 | 匍匐茎发生期 | 休眠期 |

图14-6　红中柱根腐病防控技术模式图

彩图14-40　病叶上的"V"型病斑

彩图14-41　严重时全叶枯死

【病原】草莓日规壳菌［*Gnomonia fructicola*（Arnaud）Fall］，属于子囊菌亚门核菌纲球壳菌目。无性阶段为草莓鲜壳孢（*Zythia fragariae* Laibach），属于半知菌亚门腔孢纲球壳孢目。

【发病规律】病菌主要以菌丝体在病残体上越冬（越夏），翌年条件适宜时产生病菌孢子，该孢子通过风雨传播进行侵染为害。该病属低温高湿型病害，春秋季特别是春季阴雨潮湿天气有利于病害的发生与传播扩散，花芽形成期和开花前后是病害发生高峰。在设施栽培中，偏施氮肥、秧苗嫩弱、低温寡照有利于病害发生。

【防控技术】"V"型褐斑病防控技术模式如图14-7所示。

1.农业防控　选择栽植抗病品种，如红星、达赛莱克特等。增施有机肥及微生物肥料，避免偏施速效氮肥，适

度灌水，促使植株健壮生长。棚室栽培时注意使植株通风透光，降低环境湿度。及时摘除老叶、病叶及枯死叶片，集中深埋或烧毁。

2.适当药剂防控　从病害发生初期或初见病斑时开始喷药，7～10天1次，连喷2～3次，注意不同类型药剂交替使用。常用有效药剂有：70%甲基硫菌灵可湿性粉剂或500克/升悬浮剂600～800倍液、10%苯醚甲环唑水分散粒剂1500～2000倍液、50%多菌灵可湿性粉剂500～600倍液、80%代森锰锌（全络合态）可湿性粉剂600～800倍液、75%百菌清可湿性粉剂500～700倍液、25%嘧菌酯悬浮剂1500倍液等。

褐色轮斑病

【症状诊断】褐色轮斑病主要为害叶片，有时也可为害叶柄、果柄、匍匐茎及果实。叶片受害，初期产生红褐色小斑点，逐渐扩大成圆形或近圆形病斑，中部为褐色圆斑，外围为紫褐色带，最边缘有紫红色晕圈，病健交界明显（彩图14-42）。后期，病斑上逐渐产生出褐色小粒点（彩图14-43），有时呈不规则轮纹状排列。几个病斑常扩展连片，导致叶片组织成大片枯死。严重时，许多叶片受害（彩图14-44）。

彩图14-42　叶片上的早期病斑

【病原】暗拟茎点霉［*Phomopsis obscurans*（Ell.et Ev.）Stton］，属于半知菌亚门腔孢纲球壳孢目。病斑表面的褐色小粒点即为病菌的分生孢子器。

【发病规律】病菌主要以菌丝体和分生孢子器在病叶组织内或随病残体在土壤中越冬。翌年条件适宜时（一般为6～7月份）产生出分

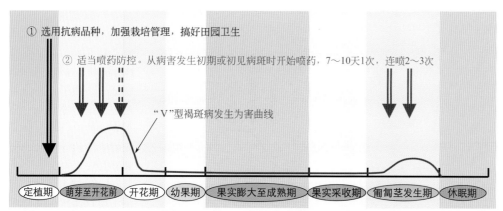

① 选用抗病品种，加强栽培管理，搞好田园卫生

② 适当喷药防控。从病害发生初期或初见病斑时开始喷药，7～10天1次，连喷2～3次

"V"型褐斑病发生为害曲线

| 定植期 | 萌芽至开花前 | 开花期 | 幼果期 | 果实膨大至成熟期 | 果实采收期 | 匍匐茎发生期 | 休眠期 |

图14-7　"V"型褐斑病防控技术模式图

生孢子，通过雨水流淌或雨滴飞溅传播进行侵染为害。该病在田间有多次再侵染。多雨潮湿的高温季节病害发生较重。平畦漫灌和连作重茬地块病害发生较多。

彩图 14-43　病斑表面产生出褐色小粒点

彩图 14-44　许多叶片受害状

【防控技术】褐色轮斑病防控技术模式如图14-8所示。

1.农业防控　尽量选择栽植较抗病品种，如达赛莱克特、甜查理、卡姆罗莎等。采用高畦或高垄栽培。栽植前首先摘除种苗的老叶、病叶，集中销毁；然后使用70%甲基硫菌灵可湿性粉剂500～600倍液浸苗5～10分钟，捞出晾干后栽植，有效减少种苗带菌。

2.适当药剂防控　从病害发生初期或初见病斑时开始喷药，10天左右1次，连喷3次左右。效果较好的药剂有：70%甲基硫菌灵可湿性粉剂或500克/升悬浮剂600～800倍液、10%苯醚甲环唑水分散粒剂1500～2000倍液、50%多菌灵可湿性粉剂500～600倍液、50%异菌脲可湿性粉剂1000～1200倍液、10%多抗霉素可湿性粉剂1000～1200倍液、80%代森锰锌（全络合态）可湿性粉剂600～800倍液、75%百菌清可湿性粉剂500～700倍液等。

蛇眼病

【症状诊断】蛇眼病主要为害叶片，有时也可为害叶柄、果柄、嫩茎、果实及种子。叶片受害，多在老叶片上发生，初期病斑为暗紫红色小斑点，后逐渐扩大成2～5毫米大小的圆形病斑，边缘紫红色，中部灰白色至灰褐色，略有细轮纹，酷似蛇眼（彩图14-45、彩图14-46）。叶片上病斑多时，常扩展联合成大斑。种子受害，单粒或连片发生，被害种子及其周围果肉变成黑色，果实丧失商品价值。高湿环境时，有时病斑表面产生出白色霉层。病害发生严重时，叶片上布满病斑，后期导致病叶坏死枯焦。

彩图 14-45　叶片上的蛇眼病病斑

【病原】杜拉柱隔孢（*Ramularia tulasnei* Sacc.），又称草莓柱隔孢［*R.grevilleana*（Tul.）Jorstad］，属于半知菌亚门丝孢纲丝孢目；其有性阶段为草莓球腔菌［*Mycosphaerella fragariae*（Tul.）Lindau］，属于子囊菌亚门腔菌纲多腔菌目。病斑表面的白色霉层为其无性阶段的分生孢子梗和分生孢子。

【发病规律】病菌主要以菌丝体或分生孢子在病斑上随种苗越

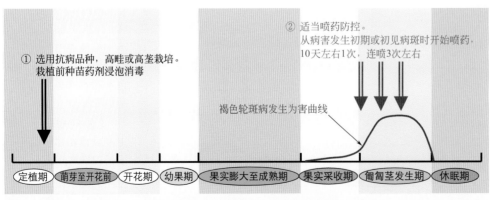

① 选用抗病品种，高畦或高垄栽培。栽植前种苗药剂浸泡消毒

② 适当喷药防控。从病害发生初期或初见病斑时开始喷药，10天左右1次，连喷3次左右

褐色轮斑病发生为害曲线

定植期｜萌芽至开花前｜开花期｜幼果期｜果实膨大至成熟期｜果实采收期｜匍匐茎发生期｜休眠期

图14-8　褐色轮斑病防控技术模式图

冬，也可产生细小菌核或子囊壳越冬。翌年条件适宜时，越冬病菌产生或释放出病菌孢子，通过风雨传播进行侵染为害。该病在田间有再侵染。病菌发育适温为18～22℃，低于7℃或高于23℃均发育迟缓，所以该病多在春秋两季发生较重。秋季和春季光照不足，环境阴湿时发病较重。管理粗放、排水不良及重茬田块发病较多。不同品种间的抗病性有明显差异。

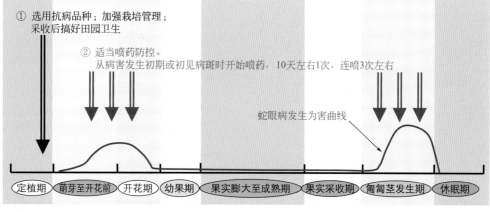

图14-9　蛇眼病防控技术模式图

彩图14-46　许多叶片受害状

【防控技术】蛇眼病防控技术模式如图14-9所示。

1.农业防控　尽量选用抗病品种，如甜查理、石莓4号、森格那等。增施有机肥及微生物肥料，科学使用速效化肥，避免偏施氮肥。定植前仔细挑选，彻底摘除病叶或汰除病苗。生长期适度灌水，切忌大水漫灌。采收后及时清理田园，摘除老叶、病叶、枯死叶，集中深埋或烧毁。

2.适当喷药防控　从病害发生初期或初见病斑时开始喷药，10天左右1次，连喷3次左右。效果较好的药剂如：70%甲基硫菌灵可湿性粉剂或500克/升悬浮剂600～800倍液、10%苯醚甲环唑水分散粒剂1500～2000倍液、40%氟硅唑乳油5000～6000倍液、250克/升吡唑醚菌酯乳油1500～2000倍液、60%铜钙·多菌灵可湿性粉剂500～600倍液、77%硫酸铜钙可湿性粉剂600～800倍液、80%代森锰锌（全络合态）可湿性粉剂600～800倍液、75%百菌清可湿性粉剂500～700倍液等。

褐色角斑病

【症状诊断】褐色角斑病又称角斑病，主要为害叶片。初期病斑呈多角形，暗紫褐色；扩展后逐渐变为灰褐色，边缘颜色较深；后期，病斑上常具有同心轮纹。病斑直径约5毫米（彩图14-47）。

彩图14-47　褐色角斑病为害状

【病原】草莓生叶点霉（*Phyllosticta fragaricola* Desmet Rob.），属于半知菌亚门腔孢纲球壳孢目。

【发病规律】病菌主要以菌丝体及分生孢子器在病残体上越冬，亦可在种苗上越冬。翌年条件适宜时，越冬病菌产生并释放出病菌孢子，通过风雨及灌溉水进行传播侵染。该病在田间有再侵染。露地栽培时，5～6月份发病较重。美国6号品种容易感病。

【防控技术】褐色角斑病防控技术模式如图14-10所示。

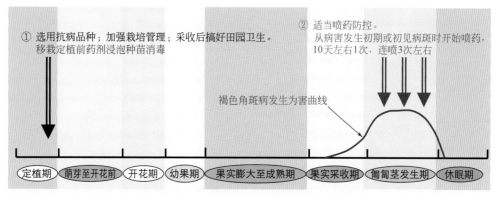

图14-10　褐色角斑病防控技术模式图

1.**农业防控** 选择栽植抗病品种，如卡姆罗莎、甜查理、石莓4号、吐特拉等。尽量采用高畦或高垄加地膜覆盖栽培，降低环境湿度。采收后搞好田园卫生，彻底清除老叶、病叶、枯死叶等，集中深埋或烧毁。

2.**种苗药剂消毒** 移栽定植前，首先摘除种苗上的老叶、病叶，然后使用70%甲基硫菌灵可湿性粉剂500～600倍液浸苗5～10分钟，捞出晾干后栽植。

3.**适当药剂防控** 从病害发生初期或初见病斑时开始喷药，10天左右1次，连喷3次左右。效果较好的药剂同"蛇眼病"生长期喷药。

日灼病

【症状诊断】日灼病是草莓生产中的一种常见生理性病害，主要发生在叶片与果实上。

中心嫩叶受害，多在初展或未展叶片的叶缘形成急性坏死干枯，褐色至黑褐色（彩图14-48）。由于坏死部分停止生长，而其他部分细胞生长迅速，所以后期受害叶片多数呈翻转的酒杯状或汤匙状（彩图14-49）。受害叶片明显较小。

彩图14-48 嫩叶尖部呈褐色至黑褐色坏死

彩图14-49 受害叶片呈翻转的酒杯状或汤匙状

成龄叶片受害，多从叶缘开始发病，初期似开水烫伤状失绿、凋萎，逐渐变茶褐色干枯，枯死斑色泽均匀。受害轻时病变仅在叶缘锯齿部位发生（彩图14-50），较重时导致叶片大半部干枯（彩图14-51）。

彩图14-50 叶缘部位呈茶褐色干枯

彩图14-51 叶片大半部枯死

果实受害，多在近成熟期的中午高温时段发生，果实向阳面组织失水灼伤，初期变白变软似烫伤状（彩图14-52），后呈淡褐色干瘪凹陷（彩图14-53），失去商品价值。

彩图14-52 果实受害初期，呈白色烫伤状

彩图 14-53　受害部位呈淡褐色干瘪凹陷

【病因及发生特点】日灼病是一种生理性病害，由强烈阳光过度直射造成。速效化肥施用过量，土壤盐分浓度偏高，根系吸收水分困难，植株显著缺水；根系发育不良，新生叶过于柔嫩；赤霉酸喷洒较多，根系发育受阻；雨后暴晴，光照强烈，叶片蒸腾作用突然增强等均可导致或加重日灼病发生。保护地栽培3～4月管理不当，棚内温度过高，易导致叶片受害。不同品种对高温干旱的敏感度不同，根系欠发达的品种嫩叶容易受害，叶片薄脆的品种成龄叶容易受害，果实皮薄、果肉含水量低的品种果实容易受害。

【防控技术】根据栽培地域，选用栽植对高温干旱不敏感的品种。栽植前深翻土壤，选择根系好的健壮秧苗栽植，促进根系发达健壮，并注意在高温干旱季节到来前根际适当培土。生长期慎重使用赤霉酸，特别在高温干旱期尽量少用。根据气候因素及土壤墒情，适当增加补充土壤水分，避免过量使用速效化肥，施肥后注意及时灌水。夏季高温季节注意遮阴防晒，尽量避免日灼发生。

冻害

【症状诊断】冻害多在秋冬和早春发生，设施栽培的棚室中发生较多，草莓地上部位均可受害。叶片受害，常发生冻死干枯。花器受害，柱头受冻后向上隆起干缩，花蕊受冻后变黑褐色枯死（彩图14-54）。幼果受害，停止生长发育，有时变暗红色干枯僵死（彩图14-55）。膨大期果实受害，果实多发阴变褐（彩图14-56）。

彩图 14-54　花器受冻后花蕊变黑褐色枯死

彩图 14-55　幼果受冻后呈干枯僵死

彩图 14-56　膨大期果实受冻后发阴变褐

【病因及发生特点】冻害是由环境温度急剧下降造成的，相当于生理性病害。越冬时绿色叶片在−8℃以下的低温中可大量冻死，影响花芽的形成、发育和来年的开花结果。在花蕾和开花期出现−2℃以下的低温，雌蕊和柱头即发生冻害。越冬前降温幅度过大易使叶片遭受冻害。早春温度回升后如遇骤然较大幅度降温（即使气温不低于0℃），易使花器遭受冻害。花期低温，花瓣常呈现红色或紫红色，严重时叶片也会受冻干卷枯死。

【防控技术】晚秋控制植株徒长，冬前浇灌冻水，越冬时覆盖防寒物。早春不要过早去除覆盖物，初花期遭遇倒春寒时及时加盖地膜防寒或进行熏烟。冷空气来临前全园灌水，增加土壤湿度；或喷施0.003%丙酰芸薹素内酯水剂3000倍液、或1.8%复硝酚钠水剂3000～4000倍液，提高草莓抗寒能力。保护地栽培时，也可根据天气预报进行人工加温。

畸形果

【症状诊断】畸形果为果实形状不正常的统称。常见类型有：果实过肥或过瘦、鸡冠状果（彩图14-57）、指头果（彩图14-58）、双头果（彩图14-59）、多头果（彩图14-60）、果面凹凸不平（彩图14-61）、奇形怪状（彩图14-62）等。

彩图 14-57　鸡冠状果

彩图 14-61　果面凹凸不平

彩图 14-58　指头果

彩图 14-62　卵形果

【病因及发生特点】畸形果是由子房发育不正常导致的，相当于生理性病害。品种本身育性不高，雄蕊发育不良，雌性器官育性不一致，致使授粉不完全，是导致畸形果的主要原因。棚室内授粉昆虫偏少、阴雨低温等不良生态环境，花器发育不充分或花粉稔性降低，花粉开裂或花粉发芽不良，雌性器官受精障碍，花期温度偏高、开花期使用化学农药不当等，均可影响正常授粉，导致形成畸形果。另外，氮肥施用过量、缺硼、营养生长与生殖生长失调等亦均可导致形成畸形果。

【防控技术】选择栽培花粉量多、畸形果少、耐低温、育性高的品种，如甜查理、石莓 7 号等。加强栽培管理，调控并改善影响花器发育障碍的不良因素，特别是保护地内的温湿度等，以提高花粉稔性，避免畸形果发生。开花期适当放蜂传媒，有效提高授粉效率。需要喷药防控病虫害时，尽量在开花 6 小时受精结束后进行，以避免影响授粉。增施有机肥及微生物肥料，适量施用磷钾肥，补充施用硼肥，少量施用氮肥。施肥后注意及时浇水，保持土壤湿润，控制田间最大持水量在 70% ～ 80%，防止土壤干旱。

彩图 14-59　双头果

生理性白化叶

【症状诊断】生理性白化叶又称六月黄、短暂黄、条纹黄、白条纹、杂纹等，是一种世界性病害，并呈逐渐恶化的趋势。病株叶片上呈现出形状不规则、大小不等的白

彩图 14-60　多头果

色斑纹或斑块（彩图14-63），且白斑及白纹内的叶脉也表现失绿，但细胞完全存活。病株上的花蕾、萼片也呈现失绿症状（彩图14-64）。重病株矮小，叶片光合能力下降或基本丧失，越冬期间极易死亡。

彩图14-63　叶片出现白色条纹及斑块

彩图14-64　病株叶片和萼片退绿

【病因及发生特点】生理性白化叶可能是一种非遗传性的基因缺陷症，能够通过父系或母系传播到后代实生苗，但病症不能归咎于核基因，可能有细胞质基因参与其中。该病不能通过嫁接、机械伤及昆虫携带的植株汁液传播。另据研究，感病植株的叶绿体和细胞质膜有严重破裂，且破裂程度随着病症的严重程度而增加，因此研究认为该病应该与遗传因素有关。

【防控技术】发现病株立即拔除，严禁使用病株繁育种苗。种苗栽植时彻底剔除病苗。尽量选用抗病品种。

激素药害

【症状诊断】在草莓设施栽培环境中，激素类药剂使用不当常导致药害发生。赤霉酸过量使用，导致叶柄特别是花茎徒长、细长，花小、果小，严重影响果实质量及产量（彩图14-65）。三唑类药剂如多效唑等过量喷施，常导致植株过度矮化、紧缩，影响植株正常生长（彩图14-66）。

彩图14-65　花茎徒长，花小、果小

彩图14-66　植株矮化紧缩

【病因及发生特点】由激素类药剂使用不当造成，相当于生理性病害。赤霉酸具有促进植物细胞分裂和伸长及发挥顶端优势的作用；若使用浓度过高或用药量偏大，就会导致植株旺长，叶柄、花梗过度伸长，进而形成长穗小果。多效唑是一种植物生长延缓剂，具有抑制营养生长、促进生殖生长、增加花蕾数、提高坐果率等功效；若使用浓度偏高或用药量偏大，则对营养生长过度抑制，导致植株矮缩。

【防控技术】严格按照激素类药剂的使用规范用药，是有效避免药害发生的根本措施。使用激素类药剂时，必须掌握好使用适期、使用浓度、用药量及使用次数等，严禁随意增加用药量及使用次数，并注意不能与碱性药剂及肥料混用。

缺氮症

【症状诊断】缺氮症主要在叶片上表现明显症状，多从老叶开始发生，逐渐扩展到幼嫩叶片。发病初期，成龄叶片逐渐由绿色向淡绿色转变（彩图14-67）；随缺氮程度加重，叶片渐变为黄色（彩图14-68），甚至产生局部枯焦。

幼叶及未成熟叶片，随缺氮程度加剧，叶片反而更绿，但叶片细小、直立。

彩图14-67　缺氮初期，老叶片渐变淡绿色

彩图14-68　随缺氮加重，叶片变为黄色

老叶叶柄及花萼则呈微红色，叶色较淡或呈现锯齿状、亮红色。果实常因缺氮变小。根系色白而细长，须根量少，后期根系停止生长，并呈现褐色。

【病因及发生特点】缺氮症是由氮素供应不足引起，属于生理性病害。土壤瘠薄、施肥量偏低，易导致缺氮症发生。管理粗放、杂草丛生时，常加重缺氮症表现。

【防控技术】增施有机肥及微生物肥料，按比例科学使用速效化肥，并适量增施速效氮肥。尽量施用缓控释肥，促使肥效长久，有效避免氮肥流失。发现缺氮时，每亩追施硝酸铵11.5千克，施后立即灌水，也可在缺氮时喷施0.3%～0.5%尿素溶液1～2次，均能有效缓解缺氮症表现。

缺磷症

【症状诊断】草莓缺磷时，植株生长衰弱，发育缓慢，叶片呈青铜暗绿色（彩图14-69）。初期，叶片深绿，比正常叶小；随缺磷程度加重，有些品种的上部叶片呈现有光泽的黑色，下部叶片变为淡红色至紫色（彩图14-70），

近叶缘的叶面上出现紫褐色斑点（彩图14-71）。缺磷植株的花、果比正常植株要小，有的果实偶尔出现白化现象。缺磷植株顶端生长受阻，明显发育缓慢。

彩图14-69　叶片呈青铜暗绿色

彩图14-70　下部叶片变淡红色至紫色

彩图14-71　近叶缘的叶面上出现紫褐色斑点

【病因及发生特点】缺磷症由磷素供应不足引起，属于生理性病害。土壤中含钙量偏高或酸度较大时，磷素易被固定，不能被吸收利用。疏松的沙土或有机质偏多的土

壤容易发生缺磷现象。

【防控技术】增施农家肥及微生物肥料，适当补充磷肥，一般在草莓栽植前每亩施用过磷酸钙100千克。当植株开始出现缺磷症状时，每亩及时喷施1%～3%的过磷酸钙澄清液50千克，或叶面喷施0.3%磷酸二氢钾溶液2～3次。

缺钾症

【症状诊断】缺钾症主要在叶片上表现明显症状，较老叶片受害较重，较幼叶片症状不明显。发病初期，先从新成熟的上部叶片开始发病，叶缘产生褐色至黑色干枯（彩图14-72），后逐渐发展成灼伤状（彩图14-73）。有时也可在叶片的叶脉间向中心发展，产生褐色小斑点，并从叶片到叶柄发暗或干枯坏死，这是草莓缺钾的特有症状。缺钾植株果实颜色浅，质地柔软，味道很淡。

彩图14-72　叶缘出现褐色至黑色干枯

彩图14-73　后期，病叶发展为灼伤状

【病因及发生特点】缺钾症由钾素供应不足引起，属于生理性病害。钾元素可由较老叶片向幼嫩叶片转移，所以新叶钾素常含量充足，不易表现缺钾症状。黏质土壤和

沙质土壤容易发生缺钾；氮肥、磷肥使用量偏多，易导致缺钾症发生；土壤中钙、镁元素含量偏高，常抑制钾元素的吸收；温度低、光照差时，根系对钾的吸收能力降低。

【防控技术】增施农家肥及微生物肥料，按比例科学使用速效化肥，避免偏施氮肥、磷肥。严重缺钾土壤，适当增施硫酸钾或氯化钾复合肥，一般每亩施用硫酸钾6.5千克左右。草莓出现缺钾症状时，及时叶面喷施0.3%磷酸二氢钾溶液2～3次。

缺钙症

【症状诊断】缺钙症主要在叶片、果实和根部表现明显症状，典型特点分别为叶焦病、果实变硬、根尖生长受阻。

叶焦病在叶片快速生长期频繁出现，主要特点是叶片皱缩或产生皱纹（彩图14-74），叶片顶部变黑色干枯（彩图14-75），有淡绿色或淡黄色界限，病叶褪绿。在病叶叶柄的棕色斑点上还会流出糖浆状水珠，下面花茎约1/3的距离处也会出现类似症状。现蕾期缺钙，幼嫩小叶及花萼尖端易变黑褐色干枯（彩图14-76、彩图14-77）。较老叶片变为浅绿色至黄色，并逐渐发生褐变、干枯。缺钙果实表面被种子密集覆盖，未膨大的果实上种子可布满整个果面（彩图14-78），果实组织变硬、味酸。缺钙植株根系短粗、色暗，后渐变为淡黑色。

彩图14-74　缺钙叶片发生皱缩

彩图14-75　叶片顶端变黑色干枯

彩图14-76　幼嫩小叶顶端不能充分展开，呈黑褐色

彩图14-77　缺钙时花萼变黑褐色

彩图14-78　缺钙果实上种子布满整个果面

【病因及发生特点】缺钙症由钙素供应不足引起，属于生理性病害。钙在植物体内流动性很小，不能被再转移利用。土壤干燥、盐类浓度过高、氮肥及钾肥使用过量，均易阻碍植株对钙素的吸收。酸性土壤、降水量偏多的沙质土壤容易发生缺钙现象。草莓品种不同，对钙素需求量及敏感性不同。

【防控技术】尽量选择栽培对缺钙不敏感的品种，日本优良品种发病较少，欧美品种如甜查理等发病较多。增施农家肥等有机肥及微生物肥料，按比例科学使用速效化

肥，适当增施钙肥，一般每亩施用石膏50千克左右。田间出现缺钙症时，及时叶片喷施速效钙肥，如0.3%氯化钙水溶液、氨基酸钙、真钙等。

缺铁症

【症状诊断】缺铁症又称黄叶病，主要在叶片上表现明显症状。叶片发病，先从顶端嫩叶开始出现症状，初期嫩叶褪绿变黄（彩图14-79），后逐渐发展为黄白色，叶脉仍留有绿色（彩图14-80）。中度缺铁时，叶脉仍为绿色，脉间叶肉褪绿为黄白色（彩图14-81）。严重缺铁时，幼嫩叶片变小、变白，叶缘逐渐变褐坏死，有时叶脉间也有变褐坏死现象（彩图14-82）。缺铁植株根系生长衰弱，严重时果实变小、产量降低。

【病因及发生特点】缺铁症由铁素供应不足引起，属于生理性病害。铁素是叶绿素的重要组成成分，缺铁时影响叶绿素形成，所以表现为褪绿黄化现象。土壤瘠薄、碱性土壤及酸性强的土壤容易缺铁；氮肥使用量过多，植株徒长，容易发生缺铁；土壤干旱或过度潮湿，影响根系发育及活性，常加重缺铁症表现。

彩图14-79　幼龄叶片黄化失绿

彩图14-80　病叶（肉）褪绿成黄白色

彩图 14-81　脉间叶肉成黄白色，叶脉仍留有绿色

彩图 14-82　叶缘变褐坏死

【防控技术】增施农家肥等有机肥及微生物肥料，按比例科学使用速效化肥，适量使用铁肥，一般每亩使用硫酸亚铁1～2千克、或螯合铁1千克左右。尽量不要在盐碱地栽植草莓，必须栽植时应调节土壤pH值至6～6.5，且不应再大量施用碱性肥料。加强田间管理，尽量采用高畦或高垄栽培，干旱季节及时灌水，雨季注意排水。田间出现缺铁症时，及时喷施铁肥进行矫治，10天左右1次，直到叶色全部转绿为止，有效铁肥如0.1%～0.3%硫酸亚铁水溶液、腐植酸铁、铁多多等。

缺锌症

【症状诊断】缺锌主要在叶片上表现明显症状，轻微缺锌时症状多不明显。缺锌较严重时，成熟叶片变窄，特别是基部叶片，且缺锌越严重窄叶部分越显伸长，但没有坏死现象（彩图14-83）。有时缺锌植株在成熟叶片的叶脉及叶面上出现组织变红。严重缺锌时，新叶黄化，其叶脉仍保持绿色或微红，叶缘有明显的黄色或淡绿色的锯齿形边。缺锌植株果实一般发育正常，但结果量少，果个变小。

彩图 14-83　缺锌时叶片明显变窄

【病因及发生特点】缺锌症由锌素供应不足引起，属于生理性病害。土壤贫瘠、沙质土壤及碱性土壤容易发生缺锌现象，含磷量高或大量施用氮肥时容易缺锌，土壤有机质贫乏及土壤干旱时容易缺锌，土壤中铜、镍等元素不平衡时也易导致缺锌。

【防控技术】增施农家肥等有机肥及微生物肥料，按比例科学使用速效化肥及中微量元素肥料，避免偏施氮肥、磷肥等。发现缺锌症状时，及时叶片喷施锌肥进行矫治，常用有效锌肥如0.1%硫酸锌溶液、螯合锌等。

第十五章
蓝莓病害

灰霉病

【症状诊断】灰霉病可侵染花、果、叶和嫩枝，造成病部坏死、腐烂。叶片发病，多从叶尖开始，沿叶脉间成"V"字形向内扩展，形成褐色病斑，有时病叶扭曲变形，湿度大时病部产生出灰色霉层（彩图15-1）。花絮受侵染后，变褐色焦枯或腐烂，易产生灰色霉层（彩图15-2）。果实受害，导致果实呈水腐状腐烂，表面产生绒毛状灰色霉层（彩图15-3）。

彩图15-1　灰霉病为害叶片

彩图15-2　灰霉病为害花序

彩图15-3　灰霉病为害果实

【病原】灰葡萄孢（*Botrytis cinerea* Pers.ex Fr.），属于半知菌亚门丝孢纲丝孢目。病斑表面的灰色霉层即为病菌的分生孢子梗和分生孢子。

【发病规律】病菌主要以菌核在土壤中或病残体上越冬（越夏），翌年条件适宜时产生病菌孢子，主要通过气流传播，直接侵染衰弱组织、潮湿的枯死组织或伤口组织进行为害，有时还可接触传播、扩散，条件适宜时有多次再侵染。灰霉病属于低温高湿型病害，低温、高湿、寡照有利于病害发生，病害发生适温为15～25℃，相对湿度90%以上时为病害高发期。花期、果实成熟期及贮藏运输期发病较多，冬暖棚室栽培的病害发生较重。持续阴雨或寒流大风天放风不及时，密度过大、幼苗徒长，分苗移栽时伤根、伤叶等，都会加重病害发生。

【防控技术】灰霉病防控技术模式如图15-1所示。

1.搞好田园卫生　定植前或发芽前，彻底清除园区内枯枝败叶，深埋或烧毁。生长期及时摘除病叶、染病花絮、病果、病枝等病残体，集中带到园外销毁（深埋或烧毁），减少病菌来源。栽植多年的蓝莓，发芽前喷施1次药剂清园，杀灭园内残余病菌，常用有效药剂如：45%石硫合剂晶体50～60倍液，3～5波美度石硫合剂、40%嘧霉胺悬浮剂500～600倍液等。

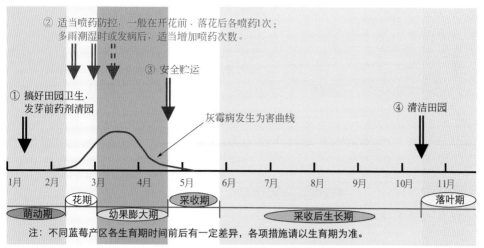

② 适当喷药防控：一般在开花前、落花后各喷药1次；
多雨潮湿时或发病后，适当增加喷药次数。

③ 安全贮运

① 搞好田园卫生，
发芽前药剂清园

灰霉病发生为害曲线

④ 清洁田园

1月　2月　3月　4月　5月　6月　7月　8月　9月　10月　11月

花期　采收期　落叶期

萌动期　幼果膨大期　采收后生长期

注：不同蓝莓产区各生育期时间前后有一定差异，各项措施请以生育期为准。

图15-1　灰霉病防控技术模式图（山东地区暖棚）

2. 加强棚室生态管理　变温通风，降低环境湿度，是有效控制冬暖棚室病害发生的重要手段。一般棚室白天温度保持在28～30℃、夜间12～15℃，湿度控制在85%以下防病效果较好。清晨及阴天时注意通风换气排湿。另外，棚室内最好采用起垄栽培，滴灌（带）浇水，且晴天早晨浇水较好。

3. 适当喷药防控　一般在开花前、落花后各喷药1次，即可有效防控灰霉病的发生为害。效果较好的药剂有：50%腐霉利可湿性粉剂1000～1500倍液、50%异菌脲可湿性粉剂1000～1500倍液、40%嘧霉胺悬浮剂1000～1200倍液、3亿CFU/克哈茨木霉可湿性粉剂300倍液等。天气阴雨潮湿时或病害发生后，适当增加喷药次数，5～7天喷药1次。

4. 安全贮运　包装贮运前精细挑选，彻底剔除病、虫、伤果，然后采用低温冷藏贮运，有效控制病害发生。

僵果病

【**症状诊断**】僵果病主要为害幼嫩枝条和果实。枝条受害，嫩枝逐渐枯死，而后叶片、花序等变褐色萎蔫。20～30天后，逐渐传染到果实上。果实受害，初期外观无异常表现，果实内部逐渐软化、皱缩，最后病果萎蔫、失水、变干、脱落，呈僵果状（彩图15-4）。

彩图15-4　僵果病为害果实状

【**病原**】蓝莓僵果链核盘菌［*Monilinia vaccinii-corym-bosi*（Reade）Honey］，属于子囊菌亚门盘菌纲柔膜菌目（彩图15-5）。

【**发病规律**】病菌主要以菌丝体或菌核在病僵果上越冬，翌年条件适宜时越冬病菌萌发产生并释放出子囊孢子，通过气流传播进行初侵染为害。初侵染发病后产生分生孢子，分生孢子经气流传播后进行再侵染为害。高温高湿有利于病害发生，果实转色成熟期表现严重。春季多雨、空气湿度高或冬季低温时段较长的地区常发病较重。品种间抗病性差异较大。

【**防控技术**】山东露地蓝莓僵果病防控技术模式如图15-2所示。

彩图15-5　僵果病病菌子囊盘（引自Yang Weiqiang）

1. 加强栽培管理　第一，选用适合本地区栽培的抗病品种，控制病害发生。第二，落叶后彻底清除田园内的落叶、落果，集中烧毁或深埋，消灭病菌越冬场所。第三，修剪时注意剪除密挤老枝，促使果园通风透光，降低环境湿度。第四，合理施肥灌水，培育壮树，提高树体抗病能力。第五，果实近成熟期及时摘除病果残体，集中带到园外销毁，防止病菌扩散蔓延。

2. 适当喷药防控　首先在蓝莓发芽前喷施1次0.5%尿素溶液，重点喷洒地面，有效控制越冬菌核萌发。其次，在开花前和落花后各喷药1次，预防枝条及果实受害；病害较重时，果实转色前再喷药1次。效果较好的药剂如：70%甲基硫菌灵可湿性粉剂或500克/升悬浮剂800～1000倍

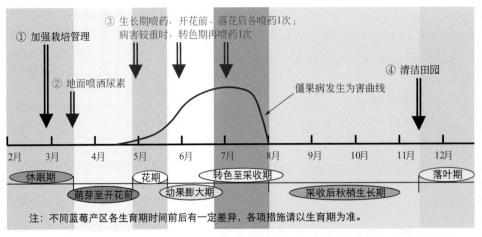

图15-2 僵果病防控技术模式图（山东露地）

① 加强栽培管理

② 地面喷洒尿素

③ 生长期喷药，开花前、落花后各喷药1次；病害较重时，转色期再喷药1次

④ 清洁田园

僵果病发生为害曲线

2月 3月 4月 5月 6月 7月 8月 9月 10月 11月 12月

休眠期　　花期　　转色至采收期　　落叶期

萌芽至开花前　　幼果膨大期　　采收后秋梢生长期

注：不同蓝莓产区各生育期时间前后有一定差异，各项措施请以生育期为准。

高温高湿有利于病害发生。该病具有潜伏侵染特性，幼果期即可侵染，但多从后期（成熟期）开始发病。

【防控技术】炭疽病防控技术模式如图15-3所示。

1.加强栽培管理　合理施肥，增施有机肥及中微量元素肥料，控制氮肥使用量，疏松土壤。起垄栽培，控制土壤湿度，严防水涝或水淹。修剪时注意剪除密挤老枝，培育健壮植株。落叶后至发芽前，彻底清除枯枝、落叶及病僵果，集中深埋或烧毁，消灭病菌越冬场所。发病初期，及时摘除病果，避免病害在园内扩散蔓延。保护地栽培时，注意通风降湿，控制环境湿度。

液、50%腐霉利可湿性粉剂1000～1500倍液、50%异菌脲可湿性粉剂1000～1500倍液、10%苯醚甲环唑水分散粒剂1500～2000倍液等（图15-2）。

炭疽病

【症状诊断】炭疽病主要为害果实，也可为害嫩茎及嫩梢。果实受害，多从后期开始发病，形成褐色稍凹陷病斑，后病斑表面常产生呈近轮纹状排列的小黑点，其上可溢出绯红色黏液（彩图15-6、彩图15-7），后期病果干缩为黑色僵果。嫩茎受害，形成深褐色长形凹陷病斑。嫩梢受害，多产生坏死。

彩图15-6　炭疽病为害果实状

【病原】胶孢炭疽菌［*Colletotrichum gloeosporioides* (Penz.) Sacc.］，属于半知菌亚门腔孢纲黑盘孢目。病斑表面的小黑点为病菌的分生孢子盘，绯红色黏液为分生孢子黏液。

【发病规律】病菌主要以菌丝体或分生孢子盘在病僵果及枝梢病斑上越冬，翌年条件适宜时产生分生孢子，通过风雨或水滴飞溅传播进行侵染为害。田间有多次再侵染。

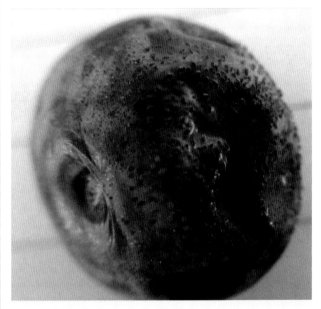

彩图15-7　病果表面产生绯红色黏液

2.及时喷药防控　开花前、幼果期及果实转色期是药剂防控的三个关键期，一般各喷药1次即可；若后期病害较重，需增加喷药1次。常用有效药剂有：70%甲基硫菌灵可湿性粉剂或500克/升悬浮剂800～1000倍液、50%多菌灵可湿性粉剂600～800倍液、10%苯醚甲环唑水分散粒剂1500～2000倍液、430克/升戊唑醇悬浮剂3000～4000倍液、30%戊唑·多菌灵悬浮剂800～1000倍液、41%甲硫·戊唑醇悬浮剂800～1000倍液等（图15-3）。

根腐病

【症状诊断】根腐病主要为害根部与根颈部，苗木及成龄树均可发生。根部受害，多在侧根上先出现坏死斑点，后导致整个根系变褐色枯死（彩图15-8）。根颈部受害，先

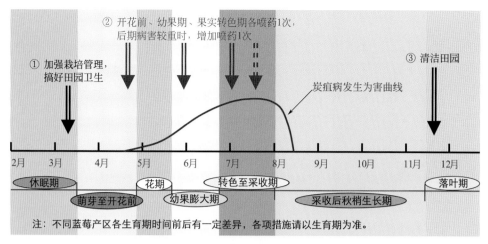

② 开花前、幼果期、果实转色期各喷药1次，后期病害较重时，增加喷药1次

① 加强栽培管理，搞好田园卫生

③ 清洁田园

炭疽病发生为害曲线

| 2月 | 3月 | 4月 | 5月 | 6月 | 7月 | 8月 | 9月 | 10月 | 11月 | 12月 |

休眠期　　　花期　　　转色至采收期　　　落叶期

萌芽至开花前　　幼果膨大期　　　采收后秋梢生长期

注：不同蓝莓产区各生育期时间前后有一定差异，各项措施请以生育期为准。

图15-3　炭疽病防控技术模式图（山东露地）

产生水渍状淡褐色坏死斑，后蔓延至整个根颈部，呈褐色水渍状坏死腐烂（彩图15-9）。病株生长缓慢，叶片变黄、干枯、甚至脱落，严重时植株死亡。

彩图15-8　根腐病导致根系死亡

彩图15-9　根腐病导致根颈部坏死腐烂

【病原】可由多种病菌引起，常见种类有疫霉菌（*Phytophthora* sp.）、镰刀菌（*Fusarium* sp.）等。前者属于鞭毛菌亚门卵菌纲霜霉目，后者属于半知菌亚门丝孢纲瘤座孢目。

【发病规律】病菌均属于土壤习居菌，没有固定越冬场所。主要通过水流和水滴飞溅传播，农事操作也可传病。土壤黏重、低洼积水、湿度过大是诱发病害的主要因素。施用未发酵腐熟的带菌有机肥、有机肥施用不当（未与土壤拌匀、施肥集中、新栽植苗木直接接触有机肥等）都会诱使根腐病发生。植株一旦发病树势很快衰退。

【防控技术】采用起垄栽培、避免植株根部及茎基部积水，是有效防控根腐病发生的根本措施。严格控制土壤湿度，及时排出积水，防止发生水涝或水淹。合理施肥，尽量施用充分腐熟的有机肥料，疏松土壤，提高土壤透气性，适当控制施用氮肥。发现死苗后及时清除死株及重病株，然后用福尔马林对病穴进行彻底覆膜消毒，消毒10天后再进行补植；同时，使用多菌灵或恶霉灵对发病地块及其周围植株进行灌根，严重时先清理整片植株后再进行土壤消毒最好。

枝枯病

【症状诊断】枝枯病又称干枯病，主要为害枝干或枝条。多从老枝或新枝下部开始受害，逐渐蔓延至其他部位。发病初期，枝条内部产生褐变，逐渐导致病枝变黑褐色枯死（彩图15-10）；剪除枯死枝后，其他枝条仍可继续发病，最后导致整株死亡（彩图15-11）。湿度大时，病枝表面常产生出灰白色病菌黏液（彩图15-12）。

彩图15-10　枝枯病导致枝条枯死

彩图15-11　枯枝剪除后，其他枝条继续发病

彩图15-12　病枝表面产生出灰白色黏液

【病原】葡萄座腔菌（*Botryosphaeria* spp.），属于子囊菌亚门核菌纲格孢腔菌目。病斑表面产生的灰白色黏液为病菌孢子黏液（彩图15-13）。

【发病规律】病菌主要以菌丝体和子座组织在病枝条内越冬，翌年条件适宜时产生并释放出病菌孢子，通过风雨传播，主要从伤口侵染为害。高温高湿有利于病害发生，尤其是夏季极端高温天气。半高丛蓝莓中北陆、北高丛蓝莓中布里吉塔等品种耐热性差，若枝条过密，容易受害。结果后树势衰弱，病害亦常发生较重。

【防控技术】枝枯病防控技术模式如图15-4所示。

1.加强栽培管理　增施有机肥及中微量元素肥料，培育壮树，提高树体抗病能力。科学修剪，注意剪除密挤老枝，促使果园通风透光，控制田间湿度。发现病株，及时将整株挖走，并妥善带到园外集中销毁。

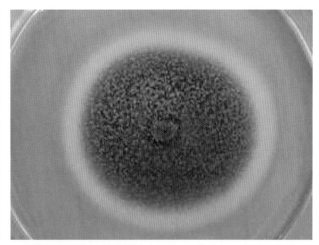

彩图15-13　病菌培养菌落

2.发芽前药剂清园　进入结果期后，发芽前全园喷施1次铲除性药剂清园灭菌，铲除树体带菌，有效药剂如：30%戊唑·多菌灵悬浮剂400～600倍液、41%甲硫·戊唑醇悬浮剂400～500倍液等。

3.生长期喷药防控　病害发生较重果园，在果实采收后全园喷药1～2次，间隔期10～15天，可有效预防枝干受害。效果较好的药剂如：70%甲基硫菌灵可湿性粉剂或500克/升悬浮剂800～1000倍液、50%多菌灵可湿性粉剂600～800倍液、10%苯醚甲环唑水分散粒剂1500～2000倍液、430克/升戊唑醇悬浮剂3000～4000倍液、30%戊唑·多菌灵悬浮剂800～1000倍液、41%甲硫·戊唑醇悬浮剂800～1000倍液等（图15-4）。

叶斑病

【症状诊断】叶斑病实际是叶片上产生坏死斑点类病害的统称，主要为害叶片，常见多种症状类型。有的在叶片上产生褐色近圆形坏死斑点，外围常有深褐色晕圈，边缘清晰（彩图15-14）；有的病斑形状不规则，病健边缘不清晰（彩图15-15）；有的从叶片边缘开始发病，逐渐向内扩展，病斑很大，甚至整叶坏死（彩图15-16）；有的病斑呈近轮纹状，后期中部易破碎穿孔（彩图15-17）。

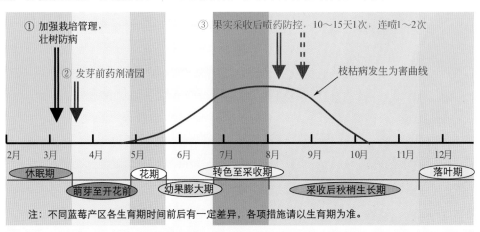

① 加强栽培管理，壮树防病

② 发芽前药剂清园

③ 果实采收后喷药防控，10～15天1次，连喷1～2次

枝枯病发生为害曲线

2月　3月　4月　5月　6月　7月　8月　9月　10月　11月　12月

休眠期　花期　转色至采收期　落叶期

萌芽至开花前　幼果膨大期　采收后秋梢生长期

注：不同蓝莓产区各生育期时间前后有一定差异，各项措施请以生育期为准。

图15-4　枝枯病防控技术模式图

彩图15-14　叶斑病症状（a）

彩图15-15　叶斑病症状（b）

【病原】可由多种病菌引起，常见种类有：盘长孢霉（*Gloeosporium minus*），壳针孢霉（*Septoria albopunctata*）等，两者均属于半知菌亚门腔孢纲真菌。

【发病规律】病菌均主要在病落叶上越冬，翌年条件适宜时产生出病菌孢子，通过风雨或气流传播进行侵染为害。多雨潮湿有利于病害发生，树势衰弱病害发生较重。耐热性差的品种如北陆、布里吉塔等容易受害。缺水、干旱、高温等生理性病害易诱发叶斑病。

【防控技术】

1. **加强栽培管理**　合理施肥，增施有机肥及中微量元素肥料，疏松土壤，培育健壮植株，提高抗病能力。起垄栽植，科学灌水，雨季注意排水，控制土壤湿度。科学修剪，注意剪除密挤老枝，平衡树势。落叶后至发芽前，彻底清除枯枝落叶，集中深埋或烧毁，消灭病菌越冬场所。

2. **适当喷药防控**　从病害发生初期或初见病斑时开始喷药，10～15天1次，连喷2次左右。常用有效药剂同"枝枯病"生长期喷药药剂。

彩图15-16　叶斑病症状（c）

彩图15-17　叶斑病症状（d）

第十六章
枸杞病害

白粉病

【症状诊断】白粉病是为害枸杞的一种常见病害，在许多枸杞产区均有发生，主要为害叶片，正反两面均能发生。发病初期，在叶片表面产生白色粉斑（彩图16-1），后粉斑逐渐蔓延至整个叶片，使叶片表面布满一层白粉（彩图16-2、彩图16-3）。后期，受害叶片常出现波状畸形（彩图16-4），甚至变黄脱落。严重时，许多叶片受害，整个植株表面覆有一层白粉（彩图16-5）。秋季，白粉状物上逐渐产生出初期黄色、渐变黄褐色、最后呈黑色的颗粒状物。

彩图16-3　叶片背面亦布满白粉状物

彩图16-1　发病初期，叶面产生白色粉斑

彩图16-4　受害叶片发生畸变

彩图16-2　白粉状物布满整个叶面

彩图16-5　植株严重受害状

【病原】多孢穆氏节丝壳［*Arthrocladiella mougeotii* var. *polysporae*（Lév.）Vassilk.］，属于子囊菌亚门核菌纲白粉菌目。病斑表面的白粉状物即为病菌的分生孢子梗和分生孢子，黑色颗粒状物为病菌有性阶段的闭囊壳。

【发病规律】白粉病菌主要以闭囊壳随病残体在土壤表面越冬，南方地区还能以菌丝体在植株表面越冬。翌年春季温湿度条件适宜时，越冬闭囊壳释放出子囊孢子成为初侵染来源；菌丝体越冬的直接产生分生孢子成为初侵染来源。子囊孢子或分生孢子通过气流传播，直接侵染进行为害。初侵染发病后，产生分生孢子，再经气流传播进行再侵染为害。条件适宜时，再侵染可发生多次，病害容易流行。严重时，许多叶片早期脱落，对树势及产量影响很大。

【防控技术】枸杞白粉病防控技术模式如图16-1所示。

1.加强栽培管理　合理密植，生长季节注意疏除过密枝条或徒长枝，使枸杞园通风透光。加强肥水管理，培育健壮树体，提高植株抗病能力。落叶后至发芽前，彻底清除落叶、落果等病残体，集中深埋或销毁，消灭病菌越冬场所。

2.及时喷药防控　从病害发生初期或初见病斑时开始喷药，15天左右1次，连喷2～3次。效果较好的药剂有：50%醚菌酯水分散粒剂2000～3000倍液、30%氟菌唑可湿性粉剂1000～1500倍液、12.5%四氟醚唑水乳剂2000～2500倍液、430克/升戊唑醇悬浮剂3000～4000倍液、10%苯醚甲环唑水分散粒剂1500～2000倍液、12.5%腈菌唑可湿性粉剂2000～2500倍液、12.5%烯唑醇可湿性粉剂2000～2500倍液、70%甲基硫菌灵可湿性粉剂600～800倍液、30%戊唑·多菌灵悬浮剂700～800倍液、41%甲硫·戊唑醇悬浮剂600～700倍液等。

黑斑病

【症状诊断】黑斑病主要为害叶片，在枸杞生长中后期发生较重。发病初期，在叶片上产生褐色小斑点，扩展后成圆形或近圆形病斑，明显凹陷（彩图16-6）；随病斑发展，逐渐形成近圆形或不规则形大斑，常有同心轮纹，直径可达10毫米左右。有时病斑沿叶缘扩展，多形成长条形或不规则形大斑（彩图16-7）；有时病斑沿叶尖向内扩展，多形成"V"字形病斑（彩图16-8）。发病后期，病斑表面产生墨绿色至黑色霉状物（彩图16-9）。在枸杞瘿螨为害较重的

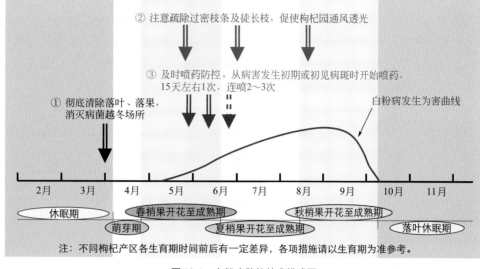

② 注意疏除过密枝条及徒长枝，促使枸杞园通风透光

③ 及时喷药防控。从病害发生初期或初见病斑时开始喷药，15天左右1次，连喷2～3次

① 彻底清除落叶、落果，消灭病菌越冬场所

白粉病发生为害曲线

2月　3月　4月　5月　6月　7月　8月　9月　10月　11月

休眠期

萌芽期

春梢果开花至成熟期

夏梢果开花至成熟期

秋梢果开花至成熟期

落叶休眠期

注：不同枸杞产区各生育期时间前后有一定差异，各项措施请以生育期为准参考。

图16-1　白粉病防控技术模式图

田块，黑斑病常从后期的虫瘿斑上开始发生（彩图16-10），形成复合为害。

彩图16-6　发病早期的褐色圆形凹陷病斑

彩图16-7　病斑沿叶缘扩展成不规则形

彩图16-8　叶尖病斑向内扩展成"V"字形

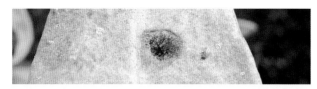

彩图 16-9　病斑表面产生墨绿色至黑色霉状物

彩图 16-10　黑斑病从枸杞瘿螨为害的虫瘿上开始发生

【病原】茄链格孢（*Alternariasolani* Sorauer），属于半知菌亚门丝孢纲丝孢目。病斑表面的霉状物即为病菌的分生孢子梗和分生孢子。

【发病规律】黑斑病菌主要以菌丝体和分生孢子在病残体上越冬。翌年条件适宜时越冬菌丝体发育产生分生孢子，与越冬分生孢子共同构成初侵染来源。分生孢子通过风雨或气流传播，从气孔、皮孔或直接侵染，经 2 ～ 3 天潜育期出现病斑，再经 3 ～ 4 天产生出分生孢子。该分生孢子再通过风雨或气流传播，进行再侵染为害。条件适宜时，田间可发生多次再侵染。多雨潮湿有利于病害发生，管理粗放、树势衰弱地块病害发生较重，枸杞瘿螨为害重的田块常导致黑斑病较重发生。

【防控技术】枸杞黑斑病防控技术模式如图16-2所示。

1. 加强栽培管理　增施农家肥等有机肥，按比例施用速效化肥，科学灌水，培育生长健壮枸杞，提高叶片抗病能力。生长季节注意疏除过密枝条及徒长枝，促使园内通风透光。落叶后至发芽前，彻底清除落叶、落果，集中深埋或销毁，消灭病菌越冬场所。注意防控枸杞瘿螨为害，减少叶片虫瘿斑。

2. 适当喷药防控　黑斑病多为零星发生，一般不需单独喷药防控。个别病害发生较重田块，从病害发生为害初期开始喷药，10 ～ 15 天 1 次，连喷 2 次左右即可有效控制该病为害。效果较好的药剂如：80%代森锰锌（全络合态）可湿性粉剂 600 ～ 800 倍液、10%多抗霉素可湿性粉剂 1000 ～ 1500 倍液、3%多抗霉素可湿性粉剂 400 ～ 500 倍液、50%异菌脲可湿性粉剂或45%悬浮剂 1000 ～ 1500 倍液、10%苯醚甲环唑水分散粒剂 1500 ～ 2000 倍液、430 克 / 升戊唑醇悬浮剂 3000 ～ 4000 倍液等。

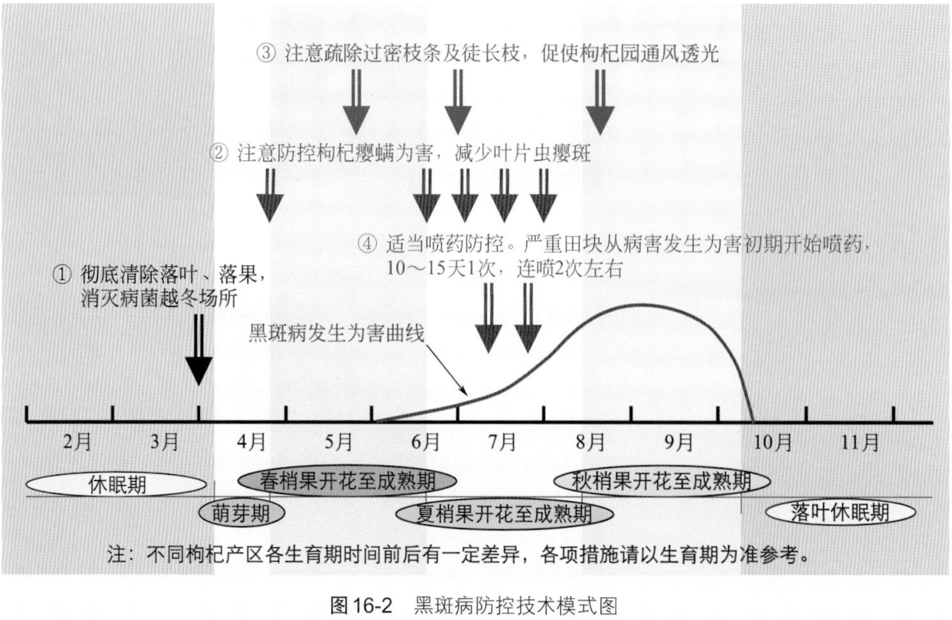

灰斑病

【症状诊断】灰斑病又称叶斑病，主要为害叶片，也可为害果实。叶片受害，初期产生褐色小斑点，扩展后形成圆形或近圆形凹陷病斑，直径 2 ～ 4 毫米，边缘褐色、中部灰白色（彩图16-11）。严重时，叶片上散布多个病斑。潮湿时，后期病斑背面常生有灰黑色霉状物。果实受害，形成圆形凹陷病斑，边缘褐色，中部灰白色，影响果实品质。

彩图 16-11　枸杞灰斑病（丁万隆）

【病原】枸杞尾孢（*Cercosporalycii* Ell.et Halst），属于半知菌亚门丝孢纲丝孢目。病斑背面的霉状物即为病菌的分生孢子梗和分生孢子。

【发病规律】灰斑病菌主要以菌丝体或分生孢子在病落叶及病僵果上越冬。翌年条件适宜时产生分生孢子，通过风雨传播进行侵染为害。初侵染发病后产生的分生孢子，再经风雨传播进行再侵染。条件适宜时，该病有多次再侵染。高温、多雨、潮湿有利于病害发生，管理粗放、植株生长衰弱病害

③ 注意疏除过密枝条及徒长枝，促使枸杞园通风透光

② 注意防控枸杞瘿螨为害，减少叶片虫瘿斑

④ 适当喷药防控。严重田块从病害发生为害初期开始喷药，10～15天1次，连喷2次左右

① 彻底清除落叶、落果，消灭病菌越冬场所

黑斑病发生为害曲线

| 2月 | 3月 | 4月 | 5月 | 6月 | 7月 | 8月 | 9月 | 10月 | 11月 |

休眠期

萌芽期

春梢果开花至成熟期

夏梢果开花至成熟期

秋梢果开花至成熟期

落叶休眠期

注：不同枸杞产区各生育期时间前后有一定差异，各项措施请以生育期为准参考。

图 16-2　黑斑病防控技术模式图

发生较重。

【防控技术】

1.加强栽培管理　增施农家肥等有机肥，按比例科学施用速效化肥，培育生长健壮枸杞，提高植株抗病能力。生长季节注意疏除过密枝条及徒长枝，促使园内通风透光。落叶后至发芽前，彻底清除落叶、落果，集中深埋或销毁，消灭病菌越冬场所。

2.适当喷药防控　灰斑病多为零星发生，一般不需单独喷药防控。个别病害发生较重田块，从病害发生为害初期开始喷药，10～15天1次，连喷2次左右即可有效控制该病为害。效果较好的药剂如：70%甲基硫菌灵可湿性粉剂或500克/升悬浮剂800～1000倍液、10%苯醚甲环唑水分散粒剂1500～2000倍液、430克/升戊唑醇悬浮剂3000～4000倍液、80%代森锰锌（全络合态）可湿性粉剂600～800倍液、30%戊唑·多菌灵悬浮剂700～800倍液、41%甲硫·戊唑醇悬浮剂600～700倍液等。

灰霉病

【症状诊断】灰霉病主要为害叶片和果实，发病后的主要症状特点是在受害部位表面产生一层鼠灰色霉状物。叶片受害，多从叶缘开始发生，初期产生淡褐色水渍状病斑，半圆形或不规则形；后很快向叶内扩展至叶片的1/3左右、甚至更大，病斑呈褐色腐烂，表面可产生灰色霉状物（彩图16-12）。果实受害，多从花萼端或果萼与果实接触部位开始发生，形成淡褐色至褐色腐烂病斑，稍凹陷；后期扩展至果粒的1/5～1/2、甚至更大，明显凹陷，表面易产生灰色霉层。

彩图16-12　枸杞灰霉病（吕佩珂）

【病原】灰葡萄孢（*Botrytis cinerea* Pers.ex Fr.），属于半知菌亚门丝孢纲丝孢目。病斑表面的霉状物即为病菌的分生孢子梗和分生孢子。该病菌寄主范围非常广泛，可为害许多种植物。

【发病规律】灰霉病菌主要以菌丝体在病残体上或以菌核随病残体在土壤中越冬，也可在其他寄主植物上越冬。翌年条件适宜时，越冬病菌产生分生孢子，通过气流或风雨传播，从伤口、衰弱或死亡的组织进行侵染，引起发病。发病后产生的分生孢子再经传播进行再侵染。条件适宜时

田间可发生多次再侵染。枸杞生长期低温寡照、多雨潮湿或花期阴雨是导致病害发生的主要因素，棚室栽培枸杞受害较重，枝条茂密、通风透光不良、园内湿度大时有利于病害发生。

【防控技术】

1.加强栽培管理　增施农家肥等有机肥及微生物肥料，按比例科学使用速效化肥，培育健壮植株，提高树体抗病能力。生长期注意疏除过密枝条及徒长枝，使园内通风透光良好，环境湿度降低。落叶后至发芽前，彻底清除园内修剪下来的枝条及落叶、落果、杂草，集中带到园外销毁或深埋，清除病菌越冬场所。

2.适当喷药防控　灰霉病多为零星发生，一般田园不需单独喷药防控。个别病害发生较重园片，在每茬果开花至幼果期，如遇低温、寡照、多雨气候条件时及时进行喷药，7～10天1次，每茬果喷药1～2次，棚室栽培的更为重要。效果较好的药剂如：40%嘧霉胺悬浮剂1000～1500倍液、50%啶酰菌胺水分散粒剂1000～1500倍液、50%腐霉利可湿性粉剂1000～1500倍液、50%异菌脲可湿性粉剂或45%悬浮剂1000～1500倍液、50%乙霉·多菌灵可湿性粉剂800～1000倍液、65%甲硫·乙霉威可湿性粉剂800～1000倍液等。

炭疽病

【症状诊断】炭疽病俗称黑果病，主要为害果实，也可为害叶片、枝条。果实受害，多从转色期开始发病，初期在果面上产生黑褐色近圆形或不规则形小斑点，稍凹陷（彩图16-13）；后病斑逐渐扩大，凹陷明显，病健交界清晰，病斑表面产生许多淡粉红色胶状小点（彩图16-14）；发病后期，病斑常扩展至半果或整个果粒，形成黑褐色干缩僵果（彩图16-15），甚至蔓延至果柄上（彩图16-16）。严重时，树上许多果实受害（彩图16-17），对有效产量造成很大影响。叶片受害，多从叶尖、叶缘开始发生，形成褐色半圆形或不规则形坏死斑。枝条受害，多不形成明显病斑，但是为病菌的重要越冬场所。

彩图16-13　炭疽病初期病斑

彩图 16-14　炭疽病斑凹陷，病健交界明显

彩图 16-15　病果粒干缩为黑色僵果

【病原】胶孢炭疽菌［*Colletotrichum gloeosporioides*（Penz.）Sacc.］，属于半知菌亚门腔孢纲黑盘孢目。病斑表面产生的淡粉红色胶质小点即为病菌的分生孢子黏液。

【发病规律】炭疽病菌主要以菌丝体和分生孢子在枝条病斑上或随病僵果在土壤中越冬。翌年条件适宜时病斑上产生分生孢子，通过风雨传播到果粒、叶片及枝条上，从伤口或直接侵染为害。初侵染发病后，病斑表面产生的分生孢子再经风雨传播进行再侵染为害。田间有多次再侵染。多雨潮湿是导致病害发生的主要因素，管理粗放、植株生长衰弱病害发生较重。一般枸杞园7、8月份的第二茬果受害较重。

【防控技术】枸杞炭疽病防控技术模式如图16-3所示。

1.加强栽培管理　增施农家肥等有机肥及微生物肥料，按比例科学使用速效化肥，培育健壮植株，提高树体抗病能力。生长期注意疏除过密枝条及徒长枝，使园内通风透光良好，环境湿度降低。落叶后至发芽前，彻底清除园内修剪下来的枝条及落叶、落果，集中带到园外销毁或深埋，清除病菌越冬场所。

2.发芽前药剂清园
上年炭疽病发生较重果园，在发芽前喷施1次铲除性药剂清园，杀灭枝条上的越冬存活病菌。效果较好的药剂如：3～5波美度石硫合剂、45%石硫合剂晶体50～70倍液、30%戊唑·多菌灵悬浮剂400～600倍液、41%甲硫·戊唑醇悬浮剂400～500倍液等。

彩图 16-16　炭疽病斑蔓延至果柄上

彩图 16-17　枝条果实严重受害状

3.生长期喷药防控　上年炭疽病发生较重果园，从每茬果落花后15～20天或果粒开始转色时开始喷药，第一茬果喷药1～2次，第二茬果喷药2次左右，第三茬果喷药

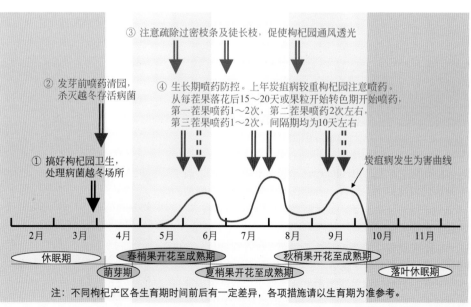

③注意疏除过密枝条及徒长枝，促使枸杞园通风透光

②发芽前喷药清园，杀灭越冬存活病菌

④生长期喷药防控。上年炭疽病较重枸杞园注意喷药。从每茬果落花后15～20天或果粒开始转色期开始喷药，第一茬果喷药1～2次，第二茬果喷药2次左右，第三茬果喷药1～2次，间隔期均为10天左右

①搞好枸杞园卫生，处理病菌越冬场所

炭疽病发生为害曲线

| 2月 | 3月 | 4月 | 5月 | 6月 | 7月 | 8月 | 9月 | 10月 | 11月 |

休眠期　　　春梢果开花至成熟期　　　秋梢果开花至成熟期
萌芽期　　　夏梢果开花至成熟期　　　　落叶休眠期

注：不同枸杞产区各生育期时间前后有一定差异，各项措施请以生育期为准参考。

图 16-3　炭疽病防控技术模式图

1～2次，间隔期均为10天左右。效果较好的药剂有：70%甲基硫菌灵可湿性粉剂或500克/升悬浮剂800～1000倍液、430克/升戊唑醇悬浮剂3000～4000倍液、250克/升吡唑醚菌酯乳油2000～2500倍液、10%苯醚甲环唑水分散粒剂1500～2000倍液、450克/升咪鲜胺水乳剂1200～1500倍液、20%噻菌铜悬浮剂600～800倍液、25%溴菌腈可湿性粉剂600～800倍液、30%戊唑·多菌灵悬浮剂700～800倍液、41%甲硫·戊唑醇悬浮剂600～700倍液、80%代森锰锌（全络合态）可湿性粉剂600～800倍液等。

黑果病

【症状诊断】黑果病又称黑腐病，主要为害果实，以转色后果实受害较重。发病初期，病斑多从果实伤口处或果粒顶部开始发生，形成淡褐色至褐色腐烂病斑，表面塌陷（彩图16-18）；后病斑逐渐扩展至半个果粒至整个果粒（彩图16-19），甚至蔓延到果柄上（彩图16-20）。病斑表面多产生墨绿色至黑色霉状物（彩图16-21）。后期病果失水干缩，形成僵果，失去商品价值。严重时，许多果实受害（彩图16-22），对产量影响很大。

彩图16-20　病果干缩，并蔓延至果萼及果柄上

彩图16-21　病果表面产生墨绿色至黑色霉状物

彩图16-18　黑果病多从果尖开始发生

彩图16-19　病果腐烂凹陷

彩图16-22　许多果实严重受害状

【病原】交链孢霉 [*Alternariaalternata*（Fr.）Keissler.]，属于半知菌亚门丝孢纲丝孢目。病斑表面的霉状物即为病菌的分生孢子梗和分生孢子。

【发病规律】黑果病菌是一种弱寄生性真菌，寄主范围非常广泛，在田间没有固定越冬场所。条件适宜时即可产生大量分生孢子，通过气流或风雨传播扩散，从伤口或衰弱组织侵染为害，导致果实发病。多雨潮湿有利于病害发生，水肥管理不当、果实产生裂伤易诱使病害发生，管理粗放、植株生长衰弱病害常发生较重。

【防控技术】

1.加强栽培管理 增施农家肥等有机肥及微生物肥料，按比例科学使用速效化肥，适当增施钙肥，培育健壮植株，提高伤口愈合及抗病能力。生长期注意疏除过密枝条及徒长枝，使园内通风透光良好，环境湿度降低。落叶后至发芽前，彻底清除病僵果，集中深埋或销毁。

2.适当喷药防控 黑果病属弱寄生性零星发生病害，一般不需单独喷药防控。个别病害发生较重果园，在加强肥水管理的基础上每茬果适当喷药1～2次即可，多从初见病果时开始喷药，间隔期10天左右。效果较好的药剂同"黑斑病"树上喷药药剂。

根腐病

根腐病是近几年在西北（青海、甘肃等地区）枸杞产区发生的一种严重病害，特别在青海诺木洪枸杞种植区尤为突出，一般地块植株死亡率在10%～30%（彩图16-23），严重地块达80%以上、甚至全园毁灭（彩图16-24），已经成为影响当地枸杞产业可持续发展的重要问题之一。该病实际是对枸杞植株因颈基部坏死腐烂及根部坏死腐烂所导致植株枯死的一种统称，即实际包括两种原因导致的植株枯死。

彩图16-23 许多枸杞植株已经枯死

【症状诊断】根腐病分为两种类型，一种是植株颈基部坏死腐烂所导致的植株枯死，另一种是根部坏死腐烂所导致的植株枯死。两种类型病株发病初期均无明显异常，随病情加重地上部才逐渐出现症状。症状多从果实转色期

开始显现，病株叶片提早变黄脱落，呈现早衰现象（彩图16-25）；随病情逐渐加重，病株逐渐表现为生长衰弱、发芽晚、叶片小而黄、不能开花结果等（彩图16-26），最后植株地上部逐渐枯死。

彩图16-24 严重时，枸杞大面积死亡

彩图16-25 病株叶片提早变黄、脱落

彩图16-26 病株生长衰弱，发芽晚，叶片小而黄

颈基部坏死腐烂型 发病初期，植株颈基部皮层变褐腐烂（彩图16-27），病斑上部主干及下方根部均无异常，腐烂皮层很快环绕主干，导致上部出现衰弱及死亡症状（彩图16-28）。随病情加重，颈基部皮下木质部亦开始变褐色坏死（彩图16-29），进而发展为深褐色坏死腐烂（彩图16-30），地上部植株枯死。由于地下根部正常，所以此类枯死植株常能够从下部健康部位再萌生出幼嫩枝条（彩图16-31）。

彩图16-27　病株根颈部皮层变褐腐烂

彩图16-31　根颈部坏死病株，下部又萌生出枝条

根部坏死腐烂型　发病初期，根部皮层肿胀（彩图16-32），后肿胀皮层逐渐变褐坏死（彩图16-33），相应根的木质部亦逐渐变褐（彩图16-34），地上部植株生长衰弱；后期，根部皮层变褐腐朽（彩图16-35），木质部变褐死亡，导致植株上部逐渐枯死。在病害发展过程中，有时有植株发芽后又发生回枯的现象（彩图16-36）。

彩图16-28　刨出的将近枯死植株

彩图16-32　根部窒息初期，根部皮层肿胀

彩图16-29　植株根颈部坏死腐烂

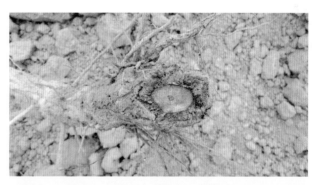

彩图16-33　窒息植株，根部皮层呈海绵状变褐坏死

彩图16-30　植株根颈部已彻底坏死腐烂

彩图16-34　窒息病株，根系木质部变褐坏死

彩图16-35　窒息病株，根部皮层后期呈腐朽状

彩图16-36　根系窒息植株，发芽后回枯

【病原】

颈基部坏死腐烂型　主要由疫霉菌（*Phytophthora* spp.）引起，属于鞭毛菌亚门卵菌纲霜霉目，是一种侵染性病害。

根部窒息坏死型　根部长时间窒息缺氧所导致的一种生理性病害。

【发病规律】疫霉菌是一类在土壤中广泛存在的低等真菌，高湿环境下可侵染枸杞主干基部，引起颈基部皮层坏死腐烂，进而导致植株死亡。枸杞颈基部长时间积水或高湿是诱使该病发生的主要因素（彩图16-37），施肥不当（彩图16-38）、产量过高、植株生长衰弱等均可加重病害发生。

根部缺氧窒息由大水漫灌、田间长时间积水引起，还与土壤透气性有关。有些田块土壤沉实、透气性很差，亦常加重缺氧窒息的发生。

【防控技术】

1.加强栽培管理　增施农家肥等有机肥，改善土壤结构，增强土壤透气性。尽量采用高垄栽培，垄间低洼地带灌水，避免植株基部积水。改大水漫灌为小水勤灌，降低土壤浸泡时间。浇灌后及时中耕，既可避免土壤中盐分上升，又提高了土壤透气性，有利于根系生长发育。改速效化肥堆施为均匀撒施，避免局部养分浓度过高。根据施肥水平确定结果量，或根据合理产量确定施肥水平，使植株既能健康苗壮生长，又能达到科学的果实产量，壮树、丰产协调配合。

2.科学药剂预防　平垄枸杞种植园，每年进行2次植株颈基部灌药消毒，预防颈基部受病菌侵染为害，灌水前用药效果最好。一般使用77%硫酸铜钙可湿性粉剂500～600倍液+50%克菌丹可湿性粉剂500～600倍液，每株使用200～300毫升混合药液沿枸杞主干中下部淋灌。

3.及时治疗轻病树　颈基部坏死腐烂的轻病株（病斑发生初期或尚未环绕主干前），可以进行及时治疗。具体方法为：发现病株后将颈基部土壤挖开，露出受害组织部位，首先将病组织彻底刮除，然后使用上述混合药液淋灌病斑部位、主干中下部及周围土壤，最后将所刮下病组织集中带到园外销毁。

彩图16-37　枸杞田大水漫灌状

彩图16-38　化肥施用过于集中，且太靠近颈基部

第二篇

落叶果树害虫

第十七章
苹果、梨树、山楂害虫

▓▓ 桃小食心虫 ▓▓

【分布与为害】桃小食心虫（*Carposinasasakii* Matsmura）属鳞翅目蛀果蛾科，又称桃蛀果蛾，简称"桃小"，在我国分布范围很广，许多果区均有发生，除为害苹果、梨、山楂外，还可为害海棠、沙果、桃、杏、李、枣等果实，以幼虫蛀食果实为害。苹果受害，幼虫蛀果后不久从入果孔处流出泪珠状的胶质点，俗称"淌眼泪"（彩图17-1），胶点干涸后在入果孔处留下一小片白色蜡质膜（彩图17-2）。随果实生长，入果孔愈合成一小黑点，周围果皮略显凹陷（彩图17-3）。幼虫入果后在皮下潜食果肉，导致果面显出凹陷潜痕，使果实逐渐畸形，俗称"猴头果"（彩图17-4）。幼虫发育后期，食量增大，在果内纵横潜食，并排粪于果实内部，导致果实呈"豆沙馅"状（彩图17-5、彩图17-6），受害果失去商品价值。幼虫老熟后，在果面咬一明显的孔洞而脱果（彩图17-7、彩图17-8）。

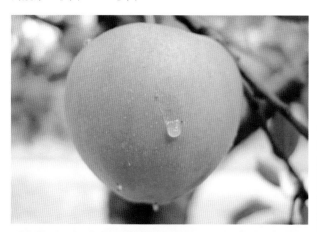

彩图 17-1　桃小蛀果后早期的"泪滴"

【形态特征】雌成虫体长7～8毫米，翅展16～18毫米，唇须较长向前直伸（彩图17-9）；雄成虫体长5～6毫米，翅展13～15毫米，唇须较短而向上翘（彩图17-10）。全体灰白色至灰褐色，复眼红褐色。前翅中部近前缘处有近似三角形蓝灰色大斑，近基部和中部有7～8簇黄褐色或蓝褐色斜立鳞片。后翅灰色，缘毛长，浅灰色。卵椭圆形或桶形，初产时橙红色，渐变深红色，顶部环生2～3圈"Y"状刺毛（彩图17-11）。小幼虫黄白色；老熟幼虫桃红色，体长13～16毫米，前胸背板褐色，无臀刺（彩图17-12）。蛹体长6～8毫米，淡黄色渐变黄褐色，近羽化时变为灰黑色，体壁光滑无刺。茧有两种，一种为扁圆形的冬茧，直径6毫米，丝质紧密（彩图17-13）；一种为纺锤形的化蛹茧（也称夏茧），质地松软，长8～13毫米（彩图17-14）。

彩图 17-2　桃小蛀孔处的白色蜡质膜

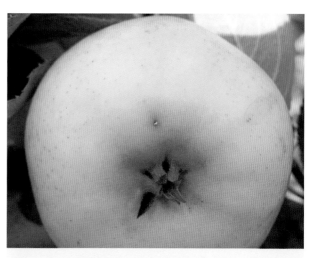

彩图 17-3　桃小的蛀果孔

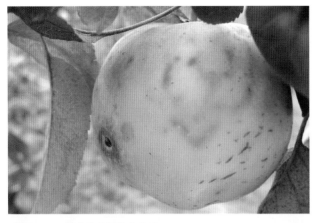

彩图 17-4　桃小为害果实的表面

彩图 17-8　老熟幼虫脱果孔处有虫粪排出

彩图 17-5　桃小为害果实的剖面

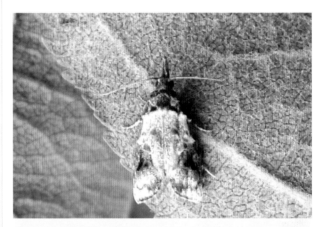

彩图 17-9　桃小食心虫雌成虫

彩图 17-6　桃小为害梨果剖面

彩图 17-10　桃小食心虫雄成虫

彩图 17-7　桃小的脱果孔及被害果表面症状

彩图 17-11　桃小食心虫卵

彩图17-12　桃小食心虫幼虫

彩图17-13　桃小食心虫冬茧

彩图17-14　桃小食心虫的冬茧（左）和夏茧（右）

【发生规律】桃小食心虫在甘肃天水1年发生1代，吉林、辽宁、河北、山西和陕西1年发生2代，山东、江苏、河南1年发生3代，均以老熟幼虫在土壤中结冬茧越冬，树干周围1米范围内的3～6厘米土层中居多。翌年春季当旬平均气温达17℃以上、土温达19℃、土壤含水量在10%以上时，越冬幼虫顺利出土，浇地后或下雨后形成出土高峰。

辽宁果区，越冬幼虫一般年份从5月上旬破茧出土，出土期延续到7月中旬，盛期集中在6月份。出土幼虫先在地面爬行一段时间，而后在土缝、树干基部缝隙及树叶下等处结纺锤形夏茧化蛹，蛹期半月左右。6月上旬出现越冬代成虫，一直延续到7月中下旬，发生盛期在6月下旬～7月上旬。成

虫寿命6～7天，昼伏夜出，交尾后1～2天开始产卵，卵多产于果实萼洼处。每雌虫平均产卵44粒，多者可达110粒。卵期一般7～8天。第1代卵发生在6月中旬～8月上旬，盛期为6月下旬～7月中旬。初孵幼虫有趋光性，先在果面爬行2～3小时后，多从胴部蛀入果内为害。随果实生长，蛀入孔愈合成一个小黑点，孔周围果面稍凹陷，多条幼虫为害的果实常发育成凸凹不平的畸形果。幼虫在果内蛀食20～24天，老熟后从内向外咬一较大脱果孔，然后爬出落地，发生晚的直接入土做冬茧越冬，发生早的则在地面隐蔽处结夏茧化蛹。蛹经过12天左右羽化，在果实萼洼处产卵发生第2代。第2代卵在7月下旬～9月上中旬发生，盛期为8月上中旬。幼虫孵出后蛀果为害25天左右，于8月下旬从果内脱出，在树下土壤中结冬茧滞育越冬。

【防控技术】桃小食心虫的防控应采用地下防控与树上防控、化学防控与人工防控相结合的综合防控措施，根据虫情测报进行适期防控是提高好果率的技术关键（图17-1）。

1.农业措施防控　生长季节及时摘除树上虫果、捡拾落地虫果，集中深埋，杀灭果内幼虫。树上摘除多从6月下旬开始，每半月进行1次。结合深秋至初冬深翻施肥，将树盘内10厘米深土层翻入施肥沟内，下层生土撒于树盘表面，促进越冬幼虫死亡。果树萌芽期，以树干基部为中心，在半径1.5米左右的范围内覆盖塑料薄膜，边缘用土压实，能有效阻挡越冬幼虫出土和羽化的成虫飞出。尽量实施果实套袋，阻止幼虫蛀食为害。套袋时间不能过晚，要在桃小产卵前完成，一般果园6月上中旬套完袋即可（彩图17-15）。

彩图17-15　套纸袋的苹果

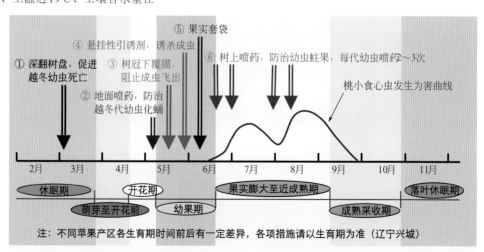

图17-1　桃小食心虫防控技术模式图

2.诱杀雄成虫 从5月中下旬开始在果园内悬挂桃小食心虫的性引诱剂，每亩2～3粒，诱杀雄成虫。1.5个月左右更换1次诱芯。对于周边没有果园的孤立果园，该项措施即可基本控制桃小的为害。但对于非孤立的果园，不能进行彻底诱杀，只能用于虫情测报，以确定喷药时间（彩图17-16）。

彩图17-16 果园内悬挂桃小性引诱剂

3.地面药剂防控 从越冬幼虫开始出土时进行地面用药，使用480克/升毒死蜱乳油300～500倍液、或48%毒·辛乳油200～300倍液均匀喷洒树下地面，喷湿表层土壤，然后耙松土壤表层，杀灭越冬代幼虫。一般年份5月中旬后果园下透雨后或浇灌后，是地面防治桃小食心虫的关键期。也可利用桃小性引诱剂测报，决定施药适期。

4.树上喷药防控 地面用药后20～30天树上进行喷药防控，或在卵果率0.5%～1%、初孵幼虫蛀果前树上喷药；也可通过性引诱剂测报，在出现诱蛾高峰时立即喷药。防治第2代幼虫时，需在第1次喷药35～40天后进行。5～7天1次，每代均应喷药2～3次。常用有效药剂有：50克/升高效氯氟氰菊酯乳油3000～4000倍液、4.5%高效氯氰菊酯乳油或水乳剂1500～2000倍液、20%甲氰菊酯乳油1500～2000倍液、25克/升溴氰菊酯乳油1500～2000倍液、20%氰戊菊酯乳油1500～2000倍液、20%杀铃脲悬浮剂2000～3000倍液、50%马拉硫磷乳油1200～1500倍液、1.8%阿维菌素乳油2000～3000倍液、2%甲氨基阿维菌素苯甲酸盐乳油3000～4000倍液等。要求喷药必须及时、均匀、周到，套袋果实套袋前需喷药1次。

梨小食心虫

【**分布与为害**】梨小食心虫（*Grapholitha molesta* Busck）属鳞翅目小卷叶蛾科，又称东方蛀果蛾、桃折梢虫，简称"梨小"，在我国南北方各果区均有发生，可为害苹果、梨、桃、李、杏、樱桃、山楂、海棠、枣等多种果树，特别在与桃树混栽的果园发生为害较重。幼虫既可蛀食为害果实，又可蛀食为害嫩梢。果实受害，初孵幼虫多从萼洼、梗洼处蛀入，早期被害果蛀孔外有虫粪排出（彩图17-17～彩图17-19），晚期被害果外多无虫粪；幼虫蛀果后直达果心（彩图17-20），在果实内蛀食为害（彩图17-21），梨果实上高湿情况下蛀孔周围易变黑色腐烂，并逐渐扩大，

俗称"黑膏药"（彩图17-22）。嫩枝梢受害，幼虫多从上部叶柄基部蛀入（彩图17-23），向下蛀食为害，至木质化处便转梢为害，蛀孔处流胶并有虫粪（彩图17-24），被害嫩梢逐渐枯萎（彩图17-25），俗称"折梢"，严重时许多枝梢受害枯萎。

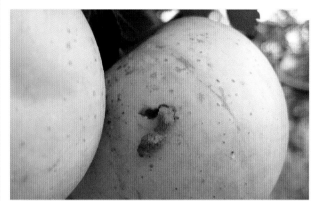

彩图17-17 被害苹果上的梨小排粪孔

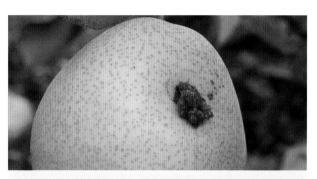

彩图17-18 受害梨果上的蛀果孔外虫粪

彩图17-19 梨小为害的山楂果实外虫粪

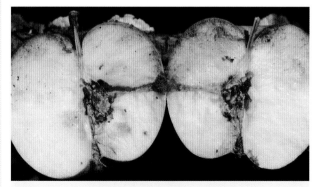

彩图17-20 梨小蛀食为害苹果的早期蛀孔剖面

彩图 17-21　梨小蛀食为害苹果的后期剖面

彩图 17-22　梨果受害，蛀孔周围形成黑膏药

彩图 17-23　桃梢受害状

彩图 17-24　梨小为害苹果嫩梢

彩图 17-25　梨小为害的桃梢后期折萎

【形态特征】成虫体长 5～7 毫米，翅展 11～14 毫米，体暗褐色或灰黑色，无光泽。下唇须灰褐色上翘，触角丝状（彩图 17-26、彩图 17-27）。前翅灰黑色，无紫色光泽（苹小食心虫前翅有紫色光泽），前缘有 10 组白色短斜纹，中央近外缘 1/3 处有一明显白点，翅面散生灰白色鳞片，近外缘约有 10 个小黑斑。后翅浅茶褐色，两翅合拢，外缘合成钝角。腹部灰褐色。卵淡黄白色，半透明，扁椭圆形，直径 0.5～0.8 毫米，表面有皱褶，孵化前变黑褐色（彩图 17-28）。老龄幼虫体长 10～13 毫米，淡红色至桃红色（彩图 17-29、彩图 17-30），头黄褐色，前胸盾浅黄褐色，臀板浅褐色，臀栉 4～7 齿，齿深褐色（彩图 17-31）。蛹黄褐色，长 7 毫米，腹末有 8 根钩状臀棘（彩图 17-32）。

彩图 17-26　梨小食心虫成虫

彩图 17-27　落在苹果上的梨小成虫

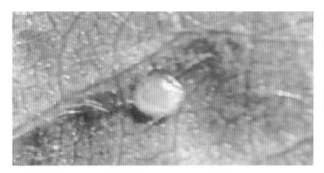

彩图 17-28　梨小食心虫的卵

彩图 17-29　苹果内的梨小幼虫

彩图 17-30　苹果嫩梢内的梨小幼虫

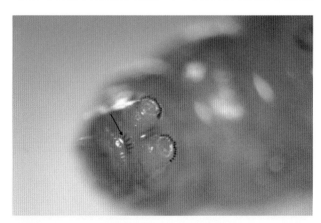

彩图 17-31　梨小幼虫腹末的栉齿

彩图 17-32　梨小食心虫的蛹

【发生规律】梨小食心虫在河北、辽宁地区1年发生3～4代，山东、河南、安徽、江苏、浙江发生4～5代，四川5～6代，各地均以老熟幼虫在果树粗翘皮缝、树下土缝、落叶杂草等隐蔽处做冬茧越冬，翌年平均温度10℃以上时开始化蛹。在辽宁果区，越冬代成虫4月下旬～6月下旬羽化，成虫白天潜伏，傍晚活动交尾产卵。6月份以前发生的第1、2代幼虫，主要为害新梢，以桃梢受害最重；7月份后发生的主要为害果实。不同地区各代发生早晚不同，后面几代世代重叠严重。一般夏季卵期3～5天，幼虫期20～25天，蛹期7天左右，成虫寿命7天左右，完成1代约需30～40天。末代幼虫老熟后寻找隐蔽场所做茧越冬（彩图17-33）。

彩图 17-33　梨小食心虫越冬幼虫

成虫对糖醋液有一定趋性，性引诱剂对雄成虫有强烈引诱作用，可用于测报和防控。

【防控技术】梨小食心虫防控技术模式如图17-2所示。

1.农业措施防控　冬前翻挖树盘，将土壤中越冬幼虫翻在地表，让鸟雀啄食或被霜雪低温冻死，减少越冬虫源。发芽前刮除枝干粗皮翘皮，清除园内枯枝落叶杂草，集中烧毁，消灭在树皮缝内及落叶杂草下的越冬幼虫。5～6月份及时剪除被害新梢，集中深埋或烧毁，消灭梢内幼虫。尽量实施果实套袋，阻止幼虫蛀害果实。

2.诱杀成虫　在成虫发生期内，设置糖醋液诱捕器或性引诱剂诱捕器，诱杀成虫。糖醋液配方为：糖50克、酒50克、醋100克、水800克，每亩悬挂5～6点，注意补充糖醋液体及捞出诱集害虫。性引诱剂诱杀时，每亩悬挂2～3粒，30～45天更换1次诱芯（彩图17-34）。也可通过诱杀成虫进行测报，以确定喷药时间。

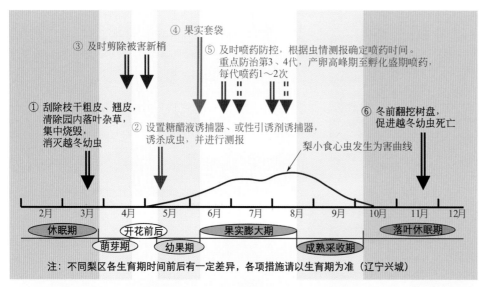

③ 及时剪除被害新梢

④ 果实套袋

⑤ 及时喷药防控，根据虫情测报确定喷药时间。
重点防治第3、4代，产卵高峰期至孵化盛期喷药，
每代喷药1～2次

① 刮除枝干粗皮、翘皮，
清除园内落叶杂草，
集中烧毁，
消灭越冬幼虫

② 设置糖醋液诱捕器、或性引诱剂诱捕器，
诱杀成虫，并进行测报

梨小食心虫发生为害曲线

⑥ 冬前翻挖树盘，
促进越冬幼虫死亡

2月　3月　4月　5月　6月　7月　8月　9月　10月　11月　12月

休眠期　　　开花前后　　　果实膨大期　　　落叶休眠期

萌芽期　　幼果期　　　　成熟采收期

注：不同梨区各生育期时间前后有一定差异，各项措施请以生育期为准（辽宁兴城）

图17-2　梨小食心虫防控技术模式图

彩图17-34　果园内悬挂梨小性诱剂诱捕器

当诱集到的成虫数量连续增加，且累计诱蛾量超过历年同期平均诱蛾量的16%时，表明已进入成虫发生初盛期；累计诱蛾量超过历年同期平均诱蛾量的50%时，表明已进入成虫发生盛期。越冬代成虫发生盛期后5～6天，即为产卵盛期，产卵盛期后4～5天即为卵孵化高峰期；1～3代成虫盛期后4～5天，为产卵盛期，产卵盛期后3～4天为卵孵化高峰期。

3.及时喷药防控　根据虫情测报，在各代卵盛期至孵化盛期及时喷药，5～7天1次，每代喷药1～2次，套袋果实套袋前需喷药1次。常用有效药剂同"桃小食心虫"树上喷药药剂。

桃蛀螟

【分布与为害】桃蛀螟（*Dichocrocis punctiferalis* Guenee）属鳞翅目螟蛾科，又称桃蛀野螟、桃蛀斑螟，俗称桃蛀虫、蛀心虫，我国各省区均有发生，可为害苹果、梨、山楂、桃、杏、李、石榴、葡萄等多种果实，以幼虫蛀食果实进行为害。幼虫孵化后，多从萼洼处或胴部蛀入果实，在果实

内蛀食为害，蛀孔外堆积黄褐色透明胶质及虫粪，受害果实易腐烂、脱落（彩图17-35～彩图17-38）。

【形态特征】成虫体长12毫米，翅展22～25毫米，全体黄色，体翅表面具有许多黑色斑点，似豹纹状（彩图17-39）。胸背有黑斑7个，腹背第1和3～6节各有3个横列，第2、8节无黑点，雄蛾第9节末端黑色；前翅散生黑点25～28个，后翅黑点15～16个。卵椭圆形，初产时乳白色，后变为红褐色，表面有网状斜纹。老熟幼虫体长约22毫米，体背暗红色，头和前胸背板浅黄褐色，身体各节有粗大的褐色毛片（彩图17-40）。腹部各节背面有毛片4个，前两个较大，后两个较小，臀板深褐色，臀栉有4～6刺。蛹黄褐色，腹部5～7节前缘各有1列小刺，腹末有细长的曲沟刺6个。

彩图17-35　桃蛀螟蛀食梨果，蛀孔外堆积许多虫粪

彩图17-36　桃蛀螟为害的山楂果实表面

彩图 17-37　山楂受害，果实表面的虫粪

彩图 17-38　受害山楂果实的剖面

彩图 17-39　桃蛀螟成虫

北地区第1代幼虫发生在6月初～7月中旬，第2代幼虫发生在7月初～9月上旬，第3代幼虫发生在8月中旬～9月下旬。多从第2代幼虫开始为害苹果、梨及山楂果实，卵多产在枝叶茂密处的果实上或两个果实相互紧靠的部位，以果实的胴部着卵最多，卵散产。幼虫有转果为害习性，孵化后先在果梗、果蒂基部吐丝蛀食，而后蛀入果实内部取食为害。卵期6～8天，幼虫期15～20天，蛹期7～10天，完成一代约需30天。9月中下旬后，老熟幼虫陆续转移至越冬场所越冬。

彩图 17-40　桃蛀螟幼虫

【防控技术】桃蛀螟防控技术模式如图17-3所示。

1.农业措施防控　果树发芽前，刮除枝干粗皮、翘皮，清除园内枯枝落叶杂草及玉米、高粱、向日葵等寄主植物的残体，集中烧毁，减少越冬虫源。生长期及时摘除虫果、捡拾落果，集中深埋，消灭果内幼虫。尽量实施果实套袋，阻止害虫产卵及蛀食为害。

2.诱杀成虫　利用成虫对黑光灯、糖醋液及性引诱剂的趋性，在成虫发生期内于果园中设置黑光灯或频振式诱虫灯、或糖醋液诱捕器、或性引诱剂诱捕器，诱杀成虫，并进行虫情测报，以确定喷药时间。

3.及时喷药防控　根据虫情测报，在各代成虫产卵高峰期及时喷药，5～7天1次，每代喷药1～2次，套袋果园需在套袋前喷药1次。常用有效药剂同"桃小食心虫"树上喷药药剂。

白小食心虫

【分布与为害】白小食心虫［*Spilonota albicana*（Mot-

【发生规律】桃蛀螟1年发生2～5代，华北果区多发生2～3代，长江流域发生4～5代，均以老熟幼虫结茧越冬。越冬场所比较复杂，多在果树翘皮裂缝中、果园的土石块缝内、梯田壁缝隙中、堆果场等处，也可在玉米茎秆、高粱秸秆、向日葵花盘、仓库壁缝内。第二年早春开始化蛹、羽化，但很不整齐。成虫昼伏夜出，傍晚开始活动，对黑光灯和糖醋液趋性强。华

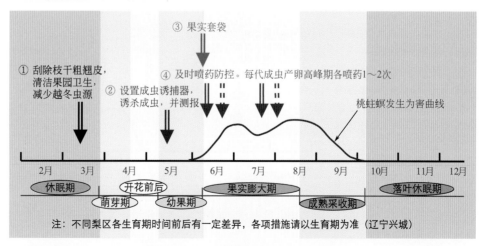

注：不同梨区各生育期时间前后有一定差异，各项措施请以生育期为准（辽宁兴城）

图 17-3　桃蛀螟防控技术模式图

schulsky）]属鳞翅目卷蛾科，又称桃白小卷蛾、苹果白蛀蛾、苹果白蠹蛾等，简称"白小"，在我国许多省区均有分布，尤以辽宁发生较重，主要为害山楂、苹果、梨、桃、李、杏、海棠等果树，以幼虫取食嫩芽、嫩叶或果实。低龄幼虫可吐丝卷叶为害叶片及嫩芽；待果实形成后，幼虫从果实萼洼处、两果相临处或叶片与果实相贴处蛀果为害，山楂上可蛀入果心，苹果上则蛀入较浅；幼虫蛀果后常吐丝将虫粪缀连，并堆积在蛀孔外（彩图17-41、彩图17-42）。

彩图 17-41　白小为害的山楂果实表面

彩图 17-42　白小为害的山楂果实剖面

【形态特征】成虫体长约6.5毫米，翅展约15毫米，头、胸部灰白色至深灰色，前翅灰白色，具淡褐色波状纹，前缘有8组不甚明显的白色斜纹，外缘有4条明显的黑色棒状短纹，黑纹两侧各有1块蓝紫色斑纹（彩图17-43）。卵椭圆形，长约0.56毫米，表面有细微皱纹，初产时黄白色，孵化时逐渐变为黑褐色。老熟幼虫体长10～12毫米，头部、前胸背板及臀板均呈深褐色，胸、腹部为赤褐色或淡紫褐色（彩图17-44）。蛹黄褐色，长7～8毫米，腹部背面3～7节各有两排短刺，腹部末端有8根臀棘。

【发生规律】白小食心虫在辽宁、河北等北方地区1年发生2代，主要以老熟幼虫在地面用植物叶片裹覆做茧越冬。在辽宁地区，翌年5月上旬开始化蛹，蛹期15～22天，5月下旬～6月上旬出现越冬代成虫，成虫交配后第二天产卵。第1代卵发生期为5月末～6月中旬，卵多数产在叶背，卵

期10天左右。第1代幼虫发生盛期在6月上中旬，至6月末结束。幼虫孵化后吐丝卷叶为害、或为害幼果，约1个月后化蛹，蛹期10天左右。7月中下旬～8月为第1代成虫发生期，成虫多在果面上产卵，卵期6天左右。第2代幼虫孵化后多从果实萼洼或梗洼处蛀果为害，9月上旬～10月中旬幼虫陆续老熟脱果，而后多在地面落叶或草叶上吐丝造茧越冬，少数在枝干翘皮内结茧越冬。

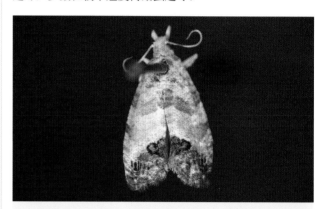

彩图 17-43　白小食心虫成虫（yueqiang）

彩图 17-44　白小食心虫幼虫（冯明祥）

【防控技术】白小食心虫防控技术模式如图17-4所示。

1. 搞好果园卫生　落叶后至发芽前，彻底清除果园内的落叶及杂草，集中烧毁或深埋；然后结合其他害虫防治，于果树发芽前刮除枝干粗皮、翘皮，集中销毁，消灭越冬

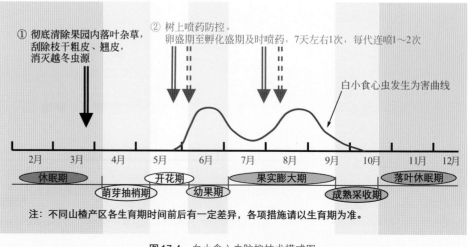

① 彻底清除果园内落叶杂草，刮除枝干粗皮、翘皮，消灭越冬虫源

② 树上喷药防控。卵盛期至孵化盛期及时喷药，7天左右1次，每代连喷1～2次

白小食心虫发生为害曲线

| 2月 | 3月 | 4月 | 5月 | 6月 | 7月 | 8月 | 9月 | 10月 | 11月 | 12月 |

休眠期　　萌芽抽梢期　　开花期　　幼果期　　果实膨大期　　成熟采收期　　落叶休眠期

注：不同山楂产区各生育期时间前后有一定差异，各项措施请以生育期为准。

图 17-4　白小食心虫防控技术模式图

虫源。

2.树上喷药防控 关键为在第1代卵盛期至孵化盛期及时喷药,7天左右1次,连喷1～2次;发生较重果园,第2代卵盛期至孵化盛期再喷药1～2次。常用有效药剂同"桃小食心虫"树上喷药药剂。

苹果蠹蛾

【分布与为害】苹果蠹蛾(*Cidia pomonella* L.)属鳞翅目小卷叶蛾科,是一种重要的检疫性害虫,我国目前仅在新疆、甘肃、宁夏、内蒙古、黑龙江及辽宁有发生分布,可为害苹果、梨、沙果、杏、桃、核桃等多种果实,以幼虫蛀果为害。幼虫入果后直接向果心蛀食,取食果肉及种子,多数果面虫孔累累,也有的果面仅留一点状伤疤。果实被害后,蛀孔处逐渐排出黑褐色虫粪,严重时常造成大量落果(彩图17-45)。

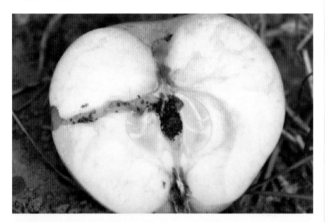

彩图17-45 苹果蠹蛾蛀果为害状

【形态特征】成虫体长8毫米,翅展15～22毫米,体灰褐色;前翅臀角处有深褐色椭圆形大斑,内有3条青铜色条纹,其间显出4～5条褐色横纹,翅基部颜色为浅灰色,中部颜色最浅,杂有波状纹;后翅黄褐色,前缘呈弧形突出(彩图17-46)。卵扁平椭圆形,长1.1～1.2毫米,中部稍隆起;初产时半透明,渐发育为黄色,并显出1圈断续的红色斑点,后连成整圈,孵化前能透见幼虫(彩图17-47)。初龄幼虫黄白色;老熟幼虫多为淡红色,体长14～18毫米,头部黄褐色,前胸盾片淡黄色,并有褐色斑点,腹足趾钩为单序缺环,臀板色浅,无臀栉(彩图17-48、彩图17-49)。蛹黄褐色,体长7～10毫米,复眼黑色,后足及翅均超过第3腹节(彩图17-50)。

彩图17-46 苹果蠹蛾成虫

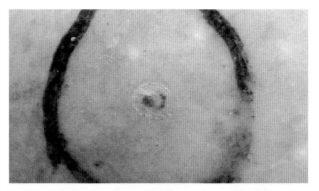

彩图17-47 果面上的苹果蠹蛾卵

彩图17-48 正在脱果的苹果蠹蛾幼虫

彩图17-49 苹果蠹蛾老熟幼虫

彩图17-50 树干老翘皮下的苹果蠹蛾蛹

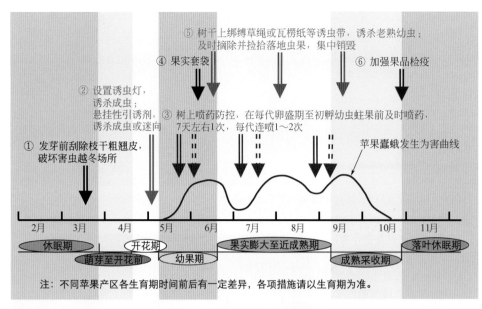

⑤ 树干上绑缚草绳或瓦楞纸等诱虫带，诱杀老熟幼虫；及时摘除并捡拾落地虫果，集中销毁

⑥ 加强果品检疫

④ 果实套袋

② 设置诱虫灯，诱杀成虫；悬挂性引诱剂，诱杀成虫或迷向

③ 树上喷药防控，在每代卵盛期至初孵幼虫蛀果前及时喷药，7天左右1次，每代连喷1～2次

① 发芽前刮除枝干粗翘皮，破坏害虫越冬场所

苹果蠹蛾发生为害曲线

2月 3月 4月 5月 6月 7月 8月 9月 10月 11月

休眠期　　开花期　　果实膨大至近成熟期　　落叶休眠期
萌芽至开花前　　幼果期　　成熟采收期

注：不同苹果产区各生育期时间前后有一定差异，各项措施请以生育期为准。

图17-5　苹果蠹蛾防控技术模式图

【发生规律】苹果蠹蛾在新疆地区1年发生2～3代，以老熟幼虫在树干粗皮裂缝内、翘皮下、树洞中及主枝分杈处缝隙内结茧越冬。翌年春季日均气温高于10℃时越冬幼虫开始化蛹，日均气温为16～17℃时进入越冬代成虫羽化高峰。在新疆3代发生区，成虫高峰分别出现在5月上旬、7月中下旬和8月中下旬，有世代重叠现象。成虫有趋光性，雌蛾羽化后2～3天交尾产卵。卵散产于叶片背面和果实上，每雌蛾产卵40粒左右。初孵幼虫先在果面上爬行，寻找适当处蛀入果内。幼虫有转果为害习性，从3龄开始脱果转果为害，一个果实内可有几头幼虫同时为害。老熟幼虫脱果后爬到树干缝隙处或地上隐蔽物下及土壤中结茧化蛹，或在果实内、包装物内及贮藏室内化蛹。苹果蠹蛾喜干厌湿，其生长发育的最适相对湿度为70%～80%，成虫只有在相对湿度低于74%的条件下才能产卵。

【防控技术】苹果蠹蛾防控技术模式如图17-5所示。

1.加强检疫　苹果蠹蛾是重要的检疫性害虫，主要通过果品及果品包装物随运输工具远距离传播。因此，必须防止害虫随被害果实外运进行传播，并加强产地检疫，杜绝被害果实外运。

2.农业措施防控　在成虫产卵前实施果实套袋。树干上绑缚草绳或瓦楞纸等诱虫带诱杀老熟幼虫。生长期及时摘除树上虫果并捡拾落地虫果，集中销毁。果树发芽前刮除枝干粗翘皮，破坏害虫越冬场所。

3.性诱剂诱杀或迷向　利用苹果蠹蛾性引诱剂诱杀雄蛾和迷向干扰交配。利用性引诱剂诱杀雄成虫时，一般每亩悬挂诱捕器2～4个。利用性引诱剂迷向时，每亩悬挂迷向丝60～70根。若越冬代虫口密度达每亩70头以上，单一迷向法很难达到较好的防控效果，必须配合以其他防控措施。

4.灯光诱杀　利用成虫的趋光性，在果园内设置黑光灯或频振式诱虫灯，诱杀苹果蠹蛾成虫。灯光诱杀适合于大面积联合使用。

5.树上喷药防控　关键是在每代卵盛期至初龄幼虫蛀果前及时喷药。利用性引诱剂诱捕器进行虫情测报，当观察到成虫羽化高峰时及时进行喷药，7天左右1次，连喷1～2次。效果较好的药剂如：2%甲氨基阿维菌素苯甲酸盐乳油3000～4000倍液、3%阿维菌素微乳剂4000～5000倍液、200克/升氯虫苯甲酰胺悬浮剂3000～4000倍液、50克/升高效氯氟氰菊酯乳油3000～4000倍液、4.5%高效氯氰菊酯乳油或水乳剂1500～2000倍液、20%甲氰菊酯乳油1500～2000倍液、25克/升溴氰菊酯乳油1500～2000倍液、20%氰戊菊酯乳油1500～2000倍液、20%杀铃脲悬浮剂2000～3000倍液等。

梨大食心虫

【分布与为害】梨大食心虫（*Nephopteryx pirivorella* Matsumura）属鳞翅目螟蛾科，又称梨云翅斑螟蛾、梨斑螟蛾，俗称"梨大"、"吊死鬼"，在我国各梨产区均有发生。主要为害梨，以幼虫蛀食梨芽、花簇、叶簇和果实。从芽基部蛀入，造成芽枯死。幼果期蛀果后，常用丝将果缠绕在枝条上，蛀入孔较大，孔外堆有虫粪，果柄基部有丝与果台相缠，被害果变黑枯干，至冬季不落，似"吊死鬼"状（彩图17-51）。近成熟期果受害，蛀孔周围常形成黑斑，甚至腐烂，蛀孔处堆有虫粪（彩图17-52），并易导致虫道周围果肉变褐腐烂（彩图17-53）。

彩图17-51　梨大食心虫为害的幼果

【形态特征】成虫体长10～12毫米，翅展24～26毫米，体暗灰色，复眼黑色，前翅具紫色光泽，其上有2条灰白色横纹，后翅灰白色。卵椭圆形稍扁平，长约1毫米，初产时黄白色，后变为红褐色。初孵幼虫头黑褐色，身体稍显红色，稍大后变为紫褐色；老熟幼虫体长17～19毫米，

深褐色，稍带绿色（彩图17-54）；越冬幼虫体长约3毫米，紫褐色。蛹体长10～13毫米，初期为碧绿色，后变为黄褐色，腹部末端有钩状臀棘6根，排列成行。

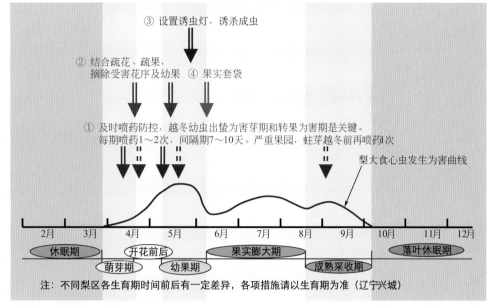

③ 设置诱虫灯，诱杀成虫

② 结合疏花、疏果，摘除受害花序及幼果　④ 果实套袋

① 及时喷药防控，越冬幼虫出蛰为害芽期和转果为害期是关键。每期喷药1～2次，间隔期7～10天。严重果园，蛀芽越冬前再喷药次

梨大食心虫发生为害曲线

2月　3月　4月　5月　6月　7月　8月　9月　10月　11月　12月

休眠期　　开花前后　　果实膨大期　　落叶休眠期
　　萌芽期　幼果期　　　　成熟采收期

注：不同梨区各生育期时间前后有一定差异，各项措施请以生育期为准（辽宁兴城）

图17-6　梨大食心虫防控技术模式图

【发生规律】梨大食心虫在东北1年发生1代，华北地区发生2代，华中地区2～3代，均以低龄幼虫在花芽内结茧越冬。春季花芽膨大期转为害，称为"出蛰转芽"。幼虫从芽基部蛀入为害芽，被害新芽大多数暂时不死，继续生长发育；至开花前后，幼虫已蛀入果台中央，输导组织遭到严重破坏，花序开始萎蔫；不久又转移到幼果上蛀食，此期称为"转果期"。幼虫从幼果顶部蛀入，可为害2～3个果，老熟后在最后的为害果内化蛹，化蛹前先作羽化孔，蛹期8～11天。2～3代发生区，第1代幼虫为害期在6～8月，第2代成虫发生期为8～9月，2代成虫产卵于芽附近，孵化后幼虫蛀入芽内，一头幼虫可为害3个芽，在最后的被害芽内结茧越冬，此芽称为"越冬虫芽"。成虫昼伏夜出，对黑光灯有较强的趋性。

彩图17-54　梨大食心虫幼虫

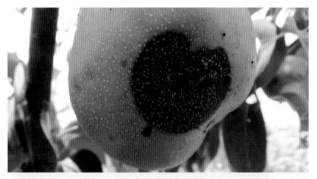

彩图17-52　为害近成熟梨果，蛀孔处形成黑斑，外有虫粪

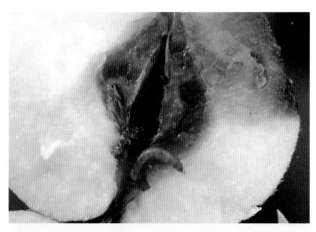

彩图17-53　为害近成熟果实，导致果实腐烂

【防控技术】梨大食心虫防控技术模式如图17-6所示。

1.农业措施防控　结合冬季修剪，尽量剪掉被害花芽。结合疏花作业，在梨花序分离期，摘除鳞片不脱落的花序。结合疏果、定果，及时摘除被害幼果。被害幼果的摘除时间宜早不宜迟，在果实膨大以前为宜；若摘果太晚，成虫已羽化飞走。同时，将摘除的虫芽、花序及幼果集中烧毁或深埋。另外，尽量实施果实套袋，预防膨大期后的果实受害。

2.诱杀成虫　利用成虫的趋光性，在成虫发生期于果园内设置黑光灯或频振式诱虫灯，诱杀成虫。

3.及时喷药防控　关键是在越冬幼虫出蛰为害芽期和转果为害期进行喷药防控。为害较重果园，幼虫开始越冬时也是药剂防控的有利时期。1年发生1～2代的果区，在花芽露绿至开绽期即幼虫转果期喷药；1年发生2～3代的果区，重点在幼虫转果期即幼果脱萼期喷药。常用有效药剂有：200克/升氯虫苯甲酰胺悬浮剂3000～4000倍液、1.8%阿维菌素乳油2500～3000倍液、2%甲氨基阿维菌素苯甲酸盐水乳剂4000～5000倍液、8000IU/毫克苏云金杆菌可湿性粉剂200倍液、50克/升高效氯氟氰菊酯乳油3000～4000倍液、4.5%高效氯氰菊酯乳油1500～2000倍液、20%甲氰菊酯乳油1500～2000倍液、25克/升溴氰菊

酯乳油1500～2000倍液、50%马拉硫磷乳油1500～2000倍液等。害虫发生严重果园，每期需连续喷药1～2次，间隔期7～10天。

山楂小食心虫

【分布与为害】山楂小食心虫（*Grapholitha prunivorana* Ragonot）属鳞翅目卷蛾科，主要发生在辽宁、吉林、北京、河南及江苏等省区，目前只发现为害山楂。以幼虫为害花蕾与果实，造成落花、落果，对产量影响较大。果实受害，蛀孔周围果面略显凹陷，转色后呈淡黄绿色或变褐色（彩图17-55）；幼虫蛀果后喜在种子周围果肉处为害，将虫粪排于虫道内（彩图17-56）；果柄基部维管束组织被害后，果实容易脱落。

彩图17-55　山楂小食心虫为害的山楂果实表面

【形态特征】成虫体长6～7毫米，翅展13～14毫米，全体灰黑色，头部生有灰白色长毛，复眼黑色，触角丝状（彩图17-57）。前翅底色白至灰白色，整个翅面充满粉红色、紫赭色或黑褐色短横线，靠近顶角的横线更加明显。后翅暗褐色，缘毛白色，翅顶和外缘上方呈赭色，基部有一条锈色线。卵扁长圆形，表面有细微网状皱纹，初产时土黄色，后变鲜红色至深红色。幼虫黄白色，头部红褐色，前胸背板褐色（彩图17-58）。蛹长6毫米，初为米黄色，渐变为褐色，羽化前为黑色，腹节侧面具刚毛。

【发生规律】山楂小食心虫在辽宁1年发生2代，以老熟幼虫蛀入干枯枝中、枝干翘皮缝内、主枝叉或剪锯口处做茧越冬。翌年4月中旬～5月中旬化蛹，蛹期20～30天，5月中旬始见成虫，6月初成虫羽化完毕，随后进入第1代卵期。成虫产卵在山楂萼洼处或靠近花序的叶背，卵期8～9天。初孵幼虫从花萼和花瓣的缝隙处蛀入，蛀孔外溢出褐色果胶滴，受害花序的花瓣被虫丝缀连。幼虫将幼果食空后可转果为害2次，被害果多集中脱落。6月下旬～7月上旬幼虫老熟后脱果，在树干缝隙或枯枝中化蛹。8月初～9月上中旬进入第2代卵期，9月下旬～10月中旬第2代幼虫老熟后脱果寻找适宜场所结茧越冬。

彩图17-56　山楂小食心虫为害的果实内部

彩图17-57　山楂小食心虫成虫（冯明祥）

【防控技术】山楂小食心虫防控技术模式如图17-7所示。

1.农业措施防控　发芽前，结合修剪剪除枯死枝，并刮除枝干上的粗皮、翘皮，集中烧毁，消灭越冬虫源。开

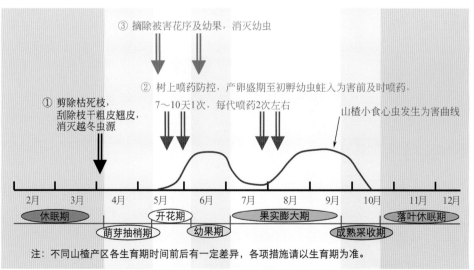

③ 摘除被害花序及幼果，消灭幼虫

② 树上喷药防控，产卵盛期至初孵幼虫蛀入为害前及时喷药，7～10天1次，每代喷药2次左右

山楂小食心虫发生为害曲线

① 剪除枯死枝，刮除枝干粗皮翘皮，消灭越冬虫源

| 2月 | 3月 | 4月 | 5月 | 6月 | 7月 | 8月 | 9月 | 10月 | 11月 | 12月 |

休眠期　　萌芽抽梢期　　开花期　　幼果期　　果实膨大期　　成熟采收期　　落叶休眠期

注：不同山楂产区各生育期时间前后有一定差异，各项措施请以生育期为准。

图17-7　山楂小食心虫防控技术模式图

花前后，结合园内农事活动，尽量摘除被害花序及幼果，集中销毁，杀灭幼虫。

2.树上喷药防控 在产卵盛期至初孵幼虫蛀入为害前及时喷药，7～10天1次，每代喷药2次左右。效果较好的药剂同"梨大食心虫"树上喷药药剂。

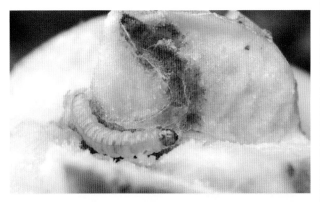

彩图17-58 山楂小食心虫幼虫

棉铃虫

【分布与为害】棉铃虫（*Helicoverpa armigera* Hübner）属鳞翅目夜蛾科，在我国许多省区均有发生，可为害苹果、山楂等果树及棉花、玉米、花生、大豆、番茄、辣椒等多种农作物和蔬菜。在苹果上，3龄以前幼虫主要啃食新梢顶部嫩叶（彩图17-59），较大龄后开始转移到果实和叶片上取食为害。被害嫩梢和叶片呈孔洞或缺刻状；幼果受害被蛀食成孔洞状，蛀孔深达果心（彩图17-60），常造成幼果脱落。每头幼虫可为害1～3个果实，大果被钻蛀1～3个虫孔，虫孔渐渐干缩（彩图17-61），形成红褐色干疤，有时被病菌感染，造成烂果。

彩图17-59 棉铃虫幼虫啃食叶片

彩图17-60 棉铃虫幼虫蛀果为害

彩图17-61 棉铃虫钻蛀为害的幼果

【形态特征】成虫体长15～20毫米，翅展31～40毫米，复眼球形，绿色（彩图17-62）。雌蛾赤褐色至灰褐色，雄蛾灰绿色；前翅内横线、中横线、外横线波浪形，外横线外侧有深灰色宽带，肾形纹和环形纹暗褐色，中横线由肾形纹的下方伸到后缘，其末端到达环形纹的正下方；后翅灰白色，沿外缘有黑褐色宽带。卵馒头形，初产时乳白色，近孵化时有紫色斑，中部通常有26～29条直达卵底部的纵隆纹（彩图17-63）。老熟幼虫体长40～50毫米，头黄褐色，背线明显，各腹节背面具毛突，幼虫体色差异很大，可分为4种类型：① 体色淡红，背线、亚背线褐色，气门线白色，毛突黑色；② 体色黄白，背线、亚背线淡绿色，气门线白色，毛突黄白色；③ 体色淡绿，背线、亚背线不太明显，气门线白色，毛突淡绿色（彩图17-64）；④ 体色深褐，背线、亚背线不太明显，气门线淡黄色，上方有一褐色纵带（彩图17-65）。蛹为被蛹，纺锤形，长17～20毫米，赤褐色至黑褐色，腹末有1对臀刺，刺基部分开。

彩图17-62 棉铃虫成虫

彩图17-63 棉铃虫卵

彩图 17-64　棉铃虫的绿色型幼虫

彩图 17-65　棉铃虫的褐色型幼虫

【发生规律】华北地区1年发生4代,以蛹在土壤中越冬。第二年4月中下旬开始羽化,5月上中旬为羽化盛期。5月中下旬开始出现第1代幼虫,第1代幼虫少数为害果树;6月下旬~7月上旬发生第2代幼虫,在果树上为害最重;8月上中旬、9月上中旬相继发生第3代、第4代。2、3、4代世代重叠。10月上中旬,幼虫老熟后入土化蛹越冬。成虫昼伏夜出,对黑光灯、萎蔫的杨柳枝有强烈趋性。卵散产于嫩叶或果实上,雌蛾持续产卵7~13天,卵期3~4天。低龄幼虫取食嫩叶,3龄后蛀果为主。幼虫期15~22天,共6龄。蛹期8~10天。在苹果上,秦冠、元帅等中早熟品种较富士、国光等晚熟品种受害较重,间作棉花、大豆、辣椒、茄子的果园受害重,结果较多的大树受害较重。

【防控技术】棉铃虫防控技术模式如图17-8所示。

1.**农业措施防控**　尽量实施果实套袋,套袋后的果实可免遭棉铃虫为害。果园内不要种植棉花、番茄、辣椒、茄子等棉铃虫嗜好的寄主作物,防止交叉为害。

2.**诱杀成虫**　在果园内设置黑光灯或频振式诱蛾灯,诱杀棉铃虫成虫(彩图17-66)。设置棉铃虫性引诱剂诱捕器,诱杀雄虫。也可利用杨、柳枝把诱蛾,方法为:把50~60厘米长的杨树或柳树枝8~10根捆成一把,上部捆紧,下部绑一根木棍,将木棍插入土中,每10~15米设置一个,每天早晨捕杀成虫,10~15天换一次树把。

彩图 17-66　苹果园内悬挂诱虫灯

3.**适期喷药防控**　根据诱蛾测报,成虫发生高峰期后2~3天是喷药防控的最佳时期;一般果园也可掌握在幼虫发生初期开始喷药。每代幼虫喷药1~2次即可,上午10点前喷药效果最好。常用有效药剂有:1.8%阿维菌素乳油2500~3000倍液、2%甲氨基阿维菌素苯甲酸盐乳油3000~4000倍液、50%丙溴磷乳油1500~2000倍液、20%氟苯虫酰胺水分散粒剂2000~3000倍液、35%氯虫苯甲酰胺水分散粒剂5000~7000倍液、240克/升甲氧虫酰肼悬浮剂1500~2000倍液、20%灭幼脲悬浮剂1500~2000倍液、5%除虫脲乳油1500~2000倍液、4.5%高效氯氰菊酯乳油或水乳剂1500~2000倍液、50克/升高效氯氟氰菊酯乳油3000~4000倍液、20%甲氰菊酯乳油1500~2000倍液、10%阿维·氟酰胺悬浮剂3000~4000倍液等。另外,也可选用生物农药进行防控,如:100亿活芽孢/克苏云金杆菌可湿性粉剂300~500倍液、20亿PIB/毫升棉铃虫核型多角体病毒悬浮剂600~800倍液等。喷药时,若在药液中混加有机硅类农药助剂,可显著提高杀虫效果。注意不同类型药剂交替或混合使用,以防止害虫产生抗药性。

4.**生物防控**　有条件的果园,可以在每代卵期释放赤眼蜂。

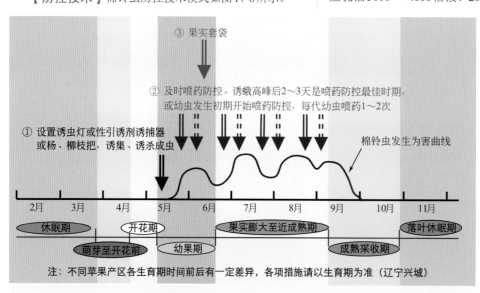

③ 果实套袋

② 及时喷药防控。诱蛾高峰后2~3天是喷药防控最佳时期,或幼虫发生初期开始喷药防控,每代幼虫喷药1~2次

① 设置诱虫灯或性引诱剂诱捕器或杨、柳枝把,诱集、诱杀成虫

棉铃虫发生为害曲线

2月　3月　4月　5月　6月　7月　8月　9月　10月　11月

休眠期　　开花期　　果实膨大至近成熟期　　落叶休眠期
　萌芽至开花前　　幼果期　　　　成熟采收期

注:不同苹果产区各生育期时间前后有一定差异,各项措施请以生育期为准(辽宁兴城)

图 17-8　棉铃虫防控技术模式图

梨象甲

【分布与为害】梨象甲（*Rhynchites foveipennis* Fairmaire）属鞘翅目卷象科，又称朝鲜梨象甲、梨果象甲、梨象鼻虫、梨虎，在我国许多果区均有发生，可为害梨、苹果、山楂、花红、桃、杏等多种果树，以成虫食害嫩枝、叶片、花和果皮、果肉，幼果受害损失最重。幼果受害，果面被啃成坑洼状（彩图17-67、彩图17-68），轻者伤口逐渐愈合成疮痂状。受害梨俗称"麻脸梨"（彩图17-69），严重者常干萎脱落。有时成虫也可啃食叶肉（彩图17-70）。另外，成虫产卵前后咬伤产卵果的果柄，部分被产卵果逐渐脱落（彩图17-71、彩图17-72）。幼虫孵化后在果内蛀食，导致多数被害果皱缩脱落，少数不脱落者多形成凹凸不平的畸形果。

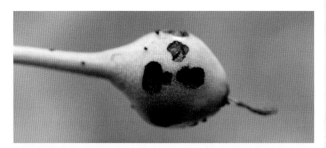

彩图17-67　梨象甲啃害的幼果初期（梨）

彩图17-68　梨象甲啃害的苹果幼果

彩图17-69　梨幼果受害后期成麻脸状

彩图17-70　梨虎象啃食叶片为害

彩图17-71　梨象甲为害导致的落果（苹果）

彩图17-72　梨象甲为害严重时，导致落果满地（苹果）

【形态特征】成虫体长12～14毫米，暗紫铜色，有金属光泽（彩图17-73）。头管长约与鞘翅纵长相似，雄头管先端向下弯曲，触角着生在前1/3处，雌头管较直，触角着生在中部。头背面密生刻点，复眼后密布细小横皱。触角棒状11节，端部3节宽扁。前胸略呈球形，密布刻点和短毛，背面中部有"小"字形凹纹。鞘翅上刻点较粗大，略呈9纵行。卵椭圆形，长1.5毫米，初乳白色渐变乳黄色（彩图17-74）。幼虫体长12毫米，乳白色，体表多横皱略弯曲；头小，大部缩入前胸内，前半部和口器暗褐色，后半部黄褐色；各节中部有1横沟，沟后部生有1横列黄褐色刚毛，胸足退化（彩图17-75）。蛹长9毫米，初乳白色渐变黄褐色至暗褐色，被细毛。

彩图 17-73 梨象甲成虫

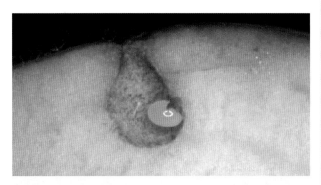

彩图 17-74 梨象甲卵

彩图 17-75 落果内的梨象甲幼虫及果内受害状

【发生规律】梨象甲1年发生1代，少数两年1代，以成虫在6厘米左右深的土层中越冬。翌年梨树开花时越冬成虫开始出土，幼果似拇指大小时出土最多，出土期为4月下旬～7月上旬。落花后降透雨出土量大，春季干旱出土少且出土期推迟。出土后飞到树上取食为害，白天活动，晴朗无风高温时最活跃；有假死性，早晚低温时遇惊扰假死落地。为害1～2周后开始交尾产卵，产卵前先把果柄基部咬伤，然后到果上咬1小孔产1～2粒卵于内，用黏液封口，呈黑褐色斑点状，每果多产卵1～2粒。成虫寿命很长，产卵期达2个月左右，6月中旬～7月上中旬为产卵盛期。每雌虫可产卵20～150粒，卵期1周左右。产卵果在产卵后4～20天陆续脱落，10天左右落果最多；脱落迟早与咬伤程度轻重、风雨大小有关。多数幼虫在落果中继续为害20～30天后老熟，脱果后入土做土室化蛹。蛹期1～2个月，羽化后于蛹室内越冬。

【防控技术】

1.捕杀成虫 利用成虫的假死性，在成虫出土期于清晨震树，树下铺设布单或塑料布收集成虫，而后集中杀死，每5～7天进行1次。

2.捡拾落地虫果 在成虫产卵期，及时拾取落地虫果，集中销毁。此项工作不宜做得太晚，等幼虫脱果后再捡拾落地果则无济于事。

3.地面药剂防控 一般年份采用人工捕杀即可控制梨象甲的为害，不需使用杀虫药剂。若上年发生特别严重的果园，可以地面施药防控出土成虫，将出土成虫杀灭。使用480克/升毒死蜱乳油300～500倍液、或48%毒·辛乳油200～300倍液均匀喷洒树下地面，喷湿表层土壤，然后耙松土壤表层。

4.生物药剂防控 幼虫脱果期，在树冠下地面喷施芫菁夜蛾线虫或异小杆线虫，每亩次1亿～1.5亿条，4周后幼虫死亡率可达80%。

苹果绵蚜

【分布与为害】苹果绵蚜（*Eriosoma Lanigerum Hausmann*）属半翅目绵蚜科，又称血色蚜虫、赤蚜、绵蚜等，目前我国绝大多数苹果产区均有发生，除为害苹果外，还可为害海棠、山荆子、花红、沙果等植物。以成虫和若虫群集于剪锯口、病虫伤疤周围、枝干裂皮缝内、枝条叶柄基部和根部刺吸汁液为害，严重时还可为害果实。受害部位多数形成肿瘤，肿瘤容易破裂（彩图17-76）；绵蚜为害处表面常覆盖一层白色棉絮状绵毛状物（彩图17-77～彩图17-80），剥开后可见红褐色虫体（彩图17-81），易于识别。果实受害，不但表面产生白色绵毛状物，有时还常诱发霉菌滋长，严重影响果品质量（彩图17-82）。枝干受害较重时，影响伤口愈合，影响枝条生长及花芽分化，严重时还可导致枝干及树体死亡。

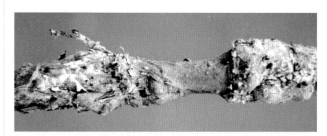

彩图 17-76 苹果绵蚜为害枝条上的肿瘤

彩图 17-77 苹果绵蚜在嫁接口处的为害状

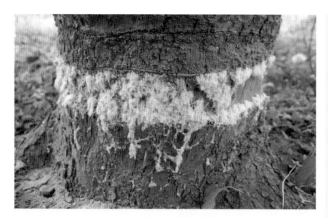

彩图 17-78　苹果绵蚜在环剥口处的为害状

彩图 17-79　苹果绵蚜在锯口处的为害状

彩图 17-80　苹果绵蚜在嫩枝上的为害状

彩图 17-81　苹果绵蚜在枝条上群集为害

彩图 17-82　苹果绵蚜在果实上的为害状

【形态特征】无翅胎生雌蚜，卵圆形，体长约2毫米，体赤褐色，头部无额瘤，复眼暗红色，腹背有4条纵列的泌蜡孔，腹管退化成环状（彩图17-83）。有翅胎生雌蚜，体长较无翅胎生雌蚜稍短，头、胸部黑色，翅透明，翅脉和翅痣黑色，前翅中脉1分支，腹部暗褐色，分泌的白色绵状物较无翅雌虫少。有性雌蚜体长0.6～1毫米，头部、触角及足为淡黄绿色，腹部赤褐色，触角5节，口器退化。有性雄蚜体长0.7毫米左右，体黄色，触角5节，口器退化。幼龄若虫略呈圆筒状，绵毛很少，触角5节，喙长超过腹部。4龄若虫体型似成虫。卵椭圆形，长约0.5毫米，中间稍细，初产时橙黄色渐变褐色。

彩图 17-83　无翅孤雌胎生蚜

【发生规律】苹果绵蚜在山西1年发生20代，山东青岛地区1年发生17～18代，辽宁大连地区13代以上，均以1～2龄若蚜在树干伤疤、剪锯口、环剥口、老皮裂缝、新梢叶腋、果实梗洼、地下浅根表面等处越冬。翌年旬均气温8℃以上时越冬若虫开始活动，4月底～5月初发育为无翅孤雌成蚜，孤雌胎生繁殖，每雌虫可产若虫50～180余头。随气温升高，新生若虫向当年生枝条扩散迁移，爬至嫩梢基部、叶腋或嫩芽处吸食汁液。5月底～6月份为扩散迁移盛期，同时不断繁殖为害。当旬均气温为22～25℃时，达繁殖盛期，约8天完成1个世代；当温度高达26℃以

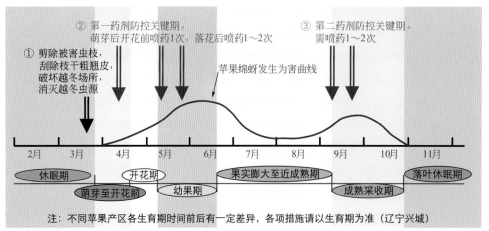

② 第一药剂防控关键期。
萌芽后开花前喷药1次，落花后喷药1~2次

① 剪除被害虫枝，
刮除枝干粗翘皮，
破坏越冬场所，
消灭越冬虫源

苹果绵蚜发生为害曲线

③ 第二药剂防控关键期。
需喷药1~2次

| 2月 | 3月 | 4月 | 5月 | 6月 | 7月 | 8月 | 9月 | 10月 | 11月 |

休眠期　　　　开花期　　　　　　果实膨大至近成熟期　　　　落叶休眠期

萌芽至开花前　　幼果期　　　　　　成熟采收期

注：不同苹果产区各生育期时间前后有一定差异，各项措施请以生育期为准（辽宁兴城）

图17-9　苹果绵蚜防控技术模式图

上时，虫量显著下降。到8月下旬气温下降后，虫量又开始上升。9月间1龄若虫又向枝梢扩散为害，形成全年第二次为害高峰。进入10月下旬后，若虫逐渐爬至越冬部位开始越冬。苹果绵蚜的有翅蚜在我国1年出现2次高峰，第1次为5月下旬~6月下旬，但数量较少；第2次在9月~10月，数量较多。

【防控技术】苹果绵蚜防控技术模式如图17-9所示。

1.农业措施防控　结合冬剪，彻底剪除被害虫枝，集中烧毁。发芽前，刮除枝干粗皮、翘皮，特别是剪锯口、环剥口及枝干伤口处的老翘皮，破坏绵蚜越冬场所，并将刮下组织集中销毁，消灭越冬虫源。

2.及时喷药防控　关键为春、秋两季，特别是苹果开花前、后尤为重要。一般果园苹果萌芽后开花前喷药1次，防控出蛰后的繁殖为害；苹果落花后喷药1~2次，防控绵蚜向幼嫩组织扩散转移；秋季再喷药1~2次，防控第二次为害高峰。开花前、后喷药以淋洗式喷雾效果最好，并注意开花前连同树干基部一起喷洒。常用有效药剂有：480克/升毒死蜱乳油1500~2000倍液、350克/升吡虫啉悬浮剂4000~5000倍液、5%啶虫脒乳油1500~2000倍液、50%吡蚜酮水分散粒剂3000~4000倍液、22%氟啶虫胺腈悬浮剂4000~5000倍液、50克/升高效氯氟氰菊酯乳油3000~4000倍液、100克/升联苯菊酯乳油1500~2000倍液、4.5%高效氯氰菊酯乳油1500~2000倍液、20%甲氰菊酯乳油1500~2000倍液、33%氯氟·吡虫啉悬浮剂4000~5000倍液等。

3.保护和利用天敌　苹果绵蚜的天敌种类很多，常见的有日光蜂、七星瓢虫、异色瓢虫、草蛉等。7~8月间日光蜂的寄生率可达70%~80%，对苹果绵蚜有很强的抑制作用。喷药时尽量避免使用对天敌有伤害的广谱性杀虫剂。有条件的果园可以人工繁殖释放或引放天敌。

苹果瘤蚜

【分布与为害】苹果瘤蚜（*Myzus malisutus* Matsumura）属半翅目蚜科，又称卷叶蚜虫，在我国大部分果区均有发生，可为害苹果、海棠、沙果、梨等果树。以成蚜、若蚜群集在叶片及嫩芽上吸食汁液，受害叶片从两侧向背面纵卷成双筒状，叶片皱缩、脆硬，蚜虫在卷叶内为害，外面看不到瘤蚜（彩图17-84）。严重时，新梢叶片全部卷缩，并渐渐枯死。苹果瘤蚜多发生在春梢生长期，通常仅为害局部新梢，严重时也有可能全树枝梢被害。

【形态特征】无翅胎生雌蚜体长约1.5毫米，暗绿色，头部额瘤明显（彩图17-85）；有翅胎生雌蚜头、胸部均为黑色，腹部暗绿色，头部额瘤明显。若虫体小、淡绿色，体型与无翅胎生雌蚜相似。卵椭圆形，长约0.6毫米，漆黑色。

彩图17-84　苹果瘤蚜为害状

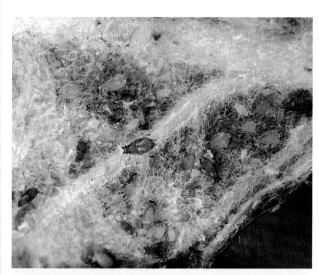

彩图17-85　苹果瘤蚜的无翅雌蚜

【发生规律】苹果瘤蚜1年发生10多代，以卵在一年生枝条芽缝、剪锯口等处越冬。次年果树萌芽时，越冬卵孵化，初孵幼蚜群集在芽或嫩叶上为害，经10天左右产生无翅胎生雌蚜，并有少数有翅胎生雌蚜。春季至秋季均可

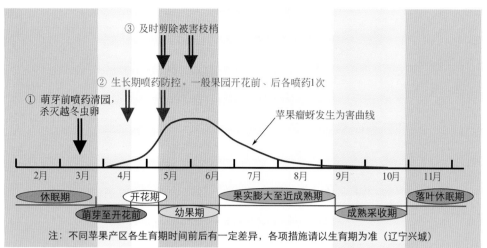

③ 及时剪除被害枝梢

② 生长期喷药防控。一般果园开花前、后各喷药1次

① 萌芽前喷药清园，杀灭越冬虫卵

苹果瘤蚜发生为害曲线

| 2月 | 3月 | 4月 | 5月 | 6月 | 7月 | 8月 | 9月 | 10月 | 11月 |

休眠期　　　开花期　　　果实膨大至近成熟期　　　落叶休眠期

萌芽至开花前　　幼果期　　　成熟采收期

注：不同苹果产区各生育期时间前后有一定差异，各项措施请以生育期为准（辽宁兴城）

图 17-10　苹果瘤蚜防控技术模式图

孤雌生殖，5～6月为害最重，盛期在6月中下旬。10～11月出现有性蚜，交尾后产卵，以卵越冬。

【防控技术】苹果瘤蚜防控技术模式如图17-10所示。

1. 萌芽前清园　苹果萌芽前，结合其他害虫防控，全园喷施1次铲除性药剂，杀灭越冬虫卵，淋洗式喷雾效果最好。常用有效药剂如：45%石硫合剂晶体50～70倍液、3～5波美度石硫合剂及480克/升毒死蜱乳油600～800倍液等。

2. 农业措施防控　结合疏花疏果及定果等农事活动，发现被害枝梢及时剪除，集中销毁，减少园内虫源。

3. 生长期喷药防控　往年苹果瘤蚜发生为害较重果园，在苹果萌芽后至展叶期及时喷药，一般果园开花前、后各喷药1次即可。常用有效药剂有：22%氟啶虫胺腈悬浮剂5000～6000倍液、70%吡虫啉水分散粒剂7000～8000倍液、20%啶虫脒可溶性粉剂6000～8000倍液、50%吡蚜酮水分散粒剂3000～4000倍液、50克/升高效氯氟氰菊酯乳油3000～4000倍液、100克/升联苯菊酯乳油1500～2000倍液、4.5%高效氯氰菊酯乳油1500～2000倍液、20%甲氰菊酯乳油1500～2000倍液、33%氯氟·吡虫啉悬浮剂4000～5000倍液等。

▒ 绣线菊蚜 ▒

【分布与为害】绣线菊蚜（*Aphis citricola* Van der Goot）属半翅目蚜科，又称苹果黄蚜，俗称腻虫、蜜虫，在我国各果区普遍发生，可为害苹果、梨树、山楂、沙果、桃树、李树、杏树、海棠、石榴等多种果树，以成蚜和若蚜刺吸新梢和叶片汁液进行为害。若蚜、成蚜常群集在新梢上和叶片背面为害（彩图17-86～彩图17-90），受害叶片向背面横卷，严重时新梢上叶片全部卷缩（彩图17-91），影响新梢生长和树冠扩大。虫口密度大时，许多蚜虫还爬至幼果上为害果实（彩图17-92）。

【形态特征】无翅孤雌胎生蚜体长1.6～1.7毫米，宽约0.95毫米，体黄色或黄绿色，头部、复眼、口器、腹管和尾片均为黑色，触角显著比体短，腹管圆柱形，末端渐细，尾片圆锥形，生有10根左右弯曲的毛（彩图17-93）。有翅胎生雌蚜体长约1.6毫米，翅展约4.5毫米，体色黄绿色，头、胸、口器、腹管和尾片均为黑色，触角丝状6节，较体短，体两侧有黑斑，并具明显的乳头状突起（彩图17-94）。若蚜体鲜黄色，无翅若蚜腹部较肥大，腹管短，有翅若蚜胸部发达，具翅芽，腹部正常。卵椭圆形，长径约0.5毫米，漆黑色，有光泽（彩图17-95）。

彩图 17-86　绣线菊蚜在苹果嫩梢上的为害

彩图 17-87　绣线菊蚜群集在苹果嫩叶背面为害

彩图 17-88　绣线菊蚜群集在梨树嫩梢上为害

彩图 17-89　无翅蚜群集在梨树叶片背面为害

彩图 17-90　有翅蚜和无翅蚜群集在梨树叶片背面为害

彩图 17-91　绣线菊蚜在新梢上的严重为害状（苹果）

彩图 17-92　绣线菊蚜群集苹果幼果上为害

彩图 17-93　绣线菊蚜的无翅胎生雌蚜

彩图 17-94　绣线菊蚜的有翅胎生雌蚜

彩图 17-95　绣线菊蚜的越冬卵及初孵若蚜

【发生规律】绣线菊蚜1年发生十余代，以卵在枝条的芽旁、芽痕、枝杈或树皮缝隙等处越冬，特别是2～3生枝条的分杈和芽痕处的皱缝内卵量较多。翌年春天果树萌芽时开始孵化为干母，并群集在新芽、嫩梢及嫩叶的叶背为害，十余天后开始胎生无翅蚜虫，称为干雌，行孤雌胎生繁殖。干雌以后产生有翅和无翅的后代，有翅蚜则转移扩散。绣线菊蚜前期繁殖较慢，产生的多为无翅孤雌胎生蚜，5月下旬可见到有翅孤雌胎生蚜。6～7月份繁殖速度明显加快，虫口密度显著提高，枝梢、叶背、嫩芽群集蚜

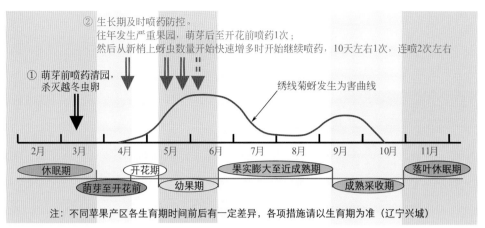

② 生长期及时喷药防控。
往年发生严重果园，萌芽后至开花前喷药1次；
然后从新梢上蚜虫数量开始快速增多时开始继续喷药，10天左右1次，连喷2次左右

① 萌芽前喷药清园，
杀灭越冬虫卵

绣线菊蚜发生为害曲线

| 2月 | 3月 | 4月 | 5月 | 6月 | 7月 | 8月 | 9月 | 10月 | 11月 |

休眠期　　　开花期　　　果实膨大至近成熟期　　　落叶休眠期
萌芽至开花前　幼果期　　　　　　　成熟采收期

注：不同苹果产区各生育期时间前后有一定差异，各项措施请以生育期为准（辽宁兴城）

图17-11　绣线菊蚜防控技术模式图

虫，多汁的嫩梢是蚜虫繁殖发育的有利场所。7～9月份雨量较大时，虫口密度会明显下降；至10月份开始全年中的最后1代，产生雌、雄有性蚜，行两性生殖，产卵越冬。

【防控技术】绣线菊蚜防控技术模式如图17-11所示。

1.萌芽前清园　果树萌芽前，结合其他害虫防控，全园喷施1次铲除性药剂清园，杀灭越冬虫卵。常用有效药剂有：3～5波美度石硫合剂、45%石硫合剂晶体50～70倍液、50克/升高效氯氟氰菊酯乳油1500～2000倍液、99%机油乳剂200～300倍液等。

彩图17-96　绣线菊蚜的天敌食蚜蝇幼虫

彩图17-97　绣线菊蚜的天敌瓢虫幼虫

2.生长期及时喷药防控　往年绣线菊蚜发生严重果园，萌芽后至开花前喷药1次，杀灭初孵化若蚜及早期蚜虫；然后从新梢上蚜虫数量开始快速增多时或发生为害初盛期继续喷药，10天左右1次，连喷2次左右。常用有效药剂有：22%氟啶虫胺腈悬浮剂5000～6000倍液、350克/升吡虫啉悬浮剂4000～5000倍液、5%啶虫脒乳油1500～2000倍液、50%吡蚜酮水分散粒剂3000～4000倍液、25克/升高效氯氟氰菊酯乳油1500～2000倍液、100克/升联苯菊酯乳油1500～2000倍液、4.5%高效氯氰菊酯乳油1500～2000倍液、20%甲氰菊酯乳油1500～2000倍液、33%氯氟·吡虫啉悬浮剂4000～5000倍液等。

3.保护和利用天敌　绣线菊蚜的天敌种类很多，果园内常见的有瓢虫、草蛉、食蚜蝇、蚜茧蜂、花蝽等。喷药时尽量选用专性杀蚜剂，并尽量避免使用广谱性农药，以保护天敌（彩图17-96、彩图17-97）。

梨二叉蚜

【分布与为害】梨二叉蚜［*Schizaphis piricola*（Matsumura）］属半翅目蚜科，俗称梨蚜，在我国许多梨区均有发生，主要为害梨树。以成蚜和若蚜群集在梨树新梢叶片上刺吸汁液为害（彩图17-98），受害叶片向正面纵向卷曲成筒状（彩图17-99）；而后受害叶片逐渐皱缩变脆，且多数不能伸展（彩图17-100），严重时后期容易脱落。另外，梨二叉蚜为害叶片还易招致梨木虱潜藏为害。

彩图17-98　大量梨二叉蚜在卷叶内群集为害、繁殖

【形态特征】无翅孤雌胎生蚜体长约2毫米，宽约1.1毫米，体绿色、暗绿色、黄褐色，被有白色蜡粉，背部中央有1条深绿色纵带，腹背各节两侧具13个白粉状斑，腹管圆柱状、末端收缩（彩图17-101）。有翅孤雌胎生蚜体长

1.5毫米，翅展5毫米左右，灰绿色，头、胸部黑色，腹部色淡，额瘤略突出，复眼暗红色，前翅中脉分2叉，腹管同无翅孤雌胎生蚜（彩图17-102）。若虫与无翅孤雌胎生蚜相似，体小，绿色（彩图17-103）。

酯乳油1500～2000倍液，消灭越冬虫卵。

彩图 17-101　梨二叉蚜的无翅胎生雌蚜

彩图 17-99　梨二叉蚜为害叶片成卷叶状

彩图 17-102　梨二叉蚜的有翅蚜

彩图 17-100　梨二叉蚜严重为害状

彩图 17-103　梨二叉蚜的无翅若蚜及成蚜

【发生规律】梨二叉蚜1年发生十多代，以卵在芽附近、果苔或枝杈的缝隙内越冬。翌年梨树萌芽时开始孵化。初孵若蚜先在膨大的芽上为害，待梨芽开绽时钻入芽内，展叶期又集中到嫩梢叶面为害，致使叶片向上纵卷成筒状。随气温升高，为害逐渐加重，落花后出现大量卷叶。半月左右开始出现有翅蚜，5～6月份大量迁飞到越夏寄主狗尾草和茅草上。6月中下旬梨树上基本绝迹。秋季9～10月间，在越夏寄主上产生大量有翅蚜，迁回梨树上繁殖为害，并产生性蚜。雌蚜交尾后产卵，以卵越冬。

【防治技术】梨二叉蚜防控技术模式如图17-12所示。

1. 消灭越冬虫卵　结合其他害虫防控，在梨树萌芽前喷施1次3～5波美度石硫合剂、或45%石硫合剂晶体40～60倍液、或50克/升高效氯氟氰菊

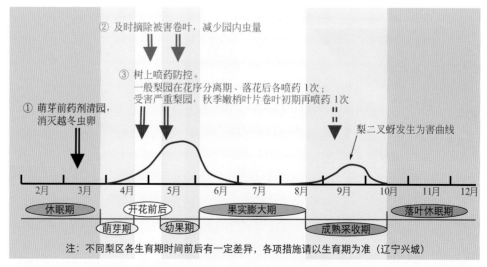

② 及时摘除被害卷叶，减少园内虫量

③ 树上喷药防控。
一般梨园在花序分离期、落花后各喷药1次；
受害严重梨园，秋季嫩梢叶片卷叶初期再喷药1次

① 萌芽前药剂清园，消灭越冬虫卵

梨二叉蚜发生为害曲线

2月　3月　4月　5月　6月　7月　8月　9月　10月　11月　12月

休眠期　　开花前后　　　果实膨大期　　　　落叶休眠期
　　　萌芽期　幼果期　　　　　　成熟采收期

注：不同梨区各生育期时间前后有一定差异，各项措施请以生育期为准（辽宁兴城）

图 17-12　梨二叉蚜防控技术模式图

2.摘除被害卷叶　结合疏花疏果等农事活动，发现被害卷叶及时摘除，集中销毁，减少园内虫量。

3.树上喷药防控　梨树花序分离期至落花后是喷药防控梨二叉蚜的关键时期，一般梨园需在开花前、后各喷药1次。少数秋季被害卷叶较重果园，也可在秋季嫩梢叶片卷叶初期再及时喷药1次。常用有效药剂同"绣线菊蚜"生长期用药。

4.保护和利用天敌　梨二叉蚜的天敌种类很多，如食蚜蝇、瓢虫、草蛉等（彩图17-104），当虫口密度较低时天敌的作用非常明显。因此，喷药时尽量避免使用广谱性杀虫药剂。

彩图17-104　梨二叉蚜及其天敌

梨黄粉蚜

【分布与为害】梨黄粉蚜［*Aphanostigma iaksuiense*（Kishida）］属半翅目根瘤蚜科，我国各主要梨产区都有发生，目前所知仅为害梨树。主要以成虫和若虫群集在果实上繁殖为害，萼洼和果柄基部虫量最多；虫口密度大时，也可布满整个果面，形成黄粉状（彩图17-105）。果实受害处初期出现黄斑并稍凹陷，外围产生褐色晕圈，后期变为褐色斑点（彩图17-106）；虫量大时形成黑褐色大斑，表面明显凹陷、甚至产生裂缝（彩图17-107），并易诱发杂菌感染而导致果实腐烂（彩图17-108）。套袋梨果，果柄周围至胴部常受害较重（彩图17-109），严重时大量落果（彩图17-110）。

彩图17-105　黄粉蚜为害的果实表面有一堆堆"黄粉"

彩图17-106　黄粉蚜为害，形成褐色斑点

彩图17-107　黄粉蚜为害的黑褐斑及表面龟裂

彩图17-108　黄粉蚜为害导致果柄基部周围果肉坏死

彩图17-109　黄粉蚜为害套袋果初期

彩图17-110　黄粉蚜为害的套袋梨果

【形态特征】成虫体卵圆形，长约0.8毫米，全体鲜黄色，有光泽，腹部无腹管及尾片，无翅（彩图17-111）。行孤雌卵生，包括干母、普通型。性母均为雌性。喙均发达。有性型体长卵圆形，体型略小，雌虫0.47毫米左右，雄虫0.35毫米左右，体鲜黄色，口器退化。越冬卵椭圆形，长0.25～0.40毫米，淡黄色，表面光滑；产生普通型和性母的卵，体长0.26～0.30毫米，初产时淡黄绿色，渐变为黄绿色；产生有性型的卵，雌卵长0.4毫米，雄卵长0.36毫米，黄绿色。若蚜淡黄色，体形与成蚜相似，只是体形较小。

彩图17-111　梨黄粉蚜

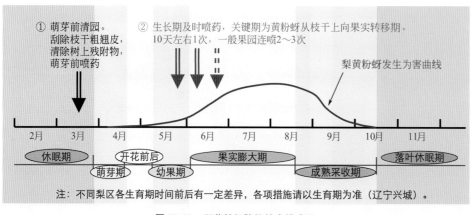

① 萌芽前清园。刮除枝干粗翘皮，清除树上残附物，萌芽前喷药

② 生长期及时喷药，关键期为黄粉蚜从枝干上向果实转移期。10天左右1次，一般果园连喷2～3次

梨黄粉蚜发生为害曲线

2月　3月　4月　5月　6月　7月　8月　9月　10月　11月

休眠期　　开花前后　　果实膨大期　　　　　　　落叶休眠期
　　萌芽期　幼果期　　　　　成熟采收期

注：不同梨区各生育期时间前后有一定差异，各项措施请以生育期为准（辽宁兴城）。

图17-13　梨黄粉蚜防控技术模式图

【发生规律】梨黄粉蚜1年发生8～10代，以卵在果苔、树皮裂缝、翘皮下或枝干上的残附物上越冬。翌年梨树开花时越冬卵孵化，若虫爬行至皮下的嫩组织处取食树液，生长发育并产卵繁殖。5月中下旬至6月份陆续转移到果实上，先在萼洼、梗洼处取食为害，继而蔓延到果面等处，8月中旬果实接近成熟时为害最重。8～9月出现有性蚜，雌雄交尾后转移到果台树皮缝等处产卵越冬。成虫活动能力差，喜在背阴处栖息为害。实行果实套袋的梨果，因袋内避光、高湿，所以更易发生黄粉蚜为害。

【防控技术】梨黄粉蚜防控技术模式如图17-13所示。

1.梨树萌芽前清园　首先在梨树萌芽前刮除枝干粗皮、翘皮，并清除树上残附物，集中烧毁，消灭越冬虫卵。然后再喷施1次3～5波美度石硫合剂、或45%石硫合剂晶体50～70倍液、或50克/升高效氯氟氰菊酯乳油1500～2000倍液清园，兼治其他害虫。

2.生长期及时喷药　黄粉蚜从枝干上向果实转移为害期是生长期喷药防控的关键时期，重点应将黄粉蚜消灭在上果之前，套袋梨尤为重要。一般梨园从5月下旬开始喷药，10天左右1次，连喷2～3次。常用有效药剂同"绣线菊蚜"生长期用药。

梨木虱

【分布与为害】梨木虱（*Psylla chinensis* Yang et Li）属半翅目木虱科，又称中国梨木虱，在我国各梨产区均有发生，是梨树上的一种重要害虫，主要为害梨树。以成虫和若虫刺吸嫩绿组织汁液为害。春季，成虫、若虫多集中在新梢、叶柄上为害（彩图17-112）；夏季，多在叶片背面的叶脉附近吸食为害（彩图17-113）。受害叶片叶脉扭曲、皱缩，后期产生枯斑，严重时枯斑逐渐扩大、变黑（彩图17-114），并导致早期落叶（彩图17-115）。同时，若虫分泌大量黏液（彩图17-116），常诱使霉菌滋生，造成叶片和果实污染（彩图17-117、彩图17-118），影响果实产量及品质。

【形态特征】成虫分为冬型和夏型两种。冬型成虫体形较大，灰褐色或暗黑褐色，具有黑褐色斑纹（彩图17-119）；夏型成虫体形较小，黄绿色或黄褐色，单眼3个，翅上无斑纹，复眼黑色，胸背有4条红黄色或黄色纵条纹（彩图17-120、彩图17-121）。卵为长圆形，初产时淡黄白色，后变黄色（彩图17-122）。初孵若虫扁椭圆形，淡黄色，三龄后呈扁圆形，浅绿色，复眼红色，翅芽淡黄色，突出在身体两侧（彩图17-123）。

【发生规律】梨木虱在辽宁地区1年发生3～4代，河北、山东4～6代，浙江5代，各地均以冬型成虫在树皮缝、落叶杂草和土缝中越冬。早春梨树花芽萌动时开始出蛰为害，出蛰后先集中到新梢上取食，而后交尾、产卵。越冬代成虫产卵主要产在短果枝叶痕和芽基部，以后各代成虫将卵产在幼嫩组织的绒毛内、叶缘锯齿间、叶面主脉沟内或叶背主脉两侧。成虫生殖力强，平均每头雌虫产卵量为290多粒。若虫为害时，常分泌黏液将身体覆盖，有时将两叶片黏合，然后潜伏其内群集为害，或将叶片黏贴在果实表面进行为害。

彩图 17-115　梨木虱严重为害造成大量落叶

彩图 17-112　梨木虱群集在嫩梢基部为害

彩图 17-116　梨木虱若虫被黏液覆盖

彩图 17-113　梨木虱若虫在叶片基部的背面为害

彩图 17-117　梨木虱为害的黏液上腐生霉菌

彩图 17-114　梨木虱老龄若虫及为害状

彩图 17-118　梨木虱分泌的黏液导致果实呈煤污状

彩图 17-119　梨木虱冬型成虫

彩图 17-120　梨木虱夏型成虫之黄绿色型

彩图 17-121　梨木虱夏型成虫之黄褐色型

氯氰菊酯乳油 1500 ～ 2000 倍液、25 克/升高效氯氟氰菊酯乳油 1500 ～ 2000 倍液、20% 氰戊菊酯乳油 1500 ～ 2000 倍液、20% 甲氰菊酯乳油 1500 ～ 2000 倍液、5% 阿维·高氯 2000 ～ 2500 倍液等。

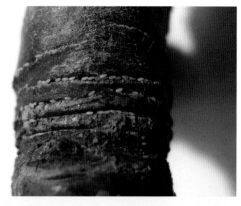

彩图 17-122　梨木虱越冬代成虫在芽痕处产的卵

彩图 17-123　梨木虱若虫

3.生长期及时喷药　关键是第一代和第二代若虫期，在若虫孵化期至低龄若虫被黏液完全覆盖前及时喷药，每代喷药 1 ～ 2 次。一般梨园落花后即为第一代若虫防控关键期，落花后 1.5 个月左右为第二代若虫防控关键期。除落花后第一次药只考虑防控若虫外，以后喷药均需成虫、若虫统筹兼顾。对成虫防控效果好的药剂同上述。对若虫防控效果好的药剂有：22.4% 螺虫乙酯悬浮剂 4000 ～ 5000 倍液、3% 阿维菌素乳油 3000 ～ 4000 倍液、70% 吡虫啉水分散粒剂 8000 ～ 10000 倍液、5% 啶虫脒乳油 1500 ～ 2000 倍液、25% 吡蚜酮可湿性粉剂 2000 ～ 2500 倍液、22% 氟啶虫胺腈悬浮剂 2500 ～ 3000 倍液等。

【防控技术】梨木虱防控技术模式如图 17-14 所示。

1.搞好果园卫生　梨树萌芽前，彻底清除果园内的枯枝、落叶、杂草，刮除枝干粗翘皮，并将所清除残体集中烧毁或深埋，消灭越冬成虫。

2.萌芽前喷药，消灭越冬成虫　在梨树花芽萌动后，选择晴朗无风天气喷药，杀灭越冬成虫及其所产的部分卵粒，减少园内虫量。对成虫杀灭效果较好的药剂有：97% 矿物油乳剂 100 ～ 150 倍液、4.5% 高效

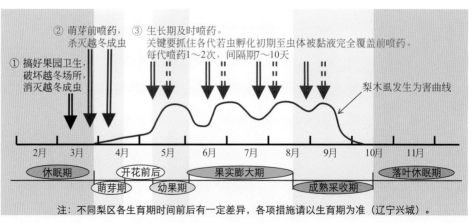

图 17-14　梨木虱防控技术模式图

山楂喀木虱

【分布与为害】山楂喀木虱（*Cacopsylla idiocrataegi* Li）属半翅目木虱科，主要分布在吉林、辽宁、河北、山西等省区，主要为害山楂和山里红。以成虫和若虫在嫩叶、花梗及花苞等处取食汁液为害，受害处挂满白色棉絮状蜡丝（彩图17-124），严重时造成被害叶片及花器的枯萎、早落。

彩图 17-124　山楂喀木虱为害状（冯明祥）

【形态特征】成虫体长2.6～3.1毫米，雄体略小，初羽化时草绿色，渐变为橙黄色至黑褐色（彩图17-125）。头顶土黄色，复眼褐色，单眼红色，触角土黄色。前胸背板窄带状，黄绿色。翅透明，翅脉黄色，前翅外缘略带色斑。腹部每节后缘及节间色淡。卵略呈纺锤形，长0.3～0.4毫米，顶端稍尖，具短柄，初产时乳白色，渐变为橘黄色（彩图17-126）。1龄若虫长椭圆形，淡黄色，复眼红色，触角、足黑色，体缘具白色纤毛；2龄若虫橘黄色，臀板色稍深，翅芽显露；3龄若虫体色无变化，翅芽增大、明显；4龄若虫黄绿色，翅芽向两侧突起（彩图17-127）；5龄若虫草绿色，复眼红色，触角、足黄色，背中线明显，翅芽伸长。

【发生规律】山楂喀木虱在辽宁1年发生1代，以成虫越冬。翌年3月下旬出蛰活动，补充营养20余天后，于4月上旬开始交尾产卵。卵多产于叶背或花苞上，几粒至几

十粒一堆。4月中旬孵化出若虫，初孵若虫多在嫩叶背面取食，尾端分泌白色蜡丝，蜡丝先端卷成球状，达到一定数量后自行脱落；孵化较晚的若虫多在花梗、花苞处为害，导致被害花萎蔫、早落。5月下旬羽化为成虫，成虫多在寄主及周围的杂草、灌木上活动，善跳跃，有趋光性和假死性。成虫期很长，直到10月下旬开始越冬。

彩图 17-125　山楂喀木虱成虫（冯明祥）

彩图 17-126　山楂喀木虱卵（冯明祥）

【防控技术】山楂喀木虱防控技术模式如图17-15所示。

1. 农业措施防控　落叶后至发芽前，彻底清除果园内及其周边的落叶、杂草，集中烧毁或深埋。刮除枝干粗皮、翘皮，填堵树洞，有效消灭越冬成虫。

2. 诱杀成虫　利用成虫的趋光性，在成虫发生期内于果园中设置黑光灯或频振式诱虫灯，诱杀成虫。

3. 及时树上喷药　一般果园多从产卵盛期开始喷药，10～15天1次，连喷2～3次；为害严重果园，第1代成虫发生期再喷药1次。越冬成虫数量大时，在成虫出蛰后补充营养期增加喷药1次。对成虫及卵防效较好的药剂有：4.5%高效氯氰菊酯乳油1500～2000倍液、50克/升高效氯氟氰菊酯乳油3000～4000倍液、20%氰戊菊酯乳油1500～2000倍液、2.5%溴氰菊酯乳油1500～2000倍液、5%虱螨脲乳油1500倍液等；对若虫防效较好的药剂有：22.4%螺虫乙酯悬浮剂4000～5000倍液、2%阿维菌素乳油2000～3000倍液、350克/升吡虫啉悬浮剂

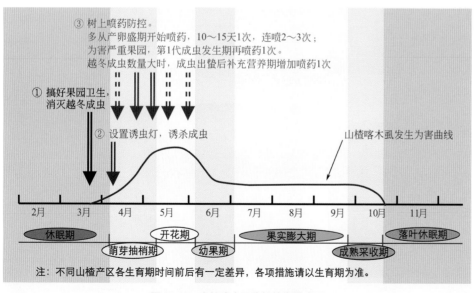

③ 树上喷药防控。
多从产卵盛期开始喷药，10～15天1次，连喷2～3次；为害严重果园，第1代成虫发生期再喷药1次。
越冬成虫数量大时，成虫出蛰后补充营养期增加喷药1次

① 搞好果园卫生，消灭越冬成虫

② 设置诱虫灯，诱杀成虫

山楂喀木虱发生为害曲线

| 2月 | 3月 | 4月 | 5月 | 6月 | 7月 | 8月 | 9月 | 10月 | 11月 |

休眠期　　开花期　　　果实膨大期　　落叶休眠期
萌芽抽梢期　幼果期　　　　成熟采收期

注：不同山楂产区各生育期时间前后有一定差异，各项措施请以生育期为准。

图 17-15　山楂喀木虱防控技术模式图

4000 ～ 5000 倍液、5% 啶虫脒乳油 1500 ～ 2000 倍液、25% 吡蚜酮可湿性粉剂 2000 ～ 2500 倍液、22% 氟啶虫胺腈悬浮剂 2500 ～ 3000 倍液等。

彩图 17-127　山楂喀木虱若虫（冯明祥）

金纹细蛾

【分布与为害】金纹细蛾（*Lithocolletis ringoniella* Mats.）属鳞翅目细蛾科，又称苹果细蛾、苹果潜叶蛾，在我国各苹果产区均有发生，主要为害苹果、沙果、海棠、山定子等果树，以幼虫潜食叶片为害。发生轻时影响叶片的光合作用，严重时造成叶片早期脱落，影响树势与产量。金纹细蛾幼虫在叶片内潜食叶肉，形成椭圆形虫斑，叶面呈筛网状拱起（彩图 17-128），下表皮皱缩（彩图 17-129），虫斑内有黑褐色虫粪。严重时一张叶片上常有多个虫斑，导致叶片扭曲不平（彩图 17-130）。

彩图 17-128　金纹细蛾为害虫斑（叶正面）

彩图 17-129　金纹细蛾为害虫斑（叶背）

彩图 17-130　金纹细蛾较重为害状

【形态特征】成虫体长约 2.5 毫米，体金黄色；前翅狭长，黄褐色，翅端前缘及后缘各有 3 条白色与褐色相间的放射状条纹；后翅尖细，有长缘毛（彩图 17-131）。卵扁椭圆形，乳白色，半透明，有光泽（彩图 17-132）。低龄幼虫黄白色（彩图 17-133）。老熟幼虫黄色，体长约 6 毫米，呈纺锤形（彩图 17-134）。蛹黄褐色（彩图 17-135），长约 4 毫米，梭形，羽化后蛹壳部分露在虫斑外（彩图 17-136）。

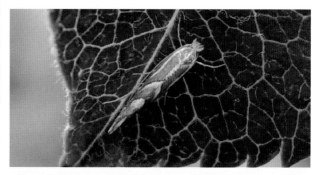

彩图 17-131　金纹细蛾成虫

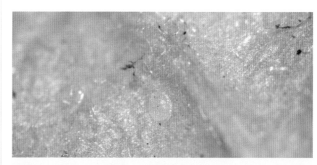

彩图 17-132　叶片背面的金纹细蛾卵

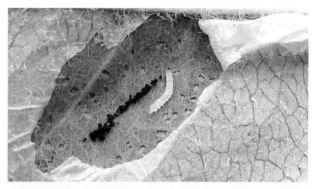

彩图 17-133　金纹细蛾低龄幼虫

彩图17-134 金纹细蛾老龄幼虫

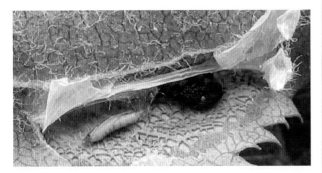

彩图17-135 金纹细蛾蛹

彩图17-136 金纹细蛾蛹壳

【发生规律】金纹细蛾在北方果区1年发生4～5代，以蛹在被害叶片中越冬。翌年苹果树萌芽时开始羽化。越冬代成虫多于4月上旬出现，发生盛期在4月下旬。以后各代成虫的发生盛期分别为：第1代在6月上旬，第2代在7月中旬，第3代在8月中旬，第4代在9月下旬。从第3代开始世代重叠。第5代幼虫于10月中下旬开始在叶片内化蛹越冬。春季发生较少，秋季发生较多，为害严重时造成早期落叶。

【防控技术】金纹细蛾防控技术模式如图17-16所示。

1.搞好果园卫生 落叶后至发芽前，彻底清扫枯枝落叶，集中深埋或烧毁，消灭越冬虫蛹。

2.生长期及时喷药防控 一般果园从落花后即开始喷药防控第1代幼虫，约1.5个月后喷药防控第2代幼虫，以后每月防控1次；由于中后期出现世代重叠，幼虫发生期很不整齐，所以防控3、4代幼虫时可根据园内情况，每代喷药1～2次。效果较好的药剂有：25%灭幼脲悬浮剂1500～2000倍液、25%除虫脲悬浮剂1500～2000倍液、50%丁醚脲悬浮剂1500～2000倍液、240克/升甲氧虫酰肼悬浮剂2000～2500倍液、35%氯虫苯甲酰胺水分散粒剂8000～10000倍液、240克/升虫螨腈悬浮剂3000～4000倍液、1.8%阿维菌素乳油2000～2500倍液、2%甲氨基阿维菌素苯甲酸盐乳油3000～4000倍液等。

3.性引诱剂诱杀或迷向 在成虫发生期内，于果园中设置金纹细蛾性引诱剂诱捕器诱杀雄成虫，并进行虫情测报（彩图17-137）；或设置性诱剂迷向丝干扰雄虫交尾（图17-16）。

彩图17-137 金纹细蛾性引诱剂诱捕器

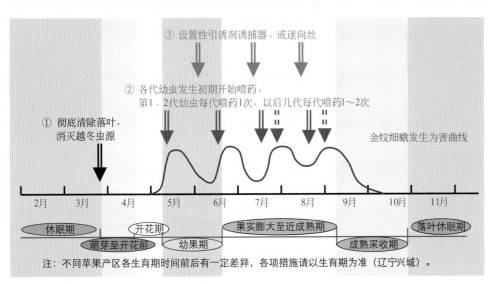

图17-16 金纹细蛾防控技术模式图

旋纹潜叶蛾

【分布与为害】旋纹潜叶蛾（*Leucoptera scitella* Zeller）属鳞翅目潜叶蛾科，又称旋纹潜蛾、苹果潜叶蛾，在我国许多果区均有发生，主要为害苹果、梨树、沙果、海棠、山楂等果树，以苹果树受害最重。幼虫在叶片内呈螺旋状潜食叶肉，残留表皮，粪便排于隧道中。叶片正面受害处多呈旋纹状圆形褐色虫斑（彩图17-138），严重时一张叶片上有虫斑十数处（彩图17-139），常引起早期落叶。

彩图17-138　旋纹潜叶蛾为害的虫斑

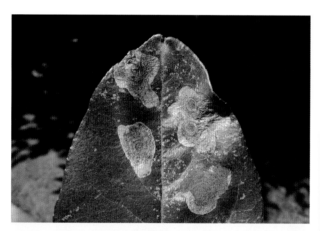

彩图17-139　旋纹潜叶蛾较重为害状

【形态特征】成虫体长约2.3毫米，翅展约6毫米，体银白色，头顶具1丛竖立的银白色毛；前翅底色银白色，近端部大部橘黄色，前缘及翅端共有7条褐色纹，顶端3～4条呈放射状，翅端下方有2个大的深紫色斑；后翅披针形，浅褐色，具很长的白色缘毛（彩图17-140）。卵扁椭圆形，长0.27毫米，上有网状脊纹，初产时乳白色，渐变为青白色，有光泽。老龄幼虫体长5毫米左右，体扁纺锤形，污白色，头部黄褐色，胴部节间稍缢缩，后胸及第1、2腹节侧面各有1管状突起，上生1根刚毛（彩图17-141）。蛹长4～5毫米，稍扁纺锤形，黄褐色。茧白色，梭形，上覆"工"字形丝幕。

【发生规律】旋纹潜叶蛾1年发生3～5代，主要以蛹在枝干树皮缝隙中和粗翘皮下结茧越冬，也可在落叶上结茧越冬，丝质茧呈"工"字形丝幕。翌年苹果花蕾露红时逐渐开始羽化，羽化期持续1个多月，盛期发生在苹果花

期。成虫白天活动，夜间潜伏，有趋光性，羽化后即可交尾，次日产卵，寿命约8天左右。卵散产于叶背，每雌蛾平均产卵30粒。幼虫孵化后直接从卵壳下潜入叶内为害，5月上中旬始见被害叶片。幼虫老熟后爬出并吐丝下垂到下面叶片的叶背结茧化蛹，羽化后继续繁殖为害。7～8月为发生为害盛期，9～10月最后1代幼虫老熟后，脱叶、吐丝下垂到枝干上寻找适宜部位结茧化蛹越冬、或在叶片上结茧化蛹越冬。

彩图17-140　旋纹潜叶蛾成虫〔虞国跃〕

彩图17-141　旋纹潜叶蛾幼虫〔虞国跃〕

【防控技术】旋纹潜叶蛾多为零星发生，结合金纹细蛾防控兼防即可。主要措施是搞好果园卫生，每年在果树发芽前，彻底清除果园内的枯枝落叶，刮除枝干粗皮、翘皮，集中烧毁，消灭越冬虫蛹。个别发生严重果园，在成虫产卵盛期至孵化期及时进行喷药，有效药剂同"金纹细蛾"防控用药。

苹小卷叶蛾

【分布与为害】苹小卷叶蛾（*Adoxophyes orana* Fisher von Roslerstamm）属鳞翅目小卷蛾科，又称苹果小卷叶蛾、苹卷蛾、黄小卷叶蛾，俗称"舔皮虫"，在我国北方果区普

遍发生，主要为害苹果、梨树、山楂、桃树等果树，以幼虫啃食为害。幼虫既可吐丝缀叶潜居其中啃食叶片（彩图17-142），又常把叶片缀贴在果实上啃食果皮、果肉（彩图17-143），将果面啃出许多伤疤（彩图17-144），造成残次果，故俗称"舔皮虫"。近几年该虫在许多果区的为害有逐渐加重的趋势。

彩图 17-142　苹小卷叶蛾为害叶片

彩图 17-143　苹小卷叶蛾贴果为害状

彩图 17-144　苹小卷叶蛾为害果实状

【形态特征】成虫体长6～8毫米，翅展13～23毫米，体黄褐色，前翅长方形，有2条深褐色斜纹形似"h"状，外侧一条比内侧细（彩图17-145）。雄成虫体较小，体色稍淡，前翅有前缘褶（前翅肩区向上折叠）。卵扁平椭圆形，数十粒至上百粒排成鱼鳞状（彩图17-146）。老龄幼虫

体长13～15毫米，头黄褐色或黑褐色，前胸背板淡黄色，体翠绿色或黄绿色，头明显窄于前胸，整个虫体两头稍尖（彩图17-147）；幼虫，遇振动常吐丝下垂。蛹体长9～11毫米，黄褐色，腹部2～7节背面各有2排小刺（彩图17-148、彩图17-149）。

彩图 17-145　苹小卷叶蛾成虫

彩图 17-146　苹小卷叶蛾卵块

彩图 17-147　苹小卷叶蛾幼虫

彩图 17-148　苹小卷叶蛾蛹

彩图17-149　苹小卷叶蛾蛹壳

【发生规律】苹小卷叶蛾在我国北方果区多数1年发生3代，黄河故道、关中及豫西地区，1年发生4代，均以幼虫结白色薄茧潜伏在树皮缝隙、老翘皮下、剪锯口周围死皮内等处越冬（彩图17-150）。第二年花器分离时，越冬幼虫开始出蛰，盛花期是幼虫出蛰盛期，前后持续一个月。出蛰幼虫首先爬到新梢上为害幼芽、幼叶、花蕾和嫩梢，展叶后吐丝缀叶成"虫苞"，幼虫在虫苞内啃食为害。幼虫非常"活泼"，稍受惊动，吐丝下垂，并随风飘动（吐丝）转移为害。幼虫老熟后从被害叶片内爬出寻找新叶，卷叶居内化蛹，蛹期6～9天，蛾期3～5天，成虫羽化后1～2天便可产卵。每雌蛾产卵百余粒，卵期6～8天，幼虫期15～20天。辽南地区各代成虫发生时期为：越冬代成虫初现于5月中下旬，盛期为6月上旬；第1代成虫在8月上旬最盛；第2代成虫9月上旬为盛期。成虫昼伏夜出，有趋光性和趋化性，对果醋和糖醋均有较强的趋性。幼虫一般10月间开始越冬。

彩图17-150　树皮下的苹小卷叶蛾越冬幼虫

【防控技术】苹小卷叶蛾防控技术模式如图17-17所示。

1.农业措施防控　首先在果树发芽前，尽量刮除枝干上的粗皮、翘皮及剪锯口处的老翘皮，并将刮下组织集中销毁，消灭越冬幼虫。其次在果树生长期，结合其他农事活动，发现被害虫苞后及时用手捏死卷叶中的幼虫，减轻田间为害。

2.树上喷药防控　越冬幼虫出蛰期和各代幼虫孵化期是树上喷药防控的关键期。一般果园落花后立即喷药防控出蛰幼虫；上年苹小卷叶蛾为害严重果园，花序分离期喷施第1次药剂，以后各代幼虫孵化期各喷药1～2次。效果较好的药剂有：25%灭幼脲悬浮剂1500～2000倍液、25%除虫脲悬浮剂1500～2000倍液、50%丁醚脲悬浮剂1500～2000倍液、240克/升甲氧虫酰肼悬浮剂2000～2500倍液、35%氯虫苯甲酰胺水分散粒剂8000～10000倍液、240克/升虫螨腈悬浮剂3000～4000倍液、20%虫酰肼悬浮剂1500～2000倍液、1.8%阿维菌素乳油2000～2500倍液、2%甲氨基阿维菌素苯甲酸盐乳油3000～4000倍液、4.5%高效氯氰菊酯乳油1500～2000倍液、50克/升高效氯氟氰菊酯乳油3000～4000倍液、25克/升溴氰菊酯乳油1500～2000倍液、20%氰戊菊酯乳油1500～2000倍液、20%甲氰菊酯乳油1500～2000倍液等。

3.诱杀成虫　利用成虫的趋光性和趋化性，在成虫发生期内于果园中设置黑光灯或频振式诱虫灯、或糖醋液诱捕器，诱杀成虫。有条件的果园也可设置性引诱剂诱捕器，捕杀雄成虫（图17-17）。

褐带长卷叶蛾

【分布与为害】褐带长卷叶蛾（*Hornona coffearia* Meyrick）属鳞翅目小卷蛾科，又称苹褐卷叶蛾、咖啡卷叶蛾、茶卷叶蛾、茶淡黄卷叶蛾，在我国许多果区均有发生，可为害苹果、梨树、山楂、柑橘、荔枝、龙眼、咖啡、柿树、板栗等多种果树。主要以幼虫在嫩梢上卷缀嫩叶（彩图17-151），潜藏卷叶内啃食叶肉为害，留下一层表皮，形成透明枯斑（彩图17-152）。随虫龄增大、食量增加，卷叶苞可多达10张叶片，并常贴果啃食果实（彩图17-153）。严重时还可蚕食成叶、老叶，新梢停止生长后还能蛀果为害，造成落果。

【形态特征】成虫体长6～10毫米，翅展16～30毫米，暗褐色，头顶有浓黑褐色鳞片，唇须上弯达复眼前缘（彩图17-154）。前翅基部黑褐色，中

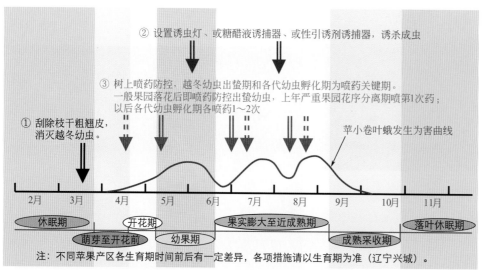

② 设置诱虫灯、或糖醋液诱捕器、或性引诱剂诱捕器，诱杀成虫

③ 树上喷药防控，越冬幼虫出蛰期和各代幼虫孵化期为喷药关键期。一般果园落花后即喷药防控出蛰幼虫，上年严重果园花序分离期喷第1次药；以后各代幼虫孵化期各喷药1～2次

① 刮除枝干粗翘皮，消灭越冬幼虫。

苹小卷叶蛾发生为害曲线

2月　3月　4月　5月　6月　7月　8月　9月　10月　11月

休眠期　　开花期　　　果实膨大至近成熟期　　　落叶休眠期
　萌芽至开花前　幼果期　　　　　成熟采收期

注：不同苹果产区各生育期时间前后有一定差异，各项措施请以生育期为准（辽宁兴城）。

图17-17　苹小卷叶蛾防控技术模式图

带宽黑褐色由前缘斜向后缘，顶角常呈深褐色；后翅淡黄色。雌翅较长，超出腹部甚多；雄翅较短仅遮盖腹部，前翅具短而宽的前缘褶。卵椭圆形，长0.8毫米，淡黄色。幼虫体长20～23毫米，体黄色至灰绿色，头与前胸盾黑褐色至黑色，头与前胸相接处有1较宽的白带，具臀栉（彩图17-155）。蛹长8～12毫米，黄褐色。

彩图17-151　褐带长卷叶蛾缀叶为害状

彩图17-152　褐带长卷叶蛾啃食叶肉形成枯斑

彩图17-153　褐带长卷叶蛾在幼果上的为害状

彩图17-154　褐带长卷叶蛾成虫

彩图17-155　褐带长卷叶蛾幼虫

【发生规律】褐带长卷叶蛾在北方果区1年发生2～3代，以低龄幼虫在枝干的粗皮下、裂缝内、剪锯口周围死皮内结白色丝茧越冬。翌年寄主萌芽时出蛰为害嫩芽、幼叶、花蕾，严重时使寄主不能展叶、开花、坐果。幼虫老熟后在两叶重叠间化蛹，蛹期8～10天。在辽宁南部地区越冬代成虫于6月下旬～7月中旬羽化，第1代成虫7月中旬～8月上旬羽化，第2代成虫8月下旬～9月上旬羽化。在山东地区越冬代成虫于6月初～6月下旬羽化，第1代成虫7月中旬～8月上旬羽化，第2代成虫8月下旬～9月中旬羽化。成虫昼伏夜出，有趋化性。卵产于叶片正面，每雌蛾平均产卵120～150粒，卵期7～9天。初孵幼虫群集在叶背主脉两侧或上一代幼虫化蛹的卷叶内为害，稍大后分散卷叶或舔食果面为害。幼虫活泼，遇有触动，离开卷叶，吐丝下垂，随风飘移转移为害。低龄幼虫于10月上旬开始寻找适宜场所结茧越冬。

【防控技术】参照"苹小卷叶蛾"防控技术，褐带长卷叶蛾防控技术模式如图17-18所示。

顶梢卷叶蛾

【分布与为害】顶梢卷叶蛾（*Spilonota lechriaspis* Meyrick）属鳞翅目小卷蛾科，又称顶芽卷叶蛾、芽白小卷蛾，在我国许多果区均有发生，可为害苹果、梨树、山楂、

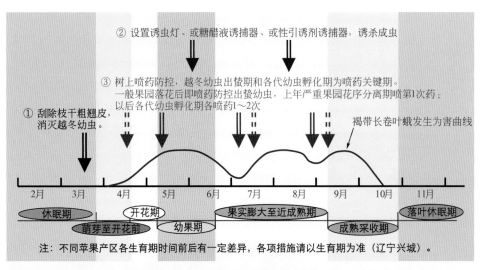

② 设置诱虫灯、或糖醋液诱捕器、或性引诱剂诱捕器，诱杀成虫

③ 树上喷药防控，越冬幼虫出蛰期和各代幼虫孵化期为喷药关键期。
一般果园落花后即喷药防控出蛰幼虫，上年严重果园花序分离期喷第1次药；
以后各代幼虫孵化期各喷药1～2次

① 刮除枝干粗翘皮，消灭越冬幼虫。

褐带长卷叶蛾发生为害曲线

2月　3月　4月　5月　6月　7月　8月　9月　10月　11月

休眠期　　开花期　　果实膨大至近成熟期　　落叶休眠期
萌芽至开花前　　幼果期　　　　成熟采收期

注：不同苹果产区各生育期时间前后有一定差异，各项措施请以生育期为准（辽宁兴城）。

图17-18　褐带长卷叶蛾防控技术模式图

【形态特征】成虫体长6～8毫米，全体银灰褐色（彩图17-158）。前翅前缘有数组褐色短纹，基部1/3处和中部各有一暗褐色弓形横带，后缘近臀角处有一近似三角形褐色斑，此斑在两翅合拢时并成一菱形斑纹；近外缘处从前缘至臀角间有8条黑色平行短纹。卵扁椭圆形，长径0.7毫米，乳白色至淡黄色，半透明，卵粒散产。老熟幼虫体长8～10毫米，体污白色，头部、前胸背板和胸足均为黑色，无臀栉（彩图17-159）。

桃树、海棠等果树。以幼虫为害嫩梢，仅为害枝梢的顶芽（彩图17-156、彩图17-157）。幼虫吐丝将顶梢数片嫩叶缠缀成虫苞，并啃下叶背绒毛做成筒巢，潜藏苞内，仅在取食时身体露出巢外。为害后期顶梢卷叶团干枯，不脱落，易于识别。幼树受害较重，有的果园落叶树被害梢常达80%以上，严重影响幼树的生长发育和苗木繁育。

彩图17-156　顶梢卷叶蛾为害状（苹果）

彩图17-157　顶梢卷叶蛾为害状（山楂）

蛹体长5～8毫米，黄褐色，尾端有8根细长的钩状毛（彩图17-160）。茧黄白色绒毛状，椭圆形。

彩图17-158　顶梢卷叶蛾成虫

彩图17-159　顶梢卷叶蛾幼虫

【发生规律】顶梢卷叶蛾在我国北方果区1年发生2～3代，以2～3龄幼虫在枝梢顶端卷叶团中越冬。翌年春天果树花芽展开时，越冬幼虫开始出蛰，出蛰早的主要为害顶芽，晚的向下为害侧芽。幼虫老熟后在卷叶团内作茧化蛹。在1年发生3代地区，各代成虫发生期分别为：越冬代

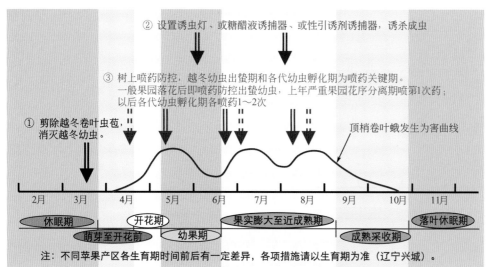

② 设置诱虫灯、或糖醋液诱捕器、或性引诱剂诱捕器，诱杀成虫

③ 树上喷药防控。越冬幼虫出蛰期和各代幼虫孵化期为喷药关键期。
一般果园落花后即喷药防控出蛰幼虫，上年严重果园花序分离期喷第1次药；
以后各代幼虫孵化期各喷药1~2次

① 剪除越冬卷叶虫苞，
消灭越冬幼虫。

顶梢卷叶蛾发生为害曲线

2月　3月　4月　5月　6月　7月　8月　9月　10月　11月

休眠期　　　开花期　　果实膨大至近成熟期　　　落叶休眠期
　　萌芽至开花前　　幼果期　　　　成熟采收期

注：不同苹果产区各生育期时间前后有一定差异，各项措施请以生育期为准（辽宁兴城）。

图 17-19　顶梢卷叶蛾防控技术模式图

上有银白色鳞毛丛（彩图 17-162）；后翅灰白色，复眼灰色。卵扁椭圆形，长约0.8毫米，浅黄白色，半透明，近孵化时表面有一红圈。初龄幼虫体乳白色，头部、前胸背板及胸足均为黑褐色。老熟幼虫体长约22毫米，体黄绿色，头、前胸背板及胸足均为黄褐色（彩图17-163）。蛹体长9~11毫米，黑褐色，头顶有一角状突起，基部两侧各有两个瘤状突起。

在5月中旬~6月末；第1代在6月下旬~7月下旬；第2代在7月下旬~8月末。每雌蛾产卵约150粒，多产在当年生枝条中部叶片的背面多绒毛处。第1代幼虫主要为害春梢，第2、3代幼虫主要为害秋梢，10月上旬以后幼虫越冬。

【防控技术】参照"苹小卷叶蛾"防控技术顶梢卷叶蛾防控技术模式如图17-19所示。

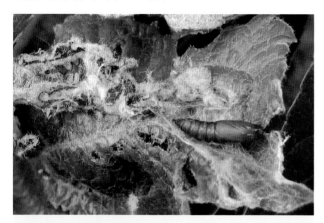

彩图 17-160　顶梢卷叶蛾蛹

彩图 17-161　黄斑卷叶蛾吐丝缀叶为害状

彩图 17-162　黄斑卷叶蛾成虫

黄斑卷叶蛾

【分布与为害】黄斑卷叶蛾［*Acleris fimbriana*（Thunberg）］属鳞翅目小卷蛾科，又称黄斑长翅卷蛾，在我国各地均有发生，主要为害苹果、山楂、桃树、杏树、李树、樱桃等果树，在苗圃及苹果与桃树、李树等混栽的幼龄果园发生较多。初孵幼虫首先钻入芽内，食害花芽，待展叶后取食嫩叶。幼虫吐丝缀连数张叶片卷成苞团，或将叶片沿主脉间正面纵折，藏于其内为害（彩图17-161）。幼树和苗圃受害严重，不仅影响幼树生长，严重时还影响果树的果实质量和翌年花芽的形成。

【形态特征】成虫体长7~9毫米。冬型成虫翅展17~22毫米，体深褐色，前翅暗褐色或暗灰色，复眼黑色。夏型成虫翅展17~20毫米，体橘黄色，前翅金黄色，

彩图 17-163　黄斑卷叶蛾幼虫

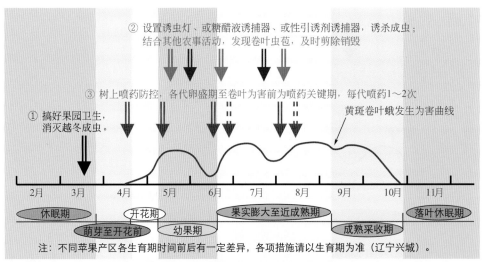

② 设置诱虫灯、或糖醋液诱捕器、或性引诱剂诱捕器，诱杀成虫；
结合其他农事活动，发现卷叶虫苞，及时剪除销毁

③ 树上喷药防控，各代卵盛期至卷叶为害前为喷药关键期，每代喷药1～2次

① 搞好果园卫生，消灭越冬成虫。

黄斑卷叶蛾发生为害曲线

2月　3月　4月　5月　6月　7月　8月　9月　10月　11月

休眠期　　开花期　　　果实膨大至近成熟期　　　落叶休眠期
　萌芽至开花前　幼果期　　　　　成熟采收期

注：不同苹果产区各生育期时间前后有一定差异，各项措施请以生育期为准（辽宁兴城）。

图17-20　黄斑卷叶蛾防控技术模式图

【发生规律】黄斑卷叶蛾1年发生3～4代，以越冬代成虫在果园内杂草或落叶层中越冬。翌年果树萌芽时越冬成虫开始活动，不久即在树干、枝条及芽两侧产卵，幼虫孵化后为害花芽及嫩叶。除越冬代成虫外，以后各代成虫多在叶片正面产卵，尤以枝条中上部的叶片较多。第1代卵期20天左右，以后各代卵期4～5天。幼虫有转叶为害习性，喜欢为害枝条中上部的幼嫩叶片。夏型成虫对黑光灯和糖醋液有一定趋性。

【防控技术】黄斑卷叶蛾防控技术模式如图17-20所示。

1.**农业措施防控**　落叶后至发芽前，彻底清除果园内及周边的落叶、杂草等，集中烧毁或深埋，消灭越冬成虫。生长期结合其他农事活动，发现卷叶虫苞及时剪除销毁，减少园内虫量及为害。

2.**诱杀成虫**　参照"苹小卷叶蛾"防控技术部分。

3.**树上喷药防控**　关键为抓住各代卵盛期至卷叶为害前期及时喷药，每代喷药1～2次。有效药剂同"苹小卷叶蛾"树上喷药药剂。

山楂超小卷蛾

【分布与为害】山楂超小卷蛾（*Pammene crataegicola* Liu et Komai）属鳞翅目卷蛾科，又称山楂超小食心虫，主要发生于吉林、辽宁、河北、河南、山东、江苏等省区，以幼虫为害山楂的花与果实。幼虫蛀食花器、果实，蛀孔外有红褐色颗粒状虫粪，用丝缀连而不脱落。为害花器可将5～10朵花缀连在一起，为害其中2～3朵。花序萎蔫后转为害动果，幼果被蛀空后转蛀邻近果实。受害花序与幼果最终萎蔫、脱落（彩图17-164）。

【形态特征】成虫体长4～5毫米，翅展9～11毫米，头、胸部褐色，有白色鳞片（彩图17-165）。触角褐色，有白色环。腹部褐色。体、翅灰褐色，前翅前缘具10～12组灰白色与黑褐色相间的短斜纹，后缘中部有一灰白色三角形斑，两翅合拢时连成一菱形斑。后翅褐色，缘毛银灰色，

有1条褐色基线。卵椭圆形，扁平，乳白色，半透明。幼虫体长8～10毫米，头部褐色，体白色至淡黄色，前胸盾后缘及臀板褐色（彩图17-166）。蛹体长4.9～5.8毫米，红褐色，复眼黑色，腹部第2～7节背面有两列刺突。

【发生规律】山楂超小卷蛾1年发生1代，以老熟幼虫在枝干翘皮下或裂缝中结白色茧越夏、越冬。在辽宁3月下旬～4月上旬开始在茧内化蛹，蛹期25～45天。山楂花序分离期为成虫羽化期。卵单粒散产在叶背近缘处，卵期约8～13天。幼虫于5月中下旬孵化，随后爬至花蕾，蛀入花托为害，蛀孔外可见红褐色颗粒状虫粪。幼虫为害2～3朵花后开始转果为害。花、果均被丝缀连，蛀孔外可见黑褐色虫粪。6月中旬幼虫老熟后爬至树干翘皮缝或皮下结茧越夏、越冬。

彩图17-164　山楂超小卷蛾为害状

彩图17-165　山楂超小卷蛾成虫（冯明祥）

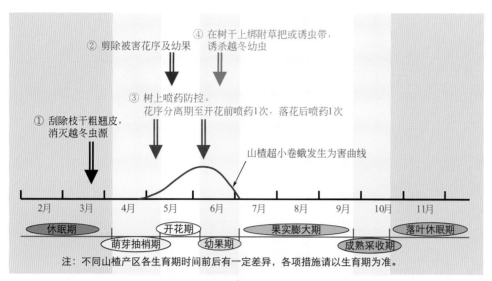

② 剪除被害花序及幼果　　④ 在树干上绑附草把或诱虫带，诱杀越冬幼虫

③ 树上喷药防控。
花序分离期至开花前喷药1次，落花后喷药1次

① 刮除枝干粗翘皮，消灭越冬虫源

山楂超小卷蛾发生为害曲线

| 2月 | 3月 | 4月 | 5月 | 6月 | 7月 | 8月 | 9月 | 10月 | 11月 |

休眠期　　　　开花期　　　　果实膨大期　　　落叶休眠期

萌芽抽梢期　　幼果期　　　　　成熟采收期

注：不同山楂产区各生育期时间前后有一定差异，各项措施请以生育期为准。

图17-21　山楂超小卷蛾防控技术模式图

主要以成虫卷叶产卵进行为害。成虫产卵时，用口器将新梢基部、叶柄咬出孔洞，使叶片萎蔫，然后把几张叶片一层一层卷成一个叶卷，雌虫把卵产在叶卷内，每个叶卷内产卵2～11粒不等。而后叶卷变褐枯死，幼虫在叶卷内取食为害，将内层卷叶吃空，叶卷逐渐干枯脱落（彩图17-167～彩图17-170）。严重时，树上许多新梢及叶片受害（彩图17-171）。此外，越冬成虫出蛰后取食新梢、花柄、叶片（彩图17-172），在花柄基部咬出孔洞，导致花序萎蔫、干枯。

彩图17-166　山楂超小卷蛾幼虫（冯明祥）

【防控技术】山楂超小卷蛾防控技术模式如图17-21所示。

1.农业措施防控　早春刮除枝干粗皮、翘皮，并将刮下组织集中销毁，消灭越冬虫源。结合其他农事活动，发现被害花序及幼果后及时剪除，集中深埋或销毁，减少园内虫量。进入6月份后，在树干上绑附草把或诱虫带，冬前解下烧毁，消灭越冬幼虫。

2.树上喷药防控　关键为喷药时期，花序分离后至开花前喷药1次，落花后再喷药1次，即可控制该虫的发生为害。效果较好的有效药剂如：2%甲氨基阿维菌素苯甲酸盐乳油2000～2500倍液、25克/升高效氯氟氰菊酯乳油1500～2000倍液、4.5%高效氯氰菊酯乳油1500～2000倍液、2.5%溴氰菊酯乳油1500～2000倍液、20%氰戊菊酯乳油1500～2000倍液等。

苹果金象

【分布与为害】苹果金象（*Byctiscus princeps* Sols）属鞘翅目卷象科，又称苹果卷叶象甲，主要发生在吉林、辽宁等地，可为害苹果、梨树、山楂、李树、杏树等果树，

彩图17-167　苹果金象卷叶为害前期（梨树）

彩图17-168　苹果金象为害叶卷后期干枯（梨树）

【形态特征】成虫体长8～9毫米，全体豆绿色，有金属光泽；头部紫红色，向前延伸呈象鼻状，触角棒状黑色；胸部及鞘翅为豆绿色，鞘翅长方形，表面有细小刻点，基部稍隆起，鞘翅前后两端有4个紫红色大斑；足紫红色（彩图17-173）。卵椭圆形，长1毫米左右，乳白色。老熟幼虫8～10毫米，头部红褐色，咀嚼式口器，体乳白色，稍弯曲，无足型（彩图17-174）。

彩图 17-169　苹果金象在山楂上的卷叶为害状

彩图 17-170　一个卷叶苞内有多条幼虫为害

彩图 17-171　苹果金象严重为害状

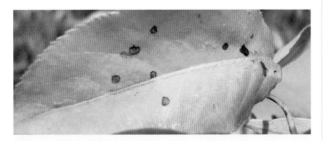

彩图 17-172　苹果金象成虫啃食叶片为害状

彩图 17-173　苹果金象成虫

彩图 17-174　苹果金象幼虫

【发生规律】苹果金象在吉林地区1年发生1代，以成虫在表土层中或地面覆盖物下越冬。翌年果树发芽后越冬成虫逐渐出土活动，先取食果树嫩叶，5月上旬开始交尾，而后产卵为害。雌虫产卵前先把嫩叶或嫩枝咬伤，待叶片萎蔫后开始卷叶，并在叶卷内产卵。卵期6～7天，5月上中旬开始孵出幼虫，幼虫在叶卷内为害。6月上旬幼虫陆续老熟，老熟幼虫钻出叶卷坠落地面，钻入土下5厘米深处做土室化蛹。8月上旬羽化为成虫，8月下旬～9月中旬成虫寻找越冬场所越冬。成虫不善飞翔，有假死性，受惊动时假死落地。

【防控技术】苹果金象多为零星发生，一般不需喷药防控，人工措施即可控制该虫的为害。

1.捕杀成虫　在成虫出蛰盛期，利用成虫的假死性和不善飞翔性，在树盘下铺设塑料布等，振动树干捕杀落地成虫。

2.摘除虫叶　在成虫产卵期至幼虫为害期，结合其他农事活动，彻底摘除叶卷，集中深埋或烧毁，消灭叶卷内虫卵及幼虫。

梨卷叶象甲

【分布与为害】梨卷叶象甲（*Byctiscus betulae* Linnaeus）属鞘翅目卷象科，主要发生在北京、河北、辽宁、吉林、黑龙江等地，可为害苹果、梨树、山楂、杨树等，近几年有些梨园受害较重。以成虫食害果树新芽、嫩叶及产卵卷叶为害。成虫产卵前，先将叶柄或嫩梢基部输导组织咬伤，导致叶片失水萎蔫，然后成虫先将一张叶片卷成卷，再将其余叶片逐层叠卷成筒，边卷边将卵产在卷叶内，卷筒各叶片结合处用分泌的黏液黏合（彩图17-175）。虫卷前期挂在树上，随时间推移逐渐干枯、落地（彩图17-176）。

彩图17-175　梨卷叶象甲卷叶为害初期

彩图17-176　梨卷叶象甲为害叶卷变褐干枯

【形态特征】成虫体长约8毫米，头向前延伸成象鼻状，虫体分深紫色、蓝绿色、豆绿色几种体色，有红色金属光泽；鞘翅密布成排的点刻，雄成虫前端两侧各有1个伸向前方的尖锐刺突。卵椭圆形，长约1毫米，乳白色，半透明。幼虫长约7～8毫米，头棕褐色，全身乳白色，微弯曲（彩图17-177）。蛹略呈椭圆形，裸蛹。

彩图17-177　梨卷叶象甲幼虫

【发生规律】梨卷叶象甲在吉林省1年发生1代，以成虫在表土层中或地面覆盖物中越冬。翌年果树发芽后越冬成虫逐渐出土活动，5月上旬为出土盛期。成虫出土后啃食叶片补充营养，4～6天后开始交尾、卷叶和产卵。雌虫

产卵前先把嫩叶嫩枝咬伤，待叶片萎蔫后开始卷叶，并将卵产于卷叶内，每一叶卷内一般产卵4～8粒。卵期6～7天，5月上中旬开始孵化出幼虫，幼虫在卷叶内取食为害，卷叶干枯后落地。6月上旬幼虫陆续老熟，老熟幼虫钻出卷叶入土，在土下5厘米深处做土室化蛹。8月中旬为成虫羽化盛期，8月下旬成虫开始出土啃食叶片，至9月中旬成虫陆续寻找越冬场所越冬。成虫不善飞翔，具有假死性，受惊动时假死落地。

【防控技术】梨卷叶象甲多为零星发生，一般不需单独喷药防控，采取人工防控措施即可控制该虫的为害。

1.捕杀成虫　在成虫出蛰盛期，利用成虫的假死性和不善飞翔性，在树盘下铺设塑料布或报纸等，振动树干捕杀落地成虫。

2.摘除虫叶　在成虫产卵期至幼虫为害期，彻底摘除卷叶，集中深埋或烧毁，消灭卷叶内虫卵及幼虫。

山楂花象甲

【分布与为害】山楂花象甲（*Anthonomus* sp.）属鞘翅目象甲科，俗称"花包虫"，主要发生于辽宁、吉林、河北、山西等省，可为害山楂、山里红、杏树等果树，成虫、幼虫均取食为害。成虫取食嫩芽、嫩叶、花蕾、花器及幼果，并在花蕾上咬孔产卵，造成嫩梢及叶片残缺、花蕾脱落、果实表面凹凸不平及生长畸形等症状（彩图17-178），严重影响果实产量与品质。幼虫在花蕾内咬食花蕊、子房，受害花不能正常开放，导致花蕾脱落。

彩图17-178　山楂花象甲成虫为害果实状（冯明祥）

【形态特征】成虫体长3.3～4.0毫米，体后部1/3处最宽（彩图17-179）。雄虫暗赤褐色，雌虫浅赤褐色，体背覆盖灰白色和浅棕色鳞毛。头部较小，前端窄，头顶部密生灰白色鳞毛，形成一个"Y"形。喙赤褐色，长度约为前胸与头部之和。复眼黑色，触角11节。前胸背板宽大于长，两侧近端部1/3处向前收缩变窄，中线附近鳞毛形成一纵向白纹，与头顶部"Y"形鳞毛相连。鞘翅具两条横纹。卵形似蘑菇，长径为0.67～0.95毫米，初期乳白色，孵化前变为淡黄色。幼虫乳白色至淡黄色，老熟幼虫体长5.6～7.0毫米，各腹节背面具两横褶（彩图17-180）。蛹长3.5～4.0毫米，裸蛹，黄褐色。

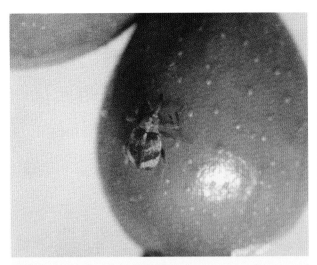

彩图 17-179　山楂花象甲成虫（冯明祥）

彩图 17-180　山楂花象甲幼虫（冯明祥）

【发生规律】山楂花象甲1年发生1代，以成虫在树干翘皮下越冬。翌年4月份山楂花序伸出时出蛰，成虫先取食嫩芽，山楂展叶后转而取食嫩叶，在叶背啃食叶肉，残留上表皮。山楂花蕾分离期为成虫产卵高峰，产卵时成虫将花蕾咬破，产卵于蕾中。5月上旬幼虫孵化，在蕾内蛀食十余天后，转而取食花托，将花托基部咬断，造成花蕾脱落。5月下旬～6月初幼虫在落地花蕾内化蛹，蛹期7～11天。6月上中旬成虫羽化，后爬出落蕾，转而为害健康幼果，影响果实产量与品质。进入6月中下旬后成虫入蛰越夏、越冬。

【防控技术】山楂花象甲防控技术模式如图17-22所示。

1.农业措施防控　落叶后至发芽前，刮除枝干粗皮、翘皮，破坏害虫越冬场所，消灭越冬虫源。5～6月份彻底清除因虫害造成的落地花蕾，集中深埋或销毁，消灭蕾内幼虫，压低生长期成虫基数。

2.及时喷药防控　关键为防控越冬成虫，即在山楂花蕾分离前2～3天及时喷药。当年成虫发生严重果园，还可在成虫羽化后为害果实期喷药1次。效果较好的药剂有：50克/升高效氯氟氰菊酯乳油3000～4000倍液、4.5%高效氯氰菊酯乳油1500～2000倍液、20%氰戊菊酯乳油1500～2000倍液、2.5%溴氰菊酯乳油1500～2000倍液、20%甲氰菊酯乳油1500～2000倍液、2%甲氨基阿维菌素苯甲酸盐2000～3000倍液等。

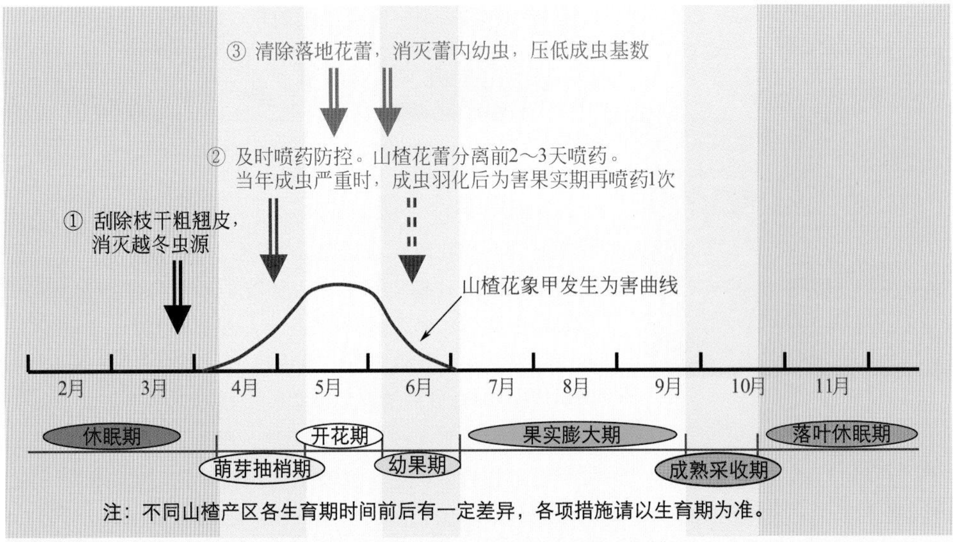

梨星毛虫

【分布与为害】梨星毛虫（*Illiberis pruni* Dyar）属鳞翅目斑蛾科，又称梨叶斑蛾，俗称"梨狗子"、"饺子虫"等，在我国北方果区普遍发生，可为害梨树、苹果、山楂、桃树、李树、杏树、海棠等多种果树，以幼虫钻蛀嫩芽、花蕾和啃食叶片进行为害。芽和花蕾受害，被钻蛀出孔洞，钻蛀处有黄褐色黏液溢出，后期被害芽及花蕾变黑枯死。叶片受害，幼虫吐丝将叶片包合成饺子形（彩图17-181、彩图17-182），在里面啃食叶肉（彩图17-183、彩图17-184），残留叶脉呈网纹状，后期被害叶片变褐、焦枯（彩图17-185）。严重时，树上许多叶片受害（彩图17-186、彩图17-187），对光合产物积累、果树开花坐果及果实产量等影响很大。

【形态特征】成虫体长10毫米左右，翅展20～30毫米，全身灰黑色（彩图17-188）。雌蛾触角锯齿状，雄蛾触角短羽状。翅面有黑色绒毛，前翅半透明，翅脉清晰，色较深。卵扁椭圆形，初产时白色，渐变淡黄色，孵化前呈暗褐色；卵成块，数粒至百余粒不等。老龄幼虫体长15～18毫米，乳白色，纺锤形，中胸、后胸和腹部第一至八节侧面各有一圆形黑斑，各节背面有横列毛丛（彩图17-189）。蛹黑褐色，略呈纺锤形，体长12毫米。茧白色，有内外两层。

图中文字：
③ 清除落地花蕾，消灭蕾内幼虫，压低成虫基数

② 及时喷药防控。山楂花蕾分离前2～3天喷药。当年成虫严重时，成虫羽化后为害果实期再喷药1次

① 刮除枝干粗翘皮，消灭越冬虫源

山楂花象甲发生为害曲线

2月　3月　4月　5月　6月　7月　8月　9月　10月　11月

休眠期　　开花期　　　果实膨大期　　　落叶休眠期
萌芽抽梢期　幼果期　　成熟采收期

注：不同山楂产区各生育期时间前后有一定差异，各项措施请以生育期为准。

图17-22　山楂花象甲防控技术模式图

彩图 17-181　梨星毛虫为害苹果的卷叶虫苞

彩图 17-182　梨星毛虫为害山楂的苞叶

彩图 17-183　梨星毛虫在山楂苞叶内的为害状

彩图 17-184　梨星毛虫在梨树苞叶内的为害状

彩图 17-185　梨星毛虫为害后期，苞叶变褐焦枯（梨树）

彩图 17-186　梨星毛虫在梨树上的严重为害状

彩图 17-187　梨星毛虫严重为害状（苹果）

彩图 17-188　梨星毛虫成虫

彩图17-189　梨星毛虫幼虫

【发生规律】梨星毛虫1年发生1～2代，以幼龄幼虫结茧在枝干粗皮裂缝内及根颈部附近土壤中越冬，萌芽后开始出蛰为害。先钻蛀为害花芽、花蕾，展叶后包叶为害叶片。1头幼虫可转移包叶6～7个。在最后包叶内结薄茧化蛹，经10天左右羽化出成虫。成虫在叶背产卵，以中脉两侧较多，初孵幼虫群集于卵块周围啃食叶肉，稍大后分散为害，10～15天后开始转移，越夏、越冬。管理粗放果园发生为害较重。

【防治技术】梨星毛虫防控技术模式如图17-23所示。

1.消灭越冬虫源　早春刮除枝干粗皮、翘皮，将刮除组织集中烧毁，消灭越冬虫源。萌芽前喷施1次3～5波美度石硫合剂、或45%石硫合剂晶体50～70倍液、或50克/升高效氯氟氰菊酯乳油2000倍液，杀灭残余害虫。

2.人工捕杀　在成虫盛发期，清晨振树，捕杀落地成虫。结合疏花疏果等农事活动，人工摘除虫苞，集中销毁。

3.生长期喷药防控　花芽露绿至花序分离期是药剂防控的关键期，一般果园喷药1次即可；特别严重果园，可在落花后再喷药1次。常用有效药剂有：25%灭幼脲悬浮剂1500～2000倍液、240克/升甲氧虫酰肼悬浮剂2000～2500倍液、20%除虫脲悬浮剂1500～2000倍液、10%虱螨脲悬浮剂2000～3000倍液、20%氟苯虫酰胺水分散粒剂3000～4000倍液、35%氯虫苯甲酰胺水分散粒剂7000～8000倍液、3%阿维菌素乳油3000～4000倍液、2%甲氨基阿维菌素苯甲酸盐乳油3000～4000倍液、4.5%高效氯氰菊酯乳油1500～2000倍液、25克/升高效氯氟氰菊酯乳油1500～2000倍液、2.5%氰戊菊酯乳油1500～2000倍液等。

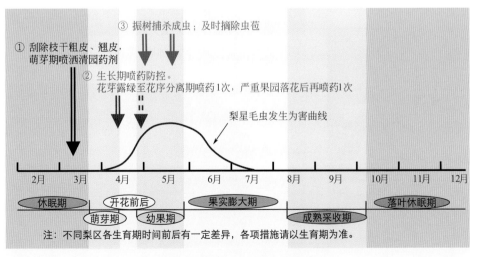

图17-23　梨星毛虫防控技术模式图

美国白蛾

【分布与为害】美国白蛾［*Hyphantria cunea*（Drury）］属鳞翅目灯蛾科，又称美国灯蛾、秋幕毛虫，秋幕蛾，是一种检疫性害虫，目前发生在我国吉林、辽宁、河北、山东、北京、天津、山西、陕西、河南等地，可为害苹果、梨树、山楂、桃树、李树、杏树、樱桃、核桃、枣树、柿树等多种果树及杨、柳、榆、槐等林木，主要以幼虫啃食或蚕食叶片进行为害，幼龄幼虫群集结网幕为害是其主要特征（彩图17-190～彩图17-192）。发生初期，低龄幼虫群集在枝叶上吐丝结成网幕，在网幕内啃食叶肉，残留叶脉及表皮，使受害叶片呈枯黄色网纹状（彩图17-193、彩图17-194），后期变褐、干枯（彩图17-195）；虫龄稍大后，将叶片食成缺刻或孔洞状（彩图17-196、彩图17-197）；大龄后逐渐分散为害，将叶片全部吃光。每株树上多达几百头、甚至上千头幼虫为害，将局部叶片吃光，甚至将整树叶片蚕食干净，严重影响树体生长及产量。当整株树叶片被吃光后，大龄幼虫还可转树为害。

彩图17-190　美国白蛾在苹果树上的结网幕为害状

【形态特征】成虫体长13～15毫米，全体白色，胸部背面密布白色绒毛，多数个体腹部白色，无斑点，少数个体腹部黄色，上有黑点。雌蛾触角褐色，锯齿状，翅展33～44毫米，前翅纯白色（彩图17-198）；雄蛾触角黑色，栉齿状；翅展23～34毫米，前翅散生黑褐色小斑点（彩图17-199）。卵圆球形，直径约0.5毫米，初产时浅黄绿色或浅绿色（彩图17-200），孵化前变灰褐色；卵聚产，数百粒连片单层平铺排列在叶片表面，覆盖白色鳞毛（彩图

17-201）。低龄幼虫色淡，多呈黄白色（彩图17-202）。老熟幼虫色深，体黄绿色至灰黑色，头黑色，体长28～35毫米，背线、气门上线、气门下线浅黄色，背部毛瘤黑色，体侧毛瘤多为橙黄色，毛瘤上着生白色长毛丛（彩图17-203）。蛹体长8～15毫米，暗红褐色（彩图17-204），雄蛹瘦小，雌蛹较肥大，臀刺8～17根，蛹外被有黄褐色丝质薄茧，茧丝上混杂有幼虫体毛（彩图17-205）。

彩图17-194　美国白蛾低龄幼虫在山楂叶片上啃食为害

彩图17-191　美国白蛾在梨树上的结网幕为害状

彩图17-195　美国白蛾低龄幼虫啃食叶片后期变褐干枯

彩图17-192　美国白蛾在山楂上的结网幕为害状

彩图17-196　美国白蛾大龄幼虫将苹果叶片蚕食成缺刻

彩图17-193　美国白蛾低龄幼虫将苹果叶片啃食成筛网状

彩图17-197　美国白蛾大龄幼虫将山楂叶片食成缺刻

彩图 17-198　美国白蛾雌成虫

彩图 17-202　美国白蛾低龄幼虫

彩图 17-199　美国白蛾越冬代雄成虫

彩图 17-203　美国白蛾大龄幼虫

彩图 17-200　美国白蛾雌成虫及卵块

彩图 17-204　美国白蛾的蛹

彩图 17-201　美国白蛾的卵块

彩图 17-205　美国白蛾的蛹茧

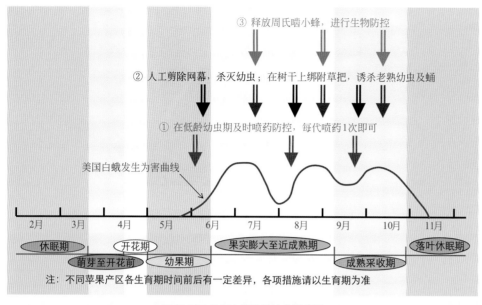

③ 释放周氏啮小蜂，进行生物防控

② 人工剪除网幕，杀灭幼虫；在树干上绑附草把，诱杀老熟幼虫及蛹

① 在低龄幼虫期及时喷药防控，每代喷药1次即可

美国白蛾发生为害曲线

| 2月 | 3月 | 4月 | 5月 | 6月 | 7月 | 8月 | 9月 | 10月 | 11月 |

休眠期　　　开花期　　　　　　果实膨大至近成熟期　　　　　落叶休眠期

萌芽至开花前　幼果期　　　　　　　　　　　成熟采收期

注：不同苹果产区各生育期时间前后有一定差异，各项措施请以生育期为准

图17-24　美国白蛾防控技术模式图

【发生规律】美国白蛾在我国1年发生2～3代，以蛹在树干老皮下、树木周围的枯枝落叶下及地面的松土层内越冬。翌年4月下旬～5月下旬羽化出越冬代成虫。成虫昼伏夜出，交尾后即可产卵，卵单层排列成块状，数百粒至上千粒，卵期15天左右。幼虫孵出几小时后即吐丝结网缀食1～3张叶片；随幼虫生长，食量增加，周围许多叶片被包进网幕内，网幕也随之增大，最后犹如一层白纱包裹整个树冠。幼虫共7龄，1～4龄幼虫多结网为害，5龄后进入暴食阶段，开始脱离网幕分散为害，将树叶蚕食光后便转移为害。河北地区1年发生3代，第1代幼虫5月上旬开始为害，一直延续至6月下旬，7月上旬出现第1代成虫；第2代幼虫7月中旬开始发生，8月中旬达为害盛期，经常发生整株树叶片被吃光的现象，8月中旬开始出现第2代成虫；第3代幼虫从9月上旬开始为害，直到11月上中旬，从10月中旬开始第3代幼虫陆续下树寻找隐蔽场所结茧化蛹越冬。

【防控技术】美国白蛾防控技术模式如图17-24所示。

1.加强检疫防控　凡是从美国白蛾疫区调出的苗木、木材、鲜果、包装材料和交通工具等都必须实行严格检疫，严防美国白蛾从疫区向保护区扩散。

2.人工措施防控　利用低龄幼虫群集结网幕为害易于识别的特性，及时人工剪除网幕，集中销毁，杀灭幼虫。幼虫老熟后，在树干上捆绑草把，诱集老熟幼虫化蛹，然后解下集中烧毁。

3.化学药剂防控　在低龄幼虫期及时喷药防控，每代喷药1次即可，并注意防控果园周围其他树木上的美国白蛾幼虫。效果较好的药剂有：2%苦参碱水剂1500～2000倍液、10%烟碱乳油1000～1500倍液、25%灭幼脲悬浮剂1500～2000倍液、40%除虫脲悬浮剂3000～4000倍液、5%虱螨脲乳油1200～1500倍液、24%虫酰肼悬浮剂2000～2500倍液、240克/升甲氧虫酰肼悬浮剂2500～3000倍液、10%虫螨腈悬浮剂1500～2000倍液、35%氯虫苯甲酰胺水分散粒剂8000～10000倍液、10%氟苯虫酰胺悬浮剂1500～2000倍液、2%阿维菌素乳油

3000～3500倍液、2%甲氨基阿维菌素苯甲酸盐乳油3000～4000倍液、50克/升高效氯氟氰菊酯乳油3000～4000倍液、4.5%高效氯氰菊酯乳油1500～2000倍液、2.5%溴氰菊酯乳油1500～2000倍液、20% S-氰戊菊酯乳油1500～2000倍液、20%甲氰菊酯乳油1500～2000倍液等。

4.生物措施防控　寄生性天敌周氏啮小蜂对美国白蛾的寄生率可达83.2%，在美国白蛾老熟幼虫预蛹初期，按照1头白蛾释放5头蜂的比例进行放蜂，对美国白蛾的自然控制具有显著作用。另外，也可喷施生物农药Bt乳剂或棉铃虫核型多角体病毒进行防控（图17-24）。

天幕毛虫

【分布与为害】天幕毛虫（*Malacosoma neustria testacea* Motsch）属鳞翅目枯叶蛾科，又称黄褐天幕毛虫、幕枯叶蛾、带枯叶蛾，俗称"顶针虫"，在我国除新疆和西藏外其他地区均有发生，主要为害苹果、海棠、沙果、梨树、山楂、桃树、李树、杏树、樱桃等果树，以幼虫取食叶片为害。初孵幼虫群集在一个枝上，吐丝结成网幕，在网内食害嫩芽、叶片（彩图17-206）；后逐渐下移至较粗枝条上结网巢，白天群栖巢内，夜间出来取食；5龄后分散为害，蚕食叶片（彩图17-207），严重时可将全树叶片吃光。

彩图17-206
天幕毛虫结网为害状

彩图17-207　天幕毛虫蚕食叶片

【形态特征】成虫雌雄异型。雌虫体长18～20毫米,翅展约40毫米,全体黄褐色,触角锯齿状,前翅中央有1条赤褐色宽斜带,两边各有1条米黄色细线(彩图17-208);雄虫体长约17毫米,翅展约32毫米,全体黄白色,触角双栉齿状,前翅有2条紫褐色斜线,两线间的部分颜色较深,呈褐色宽带状。卵椭圆形,灰白色,顶部中央凹陷,常数百粒围绕枝条排成整齐的圆桶状,形似顶针或指环(彩图17-209、彩图17-210)。低龄幼虫身体和头部均黑色,4龄以后头部呈蓝黑色,顶部有两个黑色圆斑(彩图17-211)。老熟幼虫体长50～60毫米,背线黄白色,两侧有橙黄色和黑色相间的条纹,各节背面有黑色瘤数个,上生许多黄白色长毛(彩图17-212)。蛹黄褐色或黑褐色,长13～25毫米,体表有金黄色细毛(彩图17-213)。茧黄白色,梭形,双层,多结于阔叶树的叶片正面、草叶正面或落叶松的叶簇中(彩图17-214)。

彩图17-210　天幕毛虫的夏卵

彩图17-211　天幕毛虫低龄幼虫

彩图17-212　天幕毛虫老龄幼虫

彩图17-208　天幕毛虫雌成虫

彩图17-209　天幕毛虫的冬卵

彩图17-213　天幕毛虫蛹

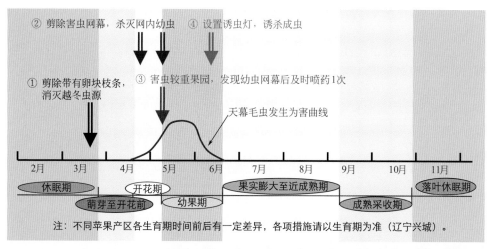

② 剪除害虫网幕，杀灭网内幼虫　④ 设置诱虫灯，诱杀成虫

① 剪除带有卵块枝条，消灭越冬虫源　③ 害虫较重果园，发现幼虫网幕后及时喷药1次

天幕毛虫发生为害曲线

| 2月 | 3月 | 4月 | 5月 | 6月 | 7月 | 8月 | 9月 | 10月 | 11月 |

休眠期　　开花期　　　　果实膨大至近成熟期　　　　落叶休眠期

萌芽至开花前　幼果期　　　　　　成熟采收期

注：不同苹果产区各生育期时间前后有一定差异，各项措施请以生育期为准（辽宁兴城）。

图17-25　天幕毛虫防控技术模式图

彩图17-214　天幕毛虫的蛹茧

【发生规律】天幕毛虫1年发生1代，以完成胚胎发育的幼虫在卵壳内越冬。翌年春季树体发芽时，幼虫钻出卵壳，为害嫩叶，后转移到枝杈处吐丝张网，1～4龄幼虫白天群集在网幕中，晚间出来取食叶片，5龄幼虫离开网幕分散到全树暴食叶片，5月中下旬陆续老熟后在叶片间或杂草丛中结茧化蛹。6、7月份为成虫盛发期。成虫昼伏夜出，有趋光性，在当年生小枝上产卵。幼虫胚胎发育完成后不出卵壳即行越冬。

【防控技术】天幕毛虫防控技术模式如图17-25所示。

1. 人工措施防控　结合冬剪，注意剪除带有卵块的枝条，集中烧毁，消灭越冬虫源。果树发芽后，结合其他农事操作，发现害虫网幕及时剪除销毁，杀灭幼虫。

2. 诱杀成虫　利用成虫的趋光性，在成虫发生期内于果园中设置黑光灯或频振式诱虫灯，诱杀成虫。

3. 适当药剂防控　天幕毛虫多为零星发生，一般果园不需单独喷药防控；个别害虫发生较重果园，在园内初见害虫网幕时及时喷药1次即可。常用有效药剂同"美国白蛾"树上喷药药剂。

苹掌舟蛾

【分布与为害】苹掌舟蛾（*Phalera flavescens* Bremer

et Grey）属鳞翅目舟蛾科，又称舟形毛虫、苹果天社蛾、苹果舟蛾，在我国许多省区都有发生，主要为害苹果、梨树、山楂、桃树、杏树、樱桃、核桃、板栗等果树，以幼虫食害叶片。4龄前幼虫群集为害，同一卵块孵出的数十头幼虫整齐排列在叶面上，由叶缘向内啃食（彩图17-215），稍受惊动纷纷吐丝下垂（彩图17-216）。4龄后幼虫分散为害，蚕食叶片呈残缺不全状，或仅剩叶脉。大发生时可将全树叶片吃光（彩图17-217），导致树体二次发芽，损失严重。

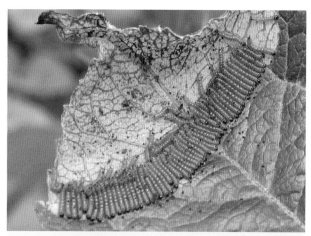

彩图17-215　苹掌舟蛾初孵幼虫群集啃食叶片为害

彩图17-216　稍受振动，幼虫吐丝下垂

【形态特征】成虫体长22～25毫米，翅展49～52毫米，体淡黄白色；前翅银白色，近基部有一长圆形斑，外缘有6个横列成带状的椭圆形斑，各斑内端灰黑色，外端茶褐色，中间有黄色弧线隔开；后翅浅黄白色（彩图17-218）。卵圆球形，直径约1毫米，数十粒至百余粒密集成排产于叶背，初产时淡绿色（彩图17-219），孵化前为灰褐色

（彩图17-220）。低龄幼虫体黄褐色或淡红褐色（彩图17-221）。老熟幼虫体暗红褐色，体长55毫米左右，被灰黄色长毛；头、前胸盾、臀板均为黑色，胴部紫黑色，背线和气门线及胸足黑色，亚背线及气门上、下线紫红色。幼虫停息时头尾翘起，形似小舟，故称"舟形毛虫"（彩图17-222）。蛹长20～23毫米，暗红褐色至黑紫色，腹部末节有臀棘6根（彩图17-223）。

彩图17-217　苹掌舟蛾将叶片基本吃光

彩图17-218　苹掌舟蛾成虫

彩图17-219　苹掌舟蛾初产卵块

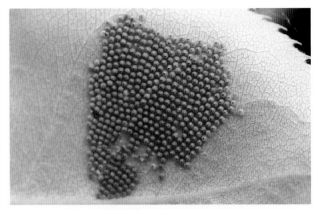

彩图17-220　苹掌舟蛾近孵化卵块

彩图17-221　苹掌舟蛾低龄幼虫

彩图17-222　苹掌舟蛾高龄幼虫

彩图17-223　苹掌舟蛾的蛹

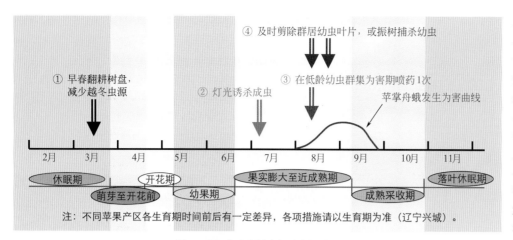

④ 及时剪除群居幼虫叶片，或振树捕杀幼虫

① 早春翻耕树盘，
减少越冬虫源

③ 在低龄幼虫群集为害期喷药1次

② 灯光诱杀成虫

苹掌舟蛾发生为害曲线

| 2月 | 3月 | 4月 | 5月 | 6月 | 7月 | 8月 | 9月 | 10月 | 11月 |

休眠期　　　　　开花期　　　　　果实膨大至近成熟期　　　　　落叶休眠期
　　萌芽至开花前　　幼果期　　　　　　　　成熟采收期

注：不同苹果产区各生育期时间前后有一定差异，各项措施请以生育期为准（辽宁兴城）。

图17-26　苹掌舟蛾防控技术模式图

【发生规律】苹掌舟蛾1年发生1代，以蛹在树冠下浅层土壤中越冬。翌年7月上旬～8月上旬羽化，7月中下旬为羽化盛期。成虫昼伏夜出，趋光性较强，常产卵于叶背，单层密集成块。卵期约7天。8月上旬幼虫孵化，初孵幼虫群集叶背，啃食叶肉，受害叶呈灰白色透明网状。大龄后分散为害，白天不活动，早晚取食，常把整枝、甚至整树叶片吃光，仅留叶柄。幼虫受惊动吐丝下垂。8月中旬～9月中旬为幼虫期。幼虫5龄，幼虫期平均40天，老熟后陆续入土化蛹越冬。

【防控技术】苹掌舟蛾防控技术模式如图17-26所示。

1.人工措施防控　早春翻耕树盘，将土中越冬虫蛹翻于地表，使其被鸟类啄食或被风吹干，减少越冬虫源。幼虫分散为害前，及时剪除群居幼虫叶片集中销毁；或振动树枝，使幼虫吐丝下坠，集中消灭。

2.诱杀成虫　在成虫发生期内，于果园中设置黑光灯或频振式诱虫灯，诱杀成虫。

3.适当喷药防控　苹掌舟蛾多为零星发生，一般果园不需单独喷药防控；个别害虫发生较重果园，在幼虫群集为害期及时喷药1次即可。常用有效药剂同"美国白蛾"树上喷药药剂。

毛。老熟幼虫体长约30毫米，头黑褐色，胸部黄色，背线与气门下线红色，亚背线、气门上线与气门线均为断续的黑色线纹；各体节上有很多红色与黑色毛瘤，上生黑色及黄褐色长毛，第六、七腹节中央有红色翻缩腺（彩图17-228）。蛹长约13毫米，棕褐色，臀棘较长成束。茧灰白色，长椭圆形，外附有幼虫脱落的体毛。

彩图17-224　黄尾毒蛾低龄幼虫啃食叶肉

彩图17-225　许多幼虫群集在叶背为害

■■■　黄尾毒蛾　■■■

【分布与为害】黄尾毒蛾（*Porthesia xanthocampa* Dyar）属鳞翅目毒蛾科，又称桑斑褐毒蛾、纹白毒蛾、桑毒蛾、黄尾白毒蛾，俗称毒毛虫、金毛虫，在我国普遍发生，可为害苹果、梨树、山楂、桃树、杏树、李树、樱桃、枣树、柿树、栗树等多种果树。以幼虫食害叶片，喜食新芽和嫩叶。初孵幼虫群集叶背啃食叶肉（彩图17-224～彩图17-226），随龄期增大逐渐分散为害，将叶片食成缺刻或孔洞状，甚至吃光或仅剩叶脉。管理粗放果园发生较重。

【形态特征】成虫体长约18毫米，翅展约36毫米，全体白色，复眼黑色，触角双栉齿状、淡褐色，前翅后缘近臀角处有两个褐色斑纹，雌蛾腹部末端丛生黄毛，足白色（彩图17-227）。卵扁圆形，灰黄色，直径0.6～0.7毫米，常数十粒排成带状卵块，表面覆有雌虫腹末脱落的黄

彩图17-226　黄尾毒蛾低龄幼虫群集叶背为害状

彩图17-227　黄尾毒蛾成虫

彩图17-228　黄尾毒蛾幼虫

【发生规律】黄尾毒蛾在华中地区1年发生3～4代，华北、西北及东北地区1年发生2代，均以3～4龄幼虫在树干裂缝或枯叶内结茧越冬。翌年春季果树发芽时越冬幼虫开始活动，为害嫩芽及嫩叶，5月下旬化蛹，6月上旬羽化。雌虫交尾后将卵块产在枝干表面或叶背，卵块上覆有腹末黄毛。每雌蛾产卵200～550粒，卵期4～7天。幼虫8龄，初孵幼虫群集叶背啃食叶肉，2龄起开始有毒毛，3龄后分散为害。幼虫白天停栖叶背阴凉处，夜间取食叶片。老熟幼虫在树干裂缝处结茧化蛹。华北果区第1代成虫出现在7月下旬～8月下旬，经交尾后产卵，孵化幼虫取食一段时间后即潜入树皮缝隙或枯叶中结茧越冬。

【防控技术】

1.农业措施防控　发芽前刮除枝干粗皮、翘皮，集中销毁刮下组织，消灭越冬幼虫。生长期结合其他农事活动，注意发现并清除枝叶上的卵块及初孵幼虫等，集中销毁。需要注意，毒蛾类幼虫的毒毛对人的皮肤、眼睛及呼吸道有伤害作用，具体操作时应注意防护。

2.诱杀成虫　利用成虫的趋光性，在成虫发生期内于果园中设置黑光灯或频振式诱虫灯，诱杀成虫。

3.适当喷药防控　黄尾毒蛾多为零星发生，一般果园不需单独喷药防控；个别发生较重果园，在越冬幼虫出蛰为害初期和低龄幼虫群集为害期各喷药1次即可。常用有效药剂同"美国白蛾"树上喷药药剂。

桃剑纹夜蛾

【分布与为害】桃剑纹夜蛾（*Acronicta incretata* Ham-

pson）属鳞翅目夜蛾科，又称苹果剑纹夜蛾，在我国许多省区均有发生，可为害苹果、梨树、山楂、桃树、李树、杏树、樱桃、核桃等多种果树，以幼虫食害叶片和果实。低龄幼虫群集叶背为害，啃食表皮和叶肉，残留上表皮及叶脉，使受害叶片呈筛网状（彩图17-229）；虫龄稍大后逐渐分散为害，将叶片食成缺刻状，甚至把叶片吃光，仅残留叶柄（彩图17-230）；有时幼虫还可啃食果皮，在果面上呈现不规则的坑洼，影响果品质量。

彩图17-229　桃剑纹夜蛾低龄幼虫为害叶片成筛网状（苹果）

彩图17-230　桃剑纹夜蛾蚕食为害山楂叶片

【形态特征】成虫体长18～22毫米，翅展40～48毫米，触角丝状灰褐色，体表被有较长的鳞毛，体、翅灰褐色；前翅有3条与翅脉平行的黑色剑状纹，基部的1条呈树枝状，端部2条平行，外缘有1列黑点；后翅灰白色，外缘色较深。卵半球形，直径1.2毫米，白色至污白色。老熟幼虫体长38～40毫米，头黑色，其余部分灰色略带粉红，体表疏生黑褐色细长毛，毛端黄白色稍弯曲；体背有1条橙黄色纵带，纵带两侧各有2个黑色毛瘤；气门下线灰白色，各节气门线处均有一粉红色毛瘤；胸足黑色，腹足俱全、暗灰褐色（彩图17-231）。蛹体长约20毫米，初为黄褐色，渐变为棕褐色，有光泽，腹末有8根刺毛，背面2根较大。

彩图17-231　桃剑纹夜蛾幼虫

【发生规律】桃剑纹夜蛾一年发生2代，以蛹在土壤中或树皮缝中越冬。成虫5～6月间羽化，很不整齐。成虫昼伏夜出，有趋光性，羽化后不久即可交尾、产卵，卵产于叶面，成虫寿命10～15天。卵期6～8天。5月中下旬出现第1代幼虫，为害至6月下旬逐渐老熟，老熟幼虫吐丝缀叶，在其中结白色薄茧化蛹。7月中旬～8月中旬出现第1代成虫，7月下旬开始出现第2代幼虫，为害至9月份陆续老熟，幼虫老熟后寻找适宜场所结茧化蛹，以蛹越冬。

【防控技术】

1.人工防控　发芽前刮除枝干粗皮、翘皮，杀灭在树皮缝中的越冬虫蛹。春季翻耕树盘，将土壤中的越冬虫蛹翻于地表，使其被鸟类啄食或晒干。

2.诱杀成虫　结合其他害虫防控，在果园内设置黑光灯或频振式诱虫灯，诱杀成虫。

3.适当喷药防控　桃剑纹夜蛾多为零星发生，一般果园不需单独进行喷药；个别发生较重果园，在各代幼虫发生初期及时喷药1次即可。常用有效药剂同"美国白蛾"树上喷药药剂。

梨剑纹夜蛾

【分布与为害】梨剑纹夜蛾（*Acronicta rumicis* Linnaeus）属鳞翅目夜蛾科，又称梨叶夜蛾、梨剑蛾，在我国各果树产区都有发生，可为害梨树、苹果、山楂、桃树、李树、杏树等果树。以幼虫蚕食为害叶片，将叶片吃成孔洞或缺刻状，甚至连同叶脉吃掉，仅留叶柄。

【形态特征】成虫体长约14毫米，头、胸部棕灰色，腹部背面浅灰色带棕褐色。前翅有4条横线，基部2条颜色较深，外缘有1列黑斑，翅脉中室内有1圆斑，边缘色深。后翅棕黄色至暗褐色，缘毛灰白色。卵半球形，初产时乳白色，渐变为赤褐色。老熟幼虫体长约33毫米，头黑色，体褐色至暗褐色，具大理石样花纹，背面有1列黑斑，中央有橘红色点，各节毛瘤较大，上生褐色长毛（彩图17-232）。蛹长约16毫米，体黑褐色。

彩图17-232　梨剑纹夜蛾幼虫及为害状

【发生规律】梨剑纹夜蛾1年发生2～3代，以蛹在土壤中越冬。翌年5月份羽化出越冬代成虫，成虫有趋光性和趋化性，在叶背或芽上产卵，卵排列成块状。卵期9～10天。6～7月间发生第1代幼虫，初孵幼虫先吃掉卵壳后再取食嫩叶。幼虫早期群集取食，后逐渐分散为害。6月中

旬即有幼虫老熟，老熟幼虫在叶片上吐丝结黄色薄茧化蛹。蛹期10天左右。第1代成虫于6月下旬发生，然后在叶片上产卵。卵期约7天，幼虫孵化后为害叶片。8月上旬出现第2代成虫，9月中旬幼虫老熟后入土结茧化蛹。

【防控技术】

1.农业措施防控　冬季或早春翻耕树盘，将越冬虫蛹翻于土表，促进越冬虫蛹死亡。结合农事操作活动，注意检查，发现幼虫及时摘掉踩死。

2.诱杀成虫　结合其他害虫防控，在成虫发生期内于果园中设置糖醋液诱捕器、黑光灯或频振式诱虫灯，诱杀成虫。

3.适当喷药防控　梨剑纹夜蛾多为零星发生，一般果园不需单独进行喷药；个别发生较重果园，结合其他害虫防控兼防即可。

黄刺蛾

【分布与为害】黄刺蛾（*Cnidocampa flavescens* Walker）属鳞翅目刺蛾科，俗称"洋刺子"、"八角虫"，在我国除贵州、西藏外各省区均有发生，可为害苹果、梨树、山楂、杏树、桃树、李树、枣树、核桃、柿树、板栗等多种果树。初孵幼虫啃食叶肉，将叶片食成筛网状（彩图17-233）；大龄幼虫可将叶片食成缺刻状（彩图17-234），严重时仅剩叶柄和主脉。

彩图17-233　黄刺蛾低龄幼虫啃食苹果叶片

彩图17-234　黄刺蛾幼虫食害山楂叶片

【形态特征】成虫体长15毫米左右，翅展30～34毫米，体黄色至黄褐色，头和胸部黄色，腹背黄褐色；前翅内半部黄色，外半部黄褐色，有两条暗褐色斜线，在翅尖前汇合，呈倒"V"形，内面1条成为黄色和褐色的分界线（彩图17-235）。卵椭圆形，长约1.4毫米，扁平，暗黄色，常数十粒排在一起，卵块不规则。老熟幼虫体长25毫米左右，身体肥大，黄绿色，体背生有哑铃状紫褐色大斑；每体节上有4个枝刺，以胸部上的6个和臀栉上的2个较大（彩图17-236、彩图17-237）。蛹长约13毫米，长椭圆形，黄褐色（彩图17-238、彩图17-239）。茧椭圆形，似雀卵，光亮坚硬，灰白色，表面布有褐色粗条纹（彩图17-240）。

彩图 17-235　黄刺蛾成虫

彩图 17-236　黄刺蛾低龄幼虫

彩图 17-237　黄刺蛾老熟幼虫

彩图 17-238　黄刺蛾蛹（腹面）

彩图 17-239　黄刺蛾蛹（背面）

彩图 17-240　黄刺蛾的茧

【发生规律】黄刺蛾在东北和华北地区1年发生1代，山东发生1～2代，河南、江苏、四川等地发生2代，均以老熟幼虫在枝条上结茧越冬。在发生1代地区，越冬幼虫于6月上中旬开始化蛹，6月中旬～7月中旬为成虫发生盛期，7月中旬～8月下旬为幼虫发生期，8月下旬以后幼虫陆续老熟结茧越冬。在发生2代地区，越冬幼虫5月上旬开始化蛹，5月下旬～6月上旬开始羽化，6月中旬为成虫发生盛期。卵期平均7天。第1代幼虫发生期在6月中下旬～7月上中旬，幼虫老熟后在枝条上结茧化蛹，7月下旬羽化。第2代幼虫在8月上中旬发生，8月下旬后陆续老熟结茧越冬。

【防控技术】黄刺蛾防控技术模式如图17-27所示。

1.农业措施防控　结合果树修剪，彻底剪除在树体枝条上的越冬虫茧，并一同剪除果园周围防护林上的虫茧，集中销毁，减少越冬虫源。生长季节，结合其他农事活动，利用低龄幼虫群集为害的特性，发现虫叶，及时摘除捕杀。

2.树上喷药防控　关键是在幼虫发生初期及时喷药，每代喷药1次即可。常用有效药剂同"美国白蛾"树上喷药药剂（图17-27）。

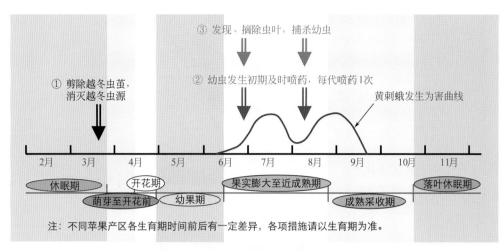

① 剪除越冬虫茧，
消灭越冬虫源

③ 发现、摘除虫叶，捕杀幼虫

② 幼虫发生初期及时喷药，每代喷药1次

黄刺蛾发生为害曲线

2月　3月　4月　5月　6月　7月　8月　9月　10月　11月

休眠期

萌芽至开花前

开花期

幼果期

果实膨大至近成熟期

成熟采收期

落叶休眠期

注：不同苹果产区各生育期时间前后有一定差异，各项措施请以生育期为准。

图 17-27　黄刺蛾防控技术模式图

双齿绿刺蛾

【分布与为害】双齿绿刺蛾〔*Latoia hilarata*（Staudinger）〕属鳞翅目刺蛾科，又称棕边青刺蛾，俗称"洋辣子"，在我国许多省区均有发生，可为害苹果、梨树、山楂、桃树、李树、杏树、樱桃、枣树、核桃、柿树、板栗等多种果树，以幼虫取食叶片进行为害。低龄幼虫群集叶背啃食下表皮及叶肉，残留上表皮，使受害叶片呈筛网状（彩图17-241）；大龄幼虫将叶片食成孔洞或缺刻状，只残留主脉和叶柄，严重时将一个枝条上的叶片吃光。由于幼虫带有毒刺，触及人的皮肤会导致痛痒、红肿，故俗称"洋辣子"。

彩图 17-241　双齿绿刺蛾低龄幼虫啃食叶片呈筛网状

【形态特征】成虫体长9～11毫米，翅展23～26毫米，体黄色；雄蛾触角栉齿状，雌蛾触角丝状；前翅浅绿色或绿色，基部及外缘棕褐色，外缘部分的褐色线纹呈波纹状；后翅浅黄色，外缘渐呈淡褐色；足密被鳞毛（彩图17-242）。卵扁平椭圆形，长0.9～1毫米，初产时乳白色，近孵化时淡黄色。老熟幼虫体长约17毫米，略呈长筒形，黄绿色；前胸背板有1对黑斑，各体节上有4个瘤状突起，丛生粗毛；中胸、后胸及腹部第6节背面各有1对黑色刺毛，腹部末端并排有4个黑色绒球状毛丛（彩图17-243、彩图17-244）。蛹椭圆形肥大，长10毫米左右，乳白至淡黄色渐变淡褐色。茧椭圆形，暗褐色，长约11毫米。

【发生规律】双齿绿刺蛾在北方果区1年发生1代，以老熟幼虫在树干基部、树干伤疤处、粗皮裂缝及枝杈处结茧越冬，有时几头幼虫聚集一处结茧。越冬幼虫第二年6月上旬化蛹，蛹期25天左右，6月下旬～7月上旬出现成虫。成虫昼伏夜出，有趋光性，对糖醋液无明显趋性，多产卵于叶背，每卵块数十粒。卵期7～10天。7～8月份为幼虫为害盛期。低龄幼虫群集为害叶片，大龄后分散为害。8月中下旬后幼虫陆续老熟开始结茧越冬。

彩图 17-242　双齿绿刺蛾成虫

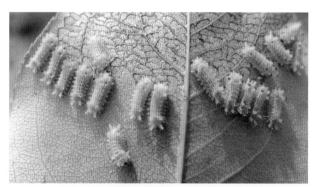

彩图 17-243　双齿绿刺蛾低龄幼虫

彩图 17-244　双齿绿刺蛾大龄幼虫

【防控技术】

1.**人工防控** 果树发芽前刮除枝干粗皮、翘皮，杀灭在枝干上的越冬虫源。生长期发现群集幼虫，及时剪除有虫叶片，集中深埋。

2.**诱杀成虫** 利用成虫的趋光性，在成虫发生期内于果园中设置黑光灯或频振式诱虫灯，诱杀成虫。

3.**适当喷药防控** 双齿绿刺蛾多为零星发生，一般不需单独喷药；个别往年害虫发生较重果园，在低龄幼虫期（分散为害前）喷药1次即可。常用有效药剂同"美国白蛾"树上喷药药剂。

褐边绿刺蛾

【分布与为害】褐边绿刺蛾（*Latoia consocia* Walker）属鳞翅目刺蛾科，又称青刺蛾、绿刺蛾、曲纹绿刺蛾、四点刺蛾，俗称"洋辣子"，在我国许多省区均有发生，可为害苹果、梨树、山楂、桃树、李树、杏树、樱桃、枣树、柿树、核桃、板栗等多种果树，以幼虫取食叶片进行为害。初孵幼虫先集群叶背为害，啃食叶肉，残留表皮，使受害叶成筛网状；稍大后分散取食，将叶片吃成孔洞或缺刻状（彩图17-245），有时仅留叶柄，严重时对树势影响较大。

彩图17-245 褐边绿刺蛾为害状

【形态特征】成虫体长15～16毫米，翅展约36毫米；触角棕色，雄蛾栉齿状，雌蛾丝状；头和胸部绿色，胸背中央有1条暗褐色背线；前翅大部分绿色，基部暗褐色，外缘部分灰黄色（彩图17-246）；腹部和后翅灰黄色。卵扁椭圆形，长约1.5毫米，初产时乳白色，渐变为黄绿色至淡黄色，数粒排列成块状。幼虫体短粗，初孵化时黄色，渐变为黄绿色（彩图17-247）。老龄幼虫体长约25毫米，头黄色，甚小，常缩在前胸内，前胸盾上有2个黑斑；胴部第二节至末节每节有4个毛瘤，上生黄色刚毛簇，第四节背面的一对毛瘤上各有3～6根红色刺毛，腹部末端的4个毛瘤上生蓝黑色刚毛丛，呈球状；背线绿色，两侧有深蓝色点（彩图17-248）。蛹椭圆形，长约15毫米，肥大，黄褐色。茧椭圆形，棕色或暗褐色，长约16毫米，似羊粪状（彩图17-249）。

彩图17-246 褐边绿刺蛾雄成虫

彩图17-247 褐边绿刺蛾低龄幼虫

彩图17-248 褐边绿刺蛾大龄幼虫

彩图17-249 褐边绿刺蛾越冬虫茧

【发生规律】褐边绿刺蛾在南方果区1年发生2代，北方果区1年发生1代，均以老熟幼虫在树干中下部及根颈周围的浅土层中结茧越冬。1代发生区，越冬幼虫5月间陆续化蛹，成虫6～7月发生，7～8月发生第1代幼虫，老熟后在枝干上结茧越冬。2代发生区，越冬幼虫4月下旬～5月中旬化蛹，5月下旬～6月上旬羽化；第1代幼虫发生期为6～7月，7月中下旬化蛹，8月上旬出现第1代成虫；第2代幼虫8月上旬～9月上旬发生，9月上旬后幼虫陆续老熟，寻找适宜场所结茧越冬。成虫昼伏夜出，有趋光性，羽化后即可交配、产卵，卵多成块状产于叶背，呈鱼鳞状排列，每块有卵数十粒。

【防控技术】参照"双齿绿刺蛾"防控技术。

扁刺蛾

【分布与为害】扁刺蛾［*Thosea sinensis*（Walker）］属鳞翅目刺蛾科，又称黑点刺蛾，俗称"洋辣子"、"扫角"，在我国许多省区均有发生，可为害苹果、梨树、山楂、枣树、桃树、海棠等多种果树，以幼虫食害植株叶片。低龄幼虫啃食叶肉，稍大后食成缺刻和孔洞状，严重时将叶片吃光，导致树势衰弱。

【形态特征】成虫全体灰黑色，腹面及足色泽更深。雌蛾体长13～18毫米，翅展28～39毫米，前翅灰褐色，中室前方有一明显的暗褐色斜纹，自前缘近顶角处向后缘中部倾斜；雄蛾体长10～15毫米，翅展26～31毫米，前翅中室上角有一黑点（雌蛾不明显），后翅暗灰褐色。卵扁平光滑，椭圆形，长约1.1毫米，初为淡黄绿色，孵化前呈灰褐色。老熟幼虫体长21～26毫米，体扁椭圆形，背部隆起似龟背状，绿色或黄绿色，背线白色、边缘蓝色；身体两侧边缘各有10个瘤状突起，上生刺毛，各节背面有2丛刺毛，第4节背面两侧各有1个红点（彩图17-250、彩图17-251）。蛹长10～15毫米，前端较钝圆，后端尖削，近椭圆形，黄褐色。茧椭圆形，暗褐色，形似鸟蛋。

【发生规律】扁刺蛾1年发生1～2代，以老熟幼虫在树下浅层土内结茧越冬。翌年6月中旬左右羽化出成虫，7月上旬左右孵化出幼虫，发生早的8月上中旬出现第2代幼虫，以后陆续老熟，结茧越冬。成虫具有趋光性，产卵于叶面。卵多排列成块，几粒或几十粒在一起，也有单产的，卵期7～10天。

彩图17-250　扁刺蛾幼虫（背面）

彩图17-251　扁刺蛾幼虫（腹面）

【防控技术】参照"双齿绿刺蛾"防控技术。

黑星麦蛾

【分布与为害】黑星麦蛾（*Telphusa chloroderces* Meyrich）属鳞翅目麦蛾科，又称黑星卷叶蛾、苹果黑星麦蛾，在我国许多果区均有发生，主要为害苹果、梨树、桃树、李树、杏树、樱桃等果树。初孵幼虫多潜伏在尚未展开的嫩叶上啃食（彩图17-252），稍大后卷叶为害，有时数头幼虫在一起将枝条顶端的几张叶片卷曲成团，幼虫在团内取食，啃食叶片上表皮和叶肉，残留下表皮（彩图17-253），影响新梢生长。管理粗放的幼龄果园发生较重，严重时全树枝梢叶片受害，只剩叶脉和表皮，树冠呈枯黄状，导致二次发芽，影响树体生长发育。

彩图17-252　黑星麦蛾啃食叶片

彩图17-253　黑星麦蛾为害状

【形态特征】成虫体长5～6毫米，翅展16毫米，全体灰褐色。胸部背面及前翅黑褐色，有光泽，前翅中央有2个明显的黑色斑点，后翅灰褐色。卵椭圆形，长约0.5毫米，淡黄色，有珍珠光泽。幼虫体长10～15毫米，头部、臀板和臀足褐色，前胸盾黑褐色，背线两侧各有3条淡紫红色纵纹，似黄白和紫红相间的纵条纹（彩图17-254）。蛹体长约6毫米，红褐色，第7腹节后缘有暗黄色的并列刺突。

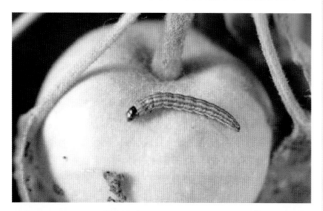

彩图17-254　黑星麦蛾幼虫

【发生规律】黑星麦蛾1年发生3～4代，以蛹在杂草、落叶和土块下越冬。翌年4月中下旬羽化为成虫。成虫在叶丛或新梢顶端未展开的嫩叶基部产卵，单产或数粒成堆。第1代幼虫于4月中旬开始在嫩叶上取食，稍大后卷叶为害；严重时数头幼虫将枝端叶片缀连在一起，幼虫于缀叶团内群集为害。幼虫较活泼，受触动吐丝下垂。5月底在卷叶内结茧化蛹，蛹期约10天。6月上旬开始羽化，以后世代重叠。秋末，老熟幼虫在杂草、落叶等处结茧化蛹越冬。

【防控技术】黑星麦蛾防控技术模式如图17-28所示。

1.农业措施防控　果树发芽前，彻底清除果园内的落叶、杂草，集中烧毁或深埋，消灭越冬虫蛹。生长期发现虫苞，及时摘除销毁，消灭苞内幼虫。

2.适当喷药防控　黑星麦蛾多为零星发生，一般果园不需单独喷药；个别害虫发生较重果园，在幼虫发生为害初期（初见卷叶虫苞时）各代喷药1次即可。常用有效药剂如：25%灭幼脲悬浮剂1500～2000倍液、5%虱螨脲乳油1200～1500倍液、240克/升甲氧虫酰肼悬浮剂2500～3000倍液、10%虫螨腈悬浮剂1500～2000倍液、35%氯虫苯甲酰胺水分散粒剂8000～10000倍液、20%氟苯虫酰胺水分散粒剂3000～4000倍液、1.8%阿维菌素乳油2500～3000倍液、2%甲氨基阿维菌素苯甲酸盐乳油3000～4000倍液等。

苹梢鹰夜蛾

【分布与为害】苹梢鹰夜蛾（*Hypocala subsatura* Guenée）属鳞翅目夜蛾科，又称苹梢夜蛾，在我国许多省区均有发生，可为害苹果、梨树、李树、柿树等果树，以新梢受害最重。主要以幼虫食害叶片和新梢，有时还可蛀食幼果。食害新梢，叶片向上纵卷，被害梢顶端的几个叶片仅剩叶脉和絮状叶片残余物，大龄幼虫将叶片食成缺刻或孔洞状（彩图17-255）。果树苗木和幼树受害较重，山区管理粗放果园发生较多。

彩图17-255　苹梢鹰夜蛾为害状

【形态特征】成虫体长18～20毫米，翅展34～38毫米，个体间体色和花纹差别较大，一般体色为紫褐色；前翅前半从基部到顶角纵贯有深褐色镰刀形宽带（有的个体无此宽带），外缘线及亚端线棕色（彩图17-256、彩图17-257）；后翅臀角有2个黄色圆斑，中室处有1个黄色回形条纹。卵半球形，淡黄色，从顶端向下有放射状纵脊。老熟幼虫体长30～35毫米，体较粗壮，光滑，毛稀而柔软；体色差异很大，一般头部黄褐色，体淡黄色至淡绿色，两侧各有1条淡黑色纹；有的个体头部黑色，体褐色，两侧的纵线明显（彩图17-258～彩图17-260）。蛹长14～17毫米，红褐色至深褐色（彩图17-261）。

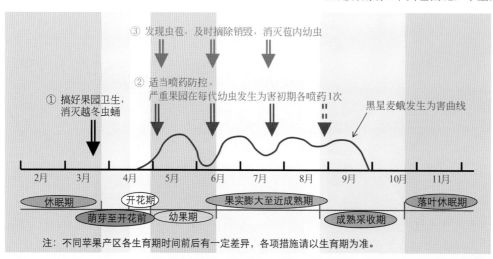

③ 发现虫苞，及时摘除销毁，消灭苞内幼虫

② 适当喷药防控。严重果园在每代幼虫发生为害初期各喷药1次

① 搞好果园卫生，消灭越冬虫蛹

黑星麦蛾发生为害曲线

2月　3月　4月　5月　6月　7月　8月　9月　10月　11月

休眠期　　开花期　　　果实膨大至近成熟期　　　落叶休眠期

萌芽至开花前　幼果期　　　　　成熟采收期

注：不同苹果产区各生育期时间前后有一定差异，各项措施请以生育期为准。

图17-28　黑星麦蛾防控技术模式图

彩图 17-256　苹梢鹰夜蛾成虫（a）

彩图 17-257　苹梢鹰夜蛾成虫（b）

彩图 17-258　苹梢鹰夜蛾幼虫（a）

彩图 17-259　苹梢鹰夜蛾幼虫（b）

彩图 17-260　苹梢鹰夜蛾幼虫（c）

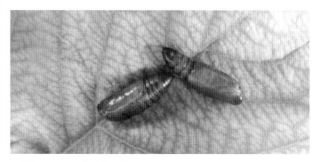

彩图 17-261　苹梢鹰夜蛾蛹

【发生规律】苹梢鹰夜蛾在北方果区1年发生1～2代，以老熟幼虫在土壤内结茧越冬。翌年5月份出现成虫，6月份为第1代幼虫发生盛期，直到7月上旬。老熟幼虫7月中旬开始下树在2厘米左右土中或地面覆叶下化蛹，蛹期10～11天。7月下旬第1代成虫开始羽化，8月上旬羽化结束。第2代幼虫发生在8月上旬～9月中旬。幼虫非常活泼，稍受惊动即滑溜落地，食料不足时，可转移为害。成虫昼伏夜出，趋光性强。

【防控技术】

1.农业措施防控　结合果园农事活动，发芽前翻耕树盘，促进越冬幼虫死亡；果树生长季节经常检查枝梢，发现被害虫梢及时剪除集中销毁，或直接捏死其内幼虫。

2.诱杀成虫　利用成虫的趋光性，在果园内设置黑光灯或频振式诱虫灯，诱杀成虫，并进行预测预报。

3.适当喷药防控　苹梢鹰夜蛾多为零星发生，许多果园不需单独喷药；个别发生较重果园，在幼虫发生初期及时喷药防控，每代喷药1～2次即可。常用有效药剂同"黑星麦蛾"树上喷药药剂。

舞毒蛾

【分布与为害】舞毒蛾（Lymantria dispar L.）属鳞翅目毒蛾科，又称秋千毛虫、苹果毒蛾、柿毛虫，在我国许多省区均有发生，可为害苹果、梨树、山楂、核桃、樱桃、柿树等多种果树及桑、栎、杨、柳、榆等多种林木。主要以幼虫食害叶片，将叶片食成缺刻状，严重时可将全树叶片吃光。

【形态特征】成虫雌雄异型。雌蛾体长25～28毫米，翅展70～75毫米，体、翅污白色微黄，斑纹棕黑色，后翅横脉纹和亚端线棕色，端线为1列棕色小点（彩图17-262）。雄蛾体长18～20毫米，翅展45～47毫米，体棕褐色，前翅浅黄色有棕褐色鳞片，斑纹黑褐色，基部有黑褐色斑点，中室中央有一黑点，横脉纹弯月形；后翅黄棕色，横脉纹和外缘色暗，缘毛棕黄色（彩图17-263）。卵圆形或卵圆形，直径0.9～1.3毫米，初黄褐色渐变灰褐色。老熟幼虫体长50～70毫米，头黄褐色，正面有"八"字形黑纹，胴部背面灰黑色，背线黄褐色，胸足、腹足暗红色；各体节有6个毛瘤，背面中央的1对色艳，第1～5节为蓝灰色，第6～11节为紫红色，上生棕黑色短毛，第6、7腹节背中央各有一红色柱状毒腺（亦称翻缩腺）（彩图17-264）。蛹长19～24毫米，初红褐色后变黑褐色。

彩图17-262　舞毒蛾雌成虫及产卵

彩图17-263　舞毒蛾雄成虫

彩图17-264　舞毒蛾幼虫

【发生规律】舞毒蛾1年发生1代，以卵在石块缝隙或树干背面裂缝处越冬。翌年寄主发芽时开始孵化，初孵幼虫白天多群栖在叶片背面，夜间取食叶片成孔洞状，受震动后吐丝下垂借风力传播，故称"秋千毛虫"。2龄后分散取食，白天栖息树权、树皮缝或地面石块下，傍晚上树取食，天亮时又爬到隐蔽场所。雌虫蜕皮6次，雄虫蜕皮5次，均夜间群集树上蜕皮，幼虫期约60天。5～6月为害最重，6月中下旬陆续老熟，爬到隐蔽处结茧化蛹，蛹期10～15天。成虫7月大量羽化，有趋光性，雄虫活泼善飞翔，常成群作旋转飞舞，故得名"舞毒蛾"。雌虫很少飞舞，不善活动，交尾后产卵，每雌蛾产1～2个卵块，上覆一层雌蛾腹部末端的体毛。卵块具较强的抗逆性。

【防控技术】

1. 人工摘除卵块　舞毒蛾卵期长达9个月以上，卵块常出现在果树枝梢基部或枝干上，容易发现，结合果树修剪进行剪除，集中烧毁消灭。

2. 诱杀成虫和幼虫　利用成虫的趋光性，在成虫发生期内于果园中设置黑光灯或频振式诱虫灯，诱杀成虫。利用幼虫白天下树潜伏习性，在树干基部堆砖石瓦块，诱集2龄后幼虫，白天捕杀。

3. 适当喷药防控　舞毒蛾发生严重果园，在幼虫发生为害初期喷药1次即可。常用有效药剂同"黑星麦蛾"树上喷药药剂。

角斑古毒蛾

【分布与为害】角斑古毒蛾 [*Orgyia gonostigma*(Linnaeus)] 属鳞翅目毒蛾科，又称赤纹毒蛾，主要分布于我国东北、华北及西北地区，可为害苹果、梨树、桃树、樱桃等多种果树，以幼虫食害花芽、叶片和果实。为害花芽基部，蛀成小洞，造成花芽枯死；叶片被蚕食仅留叶脉、叶柄；果实被啃食出许多小洞，易导致落果。

【形态特征】成虫雌雄异型。雌蛾体长约17毫米，长椭圆形，只有翅痕，体上有灰色和黄白色绒毛。雄蛾体长约15毫米，翅展约32毫米，体灰褐色，前翅红褐色，翅顶角处有一黄斑，后缘角处有一新月形白斑（彩图17-265）。卵扁圆形，顶部凹陷，灰黄色。老熟幼虫体长约40毫米，头部灰黑色；体黑灰色，被黄色和黑色毛，亚背线有白色短毛，体两侧有黄褐色纹；前胸两侧和腹部第八节背面各有1束黑色长毛，第一至四腹节背面中央各有一黄灰色短毛刷（彩图17-266、彩图17-267）。雌蛹长11毫米左右，灰色；雄蛹黑褐色，尾端有长突起，腹部黄褐色，背有金色毛。

【发生规律】角斑古毒蛾1年发生1～2代，以2～3龄幼虫在树皮裂缝、粗翘皮下或落叶层中越冬。翌年4月越冬幼虫陆续出蛰，上树为害幼芽和嫩叶。5～6月下旬幼虫老熟后开始在树皮缝处结茧化蛹，蛹期6～15天。7月上旬开始羽化，雌蛾交尾后将卵产在茧的表面，分层排列成不规则的块状，上覆雌蛾腹末的鳞毛。每卵块有卵百余粒，卵期约15天。初孵幼虫先群集啃食叶肉，使受害叶片呈筛网状；以后借风力扩散，幼虫有转移为害习性。7～8月份为第2代幼虫发生期，9月份低龄幼虫陆续开始越冬。

彩图 17-265　角斑古毒蛾雄成虫

彩图 17-266　角斑古毒蛾低龄幼虫

彩图 17-267　角斑古毒蛾大龄幼虫

【防控技术】

1.农业措施防控　发芽前刮除枝干粗皮、翘皮，集中销毁刮下组织，消灭越冬幼虫。生长期结合其他农事活动，注意发现并及时剪除幼虫群集为害叶片，集中销毁。

2.适当喷药防控　角斑古毒蛾多为零星发生，一般果园不需单独喷药防控；个别发生较重果园，在越冬幼虫出蛰为害初期和各代低龄幼虫群集为害期各喷药1次即可。常用有效药剂同"黑星麦蛾"树上喷药药剂。

绿尾大蚕蛾

【分布与为害】绿尾大蚕蛾（*Actias selene ningpoana* Felder）属鳞翅目大蚕蛾科，又称绿尾天蚕蛾、燕尾蛾、水青燕尾蛾、水青蛾等，在我国许多省区均有发生，可为害苹果、梨树、山楂等多种果树，以幼虫蚕食叶片进行为害。低龄幼虫将叶片食成缺刻或孔洞状，稍大后可把叶片全部吃光，仅残留叶柄或叶脉。

【形态特征】成虫体长36～38毫米，翅展126～135毫米，体表具浓厚的白色绒毛，前胸前端与前翅前缘有1条紫色带；前、后翅粉绿色，中央有一透明眼状斑，后翅臀角延伸呈燕尾状（彩图17-268）。卵球形稍扁，直径约2毫米，初产时米黄色，孵化前淡黄褐色。幼虫多为5龄，1～2龄幼虫体黑色，3龄幼虫全体橘黄色，毛瘤黑色，4龄幼虫渐呈嫩绿色，化蛹前多呈暗绿色（彩图17-269、彩图17-270）。老熟幼虫平均体长73毫米，气门上线由红、黄两色组成，各体节背面具黄色瘤突，其中第2、3胸节和第8腹节上的瘤突较大，瘤上着生深褐色刺及白色长毛，尾足特大，臀板暗紫色。蛹长约45～50毫米，红褐色，额区有一浅白色三角形斑，体外有灰褐色厚茧，茧外黏附有寄主叶片（彩图17-271）。

彩图 17-268　绿尾大蚕蛾成虫

彩图 17-269　绿尾大蚕蛾3龄幼虫

彩图 17-270　绿尾大蚕蛾老熟幼虫

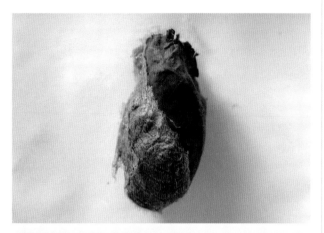

彩图 17-271　绿尾大蚕蛾蛹、茧

【发生规律】绿尾大蚕蛾1年发生2代，以茧蛹附在树枝或地面覆盖物下越冬。翌年5月中旬羽化、交尾、产卵，卵期10余天。第1代幼虫于5月下旬～6月上旬发生，7月中旬化蛹，蛹期10～15天，7月下旬～8月发生第1代成虫。第2代幼虫8月中旬开始发生，为害至9月中下旬后陆续结茧化蛹越冬。成虫昼伏夜出，有趋光性，飞翔力强，喜在叶背或枝干上产卵，常数粒、偶见数十粒产在一起，每雌蛾产卵200～300粒。成虫寿命7～12天。初孵幼虫群集取食，2、3龄后分散为害，幼虫行动迟缓，食量大，每头幼虫可食害100多张叶片。第1代幼虫老熟后于枝上贴叶吐丝结茧化蛹。第2代幼虫老熟后下树，附在树干或其他植物上吐丝结茧化蛹越冬。

【防控技术】

1.人工防控　在各代产卵期、幼虫期和化蛹期，人工摘除着卵叶片、幼虫和茧蛹，集中销毁，减少虫口数量。

2.诱杀成虫　在成虫发生期内，于果园中设置黑光灯或频振式诱虫灯，诱杀成虫，大面积统一诱杀效果明显。

3.适当喷药防控　绿尾大蚕蛾多为零星发生，一般果园不需单独喷药；个别发生严重果园，在低龄幼虫期及时喷药防控，每代喷药1次即可。常用有效药剂同"黑星麦蛾"树上喷药药剂。

山楂绢粉蝶

【分布与为害】山楂绢粉蝶［*Aporia crataegi*（Linna-

eus）]属鳞翅目粉蝶科，又称山楂粉蝶、绢粉蝶、苹果粉蝶、树粉蝶等，在我国北方果区普遍发生，可为害山楂、苹果、梨树、杏树、李树、樱桃等多种果树，以幼虫主要为害芽、花蕾及叶片。2～3龄幼虫群集吐丝结网做巢为害，将叶片啃食成筛网状；4龄后食量增加，离巢分散为害，将叶片食成缺刻状或吃光。严重时，使树体因芽、叶被害而影响结果。

【形态特征】成虫体长22～25毫米，翅展63～75毫米，体黑色，头、胸及足被淡黄白色至灰白色鳞毛；触角棒状，端部淡黄色；翅白色，翅脉黑色，前翅外缘除臀脉外各脉末端均有烟黑色的三角形斑纹（彩图17-272、彩图17-273）。卵粒圆柱形，顶端稍尖，高1.0～1.6毫米，卵壳有纵脊12～14条，数十粒至百余粒紧密排列成块状，初产时金黄色或乳黄色，渐变为灰黄色（彩图17-274）。初龄幼虫灰褐色，头部、前胸背板及臀部黑色。老熟幼虫体长39～43毫米，体背有3条黑色纵带，体上有稀疏淡黄色长毛，全身有许多小黑点（彩图17-275）。蛹长约25毫米，分黑型和黄型两种色型，均以丝将蛹体缚于小枝上，形成缢蛹（彩图17-276）。

彩图 17-272　山楂绢粉蝶成虫

彩图 17-273　山楂绢粉蝶成虫展翅（yuèqiáng）

【发生规律】山楂绢粉蝶1年发生1代，以2～3龄幼虫在树冠1～2年生枝条上吐丝缀叶做成的虫巢内越冬。翌年4月中下旬越冬幼虫陆续出巢活动，先群集取食花芽、叶芽，随后取食花蕾、叶片及花瓣。幼虫白天为害，夜间、阴雨和刮风等低温天气躲入巢中。4龄后幼虫食量大增，离巢分散活动。5月上旬5龄幼虫开始化蛹，5月中旬为化蛹盛期，蛹期15～23天。5月下旬始见成虫，6月中旬为成虫羽化盛期。成虫中午活动最盛，羽化后不久即交尾产卵，单雌产卵量190～510粒，卵成块状产于嫩叶上，每块38～56粒。卵期11～18天。6月下旬出现第1代幼虫，初孵幼虫群集啃食叶片，仅残留表皮，食尽一叶后群体转叶为害。转移为害十余张叶片后，3龄幼虫于7月下旬开始营巢越冬。

【防控技术】山楂绢粉蝶防控技术模式如图17-29所示。

1.农业措施防控 落叶后至发芽前，结合修剪，彻底剪除越冬虫巢，集中销毁，杀灭越冬幼虫。

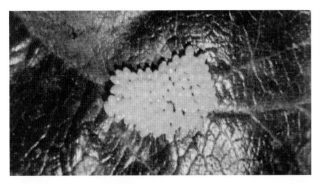

彩图17-274 山楂绢粉蝶卵（冯明祥）

彩图17-275 山楂绢粉蝶幼虫（冯明祥）

彩图17-276 山楂绢粉蝶蛹（冯明祥）

2.树上喷药防控 春季越冬幼虫出蛰为害期和第1代幼虫发生为害初期是喷药防控的关键期，每期喷药1次即可。常用有效药剂有：1.8%阿维菌素乳油2500～3000倍液、2%甲氨基阿维菌素苯甲酸盐乳油3000～4000倍液、25%灭幼脲悬浮剂1500～2000倍液、5%虱螨脲乳油1200～1500倍液、240克/升甲氧虫酰肼悬浮剂2500～3000倍液、35%氯虫苯甲酰胺水分散粒剂8000～10000倍液、20%氟苯虫酰胺悬水分散粒剂3000～4000倍液、50克/升高效氯氟氰菊酯乳油3000～4000倍液、4.5%高效氯氰菊酯乳油1500～2000倍液、2.5%溴氰菊酯乳油1500～2000倍液等（图17-29）。

桑褶翅尺蛾

【分布与为害】桑褶翅尺蛾（*Zamacra excavate*Dyar）属鳞翅目尺蛾科，又称桑刺尺蛾、桑褶翅尺蠖，在我国北方许多果区均匀发生，可为害苹果、梨树、山楂、核桃、海棠等多种果树，以幼虫食害花芽、叶片、花序及幼果。叶片受害，低龄幼虫食成缺刻或孔洞状，3～4龄后食量增大，可将叶片全部吃光。花序及幼果受害，被吃成缺刻状，影响开花坐果或导致幼果脱落（彩图17-277）。发生较重时，削弱树势、降低产量。

【形态特征】雌蛾体长14～15毫米，翅展40～50毫米，雄蛾体长12～14毫米，翅展38毫米；体灰褐色，翅面有赤色和白色斑纹，前翅内、外横线外侧各有1条不太明显的褐色横线，后翅基部及端部灰褐色，中部有1条明显的灰褐色横线，静止时四翅皱叠竖起（彩图17-278）。卵椭圆形，初产时深灰色，后变为深褐色，有金属光泽（彩图17-279）。老熟幼虫体长30～35毫米，黄绿色，腹部第一至八节背部有黄色刺突，第二至四

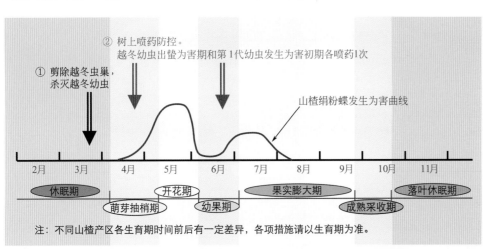

① 剪除越冬虫巢，杀灭越冬幼虫

② 树上喷药防控。
越冬幼虫出蛰为害期和第1代幼虫发生为害初期各喷药1次

山楂绢粉蝶发生为害曲线

2月 3月 4月 5月 6月 7月 8月 9月 10月 11月

休眠期　萌芽抽梢期　开花期　幼果期　果实膨大期　成熟采收期　落叶休眠期

注：不同山楂产区各生育期时间前后有一定差异，各项措施请以生育期为准。

图17-29 山楂绢粉蝶防控技术模式图

节上的明显较长，第五腹节背部有绿色刺1对，腹部第四至八节的亚背线粉绿色，腹部第二至五节两侧各有1淡绿色刺（彩图17-280）。蛹椭圆形，红褐色，长14～17毫米，末端有2个坚硬的刺。茧灰褐色，表皮较粗糙。

彩图17-277　桑褐翅尺蛾幼虫为害山楂花序（冯明祥）

彩图17-278　桑褐翅尺蛾成虫

彩图17-279　桑褐翅尺蛾卵

【发生规律】桑褐翅尺蛾1年发生1代，以蛹在树干基部地下数厘米处贴附树皮上的茧内越冬。翌年3月中旬开始陆续羽化。成虫趋光性强，昼伏夜出，有假死习性，受惊后落地，卵产于枝条上。4月初孵化出幼虫，食害叶片。幼虫停栖时常将头部向腹面蜷缩于第5腹节下，以腹足和臀足抱握枝条。5月中旬幼虫老熟后爬到树干基部寻找化蛹处吐丝作茧化蛹，越夏、越冬。各龄幼虫均有吐丝下垂习性，受惊后或虫口密度大、食量不足时，即吐丝下垂随风飘扬，转移为害。

【防控技术】桑褐翅尺蛾多为零星发生，一般不需单独药剂防控。采取人工捕杀卵块及幼虫和灯光诱杀成虫相结合的措施，即可有效控制其为害。

彩图17-280　桑褐翅尺蛾幼虫

山楂叶螨

【分布与为害】山楂叶螨（*Tetranychus viennensis* Zacher）属蛛形纲真螨目叶螨科，又称山楂红蜘蛛，俗称"红蜘蛛"，在我国各果树产区均有发生，可为害苹果、梨树、山楂、桃树、樱桃等多种果树，以幼螨、若螨和成螨刺吸汁液为害。山楂叶螨主要为害叶片，严重时也可为害嫩芽和果实。嫩芽受害，严重时嫩叶不能正常伸展，表面布满丝网（彩图17-281），甚至焦枯。叶片受害，主要在叶背面刺吸汁液为害（有时也可在叶正面为害）（彩图17-282～彩图17-285），受害叶片正面（或背面）出现密集的苍白色失绿小斑点，螨量多时失绿斑点连片，呈黄褐色至苍白色（彩图17-286、彩图17-287）；严重时，叶片背面甚至正面布满丝网（彩图17-288），叶片呈红褐色，似火烧状（彩图17-289），易引起大量落叶，造成二次开花。不但影响当年产量，还会对以后两年的树势及产量造成不良影响。

彩图17-281　山楂叶螨为害苹果嫩梢状

彩图 17-282　山楂叶螨在苹果叶背面为害

彩图 17-286　山楂叶螨为害的苹果叶片正面

彩图 17-283　山楂叶螨在梨叶背面为害状

彩图 17-287　山楂叶螨为害的山楂叶片正面

彩图 17-284　山楂叶螨在梨叶片正面为害状

彩图 17-288　山楂叶螨为害的叶正面丝网

彩图 17-285　山楂叶螨在山楂叶背面为害状

彩图 17-289　山楂叶螨为害严重时导致叶片似火烧状

果实受害，一般没有明显异常（彩图17-290）；但近成熟果受害严重时，可诱使杂菌感染而造成果实腐烂（彩图17-291）。

彩图17-290　山楂叶螨在梨果上为害

彩图17-291　山楂叶螨为害果实严重时，诱使果实腐烂

【形态特征】雌成螨椭圆形，体长0.54～0.59毫米，冬型鲜红色（彩图17-292），夏型暗红色（彩图17-293），体背前端隆起，背毛26根，横排成6行。雄成螨体长0.35～0.45毫米，体末端尖削，第一对足较长，体背两侧各具一黑绿色斑（彩图17-294）。幼螨足3对，黄白色，取食后为淡绿色，体圆形（彩图17-295）。若螨足4对，淡绿色，体背出现刚毛，两侧有深绿色斑纹，老熟若螨体色发红。卵圆球形，春季卵橙红色，夏季卵黄白色（彩图17-296）。

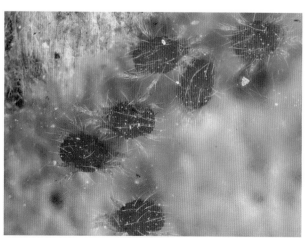

彩图17-292　山楂叶螨冬型雌成螨

彩图17-293　山楂叶螨夏型雌成螨

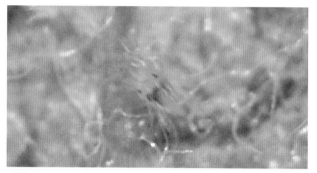

彩图17-294　山楂叶螨雄成螨

彩图17-295　山楂叶螨幼螨

彩图17-296　山楂叶螨的卵

【发生规律】山楂叶螨在北方果区1年发生6～10代，以受精雌成螨在主干、主枝和侧枝的翘皮、裂缝及根颈周围土缝、落叶、杂草根部越冬。第二年果树花芽膨大时开始出蛰为害，苹果和梨的花序分离期及山楂叶螨展叶抽梢期为出蛰盛期，苹果和梨的盛花前后及山楂花序分离期为产卵高峰期。卵经8～10天孵化，同时成螨开始出现，第2代以后世代重叠。5月上旬以前虫口

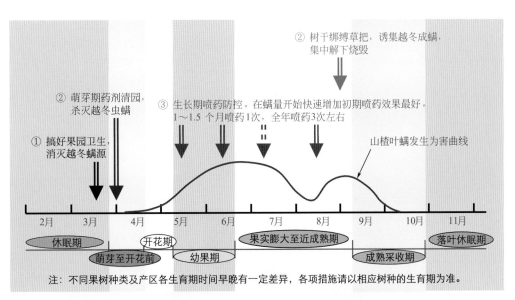

① 搞好果园卫生，消灭越冬螨源；

② 萌芽期药剂清园，杀灭越冬虫螨

③ 生长期喷药防控。在螨量开始快速增加初期喷药效果最好。1～1.5个月喷药1次，全年喷药3次左右

② 树干绑缚草把，诱集越冬成螨，集中解下烧毁

山楂叶螨发生为害曲线

2月 3月 4月 5月 6月 7月 8月 9月 10月 11月

休眠期　开花期　　果实膨大至近成熟期　　落叶休眠期

萌芽至开花前　幼果期　　　成熟采收期

注：不同果树种类及产区各生育期时间早晚有一定差异，各项措施请以相应树种的生育期为准。

图17-30　山楂叶螨防控技术模式图

密度较低，6月份成倍增长，到7月份达全年发生高峰。从8月上旬开始，由于雨水较多，加之天敌对其的控制作用，山楂叶螨繁殖受到限制，9～10月开始出现受精雌成螨越冬。高温干旱条件下发生为害较重。

一般果园先从树体内膛开始发生为害，随气温升高逐渐向外扩散。6～7月份高温干旱季节达全年为害高峰期。受害严重果树，8月下旬～9月初开始出现越冬型雌成螨，出现高峰在9月下旬，进入10月份后害螨几乎全部进入越冬场所越冬。

【防控技术】山楂叶螨防控技术模式如图17-30所示。

1.农业措施防控　果树萌芽前，刮除枝干粗皮、翘皮，清除园内落叶、杂草，并将刮下组织及落叶杂草集中烧毁，消灭大量越冬螨源。也可在成螨越冬前于树干上绑缚草把，诱集越冬成螨，进入冬季后解下烧毁。

2.药剂清园　果树萌芽期，喷施药剂清园，消灭越冬螨源，减轻生长期防控压力。清园效果较好的药剂如：3～5波美度石硫合剂、45%石硫合剂晶体50～70倍液、99%矿物油乳剂150～200倍液等。

3.生长期喷药防控　关键为早期喷药，在螨量开始快速增加初期喷药效果最好。一般苹果园及梨园在落花后即开始第1次喷药，1～1.5个月1次，全年需喷3次左右；往年害螨发生严重果园，最好在花序分离期增加喷药1次。对于山楂果园，一般在花序分离期进行第1次喷药，以后1～1.5个月喷药1次，全年喷药3次左右。也可根据测报确定喷药时间，6月以前平均每叶活动态螨数达3～5头，6月以后平均每叶活动态螨数达7～8头时进行喷药。效果较好的药剂有：240克/升螺螨酯悬浮剂4000～5000倍液、110克/升乙螨唑悬浮剂4000～5000倍液、43%联苯肼酯悬浮剂2000～3000倍液、22.4%螺虫乙酯悬浮剂3000～4000倍液、5%唑螨酯乳油2000～2500倍液、20%吡螨胺水分散粒剂2000～2500倍液、2%阿维菌素乳油2000～3000倍液、5%噻螨酮乳油1000～1500倍液（梨树上慎用）、15%哒螨灵乳油1500～2000倍液、50%四螨嗪悬浮剂3000～4000倍液、25%三唑锡可湿性粉剂1500～2000倍液、73%炔螨特乳油2500～3000倍液（高

温季节慎用，梨树上慎用）等。注意不同类型药剂交替使用或混合喷施，以提高防控效果。

4.保护和利用天敌　我国果园中山楂叶螨的天敌种类很多，主要有：异色瓢虫、深点食螨瓢虫、束管食螨瓢虫、陕西食螨瓢虫、深点颏瓢虫、小黑瓢虫、小黑花蝽、塔六点蓟马、中华草蛉、晋草蛉、丽草蛉、东方钝绥螨、拟长毛钝绥螨、普通盲走螨、西北盲走螨、食卵萤螨、植缨螨等，喷药时需对天敌加以保护，尽量减少喷药次数，并选用专性杀螨剂。有条件的果园，还可释放人工饲养的捕食螨等天敌（彩图17-297）。

彩图17-297　释放捕食螨防控山楂叶螨

苹果全爪螨

【分布与为害】苹果全爪螨（*Panonychus ulmi* Koch）属蛛形纲真螨目叶螨科，又称苹果红蜘蛛，俗称"红蜘蛛"，在我国北方果区均有发生，可为害苹果、梨树、山楂、桃树、李树、杏树、沙果、樱桃等多种果树。以幼螨、若螨、成螨刺吸汁液为害，其中幼螨、若螨和雄成螨多在

叶背面活动（彩图17-298），而雌成螨多在叶正面活动（彩图17-299）。受害叶片变灰绿色，仔细观察正面有许多失绿小斑点（彩图17-300）。整体叶貌类似银叶病为害，一般不易造成早期落叶。

彩图17-298 苹果全爪螨初孵幼螨在嫩叶上为害

彩图17-299 苹果全爪螨在叶片正面为害

彩图17-300 苹果全爪螨为害状

【形态特征】雌成螨体椭圆形，长约0.45毫米，深红色，背部显著隆起；背毛26根，较粗长，着生于粗大的黄白色毛瘤上；足4对，黄白色（彩图17-301）。雄成螨体

长0.3毫米左右，体后端尖削似草莓状；初蜕皮时为浅橘红色，取食后呈深橘红色；刚毛数目与排列同雌成螨（彩图17-302）。幼螨足3对，越冬卵孵化出的第一代幼螨呈淡橘红色，取食后呈暗红色；夏卵孵化出的幼螨初为黄色，后变为橘红色或山绿色（彩图17-303）。若螨足4对，前期体色较幼螨深，后期体背毛较为明显，体型似成螨，可分辨出雌雄。卵扁圆形，葱头状，顶端有刚毛状柄，越冬卵深红色（彩图17-304、彩图17-305），夏卵橘红色（彩图17-306）。

彩图17-301 苹果全爪螨雌成螨

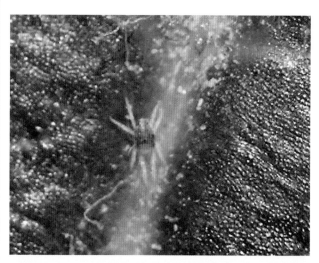

彩图17-302 苹果全爪螨雄成螨

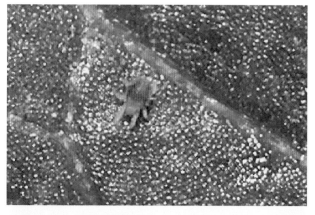

彩图17-303 苹果全爪螨幼螨

彩图17-304　苹果全爪螨枝上越冬卵

彩图17-305　苹果全爪螨越冬卵放大图

【发生规律】苹果全爪螨在北方果区1年发生6～7代，以卵在短果枝、果苔和多年生枝条的分杈、叶痕、芽轮及粗皮等处越冬。发生严重时，主枝、侧枝的背面、果实萼洼处均可见到越冬卵。翌年苹果树花蕾膨大时越冬卵开始孵化，晚熟品种盛花期为孵化盛期，终花期为孵化末期。5月上中旬出现第1代成虫，5月中旬末至下旬为盛期，并交尾产卵繁殖。卵期夏季6～7天，春秋季9～10天。第2代成虫出现盛期在6月上旬左右，第3代在6月下旬末～7月上旬初，第4代在7月中旬，第5代在8月上旬末，第6代在8月下旬末，第7代在9月下旬初。越冬卵于8月中旬开始出现，9月底达到最高峰，以后便趋于稳定。夏卵在10月上旬基本绝迹。高温干旱有利于其大量繁殖，果园内发生为害较重；其最适发育温度为25～28℃，相对湿度为40%～70%。

【防控技术】参照"山楂叶螨"防控技术，苹果全爪螨防控技术模式如图17-31所示。

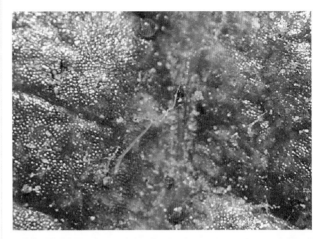

彩图17-306　苹果全爪螨夏卵

二斑叶螨

【分布与为害】二斑叶螨（*Tetranychus urticae* Koch）属蛛形纲真螨目叶螨科，又称二点叶螨，俗称"白蜘蛛"，在我国许多果区均有发生，是一种杂食性害螨，可为害苹果、梨树、山楂、桃树、杏树、樱桃等。该螨主要在叶片背面刺吸汁液为害，初期叶螨多聚集在叶背主脉两侧，受害叶片正面近叶柄的主脉两侧先出现苍白色斑点，螨量大时叶片变灰白色至暗褐色（彩图17-307），严重时叶片焦枯甚至早期脱落。二斑叶螨具有很强的吐丝结网习性，有时丝网可将全叶覆盖起来、并罗织到叶柄，或在新梢顶端聚成"虫球"（彩图17-308～彩图17-310），甚至细丝还可在树体间搭接，叶螨顺丝爬行扩散。由于二斑叶螨体色和山楂叶螨的幼若螨体色相近，而二者又均有吐丝结网习性，故常被误认为山楂叶螨的后期若螨。

【形态特征】雌成螨体椭圆形，长0.42～0.59毫米，体背有刚毛26根，呈6横排，体色多为污白色或黄白色，体背两侧各具1块暗褐色斑（彩图17-311）。越冬型为橘黄色，体背两侧无明显斑（彩图17-312）。雄成螨体卵圆形，

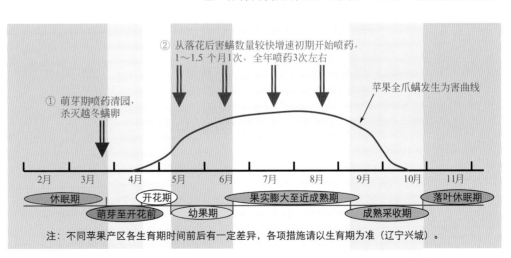

② 从落花后害螨数量较快增速初期开始喷药，1～1.5个月1次，全年喷药3次左右

苹果全爪螨发生为害曲线

① 萌芽期喷药清园，杀灭越冬螨卵

2月　3月　4月　5月　6月　7月　8月　9月　10月　11月

休眠期　　开花期　　　果实膨大至近成熟期　　　落叶休眠期

萌芽至开花前　幼果期　　　　　　成熟采收期

注：不同苹果产区各生育期时间前后有一定差异，各项措施请以生育期为准（辽宁兴城）。

图17-31　苹果全爪螨防控技术模式图

后端尖削，长约0.26毫米，体色为黄白色，体背两侧有明显褐斑（彩图17-313）。幼螨球形，白色，足3对，取食后变为绿色。若螨卵圆形，足4对，体淡绿色，体背两侧具暗绿色斑。卵球形，初产时乳白色，渐变为橘黄色，孵化前出现红色圆点（彩图17-314、彩图17-315）。

彩图17-307　二斑叶螨为害的叶片正面（苹果）

彩图17-308　二斑叶螨在叶背结网为害状（梨）

彩图17-309　二斑叶螨的丝网及害螨

【发生规律】二斑叶螨在北方果区1年发生12～15代，在南方发生20代以上，北方果区主要以受精的滞育型雌成螨在树皮裂缝处、根颈周围的土缝中、枯枝落叶下及宿根性杂草的根际等处潜伏越冬。翌年春天平均气温上升到10℃左右时，越冬雌成螨开始出蛰活动。一般先在树下阔叶杂草（主要为宿根性杂草）及果树根蘖上取食为害和

产卵繁殖。5月上旬后陆续迁移到树上为害，早期多集中于树干和内膛萌发的徒长枝叶片上，不久逐渐向全树冠扩散。世代重叠严重。6月中旬～7月中旬为猖獗为害期，进入雨季虫口密度有所下降。雨季过后气温升高，如气候干旱仍可再度猖獗为害。至9月气温下降后陆续向杂草上转移，进入10月份越冬型雌成螨陆续寻找适宜场所越冬。

彩图17-310　二斑叶螨在枝梢上的结网为害状

彩图17-311　二斑叶螨雌成螨

彩图17-312　果袋上的越冬型雌成螨

彩图17-313　二斑叶螨雄成螨

彩图 17-314 二斑叶螨的初产卵

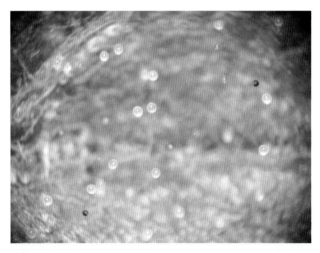

彩图 17-315 二斑叶螨的卵粒

【防控技术】二斑叶螨防控技术模式如图17-32所示。

1.农业措施防控 果树萌芽前，刮除枝干粗皮、翘皮，清除园内枯枝落叶、杂草，并将残体组织集中深埋或烧毁，消灭越冬雌成螨。杂草萌芽后，及时中耕除草，特别要清除树下阔叶杂草，消灭杂草上的二斑叶螨。春季，在树干上涂抹黏虫胶环，阻杀上树叶螨。进入9月份后，在树干上绑附草把或诱虫带，诱集越冬成螨，入冬后解下集中烧毁。

2.萌芽初期药剂清园 果树萌芽初期，全园喷施1次铲除性药剂清园，并连同地面及杂草一起喷洒，杀灭越冬虫螨。效果较好的药剂如：3 ～ 5波美度石硫合剂、45%石硫合剂晶体50 ～ 70倍液等。

3.生长期药剂防控 关键为喷药时期，在害螨发生为害初期或害螨数量开始较快增多时及时喷药；或通过调查6月以前平均每叶活动态螨数达3 ～ 5头、6月以后平均每叶活动态螨数达7 ～ 8头时及时用药。一般果园1 ～ 1.5个月喷药1次，全年需喷药3次左右。常用有效药剂同"山楂叶螨"生长期树上喷药药剂。

4.生物措施防控 叶螨的天敌种类很多，既可以虫治螨，又可以螨治螨，还可以菌治螨。常见害螨的天敌昆虫有：深点食螨瓢虫、暗小花蝽、草蛉、塔六点蓟马、小黑隐翅虫、盲蝽等；天敌捕食螨有：拟长毛钝绥螨、东方钝绥螨、芬兰钝绥螨等；天敌真菌有：藻菌能使二斑叶螨致死率达80% ～ 85%，白僵菌能使二斑叶螨致死率达85.9% ～ 100%。

梨冠网蝽

【分布与为害】梨冠网蝽（*Stephanitis nashi* Esaki er Takeya）属半翅目网蝽科，又称梨网蝽、梨花网蝽、军配虫，在我国许多果区均有发生，主要为害梨树、苹果、山楂、海棠、桃树、杏树等多种果树，以成虫和若虫在叶背刺吸汁液为害。受害叶片正面初期产生苍白色褪绿小点，严重时整个叶面呈苍白色（彩图17-316 ～ 彩图17-318）；叶片背面有褐色斑点状虫粪及分泌物，严重时整个叶背呈锈黄色（彩图17-319 ～ 彩图17-321），甚至导致受害叶片早期脱落。

【形态特征】成虫体长3 ～ 3.5毫米，扁平，暗褐色，头小，复眼暗黑，触角丝状，翅上布满网状纹；前胸背板向后延伸成三角形，盖住中胸，两侧向外突出呈翼片状，具褐色细网纹；前翅略呈长方形，具黑褐色斑纹，静止时两翅叠起，黑褐色斑纹呈"X"状（彩图17-322）。虫体胸腹面黑褐色，有白粉；腹部金黄色，有黑色斑纹；足黄褐色。卵长椭圆形，稍弯，长0.6毫米，初为淡绿色后逐渐变为淡黄色。若虫暗褐色，身体扁平，体缘具黄褐色的刺状突起（彩图17-323）。

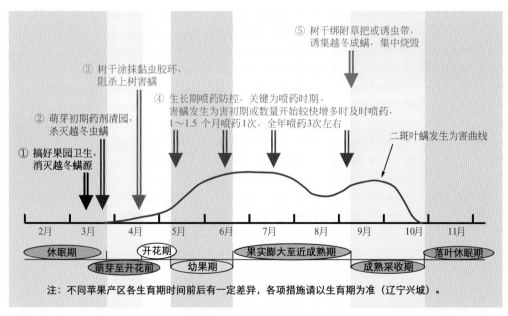

图 17-32 二斑叶螨防控技术模式图

⑤ 树干绑附草把或诱虫带，诱集越冬成螨，集中烧毁

③ 树干涂抹黏虫胶环，阻杀上树害螨

④ 生长期喷药防控，关键为喷药时期。害螨发生为害初期或数量开始较快增多时及时喷药，1～1.5个月喷药1次，全年喷药3次左右

② 萌芽初期药剂清园，杀灭越冬虫螨

① 搞好果园卫生，消灭越冬螨源

二斑叶螨发生为害曲线

2月 3月 4月 5月 6月 7月 8月 9月 10月 11月

休眠期　　萌芽至开花前　开花期　幼果期　果实膨大至近成熟期　成熟采收期　落叶休眠期

注：不同苹果产区各生育期时间前后有一定差异，各项措施请以生育期为准（辽宁兴城）。

彩图 17-316　梨冠网蝽为害的梨树叶片正面

彩图 17-320　梨冠网蝽为害的山楂叶片背面

彩图 17-317　梨冠网蝽的苹果叶片正面

彩图 17-321　梨冠网蝽的苹果叶片背面

彩图 17-318　梨冠网蝽为害的山楂叶片正面

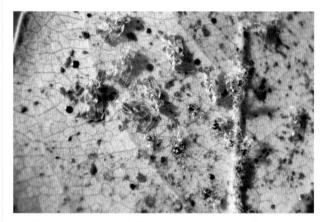

彩图 17-322　梨冠网蝽成虫

彩图 17-319　梨冠网蝽为害的梨树叶片背面

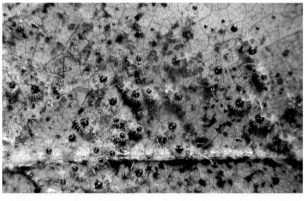

彩图 17-323　梨冠网蝽若虫

【发生规律】梨冠网蝽在华北地区1年发生3～4代，黄河故道地区4～5代，各地均以成虫在枯枝落叶、杂草、树皮缝和树下土块缝隙内越冬。越冬代成虫在梨树展叶时开始出蛰活动，群集于叶背取食和产卵，卵产于叶背面叶脉两侧的组织内，若虫孵化后群集在叶背面主脉两侧为害。由于成虫出蛰很不整齐，且成虫寿命较长，所以世代重叠严重。7～8月份为全年为害盛期。10月中旬后成虫陆续寻找适宜场所越冬。

【防控技术】梨冠网蝽防控技术模式如图17-33所示。

1.搞好果园卫生　落叶后至发芽前，刮除枝干粗皮、翘皮，清除园内及周边枯枝落叶、杂草，将残体集中深埋或烧毁，消灭越冬虫源。

2.诱杀越冬成虫　9月中下旬，在果树枝干上绑附草把或瓦楞纸诱虫带，诱集越冬成虫，进入冬季后解下集中烧毁。

3.树上喷药防控　重点抓住越冬代成虫出蛰为害期至第1代若虫发生期及时进行喷药防控，半月左右1次，连喷2～3次。常用有效药剂有：1.8%阿维菌素乳油2000～2500倍液、2%甲氨基阿维菌素苯甲酸盐乳油3000～4000倍液、22.4%螺虫乙酯悬浮剂3000～4000倍液、350克/升吡虫啉悬浮剂4000～5000倍液、5%啶虫脒乳油1500～2000倍液、50克/升高效氯氟氰菊酯乳油3000～4000倍液、4.5%高效氯氰菊酯乳油1500～2000倍液、20% S-氰戊菊酯乳油1500～2000倍液、2.5%溴氰菊酯乳油1500～2000倍液等。

绿盲蝽

【分布与为害】绿盲蝽〔*Apolygus lucorum*（Meyer-Dur）〕属半翅目盲蝽科，又称绿盲蝽象，在我国除海南、西藏外各省区均有发生，为害寄主植物种类繁多，可为害苹果、梨树、山楂、葡萄、枣树、桃树、樱桃、核桃、板栗等果树，以成虫和若虫刺吸幼嫩组织（新梢、嫩叶、幼果等）汁液进行为害。新梢被害，初期在嫩叶上造成许多褐色坏死斑点，随着叶片生长，斑点逐渐形成孔洞，孔洞边缘不整齐、支离破碎（彩图17-324～彩图17-329），严重时叶片扭曲、皱缩、畸形。伸展叶片受害，叶面形成灰白色褪绿斑点，斑点中间有明显的刺吸伤口，严重时叶面布满灰白色斑点（彩图17-330）。幼果受害，初期在果面上产生水渍状或淡褐色的坏死斑点，随果实膨大，刺吸点处逐渐凹陷，形成直径0.5～2毫米的木栓化凹陷斑；严重时（刺吸为害斑点多）果实畸形，品质显著降低（彩图17-331～彩图17-334）。

彩图17-324　苹果嫩梢受绿盲蝽为害状

彩图17-325　苹果嫩叶受绿盲蝽为害状

【形态特征】成虫长卵圆形，全体绿色，头宽短，复眼黑褐色、突出；前胸背板深绿色，密布刻点；小盾片三角形，微突，黄绿色，具浅横皱；前翅革片为绿色，革片端部与楔片相接处呈灰褐色，楔片绿色，膜区暗褐色（彩图17-335）。卵黄绿色，长口袋形，长1毫米左右，卵盖黄白色，中央凹陷，两端稍微突起。若虫共5龄，体型与成虫相似，全体鲜绿色，3龄开始出现明显的翅芽（彩图17-336）。

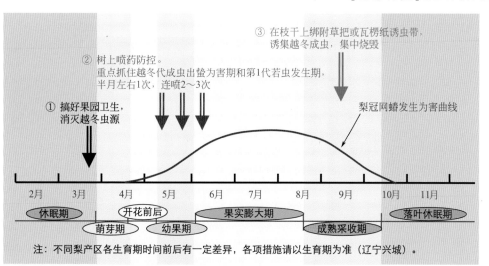

③ 在枝干上绑附草把或瓦楞纸诱虫带，诱集越冬成虫，集中烧毁

② 树上喷药防控。
重点抓住越冬代成虫出蛰为害期和第1代若虫发生期，半月左右1次，连喷2～3次

① 搞好果园卫生，消灭越冬虫源

梨冠网蝽发生为害曲线

2月　3月　4月　5月　6月　7月　8月　9月　10月　11月

休眠期　　开花前后　　　果实膨大期　　　　　落叶休眠期
　　　萌芽期　幼果期　　　　　　成熟采收期

注：不同梨产区各生育期时间前后有一定差异，各项措施请以生育期为准（辽宁兴城）。

图17-33　梨冠网蝽防控技术模式图

彩图 17-326　苹果嫩叶受害后期的孔洞

彩图 17-330　苹果展开叶片受害状

彩图 17-327　绿盲蝽在梨嫩叶上的为害状

彩图 17-331　苹果小幼果受绿盲蝽为害初期

彩图 17-328　受害梨叶后期，斑点破裂成穿孔状

彩图 17-332　苹果幼果受绿盲蝽为害的后期表现

彩图 17-329　绿盲蝽为害的山楂叶片

彩图 17-333　苹果膨大期幼果上的初期受害状

彩图 17-334　绿盲蝽在梨幼果上的为害状

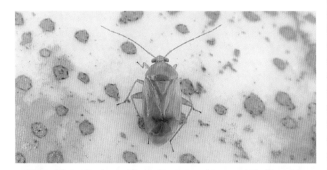

彩图 17-335　绿盲蝽成虫

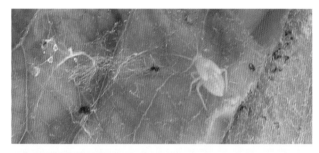

彩图 17-336　绿盲蝽若虫

【发生规律】绿盲蝽在华北果区1年发生3～5代，以卵在杂草、树皮裂缝、芽鳞内及浅层土壤中越冬。翌春3～4月旬平均气温高于10℃或连续5日均温达11℃、相对湿度高于70%时，卵开始孵化，果树发芽后上树为害。绿盲蝽白天潜伏，清晨和夜晚上树刺吸取食。第1代为害盛期

在5月上中旬，第2代为害盛期在6月中旬左右；第3～5代发生时期分别在7月中旬左右、8月中旬左右、9月中旬左右，3～5代主要在其他寄主植物上为害。成虫寿命长，羽化后6、7天开始产卵，产卵期30～40天，发生期不整齐，有明显世代重叠。果树上以第1、2代为害较重，主要发生在展叶期至幼果期，第3～5代为害较轻。秋季，部分末代成虫陆续迁回果园，产卵越冬。

【防控技术】绿盲蝽防控技术模式如图17-34所示。

1. 农业措施防控　发芽前，彻底清除果园内的枯枝落叶杂草，集中烧毁或深埋，破坏害虫越冬场所，减少越冬虫源。同时，在树干上涂抹黏虫胶环，阻杀爬行上树的绿盲蝽若虫。

2. 树上喷药防控　重点防控绿盲蝽为害幼嫩组织。在苹果和梨树上，开花前、后需各喷药1次，严重时落花后半月左右再喷药1次；在山楂树上，抽枝展叶期和花序分离期需各喷药1次，严重时落花后再喷药1次。效果较好的药剂如：2%甲氨基阿维菌素苯甲酸盐乳油3000～4000倍液、5%阿维菌素乳油5000～6000倍液、50克/升高效氯氟氰菊酯乳油3000～4000倍液、4.5%高效氯氰菊酯乳油1500～2000倍液、2.5%溴氰菊酯乳油1500～2000倍、10%联苯菊酯乳油1500～2000倍液、20%甲氰菊酯乳油1500～2000倍液、70%吡虫啉水分散粒剂8000～10000倍液、5%啶虫脒乳油2000～2500倍液等。由于绿盲蝽多在清晨或傍晚上树为害，所以喷药最好在早、晚进行，并注意喷洒地面杂草及行间作物。

梨茎蜂

【分布与为害】梨茎蜂（*Janus piri* Okamato et Muramatsu），属膜翅目茎蜂科，又称梨梢茎蜂、梨茎锯蜂，俗称"折梢虫"，在我国各梨产区均有发生。主要以成虫和幼虫为害梨树新梢，尤以成虫为害最重。在新梢长至6～7厘米时，成虫开始产卵为害，先用锯状产卵器将嫩梢4～5片叶处锯伤，再将伤口下方3～4片叶的叶片切去，仅留叶柄（彩图17-337）。新梢被锯后萎缩下垂，上端干枯脱落（彩图17-338）。幼虫孵化后在残留嫩茎的髓部内蛀食，向下部蛀食为害，虫粪填塞体后虫道（彩图17-339），受害嫩茎逐渐变黑褐色干瘪（彩图17-340）；后期，幼虫蛀食至上年生枝内（彩图17-341）。严重时，许多嫩梢尖部受害（彩图17-342），影响树冠生长。

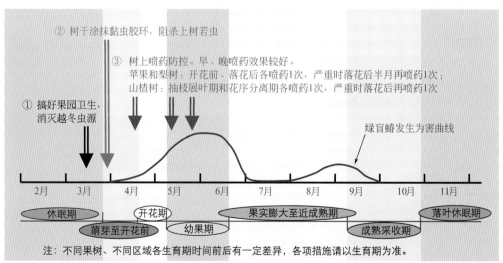

① 搞好果园卫生，消灭越冬虫源

② 树干涂抹黏虫胶环，阻杀上树若虫

③ 树上喷药防控。早、晚喷药效果较好。
苹果和梨树：开花前、落花后各喷药1次，严重时落花后半月再喷药1次；
山楂树：抽枝展叶期和花序分离期各喷药1次，严重时落花后再喷药1次

绿盲蝽发生为害曲线

休眠期　　萌芽至开花前　　开花期　　幼果期　　果实膨大至近成熟期　　成熟采收期　　落叶休眠期

2月　3月　4月　5月　6月　7月　8月　9月　10月　11月

注：不同果树、不同区域各生育期时间前后有一定差异，各项措施请以生育期为准。

图 17-34　绿盲蝽防控技术模式图

彩图 17-337　梨茎蜂为害，嫩梢折断、叶片脱落

彩图 17-338　梨茎蜂为害，嫩梢尖部枯萎

彩图 17-339　幼虫在新梢枯橛内蛀食为害

彩图 17-340　受害嫩梢形成干橛

彩图 17-341　幼虫向上年生枝内蛀食

彩图 17-342　许多嫩梢受害

【形态特征】成虫体长 9 ～ 10 毫米，细长、黑色，前胸后缘两侧、翅基、后胸后部和足均为黄色，翅淡黄色半透明，雌虫腹部末端有锯状产卵器（彩图 17-343）。卵椭圆形，长约 1 毫米，稍弯曲，乳白色、半透明。幼虫初孵化时白色，渐变为淡黄色；老熟幼虫长约 10 毫米，头黄褐色，尾部上翘（彩图 17-344）。蛹全体白色，离蛹，羽化前变黑色，复眼红色。

彩图 17-343　梨茎蜂成虫

彩图 17-344　梨茎蜂幼虫

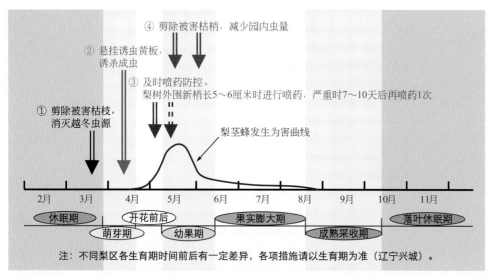

① 剪除被害枯枝，消灭越冬虫源

② 悬挂诱虫黄板，诱杀成虫

③ 及时喷药防控。梨树外围新梢长5～6厘米时进行喷药，严重时7～10天后再喷药1次

④ 剪除被害枯梢，减少园内虫量

梨茎蜂发生为害曲线

2月　3月　4月　5月　6月　7月　8月　9月　10月　11月

休眠期　开花前后　果实膨大期　落叶休眠期
萌芽期　幼果期　成熟采收期

注：不同梨区各生育期时间前后有一定差异，各项措施请以生育期为准（辽宁兴城）。

图17-35　梨茎蜂防控技术模式图

【发生规律】梨茎蜂1年发生1代，以老熟幼虫在被害枝内越冬。翌年梨树开花期成虫羽化，鸭梨盛花后5天为成虫产卵高峰期。在河北中部3月下旬为化蛹盛期，3～4月份梨树新梢抽生时成虫羽化，5月初新梢大量抽出时，为产卵盛期。辽宁西部幼虫4月间化蛹，5月上中旬为成虫发生期。成虫在晴朗天气飞翔、交尾和产卵，10～13时之间最为活跃，阴雨天和早晚低温时在叶背静伏不动。成虫产卵期约持续15天，卵期7天。幼虫孵化后向嫩枝下部蛀食，8月上中旬老熟后头向上做茧越冬。

【防控技术】梨茎蜂防控技术模式如图17-35所示。

1.剪除被害枝梢　结合冬季修剪，尽量剪除被害枯枝（从枯枝下3厘米左右处剪截），集中烧毁或深埋，消灭越冬虫源。梨树落花后，结合疏花疏果等农事活动，及时剪除被害枝梢（从枯萎处下方2厘米处剪截），集中销毁，减少园内虫量。

2.黄板诱杀成虫　在梨茎蜂成虫发生期内，于果园中悬挂黄色黏虫板，诱杀成虫。黏虫板多悬挂在树冠外围距地面1.5米高的树枝上，每亩悬挂长25厘米、宽20厘米的黏虫板10～50片（彩图17-345）。当黏虫板黏满虫体时，注意及时更换。

彩图17-345　悬挂黄板，诱杀成虫

3.化学药剂防控　一般成龄果园不需喷药防控，幼

树园或高接换头的梨园需要及时进行喷药；特别严重时，成龄果园也许喷药防控。梨树外围新梢长至5～6厘米长时是喷药防控关键期，虫量较多果园7～10天后需再喷药1次。效果较好的有效药剂如：50克/升高效氯氟氰菊酯乳油3000～4000倍液、4.5%高效氯氰菊酯乳油1500～2000倍液、2.5%溴氰菊酯乳油1500～2000倍液、20%甲氰菊酯乳油1500～2000倍液、20% S-氰戊菊酯乳油1500～2000倍液等。

梨瘿蚊

【分布与为害】梨瘿蚊（*Dasineura pyri* Bouchur）属双翅目瘿蚊科，又称梨芽蛆、梨叶蛆，仅为害梨树，在我国各梨产区均有发生，局部梨园发生为害较重，且近年呈扩散蔓延趋势。成虫多在嫩梢密集而未展开的嫩芽、叶缝中产卵，少数产于芽、叶表面。幼虫孵化后即钻入芽内为害，芽、叶被害后出现黄色斑点；不久，叶面呈现凹凸不平（彩图17-346）。随叶片生长，叶肉组织肿胀、畸形，叶缘向上卷曲，不能展开（彩图17-347、彩图17-348）。严重时，卷叶变褐枯死，甚至早期脱落，影响树体生长。

彩图17-346　受害叶片凹凸不平

【形态特征】成虫体暗红色，1对前翅，具蓝紫色闪光，翅面生有微毛，后翅退化为淡黄色平衡棒，足细长，淡黄色。雌成，触角丝状，各鞭节为圆筒形，两端各轮生1圈较短刚毛，腹末有长约1.2毫米的管状伪产卵器。雄成虫体长1.2～1.4毫米，翅展约3.5毫米，触角念珠状，各鞭节形如球杆，球部散生放射状刚毛。卵长椭圆形，长约0.28毫米，初产时淡橘黄色，孵化前变为橘红色。幼虫长纺锤形，13节，1～2龄幼虫无色透明，3龄幼虫半透明，4龄

幼虫乳白色、渐变为橘红色（彩图17-349、彩图17-350）。蛹橘红色，裸蛹，外有白色胶质茧。

彩图 17-347　受害叶片叶缘向上纵卷

彩图 17-348　梨瘿蚊较重为害状

【发生规律】梨瘿蚊1年发生2～3代，以老熟幼虫在树冠下深约6厘米的土层或树干翘皮裂缝中越冬，尤以2厘米左右深的表土层中居多。越冬代成虫在梨树萌芽期开始出现，成虫羽化后即可交尾，约2小时后开始产卵，卵多产

在未展开的芽叶缝隙中，少数产在芽叶表面。卵成块状排列，每块数粒至数十粒不等。第1代卵期4天，第2代3天，第3代2天。幼虫孵化后即钻入芽内为害，各代幼虫期13天左右。幼虫老熟后遇雨脱叶落地，寻找适宜场所结茧化蛹。第1代蛹期20天，第1代成虫约在5月上旬开始发生。第2代蛹期12.8天，第2代成虫约在6月上旬开始发生。降雨和土壤湿度是影响梨瘿蚊发生的主要因素，雨日多、土壤湿度适中有利于梨瘿蚊发生。土壤含水量低于5%时，幼虫不能结茧化蛹；高于35%时，幼虫化蛹缓慢，羽化率降低。

彩图 17-349　虫瘿内的老熟幼虫

彩图 17-350　梨瘿蚊幼虫放大

【防控技术】梨瘿蚊防控技术模式如图17-36所示。

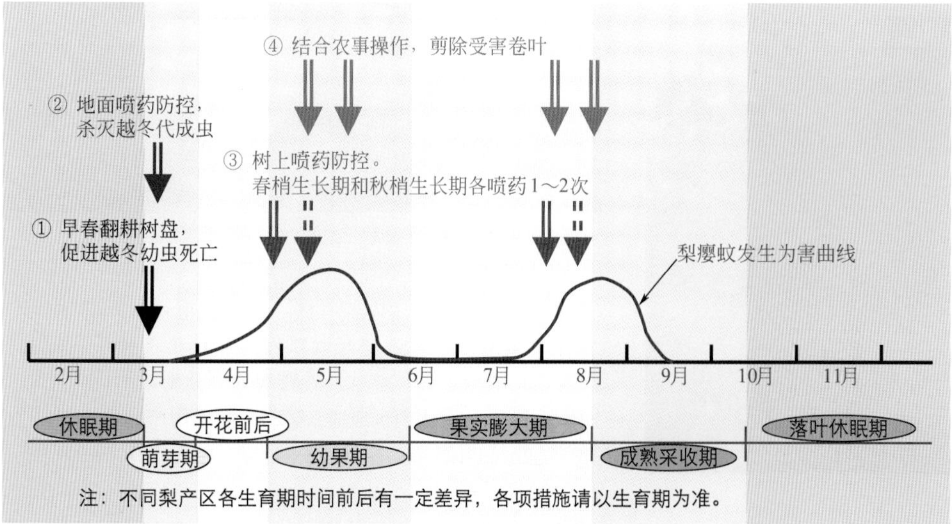

1.农业措施防控　早春翻耕树盘，促进越冬幼虫死亡。生长期结合疏果、套袋等农事活动，尽量剪除受害卷叶，集中销毁，减少虫口数量。

2.地面药剂防控　上年梨瘿蚊发生为害较重梨园，结合早春翻耕树盘，地面喷药防控，杀灭越冬代成虫。一般使用50%辛硫磷乳油300～500倍液、或480克/升毒死蜱乳油600～800倍液喷洒地面，将土壤表层喷湿，然后耙松土表。

④ 结合农事操作，剪除受害卷叶

② 地面喷药防控，杀灭越冬代成虫

③ 树上喷药防控。春梢生长期和秋梢生长期各喷药1～2次

① 早春翻耕树盘，促进越冬幼虫死亡

梨瘿蚊发生为害曲线

2月　3月　4月　5月　6月　7月　8月　9月　10月　11月

休眠期　开花前后　果实膨大期　落叶休眠期
萌芽期　幼果期　成熟采收期

注：不同梨产区各生育期时间前后有一定差异，各项措施请以生育期为准。

图17-36　梨瘿蚊防控技术模式图

3.**树上喷药防控** 关键为新梢生长期及时喷药，10天左右1次，春梢期和秋梢期各喷药1～2次。效果较好的药剂有：2%甲氨基阿维菌素苯甲酸盐乳油3000～4000倍液、1.8%阿维菌素乳油2000～2500倍液、22%氟啶虫胺腈悬浮剂4000～5000倍液、33%氯氟·吡虫啉悬浮剂3000～4000倍液、350克/升吡虫啉悬浮剂4000～5000倍液、25克/升高效氯氟氰菊酯乳油1500～2000倍液、4.5%高效氯氰菊酯乳油1500～2000倍液等。

梨瘿华蛾

【分布与为害】梨瘿华蛾（*Sinitinea pyrigolla* Yang）属鳞翅目华蛾科，又称梨瘤蛾、梨枝瘿蛾，在我国各梨产区均有发生，仅为害梨树。以幼虫蛀入当年生枝条木质部内蛀食为害，刺激被害枝条形成瘤状虫瘿（彩图17-351）。受害枝条蛀孔附近的1张叶片变黄，不久叶片脱落。虫口密度大时，一个枝条上常串连几个虫瘿，形似"糖葫芦"状（彩图17-352、彩图17-353）。

彩图17-351　虫瘿及瘿内虫道

彩图17-352　梨瘿华蛾为害形成的串状虫瘿

彩图17-353　梨瘿华蛾田间为害状

【形态特征】成虫体长4～8毫米，翅展12～17毫米，灰黄色至灰褐色，具光泽；前翅灰褐色，有丝光，2/3处有1狭三角形灰白色大斑，斑中部和内外两侧各有黑色纵条纹；后翅灰褐色，缘毛长。卵圆筒形，初产时橙黄色，近孵化时棕褐色。老熟幼虫体长7～9毫米，淡黄白色，头小、褐色，前胸盾片淡褐色，胸足和臀板浅褐色，体表疏生黄白色细毛（彩图17-354）。蛹体长5～7毫米，初为淡褐色，羽化前头胸部变黑，腹部和臀板浅褐色。

彩图17-354　梨瘿华蛾幼虫

【发生规律】梨瘿华蛾1年发生1代，以蛹在虫瘤内越冬。梨树萌芽时开始羽化，花芽开绽前为羽化盛期。成虫多傍晚活动，趋光性不强，交尾后隔日产卵，卵多散产在枝条粗皮、芽旁和虫瘤等缝隙处。每雌蛾产卵90余粒，成虫寿命8～9天。卵期18～20天。新梢抽伸时开始孵化，初孵幼虫较活泼，爬至新梢上蛀入为害，被害部逐渐膨大成瘤状，瘿瘤多从6月开始出现。幼虫在瘤内纵横串食至9月中下旬老熟，而后咬一羽化孔后于瘿瘤内化蛹（彩图17-355），以蛹越冬。蛹期有1种寄生蜂，田间寄生率可达45%～62%（彩图17-356、彩图17-357）。

彩图17-355　梨瘿华蛾虫瘿上的成虫羽化孔

彩图17-356　被寄生蜂寄生的越冬虫蛹

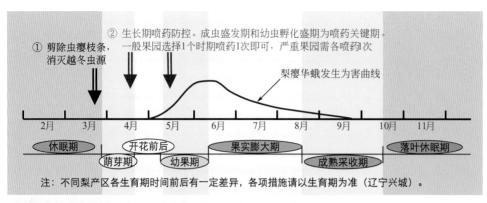

① 剪除虫瘿枝条，消灭越冬虫源
② 生长期喷药防控。成虫盛发期和幼虫孵化盛期为喷药关键期。一般果园选择1个时期喷药1次即可，严重果园需各喷药次

梨瘿华蛾发生为害曲线

2月 3月 4月 5月 6月 7月 8月 9月 10月 11月

休眠期　开花前后　果实膨大期　落叶休眠期
萌芽期　幼果期　成熟采收期

注：不同梨产区各生育期时间前后有一定差异，各项措施请以生育期为准（辽宁兴城）。

图17-37　梨瘿华蛾防控技术模式图

彩图17-357　梨瘿华蛾寄生蜂

【防控技术】梨瘿华蛾防控技术模式如图17-37所示。

1.剪除枝条虫瘿　结合冬季修剪，彻底剪除带有虫瘿的枝条，集中烧毁，消灭越冬虫源。

2.生长期喷药防控　关键为喷药时期，成虫盛发期（花序铃铛球期）和幼虫孵化盛期（落花后7天左右）是两个喷药防控关键期，一般果园选择1个时期喷药1次即可，个别发生为害严重果园需各喷药防控1次。效果较好的药剂如：25克/升高效氯氟氰菊酯乳油1500～2000倍液、4.5%高效氯氰菊酯乳油1500～2000倍液、20% S-氰戊菊酯乳油1500～2000倍液、2.5%溴氰菊酯乳油1500～2000倍液、2%甲氨基阿维菌素苯甲酸盐乳油2500～3000倍液等。

梨缩叶壁虱

【分布与为害】梨缩叶壁虱（*Epitrimerus pyri* Nalepa）属蛛形纲真螨目瘿螨科，又称梨缩叶瘿螨，仅为害梨树，在我国各梨产区普遍发生，局部地区为害较重，主要以成螨、若螨为害叶片。叶片受害，多从叶缘开始发生，首先在叶背出现增生，使叶片沿叶缘向正面卷缩（彩图17-358），呈现凸凹不平，严重时卷成纵向双筒（彩图17-359）。展叶期嫩叶受害，叶片红肿皱缩（彩图17-360）。

【形态特征】成螨体微小，肉眼不易看到，体长约130微米，宽约49微米，似胡萝卜形，前端粗向后渐细，油黄色，半透明，体两侧各有4根刚毛，尾端两侧各有1根。若螨形似成螨，体较小、细长，黄白色。

【发生规律】梨缩叶壁虱1年发生多代，以成螨在芽鳞片下越冬。翌年梨树花芽开绽时开始活动，随叶片展开集中在叶正面为害，并在为害处产卵，5月份为害最重，嫩叶受害后逐渐表现出肿胀、皱缩、卷曲、变色等，被害卷叶及皱叶难以伸展。随气温升高，逐渐转移分散为害。6月份以后，叶组织老化，发生数量逐渐减少，为害相对减轻，受害处仅表现为失绿变色。秋季成螨转移到芽上并潜入芽鳞片下准备越冬。

彩图17-358　梨缩叶壁虱为害初期叶缘上卷

彩图17-359　梨缩叶壁虱为害严重时，叶缘卷曲成近双筒状

彩图17-360　展叶期受害嫩叶

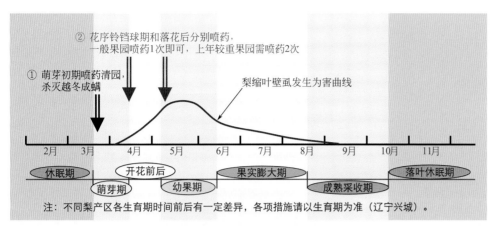

① 萌芽初期喷药清园,杀灭越冬成螨

② 花序铃铛球期和落花后分别喷药,一般果园喷药1次即可,上年较重果园需喷药2次

梨缩叶壁虱发生为害曲线

| 2月 | 3月 | 4月 | 5月 | 6月 | 7月 | 8月 | 9月 | 10月 | 11月 |

休眠期　萌芽期　开花前后　幼果期　果实膨大期　成熟采收期　落叶休眠期

注: 不同梨产区各生育期时间前后有一定差异,各项措施请以生育期为准(辽宁兴城)。

图17-38　梨缩叶壁虱防控技术模式图

成疱疹。5月中下旬达全年为害盛期。进入秋季后,成螨脱出叶片,潜入芽鳞片下越冬。

【防控技术】参照"梨缩叶壁虱"防控技术。

【防控技术】梨缩叶壁虱防控技术模式如图17-38所示。

1.发芽前药剂清园　梨树萌芽初期,全园喷施1次铲除性药剂,杀灭潜藏在芽内的越冬成螨。常用有效药剂如:3～5波美度石硫合剂、45%石硫合剂晶体50～70倍液、50%硫黄悬浮剂80～100倍液等。

2.生长期喷药防控　梨树花序铃铛球期和落花后是两个喷药防控关键期,一般果园选择1个时期喷药1次即可,个别往年发生为害较重果园需各喷药防控1次。效果较好的有效药剂如:1.8%阿维菌素乳油2000～3000倍液、2%甲氨基阿维菌素苯甲酸盐乳油3000～4000倍液、5%唑螨酯悬浮剂2000～3000倍液、22.4%螺虫乙酯悬浮剂3000～4000倍液、33%氯氟·吡虫啉悬浮剂3000～4000倍液等。

梨叶肿壁虱

【分布与为害】梨叶肿壁虱[*Eriophyes pyri* Pagenst]属蛛形纲真螨目瘿螨科,又称梨潜叶壁虱,主要为害梨树,在我国各梨产区均有发生。以成螨、若螨为害嫩叶为主,严重时也可为害叶柄、幼果、果柄等部位。叶片受害,初期在背面产生小米粒大小的淡绿色小疱疹,后逐渐扩大至0.5～3毫米(彩图17-361)。随疱疹逐渐扩大,叶片正反两面的颜色逐渐变为红色、褐色直至黑色(彩图17-362)。疱疹多背面隆起,正面凹陷,受害叶片凹凸不平(彩图17-363);有时叶正面也可产生小疱疹(彩图17-364)。严重时,叶片上密集许多疱疹(彩图17-365),后期导致叶片变褐,甚至早期脱落。

【形态特征】成螨体长约250微米,圆筒形,白色、灰白色或稍带红色,口器钳状向前突出;体前端有足2对,体上有许多环状纹,尾端具2根长刚毛。若螨体较小,形似成螨。卵圆形,半透明。

【发生规律】梨叶肿壁虱1年发生多代,以成螨在芽的鳞片下越冬。翌年春季梨树展叶后,越冬成螨从气孔侵入叶片组织内,并在其中产卵、繁殖及为害。卵约一周后孵化。该螨在叶内为害刺激,导致寄主组织肿胀,进而形

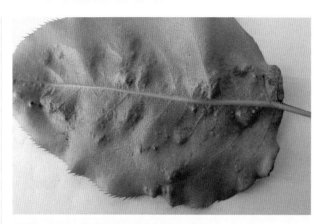

彩图17-361　梨叶肿壁虱为害初期(叶背面)

彩图17-362　为害后期,疱疹变黑褐色

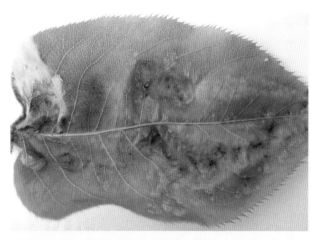

彩图17-363　梨叶肿壁虱为害叶片凹凸不平

彩图 17-364　叶片正面亦可产生小疱疹

彩图 17-365　叶片上密布许多小疱疹

康氏粉蚧

【分布与为害】康氏粉蚧 [*Pseudococcus comstocki* (Kuwana)] 属半翅目粉蚧科，又称桑粉蚧、梨粉蚧、李粉蚧，在我国许多省区均有发生，可为害苹果、梨树、山楂、葡萄、桃树、李树、杏树等多种果树。以雌成虫和若虫刺吸汁液为害，嫩芽、叶片、果实、枝干及根部均可受害（彩图 17-366、彩图 17-367），尤以果实受害损失较重。果实受害，多在萼洼和梗洼处发生（彩图 17-368），受害处组织坏死，出现大小不等的褐色斑点、黑点或黑斑（彩图 17-369）；同时，该虫产生许多白色棉絮状蜡粉污染果面（彩图 17-370、彩图 17-371），并排泄蜜露污染果实，套袋果上易诱发杂菌感染而导致"煤污病"发生，对果品质量造成很大影响；着色果实受害后影响果实着色（彩图 17-372）。套袋果实受害较重，严重果园虫果率可达 40% ～ 50%。嫩枝受害后，被害处肿胀，严重时造成树皮纵裂而枯死。枝干及根部受害时树体一般无异常表现（彩图 17-373、彩图 17-374），但严重时导致树势衰弱。

【形态特征】雌成虫椭圆形，较扁平，体长 3 ～ 5 毫米，体粉红色，表面被白色蜡粉，体缘有 17 对白色蜡丝，前端蜡丝较短，后端最末 1 对蜡丝较长，几乎与体长相等，蜡丝基部粗，尖端略细；胸足发达，后足基节上有较多的透明小孔，臀瓣发达，其顶端生有 1 根臀瓣刺和几根长毛（彩图 17-375）。雄成虫体褐色，体长约 1 毫米，翅展约 2 毫

米，翅 1 对、透明，后翅退化成平衡棒，具尾毛。卵椭圆形，长约 0.3 毫米，浅橙黄色，数十粒集中成块，外有薄层蜡粉形成的白絮状卵囊。初孵若虫体扁平，椭圆形淡黄色，外形似雌成虫。雄蛹浅紫色，触角、翅、足均外露。

彩图 17-366　康氏粉蚧为害嫩梢

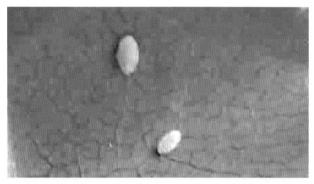

彩图 17-367　康氏粉蚧为害叶片

彩图 17-368　康氏粉蚧雌成虫在苹果萼洼处为害

彩图 17-369　康氏粉蚧在果柄基部的为害状

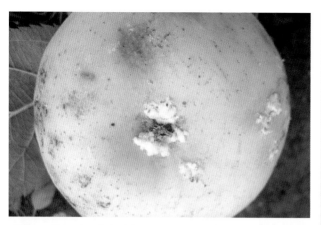

彩图 17-370 　康虱粉蚧为害，蜡粉污染果面

彩图 17-371 　康氏粉蚧为害套袋鸭梨

彩图 17-372 　康氏粉蚧为害影响果实着色

彩图 17-373 　康氏粉蚧为害枝干

彩图 17-374 　康氏粉蚧在枝干缝隙处为害

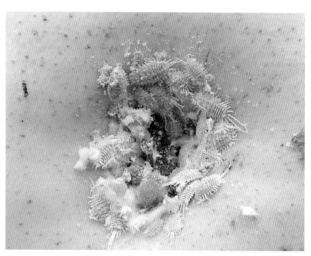

彩图 17-375 　康氏粉蚧雌成虫

【发生规律】康氏粉蚧1年发生3代，主要以卵在枝干树皮缝隙处及土石缝处越冬，少数以若虫和受精雌成虫越冬。果树发芽时开始孵化或出蛰，而后爬到枝叶等幼嫩部位刺吸为害。第1代若虫盛发期为5月中下旬，6月上旬～7月上旬陆续羽化，交配产卵。第2代若虫6月下旬～7月下旬孵化，盛期为7月中下旬，8月上旬～9月上旬羽化，交配产卵。第3代若虫8月中旬开始孵化，8月下旬～9月上旬进入盛期，9月下旬开始羽化，交配产卵越冬。产卵较早的孵化后以若虫越冬；羽化较晚的交配后不产卵即越冬。雌若虫期35～50天，雄若虫期25～40天。雌成虫交配后再经短时间取食，而后寻找适宜场所分泌卵囊产卵于其中。第1、2代雌虫产卵200～450粒，第3代雌虫产卵70～150粒。康氏粉蚧具有明显的趋阴性，在阴暗部位发生量大，所以套袋果实常受害较重。

【防控技术】康氏粉蚧防控技术模式如图17-39所示。

1.农业措施防控　果树发芽前，刮除枝干粗皮、翘皮，清除园内杂草、落叶、旧果袋、病虫果等，并将残体集中烧毁，减少越冬虫源。9月中下旬后，在果树枝干上绑附草把或诱虫带，诱集成虫产卵及越冬，进入冬季后解下烧毁，消灭越冬虫源。

2.发芽前药剂清园　果树发芽前，全园喷施1次铲除性药剂清园，杀灭越冬虫源。一般使用3～5波美度石硫合

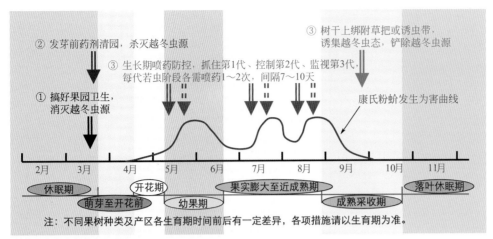

② 发芽前药剂清园，杀灭越冬虫源

③ 生长期喷药防控，抓住第1代、控制第2代、监视第3代，每代若虫阶段各需喷药1～2次，间隔7～10天

③ 树干上绑附草把或诱虫带，诱集越冬虫态，铲除越冬虫源

① 搞好果园卫生，消灭越冬虫源

康氏粉蚧发生为害曲线

2月　3月　4月　5月　6月　7月　8月　9月　10月　11月

休眠期　　开花期　　果实膨大至近成熟期　　落叶休眠期
　　萌芽至开花前　幼果期　　　　　　成熟采收期

注：不同果树种类及产区各生育期时间前后有一定差异，各项措施请以生育期为准。

图17-39　康氏粉蚧防控技术模式图

剂、或45%石硫合剂晶体50～70倍液、或480克/升毒死蜱乳油600～800倍液淋洗式喷雾。

3.生长期喷药防控　关键是抓住各代若虫初期喷药，第1代、2代尤为重要。一般防控原则为：抓住第1代、控制第2代、监视第3代。每代若虫阶段需喷药1～2次，间隔期7～10天。效果较好的药剂如：24%螺虫乙酯悬浮剂4000～5000倍液、25%噻嗪酮可湿性粉剂1000～1200倍液、22%氟啶虫胺腈悬浮剂4000～5000倍液、25%噻虫嗪水分散粒剂3000～4000倍液、50克/升高效氯氟氰菊酯乳油2500～3000倍液、20%甲氰菊酯乳油1500～2000倍液、0.6%苦参碱水剂600～800倍液等。喷药时若在药液中混加石蜡油或矿物油类农药助剂，可显著提高防控效果。

梨圆蚧

【分布与为害】梨圆蚧（*Diaspidiotus perniciosus* Comstock）属半翅目盾蚧科，又称梨圆盾蚧、梨笠元盾蚧，在我国果树产区普遍发生，可为害苹果、梨树、山楂、枣树、海棠、桃树、李树、杏树、樱桃、葡萄、核桃、柿树等多种果树，以雌成虫和若虫固着在枝条、果实和叶片上刺吸汁液为害。枝干受害，发生轻时无明显异常，严重时可引起皮层爆裂，甚至造成早期落叶和枝梢干枯，导致树势衰弱。果实受害，多集中在萼洼和梗洼附近，形成紫红色环纹，果面稍显凹陷，影响果实质量（彩图17-376、彩图17-377）。

彩图17-376　梨圆蚧在梨果实上的为害状

【形态特征】雌成虫无翅，体扁圆形，橘黄色，被灰色圆形介壳，直径约1.3毫米，中央稍隆起，壳顶黄色或褐色，表面有轮纹（彩图17-378、彩图17-379）。雄成虫有翅，体长约0.6毫米，翅展约1.2毫米，头、胸部橘红色，腹部橙黄色，1对前翅、半透明，后翅退化为平衡棒，腹部末端有剑状交尾器。雄介壳长椭圆形，灰色，长约1.2毫米，壳点偏向一边。初孵若虫体长约0.2毫米，扁椭圆形，淡黄色，触角、口器、足均较发达，腹末有2根长毛。2龄若虫眼、触角、足和尾毛均消失，开始分泌介壳，固定不动。3龄若虫可以区分雌雄，介壳形状近于成虫。雄蛹体长约0.6毫米，长锥形，淡黄略带淡紫色。

彩图17-377　梨圆蚧为害苹果症状

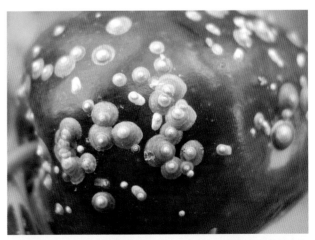

彩图17-378　梨圆蚧成虫介壳

【发生规律】梨圆蚧在南方1年发生4～5代，北方发生2～3代，均以2龄若虫和少数受精雌成虫在枝干上越冬。翌年春季果树树液流动后开始继续为害，蜕皮后雌雄分化。

5月中下旬～6月上旬羽化为成虫，随即交尾。雄虫交尾后死亡，雌虫继续取食为害至6月中旬后开始卵胎生产仔，至7月上旬结束，每雌胎生若虫百余头，产仔期约20天，6月底前后为产仔盛期。3代发生区各代若虫出现期为：第1代6～7月间，第2代7月下旬～9月；第3代8月底～9月上旬。田间世代重叠严重，从5月中旬～10月间均可见到成虫、若虫同期为害。至秋末以2龄若虫及少数受精雌成虫越冬。

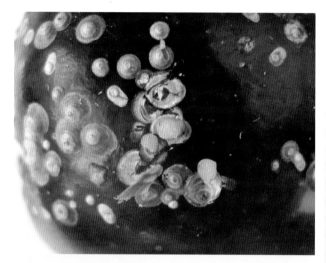

彩图 17-379　梨圆蚧雌成虫

【防控技术】梨圆蚧防控技术模式如图17-40所示。

1.农业措施防控　结合冬季修剪，尽量剪除虫口密度较大的枝条，剪下枝条集中烧毁，减少越冬虫源。

2.发芽前药剂清园　果树发芽前，全园喷施1次铲除性药剂清园，杀灭越冬虫源，淋洗式喷雾效果最好。常用有效药剂如：3～5波美度石硫合剂、45%石硫合剂晶体50～70倍液、97%矿物油乳剂150～200倍液、480克/升毒死蜱乳油600～800倍液等。

3.生长期喷药防控　关键为抓住各代若虫期及时喷药，在若虫分散为害期至虫体被介壳覆盖前喷药效果最好，一般每代喷药1～2次，间隔期10天左右。常用有效药剂同"康氏粉蚧"生长期树上喷药药剂（图17-40）。

朝鲜球坚蚧

【分布与为害】朝鲜球坚蚧（*Didesmococcus koreanus* Borchs）属半翅目蜡蚧科，又称杏球坚蚧、桃球蚧，在我国许多省区均有发生，可为害苹果、梨树、山楂、桃树、李树、杏树等多种果树。以若虫和雌成虫刺吸汁液为害，1～2年生枝条上发生较多。初孵若虫还可爬到嫩枝、叶片和果实上为害，2龄后多群集固定在小枝条上为害，虫体逐渐膨大，并逐渐分泌形成介壳。严重时，枝条上介壳累累（彩图17-380、彩图17-381），致使枝叶生长不良，树势衰弱，甚至枝条枯死。果树发芽开花时期为害较重。

彩图 17-380　朝鲜球坚蚧群集在苹果小枝上为害

彩图 17-381　朝鲜球坚蚧群集在梨树枝条上为害

【形态特征】雌成虫无翅，介壳红褐色至黑褐色，半球状，介壳表面无明显皱纹，有纵列凹陷的小刻点，腹面淡红色，与枝条结合处有白色蜡粉，体节隐约可见（彩图17-382）。雄虫介壳长扁圆形，长约1.8毫米，白色，隐约可见分节，近化蛹时，介壳与虫体分开（彩图17-383）。雄成虫体赤褐色，有翅1对，

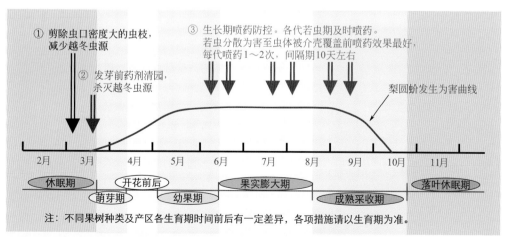

① 剪除虫口密度大的虫枝，减少越冬虫源

② 发芽前药剂清园，杀灭越冬虫源

③ 生长期喷药防控。各代若虫期及时喷药。若虫分散为害至虫体被介壳覆盖前喷药效果最好，每代喷药1～2次，间隔期10天左右

梨圆蚧发生为害曲线

2月　3月　4月　5月　6月　7月　8月　9月　10月　11月

休眠期　开花前后　果实膨大期　落叶休眠期

萌芽期　幼果期　成熟采收期

注：不同果树种类及产区各生育期时间前后有一定差异，各项措施请以生育期为准。

图17-40　梨圆蚧防控技术模式图

后翅退化成平衡棒，腹部末端有1对白色蜡质尾毛和1根性刺。卵椭圆形，粉红色，近孵化时显出红色眼点（彩图17-384、彩图17-385）。初孵若虫长扁圆形，体粉红色，眼红色极明显，足黄褐色发达，活动能力强，体表被有白色蜡粉，腹部末端有一对白色尾毛（彩图17-386）。固着后的若虫体色较深，背面覆盖白色丝状蜡质物。越冬后的若虫，雌雄两性逐渐分化，雌虫长椭圆形，体表有黑褐色相间的条纹；雄虫体瘦小，背面臀板前缘有两个大型黄白色斑纹，左右互相连接。雄蛹赤褐色，裸蛹，体长1.8毫米，腹部末端有黄褐色刺突，蛹外被长椭圆形茧。

彩图17-382　朝鲜球坚蚧雌虫介壳

彩图17-383　朝鲜球坚蚧雌虫介壳和雄虫介壳

彩图17-384　朝鲜球坚蚧雌介壳内的卵

彩图17-385　朝鲜球坚蚧卵粒

彩图17-386　朝鲜球坚蚧初孵若虫

【发生规律】朝鲜球坚蚧1年发生1代，以2龄若虫在枝干裂缝中、粗翘皮下、伤口边缘等处越冬，外覆有蜡被。翌年果树萌芽期（约3月中旬）开始从蜡被中脱出寻找适宜场所固定为害，而后雌雄分化。雄若虫4月上旬开始分泌蜡茧化蛹，4月中旬开始羽化交配，交配后雄虫死亡，雌虫迅速膨大。5月中旬前后为产卵盛期，卵期7天左右。5月下旬～6月上旬为孵化盛期。初孵若虫从母体介壳下爬出，分散到枝条、叶背为害。秋后转回到枝干上，越冬前蜕皮1次，10月中旬以2龄若虫在蜡被下越冬。全年4月下旬～5月上旬为害最盛。

【防控技术】朝鲜球坚蚧防控技术模式如图17-41所示。

1.农业措施防控　秋后早期在果树枝干上绑附草把或诱虫带，诱集越冬若虫，入冬后解下集中烧毁，消灭越冬虫源。早春结合冬剪，尽量剪除带虫枝条，集中销毁；或人工抹杀枝条上的虫体，减轻为害程度。

2.萌芽初期药剂清园　果树萌芽初期，全园喷施1次铲除性药剂清园，杀灭树上虫体，淋洗式喷雾效果最好。有效药剂同"梨圆蚧"清园药剂。

3.生长期树上喷药　关键为抓住初孵若虫从母体介壳中爬出向枝条、叶片扩散转移期及时喷药，7～10天1次，连喷1～2次，并采用淋洗式喷雾。效果较好的有效药剂同"康氏粉蚧"生长期树上喷药药剂。

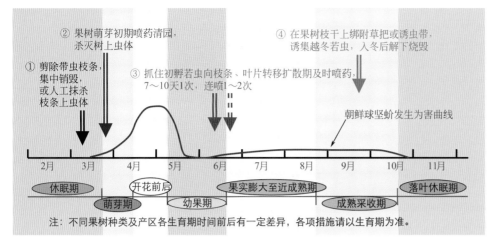

① 剪除带虫枝条，集中销毁，或人工抹杀枝条上虫体

② 果树萌芽初期喷药清园，杀灭树上虫体

③ 抓住初孵若虫向枝条、叶片转移扩散期及时喷药，7～10天1次，连喷1～2次

④ 在果树枝干上绑附草把或诱虫带，诱集越冬若虫，入冬后解下烧毁

朝鲜球坚蚧发生为害曲线

| 2月 | 3月 | 4月 | 5月 | 6月 | 7月 | 8月 | 9月 | 10月 | 11月 |

休眠期　萌芽期　开花前后　幼果期　果实膨大至近成熟期　成熟采收期　落叶休眠期

注：不同果树种类及产区各生育期时间前后有一定差异，各项措施请以生育期为准。

图17-41　朝鲜球坚蚧防控技术模式图

量1000～2500粒。若虫6月上旬孵化，而后爬至叶片背面或嫩枝上刺吸汁液，到10月份陆续转移到当年生枝或上年生枝上，蜕皮后变为2龄固着越冬。雌虫既可两性繁殖，又可孤雌生殖。

【防控技术】参考"朝鲜球坚蚧"防控技术。

苹果球蚧

【分布与为害】苹果球蚧（*Rhodococcus sariuoni* Borchs.）属同翅目蜡蚧科，又称西府球蜡蚧，在我国许多省区均有发生，可为害苹果、梨树、山楂、桃树、杏树、樱桃等多种果树，以若虫和雌成虫刺吸枝干和叶片汁液为害，常群集排列。同时，虫体不断排泄蜜露或分泌油滴状黏液，诱使煤污病发生，影响光合作用。严重时导致树势衰弱，甚至枝条枯死。

【形态特征】雌成虫产卵前多呈卵圆形，赭红色，后半部有4纵列凹斑；产卵后介壳多为球形，褐色，表面硬化并具光泽（彩图17-387）。雄成虫浅棕红色，体长约2毫米，翅展约5.5毫米，触角丝状，腹末交配器针状。雄虫介壳长椭圆形，扁平，长约3毫米，表面覆有灰白色棉状蜡丝。卵椭圆形，长约0.5毫米，初期橙黄色，孵化前变肉红色。初孵若虫长卵形，扁平，长0.5～0.6毫米，淡黄色，取食后变黄绿色，尾端有2根长毛。越冬若虫褐色，长圆形。

彩图17-387　苹果球蚧雌介壳

【发生规律】苹果球蚧1年发生1代，以2龄若虫在1～2年生枝条上固着越冬。翌年树体发芽时开始吸食汁液为害，约4月中旬化蛹，4月下旬～5月初羽化出成虫。交配后雌虫迅速膨大，5月中下旬产卵于介壳下，每雌虫产卵

日本龟蜡蚧

【分布与为害】日本龟蜡蚧（*Ceroplastes japonicas* Guaind）属同翅目蜡蚧科，又称日本蜡蚧、枣龟蜡蚧、龟蜡蚧，俗称"树虱子"，在我国分布非常广泛，可为害苹果、梨树、山楂、枣树、柿树、桃树、杏树、李树、花椒等多种果树。以若虫和雌成虫刺吸汁液为害，严重时枝条上虫体密布（彩图17-388、彩图17-389），影响枝条及树体生长发育，导致树势衰弱。同时，该虫排泄蜜露于叶片、果实和枝上，诱使煤烟病发生，影响叶片光合作用及果实品质（彩图17-390）。

彩图17-388　日本龟蜡蚧群集在小枝上为害

彩图17-389　日本龟蜡蚧在枝条上密集为害状

彩图17-390　日本龟蜡蚧为害引发的煤烟病

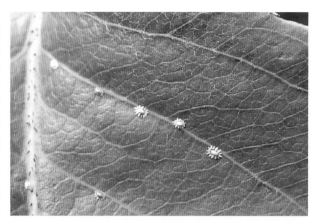

彩图17-392　日本龟蜡蚧若虫介壳

【形态特征】雌成虫长4～5毫米，体淡褐色至紫红色，被有椭圆形白色蜡壳，较厚，蜡壳背面呈半球形隆起，具龟甲状凹纹（彩图17-391）。雄成虫体长1～1.4毫米，淡红色至紫红色，触角丝状；翅1对，白色透明，具2条粗脉；腹末略细，性刺色淡。卵椭圆形，长0.2～0.3毫米，初淡橙黄色后变紫红色。初孵若虫体长0.4毫米，椭圆形，淡红褐色，触角和足发达，腹末有1对长毛，周边有12～15个蜡角（彩图17-392）。后期蜡壳加厚雌雄形态分化，雄虫与雌成虫相似。雄蜡壳长椭圆形，周围有13个蜡角似星芒状。蛹长1毫米，梭形，棕色，性刺笔尖状。

彩图17-391　日本龟蜡蚧雌成虫介壳

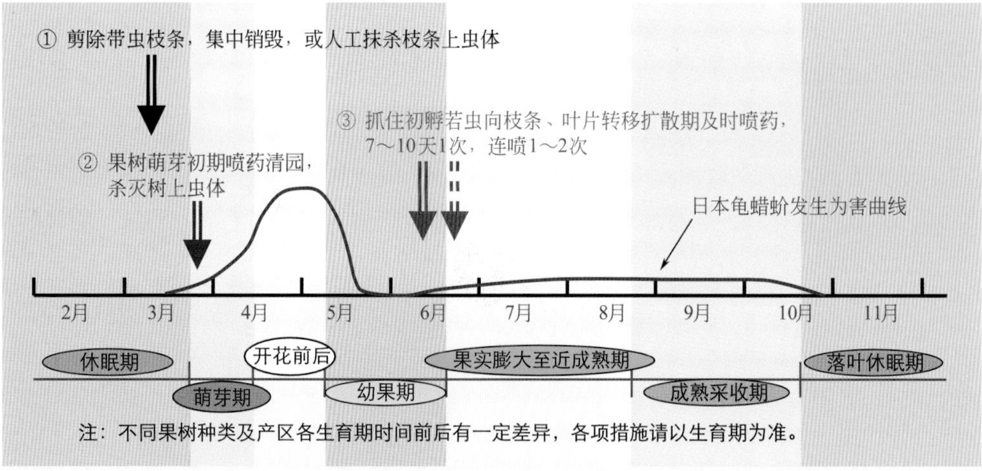

【发生规律】日本龟蜡蚧1年发生1代，以受精雌虫在1～2年生枝条上越冬。翌年春季树体发芽时开始为害，成熟后产卵于腹下。5月～6月为产卵盛期，卵期10～24天。初孵若虫多爬到嫩枝、叶柄及叶面上固着取食。8月中旬～9月为化蛹期，蛹期8～20天。8月下旬～10月上旬为成虫羽化期，雄成虫寿命1～5天，交配后即死亡，雌虫陆续由叶片转到枝上固着为害，至秋后越冬。可行孤雌生殖，子代均为雄性。

【防控技术】日本龟蜡蚧防控技术模式如图17-42所示。

1.人工措施防控　结合冬季修剪，尽量剪除虫口密度大的枝条，集中销毁，减少越冬虫源。也可人工刷除枝条上的越冬雌虫，消灭树上虫体。

2.化学药剂防控　参照"朝鲜球坚蚧"的"萌芽初期药剂清园"和"生长期树上喷药"部分。

3.保护和利用天敌昆虫　日本龟蜡蚧的天敌种类较多，其中以红点唇瓢虫和长盾金小蜂最常见，红点唇瓢虫一生可捕食数千头龟蜡蚧，长盾金小蜂寄生在龟蜡蚧的腹下取食蚧卵，需注意保护和利用好这些天敌。

草履蚧

【分布与为害】草履蚧［*Drosicha corpulenta*（Kuwana）］属半翅目硕蚧科，又称日本履绵蚧、草鞋蚧，在我国许多省区均有发生，可为害苹果、梨树、山楂、柿树、枣树、桃树、核桃等多种果树。以雌成虫和若虫、幼虫刺吸树体汁液，群集或分散为害。树体根部、枝干、芽腋、嫩梢、叶片及果实均可受害，后期虫体表面覆盖有白色絮状物（彩图17-393～彩图17-397）。受害树体树势衰

① 剪除带虫枝条，集中销毁，或人工抹杀枝条上虫体

② 果树萌芽初期喷药清园，杀灭树上虫体

③ 抓住初孵若虫向枝条、叶片转移扩散期及时喷药，7～10天1次，连喷1～2次

日本龟蜡蚧发生为害曲线

2月　3月　4月　5月　6月　7月　8月　9月　10月　11月

休眠期　　萌芽期　　开花前后　　幼果期　　果实膨大至近成熟期　　成熟采收期　　落叶休眠期

注：不同果树种类及产区各生育期时间前后有一定差异，各项措施请以生育期为准。

图17-42　日本龟蜡蚧防控技术模式图

弱，生长不良，严重时导致早期落叶，甚至死枝、死树。

彩图17-393　树皮下群集为害的草履蚧若虫

彩图17-394　草履蚧群集在树干翘皮下为害

彩图17-395　草履蚧群集在枝条上为害

彩图17-396　草履蚧若虫在小枝上为害

彩图17-397　草履蚧在苹果幼果上为害

【形态特征】雌成虫体长10毫米左右，体扁平椭圆形似草鞋底状，背面棕褐色，腹面黄褐色，被覆霜状蜡粉；触角8节，节上多粗刚毛；足黑色，粗大（彩图17-398）。雄成虫体紫色，翅1对，淡紫黑色，半透明，翅上有两条淡黑色翅脉；触角10节，念珠状，有缢缩并环生细长毛（彩图17-399）。卵椭圆形，初产时黄白色渐变橘红色，近百粒产于卵囊内，卵囊为白色绵状物。若虫初孵化时棕黑色，体似成虫，但虫体较小（彩图17-400）。雄蛹圆筒状，棕红色，长约5毫米，外被白色绵状物。

彩图17-398　草履蚧雌成虫

彩图17-399　草履蚧雄成虫

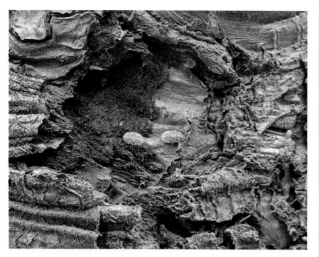

彩图17-400 草履蚧若虫

【发生规律】草履蚧1年发生1代，以卵和初孵若虫在树干基部土壤缝隙内越冬。0℃以上即可孵化，孵化期持续1个多月。2月下旬～3月上旬若虫出土，上树为害嫩枝、嫩芽。初期气温较低，若虫白天上树为害，夜间下树潜藏；随温度升高，若虫逐渐全天在树上为害。同时，虫体上分泌白色蜡粉。雄性若虫4月下旬化蛹，5月上旬羽化为成虫，羽化期较整齐，羽化后即觅偶交配，寿命2～3天。雌性若虫3次蜕皮后发育为雌成虫，交配后于6月中下旬下树潜入土中及砖石缝中，分泌白色绵状卵囊，产卵于囊中，每囊有卵百余粒。以卵囊越夏、越冬。

【防控技术】草履蚧防控技术模式如图17-43所示。

1.物理阻隔防控 早春（1月底～2月初）若虫出土上树前，先将树干中下部的老翘皮刮平，然后在光滑处捆绑开口向下的塑料裙（彩图17-401），或涂抹黏虫胶环（彩图17-402），有效阻止草履蚧上树为害。涂抹黏虫胶环时，注意清杀胶环上的粘黏若虫，避免其搭桥上树。

2.适当喷药防控 一般果园"物理阻隔防控"措施即可有效控制草履蚧的发生为害，不需再进行喷药。个别发生严重果园，在果树萌芽初期，选择晴朗无风天气喷药1～2次即可。有效药剂如：24%螺虫乙酯悬浮液3000～4000倍液、50克/升高效氯氟氰菊酯乳油2000～2500倍液、4.5%高效氯氰菊酯乳油1200～1500倍液、20%甲氰菊酯乳油1200～1500倍液、50%马拉硫磷乳油1000～1200倍液、0.6%苦参碱水剂600～800倍液等。

彩图17-401 树干上捆绑塑料裙，防止草履蚧上树

彩图17-402 在树干上缠绕黏胶带，阻止草履蚧上树

茶翅蝽

【分布与为害】茶翅蝽（*Halyomorpha picus* Fabricius）属半翅目蝽科，俗称"臭大姐"、"臭板虫"，在我国许多省区均有发生，可为害梨树、苹果、山楂、桃树、李树、杏树、海棠等多种果树。以成虫和若虫吸食叶片、嫩梢和果实汁液，尤以果实受害最重。膨大期果实受害后，刺伤处凹陷，皮下组织硬化，严重时果面凹凸不平，形成疙瘩果（彩图17-403）；后期受害果实变硬、畸形、味苦，不能食用。

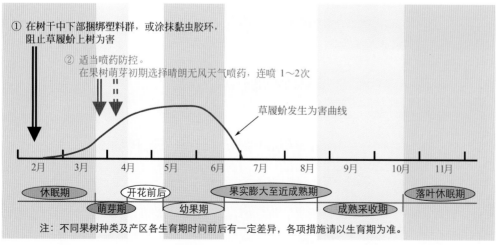

① 在树干中下部捆绑塑料群，或涂抹黏虫胶环，阻止草履蚧上树为害

② 适当喷药防控。
在果树萌芽初期选择晴朗无风天气喷药，连喷1～2次

草履蚧发生为害曲线

| 2月 | 3月 | 4月 | 5月 | 6月 | 7月 | 8月 | 9月 | 10月 | 11月 |

休眠期　开花前后　果实膨大至近成熟期　落叶休眠期
萌芽期　幼果期　成熟采收期

注：不同果树种类及产区各生育期时间前后有一定差异，各项措施请以生育期为准。

图17-43 草履蚧防控技术模式图

彩图 17-403　茶翅蝽为害的梨果

【形态特征】成虫体长15毫米左右，宽约8毫米，体扁平，茶褐色，前胸背板、小盾片和前翅革质处有黑色刻点，前胸背板前缘横列4个黄褐色小点，小盾片基部横列5个小黄点，两侧斑点明显（彩图17-404）。卵短圆筒形，直径0.7毫米左右，周缘环生短小刺毛，初产时乳白色、近孵化时变黑褐色，数粒排列成块状（彩图17-405）。若虫共5龄。初孵若虫近圆形，初期白色，渐变为黑褐色，腹部淡橙黄色，各腹节两侧节间各有1长方形黑斑，共8对（彩图17-406、彩图17-407）；老熟若虫与成虫相似，无翅。

彩图 17-404　茶翅蝽成虫

彩图 17-405　茶翅蝽卵块

彩图 17-406　茶翅蝽初孵若虫及卵壳

彩图 17-407　茶翅蝽若虫

【发生规律】茶翅蝽在华北地区1年发生1～2代，以受精的雌成虫在果园中或果园外的室内及室外温暖避风处越冬。第二年4月下旬～5月上旬，越冬成虫陆续出蛰。其中果园内越冬成虫多在果园中为害，一直为害至6月份，然后产卵。6月上旬以前所产的卵，可于8月以前羽化为第1代成虫，该成虫很快产卵，发生第二代。而在6月上旬以后产的卵，只能发生一代。8月中旬以后羽化的成虫均为越冬代成虫。越冬代成虫平均寿命301天，最长可达349天。10月后成虫陆续寻找适宜场所潜藏越冬。

【防控技术】茶翅蝽防控技术模式如图17-44所示。

1.搞好果园卫生　果树发芽前，彻底清除果园内及其周边的枯枝落叶、杂草，刮除枝干粗皮、翘皮，并将残体组织集中烧毁，消灭部分越冬成虫。

2.人工捕杀　利用茶翅蝽的假死性，结合其他农事活动，于早晨或傍晚人工振树捕杀。

3.适当喷药防控　分别在越冬成虫出蛰盛期和卵高峰期至若虫孵化盛期及时喷药。周边为麦田的果园，还需注意在小麦蜡熟期对果园喷药，阻杀茶翅蝽迁入果园，大型果园也可只喷洒果园边围。有效药剂以选用击倒力强、速效性好的触杀类杀虫剂较好，常用种类有：50%马拉硫磷乳油1200～1500倍液、50%杀螟硫磷乳油1200～1500倍液、50克/升高效氯氟氰菊酯乳油2500～3000倍液、4.5%

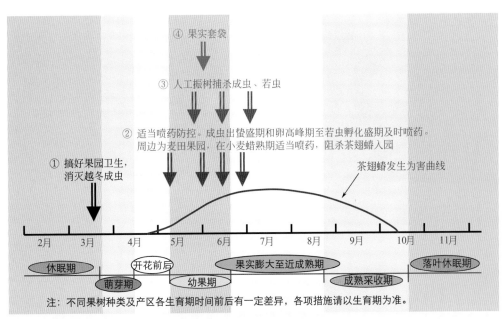

④ 果实套袋

③ 人工振树捕杀成虫、若虫

② 适当喷药防控。成虫出蛰盛期和卵高峰期至若虫孵化盛期及时喷药。
周边为麦田果园，在小麦蜡熟期适当喷药，阻杀茶翅蝽入园

① 搞好果园卫生，
消灭越冬成虫

茶翅蝽发生为害曲线

| 2月 | 3月 | 4月 | 5月 | 6月 | 7月 | 8月 | 9月 | 10月 | 11月 |

休眠期　　萌芽期　开花前后　幼果期　果实膨大至近成熟期　成熟采收期　落叶休眠期

注：不同果树种类及产区各生育期时间前后有一定差异，各项措施请以生育期为准。

图17-44　茶翅蝽防控技术模式图

高效氯氰菊酯乳油1200 ～ 1500倍液、20% S-氰戊菊酯乳油1200 ～ 1500倍液、20%甲氰菊酯乳油1200 ～ 1500倍液等。若在药液中混加矿物油或石蜡油类农药助剂，能显著提高杀虫效果。

4.果实套袋　尽量实施果实套袋，有效预防果实生长中后期受害。

麻皮蝽

【分布与为害】麻皮蝽 [*Erthesina fullo*（Thunberg）]属半翅目蝽科，又称黄斑蝽象，俗称"臭大姐"、"臭板虫"，在我国许多省区均有发生，可为害梨树、苹果、山楂、桃树、李树、杏树、枣树、樱桃等多种果树。以成虫和若虫吸食叶片、嫩梢和果实汁液，尤以果实受害较重。膨大期果实受害，刺伤处凹陷，皮下组织变硬，严重时果面凹凸不平，形成疙瘩果（彩图17-408）；后期受害果实果肉组织变硬、味苦，表面畸形，丧失商品价值。

【形态特征】成虫体长18 ～ 25毫米，宽10 ～ 11.5毫米，体黑褐色，密布黑色刻点及细碎不规则黄斑；头部狭长，侧叶与中叶末端约等长；触角5节，黑色，末节基部黄色。头部前端至小盾片有1条黄色细中纵线，前胸背板前缘及前侧缘具黄色窄边，胸部腹板黄白色，密布黑色刻点（彩图17-409）。卵略呈柱状，初产时灰白色渐变黄白色，数粒成块，顶端有盖，周缘具刺毛（彩图17-410、彩图17-411）。若虫共5龄，各龄均扁洋梨形，前尖削后浑圆（彩图17-412、彩图17-413）；老龄体长约19毫米，似成虫。

彩图 17-409　麻皮蝽成虫

彩图 17-408　麻皮蝽为害的梨果实

彩图 17-410　麻皮蝽卵块（早期）

彩图 17-411　麻皮蝽近孵化卵块

彩图 17-412　麻皮蝽卵块及初孵若虫

彩图 17-413　麻皮蝽若虫

【发生规律】麻皮蝽1年发生1～2代，均以成虫在枯枝落叶下、草丛中、树皮裂缝、梯田堰坝缝、围墙缝等处越冬。翌年春季果树萌芽后开始出蛰活动、为害。山西太谷5月中下旬开始交尾产卵，6月上旬为产卵盛期，6月上中旬始见若虫，7～8月间羽化为成虫。成虫寿命长，飞翔力强，喜于树体上部栖息为害，具假死性，受惊扰时喷射臭液。早晚低温时常假死坠地，正午高温时则逃飞。有弱趋光性和群集性。初龄若虫常群集叶背，2、3龄才分散活动，卵多呈块状产于叶背。

【防控技术】参照"茶翅蝽"防控技术。

芳香木蠹蛾

【分布与为害】芳香木蠹蛾（*Cossus cossus* L.）属鳞

翅目木蠹蛾科，又称木蠹蛾、杨木蠹蛾、蒙古木蠹蛾等，我国主要分布在东北、华北、西北等地，可为害苹果、梨树、核桃、桃树、李树、杏树等果树。以幼虫群集为害树干基部，或在根部蛀食皮层，为害处常有十几条幼虫，蛀孔处堆有深褐色虫粪及木屑，幼虫受惊扰后能分泌一种特异香味。被害根颈部皮层开裂，常有褐色液体流出。受害处输导组织被切断，影响养分运输，致使树势衰弱，产量下降，甚至整枝、整树枯死。

【形态特征】成虫体长24～42毫米，雄蛾翅展60～67毫米，雌蛾翅展66～82毫米，体灰褐色；翼片及头顶毛丛鲜黄色，翅基片、胸背部土褐色，后胸具1条黑色横带；前翅灰褐色，基半部银灰色，前缘生有8条短黑纹，中室内3/4处及稍向外具2条短横线，翅端半部褐色（彩图17-414）。卵近卵圆形，表面有纵行隆脊，初产时白色，孵化前暗褐色。老熟幼虫体长80～100毫米，扁圆筒形，背面紫红色有光泽，体侧红黄色，腹面淡红色或黄色，头紫黑色，前胸背板淡黄色，有2块黑褐色横列大斑，胸足3对黄褐色，臀板黄褐色（彩图17-415）。蛹暗褐色，第二至六腹节背面各具2横列刺，前列较粗、长超过气门，后列较细、不达气门。茧长椭圆形，由丝黏结土粒构成，较致密。

彩图 17-414　芳香木蠹蛾成虫

彩图 17-415　芳香木蠹蛾幼虫

【发生规律】芳香木蠹蛾2～3年完成1代，以幼虫在被害树的蛀道内和树干基部附近深约10厘米的土内做茧越冬。翌年4～5月越冬幼虫化蛹，6～7月羽化为成虫。成虫昼伏夜出，趋光性弱，平均寿命5天左右。卵多成块状产于树干基部1.5厘米以下或根茎结合部的裂缝及伤口处，每卵块几粒至百粒左右，每雌平均产卵245粒。初孵幼虫群集为害，多从根颈部、伤口、树皮裂缝或旧羽孔等处蛀入皮层，入孔处有黑褐色粪便及褐色树液。小幼虫在皮层中为害，逐渐食入木质部，此时常有几十条幼虫聚集在皮下为害，蛀孔处排出细碎均匀的褐色木屑。随虫龄增大，分散在树干的同一段内蛀食，并逐渐蛀入髓部，形成粗大而不规则的蛀道。幼虫老熟后从树干内爬出，在树干附近根际处、或距树干几米处的土埂、土坡等向阳干燥的土壤中结薄茧越冬。老熟幼虫爬行速度较快，虫体受触及时，能分泌出具有麝香气味的液体，故称芳香木蠹蛾。

【防控技术】

1.农业措施防控　在成虫产卵前，树干涂白，防止成虫产卵。及时伐除并烧毁严重被害树，消灭虫源。幼虫为害初期，可撬起皮层挖除皮下群集幼虫，集中杀灭。老熟幼虫脱离树干入土化蛹时（9月中旬以后），也可进行人工捕杀。

2.产卵期防控　成虫产卵期，及时在树干2米以下的主干上及根颈部喷药，毒杀虫卵和初孵幼虫。效果较好的药剂如：25%辛硫磷微胶囊剂200～300倍液、480克/升毒死蜱乳油400～500倍液、50%马拉硫磷乳油400～500倍液等。

3.幼虫为害期药剂防控　在幼虫蛀入木质部为害时，先刨开根颈部土壤，清除蛀孔周围虫粪，然后用注射器向虫孔内注射80%敌敌畏乳油10～20倍液、或50%辛硫磷乳油10～20倍液、或480克/升毒死蜱乳油30～50倍液，注至药液外流为止。8～9月份，当年孵化幼虫多集中在主干基部为害，虫口处有较细的暗褐色虫粪，这时用塑料薄膜把主干被害部位包住，从上端投入磷化铝片剂0.5～1片，可熏杀组织外面及木质部浅层的幼虫，12小时后杀虫效果即可显现。

豹纹木蠹蛾

【分布与为害】豹纹木蠹蛾（*Zeuzera coffeae* Niether）属鳞翅目蠹蛾科，又称六星黑点蠹蛾、咖啡木蠹蛾、咖啡黑点木蠹蛾、咖啡豹纹木蠹蛾等，主要发生在我国北方果区，可为害苹果、山楂、枣树、桃树、柿树、核桃等多种果树。以幼虫蛀食枝条为害，被害枝基部木质部与韧皮部之间有1个蛀食环，幼虫沿髓部向下蛀食（彩图17-416、彩图17-417），枝上有数个排粪孔（彩图17-418），长椭圆形粪便从孔内排出，受害枝上部叶片变黄枯萎（彩图17-419），枝条遇风易折断。

【形态特征】成虫体灰白色，雌蛾体长20～38毫米，雄蛾体长17～30毫米，前胸背面有6个蓝黑色斑，前翅散生大小不等的青蓝色斑点，腹部各节背面有3条蓝黑色纵带，两侧各有1个圆斑。卵为圆形，淡黄色。老龄幼虫，头部黑褐色，体紫红色或深红色，尾部淡黄色，各节有很多粒状小突起，上生白毛1根（彩图17-420）。蛹长椭圆形，红褐色，背面有锯齿状横带，尾端具短刺12根。

彩图17-416　豹纹木蠹蛾的枝条木质部内蛀孔

彩图17-417　豹纹木蠹蛾钻蛀为害的虫道

彩图17-418　豹纹木蠹蛾钻蛀为害的排粪孔

彩图17-419　豹纹木蠹蛾为害的苹果枝条

彩图17-420　豹纹木蠹蛾幼虫

【发生规律】豹纹木蠹蛾1年发生1～2代，以幼虫在被害枝内越冬。翌年春季转蛀新枝为害，被害枝梢枯萎后，再次转移甚至多次转移为害。5月上旬开始化蛹，蛹期16～30天。5月下旬逐渐羽化，成虫寿命3～6天，羽化后1～2天内交尾产卵。成虫昼伏夜出，有趋光性。在嫩梢上部叶片或芽腋处产卵，散产或数粒产在一起。7月份幼虫孵化，多从新梢上部芽腋蛀入，并在不远处开一排粪孔，被害新梢3～5天内枯萎，此时幼虫从枯梢中爬出，向下移到不远处重新蛀入为害。1头幼虫可为害枝梢2～3个。为害至10月中下旬后幼虫在枝内越冬。

【防控技术】

1.剪除被害枝条　结合冬季及夏季修剪，及时剪除被害虫枝，集中烧毁。

2.诱杀成虫　在成虫发生期内（多从5月中旬开始），于果园内设置黑光灯或频振式诱虫灯，诱杀成虫。

苹果透翅蛾

【分布与为害】苹果透翅蛾（*Conopia hector* Butler）属鳞翅目透翅蛾科，又称苹果小翅蛾、苹果旋皮虫，俗称"串皮干"，在我国中北部果区均有发生，可为害苹果、梨树、沙果、桃树、李树、杏树、樱桃等多种果树。以幼虫在树干枝杈等处蛀入皮层下食害韧皮部（彩图17-421），形成不规则虫道，深达木质部；被害处常有似烟油状的红褐色树脂黏液及粪屑流出（彩图17-422）。受害伤口有时诱发腐烂病菌侵染，导致腐烂病发生。

彩图17-421　苹果透翅蛾幼虫在树皮下为害

彩图17-422　苹果透翅蛾为害幼树枝干，流出黏液

【形态特征】成虫体长约12毫米，全体蓝黑色，有光泽，头后缘环生黄色短毛，触角丝状、黑色，前翅大部分透明，翅脉、前缘及外缘黑色，后翅透明；前足基节外侧、后足胫节中部和端部、各足附节均为黄色，腹部第四节、第五节背面后缘各有1条黄色横带，腹部末端具毛丛，雄蛾毛丛呈扇状，边缘黄色。卵扁椭圆形，黄白色，产在树干粗皮缝及伤疤处。老熟幼虫体长20～25毫米，头黄褐色，胸腹部乳白色，背中线淡红色（彩图17-423）。蛹黄褐色至黑褐色，长约13毫米，头部稍尖，腹部末端有6个小刺突。

彩图17-423　树皮下的苹果透翅蛾老龄幼虫

【发生规律】苹果透翅蛾一年发生1代，以幼虫在树皮下虫道内越冬。春季果树萌动后越冬幼虫继续蛀食为害，开花前达为害盛期。5月中旬开始羽化出成虫，6～7月为羽化盛期，成虫羽化时将蛹壳一半带出羽化孔。成虫白天活动，取食花蜜，在枝干裂皮及伤疤边缘处产卵。幼虫孵化后即蛀入皮层为害。

【防控技术】

1.人工防控　晚秋和早春，结合刮树皮，仔细检查主枝、侧枝和大枝杈处、树干伤疤处、多年生枝橛处及老翘皮附近，发现虫粪和黏液时，用刀挖杀幼虫。

2.涂抹药剂　9月间幼虫蛀入不深，龄期小，可在被害处涂药杀死皮下幼虫。常用有效药剂如：80%敌敌畏乳油10倍液、80%敌敌畏乳油1份与煤油19份配制的混合液、480克/升毒死蜱乳油30～50倍液等，使用毛刷在被害处涂刷施药。

金缘吉丁虫

【分布与为害】金缘吉丁虫（*Lampra limbata* Gebler）属鞘翅目吉丁甲科，又称梨吉丁虫、串皮虫等，在我国许多果树产区均有发生，可为害梨树、苹果、山楂、樱桃、杏树、桃树、沙果等多种果树。以幼虫在枝干韧皮部和木质部之间串食，破坏输导组织，被害处表面常变褐色至黑褐色，后期树皮纵裂，削弱树势，严重时导致枝干枯死或死树。管理粗放的老果园受害较重。

【形态特征】成虫体长13～17毫米，宽约6毫米，体纺锤形略扁，密布刻点，翠绿色，有金黄色光泽，前胸至鞘翅前缘有几条金黄色纵条纹，头中央有1条黑蓝色纵纹（彩图17-424）。卵扁椭圆形，长约2毫米，初为乳白色，后变为黄褐色。初孵幼虫乳白色。老熟幼虫黄白色，体长30～40毫米，头小、赤褐色，身体扁平，无足；前胸宽大，背板黄褐色，近似圆盘状，背板中部有1个"人"字形凹纹；腹部细长，末端细小钝圆，腹板中间有一纵凹纹。蛹纺锤形略扁平，体长15～20毫米，初乳白色渐变为绿色，略具紫红色，有金属光泽。

彩图17-424　金缘吉丁虫成虫

【发生规律】金缘吉丁虫1～2年完成1代，以不同龄期的幼虫在被害枝干的皮层下或木质部的蛀道内越冬。翌年果树萌芽时开始继续为害，3月下旬开始化蛹，每年5～6月间是成虫发生期。成虫有假死性，寿命约30天，出洞后10天左右开始产卵，6月中旬为产卵盛期。卵产于树皮缝内。6月初开始孵化出幼虫，幼虫孵化后即蛀入树皮内，逐渐蛀入皮层下为害，常呈螺旋形蛀食，虫道绕枝干一周后易造成枝干枯死。7月份为害最重。9月份后幼虫蛀入木质部或在较深的虫道内越冬。树势衰弱时发生较多。

【防控技术】

1.农业措施防控　加强栽培管理，合理施肥，及时防控其他病虫害，避免造成枝干伤口，增强树势，提高树体的抗虫性和耐害力。结合冬剪及其他农事活动，及时刮除在树皮浅层越冬或为害的幼虫。利用成虫的假死性，在成虫发生期内于早晨进行人工振树捕杀。

2.虫疤涂药　在果树生长季节，发现幼虫为害时可在虫疤部位涂药，杀死在皮下为害的幼虫。常用有效药剂有：80%敌敌畏乳油与煤油（1∶20）混合液、50%辛硫磷乳油与煤油（1∶30）混合液、20%氰戊菊酯乳油与煤油（1∶50）混合液等。

3.适当喷药防控成虫　害虫发生严重果园，在成虫发生期内及时喷药，杀灭成虫，以选用击倒力强的触杀性药剂较好。效果较好的药剂有：50%杀螟硫磷乳油1200～1500倍液、50%马拉硫磷乳油1000～1500倍液、20%氰戊菊酯乳油1500～2000倍液、4.5%高效氯氰菊酯乳油1500～2000倍液、25克/升高效氯氟氰菊酯乳油1500～2000倍液、25克/升溴氰菊酯乳油1500～2000倍液、20%甲氰菊酯乳油1500～2000倍液等。

苹小吉丁虫

【分布与为害】苹小吉丁虫（*Agrilus mali* Mats.）属鞘翅目吉丁虫科，又称苹果吉丁虫、苹果金蛀甲，俗称"串皮干"，在我国许多果区均有发生，可为害苹果、梨树、桃树、樱桃、杏树、沙果等多种果树。以幼虫在枝干皮层与木质部间蛀食为害，粪便排存虫道内（彩图17-425、彩图17-426），造成皮层变黑褐色凹陷，严重时皮层干裂、枝干枯死。新鲜虫疤上常有红褐色黏液渗出，俗称"冒红油"。

彩图17-425　苹小吉丁虫为害的树干

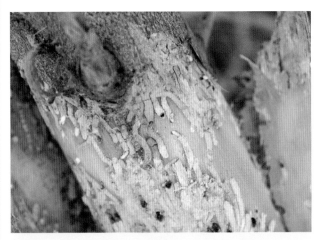

彩图17-426　苹小吉丁虫为害的虫道及粪便

【形态特征】成虫体长6～9毫米，全体紫铜色，有金属光泽，体似楔状；头部扁平，复眼大、肾形，前胸发达呈长方形，略宽于头部，鞘翅窄，翅端尖削。老熟幼虫体扁平，头部和尾部为褐色，胸腹部乳白色，头小，多缩入前胸，前胸特别膨大，中、后胸较小，腹部第七节最宽，胸足、腹足均已退化（彩图17-427）。卵椭圆形，长约1毫米，初产时乳白色，后渐变为黄褐色，产在枝条向阳面粗糙的缝隙处。

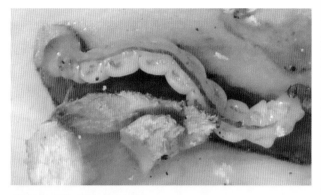

彩图17-427　苹小吉丁虫幼虫

【发生规律】苹小吉丁虫1年发生1代，以低龄幼虫在蛀道内越冬。翌年4月上旬幼虫开始为害，5月中旬达严重为害期，5月下旬幼虫老熟后在蛀道内化蛹，蛹期12天。6月中旬出现成虫，7月中旬～8月初为成虫发生高峰期，持续20天左右。8月下旬达到产卵高峰，卵多产在枝干的向阳面。9月上旬为幼虫孵化高峰，幼虫孵化后立即蛀入表皮下为害。10月中下旬幼虫开始越冬。成虫白天活动，具假死性。

【防控技术】

1.农业措施防控　加强栽培管理，增强树势，提高树体抗虫能力，这是预防苹小吉丁虫为害的根本措施。结合修剪等农事活动，及时清除枯枝死树、剪除虫枝，在成虫羽化前集中烧毁；不能清除的树体枝干，及时人工挖虫，杀灭皮下幼虫，然后在伤口处涂抹愈合剂促进伤口愈合。在成虫发生期内，利用成虫的假死性，人工振树捕杀落地成虫。

2.适当药剂防控　秋季落叶后至春季果树发芽前，在枝干被害处（有黄白色胶滴处）涂抹柴油敌敌畏合剂（1～2千克柴油＋80%敌敌畏乳油0.1千克搅拌均匀），杀死蛀入枝干的幼虫。也可用注射器向蛀孔内注射药液，毒杀幼虫，有效药剂如40%辛硫磷乳油30～50倍液、80%敌敌畏乳油30～50倍液等。害虫发生严重果园，在成虫发生期内使用击倒力强、速效性好的触杀性药剂对树干及树冠进行喷药，杀灭成虫，效果较好的药剂如：90%敌百虫晶体或80%敌敌畏乳油1000～1500倍液、50%马拉硫磷乳油1200～1500倍液、50%杀螟硫磷乳油800～1000倍液、50克/升高效氯氟氰菊酯乳油2500～3000倍液、4.5%高效氯氰菊酯乳油1200～1500倍液等。

▩▩ 苹果枝天牛 ▩▩

【分布与为害】苹果枝天牛（*Linda fraterna* Chevr）属鞘翅目天牛科，又称顶斑筒天牛，在我国许多果区均有发生，主要为害苹果树，其次还可为害梨树、李树、杏树、樱桃等果树。主要以幼虫蛀食幼嫩枝条为害，蛀入后沿髓部向下蛀食（彩图17-428），间隔10厘米左右即向外蛀一排粪孔排出粪屑（彩图17-429），导致被害枝梢生长衰弱、甚至枯死（彩图17-430），影响树体生长，幼树受害较重。其次成虫还可取食树皮、嫩叶，但为害不明显。

彩图17-428　苹果枝天牛为害的虫道

彩图17-429　苹果枝天牛为害的排粪孔

彩图17-430　苹果枝天牛为害，导致枝条生长衰弱

【形态特征】雌成虫体长约18毫米，雄成虫体长约15毫米，体长筒形，橙黄色，鞘翅、触角、复眼、足均为黑色。老熟幼虫体长28～30毫米，橙黄色，前胸背板有倒"八"字形凹纹（彩图17-431）。蛹长约28毫米，淡黄色，头顶有1对突起。

彩图17-431　苹果枝天牛幼虫

【发生规律】苹果枝天牛1年发生1代，以老熟幼虫在被害枝条的蛀道内越冬。翌年4月开始化蛹，5月上中旬为化蛹盛期，蛹期15～20天。5月上旬开始出现成虫，5月下旬～6月上旬达成虫发生盛期。成虫白天活动取食，5月底～6月初开始产卵，6月中旬为产卵盛期。成虫多在当年生枝条上产卵，产卵前先将枝梢咬一环沟，再由环沟向枝梢上方咬一纵沟，卵产在纵沟一侧的皮层内。初孵幼虫先在沟内蛀食，然后沿髓部向下蛀食，隔一定距离咬一圆形排粪孔，排出黄褐色颗粒状粪便。7～8月被害枝条大部分已被蛀空，枝条上部叶片枯黄，枝端逐渐枯死。10月间幼虫陆续老熟，在隧道端部越冬。

【防控技术】调运苗木时严格检查，彻底消灭带虫枝条内的幼虫，控制其扩散蔓延。5～6月成虫发生期内人工捕杀成虫。6月中旬后结合其他农事活动检查产卵伤口，及时剪除被产卵枝梢，集中销毁。7～8月间注意检查，发现被害枝梢及时剪除，集中销毁。

桑天牛

【分布与为害】桑天牛（*Apriona germari* Hope）属鞘翅目天牛科，又称褐天牛、粒肩天牛，俗称"铁炮虫"，在我国许多省区都有发生，是一种杂食性害虫，可为害苹果、梨树、桃树、樱桃、海棠等多种果树，特别在管理粗放、周边有桑树或构树的果园发生较重。成虫啃食嫩枝皮层和叶片。幼虫蛀食果树枝干的木质部及髓部，钻蛀成纵横隧道；主要向下蛀食，隔一定距离向外蛀1通气排粪孔，排出大量粪屑（彩图17-432）。为害轻时，树势衰弱、生长不良，产量降低，严重时导致整树枯死。

彩图17-432　桑天牛蛀干为害的排粪孔

【形态特征】雌成虫体长约46毫米，雄成虫体长约36毫米，身体黑褐色，密生暗黄色细绒毛，头部和前胸背板中央有纵沟，前胸背板有横隆起纹；鞘翅基部密生黑色瘤突，肩角有1个黑刺（彩图17-433）。卵长椭圆形，稍扁平、弯曲，长约6.5毫米，乳白或黄白色（彩图17-434）。初孵幼虫黄白色（彩图17-435）。老龄幼虫乳白色，体长70毫米，头部黄褐色，前胸节特大，背板密生黄褐色短毛和赤褐色刻点，隐约可见"小"字形凹纹（彩图17-436）。蛹长约50毫米，初为淡黄色，后变黄褐色。

彩图17-433　桑天牛成虫

彩图17-434　桑天牛卵

彩图17-435　桑天牛产卵痕和初孵幼虫

彩图17-436　桑天牛老龄幼虫

【发生规律】桑天牛2～3年完成1代，以幼虫在枝干内越冬，翌年春天开始活动、为害。幼虫经过2个冬天，在第3年6～7月间老熟，而后在枝干最下1～3个排粪孔的上方外侧咬1羽化孔，使树皮略肿或破裂，随后在羽化孔下7～12厘米处作蛹室，以蛀屑填塞蛀道两端，然后在其中化蛹。成虫羽化后自羽化孔钻出，啃食枝干皮层、叶片及嫩芽补充营养，寿命约40天，生活10～15天开始产卵。成虫喜欢在2～4年生、直径10～15毫米的枝上产卵，产卵前先将树皮咬成"U"形伤口，然后将卵产在中间的伤口内，每处产卵1～5粒，每雌虫可产卵100粒。初孵幼虫先向枝条上方蛀食约10毫米，然后调头向下蛀食，并逐渐深入心材，每蛀食6～10厘米长时，向外蛀1排粪孔排出粪便。幼虫多位于最下面排粪孔的下方。越冬幼虫因蛀道底部有积水，多向上移。

【防控技术】

1.加强栽培管理　天牛类害虫喜在树势衰弱的树上产卵为害，因此加强栽培管理、增强树势、提高树体的抗虫能力，是预防这类害虫为害的根本措施。另外，桑天牛成虫羽化后需啃食桑树或构树的嫩枝表皮或叶片来补充营养，才能完成卵巢发育。因此，在7月份成虫羽化前，砍除果园内及周边的桑树和构树，可显著减少其在果树上的产卵几率。

2.人工防控　利用成虫的假死性，在成虫发生期内及时捕杀成虫，将其消灭在产卵之前。产卵后根据产卵特性，寻找新鲜产卵痕处挖杀卵粒和初龄幼虫。生长季节，根据排出的锯末状虫粪找到新鲜排粪孔后，用细铁丝插入刺杀木质部内幼虫，或用天牛钩杀器钩出树干内的幼虫杀灭（彩图17-437）。

彩图17-437　钩杀桑天牛初孵幼虫或虫卵

3.虫道内注药防控　找到新鲜排粪孔后，使用注射器从最下方的排粪孔向内注入80%敌敌畏乳油100倍液、或480克/升毒死蜱乳油100倍液，熏杀幼虫。

星天牛

【分布与为害】星天牛（*Anoplophora chinensis* Förster）属鞘翅目天牛科，又称白星天牛、银星天牛，在我国许多省区均有发生，为害范围非常广泛，可为害苹果、梨树、山楂、桃树、李树、樱桃、核桃等果树。以幼虫蛀食树干，深入木质部，将树干串蛀成隧道，最后向根部蛀食，严重影响树体的生长发育。由于树干被蛀空，常造成树干折断，甚至全株死亡。

【形态特征】雌成虫体长约32毫米，雄成虫体长约21毫米，全体漆黑色，头部中央有一纵凹陷，前胸背板左右各有1枚白点，鞘翅散生许多白点，白点大小不一（彩图17-438）。卵长椭圆形，长约5毫米，黄白色（彩图17-439）。老熟幼虫体长约45毫米，乳白色至淡黄色，头褐色，长方形，前胸背板上有两个黄褐色飞鸟形纹（彩图17-440）。蛹纺锤形，裸蛹，长30～38毫米，淡黄色，羽化前变为黄褐色至黑色。

彩图17-438　星天牛成虫

彩图17-439　星天牛卵

彩图17-440　星天牛幼虫

【发生规律】星天牛1年或2年完成1代，以幼虫在树干基部或主根虫道内越冬。5月中旬成虫开始羽化，6月上旬达羽化盛期。成虫在强光高温时有午息特性。幼虫孵化后，先为害韧皮部，在皮层与木质部之间生活，多横向蛀食；2龄时贴韧皮部蛀食木质部，在距地面5厘米左右处将树皮咬1孔洞通气、排粪，以后向地下部分为害。老熟幼虫在11～12月开始越冬，翌年春季化蛹。蛹期30天左右，幼虫期约10个月。

【防控技术】参照"桑天牛"防控技术。

苹毛丽金龟

【分布与为害】苹毛丽金龟（*Proagopertha lucidula* Faldermann）属鞘翅目丽金龟科，又称苹毛金龟子、长毛金龟子，俗称"金龟子"，在我国许多省区均有发生，属杂食性害虫，可为害苹果、梨树、山楂、桃树、杏树、葡萄、樱桃、核桃、板栗等多种果树，特别是山地果园受害较重。主要以成虫在果树花期取食花蕾、花朵及嫩叶（彩图17-441～彩图17-446），虫量较大时可将幼嫩部分吃光，严重影响产量及树势。幼虫在地下还可为害果树细根，但没有明显受害状。

彩图17-441 苹毛丽金龟正在为害苹果花器

彩图17-442 苹毛丽金龟正在啃食苹果花瓣

彩图17-443 苹毛丽金龟为害苹果花蕊

彩图17-444 苹果花受苹毛丽金龟为害状

彩图17-445 苹毛丽金龟为害梨树花蕊

彩图17-446 梨花受苹毛丽金龟严重为害状

【形态特征】成虫卵圆形，体长9～10毫米，宽5～6毫米，虫体除鞘翅和小盾片光滑无毛外，皆密被黄白色细茸毛，雄虫茸毛长而密；头、胸背面紫铜色，鞘翅茶褐色，有光泽，半透明，透过鞘翅透视后翅折叠成"V"字形，腹部末端露在鞘翅外（彩图17-447）。卵乳白色，椭圆形，长约1毫米，表面光滑。老熟幼虫体长15～20毫米，体乳白色，头部黄褐色，前顶有刚毛7～8根，后顶有刚毛10～11根；唇基片呈梯形，中部有一横线。蛹长10毫米左右，裸蛹，淡褐色，羽化前变为深红褐色。

彩图17-447　苹毛丽金龟成虫

【发生规律】苹毛丽金龟1年发生1代，以成虫在30厘米左右的土层内越冬。翌年4月下旬出土为害，取食一周后交尾、产卵，卵产于土壤中，卵期10天左右。1～2龄幼虫在10～15厘米深的土层内生活，3龄后开始下移至20～30厘米的土层中化蛹，8月中下旬为化蛹盛期。9月上旬开始羽化为成虫，然后在深土层中越冬。成虫有假死性，无趋光性。平均气温10℃左右时，成虫白天上树为害，夜间下树入土潜伏；气温达15～18℃时，成虫则白天、夜晚都停留在树上。早晚气温较低，成虫多不活动；中午气温升高，成虫活动频繁，并大量取食为害。

【防控技术】苹毛丽金龟防控技术模式如图17-45所示。

1.捕杀成虫　利用成虫的假死性和低温不活动性，在果树开花前后的早晨，于树下铺设塑料布或床单，然后振动树体，将成虫震落地下，集中消灭。

2.适当喷药防控　一般果园不需喷药防控。若苹毛丽金龟虫量较大，在果树花序分离后至开花前适当喷药防控，以选用击倒力强、速效性好的触杀型杀虫剂较好，有效药剂如：40%辛硫磷乳油800～1000倍液、80%敌敌畏乳油1000～1200倍液、50%马拉硫磷乳油1000～1200倍液、50克/升高效氯氟氰菊酯乳油2000～3000倍液、4.5%高效氯氰菊酯乳油1000～1500倍液、20% S-氰戊菊酯乳油1000～1500倍液、20%甲氰菊酯乳油1000～1500倍液等。如果落花后虫量仍然较大，则落花后再喷药1次（图17-45）。

黑绒鳃金龟

【分布与为害】黑绒鳃金龟（*Maladera orientalis* Motschulsky）属鞘翅目鳃金龟科，又称黑绒金龟子、天鹅绒金龟子、东方金龟子，俗称"金龟子"，在我国许多果区均有发生，属杂食性害虫，可为害苹果、梨树、山楂、葡萄、杏树、枣树等多种果树。主要以成虫取食为害，食害嫩芽、新叶及花朵，尤其嗜食嫩芽、嫩叶（彩图17-448），喜群集暴食为害，严重时常将叶片、嫩芽吃光，对刚定植的苗木及幼树威胁很大（彩图17-449）。幼虫为害性不强，仅在土中取食一些根系，树体没有明显异常。

彩图17-448　黑绒鳃金龟正在食害叶片

【形态特征】成虫体长7～8毫米，宽4.5～5.0毫米，卵圆形，体黑色至黑紫色，密被天鹅绒状灰黑色短绒毛，鞘翅具9条隆起的线，外缘具稀疏刺毛（彩图17-450）。前足胫节外缘具2齿，后足胫节两侧各具1刺。卵乳白色，初产时卵圆形，后膨大成球状。老熟幼虫体长14～16毫米，体乳白色，头部黄褐色，肛腹片上有约28根锥状刺，横向排列成单行弯弧状。蛹长约8毫米，裸蛹，黄褐色。

【发生规律】黑绒鳃金龟1年发生1代，以成虫在土壤中越冬。翌年4月上中旬出蛰，4月末～6月上旬为发生盛期。成虫有假死性和趋光性，多在傍晚或晚间出土活动，白天在土缝中潜伏。据观察，黑绒鳃金龟多在下午四时半左右开始起飞，五时左右开始爬树，五时半开始食害幼芽、嫩叶，零时左右开始下树，钻进约10厘米土壤中。5月中旬为成虫交尾盛期，而后在15～20厘米深的土壤中产卵，卵散产或

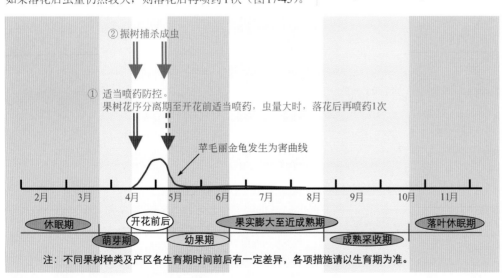

②振树捕杀成虫

①适当喷药防控。
果树花序分离期至开花前适当喷药，虫量大时，落花后再喷药1次

苹毛丽金龟发生为害曲线

2月　3月　4月　5月　6月　7月　8月　9月　10月　11月

休眠期　　开花前后　　果实膨大至近成熟期　　落叶休眠期
　　萌芽期　　幼果期　　　成熟采收期

注：不同果树种类及产区各生育期时间前后有一定差异，各项措施请以生育期为准。

图17-45　苹毛丽金龟防控技术模式图

5～10粒聚集，每雌虫产卵30～100粒。6月中旬开始孵化出幼虫，幼虫3龄共需80天左右。幼虫在土壤中取食腐殖质及植物嫩根，8月初三龄幼虫老熟后在30～45厘米深土层中化蛹，蛹期10～12天，9月上旬成虫羽化后在原处越冬。

彩图17-449 刚定植苗木受黑绒鳃金龟为害状

彩图17-450 黑绒鳃金龟成虫

【防控技术】黑绒鳃金龟防控技术模式如图17-46所示。

1.新栽幼树套袋防虫 新栽果树定干后套袋，预防金龟子啃食嫩芽、嫩叶。以选用直径5～10厘米、长50～60厘米的塑膜袋或报纸带较好（彩图17-451）。将袋顶端封严

彩图17-451 新栽幼树套袋预防金龟子啃食芽和嫩叶

后套在整形带处，下部扎严，袋上扎5～10个直径为2～3毫米的通气孔，待成虫盛发期过后及时取下。

2.振树捕杀成虫 利用成虫的假死性，在成虫发生期内，选择温暖无风的傍晚（6～8时）在树下铺设塑料薄膜或床单，振动树体，捕杀震落成虫。

3.诱杀成虫 在成虫发生期内，于果园中设置黑光灯或频振式诱虫灯，诱杀成虫。

4.地面用药防控 利用成虫白天入土潜伏的习性，在成虫发生期内地面用药防控。可选用480克/升毒死蜱乳油或50%辛硫磷乳油300～500倍液喷洒地面，将土壤表层喷湿，然后耙松土表；也可使用15%毒死蜱颗粒剂每亩0.5～1千克、或5%辛硫磷颗粒剂每亩4～5千克，按1∶1的比例与干细土或河沙拌匀后地面均匀撒施，然后耙松土表。

5.树上喷药防控 成虫发生量大时，也可选择树上喷药，以傍晚喷药效果较好，需选用击倒力强、速效性好的触杀型药剂。效果较好的药剂同"苹毛丽金龟"树上喷药药剂。若在药液中混加有机硅类或石蜡油类农药助剂，可显著提高杀虫效果。

铜绿丽金龟

【分布与为害】铜绿丽金龟（*Anomala corpulenta* Motschulsky）属鞘翅目丽金龟科，又称铜绿金龟子、青金龟子，俗称"金龟子"，在我国许多省区均有发生，可为害苹果、梨树、山楂、桃树、杏树、李树、樱桃、柿树、核桃、板栗等果树。主要以成虫食害叶片，造成叶片残缺不全，严重时可将全树叶片吃光，幼龄果树受害较重。幼虫在土壤中生活，为害植物地下部分，是一种重要地下害虫，但在果树上为害不重。

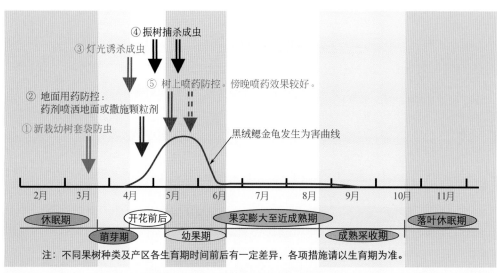

图17-46 黑绒鳃金龟防控技术模式图

注：不同果树种类及产区各生育期时间前后有一定差异，各项措施请以生育期为准。

【形态特征】成虫体长19～21毫米，触角黄褐色，鳃叶状，前胸背板及鞘翅铜绿色具闪光，上有细密刻点；额及前胸背板两侧边缘黄色，虫体腹面及足均为黄褐色（彩图17-452）。卵椭圆形，乳白色。老熟幼虫体长约40毫米，头黄褐色，胴部乳白色，腹部末节腹面除钩状毛外还有2纵列刺状毛，约14～15对（彩图17-453）。蛹长约20毫米，裸蛹，黄褐色。

彩图17-452　铜绿丽金龟成虫

彩图17-453　铜绿丽金龟幼虫

【发生规律】铜绿丽金龟1年发生1代，以3龄幼虫在土壤中越冬。第二年春季土壤解冻后，越冬幼虫开始向上移动，取食为害植物根部一段时间后老熟，然后做土室化蛹。6月初成虫开始出土，严重为害期在6月～7月上旬，约40天。成虫昼伏夜出，多在傍晚6～7时进行交配，8时后开始取食为害叶片，直至凌晨3～4时飞离果树继续入土潜伏。成虫喜欢栖息在疏松、潮湿的土壤中，潜入深度多为7厘米左右。成虫有较强的趋光性和较强的假死性。6月中旬成虫开始在果树下的土壤内或大豆、花生、甘薯、苜蓿等地内产卵，每雌虫产卵20～30粒。7月间孵化出幼虫，取食植物根部，10月中上旬幼虫在土壤中开始下迁越冬。

【防控技术】

1.振树捕杀成虫　利用成虫的假死性，于傍晚成虫已经上树活动后振动树枝，捕杀成虫。

2.灯光诱杀成虫　利用成虫的趋光性，在果园内设置黑光灯或频振式诱虫灯，诱杀成虫。

3.药剂防控　成虫发生量大时，及时进行药剂防控，树上喷药或树下地表用药。具体方法及有效药剂参照"黑绒鳃金龟"防控部分。

白星花金龟

【分布与为害】白星花金龟[*Potosta brevitarsis*(Lewis)]属鞘翅目花金龟科，又称白星金龟子、白星花潜，俗称"金龟子"，在我国许多省区均有发生，可为害苹果、梨树、山楂、桃树、李树、杏树、樱桃、葡萄等果树。主要以成虫取食为害，不仅咬食幼叶、嫩芽及花等幼嫩组织，还可群聚食害果实，尤其喜欢群集在果实伤口或腐烂处取食果肉（彩图17-454、彩图17-455）。

彩图17-454　白星花金龟啃食苹果为害状

彩图17-455　白星花金龟群集啃食梨果

【形态特征】成虫椭圆形，体长16～24毫米，全身黑铜色，具有绿色或紫色闪光，前胸背板和鞘翅上散布众多不规则白绒斑，腹部末端外露，臀板两侧各有3个小白斑（彩图17-456）。卵乳白色，圆形或椭圆形，长1.7～2毫米。老熟幼虫体长24～39毫米，头部褐色，胸足3对，身体向腹面弯曲呈"C"字形，背面隆起，多横皱纹。蛹为裸蛹，体长20～23毫米，初白色渐变为黄白色。

【发生规律】白星花金龟1年发生1代，以幼虫在土壤中或秸秆沤制的堆肥中越冬。翌年3月份开始活动，4月下旬～5月上中旬为害玉米种子及幼苗等春季作物，5月份即出现成虫，6～7月为成虫盛发期。成虫白天活动，有假死性，对酒、醋有趋性，飞翔力很强，常群聚为害水果果实及玉米的雄花、雌蕊花柱和灌浆期间的幼嫩籽粒。成虫补充营养后，从6月底开始交配、产卵，卵多产在腐殖质含

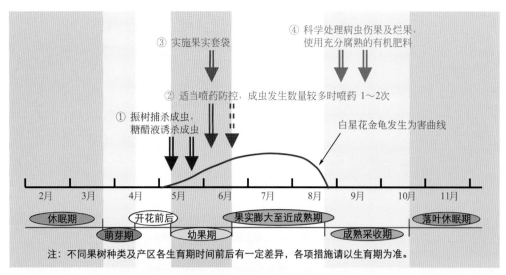

③ 实施果实套袋

④ 科学处理病虫伤果及烂果，使用充分腐熟的有机肥料

② 适当喷药防控，成虫发生数量较多时喷药 1～2 次

① 振树捕杀成虫，糖醋液诱杀成虫

白星花金龟发生为害曲线

2月　3月　4月　5月　6月　7月　8月　9月　10月　11月

休眠期　　开花前后　　果实膨大至近成熟期　　落叶休眠期
　萌芽期　　幼果期　　　　　成熟采收期

注：不同果树种类及产区各生育期时间前后有一定差异，各项措施请以生育期为准。

图 17-47　白星花金龟防控技术模式图

rmann）属鞘翅目花金龟科，又称小青花潜，在我国北方果区均有发生，可为害苹果、梨树、山楂、桃树、杏树、板栗、葡萄等果树。以成虫咬食嫩芽、花蕾、花瓣及嫩叶，严重时将花器或嫩叶吃光（彩图 17-457），影响树势及产量；后期还可啃食果实，尤其喜食伤果或腐烂果实（彩图 17-458～彩图 17-460），甚至导致果实腐烂（彩图 17-461）。初孵幼虫以

量高的土壤中，卵期 10 天左右。幼虫孵化后在土壤中或沤制的堆肥中以腐败的腐殖质为食物进行生长发育，秋后寻找适宜场所越冬。

【防控技术】白星花金龟防控技术模式如图 17-47 所示。

1.捕杀或诱杀成虫　利用成虫的假死性，在成虫发生盛期内，于清晨温度较低时振动树体，震落成虫进行捕杀。利用成虫对酒、醋的趋性，在成虫发生期内于果园中设置糖醋液诱捕器，诱杀成虫，糖醋液配制比例为红糖∶醋∶酒∶水＝5∶3∶1∶12。

腐殖质为食，大龄后食害根部或根颈部，对幼树伤害较大（彩图 17-462），但对成龄树伤害不明显。

彩图 17-457　小青花金龟为害山楂花器

彩图 17-456　白星花金龟成虫

2.适当喷药防控　白星花金龟多为零星发生，一般果园不需进行喷药防控；个别害虫发生严重果园，在成虫较多时适当喷药防控 1～2 次，以选用击倒力强、速效性好的触杀型杀虫剂较好。常用有效药剂同"苹毛丽金龟"树上喷药药剂。

3.其他措施　尽量实施果实套袋，有效保护果实。果实成熟采收期，不要将病虫伤果及烂果堆积在果园周边，以避免为白星花金龟提供产卵场所。另外，果园内尽量施用充分腐熟的有机肥料，减少幼虫生存环境。

小青花金龟

【分布与为害】小青花金龟（*Oxycetonia jucunda* Falde-

彩图 17-458　小青花金龟成虫咬食梨幼果

彩图 17-459　小青花金龟成虫为害梨果

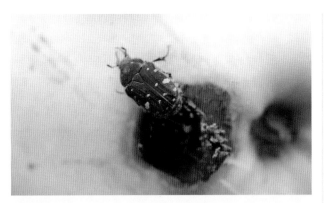

彩图 17-460 小青花金龟成虫为害苹果

彩图 17-461 小青花金龟为害梨果，导致果实腐烂

彩图 17-462 小青花金龟幼虫为害幼树颈基部皮层

【形态特征】成虫长椭圆形稍扁，体长 11 ~ 16 毫米，宽 6 ~ 9 毫米，体色差异，背面暗绿色或绿色、或古铜色微红、甚至黑褐色，多为绿色或暗绿色，有光泽，腹面黑褐色，体表密布淡黄色毛和点刻。头较小，黑褐色或黑色，前胸和翅面上生有白色或黄白色绒斑。臀板宽短，近半圆形，中部偏上具白绒斑 4 个，横列或微弧形排列（彩图 17-463）。卵椭圆形，长 1.7 ~ 1.8 毫米，初乳白色渐变淡黄色。老熟幼虫体长 32 ~ 36 毫米，体乳白色，头部棕褐色或暗褐色，前顶刚毛、额中刚毛、额前侧刚毛各具 1 根（彩图 17-464）。蛹长 14 毫米，初淡黄白色，后变橙黄色。

彩图 17-463 小青花金龟成虫

彩图 17-464 小青花金龟幼虫

【发生规律】小青花金龟 1 年发生 1 代，北方以幼虫越冬，江苏地区幼虫、蛹及成虫均可越冬。以成虫越冬的翌年 4 月上旬出土活动，4 月下旬 ~ 6 月份盛发；以老龄幼虫越冬的，成虫在 5 月 ~ 9 月陆续出现，雨后出土较多。成虫飞行力强，具假死性，白天活动，夜间入土潜伏或在树上过夜。春季多群聚在幼嫩组织部位食害花瓣、花蕊、芽及嫩叶，最喜好花器部位，故常随寄主开花而转移为害。成虫经取食后交尾、产卵，散产在土中、杂草或落叶下，尤喜产于腐殖质多的场所。幼虫孵化后以腐殖质为食，大龄后为害根部，老熟后在浅土层中化蛹。

【防控技术】参照"白星花金龟"防控技术。

大青叶蝉

【分布与为害】大青叶蝉 [*Tettigella viridis* (Linnaeus)] 属半翅目叶蝉科，又称大绿浮沉子、青叶跳蝉，在我国各省区均有发生，为害范围非常广泛，可为害苹果、梨树、山楂、核桃、柿树、桃树、李树、杏树、樱桃等果树。以成虫、若虫刺吸枝梢、叶片等较幼嫩组织的汁液为害，果树上主要以成虫产卵为害。晚秋季节，雌成虫用锯状产卵器刺破枝条表皮，伤口呈月牙状（彩图 17-465），将 6 ~ 12 粒卵产于其中，卵粒排列整齐，伤口呈肾形凸起（彩图 17-466）。虫量大时导致枝条遍体鳞伤（彩图 17-467、彩图 17-468），抗低温及保水能力降低，常导致春季抽条，严重时致使枝条枯死、植株死亡，幼树受害较重。

彩图 17-465　大青叶蝉在枝上的产卵为害伤口

彩图 17-466　大青叶蝉产卵处成肾形突起

彩图 17-467　大青叶蝉为害
状（当年）　彩图 17-468　大青叶蝉为害状
（第二年）

【形态特征】成虫体长 7～10毫米，体黄绿色；头黄褐色，复眼黑褐色，头部背面有 2个黑点，触角刚毛状；前胸背板前缘黄绿色，其余部分深绿色；前翅绿色，革质，尖端透明；后翅黑色，折叠于前翅下面；足黄色（彩图 17-469）。卵长约 1.6毫米，稍弯曲，一端稍尖，乳白色，数粒整齐排列成卵块（彩图 17-470）。若虫共 5龄，幼龄若虫体灰白色，3 龄以后黄绿色，胸部及腹部背面具褐色纵条纹，并出现翅芽，老龄若虫体似成虫，仅翅尚未形成（彩图 17-471）。

【发生规律】大青叶蝉 1年发生 3代，以卵在果树枝条或苗木的表皮下越冬。翌年果树萌芽至开花前越冬卵孵化，若虫迁移到附近的杂草或蔬菜上为害。第 1、2代主要

为害玉米、高粱、麦类及杂草，第 3代为害晚秋多汁作物如薯类、萝卜、白菜等，10月上中旬成虫飞到果树上产卵越冬。夏卵期 9～15天，越冬卵长达 5个月左右。

彩图 17-469　大青叶蝉成虫

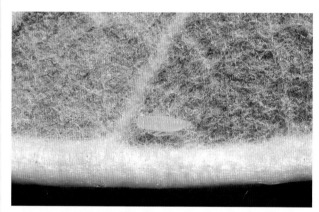

彩图 17-470　大青叶蝉低龄若虫

彩图 17-471　大青叶蝉卵

【防控技术】大青叶蝉防控技术模式如图 17-48所示。

1.农业措施防控　幼树果园避免在果园内间作晚秋作物，如白菜、萝卜、胡萝卜、薯类等，减少大青叶蝉向果园内的迁飞数量。进入秋季后，搞好果园卫生，清除园内杂草，控制大青叶蝉虫量。并注意清除果园周围的杂草及晚秋作物。

2.诱杀成虫　利用成虫的趋光性，在 9～10月份于果园外围设置黑光灯或频振式诱虫灯，诱杀大量成虫。

3.适当喷药防控　果园内及周边种植有晚秋多汁作物的幼树果园，可在 9月底～10月初当雌成虫转移至树上产

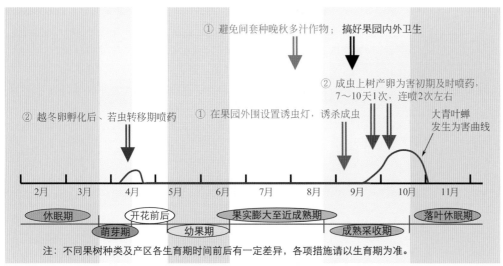

① 避免间套种晚秋多汁作物；搞好果园内外卫生

② 成虫上树产卵为害初期及时喷药，7～10天1次，连喷2次左右

大青叶蝉发生为害曲线

② 越冬卵孵化后、若虫转移期喷药

① 在果园外围设置诱虫灯，诱杀成虫

| 2月 | 3月 | 4月 | 5月 | 6月 | 7月 | 8月 | 9月 | 10月 | 11月 |

休眠期　　　　开花前后　　　　　果实膨大至近成熟期　　　　　落叶休眠期

萌芽期　　　　幼果期　　　　　　成熟采收期

注：不同果树种类及产区各生育期时间前后有一定差异，各项措施请以生育期为准。

图17-48　大青叶蝉防控技术模式图

卵时及时进行喷药防控，7～10天1次，连喷2次左右；也可在4月中旬越冬卵孵化、幼龄若虫向低矮植物上转移时（苹果、梨树为花序铃铛球期；山楂为抽枝展叶期）树上喷药。效果较好的药剂如：50%马拉硫磷乳油1000～1500倍液、50克/升高效氯氟氰菊酯乳油3000～4000倍液、4.5%高效氯氰菊酯乳油1500～2000倍液、20% S-氰戊菊酯乳油1500～2000倍液、2.5%溴氰菊酯乳油1500～2000倍液、20%甲氰菊酯乳油1500～2000倍液等。果树上秋季喷药时，可适当提高喷药浓度。

蚱蝉

【分布与为害】蚱蝉（*Cryptotympana atrata* Fabricius）属同翅目蝉科，俗称知了、秋蝉、黑蝉，在我国各地均有发生，可为害苹果、梨树、山楂、桃树、李树、杏树、樱桃、枣树等多种果树，主要以成虫产卵为害枝条。成虫产卵时用锯状产卵器刺破1年生枝条的表皮和木质部，在枝条内产卵，使伤口处的表皮呈斜锯齿状翘起（彩图17-472、彩图17-473），随后被产卵枝条逐渐干枯（彩图17-474、彩图17-475），剖开翘皮即见卵粒。虫量大时，树体上部大部分枝条被害、枯死，严重影响幼树树冠生长（彩图17-476）。此外，成虫还可刺吸嫩枝汁液，若虫在土中刺吸根部汁液，但均对树体没有明显影响。

彩图17-472　苹果枝条上的产卵伤口

【形态特征】成虫体长44～48毫米，翅展约125毫米，体黑色，有光泽，被黄褐色绒毛；头小，复眼大，头顶有3个黄褐色单眼，排列成三角形，触角刚毛状，中胸发达，背部隆起（彩图17-477）。卵梭形稍弯，长约2.5毫米，头端比尾端稍尖，乳白色（彩图17-478）。老熟若虫体长约35毫米，黄褐色，体壁坚硬，前足为开掘足（彩图17-479、彩图17-480）。

彩图17-473　蚱蝉产卵为害的梨树枝条

彩图17-474　苹果树的受害枯死枝条

彩图17-475　山楂受害的枯死枝条

彩图 17-476　苹果幼树严重受害状

彩图 17-477　蚱蝉成虫

彩图 17-478　蚱蝉的卵粒

【发生规律】蚱蝉约4～5年完成1代，以卵在枝条内或以若虫在土壤中越冬。若虫一生在土中生活。6月底老熟若虫开始出土，通常于傍晚和晚上从土内爬出，雨后土壤柔软湿润的晚上出土较多，然后爬到树干、枝条、叶片等处蜕皮羽化。7月中旬～8月中旬为羽化盛期。成虫刺吸树木汁液，寿命长约60～70天，7月下旬开始产卵，8月上中旬为产卵盛期。雌虫先用产卵器刺破树皮，将卵产在1～2年生的枝梢木质部内，每卵孔有卵6～8粒，一枝条上可产卵多达90粒，造成被害枝条枯死，严重时秋末常见满树枯死枝梢。越冬卵翌年6月孵化为若虫，然后钻入土中为害根部，秋后向深土层移动越冬，来年随气温回暖，上移刺吸根部为害。

【防控技术】

1.人工捕捉出土若虫　在老熟若虫出土始期，于果园及周围所有树木主干中下部闭合缠绕宽5厘米左右的塑料胶带，阻止若虫上树。然后在若虫出土期内每天夜间或清晨捕捉出土若虫或刚羽化的成虫，食之或出售。

2.灯火诱杀　利用成虫较强的趋光性，夜晚在树旁点火堆或用强光灯照明，然后振动树枝（大树可爬到树杈上振动），使成虫飞向火堆或强光处进行捕杀。

3.剪除产卵枯梢　在8～9月份，连续多年大面积剪除产卵枯梢（果树及林木上），集中烧毁、或用于人工繁育饲养。

彩图 17-479　蚱蝉若虫

彩图 17-480　蚱蝉的蝉蜕

第十八章
桃、李、杏、樱桃害虫

桃小食心虫

【分布与为害】桃小食心虫（*Carposina sasakii* Matsmura）属鳞翅目蛀果蛾科，又称桃蛀果蛾，简称"桃小"，在我国分布范围很广，许多果区均有发生，可为害桃、杏、李、枣、苹果、梨、山楂等多种果树，以幼虫蛀食果实为害。幼虫蛀果后在皮下潜食果肉，导致果面显出凹陷潜痕，使果实逐渐畸形，即称"猴头果"。有时蛀孔处产生流胶（彩图18-1）。幼虫发育后期，食量增大，在果实内纵横潜食，排粪于果实内部，使受害果呈"豆沙馅"状，导致果实失去商品价值（彩图18-2、彩图18-3）。幼虫老熟后脱果（彩图18-4），有时脱果孔易受杂菌感染而导致果实腐烂（彩图18-5）。

彩图18-3　桃小为害杏果实的为害状

彩图18-1　桃小钻蛀桃果后引起蛀果孔流胶

彩图18-4　桃小在桃果上的脱果孔

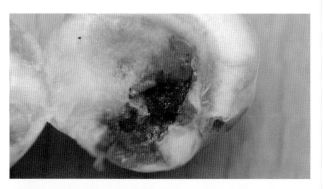
彩图18-2　桃小在李果实上的为害

彩图18-5　桃小脱果孔导致果实腐烂

【形态特征】雌成虫体长7～8毫米，雄成虫体长5～6毫米（彩图18-6）。全体灰白色至灰褐色，复眼红褐色。前翅中部近前缘处有近似三角形蓝灰色大斑，近基部和中部有7～8簇黄褐色或蓝褐色斜立鳞片。后翅灰色，缘毛长，浅灰色。卵椭圆形或桶形，初产时橙红色，渐变深红色，顶部环生2～3圈"Y"状刺毛。老熟幼虫桃红色，体长13～16毫米，前胸背板褐色，无臀刺（彩图18-7）。蛹体长6～8毫米，黄褐色，近羽化时变为灰黑色，体壁光滑无刺。茧有两种，一种为扁圆形的冬茧，直径6毫米，丝质紧密；一种为纺锤形的化蛹茧（也称夏茧），质地松软，长8～13毫米。

彩图18-6　桃小食心虫成虫

彩图18-7　桃果实内的桃小食心虫幼虫

【发生规律】桃小食心虫在北方果区1年发生1～2代，以老熟幼虫在树干周围1米范围内的3～6厘米土层中结扁圆形冬茧越冬。翌年春季当旬平均气温达17℃以上、土温达19℃、土壤含水量在10%以上时，幼虫开始出土，浇地或下雨后形成出土高峰。越冬幼虫一般年份从5月上旬破茧出土，出土期延续到7月中旬，盛期集中在6月份。幼虫出土后先在地面爬行一段时间，而后在土缝、树干基部缝隙及树叶下等处结纺锤形夏茧化蛹，蛹期约15天。越冬代成虫发生盛期一般在6月下旬～7月上旬，成虫寿命6～7天，昼伏夜出，无趋光性和趋化性。交尾后1～2天开始产卵，多产于果实萼洼处，每雌虫平均产卵44粒，卵期7～8天。第1代卵盛期为6月下旬～7月中旬。初孵幼虫在果面爬行2～3小时后，多从胴部蛀入果内为害。幼虫在果内蛀食20～24天，老熟后从内向外咬一较大脱果孔，然后爬出落地，发生晚的直接入土做冬茧越冬，发生早的则在地面隐蔽处结夏茧化蛹。蛹经过12天左右羽化为成虫，第2代卵盛期为8月上中旬，幼虫孵出后蛀果为害25天左右，于8月下旬开始从果内脱出，在树下土壤中结冬茧滞育越冬。

【防控技术】桃小食心虫的防控应采用地面防控与树上防控、化学防控与人工防控相结合的综合防控措施，根据虫情测报适期进行喷药是提高好果率的技术关键（图18-1）。

1.农业措施防控　生长季节及时摘除树上虫果、捡拾落地虫果，集中销毁。实施果实套袋，套袋要在桃小产卵前完成，一般果园6月上中旬套完袋即可（彩图18-8、彩图18-9）。

2.诱杀雄成虫　从5月中下旬开始在果园内悬挂桃小食心虫的性引诱剂诱捕器，诱杀雄成虫，每亩2～5个，1个月更换1次诱芯。对于周边没有果树的孤立果园，该项措施即可基本控制桃小的为害，但对于非孤立的果园，不能进行彻底诱杀，只能用于虫情测报，以确定喷药时间。

3.地面药剂防控　从越冬幼虫开始出土时进行地面用药，即当桃小食心虫性诱剂诱捕器连续3天诱到雄蛾时地面施药，一般使用480克/升毒死蜱乳油或50%辛硫磷乳油300～500倍液均匀喷洒树下地面，喷湿表层土壤，然后耙松土壤表层，杀灭越冬幼虫。

4.树上喷药防控　利用性诱剂诱捕器进行测报，在出现诱蛾高峰，或卵果率达到0.5%～1%时立即树上喷药防控。因为桃小食心虫发生不整齐，一般每代应喷药2～3次，7天左右1次。常用有效药剂有：50%马拉硫磷乳油1200～1500倍液、20%氯虫苯甲酰胺悬浮剂2000～3000倍液、20%氟苯虫酰胺水分散粒剂2500～3000倍液、2%甲氨基阿维菌素苯甲酸盐乳油3000～4000倍液倍液、5%虱螨脲悬浮剂1000～2000倍液、4.5%高效氯氰菊酯乳油1500～2000倍液、25克/升高效氯氟氰菊酯乳油1500～2000倍液、20% S-氰戊菊酯乳油1500～2000倍液、2.5%溴氰菊酯乳油1500～2000倍液、20%甲氰菊酯乳油1500～2000倍液等。

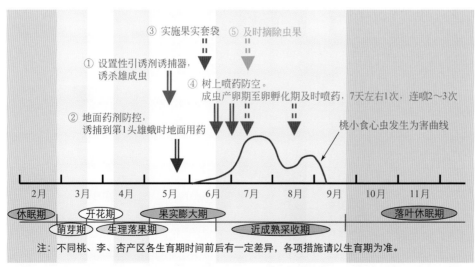

图18-1　桃小食心虫防控技术模式图

彩图 18-8　桃果实套袋状

彩图 18-11　严重时，许多桃梢受害

彩图 18-9　樱桃果实套袋状

彩图 18-12　梨小为害李树新梢

梨小食心虫

【分布与为害】梨小食心虫 [*Grapholitha molesta* (Busck)] 属鳞翅目小卷叶蛾科，又称东方蛀果蛾、梨小蛀果蛾、桃折梢虫，简称"梨小"，是一种世界性果树害虫，我国除西藏地区无报道外其他省区都有发生，可为害桃、杏、李、樱桃、梨、苹果、海棠、山楂等多种果树。新梢生长期以幼虫蛀食为害嫩梢，导致嫩梢萎蔫、顶端枯死（彩图 18-10 ～彩图 18-14）。中后期开始为害果实，多从梗洼、萼洼及两果贴邻处蛀入，前期为害较浅，蛀孔周围显出凹陷；后期虫道直达果心，取食果肉及种子，蛀孔周围附有虫粪、甚至流胶（彩图 18-15 ～彩图 18-20）。

彩图 18-13　樱桃嫩梢受害状

彩图 18-10　梨小为害桃梢，导致桃梢枯死

彩图 18-14　梨小在樱桃嫩梢内为害

彩图 18-15　梨小为害桃果，蛀孔外堆有虫粪

彩图 18-16　梨小为害桃果，蛀孔外有虫粪和流胶

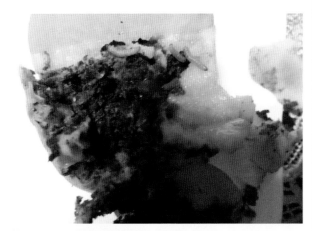

彩图 18-17　梨小为害桃果剖面

彩图 18-18　梨小蛀食李果，蛀孔外堆有虫粪和流胶

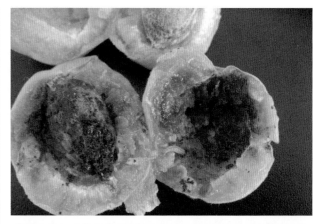

彩图 18-19　梨小为害杏果剖面

彩图 18-20　梨小为害果实后的脱果孔〔李〕

【形态特征】成虫体灰褐色；前翅前缘有 8 ～ 10 条白色斜纹，翅面上有许多白色鳞片，翅中央偏外缘处有一明显小白点，近外缘处有 10 个小黑点（彩图 18-21）；后翅暗褐色，基部颜色稍浅。卵扁椭圆形，长约 2.8 毫米，中央稍隆起，初产时乳白色、半透明，后渐变成淡黄色（彩图 18-22）。低龄幼虫头和前胸背板黑色，体白色。老熟幼虫体淡黄白色或粉红色，体长 10 ～ 14 毫米，头褐色，前胸背板黄白色，臀板上有深褐色斑点，腹部末端的臀栉 4 ～ 7 根（彩图 18-23）。蛹体长约 6 毫米，长纺锤形，黄褐色，腹部第三至第七节背面各有 2 行短刺，蛹外包有白色丝质薄茧（彩图 18-24）。

彩图 18-21　梨小食心虫成虫

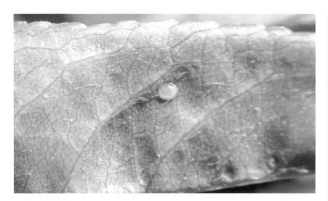

彩图 18-22　梨小食心虫卵

彩图 18-23　梨小食心虫幼虫

彩图 18-24　梨小食心虫蛹

彩图 18-25　梨小性引诱剂诱捕器（a）

彩图 18-26　梨小性引诱剂诱捕器（b）

彩图 18-27　性引诱剂诱捕器诱捕的梨小雄蛾

【发生规律】梨小食心虫在华北果区1年发生3～4代，以老熟幼虫在树皮缝内、枝杈缝隙处及根颈部土壤中越冬，有的也可在石块下、果品仓库墙缝处结茧越冬。成虫昼伏夜出，对糖醋液和果汁及黑光灯有较强趋性。卵单粒散产，每雌虫产卵50～100余粒。在桃、李、杏与苹果、梨混栽的果园中，第1代卵主要产在桃、李、杏的嫩梢第3～7叶片背面，初孵幼虫从嫩梢端部2～3片叶的基部蛀入嫩梢中，而后向下蛀食，第1代幼虫多发生在5月份。第2代卵主要在6月～7月上旬，大部分还是产在嫩梢上，少数开始为害果实。第3代和第4代幼虫主要为害果实。混栽果园因为食料丰富，各代发生期很不整齐，世代重叠严重。

【防控技术】梨小食心虫防控技术模式如图18-2所示。

1.农业措施防控　新建果园时，桃、李、杏、樱桃等核果类果树和苹果、梨等仁果类果树不要毗邻栽培或混栽，以避免为梨小食心虫提供充足虫源，防止交叉为害。新梢生长期及时剪除被害嫩梢（萎蔫新梢），集中销毁，消灭梢内幼虫。尽量实施果实套袋，阻止幼虫蛀食果实。果实生长中后期及时摘除虫果，并捡拾落地虫果，集中销毁，消灭果内幼虫。果实采收前，在树干上绑缚草绳（把）或诱虫带，诱集越冬幼虫，入冬后解下烧毁。

2.诱杀成虫　利用梨小成虫对糖醋液及黑光灯的强烈趋性，在果园内设置糖醋液诱捕器、黑光灯或频振式诱虫灯，诱杀成虫。糖醋液的配制比例一般为：食糖：食醋：酒精：水＝3：3：3：80。将配制好的糖醋液盛于碗内

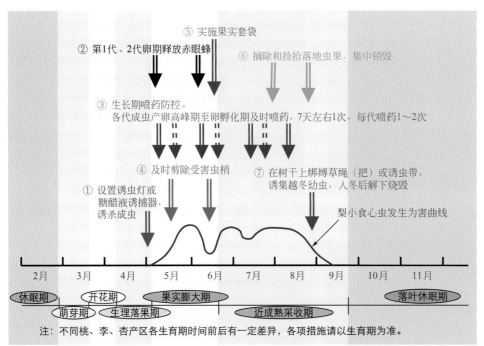

② 第1代、2代卵期释放赤眼蜂

⑤ 实施果实套袋

⑥ 摘除和捡拾落地虫果，集中销毁

③ 生长期喷药防控。
各代成虫产卵高峰期至卵孵化期及时喷药，7天左右1次，每代喷药1～2次

④ 及时剪除受害虫梢

⑦ 在树干上绑缚草绳（把）或诱虫带，诱集越冬幼虫，入冬后解下烧毁

① 设置诱虫灯或糖醋液诱捕器，诱杀成虫

梨小食心虫发生为害曲线

2月　　3月　　4月　　5月　　6月　　7月　　8月　　9月　　10月　　11月

休眠期　　　开花期　　　果实膨大期　　　　　　　　　落叶休眠期
　萌芽期　生理落果期　　　　　　　近成熟采收期

注：不同桃、李、杏产区各生育期时间前后有一定差异，各项措施请以生育期为准。

图18-2　梨小食心虫防控技术模式图

或水盆中，悬挂在树上，距离地面高约1.5米。

3.生长期喷药防控　喷药防控的关键是掌握在各代成虫产卵盛期至幼虫孵化期及时喷药。利用梨小性引诱剂诱捕器（彩图18-25～彩图18-27）或糖醋液诱捕器进行测报，在诱蛾高峰期开始进行喷药，7天左右1次，每代喷药1～2次。第1代和第2代的防控重点是保护嫩梢，第3代和第4代防控重点是保护果实。常用有效药剂同"桃小食心虫"树上喷药药剂。

4.生物防控　在梨小第1代和第2代卵期，田间释放赤眼蜂，每4～5天释放1次，连续释放4次，每亩总放蜂量10万～12万头，可有效控制梨小食心虫的为害。

李小食心虫

【分布与为害】李小食心虫（*Grapholitha funebrana* Treitscheke）属鳞翅目卷蛾科，又称李子食心虫、李小蠹蛾，主要发生在东北、华北、西北等地区，可为害李、杏、樱桃、桃等果实，其中李果实受害最重。以幼虫蛀果为害，蛀果前常在果面上吐丝结网，从网下开始啃食果皮蛀入果内，早期蛀果孔为黑褐色，数日后即有虫粪排出。豆粒大的果实受害后极易脱落。膨大期果实受害，蛀果孔处流出水珠状果胶滴（彩图18-28），幼虫入果后蛀食果仁或纵横串食，受害果易变紫红色（彩图18-29），后期呈"红沙馅"状，不堪食用。

【形态特征】成虫体背面灰褐色，头部鳞片灰黄色，复眼褐色。前翅长方形，烟灰色，没有明显斑纹；后翅梯形，淡烟灰色。卵扁椭圆形，初产时乳白色半透明，后变淡黄色（彩图18-30）。老熟幼虫体长约12毫米，玫瑰红或桃红色，腹面体色较浅；头部黄褐色，前胸背板浅黄或黄褐色；臀板淡黄褐或玫瑰红色，上有20多个深褐色小斑点（彩图18-31）。蛹体长6～7毫米，褐色，外被纺锤形污白色茧。

【发生规律】李小食心虫1年多发生2代，少数3代，均以老熟幼虫在树冠下0.5～5厘米深的表土层内、草根附近或土石块下做茧越冬。翌年4月中下旬化蛹，5月上旬羽化出成虫，成虫羽化后1～2天交尾产卵，卵多散产在果面上，卵期1周左右。第1代幼虫5月开始蛀果为害，老熟后脱果潜入粗皮裂缝内、或草根附近、或石块下、或浅土层内作茧化蛹。6月中旬前后出现第1代成虫。第2代幼虫为害期在7月份，9月上中旬采收前，老熟幼虫脱果越冬。成虫昼伏夜出，有趋光性和趋化性。幼虫孵化后，先在果面上爬行数分钟至3小时左右，而后寻找适当部位蛀入果内。第1代幼虫为害幼果时多直接蛀入果仁，被害果极易脱落；若幼虫蛀食2～3天后果实尚未脱落，则行转果为害。第2代幼虫蛀食膨大期的果实，只蛀食果肉，无转果现象，受害果不脱落。

彩图18-28　蛀孔处流出果胶滴

彩图18-29　受害果变紫红色，蛀果孔黑褐色

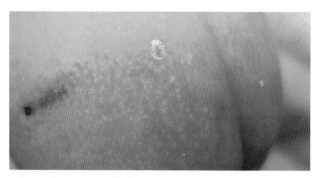

彩图18-30 李小食心虫卵

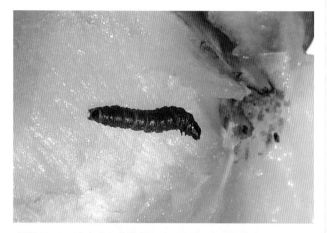

彩图18-31 李小食心虫幼虫

【防控技术】李小食心虫防控技术模式如图18-3所示。

1.人工措施防控　结合其他农事活动，及时摘除虫果、捡拾落果，集中销毁，消灭果内幼虫。越冬代成虫羽化出土前，在树干基部周围50～70厘米范围内培起10厘米厚的土堆，并踩紧踏实，使羽化后的成虫不能出土。

2.诱杀成虫　利用成虫的趋光性和趋化性，在成虫发生期内于果园中设置黑光灯或频振式诱虫灯，或糖醋液诱捕器，诱杀成虫。

3.地面药剂防控　在越冬代成虫羽化出土前（李树落花后）或第1代幼虫脱果前（5月下旬），于树盘下喷施

50%辛硫磷乳油或480克/升毒死蜱乳油300～500倍液，将表土层喷湿，然后耙松土表，杀灭羽化成虫或化蛹幼虫。

4.树上喷药防控　利用诱杀成虫做好虫情测报，在各代成虫盛发期至卵孵化期及时喷药。由于越冬代成虫发生期长达1个月，一般应间隔7～10天后再喷药1次。常用有效药剂同"桃小食心虫"树上喷药药剂。

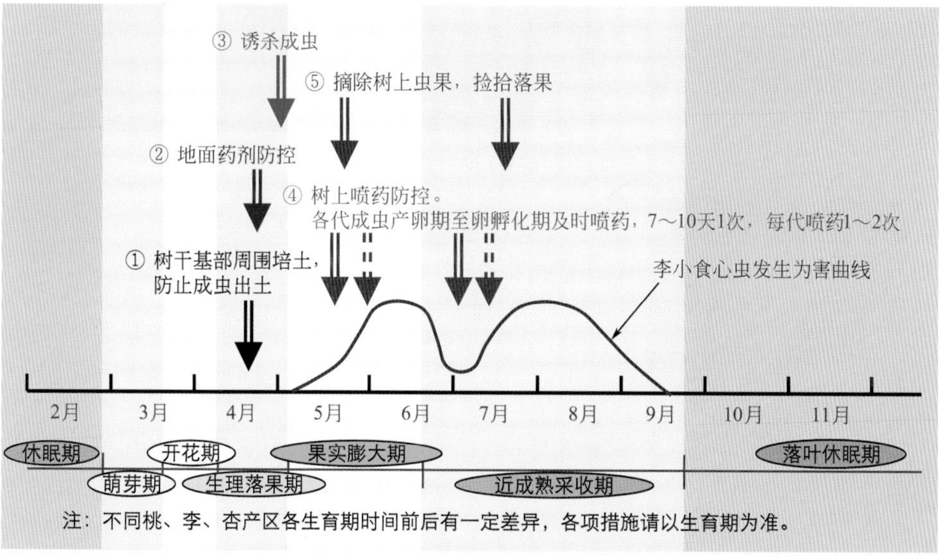

桃蛀螟

【分布与为害】桃蛀螟［Conogethes punctiferalis (Guenée)］属鳞翅目螟蛾科，又称桃蠹螟、桃蛀斑螟、桃蛀野螟，俗称"食心虫"，在我国许多果区均有发生，是一种多食性害虫，可为害桃、李、杏、苹果、梨、石榴、葡萄、山楂、柿、核桃、板栗等多种果实。以幼虫蛀食果实为害，蛀孔处有时发生流胶（彩图18-32），蛀孔外留有大量虫粪，虫道内亦充满虫粪（彩图18-33～彩图18-35），受害果实有时脱落。

彩图18-32 受害桃果蛀果孔处流胶

【形态特征】成虫体长12毫米，翅展22～25毫米，全体黄色，身体和翅面上具有多个黑色斑点，似豹纹状（彩图18-36）。卵椭圆形，长0.6毫米，初产时乳白色，后变为红褐色，表面有网状斜纹。老熟幼虫体长22～27毫米，体背暗红或淡灰褐色，腹面淡绿色，头和前胸背板暗褐色，中、后胸及腹部各节背面各有4个灰褐色毛片，排成两列，前两个较大，后两个较小；臀板深褐色，臀栉有4～6个刺（彩图18-37、彩图18-38）。蛹褐色或淡褐色，长约

图18-3 李小食心虫防控技术模式图

③ 诱杀成虫

⑤ 摘除树上虫果，捡拾落果

② 地面药剂防控

④ 树上喷药防控。
各代成虫产卵期至卵孵化期及时喷药，7～10天1次，每代喷药1～2次

① 树干基部周围培土，防止成虫出土

李小食心虫发生为害曲线

2月　3月　4月　5月　6月　7月　8月　9月　10月　11月

休眠期　开花期　果实膨大期　落叶休眠期
萌芽期　生理落果期　近成熟采收期

注：不同桃、李、杏产区各生育期时间前后有一定差异，各项措施请以生育期为准。

图18-3 李小食心虫防控技术模式图

13毫米，腹部5～7节背面前缘各有1列小刺，腹末有6根细长卷曲的刺（彩图18-39）。

彩图18-33 桃果受害，蛀孔外堆有虫粪

彩图18-34 李果实受桃蛀螟为害状

彩图18-35 李果实严重受害状

彩图18-36 桃蛀螟成虫

彩图18-37 桃果实上的桃蛀螟幼虫

彩图18-38 李果实内的桃蛀螟幼虫

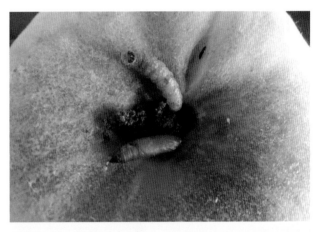
彩图18-39 桃蛀螟幼虫和蛹

【发生规律】桃蛀螟1年发生2～5代，河北、山东、陕西等果区1年多发生2～3代，均以老熟幼虫结茧越冬。越冬场所比较复杂，多在果树翘皮裂缝中、果园的土石块缝内、梯田边、堆果场等处越冬，也可在玉米茎秆、高粱秸秆、向日葵花盘等处越冬。翌年4月开始化蛹、羽化，但很不整齐，导致后期世代重叠严重。成虫昼伏夜出，对黑光灯和糖醋液趋性强。华北地区第1代幼虫发生在6月初～7月中旬，第2代幼虫发生在7月初～9月上旬，第3代幼虫发生在8月中旬～9月下旬。从第2代幼虫开始为害果实，卵多产在枝叶茂密处的果实上或两个果实相互紧贴之处，卵散产。一个果内常有数条幼虫，幼虫有转果为害

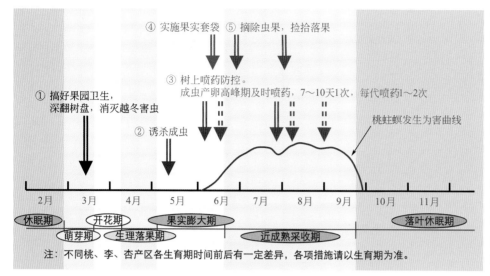

① 搞好果园卫生，深翻树盘，消灭越冬害虫

② 诱杀成虫

③ 树上喷药防控。
成虫产卵高峰期及时喷药，7～10天1次，每代喷药1～2次

④ 实施果实套袋 ⑤ 摘除虫果，捡拾落果

桃蛀螟发生为害曲线

2月 3月 4月 5月 6月 7月 8月 9月 10月 11月

休眠期 开花期 果实膨大期 落叶休眠期
萌芽期 生理落果期 近成熟采收期

注：不同桃、李、杏产区各生育期时间前后有一定差异，各项措施请以生育期为准。

图18-4 桃蛀螟防控技术模式图

习性。卵期6～8天，幼虫期15～20天，蛹期7～10天，完成1代约需30天。9月中下旬后老熟幼虫陆续寻找适宜场所越冬。

【防控技术】桃蛀螟防控技术模式如图18-4所示。

1.农业措施防控 果树发芽前，彻底清除果园内外的枯枝、落叶、杂草，翻耕树盘等，破坏害虫越冬场所，消灭越冬害虫。生长期及时摘除虫果、捡拾落果，消灭果内幼虫。尽量实施果实套袋，阻止害虫产卵、蛀食为害。

2.诱杀成虫 利用成虫的趋光性和趋化性，在成虫发生期内于果园中设置黑光灯或频振式诱虫灯、或糖醋液诱捕器，诱杀成虫。

3.树上喷药防控 根据虫情测报，在越冬代、第1代及第2代成虫产卵高峰期及时进行喷药，7～10天1次，每代喷药1～2次。套袋果园套袋前最好喷药1次。效果较好的药剂有：200克/升氯虫苯甲酰胺悬浮剂3000～4000倍液、20%氟苯虫酰胺水分散粒剂2500～3000倍液、1.8%阿维菌素乳油2500～3000倍液、2%甲氨基阿维菌素苯甲酸盐微乳剂3000～4000倍液、20%杀铃脲悬浮剂3000～4000倍液、10%虱螨脲悬浮剂1500～2000倍液、4.5%高效氯氰菊酯乳油1500～2000倍液、50克/升高效氯氟氰菊酯乳油3000～4000倍液、20%甲氰菊酯乳油1500～2000倍液、50%马拉硫磷乳油1200～1500倍液等。

棉铃虫

【分布与为害】棉铃虫（Helicoverpa armigera Hübner）属鳞翅目夜蛾科，在我国许多省区均有发生，为害范围非常广泛，可为害桃、李、杏、樱桃、苹果、梨等果树。3龄以前幼虫主要啃食新梢顶部嫩叶，3龄后开始转移到果实和叶片上取食为害，被害嫩梢和叶片呈孔洞、缺刻状（彩图18-40），幼果受害被蛀食成孔洞状，蛀孔深达果心，常造成幼果脱落。每头幼虫可为害1～3个果实，虫孔渐渐干缩，形成红褐色干疤；高湿时易被杂菌感染，造成烂果。

【形态特征】成虫体长15～20毫米，复眼球形，绿色。雌蛾赤褐色至灰褐色，雄蛾灰绿色；前翅内横线、中横线、外横线波浪形，外横线外侧有深灰色宽带，肾形纹和环形纹暗褐色，中横线由肾形纹的下方斜伸到后缘，其末端到达环形纹的正下方（彩图18-41）；后翅灰白色，沿外缘有黑褐色宽带，在宽带中央有2个相连的白斑。卵呈馒头形，中部通常有26～29条直达卵底部的纵隆纹，初产时乳白色，近孵化时有紫色斑（彩图18-42）。老熟幼虫体长40～50毫米，头黄褐色，背线明显，各腹节背面具毛突，幼虫体色差异很大（彩图18-43、彩图18-44）。蛹为被蛹，纺锤形，长17～20毫米，赤褐色至黑褐色，腹末有1对臀刺。

彩图18-40 棉铃虫食害叶片（樱桃）

彩图18-41 棉铃虫成虫

彩图18-42 棉铃虫卵

彩图18-43　棉铃虫的褐色型幼虫

彩图18-44　棉铃虫的绿色型幼虫

【发生规律】棉铃虫在华北地区1年发生4代，以蛹在土内越冬。翌年4月中下旬气温达15℃时，成虫开始羽化，5月上中旬为羽化盛期。5月中下旬幼虫开始为害幼果，6月中旬是第1代成虫发生盛期。7月上中旬为第2代幼虫为害盛期，7月下旬为第2代成虫羽化产卵盛期。第3代成虫于8月下旬～9月上旬产卵。10月中旬第4代幼虫老熟后入土化蛹越冬。成虫昼伏夜出，有很强的趋光性。卵散产在嫩叶或果实上，每头雌蛾产卵200～800粒，卵期3～4天。

【防控技术】棉铃虫防控技术模式如图18-5所示。

1.农业措施防控　果园内不要种植棉花、番茄、茄子等棉铃虫的喜爱植物，避免棉铃虫交叉为害。尽量实施果实套袋，阻止棉铃虫蛀果为害。

2.诱杀成虫　在成虫发生期内，于果园中设置黑光灯或频振式诱虫灯，诱杀成虫。

3.树上喷药防控　结合其他害虫防控，在各代幼虫卵孵化盛期至蛀果为害初期及时进行喷药，10天左右1次，每代喷药1～2次。效果较好的药剂有：10%氟苯虫酰胺悬浮剂1200～1500倍液、20%氯虫苯甲酰胺悬浮剂2000～3000倍液、25%灭幼脲悬浮剂1500～2000倍液、20%虫酰肼悬浮剂1500～2000倍液、240克/升甲氧虫酰肼悬浮剂3000～4000倍液、1.8%阿维菌素乳油2000～3000倍液、2%甲氨基阿维菌素苯甲酸盐微乳剂3000～4000倍液倍液、5%虱螨脲乳油1200～1500倍液、4.5%高效氯氰菊酯乳油1500～2000倍液、50克/升高效氯氟氰菊酯乳油3000～4000倍液、20% S-氰戊菊酯乳油1500～2000倍液、20%甲氰菊酯乳油1500～2000倍液等。

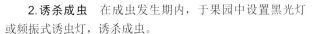

李实蜂

【分布与为害】李实蜂（*Hoploampa fulvicornis* Panzer）属膜翅目叶蜂科，在河北、河南、山东、陕西、四川、安徽、江苏等省，主要为害李树。幼虫蛀食李树花托、花蕾和幼果，当核仁被害后，幼果停止生长，且容易脱落（彩图18-45）；严重时许多幼果受害（彩图18-46），产量造成很大损失。

彩图18-45　李幼果受害的脱果孔

【形态特征】雌虫体长4～6毫米，雄虫略小，体黑色；触角9节，丝状，第一节黑色，第二至九节暗棕色（雌）或淡黄色（雄）；翅透明，雌虫翅浅灰色，翅脉黑色，雄虫翅淡黄色，翅脉棕色。老熟幼虫体长8～10毫米，向腹面弯曲呈"C"状，头部淡褐色，胸、腹部乳白色（彩图18-47）。

蛹为裸蛹，乳白色。

【发生规律】李实蜂1年发生1代，以老熟幼虫在10厘米深的土中结茧越冬。

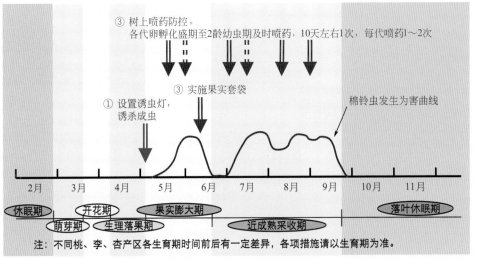

③ 树上喷药防控。
各代卵孵化盛期至2龄幼虫期及时喷药，10天左右1次，每代喷药1～2次

③ 实施果实套袋

① 设置诱虫灯，诱杀成虫

棉铃虫发生为害曲线

2月　3月　4月　5月　6月　7月　8月　9月　10月　11月

休眠期　开花期　果实膨大期　落叶休眠期
萌芽期　生理落果期　近成熟采收期

注：不同桃、李、杏产区各生育期时间前后有一定差异，各项措施请以生育期为准。

图18-5　棉铃虫防控技术模式图

翌年春季李树萌芽时化蛹，李树花蕾露白期成虫开始羽化出土，开花期为出土盛期。成虫出土后当天即可交配产卵，一般将卵产在花托和花萼的表皮下组织内。幼虫孵化后咬破花托外表皮，多从顶部蛀入子房，蛀孔针头大小。1头幼虫只为害1个果实。幼虫期26～31天，老熟后在果实的中下部咬一圆孔脱出，坠落地面，钻入土中；或随被害果实脱落坠地，再脱果入土。幼虫多在树冠下10厘米深的土层内结长椭圆形茧越冬，距主干50厘米至树冠外缘的土层内最多。

彩图18-46　严重时，许多李幼果受害

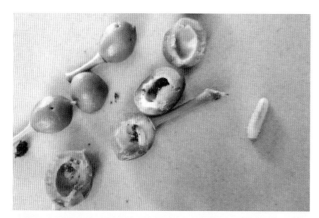

彩图18-47　李幼果受害状及幼虫

【防控技术】李实蜂防控技术模式如图18-6所示。

1.农业措施防控　结合冬耕，深翻果园，促使越冬幼虫死亡。结合疏果，及时摘除虫果，并捡拾落果，集中销毁，消灭果内幼虫。

2.地面用药防控　在李树萌芽期地面喷药，一般使用50%辛硫磷乳油或480克/升毒死蜱乳油300～500倍液，将地面表层土壤喷湿，然后耙松土表，毒杀出土成虫。

3.树上喷药防控　李树开花前3～4天，是喷药防控成虫产卵的最佳时期；李树落花后立即喷药，是有效防控幼虫蛀果的最佳时期。这两个关键时期各喷药1次即可。常用有效药剂有：2%甲氨基阿维菌素苯甲酸盐乳油3000～4000倍液、4.5%高效氯氰菊酯乳油1500～2000倍液、50克/升高效氯氟氰菊酯乳油3000～4000倍液、20% S-氰戊菊酯乳油1500～2000倍液、2.5%溴氰菊酯乳油1500～2000倍液、20%甲氰菊酯乳油1500～2000倍液等。

斑翅果蝇

【分布与为害】斑翅果蝇（*Drosophila suzukii* Matsumura）属双翅目果蝇科，又称铃木氏果蝇，我国广西、贵州、河南、湖北、云南、浙江等省区均有发生，其寄主植物广泛，可为害樱桃、葡萄、树莓、蓝莓、草莓、柿子等多种水果，特别在樱桃上发生为害较重。除取食落地果或受损伤的水果外，其雌虫的锯齿状产卵器可将卵直接产于成熟或近成熟的果实内，卵孵化后以幼虫蛀食为害，导致果实完全软化、变褐腐烂（彩图18-48、彩图18-49）。此外，果实产卵部位的伤口还易引起病菌感染，导致果实腐烂。

彩图18-48　斑翅果蝇为害樱桃表面症状

【形态特征】成虫体长2～3毫米，复眼红色，体黄褐色，腹部粗短，腹末带有黑色环纹，翅透明。雄虫翅端部有一明显黑斑，第一对足的前跗节具两排栉（彩图18-50、彩图18-51）。雌虫翅无黑色斑纹，第一对足的前跗节无栉，产卵器呈锯齿状，可刺入薄皮果实内产卵（彩图18-52）。卵白色，长椭圆形，长约0.62毫米。幼虫圆柱形，乳白色，头尖，头的前部有锥形气门（彩图18-53）。蛹红褐色，

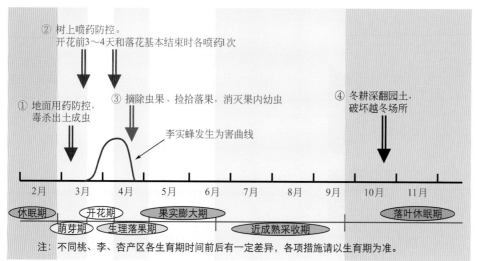

注：不同桃、李、杏产区各生育期时间前后有一定差异，各项措施请以生育期为准。

图18-6　李实蜂防控技术模式图

体长2～3毫米，末端具两个尾突。

彩图18-49　斑翅果蝇为害樱桃剖面症状

彩图18-50　斑翅果蝇雄成虫

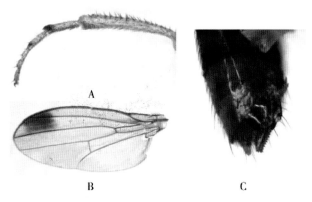

彩图18-51　斑翅果蝇部分典型特征：A雄虫前足跗节，B雄虫翅，C雌虫产卵器（孙鹏等）

彩图18-52　斑翅果蝇雌虫及产卵器（D. Suzukii）

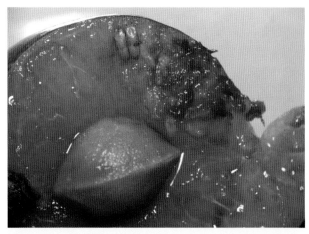

彩图18-53　斑翅果蝇幼虫和蛹

【发生规律】斑翅果蝇1年能繁殖3～10代，主要以成虫越冬，也可以幼虫和蛹越冬，越冬场所包括果园、仓库甚至厨房等。翌年春季气温达10℃时成虫开始活动，每头雌虫可产卵200～600粒。雌虫喜欢在转色以后的水果上产卵，特别喜欢选择红色果实产卵。雌虫产卵器为坚硬的锯齿状，可将卵直接产于成熟或近成熟的果实内，卵和幼虫在果实中发育。果实受害初期外观无明显特征，与正常果实难以区分，所以该虫很容易随水果运输进行传播。斑翅果蝇寿命很短，一般18～25天，最短8～10天。幼虫老熟后在落果附近土壤中化蛹，也有少数在果内化蛹。

【防控技术】斑翅果蝇防控技术模式如图18-7所示。

1.搞好果园卫生　冬季深翻或旋耕果园，清除园内及果园周边的落叶、落果及杂草，集中烧毁，有效清除成虫滋生环境。果实成熟期及时清理落地虫果，集中销毁。

2.诱杀成虫　斑翅果蝇具有强烈的趋化性，从越冬成虫出蛰活动开始，在果园内设置糖醋液或苹果醋诱捕器，诱杀斑翅果蝇成虫，直到樱桃收获结束。另外，也可利用成虫的趋黄性，在樱桃树上悬挂黄色诱虫黏板（每亩20～60个），黏杀成虫。

3.树上适当喷药　在成虫盛发期适当树上喷药，但必须选用低毒低残留药剂，如0.3%苦参碱水剂800倍液、1%甲氨基阿维菌素苯甲酸盐2000倍液、25%噻虫嗪水分散粒剂2000倍液等。若混加适量红糖，对樱桃树冠和地面杂草一起喷雾，可显著提高防控效果。

4.地面药剂防控　上年果蝇发生较重、落果量较大的樱桃果园，早春在成虫出土前树盘内地面施药，对园内地面和周边杂草丛进行喷雾，有效触杀出土成虫。一般选用480克/升毒死蜱乳油或50%辛硫磷乳油1000～1200倍液（图18-7）。

杏仁蜂

【分布与为害】杏仁蜂（*Eurytoma samsonovi* Wass.）属膜翅目广肩小蜂科，又称杏核蜂，主要发生于河北、山西、辽宁、河南、陕西、新疆等省区，主要在杏上为害，以幼虫在杏核内蛀食杏仁，虫粪排泄于杏核内。虫果表面

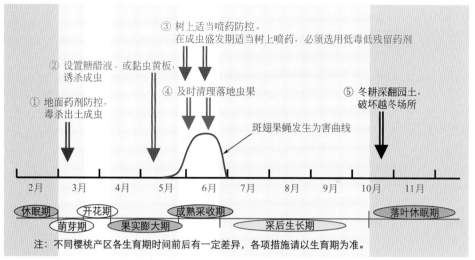

① 地面药剂防控，
毒杀出土成虫

② 设置糖醋液、或黏虫黄板，
诱杀成虫

③ 树上适当喷药防控。
在成虫盛发期适当树上喷药，必须选用低毒低残留药剂

④ 及时清理落地虫果

斑翅果蝇发生为害曲线

⑤ 冬耕深翻园土，
破坏越冬场所

| 2月 | 3月 | 4月 | 5月 | 6月 | 7月 | 8月 | 9月 | 10月 | 11月 |

休眠期　开花期　成熟采收期　落叶休眠期
萌芽期　果实膨大期　采后生长期

注：不同樱桃产区各生育期时间前后有一定差异，各项措施请以生育期为准。

图18-7　斑翅果蝇防控技术模式图

有半月形稍凹陷的产卵孔，有时产卵孔出现流胶。虫果易脱落，有的干缩在树上。翌年春天成虫羽化后，杏核表面留有圆形羽化孔。

【形态特征】雌成虫体长约6毫米，头黑色，触角膝状，基部1、2节橙黄色，其余节黑色；胸部及胸足各基节黑色，其他各节橙黄色；腹部橘红色，有光泽，基部缢缩，产卵管深棕色。雄虫体长约5毫米，触角第三节以后呈念珠状，各节环生长毛；腹部黑色，腹部第一节细长如柄（彩图18-54）。卵长圆形，长约1毫米，一端稍尖，初产时白色，近孵化时乳黄色。初孵幼虫白色，头黄白色。老熟幼虫头、尾稍尖，中间肥大，稍向腹面弯曲，头褐色，具1对发达的上颚，胴部乳黄色，足退化（彩图18-55）。蛹为裸蛹，初为乳白色，近羽化时变为褐色（彩图18-56）。

彩图18-54　杏仁蜂成虫（张玉聚）

【发生规律】杏仁蜂1年发生1代，以幼虫在被害的杏核内越冬。翌年杏树萌芽期开始化蛹，蛹期10天左右，杏树落花时开始羽化。成虫出土后在地表停留1～2小时开始飞翔，中午前后最为活跃。杏果如手指头大时，成虫大量出现，飞到树上交尾产卵，将卵产于幼果肉内，每果多产卵1粒，卵期约十余天。幼虫孵化后在硬核前蛀入杏仁食害，5月份为害最重，常引起大量落果。6月上旬幼虫老熟后在被害杏核内越夏、越冬。

【防控技术】

1.搞好果园卫生　落叶后至发芽前，先树上后树下彻底清除树上虫果及落地虫果，集中销毁，消灭果内幼虫。害虫发生较重杏园，果实采收前彻底清除落地虫果，集中销毁。

2.树上适当喷药防控　往年害虫发生严重杏园，在成虫羽化盛期即果实似手指头大小时及时树上喷药，7～10天1次，连喷1～2次。效果较好的药剂如：4.5%高氯氰菊酯乳油1500～2000倍液、50克/升高效氯氟氰菊酯乳油3000～4000倍液、20%甲氰菊酯乳油1500～2000倍液、20%S-氰戊菊酯乳油1500～2000倍液、2.5%溴氰菊酯乳油1500～2000倍液等。

彩图18-55　杏仁蜂幼虫（冯明祥）

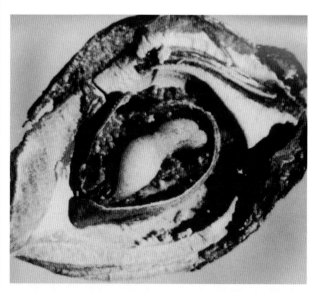

彩图18-56　杏仁蜂蛹（冯明祥）

杏象甲

【分布与为害】杏象甲（*Rhynchites heros* Roelofs）属鞘翅目卷象科，又称杏虎象、桃象甲，在我国东北、华北、西北等果区均有发生，可为害杏、桃、李、樱桃等果树。以成虫取食芽、嫩枝、花和幼果，果实被咬成坑洼状伤疤，严重时果面伤疤累累。同时，成虫产卵于幼果内，并咬伤果柄，幼虫在果内蛀食，致使被害幼果提前脱落，严重年份减产50%以上，甚至绝收，经济损失惨重。

【形态特征】成虫体长7～8毫米，紫红色，有金属光泽，触角着生于头管中部，头背面有细小横皱，前胸背面有不甚明显的"小"字形凹纹，鞘翅密布刻点及灰白色和褐色细毛。卵椭圆形，长1毫米，乳白色。老熟幼虫长约10毫米，乳白色至淡黄白色，体肥胖弯曲有皱纹，头部淡褐色，各腹节后半部生有1横列刚毛（彩图18-57）。蛹体长约6毫米，椭圆形，密生细毛，初乳白色，后变黄褐色。

彩图18-57 杏象甲幼虫

【发生规律】杏象甲1年发生1代，以成虫在土中越冬。杏树开花时开始出土，在辽宁5月中旬出土最多。成虫出土时间与土壤湿度、降雨及地势有密切关系，春季干旱出土推迟，雨后常集中出土，温暖向阳处出土较早。成虫出土期和产卵期持续较长，发生很不整齐。成虫出土后为害芽、嫩枝、花和果实，白天活动，有假死性。取食1～2周后于5月中下旬开始产卵，产卵前先咬一小孔，然后产卵1粒，上覆黏液，干后变黑，并将果柄咬伤。每雌产卵50余粒，卵期7～8天。幼虫在果内专食杏仁，被害果不久脱落，幼虫在落果内取食20余天，老熟后脱果入土化蛹，蛹期30余天。多数成虫当年羽化后不出土直接在土室内越冬。

【防控技术】

1.人工措施防控 在成虫出土期内，于清晨振树，树下铺设塑料布或床单捕杀，每5～7天进行1次，捕杀成虫。生长期及时捡拾落地虫果，集中销毁，消灭果内幼虫。

2.药剂防控 首先，往年害虫发生严重果园，在成虫出土始期特别是下雨后或浇地后，及时向树冠下地面喷洒50%辛硫磷乳油或480克/升毒死蜱乳油300～500倍液，喷湿地面后浅锄，毒杀出土成虫，10天左右1次，连喷1～2次。其次，在成虫发生期树上喷药，杀灭树上成虫，10天左右1次，连喷2次左右。效果较好的药剂同"杏仁蜂"树上喷药药剂。

绿盲蝽

【分布与为害】绿盲蝽［*Apolygus lucorum*（MeyerDür）］属半翅目盲蝽科，俗称花叶虫、小臭虫等，在我国除海南、西藏外的各省区均有发生，以长江流域和黄河流域地区为害较重，可为害桃树、杏树、李树、樱桃、苹果、梨树、枣树、葡萄、核桃、板栗等多种果树。主要以成虫和若虫刺吸为害幼嫩组织，如新梢、嫩叶、幼果等。嫩叶受害，形成褐色坏死斑点，随叶片生长，逐渐发展成不规则孔洞，导致叶片支离破碎，严重时受害叶片扭曲、皱缩、畸形（彩图18-58～彩图18-61）。近成熟叶片受害，形成淡灰绿色斑点，影响叶片光合功能（彩图18-62）。幼果受害，造成果皮下产生坏死斑点，随果实膨大，刺吸点处逐渐凹陷，形成直径0.5～2.0毫米的木栓化凹陷斑（彩图18-63、彩图18-64）；果实上受害斑点多时表现畸形，品质显著降低。

彩图18-58 绿盲蝽为害的桃梢

彩图18-59 李树叶片受绿盲蝽为害状

【形态特征】成虫体长约5毫米，宽约2.5毫米，长卵圆形，全体绿色，头宽短，复眼黑褐色、突出；前胸背板深绿色，密布刻点；小盾片三角形，微突，黄绿色，具浅横皱；前翅革片绿色，革片端部与楔片相接处略呈灰褐色，楔片绿色，膜区暗褐色（彩图18-65）。卵黄绿色，长口袋形，长约1毫米，卵盖黄白色，中央凹陷，两端稍微突起。若虫共5龄，体形与成虫相似，全体鲜绿色，3龄开始出现明显的翅芽（彩图18-66）。

彩图18-60　樱桃嫩尖受绿盲蝽为害状

彩图18-61　樱桃叶片受害后期

彩图18-62　桃树老叶受绿盲蝽为害的症状

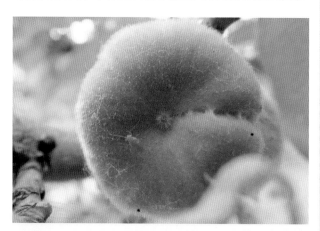

彩图18-63　绿盲蝽为害桃果

彩图18-64　樱桃果实受害状

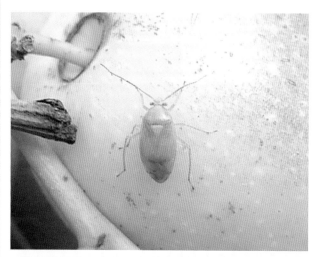

彩图18-65　绿盲蝽成虫

彩图18-66　绿盲蝽若虫

【发生规律】绿盲蝽在北方果区1年发生4～5代，主要以卵在桃树、樱桃、李树、枣树、苹果树的皮缝、芽眼间、枯枝断面及其他植物断面的髓部、杂草或浅层土壤中越冬。翌年4月中旬开始孵化，4月下旬是越冬卵孵化盛期，初孵若虫集中为害花器、嫩芽和幼叶。5月上中旬达越冬代成虫发生高峰，也是集中为害幼果时期。成虫寿命长，产卵期持续1个月左右。第1代发生较整齐，以后世代重叠严重。成虫、若虫均比较活泼，爬行迅速，具很强的趋嫩性，成虫善飞翔。成虫、若虫多数白天潜伏在树下草丛中或根蘖苗上，清晨和傍晚上树为害芽、嫩梢或幼果。绿盲蝽主要为害幼嫩组织，早春展叶期和小幼果期为害最重，当嫩梢停止生长叶片老化后很少为害，而转移到周围其他寄主植物上为害。秋天，部分末代成虫又陆续迁回果园，产卵越冬。

【防控技术】

1. 搞好果园卫生 果树萌芽前，彻底清除果园内及周边的杂草，消灭绿盲蝽的部分越冬场所，减少越冬虫源。

2. 黏杀若虫 发芽前在树干上涂抹黏虫胶环，阻止并黏杀上树为害的绿盲蝽若虫。

3. 及时喷药防控 开花前、后是喷药防控绿盲蝽为害的关键时期，特别是落花后的小幼果期。害虫发生严重果园，开花前喷药1次，落花后喷药1～2次，间隔期7～10天。效果较好的药剂有：22%氟啶虫胺腈悬浮剂4000～5000倍液、4.5%高效氯氰菊酯乳油1500～2000倍液、50克/升高效氯氟氰菊酯乳油3000～4000倍液、20%甲氰菊酯乳油1500～2000倍液、70%吡虫啉水分散粒剂8000～10000倍液、20%啶虫脒可溶性粉剂6000～8000倍液、1.8%阿维菌素乳油2500～3000倍液、2%甲氨基阿维菌素苯甲酸盐乳油3000～4000倍液、33%氯氟·吡虫啉悬浮剂3000～4000倍液等。

麻皮蝽

【分布与为害】麻皮蝽［*Erthesina fullo*（Thunberg）］属半翅目蝽科，又称黄斑蝽象，俗称"臭大姐"，在我国大部分省区均有发生，可为害桃树、杏树、李树、樱桃、苹果、梨树、柿树、枣树等多种果树。均以成虫、若虫刺吸果实、嫩梢及叶片汁液进行为害，以果实受害较重。受害果实表面凹陷（彩图18-67），呈青疔状，较硬，皮下果肉多呈木栓状坏死（彩图18-68），后期有的果实表面产生流胶（彩图18-69）；幼果受害严重时常早期脱落，对产量与品质影响很大。

彩图18-67　麻皮蝽为害的桃幼果

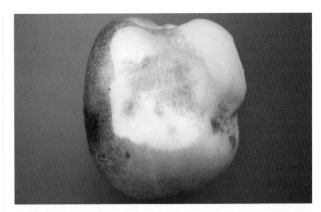

彩图18-68　麻皮蝽为害的果实剖面（油桃）

彩图18-69　麻皮蝽为害的桃果流胶

【形态特征】成虫体长18～24.5毫米，宽8～11毫米，体棕黑色，身体背面及前翅上密布有不规则黄白色小斑点，头部前端至小盾片有1条黄色细中纵线；前胸背板前缘及前侧缘具黄色窄边（彩图18-70）。卵初产时灰绿色，孵化前灰白色，鼓形，顶部有盖，周缘有刺，通常排列成块状（彩图18-71、彩图18-72）。若虫共5龄，初孵若虫近圆形，有红、白、黑三色相间花纹，腹部背面有3条较粗黑纹。老熟若虫红褐色或黑褐色，头端至小盾片具1条黄色或黄红色纵线；前胸背板中部具4个横排淡红色斑点，内侧2个较大；腹部背面中央具纵列暗色大斑3个，每个斑上有横排淡红色臭腺孔2个（彩图18-73）。

彩图18-70　麻皮蝽成虫

彩图 18-71　麻皮蝽卵块（早期）

彩图 18-72　麻皮蝽初孵若虫及卵块

彩图 18-73　麻皮蝽大龄若虫

【发生规律】麻皮蝽在北方果区1年发生1代，安徽、江西等地发生2代，均以成虫在屋檐下、墙缝、石壁缝、草丛和落叶等处越冬。北方果区翌年4月下旬越冬成虫开始出蛰活动，出蛰期长达2个多月。成虫飞翔力强，受惊扰时分泌臭液，早晚低温时常假死坠地，但正午高温时则逃飞。山西太谷5月中下旬开始交尾产卵，6月上旬达产卵盛期，卵多成块状产于叶背，每块约12粒。初龄若虫常群集叶背，2、3龄后分散活动。7～8月间羽化为成虫。9月下旬以后，成虫陆续飞向越冬场所。村庄附近果园受害较重。

【防控技术】

1.人工防控　在成虫越冬前和出蛰期，利用成虫在墙面上爬行停留的习性，进行人工捕杀。成虫产卵后，结合农事操作收集卵块和初孵若虫，集中消灭。成虫发生期的早晨，也可振树进行捕杀。

2.果实套袋　果实套袋可有效防止成虫及若虫刺吸为害果实。以选用双层纸袋效果最好，且套袋时果与袋之间

要有一定间隙。

3.适当喷药防控　一般果园不需单独喷药，考虑兼治即可。若靠近村庄、且往年麻皮蝽为害较重的果园，可在5月下旬～6月上旬成虫为害和若虫发生期喷药2次左右，间隔期约10天，但必须选择触杀性强的速效性药剂。5月下旬喷药时，大果园也可重点喷洒外围周边，有效阻止麻皮蝽入园。效果较好的常用药剂如：50%马拉硫磷乳油1200～1500倍液、50%杀螟硫磷乳油1200～1500倍液、20% S-氰戊菊酯乳油1500～2000倍液、4.5%高效氯氰菊酯乳油1500～2000倍液、25克/升高效氯氟氰菊酯乳油1500～2000倍液、20%甲氰菊酯乳油1500～2000倍液等。

茶翅蝽

【分布与为害】茶翅蝽（*Halyomorpha halys* Stål）属半翅目蝽科，又称臭木椿象，俗称"臭板虫"、"臭大姐"，我国除新疆、西藏、青海、宁夏未见报道外其他省区均有发生，可为害桃树、樱桃、杏树、李树、苹果、梨树、山楂、猕猴桃等多种果树，特别在桃树、樱桃、梨树、苹果等果树上为害较重。以成虫和若虫刺吸果实、嫩梢和叶片汁液进行为害。叶片和枝梢受害后没有明显症状。果实受害，被害处表面凹陷，组织变硬，皮下组织多木栓化，有时伤口处产生流胶（彩图18-74～彩图18-77）；严重时导致果实畸形，失去经济价值。

彩图 18-74　茶翅蝽成虫为害桃果

彩图 18-75　幼果受害，刺吸伤口处凹陷，并可流胶

彩图18-76　茶翅蝽为害的油桃果实表面

彩图18-77　茶翅蝽为害处浅层果肉木栓化

【形态特征】成虫体长15～18毫米，宽8～9毫米，身体略呈椭圆形，扁平，茶褐色；触角5节，褐色，第四节两端和第五节基部为黄白色；前胸背板两侧略突出，前缘横排有4个黄褐色小斑点；中胸小盾片前缘横列5个小黄斑，两侧的斑较为明显（彩图18-78）。卵短圆筒形，高约1.2毫米，顶端周缘环生45～46根短小刺毛，单行排列，初产时乳白色，近孵化时呈黑褐色（彩图18-79）。若虫共5龄。初孵若虫近圆形，体为白色，后变为黑褐色，腹部淡橙黄色，各腹节两侧节间各有一长方形黑斑，共8对（彩图18-80）。老熟若虫与成虫相似，无翅（彩图18-81）。

彩图18-78　茶翅蝽成虫

彩图18-79　茶翅蝽卵块

彩图18-80　茶翅蝽卵块及初孵若虫

彩图18-81　茶翅蝽高龄若虫

【发生规律】茶翅蝽在华北地区1年发生1～2代，以受精的雌成虫在果园中或果园周边的室内及室外的屋檐下等处越冬。翌年4月下旬～5月上旬，成虫陆续出蛰，5月上旬为出蛰盛期，越冬代成虫一直为害至6月份。5月下旬越冬代成虫开始产卵，6月中旬为产卵盛期。大部分卵产在叶片背面，多为28粒左右排列成不规则的三角形。初孵若虫静伏在卵壳周围刺吸叶片汁液，2龄若虫在叶背取食，受到惊扰会很快分散，一旦散开则不再聚集。6月上旬前产的卵，可于8月以前羽化为第1代成虫，第1代成虫很快交尾产卵，导致发生第2代若虫。而在6月上旬以后产的卵，只能发生1代。8月中旬以后羽化的成虫均为越冬代成虫。越冬代成虫平均寿命为301天。当年羽化的成虫继续为害果实，10月份后成虫陆续转移，寻找越冬场所潜藏越冬。果实从幼果期到采收期均可受害，但以幼果期受害较重。

【防控技术】参照"麻皮蝽"防控技术部分。

桃蚜

【分布与为害】桃蚜［*Myzus persicae*（Sulzer）］属同翅目蚜科，又称烟蚜、桃赤蚜，俗称腻虫、蜜虫，是一种广食性害虫，第一寄主植物主要有桃树、李树、杏树、樱桃等蔷薇科果树，第二寄主植物主要有甘蓝、白菜、萝卜、芥菜、芸苔、辣椒等蔬菜。主要以成虫、若虫刺吸叶片汁液进行为害，受害叶片向背面呈不规则卷曲，导致叶片扭曲、畸形、变小（彩图18-82～彩图18-84）；严重时整个新梢叶片卷曲皱缩（彩图18-85～彩图18-88），甚至变褐枯死（彩图18-89）。同时，桃蚜还是一些病毒病的传播媒介，导致病毒病的传播扩散。

彩图 18-85 桃树新梢受害状

彩图 18-82 桃蚜在桃梢上的群集为害

彩图 18-86 杏树新梢受害状

彩图 18-83 桃蚜为害桃树叶片状

彩图 18-87 杏树的许多嫩梢受害状

彩图 18-84 桃蚜为害杏树嫩梢叶片

彩图 18-88 李树嫩梢受害状

彩图18-89　严重时，新梢叶片变褐枯死（桃梢）

【形态特征】无翅孤雌蚜体长约2.6毫米，宽约1.1毫米，体色有黄绿色、洋红色（彩图18-90）。腹管长筒形，是尾片的2.37倍，尾片黑褐色，尾片两侧各有3根长毛。有翅孤雌蚜体长2毫米，腹部有黑褐色斑纹，翅无色透明，翅痣灰黄色或青黄色（彩图18-91）。有翅雄蚜体长1.3～1.9毫米，体色深绿、灰黄、暗红或红褐色，头胸部黑色。卵椭圆形，长约0.6毫米，初为橙黄色，后变成漆黑色而有光泽。

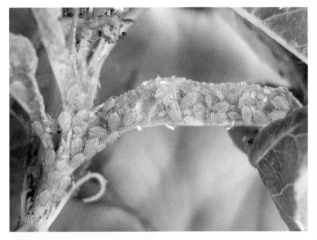

彩图18-90　桃叶上的无翅桃蚜

彩图18-91　杏叶背面的有翅桃蚜和无翅桃蚜

【发生规律】桃蚜1年可发生10～20代，以卵在桃树（或杏树、李树等）枝梢、芽腋、小枝杈以及枝条缝隙中越冬，北方地区冬季仍可在温室内的茄果类蔬菜上繁殖为害。早春桃芽萌动至开花期，越冬卵孵化为干母，在越冬寄主上营孤雌胎生繁殖为害，至5月初达繁殖为害盛期。同时，开始产生有翅胎生雌蚜，迁飞到十字花科、茄科作物等侨居寄主上繁殖为害。此期，越冬寄主上种群数量明显下降，夏季寄主上种群数量增长，以6月中旬～7月中旬为害最重。进入雨季，虫口密度下降，直至晚秋。当夏季寄主衰老、不利于桃蚜生活时，便产生有翅性母蚜，迁回到桃树（或杏树、李树等）上，生出无翅卵生雌蚜和有翅雄蚜，雌雄交配后产卵越冬。早春和晚秋季节19～20天完成一代，夏秋高温时期4～5天繁殖一代。1只无翅胎生蚜可产出60～70只若蚜。

【防控技术】桃蚜防控技术模式如图18-8所示。

1.休眠期药剂清园　结合防控蚧壳虫等害虫，在桃树（或杏树、李树）萌芽初期喷施铲除性药剂清园，杀灭越冬虫卵。常用有效药剂如：3～5波美度石硫合剂、45%石硫合剂晶体40～60倍液、97%矿物油乳剂150～200倍液、50克/升高效氯氟氰菊酯乳油1500～2000倍液等。

2.生长期喷药防控　桃树（含杏树、李树、樱桃）花芽露红至开花前和落花后是树上喷药防控桃蚜的关键期，一般开花前喷药1次，落花后喷药2～3次，间隔期10天左右。效果较好的药剂有：22%氟啶虫胺腈悬浮剂4000～5000倍液、70%吡虫啉水分散粒剂8000～10000倍液、350克/升吡虫啉悬浮剂4000～5000倍液、20%啶虫脒可溶性粉剂6000～7000倍液、10%烯啶虫胺可溶性液剂3000～4000倍液、25%吡蚜酮可湿性粉剂2000～3000倍液、50克/升高效氯氟氰菊酯乳油3000～4000倍液、4.5%高效氯氰菊酯乳油1500～2000倍液、20% S-氰戊菊酯乳油1500～2000倍液、1%烟碱乳油1000～1200倍液、33%氯氟·吡虫啉悬浮剂

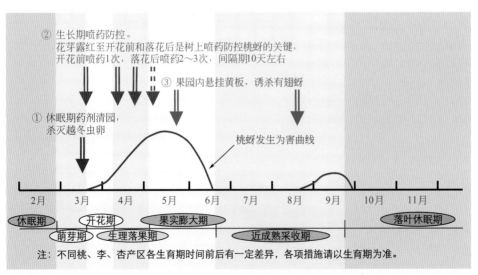

② 生长期喷药防控。
花芽露红至开花前和落花后是树上喷药防控桃蚜的关键，开花前喷药1次，落花后喷药2～3次，间隔期10天左右

③ 果园内悬挂黄板，诱杀有翅蚜

① 休眠期药剂清园，杀灭越冬虫卵

桃蚜发生为害曲线

2月　3月　4月　5月　6月　7月　8月　9月　10月　11月

休眠期　开花期　果实膨大期　落叶休眠期
萌芽期　生理落果期　近成熟采收期

注：不同桃、李、杏产区各生育期时间前后有一定差异，各项措施请以生育期为准。

图18-8　桃蚜防控技术模式图

3000～4000倍液等。虫量较大时，最好将内吸性药剂与菊酯类药剂混配使用；园内蚜虫天敌数量较多时，尽量避免使用菊酯类等广谱杀虫剂，以保护和利用天敌。

3.**黄板诱蚜** 利用有翅蚜虫对黄色的趋性，在有翅蚜发生期于果园中悬挂诱虫黄板，诱杀有翅蚜虫。

4.**保护和利用天敌** 蚜虫的天敌种类很多，主要有瓢虫、草蛉、食蚜蝇、蚜茧蜂等，应尽可能减少果园喷药，避免使用广谱类杀虫药剂，以保护和利用这些天敌（彩图18-92～彩图18-94）。

彩图18-92 桃蚜天敌七星瓢虫的成虫

彩图18-93 桃芽天敌中华草蛉的成虫

彩图18-94 草蛉幼虫正在取食桃蚜

桃粉蚜

【分布与为害】桃粉蚜（*Hyalopterus arundimis* Fabricius）属同翅目蚜科，又称桃大尾蚜、桃粉绿蚜，我国各果区都有发生，可为害桃树、李树、杏树、樱桃等果树，以成蚜和若蚜群集在嫩梢上和嫩叶背面刺吸汁液为害。受害叶片向背面卷曲（彩图18-95～彩图18-99）；同时，桃粉蚜分泌白色蜡粉并排泄蜜露，污染下部叶片及果面（彩图18-100、彩图18-101），并诱使煤烟病发生（彩图18-102），严重影响叶片光合效能及果品质量。

彩图18-95 桃粉蚜为害桃树嫩梢

彩图18-96 桃树嫩梢受桃粉蚜为害状

彩图18-97　桃粉蚜在李树嫩叶背面群集为害

彩图18-98　桃粉蚜群集杏树叶片背面为害

彩图18-99　桃粉蚜在杏树嫩梢上的为害状

彩图18-100　散落在杏果实表面的白色蜡粉

彩图18-101　桃粉蚜分泌液导致叶片油亮

彩图18-102　桃粉蚜的分泌物常诱发煤烟病

【形态特征】无翅胎生雌蚜体长2.3毫米，宽1.1毫米，体长椭圆形，淡绿色，被覆白粉，腹管细圆筒形，尾片长圆锥形，上有长曲毛5～6根（彩图18-103）。有翅胎生雌蚜体长2.2毫米，宽0.89毫米，体卵形，头、胸部黑色，腹部橙绿色至黄褐色，被覆白粉，腹管短筒形，触角黑色，第3节上有圆形次生感觉圈数十个（彩图18-104）。卵椭圆形，长0.5～0.7毫米，初产时黄绿色，后变黑绿色，有光泽。若虫形似无翅胎生雌蚜，但体小，淡绿色，体上有少量白粉。

彩图18-103　桃粉蚜的无翅蚜及若蚜

彩图 18-104　桃粉蚜的有翅蚜、无翅蚜及若蚜

【发生规律】桃粉蚜1年发生20代左右，主要以卵在桃树、李树、杏树、梅树等枝条的芽腋和树皮裂缝处越冬。第2年当桃树、杏树芽苞膨大时，越冬卵开始孵化，以无翅胎生雌蚜不断进行繁殖，5月中旬～6月份繁殖为害最盛。7月份开始产生有翅胎生雌虫，迁飞到夏季寄主上繁殖为害，果树上数量很少。晚秋又产生有翅蚜，回迁越冬寄主上继续为害一段时间后，产生两性蚜，交尾产卵越冬。

【防控技术】参照"桃蚜"防控技术。由于桃粉蚜虫体被有蜡粉，喷药时若在药液中混加0.1%的中性洗衣粉或其他农药助剂，可显著提高药液展着力和杀虫效果。另外，桃粉蚜的天敌种类也很多，如瓢虫、蚜茧蜂、异色瓢虫等（彩图18-105～彩图18-108），尽量加以保护利用。

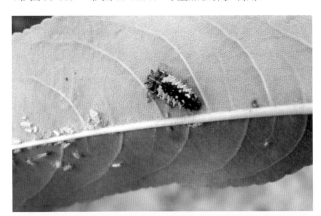

彩图 18-105　桃粉蚜天敌瓢虫的幼虫

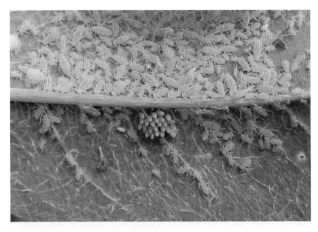

彩图 18-106　桃粉蚜和天敌瓢虫的卵

彩图 18-107　被蚜茧蜂寄生的桃粉蚜（黑色）

彩图 18-108　异色瓢虫的幼虫取食桃粉蚜

桃瘤蚜

【分布与为害】桃瘤蚜［*Tuberocephalus momonis*（Matsumura）］属同翅目蚜科，又称桃瘤头蚜、桃纵卷瘤蚜，在我国许多地区均有发生，可为害桃树、李树、杏树、樱桃、梅树等，以桃树受害最重。桃瘤蚜以成虫、若虫群集在嫩叶背面吸食汁液，受害叶片边缘向背后纵向卷曲（彩图18-109、彩图18-110），卷曲处组织肥厚，凸凹不平，似虫瘿状，初期淡绿色，后变粉红色至红色（彩图18-111）；严重时大部分叶片扭曲成细绳状（彩图18-112），最后干枯脱落，对树体生长发育影响很大。

彩图 18-109　桃瘤蚜为害，叶缘向背面卷曲

彩图 18-110　桃瘤蚜为害桃叶状

彩图 18-111　卷曲组织变淡粉红色

彩图 18-112　严重时，受害叶片扭曲呈绳状

【形态特征】无翅胎生雌蚜体长 2.0～2.1 毫米，长椭圆形，体色多变，有深绿、黄绿、黄褐色，头部黑色；额瘤显著，向内倾斜；触角丝状 6 节，基部两节短粗；复眼赤褐色；中胸两侧有瘤状突起，腹背有黑色斑纹；腹管圆柱形，有覆瓦状纹，尾片短小，末端尖（彩图 18-113）。有翅胎生雌蚜体长 1.8 毫米，较无翅蚜小，体淡黄褐色，额瘤显著，向内倾斜；翅透明，黄绿色；腹管圆筒形，中部稍膨大，有黑色覆瓦状纹，尾片圆锥形，中部缢缩。若虫与无翅胎生雌蚜相似，体较无翅胎生蚜小，有翅芽，淡黄色或浅绿色，头部和腹管深绿色。卵椭圆形，黑色。

彩图 18-113　卷叶内的桃瘤蚜

【发生规律】桃瘤蚜 1 年发生十余代，以卵在桃树、樱桃等果树的枝条芽腋处越冬。翌年寄主发芽后孵化为干母，群集在叶背面取食为害，大量成虫和若虫藏在虫瘿内为害。5～7 月是桃瘤蚜的繁殖、为害盛期。而后产生有翅胎生雌蚜迁飞到艾草等菊科植物上为害，晚秋 10 月份又迁回到桃树、樱桃等果树上，产生有性蚜，交尾产卵越冬。天敌种群数量对桃瘤蚜的发生有较大的影响。

【防控技术】

1. 农业措施防控　桃瘤蚜发生为害早期，及时剪除受害枝梢，集中销毁，是有效防控桃瘤蚜的重要措施。

2. 休眠期药剂清园　参照"桃蚜"防控技术。

3. 生长期药剂防控　关键是在桃瘤蚜发生为害初期至卷叶初期及时喷药，最好在卷叶前进行，并选用内吸性强的药剂。有效药剂参考"桃蚜"的防控药剂。

樱桃瘿瘤蚜

【分布与为害】樱桃瘿瘤蚜［*Tuberocephalus higansakurae*（Monzen）］属同翅目蚜科，又称樱桃瘿瘤头蚜、樱桃瘤头蚜，在我国北京、河北、山东、河南、陕西、浙江等省市均有发生，主要为害樱桃。以成蚜和若蚜刺吸叶片汁液为害，多发生在叶缘处。受害叶缘组织肥厚，向正面肿胀凸起，背面凹陷（彩图 18-114、彩图 18-115），逐渐形成叶面突起的泡状虫瘿，虫瘿长 2～4 厘米（彩图 18-116～彩图 18-118）；初期黄绿色，渐变微红色，后期成枯黄色或变褐枯死，严重时许多叶片受害（彩图 18-119）。

彩图 18-114　樱桃瘿瘤蚜为害初期，叶面肿胀凸起

彩图18-115　樱桃瘿瘤蚜为害初期，叶背凹陷

彩图18-116　虫瘿形成早期（叶面）

彩图18-117　虫瘿形成早期（叶背）

彩图18-118　樱桃瘿瘤蚜为害形成的虫瘿

彩图18-119　严重时，许多叶片受害

【形态特征】无翅孤雌蚜体长1.4毫米，头部黑色，胸、腹背面色深，各节间色淡；体表粗糙，有颗粒状构成的网纹；额瘤明显，内缘圆外倾，中额瘤隆起；腹管圆筒形，尾片短圆锥形，有曲毛3～5根（彩图18-120）。有翅孤雌蚜头、胸黑色，腹部色淡；腹管后斑大，前斑小或不明显（彩图18-121）。

彩图18-120　樱桃瘿瘤蚜之无翅蚜

彩图18-121　樱桃瘿瘤蚜之有翅蚜、无翅蚜

【发生规律】樱桃瘿瘤蚜1年发生多代，以卵在樱桃幼枝上越冬。翌年春季樱桃萌芽时卵孵化成干母，干母在幼叶端部侧缘背面刺吸为害，刺激叶片逐渐形成花生壳状

伪虫瘿，并在瘿内发育、繁殖、为害。4月底开始出现有翅孤雌蚜，并向外迁飞至夏寄主上为害，10月中下旬迁回樱桃上产生性蚜、交尾，在幼枝上产卵越冬。

【防控技术】

1.人工剪除虫瘿 结合果园内农事活动，及时人工剪除虫瘿，集中烧毁。

2.药剂防控 首先在樱桃萌芽前药剂清园，杀灭越冬虫卵。然后在樱桃发芽后至开花前和樱桃落花后至虫瘿形成前及时进行喷药。具体措施及有效药剂同"桃瘤蚜"相应防控技术。

桃小绿叶蝉

【分布与为害】桃小绿叶蝉 [*Empoasca flavescens* (Fabricius)] 属同翅目叶蝉科，又称小绿叶蝉、桃小浮尘子，在我国大部分省市区均有发生，可为害桃树、杏树、李树、樱桃、苹果、梨树、葡萄等多种果树。以成虫、若虫刺吸嫩芽、叶片和枝梢的汁液为害，多在叶片上显现明显为害状。叶片受害，成虫、若虫聚在叶背面刺吸汁液（彩图18-122），叶面上初期出现黄白色小斑点，后斑点逐渐增多，扩展连片，导致叶面呈苍白色（彩图18-123～彩图18-127）；严重时，树上许多叶片受害（彩图18-128），甚至造成早期落叶。

彩图18-122 桃小绿叶蝉在叶背面刺吸汁液为害

彩图18-123 桃树叶片受害，叶面产生黄白色斑点

彩图18-124 桃树叶面受害的黄白色斑点逐渐增多

彩图18-125 桃树受害加重，叶面成苍白色

彩图18-126 李树叶片受害早期之叶面症状

彩图18-127 杏树叶片严重受害状

彩图 18-128　桃树严重受害状

【形态特征】成虫体长约3.5毫米，体淡黄绿色至绿色，复眼灰褐色至深褐色，无单眼，触角刚毛状，末端黑色；前胸背板、小盾片浅鲜绿色，常具白色斑点；前翅半透明，略呈革质，淡黄白色，周缘具淡绿色细边，后翅透明膜质（彩图18-129）。卵长椭圆形，略弯曲，长0.6毫米，乳白色。若虫全体淡绿色，复眼紫黑色（彩图18-130、彩图18-131）。

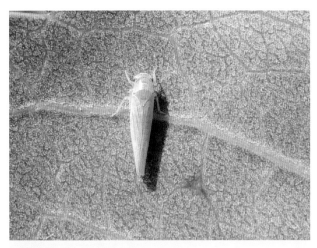

彩图 18-129　桃小绿叶蝉成虫

【发生规律】桃小绿叶蝉在北方果区1年发生4～6代，以成虫在落叶、杂草、树皮缝隙以及低矮的绿色植物上越冬。翌年果树发芽后，越冬成虫从越冬场所飞到嫩叶上刺吸为害，取食一段时间后交尾产卵。雌虫产卵于叶背主脉内，以近基部较多，少数在叶柄内。每雌虫产卵46～165粒，卵期5～10天。若虫孵化后，喜群集于叶背吸食为害，受惊扰时很快横行爬动。若虫期8～19天，成虫期长达1

个月左右。第1代成虫于6月初开始发生，第2代多从7月上旬开始发生，以后世代重叠严重，发生很不整齐。7～9月份发生为害最重，秋后以末代成虫越冬。

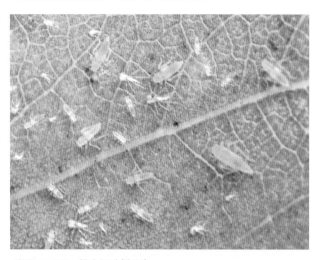

彩图 18-130　桃小绿叶蝉若虫

彩图 18-131　桃小绿叶蝉蜕的皮

【防控技术】桃小绿叶蝉防控技术模式如图18-9所示。

1.搞好果园卫生　落叶后至发芽前，彻底清除果园内外的落叶、杂草，集中深埋或烧毁，消灭越冬成虫。

2.树上喷药防控　在越冬成虫向树上转移至第1代、第

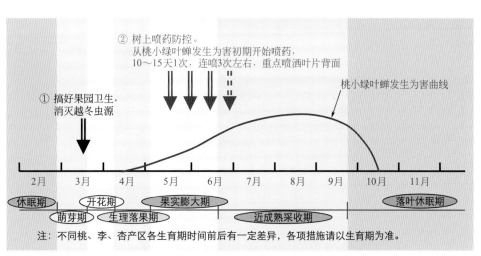

图 18-9　桃小绿叶蝉防控技术模式图

2代发生期及时树上喷药，或从桃小绿叶蝉发生为害初期开始喷药，10～15天1次，连喷3次左右，重点喷洒叶片背面。常用有效药剂有：22%氟啶虫胺腈悬浮剂5000～6000倍液、350克/升吡虫啉悬浮剂4000～5000倍液、70%吡虫啉水分散粒剂8000～10000倍液、5%啶虫脒乳油1500～2000倍液、10%烯啶虫胺可溶性液剂3000～4000倍液、25%吡蚜酮可湿性粉剂2000～3000倍液、1.8%阿维菌素乳油2000～3000倍液、2%甲氨基阿维菌素苯甲酸盐乳油3000～4000倍液、50克/升高效氯氟氰菊酯乳油3000～4000倍液、4.5%高效氯氰菊酯乳油1500～2000倍液、20% S-氰戊菊酯乳油1500～2000倍液、10%烟碱乳油1000～1200倍液、33%氯氟·吡虫啉悬浮剂3000～4000倍液等。

梨冠网蝽

【分布与为害】梨冠网蝽（*Stephanitis nashi* Esaki et Takeya）属半翅目网蝽科，又称梨网蝽、梨花网蝽、军配虫，在我国大部分省区均有发生，可为害桃树、李树、杏树、樱桃、苹果、梨树、海棠等多种果树，以成虫、若虫聚集在叶片背面吸食汁液为害。受害叶片正面初期产生苍白色小斑点，后期叶面局部或全部变苍白色（彩图18-132～彩图18-134）；叶片背面有黑褐色斑点状虫粪及分泌物（彩图18-135～彩图18-137），后期致使叶背呈锈黄色（彩图18-138），严重时受害叶片早期脱落。

彩图18-134　桃树叶片正面受害状（严重受害后期）

彩图18-135　为害初期，叶背的黑褐色点状排泄物

彩图18-132　樱桃叶面受害状

彩图18-136　杏树受害叶片背面

彩图18-133　杏叶片正面受害状

彩图18-137　桃树叶片背面受害状

彩图 18-138 樱桃叶背受害状（后期）

【形态特征】成虫体长约3.4毫米，扁平，暗褐色，头小，触角丝状，翅上布满网状纹，足黄褐色；前胸背板隆起，向后延伸呈扁板状，盖住小盾片，两侧向外突出呈翼状；前翅合叠，其上黑斑构成"X"形黑褐色斑纹（彩图18-139）。卵长椭圆形，长0.6毫米，稍弯，初淡绿色后淡黄色。若虫暗褐色，翅芽明显，外形似成虫，头、胸、腹部均有刺突（彩图18-140）。

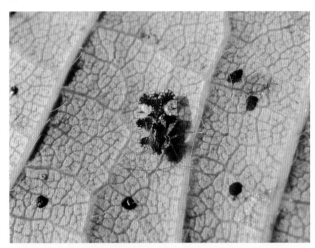

彩图 18-139 梨冠网蝽成虫

【发生规律】梨冠网蝽在华北地区1年发生3～4代，黄河故道4～5代，均以成虫在枯枝落叶、翘皮缝、杂草及土石缝中越冬。翌年果树展叶时成虫开始出蛰活动，产卵在叶背叶脉两侧的组织内。卵上附有黄褐色胶状物，卵期约15天，若虫孵出后群集在叶背主脉两侧为害。成虫寿命较长，世代重叠严重，7～8月为全年为害盛期。10月中旬后成虫陆续寻找适宜场所越冬。

【防控技术】梨冠网

蝽防控技术模式如图18-10所示。

1. 诱杀越冬成虫 从9月中下旬开始，在树干上绑附草把或瓦楞纸等诱虫带，诱集越冬成虫，进入冬季后解下烧毁，消灭越冬成虫。

2. 发芽前清洁果园 发芽前彻底清除果园内及其周边的杂草、落叶，集中烧毁，破坏害虫越冬场所，减少越冬虫源。

3. 树上喷药防控 从害虫发生为害初期开始喷药，或在越冬成虫出蛰后至第1代若虫孵化盛期开始喷药，10～15天1次，连喷3次左右，重点喷洒叶片背面。常用有效药剂同"桃小绿叶蝉"树上喷药药剂。

彩图 18-140 梨冠网蝽若虫

山楂叶螨

【分布与为害】山楂叶螨（*Tetranychus viennensis* Zacher）属蛛形纲真螨目叶螨科，又称山楂红蜘蛛，俗称"红蜘蛛"，在我国各地均有发生，可为害桃树、李树、杏树、樱桃、梨树、苹果、海棠、山楂等多种果树，主要以成螨、若螨、幼螨在叶片背面刺吸汁液为害（彩图18-141～彩图18-143）。发生初期，叶正面产生黄绿色至黄白

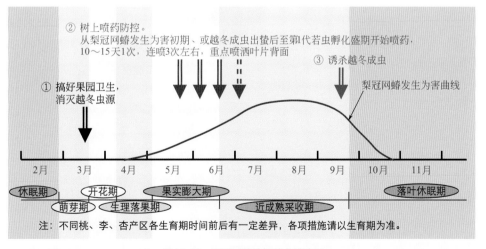

② 树上喷药防控。
　从梨冠网蝽发生为害初期、或越冬成虫出蛰后至第1代若虫孵化盛期开始喷药，
　10～15天1次，连喷3次左右，重点喷洒叶片背面

① 搞好果园卫生，
　消灭越冬虫源

③ 诱杀越冬成虫

梨冠网蝽发生为害曲线

2月　3月　4月　5月　6月　7月　8月　9月　10月　11月

休眠期　开花期　果实膨大期　落叶休眠期
萌芽期　生理落果期　近成熟采收期

注：不同桃、李、杏产区各生育期时间前后有一定差异，各项措施请以生育期为准。

图 18-10 梨冠网蝽防控技术模式图

色褪绿小斑点（彩图18-144、彩图18-145）；随叶螨为害加重，褪绿斑点逐渐连片（彩图18-146），受害叶呈现黄糊状，严重时变焦黄色（彩图18-147、彩图18-148）。同时，随叶螨数量增多，叶背逐渐出现丝网（彩图18-149），甚至丝网蔓延至叶片基部或多张叶片表面（彩图18-150、彩图18-151）。后期，严重受害叶片易早期脱落（彩图18-152），造成树体二次发芽开花，不但影响当年产量及树势，还对以后两年的树势及产量产生很大影响。

彩图18-141　桃树叶片背面的山楂叶螨

彩图18-142　李树叶片背面的山楂叶螨

彩图18-143　杏树叶片背面的山楂叶螨

彩图18-144　山楂叶螨为害初期，桃树叶面受害状

彩图18-145　李树叶片受山楂叶螨为害的正面表现

彩图18-146　山楂叶螨为害，叶面褪绿斑点连片（杏）

彩图18-147　山楂叶螨严重为害，叶片变焦黄色（杏）

彩图18-148　桃树严重受害状

彩图18-149　叶片背面的山楂叶螨丝网（李）

彩图18-150　山楂叶螨丝网蔓延至叶片基部（桃）

彩图18-151　山楂叶螨丝网蔓延至多张叶片（桃）

彩图18-152　山楂叶螨严重为害，造成早期落叶（桃）

【形态特征】雌成螨椭圆形，体长约0.56毫米，冬型鲜红色（彩图18-153），夏型暗红色（彩图18-154），背前端隆起，背毛26根，横列排成6行，细长，基部无毛瘤。雄成螨体长0.4毫米，体末端尖削，第一对足较长，体浅黄绿色至橙黄色，体背两侧各具一黑绿色斑。卵圆球形，春季卵橙红色，夏季卵黄白色。幼螨足3对，黄白色，取食后呈淡绿色，体圆形；若螨足4对，淡绿色，体背出现刚毛，两侧有深绿色斑纹，老熟若螨体色发红。

彩图18-153　树皮下的越冬型山楂叶螨

彩图18-154　山楂叶螨成螨、若螨

【发生规律】山楂叶螨一般1年发生5～13代，各地均以受精雌成螨越冬，越冬部位多在枝干树皮缝内、树干基部3厘米的土块缝隙内。翌年春季果树花芽膨大期开始出蛰为害，并开始产卵。落花后为第1代卵盛期。世代重叠严重。山楂叶螨多在叶片背面群集为害，数量多时吐丝结网，卵产于叶背绒毛或丝网上。一般先在树体内膛为害，随气

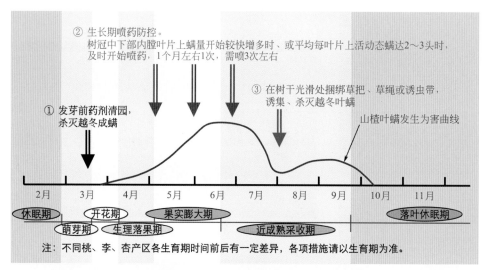

② 生长期喷药防控。
树冠中下部内膛叶片上螨量开始较快增多时、或平均每叶片上活动态螨达2～3头时，
及时开始喷药，1个月左右1次，需喷3次左右

① 发芽前药剂清园，
杀灭越冬成螨

③ 在树干光滑处捆绑草把、草绳或诱虫带，
诱集、杀灭越冬叶螨

山楂叶螨发生为害曲线

2月　3月　4月　5月　6月　7月　8月　9月　10月　11月

休眠期　开花期　果实膨大期　落叶休眠期
萌芽期　生理落果期　近成熟采收期

注：不同桃、李、杏产区各生育期时间前后有一定差异，各项措施请以生育期为准。

图18-11　山楂叶螨防控技术模式图

温升高、螨量增多，逐渐向外扩散，6月份麦收前后达为害盛期。春季温度回升快，高温干旱时间长，山楂叶螨发生为害严重。高温高湿对螨发生不利。越冬雌螨出现的早晚与寄主营养状况有关，当叶片营养差时，7月份即可见到橘红色越冬型雌螨。

【防控技术】山楂叶螨防控技术模式如图18-11所示。

1.发芽前药剂清园　在果树萌芽初期，全园喷施1次铲除性药剂清园，杀灭越冬雌成螨。效果较好的药剂有：3～5波美度石硫合剂、45%石硫合剂晶体40～60倍液、97%矿物油乳剂150～200倍液等。

2.诱杀越冬叶螨　在越冬雌螨进入越冬场所前，于光滑树干处绑附草把、草绳或瓦楞纸等诱虫带，诱集越冬雌螨，待进入冬季后解下烧毁，消灭越冬叶螨。

3.生长期喷药防控　当树冠中下部内膛叶片上螨量开始较快增多时，及时开始喷药；或通过调查平均每片叶上有活动态螨达2～3头时，及时开始喷药。1个月左右1次，需喷3次左右，重点喷洒叶片背面。效果较好的杀螨剂有：240克/升螺螨酯悬浮剂4000～5000倍液、110克/升乙螨唑悬浮剂4000～5000倍液、430克/升联苯肼酯悬浮剂2000～3000倍液、22.4%螺虫乙酯悬浮剂3000～4000倍液、5%唑螨酯乳油2000～3000倍液、1.8%阿维菌素乳油2500～3000倍液、5%噻螨酮乳油1200～1500倍液、20%四螨嗪可湿悬浮剂1500～2000倍液、15%哒螨灵乳油1500～2000倍液、73%炔螨特乳油2000～2500倍液（高温期慎用）、25%三唑锡可湿性粉剂1500～2000倍液、50%丁醚脲悬浮剂2000～3000倍液等。具体喷药时，注意不同类型杀螨剂交替使用，且喷药必须及时均周到。

二斑叶螨

【分布与为害】二斑叶螨（*Tetranychus urticae* Koch）属蛛形纲蜱螨目叶螨科，又称二点叶螨，俗称"白蜘蛛"，在我国许多省区均有发生，为害范围非常广泛，可为害桃树、杏树、李树、樱桃、苹果、梨树、枣树等多种果树，

主要以成螨、若螨、幼螨在叶片背面刺吸汁液为害。受害叶片正面先在近叶柄的主脉两侧出现苍白色斑点，后斑点范围逐渐扩大，直至布满整个叶面，严重时叶片成灰白色乃至暗褐色，甚至焦枯、脱落。另外，二斑叶螨有很强的吐丝结网习性，甚至结网将全叶覆盖起来，叶螨还可顺丝网爬行扩散。

【形态特征】雌成螨体椭圆形，长约0.45毫米，体背有刚毛26根，呈6排横列；体色多为污白色、或黄白色，体背两侧各具1块暗褐色斑（彩图18-155）。越冬型为橘黄色，体背两侧无明显斑。雄成螨体椭圆形，后端尖削，长约0.26毫米，体黄白色，体背两侧也有明显褐斑（彩图18-156）。卵球形，初产时乳白色，逐渐变为橘黄色，孵化前出现红色眼点（彩图18-157）。幼螨球形，白色，足3对，取食后变为绿色。若螨卵圆形，足4对，体淡绿色，体背两侧具2个暗绿色斑。

彩图18-155　二斑叶螨雌成螨

彩图18-156　二斑叶螨雄成螨

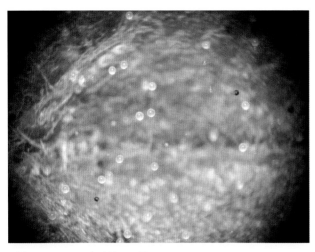

彩图18-157　二斑叶螨的卵粒

【发生规律】二斑叶螨在北方地区1年多发生12～15代，主要以受精的越冬型雌成螨在地面土缝中越冬，少数可在树皮下越冬。翌年春季平均气温上升到10℃左右时，越冬雌成螨开始出蛰。出蛰叶螨首先在树下阔叶杂草及果树根蘖上取食和产卵繁殖，近麦收时才开始上树为害。上树后先集中在内膛为害，6月下旬开始扩散，7月份为害最烈。在高温季节，二斑叶螨8～10天完成一个世代，世代重叠严重。二斑叶螨比山楂叶螨繁殖力更强，在果园中具有更强的竞争能力。10月上旬开始出现越冬型雌成螨。

【防控技术】参照"山楂叶螨"防控技术。另外，根据二斑叶螨早期主要在地面杂草上为害的特性，在二斑叶螨上树为害前（麦收以前），还可对地面杂草进行喷药防控（图18-12）。

康氏粉蚧

【分布与为害】康氏粉蚧 [*Pseudococcus comstocki* (Kuwana)] 属同翅目粉蚧科，又称桑粉蚧、梨粉蚧、李粉蚧，在我国许多省区均有发生，可为害桃树、李树、杏树、樱桃、苹果、梨树、山楂、葡萄等多种果树。以雌成虫和

若虫刺吸汁液为害，芽、叶、果实、枝干及根部均可受害，但以果实受害损失较重。果实上多在萼洼、梗洼处刺吸为害（彩图18-158），既影响果实着色，又分泌蜡粉污染果面，并常诱使煤烟病发生，对果品质量影响很大，特别是套袋果实，严重果园虫果率可达40%～50%。枝干及根部受害严重时导致树势衰弱。

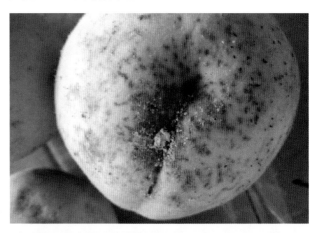

彩图18-158　桃果实受康氏粉蚧为害

【形态特征】雌成虫椭圆形，较扁平，体长3～5毫米，体粉红色，表面被白色蜡粉，体缘具17对白色蜡丝，体前端蜡丝较短，后端最末1对蜡丝较长，几乎与体长相等，蜡丝基部粗、尖端略细；胸足发达；臀瓣发达，其顶端生有1根臀瓣刺和几根长毛（彩图18-159）。雄成虫体紫褐色，体长约1毫米，翅展约2毫米，翅1对，透明，后翅退化成平衡棒，具尾毛。卵椭圆形，长约0.3毫米，浅橙黄色，数十粒集中成块，外覆薄层白色蜡粉，形成白絮状卵囊。初孵若虫扁平椭圆形，淡黄色，外形似雌成虫。仅雄虫有蛹期，蛹浅紫色，触角、翅、足均外露。

【发生规律】康氏粉蚧1年多发生3代，以卵囊在枝干裂皮缝隙内及土壤缝隙中等处越冬。第二年果树发芽时，越冬卵孵化为若虫，在树皮缝隙内或爬至嫩梢上刺吸为害。第1代若虫发生盛期在5月中下旬，第2代为7月中下旬，第3代在8月下旬。雌雄交尾后，雌成虫爬到枝干粗皮裂缝内或果实萼洼、梗洼等处产卵，有的将卵产在土壤内。产卵时，雌成虫分泌大量棉絮状蜡质结成卵囊，在囊内产卵，每雌成虫产卵200～400粒。康氏粉蚧属活动性蚧类，除产卵期的成虫外，若虫、雌成虫皆能随时变换为害场所。果实套袋后，成虫、若虫能通过袋口缝隙钻入袋内，对果实进行为害。康氏粉蚧1代若虫多在树皮裂缝及幼嫩组织处为害，第2代、3代以为害果实为主。

【防控技术】

1.发芽前药剂清园　在果树萌芽初期，全园喷施1

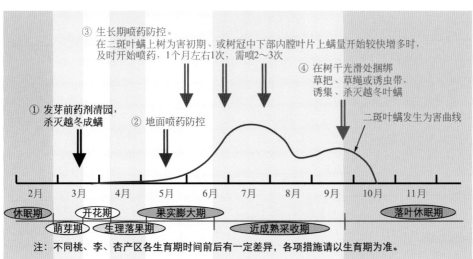

③ 生长期喷药防控。
在二斑叶螨上树为害初期、或树冠中下部内膛叶片上螨量开始较快增多时，及时开始喷药，1个月左右1次，需喷2～3次

④ 在树干光滑处捆绑草把、草绳或诱虫带，诱集、杀灭越冬叶螨

① 发芽前药剂清园，杀灭越冬成螨

② 地面喷药防控

二斑叶螨发生为害曲线

2月　3月　4月　5月　6月　7月　8月　9月　10月　11月

休眠期　　开花期　　果实膨大期　　　　　　　　落叶休眠期
　　萌芽期　生理落果期　　　近成熟采收期

注：不同桃、李、杏产区各生育期时间前后有一定差异，各项措施请以生育期为准。

图18-12　二斑叶螨防控技术模式图

次铲除性药剂清园，杀灭越冬虫卵。效果较好的药剂如：3～5波美度石硫合剂、45%石硫合剂晶体40～60倍液、97%矿物油乳剂100～200倍液等。

2.树上喷药防控　关键为抓住各代若虫孵化盛期至分散为害初期及时喷药。一般果园第1代若虫喷药1次，第2代和第3代若虫各喷药1～2次，间隔期7～10天。效果较好的药剂如：22%氟啶虫胺腈悬浮剂4000～5000倍液、25%噻嗪酮可湿性粉剂1000～1200倍液、25%噻虫嗪水分散粒剂2000～3000倍液、22.4%螺虫乙酯悬浮剂2500～3000倍液、2%甲氨基阿维菌素苯甲酸盐乳油2000～3000倍液、50克/升高效氯氟氰菊酯乳油2500～3000倍液、20%甲氰菊酯乳油1500～2000倍液、33%氯氟·吡虫啉悬浮剂3000～4000倍液等。

3.诱集末代成虫产卵　进入秋季后，在树干光滑处绑附草把、草绳或瓦楞纸等诱虫带，诱集末代成虫产卵，进入冬季后解下集中烧毁，消灭越冬虫卵。

彩图18-159　在枝干缝隙处为害的康氏粉蚧雌成虫

草履蚧

【**分布与为害**】草履蚧［*Drosicha corpulenta* (Kuwana)］属同翅目硕蚧科，又称草履硕蚧、草鞋蚧，在我国许多省区均有发生，可为害桃树、李树、杏树、樱桃、苹果、梨树、柿树、枣树、板栗等多种果树。以雌成虫和若虫刺吸树体汁液，群集或分散为害，树体根部、枝干、芽腋、嫩梢、叶片及果实均可受害，虫体表面覆盖有白色蜡粉或棉絮状物。受害树体树势衰弱，生长不良，严重时导致早期落叶，甚至死枝死树。

【**形态特征**】雌成虫扁平椭圆形似草鞋底状，体长约10毫米，体褐色或红褐色，被覆霜状蜡粉；触角8节，节上多粗刚毛；足黑色，粗大（彩图18-160）。雄成虫体紫色，长5～6毫米，翅展约10毫米，翅淡紫黑色，半透明，翅脉2条；触角10节，念珠状，有缢缩并环生细长毛（彩图18-161）。卵椭圆形，初产时黄白色渐变橘红色，产于卵囊内，卵囊为白色绵状物，内含近百卵粒。若虫体似雌成虫，但虫体较小（彩图18-162）。雄蛹圆筒状，棕红色，长约5毫米，外被白色绵状物。

彩图18-160　草履蚧雌成虫

彩图18-161　草履蚧雄成虫

彩图18-162　草履蚧若虫

【**发生规律**】草履蚧1年发生1代，以卵在卵囊内于土壤中越夏、越冬。翌年1月下旬～2月上旬，越冬卵开始孵化，孵化期持续1个多月。初孵若虫抵御低温力强，在地下停留数日后，随温度上升逐渐开始出土。若虫出土后沿枝干向上爬至梢部、芽腋或初展新叶的叶腋处刺吸为害，初期白天上树为害夜间下树潜藏，随温度升高逐渐昼夜停留在树上。雄性若虫4月下旬化蛹，5月上旬羽化，羽化期较整齐，前后2周左右。雄成虫羽化后即觅偶交配，寿命2～3天。雌性若虫3次蜕皮后变为成虫，经交配后再为害一段时间即潜入土壤中产卵。卵外包有白色蜡丝裹成的卵囊，每囊有卵100多粒。

【防控技术】

1.阻止若虫上树 2月上中旬在若虫上树前，在树干近地面光滑处绑扎宽10厘米的塑料薄膜阻隔带，或在树干中下部光滑处捆绑开口向下的塑料裙（彩图18-163），阻止若虫上树。或在树干中下部光滑处涂抹宽5～10厘米的黏虫胶带（彩图18-164），阻止若虫上树并黏杀若虫。

彩图18-163 树干上捆绑塑料裙

彩图18-164 主干上涂抹黏虫胶环

2.适当喷药防控 草履蚧发生为害严重果园，在若虫上树为害初期（发芽前），选择晴朗无风的午后全树喷药，杀灭树上若虫。效果较好的药剂如：22%氟啶虫胺腈悬浮剂4000～5000倍液、22.4%螺虫乙酯悬浮剂2500～3000倍液、2%甲氨基阿维菌素苯甲酸盐乳油2000～3000倍液、50克/升高效氯氟氰菊酯乳油2500～3000倍液、4.5%高效氯氰菊酯乳油1500～2000倍液、20%甲氰菊酯乳油1500～2000倍液、20% S-氰戊菊酯乳油1500～2000倍液、33%氯氟·吡虫啉悬浮剂3000～4000倍液等。

3.保护和利用天敌 草履蚧的天敌有黑缘红瓢虫、红环瓢虫、大红瓢虫等，在自然条件下对草履蚧的发生为害有一定的控制作用，应注意保护利用。

朝鲜球坚蚧

【分布与为害】 朝鲜球坚蚧［*Eulecanium kunoense* (Kuwana)］属同翅目蜡蚧科，又称朝鲜球蚧、桃球坚蚧、杏球坚蚧，在我国许多省区均有发生，可为害桃树、李树、杏树、樱桃、苹果、梨树、梅树等多种果树。以若虫和雌成虫刺吸汁液，一、二年生枝条上发生较多。初孵若虫还可爬到嫩枝、叶片和果实上为害，2龄后多群集固定在小枝

条上为害，虫体逐渐膨大，并逐渐分泌形成介壳（彩图18-165）。严重时，枝条上密密麻麻一片（彩图18-166），致使枝叶生长不良，树势衰弱。果树发芽至开花前后为害较重，此期成虫还常分泌黏液（彩图18-167）。

彩图18-165 若虫在枝条上群集为害

彩图18-166 枝条表面雌成虫密集成堆

彩图18-167 雌成虫早春为害，并分泌黏液

【形态特征】 雌成虫无翅，介壳半球形，红褐色，横径约4.5毫米，高约3.5毫米，介壳表面无明显皱纹，背面有纵列凹陷的小刻点3～4行或不成行列，腹面与枝条结合处有白色蜡粉（彩图18-168）。雄虫介壳长扁圆形，长1.8毫米，白色，近化蛹时，介壳与虫体分开（彩图18-169）。

雄成虫体长2毫米，赤褐色，有翅1对，后翅退化成平衡棒，翅透明，腹部末端有1对白色蜡质尾毛和1根性刺。卵椭圆形，长约0.3毫米，粉红色（彩图18-170）。初孵若虫长扁圆形，全体淡粉红色，复眼红色极明显，胸足发达，活动能力强，体表被有白色蜡粉，腹部末端有1对白色尾毛（彩图18-171）。固着后的若虫体色较深，背面覆盖白色丝状蜡质物。越冬后的若虫，雌雄两性逐渐分化，雌虫长椭圆形，体表有黑褐色相间的条纹；雄虫体瘦小，身体背面臀板前缘有两个大型黄白色斑纹。雄蛹体长1.8毫米，赤褐色，腹部末端有黄褐色刺突，蛹外被长椭圆形茧。

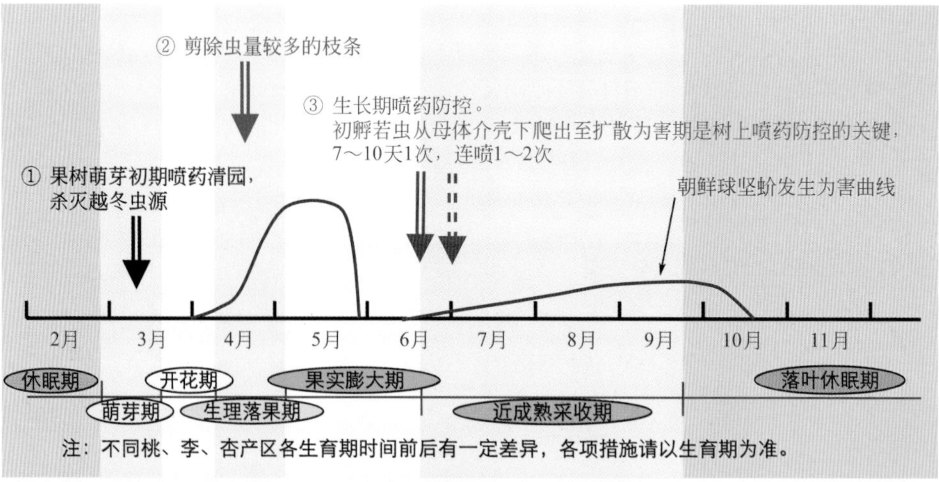

② 剪除虫量较多的枝条

③ 生长期喷药防控。
初孵若虫从母体介壳下爬出至扩散为害期是树上喷药防控的关键，7～10天1次，连喷1～2次

① 果树萌芽初期喷药清园，杀灭越冬虫源

朝鲜球坚蚧发生为害曲线

2月　3月　4月　5月　6月　7月　8月　9月　10月　11月

休眠期　开花期　果实膨大期　落叶休眠期
萌芽期　生理落果期　近成熟采收期

注：不同桃、李、杏产区各生育期时间前后有一定差异，各项措施请以生育期为准。

图18-13　朝鲜球坚蚧防控技术模式图

彩图18-168　朝鲜球坚蚧雌成虫介壳

彩图18-169　朝鲜球坚蚧雌蚧和雄介壳

仅留空介壳，壳内充满卵粒，6月上旬左右开始孵化。初孵若虫爬出母壳后分散到枝条上为害，至秋末寻找适宜越冬部位，蜕皮变为2龄若虫，随即在蜕皮壳下越冬。

彩图18-170　朝鲜球坚蚧卵粒

彩图18-171　朝鲜球坚蚧卵和初孵若虫

【发生规律】朝鲜球坚蚧1年发生1代，以2龄若虫在枝干裂缝、伤口边缘或粗皮处越冬，越冬位置固定后分泌白色蜡质覆盖虫体。翌年4月上中旬若虫从蜡质覆盖物下爬出，固着在枝条上吸食汁液为害。雌虫逐渐膨大呈半球形，雄虫成熟后化蛹。5月初雄虫羽化，与雌虫交尾后不久即死亡。雌虫于5月下旬抱卵于腹下，抱卵后雌成虫逐渐干缩，

【防控技术】朝鲜球坚蚧防控技术模式如图18-13所示。

1.消灭越冬虫源　果树萌芽初期，全园喷施1次3～5波美度石硫合剂、或45%石硫合剂晶体40～60倍液、或97%矿物油乳剂100～200倍液等，杀灭越冬若虫。

2.剪除虫枝　结合疏果、定果等农事活动，在4月中旬

虫体介壳膨大期，及时剪除虫量较多的枝条，集中带到园外销毁，减少园内虫源。

3.生长期喷药防控　初孵若虫从母体介壳下爬出至扩散为害期是树上喷药防控的关键时期，全树喷药1～2次，间隔期7～10天，有效杀灭1龄若虫。常用有效药剂同"康氏粉蚧"生长期喷药药剂。

4.保护和利用天敌　朝鲜球坚蚧的重要天敌是黑缘红瓢虫（彩图18-172～彩图18-174），生长期喷药时尽量避免使用广谱性杀虫药剂。

彩图 18-172　朝鲜球坚蚧天敌黑缘红瓢虫成虫

彩图 18-173　黑缘红瓢虫幼虫正在取食朝鲜球坚蚧

彩图 18-174　黑缘红瓢虫的蛹

桑白蚧

【分布与为害】桑白蚧［*Pseudaulacaspis pentagona*

（Targioni-Tozzetti）］属同翅目盾蚧科，又称桑白蚧壳虫、桑盾蚧、桃蚧壳虫，在我国发生非常普遍，可为害桃树、杏树、李树、樱桃、柿树、核桃等多种果树。主要以雌成虫和若虫群集固着在枝干上吸食汁液为害（彩图18-175～彩图18-177），有时也可为害果实（彩图18-178）。严重时，枝干上灰白色介壳密集重叠（彩图18-179）。小枝条受害，枝条表面凹凸不平，严重时导致形成坏死斑（彩图18-180），甚至枝条枯死；较大枝干受害，导致树势衰弱、叶片早落（彩图18-181），严重时枝干枯死，甚至全株死亡。

彩图 18-175　桃树枝干上有大量桑白蚧为害（雌虫）

彩图 18-176　李树枝条上群集大量桑白蚧为害

彩图 18-177　樱桃枝干上群集大量桑白蚧为害

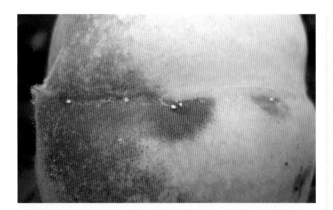

彩图18-178　桑白蚧在桃果实上的为害状

彩图18-179　桑白蚧在枝条上密集为害

彩图18-180　小枝条受害严重时，导致形成坏死斑

彩图18-181　桑白蚧为害严重时造成叶片脱落（杏）

【形态特征】雌成虫橙黄色或橙红色，体扁平卵圆形，长约1毫米（彩图18-182）。雌介壳圆形，直径2～2.5毫米，灰白色至灰褐色，壳点黄褐色（彩图18-183）。雄成虫橙黄色至橙红色，体长0.6～0.7毫米，仅有翅1对。雄介壳细长，白色，长约1毫米，背面有3条纵脊，壳点橙黄色，位于介壳前端（彩图18-184）。卵椭圆形，长径0.25～0.3毫米，初产时淡粉红色，渐变淡黄褐色，孵化前橙红色（彩图18-185）。初孵若虫淡黄褐色，扁椭圆形，长0.3毫米左右，可见触角、复眼和足，能爬行，腹部末端具2根尾毛（彩图18-186）。脱皮之后眼、触角、足、尾毛均退化或消失，开始分泌蜡质形成介壳。

彩图18-182　介壳下的雌虫及雌虫介壳

彩图18-183　李树枝条上的雌虫介壳

彩图18-184　枝干上残留的大量雄虫介壳

彩图 18-185　桑白蚧雌成虫及卵粒

彩图 18-186　桑白蚧一龄若虫

【发生规律】桑白蚧在北方地区1年发生2代，以受精雌虫在枝条上越冬。翌年春季果树萌芽时，越冬雌虫开始吸食树液，虫体迅速膨大，体内卵粒逐渐形成，遂即在介壳内产卵，每雌产卵50～120余粒。卵期10天左右（夏秋季节卵期4～7天）。5月中旬为卵孵化始盛期，若虫孵化后从介壳底部爬出，分散到2～5年生枝条上进行为害，枝杈处和阴面居多。5～7天后开始分泌出白色蜡粉覆盖于体上。若虫期2龄，雌若虫第2次蜕皮后发育为雌成虫，雄若虫第2次蜕皮后变为"前蛹"，再经蜕皮为"蛹"，最后羽化出雄成虫。雄成虫寿命仅1天左右，交尾后不久即死亡。第

1代若虫期长达40～50天，第2代若虫期30～40天。

【防控技术】以消灭越冬虫源和各代初孵若虫期及时喷药防控相结合，具体措施及有效药剂参照"朝鲜球坚蚧"防控技术（图18-14）。

日本龟蜡蚧

【分布与为害】日本龟蜡蚧（*Ceroplastes japonicas* Green）属同翅目蜡蚧科，又称枣龟蜡蚧、日本蜡蚧，俗称蚧壳虫、树虱子，在我国许多省区均有发生，可为害桃树、李树、杏树、樱桃、枣树、柿树、苹果、山楂等多种果树，以雌成虫和若虫刺吸汁液为害。若虫和雌成虫多在小枝和叶片上刺吸汁液（彩图18-187～彩图18-189），造成树势衰弱，严重时导致枝条枯死。同时，蚧壳虫排泄蜜露，常诱使煤污病发生，影响叶片光合作用和污染果面。

彩图 18-187　日本龟蜡蚧若虫在杏树叶片上群集为害

【形态特征】雌成虫体长2.2～4毫米，扁椭圆形，近产卵时半球形，虫体紫红色，背覆一层白色蜡状物（介壳）；足3对，细小，腹部末端有产卵孔和排泄孔；介壳扁椭圆形，长4～5毫米，中央突起，表面有龟甲状纹（彩图18-190）；越冬前蜡壳周围有8个明显的小型突起。雄成虫体长1.5毫米，淡红色，有翅1对，透明，具明显的两大主脉。卵椭圆形，长约0.2毫米，产于雌虫介壳下，初产时淡橙黄色，近孵化时紫红色。初孵若虫体较小，扁平椭圆形，紫褐色，固定为害12～24小时后开始分泌蜡丝，7～10天形成蜡壳；蜡壳周围有13个排列均匀的蜡芒，呈星芒状，头部蜡芒较大，尾部蜡芒较小；3龄后雌若虫蜡壳上出现龟形纹，雄若虫介壳为长椭圆形。

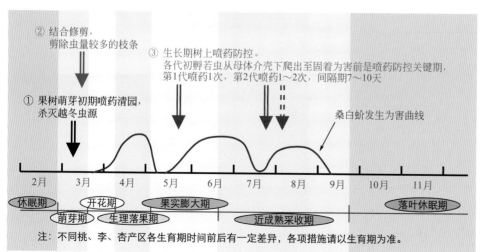

② 结合修剪，
　剪除虫量较多的枝条

③ 生长期树上喷药防控。
　各代初孵若虫从母体介壳下爬出至固着为害前是喷药防控关键期，
　第1代喷药1次，第2代喷药1～2次，间隔期7～10天

① 果树萌芽初期喷药清园，
　杀灭越冬虫源

桑白蚧发生为害曲线

2月　3月　4月　5月　6月　7月　8月　9月　10月　11月

休眠期　开花期　果实膨大期　落叶休眠期
萌芽期　生理落果期　近成熟采收期

注：不同桃、李、杏产区各生育期时间前后有一定差异，各项措施请以生育期为准。

图 18-14　桑白蚧防控技术模式图

彩图18-188　日本龟蜡蚧在杏树小枝上群集为害

彩图18-189　日本龟蜡蚧在叶柄上为害（樱桃）

彩图18-190　日本龟蜡蚧雌成虫介壳

【发生规律】日本龟蜡蚧1年发生1代，以受精雌成虫在1～2年生枝条上越冬。翌年果树萌芽期开始刺吸为害，虫体逐渐膨大，成熟后产卵于腹下（介壳下）。5月底～6月初开始产卵，每头雌虫产卵1200～2000粒。产卵后母体收缩，干死在介壳内。卵期20～30天。6月底～7月初为孵化盛期。初孵若虫从介壳下爬出后分散至叶片及小枝上为害，常有相对群集性，固定为害后开始分泌蜡质，未披蜡的若虫可被风吹传播，约14天后形成较完整的星芒状蜡质介壳。8月下旬～9月上旬雄成虫开始羽化，9月中下旬为羽化盛期，雄成虫寿命3天左右，有多次交尾习性。雌雄交尾后雄虫死亡，雌虫继续为害一段时间后从叶上转移到枝条上越冬。

【防控技术】参照"朝鲜球坚蚧"防控技术。

桃潜叶蛾

【分布与为害】桃潜叶蛾［*Lyonetia clerkella*（Linnaeus）］属鳞翅目潜蛾科，又称桃线潜叶蛾、桃线潜蛾、桃潜蛾、窄翅潜叶蛾，在我国许多省区均有发生，以北方果区为害较重，可为害桃树、杏树、李树、樱桃等多种果树。以幼虫在叶片内潜食叶肉为害，导致叶面呈现弯曲迂回的虫道。为害初期，虫道表皮不破裂，呈灰白色，幼虫排粪于虫道内（彩图18-191～彩图18-193）；后期，虫道表皮变褐色枯死，甚至虫道脱落成穿孔状（彩图18-194）。虫口密度大时，叶片上虫道密布，常造成早期落叶，受害较重桃园（彩图18-195），落叶率可达57.1%，对树势及产量影响很大。

彩图18-191　桃潜叶蛾为害前期的虫道（桃）

彩图18-192　桃潜叶蛾在杏叶上的为害状

彩图18-193　桃潜叶蛾在李叶上的为害状

彩图 18-194　后期，虫道可脱落成穿孔状

彩图 18-195　为害严重时，造成叶片早期脱落

【形态特征】成虫体长3～4毫米，翅展7～8毫米，分冬型、夏型、过渡型三种。夏型成虫体白色，前翅银白色、狭长，翅端尖细、具长缘毛；翅端1/3处具1椭圆形黄褐色斑，翅端缘毛上具1圆形黑斑，其上侧和下侧常具黑褐色缘毛（彩图18-196）。冬型成虫前翅大部黑褐色；过渡型成虫翅基具较小的黑褐色纵条纹。卵扁椭圆形，长约0.3毫米，初产时绿色，后渐变黄色。老熟幼虫体长约6毫米，淡绿色，头淡棕色，胸足3对黑色，腹足短小（彩图18-197、彩图18-198）。蛹体长约3.1毫米，细长，淡绿色，触角长超过腹末。茧长椭圆形，白色，两端具长丝，黏附在叶片、树干等处（彩图18-199、彩图18-200）。

彩图 18-196　桃潜叶蛾夏型成虫

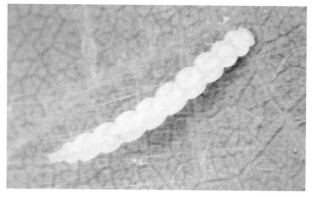

彩图 18-197　桃潜叶蛾幼虫（张玉聚）

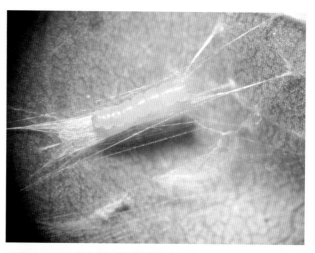

彩图 18-198　茧内的桃潜叶蛾老熟幼虫

彩图 18-199　叶片背面的桃潜叶蛾蛹茧

彩图 18-200　叶片正面的桃潜叶蛾蛹茧

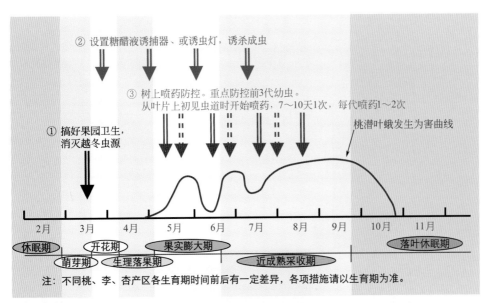

② 设置糖醋液诱捕器、或诱虫灯，诱杀成虫

③ 树上喷药防控。重点防控前3代幼虫。
从叶片上初见虫道时开始喷药，7～10天1次，每代喷药1～2次

① 搞好果园卫生，消灭越冬虫源

桃潜叶蛾发生为害曲线

| 2月 | 3月 | 4月 | 5月 | 6月 | 7月 | 8月 | 9月 | 10月 | 11月 |

休眠期　　开花期　　果实膨大期　　　　　　　　　　　　　落叶休眠期
　　　萌芽期　生理落果期　　　　近成熟采收期

注：不同桃、李、杏产区各生育期时间前后有一定差异，各项措施请以生育期为准。

图18-15　桃潜叶蛾防控技术模式图

【发生规律】桃潜叶蛾在北方果区1年发生5～7代，主要以冬型成虫在小石坝缝、杂草落叶下越冬，少量在树皮裂缝内越冬。翌年3月上旬～4月下旬越冬成虫出蛰活动，以后基本上1个月发生一代，10月中旬后以最末代成虫潜伏越冬。中后期世代重叠较重。成虫具很强的趋光性和趋化性。雌蛾在叶背中脉附近或近中脉处的叶肉内产卵，叶面形成椭圆形卵包，每雌产卵21～41粒。卵期5～6天。幼虫孵化后在叶肉内潜食，形成弯曲迂回蛀道。幼虫期约20天。幼虫老熟后在潜道末端咬破上表皮爬出，多在叶背吐丝搭架结茧，少量在叶片正面、树干表面及树下杂草等处结茧。

【防控技术】桃潜叶蛾防控技术模式如图18-15所示。

1.搞好果园卫生　落叶后至发芽前，彻底清除果园内及其周边的枯枝、落叶、杂草，集中烧毁，破坏害虫越冬场所，消灭越冬虫源（彩图18-201）。

彩图18-201　桃园内的落叶

2.诱杀成虫　从越冬成虫出蛰前开始，在果园内设置糖醋液诱捕器或诱虫灯，诱杀各代成虫。糖醋液诱捕器每亩悬挂2～5点，高约1.5米，均匀分布，注意及时补充糖醋液体。诱虫灯每50米左右安装1盏。由于越冬成虫出蛰后需要补充水分及能量，因此对糖醋液趋性更强，糖醋诱杀效果更好。

3.树上喷药防控　从叶片上初见桃潜叶蛾虫道时开始喷药，每代喷药1～2次，间隔期7～10天，重点防控前几代幼虫，喷药应及时均匀周到。效果较好的药剂如：25%灭幼脲悬浮剂1500～2000倍液、25%除虫脲悬浮剂1500～2000倍液、50%丁醚脲悬浮剂1500～2000倍液、240克/升甲氧虫酰肼悬浮剂2000～2500倍液、35%氯虫苯甲酰胺水分散粒剂8000～10000倍液、240克/升虫螨腈悬浮剂3000～4000倍液、20%虫酰肼悬浮剂1500～2000倍液、1.8%阿维菌素乳油2000～2500倍液、2%甲氨基阿维菌素苯甲酸盐乳油3000～4000倍液等。

苹小卷叶蛾

【分布与为害】苹小卷叶蛾（*Adoxophyes orana* Fisher von Roslersta）属鳞翅目卷叶蛾科，又称苹卷叶蛾、棉褐带卷蛾、溜皮虫、舔皮虫，在我国许多省区均有发生，可为害桃树、杏树、李树、樱桃、苹果、梨树、山楂等多种果树。幼虫不仅吐丝缀连叶片（彩图18-202、彩图18-203），潜居缀叶中啃食为害（彩图18-204），更重要的是幼虫把叶片缀贴在果面上啃食为害果皮、果肉，将果实啃出很多伤疤、甚至流胶（彩图18-205、彩图18-206），造成残次果，所以果农称其"舔皮虫"。

彩图18-202　苹小卷叶蛾将叶片缀卷在一起（桃）

【形态特征】成虫体长6～8毫米，体黄褐色，前翅长方形，有2条深褐色斜纹形似"h"状，外侧1条比内侧的细（彩图18-207）；雄成虫体较小，体色稍淡，前翅有前

缘褶（前翅肩区向上折叠）。卵扁平椭圆形，淡黄色，数十粒至上百粒排成鱼鳞状。老龄幼虫体长约14毫米，头黄褐色或黑褐色，前胸背板淡黄色，体翠绿色或黄绿色，头明显窄于前胸，整个虫体两头尖，第1对胸足黑褐色，腹末有臀栉6～8根（彩图18-208）；雄虫胴部第7、8节背面具1对黄色肾形性腺。蛹体长约10毫米，黄褐色，腹部2～7节背面各有两排小刺。

彩图18-203　苹小卷叶蛾在杏树上卷叶为害状

彩图18-204　苹小卷叶蛾啃食叶片状

彩图18-205　苹小卷叶蛾在桃果上的为害状

彩图18-206　苹小卷叶蛾为害，导致果实流胶

彩图18-207　苹小卷叶蛾成虫

彩图18-208　苹小卷叶蛾幼虫

【发生规律】苹小卷叶蛾1年发生3～4代，以2龄和3龄幼虫在果树老翘皮、剪锯口、芽鳞片内及黏贴在枝条上的枯叶内等处结薄茧越冬。翌年春季果树花芽膨大期（平均温度达7℃以上）开始出蛰，当旬平均温度在12～13℃时为越冬幼虫出蛰盛期。出蛰幼虫先为害幼芽、花蕾及嫩叶，稍大后卷叶为害，有转叶为害现象，幼虫老熟后在卷叶中结茧化蛹。在3代发生区，6月中旬越冬代成虫羽化，7月下旬第1代成虫羽化，9月上旬第2代成虫羽化。成虫昼伏夜出，有趋光性和趋化性，对果醋和糖醋都有较强的趋性。成虫在叶片背面产卵，卵块呈鱼鳞状排列。幼虫孵化后马上吐丝扩散，既可卷叶为害，又可啃食果皮。

【防控技术】苹小卷叶蛾防控技术模式如图18-16所示。

1.农业措施防控　结合其他农事活动，及时剪除卷叶虫苞，消灭苞内幼虫。尽量实施果实套袋，阻止幼虫啃害果实，以双层纸袋效果最好。

2.诱杀成虫　在成虫发生期内，于果园中设置糖醋液诱捕器或诱虫灯，诱杀成虫。也可在果园内设置性引诱剂诱捕器，诱杀雄成虫（彩图18-209）。

3.树上喷药防控　关键应抓住两个时期。一是越冬幼虫出蛰期（花芽膨大至落花期），这是全年防控的基础，最

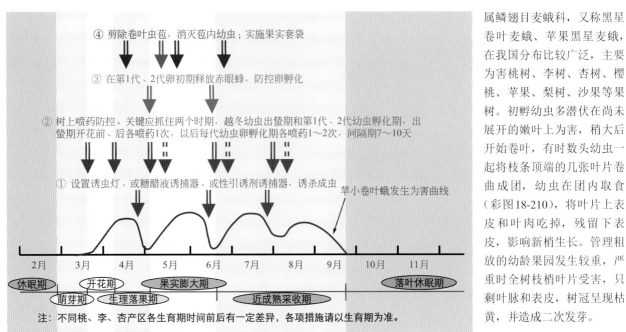

④ 剪除卷叶虫苞，消灭苞内幼虫；实施果实套袋

③ 在第1代、2代卵初期释放赤眼蜂，防控卵孵化

② 树上喷药防控。关键应抓住两个时期，越冬幼虫出蛰期和第1代、2代幼虫孵化期，出蛰期开花前、后各喷药1次，以后每代幼虫卵孵化期各喷药1～2次，间隔期7～10天

① 设置诱虫灯、或糖醋液诱捕器、或性引诱剂诱捕器，诱杀成虫　苹小卷叶蛾发生为害曲线

| 2月 | 3月 | 4月 | 5月 | 6月 | 7月 | 8月 | 9月 | 10月 | 11月 |

休眠期　开花期　果实膨大期　落叶休眠期
萌芽期　生理落果期　近成熟采收期

注：不同桃、李、杏产区各生育期时间前后有一定差异，各项措施请以生育期为准。

图18-16　苹小卷叶蛾防控技术模式图

彩图18-209　苹小卷叶蛾性引诱剂诱捕器

好开花前、后各喷药1次；二是第1代、第2代幼虫孵化期。常用有效药剂有：25%灭幼脲悬浮剂1500～2000倍液、50%丁醚脲悬浮剂1500～2000倍液、20%氯虫苯甲酰胺悬浮剂3000～4000倍液、20%氟苯虫酰胺水分散粒剂2500～3000倍液、20%虫酰肼悬浮剂2000～3000倍液、240克/升甲氧虫酰肼悬浮剂2500～3000倍液、1.8%阿维菌素乳油2500～3000倍液、3%甲氨基阿维菌素苯甲酸盐微乳剂4000～5000倍液、50克/升高效氯氟氰菊酯乳油3000～4000倍液、4.5%高效氯氰菊酯乳油或水乳剂1500～2000倍液、20%甲氰菊酯乳油1500～2000倍液等。在幼虫卷叶为害前喷药效果最好，发生期不整齐时7～10天后应再喷药1次。

4.释放赤眼蜂　有条件的果园在第1代卵和第2代卵初期释放松毛虫赤眼蜂，每代释放3～4次，间隔期5天左右，每亩次放蜂量2.5万头。

黑星麦蛾

【分布与为害】黑星麦蛾（*Telphusa chloroderces* Meyrich）属鳞翅目麦蛾科，又称黑星卷叶麦蛾、苹果黑星麦蛾，在我国分布比较广泛，主要为害桃树、李树、杏树、樱桃、苹果、梨树、沙果等果树。初孵幼虫多潜伏在尚未展开的嫩叶上为害，稍大后开始卷叶，有时数头幼虫一起将枝条顶端的几张叶片卷曲成团，幼虫在团内取食（彩图18-210），将叶片上表皮和叶肉吃掉，残留下表皮，影响新梢生长。管理粗放的幼龄果园发生较重，严重时全树枝梢叶片受害，只剩叶脉和表皮，树冠呈现枯黄，并造成二次发芽。

彩图18-210　黑星麦蛾幼虫为害桃叶

【形态特征】成虫体长5～6毫米，全体灰褐色，胸部背面及前翅黑褐色，有光泽，前翅中央有2个明显黑色斑点，后翅灰褐色。卵椭圆形，长约0.5毫米，淡黄色，有珍珠光泽。幼虫体长10～15毫米，头部、臀板和臀足褐色，前胸盾黑褐色，背线两侧各有3条淡紫红色纵纹，似黄白和紫红相间的纵条纹（彩图18-211）。蛹体长约6毫米，红褐色，第7腹节后缘有暗黄色并列的刺突。

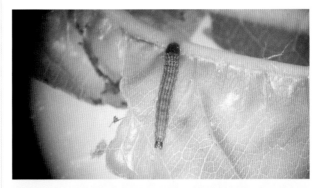

彩图18-211　黑星麦蛾幼虫

【发生规律】黑星麦蛾1年发生3～4代，以蛹在杂草、落叶和土块下越冬。翌年4月中下旬羽化为成虫。成虫将卵产在叶丛或新梢顶端未展开的嫩叶基部，卵单产或数粒成堆。第1代幼虫于5月上中旬开始在嫩叶上为害，稍大后卷叶为害，严重时数头将枝端叶片缀连一起，居中为害。幼虫较活泼，受触动吐丝下垂。5月底在卷叶内结茧化蛹，蛹期约10天。6月上旬开始羽化，以后世代重叠。秋末老熟幼虫在杂草、落叶等处结茧化蛹越冬。

【防控技术】

1.农业措施防控　果树发芽前，彻底清除果园内及周边的落叶、杂草，集中烧毁或深埋，消灭越冬虫蛹。生长期发现虫苞，及时摘除销毁。

2.树上喷药防控　5月上中旬第1代幼虫为害初期及时喷药，一般果园喷药1次即可。常用有效药剂同"苹小卷叶蛾"树上喷药药剂。

黄斑卷叶蛾

【分布与为害】黄斑卷叶蛾［*Acleris fimbriana*（Thunberg）］属鳞翅目小卷叶蛾科，又称黄斑长翅卷蛾，在我国许多省区均有发生，主要为害桃树、杏树、李树、樱桃、山楂、苹果等果树，在桃树、李树与苹果等果树混栽的幼龄果园及苗圃地发生较多。初孵幼虫首先钻入芽内食害花芽，待展叶后取食嫩叶。幼虫吐丝缀连数张叶片卷成团，或将叶片沿主脉间正面纵折，藏于其间为害（彩图18-212）。幼树和苗圃受害较重，不仅影响树冠生长，严重时还影响结果树的果实质量和下年花芽形成。

彩图18-212　黄斑卷叶蛾为害桃叶

【形态特征】成虫体长7～9毫米。夏型成虫翅展15～20毫米，体橘黄色，前翅金黄色，上有银白色鳞片丛，后翅灰白色，复眼灰色（彩图18-213）。冬型成虫翅展17～22毫米，体深褐色，前翅暗褐色或暗灰色，复眼黑色。卵扁椭圆形，淡黄白色，半透明，近孵化时表面有一红圈。初龄幼虫体乳白色，头部、前胸背板及胸足均为黑褐色；2～3龄幼虫体黄绿色，头、前胸背板及胸足仍为黑褐色；4～5龄幼虫头部、前胸背板及胸足变为黄褐色；老

熟幼虫体长约22毫米，体黄绿色（彩图18-214）。蛹体长9～11毫米，深褐色，头顶端有一角状突起，基部两侧各有2个瘤状突起（彩图18-215）。

彩图18-213　黄斑卷叶蛾夏型成虫

彩图18-214　黄斑卷叶蛾幼虫

彩图18-215　黄斑卷叶蛾蛹

【发生规律】黄斑卷叶蛾1年发生3～4代，以冬型成虫在杂草、落叶上越冬。翌年3月下旬越冬成虫开始出蛰活动，天气晴朗温暖时进行交尾，4月上旬开始产卵。越冬成虫主要在枝条上产卵，少数产在芽的两侧和基部；其他各代卵主要产在叶片上，以老叶背面为主，卵散产。第1代卵孵化后，幼龄幼虫先为害花芽，待展叶后开始为害枝梢嫩叶，吐丝卷叶，取食叶肉及叶片，有时还可啃食果实。幼虫行动较迟缓，有转叶为害习性，每蜕1次皮则转移1次。自然条件下，第1代各虫期发生比较整齐，是有效防控的好时机，以后各代互相重叠，给防控造成一定困难。

【防控技术】

1.**农业措施防控** 在果树萌芽前，彻底清除果园内及其周边的杂草、落叶，集中深埋或烧毁，消灭越冬成虫。果树生长季节，及时剪除卷叶虫苞并销毁，消灭苞内幼虫，苗圃和幼树上尤为重要。

2.**生长期喷药防控** 关键是抓住第1、2代幼虫孵化盛期及时喷药，即4月中下旬和6月中旬，每代喷药1次即可。常用有效药剂同"苹小卷叶蛾"树上喷药药剂。

杏星毛虫

【分布与为害】杏星毛虫（*Illiberis psychina* Oberthür）属鳞翅目斑蛾科，又称杏叶斑蛾、桃斑蛾、杏毛虫、红褐星毛虫等，主要分布在辽宁、山东、山西、陕西、湖北、江西等省，主要为害桃树、杏树、李树、樱桃等核果类果树。早春幼虫钻入花芽中为害，使花芽不能开放，严重影响当年产量；发芽后幼虫包叶食害叶片（彩图18-216），啃食叶片成筛网状或食成缺刻、孔洞状，严重时将叶片吃光。

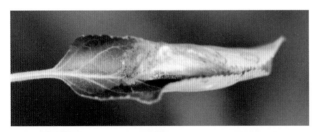

彩图18-216　杏星毛虫苞叶为害状（杏）

【形态特征】成虫体长约8.5毫米，体黑褐色具蓝色光泽，翅半透明，布黑色鳞毛，翅脉、翅缘黑色，雄虫触角羽毛状，雌虫短锯齿状（彩图18-217）。卵椭圆形，扁平，长0.7毫米，中部稍凹，白色至黄褐色。幼虫体长约15毫米，近纺锤形，头小、黑褐色，背暗青褐色，腹面紫红色；腹部各节具横列毛瘤6个，中间4个较大，毛瘤中间生褐色短毛，周生黄白色长毛；前胸盾黑色，中央具一淡色纵纹，臀板黑褐色，臀栉黑色（彩图18-218）。蛹椭圆形，长约10毫米，淡黄色至黑褐色。茧椭圆形，淡黄色，丝质稍薄。

彩图18-217　杏星毛虫雄成虫（张玉聚）

彩图18-218　杏星毛虫幼虫（冯玉增）

【发生规律】杏星毛虫在山西1年发生1代，以初龄幼虫在剪锯口的裂缝和树皮缝、枝杈及贴枝叶下结茧越冬。翌年树芽萌动时开始出蛰活动，先蛀芽，后为害蕾、花及嫩叶。3龄后白天下树，潜伏到树干基部附近的土、石块及枯草落叶下，傍晚又上树取食叶片，直至翌晨又下树隐蔽。老熟幼虫于5月中旬开始在树干周围的各种被物下、皮缝中结茧化蛹，蛹期21～25天。6月上旬成虫羽化交配产卵，卵块状，多产在树冠中下部老叶背面，每块有卵70～80粒，卵粒互不重叠，中间常有间隙，每雌平均产卵170粒。第1代幼虫6月中旬始见，啃食叶片表皮或叶肉，被害叶斑痕呈纱网状，受惊扰吐丝下垂，幼虫稍经取食后于7月上旬结茧越冬。

【防控技术】

1.**农业措施防控** 结合修剪，发现有结茧的枝叶及时剪除，集中烧毁，消灭越冬幼虫。冬前树干涂白，果树休眠期使用80%敌敌畏乳油200倍液或50%辛硫磷乳油200倍液封闭剪口、锯口，能有效消灭大部分越冬幼虫。果树发芽后，在树干中下部捆绑塑料裙，有效阻止下树幼虫再次上树。

2.**药剂防控** 首先利用该虫白天下树潜伏的习性，于幼虫下树期在树干周围喷洒480克/升毒死蜱乳油500～800倍液，防控下树幼虫。其次，在越冬幼虫出蛰盛期和第1代卵孵化盛期及时树上喷药，杀灭越冬出蛰幼虫及第1代卵和幼虫，树上常用有效药剂同"苹小卷叶蛾"树上喷药药剂。

杏白带麦蛾

【分布与为害】杏白带麦蛾（*Recurvaria syrictis* Meyrich）属鳞翅目麦蛾科，发生于山西、河北、北京、陕西等省区，可为害杏树、李树、桃树、樱桃、苹果等多种果树，以幼虫食害叶片。初龄幼虫在卷叶虫类为害的叶片处食害，将叶片食成针眼筛孔状，残留一层表皮（彩图18-219）；3龄后幼虫吐丝缀叶，将相近两叶黏于一起，幼虫在两叶间食害表皮与叶肉，形成不规则斑痕（彩图18-220、彩图18-221），虫粪留在被害处边缘。发生严重时，受害叶片仅残留表皮与叶脉。

彩图 18-219　杏白带麦蛾啃食叶片呈筛网状

彩图 18-220　杏白带麦蛾幼虫及为害状

彩图 18-221　杏白带麦蛾为害后的叶面虫斑

【形态特征】成虫体长约4毫米，头、胸背面银白色，腹部灰色；触角线状，节间黑白相间。前翅灰黑色，披针形，散生银白色鳞片，后缘从翅基到端部具一银白色带，约为翅的2/5，带前缘呈曲线状，静止时体背形成倒葫芦状白斑。卵长椭圆形，长约0.4毫米，淡黄绿色。老熟幼虫体长约5毫米，前胸盾褐色或棕褐色，中央具一白色细纵线，中胸到腹末各体节基约1/2为暗红色或淡紫红色，端部分为黄白色，貌似"环圈"（彩图18-222）。蛹纺锤形，长约4毫米，淡黄色至黄褐色，尾端具6根刺毛（彩图18-223）。茧椭圆形，白色，质地疏松。

彩图 18-222　杏白带麦蛾幼虫

彩图 18-223　杏白带麦蛾蛹

【发生规律】杏白带麦蛾在山西晋中1年发生2代，以蛹在树皮隙缝、粗翘皮下、剪锯口或树洞等处越冬。翌年4月下旬前后越冬蛹开始羽化，5月间为越冬代成虫羽化盛期，成虫寿命5～8天。5月下旬～6月上旬为成虫产卵盛期，卵期平均15天，6月下旬为孵化盛期。第1代幼虫期平均40天，7月中旬前后为第1代蛹盛期，第1代成虫于7月下旬前后盛发。第2代卵盛期在7月底～8月初，第2代幼虫盛发期为8月中旬左右。第2代幼虫期平均51天，老熟后寻找适宜场所化蛹越冬。成虫昼伏夜出。幼虫有转叶为害习性，一生可转害4～5张叶片。幼虫活泼，受扰后迅速逃避或吐丝下垂。老熟幼虫多在贴叶间、树皮下、剪锯口及树洞内化蛹。

【防控技术】

1.农业措施防控　果树发芽前，彻底刮除枝干粗皮、翘皮，搞好果园卫生，消灭越冬虫蛹。生长期结合其他农事活动，尽量剪除卷叶虫苞，集中销毁，消灭苞内幼虫。

2.适当喷药防控　杏白带麦蛾多为零星发生，一般不需单独喷药防控，结合其他害虫防控即可。个别发生较重果园，在幼虫为害初期每代喷药1次即可，有效药剂同"苹小卷叶蛾"树上喷药药剂。

美国白蛾

【分布与为害】美国白蛾［*Hyphantria cunea*（Drury）］属鳞翅目灯蛾科，又称美国灯蛾、秋幕毛虫、秋幕蛾，是一种检疫性害虫，我国目前主要发生在辽宁、河北、山东、北京、天津、山西、陕西、河南、吉林等省区。该虫食性很杂，可为害200多种林木、果树及农作物等，其中果树包括桃树、李树、杏树、樱桃、苹果、梨树、柿树、枣树、核桃、葡萄等。低龄幼虫群集在枝叶上吐丝结成网幕，幼虫在网幕内啃食为害叶肉，受害叶片残留叶脉和表皮，成筛网状，后期变褐枯黄（彩图18-224～彩图18-231）；大龄幼虫逐渐分散为害，将叶片食成缺刻或孔洞状，甚至将叶片吃光（彩图18-232）。一株树上常有几百头、甚至千余头幼虫取食为害，常把整树叶片蚕食吃光，而后转株为害（彩图18-233～彩图18-235）。

彩图18-226　杏树上的美国白蛾为害网幕

彩图18-227　樱桃上的美国白蛾为害网幕

彩图18-224　桃树上的美国白蛾为害网幕

彩图18-228　低龄幼虫在叶片背面啃食叶肉

彩图18-225　李树上的美国白蛾为害网幕

彩图18-229　低龄幼虫群集结网在桃树上的为害状

彩图 18-230　低龄幼虫群集在李叶片上为害

彩图 18-231　低龄幼虫群集在杏树上的网幕内为害

彩图 18-232　许多幼虫将叶片吃光（杏）

彩图 18-233　被美国白蛾吃光叶片的杏树

彩图 18-234　树上叶片被吃光后，幼虫下树向周边扩散

彩图 18-235　严重发生时，树下地面的大龄幼虫

【形态特征】成虫体长 13 ～ 15 毫米，体白色，胸部背面密布白色绒毛。雄成虫触角黑色，栉齿状，前翅常散生黑褐色小斑点，越冬代尤为明显（彩图 18-236）；雌成虫触角褐色，锯齿状，前翅纯白色（彩图 18-237、彩图 18-238）。卵圆球形，直径约 0.5 毫米，初产时浅绿色，孵化前变灰褐色，数百粒单层连片排成卵块，表面覆盖白色鳞毛（彩图 18-239）。初孵幼虫黄白色，低龄幼虫色淡，老龄幼虫色深（彩图 18-240 ～彩图 18-242）。老熟幼虫体长 28 ～ 35 毫米，头黑色，体黄绿色至灰黑色，背线、气门上线、气门下线浅黄色；背部毛瘤黑色，体侧毛瘤多为橙黄色，毛瘤上着生白色长毛丛。蛹暗红褐色，体长 8 ～ 15 毫米，臀刺 8 ～ 17 根，蛹外被有黄褐色丝质薄茧。

彩图 18-236　越冬代雄成虫

彩图18-237　美国白蛾成虫交尾（桂柄中）

彩图18-238　正在产卵的美国白蛾雌成虫

彩图18-239　美国白蛾的卵块

彩图18-240　美国白蛾初孵幼虫

彩图18-241　美国白蛾低龄幼虫

彩图18-242　美国白蛾高龄幼虫

【发生规律】美国白蛾在华北地区1年发生3代，以蛹在老树皮下、砖石块下、地面枯枝落叶下或表土层内结茧越冬。翌年4月下旬～5月下旬，越冬代成虫开始羽化。成虫昼伏夜出，有趋光性，交尾后即可产卵，一卵块有卵数百粒，卵期15天左右。幼虫孵出几个小时后即吐丝结网，缀食1～3张叶片，随幼虫生长，食量增加，更多叶片被包进网幕内，网幕也随之增大，最后犹如一层白纱包缚整个树冠。幼虫共7龄，5龄以后进入暴食期，把树叶蚕食光后转移为害。第1代幼虫5月上旬开始为害，7月上旬出现第1代成虫。第2代幼虫7月中旬开始发生，8月中旬达为害盛期，经常发生整树叶片被吃光现象。8月中旬第2代成虫开始羽化。第3代幼虫从9月上旬开始为害，直至11月中旬。从10月中旬开始，老熟幼虫陆续下树寻找隐蔽场所结茧化蛹越冬。

【防控技术】美国白蛾防控技术模式如图18-17所示。

1.加强植物检疫　美国白蛾是一种检疫性害虫，从疫区向保护区调运苗木、果实等产品时，应严格实施检疫措施，防止美国白蛾随机械运输进行扩散。

2.农业措施防控　首先，利用美国白蛾低龄幼虫结网幕为害的特性，发现网幕及时剪除销毁（含果树及林木上），消灭网内幼虫。其次，利用老熟幼虫下树寻找隐蔽场所化蛹的特性，在树干上绑附草把、草绳或草帘，下紧上松，诱集老熟幼虫在此化蛹，待化蛹结束后解下草把等诱

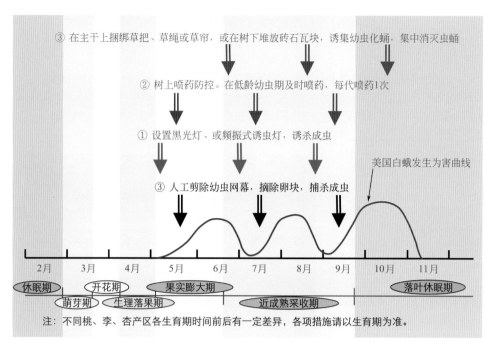

③ 在主干上捆绑草把、草绳或草帘，或在树下堆放砖石瓦块，诱集幼虫化蛹，集中消灭虫蛹

② 树上喷药防控。在低龄幼虫期及时喷药，每代喷药1次

① 设置黑光灯、或频振式诱虫灯，诱杀成虫

③ 人工剪除幼虫网幕，摘除卵块，捕杀成虫

美国白蛾发生为害曲线

2月 3月 4月 5月 6月 7月 8月 9月 10月 11月

休眠期　开花期　果实膨大期　落叶休眠期
萌芽期　生理落果期　近成熟采收期

注：不同桃、李、杏产区各生育期时间前后有一定差异，各项措施请以生育期为准。

图18-17　美国白蛾防控技术模式图

集物集中烧毁；或在树下堆放砖头瓦块，诱集幼虫化蛹，然后集中消灭虫蛹。此外，结合其他农事活动，发现卵块及时摘除，并注意捕杀成虫。

3.诱杀成虫　在果园内设置黑光灯或频振式诱虫灯，诱杀成虫。

4.树上喷药防控　在低龄幼虫期（幼虫分散为害前）及时喷药，每代喷药1次即可，并注意连同周围防护林上一起喷洒。常用有效药剂有：25%灭幼脲悬浮剂1500～2000倍液、25%除虫脲可湿性粉剂1500～2000倍液、50克/升虱螨脲悬浮剂1500～2000倍液、50%丁醚脲悬浮剂1500～2000倍液、20%虫酰肼悬浮剂1500～2000倍液、240克/升甲氧虫酰肼悬浮剂3000～4000倍液、35%氯虫苯甲酰胺水分散粒剂8000～10000倍液、10%氟苯虫酰胺悬浮剂1500～2000倍液、10%烟碱乳油1000～1500倍液、1.8%阿维菌素乳油2500～3000倍液、5%甲氨基阿维菌素苯甲酸盐微乳剂6000～8000倍液、50克/升高效氯氟氰菊酯乳油3000～4000倍液、4.5%高效氯氰菊酯乳油或水乳剂1500～2000倍液、20% S-氰戊菊酯乳油1500～2000倍液、20%甲氰菊酯乳油1500～2000倍液等。

5.生物防控　有条件的果园，在美国白蛾幼虫老熟时释放白蛾周氏啮小蜂。将已经接种白蛾周氏啮小蜂的柞蚕蛹挂在树上，按每个柞蚕蛹出蜂4000头、蜂和害虫5∶1的比例计算悬挂柞蚕蛹的数量。连续释放2～3年，即可控制美国白蛾的为害。

天幕毛虫

【分布与为害】天幕毛虫（*Malacosoma neustria testacea* Motschulsky）属鳞翅目枯叶蛾科，又称黄褐天幕毛虫、幕枯叶蛾、带枯叶蛾，俗称"顶针虫"，在我国除新疆、西藏外各省区均有发生，可为害桃树、李树、杏树、樱桃、梨树、苹果、海棠等多种果树。初孵幼虫群集于一个枝条上，吐丝结成网幕巢，在网巢内食害嫩芽、叶片；随虫龄增大、食量增加，逐渐向下移至较粗大枝上结网幕成巢。幼虫白天群栖巢上，夜间活动取食。5龄后逐渐分散为害，将叶片食成缺刻或孔洞状，或将叶片吃光。管理粗放果园发生较多。

【形态特征】成虫雌雄异型。雌成虫体长约19毫米，全体黄褐色，触角锯齿状，前翅中央有1条赤褐色宽斜带，两边各有1条米黄色细线。雄成虫体长约17毫米，全体淡黄色，触角双栉齿状，前翅有2条紫褐色斜线，两线间部分颜色较深，呈褐色宽带。卵椭圆形，灰白色，顶部中央凹陷，常数百粒围绕枝条排成圆桶状，形似顶针状或指环状（彩图18-243）。低龄幼虫身体和头部均黑色，4龄以后头部蓝黑色，顶部有2个黑色圆斑；老熟幼虫体长约55毫米，背线黄白色，两侧有橙黄色和黑色相间的条纹，各节背面有数个黑色瘤，上生许多黄白色长毛，前胸和最末腹节背面各有2个大黑斑（彩图18-244）。蛹长13～25毫米，黄褐色或黑褐色，体表有金黄色细毛。茧黄白色，双层。

彩图18-243　天幕毛虫卵块

彩图18-244　天幕毛虫幼虫

【发生规律】天幕毛虫1年发生1代，以完成胚胎发育的幼虫在卵壳内越冬。翌年果树发芽后，幼虫孵出开始为害嫩叶，以后转移到枝杈处吐丝张网，1～4龄幼虫白天群集在网幕中，晚间出来取食叶片，5龄幼虫离开网幕分散到全树暴食叶片，5月中下旬老熟幼虫陆续在田间杂草丛中结茧化蛹。6～7月为成虫盛发期，成虫昼伏夜出，有趋光性。成虫羽化后即可交尾产卵，产卵于当年生小枝上，每雌蛾一般产1个卵块，每卵块有卵146～520粒，也有部分雌蛾产2个卵块。幼虫完成胚胎发育后不出卵壳随即越冬。

【防控技术】

1. 人工措施防控 结合冬春果树修剪，注意剪掉小枝上的卵块，集中烧毁。春季幼虫在树上结网幕为害显而易见，在幼虫分散前及时捕杀。分散后的幼虫，也可振树捕杀。

2. 灯光诱杀 利用成虫的趋光性，在果园内设置黑光灯或频振式诱虫灯，诱杀成虫。

3. 适当喷药防控 越冬幼虫出蛰盛期至低龄幼虫期（分散为害前）是喷药防控的关键时期，一般果园喷药1次即可有效控制天幕毛虫的为害。有效药剂同"美国白蛾"树上喷药药剂。

苹掌舟蛾

【分布与为害】苹掌舟蛾［*Phalera flavescens*（Bremer et Grey）］属鳞翅目舟蛾科，又称舟形毛虫、苹果天社蛾，在我国许多省区均有发生，可为害桃树、李树、杏树、樱桃、苹果、梨树、山楂等多种果树，以幼虫食害叶片，将叶片吃成缺刻状或吃光。初孵幼虫群集为害，啃食叶肉，残留表皮和叶脉，受害叶片多呈筛网状。2龄后幼虫将叶片吃成仅剩叶脉，3龄以后幼虫将叶片全部吃光，仅剩叶柄（彩图18-245～彩图18-247）。严重时造成二次发芽、开花，对树势影响很大。

彩图18-245 苹掌舟蛾低龄幼虫在杏树上群集为害

【形态特征】成虫触角丝状、浅褐色；前翅淡黄白色，近基部中央有1个银灰色和紫褐色各半的椭圆形斑，前翅外缘有6个横向排列的颜色和大小均相似的紫褐色椭圆形斑（彩图18-248）；后翅淡黄白色，外缘颜色稍深。卵近圆球形，直径约1毫米，初产时淡绿色，近孵化时变灰褐色。

初孵幼虫黄绿色，2龄后呈红褐色，且随虫龄增大、颜色加深（彩图18-249），老熟时为紫褐色。老熟幼虫体长约50毫米，背线和气门线及胸足黑色，亚背线与气门上、下线紫红色，头黑褐色、有光泽，全身生有黄白色细长软毛，静止时头、尾翘起，形似小船，故称"舟形毛虫"（彩图18-250）。蛹长约23毫米，紫黑色，腹部末端有6根短刺，中间2个较大，外侧2个常消失。

彩图18-246 苹掌舟蛾幼虫在杏树枝条上集中为害

彩图18-247 大龄幼虫将杏树叶片吃光

彩图18-248 苹掌舟蛾成虫

彩图 18-249　苹掌舟蛾低龄幼虫

彩图 18-250　苹掌舟蛾高龄幼虫

【发生规律】苹掌舟蛾1年发生1代，以蛹在树冠下的土壤中越冬。华北果区翌年6月下旬开始出现成虫，7月中下旬～8月上旬为成虫发生盛期。成虫白天静伏，傍晚开始活动，有趋光性，羽化后数小时至数日后交尾，1～3天后产卵。产卵盛期约为8月中旬，卵多成块状产于叶背，卵期10天左右。8月中下旬为幼虫为害盛期。低龄幼虫群集叶背，头朝叶缘取食叶片，整齐排列。虫龄稍大后分散为害，白天群集在枝条或叶片上不食不动，头尾翘起。幼虫有群体转移为害习性，遇振动则吐丝下垂（彩图18-251）。老熟幼虫不吐丝下垂，受振亦不落地。幼虫期1个月左右。幼虫老熟后，沿树干爬下入土、化蛹越冬。越冬蛹多聚集在树干周围0.5～1米范围内，入土深度多为4～8厘米。若土壤坚硬，则潜伏在杂草、落叶、土块等隐蔽处化蛹越冬。

彩图 18-251　苹掌舟蛾幼虫受振动吐丝下垂

【防控技术】

1.农业措施防控　早春翻耕树盘，将土中越冬虫蛹翻在地表，被鸟类啄食或被风吹干。在幼虫分散为害前，及时剪除有幼虫群集的叶片，集中深埋；也可利用幼虫受振吐丝下垂的习性，振动树枝，收集下垂幼虫，集中消灭。

2.适当喷药防控　苹掌舟蛾多为零星发生，一般果园不需单独喷药防控。个别发生较重果园，在幼虫3龄前喷药1次即可。常用有效药剂同"美国白蛾"树上喷药药剂。

黄尾毒蛾

【分布与为害】黄尾毒蛾（*Porthesia xanthocampa* Dyar）属鳞翅目毒蛾科，又称桑斑褐毒蛾、纹白毒蛾、桑毒蛾、黄尾白毒蛾，俗称毒毛虫、金毛虫，在我国各地普遍发生，可为害桃树、杏树、李树、樱桃、苹果、梨树、山楂、枣树、柿树等多种果树。以幼虫食害叶片，喜食新芽和嫩叶。初孵幼虫群集叶背啃食叶肉，将叶片食成筛网状；随虫龄增大逐渐分散为害，将叶片食成缺刻或孔洞状，甚至吃光或仅剩叶脉。管理粗放果园发生较多。

【形态特征】成虫体长约18毫米，全体白色，复眼黑色，触角双栉齿状、淡褐色，雄蛾更为发达；前翅后缘近臀角处有两个褐色斑纹，雌蛾腹部末端丛生黄毛，足白色（彩图18-252）。卵扁圆形，中央稍凹，灰黄色，直径0.6～0.7毫米，常数十粒排成带状卵块，表面覆有雌虫腹末脱落的黄毛（彩图18-253）。老熟幼虫体长约30毫米，头黑褐色，胴部黄色，背线与气门下线红色，亚背线、气门上线与气门线均为断续的黑色线纹；各体节上有很多红、黑色毛瘤，上生黑色及黄褐色长毛，第六、七腹节中央有红色翻缩腺（彩图18-254）。蛹长约13毫米，棕褐色，臀棘较长成束。茧灰白色，长椭圆形，外附有幼虫脱落的体毛。

彩图 18-252　黄尾毒蛾成虫（雌雄正在交尾）

【发生规律】黄尾毒蛾在华中地区1年发生3～4代，华北、西北及东北地区1年发生2代，均以3～4龄幼虫在树干裂缝或枯叶内结茧越冬。翌年春季果树发芽时越冬幼虫开始活动，为害嫩芽及嫩叶，5月下旬化蛹，6月上旬羽化。雌虫交尾后将卵块产在枝干表面或叶背，卵块上覆有腹末黄毛。每雌蛾产卵200～550粒，卵期4～7天。幼虫8龄，初孵幼虫群集叶背啃食叶肉，2龄起开始产生毒毛，3龄后分散为害。幼虫白天停栖叶背阴凉处，夜间取食叶片。老熟幼虫在树干裂缝处结茧化蛹。华北果区第1代成虫出现在7月下旬～8月下旬，经交尾后产卵，孵化幼虫取食一段时间后即潜入树皮缝隙或枯叶中结茧越冬。

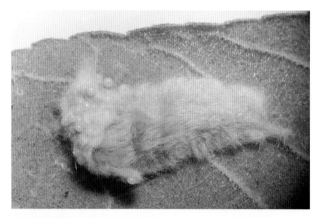

彩图18-253　黄尾毒蛾卵块

彩图18-254　黄尾毒蛾幼虫

【防控技术】

1.人工捕杀　结合果园内的其他农事活动，注意发现并摘除枝叶上的卵块、初孵幼虫等，集中捕杀消灭。需要提醒，毒蛾类幼虫的毒毛对人的皮肤、眼睛及呼吸道有伤害作用，具体操作时应注意防护。

2.灯光诱杀　利用成虫较强的趋光性，在成虫发生期内于果园中设置黑光灯或频振式诱虫灯，诱杀成虫。

3.适当喷药防控　黄尾毒蛾多为零星发生，一般不需单独进行喷药；个别发生较重果园，在越冬幼虫出蛰为害初期或低龄幼虫群集为害期适当喷药防控1～2次即可。有效药剂同"美国白蛾"树上喷药药剂。

角斑古毒蛾

【分布与为害】角斑古毒蛾［*Orgyia gonostigma*（Linnaeus）］属鳞翅目毒蛾科，又称赤纹毒蛾，在我国主要发生在东北、华北及西北地区，可为害桃树、杏树、李树、樱桃、苹果、梨树等多种果树。以幼虫食害花芽、叶片和果实。为害花芽，在基部钻成小洞，导致花芽枯死。叶片受害，被食成缺刻或孔洞状，严重时仅留叶脉、叶柄。果实受害，被啃成许多小洞，易引起落果。

【形态特征】成虫雌雄异型。雌蛾体长约17毫米，长椭圆形，无翅，体上生有灰色和黄白色绒毛（彩图18-255）。雄蛾体长约15毫米，体灰褐色，前翅红褐色，翅顶角处有一黄斑，后缘角处有一新月形白斑（彩图18-256）。卵扁圆形，顶部凹陷，灰黄色。老熟幼虫体长约40毫米，头部灰黑色，体色黑灰，被黄色和黑色长毛，亚背线有白色短毛，体两侧有黄褐色纹；前胸两侧和腹部第八节背面各有1束黑色长毛，第一至四腹节背面中央各有一黄灰色短毛刷（彩图18-257、彩图18-258）。雌蛹长约11毫米，灰色。雄蛹黑褐色，尾端有长突起，腹部黄褐色，背有金色毛。茧略呈纺锤形，丝质较薄（彩图18-259）。

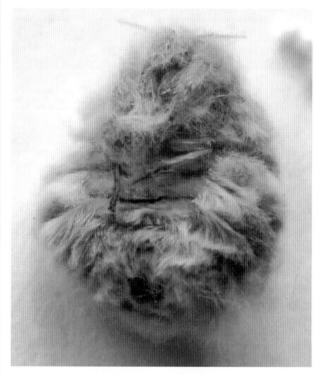

彩图18-255　角斑古毒蛾雌成虫

彩图18-256　角斑古毒蛾雄成虫（茧柄中）

彩图 18-257　角斑古毒蛾大龄幼虫

彩图 18-258　角斑古毒蛾前蛹

彩图 18-259　角斑古毒蛾茧

【发生规律】角斑古毒蛾在东北1年发生1代，华北和西北地区1年发生2代，均以2、3龄幼虫在树皮裂缝、粗翘皮下或落叶层中越冬。翌年4月越冬幼虫陆续出蛰，在树上为害幼芽和嫩叶。5月～6月下旬幼虫老熟后吐丝缀叶，在枝杈处或树皮缝隙处结茧化蛹，蛹期6～15天。7月上

旬开始羽化，雌蛾交尾后将卵产在茧的表面，分层排列成不规则的块状，上覆雌蛾腹末的鳞毛。每卵块有卵百余粒，卵期约15天。初孵幼虫先群集啃食叶肉，使受害叶片呈筛网状；以后借风力扩散，幼虫有转移为害习性。

【防控技术】参考"黄尾毒蛾"防控技术。

盗毒蛾

【分布与为害】盗毒蛾［Porthesia similis（Fueszly）］属鳞翅目毒蛾科，又称桑毒蛾、黄尾毒蛾、金毛虫，在我国许多省区均有发生，可为害桃树、李树、杏树、樱桃、苹果、梨树等多种果树，以幼虫食害叶片及花器。低龄幼虫啃食叶片下表皮和叶肉，残留上表皮和叶脉，被害叶呈筛网状；高龄幼虫将叶片食成缺刻状，有时仅留主脉和叶柄。幼虫为害花器，花瓣被取食成缺刻状，甚至取食花丝、柱头等（彩图18-260），被害花不能坐果。

彩图 18-260　盗毒蛾为害花器（李）

【形态特征】成虫白色，复眼球形、黑褐色，触角羽毛状，前翅后缘近臀角处和近基部各有1个褐色至黑褐色斑纹，有的个体斑纹仅剩1个或全部消失（彩图18-261）。雌蛾体长18～20毫米，翅展35～45毫米，腹部较雄蛾肥大，腹部末端有金黄色毛丛。雄蛾体长14～16毫米，翅展30～40毫米。卵扁圆形，直径0.6～0.7毫米，初产时橘黄色或淡黄色，后颜色逐渐加深，孵化前为黑色，常数十粒排列成长袋形卵块，表面覆有雌蛾腹末脱落的黄毛。老熟幼虫体长约40毫米，头黑褐色，体杏黄色，背线红色；前胸背面两侧各有1个红色毛瘤，体背各节有1对黑色毛瘤，上生褐色或白色细毛，腹部第一节和第二节中间的两个毛瘤合并成带状毛块（彩图18-262）。蛹长圆筒形，长约13毫米，黄褐色至褐色，体被黄褐色稀疏绒毛。茧淡黄色至土黄色，丝质，较松散。

【发生规律】盗毒蛾在北方果区1年发生2代，以幼龄幼虫在枝干粗皮裂缝或枯叶间结茧越冬。翌年果树发芽时越冬幼虫开始破茧出蛰，为害嫩芽和叶片。5月中旬后幼虫陆续老熟，在树皮缝内或卷叶内吐丝结茧化蛹。蛹期半月左右，6月中下旬出现成虫。成虫昼伏夜出，有趋光性，

羽化后不久即交尾、产卵。卵多成块状产于叶背或枝干上，卵期7天左右。初孵幼虫群集叶片上啃食叶肉，2龄后逐渐分散为害，至7月中下旬老熟、化蛹。7月下旬～8月上旬发生第1代成虫。8月中下旬发生第2代幼虫，为害至3龄左右时寻找适宜场所结茧越冬。

【防控技术】参考"黄尾毒蛾"防控技术。

彩图18-261　盗毒蛾成虫

彩图18-262　盗毒蛾幼虫

舞毒蛾

【分布与为害】舞毒蛾（*Lymantria dispar* L.）属鳞翅目毒蛾科，又称秋千毛虫、苹果毒蛾、柿毛虫，在我国许多省区均有发生，可为害500多种植物，其中包括桃树、杏树、李树、樱桃、苹果、梨树、山楂、柿树、核桃等多种果树，以幼虫食害叶片。低龄幼虫将叶片食成缺刻或孔洞状，随虫龄增大、食量增加，幼虫将叶片吃成仅留主脉及叶柄，严重时将全树叶片吃光。

【形态特征】成虫雌雄异型。雌蛾体长25～28毫米，体、翅污白微黄色，斑纹黑棕色，后翅横脉纹和亚端线棕色，端线为1列棕色小点（彩图18-263）。雄蛾体长18～20毫米，体棕褐色，前翅浅黄色布褐棕色鳞毛，斑纹黑褐色；基部有黑褐色点，中室中央有一黑点，横脉纹弯月形，内线、中线波浪形折曲，外线和亚端线锯齿形折曲，亚端线以外色较浓；后翅黄棕色，横脉纹和外缘色暗，缘毛棕黄色（彩图18-264）。卵圆形，直径约1.1毫米，初黄褐色渐变灰褐色。老熟幼虫体长50～70毫米，头黄褐色，正面

有"八"字形黑纹，胴部背面灰黑色，背线黄褐色，胸足、腹足暗红色；每体节各有6个横列毛瘤，背面中央的1对色艳，第1～5节的呈蓝灰色，第6～11节的呈紫红色，上生棕黑色短毛，各节两侧毛瘤上生黄白色与黑色长毛，第6、7腹节背中央各有一红色柱状毒腺（翻缩腺）（彩图18-265）。蛹长19～24毫米，初期红褐色后变黑褐色，原幼虫毛瘤处生有黄色短毛丛。

彩图18-263　舞毒蛾雌成虫及产卵

彩图18-264　舞毒蛾雄成虫

彩图18-265　舞毒蛾幼虫

【发生规律】舞毒蛾1年发生1代，以卵在石块缝隙或树干阴面洼裂处越冬。翌年果树发芽时开始孵化，初孵幼虫白天多群栖叶背，夜间取食叶片成孔洞状，受震动后吐丝下垂借、风力传播，故称"秋千毛虫"。2龄后分散食害，白天栖息树杈、树皮缝或地面石块下，傍晚上树取食，天亮时又爬到隐蔽场所。雄虫蜕皮5次，雌虫蜕皮6次，均夜间群集树上蜕皮，幼虫期约60天。5月～6月为害最重，6月中下旬幼虫陆续老熟，而后爬到隐蔽处结茧化蛹。蛹期10～15天，成虫7月份大量羽化。成虫有趋光性，雄虫活泼善飞翔，常成群作旋转飞舞，故得名"舞毒蛾"。雌蛾不大活动，常静伏于枝梢、树干阴面或草丛中产卵，卵聚集成块状，上覆一层雌蛾腹部末端的体毛。卵块耐低温和水的长期浸淹，具有较强的抗逆性。

【防控技术】

1. 人工铲灭卵块　舞毒蛾卵期长达9个月以上，卵块多在果树枝梢基部或枝干上，容易发现，可结合其他农事活动进行人工铲除，消灭越冬虫卵。

2. 诱杀成虫、幼虫　利用成虫的趋光性，在成虫发生期内设置黑光灯或频振式诱虫灯，诱杀成虫。利用幼虫白天下树潜伏习性，在树干基部堆放砖石瓦块，诱集下树幼虫集中捕杀；或在树干中下部光滑处捆绑塑料裙，阻止下树幼虫再次上树。

3. 适当喷药防控　舞毒蛾多为零星发生，一般果园不需单独进行喷药；个别发生为害较重果园，在低龄幼虫期（落花后至幼果期）喷药1次即可。常用有效药剂同"美国白蛾"树上喷药药剂。

桃剑纹夜蛾

【分布与为害】桃剑纹夜蛾（*Acronycta incretata* Hampson）属鳞翅目夜蛾科，又称苹果剑纹夜蛾，在我国许多果区均有发生，可为害桃树、杏树、李树、樱桃、梨树、山楂、苹果等多种果树。以幼虫蚕食为害叶片，将叶片吃成孔洞或缺刻状，甚至连同叶脉吃掉，仅留叶柄（彩图18-266）。

彩图18-266　桃剑纹夜蛾在李树上为害

【形态特征】成虫体长18～22毫米，前翅灰褐色，有3条黑色剑状纹，一条在翅基部呈树状，两条在端部，翅外缘有1列黑点（彩图18-267）。卵黄白色，表面有纵纹。老熟幼虫体长约40毫米，体背有1条橙黄色纵带，两侧每节各有1对黑色毛瘤，腹部第一节背面有一突起的黑色毛丛（彩图18-268）。蛹体长19～20毫米，棕褐色，有光泽，1～7腹节前半部有刻点，腹末有8个钩刺。

彩图18-267　桃剑纹夜蛾成虫（桂柄中）

彩图18-268　桃剑纹夜蛾幼虫

【发生规律】桃剑纹夜蛾1年发生2代，以茧蛹在土壤中和树皮缝中越冬。5～6月间羽化，发生期不整齐。成虫昼伏夜出，有趋光性，寿命10～15天。羽化后不久即可交配、产卵，卵产于叶面。5月上旬始见第1代卵，卵期6～8天。幼虫5月中下旬开始发生，为害至6月下旬后陆续老熟，而后吐丝缀叶在苞叶内结白色薄茧化蛹。7月中旬～8月中旬出现第1代成虫。7月下旬开始出现第2代幼虫，9月份幼虫陆续老熟后寻找适宜场所结茧化蛹，以蛹越冬。

【防控技术】

1. 加强果园管理　早春翻耕树盘，消灭越冬虫蛹。在成虫发生期内，结合其他害虫防控，在果园内设置糖醋液诱捕器或诱虫灯，诱杀成虫。

2. 适当喷药防控　桃剑纹夜蛾多为零星发生，一般果园不需单独进行喷药；个别发生为害较重果园，在各代幼虫发生初期各喷药防控1次即可。有效药剂同"美国白蛾"树上喷药药剂。

桃六点天蛾

【分布与为害】桃六点天蛾［*Marumba gaschkewitschi*（Bremer et Grey）］属鳞翅目天蛾科，又称枣六点天蛾、枣天蛾、枣豆虫、桃雀蛾等，在我国许多省区均有发生，可为害桃树、杏树、李树、樱桃、枣树、苹果、梨树、葡萄等多种果树。以幼虫蚕食叶片为害，造成叶片缺刻和孔洞，严重时可将叶片吃光，对树势影响较大。

【形态特征】成虫体长36～46毫米，体肥大、深褐色至灰紫色，头小，触角栉齿状；前翅狭长、灰褐色，有数条较宽的深浅不同的褐色横带，外缘有一深褐色宽带，后缘臀角处有1块黑斑，前翅反面具紫红色长鳞毛；后翅近三角形，上有红色长毛，翅脉褐色，后缘臀角处有一灰黑色大斑（彩图18-269）。卵扁圆形，绿色，直径约1.6毫米。老熟幼虫体长80毫米，黄绿色，体光滑，头部呈三角形，第1～8腹节侧面有通过气门上方的黄白色斜线7对，胸部各节有黄白色颗粒，气门黑色，胸足淡红色，尾角较长（彩图18-270）。蛹黑褐色，长45毫米，尾端有短刺。

彩图18-269　桃六点天蛾成虫

彩图18-270　桃六点天蛾幼虫

【发生规律】桃六点天蛾在北方果区1年发生1～2代，以蛹在地下4～7厘米深处的蛹室中越冬。越冬代成虫于5月中下旬出现，成虫昼伏夜出，有一定趋光性。卵散产于树枝阴暗处、树干裂缝内或叶片上，每雌蛾产卵170～500粒，卵期约7天。第1代幼虫在5月下旬～6月发生为害。6月下旬幼虫老熟后，入土作穴化蛹。7月上旬出现第1代成虫，7月下旬～8月上旬第2代幼虫开始为害。9月上旬幼虫老熟后入土作茧化蛹越冬。

【防控技术】

1.农业措施防控　冬春翻耕树盘，促使越冬虫蛹死亡，或被鸟类啄食。第1代幼虫化蛹期间于树冠下耙土、锄草或翻地，杀灭虫蛹。结合农事活动，根据地面和叶片上虫粪及受害叶片状况，人工捕杀树上幼虫。

2.灯光诱杀成虫　利用成虫的趋光性，在成虫发生期内于果园中设置黑光灯或频振式诱虫灯，诱杀成虫。

3.适当喷药防控　桃六点天蛾多为零星发生，一般果园不需单独进行喷药；个别发生为害较重果园，在各代幼虫发生初期（3龄前）各喷药防控1次即可。有效药剂同"美国白蛾"树上喷药药剂。

绿尾大蚕蛾

【分布与为害】绿尾大蚕蛾（*Actias selene ningpoana* Felder）属鳞翅目大蚕蛾科，又称绿尾大蚕蛾、长尾水青蛾、水青燕尾蛾、月神蛾、绿翅天蚕蛾等，在我国华北、华东及中南各省区均有发生，可为害桃树、李树、杏树、樱桃、苹果、梨树、枣树等多种果树，以幼虫蚕食叶片为害。低龄幼虫将叶片食成缺刻或孔洞状，稍大后可把全叶吃光，仅残留叶柄或叶脉。

【形态特征】雌成虫体长约38毫米，雄性体长36毫米。体绿色，体表具浓厚白色绒毛，前胸前端与前翅前缘具1条紫色带，前、后翅粉绿色，中央各具一透明眼状斑，后翅臀角延伸成燕尾状（彩图18-271）。卵球形稍扁，直径约2毫米，初产时米黄色，孵化前淡黄褐色，卵块常数粒（彩图18-272）。1～2龄幼虫体黑色；3龄幼虫全体橘黄色，毛瘤黑色（彩图18-273）；4龄幼虫体渐呈嫩绿色，化蛹前夕呈暗绿色（彩图18-274）。老熟幼虫体长约73毫米，气门上线由红、黄两色组成，各体节背面具黄色瘤突，瘤上着生深褐色刺及白色长毛；尾足特大，臀板暗紫色（彩图18-275）。蛹长约45～50毫米，红褐色，额区有一浅白色三角形斑，体外有灰褐色厚茧，茧外黏附寄主叶片。

彩图18-271　绿尾大蚕蛾成虫（董杰林）

彩图18-272 绿尾大蚕蛾卵

彩图18-273 绿尾大蚕蛾3龄幼虫

彩图18-274 绿尾大蚕蛾4龄幼虫

彩图18-275 绿尾大蚕蛾老熟幼虫

【发生规律】绿尾大蚕蛾1年发生2代，以茧蛹附在树枝或地面覆盖物下越冬。翌年5月中旬羽化、交尾、产卵，卵期10余天。第1代幼虫于5月下旬～6月上旬发生，

7月中旬化蛹，蛹期10～15天，7月下旬～8月发生第1代成虫。第2代幼虫8月中旬开始发生，为害至9月中下旬陆续结茧化蛹越冬。成虫昼伏夜出，有趋光性，飞翔力强，喜在叶背或枝干上产卵，常数粒或偶见数十粒产在一起，每雌蛾产卵200～300粒。成虫寿命7～12天。初孵幼虫群集取食，2、3龄后分散为害，幼虫行动迟缓，食量大，每头幼虫可食害100多张叶片。第1代幼虫老熟后于枝上贴叶吐丝结茧化蛹。第2代幼虫老熟后下树，附在树干或其他植物上吐丝结茧化蛹越冬。

【防控技术】

1.人工措施防控　在各代产卵期、幼虫期和化蛹期，人工摘除着卵叶片、幼虫和茧蛹，集中销毁，减少虫口数量。

2.灯光诱杀　在成虫发生期内，于果园中设置黑光灯或频振式诱虫灯，诱杀成虫，大面积统一诱杀效果明显。

3.适当喷药防控　绿尾大蚕蛾多为零星发生，一般果园不需单独进行喷药；个别发生较重果园，在低龄幼虫期适当喷药防控，每代喷药1次即可。有效药剂同"美国白蛾"树上喷药药剂。

山楂粉蝶

【分布与为害】山楂粉蝶（*Aporia crataegi* L.）属鳞翅目粉蝶科，又称山楂绢粉蝶、苹果粉蝶、苹果白蝶，主要发生在我国北方果区，可为害桃树、杏树、李树、山楂、苹果、梨树等果树，以幼虫咬食芽、花蕾及叶片。初孵幼虫在树冠上吐丝结网成巢，群集其中为害；大龄后逐渐分散为害，将叶片食成缺刻或孔洞状，严重时将叶片吃光。

【形态特征】成虫体长22～25毫米，体黑色，头、胸及足被淡黄白色或灰色鳞毛；触角棒状黑色，端部黄白色；前、后翅白色，翅脉和外缘黑色（彩图18-276）。卵柱形，顶端稍尖似子弹头，高约1.3毫米，金黄色，数十粒排成卵块。老熟幼虫体长40～45毫米，体被软毛，头部黑色，虫体腹面蓝灰色，背面黑色，两侧具黄褐色纵带，气门上线为黑色宽带（彩图18-277）。蛹体长约25毫米，黄白色，体上分布许多黑色斑点，腹面有1条黑色纵带，以丝将蛹体缚于小枝上，即缢蛹（彩图18-278）。

彩图18-276 山楂粉蝶成虫（胡晨阳）

彩图 18-277　山楂粉蝶幼虫

彩图 18-278　山楂粉蝶蛹（胡晨阳）

【发生规律】山楂粉蝶1年发生1代，以2～3龄幼虫群集在树梢上或枯叶的"冬巢"中越冬。翌年3月下旬越冬幼虫开始陆续出巢，先食害嫩芽和花，而后吐丝连缀叶片成网巢，在巢内取食为害，较大龄后逐渐离巢为害。越冬后的幼虫历期20天左右，4月上旬～5月上旬为害最重。低龄幼虫有吐丝下垂习性，4龄后不吐丝，但有假死性。幼虫老熟后以丝固着在枝条上化蛹。成虫在叶背面产卵，每卵块含卵数十粒至百余粒。7月上中旬幼虫孵化，群集为害，3龄后缀叶形成冬巢越冬，冬季不脱落，内有几十头甚至上百头幼虫。

【防控技术】

1.人工措施防控　结合冬季修剪，彻底剪除冬巢，集中销毁，杀灭越冬虫源。生长季节及时剪除群居虫巢，集中销毁，消灭园内虫源。也可利用幼虫的假死性，振树捕杀幼虫。

2.适当喷药防控　越冬幼虫出蛰期（果树萌芽期）和当年幼虫孵化盛期是喷药防控的关键时期，每期喷药1次即可有效控制山楂粉蝶的为害。有效药剂同"美国白蛾"树上喷药药剂。

▓ 黄刺蛾 ▓

【分布与为害】黄刺蛾（*Monema flavescens* Walker）属鳞翅目刺蛾科，俗称"洋刺子"、八角虫，在我国除新

疆、西藏、宁夏、贵州尚无记录外其他各省区均有发生，是一种杂食性害虫，可为害桃树、李树、杏树、樱桃、苹果、梨树、枣树、核桃、柿树、山楂、板栗等多种果树。初孵幼虫群集叶背啃食叶肉（彩图18-279），将叶片食成筛网状（彩图18-280～彩图18-282）；大龄后逐渐分散为害，将叶片食成缺刻、孔洞状，严重时仅剩叶柄和主脉（彩图18-283）。幼虫的毛刺对人皮肤有毒。

彩图 18-279　低龄幼虫群集叶背啃食叶肉

彩图 18-280　低龄幼虫群集叶背为害，叶片成筛网状（杏）

彩图 18-281　低龄幼虫啃食叶肉成筛网状（叶正面）

彩图18-282　樱桃叶片的筛网状受害状

彩图18-283　黄刺蛾幼虫蚕食叶片为害状

【形态特征】成虫体长约15毫米，体黄色至黄褐色，头和胸部黄色，腹背黄褐色；前翅内半部黄色，外半部黄褐色，有两条暗褐色斜线，在翅尖前汇合，呈倒 "V" 字形，内面1条成为黄色和黄褐色的分界线（彩图18-284）。卵椭圆形，长约1.5毫米，扁平，暗黄色，常数十粒排在一起，卵块不规则。低龄幼虫黄色，颜色均匀，枝刺与体色相同（彩图18-285）。老龄幼虫长约25毫米，身体肥大，黄绿色，体背上有哑铃型紫褐色大斑，每体节生有4个枝刺，以胸部上的6个和臀节上的两个较大（彩图18-286）。蛹长约13毫米，长椭圆形，黄褐色（彩图18-287、彩图18-288）。茧圆桶形似雀蛋，光亮坚硬呈白色，表面布有褐色粗条纹（彩图18-289）。

彩图18-285　黄刺蛾低龄幼虫

彩图18-286　黄刺蛾老熟幼虫

彩图18-287　黄刺蛾越冬茧内的前蛹

彩图18-284　黄刺蛾成虫

彩图18-288　黄刺蛾蛹（腹面）

彩图18-289　黄刺蛾茧

【发生规律】黄刺蛾1年发生1～2代，以老熟幼虫在枝条上结石灰质茧越冬。翌年5月中旬开始化蛹，5月下旬始见成虫。成虫昼伏夜出，有趋光性，在叶背面产卵，散产或数粒产在一起，每雌虫产卵49～67粒。6～7月为幼虫为害盛期。初孵幼虫群集叶背啃食叶片下表皮和叶肉，稍大后将叶片吃成不规则缺刻或孔洞状，大龄后分散为害，可将整个叶片吃光，仅留叶脉和叶柄。第2代幼虫出现在8～10月。从7月上旬开始，幼虫陆续老熟结茧越冬。

【防控技术】黄刺蛾防控技术模式如图18-18所示。

1. 农业措施防控　结合果树冬剪，彻底剪除越冬虫茧，集中销毁或处理。发生为害较重的果园，还应注意剪除周围防护林上的越冬虫茧。生长季节结合其他农事操作，人工剪除有虫叶片，捕杀幼虫。但需注意个人防护，避免直接接触虫体，以防遭受伤害。

2. 树上喷药防控　关键为抓住幼虫发生初期（低龄幼虫期）及时喷药，每代喷药1次即可控制黄刺蛾的发生为害。效果较好的有效药剂有：25%灭幼脲悬浮剂1500～2000倍液、50克/升虱螨脲悬浮剂1500～2000倍液、20%虫酰肼悬浮剂1500～2000倍液、240克/升甲氧虫酰肼悬浮剂3000～4000倍液、20%氟苯虫酰胺水分散粒剂3000～4000倍液、35%氯虫苯甲酰胺水分散粒剂8000～10000倍液、1.8%阿维菌素乳油2500～3000倍液、3%甲氨基阿维菌素苯甲酸盐微乳剂4000～5000倍液、4.5%高效氯氰菊酯乳油1500～2000倍液、50克/升高效氯氟氰菊酯乳油3000～4000倍液、20% S-氰戊菊酯乳油1500～2000倍液、2.5%溴氰菊酯乳油1500～2000倍液等。

3. 生物措施防控　主要是保护和利用自然天敌。将人工剪除的越冬虫茧，放在用纱网做成的纱笼内，网眼大小以黄刺蛾成虫不能钻出为宜。将纱笼保存在树荫处，待黄刺蛾天敌上海青蜂羽化时，将纱笼挂在果树上，使羽化的上海青蜂顺利飞出，寻找寄主。连续释放几年，可基本控制黄刺蛾的为害。

褐边绿刺蛾

【分布与为害】褐边绿刺蛾（*Parasa consocia* Walker）属鳞翅目刺蛾科，又称绿刺蛾、青刺蛾、曲纹绿刺蛾、四点刺蛾，俗称"洋辣子"，在我国各省区普遍发生，为害范围非常广泛，可为害桃树、李树、杏树、樱桃、苹果、梨树、枣树、柿树、核桃、板栗、山楂等果树，主要以幼虫食害叶片。初孵幼虫先群集为害，啃食叶片成筛网状，仅留表皮；稍大后分散取食，将叶片吃成孔洞或缺刻状，有时仅留叶柄，严重影响树势。

【形态特征】成虫体长15～16毫米，触角棕色，雄蛾栉齿状，雌蛾丝状；头和胸部绿色，胸部中央有1条暗褐色背线；前翅大部分绿色，基部暗褐色，外缘部灰黄色，其上散布暗紫色鳞片；腹部和后翅灰黄色（彩图18-290）。卵扁椭圆形，长1.5毫米，初产时乳白色，渐变为黄绿至淡黄色，数粒排列成块状。初孵幼虫黄色（彩图18-291），大龄后变为黄绿色。老龄幼虫体长约25毫米，体短而粗，头黄色，甚小，常缩在前胸内；前胸盾上有2个黑斑，胴部第二至末节每节有4个毛瘤，上生黄色刚毛簇，第四节背面的1对毛瘤上各有3～6根红色刺毛，腹部末端的4个毛瘤上生蓝黑色刚毛丛，绒球状；背线绿色，两侧有深蓝色点（彩图18-292）。蛹椭圆形，长约15毫米，肥大，黄褐色。茧椭圆形，长约16毫米，棕色或暗褐色，似羊粪状（彩图18-293）。

【发生规律】褐边绿刺蛾在东北和华北地区1年发生1代，在河南及长江下游地区发生2代，均以老熟幼虫在枝干上或树干基部根颈周围2～5厘米深的土层中结茧越冬。翌年春末夏初，越冬幼虫化蛹、并羽化出成虫。成虫昼伏夜出，有趋光性，在叶背近主脉处产卵，排成鱼鳞状卵块，每雌蛾产卵150粒左右。初孵幼虫先吃掉卵壳，然后啃食叶片下表皮和叶肉，将叶片食成筛网状。3龄以前幼虫有群集性，4龄后逐渐分散为害，6龄后食量增大，常将叶片吃光，仅剩主脉和叶柄。幼虫8月份为害最重，8月下旬～9月下旬幼虫老熟后陆续寻找适宜场所结茧越冬。

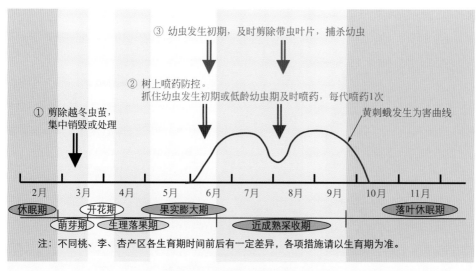

③ 幼虫发生初期，及时剪除带虫叶片，捕杀幼虫

② 树上喷药防控。
抓住幼虫发生初期或低龄幼虫期及时喷药，每代喷药1次

黄刺蛾发生为害曲线

① 剪除越冬虫茧，集中销毁或处理

| 2月 | 3月 | 4月 | 5月 | 6月 | 7月 | 8月 | 9月 | 10月 | 11月 |

休眠期　　开花期　　果实膨大期　　　　　　　　　　　　落叶休眠期
　萌芽期　生理落果期　　　　近成熟采收期

注：不同桃、李、杏产区各生育期时间前后有一定差异，各项措施请以生育期为准。

图18-18　黄刺蛾防控技术模式图

彩图 18-290　褐边绿刺蛾成虫

彩图 18-291　褐边绿刺蛾低龄幼虫

彩图 18-292　褐边绿刺蛾老龄幼虫

彩图 18-293　褐边绿刺蛾越冬虫茧

【防控技术】

1.农业措施防控　上年为害较重果园，早春翻耕树盘，促进越冬幼虫死亡，使其翻到地表被鸟类啄食。夏季结合果树管理，在幼虫群集为害期及时进行人工捕杀，注意事项同"黄刺蛾"防控技术。

2.适当药剂防控　关键是在幼虫孵化初期到分散为害前及时喷药，一般果园每代喷药1次即可。有效药剂同"黄刺蛾"树上喷药药剂。

扁刺蛾

【分布与为害】　扁刺蛾［*Thosea sinensis*（Walker）］属鳞翅目刺蛾科，又称黑点刺蛾，俗称"洋辣子"、"扫角"，在我国广泛分布，食性很杂，可为害桃树、李树、杏树、樱桃、苹果、梨树、枣树、核桃、柿树等多种果树，以幼虫蚕食叶片为害。低龄幼虫啃食叶肉，稍大后将叶片食成缺刻或孔洞状，严重时将叶片吃光，导致树势衰弱。

【形态特征】　雌蛾体长13～18毫米，雄蛾体长10～15毫米。全体暗灰褐色，腹面及足色泽更深，前翅灰褐色，中室前方有一明显的暗褐色斜纹，自前缘近顶角处向后缘斜伸，后翅暗灰褐色，雄蛾前翅中室上角有一黑点（雌蛾不明显）（彩图18-294）。卵扁平光滑，椭圆形，长1.1毫米，初为淡黄绿色，孵化前呈灰褐色。老熟幼虫体长21～26毫米，宽16毫米，体扁椭圆形，背部稍隆起，似龟背状，全体绿色或黄绿色，背线白色、边缘蓝色，身体两侧边缘各有10个瘤状突起，上生刺毛，每一体节背面有两小丛刺毛，第四节背面两侧各有一红点（彩图18-295）。蛹长10～15毫米，前端钝圆，后端略尖削，近似椭圆形，黄褐色。茧椭圆形，暗褐色，形似鸟蛋。

彩图 18-294　扁刺蛾成虫

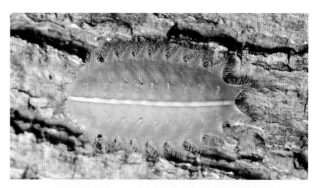

彩图 18-295　扁刺蛾幼虫

【发生规律】扁刺蛾在北方地区1年发生1代，长江下游地区发生2代，均以老熟幼虫在树下3～6厘米深的土层内结茧越冬。1代发生区5月中旬开始化蛹，6月上旬成虫开始羽化、产卵，发生期很不整齐。成虫羽化后即可交尾、产卵，卵多散产在叶面。初孵幼虫先取食卵壳，再啃食叶肉，残留表皮，大龄幼虫直接蚕食叶片。6月中旬～8月上旬均可见初孵幼虫，8月份为害最重。8月下旬开始幼虫陆续老熟，入土结茧越冬。

【防控技术】参照"褐边绿刺蛾"防控技术。

苹果金象

【分布与为害】苹果金象（*Byctiscus princeps* Sols）属鞘翅目卷象科，又称苹果卷叶象甲，主要发生在吉林、辽宁等地，可为害李树、杏树、苹果、梨树、山楂等果树，主要以成虫卷叶产卵进行为害。成虫产卵前，先将附近几张叶片的叶柄或嫩枝咬伤，叶片失水萎蔫后，成虫先将一张叶片卷成卷，再将其余叶片逐层叠卷，最后将附近的几张叶片卷成筒卷，筒卷各叶片结合处用分泌的黏液黏合（彩图18-296）。成虫卷叶初期即已产卵，卷筒形成后卵被包裹在里面。每卷筒平均产卵2～11粒。后叶卷变褐坏死，幼虫在卷内为害。随虫龄增大，幼虫在卷内窜食，将内层卷叶吃空，卷筒逐渐干枯脱落。严重时，许多叶片受害，造成树势衰弱，产量降低，甚至果实脱落。另外，成虫也可直接啃食叶片为害。

彩图18-296 苹果金象卷叶为害状（李树）

【形态特征】成虫体长8～9毫米，整个虫体为豆绿色，具有金属光泽，头部紫红色，向前延伸成象鼻状；触角黑色，棒状，12节；胸部及鞘翅为豆绿色，鞘翅长方形，表面有细小刻点，基部稍隆起，鞘翅前后两端有4个紫红色大斑；足紫红色（彩图18-297）。卵椭圆形，长1毫米左右，乳白色，半透明。初孵幼虫1.5毫米左右，乳白色；老熟幼虫8～10毫米，头部红褐色，咀嚼式口器，体乳白色，12节，稍弯曲，无足（彩图18-298）。蛹为裸蛹，略呈椭圆形，初乳白色，逐渐变深。

【发生规律】苹果金象在吉林地区1年发生1代，以成虫在表土层中或地面覆盖物中越冬。翌年果树发芽后越冬成虫逐渐出蛰活动，5月上旬开始交尾，而后产卵为害。

雌虫产卵前先把嫩叶或嫩枝咬伤，待叶片萎蔫后开始卷叶，并将卵产于卷叶内。卵期6～7天，5月上中旬开始孵化出幼虫，幼虫在卷叶内为害。6月上旬幼虫陆续老熟，老熟幼虫钻出卷叶入土，在土下5厘米深处做土室化蛹。8月上旬逐渐羽化出成虫，8月下旬～9月中旬成虫寻找越冬场所越冬。成虫不善飞翔，有假死性，受惊动时假死落地。

彩图18-297 苹果金象成虫

彩图18-298 苹果金象幼虫

【防控技术】

1. 农业措施防控 在成虫出蛰盛期，利用成虫的假死性和不善飞翔性，在树盘下铺设塑料布或床单等，振动树干，捕杀落地成虫。在成虫产卵期至幼虫孵化盛期，结合其他农事活动，彻底摘除卷叶，集中深埋或烧毁，消灭卷叶内虫卵及幼虫。

2. 适当喷药防控 苹果金象多为零星发生，一般不需单独进行喷药。个别往年发生为害较重果园，需在成虫出蛰至卷叶为害前喷药，或从初见卷叶时立即开始喷药，7天左右1次，连喷1～2次，以选用击倒力强的触杀性药剂较好。效果较好的药剂有：4.5%高效氯氰菊酯乳油或水乳剂1500～2000倍液、50克/升高效氯氟氰菊酯乳油3000～4000倍液、20%甲氰菊酯乳油1500～2000倍液、20% S-氰戊菊酯乳油1500～2000倍液、2.5%溴氰菊酯乳油1500～2000倍液、3%甲氨基阿维菌素苯甲酸盐乳油3000～4000倍液、50%马拉硫磷乳油1500～2000倍液等。

梅下毛瘿螨

【分布与为害】梅下毛瘿螨［Acalitus phloeocoptes

（Nalepa）] 属蛛形纲蜱螨目瘿螨科，在我国许多省区均有发生，主要为害芽苞，在桃树、李树、杏树、樱桃、梅树等核果类果树上均可发生，造成芽不能正常萌发，影响开花及枝条形成，果农俗称芽瘿病、芽枯病、缩枝症等。瘿螨在幼嫩的鳞片间隙为害，刺激芽异常发育。发生初期，芽苞变黄褐色，芽尖略红，鳞片增多膨大，质地变软，包被不紧（彩图18-299～彩图18-301）；随瘿螨为害加重，芽苞周围芽丛不断增多，形成大小不等的刺状瘿瘤，一个瘿瘤内常有多个芽丛（彩图18-302、彩图18-303）。晚期瘿瘤变褐，质地变脆，用手触压容易破碎。瘿瘤形成后多年不易枯死。瘿瘤直径多为1～2厘米，在一些大枝及主干上最大可达8.3厘米。受害严重枝条瘿瘤密集，导致树势衰弱，枝叶稀疏，发芽晚、开花少、结果少，甚至植株枯死。

彩图18-302　李树上芽的丛生状

彩图18-299　李树上芽变初期

彩图18-303　杏树芽的严重受害状（刺状瘿瘤丛）

【**形态特征**】雌成螨体长180～231.6微米，无色，蠕虫形；喙长19.9微米，斜下伸，侧面观分三节，呈台阶状；背盾板光滑，似等腰三角形；背毛20微米，斜后指；足1对，长20微米，无股节刚毛；虫体背环呈弓形，背、腹环数相近，有侧毛1对、腹毛3对。卵椭圆形，长33.7～56.7微米，无色至橄榄色。若螨体型与成螨相似，但略小，刚孵化时为白色，半透明。

彩图18-300　杏芽受害初期，不能萌发

【**发生规律**】梅下毛瘿螨主要以抱卵雌成螨在瘿瘤活芽内和芽丛中部的鳞片内越冬。在甘肃地区翌年4月中下旬平均气温达10℃以上、杏树开花时开始产卵，5月上中旬为产卵高峰。在17～20℃条件下，卵期4～6天、若螨期5～6天、成螨期3～4天，完成1代需12～16天。1年发生10代以上，世代重叠较严重。一年中有3次为害高峰，分别为5月上旬、6月上旬、7月下旬。成螨在晴天中午从瘿瘤内爬出，在瘿瘤及其附近的枝条上爬行、扩散，侵入刚形成的芽苞内为害，特别是雨后中午数量最多。近距离传播主要靠成螨的爬动，远距离传播依靠昆虫及人类活动（如苗木、接穗的调运）等。老果园及管理粗放果园发生较重，幼树园及精细管理果园受害较轻。

【**防控技术**】梅下毛瘿螨防控技术模式如图18-19所示。

1.消灭越冬虫源　结合修剪，剪除带瘿瘤枝条或刮除

彩图18-301　桃芽受害初期

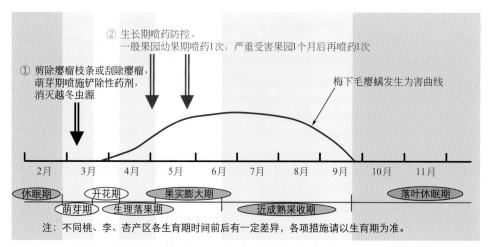

① 剪除瘿瘤枝条或刮除瘿瘤，
萌芽期喷施铲除性药剂，
消灭越冬虫源

② 生长期喷药防控。
一般果园幼果期喷药1次，严重受害果园1个月后再喷药1次

梅下毛瘿螨发生为害曲线

| 2月 | 3月 | 4月 | 5月 | 6月 | 7月 | 8月 | 9月 | 10月 | 11月 |

休眠期　开花期　果实膨大期　落叶休眠期
萌芽期　生理落果期　近成熟采收期

注：不同桃、李、杏产区各生育期时间前后有一定差异，各项措施请以生育期为准。

图18-19　梅下毛瘿螨防控技术模式图

瘿瘤，消灭或破坏瘿螨越冬场所。往年受害较重果园，在萌芽期喷洒1次铲除性药剂，有效杀灭在受害芽内越冬的瘿螨，效果较好的药剂如：3～5波美度石硫合剂、45%石硫合剂晶体50～70倍液等。

2.生长期喷药防控　往年瘿螨发生较重的果园，在幼果期喷药1次即可；个别受害严重果园，1个月后再喷药1次，即可有效控制瘿螨的发生为害。效果较好的药剂有：1.8%阿维菌素乳油2000～3000倍液、3%甲氨基阿维菌素苯甲酸盐乳油4000～5000倍液、240克/升螺螨酯悬浮剂4000～5000倍液、110克/升乙螨唑悬浮剂4000～5000倍液、430克/升联苯肼酯悬浮剂2000～3000倍液、22.4%螺虫乙酯悬浮剂3000～4000倍液、20%四螨嗪悬浮剂2000～2500倍液、15%哒螨灵乳油1500～2000倍液等。喷药时必须细致、均匀、周到，采用淋洗式喷雾效果更好。

黑绒鳃金龟

【分布与为害】 黑绒鳃金龟（*Maladera orientalis* Motschulsky）属鞘翅目鳃金龟科，又称黑绒金龟子、天鹅绒金龟子、东方金龟子，在我国大部分地区均有发生，食性很杂，可为害桃树、杏树、李树、樱桃、苹果、梨树、葡萄、枣树等多种果树。幼虫为害性不强，仅在土壤中取食一些根系，主要以成虫取食为害嫩芽、新叶及花朵，尤其嗜食幼嫩的芽、叶，且常群集暴食，严重时常将叶、芽吃光，尤其对刚定植的苗木及幼树威胁很大。

【形态特征】 成虫卵圆形，宽体黑色至黑紫色，密被天鹅绒状灰黑色短绒毛，鞘翅具9条隆起线脊，外缘具稀疏刺毛，前足胫节外缘具2齿，后足胫节两侧各具一刺（彩图18-304）。卵乳白色，初产时卵圆形，后膨大成球状。老熟幼虫体长14～16毫米，体乳白色，头部黄褐色，肛腹片上有约28根锥状刺，横向排列成单行弯弧状。蛹长约8毫米，裸蛹，黄褐色。

【发生规律】 黑绒鳃金龟1年发生1代，以成虫在土壤中越冬。翌年4月上中旬开始出蛰，4月末～6月上旬为发生盛期。成虫有假死性和趋光性，多在傍晚或晚间出土

活动，白天在土缝中潜伏。据观察，黑绒鳃金龟多在下午四时半左右开始出土，五时左右开始爬树，五时半开始食害幼芽、嫩叶，零时左右开始下树，钻进约10厘米深的土壤中。5月中旬为成虫交尾盛期，而后在15～20厘米深的土壤中产卵，卵散产或5～10粒聚集，每雌虫产卵30～100粒。6月中旬开始孵化出幼虫，幼虫期约80天。幼虫在土壤中取食腐殖质及植物嫩根，8月初3龄幼虫老熟后在30～45厘米深土层中化蛹，蛹期10～12天，9月上旬成虫羽化后在原处越冬。

彩图18-304　黑绒鳃金龟成虫

【防控技术】 黑绒鳃金龟防控技术模式如图18-20所示。

1.苗木套袋，预防啃食　新栽植幼树定干后套袋，以选用直径5～10厘米、长50～60厘米的塑料袋或报纸带较好。将袋顶端封严后套在整形带处，下部扎严，袋上扎5～10个直径为2～3毫米的通气孔，待成虫盛发期过后及时取下。

2.振树捕杀成虫　利用成虫的假死性，在成虫发生期内，选择温暖无风的傍晚（6～8时）在树下铺设塑料薄膜或床单，而后人工振落捕杀成虫。

3.诱杀成虫　利用成虫的趋光性，在成虫发生期内，于果园中设置黑光灯或频振式诱虫灯，诱杀成虫。

4.土壤用药防控　利用成虫白天入土潜伏的习性，在成虫发生期内地面用药防控。可选用480克/升毒死蜱乳油或50%辛硫磷乳油300～500倍液喷洒地面，将表层土壤喷湿，然后耙松土表；也可使用15%毒死蜱颗粒剂每亩0.5～1千克或5%辛硫磷颗粒剂每亩4～5千克，按1∶1比例与干细土或河沙拌匀后地面均匀撒施，然后耙松土表。

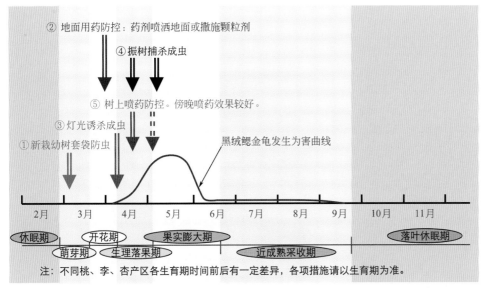

② 地面用药防控：药剂喷洒地面或撒施颗粒剂

④ 振树捕杀成虫

⑤ 树上喷药防控。傍晚喷药效果较好。

③ 灯光诱杀成虫

① 新栽幼树套袋防虫

黑绒鳃金龟发生为害曲线

2月　3月　4月　5月　6月　7月　8月　9月　10月　11月

休眠期　　开花期　　果实膨大期　　　　　　　　落叶休眠期
　　萌芽期　生理落果期　　　近成熟采收期

注：不同桃、李、杏产区各生育期时间前后有一定差异，各项措施请以生育期为准。

图 18-20　黑绒鳃金龟防控技术模式图

【形态特征】 成虫椭圆形，体长 16～24 毫米，全身黑铜色，具有绿色或紫色闪光，前胸背板和鞘翅上散布众多不规则白绒斑，腹部末端外露，臀板两侧各有 3 个小白斑（彩图 18-307）。卵圆形或椭圆形，长 1.7～2.0 毫米，乳白色。老熟幼虫体长 24～39 毫米，头部褐色，胸足 3 对，身体向腹面弯曲呈 "C" 字形，背面隆起，多横皱纹（彩图 18-308）。蛹为裸蛹，体长 20～23 毫米，初为白色，渐变为黄白色。

5. 树上喷药防控　成虫发生量大时，也可选择树上喷药，以傍晚喷药效果较好，且需选用击倒力强的触杀性药剂。效果较好的药剂如：50% 马拉硫磷乳油 1500～2000 倍液、50% 辛硫磷乳油 1000～1500 倍液、25 克/升高效氯氟氰菊酯乳油 1500～2000 倍液、4.5% 高效氯氰菊酯乳油 1500～2000 倍液、20% S-氰戊菊酯乳油 1500～2000 倍液、20% 甲氰菊酯乳油 1500～2000 倍液等。

白星花金龟

【分布与为害】 白星花金龟 [*Potosta brevitarsis* (Lewis)] 属鞘翅目花金龟科，又称白星金龟子、白星花潜，在我国分布很广，可为害桃树、李树、杏树、樱桃、苹果、梨树、葡萄等多种果树及玉米、小麦、瓜果蔬菜等多种农作物。以成虫取食为害，不仅咬食幼叶、嫩芽和花，还群聚食害果实，成虫尤其喜欢群集在果实伤口或腐烂处取食果肉（彩图 18-305、彩图 18-306）。幼虫只取食腐败植物，对果树和农作物没有为害。

彩图 18-306　白星花金龟为害杏果

彩图 18-307　白星花金龟成虫

彩图 18-305　白星花金龟群集为害桃果

【发生规律】 白星花金龟 1 年发生 1 代，以幼虫在腐殖质土和厩肥堆中越冬。翌年 5 月上旬出现成虫，盛发期为 6～7 月，9 月为末期。成虫夜伏昼出，喜群聚为害，对果汁和糖醋液有趋性；有假死性，受惊动后飞逃或掉落。成虫寿命较长，早期为害花冠使花朵谢落，7 月逐渐转到果实上为害，造成果实坑疤或腐落。成虫补充营养后在6月底开始交配产卵，卵多产在腐殖质含量高的牛、羊粪堆下或腐烂的作物秸秆垛下的土壤中，深10～15厘米。卵期约10天，幼虫孵化后在土中和肥料堆中栖息，取食腐殖质，秋后寻找适宜场所越冬。

彩图 18-308　白星花金龟幼虫

【防控技术】

1.**捕杀成虫**　利用成虫的假死性，在清晨或傍晚振树捕杀成虫。利用成虫的趋化性，在果园内悬挂小口容器的糖醋液诱捕器、或盛装腐熟烂果汁加少量糖蜜的诱捕器，诱杀成虫。

2.**加强施肥管理**　使用充分腐熟的有机肥料，避免将幼虫带入园内。也可在施肥时混拌毒死蜱或辛硫磷类农药，杀灭有机肥中的幼虫。

3.**适当地面用药**　在已使用未腐熟有机肥或含虫量较多有机肥的园内，可在成虫出土羽化前对树下土壤用药，杀灭出土成虫。具体用药方法及有效药剂参照"黑绒鳃金龟"土壤用药。

小青花金龟

【分布与为害】小青花金龟（*Oxycetonia jucunda* Faldermann）属鞘翅目花金龟科，又称小青花潜，在我国北方果区均有发生，可为害桃树、杏树、李树、樱桃、苹果、梨树、山楂、板栗、葡萄等多种果树，主要以成虫取食为害。早期咬食嫩芽、花蕾、花瓣及嫩叶，严重时将花器或嫩叶吃光，影响树势及产量；后期还可啃食果实，尤其是伤果或腐烂果实（彩图18-309）。初孵幼虫以腐殖质为食，大龄后取食根部，但为害不明显。

【形态特征】成虫长椭圆形稍扁，体长11～16毫米，宽6～9毫米，体色差异大，背面暗绿色或绿色、或古铜色微红、甚至黑褐色，多为绿色或暗绿色，有光泽，腹面黑褐色，体表密布淡黄色毛和点刻（彩图18-310）。头较小，黑褐色或黑色，前胸和翅面上生有白色或黄白色绒斑。臀板宽短，近半圆形，中部偏上具4个白绒斑，横列或微弧形排列。卵椭圆形，长1.7～1.8毫米，初乳白色渐变淡黄色。

老熟幼虫体长32～36毫米，体乳白色，头部棕褐色或暗褐色，前顶刚毛、额中刚毛、额前侧刚毛各具1根。蛹长14毫米，初淡黄白色，后变橙黄色。

彩图 18-309　小青花金龟食害樱桃

彩图 18-310　小青花金龟成虫

【发生规律】小青花金龟1年发生1代，北方以老熟幼虫越冬，江苏地区幼虫、蛹及成虫均可越冬。以成虫越冬的翌年4月上旬出土活动，4月下旬～6月份盛发；以老龄幼虫越冬的，成虫在5月～9月陆续出现，雨后出土较多。成虫飞行力强，具假死性，白天活动，夜间入土潜伏或在树上过夜。春季多群聚在幼嫩组织部位食害花瓣、花蕊、芽及嫩叶，尤喜害花器部位，故常随寄主开花而转移为害。成虫经取食后交尾、产卵，散产在土中、杂草或落叶下，尤喜产于腐殖质多的场所。幼虫孵化后以腐殖质为食，长大后为害根部，老熟后在浅土层中化蛹。

【防控技术】以人工捕杀成虫和地面药剂防控及树上喷药相结合，具体措施及有效药剂参照"黑绒鳃金龟"的防控技术部分。

桃红颈天牛

【分布与为害】桃红颈天牛（*Aromia bungii* Faldermann）属鞘翅目天牛科，俗称红脖子老牛、钻木虫、铁炮虫，在我国各省区均有发生，是一种杂食性害虫，可为害桃树、杏树、李树、樱桃、梅树、苹果、梨树、石榴、核桃、板栗等多种果树，特别在核果类果树上为害较重。以幼虫在树干的韧皮部、木质部和形成层内蛀食为害（彩图18-311），蛀道弯曲；同时，每隔一段距离向外蛀一排粪孔，把虫粪排出孔外，堆积在枝干上或地面（彩图18-312）。蛀食为害造成皮层脱落（彩图18-313），树干中空，导致树势衰弱，产量降低，寿命缩短；严重时造成枝干枯死，甚至全树死亡。

彩图18-311　桃红颈天牛幼虫蛀食为害状（董立坤）

彩图18-312　桃红颈天牛排到树干外的虫粪

彩图18-313　李树主干受害状

【形态特征】成虫体长约28～37毫米，宽8～10毫米。体黑色发亮，前胸背面大部分为光亮的棕红色或完全呈黑色，背面有4个光滑瘤突，两侧各具一角状刺突；鞘翅翅面光滑，基部比前胸宽，端部渐狭（彩图18-314）。成虫有两种色型，一种是身体黑色发亮和前胸棕红色的"红颈型"，另一种是全体黑色发亮的"黑颈型"。卵长圆形，乳白色，长约1.5毫米。老熟幼虫体长约42～52毫米，头部黑褐色、较小（彩图18-315）；前胸扁平方形，较宽广，前胸背板前半部横列4个黄褐色斑块，背面的两个略呈横长方形，两侧的斑块略呈三角形（彩图18-316、彩图18-317）。蛹体长35毫米左右，黄褐色，前胸两侧各有一刺突，前胸背板上有两排刺毛（彩图18-318）。

彩图18-314　桃红颈天牛成虫

彩图18-315　桃红颈天牛幼虫

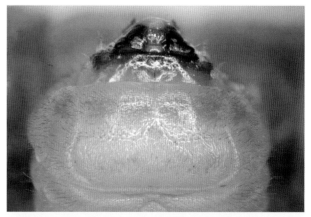

彩图18-316　桃红颈天牛头部及前胸背板（董立坤）

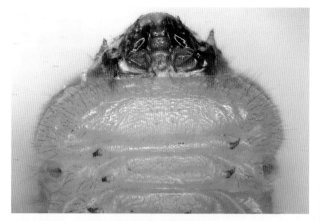

彩图18-317 桃红颈天牛头部及前胸腹面（董立坤）

彩图18-318 桃红颈天牛蛹

【发生规律】桃红颈天牛2～3年完成1代，第一年以幼龄幼虫、第二年以老熟幼虫在蛀道内越冬。4～6月，老熟幼虫黏结粪便、木屑在木质部虫道中作茧化蛹；6～7月羽化，成虫6月中下旬开始发生，6月下旬～7月上旬产卵，10月下旬幼虫开始越冬。羽化后的成虫先在蛹室中停留3～5天，然后钻出，雨后最多。晴天中午成虫多停留在树枝上栖息，雌虫受惊扰飞逃，雄虫爬行躲避或掉落。2～3天后交尾，卵产于枝干裂皮缝隙中，以近地面30厘米左右范围内较多，卵期7天左右。每雌虫平均产卵324.6粒，成虫寿命约50天。幼虫孵化后先在树皮下活动，逐渐蛀食至韧皮部，到10月后开始越冬。翌年惊蛰后活动为害，直至木质部内，逐渐形成不规则的迂回蛀道。幼虫老熟后，在蛀道末端调头反转，两端用木屑堵紧，在一端用分泌物黏结1白色蛹室，于内化蛹。衰老树及衰弱树受害较重，茂盛树体受害较轻。

【防控技术】

1.人工措施防控 利用成虫的假死性，在成虫发生期内人工捕杀成虫。利用幼虫向树体外排泄粪便及木屑的特性，在发现新鲜虫粪处，用细钢丝或小刀挖杀幼虫。受害严重或死亡的植株或大枝，要及时连根刨除、烧毁，消灭树体内幼虫。

2.涂白树干 利用桃红颈天牛惧怕白色的习性，在成虫发生前对主干、主枝进行涂白，阻止成虫产卵（彩图18-319）。涂白剂配方为：生石灰∶硫黄∶食盐∶植物油∶水= 10∶1∶0.2∶0.2∶40。也可使用当年熬制石硫合剂的沉淀物涂刷1米以下的主干、主枝。

彩图18-319 树干涂白，预防天牛产卵

3.药剂防控 幼虫蛀入木质部后，清除蛀孔外的新鲜虫粪，用注射器将溴氰菊酯、毒死蜱或敌敌畏等药剂稀释50～100倍液注入蛀孔，而后用黏泥团堵塞虫孔。

大青叶蝉

【分布与为害】大青叶蝉［*Tettigella viridis*（Linnaeus）］属同翅目叶蝉科，又称大绿浮尘子、青叶跳蝉，在我国许多地区均有发生，可为害桃树、李树、杏树、樱桃、苹果、梨树、核桃等多种果树及瓜果蔬菜、高粱、玉米、白菜、萝卜、薯类等。以成虫和若虫刺吸寄主茎、叶汁液为害，在果树上主要是成虫产卵为害。成虫秋末产卵时，用其锯状产卵器刺破枝条表皮，呈月牙状翘起，将6～12粒卵产在其中，枝条表面呈肾形凸起。成虫密度大时，枝条遍体鳞伤（彩图18-320），经冬季低温和春季刮风，易发生抽条，严重时导致枝条枯死、甚至幼树死亡。

彩图18-320 大青叶蝉产卵为害状

【形态特征】成虫体长7～10毫米，体黄绿色，头黄褐色，复眼黑褐色，头部背面有2个黑点，触角刚毛状，身体腹面和足黄色；前胸背板前缘黄绿色，其余部分深绿色；前翅绿色，革质，尖端透明；后翅黑色，折叠于前翅下面（彩图18-321）。卵长卵形，长约1.6毫米，稍弯曲，一端稍尖，乳白色，10粒左右排成卵块（彩图18-322）。若虫共5龄，幼龄若虫体灰白色，3龄以后黄绿色，胸、腹部背面具褐色纵条纹，并出现翅芽，老熟若虫似成虫，仅翅未形成。

彩图18-321　大青叶蝉成虫

彩图18-322　大青叶蝉的卵

【发生规律】大青叶蝉在华北地区1年发生3～4代，以卵在枝条表皮下越冬。翌年4月下旬卵开始孵化，初孵若虫1小时后开始转移到农作物和杂草上取食，并在这些寄主上繁殖为害。末代若虫为害晚秋作物及蔬菜，9月下旬出现末代成虫，10月中旬左右开始飞向果园。成虫趋光性很强，末代成虫补充营养后交尾产卵，将卵产在果树幼嫩光滑的枝条和幼嫩主干上越冬，特别喜欢在1～3年生幼树枝干上产卵。果园内间作白菜、萝卜、薯类等多汁晚熟作物时，或果园周围种植有这些晚秋作物时，果树受害较重；杂草丛生的果园，果树也受害较重。

【防控技术】

1.农业措施防控　幼树果园避免在果园内间作晚秋作物，如白菜、萝卜、胡萝卜、薯类等，以减少大青叶蝉向果园内的迁飞数量。进入秋季后，搞好果园卫生，清除园内杂草，控制大青叶蝉虫量。并注意清除果园周围的杂草及晚秋作物。

2.灯光诱杀成虫　幼树果园，可在9～10月份于果园外围设置诱虫灯，诱杀大量成虫。

3.药剂防控　果园内、外种植有晚秋多汁作物的幼树果园，可在9月底～10月初当雌成虫转移至树上产卵时及时喷药防控，7～10天1次，连喷2次左右；也可在4月中旬越冬卵孵化、幼龄若虫向矮小植物上转移时树上喷药。效果较好的药剂如：50克/升高效氯氟氰菊酯乳油3000～4000倍液、4.5%高效氯氰菊酯乳油1500～2000倍液、2.5%溴氰菊酯乳油1500～2000倍液、100克/升联苯菊酯2000～3000倍液、20% S-氰戊菊酯乳油1500～2000倍液、50%马拉硫磷乳油1000～1500倍液等。

蚱蝉

【分布与为害】蚱蝉（*Cryptotympana atrata* Fabricius）属同翅目蝉科，俗称知了、秋蝉、黑蝉等，在我国许多地区都有发生，可为害桃树、李树、杏树、樱桃、苹果、梨树、枣树等多种果树，主要以成虫产卵为害枝条。成虫产卵时用锯状产卵器刺破1年生枝条的表皮和木质部，在枝条内产卵，使锯口处的表皮呈斜锯齿状翘起，被害枝条干枯死亡（彩图18-323～彩图18-325）。虫量大时，许多枝条被害、变褐干枯，严重影响幼树树冠形成。此外，成虫还可刺吸嫩枝汁液，若虫在土中刺吸根部汁液，但均对树体没有明显影响。

彩图18-323　蚱蝉产卵伤口

彩图18-324　桃树枝条受害状

彩图18-325 李树枝梢受害状

【形态特征】成虫体黑色，有光泽，被黄褐色绒毛；头小，复眼大，头顶有3个黄褐色单眼，排列成三角形，触角刚毛状，中胸发达，背部隆起（彩图18-326）。卵梭形稍弯，头端比尾端稍尖，乳白色（彩图18-327）。若虫老熟时体长约35毫米，黄褐色，体壁坚硬，前足为开掘足（彩图18-328）。蝉蜕黄褐色，与老熟若虫体型相似（彩图18-329）。

彩图18-326 蚱蝉成虫

彩图18-327 蚱蝉卵

彩图18-328 蚱蝉老熟若虫

彩图18-329 蚱蝉的蝉蜕

【发生规律】蚱蝉约4～5年完成1代，以卵在枝条内或以若虫在土中越冬。若虫一生在土中生活。6月底老熟若虫开始出土，通常于傍晚和晚上从土内爬出，雨后土壤柔软湿润的晚上出土较多，然后爬到树干、枝条、叶片等处蜕皮羽化。7月中旬～8月中旬为羽化盛期，成虫刺吸树木汁液，寿命约60～70天，7月下旬开始产卵，8月上中旬为产卵盛期。产卵时，雌虫先用产卵器刺破1～2年生的枝梢树皮，将卵产在伤口木质部内，每卵孔有卵6～8粒，一枝条上可产卵多达90粒。后期产卵枝条枯死，严重时秋末常见满树枯死枝梢。越冬卵翌年6月孵化为若虫，然后钻入土中为害根部，秋后向深层土壤移动越冬，来年随气温回暖，上移刺吸根部为害。

【防控技术】

1.人工捕捉出土若虫 在老熟若虫出土始期，在果园及周围所有树木主干中下部缠绕宽5厘米左右的闭合塑料胶带，阻止若虫上树。然后在若虫出土期内每天夜间或清晨捕捉出土若虫或刚羽化的成虫，食之或出售。

2.灯火诱杀 利用成虫较强的趋光性，夜晚在树旁点火堆或用强光灯照明，然后振动树枝（大树可爬到树杈上振动），使成虫飞向火堆或强光处进行捕杀。

3.剪除产卵枯梢 在8～9月份，多年连续大面积剪除产卵枯梢（果树及林木上），并集中烧毁。

第十九章

葡萄害虫

葡萄根瘤蚜

【分布与为害】葡萄根瘤蚜［*Daktulosphaira vitifoliae* (Fitch)］属同翅目根瘤蚜科，是一种国际检疫性害虫，仅为害葡萄属植物，在我国山东、辽宁、陕西、湖南、上海有过发生报道。以成虫、若虫刺吸根部和叶片的汁液进行为害，分为根瘤型和叶瘿型两种，我国尚未见叶瘿型为害的报道。叶瘿型为害的症状为受害叶片背面有囊状凸起虫瘿，蚜虫在瘿内吸食、繁殖，严重时叶片畸形萎缩（彩图19-1），甚至枯死。根瘤型为害的症状为须根受害形成根瘤（彩图19-2）；侧根、粗根受害形成瘿瘤（彩图19-3），后期瘿瘤变褐腐烂，根系皮层开裂。葡萄受害后，树势显著衰弱，叶片提早变黄叶、脱落，葡萄产量及质量受到很大影响，严重时整株枯死。

彩图 19-1　葡萄根瘤蚜为害叶片形成的虫瘿

彩图 19-2　葡萄根瘤蚜为害须根形成的根瘤

彩图 19-3　葡萄根瘤蚜为害根部形成的瘿瘤

【形态特征】葡萄根瘤蚜分为根瘤型、有翅型、有性型、干母及叶瘿型，体均小而软，腹管退化，以根瘤型较为常见。根瘤型无翅孤雌蚜体，卵圆形，体长1.2～1.5毫米，鲜黄色至污黄色，头部色深，足和触角黑褐色，体背各节有许多黑色瘤状突起，每突起上各生毛1根（彩图19-4）。有翅孤雌蚜体长椭圆形，长约0.9毫米，橙黄色，中后胸红褐色，触角及足黑褐色，前翅翅痣很大，只有3根斜脉，后翅无斜脉。卵椭圆形，长约0.3毫米，初产时淡黄色至黄绿色，后渐变为暗黄绿色。若虫共4龄，1龄若虫椭圆形，淡黄色，头部及胸部大，腹部小，复眼红色，触角3节直达腹末，端部有1感觉圈；2龄后体型变圆，与成虫相似。

【发生规律】葡萄根瘤蚜年生活史较复杂，可概括为两种类型。① 完整生活史型：受精卵在2～3年生枝上越冬→干母→叶瘿型→根瘤型→有翅产性型→有性型（雌×雄）→受精卵越冬，主要发生在美洲系统的葡萄上。② 不完整生活史型：根瘤型葡萄根瘤蚜卵→若虫→无翅成蚜→卵，欧洲系统葡萄上只有根瘤型，我国发生的根瘤蚜属于此种类型。在山东烟台地区，葡萄根瘤蚜1年发生8代，主要以1龄若虫在根皮缝内越冬。翌年4月下旬～10月中旬间可繁殖8代，以第8代的1龄若虫、或少数以卵越冬。全年5月中旬～6月下旬和9月虫口密度最高。6月开始出现有翅产性型若蚜,8~9月最多,羽化后大部分仍在根上,少数爬到枝叶上,但尚未发现产卵。根瘤型蚜完成一代需17~29天,每雌可产卵数粒至数十粒不等。卵和若蚜耐寒力强,在-13℃时才能死亡。7、8月份干旱少雨常引起猖獗发生,多雨则受抑制。欧洲系葡萄只有根部受害,而美洲系葡萄和野生葡萄的根部和叶均可被害。

彩图19-4　葡萄根瘤蚜(史继东)

【防控技术】

1.严格检疫制度　从疫区调运苗木时,应仔细检查苗木根系是否带有蚜卵、若虫和成虫,一旦发现检疫对象,必须立即进行消毒处理(调往疫区内时)、或就地销毁(调往保护区时)。苗木消毒方法为:使用80%敌敌畏乳油600~800倍液或50%辛硫磷乳油800~1000倍液浸泡枝条或苗木15分钟,捞出晾干后调运;或使用98%溴甲烷气体熏蒸处理,即在20~30℃的条件下,每立方米使用溴甲烷30克左右,密闭熏蒸3~5小时。另外,最好建立无虫苗圃,选择不适宜葡萄根瘤蚜发生的沙荒地建立葡萄苗圃或果园。而对于零星发生葡萄园,以砍伐葡萄与药剂防治相结合,坚决彻底消灭虫源。

2.选用抗性砧木　葡萄品种间抗蚜性差异非常显著,如美洲产沙地葡萄及岸边葡萄抗蚜性强,可用其作为砧木,以当地优良品种作为接穗。

3.土壤消毒处理　对根瘤蚜发生广泛的葡萄园或苗圃,可用二硫化碳灌注消毒。具体方法是在葡萄藤茎周围距茎基部25厘米处每平方米打孔8~9个,孔深10~15厘米,春季每孔注入药液6~8克,夏季每孔注入药液4~6克,效果较好。但在花期和采收期不能使用,以免产生毒害。另外,也可使用50%辛硫磷乳油500克均匀混拌50千克细土,按照每亩使用药土25千克的剂量均匀施入土内。

葡萄二星叶蝉

【分布与为害】葡萄二星叶蝉 [*Erythroneura apicalis* (Nawa)] 属同翅目叶蝉科,又称葡萄二星斑叶蝉、葡萄小叶蝉、葡萄斑叶蝉、葡萄二点叶蝉、葡萄二点浮尘子,在我国葡萄产区均有发生,尤以管理粗放果园发生为害较重,除为害葡萄外还可为害梨树、桃树、樱桃、山楂等果树,

主要以成虫、若虫群集在叶片背面刺吸汁液为害(彩图19-5)。受害叶片初期正面显出黄白色褪绿小点(彩图19-6),后斑点连片、叶片失绿,严重时叶片呈苍白色(彩图19-7),易引起早期枯落。对叶片光合作用及树势影响较大,甚至导致果品质量降低或不能结实。

彩图19-5　成虫、若虫群集在叶背为害

彩图19-6　受害早期,叶片正面的黄白色褪绿小点

彩图19-7　严重时,叶片正面成苍白色

【形态特征】成虫体淡黄白色,复眼黑色,头顶有2个黑色圆斑,前胸背板前缘有3个圆形小黑点,小盾片两侧

各有一三角形黑斑，翅上或有淡褐色斑纹（彩图19-8）。卵黄白色，长椭圆形，稍弯曲，长0.2毫米。若虫初孵化时白色，后变黄白色或红褐色（彩图19-9）。老熟若虫体长2毫米，腹末几节不上举。

彩图19-8　葡萄二星叶蝉成虫

彩图19-9　葡萄二星叶蝉若虫

【发生规律】葡萄二星叶蝉1年发生2～3代，以成虫在果园内外杂草丛、落叶下、土缝、石缝等处越冬。翌年3月气温较高的晴天开始活动，先在小麦、毛叶苕等绿色植物上为害，葡萄展叶后即转移到葡萄上为害。喜在葡萄叶背面活动，在叶背叶脉两侧的表皮下或绒毛中、或叶柄上端的背面产卵（彩图19-10）。第1代若虫于5月下旬～6月上旬发生，第1代成虫在6月上中旬发生。以后世代交叉，第2、3代若虫期大体在7月上旬～8月初、8月下旬～9月中旬发生。9月下旬出现第3代越冬成虫。该虫喜阴蔽，受惊扰则蹦飞。地势潮湿、杂草丛生、副梢管理粗放、通风透光不良的果园，发生多、受害重。葡萄叶背绒毛少的欧洲种受害较重，绒毛多的美洲种受害较轻。

彩图19-10　叶脉及叶柄上的褐色产卵刻痕

【防控技术】葡萄二星叶蝉的防控应抓好三个关键环节。第一，抓好早春越冬代防控，即于越冬代成虫产卵前对田边、地头、葡萄架下及葡萄枝蔓进行均匀喷雾；第二，狠抓第1代若虫防控；第三，清除葡萄二星叶蝉越冬场所，减少越冬虫源基数（图19-1）。

1.加强果园管理　冬前修剪后及时清除果园内落叶及果园内外杂草，集中烧毁或深埋，清除害虫越冬场所，减少越冬虫源。葡萄生长期及时清除田园杂草，合理修剪，保持葡萄架面通风透光良好。

2.黄板诱杀成虫　利用葡萄二星叶蝉的趋黄性，在葡萄园内悬挂诱虫黄板，诱杀成虫（彩图19-11）。尤其对越冬代成虫，具有事半功倍的成效。

3.生长期喷药防控　关键是抓住越冬代成虫至第1代若虫期及时喷药，10天左右1次，连喷2次左右；以后根据田间二星叶蝉发生情况再酌情安排喷药。具体喷药时，注意喷洒叶片背面，以提高防控效果。常用有效药剂有：70%吡虫啉水粉散粒剂6000～8000倍液、5%啶虫脒乳油1500～2000倍液、25%吡蚜酮可湿性粉剂2000～3000倍液、25%噻嗪酮可湿性粉剂1200～1500倍液、25%噻虫嗪可湿性粉剂1500～2000倍液、1.8%阿维菌素乳油

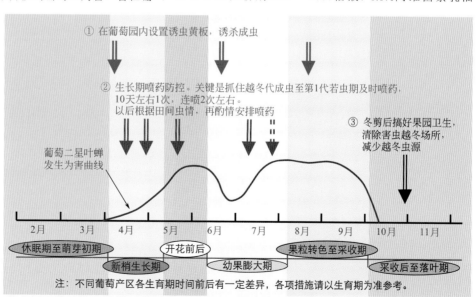

① 在葡萄园内设置诱虫黄板，诱杀成虫

② 生长期喷药防控。关键是抓住越冬代成虫至第1代若虫期及时喷药，10天左右1次，连喷2次左右。以后根据田间虫情，再酌情安排喷药

③ 冬剪后搞好果园卫生，清除害虫越冬场所，减少越冬虫源

葡萄二星叶蝉发生为害曲线

2月　3月　4月　5月　6月　7月　8月　9月　10月　11月

休眠期至萌芽初期　　　开花前后　　　果粒转色至采收期
　　新梢生长期　　　幼果膨大期　　　采收后至落叶期

注：不同葡萄产区各生育期时间前后有一定差异，各项措施请以生育期为准参考。

图19-1　葡萄二星叶蝉防控技术模式图

2000 ～ 3000 倍液、4.5% 高效氯氰菊酯乳油 1500 ～ 2000 倍液、50 克/升高效氯氟氰菊酯乳油 3000 ～ 4000 倍液、33% 氯氟·吡虫啉悬浮剂 4000 ～ 5000 倍液等。

彩图 19-11 田间悬挂黄板诱捕成虫

葡萄二黄斑叶蝉

【分布与为害】葡萄二黄斑叶蝉（*Erythroneura* sp.）属同翅目叶蝉科，在我国华北、西北及长江流域均有发生，除为害葡萄外还可为害桃树、梨树、苹果、樱桃、山楂等果树，以成虫、若虫集中在叶片背面刺吸汁液为害，与葡萄二星叶蝉常混合发生。受害叶片初期正面显出黄白色小点（彩图 19-12），后斑点逐渐连片致使叶片失绿，严重时叶片呈苍白色（彩图 19-13），易引起早期枯落。二黄斑叶蝉为害影响叶片光合作用，严重时对枝条老熟及树势造成较大影响，甚至导致果品质量降低或不能结实。

【形态特征】成虫体长约 3 毫米，头部淡黄白色，复眼黑色，头顶前缘有 2 个黑色小圆点；前胸背前缘有 3 个黑褐色小圆点，前翅表面大部分暗褐色，后缘各有近半圆形的淡黄色区 2 处，两翅合拢后形成 2 个近圆形的淡黄色斑纹（彩图 19-14）。老龄若虫体长约 1.6 毫米，紫红色，触角、足、体节间、背中线淡黄白色，体略短宽，腹末数节向上方翘举。

彩图 19-12 受害初期，叶面显出黄白色褪绿斑点

彩图 19-13 严重时，褪绿斑点连片

彩图 19-14 葡萄二黄斑叶蝉（马毅）

【发生规律】葡萄二黄斑叶蝉在山东 1 年发生 3 ～ 4 代，以成虫在杂草、枯叶等隐蔽处越冬。翌年 3 月越冬成虫出蛰，先在果园内及周边发芽早的杂草或花卉植物上为害，4 月下旬葡萄展叶后迁移到葡萄叶背为害。成虫将卵产在叶背叶脉的表皮下，5 月中旬即有若虫出现，以后各代重叠。末代成虫 9 ～ 10 月发生，一直为害到葡萄落叶，随气温下降，才转移到隐蔽处越冬。该虫先为害新梢基部的老熟叶片，逐渐向上蔓延为害，不喜为害嫩叶。盛发期成虫起飞再停落时，能发出似小雨击打叶片的响声。枝蔓过密、通风不良的葡萄园发生较重。

【防控技术】参照"葡萄二星叶蝉"防控技术部分。

斑衣蜡蝉

【分布与为害】斑衣蜡蝉 [*Lycorma delicatula*（White）] 属同翅目蜡蝉科，又称椿皮蜡蝉、斑蜡蝉、樗鸡，俗称"花姑娘"、"椿蹦"、"花蹦蹦"、"花大姐"等，在我国各地均有发生，以北方葡萄产区发生较多，除为害葡萄外还可为害梨树、桃树、李树、花椒等果树及椿树等林木，特别喜欢臭椿。以成虫、若虫群集在叶背、嫩梢上刺吸汁液为害，栖息时头部翘起，有时可见数十头群集在新梢上排列成一条直线。该虫多为零星发生，一般不造成灾害，但其排泄物常污染果面。嫩叶受害，常造成穿孔或叶片破裂。

【形态特征】成虫体长15～25毫米，翅展40～50毫米，全身灰褐色，体、翅表面附有白色蜡粉；前翅革质，基部约2/3为淡褐色，端部约1/3为深褐色，翅面具有20个左右的黑点（彩图19-15）；后翅膜质，基部鲜红色，具有黑点，端部黑色（彩图19-16）。雄成虫翅膀颜色偏蓝色，雌成虫翅膀颜色偏米色。卵长椭圆形，长3毫米左右，似麦粒形状，背面两侧有凹入线，使中部形成一长条隆起。卵粒排列成行，数行成块，每块有卵数十粒，上覆灰白色至土黄色分泌物（彩图19-17～彩图19-19）。若虫初孵化时白色，蜕皮后变为黑色并有许多小白点（彩图19-20、彩图19-21）；4龄后体背变红色并生出翅芽，具有黑白相间的斑点（彩图19-22）。

彩图 19-18　斑衣蜡蝉新产的卵块（覆盖物灰白色）

彩图 19-15　斑衣蜡蝉成虫

彩图 19-19　斑衣蜡蝉卵块（覆盖物土黄色）

彩图 19-16　斑衣蜡蝉成虫展翅

彩图 19-20　斑衣蜡蝉卵块及低龄若虫（李晓荣）

彩图 19-17　斑衣蜡蝉排列整齐的卵粒

彩图 19-21　斑衣蜡蝉低龄若虫

彩图 19-22　斑衣蜡蝉高龄若虫

【发生规律】斑衣蜡蝉在北方地区1年发生1代，以卵在树体枝干或附近建筑物上越冬。翌年4月中下旬若虫开始孵化，5月上旬为孵化盛期。若虫常群集在幼枝和嫩叶背面为害，若虫期约40天，经4次蜕皮发育为成虫。6月中下旬～7月上旬羽化为成虫，成虫、若虫均具有群栖性，善于跳跃，爬行较快，可迅速躲开人的捕捉。成虫多在夜间交尾活动，寿命可达4个月之久，7～8月份发生较多，活动为害至10月后开始产卵。卵多产在树体枝干的向阳面或树枝分叉处。一般每卵块有卵40～50粒，多时可达百余粒，卵粒排列整齐，覆盖有自分泌蜡粉。

【防控技术】

1.人工措施防控　结合冬季修剪，清除越冬卵块。葡萄生长季节，利用捕虫网人工捕杀若虫和成虫。

2.适当喷药防控　斑衣蜡蝉多为零星发生，一般果园不需单独进行喷药。个别发生较重果园，在若虫发生早期喷药1～2次即可，间隔期10天左右。效果较好的药剂如：4.5%高效氯氰菊酯乳油1500～2000倍液、25克/升高效氯氟氰菊酯乳油1500～2000倍液、20% S-氰戊菊酯乳油1500～2000倍液、2.5%溴氰菊酯乳油1500～2000倍液、50%杀螟硫磷乳油1500～2000倍液等。

绿盲蝽

【分布与为害】绿盲蝽 [*Apolygus lucorum*（Meyer-Dür）] 属半翅目盲蝽科，俗称盲蝽蟓、花叶虫、小臭虫等，在我国除海南、西藏外的各省区均有发生，以长江流域和黄河流域地区为害较重，可为害葡萄、枣树、桃树、樱桃、苹果、梨树、核桃、板栗等多种果树及棉花、豆类、向日葵、玉米等多种粮棉油作物，以成虫、若虫刺吸汁液为害，主要为害芽、幼嫩叶片等幼嫩组织。葡萄嫩叶受害，先产生褐色小斑点（彩图19-23、彩图19-24），随叶芽伸展，小斑点先扩大为褐色斑块，继而扩大成不规则孔洞（彩图19-25）；严重时，受害叶片萎缩不平（彩图19-26），后期支离破碎，俗称"破叶疯"（彩图19-27、彩图19-28）。幼芽受害较重时，新梢生长缓慢（彩图19-29），甚至不能抽出枝梢（彩图19-30）。花蕾受害后停止发育，枯萎脱落。幼果受害，初期表面呈现不明显的黄褐色小斑点，随果粒生长，小斑点逐渐扩大成黑斑，严重时受害处果面木栓化；随着果粒继续生长，受害部位发生龟裂，对葡萄品质和产量影响很大。

彩图 19-23　幼嫩叶片受害初期

彩图 19-24　幼嫩叶片严重受害状

彩图 19-25　随叶片生长，受害斑点逐渐扩大

彩图 19-26　受害叶片萎缩不平

彩图 19-27　受害叶片呈破叶疯状

彩图 19-28　许多叶片受害后期

彩图 19-29　幼芽受害，新梢生长缓慢（左）

彩图 19-30　严重时，新梢不能抽出

【形态特征】成虫体长 5～5.5 毫米，宽 2.5 毫米，长卵圆形，全体绿色，头宽短，复眼黑褐色、突出，前胸背板深绿色、密布刻点；小盾片三角形，微突，黄绿色，具浅横皱；前翅革片为绿色，革片端部与楔片相接处略呈灰褐色，楔片绿色，膜区暗褐色（彩图 19-31）。卵黄绿色，长口袋形，长约 1 毫米，卵盖黄白色，中央凹陷，两端稍微突起。若虫共 5 龄，体形与成虫相似，全体鲜绿色，3 龄开始出现明显翅芽（彩图 19-32）。

彩图 19-31　绿盲蝽成虫

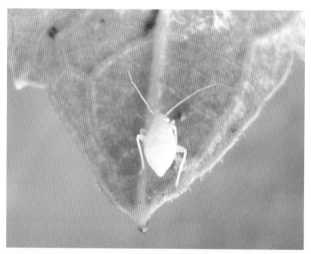

彩图 19-32　绿盲蝽若虫

【发生规律】绿盲蝽在北方地区 1 年发生 4～5 代，主要以卵在葡萄茎蔓、枣树及苹果树的皮缝、芽眼间、枯枝断面、其他植物断面的髓部以及杂草或浅层土壤中越冬。翌年春季平均气温达 10℃以上时越冬卵孵化为若虫，葡萄萌芽后即开始为害，葡萄展叶盛期达为害盛期，5 月上中旬幼果期开始为害果粒，5 月下旬后气温渐高，虫口渐少。成虫寿命长，善飞翔，产卵期持续 1 个月左右。第 1 代发生较整齐，以后世代重叠严重。成虫、若虫均比较活泼，爬行迅速，具很强的趋嫩性。成虫、若虫多数白天潜伏在树下草丛中或根蘖苗上，清晨和傍晚上树为害芽、嫩梢或幼果。绿盲蝽主要为害幼嫩组织，早春展叶期和小幼果期为害最重，当嫩梢停止生长叶片老化后不再为害，继而转移到周围其他寄主植物上为害。秋天，部分末代成虫又陆续迁回果园，9 月下旬～10 月上旬产卵越冬。

【防控技术】绿盲蝽防控技术模式如图 19-2 所示。

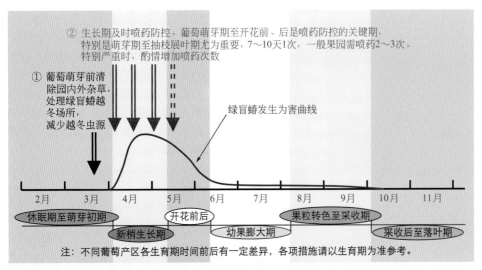

② 生长期及时喷药防控。葡萄萌芽期至开花前、后是喷药防控的关键期，特别是萌芽期至抽枝展叶期尤为重要，7～10天1次，一般果园需喷药2～3次。特别严重时，酌情增加喷药次数

① 葡萄萌芽前清除园内外杂草，处理绿盲蝽越冬场所，减少越冬虫源

绿盲蝽发生为害曲线

| 2月 | 3月 | 4月 | 5月 | 6月 | 7月 | 8月 | 9月 | 10月 | 11月 |

休眠期至萌芽初期　　开花前后　　果粒转色至采收期

新梢生长期　　幼果膨大期　　采收后至落叶期

注：不同葡萄产区各生育期时间前后有一定差异，各项措施请以生育期为准参考。

图19-2 绿盲蝽防控技术模式图

第1节色淡，第2节和6、7节灰褐色，3～5节淡黄褐色；前翅淡黄色，翅基鬃7或8根，端鬃4～6根，后脉鬃15或16根（彩图19-43、彩图19-44）；腹部第2～8节背板较暗。卵0.29毫米，初期肾形、乳白色，后期卵圆形、黄白色，可见红色眼点。若虫共4龄，体淡黄色，触角6节，第4节具3排微毛，胸、腹部各节有微细褐点（彩图19-45）；4龄翅芽明显，不取食，但可活动，称作伪蛹。

1.搞好果园卫生　葡萄萌芽前，彻底清除果园内及其周边的杂草，消灭绿盲蝽的部分越冬场所，减少越冬虫源。

2.及时喷药防控　葡萄萌芽期至开花前、后是喷药防控绿盲蝽为害的关键期，特别是萌芽至抽枝展叶期尤为重要，7～10天喷药1次，一般果园需喷药2～3次，特别严重时酌情增加喷药次数。效果较好的药剂有：22%氟啶虫胺腈悬浮剂4000～5000倍剂、70%吡虫啉水分散粒剂6000～8000倍液、350克/升吡虫啉悬浮剂3000～4000倍液、20%啶虫脒可溶性粉剂6000～8000倍液、4.5%高效氯氰菊酯乳油1500～2000倍液、50克/升高效氯氟氰菊酯乳油3000～4000倍液、20% S-氰戊菊酯乳油1500～2000倍液、20%甲氰菊酯乳油1500～2000倍液、33%氯氟·吡虫啉悬浮剂4000～5000倍液等。以早、晚喷药效果较好，并注意喷洒地面杂草及行间作物，且喷药应均匀周到。

葡萄蓟马

【分布与为害】葡萄蓟马（*Thrips tabaci* Lindeman）属缨翅目蓟马科，又称烟蓟马、葱蓟马、棉蓟马，在我国绝大多数省区均有发生，是一种寄主范围极其广泛的害虫，在葡萄上以若虫和成虫刺吸葡萄花蕾、幼果、嫩叶、枝蔓和新梢的汁液进行为害，以幼果受害损失最大。花蕾及幼果受害，初期在幼粒表面产生黑褐色斑点，早期凹陷、后逐渐突起（彩图19-33～彩图19-35），呈点状、短条状或带状；随粒逐渐生长，黑斑突起、龟裂（彩图19-36），逐渐形成木栓化褐色锈斑（彩图19-37、彩图19-38），锈斑呈条带状或不规则片状（彩图19-39、彩图19-40），对果实品质及外观质量造成很大影响；严重时导致果粒开裂，露出内部种子（彩图19-41），商品价值显著降低。嫩叶及新梢受害，叶片上先出现褪绿黄斑，后叶片变小、并发生卷曲，有时还可出现穿孔，甚至变褐色干枯（彩图19-42）。

【形态特征】雌成虫体长1.2～1.4毫米，分为黄褐色和暗褐色两种体色，前胸稍长于头，后角有2对长鬃；触角

彩图19-33　刚落花的小幼果粒上的初期受害斑

彩图19-34　幼果粒上的初期受害斑

彩图19-35　果粒上的受害斑逐渐突起

彩图19-36　果粒表面受害斑突起、龟裂

彩图19-37　幼果表面的褐色锈斑

彩图19-38　膨大后期果面的褐色锈斑

彩图19-39　褐色锈斑呈条带状

彩图19-40　褐色锈斑呈不规则片状

彩图19-41　受害果开裂，露出种子

彩图19-42　嫩梢受葡萄蓟马为害状（吕兴）

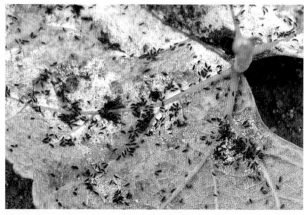

彩图19-43　葡萄蓟马在叶片上的群集状

彩图19-44　葡萄蓟马成虫（赵奎华）

彩图19-45　葡萄蓟马若虫（赵奎华）

【发生规律】葡萄蓟马1年发生6～10代，主要以成虫越冬，也可以若虫在土块下、土缝内、枯枝落叶上或其他寄主植物的球根、叶鞘内等部位越冬，还有少数以"蛹"在土壤中越冬。翌年3～4月开始活动，先在春季葱、蒜上为害一段时间后，再飞到葡萄等果树上为害繁殖。辽宁地区5月下旬葡萄初花期开始为害子房或幼果，6月下旬～7月上旬为害花蕾和幼果。雌虫行孤雌生殖，国内尚未发现雄虫。平均每雌产卵约50粒，卵散产在嫩叶表皮下的叶脉内。初孵若虫集中在叶基部为害，稍大后分散。成虫活跃，扩散传播很快，因其怕光，故常在早晚及阴天爬到叶面上，白天有强光照时，在叶鞘和叶腋处为害。一年中以4～5月为害最重，7～8月间世代重叠，进入9月后虫量明显减少，10月早霜来临之前，大量蓟马迁往果园附近的葱、蒜、白菜、萝卜等蔬菜田。

【防控技术】葡萄蓟马防控技术模式如图19-3所示。

1.搞好果园卫生　冬剪后至发芽前，彻底清除果园内及其周边的枯枝、落叶、杂草，集中烧毁，消灭害虫越冬场所，减少越冬虫源。初秋和早春集中消灭在葱、蒜上的蓟马，减少虫源。

2.蓝板诱杀　利用葡萄蓟马对蓝色的趋性，在葡萄园内悬挂蓝色黏虫板，诱杀蓟马成虫（彩图19-46）。

彩图19-46　葡萄园内悬挂蓝色诱虫黏版

3.适当喷药防控　关键是在葡萄开花前、后及时喷药，需要留二茬果的果园，还应注意在二茬穗开花前、后及时喷药。效果较好的药剂如：2.5%多杀菌素悬浮剂1000～1500倍液、6%乙基多杀菌素悬浮剂3000～4000倍液、1.8%阿维菌素乳油1500～2000倍液、3%甲氨基阿维菌素苯甲酸盐乳油4000～5000倍液、20%丁硫克百威乳油1000～1500倍液、4.5%高效氯氰菊酯乳油1200～1500倍液、25克/升高效氯氟氰菊酯乳油1200～1500倍液、33%氯氟·吡虫啉悬浮剂3000～4000倍液等。

葡萄粉虱

【分布与为害】目前我国为害葡萄的粉虱主要有温室白粉虱［*Trialeurodes vaporariorum*（Westwood）］和烟粉虱［*Bemisia tabaci*（Gennadius）］两种，均属同翅目粉虱科，两者俗称白粉虱，均在我国各地普遍发生，为害寄主范围均非常广泛，在露地和保护地葡萄上均常发生，且常混合发生。主要以成虫、若虫群集在叶片背面刺吸汁液为害，受害叶片褪绿、黄化甚至萎蔫枯死（彩图19-47），导致植株生长衰弱，葡萄产量及品质降低。同时，成虫、若虫的排泄蜜露污染叶片及果实，并常引

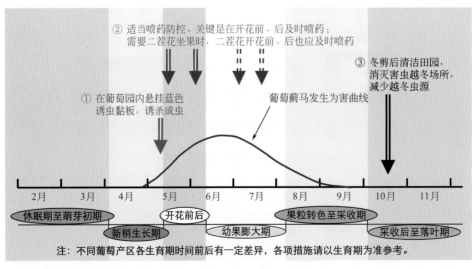

② 适当喷药防控。关键是在开花前、后及时喷药；需要二茬花坐果时，二茬花开花前、后也应及时喷药

③ 冬剪后清洁田园，消灭害虫越冬场所，减少越冬虫源

① 在葡萄园内悬挂蓝色诱虫黏板，诱杀成虫

葡萄蓟马发生为害曲线

| 2月 | 3月 | 4月 | 5月 | 6月 | 7月 | 8月 | 9月 | 10月 | 11月 |

休眠期至萌芽初期　　新梢生长期　　开花前后　　幼果膨大期　　果粒转色至采收期　　采收后至落叶期

注：不同葡萄产区各生育期时间前后有一定差异，各项措施请以生育期为准参考。

图19-3　葡萄蓟马防控技术模式图

起煤污病发生，影响叶片光合作用和污染果面。另外，烟粉虱还可传播多种病毒病。

彩图 19-47　受葡萄粉虱为害的叶片正面

【形态特征】

温室白粉虱：　成虫体长 0.99 ～ 1.06 毫米，体淡黄色，翅膜质被白色蜡粉，前翅翅脉 1 条，中部多分叉，停息时双翅在体背合成屋脊状、但较平展，翅端半圆状、遮住整个腹部（彩图 19-48）。卵椭圆形，长约 0.23 毫米，被蜡粉，初产时淡黄色，后渐变为紫黑色，以卵柄从气孔插入叶片组织中，常排列成弧形或半圆形。若虫共 3 龄，老龄若虫椭圆形，边缘较厚，体缘有蜡丝（彩图 19-49）。伪蛹椭圆形，长 0.7 ～ 0.8 毫米，边缘较厚，周缘有发亮的细小蜡丝，体背常有 5 ～ 8 对长短不齐的蜡质丝（彩图 19-50）。

烟粉虱：　雌虫体长 0.91 毫米，雄虫体长 0.80 毫米，体淡黄白色，翅膜质被白色蜡粉，前翅翅脉 1 条不分叉，静止时左右翅合拢呈屋脊状，从前翅中间缝隙可见到腹部背面（彩图 19-51）。卵形状同温室白粉虱，多散产于叶片背面，初产时淡黄绿色，孵化前成深褐色。若虫稍窄小，体缘无蜡丝，其他特征同温室白粉虱（彩图 19-52）。伪蛹椭圆形，长 0.6 ～ 0.8 毫米，边缘扁薄似贴饼状，周缘无蜡丝，背面因寄主不同或长有刺毛（彩图 19-53）。

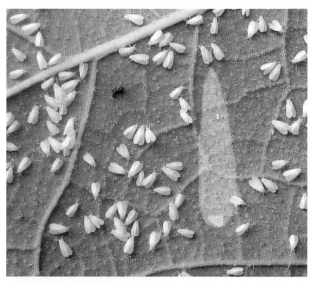

彩图 19-48　温室白粉虱成虫

彩图 19-49　温室白粉虱若虫

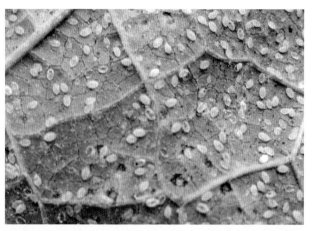

彩图 19-50　温室白粉虱伪蛹

彩图 19-51　烟粉虱成虫

彩图 19-52　烟粉虱若虫

彩图 19-53　烟粉虱伪蛹

【发生规律】两种粉虱的发生规律基本相似。在北方地区1年可发生10代左右，以各种虫态在保护地内越冬，若温度适宜，可继续为害。温室条件下完成1代约需30天左右，世代重叠严重。翌年春天越冬虫源先在保护地内为害，随气温不断升高，陆续从保护地迁到阳畦或露地蔬菜上。8～9月份虫口密度增长最快，10月以后，随气温逐渐降低虫量显著减少，并陆续转入保护地内。两种粉虱的成虫均对黄色具有强烈趋性。成虫喜群集在植株上部幼嫩叶片背面吸食汁液并产卵，卵在叶背以柄附着在叶面上。随寄主植物生长，若虫在下部叶片发生较多，老叶和枯死叶片上均可见伪蛹及蛹壳。1龄若虫具有相对长的触角和足，较活跃，在叶背爬行，寻找适宜取食场所为害，2～4龄若虫足和触角退化，在叶背固定不动，刺吸取食，直到羽化为成虫。

【防控技术】葡萄粉虱防控技术模式如图19-4所示。

1.清除虫源　棚室等保护地种植的葡萄，秋末扣棚前，首先将棚内落叶、杂草铲除干净，集中烧毁或深埋。然后在扣棚后使用17%敌敌畏烟剂或20%异丙威烟剂进行熏蒸，彻底消灭棚室内的越冬虫源。

2.设置防虫网　在棚室等保护设施的通风口处，设置防虫网，有效阻挡外来虫源进入。

3.黄板诱杀成虫　利用粉虱成虫的趋黄性，在葡萄园内悬挂黄色黏虫板，诱杀成虫。一般每亩果园悬挂黄板15～20块，悬挂在距葡萄架面10厘米左右的高度，在粉虱成虫还未建立种群时即应挂好（彩图19-54）。

彩图 19-54　葡萄园内悬挂黄色黏虫板

4.化学药剂防控　关键是在粉虱发生初期及时开始喷药，重点喷洒枝蔓上部的叶片背面，7～10天1次，根据粉虱发生情况酌定喷药次数。效果较好的药剂如：22.4%螺虫乙酯悬浮剂2500～3000倍液、22%氟啶虫胺腈悬浮剂4000～5000倍液、20%烯啶虫胺水剂2000～2500倍液、5%啶虫脒乳油1500～2000倍液、350克/升吡虫啉悬浮剂4000～5000倍液、20%噻虫胺悬浮剂1500～2000倍液、25%噻虫嗪水分散粒剂2000～3000倍液、25%噻嗪酮可湿性粉剂1000～1500倍液、25%吡蚜酮可湿性粉剂1500～2000倍液、25克/升高效氯氟氰菊酯乳油1500～2000倍液、4.5%高效氯氰菊酯乳油1500～2000倍液、20%甲氰菊酯乳油1500～2000倍液、33%氯氟·吡虫啉悬浮剂3000～4000倍液等。由于粉虱成虫、若虫体表被有蜡粉，药液不易附着在虫体表面，所以在药液中混加适量增效助剂或渗透剂可显著提高防效。另外，密闭棚室栽培的葡萄，最好选用熏烟法进行防控，有效药剂如敌敌畏烟剂、异丙威烟剂等。

5.生物措施防控　既可利用粉虱天敌丽蚜小蜂进行防控，也可喷施生物农药。释放丽蚜小蜂时，蜂虫比例以（2～3）：1为宜，10天左右释放1次，连续释放2～3次，对若虫和伪蛹有较好的控制效果。喷洒生物农药时，常用生防菌有玫烟色伪青霉菌、粉虱座壳孢菌等，稀释成每毫升含1×10⁸个孢子的浓度，喷洒防控低龄若虫。

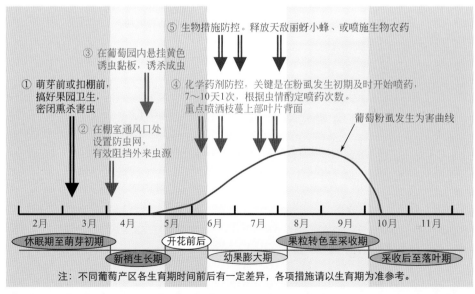

⑤ 生物措施防控。释放天敌丽蚜小蜂、或喷施生物农药

③ 在葡萄园内悬挂黄色诱虫黏板，诱杀成虫

① 萌芽前或扣棚前，搞好果园卫生，密闭熏杀害虫

④ 化学药剂防控，关键是在粉虱发生初期及时开始喷药，7～10天1次，根据虫情的定喷药次数。重点喷洒枝蔓上部叶片背面

② 在棚室通风口处设置防虫网，有效阻挡外来虫源

葡萄粉虱发生为害曲线

2月　3月　4月　5月　6月　7月　8月　9月　10月　11月

休眠期至萌芽初期
新梢生长期
开花前后
幼果膨大期
果粒转色至采收期
采收后至落叶期

注：不同葡萄产区各生育期时间前后有一定差异，各项措施请以生育期为准参考。

图 19-4　葡萄粉虱防控技术模式图

葡萄短须螨

【分布与为害】葡萄短须螨(*Brevipoalpus lewisi* McGregor)属蛛形纲真螨目细须螨科,又称葡萄红蜘蛛,在我国许多葡萄产区均有发生,北方产区发生较多,只以害葡萄,以若螨、成螨为害嫩梢、叶片、幼果等部位。叶片、嫩梢受害后,呈现黑色斑块(彩图19-55),严重时叶片焦枯脱落。果穗受害后呈黑色,穗轴、果柄变脆,易折断。果粒受害,果皮变成铁锈色,粗糙易裂,影响产量和品质。

彩图19-55 嫩梢及叶片受葡萄短须螨为害状(赵奎华)

【形态特征】雌成螨扁椭圆形,长约0.3毫米,眼点、腹背红色,有网状纹,无背刚毛,足4对,短粗多皱(彩图19-56)。卵鲜红色,卵圆形,有光泽。幼螨长0.13 ~ 0.16毫米,鲜红色,足3对,白色,有2根叶片状刚毛。若螨淡红色和灰白色,长0.24 ~ 0.3毫米,足4对,腹部末端有8根叶片状刚毛。

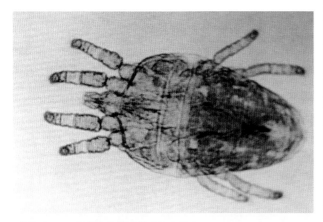

彩图19-56 葡萄短须螨成螨(赵奎华)

【发生规律】葡萄短须螨1年发生6代以上,以雌成螨在老皮裂缝内、叶腋及松散的芽鳞绒毛内群集越冬。翌年葡萄萌芽时开始出蛰,为害刚展叶的嫩芽,半月左右开始产卵,卵散产。全年以若螨和成螨为害嫩芽基部、叶柄、叶片、穗轴、果梗、果实和副梢。10月下旬后逐渐转移到叶柄基部和叶腋间,11月份进入隐蔽场所越冬。不同葡萄品种发生密度不同,害螨多喜欢在绒毛较短的品种上为害,

如玫瑰香、佳利酿等品种;叶片绒毛密而长或绒毛少、叶片光滑的品种上数量很少,如龙眼、红富士等品种。葡萄短须螨的发生与温湿度有密切关系,平均温度在29℃、相对湿度在80% ~ 85%的条件下,最适宜其生长发育。因此,7、8月份最适合其发育繁殖,发生数量最多。

【防控技术】

1.搞好果园卫生 冬前修剪后,彻底清除修剪下的枝蔓、落叶等,并扯除枝蔓上的老粗皮,集中烧毁,消灭越冬雌螨。

2.发芽前药剂清园 上年葡萄短须螨发生较重果园,春季葡萄发芽前喷施1次铲除性药剂进行清园,杀灭越冬成螨。常用有效药剂如:3 ~ 5波美度石硫合剂、45%石硫合剂晶体50 ~ 70倍液、97%矿物油乳剂150 ~ 200倍液等。

3.生长期喷药防控 从短须螨发生为害初盛期开始喷药,15 ~ 20天1次,连喷2次左右。效果较好的药剂如:240克/升螺螨酯悬浮剂4000 ~ 5000倍液、20%哒螨灵可湿性粉剂1500 ~ 2000倍液、500克/升溴螨酯乳油1500 ~ 2000倍液、22.4%螺虫乙酯悬浮剂4000 ~ 5000倍液、1.8%阿维菌素乳油2000 ~ 2500倍液等。

葡萄瘿螨

【分布与为害】葡萄瘿螨[*Colomerus vitis*(Pagenstecher)]属蛛形纲真螨目瘿螨科,又称葡萄缺节瘿螨、葡萄潜叶壁虱、毛毡病、毛毡病,在我国许多葡萄产区均有发生,仅为害葡萄,是葡萄上的一种重要害虫。葡萄瘿螨主要为害葡萄幼嫩叶片,主要以成螨、若螨、幼螨在叶背和新梢等部位吸食汁液为害,刺激叶片发生畸变。叶片受害后,首先在叶背产生白色绒状斑点(彩图19-57),叶正面凸起(彩图19-58、彩图19-59),随后叶背凹陷,凹陷处密生白色茸毛,似毛毡(毯)状,故又称毛毡(毯)病。该毛毡(毯)状物为葡萄叶背表皮毛受瘿螨刺激后肥大变形而成(彩图19-60)。后期,毛毡(毯)状物颜色逐渐加深,最后呈茶褐色至深褐色(彩图19-61);同时,叶正面突起逐渐变褐枯死(彩图19-62)。有时,毛状物亦可在叶片正面产生(彩图19-63)。严重时,叶背布满毛绒斑(彩图19-64),叶面突起连片(彩图19-65),后期叶片易干枯脱落,对枝蔓生长及产量、品质影响很大。

彩图19-57 受害初期,叶片背面的白色绒斑

彩图19-58 嫩梢叶片正面的凸起斑

彩图19-62 叶片正面凸起斑变褐枯死

彩图19-59 嫩叶正面的凸起斑

彩图19-63 有时毛状物亦可在叶正面产生

彩图19-60 叶背毛状物放大观

彩图19-64 严重时，叶背布满毛状物

彩图19-61 后期叶背毛状物变为褐色

彩图19-65 严重时，叶面凸起斑连片

【形态特征】雌成螨蠕虫状，黄白色至灰白色，体长160～200微米，体表有多个环纹，近头部生有2对足（彩图19-66）。雄虫个体略小。卵椭圆形，淡黄色，长约30微米。

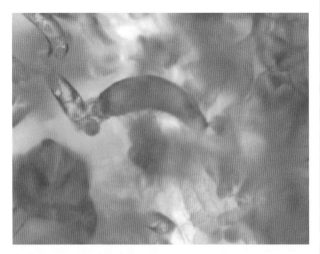

彩图 19-66 葡萄瘿螨成虫（刘顺）

【发生规律】葡萄瘿螨1年发生多代，以成螨群集在芽鳞片内的绒毛处或枝蔓的皮孔内越冬。翌年葡萄萌芽时开始活动，从潜伏场所爬出，转移到幼嫩叶片背面绒毛下刺吸汁液为害。成虫在为害部位的绒毛下产卵，且喜在新梢顶端幼嫩叶片上为害，严重时甚至能扩展到卷须、花序和幼果上。北方葡萄产区多从5月份开始发生，6～8月为发生为害盛期，入秋后成螨陆续转移到芽内越冬或在枝蔓粗皮内越冬。

【防控技术】葡萄瘿螨防控技术模式如图19-5所示。

1.苗木处理 从葡萄瘿螨发生区或果园、苗圃调运苗木时，应将苗木、插条进行消毒处理，以防苗木、插条带虫传播。一般先用40℃温水浸泡苗木、插条5～7分钟，然后再移入50℃温水中浸泡5～7分钟，即可杀死鳞片中的瘿螨。

2.人工措施防控 结合葡萄掐尖、打杈等农事活动，发现被害枝梢叶片及时摘除，集中带到园外销毁，减少园内螨量，避免扩散蔓延。

3.萌芽期药剂清园 上年葡萄瘿螨发生较重果园，在葡萄萌芽期喷药清园，杀死越冬成螨。一般在葡萄萌芽期喷洒1次2～3波美度石硫合剂、45%石硫合剂晶体60～80倍液即可。

4.生长期喷药防控 上年葡萄瘿螨发生较重果园，在葡萄新梢长至10～15厘米时开始喷药，10天左右1次，连喷2次左右。效果较好的药剂如：5%唑螨酯悬浮剂1200～1500倍液、20%哒螨灵可湿性粉剂1500～2000倍液、500克/升溴螨酯乳油1500～2000倍液、1.8%阿维菌素乳油2000～2500倍液、1%甲氨基阿维菌素苯甲酸盐乳油1500～2000倍液、240克/升螺螨酯悬浮剂4000～5000倍液、22.4%螺虫乙酯悬浮剂4000～5000倍液等。喷药时重点喷洒叶片背面，并要求喷药必须均匀周到。

东方盔蚧

【分布与为害】东方盔蚧 [*Parthenolecanium corni* (Bouche)] 属同翅目坚蚧科，又称褐盔蜡蚧、扁平球坚蚧、刺槐蚧、糖槭蚧，在我国河北、河南、山东、山西、江苏、青海等省区均有发生，可为害葡萄、桃树、杏树、苹果、梨树、山楂、核桃等多种果树，以葡萄、桃树受害最重。在葡萄上以雌成虫和若虫附着在枝干、叶片、叶柄及果穗上刺吸汁液为害（彩图19-67～彩图19-69），并排出大量蜜露，诱使煤污病发生，污染果面和影响叶片光合作用。枝条受害严重时，造成树势衰弱，影响果实产量和品质，甚至导致枝蔓枯死。

【形态特征】雌成虫黄褐色或红褐色，扁椭圆形，体背中央有4纵排断续的凹陷，凹陷内外形成5条隆脊。体背边缘有排列较规则的横列皱褶，腹部末端具臀裂缝（彩图19-70）。卵长椭圆形，淡黄白色，近孵化时呈粉红色。初龄若虫扁椭圆形，淡黄色，触角和足发达，具有1对尾毛。3龄若虫黄褐色，形似雌成虫。越冬2龄若虫体赭褐色，椭圆形，上下较扁平，体外有1层极薄的蜡层。

【发生规律】东方盔蚧在葡萄上1年发生2代，以2龄若虫在枝蔓的裂缝、叶痕处或枝条阴面越冬。翌年4月葡萄出土后，随气温升高越冬若虫开始活动，爬至1～2年生枝条或叶上为害。4月上旬虫体开始膨大，并蜕皮变为成虫，4月下旬雌虫体背膨大并硬化，5月上旬开始产卵在体下介壳内，5月中旬为产卵盛期。通常营孤雌生殖，每雌产卵1400～2700粒。5月下旬～6月上旬为若虫孵化盛期，若

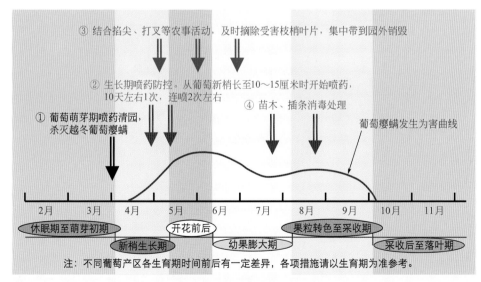

③ 结合掐尖、打杈等农事活动，及时摘除受害枝梢叶片，集中带到园外销毁

② 生长期喷药防控。从葡萄新梢长至10～15厘米时开始喷药，10天左右1次，连喷2次左右

① 葡萄萌芽期喷药清园，杀灭越冬葡萄瘿螨

④ 苗木、插条消毒处理

葡萄瘿螨发生为害曲线

| 2月 | 3月 | 4月 | 5月 | 6月 | 7月 | 8月 | 9月 | 10月 | 11月 |

休眠期至萌芽初期　开花前后　果粒转色至采收期

新梢生长期　幼果膨大期　采收后至落叶期

注：不同葡萄产区各生育期时间前后有一定差异，各项措施请以生育期为准参考。

图19-5 葡萄瘿螨防控技术模式图

虫孵化后爬到叶片背面固定为害。6月中旬蜕皮为2龄若虫并转移到当年生枝蔓、穗轴、果粒上为害，7月上旬羽化为成虫。7月下旬～8月上旬产卵，第2代若虫8月中旬为孵化盛期，若虫孵化后仍先在叶上为害，9月份蜕皮为2龄后转移到枝蔓上越冬。该虫的捕食性天敌有黑缘红瓢虫、小红点瓢虫等。

彩图 19-67　东方盔蚧固着在枝干上为害（孔繁芳）

彩图 19-68　东方盔蚧群集在枝蔓老皮下为害

彩图 19-69　东方盔蚧在叶柄上为害

彩图 19-70　东方盔蚧雌虫介壳

【防控技术】

1.农业措施防控　首先不要选用带虫接穗及苗木，苗木、接穗出圃时要仔细检验，发现带有虫源时应及时处理。其次，葡萄园的防护林尽量不要栽植刺槐等东方盔蚧的寄主林木。此外，在葡萄埋土防寒前，尽量清除枝蔓上的老粗皮，以压低越冬虫口基数。

2.发芽前药剂清园　葡萄发芽前，淋洗式喷洒1次铲除性药剂清园，杀灭枝蔓上的越冬虫源。效果较好的药剂如：3～5波美度石硫合剂、45%石硫合剂晶体50～70倍液等。

3.生长期喷药防控　关键要抓住两个防控时期。一是4月上中旬越冬虫体开始膨大初期；二是5月下旬～6月上旬第1代若虫孵化盛期，发生严重果园6月下旬再增加喷药1次。效果较好的药剂有：22%氟啶虫胺腈悬浮剂4000～5000倍液、22.4%螺虫乙酯悬浮剂4000～5000倍液、25%噻嗪酮可湿性粉剂1000～1500倍液、3%高渗苯氧威乳油1000倍液、5%啶虫脒乳油1500～2000倍液、70%吡虫啉水分散粒剂6000～8000倍液、20%甲氰菊酯乳油1500～2000倍液等。

4.保护和利用天敌　尽量少用或避免使用广谱性杀虫剂，以减少对黑缘红瓢虫、小红点瓢虫等天敌的杀伤作用。

康氏粉蚧

【分布与为害】康氏粉蚧［*Pseudococcus comstocki* (Kuwana)］属半翅目粉蚧科，又称桑粉蚧、梨粉蚧、李粉蚧，在我国许多省区均有发生，可为害葡萄、核桃、板栗、苹果、梨树、桃树、李树、杏树、山楂、柿树、石榴等多种果树。以雌成虫和若虫刺吸芽、叶、果实、枝干及根部的汁液进行为害，为害处常堆有白色绵粉状物（彩图19-71）。嫩枝和根部受害，受害处常肿胀、且易纵裂，严重时导致枝条枯死。同时，康氏粉蚧的排泄物污染叶面及果实（彩图19-72），并常诱使煤烟病发生，影响叶片的光合作用和果实质量（彩图19-73）。

彩图 19-71　果穗受害处堆有白色绵粉状物

【形态特征】雌成虫椭圆形，较扁平，体长3～5毫米，体粉红色，表面被白色蜡粉，体缘具17对白色蜡丝，体前端蜡丝较短，后端最末1对蜡丝较长，几乎与体长相等，蜡丝基部粗，尖端略细（彩图19-74）；触角多为8节，末节最长；胸足发达；腹裂1个，较大，椭圆形；臀瓣发达，其顶端生有1根臀瓣刺和几根长毛。雄成虫体紫褐色，体长约1毫米，翅展约2毫米，翅1对、透明，后翅退化成平衡棒，具尾毛。卵椭圆形，长约0.3毫米，浅橙黄色，数十粒集中成块，外覆薄层白色蜡粉，形成白絮状卵囊。初孵若虫体扁平，椭圆形，淡黄色，外形似雌成虫。仅雄虫有蛹，浅紫色，触角、翅和足等均外露。

彩图19-72　康氏粉蚧为害果穗

彩图19-73　康氏粉蚧为害，诱使果实发生煤污病（吕兴）

彩图19-74　康氏粉蚧雌成虫

【发生规律】康氏粉蚧在华北地区1年发生3～4代，以卵囊在枝干皮缝或石缝土块下等隐蔽处越冬。翌年果树发芽时，越冬卵孵化为若虫，食害寄主幼嫩部位。第1代若虫发生盛期在5月中下旬，第2代为7月中下旬，第3代在8月下旬，世代重叠严重。若虫蜕3次皮后发育为雌成虫，历期35～50天，雄若虫期为25～37天。雄若虫在白色长形茧中化蛹。雌雄交尾后，雌成虫即爬到枝干粗皮裂缝内或果实上等处产卵，有的将卵产在土壤内。产卵时，雌成虫分泌大量棉絮状蜡质结成卵囊，在囊内产卵，每雌成虫产卵200～400粒。康氏粉蚧属活动性蚧类，除产卵期的成虫外，若虫、雌成虫皆能随时变换为害场所。该虫具有趋阴性，在阴暗场所（如果袋内）居留量大，为害较重。7～8月份为发生为害高峰。

【防控技术】康氏粉蚧防控技术模式如图19-6所示。

1.搞好果园卫生　冬前葡萄修剪后下架埋土前，尽量扒除葡萄枝蔓上的老翘皮，集中烧毁，消灭越冬虫卵。

2.发芽前药剂清园　葡萄萌芽前，淋洗式喷洒1次铲除性药剂清园，杀灭枝蔓上的越冬虫源。效果较好的药剂如：3～5波美度石硫合剂、45%石硫合剂晶体50～70倍液等。

3.生长期喷药防控　关键是要抓住各代若虫孵化盛期及时喷药。花序分离期至开花前是喷药防控第1代康氏粉蚧的最关键时期，此期根据虫口密度适时喷药1～2次。套袋前是喷药防控的第2个最佳时期。常用有效药剂同"东方盔蚧"生长期喷药药剂。

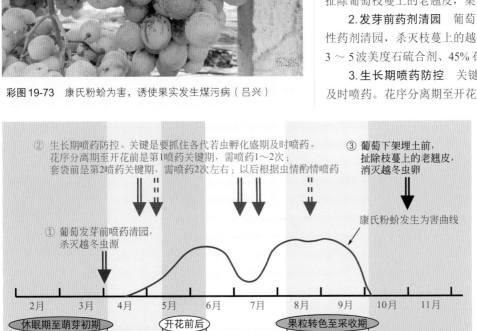

② 生长期喷药防控。关键是要抓住各代若虫孵化盛期及时喷药。花序分离期至开花前是第1喷药关键期，需喷药1～2次；套袋前是第2喷药关键期，需喷药2次左右；以后根据虫情酌情喷药

③ 葡萄下架埋土前，扒除枝蔓上的老翘皮，消灭越冬虫卵

康氏粉蚧发生为害曲线

① 葡萄发芽前喷药清园，杀灭越冬虫源

2月　3月　4月　5月　6月　7月　8月　9月　10月　11月

休眠期至萌芽初期　新梢生长期　开花前后　幼果膨大期　果粒转色至采收期　采收后至落叶期

注：不同葡萄产区各生育期时间前后有一定差异，各项措施请以生育期为准参考。

图19-6　康氏粉蚧防控技术模式图

草履蚧

【分布与为害】草履蚧［*Drosicha corpulenta* (Kuwana)］属同翅目硕蚧科，又称草履硕蚧、日本履绵蚧、草鞋介壳虫、柿裸

蚧，俗称"树虱子"，在我国许多地区均有发生，可为害葡萄、核桃、柿树、苹果、梨树、枣树、樱桃、杏树、李树、猕猴桃等多种果树。以雌成虫和若虫刺吸汁液进行为害，群集或分散取食，葡萄枝蔓、芽、嫩梢、叶片及果实均可受害（彩图19-75），后期虫体表面覆盖有白色蜡粉。受害树体树势衰弱，生长不良，坐果率降低，严重时枝蔓枯死。

彩图19-75 草履蚧在葡萄嫩梢上为害

【形态特征】雌成虫体长约10毫米，扁平椭圆形似草鞋底状，体褐色或红褐色，被覆霜状蜡粉，触角丝状、黑色，足黑色、粗大（彩图19-76）。雄成虫体长5～6毫米，翅展9～11毫米，头、胸部黑色，腹部深紫红色，复眼明显，触角念珠状10节、黑色，前翅紫黑色至黑色，后翅转化为平衡棒，足黑色被细毛，腹末具4个较长突起。卵椭圆形，长1～1.2毫米，初产时黄白色渐变橘红色，产于卵囊内，卵囊为白色绵状物，内含近百卵粒。若虫体似雌成虫，个体较小（彩图19-77）。雄蛹圆筒状，棕红色，长约5毫米，外被白色绵状物。

彩图19-76 草履蚧雌成虫

彩图19-77 草履蚧若虫

【发生规律】草履蚧1年发生1代，以卵在卵囊内于土壤中越夏和越冬。翌年1月下旬～2月上旬，越冬卵开始孵化，初孵若虫抵御低温力强，但要在地下停留数日，随温度上升逐渐开始出土。孵化期持续1个多月。若虫出土后沿枝蔓向上爬至芽腋或嫩梢上刺吸为害。初期白天上树为害夜间下树潜藏，随温度升高逐渐昼夜停留在树上。雄性若虫4月下旬化蛹，5月上旬羽化，羽化期较整齐，前后2周左右。雄成虫羽化后即觅偶交配，寿命2～3天。雌性若虫3次蜕皮后变为成虫，经交配后再为害一段时间即潜入土壤中产卵。卵外包有白色蜡丝裹成的卵囊，每囊有卵100多粒。

【防控技术】

1.阻止若虫上树 葡萄出土上架后，首先扯除主蔓上的老翘皮，特别是主蔓中下部，然后于主蔓中下部光滑处涂抹长约10厘米左右的闭合黏虫胶环，阻止若虫上树。

2.适当喷药防控 上年草履蚧为害较重的葡萄园，首先在葡萄出土上架后选择晴朗天气喷药1次，杀灭早期上树若虫，有效药剂如：2～4波美度石硫合剂、45%石硫合剂晶体60～80倍液等。其次，在葡萄萌芽后再根据虫量多少决定是否喷药，虫量大时，再增加喷药1次即可。葡萄萌芽后的有效药剂同"东方盔蚧"生长期喷药药剂。

3.保护和利用天敌 草履蚧常见天敌有黑缘红瓢虫、红环瓢虫、大红瓢虫等，自然条件下对草履蚧的发生为害有很好的控制作用，应注意保护利用。

葡萄十星叶甲

【分布与为害】葡萄十星叶甲［*Oides decempunctata* (Billberg)］属鞘翅目叶甲科，又称葡萄金花虫，在我国许多省区均有发生，是葡萄产区的一种重要害虫，除为害葡萄外还可为害柚、爬山虎等。该虫以成虫、幼虫取食葡萄叶片，受害叶片被食成孔洞或缺刻状（彩图19-78），虫量大时能将全部叶片吃光，仅残留主脉；芽被啃食后不能发育，对产量影响较大。

彩图19-78 叶片受葡萄十星叶甲为害状

【形态特征】成虫体长约12毫米，椭圆形，土黄色，头小隐于前胸下，触角丝状、淡黄色，末端3节及第4节端部黑褐色；前胸背板及鞘翅上布有细点刻，两鞘翅上共有

10个黑色圆斑，呈4-4-2横行排列，但常有变化（彩图19-79）。卵椭圆形，直径约1毫米，初产时草绿色，后渐变为褐色，表面多具不规则小突起。老熟幼虫体长12～15毫米，近长椭圆形，头小，黄褐色，除尾节无突起外，其他各节两侧均有肉质突起3个，突起顶端呈黑褐色，胸足小，前足退化（彩图19-80）。蛹体长9～12毫米，金黄色，腹部两侧具齿状突起。

彩图19-79　葡萄十星叶甲成虫

彩图19-80　葡萄十星叶甲幼虫（桂炳中）

【发生规律】葡萄十星叶甲在长江以北1年发生1代，在江西、四川1年发生2代，均以卵在根际附近的土中或落叶下越冬，南方有时还能以成虫在各种缝隙中越冬。在1代发生区，越冬卵翌年5月下旬孵化，6月上旬为孵化盛期，初孵幼虫沿枝蔓爬行上树，先群集为害芽、叶，后向上转移，3龄后分散为害。早、晚喜在叶面上取食，白天隐蔽，有假死性。6月下旬幼虫老熟后入土化蛹。7月上中旬羽化为成虫，8月上旬开始产卵，8月中旬～9月中旬为产卵盛期，每雌产卵700～1000粒，以卵越冬。在2代发生区，越冬卵于4月中旬孵化，5月下旬化蛹，6月中旬羽化，8月上旬产卵，8月中旬孵化，9月上旬化蛹，9月下旬羽化，直接以成虫越冬或交配后产卵，以卵越冬。

【防控技术】葡萄十星叶甲防控技术模式如图19-7所示。

1.农业措施防控　结合冬季清园，冬剪后至发芽前彻底清除葡萄园内的枯枝、落叶、杂草，集中烧毁或深埋，消灭越冬虫源。在老熟幼虫化蛹期，及时进行中耕，可消灭虫蛹。

2.人工捕杀　利用成虫和幼虫的假死性，在害虫发生期内，于树下铺设塑料布或床单，振动枝蔓，捕杀落地幼虫及成虫。另外，结合田间其他农事活动，发现集中为害幼虫，及时摘除带虫叶片、进行捕杀。

3.化学药剂防控　关键是在低龄幼虫期（最好在幼虫分散为害前）及时进行喷药，10天左右1次，连喷1～2次。效果较好的药剂如：25克/升高效氯氟氰菊酯乳油1500～2000倍液、4.5%高效氯氰菊酯乳油或水乳剂1500～2000倍液、20%甲氰菊酯乳油1500～2000倍液、20% S-氰戊菊酯乳油1500～2000倍液、2.5%溴氰菊酯乳油1500～2000倍液、100克/升联苯菊酯乳油2500～3000倍液、50%马拉硫磷乳油1500～2000倍液等。

小地老虎

【分布与为害】小地老虎（*Agrotis ypsilon* Rottemberg）属鳞翅目夜蛾科，俗称土蚕、黑地蚕、切根虫，在我国许多省区均有发生，是一种杂食性害虫，在许多葡萄苗圃和幼树园中常有为害。以幼虫咬食嫩芽、嫩梢等部位，使嫩梢折断或不能生长（彩图19-81、彩图19-82），对苗木及幼树生长影响很大。1～2龄幼虫多群集为害，昼夜均可取食，但食量小、为害较轻；3龄后分散为害，白天潜伏在土壤中，夜晚出土咬食，将嫩梢咬断或食害嫩叶及生长点，食量大、为害较重。

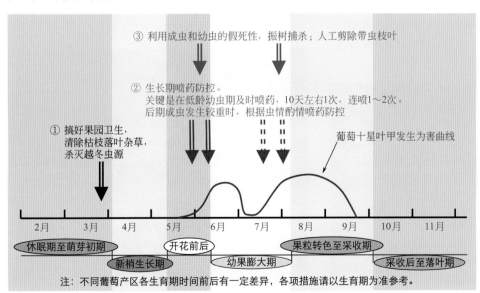

③ 利用成虫和幼虫的假死性，振树捕杀；人工剪除带虫枝叶

② 生长期喷药防控
　关键是在低龄幼虫期及时喷药，10天左右1次，连喷1～2次。
　后期成虫发生较重时，根据虫情酌情喷药防控

① 搞好果园卫生，清除枯枝落叶杂草，杀灭越冬虫源

葡萄十星叶甲发生为害曲线

| 2月 | 3月 | 4月 | 5月 | 6月 | 7月 | 8月 | 9月 | 10月 | 11月 |

休眠期至萌芽初期　　新梢生长期　　开花前后　　幼果膨大期　　果粒转色至采收期　　采收后至落叶期

注：不同葡萄产区各生育期时间前后有一定差异，各项措施请以生育期为准参考。

图19-7　葡萄十星叶甲防控技术模式图

彩图 19-81 小地老虎咬食嫩梢基本

彩图 19-82 小地老虎为害嫩梢不能伸出

【形态特征】成虫体长17～23毫米，翅展40～54毫米，深褐色，雌虫触角丝状；雄虫栉状。前翅暗褐色，具显著的肾状斑、环形纹、棒状纹和2个黑色剑状纹，肾状纹外侧有一明显的尖端向外的楔形黑斑，亚缘线上侧有2个尖端向内的楔形黑斑，3斑相对，易于识别。后翅灰色无斑纹。卵为馒头形，直径0.5毫米，表面有纵横隆起纹，初产时乳白色，孵化前变灰黑色。老熟幼虫体长37～47毫米，灰黑色，体表布满大小不等的颗粒，臀板黄褐色，具2条深褐色纵带（彩图19-83）。蛹长18～23毫米，赤褐色，有光泽，第5～7腹节背面的刻点比侧面刻点大，臀棘为1对短刺。

彩图 19-83 小地老虎幼虫

【发生规律】小地老虎年发生代数南北方不同，黑龙江1年发生2代、北京3～4代、江苏5代、福州6代。越冬虫态及地点在北方地区至今不明，据推测，春季虫源系南方迁飞而来；在长江流域能以老熟幼虫、蛹及成虫越冬；在广东、广西、云南则全年繁殖为害，无越冬现象。成虫昼伏夜出，有趋光性，对黑光灯及糖醋酒等趋性较强。卵散产于杂草、幼苗上，平均每雌产卵800～1000粒。第1代幼虫发生最多，为害最重。幼虫共6龄，1～2龄幼虫群集幼苗顶心嫩叶为害，昼夜取食，3龄后开始分散为害，白天潜伏根际表土附近，夜间出来咬食幼苗，并能把咬断的幼苗拖入土穴内。

【防控技术】

1. 人工措施防控　及时清除田间杂草，清除成虫产卵场所，有效降低虫量。发现有被害幼苗时，及时在根际附近挖土捕杀幼虫。

2. 诱杀成虫　利用成虫的趋光性和趋化性，在葡萄园内设置黑光灯或频振式诱虫灯，或糖醋液诱捕器，诱杀成虫，减少虫源。

3. 药剂防控　小地老虎1～2龄幼虫抗药性很差，且昼夜停留在寄主植物表面或地面上，是药剂防控的最佳适期，应及时进行喷药。一般使用1.8%阿维菌素乳油2500～3000倍液、或2%甲氨基阿维菌素苯甲酸盐微乳剂3000～4000倍液、或4.5%高效氯氰菊酯乳油1500～2000倍液、或50克/升高效氯氟氰菊酯乳油3000～4000倍液、或20%甲氰菊酯乳油1500～2000倍液等均匀喷雾，并注意喷洒植株基部。

葡萄虎蛾

【分布与为害】葡萄虎蛾（*Seudyra subflava* Moore）属鳞翅目虎蛾科，又称葡萄虎夜蛾、葡萄粘虫、葡萄狗子、老虎虫、旋棒虫等，在我国许多葡萄产区均有发生，可为害葡萄、常春藤、爬山虎等植物，主要以幼虫食害葡萄叶片。受害叶片被食成缺刻或孔洞状，虫量大时将叶片吃光，仅残留叶柄和粗脉（彩图19-84），严重时将枝梢叶片吃光（彩图19-85），对葡萄生长及产量影响很大。

彩图 19-84 葡萄叶片受葡萄虎蛾为害状

彩图19-85　严重时，葡萄枝梢叶片全被吃光

【形态特征】成虫体长18～20毫米，头、胸部紫棕色，腹部杏黄色，腹背中央有1列紫棕色毛簇。前翅灰黄色，散生紫棕色斑点，前缘色稍浓，后缘及外横线以外紫棕色，肾形纹、环状纹紫棕色，具黄边；内横线灰黄色，自前缘外斜至中室，在中室下缘呈明显双线；外横线灰黄色，双线，中部外弯，后半段明显内斜；亚缘线灰白色，锯齿形（彩图19-86）。后翅杏黄色，外缘有紫棕色宽带，臀角有一枯黄色斑。卵半球形，直径1.8毫米，高0.9毫米，红褐色，顶端有一黑点。老熟幼虫体长约40毫米，后端较粗，第8腹节稍隆起，头橘黄色、有黑斑，体黄色散生不规则褐斑，毛突褐色，前胸盾、臀板橘黄色，臀板上的褐斑连成一横斑，背线黄色明显（彩图19-87）。蛹长16～18毫米，暗红褐色。

彩图19-86　葡萄虎蛾成虫（木子）

彩图19-87　葡萄虎蛾幼虫

【发生规律】葡萄虎蛾在北方地区1年发生2代，以蛹在葡萄根部及架下土壤内越冬。翌年5月羽化为成虫。成虫昼伏夜出，卵散产于叶片及叶柄等处。6月中下旬始见幼虫，常群集取食叶片，7月中旬陆续老熟入土化蛹。7月下旬～8月中旬羽化为成虫，8月中旬始见第2代幼虫，9月份幼虫老熟后入土作茧化蛹越冬。幼虫受惊扰时头部翘起，并吐出黄色液体。

【防控技术】

1.消灭越冬虫蛹　在北方埋土防寒葡萄产区，结合秋末葡萄埋土和早春出土上架，拣拾越冬虫蛹，进行消灭。

2.人工捕杀幼虫　利用幼虫白天静伏葡萄叶背的习性，在受害叶片附近及周边寻找，并进行人工捕杀幼虫。

3.适当喷药防控　葡萄虎蛾多为零星发生，一般果园不需单独喷药进行防控。个别发生为害较重果园，在低龄幼虫期及时进行喷药，每代喷药1次即可。效果较好的药剂如：25%灭幼脲悬浮剂1500～2000倍液、25%除虫脲可湿性粉剂1500～2000倍液、24%虫酰肼悬浮剂1500～2000倍液、240克/升甲氧虫酰肼悬浮剂3000～4000倍液、20%氟苯虫酰胺水分散粒剂3000～4000倍液、200克/升氯虫苯甲酰胺悬浮剂4000～5000倍液、1.8%阿维菌素乳油2500～3000倍液、1%甲氨基阿维菌素苯甲酸盐微乳剂2000～2500倍液、4.5%高效氯氰菊酯乳油1500～2000倍液、25克/升高效氯氟氰菊酯乳油1500～2000倍液、2.5%溴氰菊酯乳油1500～2000倍液、20%S-氰戊菊酯乳油1500～2000倍液等。

葡萄天蛾

【分布与为害】葡萄天蛾（*Ampelophaga rubiginosa* Bremer et Grey）属鳞翅目天蛾科，又称车天蛾，在我国许多省区均有发生，可为害葡萄、猕猴桃、爬山虎等多种植物，以幼虫蚕食叶片进行为害。低龄幼虫将叶片食成缺刻或孔洞状（彩图19-88），大龄幼虫暴食为害，能将整枝、整株叶片吃光，仅残留叶柄和枝条，严重影响葡萄长势及产量。

彩图19-88　葡萄叶片被食成孔洞及缺刻

【形态特征】成虫体长约45毫米，翅展90毫米，体肥硕纺锤形，茶褐色，体背中央从前胸至腹端有1条白色纵线，复眼后至前翅基有1条较宽白色纵线（彩图19-89）。前翅各横线均为暗茶褐色，前缘近顶角处有一暗色近三角形斑。后翅中间大部分黑褐色，周缘棕褐色，中部和外部各具1条茶色横线。卵球形，直径1.5毫米，淡绿色。老熟幼虫体长约80毫米，绿色，体表多横纹及小颗粒，头部有2对黄白色平行纵线，胴部背面两侧各有1条黄白纵线，中胸至第7腹节两侧各有1条由下向后上方斜伸的黄白斜线，第8节背面具尾角（彩图19-90）。蛹长45～55毫米，纺锤形，棕褐色（彩图19-91）。

彩图19-89　葡萄天蛾成虫

彩图19-90　葡萄天蛾幼虫（桂炳中）

彩图19-91　葡萄天蛾蛹

【发生规律】葡萄天蛾1年发生1～2代，以蛹在土壤中越冬。翌年5月中旬开始羽化，6月上中旬进入羽化盛期。成虫夜间活动，有趋光性。卵多散产于嫩梢或叶背，每雌产卵155～180粒，卵期6～8天。幼虫白天静止，夜晚取食叶片，受触动时从口器中分泌出绿水，幼虫期30～45天。7月中旬开始在葡萄架下入土化蛹，夏蛹具薄网状膜，常与落叶黏附在一起，蛹期15～18天。7月底8月初可见第1代成虫，8月上旬可见第2代幼虫为害，9月下旬～10月上旬，幼虫入土化蛹越冬。

【防控技术】

1.人工捕杀　利用越冬虫蛹多分布在树盘老蔓根部及架面附近表土层的习性，秋施基肥时把表土翻入深层，可杀死越冬虫蛹。利用幼虫受惊扰易掉落地的习性，在幼虫发生期振动枝蔓，震落幼虫进行捕杀；或根据地面虫粪和受害叶片表现，人工捕杀树上幼虫。

2.灯光诱杀成虫　利用成虫的趋光性，在成虫发生期内于果园中设置黑光灯或频振式诱虫灯，诱杀成虫。

3.适当喷药防控　葡萄天蛾多为零星发生，一般果园不需单独进行喷药。个别发生为害较重果园，在低龄幼虫期及时喷药即可，每代喷药1次。常用有效药剂同"葡萄虎蛾"树上喷药药剂。

美国白蛾

【分布与为害】美国白蛾［Hyphantria cunea（Drury）］属鳞翅目灯蛾科，又称美国灯蛾、秋幕毛虫、秋幕蛾，是一种检疫性害虫，我国目前主要发生在辽宁、河北、山东、北京、天津、山西、陕西、河南、吉林等省市。该虫属杂食性害虫，可为害葡萄、桃树、李树、杏树、樱桃、苹果、梨树、柿树、枣树、核桃等多种果树。低龄幼虫群集在枝叶上吐丝结成网幕，幼虫在网幕内啃食为害叶肉（彩图19-92），受害叶片残留叶脉和表皮，呈筛网状；大龄幼虫逐渐分散为害，将叶片食成缺刻或孔洞状，甚至将叶片吃光。每株树上常有几百头、甚至千余头幼虫取食为害（彩图19-93），常把整树叶片蚕食吃光，而后转株为害，对树体生长及树势造成严重影响。

彩图19-92　美国白蛾低龄幼虫啃食叶肉

彩图 19-93　许多有虫群集取食为害

【形态特征】成虫体长 13～15 毫米，体白色，胸部背面密布白色绒毛。雄成虫触角黑色，栉齿状，前翅常散生黑褐色小斑点；雌成虫触角褐色，锯齿状，前翅纯白色（彩图 19-94）。卵圆球形，直径约 0.5 毫米，初产时浅黄绿色或浅绿色，孵化前变灰褐色，数百粒单层连片平铺排列于叶背，覆有白色鳞毛（彩图 19-95）。老熟幼虫体长 28～35 毫米，头黑色，体黄绿色至灰黑色，背线、气门上线、气门下线浅黄色，背部毛瘤黑色，体侧毛瘤多为橙黄色，毛瘤上着生白色长毛丛（彩图 19-96）。蛹暗红褐色，体长 8～15 毫米，雄蛹瘦小，雌蛹较肥大，臀刺 8～17 根，蛹外被有黄褐色丝质薄茧。

彩图 19-94　正在交尾的美国白蛾成虫（桂柄中）

彩图 19-95　美国白蛾卵块

彩图 19-96　美国白蛾幼虫

【发生规律】美国白蛾在华北地区 1 年发生 3 代，以蛹在老树皮下、砖石块下、地面枯枝落叶下或表土层内结茧越冬。翌年 4 月下旬～5 月下旬，越冬代成虫开始羽化。成虫昼伏夜出，交尾后即可产卵，卵单层排列成块状产于叶背，单卵块有卵数百粒，多者可达千粒，卵期 15 天左右。幼虫孵出几个小时后即吐丝结网缀食 1～3 张叶片，随幼虫生长，食量增加，更多叶片被包进网幕内，网幕也随之增大，最后犹如一层白纱包缚整个树冠。幼虫共 7 龄，5 龄以后进入暴食期，把树叶蚕食光后转移为害。第 1 代幼虫 5 月上旬开始为害，一直延续至 6 月下旬，7 月上旬出现第 1 代成虫。第 2 代幼虫 7 月中旬开始发生，8 月中旬第 2 代成虫开始羽化。第 3 代幼虫从 9 月上旬开始为害，直至 11 月中旬，从 10 月中旬开始幼虫陆续下树寻找隐蔽场所结茧化蛹越冬。

【防控技术】

1. 人工措施防控　① 捕杀幼虫：利用低龄幼虫群集结网幕为害、易于识别的特性，在幼虫发生期经常巡回检查，发现幼虫网幕及时剪除，集中销毁。② 摘除卵块：结合田间农事活动，发现卵块，及时摘除销毁。③ 挖除虫蛹：上年虫口密度较大的果园，在越冬代成虫羽化前人工挖蛹，也是防控美国白蛾的一种有效方法。

2. 化学药剂防控　最好在低龄幼虫分散为害前及时喷药，每代喷药 1 次即可，并注意喷洒果园周围其他植物上的美国白蛾幼虫。常用有效药剂同 "葡萄虎蛾" 树上喷药药剂。

3. 生物防控　目前较成功的措施是释放白蛾周氏啮小蜂。即在美国白蛾幼虫发育到 6～7 龄时，将已经接种白蛾周氏啮小蜂的柞蚕蛹挂到树上，按每个柞蚕蛹出蜂 4000 头、蜂和害虫的比例为 5∶1 计算悬挂柞蚕蛹数量。连续释放 2～3 年，即可有效控制美国白蛾的为害。

棉铃虫

【分布与为害】棉铃虫（*Helicoverpa armigera* Hübner）属鳞翅目夜蛾科，在我国许多省区广泛分布，是一种杂食性害虫，可为害葡萄、苹果、梨、桃、李、杏、樱桃等多种果树，主要以幼虫食害果实、新梢、叶片等。3 龄以前幼虫主要啃食新梢顶部嫩叶，3龄后开始转移蛀害果实和取食叶片，被害嫩梢和叶片呈孔洞、缺刻状，果实被蛀食成孔洞或食成缺刻状（彩图19-97、彩图19-98），并常造成果实脱落和烂果。

彩图19-97　棉铃虫幼虫在果粒上为害

彩图19-98　棉铃虫幼虫在葡萄幼穗上为害（毕美超）

【形态特征】成虫体长15～20毫米，复眼球形，绿色，雌蛾赤褐色至灰褐色，雄蛾灰绿色。前翅内横线、中横线、外横线波浪形，外横线外侧有深灰色宽带，肾形纹和环形纹暗褐色，中横线由肾形纹的下方斜伸到后缘，其末端到达环形纹的正下方（彩图19-99）；后翅灰白色，沿外缘有黑褐色宽带，在宽带中央有2个相连的白斑。卵馒头形，中部通常有26～29条直达卵底部的纵隆纹，初产时乳白色，近孵化时有紫色斑。老熟幼虫体长40～50毫米，头黄褐色，背线明显，各腹节背面具毛突，幼虫体色差异很大（彩图19-100）。蛹为被蛹，纺锤形，赤褐色至黑褐色，腹末有1对臀刺。

彩图19-99　棉铃虫成虫

彩图19-100　棉铃虫幼虫（李晓荣）

【发生规律】棉铃虫在华北地区1年发生4代，以蛹在土壤内越冬。翌年4月中下旬气温达15℃时成虫开始羽化，5月上中旬为羽化盛期，5月中下旬幼虫开始为害幼果。6月中旬是第1代成虫发生盛期，7月上中旬为第2代幼虫为害盛期，7月下旬为第2代成虫羽化产卵盛期。第3代成虫于8月下旬～9月上旬产卵，10月中旬第4代幼虫老熟后入土化蛹越冬。成虫昼伏夜出，有很强的趋光性。卵散产在嫩叶或果实上，每头雌蛾产卵200～800粒，卵期3～4天。

【防控技术】

1.加强果园管理　葡萄园内不要种植棉花、番茄、茄子等棉铃虫喜爱的植物。

2.诱杀成虫　在葡萄园内设置黑光灯或频振式诱虫灯，诱杀成虫。

3.果实套袋　实施果实套袋，阻止棉铃虫蛀果为害，这是目前有效防控棉铃虫蛀果为害最有效的无公害措施之一。

4.适当喷药防控　结合其他害虫防控，在各代幼虫卵孵化盛期至蛀果为害初期及时进行喷药，每代喷药1～2次，间隔期7～10天。效果较好的有效药剂同"葡萄虎蛾"树上喷药药剂。

桃蛀螟

【分布与为害】桃蛀螟［*Conogethes punctiferalis*（Guenée）］属鳞翅目螟蛾科，又称桃蠹螟、桃蛀斑螟、桃蛀野螟，俗称"食心虫"，在我国许多果区均有发生，是一种多食性害虫，可为害葡萄、桃、李、杏、石榴、山楂、柿、板栗、核桃、苹果等多种果实及玉米、高粱、向日葵、蓖麻等粮油作物。在葡萄上主要以幼虫蛀害果粒，多从葡萄果柄或果蒂蛀入，蛀食果肉及幼嫩种子，蛀孔外分泌黄褐色透明胶液，并黏附许多红褐色颗粒状虫粪（彩图19-101、彩图19-102）。受害果穗容易腐烂。

【形态特征】成虫全体黄色，身体和翅面上具有多个黑色斑点，似豹纹状（彩图19-103）。卵椭圆形，长0.6毫米，初产时乳白色，后变为红褐色，表面有网状斜纹。老熟幼虫体长22～27毫米，体背暗红色或淡灰褐色，腹面淡绿色，头和前胸背板暗褐色，中、后胸及腹部各节背面各有4个灰褐色毛片，排成两列，前两个较大，后两个较小，臀板深褐色，臀栉有刺4～6个（彩图19-104）。蛹褐色或淡褐色，长约13毫米，腹部5～7节背面前缘各有1列小刺，腹末有细长卷曲刺6根。

彩图19-101　桃蛀螟蛀害的葡萄果粒

彩图19-102　桃蛀螟为害的果粒外黏附有许多虫粪

彩图19-103　桃蛀螟成虫

彩图19-104　桃蛀螟幼虫

【发生规律】桃蛀螟1年发生2～5代，河北、山东、陕西等果区多发生2～3代，均以老熟幼虫结茧越冬。越冬场所比较复杂，多在果树翘皮裂缝中、果园的土石块缝内、梯田边、堆果场等处越冬，也可在玉米茎秆、高粱秸秆、向日葵花盘等处越冬。翌年4月开始化蛹、羽化，但很不整齐，导致后期世代重叠严重。成虫对黑光灯有强烈趋性，对糖醋液也有趋性，白天停歇在叶片背面，傍晚以后活动。成虫羽化1天后交尾，产卵前期为2～3天，5月下旬田间开始发现卵，盛期在6月上旬，第1代卵主要产在桃的早熟品种上。卵经6～8天孵化为幼虫，此代幼虫为害期长达一个多月，6月中下旬幼虫开始老熟结茧化蛹。第1代成虫于7月上旬开始羽化，盛期为7月下旬～8月上旬。第1代成虫可在葡萄上产卵，7月中下旬发现第2代初孵幼虫，8月上中旬是第2代幼虫发生盛期，此期葡萄受害率较高。一个果穗上常有数条幼虫，幼虫还有转果为害习性。9月中下旬后老熟幼虫转移至越冬场所越冬。

【防控技术】

1.人工措施防控　生长期经常检查，发现虫穗及时消灭其上幼虫。尽量实行果实套袋，阻止害虫产卵、蛀食为害。

2.诱杀成虫　利用成虫对黑光灯及糖醋液的趋性，在成虫发生初期于葡萄园内设置黑光灯或频振式诱虫灯，或糖醋液诱捕器，诱杀成虫。

3.及时喷药防控　根据预测预报，在第1代成虫及第2代成虫产卵高峰期及时进行喷药，每代喷药1～2次，间隔7～10天。套袋果园套袋前最好喷药1次。效果较好的药剂有：20%氯虫苯甲酰胺悬浮剂2000～3000倍液、20%氟苯虫酰胺水分散粒剂2500～3000倍液、1.8%阿维菌素乳油2500～3000倍液、2%甲氨基阿维菌素苯甲酸盐微乳剂3000～4000倍液倍液、20%杀铃脲悬浮剂3000～4000倍液、10%虱螨脲悬浮剂1500～2000倍液、4.5%高效氯氰菊酯乳油1500～2000倍液、50克/升高效氯氟氰菊酯乳油3000～4000倍液、20%甲氰菊酯乳油1500～2000倍液、50%马拉硫磷乳油1200～1500倍液等。

白星花金龟

【分布与为害】白星花金龟［*Potosta brevitarsis* (Lewis)］属鞘翅目花金龟科，又称白星金龟子、白星花潜，在我国许多省区均有发生，可为害葡萄、苹果、梨、桃、李、杏、樱桃等多种果树。主要以成虫取食为害，不仅咬食幼叶、嫩芽和花，还群聚食害果实，成虫尤其喜欢群集在果实伤口或腐烂处取食果肉（彩图19-105、彩图19-106）。为害叶片，多将叶片食成孔洞或缺刻状（彩图19-107）。幼虫只取食腐败作物，对果树和农作物没有为害。

【形态特征】成虫椭圆形，全身黑铜色，具有绿色或紫色闪光，前胸背板和鞘翅上散布多个不规则白绒斑，腹部末端外露，臀板两侧各有3个小白斑（彩图19-108）。卵圆形或椭圆形，长1.7～2.0毫米，乳白色。老熟幼虫头部褐色，胸足3对，身体向腹面弯曲呈"C"字形，背面隆起多横皱纹。蛹为裸蛹，体长20～23毫米，初为白色，渐变为黄白色。

彩图19-105　白星花金龟为害葡萄果粒

彩图19-106　白星花金龟群集为害葡萄果穗

彩图19-107　葡萄叶片受白星花金龟为害状

彩图19-108　白星花金龟成虫

【发生规律】白星花金龟1年发生1代，以幼虫在腐殖质土和厩肥堆中越冬。翌年5月上旬出现成虫，盛发期为6～7月，9月份为末期。成虫夜伏昼出，有假死性，受惊动后飞逃或掉落，喜群聚为害，对果汁和糖醋液有趋性。成虫寿命较长，早期为害花蕾穗、影响坐果，7月逐渐转移到果实上为害，造成果实坑疤或腐落。成虫补充营养后从6月底开始交配产卵，卵多产在腐殖质含量高的牛、羊粪堆下或腐烂的作物秸秆垛下的土壤中，深10～15厘米。卵期约10天，幼虫孵化后在土中或肥料堆中栖息，取食腐殖质，秋后寻找适宜场所越冬。

【防控技术】

1.捕杀成虫　利用成虫的假死性，在清晨或傍晚振树捕杀成虫。利用成虫的趋化性，在果园内悬挂小口容器的糖醋液诱捕器、或盛装腐熟烂果汁加少量糖蜜的诱捕器，诱杀成虫。

2.加强施肥管理　使用充分腐熟的有机肥料，避免将幼虫带入园内。也可在施肥时混拌毒死蜱或辛硫磷类农药，杀灭有机肥中的幼虫。

3.适当地面用药　在已使用未腐熟有机肥或含虫量较多有机肥的葡萄园内，可在成虫出土羽化前树下土壤用药，杀灭出土成虫。一般选用48%毒死蜱乳油或50%辛硫磷乳油300～500倍液喷洒地面，将表层土壤喷湿，然后耙松土表；也可使用15%毒死蜱颗粒剂每亩0.5～1千克、或5%辛硫磷颗粒剂每亩4～5千克，按1∶1比例与干细土或河沙拌匀后地面均匀撒施，然后耙松土表。

苹毛丽金龟

【分布与为害】苹毛丽金龟（*Proagopertha lucidula* Faldermann）属鞘翅目丽"金龟科"，又称苹毛金龟子、长毛金龟子，俗称金龟子，在我国许多省区均有发生，属杂食性害虫，可为害葡萄、苹果、梨树、山楂、桃树、杏树、樱桃、核桃、板栗等多种果树。在葡萄上主要以成虫取食花蕾及嫩叶，将叶片食成缺刻或孔洞状（彩图19-109、彩图19-110），虫量大时可将幼嫩部分吃光，严重影响枝蔓生长及产量。幼虫在地下还可为害葡萄细根，但地上部没有明显症状。

彩图19-109　苹毛丽金龟正在食害嫩叶

彩图19-110 嫩叶严重受害状

【形态特征】成虫卵圆形，体长9～10毫米，宽5～6毫米，虫体除鞘翅和小盾片光滑无毛外，皆密被黄白色细茸毛，雄虫茸毛长而密；头、胸背面紫铜色，鞘翅茶褐色，有光泽，半透明，透过鞘翅透视后翅折叠成"V"字形，腹部末端露在鞘翅外（彩图19-111）。卵乳白色，椭圆形，长约1毫米，表面光滑。老熟幼虫体长15～20毫米，体乳白色，头部黄褐色，前顶有刚毛7～8根，后顶有刚毛10～11根；唇基片呈梯形，中部有1横线。蛹长10毫米左右，裸蛹，淡褐色，羽化前变为深红褐色。

彩图19-111 苹毛丽金龟成虫

【发生规律】苹毛丽金龟1年发生1代，以成虫在30厘米左右的土层内越冬。翌年4月中下旬出土为害，取食一周后交尾、产卵，卵产于土壤中，卵期10天左右。1～2龄幼虫在10～15厘米深的土层内生活，3龄后开始下移至20～30厘米的土层中化蛹，8月中下旬为化蛹盛期。9月上旬开始羽化为成虫，然后在深土层中越冬。成虫有假死性，无趋光性。平均气温10℃左右时，成虫白天上树为害，夜间下树入土潜伏；气温达15～18℃时，成虫则白天、夜晚都停留在树上。早晚气温较低，成虫多不活动；中午气温升高，成虫活动频繁，并大量取食为害。

【防控技术】

1.捕杀成虫 利用成虫的假死性和低温不活动性，在成虫发生期的早晨，于树下铺设塑料布或床单，然后振动

葡萄枝蔓，将成虫震落地下，集中消灭。

2.适当喷药防控 一般果园不需喷药防控。若苹毛丽金龟虫量较大，可酌情喷药1～2次，以选用击倒力强、速效性好的触杀型杀虫剂较好，有效药剂如：40%辛硫磷乳油800～1000倍液、50%马拉硫磷乳油1200～1500倍液、50克/升高效氯氟氰菊酯乳油2000～3000倍液、4.5%高效氯氰菊酯乳油1000～1500倍液、20% S-氰戊菊酯乳油1000～1500倍液、20%甲氰菊酯乳油1000～1500倍液等。

四纹丽金龟

【分布与为害】四纹丽金龟［*Popillia quadriguttata* Fabricius］属鞘翅目丽金龟科，又称葡萄金龟子、中华弧丽金龟、四斑丽金龟、四纹金龟子等，在我国许多省区均有发生，可为害葡萄、苹果、梨树、山楂、桃树、李树、杏树、樱桃、柿树等多种果树。主要以成虫食害叶片，将叶片食成不规则缺刻或孔洞状（彩图19-112、彩图19-113），严重时仅残留叶脉，有时还可食害花蕾和果实。幼虫可为害地下根系组织，但葡萄地上部没有明显症状。

彩图19-112 四纹丽金龟正在食害葡萄叶片

彩图19-113 为害后期，叶片成残缺孔洞状

【形态特征】成虫椭圆形，体长7.5～12毫米，宽4.5～6.5毫米，体色多为深铜绿色，头小，触角鳃叶状；鞘翅宽短略扁平，后方窄缩，肩凸发达，鞘翅浅褐色至草

黄色，四周深褐色至墨绿色；臀板基部具白色毛斑2个，腹部1～5节腹板两侧各具白色毛斑1个，由密细毛组成（彩图19-114）。卵椭圆形至球形，初产时乳白色。老熟幼虫体长15毫米，头赤褐色，体乳白色；头部前顶刚毛每侧5～6根排成一纵列，后顶刚毛每侧6根，其中5根成一斜列；肛腹片后部覆毛区中间刺毛呈"八"字形岔开，每侧由5～8根锥状刺毛组成。蛹长9～13毫米，宽5～6毫米。

彩图19-114 四纹丽金龟成虫

【发生规律】四纹丽金龟1年发生1代，多以3龄幼虫在30～80厘米土层内越冬。翌年4月上移至表土层为害，6月幼虫老熟后开始化蛹，蛹期8～20天。成虫于6月中下旬～8月下旬羽化，7月份是为害盛期。6月底开始产卵，7月中旬～8月上旬为产卵盛期，卵期8～18天。幼虫孵化后在根部为害至秋末达3龄时，钻入深土层越冬。成虫飞行力强，具假死性，白天活动，晚间入土潜伏，无趋光性，寿命18～30天。成虫出土群集为害一段时间后交尾产卵，喜在地势平坦、保水力强、土壤疏松、有机质含量高的果园和田园产卵，卵散产在2～5厘米土层内，每雌产卵20～65粒。初孵幼虫以腐殖质或幼根为食，稍大后为害地下组织。当10厘米土层平均温度低于6.7℃时，幼虫开始向深土层转移，进入11月中旬开始越冬。

【防控技术】

1.人工捕杀成虫　利用成虫的假死性，在清晨或傍晚振动葡萄枝蔓，将成虫振落、捕杀。

2.地面用药防控　在成虫出土期（树上见成虫为害时）地面用药，毒杀成虫。一般每亩使用5%辛硫磷颗粒剂4～5千克或15%毒死蜱颗粒剂0.5～1千克拌适量细干土均匀撒施，然后浅锄土壤表层；或每亩使用50%辛硫磷乳油或48%毒死蜱乳油200～250毫升，加10倍水后均匀喷洒在25～30千克细土上拌成毒土，再均匀撒施于地面，然后浅锄土壤表层；或使用50%辛硫磷乳油或48%毒死蜱乳油300～500倍液均匀喷洒地面，将表层土壤喷湿，然后耙松土表。

3.树上喷药防控　成虫发生量大时，也可在成虫上树为害期进行树上喷药防控，10天左右1次，连喷2次左右。以选用击倒力强、速效性好的触杀型杀虫剂较好，有效药剂同"苹毛丽金龟"树上喷药药剂。

葡萄透翅蛾

【分布与为害】葡萄透翅蛾（*Paranthrene regalis* Butler）属鳞翅目透翅蛾科，又称葡萄透羽蛾、葡萄钻心虫，在我国许多葡萄产区均有发生，主要为害葡萄。以幼虫蛀食葡萄枝条髓部（彩图19-115），枝条受害部位肿大，蛀孔外堆有褐色虫粪，叶片易变黄脱落，严重时受害枝条折断枯死，对树势和产量影响较大。

彩图19-115 葡萄透翅蛾幼虫蛀食为害（李晓荣）

【形态特征】雌成虫体长18～20毫米，翅展30～36毫米，全体蓝黑色，头部颜面白色，头顶、下唇须前半部、颈部及后胸两侧均黄色；前翅红褐色，前缘及翅脉黑色，后翅膜质透明；腹部有3条黄色横带，以第4节中央的一条最宽，第6节后缘的次之，第5节上的最细，粗看很像一头深蓝黑色的胡蜂。卵椭圆形，略扁平，红褐色。老熟幼虫体长约38毫米，全体呈圆筒形，头部红褐色，口器黑色，胴部淡黄色，老熟时带紫色，前胸背板上有倒"八"字形纹（彩图19-116）。蛹长约18毫米，红褐色，椭圆形。

彩图19-116 葡萄透翅蛾幼虫（李晓荣）

【发生规律】葡萄透翅蛾1年发生1代，以幼虫在葡萄枝条内越冬。翌年5月上旬越冬幼虫在被害枝条内侧先咬一个圆形羽化孔，然后作茧化蛹，6月上旬成虫开始羽化。成虫行动敏捷，飞翔力强，有趋光性，雌雄交尾后1～2日开始产卵，卵散产在新梢上。幼虫孵化后多从叶柄基部钻入新梢为害，也有的在叶柄内串食，但最后均转入粗枝内为害，幼虫有转移为害习性，至9～10月即在枝条内越冬。被害枝条的蛀孔附近常堆有褐色虫粪，被害部逐渐肿大而成瘤状，叶片变黄，长势衰弱。

【防控技术】葡萄透翅蛾防控技术模式如图19-8所示。

1.人工捕杀幼虫　根据为害症状，结合葡萄田间管理及冬剪，尽量剪除受害枝条，集中烧毁，消灭枝内幼虫。6月上中旬幼虫发生初期，仔细检查，及时摘除虫梢；7月上中旬对已经转梢为害的幼虫，可根据虫粪等症状判定，及

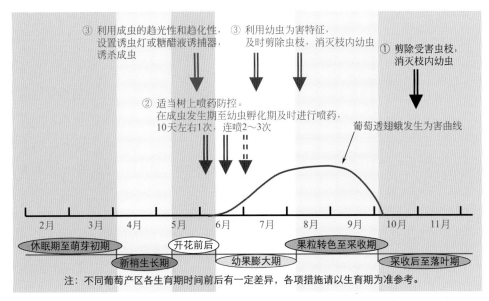

③ 利用成虫的趋光性和趋化性，设置诱虫灯或糖醋液诱捕器，诱杀成虫

③ 利用幼虫为害特征，及时剪除虫枝，消灭枝内幼虫

① 剪除受害虫枝，消灭枝内幼虫

② 适当树上喷药防控。在成虫发生期至幼虫孵化期及时进行喷药，10天左右1次，连喷2～3次

葡萄透翅蛾发生为害曲线

2月　3月　4月　5月　6月　7月　8月　9月　10月　11月

休眠期至萌芽初期　　　开花前后　　　果粒转色至采收期
新梢生长期　　　幼果膨大期　　　采收后至落叶期

注：不同葡萄产区各生育期时间前后有一定差异，各项措施请以生育期为准参考。

图19-8　葡萄透翅蛾防控技术模式图

时剪除虫枝。

2. 诱杀成虫　利用成虫的趋光性，在成虫发生期内于葡萄园中设置黑光灯或频振式诱虫灯，诱杀成虫。也可利用成虫的强烈趋化性，在成虫发生期内于葡萄园中悬挂糖醋液诱捕器，诱杀成虫。

3. 适当喷药防控　上年葡萄透翅蛾发生较重果园，在成虫发生期至幼虫孵化期（葡萄卷须抽生期至幼穗期）及时进行喷药，10天左右1次，连喷2～3次。效果较好的药剂有：25克/升高效氯氟氰菊酯乳油1500～2000倍液、4.5%高效氯氰菊酯乳油1500～2000倍液、20% S-氰戊菊酯乳油1500～2000倍液、2.5%溴氰菊酯乳油1500～2000倍液、50%辛硫磷乳油1200～1500倍液等。

葡萄虎天牛

【分布与为害】葡萄虎天牛（*Xylotrechus pyrrhoclerus* Bates）属鞘翅目天牛科，又称葡萄枝天牛、葡萄脊虎天牛、葡萄虎斑天牛、葡萄斑天牛、葡萄天牛，在我国许多葡萄产区均有发生，仅为害葡萄。以幼虫蛀食嫩枝和1～2年生枝蔓（彩图19-117），初孵幼虫多从芽基部蛀入茎内，多向基部蛀食，被害处变黑，有时流出胶液（彩图19-118），隧道内充满虫粪而不排出（彩图19-119）。同时，还可横向切蛀，导致受害处极易折断。在设施葡萄上3月份开始出现萎蔫新梢，露地葡萄5～6月间出现新梢凋萎和断蔓现象（彩图19-120）。

【形态特征】成虫体长15～28毫米，头部和虫体大部分黑色，前胸及后胸腹板和小盾片赤褐色，鞘翅黑色，基部具"X"形黄色斑纹，近末端具一黄色横纹，翅末端平直，外缘角呈刺状（彩图19-121）。卵椭圆形，长1毫米，乳白色。老熟幼虫体长约17毫米，头小、黄白色，体淡黄褐色，无足，前胸背板宽大，后缘具"山"字形细凹纹，中胸至第8腹节背腹面具肉状突起（彩图19-122）。蛹长约

15毫米，体淡黄白色，复眼淡赤褐色。

【发生规律】葡萄虎天牛1年发生1代，以幼虫在葡萄枝蔓内越冬。翌年3月初保护地葡萄园内即发现受害萎蔫新梢，多集中在葡萄4～5叶期。露地葡萄园一般5～6月开始出现萎蔫新梢，有时枝梢被横向切断、枝头脱落，向基部蛀食。7月份幼虫老熟后在被害枝蔓内化蛹，蛹期10～15天，8月为羽化盛期。卵散产在芽鳞缝隙、芽腋和叶腋的缝隙处，卵期7天左右。幼虫孵化后，即蛀入新梢木质部内纵向为害，虫粪充满在蛀道内、不排出枝外，这是其与葡萄透翅蛾的主要区别。成虫白天活动，活动能力弱，寿命7～10天。该虫主要为害1年生结果母枝，有时也可为害2年生枝蔓，至11月开始越冬。落叶后，受害处枝蔓表皮变为黑色，易于辨别。

彩图19-117　葡萄2年生枝条受害（吕兴）

彩图19-118　枝条受害处流出胶液（吕兴）

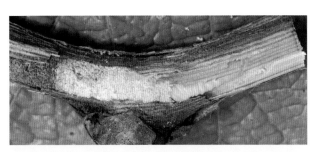

彩图19-119　受害葡萄枝蔓虫道内充满虫粪

彩图19-120 新梢受害后导致萎蔫（吕兴）

彩图19-121 葡萄虎天牛成虫和蛹（吕兴）

彩图19-122 葡萄虎天牛幼虫（吕兴）

【防控技术】葡萄虎天牛防控技术模式如图19-9所示。

1.人工措施防控 结合冬前修剪，彻底剪除表皮变黑的虫枝，集中销毁，减少越冬虫源。葡萄萌芽后注意检查，凡是枝蔓不能萌发或萌发后萎蔫的多为虫枝，应及时剪除、销毁，杀灭枝内幼虫。利用成虫活动能力弱的特性，结合其他农事活动，在成虫发生期（8月中旬～9月上旬）的早晨露水未干时，人工捕杀成虫。

2.适当喷药防控 葡萄虎天牛发生为害较重的果园，在8～9月份的成虫发生及产卵期内，及时进行喷药防控，7～10天喷药1次，连喷2次左右。效果较好的药剂同"葡萄透翅蛾"树上喷药药剂。

日本双棘长蠹

【分布与为害】日本双棘长蠹（*Sinoxylon japonicum* Lesne）属鞘翅目长蠹科，又称黑壳虫、戴帽虫，在我国许多省区均有发生，可为害葡萄、核桃、苹果、海棠、柿树等多种果树，以成虫、幼虫蛀食枝蔓为害。越冬成虫多从节部芽下蛀入（彩图19-123），顺年轮方向环蛀一周，仅留下皮层和少许木质部（彩图19-124），并排出大量玉米面状蛀屑，受害处以上枝蔓逐渐枯萎，遇风或手轻触极易折断（彩图19-125）。当年幼虫顺枝条纵向蛀食木质部，粪便排于坑道内（彩图19-126），有时受害枝条表面流出胶液（彩图19-127）；严重时坑道密集，纵向排列，坑道内充满排泄物（彩图19-128、彩图19-129）。新羽化成虫继续蛀食木质部，并在表皮下咬出若干小孔，排出大量蛀屑，被害枝蔓千疮百孔，容易折断。

【形态特征】成虫体长4.5～6.0毫米，圆柱形，黑褐色，触角10节、棕红色，末端3节膨大为栉片状；前胸背板发达，帽状，盖住头部，长度约为体长的1/3，与前翅同宽，前半部有齿状和颗粒状突起，后半部有刻点；鞘翅红褐色，表面密布较整齐的蜂窝状刻点，后部急剧向下倾斜，鞘翅斜面合缝两侧各有1对棘状突起（彩图19-130）。卵白色，椭圆形，大小约0.3～0.6毫米。老龄幼虫体长4.5～5.2毫米，乳白色，头小，蛴螬形（彩图19-131）。蛹为裸蛹，乳白色，长约5.2毫米，前胸背板膨大隆起，有颗粒状棘突。

【发生规律】日本双棘长蠹在华北地区1年发生1代，以成虫在枝干韧皮部越冬。翌年3月中下旬出蛰并蛀食葡萄枝蔓，补充营养。越冬成虫多从芽的下方蛀入，蛀孔直径2～3毫米，斜向上，蛀入节部后环形蛀食木质部，将蛀屑推出坑道。1头成虫可转蛀2～3

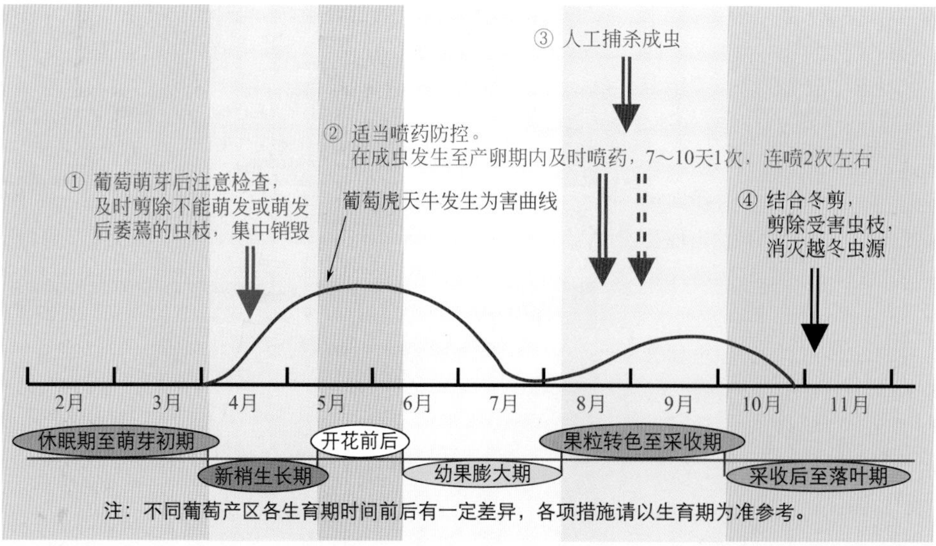

③ 人工捕杀成虫

② 适当喷药防控。
在成虫发生至产卵期内及时喷药，7～10天1次，连喷2次左右

① 葡萄萌芽后注意检查，及时剪除不能萌发或萌发后萎蔫的虫枝，集中销毁

葡萄虎天牛发生为害曲线

④ 结合冬剪，剪除受害虫枝，消灭越冬虫源

2月 3月 4月 5月 6月 7月 8月 9月 10月 11月

休眠期至萌芽初期　　　开花前后　　　果粒转色至采收期

新梢生长期　　　幼果膨大期　　　采收后至落叶期

注：不同葡萄产区各生育期时间前后有一定差异，各项措施请以生育期为准参考。

图19-9 葡萄虎天牛防控技术模式图

个枝条。4月上旬交尾后雌虫爬出坑道，用产卵器刺入枝条表皮，将卵散产于木质部外侧，每雌虫产卵10多粒。卵期5～7天，4月中下旬始见幼虫，幼虫顺枝条纵向蛀食木质部，粪便排于坑道内。随着龄期增长，坑道逐渐串通相连交错。幼虫老熟后在坑道内化蛹。5月下旬～7月中旬陆续化蛹，蛹期6～7天。6～8月出现成虫，成虫常钻出枝干活动，而后继续回到原枝干内为害，一直到9～10月份。此后，成虫离开原为害处，转移到新枝干上蛀食、越冬。

彩图 19-127　日本棘长蠹为害的枝条流出胶液（李晓荣）

彩图 19-123　日本双棘长蠹成虫蛀入孔（刘顺）

彩图 19-128　日本双棘长蠹幼虫的密集坑道

彩图 19-124　日本双棘长蠹越冬成虫环蛀为害状（刘顺）

彩图 19-129　日本双棘长蠹幼虫为害坑道内充满排泄物

彩图 19-125　越冬成虫环蛀处极易折断

彩图 19-126　日本双棘长蠹当年幼虫在枝条内为害状

彩图 19-130　日本双棘长蠹成虫

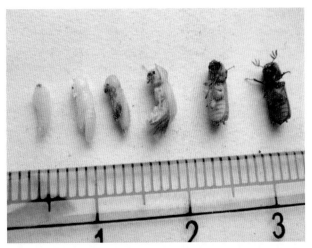

彩图19-131　日本双棘长蠹从幼虫到成虫的动态发育历程
（顾军）

彩图19-132　蚱蝉产卵为害，造成枝梢枯死

【防控技术】

1.加强植物检疫　日本双棘长蠹被列为我国重点检疫对象，因此在调运苗木或接穗时，要严格把关，重点检查，严禁日本双棘长蠹随苗木、接穗向非疫区传播扩散。

2.农业措施防控　结合冬季修剪，彻底剪除虫害枝、衰弱枝，扯除老翘皮，并将枯枝、老皮捡拾干净，集中烧毁，消灭越冬虫源。

3.科学喷药防控　日本双棘长蠹为害较重果园，应抓住成虫两次外出活动期（4月份成虫外出活动交尾期，6～8月成虫外出活动期）及时树上喷药，7天左右1次，每期喷药1～2次。效果较好的药剂同"葡萄透翅蛾"树上喷药药剂。

4.生物措施防控　5月中旬，白天平均气温在20℃以上时，释放管氏肿腿蜂，每亩放蜂1500～2500头。放蜂前后3～4天需无降雨。

▪▪▪ 蚱蝉 ▪▪▪

彩图19-133　蚱蝉成虫

【分布与为害】蚱蝉（*Cryptotympana atrata* Fabricius）属同翅目蝉科，俗称知了、秋蝉、黑蝉，在我国各地均有发生，可为害葡萄、苹果、梨树、山楂、桃树、李树、杏树、樱桃、枣树等多种果树，主要以成虫产卵为害枝条。成虫产卵时用锯状产卵器刺破1年生枝条的表皮和木质部，将卵产于枝条内，使伤口处表皮呈斜锯齿状翘起，随后被产卵枝条逐渐干枯（彩图19-132），剖开翘皮即见卵粒。虫量大时，上部枝条许多被害、枯死，严重影响幼树生长。此外，成虫还可刺吸嫩枝汁液，若虫在土中刺吸根部汁液，但树体均没有明显异常症状。

彩图19-134　蚱蝉产在枝条内的卵粒

【形态特征】成虫体长44～48毫米，翅展约125毫米，体黑色，有光泽，被黄褐色绒毛；头小，复眼大，头顶有3个黄褐色单眼，排列成三角形，触角刚毛状，中胸发达，背部隆起（彩图19-133）。卵乳白色，梭形稍弯，长约2.5毫米，头端比尾端稍尖（彩图19-134）。老熟若虫体长约35毫米，黄褐色，体壁坚硬，前足为开掘足（彩图19-135、彩图19-136）。

彩图19-135　蚱蝉若虫

彩图19-136　蚱蝉的蝉蜕

【**发生规律**】蚱蝉约4～5年完成1代，以卵在枝条内或以若虫在土壤中越冬。若虫一生在土中生活。6月底老熟若虫开始出土，通常于傍晚和晚上从土内爬出，雨后土壤柔软湿润的晚上出土较多，然后爬到树干、枝条、叶片等处蜕皮羽化。7月中旬～8月中旬为羽化盛期。成虫刺吸树木汁液，寿命长约60～70天，7月下旬开始产卵，8月上中旬为产卵盛期。产卵时，雌虫先用产卵器刺破1～2年生枝条的树皮，再将卵产在枝条木质部内，每卵孔有卵6～8粒，一枝条上产卵可达90粒，造成被害枝条枯死，严重时秋末常见满园枯死枝梢。越冬卵翌年6月孵化为若虫，然后钻入土中为害根部，秋后向深土层移动越冬，来年随气温回暖，上移刺吸根部为害。

【**防控技术**】

1.人工捕捉出土若虫　在老熟若虫出土始期，于果园（石灰桩及葡萄主蔓）及周围所有树木主干中下部闭合缠绕宽5厘米左右的塑料胶带，阻止若虫上树。然后在若虫出土期内每天夜间或清晨捕捉出土若虫或刚羽化的成虫，食之或出售。

2.灯火诱杀成虫　利用成虫较强的趋光性，夜晚在树旁点火堆或用强光灯照明，然后振动枝蔓，使成虫飞向火堆或强光处进行捕杀。

3.剪除产卵枯梢　结合冬前修剪，连续多年大面积剪除产卵枯梢（果树及林木上），集中烧毁、或用于人工繁育饲养。

第二十章
核桃、板栗、柿树害虫

▓▓▓ 桃蛀螟 ▓▓▓

【分布与为害】桃蛀螟［*Conogethes punctiferalis*（Guenée）］属鳞翅目螟蛾科，又称桃蛀野螟、豹纹斑螟、桃蠹螟、桃斑蛀螟，幼虫俗称蛀心虫、食心虫，在我国许多省区均有发生，寄主范围非常广泛，可为害核桃、板栗、柿、桃、李、杏、梨、枣、苹果、无花果、樱桃、石榴、葡萄、山楂等多种果树及玉米、高粱、向日葵、大豆、蓖麻等多种作物。以幼虫蛀食果实，蛀孔外留有大量虫粪，虫道内亦充满虫粪（彩图20-1～彩图20-3）。受害果实内部果仁、果肉被食成空洞或吃空（彩图20-4），有的果实容易脱落。

彩图20-1 核桃受桃蛀螟为害状（周世奇）

彩图20-2 板栗受桃蛀螟为害状

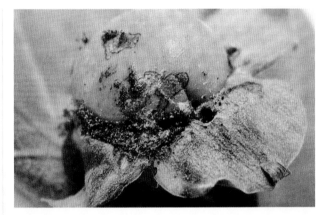

彩图20-3 柿果受桃蛀螟为害状（夏声广）

彩图20-4 板栗受害，种仁被蛀成空洞

【形态特征】成虫体长9～14毫米，全体橙黄色，胸部、腹部及翅上有黑色斑点（彩图20-5）；前翅散生25～30个黑斑，后翅14～15个黑斑，腹部第1节和第3～6节背面各有3个黑点。卵椭圆形，长0.6～0.7毫米，初产时乳白色，孵化前红褐色，卵面满布网状花纹。老熟幼虫体长15～20毫米，体背多暗红色，腹面多为淡绿色，头暗褐色；前胸背板黑褐色，各体节具明显的黑褐色毛片；腹部1～8节各节气门以上有毛片6个，成两排横列，前排4个椭圆形，中间两个较大，后排两个长方形（彩图20-6）。蛹长约10～15毫米，纺锤形，深褐色，尾端有臀刺6根，外被灰白色薄茧（彩图20-7）。

彩图20-5　桃蛀螟成虫

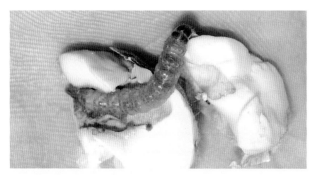

彩图20-6　桃蛀螟幼虫

彩图20-7　桃蛀螟蛹（周世奇）

【发生规律】桃蛀螟在我国1年发生2～5代，均以老

熟幼虫滞育越冬。越冬场所因寄主植物及发生代数的差异有所不同，常见的有树皮裂缝、被害僵果、坝堰乱石缝隙、堆果场以及果园周边的向日葵盘、高粱和玉米茎秆内等。翌年4月开始化蛹、羽化，但很不整齐，造成后期世代重叠严重。成虫昼伏夜出，对黑光灯和糖醋液趋性强。华北地区第1代幼虫发生在6月初～7月中旬，第2代幼虫发生在7月初～9月上旬，第3代幼虫发生在8月中旬～9月下旬。从第2代幼虫开始为害果实。卵多产在枝叶茂密处的果实上或两个果实相互紧贴之处，卵散产，一头雌蛾可产卵169粒，果树上每果产卵1～3粒，多者5～7粒，以两果或三果接触的缝隙处最多。一个果内常有数条幼虫，幼虫还有转果为害习性。幼虫老熟后多在紧贴于果实的枯叶下结茧，也有少数在被害果内、萼筒内或树下结茧化蛹。各虫态历期随寄主植物和世代不同有所差异，一般完成一代约30天。9月中下旬老熟幼虫转移至越冬场所越冬。

【防控技术】桃蛀螟寄主多、食性杂、世代重叠，并有转主为害的特点。因此，应采取消灭越冬幼虫、做好预测预报、适期综合防控等措施（图20-1）。

1.农业措施防控　果树发芽前，刮除枝干粗翘皮、翻耕树盘等，破坏桃蛀螟越冬场所，消灭越冬幼虫。果实生长季节，及时摘除虫果、捡拾落果，集中深埋，消灭果内幼虫。果实采收前，在树干上绑附草把、草绳，诱集越冬幼虫，进入冬季后解下集中烧毁。也可种植诱集植物，利用桃蛀螟成虫对向日葵花盘、玉米、高粱等很强的产卵选择性，在果园周围分期分批种植少量向日葵、玉米、高粱等，招引成虫在其上产卵，然后集中消灭，以减轻果实受害。

2.诱杀成虫　利用成虫对黑光灯、糖醋液及性引诱剂的趋性，在果园内设置黑光灯或频振式诱虫灯、或糖醋液诱捕器、或性引诱剂诱捕器等，诱杀成虫，并进行预测预报。

3.适当喷药防控　根据预测预报结果，在成虫发生高峰过后3～5天内进行喷药防控，每代喷药1～2次，间隔期7天左右。效果较好的药剂有：200克/升氯虫苯甲酰胺悬浮剂3000～4000倍液、3%甲氨基阿维菌素苯甲酸盐乳油4000～5000倍液、1.8%阿维菌素乳油2000～2500倍液、4.5%高效氯氰菊酯乳油1500～2000倍液、25克/升高效氯氟氰菊酯乳油1500～2000倍液、20%S-氰戊菊酯乳油1500～2000倍液、20%甲氰菊酯乳油1500～2000倍液、50%杀螟硫磷乳油1200～1500倍液等。成方连片果园应根据测报结果统一时间喷药，以保证较好的防控效果。

4.生物防控　有条件的果园，在桃蛀螟产卵初期开始释放赤眼蜂，每亩次释放2万～3万头，隔几天释放1次，共释放3～4次。

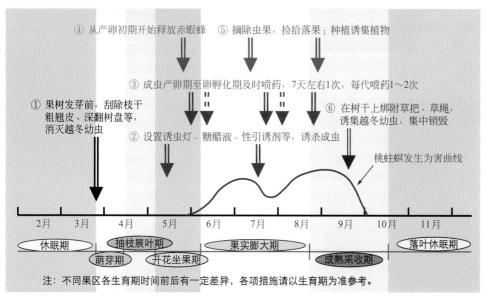

④ 从产卵初期开始释放赤眼蜂　⑤ 摘除虫果，捡拾落果；种植诱集植物

③ 成虫产卵期至卵孵化期及时喷药，7天左右1次，每代喷药1～2次

① 果树发芽前，刮除枝干粗翘皮、深翻树盘等，消灭越冬幼虫

⑥ 在树干上绑附草把、草绳，诱集越冬幼虫，集中销毁

② 设置诱虫灯、糖醋液、性引诱剂等，诱杀成虫

桃蛀螟发生为害曲线

2月　3月　4月　5月　6月　7月　8月　9月　10月　11月

休眠期　抽枝展叶期　果实膨大期　落叶休眠期

萌芽期　开花坐果期　成熟采收期

注：不同果区各生育期时间前后有一定差异，各项措施请以生育期为准参考。

图20-1　桃蛀螟防控技术模式图

柿举肢蛾

【分布与为害】柿举肢蛾（*Stathmopoda massinissa* Meyrick）属鳞翅目举肢蛾科，又称柿蒂虫、柿实蛾，在河北、河南、山东、山西、陕西、安徽、江苏、湖北、台湾等柿产区均有分布，以华北柿区发生较多，主要为害柿和黑枣。幼虫以蛀果为害为主，亦可蛀害嫩梢。为害果实多从果梗或果蒂基部蛀入，蛀孔外排出虫粪（彩图20-8）。受害幼果后期干枯（彩图20-9、彩图20-10），大果受害，提前变黄早落，俗称"烘柿"。

彩图20-8　柿蒂蛀孔处排出有虫粪

彩图20-9　柿举肢蛾为害的柿幼果

彩图20-10　幼果受害，后期干枯

【形态特征】雌蛾体长约7毫米，雄蛾体长5.5毫米。头部黄褐色有光泽，复眼红褐色，胸腹部及前后翅均呈紫褐色；前后翅均狭长，缘毛较长，前翅前缘近顶端处有一条由前缘斜向外缘的黄色带状纹；足及腹部末端黄褐色；后足胫节较长，密生长毛，静止时向后上方伸举（彩图20-11）。卵椭圆形，长约0.5毫米，初产时呈乳白色，后变淡粉红色，表面有细小纵纹，上部环生两圈白色短毛。老熟幼虫体长约10毫米，头部黄褐色，前胸背板及臀板暗褐色，胴部各节背面为淡紫色，中、后胸背面有"×"形皱纹（彩图20-12）。蛹褐色，茧为椭圆形，污白色。

彩图20-11　柿举肢蛾成虫

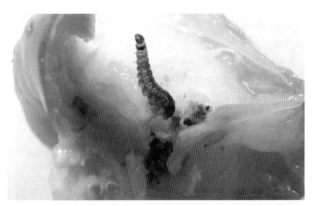

彩图20-12　柿举肢蛾幼虫

【发生规律】柿举肢蛾1年发生2代，以老熟幼虫在树皮裂缝和根颈部1～3厘米深的土中结茧越冬，也有少数幼虫在柿蒂中越冬。翌年4月下旬越冬幼虫开始化蛹，5月上旬成虫开始羽化，5月中下旬为羽化盛期。第1代幼虫为害盛期为6月中下旬，1头幼虫可为害5～6个果实。幼虫老熟后一部分留在果内，另一部分在树皮下结茧化蛹。第1代成虫7月中旬前后盛发。第2代幼虫8月下旬～9月为害最烈，造成大量落果。第2代幼虫转果为害较少，9月中旬后陆续老熟，脱果结茧越冬。成虫昼伏夜出，有趋光性，黑光灯下诱蛾多为雌性。每雌虫产卵12～63粒，最多81粒，卵散产，多产于果梗或果蒂缝隙处。第1代幼虫孵化后，多从果柄蛀入幼果内为害，粪便排于蛀孔外，受害果由绿变褐最后干枯。由于幼虫吐丝缠绕果柄，故不易脱落。第2代幼虫一般在柿蒂下为害果肉，使被害果提前变红、变

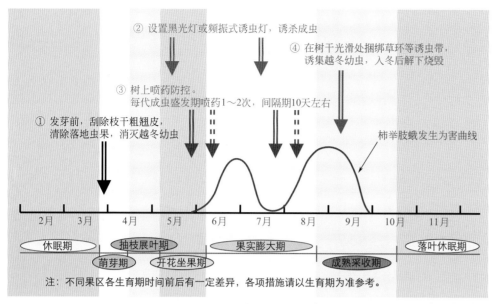

① 发芽前, 刮除枝干粗翘皮, 清除落地虫果, 消灭越冬幼虫

② 设置黑光灯或频振式诱虫灯, 诱杀成虫

③ 树上喷药防控。每代成虫盛发期喷药1～2次, 间隔期10天左右

④ 在树干光滑处捆绑草环等诱虫带, 诱集越冬幼虫, 入冬后解下烧毁

柿举肢蛾发生为害曲线

2月　3月　4月　5月　6月　7月　8月　9月　10月　11月

休眠期　抽枝展叶期　果实膨大期　落叶休眠期

萌芽期　开花坐果期　成熟采收期

注: 不同果区各生育期时间前后有一定差异, 各项措施请以生育期为准参考。

图20-2　柿举肢蛾防控技术模式图

软, 成为"烘柿", 容易脱落。

【防控技术】柿举肢蛾防控技术模式如图20-2所示。

1.农业措施防控　果树发芽前, 刮除枝干粗翘皮, 清除落地虫果, 集中深埋或销毁, 消灭越冬幼虫。生长期结合其他农事活动, 剪除变褐干枯幼果, 集中销毁, 消灭果内幼虫。幼虫越冬前, 在刮除树干粗翘皮处捆绑草环等诱虫带, 诱集越冬幼虫, 进入冬季后解下烧毁, 减少越冬虫源基数。

2.诱杀成虫　利用柿举肢蛾的趋光性, 在成虫发生期内于果园中设置黑光灯或频振式诱虫灯, 诱杀成虫。同时进行成虫发生监测, 以指导树上适期喷药。

3.树上喷药防控　利用诱虫灯诱蛾进行测报, 在连续3天诱到成虫时, 3天后树上喷药; 或调查卵果率, 当田间卵果率达1%～2%时进行喷药防控。10天左右喷药1次, 每代喷药1～2次。效果较好的药剂如: 5%阿维菌素乳油6000～8000倍液、3%甲氨基阿维菌素苯甲酸盐乳油4000～5000倍液、4.5%高效氯氰菊酯乳油1500～2000倍液、25克/升高效氯氟氰菊酯乳油1500～2000倍液、20%S-氰戊菊酯乳油1500～2000倍液、20%甲氰菊酯乳油1500～2000倍液、2.5%溴氰菊酯乳油1500～2000倍液、50%杀螟硫磷乳油1200～1500倍液等。

核桃举肢蛾

【分布与为害】核桃举肢蛾 (*Atrijuglans hetaohei* Yang) 属鳞翅目举肢蛾科, 俗称"核桃黑", 在河北、北京、山东、山西、河南、陕西、贵州、四川、甘肃等省市均有发生, 特别在山区为害较重, 是一种专蛀核桃果实的害虫。以幼虫蛀食核桃果实, 幼虫在核桃青皮下纵横串食为害 (彩图20-13), 受害果实果皮变黑 (彩图20-14), 并逐渐凹陷, 核仁干瘪、发育不良, 后期成干缩黑果, 故俗称为"核桃黑"。

【形态特征】雌蛾, 体黑褐色, 翅狭长、披针形, 前翅端部1/3处有一半月形白斑, 后缘基部1/3处有一近圆形白斑, 翅面覆盖黑褐色鳞片, 前、后翅后缘均有较长缘毛。后足较长, 一般超过体长, 胫节中部和端部有黑色毛束, 跗节第一至三节被黑色毛丛, 栖息时向身体后侧上方举起, 故名"举肢蛾"(彩图20-15)。卵近圆形, 初产时乳白色, 渐变为黄白色。老熟幼虫, 头部暗褐色, 胴部淡黄白色 (彩图20-16)。蛹纺锤形, 黄褐色。茧长椭圆形, 褐色, 外面附有草末及细土粒 (彩图20-17)。

彩图20-13　幼虫在核桃果实青皮下串食为害

彩图20-14　核桃果实表面受害状

【发生规律】核桃举肢蛾在我国核桃产区1年发生1～2代, 以老熟幼虫在1～9厘米土内或杂草、石缝中结茧越冬。在1代发生区, 越冬幼虫5月中旬化蛹, 6月中下

旬为化蛹盛期，蛹期平均7.6天。成虫6月中旬开始羽化，盛期在6月下旬～7月上旬，随之进入产卵盛期，卵期9天左右。初孵幼虫在果面爬行短暂时间，寻找适宜部位即蛀入果内为害，8月上旬幼虫开始脱果，8月下旬脱果完毕，老熟幼虫坠地入土结茧越冬。

在2代发生区，越冬幼虫4月中旬开始化蛹，5月中下旬～6月初为化蛹盛期。越冬代成虫最早5月中旬出现，5月下旬开始产卵。幼虫在果内为害30～40天，6月下旬脱果结茧化蛹，7月中旬羽化出第1代成虫。8月上旬孵化出第2代幼虫，为害至9月中下旬老熟后钻出果皮到越冬处结茧越冬。成虫趋光性弱，多在树冠下部叶背活动，羽化当天雌雄成虫即可交尾产卵。卵散产，大部分产在果实萼洼处，每头雌蛾产卵35～40粒。一个果内有幼虫平均8.5头，最多可达30余头。老熟幼虫自黑果中咬孔坠落入土结茧越冬。

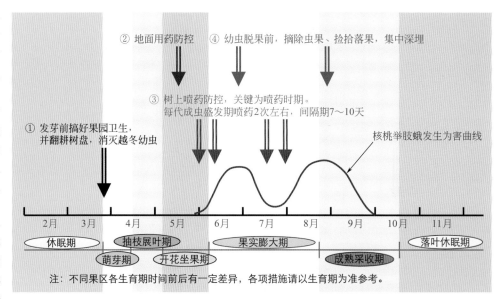

① 发芽前搞好果园卫生，并翻耕树盘，消灭越冬幼虫

② 地面用药防控

③ 树上喷药防控，关键为喷药时期。每代成虫盛发期喷药2次左右，间隔期7～10天

④ 幼虫脱果前，摘除虫果、拾拾落果，集中深埋

核桃举肢蛾发生为害曲线

2月 3月 4月 5月 6月 7月 8月 9月 10月 11月

休眠期 抽枝展叶期 果实膨大期 落叶休眠期
萌芽期 开花坐果期 成熟采收期

注：不同果区各生育期时间前后有一定差异，各项措施请以生育期为准参考。

图20-3 核桃举肢蛾防控技术模式图

彩图20-15 核桃举肢蛾成虫

彩图20-16 核桃举肢蛾老熟幼虫

彩图20-17 核桃举肢蛾蛹茧

【防控技术】核桃举肢蛾防控技术模式如图20-3所示。

1. 农业措施防控　落叶后至发芽前，清除园内杂草及枯枝、落叶，集中深埋或烧毁；然后，翻耕树盘10～12厘米深，范围略超出树冠垂直投影，破坏害虫越冬场所，消灭越冬幼虫和抑制成虫羽化出土。幼虫老熟脱果前（6～8月），摘除树上被害虫果，并及时拾拾树下落地虫果，集中深埋，减少越冬虫源。上述措施连续实施3年，防控效果可达90%以上。

2. 地面药剂防控　在越冬代成虫羽化出土前（5月中旬前后）树下地面用药防控，一般每平方米均匀撒施5%辛硫磷颗粒剂5克或5%毒死蜱颗粒剂5克，或使用480克/升毒死蜱乳油500～600倍液或50%辛硫磷乳油300～500倍液均匀喷洒地面，用药后浅锄土壤浅层，使药剂与土壤混合均匀，以延长药效。

3. 树上喷药防控　关键为喷药时期，成虫盛发期及时喷药。当性引诱剂诱捕器诱蛾量急剧增加、且卵果率达2%时即为第1次喷药时间，7～10天喷药1次，每代喷药2次左右。常用有效药剂同"柿举肢蛾"树上喷药药剂。

核桃长足象甲

【分布与为害】核桃长足象甲（*Alcidodes juglans* Chao）属鞘翅目象甲科，又称核桃果象甲、核桃长足象、核桃果象，俗称"核桃象鼻虫"，分布于河南、山东、陕西、湖北、四川、贵州、云南、湖北、重庆等省市，只为害核桃，是一种核桃果实重要害虫，成虫、幼虫均能为害，尤以幼虫为害最重。成虫啃咬嫩枝、芽苞，使其枯萎脱落。幼虫蛀食果、芽、嫩枝、叶柄等，致使梢枯、芽蔫、叶（果）早落。果实被害后，果形始终不变，果内充满棕黑色粪便（彩图20-18），果仁受害造成大量落果，甚至绝收。

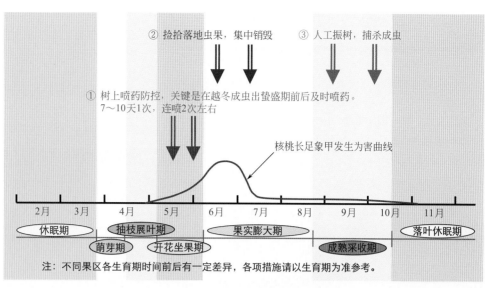

图20-4　核桃长足象甲防控技术模式图

② 捡拾落地虫果，集中销毁　③ 人工振树，捕杀成虫

① 树上喷药防控，关键是在越冬成虫出蛰盛期前后及时喷药。7～10天1次，连喷2次左右

核桃长足象甲发生为害曲线

2月　3月　4月　5月　6月　7月　8月　9月　10月　11月

休眠期　抽枝展叶期　果实膨大期　落叶休眠期

萌芽期　开花坐果期　成熟采收期

注：不同果区各生育期时间前后有一定差异，各项措施请以生育期为准参考。

彩图20-18　核桃长足象甲为害状及幼虫

【形态特征】成虫体长椭圆形，长9～11毫米，黑褐色略有光泽，密布棕色短毛，头部延伸成喙（彩图20-19）。喙粗长，密布小刻点，雌虫喙平均长5毫米，触角着生于喙的1/2处；雄虫喙平均长4毫米，触角着生于喙端部的1/3处。触角膝状，12节，前端5节呈锤状。前胸背板密布黑色瘤状凸起，鞘翅上有明显的条状凹凸纵带，鞘翅基部明显向前突出，每鞘翅上有10条刻点沟。腿节膨大，各有一齿状突起。卵椭圆形，长1.2～1.4毫米，初产时乳白色，后变黄褐色至褐色。老熟幼虫体长14～16毫米，体肥胖弯曲，头棕色，体淡黄色至黄褐色。蛹长约10毫米，黄褐色，胸腹背面散生许多小刺，腹部末端有1对褐色臀刺。

【发生规律】核桃长足象甲1年发生1代，以成虫在背风温暖的草丛或土缝内越冬。在陕西省宁强县，核桃萌芽时成虫开始出蛰，上树啃食幼芽、嫩叶，5月中旬气温达16℃时大量出蛰并开始交尾产卵，产卵期达30～50天，产卵盛期为5月中旬～6月上旬。产卵时，用喙在果实上（多在果脐周围）蛀一深约3毫米的孔洞，然后掉头产卵于洞口，再用喙把卵送入洞内，最后口中的胶状物在洞深2/3处将洞密封。每雌虫产卵150～180粒，一般每果产卵1粒，卵期10天左右。初孵幼虫先在原处蛀食果皮3～4天，

再蛀入果核取食种仁，从蛀孔排出虫粪，种仁逐渐腐烂变黑，导致落果，从产卵到落果经历20天左右，落果盛期为6月中旬。幼虫在落果内继续取食种仁，老熟后在果内化蛹，幼虫期约50天，蛹期10天左右。6月下旬核桃硬核后，幼虫多在果皮处蛀食。7月上中旬为成虫羽化盛期，当年成虫在树上觅食叶梢、蛀食果皮和芽，当年不产卵，11月下旬气温降至3℃时陆续下树钻入树盘下土缝内或草丛等处越冬。成虫行动迟缓，飞翔力弱，有假死性和一定趋光性。

彩图20-19　核桃长足象甲成虫

【防控技术】核桃长足象甲防控技术模式如图20-4所示。

1.农业措施防控　在6月初～7月上旬虫果脱落期，捡拾落果并集中深埋处理，能有效减少虫源基数。9～11月份振树捕杀成虫，减少越冬成虫基数。

2.适当喷药防控　关键是在越冬成虫出蛰盛期前后及时喷药，7～10天1次，连喷2次左右。以选用击倒力强的触杀性药剂较好，效果较好的药剂如：50克/升高效氯氟氰菊酯乳油3000～4000倍液、4.5%高效氯氰菊酯乳油1500～2000倍液、20% S-氰戊菊酯乳油1500～2000倍液、20%甲氰菊酯乳油1500～2000倍液、50%杀螟硫磷乳油1200～1500倍液、3%甲氨基阿维菌素苯甲酸盐乳油3000～4000倍液等。

栗实象甲

【分布与为害】栗实象甲（*Curculio davidi* Fairmaire）属鞘翅目象甲科，在我国各栗树产区均有发生，主要为害板栗、茅栗、榛、栎等植物。成虫咬食嫩叶、新芽和幼果，幼虫蛀食果实，受害栗果内充满虫粪（彩图20-20），丧失经济价值，并易诱使果仁霉烂，严重威胁板栗生产。

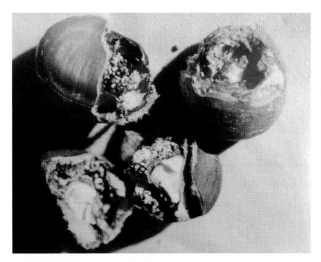

彩图20-20　栗实象甲为害的板栗（冯明祥）

【形态特征】雌虫体长7～9毫米，头管长9～12毫米；雄虫体长7～8毫米，头管长4～5毫米。体黑褐色，前胸背板后缘两侧各有一半圆形白色斑纹，与鞘翅基部的白斑纹相连。鞘翅外缘近基部1/3处和近翅端2/5处各有一白色横纹，鞘翅上各有10条点刻组成的纵沟。体腹面被有白色鳞片。卵椭圆形，长约1.5毫米，表面光滑，初产时透明，近孵化时变为乳白色。幼虫纺锤形，略呈"C"形弯曲，体表具多条横皱纹，乳白色至淡黄色，头部黄褐色至黑褐色，无足，老熟时体长8.5～12毫米（彩图20-21、彩图20-22）。蛹长7.5～11.5毫米，乳白色至灰白色，近羽化时灰黑色，头管伸向腹部下方。

【发生规律】栗实象甲在长江以南地区1年发生1代，长江以北地区2年发生1代，均以成熟幼虫在土壤中作土室越冬。在2年发生1代地区，老熟幼虫次年继续在土中滞育，直到第3年6月份化蛹。6月下旬～7月上旬为化蛹盛期，蛹期25天左右，成虫羽化后在土中潜伏8天左右成熟。8月上旬成虫陆续出土，上树啃食嫩枝、栗苞吸取营养。8月中旬～9月上旬在栗苞上钻孔产卵，成虫咬破栗苞和种皮，将卵产于栗仁内，卵多产在果肩和坐果部位，一般每果产卵1粒。成虫飞翔力差，善爬行，有假死性，趋光性不强，白天取食交尾产卵，夜晚停在叶片重叠处。卵期10天左右，幼虫孵化后蛀食栗仁，虫粪排在蛀道内。栗子采收后幼虫继续在果实内发育，为害期30多天。10月下旬～11月上旬幼虫老熟后从果实中钻出入土，在5～15厘米深处做土室越冬。

彩图20-21　栗实象甲幼虫

彩图20-22　正在脱果的栗实象甲老熟幼虫

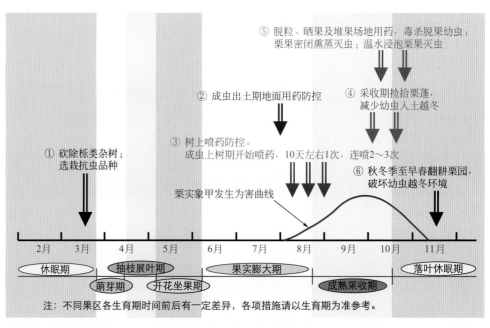

注：不同果区各生育期时间前后有一定差异，各项措施请以生育期为准参考。

图20-5　栗实象甲防控技术模式图

【防控技术】栗实象甲防控技术模式如图20-5所示。

1.农业措施防控　尽量砍除栗园内及其附近的栎类杂树，改善栗园生态条件。尽量选栽栗苞大、苞刺长而密、质地坚硬、苞壳厚的抗虫品种，可显著减轻为害。秋冬季或早春翻耕栗园，破坏幼虫越冬环境，促使幼虫死亡。栗果成熟后及时采收，彻底拾净栗蓬，减少在栗园中脱果入土越冬的幼虫数量。脱粒、晒果及堆果场地最好选用水泥地面或坚硬场地，防止脱果幼虫入土越冬。

2.毒杀脱果幼虫　脱粒、晒果及堆果场地事先喷洒50%辛硫磷乳油500～600倍液，每平方米喷洒药液1～1.5千克，最好使药液渗透至5厘米深土层。如地面坚实或为水泥地，则应在其周围堆1圈喷有辛硫磷或拌和5%辛硫磷颗粒剂的疏松土壤。以毒杀脱果入土幼虫，减少越冬虫量。

3.温水浸泡灭虫　栗果脱粒后用50～55℃温水浸泡10～15分钟，杀虫率达90%以上，捞出晾干后即可贮运，且对栗果发芽力没有伤害。但必须严格掌握水温和处理时间，切忌水温过高或浸泡时间过长。

4.栗果密闭熏蒸　有条件的栗果收购点，可使用溴甲烷或二硫化碳等熏蒸剂对栗果进行密闭熏蒸，以彻底杀灭栗果内幼虫。溴甲烷每立方米用量2.5～3.5克，熏蒸处理24～48小时；二硫化碳每立方米用量30毫升，处理20小时。正常药量范围内对栗果发芽无不良影响。

5.适当喷药防控　上年害虫发生严重栗园，首先在成虫出土初期地面喷施50%辛硫磷乳油或480克/升毒死蜱乳油500～600倍液，将表层土壤喷湿，然后进行浅锄，毒杀出土成虫。其次在成虫发生期树上进行喷药，10天左右1次，连喷2～3次，杀灭树上成虫，以选用击倒力强的触杀性药剂较好，有效药剂同"核桃长足象甲"树上喷药药剂。

▓ 栗实蛾 ▓

【分布与为害】栗实蛾［*Laspeyresia splendana*（Hübner）］属鳞翅目小卷叶蛾科，又称栗子小卷蛾、栎实卷叶蛾，在东北、华北、西北及华东栗产区均有发生，可为害栗、栎、核桃、榛等植物。以幼虫咬破栗蓬，蛀入果内取食为害（彩图20-23），被害果表面常见白色或褐色颗粒状虫粪堆积。有的咬伤果梗，导致栗蓬早期脱落。受害严重果园，造成大量减产，并导致果品质量降低。

【形态特征】成虫体长7～8毫米，体银灰色，前、后翅灰黑色，前翅前缘有向外斜伸的白色短纹，后缘中部有4条斜向顶角的波状白纹，后翅黄褐色，外缘为灰色（彩图20-24）。卵扁圆形，长1毫米，略隆起，白色半透明。老熟幼虫体长8～13毫米，圆筒形，头黄褐色，前胸盾及臀板淡褐色，胴部暗褐至暗绿色，各节毛瘤色深，上生细毛（彩图20-25）。蛹黄褐色，体长7～8毫米，腹节背面各具两排突刺，前排稍大。茧褐色，纺锤形，稍扁，以丝缀枯叶而成。

【发生规律】栗实蛾在辽宁及陕西秦岭一带1年发生1代，均以老熟幼虫结茧在落叶或杂草中越冬。辽宁地区翌年6月化蛹，蛹期13～16天，7月中旬后进入羽化盛期。成虫寿命7～14天，白天静伏在叶背，晚上交配产卵，卵多产在栗蓬刺上和果梗基部，7月中旬为产卵盛期，7月下旬幼虫孵化。初孵幼虫先蛀食蓬壁，而后蛀入栗实，从蛀孔处排出灰白色短圆柱状虫粪，堆积在蛀孔外，一果内常有1～2头幼虫，幼虫期45～60天。9月下旬～10月上中旬幼虫老熟后咬破种皮脱出，落到地面杂草、落叶、残枝中结茧越冬。

彩图20-23　栗果实受栗实蛾为害状（吕佩珂）

彩图20-24　栗实蛾成虫（吕佩珂）

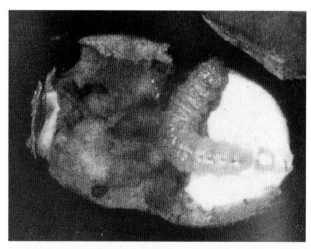

彩图20-25　栗实蛾幼虫（吕佩珂）

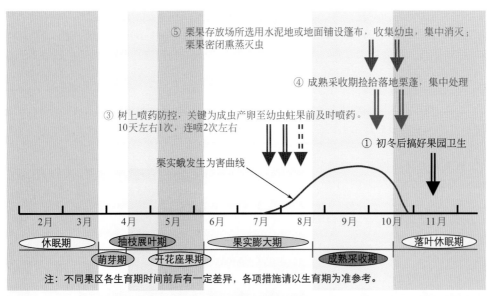

⑤ 栗果存放场所选用水泥地或地面铺设篷布，收集幼虫，集中消灭；栗果密闭熏蒸灭虫

④ 成熟采收期捡拾落地栗蓬，集中处理

③ 树上喷药防控，关键为成虫产卵至幼虫蛀果前及时喷药。10天左右1次，连喷2次左右

① 初冬后搞好果园卫生

栗实蛾发生为害曲线

| 2月 | 3月 | 4月 | 5月 | 6月 | 7月 | 8月 | 9月 | 10月 | 11月 |

休眠期　　抽枝展叶期　　　　果实膨大期　　　　　　落叶休眠期
　　　萌芽期　　开花座果期　　　　　成熟采收期

注：不同果区各生育期时间前后有一定差异，各项措施请以生育期为准参考。

图20-6　栗实蛾防控技术模式图

【防控技术】栗实蛾防控技术模式如图20-6所示。

1.农业措施防控　果实成熟后及时采收，并拾净落地栗蓬。秋后初冬彻底清除栗园内的落叶杂草，消灭越冬幼虫。栗实贮存场所选用水泥地，或地面铺设篷布收集幼虫、集中消灭。

2.树上喷药防控　在7月中下旬～8月中旬幼虫蛀果前及时树上喷药，10天左右1次，连喷2次左右。常用有效药剂同"核桃长足象甲"树上喷药药剂。

3.采后药剂熏蒸　新采收的栗果在密闭场所内熏蒸消毒，杀灭果内幼虫。一般每立方米栗果使用溴甲烷60克熏蒸4小时、或使用二硫化碳30毫升处理20小时、或使用50%磷化铝片剂18～21克处理24小时。

4.栗园养鸡　1只成年鸡能控制1亩栗园的害虫，鸡既食成虫，也食蛹、卵块等，不仅能有效控制栗实蛾发生，也对其他害虫具有很好的控制作用。

木橑尺蠖

【分布与为害】木橑尺蠖（*Culcula panterinaria* Bremer et Grey）属鳞翅目尺蛾科，又称木橑尺蛾、核桃尺蠖、核桃步曲、吊死鬼、小大头虫，在我国许多省区均有发生，是一种多食性害虫，可为害核桃、柿树、山楂、梨树、葡萄、木橑、茶树、杨树、柳树、槐树等150多种植物，特别对核桃和木橑为害严重。以幼虫取食叶片，初孵幼虫啃食叶肉，稍大后蚕食叶片成缺刻或孔洞状，大龄后暴食为害，将叶片吃光（彩图20-26）。严重时，对树势及产量影响很大。

【形态特征】成虫体长17～31毫米，雌蛾触角线状，雄蛾触角短羽毛状，胸部背面具有棕黄色鳞毛，中央有一浅灰色斑纹，腹部背面近乳白色，腹部末端棕黄色。翅底白色，翅面有灰色和橙色斑点，前翅基部有一近圆形棕黄色斑纹，前、后翅外缘线上各有1条断续的波状棕黄色斑纹（彩图20-27）。卵椭圆形，灰绿色，近孵化前黑色，数十粒成块状，上覆棕黄色鳞毛。幼虫共6龄，初孵幼虫头部暗

褐色，背线及气门上线浅草绿色，以后随幼虫发育变为绿色、浅褐绿色或棕黑色（彩图20-28）。幼虫体色常随寄主植物的颜色而变化，头部密布白色、琥珀色、褐色泡沫状突起，头顶两侧呈马鞍状突起（彩图20-29）。蛹黑褐色，头顶两侧具明显齿状突起，臀棘和肛门两侧各有3块峰状突起。

【发生规律】木橑尺蠖在华北地区1年发生1代，在浙江地区1年发生2～3代，以蛹在树干周围的土缝内或碎石堆中越冬，土壤3～6厘米深处最多。成虫羽化期很长，华北地区5月上旬～8月底都有成虫出现，盛期为7月中下旬。成虫昼伏夜出，具有较强的趋光性。卵多产在寄主植物的树皮裂缝中或石块上，呈不规则块状，每雌产卵1000～3000粒。初孵幼虫有群集性，快速爬行寻找食害叶片，并能吐丝下垂借助风力转移为害。2龄后行动迟缓，分散为害。幼虫臀足攀缘能力很强，静止时臀足直立在树枝上，或以腹足和胸足分别攀缘在分叉处的两个小枝上，全身直立，像一小枯枝，因此又称"棍虫"。幼虫期一般45天左右，1龄、2龄幼虫食量很小，5龄、6龄幼虫食量猛增，叶片被吃光后转移为害。7～8月间为幼虫严重为害期。8月中下旬幼虫老熟后陆续下树入土化蛹、越冬。大发生年份，往往有几十或几百头幼虫聚在一起化蛹形成蛹巢，化蛹入土深度多在3～6厘米。

彩图20-26　木橑尺蠖为害叶片残缺不全（核桃）

彩图20-27　木橑尺蠖成虫

彩图20-28　木橑尺蛾幼虫

彩图20-29　木橑尺蠖幼虫头部正面观

【防控技术】木橑尺蠖防控技术模式如图20-7所示。

1.农业措施防控　害虫为害较重地区，在秋季或春季害虫越冬期间，结合翻耕树盘在树干周围1米范围内挖蛹，集中销毁，消灭越冬虫源。利用成虫清晨不太活泼、不易活动的特性，也可进行人工捕杀成虫（清晨进行）。根据初孵幼虫群集为害特点，及时剪除群集为害的叶片，集中消灭初孵幼虫。

2.灯光诱杀成虫　利用成虫的趋光性，在成虫羽化期内（5～8月）于果园中设置黑光灯或频振式诱虫灯，诱杀成虫，每2～3公顷安置1台。

3.化学药剂防控　关键为在害虫卵孵化期至3龄幼虫前及时进行喷药，10天左右1次，连喷2次左右。常用有效药剂有：1.8%阿维菌素乳油2500～3000倍液、1%甲氨基

阿维菌素苯甲酸盐微乳剂2000～3000倍液、25%灭幼脲悬浮剂1500～2000倍液、24%虫酰肼悬浮剂2000～3000倍液、200克/升氯虫苯甲酰胺悬浮剂3000～4000倍液、20%氟苯虫酰胺水分散粒剂3000～4000倍液、8000IU/微升苏云金杆菌悬浮剂200～300倍液、4.5%高效氯氰菊酯乳油1500～2000倍液、25克/升高效氯氟氰菊酯乳油1500～2000倍液、2.5%溴氰菊酯乳油1500～2000倍液、20% S-氰戊菊酯乳油1500～2000倍液、20%甲氰菊酯乳油1500～2000倍液、1%苦参碱可溶性液剂1000～1200倍液等。

柿星尺蠖

【分布与为害】柿星尺蠖［*Percnia giraffata*（Guenee）］属鳞翅目尺蛾科，又称柿星尺蛾、大斑尺蛾、柿豹尺蛾、柿大头虫，在我国河北、山西、河南、安徽、四川等省均有发生，可为害柿树、君迁子（黑枣）、苹果、梨树等果树，以幼虫食害叶片。低龄幼虫啃食叶肉，导致受害叶片成筛网状；稍大后蚕食为害，将叶片食成缺刻或孔洞状，严重时将叶片吃光。

【形态特征】成虫体长25毫米左右，头部黄色，雌虫触角丝状、雄虫短羽状，前胸背面黄色，胸背有4个黑斑。前、后翅均为白色，表面分布许多大小不等的黑褐色斑点，以外缘部分较密，中室处各有一近圆形较大斑点，前翅顶角处几乎呈黑色。腹部金黄色，背面每节两侧各有1个灰褐色斑纹（彩图20-30）。卵椭圆形，直径约0.9毫米，初产时翠绿色，孵化前变为黑褐色，20～60粒成块，密集成行。初孵幼虫漆黑色，胸部稍膨大（彩图20-31）。老熟幼虫体长55毫米左右，头部黄褐色，布有许多白色颗粒状突起，背线呈暗褐色宽带，两侧为黄色宽带，上有不规则黑色曲线。胴部第3、4节特别膨大，其背面有一对椭圆形黑色眼状斑，斑外各有1月牙形黑纹，因此俗称"大头虫"（彩图20-32）。蛹棕褐色至黑褐色，长约25毫米，尾端有一刺状突起。

【发生规律】柿星尺蠖1年发生2代，以蛹在土块下或梯田石缝内越冬。翌年5月下旬开始羽化，7月中旬结束，成虫羽化后不久即可交尾产卵。第1代幼虫孵化期为6月上旬～8月上旬，为害盛期为7月中下旬。7月中旬前后老熟幼虫开始吐丝下垂入土化蛹，蛹期15天左右。第1代成虫羽化期为7月下旬～9月中旬。第2代幼虫为害盛期为9月上中旬，从9月上旬开始老熟幼虫陆续入土化蛹越冬。成虫昼伏夜出，有趋光性。卵产于叶背，排列成块，每雌蛾产卵200～600粒，卵期约8天。初孵幼虫在叶背啃食叶肉，长大后分散至树冠上部及外围叶片上食害，受惊扰吐丝下

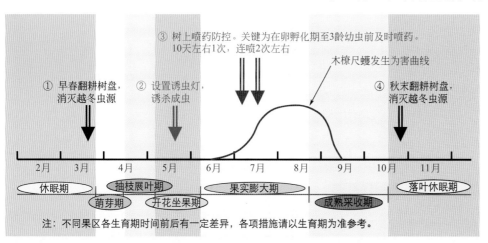

③ 树上喷药防控。关键为在卵孵化期至3龄幼虫前及时喷药。
10天左右1次，连喷2次左右

木橑尺蠖发生为害曲线

① 早春翻耕树盘，消灭越冬虫源

② 设置诱虫灯，诱杀成虫

④ 秋末翻耕树盘，消灭越冬虫源

| 2月 | 3月 | 4月 | 5月 | 6月 | 7月 | 8月 | 9月 | 10月 | 11月 |

休眠期　　抽枝展叶期　　果实膨大期　　落叶休眠期

萌芽期　　开花坐果期　　成熟采收期

注：不同果区各生育期时间前后有一定差异，各项措施请以生育期为准参考。

图20-7　木橑尺蠖防控技术模式图

垂，幼虫期28天左右。幼虫老熟后，吐丝下垂，在寄主附近疏松、潮湿的土壤中或阴暗的岩石下化蛹。

彩图20-30　柿星尺蠖成虫

彩图20-31　柿星尺蠖低龄幼虫

彩图20-32　柿星尺蠖大龄幼虫

【防控技术】参照"木橑尺蠖"防控技术，柿星尺蠖防控技术模式如图20-8所示。

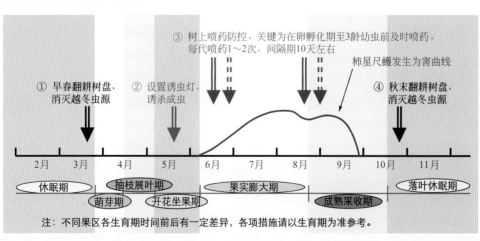

③ 树上喷药防控。关键为在卵孵化期至3龄幼虫前及时喷药。每代喷药1～2次，间隔期10天左右

柿星尺蠖发生为害曲线

① 早春翻耕树盘，消灭越冬虫源

② 设置诱虫灯，诱杀成虫

④ 秋末翻耕树盘，消灭越冬虫源

2月　3月　4月　5月　6月　7月　8月　9月　10月　11月

休眠期　抽枝展叶期　果实膨大期　落叶休眠期
萌芽期　开花坐果期　成熟采收期

注：不同果区各生育期时间前后有一定差异，各项措施请以生育期为准参考。

图20-8　柿星尺蠖防控技术模式图

核桃星尺蠖

【分布与为害】核桃星尺蠖［*Ophthalmitis albosignaria*（Bremer et Grey）］属鳞翅目尺蛾科，又称拟柿星尺蠖，俗称"大头虫"，在我国许多省区均有发生，可为害核桃、柿树等多种果树，主要以幼虫食害叶片。低龄幼虫群集叶背啃食叶肉，受害叶片呈筛网状；随虫龄增大，逐渐分散为害，将叶片食成缺刻或孔洞状，严重时将叶片吃光，仅留叶脉，对树势及产量影响较大。大龄幼虫有时还可食害核桃青皮。

【形态特征】成虫体长约18毫米，翅展约70毫米，体灰白色，翅面有较碎的不明显黑斑，前、后翅各有1个较大而明显的黑斑，斑中有灰白色箭头纹，前翅外缘有棕褐色宽带，前缘有4个黑斑，胸、腹部黄褐色，生有灰色鳞毛（彩图20-33）。卵绿色，圆形，直径约1毫米。老熟幼虫体长55～65毫米，头部扁平、赭褐色，体绿褐色，后胸节特别膨大，约为前中胸的1.5倍，腹部第三节末端背面有1对齿状突起，气门黑色圆形，腹足2对（彩图20-34）。蛹暗红褐色，胸部背面具横皱纹，前部有1对耳状突起。

彩图20-33　核桃星尺蠖成虫

【发生规律】核桃星尺蠖1年发生2代，以蛹在树下石块、土缝、枯叶草丛中越冬。翌年6月中下旬羽化出成虫，成虫飞翔力强，有趋光性，多在叶背或枝条上产卵，呈块状，每卵块约100余粒。7月份幼虫孵化为害，取食叶片。低龄幼虫先为害嫩叶，随龄期增大转食老叶。幼虫老熟后坠地入土化蛹。8月份出现第1代成虫，9月份第2代幼虫发生为害，10月后老熟幼虫下树入土结茧越冬。

【防控技术】参照"木橑尺蠖"防控技术。

彩图20-34　核桃星尺蠖幼虫

核桃瘤蛾

【分布与为害】核桃瘤蛾（*Nola distributa* Walker）属鳞翅目瘤蛾科，又称核桃小毛虫，在北京、河北、河南、山东、山西、陕西、甘肃等省市均有发生，仅食害核桃，以幼虫进行为害。幼龄幼虫啃食叶肉，残留网状叶脉；大龄后能将全叶吃光，仅留主、侧脉（彩图20-35）。猖獗发生时，一张复叶上有虫数十头，尤其在7～8月间为害严重，不仅能将叶片吃光，甚至啃食核桃果实青皮，导致枝条二次发芽，造成树势衰弱。

彩图20-35　核桃瘤蛾为害状

【形态特征】成虫体长约10毫米，全身灰褐色，雄蛾触角羽毛状，雌蛾触角丝状。前翅前缘基部及中部有3个隆起的深色鳞簇，组成3块明显的黑斑，从前缘至后缘有3条黑色鳞片组成的波状纹，后缘中部有一褐色斑纹。卵馒头形，直径0.4～0.5毫米，中央顶部略凹陷，初产时乳白色，后变为浅黄褐色。幼虫多为7龄，4龄前体黄褐色；老熟幼虫体长约15毫米，背面棕黑色，腹面淡黄褐色，体短粗而扁，气门黑色，胸部和腹部第1～9节背面每节有毛瘤8个，上生数根短毛，胸部背面及腹部第4～7节背面有白色条纹（彩图20-36）。蛹黄褐色，长8～10毫米，椭圆形，无臀棘。茧长椭圆形，长约13毫米，丝质土褐色。

彩图20-36　核桃瘤蛾幼虫

【发生规律】核桃瘤蛾1年发生2代，以蛹主要在石堰缝中越冬，也可在土缝中、树皮裂缝中及树干周围的杂草、落叶中越冬，以阳坡、干燥的石堰缝中最多。在北京地区，越冬代成虫5月下旬～7月中旬发生，羽化盛期在6月中旬。第1代成虫羽化盛期在7月下旬。成虫昼伏夜出，有趋光性，羽化后2～3天内交尾产卵，卵多散产在叶背主侧叶脉交叉处。幼虫孵化后至3龄前在背面啃食叶肉，多不活动，食量很小。3龄后幼虫转移为害，把叶片吃成网状或缺刻状，严重时后期还可食果皮。幼虫期18～27天，幼虫长大后于清晨离开叶片爬到两果之间、树皮裂缝或土中隐蔽不动，夜晚再爬到树上取食为害。幼虫老熟后顺树干下树，寻找石缝、土缝及石块下等缝隙处作茧化蛹。

【防控技术】
1.诱杀老熟幼虫　利用老熟幼虫顺树干下树化蛹的习性，在树干上捆绑草绳或草把，或在树下堆积砖块，诱杀老熟幼虫。

2.灯光诱杀成虫　利用成虫的趋光性，在成虫发生期内于果园中设置黑光灯或频振式诱虫灯，诱杀成虫。每2～3公顷设灯一盏，大面积联防效果明显。

3.树上喷药防控　核桃瘤蛾多为零星发生，一般果园或年份不需单独进行喷药。个别发生较重果园或年份，在卵孵化期至低龄幼虫期及时喷药，每代喷药1～2次，间隔期10天左右。有效药剂同"木橑尺蠖"防控部分。

核桃缀叶螟

【分布与为害】核桃缀叶螟（*Locastra muscosalis* Walker）属鳞翅目螟蛾科，又称缀叶丛螟、漆树缀叶螟、木橑粘虫、核桃卷叶虫，在我国许多省市区均有发生，主要为害核桃及黄连木、漆树、盐肤木、枫香树、火炬树等多种林木，以幼虫缀叶取食为害。初孵幼虫群集吐丝结网，缠卷叶片，啃食叶肉，残留表皮（彩图20-37）。低龄幼虫只缠卷一张叶片为害，随虫龄长大逐渐缠卷复叶上的2～3张叶片，甚至将3～4个复叶缠卷一起成团状（彩图20-38），蚕食叶片成缺刻状（彩图20-39），或仅留主脉、叶柄

（彩图20-40）。幼虫近老熟时分散为害，一头幼虫缠卷一个复叶上的3～4张叶片进行为害（彩图20-41）。严重时，将全树叶片吃光（彩图20-42），对树势及产量影响很大。

【形态特征】成虫体长15～20毫米，翅展35～39毫米，全身黄褐色，头部、胸背及前翅稍带红色（彩图20-43）。前翅外横线中部向外弯曲，翅基部深褐色，内横线锯齿状、深褐色；后翅灰褐色，由外向里颜色逐渐减淡。卵扁椭圆形，密集排列成鱼鳞状卵块，每块有卵200～300粒。老熟幼虫体长约30毫米，头部黑色有光泽，前胸背板黑色，前缘有6个白色斑点，背中线宽、杏红色、亚背线、气门上线黑色，体侧各节有黄白色斑点，腹部腹面黄褐色（彩图20-44）。蛹长15～20毫米，黄褐色至暗褐色。越冬茧扁椭圆形，红褐色，中部稍隆起，周缘扁平。

彩图20-40　严重受害时，仅残留主脉、叶柄

彩图20-37　幼虫吐丝结网为害状

彩图20-38　核桃缀叶螟卷缀多张叶片为害

彩图20-41　大龄幼虫在筒状丝网内躲藏，头部探出为害

彩图20-39　叶片被蚕食成缺刻

彩图20-42　全树叶片被吃光

彩图20-43　核桃缀叶螟成虫

彩图20-44　核桃缀叶螟幼虫

【发生规律】核桃缀叶螟1年多发生1代，以老熟幼虫在树根附近及距树干1米范围内的土中做茧越冬，入土深度10厘米左右。翌年5月中旬越冬幼虫开始化蛹，6月中下旬为化蛹盛期，蛹期10～20天。6月下旬～8月上旬为成虫羽化期，盛期在7月中旬。7月为产卵盛期，7月～8月中旬为幼虫为害盛期，8月中下旬后幼虫陆续老熟，开始下树结茧越冬。成虫昼伏夜出，有趋光性，多在树体顶端和树冠外围的嫩叶上产卵，卵粒成鱼鳞状排列，每卵块有卵200～300粒，卵期10天。初孵幼虫暗绿色，行动活泼，群集于卵壳周围爬行，并在叶正面吐丝，结成密集网幕，常数十头至数百头群居在网内啃食叶表皮和叶肉，被害叶片呈网格状。随虫体增大，缀叶由少到多，能将多个叶片和小枝缀成1个大巢，幼虫群集于丝巢内取食叶片。幼虫3龄后多分成几群为害，常将叶片缠卷成团；4龄后分散为害，缀合1～2张叶片做成丝囊，为害时钻出取食周围叶片，并将破碎叶片缠卷成团状，附在丝囊上。幼虫爬行迅速，受惊后常弹跳，并很快退回丝巢或吐丝下垂。

【防控技术】核桃缀叶螟防控技术模式如图20-9所示。

1.农业措施防控　利用越冬虫茧多集中在树根附近及松软浅土层的习性，在秋后封冻前或春季解冻后翻耕树盘，挖出虫茧，促进越冬幼虫死亡。在幼虫发生初期，利用幼虫群集缀叶成巢的习性，及时剪除巢网，消灭巢内幼虫。

2.灯光诱杀成虫　利用成虫的趋光性，在成虫羽化盛期于果园内设置黑光灯或频振式诱虫灯，诱杀成虫。每2～3公顷设灯一盏，大面积联防效果比较明显。

3.树上喷药防控　关键是在幼虫发生初期（7月中下旬幼虫卷叶苞前）及时喷药，10天左右1次，连喷1～2次。常用有效药剂同"木橑尺蠖"防控药剂。

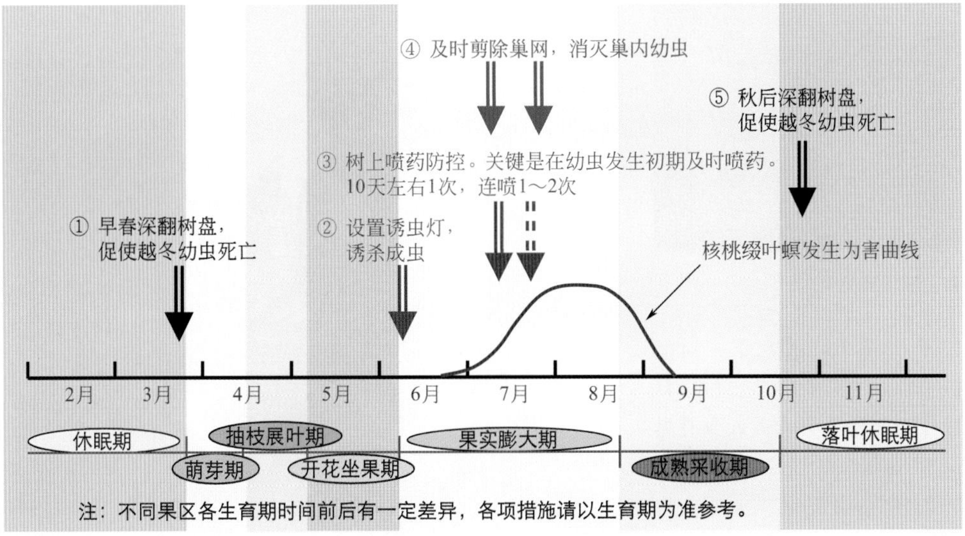

▪▪▪ 美国白蛾 ▪▪▪

【分布与为害】美国白蛾［*Hyphantria cunea*（Drury）］属鳞翅目灯蛾科，又称美国灯蛾、秋幕毛虫、秋幕蛾、网幕毛虫，是一种检疫性害虫，1979年传入我国，目前在我国吉林、辽宁、河北、北京、天津、河南、山东、山西、陕西、安徽、上海等省市均有发生。该虫为害范围非常广泛，寄主多达300种以上，可为害核桃、板栗、柿树、苹果、梨树、杏树、李树、桃树、樱桃、山楂、葡萄等多种果树。主要以幼虫蚕食叶片为害，幼虫吐丝结成网幕是其重要特点。低龄幼虫在网幕内群集为害（彩图20-45、彩图20-46），啃食叶片成筛网状（彩图20-47～彩图20-50），稍大后将叶片食成缺刻或孔洞状（彩图20-51～彩图20-53），严重时将叶片吃光、甚至吃光整树叶片（彩图20-54、彩图20-55）。随虫龄增长、食量增加，网幕逐渐扩大，大龄幼虫则脱离网幕分散为害，吃光整树叶片后还可下树转树为害。

图中流程图内容：

④ 及时剪除巢网，消灭巢内幼虫

⑤ 秋后深翻树盘，促使越冬幼虫死亡

③ 树上喷药防控。关键是在幼虫发生初期及时喷药。10天左右1次，连喷1～2次

① 早春深翻树盘，促使越冬幼虫死亡

② 设置诱虫灯，诱杀成虫

核桃缀叶螟发生为害曲线

2月　3月　4月　5月　6月　7月　8月　9月　10月　11月

休眠期　　抽枝展叶期　　　果实膨大期　　　　落叶休眠期
　　萌芽期　　开花坐果期　　　　　成熟采收期

注：不同果区各生育期时间前后有一定差异，各项措施请以生育期为准参考。

图20-9　核桃缀叶螟防控技术模式图

虫龄增长体色逐渐加深。老熟幼虫体长 28～35 毫米，头部黑色，胸、腹部黄绿色至灰黑色，背部两侧线之间有 1 条灰褐色至灰黑色宽纵带，背中线、气门上线、气门下线为黄色，背部毛瘤黑色，体侧毛瘤为橙黄色，毛瘤上生有白色长毛（彩图 20-59）。蛹体长 8～15 毫米，暗红褐色，臀棘 8～17 根（彩图 20-60、彩图 20-61）。茧褐色或暗红色，由稀疏的丝混杂幼虫体毛组成。

彩图 20-45　低龄幼虫在网幕内群集为害状（柿）

彩图 20-46　低龄幼虫在网幕内群集为害状（核桃）

彩图 20-47　低龄幼虫在柿树叶片上啃食为害

彩图 20-48　低龄幼虫将柿树叶片啃食成筛网状

彩图 20-49　被啃食成筛网状的柿树叶片正面

彩图 20-50　柿树上许多叶片被啃食成筛网状

【形态特征】成虫体长 12～17 毫米，翅展 24～34 毫米，体白色，足基节和腿节橘黄色，胫节和跗节白色，具黑带。雄虫触角双栉齿状，黑色，前翅上有或多或少的黑褐色斑点；雌虫触角锯齿状，前翅翅面无斑点（彩图 20-56）。卵近球形，有光泽，初产时淡黄绿色，近孵化时变为灰绿色或灰褐色，常数百粒单层排列成块状，表面覆有雌蛾体毛（彩图 20-57）。低龄幼虫黄白色（彩图 20-58），随

彩图 20-51　低龄幼虫群集为害，将核桃叶片食成缺刻、孔洞

彩图 20-55　严重时，大部分叶片被吃光（核桃）

彩图 20-52　不同龄期幼虫蚕食叶片

彩图 20-56　美国白蛾雌（右）雄（左）成虫

彩图 20-53　高龄幼虫群集蚕食叶片（核桃）

彩图 20-57　美国白蛾雌成虫和卵块

彩图 20-54　核桃树较重受害状

彩图 20-58　美国白蛾低龄幼虫

彩图20-59　美国白蛾高龄幼虫

彩图20-60　美国白蛾蛹

【发生规律】美国白蛾在我国1年发生2～3代，各地均以蛹在枯枝落叶、树皮缝、树洞、表土层、建筑物缝隙及角落等处越冬。翌年春末夏初开始羽化出成虫，成虫昼伏夜出，有趋光性，多在叶片背面成块状产卵，每卵块有卵300～500粒，每头雌虫最高产卵量可达2000粒，表面覆盖有雌蛾腹部脱落的体毛。初孵幼虫不久即吐丝结网，群集网内啃食叶肉，残留表皮。网幕随幼虫龄期增长而扩张，有时可达1.5米以上。幼虫在1个网幕内将叶片食尽后，成群转移到另一处重新结网。4龄后幼虫分散为害，不再结网，常将整株叶片吃光。幼虫老熟后下树寻找隐蔽场所结薄茧化蛹。在山东省商河县，4月下旬末～5月上旬为越冬成虫羽化高峰期，5月中旬为第1代幼虫孵化高峰，5月下旬～6月上旬出现大量幼虫网幕，老熟幼虫6月中旬开始化蛹，6月中下旬出现第1代成虫。7月中下旬为第2代幼虫为害盛期，8月上旬大量幼虫化蛹，同时出现第2代成虫。8月下旬发生第3代幼虫，9月上中旬出现大量网幕，9月

下旬～10月上旬为全年为害最严重时期，从9月下旬开始，幼虫陆续老熟、化蛹越冬。

【防控技术】美国白蛾防控技术模式如图20-10所示。

1.加强植物检疫　美国白蛾是一种检疫性害虫，从疫区向外调运果树苗木及果树产品时，必须严格进行检疫，防止美国白蛾通过人为因素进行远距离传播。

彩图20-61　美国白蛾许多蛹

2.农业措施防控　利用幼虫结网幕为害特性，在低龄幼虫期及时剪除果园内及其周围林木上的幼虫网幕，集中销毁，消灭幼虫。上年虫口密度较大果园，在越冬代成虫羽化前人工挖蛹，有效降低越冬基数。也可利用老熟幼虫下树化蛹的习性，在幼虫下树前于树干上绑附谷草、稻草或草帘等，围成下紧上松的草把，诱集老熟幼虫在此化蛹，待化蛹结束后解下草把集中销毁。或在树下放置砖头瓦块等，诱集老熟幼虫集中化蛹，然后集中消灭。

3.诱杀成虫　利用成虫的趋光性，在成虫发生期内于果园中设置黑光灯或频振式诱虫灯，诱杀成虫。有条件的果园，也可悬挂美国白蛾性引诱剂，诱杀雄蛾。

4.树上喷药防控　关键是在卵孵化盛期至低龄幼

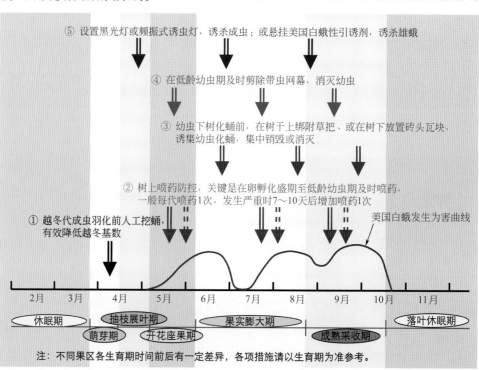

⑤ 设置黑光灯或频振式诱虫灯，诱杀成虫；或悬挂美国白蛾性引诱剂，诱杀雄蛾

④ 在低龄幼虫期及时剪除带虫网幕，消灭幼虫

③ 幼虫下树化蛹前，在树干上绑附草把、或在树下放置砖头瓦块，诱集幼虫化蛹，集中销毁或消灭

② 树上喷药防控，关键是在卵孵化盛期至低龄幼虫期及时喷药，一般每代喷药1次，发生严重时7～10天后增加喷药1次

① 越冬代成虫羽化前人工挖蛹，有效降低越冬基数

美国白蛾发生为害曲线

2月　3月　4月　5月　6月　7月　8月　9月　10月　11月

休眠期　　抽枝展叶期　　　　果实膨大期　　　　　落叶休眠期

萌芽期　　开花座果期　　　　　　　成熟采收期

注：不同果区各生育期时间前后有一定差异，各项措施请以生育期为准参考。

图20-10　美国白蛾防控技术模式图

虫期（幼虫结网初期）及时喷药，一般每代喷药1次即可，发生严重时，7～10天后也可再喷药1次。效果较好的药剂有：25%灭幼脲悬浮剂1500～2000倍液、25%除虫脲可湿性粉剂1500～2000倍液、5%虱螨脲悬浮剂1000～1500倍液、24%虫酰肼悬浮剂1500～2000倍液、240克/升甲氧虫酰肼悬浮剂2000～2500倍液、10%氟苯虫酰胺悬浮剂1500～2000倍液、200克/升氯虫苯甲酰胺悬浮剂4000～5000倍液、8000IU/微升苏云金杆菌悬浮剂300～400倍液、1.8%阿维菌素乳油2500～3000倍液、2%甲氨基阿维菌素苯甲酸盐乳油3000～4000倍液、4.5%高效氯氰菊酯乳油1500～2000倍液、50克/升高效氯氟氰菊酯乳油3000～4000倍液、20%甲氰菊酯乳油1500～2000倍液、25克/升溴氰菊酯乳油1500～2000倍液、20% S-氰戊菊酯乳油1500～2000倍液等。

5.生物措施防控 应用成功的技术是释放人工饲养的白蛾周氏啮小蜂。即在美国白蛾幼虫发育到6～7龄时，将已经接种白蛾周氏啮小蜂的柞蚕蛹挂到树上，按每个柞蚕蛹出蜂4000头、蜂和害虫的比例9∶1计算悬挂柞蚕蛹的数量。连续释放2～3年，即可有效控制美国白蛾的发生为害。

苹掌舟蛾

【分布与为害】苹掌舟蛾（*Phalera flavescens* Bremer et Grey）属鳞翅目舟蛾科，又称舟形毛虫、苹果天社蛾、苹果舟蛾，在我国许多省区均有发生，可为害板栗、核桃、柿树、苹果、梨树、桃树、杏树、山楂等多种果树，以幼虫取食叶片进行为害。初孵幼虫群集为害，啃食叶肉，残留下表皮及叶脉，被害叶片成筛网状；2龄幼虫群集取食叶肉，残留叶脉；3龄后逐渐开始分散为害，将叶片吃光，仅剩叶柄。严重导致二次发芽，对树势影响很大。

【形态特征】成虫体长22～25毫米，翅展49～52毫米，头、胸部淡黄白色，复眼球形黑色，触角黄褐色丝状；前翅淡黄色，近翅基部有一椭圆形黑褐色斑块，近外缘处有6个暗褐色至黑褐色椭圆形斑，排成带状，翅中部有淡黄色波浪状线4条（彩图20-62）；雌虫腹部背面土黄色，雄虫为浅黄色。卵圆球形，直径约1毫米，初产时淡黄白色，渐变为黄褐色，数十粒排成卵块。低龄幼虫体紫红色（彩图20-63），4龄后开始加深，老熟时呈紫黑色；老熟幼虫体长50毫米左右，头黑色，体紫黑色，密被白色长毛（彩图20-64）；静止时头尾翘起，酷似小舟，故称"舟形毛虫"。蛹暗红褐色，长20～23毫米。

【发生规律】苹掌舟蛾1年发生1代，以蛹在树冠下的表土层中越冬。翌年6月上旬开始羽化出成虫，7月中下旬发生较多。成虫昼伏夜出，趋光性强，在叶片背面产卵，卵块数十粒至百余粒整齐排列，每雌蛾平均产卵300余粒。卵期7天左右。幼虫8～10月份均可发生，幼虫期31天左右，共5龄。3龄前群集叶背取食，3龄后多分散为害，4龄后食量剧增，常把叶片吃光。幼虫夜间取食，白天静止不动，受惊动时可吐丝下垂，静止时头尾翘起，并不停颤动。幼虫老熟后沿树干爬下，入土化蛹越冬。

【防控技术】苹掌舟蛾防控技术模式如图20-11所示。

彩图20-62 苹掌舟蛾成虫

彩图20-63 苹掌舟蛾低龄幼虫

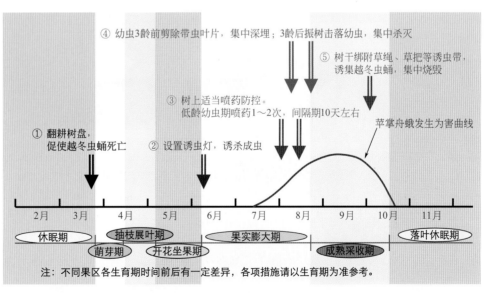

图20-11 苹掌舟蛾防控技术模式图

彩图20-64　苹掌舟蛾老熟幼虫

1.农业措施防控　早春结合果园翻耕或刨树盘，将越冬虫蛹翻到土表，被鸟类啄食或被风干日晒死亡。在幼虫3龄前，利用其群集为害特性，及时剪除有虫叶片，集中深埋。3龄后，可振树击落幼虫，然后集中杀灭。老熟幼虫下树越冬前，在树干上捆绑草绳、草把等诱虫带，下部绑紧，诱使其在诱虫带内化蛹越冬，进入冬季后解下烧毁，消灭越冬虫蛹。

2.灯光诱杀成虫　利用成虫的趋光性，结合其他害虫防控，在成虫发生期内于果园中设置黑光灯或频振式诱虫灯，诱杀成虫。

3.上树喷药防控　苹掌舟蛾多为零星发生，一般果园不需单独进行喷药。个别为害较重果园，在低龄幼虫期喷药防控1～2次（间隔期10天左右），即可有效控制其发生为害。有效药剂同"美国白蛾"树上喷药药剂。

苹梢夜蛾

【**分布与为害**】苹梢夜蛾（*Hypocala subsatura* Guenée）属鳞翅目夜蛾科，又称苹梢鹰夜蛾，在我国许多省区均有发生，主要为害柿树、苹果、梨树等果树，以幼虫食害新梢、叶片及果实。低龄幼虫吐丝将新梢上部嫩叶缠卷成苞，于苞内取食叶肉，造成嫩梢秃枯或成残叶枯梢（彩图20-65）。随虫龄增大，直接取食叶片，将叶片食成缺刻或孔洞状（彩图20-66），严重时将叶片吃光，仅残留粗脉及叶柄。有时幼虫还可蛀食果实，在果实上形成孔洞。

彩图20-65　苹梢夜蛾低龄幼虫为害枝梢状

彩图20-66　苹梢夜蛾幼虫将叶片食成缺刻

【**形态特征**】成虫体长14～18毫米，翅展34～38毫米，触角丝状，下唇须发达、斜向下伸，状似鸟嘴；前翅紫褐色，外横线、内横线棕色波浪状，距翅基1/3处近前缘有一黄褐色大斑；后翅棕黑色，上生3个橙黄色小斑和1个黄色回形大斑。卵半球形，直径0.6～0.7毫米，污白色，表面有一棕色环。幼龄幼虫体黑褐色，长大后个体间颜色差异很大（彩图20-67）；老熟幼虫体长30～35毫米，头部黄褐色，第1～9腹节背面各有1对不规则的三角形黄斑，其中第9腹节上的较小，前胸至第8腹节两侧各有一不规则的圆形黄斑，臀板黑色，胸足外侧黑褐色，腹足黄色（彩图20-68）。蛹纺锤形，体长14～17毫米，红褐色，腹部末端较圆。

彩图20-67　苹梢夜蛾低龄幼虫

彩图20-68　苹梢夜蛾老熟幼虫

【**发生规律**】苹梢夜蛾在北方果区1年发生1～2代，均以老熟幼虫入土化蛹越冬。2代发生区，越冬代成虫5月中旬～6月上中旬羽化，产卵于新梢芽苞和叶片背面，5月下旬～6月下旬为第1代幼虫为害期，幼虫老熟后入土约10厘米深处化蛹。第1代成虫在7月下旬～9月上旬发生，第2代幼虫出现在8月上旬～9月中旬。成虫昼伏夜出，有弱趋光性。幼虫行动敏捷，受惊吐丝下垂。管理粗放、杂草丛生的果园发生较重，土壤潮湿易导致虫蛹窒息死亡。

【防控技术】

1.农业措施防控　发芽前，翻耕树盘，将越冬虫蛹翻至土表，被鸟类啄食或晒干。幼虫发生初期，及时剪除虫害新梢，集中深埋。有条件的果园，也可在第1代蛹期果园灌水，使部分虫蛹窒息死亡。

2.适当树上喷药防控　苹梢夜蛾多为零星发生，一般果园不需单独喷药防控。个别发生较重果园，在每代幼虫发生初期各喷药1次即可。常用有效药剂同"美国白蛾"树上喷药药剂。

盗毒蛾

【分布与为害】盗毒蛾［Porthesia similis（Fueszly）］属鳞翅目毒蛾科，又称桑毒蛾、黄尾毒蛾、金毛虫，在我国许多省区均有发生，可为害板栗、核桃、柿树、苹果、梨树、桃树、李树、杏树、樱桃、枣树等多种果树，主要以幼虫食害叶片。低龄幼虫啃食叶片下表皮及叶肉，残留上表皮和叶脉，使受害叶片呈网状（彩图20-69）；高龄幼虫将叶片食成缺刻状（彩图20-70），有时仅留主脉和叶柄。严重时将叶片吃光，影响树势及产量。

彩图20-69　低龄幼虫啃食叶片为害状（板栗）

彩图20-70　幼虫将叶片食成缺刻（核桃）

【形态特征】成虫体翅均为白色，雌蛾体长18～20毫米，翅展35～45毫米，雄蛾体长14～16毫米，翅展30～40毫米。复眼球形，黑褐色，触角羽毛状。前翅后缘近臀角处和近基部各有1个褐色至黑褐色斑纹，有的个体斑纹仅剩1个或全部消失（彩图20-71）。雌蛾腹部较雄蛾肥大，腹部末端有金黄色毛丛。卵扁圆形，直径0.6～0.7毫米，初产时橘黄色或淡黄色，后颜色逐渐加深，孵化前为黑色，常数十粒排列成长袋形卵块，表面覆有雌蛾腹末脱落的黄毛。老熟幼虫体长约40毫米，头黑褐色，体杏黄色，背线红色；前胸背面两侧各有1个向前突出的红色毛瘤，上生黑色长毛和白色松枝状毛；体背各节各有1对黑色毛瘤，上生褐色或白色细毛；腹部第1、2、8节中间的两个毛瘤合并成一个大瘤，上生黑色绒状毛撮和黑褐长毛，第9节毛瘤全为橙红色；第6、7腹节背中央各有1个红色盘状翻缩腺（彩图20-72）。蛹长圆筒形，长12～16毫米，黄褐色至褐色，体被黄褐色稀疏绒毛。茧淡黄色至土黄色，长椭圆形，丝质，较松散。

彩图20-71　盗毒蛾成虫

彩图20-72　盗毒蛾幼虫

【发生规律】盗毒蛾在北方果区1年发生2代，以幼龄幼虫在枝干粗皮裂缝或枯叶间结茧越冬。翌年果树发芽时越冬幼虫开始破茧出蛰，为害嫩芽和叶片。5月中旬后幼虫陆续老熟，在树皮缝内或卷叶内吐丝结茧化蛹。蛹期半月左右，6月中下旬出现成虫。成虫昼伏夜出，有趋光性，羽化后不久即交尾、产卵。卵多成块状产于叶背或枝干上，每雌蛾产卵200～500粒，卵期7天左右。初孵幼虫群集叶片上啃食叶肉，2龄后逐渐分散为害，至7月中下旬老熟、化蛹。7月下旬～8月上旬发生第1代成虫。8月中下旬发生第2代幼虫，为害至3龄左右时寻找适当场所结茧、越冬。

南方果区1年发生3～6代。4代发生区，各代幼虫发生盛期依次为6月中旬、8月上旬、9月中旬、10月上旬。

【防控技术】

1.农业措施防控　发芽前刮除枝干上的粗皮、翘皮，清除果园内枯枝落叶，集中销毁或深埋，消灭越冬幼虫。生长期结合农事活动，尽量剪除卵块、摘除群集幼虫。在幼虫越冬前于树干上捆绑草把等，诱集越冬幼虫，待进入冬季后集中取下、烧毁。

2.适当喷药防控 盗毒蛾多为零星发生，一般果园不需单独进行喷药。个别害虫发生较重果园，春季幼虫出蛰后和各代幼虫孵化期是药剂防控的关键期，每期喷药1次即可。效果较好的药剂同"美国白蛾"树上喷药药剂。

舞毒蛾

【分布与为害】舞毒蛾（*Lymantria dispar* L.）属鳞翅目毒蛾科，又称秋千毛虫、苹果毒蛾、柿毛虫，在我国东北、华北、西北、华东省区及台湾地区均有发生，可为害柿树、核桃、梨树、桃树、杏树、樱桃、苹果等多种果树。以幼虫蚕食叶片为害，将叶片食成缺刻或孔洞状，严重时可将全树叶片吃光。

【形态特征】成虫雌雄异型，雄成虫体长约20毫米，前翅茶褐色，有4、5条波状横带，外缘呈深色带状，中室中央有一黑点（彩图20-73）。雌成虫体长约25毫米，前翅灰白色，每两条脉纹间有1个黑褐色斑点，腹部末端有黄褐色毛丛（彩图20-74）。卵圆形稍扁，直径1.3毫米，数百粒至上千粒排成卵块，表面覆盖黄褐色绒毛（彩图20-75）。1龄幼虫体黑色，刚毛长，刚毛中间具有泡状扩大的毛，称为"风帆"。老熟幼虫体长约50～70毫米，头黄褐色有"八"字形黑色纹，体黑褐色，背线与亚背线黄褐色，前胸至腹部第二节的毛瘤为蓝色，腹部第三至八节的6对毛瘤为红色（彩图20-76）。蛹长20～26毫米，纺锤形，红褐色，臀棘末端钩状突起。

彩图20-73 舞毒蛾雄成虫（桂柄中）

彩图20-74 正在产卵的舞毒蛾雌成虫（桂柄中）

彩图20-75 舞毒蛾卵块（刘铉基）

彩图20-76 舞毒蛾幼虫（桂柄中）

【发生规律】舞毒蛾1年发生1代，以完成胚胎发育的卵在石块缝隙或树干背面洼裂处越冬。翌年4月上旬～5月上旬幼虫开始孵化，初孵幼虫先群集在原卵块上，2～3天后气温转暖时上树取食幼芽。1龄幼虫昼夜生活在树上，群集叶片背面，白天静止不动，夜间取食叶片成孔洞状；受惊动幼虫吐丝下垂，能借助风力顺风飘移很远，故称"秋千毛虫"。幼虫从2龄开始，白天潜伏在落叶、树皮缝隙内或地面石块下，黄昏成群结队上树分散取食。幼虫期约60天，5～6月份为害最重，6月中下旬陆续老熟，老熟幼虫大多爬到树下隐蔽处结茧化蛹。蛹期10～15天，成虫7月大量羽化，羽化后2～3天即可交尾。成虫有强烈的趋光性，雄蛾善飞翔，白天常成群作旋转飞舞，故称"舞毒蛾"；雌蛾身体肥大笨重，不善飞舞。雌蛾在树干表面、主枝表面、树洞中、石块下、石崖避风处或石砾上产卵，每雌平均产卵450粒，每雌产卵1～2块，上覆雌蛾腹末的黄褐色鳞毛。约一个月内幼虫在卵内完全形成，然后停止发育，进入滞育期、越冬。

【防控技术】

1.农业措施防控 利用幼虫白天下树潜伏隐蔽的习性，在树下堆放石块诱集幼虫，及时消灭。舞毒蛾卵块多数集中在石崖下、树干及草丛等处，卵期长达9个多月，结合其他农事活动，注意人工采集卵块并集中销毁。

2.灯光诱杀成虫 在成虫发生期内，于果园中设置黑光灯、高压汞灯或频振式诱虫灯，诱杀成虫。

3.树上适当喷药防控 舞毒蛾多为零星发生，一般果园不需单独进行喷药。个别害虫发生较重果园，在低龄幼虫期及时树上喷药，10天左右1次，连喷1～2次，以傍晚喷药效果较好。常用有效药剂同"美国白蛾"树上喷药药剂。

樗蚕蛾

【分布与为害】樗蚕蛾（*Philosamia cynthia* Walker et Felder）属鳞翅目大蚕蛾科，又称乌桕樗蚕蛾、樗蚕，在我国许多省区均有发生，可为害板栗、核桃、柿树、苹果、梨树、桃树、李树、杏树、枣树、石榴等多种果树，以幼虫食害叶片及嫩芽。低龄幼虫将叶片食成孔洞或缺刻状，虫龄稍大后将叶片吃成缺刻状或将叶片吃光，仅残留粗脉及叶柄（彩图20-77），对树势和产量影响很大。

彩图20-77 樗蚕蛾将叶片吃光

【形态特征】成虫体长25～30毫米，翅展110～130毫米，雄蛾体稍小，体青褐色，腹部背面各节有白色斑纹。前翅褐色，顶角圆而突出，粉紫色，有一黑色眼状斑，斑上边为白色弧形。前、后翅中央各有一较大的新月形斑，新月斑上缘深褐色，中间半透明，下缘土黄色；各翅外侧均有1条纵贯全翅的宽带，宽带中间粉红色，外侧白色，内侧深褐色，基角褐色，边缘有1条白色曲纹。卵扁椭圆形，长约1.5毫米，灰白色或淡黄白色。幼龄幼虫淡黄色，有黑色斑点，中龄后全体被白粉，青绿色。老熟幼虫体长55～75毫米，体粗大，各体节具有对称的蓝绿色、稍向后倾斜的棘状突起，突起间有黑色小点，胸足黄色，腹足青绿色、端部黄色（彩图20-78）。蛹椭圆形，长26～30毫米，棕褐色。茧口袋状或橄榄形，长约50毫米，土黄色或灰白色，用丝缀叶片而成，上端开口，茧柄长约40～130毫米。

彩图20-78 樗蚕蛾幼虫

【发生规律】樗蚕蛾在北方果区1年发生1～2代，南方果区发生2～3代，均以蛹在茧内越冬。河南中部果区4月下旬越冬蛹开始羽化，成虫有趋光性，飞行距离远，寿命5～10天。卵成块状产在叶面或叶背，卵期10～15天，每雌蛾产卵300粒左右。初孵幼虫群集为害，稍大后逐渐分散，在枝上由下而上为害，昼夜取食。第1代幼虫主要发生在5～6月份，幼虫期30天左右，老熟后即在树上缀叶结

茧化蛹，或在树下地面被覆物上结茧化蛹，蛹期50多天。7月底8月初第1代成虫羽化、产卵，9月～11月第2代幼虫发生为害，幼虫老熟后陆续结厚茧化蛹越冬。

【防控技术】

1.**人工防控** 结合农事活动，人工摘除越冬茧、卵块及群集为害的幼虫等，集中销毁。

2.**诱杀成虫** 结合其他害虫防控，在果园内设置黑光灯或频振式诱虫灯，诱杀成虫。

3.**适当树上喷药防控** 樗蚕蛾多为零星发生，一般果园不需单独进行喷药。个别害虫发生较重果园，在初孵幼虫群集为害期及时喷洒药剂，每代喷药1次即可。常用有效药剂同"美国白蛾"树上喷药药剂。

绿尾大蚕蛾

【分布与为害】绿尾大蚕蛾（*Actias selene ningpoana* Felder）属鳞翅目大蚕蛾科，又称水青燕尾蛾、燕尾水青蛾、长尾水青蛾、大水青蛾、绿翅天蚕蛾、绿尾天蚕蛾、大青天蚕蛾、中柏蚕、月神蛾、燕尾蛾等，在我国许多省区均有发生，可为害核桃、板栗、柿树、苹果、梨树、葡萄、樱桃、杏树、沙果等多种果树及枫杨、枫香、樟、木槿、樱花等多种林木。以幼虫蚕食叶片，低龄幼虫将叶片食成缺刻或孔洞状，稍大时可把全叶吃光，仅残留叶柄或叶脉（彩图20-79、彩图20-80）。

彩图20-79 绿尾大蚕蛾幼虫正在食害柿树叶片

彩图20-80 绿尾大蚕蛾幼虫食害板栗叶片状

【形态特征】成虫体长32～38毫米，体粗大，绿色，触角羽状，头、胸部背面前缘有一紫色横纹，翅面淡豆绿色。前翅前缘有暗紫色、白色、黑色组成的条纹，与胸部紫色横纹相接，前、后翅中央各有一椭圆形眼状斑，翅外侧有1条黄褐色横线，后翅臀角延长成燕尾状（彩图20-81）。卵扁圆形，直径约2毫米，初产时绿色，近孵化时褐色

（彩图20-82）。低龄幼虫淡红褐色（彩图20-83），长大后体色变绿，秋季老幼虫体节间变为淡红褐色。老熟幼虫体长80～100毫米，体黄绿色粗壮，被污白色细毛，各体节上着生肉突状毛瘤，前胸5个，中、后胸各8个，腹部每节6个；中、后胸及第8腹节背上毛瘤大，顶端黄色基部黑色，其他处毛瘤端部蓝色基部棕黑色（彩图20-84）。蛹椭圆形，长40～45毫米，紫黑色，额区有一浅白色三角形斑。茧黄褐色丝质，外表黏附有寄主叶片（彩图20-85）。

彩图20-81　绿尾大蚕蛾成虫

彩图20-82　绿尾大蚕蛾卵（董杰琳）

彩图20-83　绿尾大蚕蛾三龄幼虫

彩图20-84　绿尾大蚕蛾老熟幼虫

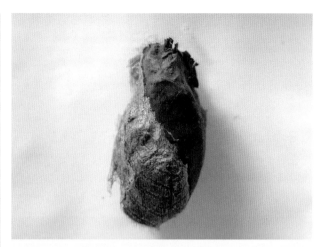

彩图20-85　绿尾大蚕蛾蛹茧

【发生规律】绿尾大蚕蛾在河北、山东等地1年发生2代，湖北、广东等地1年发生3代，均以老熟幼虫在寄主枝干上或附近杂草丛中结茧化蛹越冬。1年2代发生区，翌年4月中旬～5月上旬越冬蛹羽化，第1代幼虫在5月中旬～7月间为害，6月底到7月结茧化蛹，并羽化出第1代成虫；第2代幼虫在7月底～9月间为害，9月底老熟幼虫结茧化蛹越冬。成虫昼伏夜出，具有趋光性，多在寄主叶面边缘及叶背、叶尖处产卵，多个卵粒集合成块状，平均每雌产卵量150粒左右。幼虫老熟后先结茧，然后在茧中化蛹，茧外常黏附有树叶或草叶。

【防控技术】

1.人工措施防控　结合园内农事活动，利用成虫白天悬挂枝头等处静止不动的习性，进行捕杀。低龄幼虫期及时摘除有虫叶片、捕杀，大龄幼虫期根据地面新鲜黑色粗大虫粪寻找树上幼虫捕捉杀灭。在各代产卵期和化蛹期，人工摘除着卵叶片和茧蛹，减少虫口数量。

2.灯光诱杀成虫　在成虫发生期内，结合其他害虫防控，在果园内设置黑光灯、或高压汞灯、或频振式诱虫灯，诱杀成虫。

3.适当树上喷药防控　绿尾大蚕蛾多为零星发生，一般果园不需单独进行喷药。个别发生较重果园，在低龄幼虫期适当喷药防控，每代喷药1次即可。效果较好的药剂同"美国白蛾"树上喷药药剂。

银杏大蚕蛾

【分布与为害】银杏大蚕蛾（*Dictyoploca japonica* Moore）属鳞翅目大蚕蛾科，又称核桃楸大蚕蛾、白果蚕、白毛虫、栗蚕，在我国许多省区均有发生，可为害核桃、板栗、柿树、李树、梨树、苹果等多种果树。以幼虫蚕食叶片，造成缺刻或将叶片吃光，甚至将整株、整片寄主叶片吃光，对树势及产量造成很大影响。

【形态特征】成虫体长25～60毫米，翅展90～150毫米，体灰褐色或紫褐色，雌蛾触角栉齿状，雄蛾羽状。前翅内横线紫褐色，外横线暗褐色，两线近后缘外汇合，中室端部具一月牙形透明斑。后翅从基部到外横线间具较宽红色区，亚缘线区橙黄色，缘线灰黄色，中室端处有一大圆形眼斑，臀角处有一白色月牙形斑（彩图20-86）。卵椭圆形，长约2.2毫米，灰褐色，一端具黑色斑（彩图20-87）。低龄幼虫色深，呈黑褐色至黑色（彩图20-88）。老龄幼虫体黄绿色或青蓝色，体长80～110毫米，背线黄绿色，亚背线浅黄色，气门上线青白色，气门线乳白色，气门下线、腹线处深绿色，各体节生有青白色长毛（彩图20-89）。蛹长30～60毫米，污黄色至深褐色。茧长60～80毫米，黄褐色，网状（彩图20-90）。

彩图20-86　银杏大蚕蛾成虫（张兴林）

彩图20-87　银杏大蚕蛾卵（刘铉基）

彩图20-88　银杏大蚕蛾低龄幼虫（刘铉基）

彩图20-89　银杏大蚕蛾高龄幼虫（张兴林）

彩图20-90　银杏大蚕蛾茧、蛹

【发生规律】银杏大蚕蛾1年发生1代，主要以卵在核桃树干上的树皮缝中越冬。翌年4月下旬越冬卵开始孵化，5月上旬为孵化盛期。幼虫孵化后沿树干向上爬行，常群集在距地面最近的叶片上取食。1～3龄幼虫群集于一叶片背面，头向叶缘排列取食，多的一张叶片上可达40～60头。3龄后分散取食，食料不足时，常结伴转移为害。中午前后多数下树遮荫，下午4点后重新上树取食。4龄后食量很大，常将整株叶片吃光。幼虫期48～63天。幼虫老熟后多数选择寄主附近离地1～1.5米处的低矮植物的隔年生细枝条上作茧化蛹进入夏眠，蛹期长达120～138天。成虫10月下旬～11月中旬羽化，具有趋光性。每雌蛾产卵约300粒，卵粒堆集成疏松的卵块，每块数十粒、百余粒甚至二三百粒不等。

【防控技术】

1.人工措施防控　根据老熟幼虫多在树下杂草、灌木丛中结茧化蛹的特点，在每年7、8月份成虫未羽化前，摘除树上树下虫茧，集中销毁。冬春季节清除树皮缝隙处的越冬虫卵。利用5月份初龄幼虫多群聚在下部新叶背面为害的特性，摘除带虫叶片，集中销毁或深埋。

2.灯光诱杀成虫　利用成虫的趋光性，在成虫发生期内于果园中设置黑光灯或频振式诱虫灯，诱杀成虫。

3.毒杀下树幼虫　利用幼虫中午前后下树遮荫的习性，在幼虫发生期内于树干上设置毒杀环或捆绑毒绳，毒杀上、下树的幼虫。

4.树上喷药防控　关键是在幼虫3龄前及时树上喷药，7～10天1次，连喷1～2次。有效药剂同"美国白蛾"树上喷药药剂。

栎掌舟蛾

【分布与为害】栎掌舟蛾［*Phalera assimilis*（Bremer et Grey）］属鳞翅目舟蛾科，又称栗舟蛾、肖黄掌舟蛾，在我国许多省区均有发生，主要为害板栗，以幼虫食害叶片。受害叶片被吃成缺刻状，严重时整叶全被吃光，仅残留粗脉及叶柄（彩图20-91），导致树势衰弱。

【形态特征】雌蛾翅展48～60毫米，雄蛾翅展44～45毫米，头顶淡黄色，触角丝状。胸背前半部黄褐色，后半部灰白色，有两条暗红色横线。前翅灰褐色，前缘顶角处有一略呈肾形的淡黄色大斑，斑内缘有明显棕色边、基线、内线和外线呈黑色锯齿状。后翅淡褐色，近外缘处有不明显浅色横带。卵半球形，淡黄色，数百粒单层排列成块状。低龄幼虫体淡红色，老龄时呈黑色。老熟幼虫体长约55毫米，头黑色，体被较密的灰白色至黄褐色长毛，胸部及腹部有8条橙红色纵线，胸足3对，腹足俱全；有的个体头部漆黑色，体略呈淡黑色，纵线橙褐色（彩图20-92）。蛹长22～25毫米，黑褐色。

彩图20-91　栎掌舟蛾低龄幼虫为害叶片

彩图20-92　栎掌舟蛾老熟幼虫

【发生规律】栎掌舟蛾1年发生1代，以蛹在树下土壤中越冬，6～10厘米深土层中居多。翌年6月份成虫开始羽化，7月中下旬发生量最大。成虫白天潜伏在树冠内的叶片上，夜间活动，趋光性较强。成虫羽化后不久即交尾、产卵，卵多呈块状产于叶背，常数百粒单层排列。卵期15天左右。初孵幼虫群集在叶片上取食，常成串排列在叶片上；随虫龄增大、食量增加，逐渐分散为害。幼虫受惊动时吐丝下垂。8月下旬～9月上旬后幼虫逐渐老熟，而后下树、入土、化蛹、越冬。

【防控技术】

1. 人工措施防控　在幼虫发生初期，利用其群集为害的特性，于幼虫分散为害前人工摘除有虫叶片，集中深埋或销毁。幼虫分散后，可振动树干，击落幼虫，集中杀灭。

2. 地面用药防控　在老熟幼虫下树入土前，于地面上喷洒480克/升毒死蜱乳油500～600倍液、或50%辛硫磷乳油200～300倍液，将土壤表层喷湿，然后耙松土表，毒杀入土化蛹幼虫。

3. 树上适当喷药防控　栎掌舟蛾多为零星发生，一般果园不需单独进行喷药。个别为害较重果园，在幼虫发生为害初期喷药1次，即可有效控制其发生为害。效果较好的药剂同"美国白蛾"树上喷药药剂。

栎芬舟蛾

【分布与为害】栎芬舟蛾［*Fentonia ocypete*（Bremer）］属鳞翅目舟蛾科，又称细翅天蛾、旋风舟蛾，俗称"罗锅虫"，在我国许多省区均有发生，主要为害板栗，以幼虫食害叶片。低龄幼虫在叶片背面啃食叶肉，受害叶成筛网状；2龄后蚕食叶片，将叶片吃成缺刻状，严重时将叶片吃光，仅残留粗脉及叶柄（彩图20-93），导致树势衰弱。

彩图20-93　栎芬舟蛾为害状

【形态特征】成虫体长20毫米左右，雌蛾翅展46～52毫米，雄蛾翅展44～48毫米，体灰褐色，有光泽，雌蛾触角丝状，雄蛾触角栉形、末端2/5呈丝状。前翅狭长，暗褐色，内、外线双道黑色，近外缘1/3处有一白色弧形波浪线，其内方有黑褐色眼状斑纹。后翅苍白色。卵扁圆形，直径约0.6毫米，黄白色，孵化前变为黄褐色。幼龄幼虫胸部淡黄色或鲜绿色，腹部暗黄色，身上条纹不明显，第8腹节背面稍隆起（彩图20-94）。老熟幼虫体长35～45毫米，头红褐色，颅两侧有紫红色及黑色纵纹；胸部绿色，背中央有1条前后宽、中间窄的黑褐色纵带，带内有3条白线，纵带两侧衬黄边；腹背白色，上有许多黑色与红褐色细线组成的花纹，腹部第3～6节膨大，第4节背面中间有1个黄斑，第5、6节背中有黄色圆斑；胸足褐色，腹足黄褐色，外侧有红紫色纹（彩图20-95）。蛹红褐色或深褐色，长20～23毫米，背面中胸与后胸相接处有1排凹陷，臀棘短、似耳状。

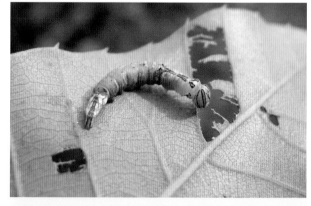

彩图20-94　栎芬舟蛾低龄幼虫

彩图20-95　栎芬舟蛾老龄幼虫

【发生规律】栎芬舟蛾在北方栗区1年发生1代，南方栗区发生3代（浙江丽水），均以老熟幼虫在树下土壤中化蛹越冬。1代发生区，翌年7月初开始羽化，成虫羽化后随即交尾、产卵，卵期5～8天。幼虫主要为害期为7月下旬～9月末，9月中旬后幼虫逐渐老熟，而后落地入土化蛹越冬。3代发生区（浙江丽水），翌年4月中下旬羽化，第1代幼虫主要为害期为5月，第2代幼虫主要为害期为7月中旬～8月上旬，第3代幼虫主要为害期为8月下旬～10月初。10月上旬后老熟幼虫开始入土化蛹，10月中下旬达化蛹高峰。

成虫多在晚间活动，趋光性强，白天潜伏在树干上或叶片背面，寿命3～7天。每雌蛾产卵120～170粒。卵散产于叶片背面的叶脉两侧，单叶产卵多1～3粒，少数4～6粒。幼虫期20～30天，共5龄，有吐丝下垂习性。初孵幼虫爬行一段时间后群集在叶片背面取食为害，啃食叶肉，使叶片成筛网状，2龄后逐渐蚕食叶片，3龄后开始分散为害，4～5龄暴食叶片。幼虫老熟后吐丝下垂，在树下疏松表土中吐丝结茧化蛹。

【防控技术】

1.人工措施防控　早春深翻树盘，使越冬虫蛹暴露在土壤表面，被鸟类啄食或被晒干。利用初龄幼虫群集为害习性及吐丝下垂性，在幼虫发生初期剪除群集幼虫叶片，或振动树干，捕杀幼虫。

2.灯光诱杀成虫　结合其他害虫防控，在栗园内设置黑光灯或频振式诱虫灯，诱杀成虫。

3.地面用药防控　在老熟幼虫入土化蛹前，于地面上喷施480克/升毒死蜱乳油500～600倍液、或50%辛硫磷乳油200～300倍液，将表层土壤喷湿，然后耙松土表，毒杀老熟幼虫。

4.适当树上喷药防控　栎芬舟蛾多为零星发生，一般果园不需单独树上喷药。个别害虫发生较重果园，在幼虫发生初期及时喷药防控，每代喷药1次即可，特别是第1代尤为重要。效果较好的药剂同"美国白蛾"树上喷药药剂。

核桃美舟蛾

【分布与为害】核桃美舟蛾［*Uropyia meticulodina* (Oberthür)］属鳞翅目舟蛾科，又称核桃舟蛾、核桃天社蛾，在我国除西藏、青海外其他省区均有发生，主要为害

核桃及楸树的芽和叶片。以幼虫蚕食叶片，将叶片食成缺刻或孔洞状，虫量大时将叶片吃光，造成果实脱落及二次发芽，对树势及产量影响很大（彩图20-96）。

彩图20-96　核桃美舟蛾幼虫

【形态特征】成虫体长18～23毫米，翅展44～63毫米，头部赭色，颈板和腹部灰黄褐色，胸背及前翅暗棕色。前翅前、后缘各有一黄褐色大斑，前缘大斑大刀形、几乎占满中室以上的整个前缘部分，后缘黄斑椭圆形。后翅淡黄色。幼虫头部红褐色，胸部浅褐色，第3胸节和腹部嫩绿色；体背紫褐色花纹从胸背向后延伸到第3腹节扩大成钝锚形，随后变窄，到第7、8腹节再扩大成菱形；第8腹节疣状瘤上有2个小黑点，紧贴两侧有2～3个小白点（彩图20-96）。

【发生规律】核桃美舟蛾在北京地区1年发生2代，以老熟幼虫吐丝缀叶结茧化蛹越冬。翌年5～6月羽化出越冬代成虫，第1代幼虫6月份发生。第1代成虫7～8月羽化，第2代幼虫8～9月发生。成虫有趋光性，卵散产。幼虫分散为害，静止时呈龙舟形。入秋后幼虫老熟，吐丝结茧越冬。

【防控技术】

1.农业措施防控　落叶后至发芽前，彻底清除园内枯枝落叶，集中烧毁，消灭越冬虫蛹。

2.灯光诱杀成虫　利用成虫的趋光性，在成虫发生期内于果园中设置黑光灯或频振式诱虫灯，诱杀成虫。

3.适当树上喷药防控　核桃美舟蛾多为零星发生，一般果园不需单独树上喷药。个别害虫发生较重果园，在幼虫发生初期及时喷药防控，每代喷药1次即可。效果较好的药剂同"美国白蛾"树上喷药药剂。

黄刺蛾

【分布与为害】黄刺蛾［*Monema flavescens* Walker］属鳞翅目刺蛾科，俗称"洋辣子"、"八角虫"，在我国各果树产区均有发生，可为害柿树、核桃、板栗、苹果、梨树、桃树、李树、杏树、樱桃、枣树、山楂、石榴等多种果树及多种林木，以幼虫食害叶片，在管理粗放或弃管果园发生为害较重。初孵幼虫在叶背啃食叶肉，将叶片食成筛网状（彩图20-97）；随虫龄增加，逐渐蚕食叶片。低龄幼虫

常群集叶背，从叶缘向内食害，将叶片食成缺刻状（彩图20-98）；大龄后分散为害，将叶片吃光、或仅残留粗脉及叶柄（彩图20-99、彩图20-100）。严重时全树叶片被吃光，造成果树二次发芽、开花，对树势及产量影响很大。另外，幼虫身体上的枝刺含有毒物质，人体皮肤触及时会发生红肿，疼痛难忍。

【形态特征】雌成虫体长15～17毫米，雄成虫体长13～15毫米，体粗壮，鳞毛较厚，头、胸部黄色；前翅自顶角分别向后缘基部1/3处和臀角附近分出两条棕褐色细线，内横线以内至翅基部黄色，并有2个深褐色斑点，中室以外及外横线黄褐色（彩图20-101）；后翅淡黄褐色，边缘色较深。卵扁椭圆形，表面具线纹，初产时黄白色，后变黑褐色，常数十粒排列成不规则块状。初孵幼虫黄白色，背线青色，背上能见2行枝刺（彩图20-102）；2～3龄幼虫背线青色逐渐明显；4～5龄幼虫背线呈蓝白色至蓝绿色。老熟幼虫体长约25毫米，身体黄绿色，略呈长方形，体背面自前至后有一前后宽、中间窄的哑铃状紫褐色大斑块，各体节有4个枝刺（彩图20-103）。蛹椭圆形，粗而短，体长约14毫米，黄褐色，包在坚硬的茧内（彩图20-104、彩图20-105）。茧灰白色，石灰质，光滑坚硬，有几条长短不等、或宽或窄的褐色纵纹，外形极似鸟蛋（彩图20-106）。

彩图20-99　高龄幼虫蚕食柿树叶片

彩图20-100　核桃叶片受害状

彩图20-97　叶片被食成筛网状（核桃）

彩图20-101　黄刺蛾成虫

彩图20-98　低龄幼虫群集叶背食害（核桃）

彩图20-102　黄刺蛾低龄幼虫

彩图20-103　黄刺蛾老熟幼虫

彩图20-104　黄刺蛾前蛹

【发生规律】黄刺蛾1年发生1～2代，均以老熟幼虫在枝条上结茧越冬。翌年春末夏初化蛹，并羽化出成虫。成虫飞翔力不强，昼伏夜出，有趋光性。羽化后不久即可交尾产卵，卵多产在叶背，排列成块，每头雌蛾产卵几十粒至上百粒。初孵幼虫有群集性，多聚集在叶背啃食下表皮和叶肉，残留上表皮，使受害叶片呈筛网状。虫龄稍大后逐渐分散取食，将叶片吃成孔洞或缺刻状。老熟幼虫喜欢在枝杈或小枝上结茧，茧似蛋壳状、质地坚硬。在1代发生区，越冬幼虫6月上中旬开始化蛹，6月中旬～7月中旬为成虫发生期，幼虫发生期在7月中旬～8月下旬，8月下旬以后幼虫开始结茧，进入滞育状态，直至越冬。

【防控技术】黄刺蛾防控技术模式如图20-12所示。

1.人工措施防控　结合果树冬剪，彻底清除越冬虫茧。集中销毁或食用。虫量发生大的果园，还应注意剪除周围防护林上的虫茧。夏季结合果树管理，人工剪除有虫叶片，集中杀灭幼虫。

彩图20-105　黄刺蛾蛹（腹面）

彩图20-106　黄刺蛾蛹茧

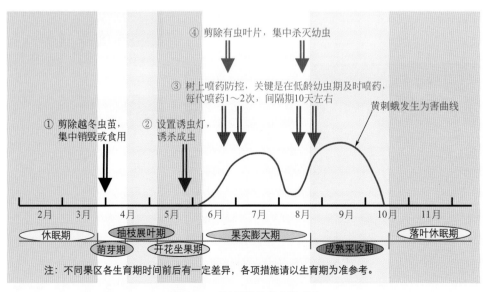

注：不同果区各生育期时间前后有一定差异，各项措施请以生育期为准参考。

图20-12　黄刺蛾防控技术模式图

2.灯光诱杀成虫 利用成虫的趋光性，在成虫发生期内，于果园中设置黑光灯、高压汞灯或频振式诱虫灯，诱杀成虫。

3.树上喷药防控 关键是在低龄幼虫期及时喷药，每代喷药1～2次，间隔期10天左右。效果较好的药剂有：25%灭幼脲悬浮剂1500～2000倍液、5%虱螨脲悬浮剂1000～1500倍液、24%虫酰肼悬浮剂1500～2000倍液、240克/升甲氧虫酰肼悬浮剂2000～2500倍液、20%氟苯虫酰胺水分散粒剂3000～4000倍液、35%氯虫苯甲酰胺水分散粒剂7000～8000倍液、1.8%阿维菌素乳油2500～3000倍液、3%甲氨基阿维菌素苯甲酸盐水乳剂5000～6000倍液、4.5%高效氯氰菊酯乳油1500～2000倍液、25克/升高效氯氟氰菊酯乳油1500～2000倍液、20%甲氰菊酯乳油1500～2000倍液、25克/升溴氰菊酯乳油1500～2000倍液、20%S-氰戊菊酯乳油1500～2000倍液等。

4.保护和利用自然天敌 自然界常见的黄刺蛾天敌主要为上海青蜂。人工剪除的越冬虫茧不要销毁，放在用纱网做成的纱笼内，网眼大小以黄刺蛾成虫不能钻出为宜。将纱笼保存在树荫处，待上海青蜂羽化时，将纱笼挂在果树上，使羽化的上海青蜂顺利飞出，寻找寄主。连续释放几年，可基本控制黄刺蛾为害。

褐边绿刺蛾

【分布与为害】褐边绿刺蛾［*Parasa consocia* Walker］属鳞翅目刺蛾科，又称绿刺蛾、青刺蛾、曲纹绿刺蛾、四点刺蛾等，俗称"洋辣子"，在我国许多省区均有发生，可为害柿树、核桃、板栗、苹果、梨树、桃树、李树、杏树、樱桃、枣树、山楂、石榴等多种果树及多种林木，以幼虫蚕食叶片为害，在管理粗放果园及弃管果园发生较多。初孵幼虫在叶背啃食叶肉，将叶片食成筛网状（彩图20-107）；随虫龄增达，逐渐蚕食叶片，将叶片食成缺刻状，或将叶片吃光、仅残留粗脉及叶柄（彩图20-108）。严重时全树叶片被吃光，造成果树二次发芽、开花，对树势及产量影响很大。另外，幼虫身体上的枝刺含有毒物质，人体皮肤触及时会发生红肿，疼痛难忍。

彩图20-107 低龄幼虫为害状（核桃）

彩图20-108 高龄幼虫蚕食叶片（核桃）

【形态特征】成虫体长15～16毫米，头和胸部绿色，胸部背面中央有1条红褐色背线，触角褐色，雌虫为丝状，雄虫基部2/3为短羽毛状；前翅大部分为绿色，基部红褐色，外缘黄褐色，其上散布暗紫色鳞片，内缘线和翅脉暗紫色，外缘线暗褐色、呈弧状（彩图20-109）。卵椭圆形，扁平，黄绿色至淡黄色，数十粒排列成块状。老熟幼虫体长22～25毫米，头很小，常缩在前胸内，前胸盾上有2个横列黑斑；腹部背线蓝色，两侧有浓蓝色浅线，胴部第二至末节各有4个毛瘤，均生一丛刚毛，第四节背面的毛瘤上各有3～6根红色刚毛，腹部末端的毛瘤上生有蓝黑色刚毛丛（彩图20-110）。蛹椭圆形，长约15毫米，淡黄色至黄褐色，包被在坚硬的茧内。茧椭圆形，棕色或暗褐色，长约16毫米，似羊粪状（彩图20-111）。

彩图20-109 褐边绿刺蛾成虫（雌雄）

彩图20-110 褐边绿刺蛾老熟幼虫

彩图20-111　褐边绿刺蛾越冬虫茧

【发生规律】褐边绿刺蛾在东北和华北地区1年发生1代，在河南和长江下游地区发生2代，在江西发生2～3代，各地均以老熟幼虫在树干上或树干基部周围的浅土层中结茧越冬。第二年春末夏初，越冬幼虫化蛹并羽化出成虫。成虫昼伏夜出，有趋光性，产卵于叶背近主脉处，每雌蛾产卵150粒左右，卵粒排成鱼鳞状卵块。幼虫7～8龄。初孵幼虫先吃掉卵壳，然后啃食下表皮和叶肉，残留上表皮，使叶片呈筛网状。3龄以前幼虫有群集性，4龄以后逐渐分散为害，6龄以后食量增大，常将叶片吃光，只剩主脉和叶柄，并能迁移到邻近树上为害。在1代发生地区，越冬幼虫于5月中下旬开始化蛹，6月上中旬羽化出成虫。卵期7天左右。幼虫在6月中下旬开始孵化，8月份为害最重，8月下旬～9月下旬幼虫陆续老熟结茧越冬。

【防控技术】人工剪除有虫叶片、灯光诱杀成虫与适当树上喷药相结合。具体措施参考"黄刺蛾"防控技术。

双齿绿刺蛾

【分布与为害】双齿绿刺蛾（*Parasa hilarata* Staudinger）属鳞翅目刺蛾科，又称棕边绿刺蛾、棕边青刺蛾、大黄青刺蛾，俗称"洋辣子"，在我国许多省区均有发生，可为害核桃、柿树、板栗、苹果、梨树、桃树、杏树、樱桃、枣树等多种果树。低龄幼虫多群集叶背取食叶肉（彩图20-112），3龄后分散食害叶片成缺刻或孔洞状。幼虫白天静伏叶背，夜间和清晨活动取食，严重时常将叶片吃光，对树势及产量有较大影响。

彩图20-112　低龄幼虫群集叶背啃食叶肉

【形态特征】成虫体长9～11毫米，前翅斑纹极似褐边绿刺蛾，本种前翅基斑略大，外缘棕褐色，边缘为波状条纹，呈三度曲折（彩图20-113）。卵扁椭圆形，黄绿色，数十粒排成鱼鳞状。老熟幼虫体长约17毫米，头小，大部缩在前胸内，体黄绿色至粉绿色，背线天蓝色，两侧有蓝色线，亚背线宽杏黄色；前胸背面有1对黑斑，各体节有4个枝刺丛，以后胸和第1、7腹节背面的1对较大，且端部呈黑色；腹末有4个黑色绒球状毛丛（彩图20-114）。蛹椭圆形，初乳白色至淡黄色，后颜色逐渐加深。茧椭圆形，扁平，淡褐色（彩图20-115）。

彩图20-113　双齿绿刺蛾成虫

彩图20-114　双齿绿刺蛾老熟幼虫

彩图20-115　双齿绿刺蛾蛹茧

【发生规律】双齿绿刺蛾在华北地区1年发生2代，以前蛹在树干疤痕、粗皮裂缝或树干基部结茧越冬。翌年4月下旬开始化蛹，5月中下旬开始羽化。成虫昼伏夜出，有趋光性，对糖醋液无明显趋性。卵多产于叶背中部主脉附近，呈不规则块状，每块有卵数十粒，每雌蛾产卵百余粒。成虫寿命10天左右，卵期7～10天。第1代幼虫发生期在8月上旬～9月上旬，第2代幼虫发生期在8月中旬～10月下旬。10月上旬老熟幼虫陆续爬到枝干上结茧越冬，以树干基部和粗大枝杈处较多，常数头至数十头群集在一起。

【防控技术】以刮除越冬虫茧、剪除卵块和低龄群集幼虫等人工防控措施，与灯光诱杀成虫及树上适当喷药防控相结合，具体措施参照"黄刺蛾"防控技术。

扁刺蛾

【分布与为害】扁刺蛾［*Thosea sinensis*（Walker）］属鳞翅目刺蛾科，又称黑点刺蛾，俗称"洋辣子"，在我国许多省区均有发生，可为害核桃、柿树、板栗、桃树、李树、杏树、苹果、梨树、枣树等多种果树，以幼虫蚕食叶片为害。低龄幼虫啃食叶肉，稍大后将叶片食成缺刻或孔洞状，严重时将叶片吃光，导致树势衰弱。

【形态特征】雌蛾体长13～18毫米，雄蛾体长10～15毫米，全体暗灰褐色，腹面及足泽色更深；前翅灰褐色，中室前方有一明显的暗褐色斜纹，自前缘近顶角处向后缘斜伸，雄蛾前翅中室上角有一黑点（雌蛾不明显）（彩图20-116）。卵扁平光滑，椭圆形，长1.1毫米，初为淡黄绿色，孵化前变灰褐色。老熟幼虫体扁椭圆形，长21～26毫米，宽16毫米，背部稍隆起，似龟背状，全体绿色或黄绿色，背线白色、边缘蓝色；身体边缘两侧各有10个瘤状突起，上生刺毛；每体节背面有2小丛刺毛，第四节背面两侧各有一红点（彩图20-117、彩图20-118）。蛹长10～15毫米，前端钝圆，后端略尖削，近似椭圆形，黄褐色。茧椭圆形，暗褐色，形似鸟蛋。

【发生规律】扁刺蛾在北方地区1年发生1代，长江下游地区发生2代，均以老熟幼虫在树下3～6厘米深的土层内结茧越冬。1代发生区5月中旬开始化蛹，6月上旬成虫开始羽化、产卵，发生期很不整齐。成虫羽化后即可交尾、

彩图20-116　正在交尾的扁刺蛾成虫

彩图20-117　扁刺蛾幼虫（背面）

彩图20-118　扁刺蛾幼虫（腹面）

产卵，卵多散产在叶面。初孵幼虫先取食卵壳，再啃食叶肉，大龄幼虫直接蚕食叶片。6月中旬～8月上旬均可见初孵幼虫，8月份为害最重。从8月下旬开始幼虫陆续老熟，入土结茧越冬。

【防控技术】参照"黄刺蛾"防控技术。

白眉刺蛾

【分布与为害】白眉刺蛾（*Narosa edoensis* Kawada）属鳞翅目刺蛾科，又称杨梅刺蛾，在我国许多省区均有发生，可为害板栗、核桃、柿树、苹果、桃树、杏树、樱桃、枣树、石榴等多种果树，以幼虫食害叶片。低龄幼虫在叶背啃食下表皮及叶肉，为害虫斑呈筛网状；稍大后将叶片食成孔洞或缺刻状（彩图20-119），严重时仅残留主脉及叶柄。

【形态特征】成虫体长约8毫米，翅展约16毫米，前翅乳白色，端半部有浅褐色浓淡不均的云状斑，以指状褐色斑最明显。老熟幼虫体长约7毫米，椭圆形，绿色，头褐色很小，体背隆起呈龟甲状，体表无明显刺毛，体背有2条黄绿色纵带纹（彩图20-120）。蛹近椭圆形，长约4.5毫米。茧灰褐色，椭圆形，长约5毫米，顶部有一褐色圆点。

彩图20-119　白眉刺蛾将板栗叶片食成缺刻和孔洞

彩图20-120　白眉刺蛾幼虫

【发生规律】白眉刺蛾1年发生2代，以老熟幼虫在树杈上或叶片背面结茧越冬。翌年4～5月化蛹，5～6月出现越冬代成虫。成虫昼伏夜出，有趋光性，产卵于叶背，每卵块有卵8粒左右。卵期约7天，7～8月份为第1代幼虫为害期。初孵幼虫在叶背啃食下表皮及叶肉为害，稍大后蚕食叶片。第2代幼虫发生期在8月中下旬～9月份，9月中下旬后幼虫陆续老熟，而后寻找适宜场所结茧越冬。

【防控技术】

1.人工措施防控　发芽前，刮除枝干粗皮、翘皮，消灭树体上的越冬虫茧。

2.灯光诱杀成虫　结合其他害虫防控，在果园内设置黑光灯或频振式诱虫灯，诱杀成虫。

3.适当树上喷药防控　白眉刺蛾多为零星发生，一般果园不需单独进行喷药。个别害虫发生较重果园，在幼虫发生为害初期及时喷药防控，每代喷药1次即可。常用有效药剂同"黄刺蛾"树上喷药药剂。

梨娜刺蛾

【分布与为害】梨娜刺蛾［*Narosoideus flavidorsalis* (Staudinger)］属鳞翅目刺蛾科，又称梨刺蛾，在我国许多省区均有发生，可为害核桃、柿树、板栗、梨树、苹果、山楂、桃树、李树、杏树等多种果树，以幼虫食害叶片。低龄幼虫在叶背啃食下表皮及叶肉，使受害叶片呈筛网状；虫龄稍大后蚕食叶片，将叶片食成缺刻或孔洞状，仅留粗脉及叶柄；严重时，将叶片吃光，对树势及产量影响较大。

【形态特征】成虫体长14～16毫米，翅展29～36毫米，体黄褐色，腹部有黄褐色横纹，雌蛾触角丝状，雄蛾触角羽毛状，前胸背面有黄色鳞毛；前翅黄褐色至暗褐色，外缘为深褐色宽带，前缘有近三角形褐斑；后翅褐色至棕褐色。卵扁圆形，白色，数十粒至百余粒排列成块状。老熟幼虫暗绿色，体长22～25毫米，各体节有4个横列小瘤状突起，上生刺毛，以中胸、后胸和第6腹节背面的1对刺毛较大而长（彩图20-121）。蛹黄褐色，体长约12毫米。茧椭圆形，土褐色。

彩图20-121　梨娜刺蛾幼虫

【发生规律】梨娜刺蛾1年发生1代，以老熟幼虫在土中结茧，以前蛹越冬。翌年春季化蛹，7～8月份出现成虫。成虫昼伏夜出，有趋光性，产卵于叶片上。幼虫孵化后取食叶片，发生盛期在8～9月份。幼虫老熟后下树入土结茧越冬。正常管理果园梨娜刺蛾发生较少，管理粗放果园有时发生较多。

【防控技术】参照"黄刺蛾"防控技术。

核桃扁叶甲

【分布与为害】核桃扁叶甲（*Gastrolina depressa thoracica* Baly）属鞘翅目叶甲科，又称核桃扁叶甲黑胸亚种、核桃叶甲、核桃扁金花虫，在我国甘肃、吉林、辽宁、黑龙江、河北、山西等省均有发生，主要为害核桃、核桃楸、枫杨等胡桃属植物。成虫、幼虫均取食叶片为害，将叶片食成缺刻或网状（彩图20-122），大发生时可将叶片吃光，严重影响树体生长和果实产量及质量。

【形态特征】成虫体长5～7毫米，体长方性，背面扁平，鞘翅蓝黑色或紫蓝色，前胸背板黑色，触角、足黑色；前胸背板宽约为长的2.5倍，基部窄于鞘翅；鞘翅刻点粗深，每鞘翅有3条纵肋；雌虫卵期腹部膨大，突出于翅鞘之外（彩图20-123）。卵长椭圆形，长约1毫米，初产时米黄色，后变灰黑色，在叶背呈块状（彩图20-124）。初孵幼虫黑色。老熟幼虫体长约10毫米，暗黄色，头黑色，前胸盾淡黑色，胴部具暗斑，气门上线有突起。蛹为离蛹，长约6毫米，浅灰黑色。

彩图20-122 成虫食害叶片成缺刻（张爱环）

彩图20-123 核桃扁叶甲成虫

彩图20-124 核桃扁叶甲成虫、幼虫和卵（刘铉基）

【发生规律】核桃扁叶甲在辽宁1年发生1代，以成虫在枯枝落叶层或树皮缝内越冬。辽宁地区翌年4月上旬核桃发芽时开始出蛰活动，取食为害刚萌生的嫩叶补充营养，4月中旬开始交尾产卵。卵期7天左右，5月份为幼虫和越冬成虫为害盛期。幼虫期7～10天，5月上旬幼虫开始化蛹，5月中下旬为化蛹盛期，蛹期3～5天。6月上旬出现第1代成虫，6月中旬气温高后开始越夏。7月底第1代成虫重新上树取食为害，补充营养后交尾产卵，8月中旬为产卵盛期，8月中下旬为幼虫为害高峰，9月中下旬树上全是成虫，形成又一次成虫为害高峰。9月底成虫开始下树越冬。每雌虫产卵90～120粒，卵多产于叶背、呈块状。成虫不善飞翔，有假死性，无趋光性，年均寿命320～350天。初孵幼虫有群集性，食量较小，仅食叶肉，进入3龄后食量大增并开始分散为害，老熟后多群集在叶背呈悬蛹状化蛹。

【防控技术】

1.人工措施防控 早春发芽前，刮除枝干粗皮、翘皮，清除树下枯枝、落叶，集中烧毁或深埋，消灭越冬成虫。春季成虫出蛰上树时，振树捕杀落地成虫。

2.树上喷药防控 关键在早期喷药，即在越冬成虫上树为害初期开始喷药，10天左右1次，连喷2次左右，选用击倒力强的触杀性药剂效果较好。有效药剂如：4.5%高效氯氰菊酯乳油1500～2000倍液、50克/升高效氯氟氰菊酯乳油3000～4000倍液、20%甲氰菊酯乳油1500～2000倍液、25克/升溴氰菊酯乳油1500～2000倍液、20% S-氰戊菊酯乳油1500～2000倍液、50%杀螟硫磷乳油1200～1500倍液、1%甲氨基阿维菌素苯甲酸盐乳油2000～3000倍液等。

大灰象甲

【分布与为害】大灰象甲（*Sympiezomias velatus* Chevrolat）属鞘翅目象甲科，又称大灰象鼻虫，在我国许多省区均有发生，可为害核桃、板栗、枣树、苹果、梨树等多种果树，主要以成虫食害嫩芽和幼叶（彩图20-125）。轻者将叶片食成缺刻或孔洞状，重者可把芽、嫩叶及嫩梢吃光，造成果树二次萌芽，特别对树苗和幼株为害较重。另外，成虫产卵时将叶片折卷，对叶片光合作用也有一定影响。

【形态特征】成虫体长9～12毫米，灰黄色或灰黑色，密被灰白色鳞片。头部和喙密被金黄色发光鳞片；头管粗短，背面有3条纵沟，触角索节7节、长大于宽，复眼大而凸出，前胸两侧略凸；中沟细，中纹明显；鞘翅近卵圆形，具褐色云斑，每鞘翅上各有10条纵沟（彩图20-126）；后翅退化。卵长椭圆形，长约1.2毫米，初产时乳白色，后渐变为黄褐色。老熟幼虫体长约17毫米，乳白色，肥胖弯曲，各节背面有许多横皱。蛹长约10毫米，初为乳白色，后变为灰黄色至暗灰色。

【发生规律】大灰象甲在华北地区1年发生1代，以成虫在土壤中越冬。翌年4月开始出土活动，取食果树和苗木的嫩芽、新叶等。6月份成虫陆续在折叶内产卵，卵期7

天。幼虫孵化后入土生活，至晚秋老熟后于土中化蛹，羽化后成虫不出土即越冬。幼虫期在土内生活，取食腐殖质和须根，对果树为害不大。成虫不能飞翔，主要靠爬行转移，动作迟缓，有假死性，白天静伏，傍晚及清晨取食活动。成虫寿命较长，可多次交尾，卵通常产在叶片上，产卵前先用足将叶片从两侧折合，然后在合缝中产卵，产卵时同时分泌黏液，将叶片黏合在一起。卵块状，每块30～50粒，每雌产卵374～1172粒。

彩图20-125 大灰象甲成虫正在啃食叶芽

彩图20-126 大灰象甲成虫

【防控技术】

1. 人工措施防控 在成虫发生期内，利用其假死性、行动迟缓、不能飞翔的特点，于上午9时前或下午4时后进行振树捕捉，先在树下铺设塑料布或布单，振落后收集消灭。

2. 地面药剂防控 在成虫出土期，于树盘下喷洒50%辛硫磷乳油300～500倍液、或480克/升毒死蜱乳油500～600倍液，将表层土壤喷湿，然后浅锄，使药剂与土壤混匀，毒杀成虫。

3. 树上喷药防控 在成虫上树为害期（果树萌芽展叶期），及时树上喷药，防控上树为害害虫，10天左右1次，连喷1～2次，以选用击倒力强的触杀性药剂较好。常用有效药剂同"核桃扁叶甲"树上喷药药剂。

日本扁足叶蜂

【分布与为害】日本扁足叶蜂（*Croesus japonlcus* Takeuchi）属膜翅目扁叶蜂科，在山东、河北等省已有发生，主要为害核桃，以幼虫取食叶片。常数十头群集在叶片上，尾部翘起，整齐排列在叶缘上蚕食叶片（彩图20-127），将叶片食成缺刻状或吃光，大发生时几乎将全树叶片全部吃光，对核桃产量及树体生长影响很大。

彩图20-127 日本扁足叶蜂低龄幼虫及为害状

【形态特征】成虫体长约7毫米，黑色，有光泽；翅透明，翅脉与翅痣褐色；前足腿节赤褐色，胫节基半部白色，跗节淡褐色；后足基节、转节白色，腿节褐色，基跗节黑色；胫节前端及基跗节膨大（彩图20-128）。卵长椭圆形，白色。老熟幼虫体长约15毫米，头部黑色，有光泽，胸部及腹部黄色，气门上线至背中线间有1条蓝黑色光亮的宽纵带（彩图20-129）。蛹黄褐色，裸蛹。茧椭圆形，褐色。

彩图20-128 日本扁足叶蜂成虫及茧

彩图20-129　日本扁足叶蜂大龄幼虫及为害状

【发生规律】日本扁足叶蜂在山东泰山1年发生2代，以老熟幼虫在树干基部土中做茧变成预蛹越冬。翌年5月上中旬出现越冬代成虫。5月下旬～6月初发生第1代幼虫，6月下旬出现第1代成虫；7月上旬～8月上旬发生第2代幼虫，为害到9～10月份后老熟幼虫入土做茧越冬。成虫在叶缘表皮下产卵，单粒散产。幼虫孵化后常数头群集叶缘，尾部翘起，排列整齐，形似叶缘镶边。3龄后幼虫具有假死性。老熟幼虫入土结茧化蛹深度一般为9～13厘米，蛹期13～18天。

【防控技术】

1.人工措施防控　利用幼虫群集在叶缘上为害取食的习性，结合其他农事活动，人工摘除虫叶，集中销毁。利用3龄后幼虫的假死性，在树下铺塑料布或布单，振动树体，将震落幼虫集中消灭。

2.树上喷药防控　日本扁足叶蜂多为零星发生，一般果园不需进行喷药。个别发生较重果园，在幼虫发生期适当喷药防控，每代喷药1次即可有效控制其为害。效果较好的药剂如：50克/升高效氯氟氰菊酯乳油3000～4000倍液、4.5%高效氯氰菊酯乳油1500～2000倍液、25克/升溴氰菊酯乳油1500～2000倍液、20% S-氰戊菊酯乳油1500～2000倍液、20%甲氰菊酯乳油1500～2000倍液、1.8%阿维菌素乳油2000～3000倍液、3%甲氨基阿维菌素苯甲酸盐乳油5000～6000倍液、50%杀螟硫磷乳油1200～1500倍液、33%氯氟·吡虫啉悬浮剂3000～4000倍液等。

核桃细蛾

【分布与为害】核桃细蛾（*Acrocercops transecta* Meyrick）属鳞翅目细蛾科，又称核桃潜叶蛾，在河北、山西、陕西核桃产区发生较多，主要为害核桃叶片。幼虫潜叶为害，多在上表皮下潜食叶肉，使上表皮与叶肉分离呈泡状；泡状斑初期呈不规则线状或小斑状（彩图20-130），后期形成不规则大斑（彩图20-131），幼虫将粪便排在泡状斑内（彩图20-132）。有时一张叶片上有十余头幼虫为害，严重时导致叶片干枯。

彩图20-130　为害初期，核桃细蛾的潜食虫道

彩图20-131　核桃细蛾为害形成的虫斑

彩图20-132　虫斑内堆有黑褐色虫粪

【形态特征】成虫体长约4毫米，翅展8～10毫米，体银灰色；头部、胸背银白色，头顶混有黄褐色鳞毛，下唇须长而弯、黄白色，触角丝状比前翅略长；前翅狭长披针形，暗灰褐色，上有3条较明显的白色横斜带，从前缘向后缘外侧斜伸，近翅顶角处有2～3个小白斑；后翅狭长剑状，缘毛长、灰色；腹部灰白色，背面微褐色。初孵幼虫淡黄白色，2龄后体淡橙黄色（彩图20-133）。老熟幼虫圆

筒形，长5～6毫米，体红色，头部黄褐色或淡黄黑色。蛹黄褐色，体长约4毫米，羽化前头顶黑色，翅芽上显出黑褐色斑纹。

彩图20-133　核桃细蛾幼虫

【发生规律】核桃细蛾1年发生3代，以蛹在树皮裂缝或落叶中结白色半透明茧越冬。翌年6月中旬出现第1代幼虫，7月、8月和9月分别是各代成虫发生期，7月份为害最重。低龄幼虫潜食叶肉，呈不规则线状隧道，后形成不规则大斑，上表皮与叶肉分离呈泡状，表皮逐渐干枯。幼虫老熟后钻出叶片在树皮缝隙或叶片上吐丝结白色半透明茧化蛹，除越冬蛹外，蛹期约6天左右。约1个月完成1代。

【防控技术】

1.农业措施防控　落叶后至发芽前，彻底清除落叶，集中烧毁，消灭越冬虫源。生长期害虫发生严重果园，也可用铁丝刷刷除树皮裂缝内的越冬茧蛹。

2.树上喷药防控　从害虫发生为害初期或叶片上初见虫斑时开始喷药，每代喷药1～2次，间隔期10天左右，重点防控第1、2代幼虫。效果较好的药剂有：25%灭幼脲悬浮剂1500～2000倍液、25%除虫脲悬浮剂1500～2000倍液、50%丁醚脲悬浮剂1500～2000倍液、240克/升甲氧虫酰肼悬浮剂2000～2500倍液、35%氯虫苯甲酰胺水分散粒剂8000～10000倍液、240克/升螨腈悬浮剂3000～4000倍液、1.8%阿维菌素乳油2000～2500倍液、2%甲氨基阿维菌素苯甲酸盐乳油3000～4000倍液等。

铜绿丽金龟

【分布与为害】铜绿丽金龟（*Anomala corpulenta* Motschulsky）属鞘翅目丽金龟科，又称铜绿金龟子、青金龟子，在我国许多省区普遍发生，可为害核桃、柿树、板栗、苹果、山楂、梨树、杏树、桃树、李树、葡萄等多种果树。成虫取食叶片，将叶片食成残缺不全（彩图20-134），甚至将全树叶片吃光。幼虫在土壤中为害植物根部及根颈部，是一种重要的地下害虫。

【形态特征】成虫触角黄褐色，鳃叶状，前胸背板及鞘翅铜绿色具闪光，上有细密刻点，额及前胸背板两侧边缘黄色，虫体腹面及足均为黄褐色（彩图20-135）。卵椭圆形，乳白色（彩图20-136）。老熟幼虫体长约40毫米，头黄褐色，胴部乳白色，腹部末节腹面除钩状毛外，还有2纵列刺状毛约14～15对（彩图20-137）。蛹长约20毫米，裸蛹，黄褐色。

彩图20-134　铜绿丽金龟成虫为害的叶片

彩图20-135　铜绿丽金龟成虫

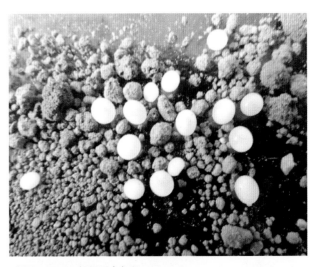

彩图20-136　铜绿丽金龟卵

【发生规律】铜绿丽金龟1年发生1代，以3龄幼虫在土壤中越冬。翌年春季随气温回升，越冬幼虫开始向上移动，5月中旬前后继续取食植物根部一段时间，老熟后作土室化蛹。6月初成虫开始出土，为害盛期在6月下旬～7月上旬，为害期约40天。成虫昼伏夜出，多在傍晚6～7时飞出交配，8时以后取食为害树叶，直至凌晨3～4时下树回到土中潜伏。成虫喜欢在疏松、潮湿的土壤中栖息，潜入深度一般为7厘米左右。成虫有较强的假死性和趋光性。成虫6月中旬开始在土壤中产卵，每次产卵20～30粒，7月间出现第1代幼虫，取食植物根部，10月中上旬幼虫在土壤中开始下迁越冬。

彩图20-137 铜绿丽金龟幼虫

【**防控技术**】铜绿丽金龟防控技术模式如图20-13所示。

1.**人工捕杀成虫** 利用成虫的假死性，在傍晚成虫上树后振动树枝，捕杀落地成虫。

2.**灯光诱杀成虫** 利用成虫的趋光性，在成虫发生期内于果园中设置黑光灯或频振式诱虫灯，诱杀成虫。

3.**地面药剂防控** 利用成虫白天下树入土潜藏的习性，在成虫发生期内地面用药防控。一般使用50%辛硫磷乳油300～500倍液、或480克/升毒死蜱乳油500～600倍液喷洒地面，将表层土壤喷湿，然后耙松表层土壤；或每亩撒施5%辛硫磷颗粒剂2～3千克、或5%毒死蜱颗粒剂0.5～1千克，均匀撒施后浅锄土壤。

4.**树上适当喷药防控** 成虫发生量大时，还可进行树上喷药，从成虫发生初期开始喷洒，7～10天1次，连喷2次左右，傍晚喷药效果较好。效果较好的药剂如：4.5%高效氯氰菊酯乳油1500～2000倍液、25克/升高效氯氟氰菊酯乳油1500～2000倍液、20%甲氰菊酯乳油1500～2000倍液、25克/升溴氰菊酯乳油1500～2000倍液、20%S-氰戊菊酯乳油1500～2000倍液、50%杀螟硫磷乳油1200～1500倍液、50%马拉硫磷乳油1000～1500倍液等（图20-13）。

黑绒鳃金龟

【**分布与为害**】黑绒鳃金龟（*Maladera orientalis* Motschulsky）属鞘翅目鳃金龟科，又称黑绒金龟、黑绒金龟子、天鹅绒金龟子、东方金龟子，在我国许多省区均有发生，是一种杂食性害虫，可为害核桃、柿树、苹果、梨树、葡萄、桃树、樱桃、杏树、枣树等多种果树。主要以成虫食害嫩芽、新叶及花器，尤其嗜食幼嫩的芽叶，虫量大时可将嫩叶、嫩芽吃光，对刚定植的树苗及幼树威胁很大。幼虫主要在根部取食一些植物的根系，为害性不强，一般受害植物没有明显表现。

【**形态特征**】成虫卵圆形，体长7～8毫米，宽4.5～5.0毫米，体黑色至黑紫色，密被天鹅绒状灰黑色短绒毛；鞘翅具9条隆起线，外缘具稀疏刺毛，腹部末端露出鞘翅外（彩图20-138）；前足胫节外缘具两齿，后足胫节两侧各具一刺。卵初产时卵圆形、乳白色，后膨大为球状。老熟幼虫体长14～16毫米，体乳白色，头部黄褐色，肛腹片上有约28根锥状刺，横向排列成单行弯弧状。蛹长约8毫米，裸蛹，黄褐色。

【**发生规律**】黑绒鳃金龟1年发生1代，主要以成虫在30～40厘米深的土中越冬。翌年3月下旬～4月上旬开始出土，4月中旬为出土盛期。补充营养一段时间后开始交尾，5月中下旬为交尾盛期，6月上旬为产卵盛期。雌虫产卵于15～20厘米深的土壤中，卵散产或5～10粒集于一处，每雌虫产卵30～100粒。幼虫6月中旬出现，在土壤中取食腐殖质及植物嫩根，幼虫期80天左右、分为3龄。8月初老熟幼虫在30～40厘米深土层中化蛹，蛹期10～12天，9月上旬成虫羽化后在原处越冬。成虫有假死性和趋光性，白天在土缝中潜伏，多于黄昏出土活动，出土高峰期为17～20时，20时以后又逐渐入土潜伏，遇到刮风或雨天则不出土活动。成虫为害期达3个多月。

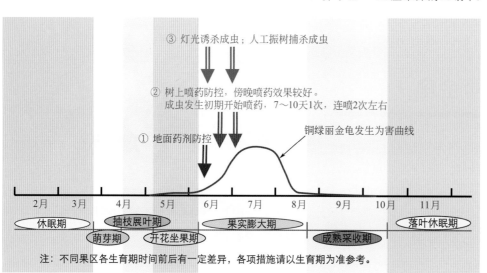

③ 灯光诱杀成虫；人工振树捕杀成虫

② 树上喷药防控，傍晚喷药效果较好。成虫发生初期开始喷药，7～10天1次，连喷2次左右

① 地面药剂防控

铜绿丽金龟发生为害曲线

| 2月 | 3月 | 4月 | 5月 | 6月 | 7月 | 8月 | 9月 | 10月 | 11月 |

休眠期　抽枝展叶期　果实膨大期　落叶休眠期

萌芽期　开花坐果期　成熟采收期

注：不同果区各生育期时间前后有一定差异，各项措施请以生育期为准参考。

图20-13 铜绿丽金龟防控技术模式图

彩图20-138 黑绒鳃金龟成虫

【防控技术】

1.农业措施防控 首先，新栽幼树，定干后套袋防虫。一般多使用直径5～10厘米、长50～60厘米的塑料袋，将顶端封严后套在整形带处，下部扎严，袋上扎5～10个直径为2～3毫米的透气小孔，待成虫盛发期过后及时取下。其次，利用金龟子成虫的假死性，在成虫发生期内，选择温暖无风的傍晚在树下铺上塑料布或布单，然后振树捕杀成虫。

2.药剂防控 分为"地面药剂防控"和"树上适当喷药防控"两种措施，具体参照"铜绿丽金龟"防控技术。

绿盲蝽

【分布与为害】绿盲蝽［*Lygus lucorum*（Meyer-Dür）］属半翅目盲蝽科，俗称盲蝽蟓，在我国除海南、西藏外各省区均有发生，可为害板栗、核桃、柿树、葡萄、枣树、桃树、李树、杏树、苹果、梨树等多种果树，主要以成虫、若虫刺吸嫩叶汁液进行为害。为害初期，嫩叶上出现褐色至深褐色小斑点，随嫩叶生长，斑点逐渐扩大为孔洞，孔洞边缘黄绿色至淡褐色（彩图20-139～彩图20-141）；后期孔洞发展为边缘不整齐，支离破碎（彩图20-142）。一张叶片上常有许多斑点或孔洞，严重时嫩叶不能长大，甚至枯死。

彩图20-139 核桃嫩叶受绿盲蝽为害状

彩图20-140 板栗嫩叶受绿盲蝽为害状

彩图20-141 绿盲蝽在柿树嫩叶上的为害状

彩图20-142 叶片稍大后，受害斑点成为孔洞（板栗）

【形态特征】成虫长卵圆形，长约5毫米，宽约2.5毫米，黄绿色或浅绿色；头部略呈三角形，黄绿色，复眼突出、黑褐色；触角4节，短于体长，第2节为第3、4节之和；前胸背板深绿色，有许多黑色小点，与头相连处有1个领状脊棱；小盾片黄绿色，三角形；前翅基部革质，绿色，端部膜质，半透明，灰色；腹面绿色，由两侧向中央微隆起（彩图20-143）。卵长形稍弯曲，长约1.4毫米，绿色，有瓶口状卵盖。若虫5龄，与成虫体相似，绿色或黄绿色，单眼桃红色，3龄后出现翅芽，翅芽端部黑色（彩图20-144）。

彩图20-143　绿盲蝽成虫

彩图20-144　在核桃上为害的绿盲蝽若虫

【发生规律】绿盲蝽1年发生4～5代，以卵在果树枝条的芽鳞内及其他寄主植物上越冬。翌年果树发芽时开始孵化，初孵若虫在嫩芽及嫩叶上刺吸为害。约5月上中旬出现第1代成虫，成虫寿命长，产卵期持续35天左右。第1代发生相对整齐，第2～5代世代重叠严重。若虫、成虫多白天潜伏，清晨和傍晚在芽及嫩梢上为害。成虫善于飞翔

和跳跃，若虫爬行迅速，稍受惊动立即逃逸，不易被发现。该虫主要为害幼嫩组织，叶片稍老化后即不再受害。绿盲蝽食性很杂，为害范围非常广泛，当果树嫩梢基本停止生长后，则转移到其他寄主植物上为害。秋季，部分成虫又回到果树上产卵越冬。

【防控技术】绿盲蝽防控技术模式如图20-14所示。

1.加强果园管理　果树发芽前，彻底清除果园内及其周边的杂草，集中烧毁或深埋，可有效减少绿盲蝽越冬虫量。果树萌芽初期，在树干上涂抹黏虫胶环，阻止绿盲蝽爬行上树并黏杀绿盲蝽若虫、成虫（彩图20-145）。

彩图20-145　黏虫胶上黏住了大量绿盲蝽

2.发芽前药剂防控　结合其他害虫防控，在果树发芽前全园喷施1次3～5波美度石硫合剂、或45%石硫合剂晶体60～80倍液，杀灭树上越冬虫卵。淋洗式喷雾效果较好。

3.生长期喷药防控　萌芽期至嫩梢生长期（抽枝展叶期）是喷药防控绿盲蝽的关键期。根据往年绿盲蝽发生为害轻重及当年嫩芽受害情况、园内虫量多少确定具体喷药时间及次数。一般果园喷药2次左右即可，间隔期7～10天，以早、晚喷药效果较好。常用有效药剂有：33%氯氟·吡虫啉悬浮剂3000～4000倍液、50克/升高效氯氟氰菊酯乳油3000～4000倍液、4.5%高效氯氰菊酯乳油或水乳剂1500～2000倍液、20%甲氰菊酯乳油1500～2000倍液、20% S-氰戊菊酯乳油1500～2000倍液、70%吡虫啉水分散粒剂7000～8000倍液、350克/升吡虫啉悬浮剂4000～5000倍液、5%啶虫脒乳油2000～2500倍液、25%吡蚜酮可湿性粉剂2000～2500倍液、1.8%阿维菌素乳油2000～3000倍液、3%甲氨基阿维菌素苯甲酸盐乳油6000～8000倍液等（图20-14）。

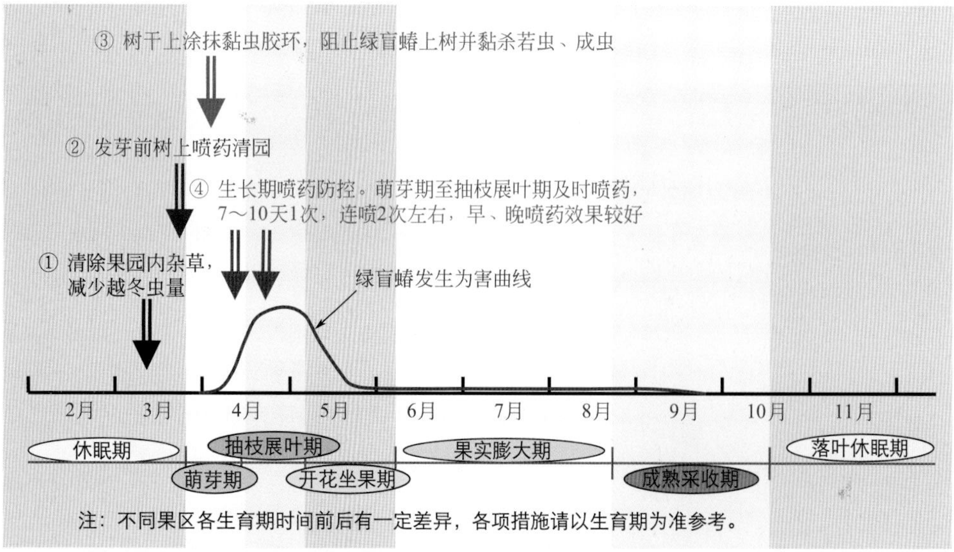

③树干上涂抹黏虫胶环，阻止绿盲蝽上树并黏杀若虫、成虫

②发芽前树上喷药清园

④生长期喷药防控。萌芽期至抽枝展叶期及时喷药，7～10天1次，连喷2次左右，早、晚喷药效果较好

①清除果园内杂草，减少越冬虫量

绿盲蝽发生为害曲线

2月　3月　4月　5月　6月　7月　8月　9月　10月　11月

休眠期　　抽枝展叶期　　果实膨大期　　落叶休眠期
　　萌芽期　开花坐果期　　　成熟采收期

注：不同果区各生育期时间前后有一定差异，各项措施请以生育期为准参考。

图20-14　绿盲蝽防控技术模式图

栗大蚜

【分布与为害】栗大蚜[*Lachuus tropicalis*（Van der Goot）]属同翅目大蚜科，又称栗枝大蚜、栎大蚜、栗大黑蚜，俗称黑蚜虫，在我国栗树产区均有发生，是板栗上的一种重要害虫，除为害板栗外还可为害锥栗、麻栎、白栎、柞栎、槲栎等树木。以成虫和若虫群集在新梢、嫩枝及叶片背面刺吸汁液为害（彩图20-146、彩图20-147），影响新梢生长和果实成熟，严重时导致树势衰弱，果实品质降低。

彩图20-146 栗大蚜无翅胎生雌蚜群集为害枝条

彩图20-147 有翅蚜与无翅蚜在枝条上群集为害

【形态特征】无翅孤雌蚜体长3～5毫米，黑色，体背密被细长毛，腹部肥大呈球形（彩图20-148）。有翅孤雌蚜体略小，黑色，腹部色淡，翅痣狭长，翅脉黑色，前翅中部斜至后角有2个、前缘近顶角处有1个透明斑（彩图20-149）。腹管黑色，圆锥形，有毛。卵长椭圆形，长约1.5毫米，初为暗褐色，后变黑色，有光泽，单层密集排列在枝干背阴处或粗枝基部（彩图20-150、彩图20-151）。若虫体形似无翅孤雌蚜，但体较小、色较淡，多为黄褐色，稍大后渐变黑色，体较平直，近长圆形。有翅若蚜胸部较发达，具翅芽。

【发生规律】栗大蚜1年发生8～14代，以卵在枝干背阴面越冬。翌年春季树液开始流动时越冬卵开始孵化，气温14～16℃时为孵化盛期。孵化后若蚜聚集在嫩梢上为害，4月中旬干母胎生有翅和无翅若蚜。5月中下旬有翅雌

蚜大量出现，迅速扩散至整株或整园，特别是花序上。5月下旬～6月下旬蚜群数量增长较快，形成第一个为害高峰期；同时，一部分迁往夏季寄主如栎类植物的嫩枝、叶片、花序上为害。进入7月份后，因夏季暴雨冲刷，种群数量逐渐减少。到8～9月间栗蓬迅速膨大期，板栗树上的蚜虫数量再次增多，群集在枝干和栗苞、果梗处为害，形成第二个为害高峰，严重时造成早期落果。10月份后集中到枝干上为害，产生性母，性母再产生雌、雄蚜，交配后产卵越冬，越冬卵一般出现在11月份。栗大蚜在条件适宜时7～9天即可完成1代，田间世代重叠严重。

彩图20-148 栗大蚜的无翅胎生雌蚜

彩图20-149 有翅胎生雌蚜

彩图20-150 栗大蚜越冬卵块

彩图20-151 栗大蚜越冬卵局部放大

倍液、20% S-氰戊菊酯乳油1500～2000倍液、70%吡虫啉水分散粒剂7000～8000倍液、350克/升吡虫啉悬浮剂4000～5000倍液、20%啶虫脒可溶性粉剂6000～8000倍液、25%吡蚜酮可湿性粉剂2000～2500倍液、10%烯啶虫胺可溶性液剂4000～5000倍液、33%氯氟·吡虫啉悬浮剂3000～4000倍液等。

栗花翅蚜

【分布与为害】栗花翅蚜（*Nippocallis kuricola* Mats.）属同翅目蚜科，又称栗角斑蚜、花翅蚜，在河南、山东、河北、江苏、辽宁等省均有发生，主要为害栗树。以若蚜、成蚜刺吸叶片及嫩枝汁液为害（彩图20-152），受害处失绿变黄；同时，蚜虫排泄在叶片上的分泌物易诱使霉菌滋生，影响叶片光合作用。虫口密度大时，每张叶片上有蚜几十头乃至数百头，排泄物在栗园树下似降小雨，树冠下似洒油状，易导致树势衰弱，对板栗产量和品质有很大影响。

【防控技术】栗大蚜防控技术模式如图20-15所示。

1.农业措施防控 结合冬季修剪，刮除或压碎树皮上的越冬虫卵。生长季节结合其他农事活动，利用栗大蚜群集为害特性，及时剪除虫口密度大的枝条，集中深埋或销毁，有效降低园内虫量。

2.发芽前药剂清园 板栗萌芽前，喷施1次铲除性药剂清园，杀灭越冬虫卵，重点喷洒较大枝干的背阴面部位。效果较好的清园药剂有：3～5波美度石硫合剂、45%石硫合剂晶体50～70倍液、97%矿物油乳剂100～150倍液、50克/升高效氯氟氰菊酯乳油1500～2000倍液等。

3.生长期树上喷药防控 板栗萌芽后至抽枝展叶期是全年防控的关键，从越冬卵孵化后开始喷药，10～15天1次，连喷2次左右；个别秋季蚜虫较多栗园，在栗大蚜第二为害高峰期再喷药防控1～2次。常用有效药剂有：50克/升高效氯氟氰菊酯乳油3000～4000倍液、4.5%高效氯氰菊酯乳油1500～2000倍液、20%甲氰菊酯乳油1500～2000

彩图20-152 栗花翅蚜在板栗叶片背面群集为害

【形态特征】有翅胎生雌蚜体长约1.5毫米，淡赤褐色，腹部背面中央及两侧具有黑纹，头、胸部着生白色棉絮状物，翅透明，沿翅脉为浅黑色，故名"花翅蚜"（彩图20-153）。无翅胎生雌蚜体长1.4毫米，暗绿色，被覆白色粉状物，胸背、腹部背面中央及两侧有黑色斑点（彩图20-154）。卵长0.4毫米，椭圆形，黑绿色。若蚜体似无翅胎生雌蚜，初龄时淡绿褐色，后变暗绿色并出现黑斑（彩图20-155），头、胸部棕褐色，腹面紫褐色；有翅若蚜胸部发达，具翅芽。

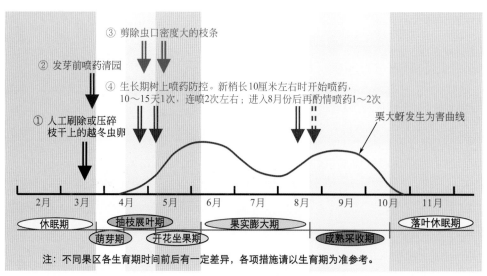

③ 剪除虫口密度大的枝条

② 发芽前喷药清园

④ 生长期树上喷药防控。新梢长10厘米左右时开始喷药，10～15天1次，连喷2次左右；进入8月份后再酌情喷药1～2次

① 人工刷除或压碎枝干上的越冬虫卵

栗大蚜发生为害曲线

| 2月 | 3月 | 4月 | 5月 | 6月 | 7月 | 8月 | 9月 | 10月 | 11月 |

休眠期　　抽枝展叶期　　　果实膨大期　　　　　　落叶休眠期
　　萌芽期　开花坐果期　　　　　　成熟采收期

注：不同果区各生育期时间前后有一定差异，各项措施请以生育期为准参考。

图20-15 栗大蚜防控技术模式图

彩图20-153　栗花翅蚜有翅胎生雌蚜

彩图20-154　栗花翅蚜无翅胎生雌蚜

彩图20-155　栗花翅蚜若蚜

【发生规律】栗花翅蚜1年发生十余代，以卵在枝条上越冬。翌年栗树发芽时开始孵化，群集叶背面为害、繁殖，严重时亦在嫩枝上为害。雨季到来前产生有翅胎生雌蚜，迁飞扩散、传播，行孤雌生殖。平均气温24℃时12天左右完成1代，日均气温16℃时产生有性蚜，雌雄交尾后产卵。一般10月中旬即有大量越冬卵出现。干旱年份发生较多、为害较重。

【防控技术】参照"栗大蚜"防控技术。

核桃黑斑蚜

【分布与为害】核桃黑斑蚜［*Chromaphis juglandicola* (Kaltenbach)］属同翅目斑蚜科，我国自1986年报道以来，先后在辽宁、河北、山西、甘肃、新疆及北京等省市发现该虫，目前只为害核桃，属单食性蚜虫。核桃黑斑蚜以成蚜、若蚜在叶片背面及幼果上刺吸汁液为害（彩图20-156），大发生时若防控不及时，受害叶片很快失绿焦枯。

彩图20-156　核桃黑斑蚜群集嫩叶背面为害

【形态特征】干母1龄若蚜体长椭圆形，胸部和腹部第一至第七节背面每节有4个灰黑色椭圆形斑，第八腹节背面中央有一较大横斑（彩图20-157）；第3、4龄若蚜灰黑色斑消失，腹管环形。有翅孤雌蚜体长1.7～2.1毫米，体淡黄色，尾片近圆形；第3、4龄若蚜在春秋季腹部背面每节各有1对灰黑色斑，夏季蚜虫多无此斑。雌性蚜体长1.6～1.8毫米，无翅，淡黄绿色至橘红色，头和前胸背面有淡褐色斑纹，中胸有黑褐色大斑，腹部第三至第五节背面有1个黑褐色大斑（彩图20-158）。雄性蚜体长1.6～1.7毫米，头、胸部灰黑色，腹部淡黄色，第四、五腹节背面各有1对椭圆形灰黑色横斑，腹管短截锥形，尾片上有毛7～12根。卵长卵圆形，长约0.5毫米，初产时黄绿色，后变光亮黑色，卵壳表面有网纹。

彩图20-157　核桃黑斑蚜干母（李艳琼）

彩图20-158　核桃黑斑蚜雌性蚜、若蚜

【发生规律】核桃黑斑蚜在山西1年发生15代左右，以卵在枝杈、叶痕等处的皮缝中越冬。翌年4月上中旬为越冬卵孵化盛期，初孵若蚜在卵壳停留约1小时后开始寻找膨大的嫩芽或叶片刺吸取食。4月底5月初干母若蚜发育为成蚜，孤雌卵胎生有翅孤雌蚜。有翅孤雌蚜1年有2个为害高峰，分别在6月和8月中下旬～9月初。成蚜较活泼，可飞散至邻近树上。8月下旬～9月初开始产生性蚜，9月中旬性蚜大量产生，雌蚜数量是雄蚜的2.7～21倍。雌雄交配后，雌蚜爬向枝条，选择合适部位产卵，以卵越冬。

【防控技术】

1.保护和利用天敌　核桃黑斑蚜的天敌主要有七星瓢虫、异色瓢虫、大草蛉等，天敌数量大时，尽量减少喷药或选用对天敌安全的药剂，以利用天敌控制为害。

2.适当树上喷药防控　在蚜虫为害高峰前（每复叶蚜虫达50头以上时）开始喷药，10天左右1次，每期喷药1～2次。效果较好的药剂同"栗大蚜"树上喷药药剂。

山核桃刻蚜

【分布与为害】山核桃刻蚜（*Kurisakia sinocaryae* Zhang）属同翅目蚜科，又称山核桃蚜，主要发生在浙江、安徽等省山核桃产区，属单食性蚜虫，是为害山核桃的一种重要害虫。以成蚜、若蚜刺吸汁液为害（彩图20-159），常导致山核桃雄花序、雌花芽脱落，叶芽、嫩枝萎缩，树势衰弱，甚至整株死亡，严重影响山核桃产量。

彩图20-159　山核桃刻蚜在山核桃叶背面为害（樊建廷）

【形态特征】干母体赭色，体长2～2.5毫米，宽1.5毫米，身体背面多皱纹，具肉瘤，触角短、4节，足短、缩于腹下，无翅，无腹管；初孵若蚜黄色，取食后变暗绿色。干雌体长约2毫米，体扁椭圆形，腹部背面有2条绿色斑带和不甚明显的瘤状腹管，触角5节，复眼红色，无翅。性母体长约2毫米，触角5节，成虫有翅，前翅长为体长2倍，翅前缘有一黑色翅痣，腹部背面有2条绿色带及瘤状腹管；若蚜与干雌相似，唯触角端节一侧有一凹刻。性蚜无翅、无腹管，触角4节，端节一侧有一凹刻（彩图20-160）；雌蚜体长0.6～0.7毫米，黄绿色带黑色，尾端两侧各有一圆形泌蜡腺体，分泌白蜡；雄蚜比雌蚜小1/3，体色较雌蚜深，腹末无泌蜡腺。卵椭圆形，长0.6毫米，黑色而发亮，表面有蜡毛。

彩图20-160　树干上山核桃刻蚜

【发生规律】山核桃刻蚜1年发生4代，以卵在山核桃芽、叶痕或枝条破损裂缝内越冬。翌年2月中旬前后孵化为干母（第1代），爬至芽上取食，2月下旬再陆续转移到嫩枝上为害，3月中下旬发育为成虫，以孤雌胎生方式繁殖。所产干雌（第2代）为害正在萌发的芽。到4月上中旬仍行孤雌胎生，世代重叠，为害最甚，同时开始产生有翅性母。4月中下旬性母产下性蚜，聚集叶背为害，至5月上中旬开始在叶背越夏。9月下旬寒露前后逐渐恢复活动，继续在叶背为害，10月下旬～11月上旬发育为无翅雌蚜和雄蚜，交尾后产卵越冬。冬季温暖、春季少雨有利于刻蚜发生；夏季高温干旱，可引起越夏蚜大量干瘪死亡。

【防控技术】

1.树上喷药防控　关键是在3月中下旬第1代干母发育为成虫期及时开始喷药，10～15天1次，连喷2次左右，重点喷洒叶片背面。常用有效药剂同"栗大蚜"树上喷药药剂。

2.保护和利用天敌　山核桃刻蚜的天敌有异色瓢虫、草蛉、食蚜蝇、蚜茧蜂等，树上喷药时注意保护这些自然天敌，尽量避免使用广谱性杀虫药剂。

柿斑叶蝉

【分布与为害】柿斑叶蝉（*Erythroneura mori* Mats）属同翅目叶蝉科，又称柿血斑叶蝉、柿血斑小叶蝉、柿小

叶蝉、柿小浮尘子，在我国许多柿产区均有发生，除为害柿树外还可为害君迁子（黑枣）、枣树、桃树、李树、葡萄等果树。以成虫、若虫群集在叶片背面刺吸汁液为害（彩图20-161），叶脉附近虫量较多。初期，叶正面出现黄绿色失绿斑点（彩图20-162），后斑点增多、失绿成黄白色（彩图20-163）；为害严重时整个叶面呈苍白色（彩图20-164），甚至造成叶片早期脱落。

彩图20-161　柿斑叶蝉成虫和若虫在叶背为害

彩图20-162　初期叶面散生有许多失绿小斑点

彩图20-163　失绿斑点成黄白色

彩图20-164　严重时受害叶面成苍白色

【形态特征】成虫体长约3毫米，体淡黄白色，复眼淡褐色，头冠向前突出呈圆锥形；前胸背板前缘有2个淡橘黄色斑点，后缘有同色横纹，横纹中央和两端向前突出，在前胸背板中央组合成近似"山"字形斑纹，小盾片基部有橘黄色"V"形斑；两前翅对合时自前向后依次形成橘红色的"Y"形、"W"形、倒梯形、"X"形斑纹，似血丝状（彩图20-165）。卵白色，长0.7～0.8毫米，略弯曲。若虫共5龄，初孵若虫淡黄白色近透明，复眼红褐色，随龄期增长体色加深，渐变为淡黄色；4～5龄有翅芽，5龄若虫体扁平，体表生有明显的白色长刺毛，翅芽黄色加深，易于识别（彩图20-166）。

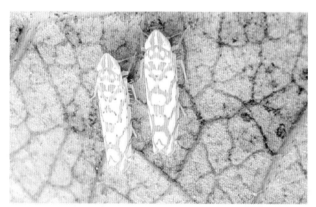

彩图20-165　柿斑叶蝉成虫

彩图20-166　柿斑叶蝉若虫

【发生规律】柿斑叶蝉1年发生2～3代，以卵在当年生枝条的皮层内越冬。翌年4月柿树展叶时开始孵化，若虫期约1个月。5月上中旬出现成虫，不久交尾产卵。卵散产在叶背面叶脉附近，卵期约半个月，6月上中旬孵化。此后30～40天完成1代，世代重叠，此期常造成严重为害。初孵若虫先集中在叶背主脉两侧吸食汁液，随龄期增长食量增大，逐渐分散为害。受害处叶正面呈现褪绿斑点，严重时斑点密集成片，叶片呈苍白色甚至淡褐色，易造成早期落叶。

【防控技术】柿斑叶蝉以药剂防控为主，重点应抓住第1、2代若虫期及时喷药，每代需喷药1～2次，间隔期7～10天，注意喷洒叶片背面。效果较好的药剂有：25%噻嗪酮可湿性粉剂1000～1500倍液、25%噻虫嗪水分散粒剂1500～2000倍液、50%吡蚜酮水分散粒剂3000～4000倍液、350克/升吡虫啉悬浮剂4000～5000倍液、20%啶虫脒可溶性粉剂6000～8000倍液、1.8%阿维菌素乳油2000～3000倍液、1%甲氨基阿维菌素苯甲酸盐乳油2000～2500倍液、25克/升高效氯氟氰菊酯乳油1500～2000倍液、4.5%高效氯氰菊酯乳油1500～2500倍液、20%S-氰戊菊酯乳油1500～2000倍液等。

柿广翅蜡蝉

【分布与为害】柿广翅蜡蝉（*Ricania sublimbata* Jacobi）属同翅目蜡蝉科，在我国许多省区均有发生，可为害柿树、板栗、苹果、梨树、山楂、桃树、李树等多种果树。以成虫、若虫在枝条、叶片及柿蒂上刺吸汁液（彩图20-167），同时雌成虫在当年生枝条内产卵，导致产卵部位以上枝条枯死（彩图20-168），影响树体生长，影响树势，影响果实产量和品质。

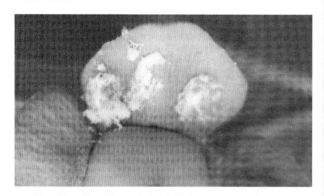

彩图20-167　柿广翅蜡蝉若虫为害柿蒂

彩图20-168　柿广翅蜡蝉产卵枝条（夏声广）

【形态特征】成虫体长8.5～10毫米，翅展24～36毫米，淡褐色稍带紫红；头、胸背面及腹面黑褐色，表面被有绿色蜡粉；前翅宽大，暗褐色至黑褐色，近中部和外缘色较淡，翅前缘近中部有一近三角形白色斑，表面被有绿色蜡粉（彩图20-169）；后翅黑褐色，半透明，边缘有灰白色蜡粉。卵长椭圆形，长0.8～1.2毫米，稍弯曲，初产时乳白色，渐变淡黄色（彩图20-170）。若虫近卵圆形，体背白色蜡粉，腹末有4束蜡丝呈扇状，蜡丝尾端多向上前弯曲而覆于体背（彩图20-171）；1～4龄若虫白色，5龄若虫中胸背板及腹部背面灰黑色，头、胸、腹、足均为白色，中胸背板有3个白斑，斑中有一小黑点。

彩图20-169　柿广翅蜡蝉成虫

彩图20-170　柿广翅蜡蝉成虫正在产卵（夏声广）

彩图20-171　柿广翅蜡蝉若虫

【发生规律】柿广翅蜡蝉1年发生1～2代，以卵在当年生枝条内越冬。南方果区翌年4月上旬开始孵化，第1代若虫发生盛期为4月中旬～6月上旬，6月下旬～8月上旬发生第1代成虫，7月中旬～8月中旬第1代成虫产卵。第2代若虫盛发期在8～9月份，9～10月份发生第2代成虫。第2代成虫9月上旬～10月下旬产卵。低龄若虫群集为害，稍大后分散，白天活动。成虫活泼，飞行能力强，善跳跃，寿命50～70天，交尾后在当年生枝条上刺破枝条产卵，产卵孔外带出部分木丝、并覆有白色绵毛状蜡丝。

【防控技术】

1.人工措施防控　结合冬剪，彻底剪除被产卵枯死枝条，集中烧毁，消灭越冬虫卵。生长季节，发现被害枝条及时剪除，集中深埋或销毁，减少越冬卵量及园内虫源。

2.适当喷药防控　柿广翅蜡蝉多为零星发生，一般不需单独进行喷药。个别发生较重果园，在若虫发生期内喷药1～2次即可。效果较好的药剂同"柿斑叶蝉"树上喷药药剂。由于若虫被有蜡粉，在药液中混加石蜡油助剂或有机硅类助剂，可显著提高杀虫效果。

八点广翅蜡蝉

【分布与为害】八点广翅蜡蝉（*Ricania speculum* Walker）属同翅目蜡蝉科，又称八点蜡蝉、八斑蜡蝉、黑羽衣、白雄鸡，在我国除西北、东北少数地区外其他省区均有发生，可为害板栗、柿树、苹果、桃树、李树、枣树等多种果树。成虫、若虫刺吸嫩枝、叶片及芽的汁液进行为害，其排泄物易诱使霉污病发生，影响树势。同时，雌虫产卵时用产卵器刺伤嫩枝，在伤口内产卵，破坏枝条组织（彩图20-172），轻则产卵枝叶片变黄、长势衰弱、难以形成叶芽及花芽，重则枝条枯死。

彩图20-172　八点广翅蜡蝉产卵为害状（夏声广）

【形态特征】成虫体长6～7.5毫米，翅展18～27毫米，头、胸部黑褐色至烟褐色，触角刚毛状；前翅宽大，略呈三角形，革质，密布纵横网络脉纹，翅面被稀薄白色蜡粉，有5～6个灰白色透明斑（彩图20-173）；后翅半透明，翅脉黑褐色，中室端有一白色透明斑。卵长卵圆形，长1.2～1.4毫米，乳白色。低龄若虫乳白色（彩图20-174）；老龄若虫黄褐色，体长5～6毫米，体略呈钝菱形，腹部末端有4束白色绵毛状蜡丝，呈扇状伸出，中间1对略长，蜡丝覆于体背似孔雀开屏状，向上直立或伸向后方（彩图20-175）。

彩图20-173　八点广翅蜡蝉成虫

彩图20-174　八点广翅蜡蝉初孵若虫（夏声广）

彩图20-175　八点广翅蜡蝉若虫（夏声广）

【发生规律】八点广翅蜡蝉1年发生1代，以卵在当年生枝条内越冬。翌年5月中下旬～6月上中旬孵化出若虫，低龄若虫常数头排列于同一嫩枝上刺吸汁液，4龄后分散于枝梢、叶、果间，爬行迅速，善于跳跃。若虫期40～50天，7月上旬羽化出成虫。成虫飞行能力较强且活跃，寿命50～70天，产卵期30～40天。成虫在当年生嫩枝上产卵，产卵时先用产卵器刺伤枝条皮层，将卵产于木质部内，产卵孔排成一纵列，孔外带出部分木丝，表面覆有白色絮状蜡丝，极易发现与识别。虫量大时，被害枝条上刺满产卵痕迹。

【防控技术】参照"柿广翅蜡蝉"防控技术。

山楂叶螨

【分布与为害】山楂叶螨（*Tetranychus viennensis* Zacher）属蛛形纲蜱螨目叶螨科，又称山楂红蜘蛛，俗称"红蜘蛛"，在我国各果树产区均有发生，可为害核桃、苹果、梨树、桃树、樱桃、山楂、李树等多种果树。主要以成螨、幼螨、若螨在叶片背面刺吸汁液为害，受害叶片正面出现失绿小斑点，螨量多时失绿黄点蔓延成片，叶面呈黄褐色至苍白色；严重时叶片背面甚至正面布满丝网（彩图20-176），叶片变红褐色，似火烧状，易引起大量落叶，造成二次发芽。不但影响当年产量，还对树势及以后两年的产量造成很大影响。

彩图20-176　山楂叶螨在叶背为害状（苹果）

【形态特征】雌成螨椭圆形，体长0.54～0.59毫米，冬型鲜红色（彩图20-177、彩图20-178），夏型暗红色（彩图20-179），体背前端隆起，背毛26根，横排成6行，细长，基部无毛瘤。雄成螨体长0.35～0.45毫米，体末端尖削，第1对足较长，体浅黄绿色至橙黄色，体背两侧各具一黑绿色斑。卵圆球形，春季卵橙红色，夏季卵黄白色。幼螨足3对，黄白色，取食后为淡绿色，体圆形。若螨足4对，淡绿色，体背出现刚毛，两侧有深绿色斑纹，老熟若螨体色发红。

彩图20-177　山楂叶螨越冬雌螨

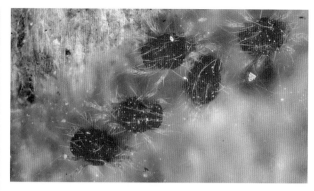

彩图20-178　山楂叶螨越冬雌螨放大

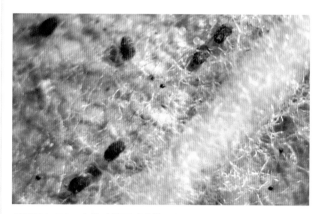

彩图20-179　山楂叶螨夏型成螨及卵

【发生规律】山楂叶螨1年发生5～13代，其中东北地区5～6代、黄河故道地区12～13代，均以受精雌成螨在枝干树皮缝内、树干基部的土块缝隙中越冬（彩图20-180）。河北中部地区，越冬雌螨在4月上旬果树芽苞膨大期开始出蛰，4月中下旬出蛰雌成螨开始产卵，4月下旬～5月初为第1代卵盛期。高温干旱时9～15天即可完成1代，世代重叠明显。春、秋季世代雌螨产卵量约为70～80粒，夏季世代为20～30粒。山楂叶螨多在叶片背面群集为害，数量多时吐丝结网，卵产于叶背绒毛或丝网上。初期叶螨先集中在内膛叶上为害，麦收前后气温升高，繁殖加快，数量大时开始向上、向外扩散，6月份是全年为害高峰。根据树体营养状况进入越冬的早晚不同，当叶片营养差时，7月份即可见到橘红色越冬型雌螨；若营养条件良好，到11月份仍可在田间见到夏型个体。春季温度回升快，高温干旱时间长，山楂叶螨为害时间长，且发生严重。叶螨类天敌种类很多，常见种类有食螨瓢虫、塔六点蓟马、捕食螨、草蛉、小花蝽等。

彩图20-180　老翘皮下的越冬山楂叶螨

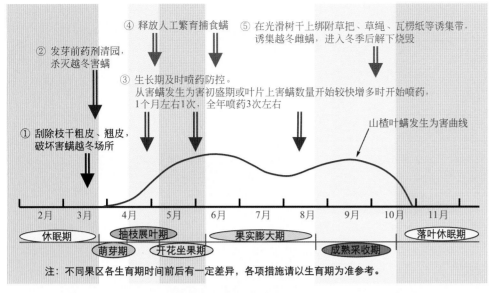

④ 释放人工繁育捕食螨

⑤ 在光滑树干上绑附草把、草绳、瓦楞纸等诱集带，诱集越冬雌螨，进入冬季后解下烧毁

② 发芽前药剂清园，杀灭越冬害螨

③ 生长期及时喷药防控。
从害螨发生为害初盛期或叶片上害螨数量开始较快增多时开始喷药，1个月左右1次，全年喷药3次左右

① 刮除枝干粗皮、翘皮，破坏害螨越冬场所

山楂叶螨发生为害曲线

2月　3月　4月　5月　6月　7月　8月　9月　10月　11月

休眠期　　抽枝展叶期　　　果实膨大期　　　　落叶休眠期
　萌芽期　　开花坐果期　　　　　成熟采收期

注：不同果区各生育期时间前后有一定差异，各项措施请以生育期为准参考。

图20-16　山楂叶螨防控技术模式图

【防控技术】山楂叶螨防控技术模式如图20-16所示。

1.农业措施防控　树干光滑的果园，在越冬雌螨进入越冬场所之前，于树干上绑附草绳、草把或瓦楞纸等诱集带，诱集越冬雌螨，进入冬季后解下集中烧毁，消灭越冬螨源。也可在果树发芽前刮除枝干粗皮、翘皮，破坏害螨越冬场所，并将刮下组织集中烧毁，消灭越冬雌螨。

2.发芽前药剂清园　果树萌芽前，全园喷施1次铲除性药剂清园，杀灭越冬螨源，淋洗式喷雾效果最好。清园效果较好的药剂如：3～5波美度石硫合剂、45%石硫合剂晶体50～70倍液、97%矿物油乳油100～150倍液等。

彩图20-181　释放捕食螨防治山楂叶螨

3.生长期喷药防控　从山楂叶螨为害初盛期或叶片上螨量开始较快增多时开始喷药，或通过调查当叶片背面活动态螨数量达到防控指标时及时开始喷药；若越冬雌螨数量较大，也可在越冬雌螨出蛰后即开始喷药。1个月左右喷药1次，全年喷药3次左右。杀螨效果较好的药剂有：1.8%阿维菌素乳油2000～3000倍液、240克/升螺螨酯悬浮剂4000～5000倍液、110克/升乙螨唑悬浮剂4000～5000倍液、43%联苯肼酯悬浮剂2000～3000倍液、5%噻螨酮乳油1000～1500倍液、50%丁醚脲悬浮剂2000～3000倍液、15%哒螨灵乳油1500～2000倍液、20%四螨嗪悬浮剂1500～2000倍液、25%三唑锡可湿性粉剂1500～2000

倍液、20%阿维·螺螨酯悬浮剂4000～5000倍液等。具体喷药时，注意不同类型药剂交替使用或混用，以延缓害螨产生抗药性；且喷药应均匀周到，特别是树冠上部和内膛均要着药，以保证喷药防控效果。

4.保护和利用天敌
山楂叶螨的天敌主要有捕食螨类、塔六点蓟马、食螨瓢虫等，这些天敌对叶螨的自然控制能力较强，应注意保护利用，尽量在果园内避免使用广谱性杀虫药剂。同时，也可在果园内套种低矮绿肥植物（三叶草、毛叶苕子等），招引并培育天敌。有条件的果园，还可在果园内释放人工繁育的捕食螨（智利小植绥螨、胡瓜钝绥螨、巴氏钝绥螨、加州钝绥螨等），以控制山楂叶螨为害。捕食螨与害螨的比例约为1：200，要求释放捕食螨前、后不能喷施杀虫杀螨药剂（彩图20-181）。

栗小爪螨

【分布与为害】栗小爪螨［*Oligonychus ununguis*（Jacobi）］属蛛形纲蜱螨目叶螨科，又称针叶小爪螨、栗红蜘蛛，在我国各栗树产区均有发生，以北方板栗产区发生为害较重，主要为害板栗、麻栎、栓皮栎、槲树等壳斗科树种。主要以幼螨、若螨、成螨在叶片正面刺吸汁液为害，初期主要集中在主、侧脉两侧及其附近，严重时散布在整个叶面。受害叶片初期在主、侧脉两侧产生黄白色褪绿小点（彩图20-182），后褪绿斑点变苍白色（彩图20-183），严重时全叶变白、变褐（彩图20-184），硬化甚至焦枯，导致树势衰弱，对树体生长发育及果实产量与品质有很大影响。

彩图20-182　叶脉两侧呈现许多黄白色小点

彩图20-183 叶脉两侧布满苍白色小点

彩图20-184 严重受害叶片，整个叶面呈苍白色

1个为害高峰。该螨两性生殖，受精卵发育为雌螨，未受精卵发育为雄螨。雌雄交尾后1天开始产卵，单雌平均产卵量近43粒。栗小爪螨有吐丝习性，喜在叶正面活动、取食，螨量大时也有少量在叶背面活动。夏卵产在叶正面的叶脉两侧，越冬卵产在枝条上。越冬卵产出时间持续较长，可达3个月左右，最早出现时间为6月下旬～7月上中旬，盛期多在8月上中旬，末期在9月下旬～10月上旬。

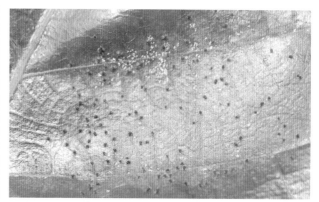

彩图20-185 栗小爪螨成螨

彩图20-186 栗小爪螨越冬卵

【形态特征】雌成螨体长0.38～0.45毫米，宽0.30～0.32毫米，椭圆形，深红色或暗红色，背部隆起，体背有暗绿色斑块，背毛26根，不着生在突起上，足4对，第1、4对足较长（彩图20-185）。雄成螨体长0.27～0.35毫米，宽0.18～0.24毫米，深红色，体两端尖细，似菱形，前、后足显著长于第2、3足。卵分夏卵和冬卵两型，顶部均有一条细丝。夏卵较小，直径约145微米，初产时白色、半透明，渐变成水绿色，孵化前为淡黄色。冬卵为滞育卵，较大，直径约157微米，深红色，略扁平（彩图20-186）。幼螨体近圆形，初孵时淡黄色，吸食汁液后渐变浅绿色，足3对。若螨体浅绿色至暗红色，逐渐变椭圆形，足4对，似成螨。

【发生规律】栗小爪螨1年发生6～12代，以滞育卵在1～4年生枝条上越冬。翌年春季栗叶显露时开始孵化，孵化盛期在5月上旬。5月下旬常有一个因越冬代成螨逐渐死亡而新卵尚未大量孵化的螨口短暂下降时期，从6月上旬开始，螨量逐渐上升，7月中旬前后达到全年顶峰时期，8月上旬螨量陡然下降。一年只有

【防控技术】栗小爪螨防控技术模式如图20-17所示。

1.发芽前药剂防控 栗树发芽前，全园喷施1次铲除性药剂清园，杀灭越冬螨卵。效果较好的药剂如：3～5波美度石硫合剂、45%石硫合剂晶体50～70倍液、97%矿物油

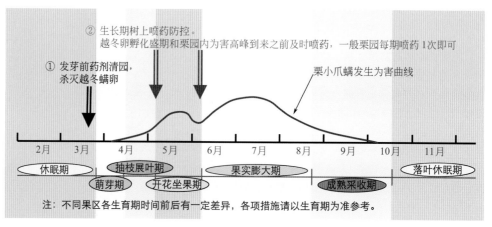

② 生长期树上喷药防控。
越冬卵孵化盛期和栗园内为害高峰到来之前及时喷药，一般栗园每期喷药1次即可

① 发芽前药剂清园，杀灭越冬螨卵

栗小爪螨发生为害曲线

2月 3月 4月 5月 6月 7月 8月 9月 10月 11月

休眠期　抽枝展叶期　　果实膨大期　　　落叶休眠期
　　萌芽期　开花坐果期　　　　成熟采收期

注：不同果区各生育期时间前后有一定差异，各项措施请以生育期为准参考。

图20-17 栗小爪螨防控技术模式图

乳油100～150倍液等。

2.**生长期树上喷药** 关键是在越冬卵孵化盛期（5月上旬）和栗园内为害高峰期到来之前（6月上旬）及时喷药，一般栗园每期喷药1次即可。常用有效药剂同"山楂叶螨"生长期树上喷药药剂。

3.**保护和利用天敌** 参照"山楂叶螨"防控技术部分。

栗瘿螨

【**分布与为害**】栗瘿螨（*Eriophyes costanis* Lu）属蜱螨目瘿螨科，又称栗叶瘿螨、栗瘿壁虱，在河北、河南、山东等栗产区均有发生，只为害板栗叶片。受害叶片正面产生袋状虫瘿，虫瘿长10～15毫米，宽1～2毫米（彩图20-187、彩图20-188）；严重时单张叶片上虫瘿多达百余个，甚至整个叶面长满虫瘿（彩图20-189）。虫瘿多在叶正面形成，少数也可在叶背面产生。每个虫瘿在叶背面有一个瓶状孔口，孔口周围着生许多黄褐色刺状毛。后期虫瘿变黑褐色干枯，严重叶片亦早期干枯，相应受害枝条很少结果。

【**形态特征**】雌螨体似胡萝卜形，长160～180微米，宽30～32微米。越冬雌成螨香油色，生长季节内雌成螨乳白色或浅黄色，半透明，体腹部约有60个环节，背板前端宽圆，腹部除最后3～4节外均布有微瘤；体两侧各有4根较长的毛，腹末具长毛2根；足4对，前足较长，后足稍短，羽状爪3支。

彩图20-187　栗瘿螨为害形成的袋状虫瘿

彩图20-188　虫瘿内部表现

彩图20-189　严重受害叶片表面布满虫瘿

【**发生规律**】栗瘿螨1年发生多代，主要以雌成螨在芽鳞片下越冬，芽基部、叶片脱落层下及其他伤口处也有越冬虫体。栗树发芽展叶时开始转移到幼嫩叶片上为害，受害叶片逐渐形成虫瘿，到7～8月仍有新虫瘿形成，只是后期虫瘿很小或只呈疱疹状。虫瘿内壁生有许多毛状物，瘿螨即在毛状物间活动、繁殖。每个虫瘿内有螨数百头，多者近千头。秋末，大多数成螨从叶背孔口处爬出瘿外，转移到芽上寻找适宜部位越冬，以顶芽及顶端较大的芽上雌螨最多。

【**防控技术**】

1.**严格检疫措施** 栗瘿螨可随枝条、接穗和苗木进行远距离传播，因此调运苗木及接穗时，不要从有虫植株采集接穗外运，也不要从有虫苗圃调运苗木，以防瘿螨传播扩散。

2.**剪除虫枝** 7～8月有虫枝条很容易识别，尽量将虫枝全部剪除烧毁，以减少园内虫量。该措施连续实施几年，无需喷药即可有效控制栗瘿螨为害。

3.**适当喷药防控** 往年栗瘿螨为害较重栗园，首先在栗树发芽前喷洒铲除性药剂清园，如3～5波美度石硫合剂、45%石硫合剂晶体50～70倍液等；其次在栗树展叶后喷药防控，10天左右1次，连喷1～2次，有效药剂如：1.8%阿维菌素乳油2000～3000倍液、2%甲氨基阿维菌素苯甲酸盐乳油4000～5000倍液、5%噻螨酮乳油1000～1500倍液、240克/升螺螨酯悬浮剂4000～5000倍液、110克/升乙螨唑悬浮剂4000～5000倍液、15%哒螨灵乳油1500～2000倍液、20%四螨嗪悬浮剂1500～2000倍液等。

栗瘿蜂

【**分布与为害**】栗瘿蜂（*Dryocosmus kuriphilus* Yasumatsu）属膜翅目瘿蜂科，又称栗瘤蜂，在我国各栗树产区均有发生，只为害栗属植物，是板栗上的一种重要害虫。以幼虫在栗树新芽内为害，春季栗芽萌发时，被害芽不能正常萌发，受害组织逐渐膨大形成虫瘿，有时在瘿瘤上着生有畸形小叶（彩图20-190）。严重时影响开花结果，导致树势衰弱，甚至引起枝条枯死。

彩图 20-190　栗瘿蜂为害形成的虫瘿

【形态特征】成虫体长 2～3 毫米，体色有光泽，头和腹部黑褐色，胸部膨大、漆黑色，中胸背板近中央具 2 条对称的弧形沟，触角丝状 14 节、褐色；翅透明，翅脉黑褐色，前翅无翅痣，具少数翅室和退化的翅脉；足黄褐色，后足较发达；小盾片近圆形，向上隆起（彩图 20-191）。卵椭圆形，乳白色，长 0.1～0.2 毫米，尾端有一细长丝状管，约为卵长的 1～1.5 倍。低龄幼虫乳白色，纺锤形，粗壮，无足。老熟幼虫体长约 2.5 毫米，黄褐色（彩图 20-192）。蛹体长约 3 毫米，初为白色，渐变黄色，羽化时为黑褐色。

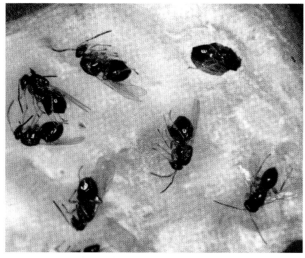

彩图 20-191　栗瘿蜂成虫

彩图 20-192　虫瘿内的栗瘿蜂幼虫

【发生规律】栗瘿蜂 1 年发生 1 代，以初孵幼虫在被害芽内越冬。翌年栗芽萌动时开始活动为害，被害芽不能正常萌发而逐渐膨大形成坚硬的木质化虫瘿。幼虫在虫瘿内做虫室、取食为害，老熟后在虫室内化蛹。每个虫瘿内有 1～5 个虫室。在长城沿线板栗产区，越冬幼虫从 4 月中旬开始活动为害，5 月初形成虫瘿，5 月下旬～6 月上旬为蛹期，6 月上旬～7 月中旬为成虫羽化期。成虫羽化后在虫瘿内停留 10 天左右，然后咬一圆孔从虫瘿中钻出，成虫出瘿期在 6 月中旬～7 月底。成虫白天活动，飞行力弱，出瘿后即可产卵，营孤雌生殖，在栗芽上产卵，以枝条顶端的饱满芽上较多，每芽内产卵 2～3 粒。幼虫孵化后即在芽内为害，9 月中旬开始越冬。

栗瘿蜂的发生与栗树物候期密切相关：栗芽萌动期为越冬幼虫开始活动期，展叶期为幼虫营瘿为害期，雄花初期为化蛹期，雄花末期为成虫羽化盛期，雄花末期后 10 天为成虫脱瘿和产卵盛期。

栗瘿蜂因受天敌制约而表现周期性发生特点，起制约作用的天敌主要是中华栗瘿长尾小蜂（*Torymus sinensis* Kamijo），两者表现出此消彼长的相互跟随现象，一般为 10 年 1 个消长周期。

【防控技术】

1. 农业措施防控　选育和使用抗虫品种、无虫接穗，特别是新发展板栗地区应避免在害虫发生区采集接穗。加强肥水管理，增强树施，提高树体抗虫能力。合理修剪，剪除无用枝、虫瘿枝和适宜栗瘿蜂产卵的细弱枝。栗瘿蜂发生较重栗园，也可进行重修剪，将 1 年生枝条休眠芽以上部分全部剪除，1 年后即可恢复结果。

2. 利用内吸性药剂防控　即在栗芽萌动期用药，防控栗瘿蜂小幼虫，该措施有利于保护天敌。一般选用吡虫啉、噻虫嗪、螺虫乙酯等，施药方法有两种。① 涂药法：首先刮除主干或主枝老皮 20～30 厘米，刮口要平滑，然后在刮口处涂抹混加矿物油（50 倍液）的药液，涂药后用塑料薄膜包扎，7 月份（雨季到来前）再除掉包扎的薄膜。② 灌根法：在距主干 1 米处，用施肥枪按照每株 10 千克药液（稀释 300 倍液）的用药量分 8～10 点均匀注入土壤中。

3. 树上喷药防控　在成虫羽化期防控成虫，控制产卵量，减轻下年为害。即在板栗雄花末期（成虫羽化盛期）进行喷药，5～7 天 1 次，连喷 1～2 次。有效药剂如：4.5% 高效氯氰菊酯乳油 1500～2000 倍液、50 克/升高效氯氟氰菊酯乳油 3000～4000 倍液、20% *S*-氰戊菊酯乳油 1500～2000 倍液等。

4. 生物防控　根据中华栗瘿长尾小蜂在枯瘤内越冬的习性，将剪下的虫瘿枝放置在树下，或收集虫瘿存放在阴凉室内，翌年 4 月上旬再将枯瘿放置在栗园内，羽化后的寄生蜂即可寻找正在芽内取食的栗瘿蜂幼虫。进行生物防控的栗园，4～5 月份寄生蜂成虫发生期不能喷洒任何化学农药。

柿绒粉蚧

【分布与为害】柿绒粉蚧（*Eriococcus kaki* Kuwana）

属同翅目毡蚧科，又称柿绵蚧、柿毡蚧、柿毛毡蚧，在我国各柿产区均有发生，是柿树及君迁子（黑枣）上的一种重要害虫。以成虫、若虫在嫩枝、幼叶、果实及枝干上刺吸汁液为害。柿绒粉蚧多在枝干裂缝处为害，导致树势衰弱（彩图20-193）。枝条受害，轻者生长细弱，重者难以发芽或萌生畸形叶片，甚至导致枝条枯死（彩图20-194）。叶片受害，叶正面形成多角形凹陷黑斑，受害主脉扭曲畸形、周边变黑褐色坏死（彩图20-195～彩图20-197），严重时叶柄变黑、叶片早期脱落。果实受害，幼果至成熟果上均可发生。幼果及绿色果实受害，受害处果面渐变黑褐色至黑色，且逐渐凹陷，严重时果面布满虫体（彩图20-198、彩图20-199），近成熟果易变黄、变软、甚至脱落；转色期果实受害，受害处凹陷、变褐（彩图20-200），严重时果实开裂（彩图20-201），受害果易变软、脱落（彩图20-202、彩图20-203），丧失食用价值。

彩图20-196　柿绒粉蚧在叶片主脉上为害

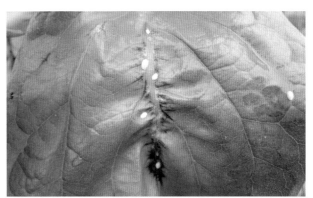

彩图20-197　叶片主脉受柿绒粉蚧为害状

彩图20-193　柿绒粉蚧在枝干裂缝处为害

彩图20-198　柿绒粉蚧在幼果上为害

彩图20-194　柿绒粉蚧在嫩枝上为害

彩图20-195　柿绒粉蚧在叶背面为害

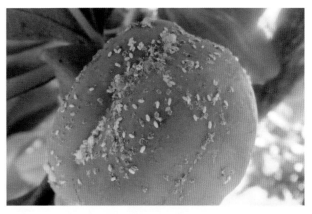

彩图20-199　柿绒粉蚧在膨大期的果实上为害

彩图 20-200　柿绒粉蚧为害处果面变褐、凹陷

彩图 20-201　近成熟果实严重受害状

彩图 20-202　近成熟果受害，果实变黄、变软

彩图 20-203　近成熟果实严重受害状

【形态特征】雌成虫体长1.56毫米，椭圆形，紫红色，老熟时包被在大米粒大小的白色毡状蜡囊中（彩图20-204、彩图20-205）。雄成虫体长1.2毫米，紫红色，1对污白色翅，3对足，腹末有一小刺和1对长蜡丝。卵椭圆形，长0.3～0.4毫米，紫红色，表面附有白色蜡粉和蜡丝，成堆产于蜡囊中。若虫紫红色，椭圆形，扁平，周围具短刺状突起（彩图20-206）。雄蛹壳椭圆形，长1毫米，扁平，由白色绵状物构成，体末有横裂缝将介壳分为上下两层。

彩图 20-204　枝条表面的柿绒粉蚧雌成虫

彩图 20-205　果实表面的柿绒粉蚧成虫、若虫

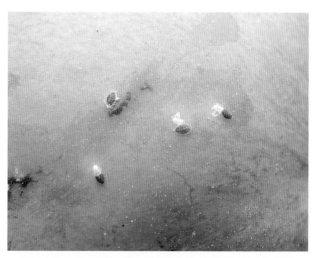

彩图 20-206　柿绒粉蚧若虫

【发生规律】柿绒粉蚧在河北、陕西、山东1年发生4代，广西发生5～6代，均以若虫在树皮裂缝中越冬。北方柿产区4月中下旬开始出蛰，爬到嫩枝、叶柄、叶背为害，以后扩散至柿蒂及果面上等处固着为害，并逐渐形成蜡被，发育为成虫。5月中下旬雌雄交尾后，雌虫体背形成卵囊，

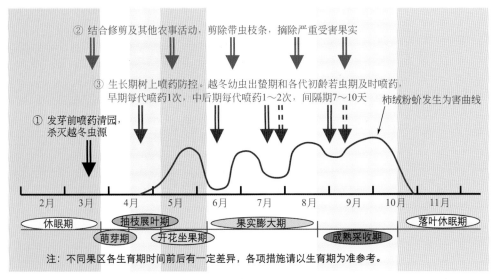

② 结合修剪及其他农事活动，剪除带虫枝条，摘除严重受害果实

③ 生长期树上喷药防控。越冬幼虫出蛰期和各代初龄若虫期及时喷药，
早期每代喷药1次，中后期每代喷药1~2次，间隔期7~10天

柿绒粉蚧发生为害曲线

① 发芽前喷药清园，
杀灭越冬虫源

| 2月 | 3月 | 4月 | 5月 | 6月 | 7月 | 8月 | 9月 | 10月 | 11月 |

休眠期　　抽枝展叶期　　　　　果实膨大期　　　　　　　　落叶休眠期

萌芽期　　开花坐果期　　　　　　成熟采收期

注：不同果区各生育期时间前后有一定差异，各项措施请以生育期为准参考。

图20-18　柿绒粉蚧防控技术模式图

成虫体长约2毫米，体灰黄色，触角似念珠状，上生茸毛，足3对；前翅白色透明较发达，翅脉1条分两叉，后翅退化为平衡棒，腹部末端两侧各具细长蜡丝1对。卵近圆形，淡黄色，成堆产于卵囊内，卵粒间有白色蜡粉（彩图20-209）。若虫与雌成虫相似，椭圆形，触角、足均发达；1龄时为淡黄色，后变为淡褐色，越冬期虫体青黄色，外被白茧。雄蛹为裸蛹，长约2毫米，形似米粒。

产卵于卵囊内，虫体缩向前端。每雌产卵51~167粒，卵期12~21天。各代卵孵化盛期大体为6月中旬、7月中旬、8月中旬、9月中旬。10月中旬开始以第4代若虫越冬。

【防控技术】柿绒粉蚧防控技术模式如图20-18所示。

1.农业措施防控　结合修剪及其他农事管理，剪除带虫枝条，摘除严重受害果实，集中销毁，消灭害虫。

2.发芽前喷药清园　在柿树发芽前，喷施1次铲除性药剂清园，杀灭越冬虫源。效果较好的药剂有：3~5波美度石硫合剂、45%石硫合剂晶体50~70倍液、97%矿物油乳剂100~150倍液等。

3.生长期树上喷药防控　关键是在越冬幼虫出蛰期和各代初龄若虫期及时喷药，早期每代喷药1次，中后期每代喷药1~2次，间隔期7~10天。效果较好的药剂如：25%噻嗪酮可湿性粉剂1000~1500倍液、25%噻虫嗪水分散粒剂3000~4000倍液、22.4%螺虫乙酯悬浮剂4000~5000倍液、22%氟啶虫胺腈悬浮剂4500~6000倍液、50克/升高效氯氟氰菊酯乳油2000~3000倍液、38%吡虫·噻嗪酮悬浮剂1500~2000倍液等。

柿长绵粉蚧

【分布与为害】柿长绵粉蚧（*Phenacoccus pergandei* Cockerell）属同翅目粉蚧科，又称柿长绵蚧、长绵粉蚧，在河南、河北、山东、山西、陕西、江苏等省均有发生，可为害柿树、苹果、梨树、无花果等果树，以若虫和成虫聚集在嫩枝、幼叶和果实上吸食汁液为害。受害枝、叶后期变褐枯焦（彩图20-207）；果实受害部位初期变黄，后逐渐变黑色凹陷，严重时果实后期软化、脱落。受害树体树势衰弱，易落叶、落果；严重时枝梢枯死，甚至整株死亡。

【形态特征】雌成虫体长约3毫米，扁椭圆形，全体浓褐色，触角丝状，足3对，无翅；体表被白色蜡粉，体缘具十多对圆锥形蜡突，有的多达18对；成熟时后端分泌出白色绵状袋形卵囊，长20~30毫米（彩图20-208）。雄

彩图20-207　柿长绵粉蚧在叶背及小枝上为害（史继东）

彩图20-208　柿长绵粉蚧卵囊及卵（史继东）

彩图20-209　柿长绵粉蚧卵囊内的卵粒

【发生规律】柿长绵粉蚧在河南、山东1年发生1代，以3龄若虫在枝条上和树皮缝中结白色茧越冬。翌年3月上旬柿树萌芽时，越冬若虫开始出蛰，逐渐转移到嫩枝、幼叶上吸食汁液为害。雄性个体4月上旬进入蛹期，雌性个体约在4月中旬发育为成虫。雄成虫与雌成虫交尾后死亡。雌成虫继续取食为害，约在4月下旬开始爬到叶背面分泌白色绵状袋形卵囊，并产卵于囊内，每雌产卵500～1500粒。卵期约20天。5月上旬开始孵化，5月中旬为孵化盛期，若虫孵化后爬出卵囊，沿叶背面叶脉、叶缘刺吸为害。初孵若虫6月下旬第1次蜕皮，8月中旬第2次蜕皮，10月下旬3龄若虫陆续转移到枝干的老皮和裂缝处群集结茧越冬。

【防控技术】

1.农业措施防控 柿树发芽前，人工刮除粗皮、翘皮，消灭越冬虫茧，降低虫源基数。或树体枝干涂白，封闭树皮缝隙中聚集的越冬若虫，使其窒息死亡。涂白部位越高，效果越好。涂白剂配方为：生石灰12份、硫黄2份、食盐2份、水36份及适量胶水。

2.树上喷药防控 柿树开花前是喷药防控出蛰若虫的关键期，喷药1次即可；6～7月是防控第1代初孵若虫的关键期，需喷药1～2次，间隔期7～10天。有效药剂同"柿绒粉蚧"生长期树上喷药药剂。开花期至幼果期尽量避免喷洒化学农药，以保护和利用天敌。

3.生物措施防控 柿长绵粉蚧的自然天敌主要有黑缘红瓢虫、柿粉蚧长索跳小蜂、粉蚧长索跳小蜂等，在自然条件下对柿长绵粉蚧的控制效果非常明显，应注意保护利用。

日本龟蜡蚧

【分布与为害】日本龟蜡蚧（*Ceroplastes japonicas* Guaind）属同翅目蜡蚧科，又称日本蜡蚧、枣龟蜡蚧、龟蜡蚧，在我国分布非常广泛，可为害100多种植物，其中包括柿树、栗树、枣树、苹果、梨树、桃树、杏树等多种果树。以若虫和雌成虫刺吸枝条、叶片汁液进行为害（彩图20-210、彩图20-211），其排泄蜜露常诱使煤污病发生，导致树势衰弱、严重时枝条枯死。

【形态特征】雌成虫体长4～5毫米，体淡褐色至紫红色，体被有较厚白色蜡壳，背面呈半球形隆起，具龟甲状凹纹（彩图20-212）。雄虫体长1～1.4毫米，淡红色至紫红色，触角丝状，翅1对、白色透明，具2条粗脉，性刺色淡。卵椭圆形，长0.2～0.3毫米，初淡橙黄色后变紫红色。初孵若虫体长0.4毫米，椭圆形，淡红褐色，触角和足发达，灰白色，腹末有1对长毛，周边有12～15个蜡角（彩图20-213）。后期蜡壳加厚、雌雄形态分化，雄虫与雌成虫相似，雄蜡壳长椭圆形，周围有13个蜡角似星芒状。蛹长1毫米，梭形，棕色。

彩图20-210　日本龟蜡蚧群集在枝条上为害

彩图20-211　日本龟蜡蚧若虫群集在叶片上为害

彩图20-212　日本龟蜡蚧雌成虫

彩图20-213　日本龟蜡蚧若虫（桂柄中）

【发生规律】日本龟蜡蚧1年发生1代，主要以受精雌虫在1～2年生枝条上越冬（彩图20-214）。翌年春季树体发芽时开始为害，成熟后产卵于腹下，5月～6月为产卵盛期，卵期10～24天。初孵若虫多爬到嫩枝、叶柄、叶面上固着取食，8月中旬～9月为化蛹期，蛹期8～20天。8月下旬～10月上旬为成虫羽化期，雄成虫寿命1～5天，交配后即死亡；雌虫陆续从叶片上转移到枝条上固着为害，到秋后越冬。另外，也可孤雌生殖，但子代均为雄性。

彩图20-214　越冬前的雌成虫蜡蚧

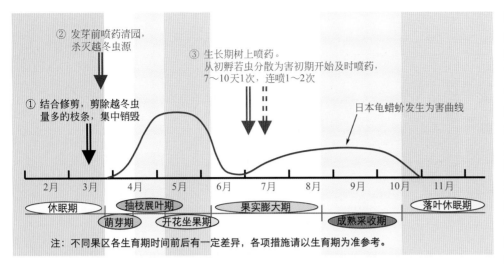

② 发芽前喷药清园，杀灭越冬虫源

③ 生长期树上喷药。从初孵若虫分散为害初期开始及时喷药，7～10天1次，连喷1～2次

① 结合修剪，剪除越冬虫量多的枝条，集中销毁

日本龟蜡蚧发生为害曲线

2月　3月　4月　5月　6月　7月　8月　9月　10月　11月

休眠期　　抽枝展叶期　　果实膨大期　　落叶休眠期
　　萌芽期　开花坐果期　　　　成熟采收期

注：不同果区各生育期时间前后有一定差异，各项措施请以生育期为准参考。

图20-19　日本龟蜡蚧防控技术模式图

【防控技术】日本龟蜡蚧防控技术模式如图20-19所示。

1.农业措施防控　首先，在调运苗木时注意加强检查，不能选择带虫苗木、接穗及砧木，以避免害虫随苗木、接穗或砧木传播。其次，结合果树修剪，尽量剪除带虫量较多的枝条，集中销毁，减少园内虫量。

2.树上喷药防控　一是发芽前喷药清园；二是从初孵若虫分散为害初期开始及时喷药，7～10天1次，连喷1～2次。具体措施及有效药剂参照"柿绒粉蚧"防控技术部分。

栗红蚧

【分布与为害】栗红蚧（*Kermes nawae* Kuwana）属同翅目红蚧科，又称栗绛蚧、红蜡蚧，俗称"红蜡虫"，在我国栗树产区广泛分布，主要为害板栗和多种壳斗科树木。以若虫和雌成虫在1年生板栗枝梢及叶片上刺吸汁液为害，受害枝条萌芽迟、长叶缓，严重时造成枝条枯死、甚至树木死亡。

【形态特征】雌成虫体椭圆形，体紫红色；背面覆盖半球形的较厚蜡壳，蜡壳初为深玫瑰红色，渐变为紫红色，边缘向上翻起呈瓣状，顶部似脐状凹陷，有4条白色蜡带从腹面卷向背面（彩图20-215）。雄成虫体长约1毫米，翅展2.4毫米，暗红色，复眼和口器黑色，仅有1对白色半透明前翅。卵椭圆形，淡紫色，长0.3毫米。若虫扁平椭圆形，前端略宽，暗红色，体表被白色蜡质。雄蛹椭圆形，长1.2毫米，淡黄色。雄茧椭圆形，长1.5毫米，暗紫红色。

彩图20-215　栗红蚧雌虫介壳

【发生规律】栗红蚧1年发生1代，以受精雌成虫在枝条上越冬。翌年板栗萌芽时开始刺吸取食，虫体随之逐渐

增大。在我国中南部板栗产区，5月下旬～6月上旬越冬雌虫开始产卵于体下，卵期3天。6月上中旬若虫孵化，初孵若虫从母体介壳下爬出，分散至叶片、嫩枝上刺吸为害，固定后2～3天开始分泌蜡质，随龄期增大分泌物逐渐加厚。雄若虫为害至8月上中旬化蛹，8月中旬～9月上旬羽化出成虫，雌雄交尾后雄虫死亡。雌若虫历期60～80天，8月下旬～9月上旬成熟，交尾后越冬。透光性好的外围枝条上虫量较多，树冠内膛枝上虫量较少。

【防控技术】参照"日本龟蜡蚧"防控技术。

桑白蚧

【分布与为害】桑白蚧［*Pseudaulacaspis pentagona* (Targioni-Tozzetti)］属同翅目盾蚧科，又称桑盾蚧、桃介壳虫，俗称"树虱子"，在我国许多果树产区均有发生，寄主范围很广，可为害核桃、柿树、栗树、桃树、李树、杏树、无花果等多种果树。以雌成虫和若虫群集固着在枝干或枝条上吸食汁液为害（彩图20-216），虫量多时灰白色介壳密集重叠，导致枝条表面凹凸不平，嫩枝上易形成黄斑（彩图20-217）；严重时，树势衰弱，枝条枯死，甚至全株死亡。

彩图20-216　桑白蚧群集在枝干上为害

彩图20-217　桑白蚧在小枝上的为害状

彩图20-218　桑白蚧雌成虫

彩图20-219　桑白蚧雌虫介壳

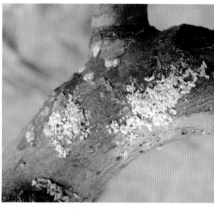
彩图20-220　桑白蚧雄虫介壳

【形态特征】雌成虫橙黄色或橙红色，体扁平卵圆形，长约1毫米（彩图20-218）。雌介壳圆形，直径2～2.5毫米，灰白色至灰褐色，壳点黄褐色，在介壳中央偏向一侧（彩图20-219）。雄成虫橙黄色至橙红色，体长0.6～0.7毫米，仅有翅1对。雄介壳细长，白色，背面有3条纵脊，壳点橙黄色，位于介壳前端（彩图20-220）。卵椭圆形，长0.25～0.3毫米，初产时淡粉红色，渐变淡黄褐色，孵化前橙红色。初孵若虫淡黄褐色，扁椭圆形，体长0.3毫米左右，可见触角、复眼和足，能爬行，腹部末端具2根尾毛；蜕皮后眼、触角、足、尾毛均退化或消失，开始分泌蜡质介壳。

【发生规律】桑白蚧在北方地区1年发生2代，以受精雌虫在枝条上越冬。翌年春季寄主萌芽时，越冬雌虫开始吸食树液，虫体迅速膨大，体内卵粒逐渐形成，随即产卵在介壳内，每雌产卵50～120余粒。卵期10天左右（夏秋季节卵期4～7天）。5月中旬为卵孵化始盛期，若虫孵出后从介壳底部爬出，分散至2～5年生枝条上，以分叉处和阴面较多，刺吸树皮组织汁液后即固定不再移动，经5～7天开始分泌出白色蜡粉覆盖于体上。雌若虫期2龄，第2次蜕皮后变为雌成虫。雄若虫期亦为2龄，第2次蜕皮后变为"前蛹"，再经蜕皮为"蛹"，而后羽化为雄成虫。雄成虫寿命仅1天左右，交尾后不久死亡。第1代若虫期长达40～50天，第2代若虫期30～40天。世代重叠，发生期长。

【防控技术】桑白蚧雄虫防控技术模式如图20-20所示。

1.农业措施防控　结合修剪及其他农事管理，剪除带虫枝条，集中销毁，消灭害虫；或用硬毛刷刷除枝干上的越冬虫体，减少越冬虫源。

2.发芽前喷药清园　在果树发芽前，喷施1次铲除性药剂清园，杀灭越冬虫源。效果较好的药剂有：3～5波美度石硫合剂、45%石硫合剂晶体50～70倍液、97%矿物油乳剂100～150倍液等。

3.生长期喷药防控　关键是在每代初孵若虫从母体介壳下爬出至形成壳壳前及时喷药，7天左右1次，每代喷药1～2次。第1代若虫发生期比较整齐，药剂防控尤为重要。效果较好的有效药剂如：25%噻嗪酮可湿性粉剂1000～1500倍液、25%噻虫嗪水分散粒剂3000～4000倍液、22.4%螺虫乙酯悬浮剂4000～5000倍液、22%氟啶虫胺腈悬浮剂4000～5000倍液、50克/升高效氯氟氰菊酯乳油2000～3000倍液、38%吡虫·噻嗪酮悬浮剂1500～2000倍液等。

梨圆蚧

【分布与为害】梨圆蚧［*Quadraspidiotus pe-miciosus*（Comstock）］属同翅目盾蚧科，又称梨枝圆盾蚧、梨笠圆盾蚧，在我国许多果区均有发生，可为害核桃、山楂、枣树、梨树、苹果、桃树等多种果树。以若虫和雌成虫刺吸枝条、果实及叶片的汁液进行为害。枝条上常密集为害，被害处形成红褐色圆斑，严重时皮层爆裂，甚至枯死（彩图20-221）；果实受害，虫体处凹陷，严重时造成果面变黑褐色，影响果仁质量和经济价值；叶片受害处变褐，常产生枯斑，严重时叶片落脱。

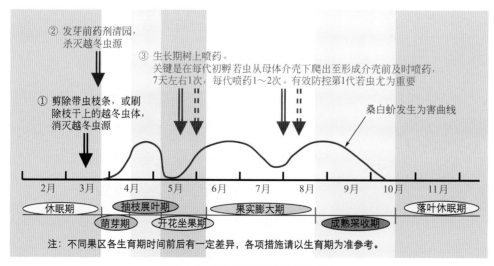

注：不同果区各生育期时间前后有一定差异，各项措施请以生育期为准参考。

图20-20　桑白蚧雄虫防控技术模式图

彩图 20-221　梨圆蚧在枝条上为害

【形态特征】雌成虫体扁圆形，黄色，体被灰色圆形介壳，介壳直径约1.3毫米，中央稍隆起，壳顶黄色或褐色，表面有轮纹（彩图20-222）。雄成虫体长约0.6毫米，翅展约1.2毫米，头、胸部橘红色，腹部橙黄色，触角11节、鞭状，翅1对、乳白色、半透明，后翅退化为平衡棒，腹部末端有剑状交尾器。雄介壳长椭圆形，灰色，长约1.2毫米，壳点偏向一端。初孵若虫扁椭圆形，长约0.2毫米，淡黄色，触角、口器、足均较发达，腹末有2根长毛。2龄若虫眼、触角、足和尾毛均消失，开始分泌介壳，固定不动。3龄若虫可以区分雌雄，介壳形状近于成虫。仅雄虫有蛹，蛹体长约0.6毫米，长锥形，淡黄色略带淡紫色。

彩图 20-222　梨圆蚧雌虫介壳

【发生规律】梨圆蚧在北方果区1年发生2～3代，南方1年发生4～5代，均以2龄若虫或受精雌成虫在枝条上越冬。翌年果树萌芽时，越冬若虫及雌成虫开始为害。华北地区，第1代若虫盛发期在6月下旬，第2代在8月上中旬。雌成虫直接产卵于介壳下，既可两性生殖，也可孤雌生殖。若虫出壳后迅速爬行，分散到枝、叶和果实上为害，2～5年生枝条被害较多。若虫分散后爬行一段时间即固定下来，开始分泌介壳。雄成虫羽化后即可交尾，之后死亡。雌成虫受精后继续在原处刺吸为害，一段时间后产卵于介壳下，而后死亡。梨圆蚧可通过苗木、接穗进行远距离传播，近距离扩散主要借助风吹及鸟类或大型昆虫等的迁移携带。

【防控技术】

1. **农业措施防控**　结合冬季修剪，剪除带虫量较大的受害枝条，集中带到园外烧毁，消灭越冬虫源。调运苗木及接穗时，注意细致检查，防止梨圆蚧随苗木及接穗进行远距离传播。

2. **发芽前药剂清园**　果树发芽前，全园喷施1次铲除性药剂清园，杀灭枝条上的越冬若虫及雌成虫。有效药剂同"桑白蚧"药剂清园药剂。

3. **生长期喷药防控**　关键是在每代若虫爬行扩散期及时喷药，7天左右1次，每代喷药1～2次，淋洗式喷雾效果最好。实践证明，第1代若虫有效防控后，即可控制该虫的全年为害。常用有效药剂同"桑白蚧"生长期喷药药剂。

草履蚧

【分布与为害】草履蚧［*Drosicha corpulenta*（Kuwana）］属同翅目硕蚧科，又称日本履绵蚧、草履硕蚧、草鞋介壳虫、柿裸蚧，俗称"树虱子"，在我国许多地区均有发生，可为害核桃、柿树、板栗、苹果、梨树、枣树、樱桃、杏树、李树、无花果、猕猴桃等多种果树。以雌成虫和若虫刺吸树体汁液进行为害，群集或分散取食（彩图20-223），树体根部、枝干、芽腋、嫩梢、叶片及果实均可受害（彩图20-224～彩图20-226），后期虫体表面覆盖有白色絮状物（彩图20-227）。受害树体树势衰弱，生长不良，严重时导致早期落叶，甚至死枝死树（彩图20-228）。

彩图 20-223　草履蚧群集在柿树枝条上为害

彩图 20-224　草履蚧若虫群集在柿树小枝上为害

彩图 20-225　草履蚧若虫正在核桃小枝上为害

彩图 20-226　草履蚧雌成虫在核桃枝条上为害

彩图 20-227　草履蚧雌成虫体表覆有白色蜡粉

彩图 20-228　草履蚧严重为害，造成柿树枝条枯死

【形态特征】雌成虫体长约10毫米，扁平椭圆形似草鞋底状，体褐色或红褐色，被覆霜状蜡粉，触角丝状、黑色，足黑色、粗大（彩图20-229）。雄成虫体长5～6毫米，翅展9～11毫米，头、胸部黑色，腹部深紫红色，复眼明显，触角念珠状10节、黑色，前翅紫黑色至黑色，前缘略红，后翅转化为平衡棒，足黑色被细毛，腹末具4个较长突起（彩图20-230、彩图20-231）。卵椭圆形，长1～1.2毫米，初产时黄白色渐变橘红色，产于卵囊内，卵囊为白色绵状物，内含近百卵粒。雄蛹圆筒状，棕红色，长约5毫米，外被白色绵状物。

彩图 20-229　草履蚧雌成虫

彩图 20-230　草履蚧雄成虫

彩图 20-231　草履蚧雄成虫和雌成虫

【发生规律】草履蚧1年发生1代，以卵在卵囊内于土壤中越夏和越冬。翌年1月下旬～2月上旬，越冬卵开始孵化，初孵若虫抵御低温力强，但要在地下停留数日，随温度上升逐渐开始出土。孵化期持续1个多月。若虫出土后沿枝干向上爬至梢部、芽腋或初展新叶的叶腋处刺吸为害。初期白天上树为害夜间下树潜藏，随温度升高逐渐昼夜停留在树上。雄性若虫4月下旬化蛹，5月上旬羽化，羽化期较整齐，前后2周左右。雄成虫羽化后即觅偶交配，寿命2～3天。雌性若虫3次蜕皮后变为成虫，经交配后再为害一段时间即潜入土壤中产卵。卵外包有白色蜡丝裹成的卵囊，每囊有卵100多粒。

【防控技术】

1.阻止若虫上树 在2月上中旬若虫上树前，将树干中下部树皮刮光滑，然后在光滑处绑扎宽10厘米的塑料薄膜阻隔带（彩图20-232），或在树干中下部捆绑开口向下的塑料裙（彩图20-233），阻止若虫上树。或者在树干中下部涂抹宽约10厘米的黏虫胶带，阻止若虫上树并黏杀若虫（彩图20-234）。另外，也可在主干中下部涂抹药环，防止草履蚧若虫上树，一般使用80%敌敌畏乳油1份与黄油5份搅拌均匀后，在树干80～100厘米高处涂抹15～20厘米宽的封闭药环，阻杀若虫上树。

彩图20-232　树干上密闭缠绕胶带，阻止草履蚧上树

彩图20-233　树干上捆绑塑料裙，阻止草履蚧上树

彩图20-234　黏胶带下方的草履蚧若虫

2.适当喷药防控 草履蚧发生为害严重果园，在若虫上树为害初期（发芽前），选择晴朗无风的午后全树喷药，杀灭树上若虫，虫量大时7～10天后再喷药1次。效果较好的药剂如：22.4%螺虫乙酯悬浮剂3000～4000倍液、22%氟啶虫胺腈悬浮剂3000～4000倍液、25%噻嗪酮可湿性粉剂800～1000倍液、80%敌敌畏乳油1000～1200倍液、2.5%溴氰菊酯乳油1000～1500倍液、4.5%高效氯氰菊酯乳油1000～1500倍液、25克/升高效氯氟氰菊酯乳油1000～1500倍液、20%甲氰菊酯乳油1000～1500倍液等。

3.保护和利用天敌 草履蚧常见天敌有黑缘红瓢虫、红环瓢虫、大红瓢虫等，自然条件下对草履蚧的发生为害有很好的控制作用，应注意保护利用。

核桃吉丁虫

【分布与为害】核桃吉丁虫（*Agrilus lewisiellus* Kerremans）属鞘翅目吉丁甲科，又称核桃小吉丁虫、核桃黑小吉丁虫，在我国山西、山东、河北、河南、陕西、甘肃、内蒙古等省区均有发生，只为害核桃，是我国核桃产区的一种灾害性害虫。以幼虫钻蛀为害枝条，幼虫在2～3年生的枝条皮层中呈螺旋状取食（彩图20-235），故又称为"串皮虫"。枝条受害处膨大，表皮黑褐色，蛀道上每隔一段距离有一新月形通气孔，并有少许黑褐色液体流出，干燥后呈白色附在裂口上。受害枝条多数枝梢枯死，树冠缩小，产量降低。此外，核桃吉丁虫的为害还会引起核桃小蠹虫在干枯枝条中的产卵繁殖，小蠹虫成虫出现后专食核桃嫩芽，以顶芽受害尤为严重，因此核桃吉丁虫的发生为害常严重影响核桃树势生长及核桃产量。

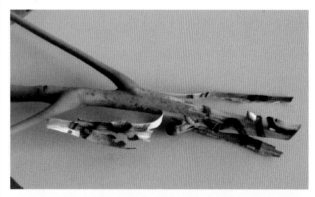

彩图20-235　核桃吉丁虫幼虫及为害状（邱政芳）

【形态特征】成虫体长4～7毫米，黑褐色，有铜绿色金属光泽，头较小、中部纵凹，触角锯齿状，复眼黑色，头部、前胸背板及鞘翅上密布刻点，前胸背板中部隆起，两边稍延长，鞘翅基部稍变狭，肩区具一斜脊（彩图20-236）。卵扁椭圆形，长约1.1毫米，产后1天变黑色，外被1层褐色分泌物。老熟幼虫体长12～20毫米，乳白色，扁平，头部黑褐色，明显缩入前胸内，前胸膨大，淡黄色，中部有"人"字形纵纹，中胸及后胸较小，腹部10节左右，腹端具1对褐色尾刺。蛹长4～7毫米，裸蛹，初乳白色，羽化前黑色。

彩图20-236 核桃吉丁虫成虫（秋风）

【发生规律】核桃吉丁虫在河北省1年发生1代，以幼虫在被害枝条木质部内的蛹室中越冬。越冬幼虫5月中旬开始化蛹，6月为化蛹盛期，6月上中旬开始羽化出成虫，7月为成虫盛发期。成虫羽化后在蛹室内停留15天左右，然后咬一半圆形羽化孔钻出，取食核桃叶片补充营养，10～15天后交尾产卵。卵多散产在树冠外围及生长衰弱的2～3年生枝条向阳面的叶痕上或其附近，每次产卵1粒，卵期约10天。7月上中旬开始出现幼虫，初孵幼虫从卵下部蛀入枝条表皮，随虫龄增长逐渐深入到皮层和木质部间为害，蛀道多从下部围绕枝条呈螺旋形向上延伸，蛀道宽约1～2毫米，内有褐色虫粪。树势强壮，受害轻，蛀道常能愈合；树势衰弱，蛀道多不能愈合。严重时受害枝上叶片枯黄早落，入冬后枝条逐渐干枯。这些枯枝第二年即为黄须球小蠹等蠹虫的幼虫提供了良好的营养场所。8月下旬后，幼虫开始在被害枝条木质部中筑蛹室越冬，至10月底大部分幼虫进入越冬阶段。成虫有假死性。

【防控技术】核桃吉丁虫防控技术模式如图20-21所示。

1.加强植物检疫 严格控制带虫苗木的调运，特别是从疫区向保护区调运苗木时，必须严格实行检疫措施，避免将虫引入。一旦发现该虫进入保护区，必须及时彻底消灭，以防止核桃吉丁虫的扩散、蔓延。

2.农业措施防控 加强核桃园肥水管理，培育壮树，提高树体抗虫能力。结合修剪，彻底剪除受害枯死枝条，从枯死部位下方的一段活枝处剪截，然后将剪下枝条集中

烧毁，消灭越冬幼虫。另外，7～8月份结合田间农事活动，发现被害枝条，及时剪除销毁，减少园内虫量。

3.化学药剂防控 利用成虫羽化后为害叶片补充营养的特性，在成虫羽化期（6～7月）及时喷药防控成虫，7～10天1次，连喷1～2次。效果较好的药剂有：4.5%高效氯氰菊酯乳油1500～2000倍液、50克/升高效氯氟氰菊酯乳油3000～4000倍液、2.5%溴氰菊酯乳油1500～2000倍液、20% S-氰戊菊酯乳油1500～2000倍液、20%甲氰菊酯乳油1500～2000倍液、100克/升联苯菊酯乳油2000～3000倍液、1.8%阿维菌素乳油2000～3000倍液、2%甲氨基阿维菌素苯甲酸盐乳油4000～5000倍液等。

核桃黄须球小蠹

【分布与为害】核桃黄须球小蠹（*Sphaerotrypes coimbatorensis* Stebbing）属鞘翅目小蠹科，又称核桃小蠹虫，在我国黑龙江、吉林、辽宁、河北、河南、山西、陕西、四川等省核桃产区均有发生，只为害核桃。以成虫、幼虫蛀食核桃枝梢和芽，常与核桃吉丁虫同时发生为害，加速了枝梢和芽的枯死，造成"回梢"现象，使树冠逐年缩小。严重发生地区，核桃2～3年不能开花、结果，对产量影响很大。

【形态特征】成虫体长2.3～3.3毫米，黑褐色，身体短宽，背面隆起呈半球形，每鞘翅上各有8条排列均匀的纵沟，并生有短茸毛（彩图20-237）；触角膝状，端部膨大呈锤状（彩图20-238）；上颚发达，上唇密生黄色绒毛；头胸交界处有2块三角形黄色绒毛斑，前胸背板及鞘翅上密生点刻，前胸背板隆起，覆盖头部。卵长约1毫米，短椭圆形，初产时白色透明，有光泽，后变为乳黄色（彩图20-239）。幼虫乳白色，老熟幼虫体长约3.3毫米，椭圆形，弯曲，足退化，尾部排泄孔附近有3个明显的突起，成"品"字形排列（彩图20-240、彩图20-241）。蛹略呈椭圆形，裸蛹，初为乳白色，后变为褐色。

【发生规律】核桃黄须球小蠹在河北、陕西1年发生1代，以成虫在被害枝顶芽或叶芽基部的蛀孔内越冬，以顶芽部位较多。翌年4月上旬越冬成虫开始活动为害，多到健芽基部取食补充营养，形成第一次为害。4月中下旬开始产卵，4月下旬～5月上旬为产卵盛期。产卵前，雌虫先在衰弱枝条的皮层内向上蛀食，形成1条长16～46毫米的母坑道，雌虫边蛀坑道边产卵于母坑道的两侧，每雌虫产卵约30粒。卵期约15天。幼虫孵化后分别在母

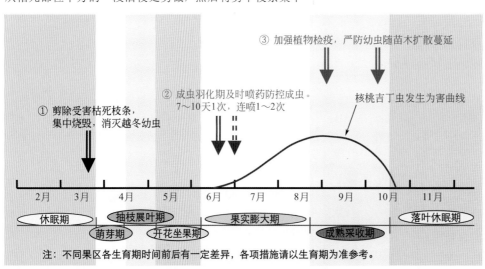

③ 加强植物检疫，严防幼虫随苗木扩散蔓延

② 成虫羽化期及时喷药防控成虫。
7～10天1次，连喷1～2次

核桃吉丁虫发生为害曲线

① 剪除受害枯死枝条，
集中烧毁，消灭越冬幼虫

2月　3月　4月　5月　6月　7月　8月　9月　10月　11月

休眠期　抽枝展叶期　果实膨大期　落叶休眠期
萌芽期　开花坐果期　成熟采收期

注：不同果区各生育期时间前后有一定差异，各项措施请以生育期为准参考。

图20-21 核桃吉丁虫防控技术模式图

坑道两侧向外横向蛀食，形成排列整齐的子坑道，呈"非"字形，子坑道中堆满木屑及虫粪。两侧子坑道相接时枝条即被环剥而枯死。幼虫期40～45天。6月中下旬～7月上中旬，幼虫先后老熟化蛹，蛹期15～20天。成虫飞翔力弱，多在白天活动，特别是午后炎热时较活跃，蛀食新芽基部，形成第二个为害高峰，顶芽受害最重。成虫可转芽为害，1头成虫平均为害3～5个芽。当年羽化成虫经过一段时间的取食为害后，潜伏在当年生枝条的顶芽或侧芽基部蛀孔内越冬。黄须球小蠹喜在核桃吉丁虫为害的枝条上产卵，所以凡是核桃吉丁虫发生严重的地区，易发生黄须球小蠹的为害。

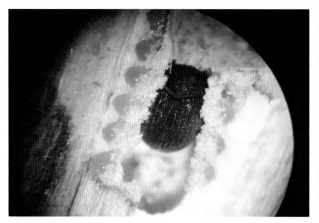

彩图20-237　核桃黄须球小蠹成虫和卵（唐冠忠）

彩图20-238　核桃黄须球小蠹成虫触角及上唇部（唐冠忠）

彩图20-239　核桃黄须球小蠹卵（唐冠忠）

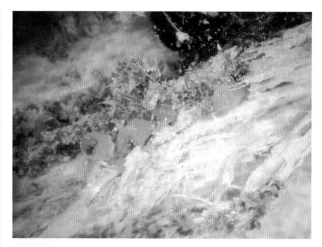

彩图20-240　核桃黄须球小蠹枝条内的初孵幼虫（唐冠忠）

彩图20-241　核桃黄须球小蠹初孵幼虫（唐冠忠）

【防控技术】

1.农业措施防控　加强肥水管理，培强树势，提高树体抗虫能力。春季核桃树发芽后，彻底剪除没有萌芽的带虫枝条，集中烧毁，消灭越冬成虫。生长季节，在核桃果实长到酸枣核大小至核桃硬核期前10天左右，发现生长不良的有虫枝条，及时剪除，消灭枝内幼虫或蛹。

2.物理措施防控　越冬成虫产卵前，在树上悬挂饵枝（如利用上年秋季修剪的枝条等）引诱成虫产卵，而后集中烧毁。

3.化学药剂防控　在越冬成虫和当年成虫活动期及时进行喷药，7～10天1次，每期喷药1～2次。效果较好的药剂如：4.5%高效氯氰菊酯乳油1500～2000倍液、25克/升高效氯氟氰菊酯乳油1500～2000倍液、2.5%溴氰菊酯乳油1500～2000倍液、20% S-氰戊菊酯乳油1500～2000倍液、20%甲氰菊酯乳油1500～2000倍液、100克/升联苯菊酯乳油2000～3000倍液等。

云斑天牛

【分布与为害】云斑天牛（*Batocera horsfieldi* Hope）属鞘翅目天牛科，又称多斑白条天牛，在我国除东北地区及新疆、西藏外的各省区均有发生，可为害核桃、板栗、苹果、山楂、梨树、李树、无花果等多种果树及桑、杨、柳、泡桐、油桐、法桐、麻栎等多种林木。成虫啃食新枝嫩皮、叶片、叶柄及果实，导致新枝枯死、叶片残缺不全、果实坑洼等；幼虫在木质部内蛀食为害，形成孔状蛀道（彩图20-242、彩图20-243），导致枝干负载力降低、树势衰弱。

彩图20-242　云斑天牛为害的蛀孔

彩图20-243　云斑天牛幼虫为害的虫道及幼虫（樊建廷）

【形态特征】成虫体长35～65毫米，体底色为灰黑色或黑褐色，密被灰绿色或灰白色绒毛，体两侧从头部复眼后方至腹末端有1条白色宽带；前胸背板中央有1对近肾形白色或橘黄色斑，两侧中央各有一粗大尖刺突；鞘翅基部密布黑色瘤状颗粒，鞘翅上有大小不等的白色斑纹，似云片状（彩图20-244、彩图20-245）。卵长椭圆形，略弯曲，淡土黄色，表面坚硬光滑（彩图20-246）。老熟幼虫体长70～80毫米，体略扁，乳白色至淡黄色，头部深褐色，前胸背板有一"凸"字形褐斑，褐斑前方近中线有2个小黄点，点内各有刚毛1根，从后胸至第7腹节背面各有一"口"字形骨化区（彩图20-247）。蛹长40～70毫米，裸蛹，初为乳白色，后变黄褐色。

【发生规律】云斑天牛2～3年发生1代，以幼虫或成虫在树干蛀道内越冬。成虫发生期长，且不集中，一般从5月下旬开始出孔，6月上中旬为出孔盛期，末期在8月下旬。成虫羽化出孔后咬食果树新枝嫩皮、叶片、叶柄和果皮补充营养，昼夜均能飞翔活动，但以傍晚活动较多。6月中旬开始产卵，6月下旬～7月中旬为产卵盛期，末期在8月下旬。卵多产在离地面2米以下的树干处，产卵时先在树皮上咬成长形或椭圆形刻槽，再将卵产于其中。成虫平均寿命3个月，每雌平均产卵41粒。6月下旬幼虫孵化后开始在皮层为害一段时间，然后蛀入木质部内蛀道为害，并于蛀道内越冬。来年继续为害，8月份幼虫老熟化蛹，9～10月成虫在蛹室内羽化，羽化成虫不出孔就地越冬。云斑天牛成虫有假死性和弱趋光性，不喜飞翔，行动慢，受惊后发出声音。

彩图20-244　云斑天牛成虫背面观（樊建廷）

彩图20-245　云斑天牛成虫腹面观（樊建廷）

彩图20-246　云斑天牛卵（樊建廷）

彩图20-247　云斑天牛幼虫

【防控技术】

1.人工措施防控　利用云斑天牛成虫个体大、行动慢、不喜飞翔、有假死性等特点，在成虫发生期（6～7月份）人工捕杀成虫。成虫产卵后，发现树干上有产卵刻槽时，可用石头或锤子砸击卵槽，或用小刀将树皮切开挖除虫卵或幼虫。发现树干上有新鲜粪屑排出时，用带钩铁丝钩杀蛀道内幼虫。对于严重受害或濒于死亡或已枯死的果树，及早砍伐、烧毁，以减少成虫出孔数量。

2.生物措施防控　① 人工饲养并释放川硬皮肿腿蜂（*Scleroderma sichuanensis* Xiao），对1龄幼虫防控效果达61.11%，且子代出蜂率为20.83%，有一定的持续防控作用。② 人工饲养并释放花绒坚甲（*Dastarcus helophoroides*），可寄生云斑天牛的幼虫、蛹和刚羽化的成虫；并注意保护利用自然界的花绒坚甲资源。③ 保护和利用益鸟防控天牛，如啄木鸟对天牛幼虫啄食率高达84.0%，1对啄木鸟在育雏期可捕食天牛幼虫2500头。

3.树干涂白　在成虫产卵前，于树干上涂刷涂白剂，防止成虫产卵并杀死低龄幼虫。涂白剂配制比例为：生石灰5千克、食盐0.25千克、硫黄0.5千克、水20千克，混拌均匀后使用。

4.化学药剂防控　首先，在果树生长季节，发现树干上有新鲜排粪孔时，用注射器向蛀孔内注射80%敌敌畏乳油50～100倍液，或50%辛硫磷乳油50～100倍液，毒杀幼虫。其次，在成虫羽化出孔后取食期间，喷施4.5%高效氯氰菊酯乳油1000～1500倍液、或25克/升高效氯氟氰菊酯乳油1000～1500倍液等击倒力强的触杀性药剂，杀灭成虫，7～10天1次，连喷2次左右。

星天牛

【分布与为害】星天牛（*Anoplophora chinensis* Förster）属鞘翅目天牛科，又称白星天牛、银星天牛，幼虫俗称哈虫、倒根虫、铁炮虫，在我国许多省区均有发生，可为害核桃、苹果、梨树、李树、樱桃、无花果等多种果树及杨、柳、榆、槐、桑、栎等多种林木。主要以幼虫在木质部内蛀食树干，将树干串蛀成隧道，最后向根部蛀食，影响果树发育生长；严重时树干被蛀空，常造成树干折断，甚至全株死亡。

【形态特征】雌成虫体长约32毫米，雄成虫体长约21毫米，全体漆黑色，头部中央有一纵凹陷，前胸背板左右各有1枚白点，翅鞘上散生许多白点，白点大小个体间差异较大（彩图20-248）。本种与光肩星天牛的区别就在于鞘翅基部有黑色小颗粒，而后者鞘翅基部光滑（彩图20-249）。卵长椭圆形，长约5毫米，黄白色。老熟幼虫体长约45毫米，乳白色至淡黄色，头部褐色、长方形，前胸背板上有2个黄褐色飞鸟形纹（彩图20-250、彩图20-251）。蛹纺锤形，裸蛹，长30～38毫米，淡黄色，羽化前变为黄褐色至黑色（彩图20-252）。

彩图20-248　星天牛成虫

彩图20-249　光肩星天牛成虫

彩图20-250　星天牛幼虫（董立坤）

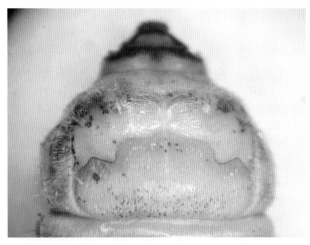

彩图20-251　星天牛幼虫头部特征（董立坤）

彩图20-252　星天牛蛹

【发生规律】星天牛在长江以南地区1年完成1代或3年完成2代，在长江以北地区2年完成1代，均以幼虫在树干基部或主根虫道内越冬。翌年3月以后越冬幼虫开始活动，4月上旬气温稳定在15℃以上时开始化蛹，5月下旬化蛹基本结束。5月中旬成虫开始羽化，6月上旬达羽化盛期。成虫羽化后啃食寄主幼嫩枝梢树皮补充营养，10～15天后交尾，交尾后3～4天产卵，7月上旬为产卵高峰。雌成虫在树干下部或主侧枝下部产卵，产卵前先在树皮上咬一深约2毫米、长约8毫米的"T"形或"人"字形刻槽，再将卵产于刻槽一边的树皮夹缝中，每刻槽多产卵1粒，产卵后分泌胶状物封口。每雌虫可产卵23～32粒。成虫寿命一般40～50天，飞翔力不强，强光高温时多在枝端停息。幼虫孵化后，先在韧皮部取食，一个月后开始向木质部蛀食，蛀至木质部2～3厘米深时转向上蛀，上蛀高度不一，蛀道加宽，并开有通气、排粪孔。9月下旬后，大部分幼虫转头向下，顺着原虫道向下移动，至蛀入孔后再开辟新虫道向下部蛀进，并在其中为害和越冬，来年春季化蛹。

【防控技术】参照"云斑天牛"防控技术。

芳香木蠹蛾

【分布与为害】芳香木蠹蛾（*Cossus cossus* L.）属鳞翅目木蠹蛾科，又称木蠹蛾、杨木蠹蛾、蒙古木蠹蛾、红哈虫等，在我国东北、华北、西北等地区都有发生，可为害核桃、苹果、梨树、杨树、柳树、榆树、槐树、香椿等多种果树和林木。以幼虫群集在树干基部及根部蛀食皮层，被害处常有十几条幼虫，蛀孔堆有虫粪，幼虫受惊后能分泌一种特异香味。受害根颈部皮层开裂，排出深褐色虫粪和木屑，并有褐色液体流出，树干基部及根系的输导组织受严重破坏，致使树势衰弱，产量下降，甚至整株枯死。

【形态特征】成虫体长24～42毫米，雄蛾翅展60～67毫米，雌蛾翅展66～82毫米，体灰褐色，触角单栉齿状、末端渐小。翼片及头顶毛丛鲜黄色，翅基片、胸背部土褐色，后胸具1条黑横带。前翅灰褐色，基半部银灰色，前缘生8条短黑纹，中室内3/4处及稍向外具2条短横线，翅端半部褐色，横条纹多变化（彩图20-253）。卵近卵圆形，长1.5毫米，表面有纵行隆脊，初产时白色，孵化前暗褐色。老熟幼虫体长80～100毫米，扁圆筒形，背面紫红色有光泽，体侧红黄色，腹面淡红色至黄色，头紫黑色，前胸背板淡黄色，有2块黑褐色大斑横列，臀板黄褐色（彩图20-254）。蛹长30～50毫米，暗褐色，第2～6腹节背面各具2横列刺，前列刺较粗、长超过气门，后列刺较细、短不达气门。茧长椭圆形，长50～70毫米，较致密，由丝黏结土粒构成。

彩图20-253　芳香木蠹蛾成虫

彩图20-254　芳香木蠹蛾幼虫

【发生规律】芳香木蠹蛾2～3年发生1代，以幼虫在被害树的蛀道内和树干基部附近深约10厘米的土内做茧越冬。翌年4～5月间化蛹，6～7月羽化为成虫。成虫夜间活动，趋光性弱，平均寿命5天左右。羽化成虫多于次日开始产卵，平均每雌产卵245粒，卵多呈块状产于树干基部1.5厘米以下或根茎结合部的裂缝或伤口处，每卵块含卵几粒至百粒左右。初孵幼虫群集为害，多从根颈部、伤口、树皮裂缝或旧蛀孔等处蛀入皮层，入孔处有黑褐色粪便及褐色树液。初期幼虫在皮层中为害，逐渐食入木质部，在木质部表面蛀成槽状蛀坑，并从蛀孔处排出细碎均匀的褐色木屑，根颈部皮层变黑、与木质部分离。随幼虫龄期增大，逐渐分散蛀食，并逐渐蛀入髓部，形成粗大而不规则的蛀道。幼虫老熟后从树干爬出，在树干基部附近根际处、或离树干几米处的土埂、土坡等向阳干燥的土壤中结薄茧越冬。老熟幼虫爬行速度较快，受惊扰时分泌出具有麝香气味的液体，故称芳香木蠹蛾。

【防控技术】

1.农业措施防控 第一，在成虫产卵前，树干及树干基部涂白，防止成虫产卵；第二，及时发现和清理被害枝干，消灭虫源，当发现根颈皮层下有幼虫为害时，撬起皮层，挖除皮下群集幼虫；第三，老熟幼虫离开树干入土化蛹时（9月中旬以后），人工捕杀幼虫。

2.药剂防控 ① 在成虫产卵期，使用25%辛硫磷胶囊剂200 ～ 300倍液、或48%毒死蜱乳油400 ～ 500倍液喷洒树干2米以下及树干基部，杀灭虫卵及初孵幼虫。② 在幼虫为害期，先刨开根颈部土壤，清除为害部位虫粪，然后使用注射器向虫孔内注射80%敌敌畏乳油或50%辛硫磷乳油或48%毒死蜱乳油30 ～ 50倍液，注至药液外流为止，毒杀幼虫。③ 8、9月份当年初孵幼虫多集中在主干基部为害，受害处有较细的暗褐色虫粪，这时用塑料布把受害主干部位包住，每株投入磷化铝片剂1 ～ 2片，下端用土压实，熏杀木质部内的幼虫，12小时后杀虫效果显现。

豹纹木蠹蛾

【分布与为害】 豹纹木蠹蛾（*Zeuzera leuconolum* Butler）属鳞翅目木蠹蛾科，又称六星黑点蠹蛾、咖啡黑点木蠹蛾、咖啡豹纹木蠹蛾、咖啡木蠹蛾、麻木蠹蛾，俗称截杆虫，在我国东北、河北、河南、山东、山西等省区均有发生，可为害核桃、柿树、苹果、枣树、桃树、山楂等多种果树，以幼虫蛀食1 ～ 2年生枝条进行为害。受害枝基部木质部与韧皮部间有一蛀食环，幼虫沿髓部向上蛀食（彩图20-255），枝上有数个排粪孔，孔外常有大量长椭圆形粪便排出。受害枝上部变黄枯萎，遇风容易折断，后期逐渐枯死。

彩图20-255 豹纹木蠹蛾幼虫在枝条内为害

【形态特征】 雌蛾体长20 ～ 38毫米，雄蛾体长17 ～ 30毫米，体灰白色，前胸背面有6个蓝黑色斑点，前翅散生多个大小不等的青蓝色斑点，腹部各节背面有3条蓝黑色纵带、两侧各有1个圆斑。卵圆形，淡黄色。老龄幼虫体长约30毫米，头部黑褐色，体紫红色或深红色，前胸背板有1对子叶形黑斑，臀板黑褐色，各节有很多粒状小突起，上生白毛1根（彩图20-256）。蛹长椭圆形，红褐色，长14 ～ 27毫米，背面有锯齿状横带，尾端具短刺12根。

彩图20-256 豹纹木蠹蛾幼虫

【发生规律】 豹纹木蠹蛾1年发生1代，以幼虫在为害部位越冬。翌年春季开始转蛀新枝条，被害枝梢枯萎后可再转移，甚至多次转移为害。5月上旬开始化蛹，蛹期16 ～ 30天，5月下旬羽化，成虫寿命3 ～ 6天。成虫昼伏夜出，有趋光性，羽化后1 ～ 2天内交尾产卵。卵产于嫩梢上部叶片基部或芽腋处，散产或数粒产在一起。7月份幼虫孵化，多从新梢上部芽腋蛀入，并在不远处开一排粪孔，被害新梢3 ～ 5天内枯萎，然后幼虫从枯梢中爬出，向下移不远处重新蛀入为害。1头幼虫可为害枝梢2 ～ 3个。至10月中下旬幼虫在枝内越冬。

【防控技术】

1.剪除虫枝 春季4月至6月上旬以及9月份，结合其他农事活动，经常在果园内巡视，发现虫枝及时剪除销毁。

2.灯光诱杀成虫 利用成虫的趋光性，从5月中旬开始在果园内设置黑光灯或频振式诱虫灯，诱杀成虫。

3.树上喷药防控 在7月份成虫产卵期至幼虫孵化期，结合其他害虫防控进行喷药，10天左右1次，连喷1 ～ 2次。效果较好的药剂有：4.5%高效氯氰菊酯乳油1500 ～ 2000倍液、25克/升高效氯氟氰菊酯乳油1500 ～ 2000倍液、2.5%溴氰菊酯乳油1500 ～ 2000倍液、20% *S*-氰戊菊酯乳油1500 ～ 2000倍液、20%甲氰菊酯乳油1500 ～ 2000倍液、100克/升联苯菊酯乳油2000 ～ 3000倍液、50%杀螟硫磷乳油1500 ～ 2000倍液等。

大青叶蝉

【分布与为害】大青叶蝉［*Tettigella viridis*（Linnaeus）］属同翅目叶蝉科，又称大绿浮尘子、青叶跳蝉，在我国许多省区均有发生，可为害核桃、柿树、苹果、梨树、桃树、李树、杏树等多种果树及麦类、高粱、玉米、豆类、花生、薯类、多种蔬菜等。通常环境下，以成虫、若虫刺吸寄主植物枝梢、茎叶等部位的汁液为害。在果树上主要以成虫产卵为害，秋末成虫产卵时，其锯状产卵器刺破枝条表皮使其呈月牙状翘起，将卵产于表皮下形成肾形突起（彩图20-257），每处有卵6～12粒、排列整齐。虫量大时，枝条遍体鳞伤（彩图20-258），易造成春季枝条失水而抽条，严重时导致幼树死亡。

彩图20-257　成虫产卵形成的肾形突起

彩图20-258　虫量大时，枝条遍体鳞伤

【形态特征】成虫体黄绿色，头黄褐色，复眼黑褐色，头部背面有2个黑点，触角刚毛状，前胸背板前缘黄绿色，其余部分深绿色，前翅绿色、革质、尖端透明，后翅黑色，折叠于前翅下面（彩图20-259）。卵长卵形，长约1.6毫米，略弯曲，一端稍尖，乳白色，10粒左右排列成卵块（彩图20-260）。若虫共5龄，幼龄若虫体灰白色（彩图20-261），3龄以后黄绿色，胸、腹部背面具褐色纵条纹，并出现翅芽，老熟若虫似成虫。

彩图20-259　大青叶蝉成虫

彩图20-260　大青叶蝉排列整齐的越冬卵

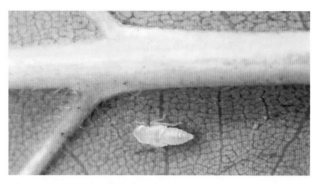

彩图20-261　大青叶蝉低龄若虫

【发生规律】大青叶蝉1年发生3代，以卵在幼树枝干和枝条的表皮下越冬。翌年4月孵化，3天后初孵若虫常转移到蔬菜、农作物或杂草上取食，受惊扰跳跃逃避。第1代发生期为4月上旬～7月上旬，第2代为6月上旬～8月下旬，第3代为7月中旬～11月中旬，第3代成虫9月开始出现。各代发生不整齐，世代重叠，成虫、若虫日夜均可活动取食。成虫有趋光性，但晚秋不明显。成虫产卵时以锯状产卵器刺破枝条表皮形成月牙形伤口，于其中产卵6～12粒，排列整齐，每雌产卵30～70粒。大青叶蝉前期主要取食为害农作物、蔬菜及杂草，秋末转移至果园内于果树枝条上产卵，以卵越冬。果园内及其周围种植有白菜、萝卜、薯类等晚秋多汁作物的，秋末大青叶蝉虫口密度较大，果树受害较重。

【防控技术】

1. 农业措施防控　及时清除果园内杂草，消灭大青叶蝉中间寄主，有效降低园内虫量。幼树果园避免间作白菜、萝卜、胡萝卜、甘薯等多汁晚熟作物，如果间作这些作物，应在9月底前彻底收获。越冬卵量较大的幼树，可以组织群众用小木棍将产于树干上的卵块压死，并于早春及时灌水。新栽幼树果园，初秋在幼树主干上涂刷涂白剂，可有效降低成虫产卵活动。涂白剂配制比例为：生石灰25%、粗盐4%、石硫合剂1%～2%、水70%及少量植物油，也可再加入少量杀虫剂，混拌均匀即可。

2. 适当喷药防控　大青叶蝉发生数量较大时，10月上中旬于成虫产卵前或产卵初期及时树上喷药防控，并注意喷洒果树行间杂草，7天左右1次，连喷1～2次。效果较好的药剂同"豹纹木蠹蛾"树上喷药药剂。

第二十一章
枣树害虫

▓▓ 绿盲蝽 ▓▓

【分布与为害】绿盲蝽（*Lygus lucorum* Meyer-Dur）属半翅目盲蝽科，又称绿盲蝽象，俗称"破叶疯"，在我国分布较广，绝大多数省区都有发生，除为害枣树外，还常为害葡萄、苹果、海棠、梨树、桃树、杏树、山楂等多种果树及棉花、玉米、大豆、木麻黄等作物。特别是华北各枣区均发生较重，常造成枣树大面积减产甚至绝收，已成为枣树上的主要害虫。绿盲蝽象以若虫和成虫刺吸为害枣树的幼芽、叶片、花蕾、花和枣果。枣树生长点被害后，不能正常发芽展叶，远看似火烧过，展开的枣吊呈卷曲状（彩图21-1）。幼嫩组织被害后，呈现失绿斑点，后随叶片的伸展，逐渐形成不规则孔洞、裂痕、皱缩，俗称"破叶疯"（彩图21-2）。花蕾受害后，停止发育枯死脱落，严重时造成绝产（彩图21-3～彩图21-6）。幼果受害，受害部位出现瘤状突起（彩图21-7），严重时呈现黄斑，后变为褐色至黑色坏死斑（彩图21-8），枣果萎缩，大量脱落。随枣果不断膨大，受害部位果肉组织僵硬、坏死、畸形，有时向内凹陷，呈"亚腰"状（彩图21-9、彩图21-10）。后期主要为害叶片背面，叶片受害后，刺吸点周围表皮和叶肉分离，形成直径1毫米左右的白点，白点中间可见一褐色刺吸点（彩图21-11）。

彩图21-2　姝叶受害，造成破伤风叶

彩图21-3　绿盲蝽象若虫正在为害花蕾柄

彩图21-1　绿盲蝽象为害的枣吊不能正常生长

彩图21-4　绿盲蝽象成虫正在为害花蕾

彩图 21-5　花蕾受害，出现坏死斑

彩图 21-6　枣花受害，造成大量枣花枯萎脱落

彩图 21-7　幼果受害，早期被害部位突起

彩图 21-8　幼果受害，早期被害部位突起，后期形成坏死斑

彩图 21-9　果实膨大后受害，形成"青疔"状凹陷斑

彩图 21-10　果实膨大后受害，形成"青疔"症状，并局部坏死

彩图 21-11　已展开叶片受害，叶面呈现"气泡"状

【形态特征】成虫卵圆形，长 5 毫米，宽 2.2 毫米，黄绿色或浅绿色，密生短毛（彩图 21-12）；头部三角形，黄绿色，复眼棕红色突出，无单眼，触角 4 节丝状，短于体长；前胸背板深绿色，布许多小黑点，前缘宽；小盾片三角形微突，黄绿色，中间具一浅纵纹；前翅基部革质，绿色，端部膜质，半透明，灰色；胸足 3 对，黄绿色，后足腿节末端具褐色环斑，跗节 3 节，末端黑色。卵香蕉形，长 1.2 毫米，黄绿色（彩图 21-13）。若虫共 5 龄，初孵若虫体橘黄色，复眼红色（彩图 21-14、彩图 21-15）；3 龄以后可见浅绿色翅芽，翅芽尖端深蓝色，达腹部第 4 节（彩图 21-16）；5 龄若虫鲜绿色，复眼灰色，触角淡黄色，末端渐浓（彩图 21-17、彩图 21-18）。

彩图21-12　绿盲蝽象的成虫

彩图21-13　绿盲蝽象的越冬卵

彩图21-14　绿盲蝽象的1龄若虫

彩图21-15　绿盲蝽象的2龄若虫

彩图21-16　绿盲蝽象的3龄若虫

彩图21-17　绿盲蝽象5龄若虫

彩图21-18　绿盲蝽象由若虫蜕皮为成虫的过程

【发生规律】绿盲蝽在我国北方枣区1年发生4～5代，以卵在枣树病残枝的剪口、蚱蝉卵穴和多年生枣股处越冬。在河北沧州枣区，4月份枣树萌芽时，绿盲蝽越冬卵开始孵化，若虫孵化后首先为害枣芽和嫩叶。越冬卵的孵化与气候条件尤其是空气相对湿度关系密切，相对湿度达80%～90%时，越冬卵大量孵化。枣树进入果实膨大期后，树上环境不适于绿盲蝽象的生存，大量成虫转移到其他寄主如豆类、白菜、杂草及棉花等植物上为害、产卵（彩图21-19），转移高峰期多在6月25日至7月5日。进入8月份后，该虫又开始陆续迁回枣树，为害成果及叶片，并产卵越冬。

彩图 21-19　绿盲蝽象转主到棉花上为害

彩图 21-20　绿盲蝽象在蚱蝉卵穴内产卵

彩图 21-21　绿盲蝽象在夏剪伤口处产卵

绿盲蝽第 1 代发生相对整齐，第 2～5 代世代交替现象严重。各代历期不同，一般卵期 6～10 天，若虫期 15～27 天，成虫期 35～50 天。若虫孵出 1～2 分钟即可迅速爬行，多隐藏在嫩芽内，不易被发现，受强烈振动可落地，并迅速逃匿。成虫喜阴湿，有趋光性，早晨和傍晚比较活跃，飞翔能力强。田间喷药时易被农药击落，苏醒后短时间内不能飞翔，只能爬行转移。成虫羽化后 1～2 天开始交尾产卵，平均每雌虫产卵量 286 粒，1～4 代卵多产在枣树或附近作物的嫩芽里、枝条伤口处或幼嫩组织中（彩图 21-20、彩图 21-21）。

【防控技术】以化学药剂防控与人工防控相结合为原则，根据虫情测报进行统防统治是有效控制绿盲蝽为害的技术关键（图 21-1）。

1.农业措施防控　枣园内避免与绿豆、大豆、豆角、棉花、白菜等绿盲蝽的寄主植物间套作。结合修剪，尽量剪除树上的病残枝、衰老枝，尤其是夏剪伤口部位和蚱蝉产卵枝，并将剪下的各类枯死枝集中带到园外烧毁，减少绿盲蝽象的越冬基数。5～6 月份，及时铲除树下杂草和根蘖苗，切断落地绿盲蝽的食物来源。

2.物理措施防控　据调查，枣园喷雾时，大量绿盲蝽成虫和若虫会落到地面上，但落地后大部分呈假死状态，一般 2～8 小时内便能苏醒。苏醒的成虫短时间内不能飞翔，只能沿主干向上爬行。刮风天气时，大量若虫受振动也会坠落地面，先聚集在杂草和枣树萌蘖苗上，然后沿主干向树上转移。针对这个特性可在生长季节于主干上涂抹闭合的黏虫胶环，宽度 3～5 厘米，约 2 个月后再涂一次，可有效阻杀上树的绿盲蝽象（彩图 21-22～彩图 21-24）。

利用绿盲蝽成虫较强的趋光性，从 5 月上旬开始，在枣园内悬挂全自动灭虫器诱杀成虫，每 50 米左右悬挂一台。（彩图 21-25、彩图 21-26）。

3.发芽前药剂清园　在枣树发芽前，全园喷施 1 次 3～5 波美度石硫合剂、或 45% 石硫合剂晶体 50～70 倍液，杀灭越冬虫卵，降低虫口基数。重点喷洒多年生枝条和有剪口、锯口的枝条，淋洗式喷雾效果最好（彩图 21-27、彩图 21-28）。

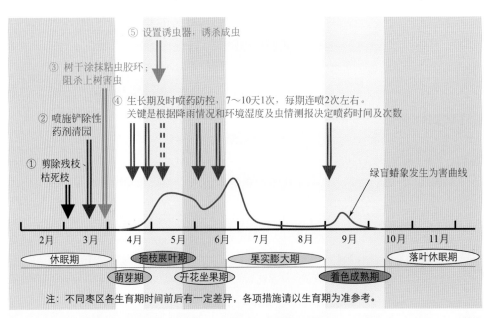

⑤ 设置诱虫器，诱杀成虫

③ 树干涂抹粘虫胶环；阻杀上树害虫

④ 生长期及时喷药防控，7～10 天 1 次，每期连喷 2 次左右。关键是根据降雨情况和环境湿度及虫情测报决定喷药时间及次数。

② 喷施铲除性药剂清园

① 剪除残枝、枯死枝

绿盲蝽象发生为害曲线

2 月　3 月　4 月　5 月　6 月　7 月　8 月　9 月　10 月　11 月

休眠期　抽枝展叶期　果实膨大期　落叶休眠期

萌芽期　开花坐果期　着色成熟期

注：不同枣区各生育期时间前后有一定差异，各项措施请以生育期为准参考。

图 21-1　绿盲蝽防控技术模式图

彩图21-22　枣树主干上涂抹粘虫胶

彩图21-26　灭虫器诱杀了大量绿盲蝽象

彩图21-23　粘虫胶上粘住的绿盲蝽象

彩图21-27　石硫合剂的熬制

彩图21-24　粘虫胶环上粘死大量绿盲蝽象

彩图21-28　发芽前喷施石硫合剂清园

4. 生长期药剂防控　根据虫情测报，在绿盲蝽发生初期及时进行喷药，特别是枣树发芽期的第1代发生期，一般有效降雨后4～10天即为若虫药剂防控关键期，7～10天1次，连喷2次左右。为提高整体防控效果，绿盲蝽成虫期喷药时尽量做到统一用药，以防害虫飞翔扩散。常用有效药剂有：350克/升吡虫啉悬浮剂4000～6000倍液、70%吡虫啉水分散粒剂7000～8000倍液、5%啶虫脒乳油1500～2000倍液、1.8%阿维菌素乳油2000～3000倍液、4.5%高效氯氰菊酯乳油或水乳剂1500～2000倍液、25克/升高效氯氟氰菊酯乳油1500～2000倍液、20%甲

彩图21-25　枣园内悬挂全自动物理灭虫器

氰菊酯乳油1500～2000倍液、33%氯氟·吡虫啉悬浮剂4000～5000倍液等。喷药时必须均匀、周到，并尽量与黏虫胶配合进行，以提高综合防控效果（彩图21-29）。

彩图21-29　生长期喷药防控绿盲蝽象

5.保护和利用天敌　绿盲蝽的天敌主要有中华草蛉、捕食性蜘蛛、小花蝽、拟猎蝽、姬猎蝽等。应根据测报科学准确用药，尽量减少用药次数和剂量，以选择高效低毒、对天敌杀伤力小的农药为最好（彩图21-30～彩图21-32）。

彩图21-30　枣花上的草蛉卵

彩图21-31　枣叶上的草蛉若虫

彩图21-32　枣叶上的草蛉成虫

截形叶螨

【分布与为害】截形叶螨（*Tetranychus truncatus* Ehara）属蜘蛛纲蜱螨目叶螨科，俗称"红蜘蛛"、"火龙虫"，在我国分布非常广泛，许多果区均有发生，除为害枣树外，还可为害构树、桑树、刺槐、榆树、薯类、豆类、瓜类、茄子、棉花、玉米等植物。截形叶螨以成螨、若螨刺吸汁液为害，在寄主叶片正反两面均可取食（彩图21-33、彩图21-34），受害叶片部位局部失绿呈现黄白色小点，严重时发展为片状（彩图21-35），影响叶片的光合作用，叶片背面有"蜘蛛网"状细丝（彩图21-36）。为害严重时，叶片枯黄，远看似"火烧"状，常提前脱落。

彩图21-33　截形叶螨在叶正面为害

彩图21-34　截形叶螨在叶背面为害

彩图21-35　受害叶片表面产生许多黄白色小点

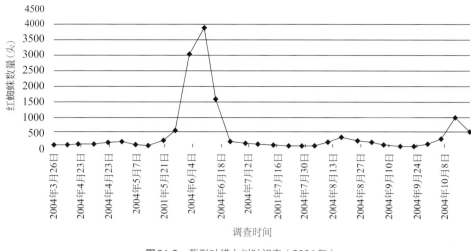

图21-2 截形叶螨上树时间表（2004年）

2月底、3月初越冬卵开始孵化，3月中旬达到高峰，4月初孵化结束。初孵幼螨迁移到地面杂草上取食（彩图21-38），在杂草上繁殖2代后，于4月下旬枣树发芽时，少部分向枣树迁移，大部分在杂草和间作物上继续繁殖为害；到5月下旬后，由于大量杂草寄主开花结果后枯死，促使截形叶螨大量向枣树转移，此时多为第5代，以后主要在枣树上繁殖、为害。截形叶螨上树时间表如图21-2所示。8月下旬，截形叶螨在枣树上种群数量开始下降，此时约为第10代，到10月中下旬天气变冷，红蜘蛛开始产卵越冬。

彩图21-36 截形叶螨织成"蜘蛛网"状丝网

【形态特征】雌成螨体长0.55毫米，宽0.3毫米，体椭圆形，深红色，足及颚体白色，体侧具黑斑，须肢端感器柱形，长约为宽的2倍，背感器约与端感器等长。气门沟末端呈"U"形弯曲。各足爪间突裂开为3对针状毛，无背刺毛。雄成螨体长0.35毫米，体宽0.2毫米，阳具柄部宽大，末端向背面弯曲形成一微小端锤，背缘平截状，末端1/3处具一凹陷，端锤内角钝圆，外角尖削。越冬代若螨红色，非越冬代黄色，若螨体两侧有黑斑（彩图21-37）。

彩图21-37 截形叶螨

【发生规律】截形叶螨在北方枣区1年发生11～13代，主要以卵在枣树树皮裂缝中越冬，也可在地面土缝及草根缝隙中越冬。在枣树枝干上，树干基部皮缝中卵量最多，随高度增加，卵量逐渐减少。河北沧州枣区翌年春季

彩图21-38 春季杂草上的截形叶螨

【防控技术】截形叶螨防控技术模式如图21-3所示。

1.农业措施防控　枣树发芽前，刮除树干及大枝干上的粗翘皮（彩图21-39、彩图21-40），集中烧毁，而后树干涂白（石灰水），杀死大部分越冬螨卵。早春翻地，清除地面杂草，保证越冬卵孵化期间田间没有杂草（3～4月初），促使截形叶螨因找不到食物而死亡。由于截形叶螨迁移能力较强，所以翻地和清除杂草的面积范围必须较大，至少在2公顷以上才能有效，且地边杂草也要清除干净。

2.物理措施防控　枣树发芽前或截形叶螨上树为害前（约4月上中旬），在树干中部涂抹闭合的黏虫胶环，环宽约3～5厘米（彩图21-41、彩图21-42），约2个月后再涂一次，可有效阻止截形叶螨向树上转移为害。还可兼防食芽象甲、大灰象甲、枣尺蠖等多种沿树干爬行上树为害的害虫。

3.树上喷药防控　首先在越冬螨卵孵化前（约2月底）进行喷药清园，重点喷洒树干及地面，有效杀灭越冬螨卵，常用有效药剂如：3～5波美度石硫合剂、45%石硫合剂晶体60～80倍液等。然后在截形叶螨大量上树期（约5月下旬）和严重为害期（7～8月份）及时树上喷药，重点喷洒树冠下部叶片和内膛叶片，控制叶螨为害。常用有效药剂

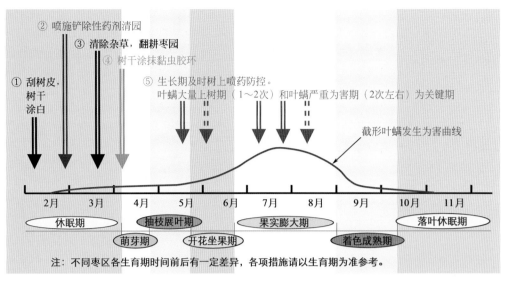

② 喷施铲除性药剂清园

③ 清除杂草，翻耕枣园

树干涂抹黏虫胶环

① 刮树皮，树干涂白

⑤ 生长期及时树上喷药防控。
叶螨大量上树期（1～2次）和叶螨严重为害期（2次左右）为关键期

截形叶螨发生为害曲线

| 2月 | 3月 | 4月 | 5月 | 6月 | 7月 | 8月 | 9月 | 10月 | 11月 |

休眠期　　　　　抽枝展叶期　　　　果实膨大期　　　　落叶休眠期

萌芽期　　　开花坐果期　　　　着色成熟期

注：不同枣区各生育期时间前后有一定差异，各项措施请以生育期为准参考。

图21-3　截形叶螨防控技术模式图

4.保护和利用天敌　枣园内截形叶螨的天敌主要有中华草蛉、食螨瓢虫和捕食螨类等，尤以中华草蛉种群数量较多，且其对截形叶螨的捕食量较大。因此，保护和利用天敌可有效提高对截形叶螨种群的控制效果。6月中下旬中华草蛉开始向枣树上迁移，此后应尽量减少在枣树上喷施广谱性杀虫药剂。

如：1.8%阿维菌素乳油2000～3000倍液、20%四螨嗪可湿性粉剂1500～2000倍液、15%哒螨灵乳油1500～2000倍液、25%三唑锡可湿性粉剂1200～1500倍液、240克/升螺螨酯悬浮剂4000～5000倍液、20%甲氰菊酯乳油1500～2000倍液等。

彩图21-39　早春刮树皮

彩图21-40　刮皮后的树干

彩图21-41　树干上涂抹黏虫胶环，阻止截形叶螨上树

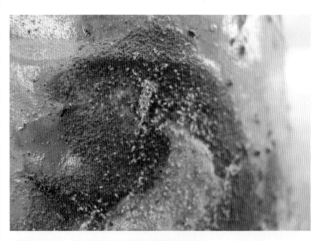

彩图21-42　黏虫胶环黏杀大量截形叶螨

枣瘿螨

【分布与为害】枣瘿螨（*Epitrimerus zizyphagus* Keifer）属蛛形纲蜱螨目瘿螨科，又称枣树锈壁虱、枣叶壁虱等，主要分布在我国北方枣区，除为害枣树外，还常为害酸枣。以成螨和若螨为害枣树的叶片、花蕾、花器和果实。叶片受害，叶基部及沿叶脉部位首先出现轻度灰白色；随虫口密度增加，症状逐渐遍及全叶，整个叶片表皮细胞坏

死，叶色极度灰白，叶面尤为明显，叶片衰老，质感厚而脆，沿中脉微向叶面合拢（彩图21-43）；严重时，后期叶片枯焦（彩图21-44），并常导致提早落叶。花蕾及花器受害，逐渐变为褐色，干枯脱落。果实受害，多在梗洼及果实肩部呈现灰褐色锈斑（彩图21-45），严重时锈斑逐渐扩大，后期果实凋萎脱落。对枣树产量和枣果品质影响较大，甚至可造成整株绝产。

彩图21-43 枣瘿螨为害的叶片皱缩不平展

彩图21-44 枣瘿螨为害后期

彩图21-45 枣瘿螨为害的枣果

【形态特征】成螨体长约0.15毫米，宽约0.06毫米，楔形；初为白色，后变淡褐色，半透明；足2对，位于前体段；胸板盾状，其前瓣盖住口器；口器尖细，向下弯曲；后体段背、腹面为异环结构，背面约40环，前、中、后各具1对粗壮刚毛，末端有1对等长的尾毛。卵圆球形，乳白色，表面光滑，有光泽。若螨体白色，初孵时半透明，体形与成螨相似。

【发生规律】枣瘿螨在华北地区1年发3代，以成螨在枣股老芽鳞片内越冬。河北枣区1年有2次发生高峰，第1次高峰在5月底至6月份。一般4月中旬枣树萌芽期越冬成螨出蛰活动，为害嫩芽及展叶后的叶片。6月上旬（枣树花期）进入为害盛期，6月中旬虫口密度最大，整个6月份繁殖最快，为全年发生最盛期。7月中旬至8月的高温天气，有的转入枣股老芽鳞内越夏，叶片虫口数量显著减少。第2次高峰期在8月下旬至9月中旬，进入9月份后繁殖速率下降，虫口密度减小，9月下旬后逐渐返回芽鳞越冬，10月中旬全部进入越冬期。全年为害期达五个半月。6月份是此螨猖獗为害时期，虫口密度最大，平均每叶可达130多头，甚至500～600头。虫口密度达到一定程度后，被害症状开始显现。卵多沿叶脉两侧散生，以叶面居多，但成螨、若螨多在叶背为害。

【防控技术】枣瘿螨防控技术模式如图21-4所示。

1.农业措施防控 结合冬季修剪，尽量对多年生衰弱枝进行短截或疏除，并带到园外集中销毁，能消灭部分越冬成螨。

2.发芽前药剂清园 枣树发芽前，全园均匀喷施1次3～5波美度石硫合剂或45%石硫合剂晶体60～80倍液，有效消灭越冬成螨，降低虫口基数。

3.生长期及时喷药 首先在5月底至6月上中旬枣瘿螨发生为害初盛期及时进行喷药，10天左右1次，连喷1～2次；然后再于害螨第2次发生高峰期及时喷药1次。效果较好的药剂如：1.8%阿维菌素乳油2500～3000倍液、2%甲氨基阿维菌素苯甲酸盐乳油3000～4000倍液、20%四螨嗪可湿性粉剂1500～2000倍液、20%甲氰菊酯乳油1500～2000倍液、50克/升高效氯氟氰菊酯乳油3000～4000倍液等。喷药时必须均匀周到，使树冠上下、内外及叶片正、反两面均要着药。

桃小食心虫

【分布与为害】桃小食心虫（*Carposina sasakii* Matsmura）属鳞翅目蛀果蛾科，又称桃蛀果蛾，简称"桃小"，

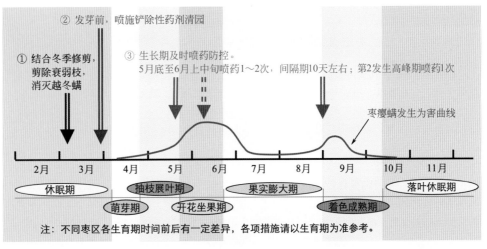

② 发芽前，喷施铲除性药剂清园

① 结合冬季修剪，剪除衰弱枝，消灭越冬螨

③ 生长期及时喷药防控。
5月底至6月上中旬喷药1～2次，间隔期10天左右；第2发生高峰期喷药1次

枣瘿螨发生为害曲线

2月　3月　4月　5月　6月　7月　8月　9月　10月　11月

休眠期　　抽枝展叶期　　果实膨大期　　落叶休眠期
萌芽期　　开花坐果期　　着色成熟期

注：不同枣区各生育期时间前后有一定差异，各项措施请以生育期为准参考。

图21-4 枣瘿螨防控技术模式图

在我国分布范围很广，许多果区均有发生，除为害枣外，还可为害苹果、梨、桃、杏、李、山楂、海棠、沙果等果实，以幼虫蛀果为害。幼虫蛀果后，在果核周围蛀食果肉，随幼虫生长发育，食量增大，被害果内充满虫粪（彩图21-46），导致果实丧失商品价值（彩图21-47）。受害枣果常提早变红、脱落（彩图21-48）。

彩图21-46　桃小食心虫将粪便排在果内

彩图21-47　桃小为害枣果状及脱果孔

彩图21-48　桃小为害，造成大量落果（左）

【形态特征】成虫体灰白色至灰褐色，复眼红褐色；雌蛾体长7～8毫米，翅展16～18毫米；雄蛾体长5～6毫米，翅展13～15毫米。雌蛾唇须较长向前直伸，雄蛾唇须较短而向上翘。前翅中部近前缘处有近似三角形蓝灰色大斑，近基部和中部有7～8簇黄褐色或蓝褐色斜立鳞片（彩图21-49）。后翅灰色，缘毛长，浅灰色。卵椭圆形或桶形，初产时橙红色，渐变深红色，顶部环生2～3圈"Y"状刺毛。低龄幼虫黄白色（彩图21-50）；老熟幼虫桃红色，体长13～16毫米，前胸背板褐色，无臀刺（彩图21-51）。蛹体长6～8毫米，淡黄色渐变黄褐色，近羽化时变为灰黑色，体壁光滑无刺。茧有两种，冬茧扁圆形，直径6毫米，

丝质紧密；夏茧（化蛹茧）纺锤形，长8～13毫米，质地松软。

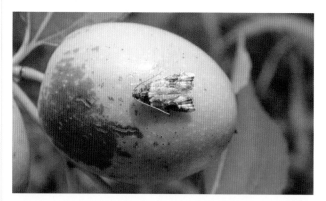

彩图21-49　桃小食心虫成虫

彩图21-50　桃小食心虫低龄幼虫

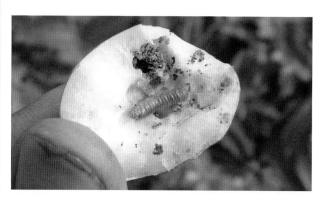

彩图21-51　桃小食心虫老龄幼虫

【发生规律】桃小食心虫在河北中部地区1年发生1～2代，以2代数量较多，以老熟幼虫在土壤中结冬茧越冬或在落果中越冬，树干周围1米范围内的3～6厘米土层中居多。翌年春季，当旬平均气温达17℃以上、土温达19℃、土壤含水量在10%以上时，幼虫顺利出土，出土早晚受降雨或浇地影响很大，雨水充沛时出土快而整齐。

越冬幼虫一般年份从5月下旬左右开始破茧出土，一直延续到7月中旬，盛期集中在6月下旬。幼虫出土后先在地面爬行一段时间，而后寻找土缝、树干基部缝隙及杂草落叶下等处结纺锤形夏茧化蛹，蛹期10～15天。6月上旬出现越冬代成虫，一直延续到8月上旬，发生盛期在7月中旬。成虫寿命6～7天，昼伏夜出，交尾后1～2天开始产卵，卵多产在果实萼洼或梗洼处。每雌蛾平均产卵44粒，多者可达110粒。卵期7～8天。第1代卵出现在6月中旬～8月上旬，盛期为7月中下旬。初孵幼虫先在果面爬

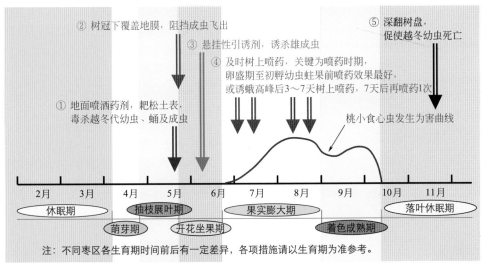

② 树冠下覆盖地膜，阻挡成虫飞出

③ 悬挂性引诱剂，诱杀雄成虫

④ 及时树上喷药，关键为喷药时期，卵盛期至初孵幼虫蛀果前喷药效果最好，或诱蛾高峰后3～7天树上喷药，7天后再喷药1次

⑤ 深翻树盘，促使越冬幼虫死亡

① 地面喷洒药剂，耙松土表，毒杀越冬代幼虫、蛹及成虫

桃小食心虫发生为害曲线

2月　3月　4月　5月　6月　7月　8月　9月　10月　11月

休眠期　抽枝展叶期　果实膨大期　落叶休眠期

萌芽期　开花坐果期　着色成熟期

注：不同枣区各生育期时间前后有一定差异，各项措施请以生育期为准参考。

图21-5　桃小食心虫防控技术模式图

行1～2小时后，多从枣果近顶部和中部蛀入为害，幼虫发生期一般在7月中下旬～9月上旬。随果实生长，蛀入孔愈合，孔周围果面稍凹陷。幼虫在果内蛀食17天左右后老熟，老熟后从内向外咬一较大脱果孔，然后爬出落地。发生晚的直接入土做冬茧越冬，发生早的则在地面隐蔽处结夏茧化蛹。蛹经过12天左右羽化，在果柄基部产卵发生第2代。第2代卵在8月上旬～9月上旬发生，盛期为8月中下旬。幼虫孵出后蛀果为害25天左右，于9月中下旬从果内脱出，在树下土壤中结冬茧越冬或在被害枣果内直接越冬。

【防控技术】桃小食心虫防控技术模式如图21-5所示。

1.农业措施防控　生长季节及时捡拾落地虫果，集中深埋，杀灭果内幼虫。结合深秋至初冬深翻施肥，将树盘内10厘米深土层翻入施肥沟内，下层生土撒于树盘表面，促进越冬幼虫死亡（彩图21-52）。枣树萌芽期，以树干基部为中心，在半径1.5米范围内覆盖塑料薄膜，边缘用土压实，能有效阻挡羽化成虫的飞出。

彩图21-52　深翻树盘

2.诱杀成虫　从6月上旬开始在果园内悬挂桃小食心虫性引诱剂诱捕器，每亩2～3粒，诱杀雄成虫（彩图21-53、彩图21-54）。1.5个月左右更换1次诱芯。该措施在周边没有果园的孤立枣园，效果很好。同时，性引诱剂诱捕器还可用于虫情测报，以确定喷药时间。

3.地面药剂防控　从越冬幼虫开始出土时进行地面用药，使用480克/升毒死蜱乳油500～600倍液或48%毒·辛乳油300～400倍液均匀喷洒树下地面，喷湿表层土壤，然后耙松土壤表层，杀灭越冬代幼虫。一般年份6月上旬后果园下透雨后或浇灌后，是地面防治桃小食心虫的关键期。也可利用桃小性引诱剂测报，决定施药适期。

4.树上喷药防控　关键为喷药时期，在卵盛期至初孵幼虫蛀果前树上喷药效果最好。一般在地面用药后30天左右树上开始喷药；或通过性诱剂测报，在出现诱蛾高峰时，3～7天内树上喷药，7天后再喷药1次。效果较好的药剂有：25%灭幼脲悬浮剂1000～1500倍液、1.8%甲氨基阿维菌素苯甲酸盐乳油2000～3000倍液、5%阿维菌素乳油4000～5000倍液、50克/升高效氯氟氰菊酯乳油2500～3000倍液、4.5%高效氯氰菊酯乳油或水乳剂1200～1500倍液、20%甲氰菊酯乳油1200～1500倍液、50%马拉硫磷乳油1200～1500倍液、48%毒·辛乳油1000～1200倍液等。

彩图21-53　枣园内悬挂桃小性引诱剂

彩图21-54　桃小性引诱剂诱杀的桃小成虫

桃蛀野螟

【分布与为害】桃蛀野螟 [*Conogethes punctiferalis* (Guenee)] 属鳞翅目螟蛾科，又称桃蛀螟，在我国广泛分布，除为害枣果外，还可为害苹果、梨、桃、李、杏、石榴、葡萄、山楂等多种水果。以幼虫蛀食果实为害，被害果内充满虫粪（彩图21-55），不能食用，并常导致受害果提前脱落。

彩图21-55　桃蛀螟蛀果为害状及幼虫

【形态特征】成虫体长12毫米，翅展22～25毫米，黄色至橙黄色，体、翅表面有许多黑色斑点，似豹纹状；胸背黑点7个，腹背第1节和3～6节各横列3个，第7腹节只有1个，第2、8腹节没有；前翅黑点25～28个，后翅15～16个；雄成虫第9腹节末端黑色，雌成虫不明显（彩图21-56）。卵椭圆形，长0.6毫米，初乳白色渐变橘黄色至红褐色。老熟幼虫体长22毫米，体色多变，有淡褐、浅灰、浅灰蓝、暗红等色，腹面多为淡绿色；头暗褐色，前胸盾褐色，臀板灰褐，各体节毛片明显，灰褐色至黑褐色，背面毛片较大，第1～8腹节气门以上各具6个，成2横列，前4后2；气门椭圆形，围气门片黑褐色突起。蛹长13毫米，初淡黄绿色后变褐色，臀棘细长（彩图21-57）。茧长椭圆形，灰白色。

【发生规律】桃蛀野螟在辽宁1年发生1～2代，河北、山东、陕西1年发生3代，长江流域1年发生4～5代，均以老熟幼虫在玉米、向日葵、蓖麻等残株或树干粗翘皮下及落叶下结茧越冬。在河北中南部，4月下旬至5月化蛹，蛹期20～30天。各代成虫发生期约为：越冬代5月下旬至6月下旬，第1代7月中旬至8月下旬，第2代8月下旬至9月下旬。成虫昼伏夜出，对黑光灯和糖酒醋液趋性较强，多在枝叶茂密处的果上或相接果缝处产卵，每果2～3粒，多者20余粒。每雌产卵数

十粒。卵期7～8天，非越冬代幼虫期20～30天，1、2代蛹期10天左右，成虫寿命10天。初孵幼虫先吐丝蛀食、老熟后结茧化蛹。第1代卵主要产于桃、杏等核果类果树上，第2～3代卵多产于玉米、向日葵等农作物上，部分产在枣树上。末代幼虫为害至9月下旬陆续老熟，寻找适宜场所结茧越冬，发生晚的以第2代幼虫越冬。

【防控技术】桃蛀野螟防控技术模式如图21-6所示。

1. 农业措施防控　落叶后至发芽前，彻底清除枣园内、外的玉米、高粱、向日葵等寄主植物的残体，并刮除树干粗翘皮、清扫树下枯草落叶，集中烧毁，减少越冬虫源。在幼虫蛀果为害期，及时清除落地虫果与树上虫果，消灭果内幼虫。

彩图21-56　桃蛀野螟成虫

彩图21-57　桃蛀野螟的蛹

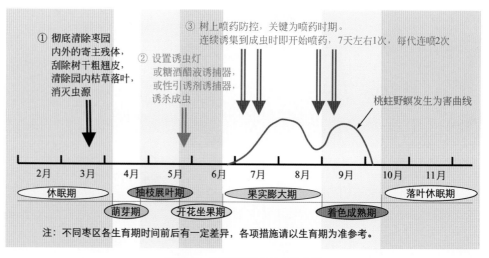

注：不同枣区各生育期时间前后有一定差异，各项措施请以生育期为准参考。

图21-6　桃蛀野螟防控技术模式图

2.诱杀成虫 利用成虫的趋光性及趋糖酒醋液的特点，从5月中下旬开始，在枣园内悬挂黑光灯或频振式诱虫灯或全自动灭蛾器诱杀成虫，每50米左右悬挂一台；或在枣园内悬挂盛有糖酒醋液的诱捕器（糖酒醋液按红糖1、酒1、醋4、水16的比例配制），诱杀成虫（每亩4～6点）；也可设置桃蛀野螟性引诱剂诱捕器，诱杀雄成虫（每亩2～3点）。

3.树上喷药防控 关键为喷药时期。结合诱杀成虫进行测报，枣果进入膨大期后，当连续诱集到成虫时即开始喷药，7天左右1次，每代连喷2次。常用有效药剂同"桃小食心虫"树上喷药药剂。

大造桥虫

【分布与为害】大造桥虫（*Ascotis selenaria* Schiffermuller et Denis）属鳞翅目尺蛾科，在我国许多果区均有分布，除为害枣树外，还可为害苹果、梨树、山楂、桃树、杏树等多种果树及棉花、大豆等多种农作物。以幼虫取食枣树的叶片、嫩芽、花蕾、新生枣头（嫩枝）及枣果等进行为害。叶片受害，被食成刻点、孔洞状及大小不等的缺刻状（彩图21-58、彩图21-59），严重时整叶被吃光；花蕾受害，造成花蕾脱落（彩图21-60）；果实受害，表面被啃食成片状缺刻或孔洞状（彩图21-61）；新生枣头及嫩枝受害，多发生在木质化以前，枝头皮层及浅层组织被啃食成片状缺刻（彩图21-62）。

彩图21-58 大造桥虫初孵幼虫为害叶片成刻点状

彩图21-59 大造桥虫为害叶片成孔洞状

彩图21-60 大造桥虫为害的花蕾

彩图21-61 大造桥虫为害的枣果

彩图21-62 大造桥虫为害的嫩枝

【形态特征】成虫体长9～12毫米，翅展20～30毫米，体色差异较大，一般为浅灰褐色至浅黄褐色（彩图21-63）；秋季成虫体色较深，线纹明显，体形较大。雌成虫触角线状，雄成虫触角双锯状丛生纤毛。前翅内横线、外横线、外缘线和亚外缘线呈黑褐色波状纹，后翅也有两条波纹，前后翅外缘分别有7个和5个小黑点。雌成虫腹末呈圆筒状，密被黄色毛丛，雄成虫腹末尖削。卵椭圆形，长约0.8毫米，绿色或黄褐色（彩图21-64），孵化前为灰色或灰绿色（彩图21-65）。老熟幼虫体长30～40毫米，体色差异较大，基本分为黑褐型、黄褐型和黄绿色型3种（彩图21-66～彩图21-68）。胸足3对，腹足和尾足各1对；胴体两侧有2条白纹线，腹部有2条黑色和褐色细纹，除首尾两节外，各节两侧有对称的2个灰白色圆型斑；第一腹节有2个突起的黑长瘤，前有1黑斑。蛹长椭圆形，长10～14毫米，深褐色，有尾刺1对（彩图21-69）。

彩图21-63　大造桥虫成虫

彩图21-64　大造桥虫卵块（早期）

彩图21-65　大造桥虫卵块（近孵化期）

彩图21-66　大造桥虫黑褐色型幼虫

彩图21-67　大造桥虫黄褐色型幼虫

彩图21-68　大造桥虫黄绿色型幼虫

彩图21-69　大造桥虫的蛹

【发生规律】大造桥虫在河北中南部1年发生4～5代，以蛹在土壤中越冬。3月中旬到4月中旬羽化，枣树抽枝展叶期幼虫开始为害嫩芽和叶片，4月下旬至5月上旬为幼虫食叶盛期，5月上中旬开始入土化蛹。第2～4代卵期5～8天，幼虫期18～20天，蛹期8～10天，完成1代需32～42天。成虫昼伏夜出，趋光性强，卵多产在树皮缝、嫩梢小枝、地面、土缝及草秆上，数十粒至百余粒成堆，每头雌成虫可产卵1000～2000粒，越冬代仅200余粒。幼虫能吐丝下垂（彩图21-70），随风飘荡而扩散转移，受惊时立即弹跳下垂，老熟时大部分集中在树冠投影范围内的土层内化蛹，10月后老熟幼虫入土化蛹越冬。

彩图21-70　大造桥虫吐丝下垂状

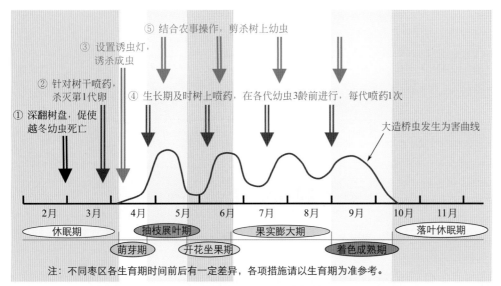

⑤ 结合农事操作，剪杀树上幼虫

③ 设置诱虫灯，诱杀成虫

② 针对树干喷药，杀灭第1代卵

④ 生长期及时树上喷药，在各代幼虫3龄前进行，每代喷药1次

① 深翻树盘，促使越冬幼虫死亡

大造桥虫发生为害曲线

| 2月 | 3月 | 4月 | 5月 | 6月 | 7月 | 8月 | 9月 | 10月 | 11月 |

休眠期　　抽枝展叶期　　　果实膨大期　　　落叶休眠期

萌芽期　　开花坐果期　　　　着色成熟期

注：不同枣区各生育期时间前后有一定差异，各项措施请以生育期为准参考。

图21-7　大造桥虫防控技术模式图

【防控技术】大造桥虫防控技术模式如图21-7所示。

1.农业措施防控　结合深秋至初冬深翻施肥，将树盘内10厘米深土层翻入施肥沟内，下层生土撒于树盘表面，促进越冬幼虫死亡。结合农事操作，在幼虫发生期内，人工剪杀树上幼虫（彩图21-71）。

彩图21-71　人工剪杀幼虫

彩图21-72　枣园内悬挂黑光灯，诱杀成虫

2.诱杀成虫　从4月上旬开始在果园内悬挂黑光灯或频振式诱虫灯（彩图21-72），每亩1～2台，既能直接诱杀成虫，又可用于虫情测报，以确定喷药时间。

3.树上喷药防控　首先在3月底对树干进行喷药，杀灭第1代卵，有效压低虫口基数，常用有效药剂如：3～5波美度石硫合剂、45%石硫合剂晶体60～80倍液、48%毒死蜱乳油1000倍液、50克/升高氯氟氰菊酯乳油2000倍

液等，淋洗式喷雾效果最好。其次，在各代幼虫3龄以前及时树上喷药，每代喷药1次即可，效果较好的药剂有：25%灭幼脲悬浮剂1500～2000倍液、25%除虫脲可湿性粉剂1500～2000倍液、5%虱螨脲悬浮剂1000～1500倍液、240克/升甲氧虫酰肼悬浮剂2000～2500倍液、20%氟苯虫酰胺水分散粒剂2500～3000倍液、200克/升氯虫苯甲酰胺悬浮剂3000～4000倍液、1.8%阿维菌素乳油2000～2500倍液、2%甲氨基阿维菌素苯甲酸盐乳油3000～4000倍液、4.5%高效氯氰菊酯乳油或水乳剂1500～2000倍液、25克/升高效氯氟氰菊酯乳油1500～2000倍液、20%甲氰菊酯乳油1500～2000倍液、25克/升溴氰菊酯乳油1500～2000倍液等。

枣尺蠖

【分布与为害】枣尺蠖（Chihuo zao Yang）属鳞翅目尺蛾科，又称枣步曲，俗称"吊死鬼"，在我国南北方枣区普遍发生，但近几年发生较少。以幼虫食害嫩芽、嫩叶及花蕾，将枣叶食成孔洞或缺刻状（彩图21-73），严重时将枣芽、叶片及花蕾吃光，甚至取食部分枣吊（彩图21-74），导致枣树二次萌芽（彩图21-75），不仅可造成当年绝产，而且还影响第二年产量。

彩图21-73　叶片受枣尺蠖食害状

【形态特征】雌雄异型。雌成虫体长12～17毫米，灰褐色，无翅，腹部背面密被刺毛和毛鳞，触角丝状，喙退化，各足胫节有5个白环，产卵器细长、管状。雄蛾体长10～15毫米，前翅灰褐色，内横线、外横线黑色清晰，中横线不太明显，中室端有黑纹，外横线中部折成角状；后

翅灰色，中部有1条黑色波状横线，内侧有一黑点。卵扁圆形，直径0.8～1毫米，初产时灰绿色，孵化前变为黑灰色。幼虫分为5龄。1龄幼虫体长2毫米，头大，体黑色，全身有6条环状白色横纹，行动活泼。2龄幼虫体长5毫米，头大，黄色有黑点，体灰色，出现白色横纹8条，环状纹褪为黄白色。3龄幼虫体长11毫米，全身有黄、黑、灰三色断续纵纹若干条，头部小于胸部，头顶有黑色点，气门已明显，食量增加。4龄幼虫体长17毫米，头部比身体细小，淡黄色，生有黑点和刺毛，体有光泽，气门线为纵行黄色宽条纹，体背及体侧均杂生黄、灰、黑色的断续条纹，各节生有黑点。5龄幼虫体长28毫米，老熟时长46毫米，最长达51毫米，头部灰黄色，密生黑色斑点，体背及侧面均为灰、黄、黑三色间杂的纵条纹，气孔呈黑色圆点，周围黄色。胸足3对，腹足1对，臀足1对。蛹纺锤形，红色至枣红色，雄蛹长16毫米，雌蛹长约17毫米（彩图21-76、彩图21-77）。

彩图21-74　枣尺蠖吃光叶片，并食害枣吊

【发生规律】枣尺蠖在华北地区1年发生1代，少数个体2年完成1代，以蛹在树下7～10厘米深的土层内越冬，主要集中在距树干1米的范围内。翌年3月中下旬成虫开始羽化，持续时间达50天左右。雌蛾羽化后多潜伏在土表下、杂草内等阴暗处，日落时开始向树上爬行，夜间交尾，次日开始产卵。卵产于树干及枝杈的粗皮裂缝处。雄蛾趋光性强，晚间飞翔寻找雌蛾交尾。雌蛾交尾后3日内大量产卵，每头雌蛾产卵量1000～1200粒，卵期10～25天。第一龄和第五龄幼虫期各10天左右，第2～4龄合计10天。幼虫爬行迅速，受惊吐丝下垂（俗称"吊死鬼"），5月下旬至6月下旬幼虫老熟后入土化蛹、越冬。

成虫羽化受天气影响很大，气温高的晴天出土羽化多，气温低的阴天或降雨天常出土少。

彩图21-75　枣尺蠖为害，造成二次萌芽

彩图21-76　枣尺蠖幼虫一

彩图21-77　枣尺蠖幼虫二

【防控技术】枣尺蠖防控技术模式如图21-8所示。

1.农业措施防控　结合冬春施肥，深翻树盘，破坏害虫越冬场所。成虫羽化前在树干基部绑附20～30厘米宽的

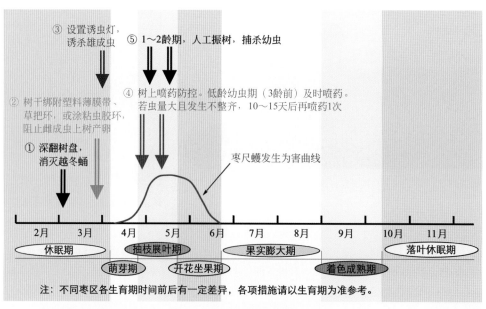

③ 设置诱虫灯，诱杀雄成虫

⑤ 1～2龄期，人工振树，捕杀幼虫

② 树干绑附塑料薄膜带、草把环，或涂粘虫胶环，阻止雌成虫上树产卵

④ 树上喷药防控。低龄幼虫期（3龄前）及时喷药。若虫量大且发生不整齐，10～15天后再喷药1次

① 深翻树盘，消灭越冬蛹

枣尺蠖发生为害曲线

2月　3月　4月　5月　6月　7月　8月　9月　10月　11月

休眠期　　抽枝展叶期　　果实膨大期　　落叶休眠期

萌芽期　　开花坐果期　　着色成熟期

注：不同枣区各生育期时间前后有一定差异，各项措施请以生育期为准参考。

图21-8　枣尺蠖防控技术模式图

塑料薄膜带，环绕树干一周，下缘用土压实，接口处钉牢，上缘涂上黏虫药带，既可阻止雌蛾上树产卵，又可防止树下幼虫孵化后爬行上树。也可在塑料薄膜带下方绑一圈草环，引诱雌蛾产卵，然后从成虫羽化后开始每半月更换1次草环，换下草环集中烧掉，如此更换3～4次即可。还可利用1、2龄幼虫的假死性，在幼虫1～2龄期振动树干，将振落幼虫集中消灭。

2.诱杀成虫 首先，在成虫羽化前，于树干中部涂抹闭合性黏虫胶环，宽3～5厘米，有效阻杀上树的雌成虫及从地面爬行上树的幼虫。其次，利用雄成虫的趋光性，在成虫羽化前于枣园内设置黑光灯或频振式诱虫灯，诱杀雄成虫。**3.树上喷药防控** 低龄幼虫期（3龄以前）及时喷药，一般在成虫发生高峰期后25～30天，喷药1次即可，若虫量大且发生不整齐，10～15天后再喷药1次即可。常用有效药剂同"大造桥虫"生长期树上喷药药剂。

枣镰翅小卷蛾

【分布与为害】枣镰翅小卷蛾（*Ancylis sativa* Liu）属鳞翅目卷蛾科，俗称枣粘虫、枣小蛾，主要分布于我国东北地区，以幼虫为害幼芽、叶片和果实。为害叶片时，先吐丝将叶片向内卷起，幼虫在卷叶内啃食叶肉（彩图21-78、彩图21-79）；有时吐丝黏合叶、果，还可啃食果皮及部分果肉（彩图21-80），受害果实表面常有白色丝状物（彩图21-81），对产量和树势影响较大。

彩图21-78 枣镰翅小卷蛾卷叶为害状

彩图21-79 枣镰翅小卷蛾为害状

彩图21-80 枣粘虫啃食果实

彩图21-81 枣镰翅小卷蛾为害的果实

【形态特征】成虫体长6～7毫米，翅展13～15毫米，体和前翅黄褐色，略具光泽。前翅长方形，顶角突出并向下呈镰刀状弯曲，前缘有黑褐色短斜纹十余条，翅中部有黑褐色纵纹2条。后翅深灰色，前、后翅缘毛均较长。卵扁平椭圆形，鳞片状，极薄，长0.6～0.7毫米，表面有网状纹，初无色透明，孵化前为橘红色。初孵幼虫体长1毫米左右，头部黑褐色，胴部淡黄色，背面略带红色。老熟幼虫体长12～15毫米，头部、前胸背板、臀板和前胸足红褐色，胴部黄白色，前胸背板分为2片，其两侧和前足之间各有2个红褐色斑纹，臀板呈"山"字形，体上疏生短毛（彩图21-82）。蛹体长6～7毫米，初为绿色，渐呈黄褐色，最后变为红褐色（彩图21-83）。茧白色。

彩图21-82 枣镰翅小卷蛾的幼虫

彩图21-83　枣镰翅小卷蛾的茧和蛹

【发生规律】枣镰翅小卷蛾在我国北方枣区1年发生3代，江苏4代左右，浙江5代，均以蛹在枣树枝干粗皮裂缝中越冬，尤以主干上虫量最多。3代发生区翌年3月下旬越冬蛹开始羽化，4月上中旬达羽化盛期，5月上旬为羽化末期。成虫早、晚活动，有极强的趋光性，羽化后1天交尾，多在早晨进行，有重复交尾现象。成虫寿命1周左右，雌蛾寿命稍长于雄蛾。第一代成虫初发期在6月上旬，盛期为6月中下旬，末期为7月下旬～8月中下旬。越冬代雌蛾平均产卵4粒，平均卵期13天；第一、二代雌蛾平均产卵量分别为60粒和75粒，卵期6～7天。第一代幼虫发生在枣树发芽展叶阶段，取食新芽、嫩叶；第二代幼虫发生在花期至幼果期，为害叶片、花蕾、花器和幼果；第三代幼虫发生在果实着色期。幼虫有吐丝下垂转移为害习性。第一、二代幼虫老熟后在被害叶中结茧化蛹，第三代幼虫于9月上旬至10月中旬老熟后陆续爬到树皮裂缝中作茧化蛹越冬。

【防控技术】枣镰翅小卷蛾防控技术模式如图21-9所示。

1.农业措施防控　枣树发芽前，人工刮除枝干粗皮、翘皮，并将刮下的粗翘皮收集在一起集中烧毁，消灭越冬

虫茧。结合农事操作，注意摘除药剂防控遗漏的卷叶虫苞，尤以5～6月份最为关键。9月上旬，在树干上捆绑草把，诱集老熟幼虫化蛹，初冬取下烧毁。

2.诱杀成虫　利用成虫的强趋光性，在成虫发生期内于枣园中设置黑光灯或频振式诱虫灯，诱杀成虫。也可在田间悬挂性引诱剂诱捕器，诱杀雄成虫，并进行虫情测报。

3.树上喷药防控　在各代幼虫发生初期或性诱捕器诱蛾高峰后9～15天（越冬代蛾峰后15天，第一、二代蛾峰后9天）及时树上喷药，尤以枣芽3厘米长时的第一代幼虫期最为关键，若后期虫态不整齐，7～10天后可酌情增加喷药1次。常用有效药剂如：25%灭幼脲悬浮剂1500～2000倍液、25%除虫脲可湿性粉剂1500～2000倍液、5%虱螨脲悬浮剂1000～1500倍液、240克/升甲氧虫酰肼悬浮剂2000～2500倍液、5%氯虫苯甲酰胺悬浮剂1000～1500倍液、1.8%阿维菌素乳油2000～2500倍液、2%甲氨基阿维菌素苯甲酸盐乳油3000～4000倍液、4.5%高效氯氰菊酯乳油或水乳剂1500～2000倍液、25克/升高效氯氟氰菊酯乳油1500～2000倍液、20%甲氰菊酯乳油1500～2000倍液等。

棉铃虫

【分布与为害】棉铃虫（Helicoverpa armigera *Hubner*）属鳞翅目夜蛾科，在我国许多省区广泛分布，除为害枣树外，还常为害苹果、海棠、梨树、桃树、李树等多种果树。以幼虫取食新生枣头、叶片及蛀食枣果进行为害。枣头及叶片受害，呈不规则孔洞、缺刻或残缺不全状（彩图21-84）；枣果受害，被蛀成圆形孔洞，深达枣核，甚至枣果被蛀透（彩图21-85～彩图21-87），影响枣果产量及品质。

【形态特征】成虫体长15～20毫米，翅展31～40毫米，复眼绿色球形，雌成虫赤褐色至灰褐色，雄成虫青灰色；前翅外横线外有深灰色宽带，带上有7个小黑点，中部近前缘有暗褐色环状纹、肾形纹各1个；后翅灰白色，外缘有黑褐色宽带，宽带中央有2个相连的白斑，前缘有一月牙形褐色斑（彩图21-88）。卵半球形，顶部微隆起，表面布满纵横纹，纵纹从顶部看有12条（彩图21-89）。老熟幼虫体长32～45毫米，体色多变，分为4个类型：① 体淡红色，背线、亚背线褐色，气门线白色，毛突黑色（彩图21-90）；② 体黄白色，背线、亚背线淡绿色，气门线白色，毛突与体色相同；③ 体淡绿色，背线、亚背线不明显，气门线白色，毛突与体色相同（彩

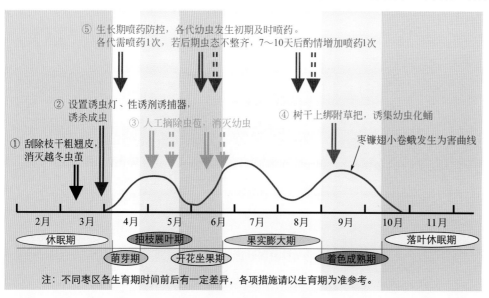

⑤ 生长期喷药防控，各代幼虫发生初期及时喷药。
各代需喷药1次，若后期虫态不整齐，7～10天后酌情增加喷药1次

② 设置诱虫灯、性诱剂诱捕器，诱杀成虫

③ 人工摘除虫苞，消灭幼虫

④ 树干上绑附草把，诱集幼虫化蛹

① 刮除枝干粗翘皮，消灭越冬虫茧

枣镰翅小卷蛾发生为害曲线

2月　3月　4月　5月　6月　7月　8月　9月　10月　11月

休眠期　　抽枝展叶期　　果实膨大期　　落叶休眠期
萌芽期　开花坐果期　　着色成熟期

注：不同枣区各生育期时间前后有一定差异，各项措施请以生育期为准参考。

图21-9　枣镰翅小卷蛾防控技术模式图

图21-91）；④ 体深绿色，背线、亚背线不太明显，气门淡黄色。气门上方有一褐色纵带，由尖锐微刺排列而成；腹部各节背面有许多毛瘤，上生刺毛。蛹纺锤形，长17～20毫米，赤褐色至黑褐色，腹末有一对臀刺，外被土茧。

彩图21-84　棉铃虫为害的叶片，残缺不全

彩图21-85　棉铃虫钻蛀为害果实

彩图21-86　棉铃虫为害幼果的孔洞

彩图21-87　棉铃虫为害的幼果内部虫道

彩图21-88　棉铃虫成虫

彩图21-89　棉铃虫的卵

彩图21-90　棉铃虫的红褐色型幼虫

彩图21-91　棉铃虫　的浅绿色型幼虫

【发生规律】棉铃虫在华北地区1年发生4代，以蛹在苗木附近或杂草下5～10厘米深的土壤中越冬。第二年4月中下旬气温回升至15℃以上时开始羽化，5月上旬为羽化盛期。第一、二、三代成虫发生期分别为6月中下旬、7月中下旬、8月中下旬至9月上旬。成虫羽化后夜间交配、产卵，卵多散产于叶背。一头雌蛾产卵500～1000粒，最高可达2700粒。幼虫孵化后先取食卵壳，再自叶缘向内取食叶肉，严重时将叶片吃光，只剩主脉和叶柄。枣树上为害果实的主要是第二代幼虫，前期干旱时第一代幼虫也会上果为害，果实受害以6月下旬至7月上旬（第二代幼虫）最重。低龄幼虫取食嫩叶，3龄后蛀果为害。棉铃虫有转移为害习性，一头幼虫可为害多个枣果。9月下旬后，末代幼虫老熟后陆续入土化蛹越冬。成虫昼伏夜出，对黑光灯、萎蔫的杨柳枝把有强烈趋性。

【防控技术】棉铃虫防控技术模式如图21-10所示。

1. 农业措施防控　早春深翻树盘，破坏害虫越冬场所，促使越冬蛹死亡，压低越冬基数，减少第一代发生数量。合理间作，避免与棉花、大豆、玉米等棉铃虫喜食的农作物间套作。

2. 诱杀成虫　利用棉铃虫成虫对杨柳枝的强烈趋性和白天在杨柳枝内隐藏的特点，在成虫羽化、产卵时，于果园内摆放杨柳枝把进行诱蛾，日出前捉蛾捕杀。利用成虫

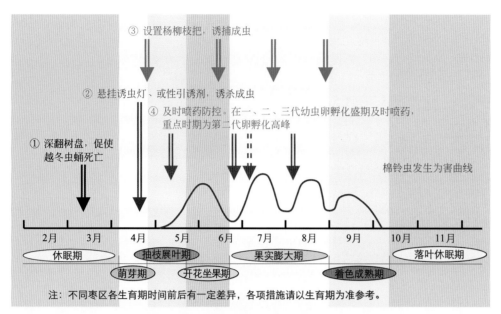

③ 设置杨柳枝把，诱捕成虫

② 悬挂诱虫灯、或性引诱剂，诱杀成虫

④ 及时喷药防控。在一、二、三代幼虫卵孵化盛期及时喷药，
重点时期为第二代卵孵化高峰

① 深翻树盘，促使
越冬虫蛹死亡

棉铃虫发生为害曲线

| 2月 | 3月 | 4月 | 5月 | 6月 | 7月 | 8月 | 9月 | 10月 | 11月 |

休眠期　　　抽枝展叶期　　　果实膨大期　　　落叶休眠期

萌芽期　　开花坐果期　　　着色成熟期

注：不同枣区各生育期时间前后有一定差异，各项措施请以生育期为准参考。

图 21-10　棉铃虫防控技术模式图

的趋光性，在成虫发生期内于果园周围悬挂黑光灯或频振式诱虫灯，诱杀成虫（彩图 21-92）。有条件的也可在果园内悬挂性引诱剂诱捕器，诱杀棉铃虫雄蛾。

彩图 21-93　树上喷药防控棉铃虫

彩图 21-92　枣园周围悬挂诱虫灯诱杀成虫

3.树上喷药防控　根据虫情测报，在1、2、3代幼虫卵孵化盛期进行喷药，重点时期为第二代卵孵化高峰。效果较好的药剂有：25%灭幼脲悬浮剂1200～1500倍液、5%虱螨脲悬浮剂1000～1500倍液、25%除虫脲可湿性粉剂1000～1500倍液、240克/升甲氧虫酰肼悬浮剂1500～2000倍液、200克/升氯虫苯甲酰胺悬浮剂3000～4000倍液、1.8%阿维菌素乳油2000～2500倍液、2%甲氨基阿维菌素苯甲酸盐乳油3000～4000倍液、4.5%高效氯氰菊酯乳油或水乳剂1500～2000倍液、50克/升高效氯氟氰菊酯乳油3000～4000倍液、20%甲氰菊酯乳油1500～2000倍液、25克/升溴氰菊酯乳油1500～2000倍液等（彩图21-93）。

美国白蛾

【分布与为害】 美国白蛾［*Hyphantria cunea*（Drury）］属鳞翅目灯蛾科，又称美国灯蛾、秋幕毛虫、秋幕蛾，目前我国主要分布在辽宁、河北、山东、北京、天津、陕西、河南、吉林等省市，可为害枣树、苹果、梨树、桃树、杏树、核桃、柿树等多种果树及林木。以幼虫取食叶片为害。低龄幼虫吐丝结网形成网幕，4龄以前群集在网幕内啃食叶肉，使叶片残留一侧表皮，远看呈白色至灰白色（彩图21-94）；叶片被食尽后，幼虫转移至其他叶片或枝杈上重新织网为害，被害枝呈"蜘蛛网"状（彩图21-95）。幼虫4龄后开始分散取食，食量明显增大，取食全部叶片，仅保留叶柄及部分主叶脉，严重时将全树叶片吃光（彩图21-96）。整树叶片被吃光后，群集转移到其他树上继续为害。

【形态特征】 成虫体白色。雌蛾体长9～15毫米，翅展30～42毫米；雄蛾体长9～14毫米，翅展25～37毫米。雌成虫触角褐色，锯齿状，前翅纯白色；雄成虫触角黑色，栉齿状，前翅白色，越冬代前翅散生黑褐色小斑点

（彩图21-97、彩图21-98）。复眼黑褐色，口器短而纤细，胸部背面密布白色绒毛，多数个体腹部白色、无斑点，少数个体腹部黄色、上有黑点。卵圆球形，直径约0.5毫米，初产时浅黄绿色或浅绿色，后变灰绿色，孵化前变灰褐色，单层排列成块状，覆盖白色鳞毛（彩图21-99）。老熟幼虫体长28～35毫米，头黑色或红色，具光泽，体黄绿色至灰黑色；背线、气门上线、气门下线浅黄色，背部毛瘤黑色，体侧毛瘤多为橙黄色，毛瘤上着生白色长毛丛（彩图21-100～彩图21-102）；腹足外侧黑色；气门白色，椭圆形，具黑边。分为黑头型和红头型两个类型，低龄期即明显可辨；3龄后，从体色、色斑、毛瘤及其刚毛颜色上更易区分。蛹暗红褐色，长8～15毫米，宽3～5毫米，外被黄褐色丝质薄茧，茧丝上混杂有幼虫体毛，腹部各节除节间外布满凹陷刻点，臀刺8～17根（彩图21-103、彩图21-104）。

彩图21-94　低龄幼虫啃食叶肉，残留另一侧表皮

彩图21-95　低龄幼虫为害树枝，呈"蜘蛛网"状

彩图21-96　高龄幼虫为害将全树叶片吃光

彩图21-97　美国白蛾越冬代雄成虫

彩图21-98　美国白蛾非越冬代雄成虫

彩图21-99　美国白蛾卵块

彩图21-100　美国白蛾二龄幼虫

彩图21-101　美国白蛾低龄幼虫

彩图21-102　美国白蛾大龄幼虫

彩图21-103　美国白蛾的蛹

彩图21-104　美国白蛾越冬蛹及茧

【发生规律】美国白蛾在河北中南部地区1年发生3代，以蛹在砖石瓦砾、枯枝落叶、房檐、堆砌物里、墙（砖）缝、土壤裂缝、柴（草）堆、树洞等处越冬。翌年4月上中旬越冬代成虫开始羽化，4月下旬至5月上旬达到羽化高峰，成虫4月中下旬开始产卵。5月上旬第1代幼虫始见，6月上旬为野外网幕高峰期；6月中旬第1代老熟幼虫开始零星下树化蛹，6月下旬为化蛹高峰；6月底第1代成虫开始羽化，7月上旬达到羽化高峰，羽后化2天即可产卵。7月上中旬第2代幼虫开始零星出现，7月底至8月上旬为野外网幕高峰期；8月初第2代老熟幼虫开始零星下树化蛹，8月上中旬第2代成虫开始零星羽化，8月底9月初达到羽化高峰，9月上旬第2代成虫开始产卵。9月上中旬越冬代幼虫始见，9月中下旬为野外网幕高峰期；越冬代老熟幼虫10月上旬开始陆续下树寻找隐蔽场所化蛹越冬，最晚持续到11月上旬。发育完成1个世代所需时间各代不同，第1代平均需要57天，第2代需要41天，越冬代需要255天。

越冬代成虫趋光性较强，成虫羽化后2小时左右即能飞翔，羽化6小时后交尾。交尾后雌虫多数不再飞翔，完成产卵后伏于卵上死亡。雌成虫寿命4～7天，雄成虫2～7天。越冬代成虫产卵量562～1062粒，第1代成虫产卵量612～1121粒，第2代成虫产卵量630～1314粒。卵主要产于叶背，多数为单层片状，少数双层。卵初产时绿色，上覆一层白色绒毛（成虫腹部的体毛），后卵逐渐变为黄褐色。第1代卵期15天左右，第2代卵期8天左右，越冬代卵期10天左右。初孵幼虫有趋光性、趋热性及取食卵壳的习性，不久便在卵壳周围吐丝结网。幼虫6～7龄，老熟后结薄茧，在茧内蜕皮后化蛹。幼虫耐饥性强，4～6龄幼虫停食8～12天后仍可恢复取食，少数幼虫饥饿存活时间可达18天。蛹有群集性，常数头至百余头群集一处，多者达数百头。越冬代蛹期210天左右，第1代蛹期9～16天，第2代蛹期8～12天。

【防控技术】美国白蛾防控技术模式如图21-11所示。

1.农业措施防控　利用幼虫4龄前群居结网幕为害的习性，人工剪除网幕集中烧毁。在各代老熟幼虫化蛹前，于树干上绑附草把，诱集幼虫化蛹，化蛹期7天左右更换1次，然后将解下的草把集中烧毁。上年美国白蛾发生较重的地块，早春及时清除园内杂草、刮除枝干粗皮翘皮、并深翻树盘，收集虫蛹，集中销毁。成虫羽化期内，黄昏时注意捕杀停落在附近树干、电线杆、墙壁等处的成虫。

2.诱杀成虫　利用成虫的趋光性，在成虫发生期内于枣园周围的空旷处设置黑光灯或频振式诱虫灯，诱杀成虫（彩图21-105）。有条件的果园，也可悬挂美国白蛾性引诱剂，诱杀雄蛾。

3.树上及时喷药防控　低龄幼虫期（4龄分散前）及时喷药，每代喷药1次即可，尽量做到早发现、早防控，以减轻为害。若喷药不及时幼虫已分散为害，喷药时除喷洒树上外，还应注意对周围树木及地面进行细致喷雾。必要时，还可采用飞机喷药防控（彩图21-106）。常用有效药剂有：25%灭幼脲悬浮剂1500～2000倍液、25%除虫脲可湿性粉剂1500～2000倍液、5%虱螨脲悬浮剂1000～1500倍液、

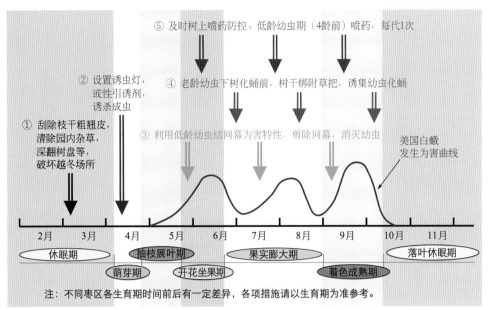

① 刮除枝干粗翘皮，清除园内杂草，深翻树盘等，破坏越冬场所

② 设置诱虫灯，或性引诱剂，诱杀成虫

③ 利用低龄幼虫结网幕为害特性，剪除网幕，消灭幼虫

④ 老龄幼虫下树化蛹前，树干绑附草把，诱集幼虫化蛹

⑤ 及时树上喷药防控。低龄幼虫期（4龄前）喷药，每代1次

美国白蛾发生为害曲线

| 2月 | 3月 | 4月 | 5月 | 6月 | 7月 | 8月 | 9月 | 10月 | 11月 |

休眠期　抽枝展叶期　果实膨大期　落叶休眠期
萌芽期　开花坐果期　着色成熟期

注：不同枣区各生育期时间前后有一定差异，各项措施请以生育期为准参考。

图21-11　美国白蛾防控技术模式图

240克/升甲氧虫酰肼悬浮剂2000～2500倍液、20%氟苯虫酰胺水分散粒剂3000～4000倍液、200克/升氯虫苯甲酰胺悬浮剂4000～5000倍液、1.8%阿维菌素乳油2000～3000倍液、2%甲氨基阿维菌素苯甲酸盐乳油3000～4000倍液、4.5%高效氯氰菊酯乳油或水乳剂1500～2000倍液、50克/升高效氯氟氰菊酯乳油3000～4000倍液、20%甲氰菊酯乳油1500～2000倍液、25克/升溴氰菊酯乳油1500～2000倍液等。

彩图21-105　枣园周围悬挂诱虫灯，诱杀成虫

彩图21-106　飞机喷药，防控美国白蛾

金毛虫

【分布与为害】金毛虫（*Porthesia similis xanthocampa* Dyar）属鳞翅目毒蛾科，又称叠斑褐毒蛾、纹白毒蛾，在我国许多省区均有发生，除为害枣树外，还常为害苹果、梨树、桃树、山楂、柿树、樱桃等多种果树。初龄幼虫群集叶背啃食叶肉（彩图21-107），叶面呈透明斑块状（彩图21-108）；3龄后分散为害，将叶片咬食成缺刻或孔洞状，甚至仅残留叶脉、叶柄，严重时可将全树叶片吃光，对树势及产量影响很大。为害果实，啃食果实成孔洞状（彩图21-109）。

彩图21-107　低龄幼虫群集叶背，啃食叶肉

彩图21-108　受害叶片仅残留叶面表皮

彩图21-109　果实被蛀食的孔洞

【形态特征】雌成虫体长14～18毫米，翅展36～40毫米，雄蛾略小。虫体白色，复眼黑色，前翅后缘近臀角处有一褐色斑纹；雌蛾腹部末端有黄毛，雄蛾腹部后半部均有黄毛（彩图21-110）。卵球形，灰黄色，数十粒排成带状卵块，表面覆有雌虫腹末脱落的黄毛。幼虫老熟时体黄色，头黑褐色，背线红色，体背各节有两对黑色毛瘤，腹部第一、二节中间两个毛瘤合并成横带状毛块（彩图21-111）。蛹褐色，茧灰白色，附有幼虫体毛。

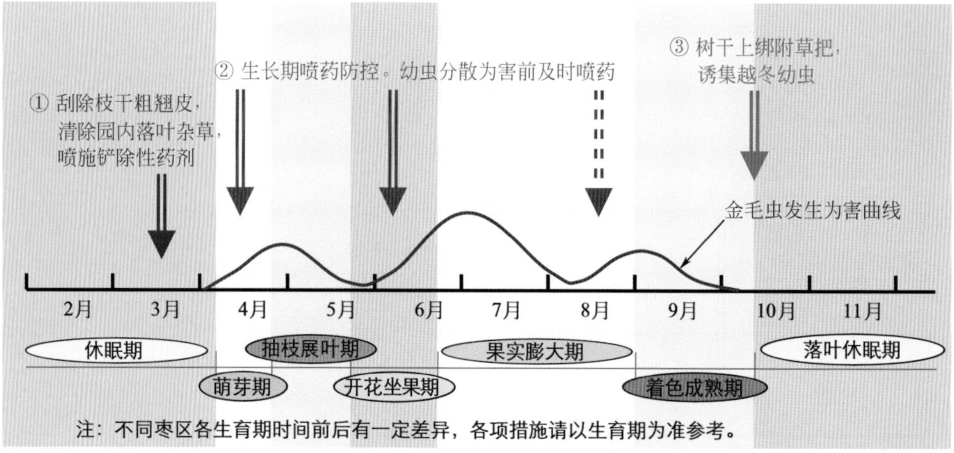

① 刮除枝干粗翘皮，清除园内落叶杂草，喷施铲除性药剂

② 生长期喷药防控。幼虫分散为害前及时喷药

③ 树干上绑附草把，诱集越冬幼虫

金毛虫发生为害曲线

2月　3月　4月　5月　6月　7月　8月　9月　10月　11月

休眠期　　抽枝展叶期　　果实膨大期　　落叶休眠期
萌芽期　　开花坐果期　　着色成熟期

注：不同枣区各生育期时间前后有一定差异，各项措施请以生育期为准参考。

图21-12　金毛虫防控技术模式图

彩图21-110　金毛虫的成虫

彩图21-111　金毛虫幼虫

【发生规律】金毛虫在华北地区1年发生2代，以3龄幼虫在枝干粗皮裂缝和枯叶内作茧越冬。翌春，越冬幼虫出蛰为害嫩芽及嫩叶，5月中旬后陆续老熟结茧化蛹，5月底～6月上旬羽化。成虫有趋光性，交尾后产卵繁殖。卵数十粒聚产在枝干上，外覆一层黄色绒毛。初孵化幼虫群集啃食叶肉，长大后分散为害。第1代幼虫发生期为6月中旬～7月下旬，7月下旬～8月中旬为成虫羽化期。第2代幼虫孵化后取食为害不久，即潜入树皮裂缝或枯叶内结茧越冬。

【防控技术】金毛虫防控技术模式如图21-12所示。

1.农业措施防控　幼虫越冬前（10月上旬），在树干上绑附草把，诱使幼虫潜伏越冬，早春解下集中烧毁。结合其他害虫防控，春季发芽前刮除枝干粗皮翘皮，收集刮下树皮及越冬虫茧，集中烧毁，并彻底清除园内枯枝落叶杂草，集中烧毁，消灭越冬幼虫。结合其他农事操作，及时摘除卵块及带有群集为害幼虫的叶片，而后销毁。

2.休眠期药剂防控　枣树发芽前，结合其他害虫防控，全园喷施1次3～5波美度石硫合剂或45%石硫合剂晶体50～60倍液，杀灭越冬幼虫，降低虫口基数。

3.生长期喷药防控　在幼虫发生为害初期及时喷药，幼虫分散为害前喷药效果最好。常用有效药剂同"美国白蛾"生长期喷药药剂。

黄刺蛾

【分布与为害】黄刺蛾［Cnidocampa flavescens（Walker）］属鳞翅目刺蛾科，俗称"痒辣子"、"毒毛虫"，我国除贵州、西藏外均有发生，除为害枣树外，还可为害核桃、柿树、苹果、山楂、桃树及杨树、柳树、刺槐等多种果树及林木。以幼虫取食叶片为害，低龄幼虫群集啃食叶肉，叶片残留一侧表皮，呈白色膜状；大龄后分散为害，将叶片食成缺刻状，甚至只残留主脉和叶柄（彩图21-112），严重时将叶片吃光，对树势和果实产量影响较大。

彩图21-112　黄刺蛾为害，叶片残缺不全

【形态特征】雌成虫体长15～17毫米，翅展35～39毫米。雄成虫体长13～15毫米，翅展30～32毫米。体橙黄色；前翅黄褐色，自顶角有1条细斜线伸向中室，斜线内方为黄色，外方为褐色；褐色部分有1条深褐色细线自顶角伸至后缘中部，中室部分有一黄褐色圆点（彩图21-113）；后翅灰黄色。卵扁椭圆形，一端略尖，长1.4～1.5毫米，宽0.9毫米，淡黄色。老熟幼虫体长19～25毫米，体粗大，腹部背面有紫褐色大斑纹，前后宽大、中部狭细，成哑铃形（彩图21-114）；头部黄褐色，隐藏于前胸下；胸部黄绿色，自第二节起各节背线两侧有1对枝刺，以第三、四、十节的为大，枝刺上长有黑色刺毛；腹部末节背面有4个褐色小斑；体两侧各有9个枝刺，体侧中部有2条蓝色纵纹，气门上线淡青色，气门下线淡黄色（彩图21-115、彩图21-116）。蛹椭圆形，粗大，长13～15毫米，淡黄褐色。茧椭圆形，质地坚硬，黑褐色，有灰白色不规则纵条纹（彩图21-117、彩图21-118）。

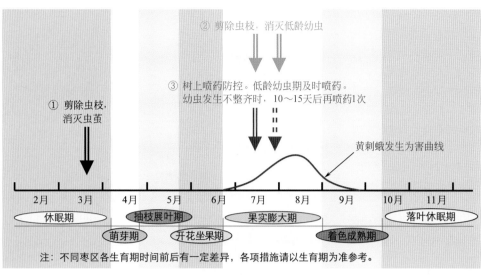

① 剪除虫枝，消灭虫茧

② 剪除虫枝，消灭低龄幼虫

③ 树上喷药防控。低龄幼虫期及时喷药。幼虫发生不整齐时，10～15天后再喷药1次

黄刺蛾发生为害曲线

2月　3月　4月　5月　6月　7月　8月　9月　10月　11月

休眠期　　抽枝展叶期　　果实膨大期　　落叶休眠期

萌芽期　　开花坐果期　　着色成熟期

注：不同枣区各生育期时间前后有一定差异，各项措施请以生育期为准参考。

图21-13　黄刺蛾防控技术模式图

彩图21-113　黄刺蛾成虫

彩图21-114　黄刺蛾大龄幼虫

彩图21-115　黄刺蛾初孵幼虫

彩图21-116　黄刺蛾低龄幼虫

彩图21-117　黄刺蛾的茧

彩图21-118　黄刺蛾越冬茧内的幼虫

【发生规律】黄刺蛾在河北中部地区1年发生1代，以老熟幼虫在小枝上结茧越冬。5月下旬开始化蛹，6月中旬开始羽化，6月下旬为羽化盛期。7月上旬出现幼虫，8月中旬幼虫老熟后逐渐结茧越冬。

成虫多在傍晚羽化，夜间活动，趋光性不强。卵多产在叶背，数粒聚集成块。成虫寿命4～7天，每雌产卵49～67

粒，卵期5～6天。初孵幼虫先取食卵壳，然后啃食叶片下表皮和叶肉，1、2龄幼虫常群集叶背啃食叶肉，以后分散为害，4龄时将叶片食成孔洞或缺刻状，5、6龄幼虫能将全叶吃光仅留叶脉。幼虫7龄，幼虫期22～33天。幼虫老熟后在树枝上吐丝作茧、越冬，茧多结在树枝分叉处。

【防控技术】黄刺蛾防控技术模式如图21-13所示。

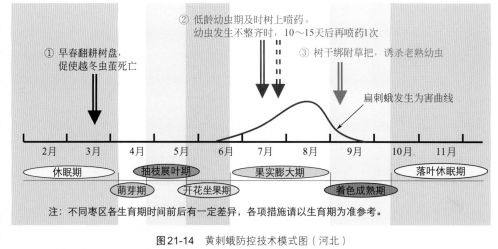

① 早春翻耕树盘，促使越冬虫茧死亡

② 低龄幼虫期及时树上喷药。幼虫发生不整齐时，10～15天后再喷药1次

③ 树干绑附草把，诱杀老熟幼虫

扁刺蛾发生为害曲线

2月　3月　4月　5月　6月　7月　8月　9月　10月　11月

休眠期　抽枝展叶期　果实膨大期　落叶休眠期
萌芽期　开花坐果期　着色成熟期

注：不同枣区各生育期时间前后有一定差异，各项措施请以生育期为准参考。

图21-14　黄刺蛾防控技术模式图（河北）

1.农业措施防控　结合冬季修剪，彻底剪除带有越冬虫茧的枝条，集中销毁。生长期结合农事活动，利用低龄幼虫群集取食为害的特点，及时剪除带有幼虫的叶片，消灭幼虫。

2.树上喷药防控　黄刺蛾多为零星发生，一般枣园不需单独喷药防控。个别发生较重枣园，在低龄幼虫期及时喷药1次即可，若幼虫发生期不整齐，10～15天后可再喷药1次。常用有效药剂同"美国白蛾"生长期树上喷药药剂。

扁刺蛾

【分布与为害】扁刺蛾［*Thosea sinensis*（Walker）］属鳞翅目刺蛾科，俗称"痒辣子"、"毒毛虫"，我国除贵州、西藏外其他省区均有发生，可为害枣树、核桃、柿树、苹果、海棠、山楂等多种果树，以幼虫取食叶片为害。低龄幼虫啃食叶肉，残留叶片一侧表皮及叶脉，使叶片呈白色膜状；大龄幼虫将叶片食成缺刻或孔洞状，仅残留主脉和叶柄，严重时可将叶片吃光，导致树势衰弱，影响果实产量。

【形态特征】成虫体长13～18毫米，翅展28～39毫米，体暗灰褐色，腹面及足色深，雌蛾触角丝状，雄蛾羽状；前翅灰褐稍带紫色，中室外侧有一明显的暗褐色斜纹，自前缘近顶角处向后缘中部倾斜；中室上角有一黑点，雄蛾较明显；后翅暗灰褐色。卵扁椭圆形，长1.1毫米，初淡黄绿色，后呈灰褐色。老熟幼虫体长21～26毫米，体扁椭圆形，背部隆起似龟背状，绿色或黄绿色，背线白色、边缘蓝色；体缘两侧各有10个瘤状突起，上生刺毛，各节背面有2小丛刺毛，第4节背面两侧各有1个红点（彩图21-119、彩图21-120）。蛹近椭圆形，初乳白色，近羽化时变黄褐色。茧椭圆形，暗褐色。

【发生规律】扁刺蛾在河北1年发生1代，长江下游地区发生2代、少数3代，均以老熟幼虫在树下3～6厘米深的土层内结茧越冬。在河北中南部5月中旬开始化蛹，6月上旬开始羽化、产卵，发生期不整齐，6月中旬～8月上旬均可见初孵幼虫，8月份为害较重，8月下旬幼虫陆续老熟后入土结茧越冬。2～3代发生区，4月中旬开始化蛹，5月中旬～6月上旬羽化。第1代幼虫发生期为5月下旬～7月中旬，第2代幼虫发生期为7月下旬～9月中旬，第3代幼虫发生期为9月上旬～10月份，末代幼虫老熟后入土结茧越冬。

成虫多在黄昏羽化出土，昼伏夜出，羽化后即可交配，2天后产卵，多散产于叶面上，卵期7天左右。幼虫8龄，从6龄起可取食全叶，老熟后多夜间下树入土结茧。

【防控技术】参考"黄刺蛾"防控技术，黄刺蛾防控技术模式如图21-14所示。

彩图21-119　扁刺蛾幼虫（背面）

彩图21-120　扁刺蛾幼虫（腹面）

褐边绿刺蛾

【分布与为害】褐边绿刺蛾（Latoia consocia Walker）属鳞翅目刺蛾科，俗称"痒辣子"、"毒毛虫"，在我国除西藏外各地区均有发生，除为害枣树外，还可为害核桃、柿树、苹果、桃树、山楂等多种果树。以幼虫取食叶片为害，低龄幼虫群集啃食叶肉，叶片残留一侧表皮，呈白色膜状（彩图21-121）；大龄后分散为害，将叶片食成缺刻状，甚至只残留主脉和叶柄（彩图21-122），严重时将叶片吃光，对树势和果实产量影响较大。

彩图21-121　低龄幼虫啃食叶肉，残留表皮呈膜状

彩图21-122　大龄幼虫将叶片吃光，只保留叶柄

【形态特征】成虫体长15～16毫米，翅展约36毫米（彩图21-123）；头和胸部绿色，复眼黑色，触角棕色，雄蛾栉齿状，雌蛾丝状；胸部中央有1条暗褐色背线；前翅大部分绿色，基部暗褐色，外缘部灰黄色，其上散布暗紫色鳞片，内缘线和翅脉暗紫色，外缘线暗褐色；腹部和后翅灰黄色。卵扁椭圆形，长1.5毫米，初产时乳白色，渐变为黄绿色至淡黄色，数粒排列成块状。老熟幼虫体长约25毫米，略呈长方形，圆柱状（彩图21-124）；初孵化时黄色，长大后变为绿色；头黄色，甚小，常缩在前胸内；前胸盾上有2个横列黑斑，腹部背线蓝色，腹面浅绿色；胴部第二至末节每节有4个毛瘤，各上生1丛刚毛，第四节背面的1对毛瘤上各有3～6根红色刺毛，腹部末端的4个毛瘤上生蓝黑色刚毛丛，呈球状；胸足小，无腹足，第一至七节腹面中部各有1个扁圆形吸盘。蛹长约15毫米，椭圆形，肥大，黄褐色。茧似羊粪粒状，椭圆形，棕色至暗褐色，长约16毫米（彩图21-125）。

彩图21-123　褐边绿刺蛾成虫

彩图21-124　褐边绿刺蛾大龄幼虫

彩图21-125　褐边绿刺蛾越冬虫茧

【发生规律】褐边绿刺蛾在华北地区1年发生2代，东北地区1年发生1代，江西发生2～3代，均以老熟幼虫在根颈周围土中或树干伤疤、粗皮裂缝中结茧越冬。在1代发生区，越冬幼虫5月中下旬开始化蛹，6月上中旬羽化，卵期7天左右，6月下旬幼虫孵化，8月份为为害盛期，8月下旬至9月下旬幼虫老熟后结茧越冬。在2代发生区，越冬幼虫4月下旬至5月上中旬化蛹，5月下旬至6月上中旬为成虫发生期；第一代幼虫发生期在6月末至7月份，第一代成虫在8月中下旬发生；第二代幼虫发生在8月下旬至10月中旬，10月上旬幼虫陆续老熟后结茧越冬。成虫趋光性较强。

【防控技术】褐边绿刺蛾防控技术模式如图21-15所示。

1.农业措施防控　利用低龄幼虫群集取食为害的特点，及时剪除显现白色或半透明斑块的受害虫叶，集中销毁。利用老熟幼虫沿枝干向下至树干或地面结茧的习性，在老熟幼虫下树期于树干上绑附草把，诱集幼虫结茧，然后取下烧毁。发芽前，刮除枝干粗皮翘皮，消灭部分越冬虫茧；再结合深翻树盘，促进在树干周围土壤中越冬虫茧的死亡。

2.诱杀成虫　利用成虫的趋光性，在成虫发生期内，

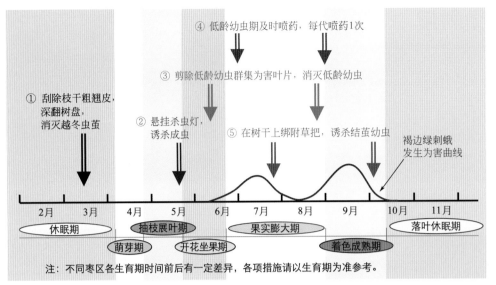

① 刮除枝干粗翘皮，深翻树盘，消灭越冬虫茧

② 悬挂杀虫灯，诱杀成虫

③ 剪除低龄幼虫群集为害叶片，消灭低龄幼虫

④ 低龄幼虫期及时喷药，每代喷药1次

⑤ 在树干上绑附草把，诱杀结茧幼虫

褐边绿刺蛾发生为害曲线

2月　3月　4月　5月　6月　7月　8月　9月　10月　11月

休眠期　　抽枝展叶期　　果实膨大期　　落叶休眠期

萌芽期　开花坐果期　着色成熟期

注：不同枣区各生育期时间前后有一定差异，各项措施请以生育期为准参考。

图21-15　褐边绿刺蛾防控技术模式图

于枣园内悬挂黑光灯或频振式诱虫灯，诱杀成虫，一般50米左右悬挂一台。

3.树上喷药防控　在低龄幼虫发生期及时进行喷药，一般每代喷药1次即可。常用有效药剂同"美国白蛾"生长期树上喷药药剂。

双齿绿刺蛾

【分布与为害】双齿绿刺蛾（*Latoia hilarata* Staudinger）属鳞翅目刺蛾科，在我国许多省区均有发生，除为害枣树外，还可为害海棠、桃树、杏树、柿树等多种果树。低龄幼虫群集叶片背面啃食叶肉，使受害叶片呈灰白色膜状；3龄后分散为害，将叶片食成缺刻或孔洞状，严重时将叶片吃光，影响树势。幼虫白天静伏于叶背，夜间和清晨活动取食。

【形态特征】成虫体长7～12毫米，翅展21～28毫米，头部、触角、下唇须褐色，头顶和胸背绿色，腹背苍黄色；前翅绿色，基斑和外缘带暗灰褐色，基斑在中室下缘呈角状外突，略呈五角形，外缘带较宽，与外缘平行内弯（彩图21-126）；后翅苍黄色，外缘略带灰褐色，缘毛黄色；足密被鳞毛，雄蛾触角栉齿状，雌蛾丝状。卵扁平椭圆形，初产时乳白色，近孵化时淡黄色。老熟幼虫体长17毫米左右，头小，大部缩在前胸内，头顶有两黑点，胸足退化，腹足小；体黄绿色至粉绿色，背线天蓝色，两侧有蓝色线，亚背线宽，杏黄色；各体节有4个枝刺丛，后胸和第1、7腹节背面的一对较大且端部呈黑色，腹末有4个黑色绒球状毛丛（彩图21-127、彩图21-128）。蛹椭圆形，肥大，长10毫米左右，初乳白色至淡黄色，渐变淡褐色，羽化前胸背淡绿色，前翅芽暗绿色。茧扁椭圆形，钙质较硬，一般为灰褐色至暗褐色。

【发生规律】双齿绿刺蛾在华北地区1年发生2代，以蛹在树体上结茧越冬。翌年4月下旬开始化蛹，蛹期25天左右；5月中旬开始羽化，越冬代成虫发生期为5月中旬～6月下旬。成虫昼伏夜出，有趋光性，对糖醋液无明显趋性。卵多产于叶背中部主脉附近，呈不规则块状，每块有卵数十粒，单雌产卵量百余粒。成虫寿命10天左右，卵期7～10天。第1代幼虫发生期为6月上旬～7月下旬，第1代成虫发生期在8月上旬～9月上旬，第2代幼虫发生期为8月中旬～10月下旬，10月上旬幼虫陆续老熟后爬到枝干上结茧越冬，以树干基部和粗大枝杈处较多，常数头至数十头群集在一起。

【防控技术】参照"褐边绿刺蛾"防控技术（图21-16）。

彩图21-126　双齿绿刺蛾成虫

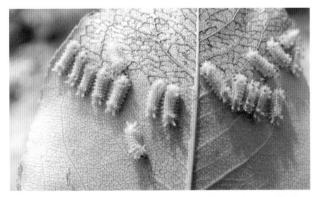

彩图21-127　双齿绿刺蛾低龄幼虫

彩图21-128　双齿绿刺蛾老龄幼虫

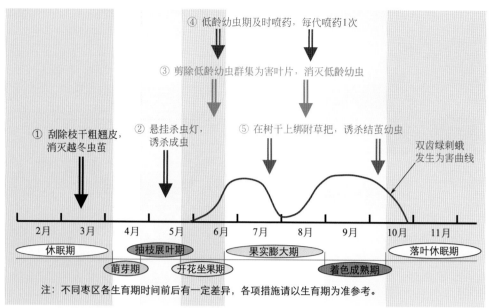

④ 低龄幼虫期及时喷药，每代喷药1次

③ 剪除低龄幼虫群集为害叶片，消灭低龄幼虫

① 刮除枝干粗翘皮，消灭越冬虫茧

② 悬挂杀虫灯，诱杀成虫

⑤ 在树干上绑附草把，诱杀结茧幼虫

双齿绿刺蛾发生为害曲线

2月　3月　4月　5月　6月　7月　8月　9月　10月　11月

休眠期　　抽枝展叶期　　果实膨大期　　落叶休眠期
萌芽期　　开花坐果期　　　　着色成熟期

注：不同枣区各生育期时间前后有一定差异，各项措施请以生育期为准参考。

图21-16　双齿绿刺蛾防控技术模式图

桃六点天蛾

【分布与为害】桃六点天蛾［*Marumba gaschkewitschi* (Bremer et Grey)］属鳞翅目天蛾科，又称桃天蛾，在我国北方果区均有发生，可为害枣树、桃树、李树、樱桃、核桃、苹果、梨树、葡萄等多种果树。以幼虫取食枣树叶片，仅残留主叶脉和叶柄，严重时可将叶片吃光，新生枣头也被啃食。

【形态特征】成虫体长36～46毫米，翅展80～120毫米，体肥大，深褐色至灰紫色，头细小，复眼黑褐色，触角短栉状浅灰褐色，头胸背中央有一深色纵带；前翅内横线双线，中横线和外横线为带状，近臀角处有1～2个黑斑；后翅粉红色，近臀角处有2个黑斑（彩图21-129）。卵椭圆形，长1.6毫米，绿至灰绿色，孵化前转为绿白色。老熟幼虫体长80毫米，黄绿色至绿色，头部呈三角形，体表光滑密生黄白色颗粒；胸部侧面有1条、腹侧有7条黄色斜纹，自各节前缘下侧向上方斜伸，止于下一体节背侧近后缘，第7腹节止于尾角；胸足淡红色，尾角粗长，生于第8腹节背面（彩图21-130）；气门椭圆形，围气门片黑色。蛹纺锤形，长45毫米左右，深褐色，臀棘锥状。

【发生规律】桃六点天蛾在东北1年发生1代，河北、山东、河南1年发生2代，江西1年发生3代，均以蛹在地下5～10厘米深处的蛹室中越冬。在河北中南部，越冬代成虫于5月上旬～6月中旬发生，第1代幼虫

5月下旬～7月发生为害，6月下旬后幼虫老熟后入土化蛹；第1代成虫7月发生，8月仍可见少数成虫。第2代幼虫7月下旬开始发生，至9月上旬后开始陆续老熟入土化蛹越冬。成虫白天静伏，傍晚活动，有一定趋光性。卵散产于树枝阴暗或树干裂缝内或叶片上。每雌蛾产卵170～500粒，卵期约7天左右。成虫平均寿命5天。越冬虫蛹以树冠周围松土中较多。

【防控技术】桃六点天蛾防控技术模式如图21-17所示。

彩图21-129　桃六点天蛾成虫

1.农业措施防控　早春翻耕树盘，促使越冬虫蛹死亡。利用幼虫受惊动易掉落的习性，在幼虫发生期振树使幼虫落地，然后进行捕杀。

2.灯光诱杀成虫　在成虫发生期内（多从5月中旬开

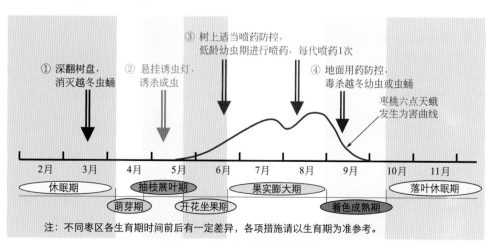

③ 树上适当喷药防控，低龄幼虫期进行喷药，每代喷药1次

① 深翻树盘，消灭越冬虫蛹

② 悬挂诱虫灯，诱杀成虫

④ 地面用药防控，毒杀越冬幼虫或虫蛹

枣桃六点天蛾发生为害曲线

2月　3月　4月　5月　6月　7月　8月　9月　10月　11月

休眠期　　抽枝展叶期　　果实膨大期　　落叶休眠期
萌芽期　　开花坐果期　　　　着色成熟期

注：不同枣区各生育期时间前后有一定差异，各项措施请以生育期为准参考。

图21-17　桃六点天蛾防控技术模式图

彩图21-130　桃六点天蛾幼虫

始），于枣园内设置黑光灯或频振式诱虫灯或全自动灭蛾器诱杀成虫，每50米左右设置一台。

3.地面药剂防控　老熟幼虫入土后或成虫羽化前，使用50%辛硫磷乳油300～500倍液、或48%毒死蜱乳油600～800倍液喷洒树干周围地面，然后耙松土表，毒杀虫蛹，降低虫口基数。

4.生长期树上喷药防控　桃六点天蛾多为零星发生，一般枣园不需单独进行喷药；少数发生较重果园，在低龄幼虫期（3～4龄前）适当喷药防控，每代用药1次即可。常用有效药剂有：25%灭幼脲悬浮剂1500～2000倍液、25%除虫脲可湿性粉剂1500～2000倍液、5%虱螨脲悬浮剂1000～1500倍液、240克/升甲氧虫酰肼悬浮剂2000～2500倍液、10%氟苯虫酰胺悬浮剂1500～2000倍液、35%氯虫苯甲酰胺水分散粒剂7000～8000倍液、5%阿维菌素乳油5000～6000倍液、2%甲氨基阿维菌素苯甲酸盐乳油3000～4000倍液、4.5%高效氯氰菊酯乳油或水乳剂1500～2000倍液、25克/升高效氯氟氰菊酯乳油1500～2000倍液、20%甲氰菊酯乳油1500～2000倍液、25克/升溴氰菊酯乳油1500～2000倍液等。

樗蚕蛾

【分布与为害】樗蚕蛾（*Philosamia cynthia* Walker et Felder）属鳞翅目大蚕蛾科，又称乌桕樗蚕蛾，在我国许多省区均有发生，除为害枣树外，还常为害臭椿、核桃、石榴、花椒、乌桕、银杏等多种果树及林木。以幼虫取食叶片和嫩芽，轻者将叶片食成缺刻或孔洞状，严重时把叶片吃光，对树势影响很大。

【形态特征】成虫体长25～30毫米，翅展110～130毫米，体青褐色，头部四周、颈板前端、前胸后缘、腹部背面、侧线及末端均为白色；腹部背面各节有白色斑纹6对，其中间有断续的白纵线；前翅褐色，顶角后缘呈钝钩状，顶角圆而突出，粉紫色，具有黑色眼状斑，斑的上边为白色弧形；前、后翅中央各有一个较大的新月形斑，斑的上缘深褐色，中间半透明，下缘土黄色；外侧具一条纵贯全翅的宽带，宽带中间粉红色、外侧白色、内侧深褐色、基角褐色，其边缘有一条白色曲纹（彩图21-131）。卵灰白色或淡黄白色，扁椭圆形，长约1.5毫米。幼龄幼虫淡黄色，有黑色斑点。中龄后全体被白粉，青绿色。老熟幼虫体长55～75毫米，体粗大，头部、前胸、中胸对称蓝

绿色棘状突起，突起间有黑色小点（彩图21-132）；胸足黄色，腹足青绿色、端部黄色。茧口袋状或橄榄形，长约50毫米，用丝缀叶而成，土黄色或灰白色；茧柄长40～130毫米，常为一张寄主叶片包裹半边茧。蛹棕褐色，椭圆形，长26～30毫米，体上多横皱纹（彩图21-133）。

彩图21-131　樗蚕蛾成虫

彩图21-132　樗蚕蛾幼虫

彩图21-133　樗蚕蛾的蛹及茧

【发生规律】樗蚕蛾在东北地区1年发生1～2代，河北以南地区发生2～3代，均以蛹在树上结茧越冬。河北中南部4月下旬开始羽化，羽化盛期为5月上旬。成虫有趋光性，能远距离飞行，长达3000米以上。成虫羽化当天即行交配，寿命5～10天。卵成堆或块状产在叶片表面，每雌产卵300粒左右，卵期10～15天。初孵幼虫有群集习性，3～4龄后逐渐分散为害，昼夜取食。第1代幼虫在5月份为害，幼虫期30天左右，老熟后即在树上缀叶结茧，6月上旬开始化蛹，6月下旬出现第1代成虫，7月上旬为羽化盛期。7月上旬出现第2代幼虫，8月中旬开始结茧化蛹，大部分蛹进入越冬状态；少部分蛹8月下旬羽化，9月中旬出现第3代幼虫，到10月份结茧越冬。越冬代蛹常在枝条密集的

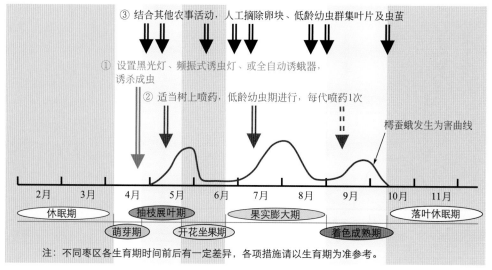

③ 结合其他农事活动，人工摘除卵块、低龄幼虫群集叶片及虫茧

① 设置黑光灯、频振式诱虫灯、或全自动诱蛾器，诱杀成虫

② 适当树上喷药，低龄幼虫期进行，每代喷药1次

樗蚕蛾发生为害曲线

| 2月 | 3月 | 4月 | 5月 | 6月 | 7月 | 8月 | 9月 | 10月 | 11月 |

休眠期　抽枝展叶期　果实膨大期　落叶休眠期

萌芽期　开花坐果期　着色成熟期

注：不同枣区各生育期时间前后有一定差异，各项措施请以生育期为准参考。

图21-18　樗蚕蛾防控技术模式图

细枝上结茧，严重时一株枣树上能找到30～40个越冬茧。

【防控技术】樗蚕蛾防控技术模式如图21-18所示。

1.农业措施防控　结合其他农事活动，人工摘除带有卵块的叶片及低龄幼虫群集为害叶片，并剪除树上虫茧，直接杀灭卵块、低龄幼虫及虫茧。

2.灯光诱杀成虫　利用成虫的趋光性，在各代成虫羽化前于枣园内设置黑光灯或频振式诱虫灯、或全自动灭蛾器，诱杀成虫，每50米左右设置一台。

3.树上适当喷药防控　樗蚕蛾多为零星发生，一般枣园不需单独喷药防控；少数发生较重果园，需在低龄幼虫期及时喷药，每代喷药1次即可。常用有效药剂同"桃六点天蛾"树上喷药药剂。

绿尾大蚕蛾

【分布与为害】绿尾大蚕蛾（*Actias selene ningpoana* Felder）属鳞翅目大蚕蛾科，在我国分布非常广泛，除为害枣树外，还可为害苹果、梨树、山楂、杏树、李树、榆树、杨树等多种果树及林木。以幼虫取食叶片为害，低龄幼虫将叶片食成缺刻或孔洞状，稍大龄后把全叶吃光，仅残留叶柄或主脉，对树势影响较大。

【形态特征】成虫体长32～38毫米，翅展100～130毫米，体粗大，密被白色絮状鳞毛，两触角间具紫色横带1条，触角黄褐色羽状，复眼大，球形黑色；胸背肩板基部前缘具暗紫色横带1条；翅淡青绿色，基部具白色絮状鳞毛，翅脉灰黄色较明显；前翅前缘具白、紫、棕黑三色组成的纵带1条，与胸部紫色横带相接，后翅臀角长尾状，长约40毫米；前、后翅中部中室端各具椭圆形眼状斑1个，斑中部有一透明横带，从斑内侧向透明带依次由黑、白、红、黄四色构成（彩图21-134）；腹面色浅，近褐色；足紫红色。卵扁圆形，直径约2毫米，初产时绿色，近孵化时褐色。幼虫体长80～100毫米，体黄绿色，粗壮；体节近六角形，着生肉突状毛瘤，前胸5个，中、后胸各8个，腹部每节6个，毛瘤上具白色刚毛和褐色短刺；中、后胸及

第8腹节背上毛瘤大；第1～8腹节气门线上边赤褐色，下边黄色；胸足褐色，腹足棕褐色（彩图21-135）。蛹椭圆形，长40～45毫米，紫黑色。茧椭圆形，长45～50毫米，粗糙丝质，灰褐色至黄褐色。

【发生规律】绿尾大蚕蛾在华北地区1年发生2代，以茧蛹附在树干或地面覆盖物下越冬。翌年5月中旬羽化、交尾、产卵，卵期10天左右。第1代幼虫于5月下旬至6月上旬发生，7月中旬化蛹，蛹期10～15天。7月下旬～8月份为第1代成虫发生期。第2代幼虫8月中旬始发，为害至9月中下旬后陆续结茧化蛹越冬。成虫昼伏夜出，有趋光性，喜在叶背或枝干上产卵，常数粒或数十粒成堆或排开，每雌蛾产卵200～300粒。成虫寿命7～12天。初孵幼虫群集取食，2、3龄后分散为害，吃完一张叶片后转移为害邻叶，残留叶柄；幼虫行动迟缓，食量大，每头幼虫可食害100多张叶片。第1代幼虫老熟后于枝上贴叶吐丝结茧化蛹；第2代幼虫老熟后下树，附在树干或地面覆盖物下吐丝结茧化蛹越冬。

彩图21-134　绿尾大蚕蛾成虫

彩图21-135　绿尾大蚕蛾幼虫

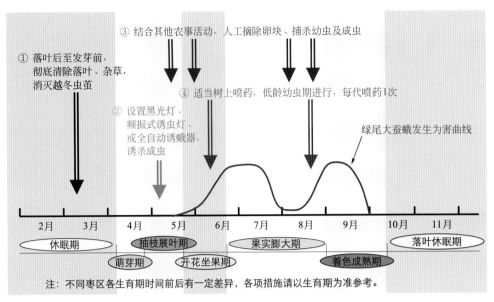

① 落叶后至发芽前，彻底清除落叶、杂草，消灭越冬虫茧

③ 结合其他农事活动，人工摘除卵块、捕杀幼虫及成虫

④ 适当树上喷药，低龄幼虫期进行，每代喷药1次

② 设置黑光灯、频振式诱虫灯、或全自动诱蛾器，诱杀成虫

绿尾大蚕蛾发生为害曲线

2月　3月　4月　5月　6月　7月　8月　9月　10月　11月

休眠期　　抽枝展叶期　　果实膨大期　　落叶休眠期

萌芽期　　开花坐果期　　着色成熟期

注：不同枣区各生育期时间前后有一定差异，各项措施请以生育期为准参考。

图21-19　绿尾大蚕蛾防控技术模式图

【防控技术】 绿尾大蚕蛾防控技术模式如图21-19所示。

1.农业措施防控 落叶后至发芽前，彻底清除落叶、杂草，集中深埋或烧毁，消灭越冬虫茧。结合其他农事活动，人工捕杀树上幼虫及成虫。

2.灯光诱杀成虫 利用成虫的趋光性，在各代成虫羽化前于枣园内设置黑光灯、频振式诱虫灯或全自动灭蛾器，诱杀成虫，每50米左右设置一台。

3.树上适当喷药防控 绿尾大蚕蛾多为零星发生，一般枣园不需单独喷药防控；少数发生较重果园，需在低龄幼虫期（3～4龄前）及时喷药，每代喷药1次即可。常用有效药剂同"桃六点天蛾"树上喷药药剂。

枣瘿蚊

【分布与为害】 枣瘿蚊（*Contarinia datifolia* Jiang）属双翅目瘿蚊科，又称枣芽蛆、枣叶蛆，在全国多数枣区均有发生。以幼虫为害尚未完全展开的嫩叶，吸食嫩叶汁液。受害嫩叶叶缘向上卷曲，呈浅红或紫红色肿皱的筒状，不能伸展，质硬而脆，最后呈黑色枯萎状（彩图21-136、彩图21-137）。该虫发生早，代数多，为害期长，对苗木生长、幼树发育及成龄树结实影响较大。

【形态特征】 雌成虫体长1.4～2.0毫米，虫体似蚊，橙红或灰褐色；复眼黑色肾形，触角念珠状14节，黑色细长，各节近两端轮生刚毛；头部较小，头、胸灰黑色；足细长3对，黄白色（彩图21-138）。雄成虫体型稍小，体长1.0～1.3毫米，灰黄色，触角发达，长过体半，腹部细长，腹节狭长9节。卵近圆锥形，长0.3毫米，半透明，初产时白色，后呈红色，具光泽。幼虫蛆状，长1.5～2.9毫米，乳白色，无足（彩图21-139）。蛹为裸蛹，纺锤形，长1.5～2.0毫米，黄褐色。茧长椭圆形，长径2毫米，灰白色或灰黄色，外附土粒。

【发生规律】 枣瘿蚊在华北枣区1年发生5～6代，以

老熟幼虫在树下浅层土壤中结茧越冬。翌年4月成虫羽化，产卵于刚萌发的枣芽上。5月上旬进入为害盛期，嫩叶卷曲成筒，1个叶片一般有幼虫3～5头，多的达15头。被害叶后期枯黑脱落，老熟幼虫随枯叶落地化蛹。6月上旬成虫羽化，平均寿命2天。除越冬幼虫外，卵期3～6天，幼虫期8～13天，蛹期6～12天，成虫寿命1～3天。20多天发生1代，全年有4～5次以上明显的为害高峰，分别在5月上旬～6月上旬、6月下旬、7月中旬～7月下旬、8月上旬～8月中旬。以5月份发生为害最重，后期较轻。9月上旬枣树新梢停止生长时，幼虫开始入土做茧越冬。

枣瘿蚊喜在树冠低矮、枝叶茂密的枣枝或丛生的酸枣上为害，树冠高大、零星种植或通风透光良好的枣树受害较轻。枣树抽枝展叶期是发生为害盛期。

彩图21-136　枣吊受害，新生叶卷成筒状

彩图21-137　枣头受害，新生叶卷成筒状

彩图21-138　枣瘿蚊成虫

彩图21-139　枣瘿蚊幼虫

3.树上喷药防控　首先在4月中下旬枣树萌芽展叶时开始喷药，10天左右1次，连喷2次；然后根据嫩梢受害情况决定是否喷药，每代喷药1次左右即可。常用有效药剂有：1.8%阿维菌素乳油2000～2500倍液、2%甲氨基阿维菌素苯甲酸盐乳油3000～4000倍液、25克/升高效氯氟氰菊酯乳油1500～2000倍液、4.5%高效氯氰菊酯乳油或水乳剂1500～2000倍液、20%甲氰菊酯乳油1500～2000倍液、50%马拉硫磷乳油1200～1500倍液、48%毒死蜱乳油1500～2000倍液、33%氯氟·吡虫啉悬浮剂4000～5000倍液等。喷药必须及时，重点喷洒嫩梢及新生叶片。

枣粉蚧

【**分布与为害**】枣粉蚧（*Heliococcus zizyphl* Borchs）属同翅目粉蚧科，又称腺刺粉蚧，俗名"树虱子"，我国各枣区均有分布，主要在枣芽和枝干上发生，有时也可为害叶、花和果实等部位（彩图21-140～彩图21-143）。以成虫和若虫刺吸汁液进行为害，使枣芽不能正常萌发，导致枝条干枯、叶片枯黄、树势衰弱、产量降低，严重时树体死亡。同时，该虫的黏稠状排泄物易诱使霉菌发生，使叶片和果实变黑，呈煤污状（彩图21-144），加重对树势、枣果品质及产量的影响。

彩图21-140　枣粉蚧　为害新生枣头

【防控技术】枣瘿蚊防控技术模式如图21-20所示。

1.农业措施防控　落叶后发芽前，彻底清扫落叶，集中烧毁或深埋，减少越冬虫源。结合深秋至初冬深翻施肥，将树盘内10厘米深土层翻入施肥沟内，下层生土撒于树盘表面，促进越冬幼虫死亡。

2.地面药剂防控　春季于4月份，地面喷洒50%辛硫磷乳油300～500倍液或48%毒死蜱乳油400～600倍液，将地面喷湿，然后浅耙表层土壤，杀灭羽化后出土的越冬代成虫。秋季，于9月份地面再次喷药（有效药剂同上），然后结合翻园，消灭越冬虫源。

【**形态特征**】成虫扁椭圆形，雌成虫体长2.5～3.5毫米，背部稍隆起，密布白色蜡粉，体缘具针状蜡质物，尾部有一对特长的蜡质尾毛（彩图21-145）。雄成虫体暗黄色，翅乳白色半透明，尾部有4根蜡质毛。若虫体扁椭圆形，足发达，眼黑褐色。卵椭圆形，长0.37毫米，宽0.2毫米，卵囊棉絮状，每卵囊有卵数百粒。

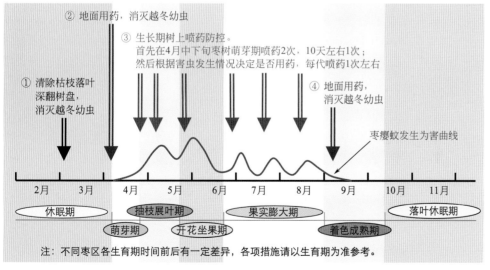

②地面用药，消灭越冬幼虫

③生长期树上喷药防控。
首先在4月中下旬枣树萌芽期喷药2次，10天左右1次；
然后根据害虫发生情况决定是否用药，每代喷药1次左右

①清除枯枝落叶深翻树盘，消灭越冬幼虫

④地面用药，消灭越冬幼虫

枣瘿蚊发生为害曲线

2月　3月　4月　5月　6月　7月　8月　9月　10月　11月

休眠期　抽枝展叶期　果实膨大期　落叶休眠期
萌芽期　开花坐果期　着色成熟期

注：不同枣区各生育期时间前后有一定差异，各项措施请以生育期为准参考。

图21-20　枣瘿蚊防控技术模式图

彩图21-141　枣粉蚧为害甲口

彩图21-142　枣粉蚧为害枣吊基部

彩图21-143　枣粉蚧为害果柄

干皮缝下越冬，10月上旬全部休眠越冬。每年以第1代和第2代（6～8月）为害最重。枣树发芽前，越冬害虫群集于枣股上。枣树发芽后，转移至幼嫩组织上为害。虫量大时，一张叶片上常有十几头刺吸汁液。进入雨季后，枣粉蚧的排泄物易诱使霉菌发生，污染叶片和果实，影响果品质量。枣粉蚧易受雨水冲刷，故第3代虫口密度较小。雌成虫可孤雌和两性生殖。

彩图21-144　枣粉蚧诱使霉菌发生

彩图21-145　枣粉蚧的雌成虫及若虫（被黏虫胶阻杀）

【发生规律】枣粉蚧在河北沧州地区1年发生3代，以若虫在树皮缝中越冬，树干基部最多。翌年4月上旬开始出蛰活动，5月初蜕变为成虫，5月上旬开始产卵。第1代发生期为5月下旬至7月下旬，若虫孵化盛期为6月上旬。第2代发生期为7月上旬至8月中旬，若虫孵化盛期为7月中下旬。第3代（即越冬代）8月下旬发生，若虫孵化盛期在9月上旬，孵化后为害不久即进入枝

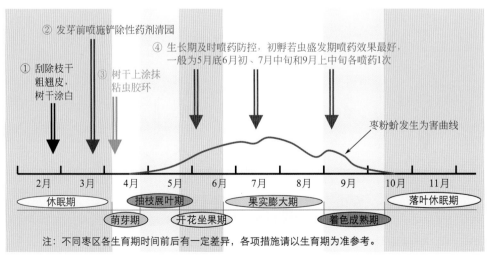

② 发芽前喷施铲除性药剂清园

④ 生长期及时喷药防控，初孵若虫盛发期喷药效果最好，一般为5月底6月初、7月中旬和9月上中旬各喷药1次

① 刮除枝干粗翘皮，树干涂白

③ 树干上涂抹粘虫胶环

枣粉蚧发生为害曲线

2月　3月　4月　5月　6月　7月　8月　9月　10月　11月

休眠期　　抽枝展叶期　　果实膨大期　　落叶休眠期

萌芽期　　开花坐果期　　着色成熟期

注：不同枣区各生育期时间前后有一定差异，各项措施请以生育期为准参考。

图21-21　枣粉蚧防控技术模式图

【防控技术】枣粉蚧防控技术模式如图21-21所示。

1.**农业措施防控** 枣树发芽前，刮除枝干粗皮、翘皮，集中销毁，并进行枝干涂白，消灭越冬虫源。

2.**黏虫胶阻杀** 早春，在枣粉蚧出蛰向树上转移前，于主枝上涂抹黏虫胶环，阻止其上树为害，并黏杀部分若虫。

3.**发芽前喷药清园** 在枣树萌芽前，全园淋洗式喷洒1次铲除性药剂，杀灭越冬虫源。效果较好的药剂如：48%毒死蜱乳油500～600倍液、3～5波美度石硫合剂、45%石硫合剂晶体40～60倍液等。

4.**生长期喷药防控** 若枣粉蚧已经上树为害，应及时全树喷药进行防控，在初孵若虫盛发期喷药效果最好，一般年份为5月底6月初、7月中旬和9月上中旬三个时期。效果较好的药剂有：48%毒死蜱乳油1200～1500倍液、25%噻嗪酮可湿性粉剂1000～1200倍液、50%马拉硫磷乳油1200～1500倍液、33%氯氟·吡虫啉悬浮剂3000～5000倍液、48%毒·辛乳油1000～1500倍液等。

日本龟蜡蚧

【分布与为害】日本龟蜡蚧（*Ceroplastes japonicas* Guaind）属同翅目蜡蚧科，俗称"树虱子"，在我国许多省区均有发生，可为害枣树、梨树、桃树、杏树、苹果、柿树等多种果树。枣树上主要为害枝条，也可为害叶片、枣吊及果实，均以若虫和雌成虫刺吸汁液为害，以枝条受害最重（彩图21-146～彩图21-149），轻者削弱树势，重者造成枝条枯死。另外，其排泄物还可诱使霉菌滋生，对叶片及果实造成煤烟状污染（彩图21-150），影响光合作用和枣果的商品质量。

彩图21-146 日本龟蜡蚧在枝条上为害

彩图21-147 在枣吊上为害的日本龟蜡蚧若虫

彩图21-148 许多叶片的叶脉上布满了日本龟蜡蚧若虫

彩图21-149 果面上的雌虫

彩图21-150 排泄黏液诱发的煤污病及叶片上的若蚧

【形态特征】雌成虫体长3～4毫米，淡褐色至紫红色，椭圆形，被覆有较厚的白色蜡壳，背面隆起似半球形，表面具龟甲状凹纹，边缘蜡层厚而卷曲（彩图21-151）。雄成虫体长1～1.4毫米，淡红色至紫红色，有翅1对，白色透明，翅上具2条粗脉。卵椭圆形，长0.2～0.3毫米，初淡橙黄色后变紫红色。初孵若虫体长0.4毫米，扁平椭圆形，淡红褐色，触角和足发达，腹末有1对长毛；1天后开始分泌蜡丝，7～10天形成蜡壳，周边有12～15个蜡角（彩图21-152）。后期蜡壳加厚，雌雄形态分化。

彩图21-151　日本龟蜡蚧雌成虫

彩图21-152　日本龟蜡蚧低龄若虫

【发生规律】日本龟蜡蚧在华北地区1年发生1代，以雌成虫在1～2年生枝条上越冬。翌年春季寄主发芽时开始为害，虫体迅速膨大，5月底至6月初开始产卵，卵产于雌虫介壳下，每头雌虫产卵千余粒，多者3000余粒。卵期20～30天，6月底～7月初为孵化盛期。初孵若虫从介壳下爬出后分散为害，多爬到嫩枝、叶柄、叶面上固着取食。8月初雌雄分化，8月中旬～9月雄虫化蛹，蛹期8～20天，8月下旬～10月上旬为羽化期，雄成虫寿命1～5天，交

配后即死亡。雌虫后期陆续由叶片转移至枝条上固着为害，至秋后休眠越冬。

【防控技术】日本龟蜡蚧防控技术模式如图21-22所示。

1.农业措施防控　结合修剪，尽量剪除虫量较多的枝条，集中带到园外烧毁，减少越冬虫源，减轻生长期为害。

2.萌芽前喷药清园　在枣树接近萌芽时，全园喷施1次铲除性药剂清园，杀灭越冬虫源，以淋洗式喷雾效果最好。常用有效药剂如：45%毒死蜱乳油600～800倍液、3～5波美度石硫合剂、45%石硫合剂晶体40～60倍液等。

3.生长期喷药防控　在初孵若虫分散期至若虫被蜡介覆盖前及时喷药，7～10天1次，连喷1～2次。效果较好的药剂有：25%噻嗪酮可湿性粉剂1000～1200倍液、22%氟啶虫胺腈悬浮剂4000～5000倍液、50克/升高效氯氟氰菊酯乳油2500～3000倍液、33%氯氟·吡虫啉悬浮剂3000～4000倍液、45%毒死蜱乳油1200～1500倍液、50%马拉硫磷乳油1200～1500倍液等。喷药时必须均匀、周到，一定将药液喷洒到枝条表面，淋洗式喷雾效果更好。

枣大球蚧

【分布与为害】枣大球蚧［*Eulecanium gigantean*（Shinji）］属同翅目蚧科，又称梨大球蚧，在我国主要发生在华北和西北地区，除为害枣树外，还可为害酸枣、梨树、柿树、核桃、苹果、桃树等果树，以若虫和雌成虫在枝干上刺吸汁液为害。枣树被害后，树势生长衰弱，果实易脱落；严重时枝条枯死，甚至整株死亡，对枣树生长和产量影响很大。

【形态特征】雌成虫半球形或球形，平均体长9.85毫米，红褐色，表面被有灰白色毛茸状蜡被（彩图21-153）；受精产卵后，虫体硬化变成黑褐色，介壳红褐色（彩图21-154、彩图21-155）。雄成虫体长2～2.5毫米，翅展约5毫米，头部黑褐色，前胸及腹部黄褐色，中、后胸红棕色；触角丝状；前翅发达，无色透明，后翅退化为平衡棒；尾部有锥状交配器1根和白色蜡丝2根。卵长椭圆形，长0.3～0.5毫米，初为浅黄色，孵化前变紫红色。1龄活动若虫扁椭圆形，橘红色，体长0.4毫米，胸足发达；1龄寄生若虫前期长椭圆形，黄褐色，体长1毫米，体被很薄的白色介壳，2对蜡片覆盖3对胸足。2龄若虫长椭圆形，淡黄色，体长1～1.3毫米，介壳边缘早期有长方形白色蜡片14对，边缘具刺毛。

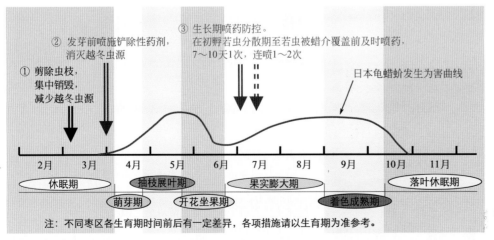

① 剪除虫枝，集中销毁，减少越冬虫源

② 发芽前喷施铲除性药剂，消灭越冬虫源

③ 生长期喷药防控。在初孵若虫分散期至若虫被蜡介覆盖前及时喷药，7～10天1次，连喷1～2次

日本龟蜡蚧发生为害曲线

2月　3月　4月　5月　6月　7月　8月　9月　10月　11月

休眠期　　抽枝展叶期　　果实膨大期　　落叶休眠期

萌芽期　　开花坐果期　　着色成熟期

注：不同枣区各生育期时间前后有一定差异，各项措施请以生育期为准参考。

图21-22　日本龟蜡蚧防控技术模式图

彩图21-153　老熟的雌性枣大球蚧

彩图21-154　产卵后雌虫介壳

彩图21-155　卵孵化后的雌虫介壳

【发生规律】枣大球蚧在河北地区1年发生1代，以2龄若虫固定在1～2年生枝条上越冬。翌年4月初越冬若虫开始取食为害，虫体迅速膨大，4月中下旬为害最重，10天内雌虫体长即由2毫米左右长至10毫米左右。4月底至5月初羽化，5月上旬出现卵，5月底至6月初若虫大量发生（枣树盛花期），6～9月份若虫主要在叶片上刺吸为害，9月中旬～10月中旬陆续转回枝条，在枝条上重新固定，而后进入越冬。

成虫多在上午羽化，雄成虫起飞后，寻找雌成虫交尾，寿命1～2天。雌成虫寿命20～35天，每雌平均产卵800～900粒。卵孵化整齐，若虫一夜间即可全部出壳，而后分散到叶片上为害，在叶片三出脉基部两侧较多。

【防控技术】枣大球蚧防控技术模式如图21-23所示。

1.农业措施防控　结合修剪，彻底剪除虫量较多的被害枝条，集中烧毁，消灭越冬虫源。结合枣园内农事活动，在4月下旬雌成虫膨大产卵至卵孵化前，人工摘除介壳虫体，集中销毁，或用硬物刺破雌虫介壳，减少园内虫量。新建枣园时，注意检查苗木，严禁运输和定植携带枣大球蚧的苗木。

2.发芽前药剂清园　结合其他害虫防控，在枣树发芽前全园喷施1次铲除性药剂清园，杀灭枝条上的越冬虫源。常用有效药剂同"日本龟蜡蚧"清园药剂。

3.生长期药剂防控　在若虫孵化分散后至虫体被介壳覆盖前及时喷药，7～10天1次，连喷1～2次。常用有效药剂同"日本龟蜡蚧"树上喷药药剂。

草履蚧

【分布与为害】草履蚧［*Drosicha corpulenta*（Kuwana）］属同翅目绵蚧科，在我国许多地区均有发生，除为害枣树外，还可为害苹果、梨树、核桃、柿树等多种果树。以若虫和雌成虫刺吸寄主汁液为害，常成堆聚集在芽腋、嫩梢、叶片和枝干上（彩图21-156～彩图21-158），造成植株生长不良，树势衰弱，甚至导致早期落叶、落果及枝条枯死。

【形态特征】雌成虫体长10毫米左右，背面棕褐色，腹面黄褐色，被一层霜状蜡粉；体扁，呈草鞋底状，沿身体边缘分节明显；触角丝状9节，节上多粗刚毛；足黑色，粗大（彩图21-159）。雄成虫体紫色，长5～6毫米，翅展10毫米左右；前翅淡紫黑色，半透明，翅脉2条，后翅退化为平衡棒；触角10节，呈念珠状（彩图21-160）。卵初产时橘红色，有白色絮状蜡丝黏裹。若虫初孵化时棕黑色，腹面较淡，触角棕灰

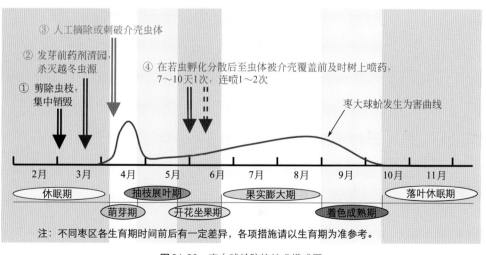

③ 人工摘除或刺破介壳虫体

② 发芽前药剂清园，杀灭越冬虫源

④ 在若虫孵化分散后至虫体被介壳覆盖前及时树上喷药，7～10天1次，连喷1～2次

① 剪除虫枝，集中销毁

枣大球蚧发生为害曲线

| 2月 | 3月 | 4月 | 5月 | 6月 | 7月 | 8月 | 9月 | 10月 | 11月 |

休眠期　　　抽枝展叶期　　　果实膨大期　　　落叶休眠期

萌芽期　　开花坐果期　　着色成熟期

注：不同枣区各生育期时间前后有一定差异，各项措施请以生育期为准参考。

图21-23　枣大球蚧防控技术模式图

色，唯第三节淡黄色，很明显。蛹棕红色，被白色薄层蜡茧包裹，有明显翅芽。

彩图21-156　草履蚧在树干上为害

彩图21-157　草履蚧群集在细枝上为害

后下树，在土壤中产卵，以卵越夏、越冬。卵由白色蜡丝包裹成卵囊，每囊有卵100多粒。

彩图21-158　草履蚧雌成虫为害叶片

彩图21-159　草履蚧雌成虫

彩图21-160　草履蚧雄成虫

【发生规律】草履蚧在华北地区1年发生1代，以卵在土壤中越夏、越冬。翌年1月下旬至2月上旬，越冬卵开始孵化，初孵若虫耐低温，活动迟钝，孵化期持续1个多月。若虫出土后沿树干向树上扩散，刺吸汁液为害。早期气温低，草履蚧若虫白天上树为害，夜间下树潜藏；随温度升高，逐渐夜间不再下树，全天候在树上刺吸为害。雄性若虫4月下旬化蛹，5月上旬羽化为雄成虫，羽化期较整齐，前后14天左右，羽化后即觅偶交配，寿命2～3天。雌性若虫3次蜕皮后发育为成虫，交尾后继续为害一段时间

【防控技术】草履蚧防控技术模式如图21-24所示。

1.物理措施防控　早春，在树干上涂抹黏虫胶环，或绑附开口向下的塑料裙，阻止草履蚧上树为害。

2.树上适当喷药防控　一般枣园无需树上喷药，若草履蚧发生较重时，在若虫上树为害后喷药1～2次即可，间隔期7天左右。效果较好的药剂有：25%噻嗪酮可湿性粉剂1000～1200倍液、48%毒死蜱乳油1000～1500倍液、4.5%高效氯氰菊酯乳油或水乳剂1500～2000倍液、50克/升高效氯氟氰菊酯乳油3000～4000倍液、20%甲氰菊酯乳油

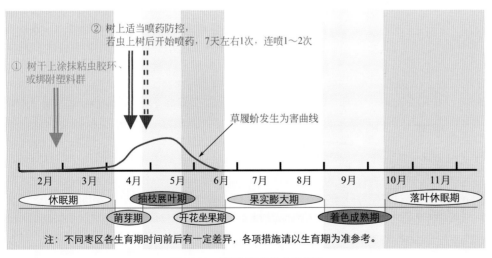

注：不同枣区各生育期时间前后有一定差异，各项措施请以生育期为准参考。

图21-24　草履蚧防控技术模式图

1500～2000倍液、33%氯氟·吡虫啉悬浮剂3000～4000倍液等。

3.生物防控　尽量保护和利用天敌，如红环瓢虫等。

梨圆蚧

【分布与为害】梨圆蚧［*Quadraspidiotus pemiciosus*（Comstock）］属同翅目盾蚧科，又称梨枝圆盾蚧、梨笠圆盾蚧，在我国许多地区均有发生，除为害枣树外，还可为害梨树、苹果、桃树、核桃、山楂、柑橘、柠檬等果树。以若虫和雌成虫刺吸为害枣树枝条、果实和叶片。枝条上常密集为害，被害处呈红色圆斑，严重时皮层爆裂，甚至枯死（彩图21-161）；叶片受害处变褐，常产生枯斑，严重时叶片落脱（彩图21-162、彩图21-163）；果实受害后，虫体处凹陷，在虫体周围出现一圈红晕，虫多时呈一片红色（彩图21-164），严重时造成果面龟裂，影响果品质量和经济价值。

彩图21-161　枣树枝条上群集为害状

彩图21-162　许多若虫在叶背为害

彩图21-163　许多若虫在叶面为害

彩图21-164　果实受害状

【形态特征】雌成虫介壳扁圆锥形，灰白色或暗灰色，介壳表面有轮纹，中心鼓起，如尖的扁圆锥体，壳顶黄白色（彩图21-165）；虫体橙黄色，刺吸口器似丝状，位于腹面中央，腿足均已退化。雄成虫体长0.6毫米，翅1对，膜质，翅展约1.2毫米；体橙黄色，头部略淡，眼暗紫色；触角念珠状，10节；交配器剑状；介壳长椭圆形，长约1.2毫米，常有3条轮纹，壳点偏一端。初孵若虫椭圆形，长约0.2毫米，淡黄色，眼、触角、足俱全，能爬行，腹末有2根长毛；2龄开始分泌介壳，眼、触角、足及尾毛均退化消失；3龄雌雄分化，雌虫介壳变圆，雄虫介壳变长。

彩图21-165　果实上的成虫

【发生规律】梨圆蚧在北方枣区1年发生2～3代，南方1年发生4～5代，均以2龄若虫或受精雌成虫在枝条上越冬。翌年枣树萌芽时，越冬若虫及雌成虫开始为害。华北枣区，第1代若虫盛发期在6月下旬，第2代在8月上中旬。雌成虫直接产卵于介壳下，既可两性生殖，也可孤雌生殖。若虫出壳后迅速爬行，分散到枝、叶和果实上为害，2～5年生枝条被害较多。若虫分散后爬行一段时间即固定下来，开始分泌介壳。雄成虫羽化后即可交尾，之后死亡。雌成虫受精后继续在原处刺吸为害，一段时间后产卵于介壳下，而后死亡。梨圆蚧可以通过苗木、接穗或果品运输进行远距离传播，近距离扩散主要借助风吹及鸟类或大型昆虫等的迁移携带。

【防控技术】北方枣区梨圆蚧防控技术模式如图21-25所示。

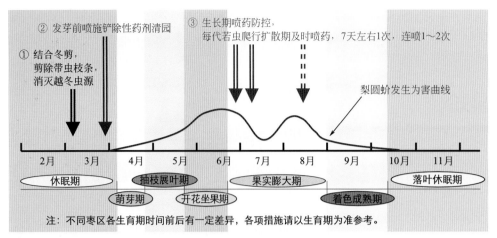

① 结合冬剪，剪除带虫枝条，消灭越冬虫源

② 发芽前喷施铲除性药剂清园

③ 生长期喷药防控，每代若虫爬行扩散期及时喷药，7天左右1次，连喷1～2次

梨圆蚧发生为害曲线

| 2月 | 3月 | 4月 | 5月 | 6月 | 7月 | 8月 | 9月 | 10月 | 11月 |

休眠期　　　抽枝展叶期　　　果实膨大期　　　落叶休眠期

萌芽期　　　开花坐果期　　　着色成熟期

注：不同枣区各生育期时间前后有一定差异，各项措施请以生育期为准参考。

图21-25　梨圆蚧防控技术模式图（北方枣区）

1.农业措施防控　结合冬季修剪，剪除带有梨圆蚧越冬虫体的受害枝条，带到园外集中烧毁，消灭越冬虫源。

2.发芽前药剂清园　枣树发芽前，全园喷施1次3～5波美度石硫合剂或45%石硫合剂晶体60～80倍液，杀灭枝条上的越冬若虫及雌成虫，降低虫口基数。

3.生长期喷药防控　在每代若虫爬行扩散期及时喷药，7天左右再喷1次，淋洗式喷雾效果最好。实践证明，第1代若虫有效防控后，即可控制该虫的全年为害。常用有效药剂同"草履蚧"生长期喷药药剂。

4.保护和利用天敌　梨圆蚧的天敌资源十分丰富，已知有50余种，常见种类有：红点唇瓢虫、肾斑唇瓢虫及跳小蜂等。只要很好地加以保护利用，也能基本控制梨圆蚧的发生为害。

麻皮蝽

【分布与为害】麻皮蝽（*Erthesina fullo* Thunberg）属半翅目蝽科，俗称"臭屁虫"、"臭大姐"，在我国许多省区均有发生，除为害枣树外，还可为害苹果、梨、山楂、桃、李、杏、石榴等多种果树。以成虫和若虫刺吸为害叶片、新生枣头及果实汁液。枣头、叶片受害，产生不明显黄褐色斑点，严重时可造成叶片提前脱落。幼果受害，呈现凹陷斑块，严重时果面凹凸不平，形成畸形果或猴头果，受害部位皮下果肉常木栓化。近成熟果受害，常导致杂菌感染而浆烂，丧失食用价值，使产量及品质造成很大损失（彩图21-166）。

彩图21-166　麻皮蝽为害的近成熟果

【形态特征】成虫黑褐色，密布黑色刻点及细碎不规则黄斑，体长20～25毫米，宽10～11.5毫米；头部狭长，前端至小盾片有1条黄色细中纵线；触角5节黑色，第1节短而粗大，第5节基部1/3为浅黄色；前胸背板前缘及前侧缘具黄色窄边，胸部腹板黄白色，密布黑色刻点（彩图21-167）；腹面黄白色，节间黑色，两侧散生黑色刻点，气门黑色，腹面中央具一纵沟，长达第5腹节。卵灰白色，柱状，顶端有盖，周缘具刺毛（彩图21-168）。各龄若虫均似洋梨形，前尖削后浑圆，体侧缘具淡黄色狭边，腹部3～6节的节间中央各具1块黑褐色隆起斑，斑块周缘淡黄色，上生橙黄色或红色臭腺孔各1对（彩图21-169）。老龄若虫体长约19毫米，似成虫，自头端全小盾片有一黄红色细中纵线（彩图21-170）。

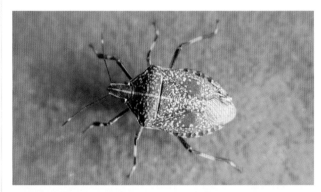

彩图21-167　麻皮蝽成虫

彩图21-168　麻皮蝽卵粒及卵壳

彩图21-169　麻皮蝽低龄若虫

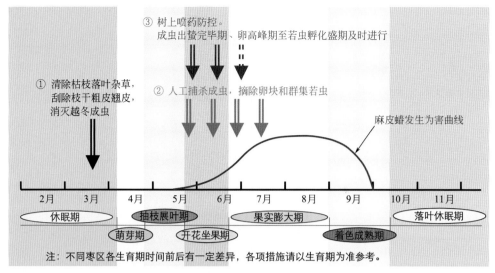

① 清除枯枝落叶杂草，刮除枝干粗皮翘皮，消灭越冬成虫

② 人工捕杀成虫，摘除卵块和群集若虫

③ 树上喷药防控。成虫出蛰完毕期、卵高峰期至若虫孵化盛期及时进行

麻皮蝽发生为害曲线

| 2月 | 3月 | 4月 | 5月 | 6月 | 7月 | 8月 | 9月 | 10月 | 11月 |

休眠期　　抽枝展叶期　　果实膨大期　　落叶休眠期

萌芽期　　开花坐果期　　着色成熟期

注：不同枣区各生育期时间前后有一定差异，各项措施请以生育期为准参考。

图21-26　麻皮蝽防控技术模式图

彩图21-170　麻皮蝽高龄若虫

【发生规律】麻皮蝽在华北地区1年发生1代，以成虫在枯枝落叶下、杂草丛中、树皮裂缝、梯田堰坝缝、围墙缝、破旧房屋内等处越冬。翌年春天，枣树萌芽后开始出蛰活动，5月中下旬为出蛰盛期，5月下旬开始交尾产卵，6月上旬为产卵盛期，并开始见到若虫，7～8月间羽化为成虫，8月中旬为第1代成虫发生盛期，8月下旬后开始陆续寻找场所越冬。成虫飞翔力强，喜于树体上部栖息为害，具假死性，受惊扰时分泌臭液，在早晚低温时常假死坠地，正午高温时则逃飞。卵多成块状产于叶背，每块约12粒左右。初龄若虫常群集叶背，2、3龄后分散活动。有弱趋光性和群集性。

【防控技术】麻皮蝽防控技术模式如图21-26所示。

1.农业措施防控　落叶后至发芽前，彻底清除果园内及其周边的枯枝落叶、杂草，刮除粗翘皮等，并翻耕树盘，消灭部分越冬成虫。利用成虫及若虫的假死性，在害虫发生为害期内，于早、晚气温较低时进行人工振树，将震落害虫捕杀，以成虫产卵前振树捕杀效果最好，该措施还可同时捕杀其他具有假死性的害虫，如象甲类、叶甲类、金龟子类等。结合其他农事活动，在成虫产卵期至低龄若虫期，注意摘除卵块和初孵群集若虫叶片，集中消灭。

2.树上喷药防控　在越冬成虫出蛰完毕和卵高峰期至若虫孵化盛期及时进行喷药，卵期至若虫期持续时间较长时，10天左右后再喷药1次。以选用速效性好的触杀类杀虫剂较好，常用种类有：480克/升毒死蜱乳油1200～1500倍液、50%马拉硫磷乳油1000～1500倍液、2%甲氨基阿维菌素苯甲酸盐乳油2500～3000倍液、4.5%高效氯氰菊酯乳油1500～2000倍液、50克/升高效氯氟氰菊酯乳油3000～4000倍液、25克/升溴氰菊酯乳油1500～2000倍液、20%甲氰菊酯乳油1500～2000倍液、48%毒·辛乳油1000～1500倍液、525克/升氯氰·毒死蜱乳油1500～2000倍液等。

茶翅蝽

【分布与为害】茶翅蝽（*Halyomorpha Picus* Fabricius）属半翅目蝽科，俗称"臭屁虫"、"臭大姐"，在我国许多省区均有发生，除为害枣树外，还可为害苹果、梨、桃、李、山楂、石榴、柿等多种果树。以成虫和若虫刺吸为害叶片、新生枣头及果实汁液。枣头、叶片受害，产生不明显的黄褐色斑点，严重时导致叶片提前脱落，形成枯枝现象。幼果受害，果面产生凹陷斑块，严重时果面凹凸不平，导致形成畸形果或猴头果，受害处皮下肉微苦；近成熟果受害，常导致杂菌感染而浆烂，丧失食用价值，使产量及品质造成很大损失。

【形态特征】成虫扁平椭圆形，淡黄褐色、黄褐色、灰褐色、茶褐色各异，均略带紫红色（彩图21-171）；触角5节，黄褐色至褐色，第4节两端及第5节基部黄色；前胸背板、小盾片和前翅革质部有密集的黑褐色刻点，前胸背板前缘有4个黄褐色小点，小盾片基部有5个小黄点。卵短圆筒形，灰白色，长约1毫米，常20余粒排列成块（彩图21-172）。各龄若虫均扁洋梨形，前尖削后浑圆，腹部有橙黄色或红色臭腺孔各1对（彩图21-173）。老龄若虫似成虫，体长约16毫米。

彩图21-171　茶翅蝽成虫

彩图21-172　茶翅蝽卵及初孵若虫

彩图21-173　茶翅蝽若虫

【发生规律】茶翅蝽在河北中部地区1年发生1代，以受精雌成虫在果园内外的房屋内、屋檐下等处越冬。翌年4月下旬～5月上旬，成虫陆续出蛰，5月中下旬为出蛰盛期，6月上旬为产卵盛期，并开始见到若虫，7～8月间羽化为成虫，8月中旬为第1代成虫盛期，8月下旬后开始逐渐寻找适宜场所越冬。成虫飞翔力强，喜于树体上部栖息为害，具假死性，受惊扰时均分泌臭液，早晚气温低时常假死坠地，正午高温时则逃飞。初龄若虫常群集叶背，2、3龄后分散活动。有弱趋光性和群集性。

【防控技术】参照"麻皮蝽"防控技术，其茶翅蝽防控技术模式如图21-27所示。

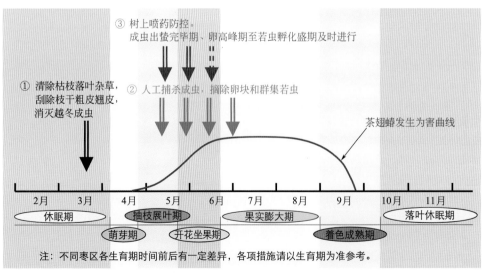

① 清除枯枝落叶杂草，刮除枝干粗皮翘皮，消灭越冬成虫

② 人工捕杀成虫，摘除卵块和群集若虫

③ 树上喷药防控。成虫出蛰完毕期、卵高峰期至若虫孵化盛期及时进行

茶翅蝽发生为害曲线

2月　3月　4月　5月　6月　7月　8月　9月　10月　11月

休眠期　　萌芽期　抽枝展叶期　开花坐果期　果实膨大期　着色成熟期　落叶休眠期

注：不同枣区各生育期时间前后有一定差异，各项措施请以生育期为准参考。

图21-27　茶翅蝽防控技术模式图

大灰象甲

【分布与为害】大灰象甲（*Sympiezomias velatus*）属鞘翅目象甲科，又称大灰象，枣区俗称"枣食芽象甲"，在我国北方枣区广泛分布，除为害枣树外，还可为害苹果、梨树、山楂、核桃等果树。以成虫取食枣树嫩芽和叶片为害，芽受害后尖端光秃（彩图21-174、彩图21-175），严重时可将枣芽全部吃光，导致二次萌芽，造成枣树大幅度减产，甚至绝产。

彩图21-174　大灰象甲成虫正在为害叶片

彩图21-175
大灰象甲为害的枣头不能正常萌发

【形态特征】成虫体长7.3～12.1毫米，宽3.2～5.2毫米。雄虫宽卵形，雌虫肥胖椭圆形。体灰褐色至灰黑色，密覆灰白色具金黄色光泽的鳞片和褐色鳞片。褐色鳞片在前胸中间和两侧形成3条纵纹，在鞘翅基部中间形成长方形斑纹；鞘翅卵圆形，末端尖锐，中间有1条白色横带，横带前后、两侧散布褐色云斑。小盾片半圆形，中央具1条纵沟。前足胫节端部向内弯，有端齿，内缘有1

列小齿。雄虫胸部窄长，鞘翅末端不缢缩，钝圆锥形；雌虫腹部膨大，胸部宽短，鞘翅末端缢缩，较尖锐（彩图21-176）。卵长约1毫米，宽0.4毫米，长椭圆形，数十粒黏在一起，成块状。老熟幼虫体长约14毫米，乳白色，头米黄色，上颚褐色，先端具2齿，内唇前缘有4对齿状突起，下颚须和下唇须均为2节，腹部第9节末端稍扁、褐色。蛹体长9～10毫米，长椭圆形，乳黄色。

彩图21-176　正在为害花的大灰象甲成虫

【发生规律】大灰象甲在河北中南部2年发生1代，以幼虫和成虫在土壤内越冬。4月上中旬，成虫出土活动，群集在枣树嫩芽上取食，5月上中旬成虫产卵于嫩芽基部、叶面、枣股轮痕处和脱落性枝裂缝内，5月下旬后陆续孵化为幼虫，幼虫孵出后落地入土，并在土中生长发育。9月末幼虫作土室越冬。翌年春季开始继续发育，至6月化蛹，7月羽化为成虫，并在原处越冬。

成虫有群集性、隐蔽性和假死性，常数头群集在一起为害，遇到外物接近时，灵敏地躲藏到叶片背面，如再接近便假死坠地。成虫发生后两周开始交尾，交尾时间很长，雌成虫除产卵外，经常交尾，产卵期很长，可达19～86天，产卵量374～1172粒，平均702粒。雄成虫寿命80～108天，雌成虫寿命较雄成虫长。卵期10天左右。枣树嫩芽生长期是大灰象甲为害盛期，尤以中午气温高时为害最重。

【防控技术】大灰象甲防控技术模式如图21-28所示。

1.人工捕杀　利用大灰象甲的假死性，在早晚气温较低时，人工振动树冠，收集落地成虫进行捕杀。

2.树干涂抹黏虫胶环　在成虫发生高峰初期，于树干上涂抹3～5厘米宽的闭合性黏虫胶环，阻杀上树成虫。

3.适当树上喷药　大灰象甲发生较重时，在枣树萌芽期选择晴朗天气喷药，7天左右1次，连喷1～2次，以击倒性强的触杀型药剂效果较好，如：48%毒死蜱乳油1200～1500倍液、50%马拉硫磷乳油1200～1500倍液、4.5%高效氯氰菊酯乳油或水乳剂1500～2000倍液、25克/升高效氯氟氰菊酯乳油1500～2000倍液、20%甲氰菊酯乳油1500～2000倍液、52.25%氯氰·毒死蜱乳油1500～2000倍液、48%毒·辛乳油1000～1500倍液等。

大球胸象

【分布与为害】大球胸象（Piazomias validus *Motschulsky*）属鞘翅目象甲科，枣区俗称"枣食芽象甲"，在我国分布于河北、山西、陕西、河南、安徽等省，除为害枣树外，还可为害苹果、梨树、海棠、山楂、核桃等果树，常与大灰象甲混合发生。以成虫取食枣树嫩芽和叶片为害，叶片受害后呈缺刻状，叶面常黏有黑色虫粪；芽受害后尖端光秃。严重时枣芽和叶片全被吃光，导致二次萌芽，产量锐减，甚至绝产。

【形态特征】成虫体长8.8～11毫米，宽3.2～5毫米，体黑色，被淡绿色和白色鳞片，夹杂有金黄色鳞片，鞘翅鳞片较密，头、胸、腹、足鳞片较稀；喙短粗，端部向下弯曲，中沟宽而深，上端达额顶；触角沟斜向眼下；触角细较长，柄节达眼中部，索节1比索节2长许多，索节5最短；眼高凸；前胸膨大成球形，雄成虫更突出，中间最宽，宽大于长，密布颗粒；小盾片不发达，鞘翅卵形，两侧中间外凸，行纹线形，行间平；腹板3～5节被白毛，无鳞片；各足毛较长，胫节内侧有一列小齿（彩图21-177）。

【发生规律】大球胸象在河北中南部1年发生1代，以幼虫在土壤内越冬。翌年4～5月份化蛹，5月下旬至6月上旬羽化，而后成虫出土活动，群集于枣树上取食叶片为害，7月份是为害枣树高峰。7月中下旬进入产卵高峰期，卵产于嫩芽基部、叶面、枣股轮痕处和脱落性枝裂缝内。7月下旬至8月中旬，卵陆续孵化为幼虫，幼虫孵出后落地入土，在土壤中生长发育。10月中旬幼虫开始越冬。成虫有群集性、隐蔽性和假死性，常数头群集一起为害，遇到外物接近时，灵敏地躲藏到叶片背面，如再接近便假死坠地。

【防控技术】参照"大灰象甲"防控技术（图21-29）。

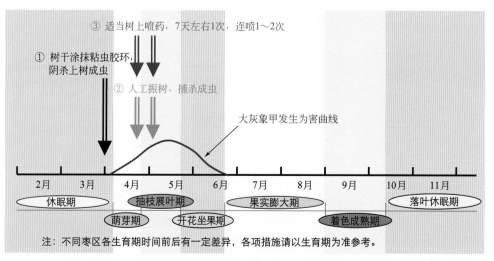

注：不同枣区各生育期时间前后有一定差异，各项措施请以生育期为准参考。

图21-28　大灰象甲防控技术模式图

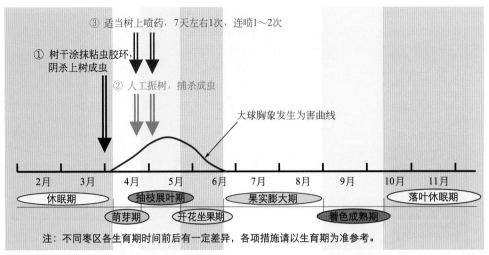

③ 适当树上喷药，7天左右1次，连喷1～2次

① 树干涂抹粘虫胶环，阴杀上树成虫

② 人工振树，捕杀成虫

大球胸象发生为害曲线

2月　3月　4月　5月　6月　7月　8月　9月　10月　11月

休眠期　抽枝展叶期　果实膨大期　落叶休眠期

萌芽期　开花坐果期　着色成熟期

注：不同枣区各生育期时间前后有一定差异，各项措施请以生育期为准参考。

图21-29　大球胸象防控技术模式图

彩图21-177　大球胸象成虫

蒙古土象

【分布与为害】蒙古土象（Xylinophorus mongolicus Faust）属鞘翅目象甲科，又称蒙古小灰象，枣区俗称"枣食芽象甲"，在我国北方地区分布广泛，除为害枣树外，还可为害苹果、梨树、海棠、山楂、核桃等果树。以成虫取食枣树嫩芽和叶片为害，叶片受害，被食成缺刻状（彩图21-178）；嫩芽受害后尖端光秃，严重时枣芽可被吃光，导致二次萌芽，使产量锐减，甚至绝产。

【形态特征】雄成虫宽卵形，末节腹板端部圆钝；雌成虫肥胖椭圆形，末节腹板端部尖，基部两侧有沟纹。体背有褐色和白色鳞片，头部闪铜光，鳞片间有片状毛。喙扁平，基部宽，中沟细而达头顶。前胸宽大于长，两侧圆凸，前后二缘平直，中间和两侧的鳞片褐色。小盾片三角形，不发达。鞘翅鳞片土褐色，杂有白色，行间3、4基部和肩部鳞片白色，行纹细深，行间平坦，上有成排

的白色毛。足密被鳞片和毛，前足胫节内侧有一列小齿，胫节端部宽扁，跗节褐色。卵椭圆形，长约0.9毫米，宽0.5毫米，初产时乳白色，后变为黑褐色，表面黏着土粒。老熟幼虫体长约6～9毫米，乳白色，上颚褐色，胴部弯曲。蛹体长5.5毫米，椭圆形，乳白色。

【发生规律】蒙古土象在河北中南部2年发生1代，以幼虫和成虫在土壤内越冬。翌年4月上旬，成虫出土活动，群集在枣树嫩芽上取食，5月上中旬成虫产卵于表土中，5月下旬后陆续孵化为幼虫。幼虫孵出后进入土内，在土中生长发育，9月末幼虫作土室越冬。翌年春季继续生长发育，6月份化蛹，7月份羽化为成虫，而后在原处越冬。

成虫有群集性、隐蔽性和假死性，常数头群集在一起为害；遇到外物接近时，灵敏地躲藏到叶片背面，如再接近便假死坠地。成虫出现后经过两周开始交尾，交尾时间很长。雄成虫寿命80～90天左右，雌成虫寿命稍长。雌成虫产卵量80～908粒，平均281粒。卵期10天左右。枣树嫩芽生长期是蒙古土象为害盛期，尤以中午气温高时为害最重。

【防控技术】参照"大灰象甲"防控技术（图21-30）。

彩图21-178　蒙古土象成虫及为害状

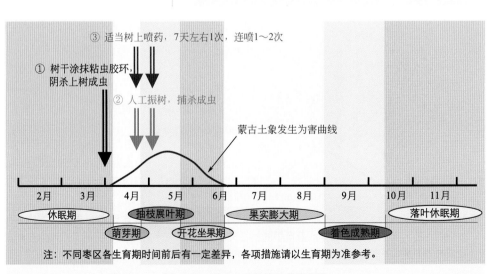

③ 适当树上喷药，7天左右1次，连喷1～2次

① 树干涂抹粘虫胶环，阴杀上树成虫

② 人工振树，捕杀成虫

蒙古土象发生为害曲线

2月　3月　4月　5月　6月　7月　8月　9月　10月　11月

休眠期　抽枝展叶期　果实膨大期　落叶休眠期

萌芽期　开花坐果期　着色成熟期

注：不同枣区各生育期时间前后有一定差异，各项措施请以生育期为准参考。

图21-30　蒙古土象防控技术模式图

酸枣隐头叶甲

【分布与为害】酸枣隐头叶甲（*Cryptocephalus japanus* Baly）属鞘翅目叶甲科，俗称"脸谱叶甲"，是近几年在我国北方枣区新发现的一种害虫，主要为害枣树和酸枣，以成虫食害枣树嫩芽、叶片、花蕾和花器（彩图21-179），造成枣树萌芽推迟、叶片残缺不全、花蕾脱落等症状，影响枣树的正常生长和产量。

彩图21-179 酸枣隐头叶甲成虫为害嫩芽

【形态特征】成虫长椭圆形，体长6～8毫米，宽3.5～4.5毫米，雄虫体较小；头、体腹面和足黑色，被灰白色短卧毛或半竖毛，前胸背板和鞘翅淡黄色至棕黄色，具黑斑；前胸横宽，中部有两条黑色宽纵纹，略呈括弧形，纵纹与背板侧缘间有一小黑圆斑，纵纹之内有一小黑圆斑或2个黑斑细纹；鞘翅上各有4个黑斑，肩胛和小盾片侧各有一长方形斑，中部之后有2个斑，斑纹大小及数目常有差异（彩图21-180）。

彩图21-180 酸枣隐头叶甲成虫

【发生规律】酸枣隐头叶甲在河北沧州地区1年发生1代，以幼虫在土壤中越冬。翌年5月上旬羽化出成虫，而后上树为害，取食枣树嫩芽、嫩叶、花蕾及花器的雌蕊、雄蕊。6月上旬枣树盛花期为成虫发生高峰，大量取食花蕊及蜜盘，并在树膛内飞舞。6月底枣树谢花后，成虫陆续消失。成虫具有假死性，碰触后立即掉落树下，落在地上呈假死状态。

【防控技术】酸枣隐

头叶甲防控技术模式如图21-31所示。

1. 农业措施防控 深秋或早春深翻树盘，破坏害虫越冬场所。利用其假死性，在成虫发生期内，树下铺设塑料布，摇动树枝，捕杀落地成虫。也可在成虫出土前，于树冠下覆盖塑料薄膜，范围大小和树冠正投影基本一致，四周用土压紧，防止成虫出土，压低虫口基数。

2. 地面喷药防控 在枣树萌芽期、成虫出土前，对地面进行喷药，喷施土壤表层，然后耙松土表，毒杀出土成虫。若地面喷药并耙松土表后再覆盖薄膜，效果更好。喷洒地面效果较好的药剂有：50%辛硫磷乳油300～500倍液、80%敌敌畏乳油400～500倍液、48%毒死蜱乳油500～600倍液、2.5%溴氰菊酯乳油600～800倍液等。

3. 树上喷药防控 从成虫上树发生为害初期开始喷药，7天左右1次，连喷2次左右，以击倒力强的触杀型药剂较好。有效药剂如：48%毒死蜱乳油1200～1500倍液、50%马拉硫磷乳油1200～1500倍液、2.5%溴氰菊酯乳油1500～2000倍液、4.5%高效氯氰菊酯乳油或水乳剂1500～2000倍液、25克/升高效氯氟氰菊酯乳油1500～2000倍液、20%甲氰菊酯乳油1500～2000倍液等。

大黑鳃金龟

【分布与为害】大黑鳃金龟（*Hloltrichia diomphalia* Batesa）属鞘翅目鳃金龟科，我国许多地区均有发生，除为害枣树外，还可为害苹果、梨树、桃树、李树、樱桃、核桃、葡萄等多种果树。主要以成虫取食枣树的嫩芽和叶片，嫩芽受害不能正常抽发，枣树生长受到影响，叶片受害后呈现缺刻状（彩图21-181）。发生严重时可造成枝条光秃，对树势及产量影响很大。此外，大黑鳃金龟还可以幼虫食害枣树及苗木根部，造成树势衰弱，但一般根系受害较轻。

【形态特征】成虫长椭圆形，体长17～21毫米，宽8.4～11毫米，黑色至黑褐色，具光泽，触角鳃叶状，棒状部3节；前胸背板宽，约为长的2倍，两鞘翅表面均有4条

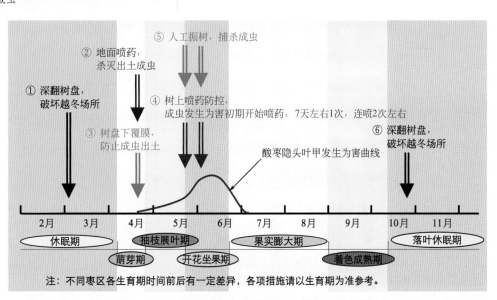

图21-31 酸枣隐头叶甲防控技术模式图

注：不同枣区各生育期时间前后有一定差异，各项措施请以生育期为准参考。

纵肋，表面密布刻点；前足胫外侧具3齿，内侧有1棘与第2齿相对，各足均具爪1对，爪中部下方有垂直分裂的爪齿（彩图21-182）。卵椭圆形，长3毫米，初乳白色后变黄白色；孵化前近圆球形，洁白并有光泽。幼虫体长35～45毫米，头部黄褐至红褐色，具光泽，体乳白色，疏生刚毛；肛门3裂，肛腹片后部无尖刺列，只具钩状刚毛群，多为70～80根，分布不均（彩图21-183）。蛹体长20～24毫米，黄褐色至红褐色。

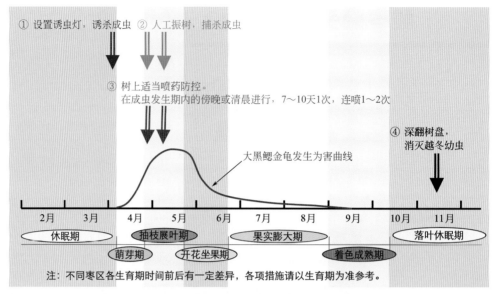

① 设置诱虫灯，诱杀成虫　② 人工振树，捕杀成虫

③ 树上适当喷药防控。
在成虫发生期内的傍晚或清晨进行，7～10天1次，连喷1～2次

④ 深翻树盘，消灭越冬幼虫

大黑鳃金龟发生为害曲线

| 2月 | 3月 | 4月 | 5月 | 6月 | 7月 | 8月 | 9月 | 10月 | 11月 |

休眠期　抽枝展叶期　果实膨大期　落叶休眠期
萌芽期　开花坐果期　着色成熟期

注：不同枣区各生育期时间前后有一定差异，各项措施请以生育期为准参考。

图21-32　大黑鳃金龟防控技术模式图

彩图21-181　叶片受害，被食成缺刻

彩图21-182　大黑鳃金龟成虫

彩图21-183　大黑鳃金龟幼虫

【发生规律】大黑鳃金龟在西北、华北及华东地区2年发生1代，华中等地1年发生1代，以成虫或幼虫在土壤中越冬。在河北中南部，越冬成虫约4月中旬左右出土活动，直至9月份，前后持续达5个月；5月下旬至8月中旬产卵，6月中旬幼虫陆续孵化，为害至12月以第2龄或第3龄越冬；第二年4月越冬幼虫继续发育为害，6月初开始化蛹，6月下旬进入盛期，7月份羽化为成虫后即在土中潜伏、越冬，直至第三年春天才出土活动。

成虫白天潜伏土中，黄昏活动，有假死性及趋光性。卵多散产于6～15厘米深的湿润土中，每雌产卵32～193粒、平均102粒，卵期19～22天，雌虫产卵后约27天死亡。幼虫3龄，常沿苗行向前移动为害，在新鲜被害株下很易找到幼虫。幼虫在土壤中随地温升降而上下移动，春季10厘米处地温约达10℃时幼虫由土壤深处向上移动，地温约20℃时主要在5～10厘米处活动取食，秋季地温降至10℃以下时又向深处迁移，在30～40厘米深处越冬。幼虫老熟后在土深20厘米处筑土室化蛹，预蛹期约22.9天，蛹期15～22天。

【防控技术】大黑鳃金龟防控技术模式如图21-32所示。

1.农业措施防控　大黑鳃金龟发生严重地块，在深秋或初冬翻耕树盘，既可直接消灭部分大黑鳃金龟幼虫，又可将大量幼虫暴露在地表，使其被冻死、风干或被天敌啄食、寄生等，一般可压低虫量15%～30%。施肥时，避免施用未腐熟的有机肥及厩肥。利用成虫的假死性，在成虫发生盛期，清晨温度较低时振树捕杀。

2.灯光诱杀成虫　利用成虫的趋光性，在成虫发生期内于果园内设置黑光灯或频振式诱虫灯，诱杀成虫。

3.适当树上喷药防控　成虫发生较重时，于成虫发生期内的傍晚或清晨树上喷药，7～10天1次，连喷1～2次，以选用击倒力强的触杀型药剂效果较好。有效药剂同"酸枣隐头叶甲"树上喷药药剂。

琉璃弧丽金龟

【分布与为害】琉璃弧丽金龟（*Popillia atrocoerulea* Bates）属鞘翅目丽金龟科，我国许多省区均有发生，除为害枣树外，还可为害棉花、胡萝卜、草莓、葡萄、玫瑰、玉米、小麦、谷子等多种作物。以成虫为害枣树的花器、叶片和果实，常出现一个枣吊上有2～3头成虫同时为害的情况，一般先食害花蕊，后食害花瓣，对枣花的授粉和坐果影响较大（彩图21-184）；为害叶片时，将叶片食成缺刻状（彩图21-185）；为害幼果，将果实食成残缺不全（彩图21-186）。

彩图21-184　琉璃弧丽金龟为害的枣花

彩图21-185　琉璃弧丽金龟为害枣叶状

彩图21-186　幼果被琉璃弧丽金龟为害状

【形态特征】成虫体椭圆形，长11～14毫米，宽7～8.5毫米，棕褐色泛紫绿色闪光；鞘翅茄紫色，有黑绿或紫黑色边缘，腹部两侧各节具白色毛斑区；头较小，唇基前缘弧形，表面皱，触角9节；前胸背板缢缩，基部短于鞘翅，后缘侧斜形，中段弧形内弯；小盾片三角形；鞘翅扁平，后端狭，小盾片后的鞘翅基部具深横凹，臀板外露隆拱，上密布刻点，有1对白毛斑块（彩图21-187）。卵近圆形，白色，光滑。幼虫体长8～11毫米，每侧具前顶毛6～8根，形成一纵列，额前侧毛左右各2～3根；肛门背片后具长针状刺毛，每列4～8根，列"八"字形向后岔开不整齐。

彩图21-187　琉璃弧丽金龟成虫

【发生规律】琉璃弧丽金龟在河北中南部1年发生1代，以3龄幼虫在土壤中越冬。翌年3月下旬至4月上旬升到耕作层为害小麦等作物地下部。4月下旬末化蛹，5月上旬羽化，5月中旬进入盛期，成虫寿命40天。6月中旬成虫产卵，6月下旬～7月中旬进入产卵盛期，卵期8～20天。1龄幼虫期14天，2龄期18.7天，3龄期长达245天，蛹期12天。成虫喜在9～11时和15～18时活动，喜在寄主的花上交配，在1～3厘米表土层产卵，每粒卵外附有土粒黏成的土球。幼虫多在8～16时孵化，4小时后开始取食卵壳和土壤中有机质，10天后取食根部，有的还取食种子、种芽，3龄后进入暴食期。

【防控技术】参照"大黑鳃金龟"防控技术，其琉璃弧丽金龟防控技术模式如图21-33所示。

小青花金龟

【分布与为害】小青花金龟（*Oxycetonia jucunda* Faldermann）属鞘翅目花金龟科，我国除新疆外各地区均有分布报道，除为害枣树外，还可为害苹果、山楂、梨树、桃树、杏树等多种果树。以成虫取食枣树的花蕾和花器，造成花蕾和枣花残缺不全，导致大量花蕾和枣花脱落，对枣果产量影响很大。

【形态特征】成虫长椭圆形稍扁，背面暗绿或绿色至古铜微红及黑褐色，差异大；腹面黑褐色，具光泽，体表密布淡黄色毛和点刻；头较小，黑褐或黑色，唇基前缘中

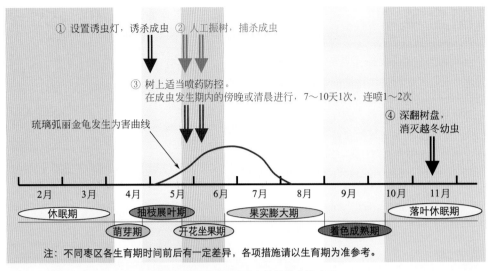

① 设置诱虫灯，诱杀成虫　② 人工振树，捕杀成虫

③ 树上适当喷药防控。
在成虫发生期内的傍晚或清晨进行，7～10天1次，连喷1～2次

④ 深翻树盘，消灭越冬幼虫

琉璃弧丽金龟发生为害曲线

| 2月 | 3月 | 4月 | 5月 | 6月 | 7月 | 8月 | 9月 | 10月 | 11月 |

休眠期　抽枝展叶期　果实膨大期　落叶休眠期
萌芽期　开花坐果期　着色成熟期

注：不同枣区各生育期时间前后有一定差异，各项措施请以生育期为准参考。

图21-33　琉璃弧丽金龟防控技术模式图

彩图21-188　小青花金龟成虫

部深陷；前胸背板半椭圆形，前窄后宽，中部两侧各具白绒斑1个；小盾片三角状；鞘翅狭长，侧缘肩部外凸、内弯，表面生有白色或黄白色绒斑，一般在侧缘及翅合缝处各具较大的3个斑；臀板宽短，近半圆形，中部偏上具白绒斑4个，横列或呈微弧形排列（彩图21-188）。卵椭圆形，长1.7～1.8毫米，宽1.1～1.2毫米，初乳白渐变淡黄色。老熟幼虫体乳白色，长32～36毫米，头部棕褐色或暗褐色，上颚黑褐色，前顶刚毛、额中刚毛、额前侧刚毛各具1根。蛹长14毫米，初淡黄白色，后变橙黄色。

【发生规律】小青花金龟在华北地区1年发生1代，北方以幼虫在土壤中越冬，江苏省以南地区以幼虫、蛹及成虫越冬。以成虫越冬的翌年4月上旬出土活动，4月下

旬至6月份为盛发期。以末龄幼虫越冬的，成虫于5～9月份陆续出现，雨后出土较多，10月下旬终见。成虫白天活动，春季10～15时、夏季8～12时及14～17时活动最盛。

成虫春季多群聚在枣花和花蕾上为害，喜食花器。成虫飞行力强，具假死性，风雨天或低温时常栖息在花上不动，夜间入土潜伏或在树上过夜。成虫经取食补充营养后交尾、产卵，散产在土中、杂草或落叶下，尤喜产于腐植质多的场所。幼虫孵化后以腐植质为食，长大后为害根部，但不明显，老熟后在浅土层中化蛹。

【防控技术】参照"大黑鳃金龟"防控技术，其小青花金龟防控技术模式如图21-34所示。

谷婪步甲

【分布与为害】谷婪步甲 [Harpalus (Parsileus) calceatus (Duftschmid)] 属鞘翅目步甲科，又称谷穗步甲、谷步甲，我国除西藏外各省区均有发生，除为害枣树外，还可为害玉米、高粱、粟、黍、花生等农作物。在枣树上以成虫啃食幼果的果皮及果肉，果面上形成1～3毫米深的伤口（彩图21-189～彩图21-191）；成虫还可为害叶片，使叶片出现缺刻。

【形态特征】成虫体长10.5～14.5毫米，宽4.4～5.7毫米，体黑色无毛，有光泽；触角、下颚、唇基前缘、前胸背板侧缘、跗节均为棕红色；头上刻点很少；触角长于前胸背板；前胸背板宽于长，两侧略凸，中纵沟在基部前

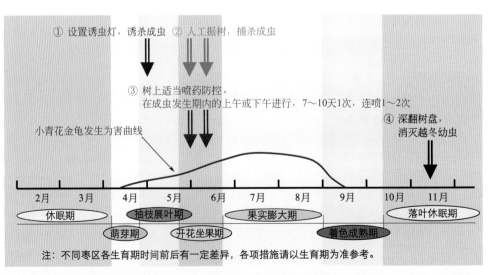

① 设置诱虫灯，诱杀成虫　② 人工振树，捕杀成虫

③ 树上适当喷药防控。
在成虫发生期内的上午或下午进行，7～10天1次，连喷1～2次

④ 深翻树盘，消灭越冬幼虫

小青花金龟发生为害曲线

| 2月 | 3月 | 4月 | 5月 | 6月 | 7月 | 8月 | 9月 | 10月 | 11月 |

休眠期　抽枝展叶期　果实膨大期　落叶休眠期
萌芽期　开花坐果期　着色成熟期

注：不同枣区各生育期时间前后有一定差异，各项措施请以生育期为准参考。

图21-34　小青花金龟防控技术模式图

消失，具刻点，基部及侧缘明显；鞘翅上具较深的纵沟9条；足跗节背面具毛，负爪节腹面端半部有粗刺2列（彩图21-192）。

【发生规律】谷婪步甲在华北地区1年发生1代。翌年4月下旬出现成虫，6月下旬～8月上旬为成虫发生盛期，8月中旬后减少。成虫具趋光性，可做短距离飞行，白天隐藏在阴湿茂密植株下或潮湿土中及土块下，夜间活动，尤以高湿无月光的夜晚活跃。成虫喜欢取食谷子、高粱、玉米种子胚部。

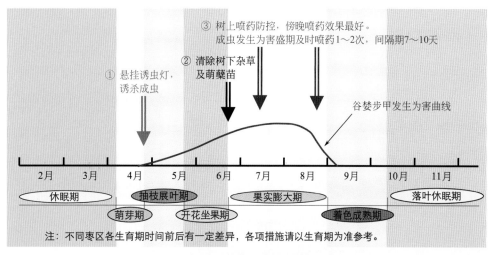

① 悬挂诱虫灯，诱杀成虫
② 清除树下杂草及萌蘖苗
③ 树上喷药防控，傍晚喷药效果最好。成虫发生为害盛期及时喷药1～2次，间隔期7～10天

谷婪步甲发生为害曲线

2月　3月　4月　5月　6月　7月　8月　9月　10月　11月

休眠期　抽枝展叶期　果实膨大期　落叶休眠期
萌芽期　开花坐果期　着色成熟期

注：不同枣区各生育期时间前后有一定差异，各项措施请以生育期为准参考。

图21-35　谷婪步甲防控技术模式图

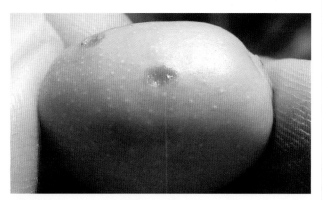

彩图21-189　谷婪步甲啃食枣果状

彩图21-190　谷婪步甲啃食枣果的稍后症状

彩图21-191　幼果受害后期表现

彩图21-192　谷婪步甲成虫

【防控技术】谷婪步甲防控技术模式如图21-35所示。

1.农业措施防控　合理间套作，不能与玉米、谷子、高粱等农作物间作，避免交叉为害。枣树萌芽后，尤其是进入6月中下旬后，及时清除树下杂草和萌蘖苗。

2.灯光诱杀成虫　利用谷婪步甲成虫的趋光性，从4月下旬开始，在枣园内悬挂黑光灯或频振式诱虫灯，诱杀成虫，每50米左右悬挂一台。

3.树上喷药防控　谷婪步甲在枣树上多为零星发生，一般年份不需单独喷药；若发生较重枣园，在7月上中旬的成虫发生为害盛期及时喷药1～2次即可，间隔期7～10天，以傍晚喷药效果最好。有效药剂如：25克/升溴氰菊酯乳油1500～2000倍液、4.5%高效氯氰菊酯乳油或水乳剂1500～2000倍液、25克/升高效氯氟氰菊酯乳油1500～2000倍液、20%甲氰菊酯乳油1500～2000倍液等。

皮暗斑螟

【分布与为害】皮暗斑螟（*Euzophera batangensis* Caradja）属鳞翅目螟蛾科，俗称"甲口虫"，在我国许多省区均有发生，可为害枣树、苹果、梨树、杏树、柳树、榆树、槐树等多种果树及林木，以幼虫取食枝干伤口的愈伤组织及韧皮部进行为害，以枣树受害最重。初孵幼虫在甲口或其他伤口处选择适当部位蛀入为害，沿甲口取食愈伤组织，排出褐色粪粒，并吐丝缠绕（彩图21-193、彩图21-194）。当甲口愈伤组织大部分或一周被害后，幼虫便沿韧皮部向上取食为害。受害处伤口愈伤组织不能形成，导致营养输导受阻，树势衰弱，落果加重，产量降低；严重时伤口不能愈合，造成死枝、死树（彩图21-195）。

彩图21-193　灰暗斑螟在甲口上、下的为害状

彩图21-194　皮暗斑螟为害甲口，排出褐色虫粪

彩图21-195　皮暗斑螟为害甲口，造成死树

【形态特征】成虫体长6～8毫米，翅展13～15毫米，体灰色至黑灰色，复眼褐色；前翅暗灰色至黑灰色，有两条镶黑灰色宽边的白色波状横线，缘毛暗灰色；后翅灰色，近外缘色深，缘毛灰色（彩图21-196）。卵扁平，近圆形，直径0.5毫米左右，表面光滑，初产时乳白色，后渐变为黄褐色（彩图21-197）。初孵幼虫淡黄色，光滑无斑毛；老熟幼虫体长10～12毫米，头红褐色，前胸背板

赤褐色，胸、腹部淡褐色，各体节背面具毛片4个，排列2行，前行2个大而明显，腹足趾钩双序缺环，臀板色淡（彩图21-198）。蛹长6.5毫米左右，头胸部黄褐色，腹部色深，头部钝圆，尾端较尖，翅芽伸达第4腹节（彩图21-199）。

彩图21-196　皮暗斑螟成虫

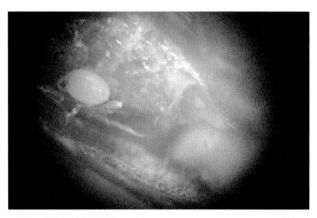

彩图21-197　皮暗斑螟的卵

彩图21-198　皮暗斑螟幼虫

彩图21-199　皮暗斑螟的蛹

【发生规律】皮暗斑螟在河北沧州地区1年发生4～5代，以幼虫在树皮内为害处附近越冬。翌年3月下旬开始活动，4月初化蛹，4月底羽化，成虫羽化后即可交尾产卵，卵散产在甲口或伤口附近的粗皮裂缝中，有时3～5粒或十余粒堆在一起，卵期8～13天。5月初出现第1代幼虫，第2代和第3代幼虫为害枣树甲口最重，第4代幼虫在9月下旬以后出现，11月中旬进入越冬期。成虫昼伏夜出，无趋光性。幼虫无转株为害习性，老熟后在为害部位附近选择干燥隐蔽处结茧化蛹，若遇食料缺乏，也可提前结茧化蛹。

【防控技术】皮暗斑螟防控技术模式如图21-36所示。

1.**农业措施防控** 早春越冬代成虫羽化前（4月中旬以前），刮除被害甲口处的老树皮、虫粪及主干上的老翘皮，刮下组织集中烧毁；发现越冬幼虫，用刀具挖出杀灭，降低虫口基数。对于不能及时愈合或不能愈合的甲口应及时进行处理，有害虫为害的将幼虫挖出，并将甲口处刮出新的愈伤组织，然后表面抹泥（彩图21-200），再用塑料薄膜包好，促进愈伤组织形成，或通过桥接进行挽救（彩图21-201、彩图21-202）。

2.**诱杀雄成虫** 从4月中下旬开始，在果园内悬挂皮暗斑螟的性引诱剂诱捕器，每亩2～3粒，诱杀雄成虫。1个月左右更换1次诱芯。该措施既可诱杀雄性成虫，又能用于虫情测报，以确定喷药时间（彩图21-203）。

彩图21-200 未愈合甲口抹泥处理

彩图21-201 未愈合甲口进行桥接

彩图21-202 未愈合甲口包泥桥接

3.**甲口用药防控** 首先，春季甲口刮除老翘皮及虫粪后，使用45%毒死蜱乳油800～1000倍液喷淋甲口。其次，在枣树开甲3天后，对甲口进行涂药保护，7～10天1次，直到甲口完全愈合。涂抹效果好的药剂有：45%毒死蜱乳油200倍液、25%灭幼脲悬浮剂30～50倍液、1.8%甲氨基阿维菌素苯甲酸盐乳油200～300倍液、4.5%高效氯氰菊酯乳油或水乳剂100～200倍液等。

4.**树上喷药防控** 根据性引诱剂测报，在出现诱蛾高峰时即进行喷药，每代喷药1次，重点喷洒枣树枝干。常用有效药剂有：1.8%甲氨基阿维菌素苯甲酸盐乳油2000～3000倍液、50克/升高效氯氟氰菊酯乳油3000～4000倍液、4.5%高效氯氰菊酯乳油或水乳剂1500～2000倍液、25

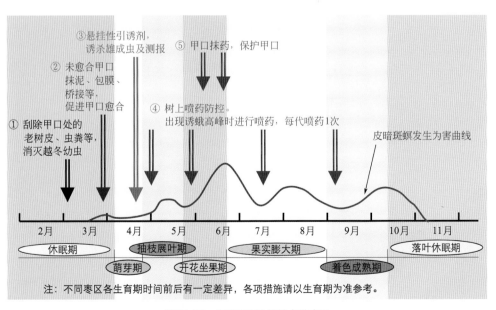

③悬挂性引诱剂，诱杀雄成虫及测报
⑤甲口抹药，保护甲口
②未愈合甲口抹泥、包膜、桥接等，促进甲口愈合
①刮除甲口处的老树皮、虫粪等，消灭越冬幼虫
④树上喷药防控。出现诱蛾高峰时进行喷药，每代喷药1次
皮暗斑螟发生为害曲线

2月　3月　4月　5月　6月　7月　8月　9月　10月　11月

休眠期　　抽枝展叶期　　果实膨大期　　落叶休眠期
萌芽期　　开花坐果期　　着色成熟期

注：不同枣区各生育期时间前后有一定差异，各项措施请以生育期为准参考。

图21-36 皮暗斑螟防控技术模式图

克/升溴氰菊酯乳油1500～2000倍液、20%甲氰菊酯乳油1500～2000倍液等。

彩图21-203　悬挂性引诱剂诱捕器，诱杀雄成虫

枣豹蠹蛾

【分布与为害】枣豹蠹蛾（*Zeuzera coffear* Niether）属鳞翅目蠹蛾科，又称咖啡豹蠹蛾、豹纹木蠹蛾，俗称"截干虫"、"枣钻枝虫"等，在我国许多省区均有发生，可为害枣树、苹果、海棠、桃树、杏树、李树等果树，以幼虫钻蛀枝条进行为害。在枣树上，枣吊、1年生枣头及直径2.5厘米以下的枝干均可受害，幼虫在木质部内蛀食为害，蛀孔以上部位干枯死亡（彩图21-204～彩图21-207）。严重时影响树冠生长，并导致果实产量降低。

【形态特征】成虫体长15～24毫米，翅展25～45毫米；雌蛾虫体稍大，触角丝状；雄蛾虫体稍小，触角基部羽毛状、尖端丝状。头部白色，胸腹部灰白色，前胸背板有3对蓝黑色斑点；翅灰白色，前翅散生多个大小不等的黑色斑点，前缘、外缘、后缘着生的黑点颜色较深（彩图21-208）。卵椭圆形或球形，直径0.4～0.8毫米，初产时淡黄色（彩图21-209）。初孵幼虫体长2毫米左右，头部深红色，腹部白色。老熟幼虫体长30～45毫米，头部褐色，体紫红色，前胸背板有1对子叶形黑斑，臀板黑色（彩图21-210）。蛹纺锤形，长16～34毫米，初期浅红色，后变为紫红色（彩图21-211、彩图21-212）。

彩图21-204　枣吊受低龄幼虫为害状

彩图21-205　枣豹蠹蛾为害，造成枣头枯死

彩图21-206　幼虫在枝条内蛀食为害

彩图21-207　枣豹蠹蛾为害的虫道

彩图21-208　枣豹蠹蛾成虫

彩图21-209 枣豹蠹蛾的卵

彩图21-210 枣豹蠹蛾幼虫

3.树上喷药防控 在卵盛期至幼虫孵化盛期及时进行喷药，7～10天1次，连喷1～2次，河北沧州枣区以7月10日～7月20日间喷药效果较好。常用有效药剂有：1.8%甲氨基阿维菌素苯甲酸盐乳油3000～4000倍液、4.5%高效氯氰菊酯乳油或水乳剂1500～2000倍液、50克/升高效氯氟氰菊酯乳油3000～4000倍液、20%甲氰菊酯乳油1500～2000倍液、25克/升溴氰菊酯乳油1500～2000倍液、50%马拉硫磷乳油1200～1500倍液等。

彩图21-211 枣豹蠹蛾的幼虫、蛹及成虫

彩图21-212 枣豹蠹蛾羽化孔及蜕皮

【发生规律】枣豹蠹蛾在河北沧州地区1年发生1代，以老熟幼虫在被害枝条内越冬。翌年4月中下旬，越冬幼虫开始取食为害，5月中下旬开始化蛹，6月中旬进入化蛹盛期。幼虫化蛹前先在虫道中部向外咬一羽化孔，仅保留表皮，并在羽化孔下方2～5毫米处开一通气孔，通气孔直径1～1.5毫米。蛹室在羽化孔上部约2.5～5厘米处。蛹期18～27天。7月上旬为羽化盛期。成虫羽化后，交尾产卵，产卵期持续2天左右，每雌产卵量356～1140粒，单粒或块状。7月上中旬为产卵盛期，卵期8～12天。7月中下旬为幼虫孵化盛期。初孵幼虫在卵块下停留4～5小时后寻找适宜部位为害，先在枣吊基部或枣吊先端第3～5片叶叶柄处蛀入枣吊，3～5天后再转移到新生枣头上为害。幼虫老熟后开始越冬。成虫多在夜间活动，有较强的趋光性。

【防控技术】枣豹蠹蛾防控技术模式如图21-37所示。

1.剪除被害枝条 结合修剪及其他农事活动，剪除被害枝条，集中烧毁。枣树发芽前和7月中下旬进行（彩图21-213）。

2.灯光诱杀成虫 利用成虫的趋光性，在7月上旬成虫羽化前于枣园内设置黑光灯或频振式诱虫灯，诱杀成虫。

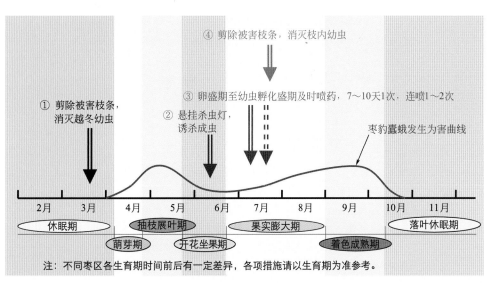

④ 剪除被害枝条，消灭枝内幼虫

③ 卵盛期至幼虫孵化盛期及时喷药，7～10天1次，连喷1～2次

① 剪除被害枝条，消灭越冬幼虫

② 悬挂杀虫灯，诱杀成虫

枣豹蠹蛾发生为害曲线

2月 3月 4月 5月 6月 7月 8月 9月 10月 11月

休眠期　　抽枝展叶期　　果实膨大期　　落叶休眠期

萌芽期　　开花坐果期　　着色成熟期

注：不同枣区各生育期时间前后有一定差异，各项措施请以生育期为准参考。

图21-37 枣豹蠹蛾防控技术模式图

彩图21-213 剪除枣豹蠹蛾为害的枝条

红缘天牛

【分布与为害】红缘天牛［*Asias halodendri*（Pallas）］属鞘翅目天牛科，又称红缘亚天牛，主要分布在我国北方各省区，除为害枣树外，还可为害苹果、梨树、榆树等果树及林木，主要以幼虫蛀食枝干皮层及木质部进行为害。枣树上直径1～7厘米的枝条及小树枝干受害较重（彩图21-214），轻者导致树势衰弱，重者造成枝干死亡，甚至全树枯死。受害部位表面没有排粪孔，早期外表不易发现。

彩图21-214 红缘天牛为害状

【形态特征】成虫体长11～19.5毫米，宽3.5～6毫米，体黑色狭长，被细长灰白色毛；头短，密布粗糙刻点，密被深色浓毛；触角丝状，11节，超过体长；前胸宽略大于长，侧刺突短而钝；鞘翅狭长，两侧缘平行，末端钝圆，基部各具一朱红色椭圆形斑，外缘各有一朱红色窄条，常在肩部与基部椭圆形斑相连接；翅面密被黑色短毛，红斑上具灰白色长毛（彩图21-215）；足细长。老熟幼虫体长22毫米左右，乳白色，头部较小，大部缩在前胸内（彩图21-216）。

【发生规律】红缘天牛在华北地区1年发生1代，以幼虫在被害枝的虫道端部越冬。枣树萌芽期越冬幼虫开始活动为害，4月上旬～6月上旬相继化蛹、羽化。成虫白天活动，取食枣花等补充营养，交尾后产卵。卵多散产在直径3厘米以下的衰弱枝干缝隙中，幼虫孵化后先蛀至皮下，在韧皮部与木质部之间蛀食为害，后逐渐蛀入木质部内，并多在髓部为害。严重时常把木质部蛀空，仅残留树皮。10月份后逐渐开始越冬。

彩图21-215 红缘天牛成虫

【防控技术】以农业措施防控为主，树上喷药防控为辅（图21-38）。

1.农业措施防控 结合冬季修剪及生长期农事活动，及时发现并剪除受害枝条，集中带到园外烧毁，消灭枝条内幼虫。同时，在成虫发生期内，结合枣园内农事活动，人工捕杀成虫。

2.适当喷药防控 往年红缘天牛发生较重枣园，在成虫产卵期内结合其他害虫防控，对枝干进行重点喷药防控，杀灭产卵成虫及其所产卵。效果较好的药剂有：45%毒死蜱乳油1200～1500倍液、50%马拉硫磷乳油1200～1500倍液、1.8%甲氨基阿维菌素苯甲酸盐乳油2000～3000倍液、48%毒·辛乳油1000～1500倍液、4.5%高效氯氰菊酯乳油或水乳剂1500～2000倍液、25克/升高效氯氟氰菊酯乳油1500～2000倍液、20%甲氰菊酯乳油1500～2000倍液等。

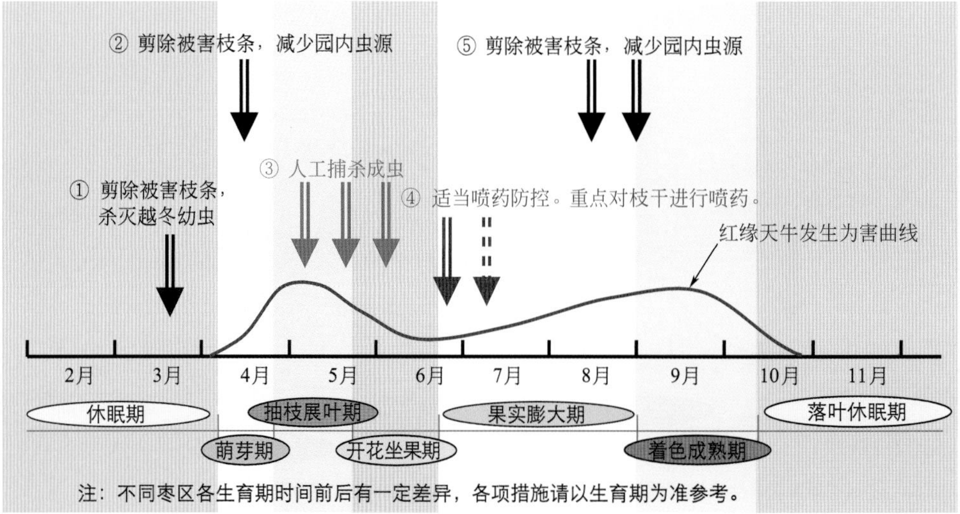

② 剪除被害枝条，减少园内虫源

⑤ 剪除被害枝条，减少园内虫源

① 剪除被害枝条，杀灭越冬幼虫

③ 人工捕杀成虫

④ 适当喷药防控。重点对枝干进行喷药。

红缘天牛发生为害曲线

2月　3月　4月　5月　6月　7月　8月　9月　10月　11月

休眠期　　抽枝展叶期　　果实膨大期　　落叶休眠期
萌芽期　　开花坐果期　　着色成熟期

注：不同枣区各生育期时间前后有一定差异，各项措施请以生育期为准参考。

图21-38 红缘天牛防控技术模式图

彩图21-216　红缘天牛幼虫

蚱蝉

【分布与为害】蚱蝉（Cryptotympana atrata Fabricius）属同翅目蝉科，俗称鸣蝉、秋蝉、知了等，我国大部分省区均有发生，可为害枣树、苹果、梨树、山楂、桃树、杏树、李树、柿树、杨树、柳树等多种果树及林木，主要以成虫产卵进行为害。成虫产卵时，用产卵器刺破当年生枝条皮层，将卵产于其中（彩图21-217）；而后，被产卵枝条从产卵处下方开始逐渐枯死，严重时造成大量新生枝条干枯（彩图21-218），对树冠生长及树势影响很大。

彩图21-217　蚱蝉刺破一年生枝产卵为害

彩图21-218　蚱蝉产卵枝枯死状

【形态特征】成虫体黑色，有光泽，长44～48毫米，翅展约125毫米；头部横宽，中央向下凹陷，颜面顶端及侧缘淡黄褐色；复眼1对，大而横宽，呈淡黄褐色，单眼3个，位于复眼中央，呈三角形排列；触角短小，位于复眼前方；前胸背板两侧边缘略扩大，中胸背板有2个隐约的淡

赤褐色锥形斑；翅2对，透明有反光，翅脉显明（彩图21-219）；足3对，淡黄褐色，腿节上的条纹、胫节基部及端部均为黑色；腹部各节黑色，末端略尖，呈钝角；雄虫具鸣器。卵乳白色，长梭形稍弯，长约2.5毫米（彩图21-220）。老熟若虫体长约35毫米，黄褐色，体壁坚硬，前足为开掘足。蝉蜕黄褐色（彩图21-221）。

彩图21-219　蚱蝉成虫

彩图21-220　蚱蝉产在枝条内的卵

彩图21-221　蚱蝉的蝉蜕

【发生规律】蚱蝉在华北地区约4～5年发生1代，以卵在被害枝内和若虫在土壤中越冬。枝条内的越冬卵多于6月份孵化为若虫，而后入土中生活，秋后向深层土壤移动越冬。来年随气温回暖，上升到浅层土壤内生活，刺吸植物根部汁液以生长发育，秋后再下潜至深层土壤中越冬。如此几年后若虫老熟。若虫老熟后多在初夏的傍晚出土，爬到树干、枝条、叶片等处蜕皮羽化为成虫。一般6月末开始出现成虫，寿命约60～70天，7月下旬开始产卵，8月上中旬为产卵盛期。产卵时先用产卵器刺破枝条树皮和幼嫩木质部，然后产卵于木质部内，卵粒斜纵排列。成虫飞翔能力强，有趋光性。

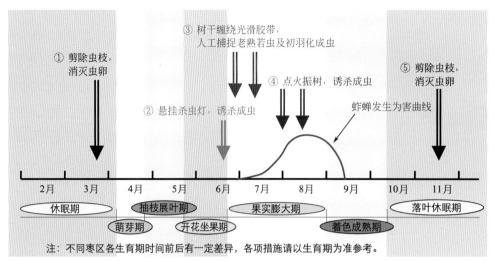

① 剪除虫枝，消灭虫卵

② 悬挂杀虫灯，诱杀成虫

③ 树干缠绕光滑胶带，人工捕捉老熟若虫及初羽化成虫

④ 点火振树，诱杀成虫

⑤ 剪除虫枝，消灭虫卵

蚱蝉发生为害曲线

2月　3月　4月　5月　6月　7月　8月　9月　10月　11月

休眠期　　抽枝展叶期　　果实膨大期　　落叶休眠期
萌芽期　开花坐果期　　着色成熟期

注：不同枣区各生育期时间前后有一定差异，各项措施请以生育期为准参考。

图21-39　蚱蝉防控技术模式图

【防控技术】蚱蝉防控技术模式如图21-39所示。

1.农业措施防控　结合修剪，彻底剪除被害枝梢，集中烧毁，消灭虫卵。在若虫出土羽化期，于树干上缠绕光滑胶带，阻止其爬行上树，然后每天傍晚人工捕捉若虫，或清晨捕杀初羽化成虫。

2.灯光诱杀成虫　利用蚱蝉成虫的趋光性，在成虫发生高峰期内，于田间悬挂黑光灯诱杀成虫，或于晚间在果园内点火振动树枝诱杀成虫。

大青叶蝉

【分布与为害】大青叶蝉［*Tettigella viridis*（Linnaeus）］属同翅目叶蝉科，俗称"浮尘子"，在我国许多省区均有发生，可为害枣树、苹果、桃树、梨树、核桃、柿树等多种果树及萝卜、白菜、胡萝卜等多种蔬菜。在枣树上，主要以成虫和若虫刺吸花蕾及叶片汁液和成虫产卵进行为害（彩图21-222）。叶片受害，造成叶色褪绿及叶片畸形、卷缩等（彩图21-223）。成虫产卵为害，多发生在当年生枝条及枣头上，产卵器刺破枝条表皮，将卵产于其中，表面呈月牙形隆起（彩图21-224），在枝条上形成许多伤口，严重时翌年春天易风干形成枯枝。

彩图21-222　大青叶蝉为害花蕾

【形态特征】成虫体黄绿色，长7～10毫米，头宽2.3～2.7毫米，雄成虫稍小；复眼绿色；前胸背板淡黄绿色，后半部深青绿色；小盾片淡黄绿色；前翅绿色带有青蓝色泽，端部透明，翅脉为青黄色，具有狭窄的淡黑色边缘（彩图21-225）；后翅烟黑色，半透明；腹部背面蓝黑色，胸、腹部腹面及足为橙黄色。卵白色微黄，长卵圆形，长1.6毫米，中间微弯曲（彩图21-226）。初孵若虫白色微带黄绿，头大腹小，复眼红色；2～6小时后，体色渐变淡黄、浅灰或灰黑色。3龄后出现翅芽。老熟若虫体长6～7毫米，胸背及两侧有4条褐色纵纹直达腹端。

彩图21-223　大青叶蝉若虫为害叶片

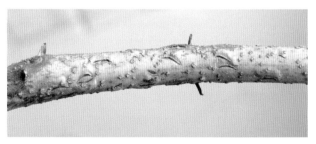

彩图21-224　大青叶蝉产卵为害枝条

彩图21-225　大青叶蝉成虫

彩图21-226 大青叶蝉为害的枝条及产卵状

【发生规律】大青叶蝉在华北地区1年发生3代，以卵在枣树等林木枝条皮层下越冬。翌年条件适宜时越冬卵孵化，初孵若虫1小时后开始取食，1天后能够跳跃。初孵若虫喜群集取食，受惊扰跳跃而逃，3天后多数从产卵寄主植物上转移到矮小寄主植物上为害。第1代若虫期43.9天，第2、3代若虫期平均为24天。华北地区各代发生期为4月上旬～7月上旬、6月上旬～8月中旬、7月中旬～11月中旬。

成虫活泼，善跳跃，能飞翔，具很强趋光性，喜在嫩绿多汁的植物上刺吸为害。经过1个多月的营养补充后才交尾产卵。卵成排产在植物表皮下，每块2～15粒，每雌虫产卵3～10块。夏季卵多产在草本寄主植物上，越冬卵则产在枣树等林木的幼嫩光滑枝条上，以卵块在枝条上越冬。

【防控技术】大青叶蝉防控技术模式如图21-40所示。

1. 农业措施防控 枣园内不要间套作瓜果蔬菜类和玉米、高粱等大青叶蝉的寄主植物，特别是不能间套作秋季晚熟多汁类作物，如甘薯、白菜、萝卜等，防止末代成虫秋季进园产卵为害。另外，夏末秋初，尽量将果园内杂草清除，以减少大青叶蝉为害。

2. 灯光诱杀成虫 利用成虫的趋光性，在成虫发生期内，于枣园内悬挂黑光灯或频振式诱虫灯，诱杀成虫。

3. 适当树上喷药防控 重点需要抓住两个关键期，一是4月中下旬越冬卵孵化后低龄若虫向矮小植物上转移时，二是秋季末代成虫上树产卵为害期，即9月底10月初。具体喷药时树上、树下均需喷洒，且应均匀周到。常用有效药剂有：4.5%高效氯氰菊酯乳油或水乳剂1200～1500倍

液、25克/升高效氯氟氰菊酯乳油1200～1500倍液、25克/升溴氰菊酯乳油1200～1500倍液、20%甲氰菊酯乳油1200～1500倍液等。

同型巴蜗牛

【分布与为害】同型巴蜗牛［*Bradybaena similaris* (Ferussac)］属软体动物门腹足纲柄眼目巴蜗牛科，主要发生在我国南方及中部省区，可为害枣树、苹果、梨树、桃树、紫薇、芍药等多种果树林木及白菜、萝卜、甘蓝等多种蔬菜。在枣树上，以幼螺和成螺取食叶片及愈伤组织，受害叶片形成缺刻或孔洞（彩图21-227）；甲口受害影响伤口愈合，造成树势衰弱（彩图21-228、彩图21-229）。

彩图21-227 同型巴蜗牛为害叶片状

【形态特征】贝壳中等大小，扁球形，壳质厚，坚实，壳高12毫米，宽16毫米，有5～6个螺层。顶部几个螺层增长缓慢，略膨胀，螺旋部低矮；低螺层增长迅速、膨大。壳面黄褐色或红褐色，有稠密而细致的生长线。壳口马蹄形，口缘锋利，轴缘外折。脐孔小而深，呈洞穴状。卵圆球形，直径2毫米，有光泽，初乳白色渐变淡黄色，近孵化时为土黄色。

【发生规律】同型巴蜗牛在河北1年发生1代，以成螺或幼螺在田埂土缝、残株落叶、田边杂草或乱石中越冬。翌年3月下旬开始活动，白天潜伏隐藏，傍晚或清晨取食为害，阴雨天时可全天为害。5～6月份成螺交配产卵，卵成堆产于作物根部土壤中、草根附近或土块下。一年中有2个活动为害盛期，6～7月份为第1个为害盛期，9月份天气凉爽后进入第2个为害盛期。温暖的阴雨天气害螺为害较重。进入11月份后开始越冬。成螺寿命2年以上。

【防控技术】同型巴蜗牛防控技术模式如图21-41所示。

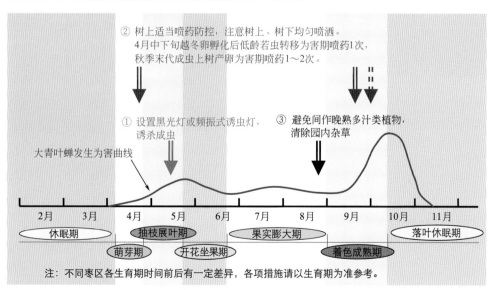

② 树上适当喷药防控，注意树上、树下均匀喷洒。
4月中下旬越冬卵孵化后低龄若虫转移为害期喷药1次，秋季末代成虫上树产卵为害期喷药1～2次。

① 设置黑光灯或频振式诱虫灯，诱杀成虫

③ 避免间作晚熟多汁类植物，清除园内杂草

大青叶蝉发生为害曲线

| 2月 | 3月 | 4月 | 5月 | 6月 | 7月 | 8月 | 9月 | 10月 | 11月 |

休眠期　　　抽枝展叶期　　　果实膨大期　　　落叶休眠期

萌芽期　　　开花坐果期　　　着色成熟期

注：不同枣区各生育期时间前后有一定差异，各项措施请以生育期为准参考。

图21-40 大青叶蝉防控技术模式图

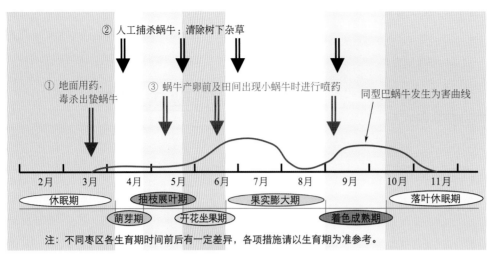

② 人工捕杀蜗牛；清除树下杂草

① 地面用药，
毒杀出蛰蜗牛

③ 蜗牛产卵前及田间出现小蜗牛时进行喷药

同型巴蜗牛发生为害曲线

2月　3月　4月　5月　6月　7月　8月　9月　10月　11月

休眠期　　　　抽枝展叶期　　　果实膨大期　　　　落叶休眠期

萌芽期　　开花坐果期　　　　着色成熟期

注：不同枣区各生育期时间前后有一定差异，各项措施请以生育期为准参考。

图21-41　同型巴蜗牛防控技术模式图

3.树上适当喷药　蜗牛发生严重枣园，在蜗牛产卵前和田间出现小蜗牛时进行喷药，早晨或傍晚喷药效果较好，重点喷洒树体中下部枝干及树干周围地面。效果较好的药剂有：30%甲萘·四聚母粉每亩80克对水30千克、80%四聚乙醛可湿性粉剂500倍液等。

彩图21-228　同型巴蜗牛为害愈伤组织

彩图21-229　同型巴蜗牛为害枝干

1.农业措施防控　结合农事活动，进行人工捕杀，早晨、傍晚或阴天效果更好。蜗牛发生严重枣园，可以利用树枝、杂草、菜叶等在树下诱集捕杀。蜗牛发生为害期内，彻底清除果园内杂草等蜗牛栖息场所，并撒施生石灰，减少蜗牛活动范围。

2.地面防控　枣树发芽前，使用6%四聚乙醛颗粒剂等杀螺剂撒施于枣园内，每亩用量2千克，毒杀出蛰活动的蜗牛。

灰巴蜗牛

【分布与为害】灰巴蜗牛［*Bradybaena ravida*（Benson）］属软体动物门腹足纲柄眼目巴蜗牛科，在我国许多省区均有发生，可为害枣树、苹果、梨树、桃树、海棠、紫薇、芍药等多种果树、林木及白菜、萝卜、甘蓝等多种蔬菜。在枣树上为害症状同"同型巴蜗牛"。

【形态特征】蜗牛壳质坚固，圆球形，壳高19毫米，宽21毫米。有5.5～6个螺层，顶部几个螺层增长缓慢，略膨胀；低螺层急骤增长、膨大。壳面黄褐色或琥珀色，具有细致而稠密的生长线和螺纹。壳顶尖，缝合线深。壳口椭圆形，口缘完整，略外折，锋利，易碎。脐孔狭小，呈缝隙状。个体大小、颜色差异较大（彩图21-230）。卵圆球形，白色。

彩图21-230　灰巴蜗牛的成贝

【发生规律】同"同型巴蜗牛"。
【防控技术】参照"同型巴蜗牛"。

第二十二章
石榴害虫

棉蚜

【分布与为害】棉蚜（*Aphis gossypii* Glover）俗称"蜜虫"、"腻虫"、"油旱"，属同翅目蚜科，在我国各石榴产区均有发生，寄主及为害范围非常广泛，可为害石榴、花椒、桃树、木槿、棉花、蔬菜等多种植物。以成蚜、若蚜刺吸幼嫩组织汁液为害，具有群集为害特性。石榴上以花蕾、幼果和嫩芽、嫩叶及嫩梢受害较重（彩图22-1、彩图22-2）。为害严重时受害部位表面聚满蚜虫（彩图22-3），嫩芽不能正常萌发，嫩叶卷曲、不能正常生长，新梢扭曲、生长受阻，花蕾萎缩脱落，幼果生长缓慢等。同时，棉蚜排泄出大量蜜露状黏液污染叶面、果面（彩图22-4），易诱使煤污病发生。

彩图22-3　受害幼果表面聚满蚜虫

彩图22-1　棉蚜在花蕾上为害

彩图22-4　叶面、果面污染有大量蜜露

【形态特征】有翅胎生雌蚜体长1.2～1.9毫米，头胸部黑色，腹部黄色、黄绿色至深绿色，腹背两侧具黑斑3～4对，触角6节，翅膜质透明，翅痣灰黄色，前翅中脉3分叉，腹管圆筒形较短、黑色或青色，尾片乳头状。无翅胎生雌蚜体长1.5～1.9毫米，夏季多为黄绿色、淡黄色至黄色，春秋季多为深绿色、蓝黑色、黑色或棕色，被白色薄蜡粉，前胸背板两侧各有一锥状小突起，腹部肥大，腹管、尾片及触角特征同有翅胎生雌蚜（彩图22-5）。卵椭圆形，长0.5～0.7毫米，初产时橙黄色，6天后变漆黑色。若

彩图22-2　棉蚜在嫩梢上为害

虫与无翅胎生雌蚜相似，体较小、尾片不如成虫突出，有翅若蚜胸部发达具翅芽。

彩图22-5　棉蚜的无翅胎生雌蚜

【发生规律】棉蚜1年发生20～30代，主要以卵在石榴、花椒、木槿等寄主植物的枝条上越冬。翌年春季果树发芽时越冬卵孵化为干母，孤雌胎生几代雌蚜（称为干雌），5月下旬后开始产生有翅蚜，迁飞至棉花、花生等其他寄主植物上继续为害，至秋末又迁飞回石榴、花椒等木本植物上，为害繁殖一段时间后产生性蚜，交尾后在枝条上产卵、越冬。卵多产于芽腋处。

【防控技术】在搞好果园卫生的基础上，以药剂防控为主，适当结合以保护和利用天敌（图22-1）。

1.搞好果园卫生　落叶后至发芽前，结合冬剪，彻底清除果园内的枯枝、落叶、杂草，集中烧毁或深埋，减少棉蚜越冬场所。上年秋后园内棉蚜数量较多的果园，石榴萌芽前喷洒1次铲除性药剂清园，杀灭越冬虫卵，效果较好的药剂如：3～5波美度石硫合剂、45%石硫合剂晶体50～70倍液、33%氯氟·吡虫啉悬浮剂2000～3000倍液等。

2.生长期及时喷药防控　主要防控期为春梢生长期至开花前后，一般果园从棉蚜发生为害初盛期或数量开始较快增加时开始喷药，7～10天1次，连喷2～4次；秋后园内虫量较多时，再喷药1～2次。常用有效药剂有：22%氟啶虫胺腈悬浮剂4000～5000倍液、70%吡虫啉水分散粒剂8000～10000倍液、350克/升吡虫啉悬浮剂4000～5000倍液、5%啶虫脒乳油2000～2500倍液、10%烯啶虫胺可溶性液剂3000～4000倍液、25%吡蚜酮可湿性粉剂2000～3000倍液、25克/升高效氯氟氰菊酯乳油1500～2000倍液、4.5%高效氯氰菊酯乳油1500～2000倍液、20%S-氰戊菊酯乳油1500～2000倍液、1%烟碱乳油1000～1200倍液、33%氯氟·吡虫啉悬浮剂3000～4000倍液等。

3.保护和利用天敌　蚜虫的自然天敌种类很多，常见的有七星瓢虫、中华草岭、食蚜蝇、蚜茧蜂等，在蚜量较低时尽量减少喷药，并避免使用广谱性杀虫剂，以保护和利用天敌。

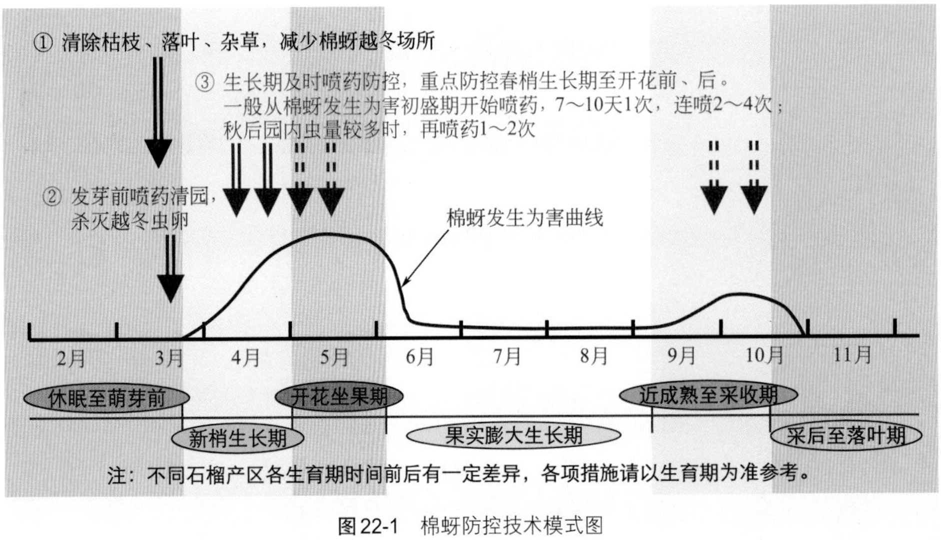

绿盲蝽

【分布与为害】绿盲蝽（*Lygus lucorum* Meyer-Dür）又称绿盲蝽象、盲蝽蟓，俗称"花叶虫"、"小臭虫"、"破叶疯"等，属半翅目盲蝽科，在我国各石榴产区均有发生，可为害石榴、葡萄、枣树、桃树、杏树、李树、樱桃、梨树、核桃等多种果树。主要以成虫和若虫刺吸为害新梢、嫩叶等幼嫩组织。嫩叶受害，初期形成褐色坏死斑点（彩图22-6），随叶片生长，逐渐发展成不规则孔洞（彩图22-7），导致叶片支离破碎，严重时受害叶片扭曲、皱缩、畸形。嫩梢受害，严重时新梢不能正常生长，扭曲、畸形（彩图22-8）。

【形态特征】成虫体长约5毫米，宽约2.5毫米，长卵圆形，全体绿色，密被短毛；头部三角形、黄绿色，复眼黑褐色、突出，触角丝状，4节；前胸背板深绿色，密布刻点；小盾片三角形，微突，黄绿色，具浅横皱；前翅革片绿色，革片端部与楔片相接处略呈灰褐色，楔片绿色，膜区暗褐色（彩图22-9）。卵黄绿色，长口袋形，长约1毫米；卵盖黄白色，中央凹陷，两端稍微突起。若虫共5龄，体形与成虫相似，全体鲜绿色，3龄开始出现明显翅芽，4龄翅芽超过第1腹节（彩图22-10）。

【发生规律】绿盲蝽在北方石榴产区1年发生4～6代，主要以卵在石榴、桃树、樱桃、枣树等果树的树皮缝、芽眼间、枯枝断面及其他植物断面的髓部、杂草或浅层土壤中越冬。翌年石榴发芽后开始孵化，新梢生长初期为越冬卵孵化盛期，初孵若虫集中为害嫩芽、幼叶。5月上旬达越冬代成虫发生高峰。成虫善飞翔，寿命长，产卵期持续1个月左右。第1代发生相对整齐，以后世代重叠严重。成虫、若虫均比较活泼，爬行迅速，具很强的趋

① 清除枯枝、落叶、杂草，减少棉蚜越冬场所

③ 生长期及时喷药防控，重点防控春梢生长期至开花前、后。一般从棉蚜发生为害初盛期开始喷药，7～10天1次，连喷2～4次；秋后园内虫量较多时，再喷药1～2次

② 发芽前喷药清园，杀灭越冬虫卵

棉蚜发生为害曲线

| 2月 | 3月 | 4月 | 5月 | 6月 | 7月 | 8月 | 9月 | 10月 | 11月 |

休眠至萌芽前　　开花坐果期　　近成熟至采收期

新梢生长期　　果实膨大生长期　　采后至落叶期

注：不同石榴产区各生育期时间前后有一定差异，各项措施请以生育期为准参考。

图22-1　棉蚜防控技术模式图

嫩性。成虫、若虫多数白天潜伏在树下草丛中或根蘗苗上，清晨和傍晚上树为害。绿盲蝽主要为害幼嫩组织，当嫩梢停止生长叶片老化后，即转移到周围其他寄主植物上为害。秋季，部分末代成虫又陆续迁回果园，产卵越冬。

彩图22-6　嫩叶受害，产生褐色坏死斑点

彩图22-7　叶片受害后逐渐发展成不规则孔洞

彩图22-8　嫩梢严重受害状

彩图22-9　绿盲蝽成虫

彩图22-10　绿盲蝽若虫

【防控技术】绿盲蝽防控技术模式如图22-2所示。

1.搞好果园卫生　石榴树萌芽前，彻底清除果园内及其周边的杂草，消灭绿盲蝽的部分越冬场所，减少越冬虫源。

2.树干涂抹黏虫胶环　发芽前在树干上涂抹黏虫胶环，阻止并黏杀爬行上树为害的绿盲蝽若虫。

3.树上及时喷药防控　嫩梢萌发抽生期是喷药防控绿盲蝽为害的关键，一般果园从初见绿盲蝽为害时开始喷药，7～10天1次，连喷2～3次。效果较好的药剂同"棉蚜"生长期树上喷药药剂。

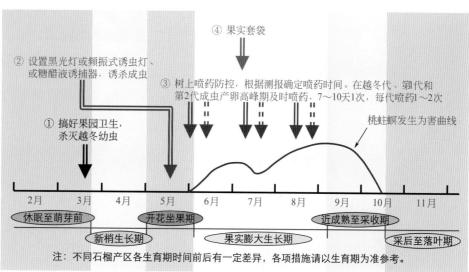

图22-2　绿盲蝽防控技术模式图

斑衣蜡蝉

【分布与为害】斑衣蜡蝉（*Lycormadelicatula* White）又称椿皮蜡蝉，俗称"樗鸡"、"红娘子"，属同翅目蜡蝉科，在我国各石榴产区均有发生，可为害石榴、花椒、猕猴桃、葡萄、桃树等多种果树，以成虫、若虫刺吸汁液为害。石榴的叶片、枝条及果实均可受害，虫量少时树体没有明显异常，虫量多时造成树势衰弱，严重时引起枝条破裂、甚至枯死。同时，害虫排泄物常易诱使煤污病发生，影响光合作用及污染果面。

【形态特征】成虫体长15～20毫米，翅展39～56毫米，体暗灰色泛红，体翅上覆盖有白色蜡粉；头顶向上翘起，触角红色3节刚毛状、基部膨大；前翅革质，基部2/3淡灰褐色，散生20余个黑点，端部1/3暗褐色，脉纹色淡；后翅基部1/3红色，上有6～10个黑褐色斑点（彩图22-11）。卵长椭圆形，似麦粒状，长3毫米左右，中部有一脊状隆起，卵粒排列成行，数行成块，每块有卵数十粒（彩图22-12），上覆灰色土状分泌物（彩图22-13、彩图22-14）。若虫与成虫相似，体扁平，头尖长，足长；1～3龄体黑色，布有许多白色斑点（彩图22-15）；4龄体背面红色，布有黑色斑纹和白点，具明显翅芽（彩图22-16）。

彩图22-11 斑衣蜡蝉成虫

彩图22-12 斑衣蜡蝉卵粒呈块状排列

彩图22-13 斑衣蜡蝉初产卵块

彩图22-14 斑衣蜡蝉卵块后期

彩图22-15 斑衣蜡蝉低龄若虫

彩图22-16 斑衣蜡蝉高龄若虫

【发生规律】斑衣蜡蝉1年发生1代，以卵块在枝干上越冬，背阴面较多。翌年4～5月份陆续孵化。若虫喜群集在嫩叶背面及嫩枝上为害，若虫期约60天。6月下旬～7月份羽化出成虫，成虫8月份开始交尾产卵，卵多产在枝干的背阴面。成虫、若虫均有群集性，较活泼、善跳跃，受惊扰弹跳逃离，成虫以跳助飞。成虫寿命长达4个月，为害至10月中下旬陆续死亡。

【防控技术】

1.农业措施防控　结合果园内农事活动及修剪等，发现卵块及时挤压销毁，减少越冬虫源。石榴园内及周边，避免栽植花椒、椿树等斑衣蜡蝉喜食的树木，以减少虫源。

2.适当喷药防控　斑衣蜡蝉多为零星发生，一般果园不需单独喷药防控。个别虫量较多果园，在低龄若虫期及时喷药1～2次即可，间隔期10天左右，以选用击倒力强的触杀性药剂较好。有效药剂如：4.5%高效氯氰菊酯乳油1500～2000倍液、50克/升高效氯氟氰菊酯乳油3000～4000倍液、20% S-氰戊菊酯乳油1500～2000倍液、50%杀螟硫磷乳油1200～1500倍液、45%马拉硫磷乳油1200～1500倍液等。

烟蓟马

【分布与为害】烟蓟马（*Thrips tabaci* Lindeman）又称棉蓟马、葱蓟马、瓜蓟马，属缨翅目蓟马科，在我国许多省区均有发生，是一种杂食性害虫，可为害石榴、葡萄、草莓、李树、梨树等多种果树。以成虫、若虫锉吸幼嫩组织汁液为害，以果实受害损失最重。为害初期，受害部位表面出现细密的失绿小斑点，后渐发展为小黑点状，严重时点状连片（彩图22-17、彩图22-18）；随果实膨大，为害斑点渐形成灰褐色至灰白色愈伤组织，呈片状、条带状或不规则状（彩图22-19），被果农俗称"麻皮果"，果品质量受影响严重。

【形态特征】成虫体长1.2～1.4毫米，黄褐色或暗褐色；触角7节，复眼红色，前胸稍长于头，后角有2对长鬃；翅狭长，透明，前脉上有鬃10～13根排成3组，后脉上有鬃15～16根排列均匀。卵初期肾形，后期卵圆形，乳白色至黄白色，长0.2～0.3毫米。若虫体淡黄色，触角6节，胸、腹部各节有微细褐点，点上生有粗毛；4龄显现翅芽，不取食，可活动，称为伪蛹。

【发生规律】烟蓟马在我国中部地区1年发生5～10代，主要以成虫在土块下、土缝内、枯枝落叶中或其他寄主植物上越冬，也可以若虫和伪蛹越冬，在华南地区则无越冬现象。翌年果树发芽后即出蛰为害，并繁衍后代，世代重叠严重。雌虫可行孤雌生殖，每雌产卵21～178粒，卵产于幼嫩组织内。在25～28℃下，卵期5～7天，若虫期6～7天，前蛹期2天，蛹期3～5天，成虫寿命8～10天。成虫活跃，善飞翔，怕阳光，喜早、晚或阴天在隐蔽处取食。暴风雨可降低发生数量。

【防控技术】

1.农业措施防控　注意清除果园内及其周边的枯枝、落叶、杂草，搞好果园卫生，减少虫源。果园内避免种植葱、蒜、茄子、辣椒等烟蓟马喜食作物，防止其交叉为害。

彩图22-17　烟蓟马在花托上的为害小点

彩图22-18　烟蓟马在幼果表面的为害小点

彩图22-19　幼果受害，后期发展成的条带状愈伤组织

2.适当喷药防控　上年烟蓟马为害较重果园，从开花初期开始喷药，10天左右1次，连喷2～3次。效果较好的药剂有：60克/升乙基多杀菌素悬浮剂3000～4000倍液、10%多杀菌素悬浮剂2000～3000倍液、21%噻虫嗪悬浮剂3000～4000倍液、20%呋虫胺可溶粒剂2000～3000倍液、350克/升吡虫啉悬浮剂3000～4000倍液、5%氟虫脲乳油1500～2000倍液、3%甲氨基阿维菌素苯甲酸盐4000～5000倍液等。

桃蛀螟

【分布与为害】桃蛀螟（*Dichocrosis punctiferalis* Guenée）又称桃蛀野螟、桃蛀斑螟、桃蠹螟，属鳞翅目螟蛾科，在我国许多果区均有发生，是一种多食性害虫，可为害石榴、苹果、梨、桃、李、杏、葡萄、山楂、板栗等多种果实，以幼虫蛀食果实为害。在石榴上，幼虫多从花或果的萼筒处蛀入，或从果与果、果与枝、果与叶接触处蛀入，一个果实内有一至几条幼虫，蛀孔外留有大量虫粪（彩图22-20），虫道内亦充满虫粪，受害果实后期局部腐烂干缩或整个干缩为僵果（彩图22-21），失去食用价值。

彩图22-20　受害果实蛀孔外留有虫粪

彩图22-21　受害果实后期干缩为僵果

【形态特征】成虫体长10～12毫米，翅展24～26毫米，全体黄色，身体和翅面上具有多个黑色斑点，似豹纹状；前翅有27～29个黑斑，后翅有14～20个黑斑，触角丝状；腹部第1和第3～6节背面有3个黑点，第7节有时只有1个黑点，第2、8节无黑点，雄蛾腹部末端有黑色毛丛（彩图22-22）。卵椭圆形，长0.6～0.7毫米，初产时乳白色，后变为红褐色，表面有网状斜纹。老熟幼虫体长22～25毫米，体背

暗红或淡灰褐色，腹面淡绿色，头和前胸背板暗褐色；中、后胸及腹部各节背面各有4个灰褐色毛片，排成两列，前两个较大，后两个较小；臀板深褐色，臀栉有4～6个刺（彩图22-23）。蛹褐色或淡褐色，长约13毫米，腹部5～7节背面前缘各有1列小刺，腹末有6根细长的卷曲刺。

彩图22-22　桃蛀螟成虫

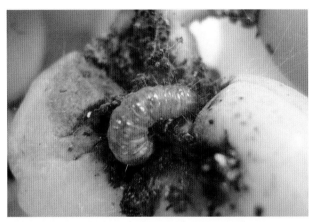

彩图22-23　桃蛀螟幼虫

【发生规律】桃蛀螟1年发生2～5代，河北、山东、陕西等果区1年多发生2～3代，均以老熟幼虫结茧越冬。越冬场所比较复杂，多在果树翘皮裂缝中、果园的土石块缝内、梯田边、堆果场等处越冬，也可在玉米茎秆、高粱秸秆、向日葵花盘等处越冬。翌年4月开始化蛹、羽化，

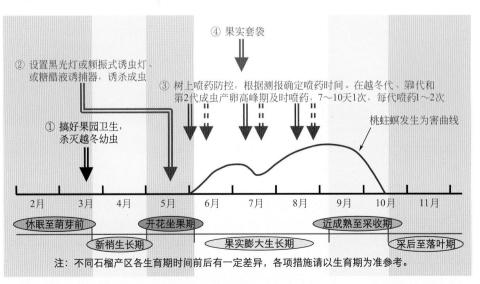

图22-3　桃蛀螟防控技术模式图

但很不整齐，导致后期世代重叠严重。成虫昼伏夜出，对黑光灯和糖醋液趋性强。华北地区第1代幼虫发生在6月初～7月中旬，第2代幼虫发生在7月初～9月上旬，第3代幼虫发生在8月中旬～9月下旬。卵多产在枝叶茂密处的果实上或两个果实相互紧贴之处，卵散产。一个果内常有数条幼虫，幼虫有转果为害习性。卵期6～8天，幼虫期15～20天，蛹期7～10天，完成1代约需30天。9月中下旬后老熟幼虫陆续寻找适宜场所越冬。

【防控技术】桃蛀螟防控技术模式如图22-3所示。

1.农业措施防控 石榴发芽前，彻底清除果园内外的枯枝、落叶、杂草，翻耕树盘等，破坏害虫越冬场所，消灭越冬幼虫。生长期及时摘除虫果、捡拾落果，消灭果内幼虫。尽量实施果实套袋（彩图22-24），阻止害虫产卵、蛀食为害。

2.诱杀成虫 利用成虫的趋光性和趋化性，在成虫发生期内于果园中设置黑光灯、频振式诱虫灯或糖醋液诱捕器，诱杀成虫。

3.树上喷药防控 根据虫情测报，在越冬代、第1代及第2代成虫产卵高峰期及时进行喷药，7～10天1次，每代喷药1～2次。套袋果园套袋前最好喷药1次。效果较好的药剂有：1.8%阿维菌素乳油2500～3000倍液、1%甲氨基阿维菌素苯甲酸盐微乳剂1500～2000倍液、10%氟苯虫酰胺悬浮剂1200～1500倍液、200克/升氯虫苯甲酰胺悬浮剂3000～4000倍液、20%杀铃脲悬浮剂3000～4000倍液、10%虱螨脲悬浮剂1500～2000倍液、4.5%高效氯氰菊酯乳油1500～2000倍液、25克/升高效氯氟氰菊酯乳油1500～2000倍液、20%甲氰菊酯乳油1500～2000倍液、50%马拉硫磷乳油1200～1500倍液等。

黄刺蛾

【分布与为害】黄刺蛾（*Cnidocampa flavescens* Walker）又称"洋辣子"、"八角虫"，属鳞翅目刺蛾科，在我国各石榴产区均有发生，可为害石榴、樱桃、苹果、梨树、桃树、李树、核桃、枣树、柿树等多种果树，以幼虫食害叶片。低龄幼虫群集叶背啃食叶肉，将叶片食成筛网状；随虫龄增大，食量增加，逐渐分散为害，将叶片吃成缺刻，甚至仅留叶柄，严重时将枝条上叶片吃光，对树势影响很大。

【形态特征】成虫体长13～16毫米，翅展30～34毫米，头和胸部黄色，腹部背面黄褐色；前翅内半部黄色、外半部褐色，有2条暗褐色斜线，在翅尖处汇合成倒"V"字形，内面1条伸到中室下角，为黄色与褐色的分界线（彩图22-25）。卵扁平椭圆形，黄褐色，长1.4～1.5毫米，数十粒成块状。老熟幼虫体长16～25毫米，黄绿色，长方形，头小，胸腹部肥大，体背有一两端粗中间细的哑铃型紫褐色大斑；各节有枝刺，腹部第1节的最大，其次依次为腹部第7节、胸部第3节、腹部第8节，腹部第2～6节的枝刺较小（彩图22-26）。蛹椭圆形，黄褐色，长约12毫米。茧灰白色，质地坚硬、光滑，表面有几条长短不一的褐色纵纹，似鸟蛋状（彩图22-27）。

彩图22-24 石榴套塑膜袋状

彩图22-25 黄刺蛾成虫

彩图22-26 黄刺蛾老熟幼虫

彩图22-27 黄刺蛾茧

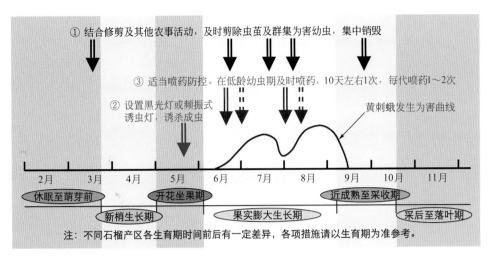

① 结合修剪及其他农事活动，及时剪除虫茧及群集为害幼虫，集中销毁

③ 适当喷药防控。在低龄幼虫期及时喷药，10天左右1次，每代喷药1～2次

② 设置黑光灯或频振式诱虫灯，诱杀成虫

黄刺蛾发生为害曲线

2月　3月　4月　5月　6月　7月　8月　9月　10月　11月

休眠至萌芽前　　　开花坐果期　　　　　近成熟至采收期

新梢生长期　　　　果实膨大生长期　　　采后至落叶期

注：不同石榴产区各生育期时间前后有一定差异，各项措施请以生育期为准参考。

图22-4　黄刺蛾防控技术模式图

【发生规律】黄刺蛾在黄淮地区1年发生2代，主要以老熟幼虫在小枝杈处及枝条上结茧越冬。翌年5月上旬开始化蛹，5月中下旬～6月上旬羽化。成虫趋光性强，在叶片背面产卵，数十粒成块状。6月中下旬幼虫孵化，初孵幼虫喜群集叶背为害，排列整齐；6月下旬～7月上中旬幼虫老熟，而后固贴在枝条上结茧化蛹。7月下旬开始出现第2代幼虫，8月份为第2代幼虫为害盛期，9月份后逐渐结茧越冬。

【防控技术】黄刺蛾防控技术模式如图22-4所示。

1. 人工措施防控　结合修剪及园内农事活动，发现虫茧及时剪除销毁或作以食用。生长期利用低龄幼虫群集为害特性，发现幼虫及时摘除销毁，减少园内虫量。

2. 诱杀成虫　利用成虫的趋光性，在成虫发生期内于果园中设置黑光灯或频振式诱虫灯，诱杀成虫。

3. 适当喷药防控　黄刺蛾多为零星发生，结合其他害虫喷药兼防即可。个别虫量发生较多果园，在低龄幼虫期及时喷药，10天左右1次，每代喷药1～2次。效果较好的药剂如：25%灭幼脲悬浮剂1500～2000倍液、20%杀铃脲悬浮剂3000～4000倍液、10%虱螨脲悬浮剂1500～2000倍液、240克/升甲氧虫酰肼悬浮剂3000～4000倍液、1.8%阿维菌素乳油2500～3000倍液、3%甲氨基阿维菌素苯甲酸盐乳油5000～6000倍液、20%氟苯虫酰胺水分散粒剂3000～4000倍液、200克/升氯虫苯甲酰胺悬浮剂3000～4000倍液、4.5%高效氯氰菊酯乳油1500～2000倍液、50克/升高效氯氟氰菊酯乳油3000～4000倍液、20%S-氰戊菊酯乳油1500～2000倍液等。

茶蓑蛾

【分布与为害】茶蓑蛾（*Clania minuscula* Butler）又称小窠蓑蛾、小蓑蛾、小袋蛾、茶袋蛾，属鳞翅目蓑蛾科，在我国各石榴产区均有发生，可为害石榴、梨树、桃树、樱桃、李树、柿树、花椒等多种果树，主要以幼虫食害叶片。幼虫躲在护囊中，从护囊口处取食叶片。低龄时啃食叶肉残留叶片上表皮，3龄后将叶片食成缺刻或孔洞状，严重时将叶片吃光。有时也可食害嫩枝和果皮。

【形态特征】雌成虫无足、无翅，蛆状，体长10～16毫米，体乳白色，头小、褐色，腹部肥大，后胸及第4～7腹节有浅黄色茸毛。雄成虫体长10～15毫米，翅展22～30毫米，体、翅暗褐色，触角羽状，胸、腹部具鳞毛，前翅翅脉两侧色深，外缘中前方有近正方形透明斑2个。卵椭圆形，长约0.8毫米，浅黄色。幼虫体长20～35毫米，头黄褐色，体肥大、两侧有暗褐色斑纹，胸部背面有2条褐色纵带，各节纵带外侧各具一褐斑，各腹节背面有4个黑色突起，排成"八"字形（彩图22-28）。蛹纺锤形，长14～20毫米，深褐色，雌蛹无翅芽和触角。护囊纺锤形，枯枝色，由丝缀结枝条碎片、叶片及长短不一的枝梗而成，枝梗整齐纵列在囊的最外层（彩图22-29）。

彩图22-28　护囊内的茶蓑蛾幼虫

彩图22-29　茶蓑蛾护囊

【发生规律】茶蓑蛾在我国中部地区1年发生1～2代，主要以3、4龄幼虫在护囊内越冬。翌年石榴发芽后开始活动、取食，5月中下旬后陆续老熟化蛹，6月上旬～7月中旬为成虫羽化产卵期。第1代幼虫6～8月发生，7～8月为害最重。第2代幼虫9月份出现，为害一段时间后开始休眠越冬，但冬前为害较轻。雌蛾寿命12～15天，雄蛾

2～5天，卵期12～17天，第1代幼虫期50～60天。雌蛾羽化后在护囊内，头部伸出护囊引诱雄蛾交尾，而后将卵产于护囊内。幼虫孵化后爬到枝叶上吐丝黏缀碎叶等营造护囊，并开始取食，取食时头、胸部从囊上端开口伸出，腹部留在囊内；4龄后咬取小枝附在囊外，老熟后在护囊中化蛹。

【防控技术】

1.**人工措施防控** 结合田间农事活动及修剪等，发现虫囊及时摘除销毁，减少园内虫量。

2.**适当喷药防控** 茶蓑蛾多为零星发生，一般果园结合其他害虫喷药兼防即可。个别虫量发生较多果园，在茶蓑蛾发生为害初期开始喷药，10天左右1次，每代喷药1～2次即可。常用有效药剂同"黄刺蛾"树上喷药药剂。

日本龟蜡蚧

【分布与为害】日本龟蜡蚧（*Ceroplastes japonicas* Gr.）又称枣龟蜡蚧、日本蜡蚧、龟蜡蚧，俗称"树虱子"，属同翅目蜡蚧科，在我国除新疆、西藏未见报道外其他各省市均有发生，可为害石榴、枣树、柿树、桃树、梨树、山楂、苹果等多种果树，以成虫、若虫刺吸汁液为害。在石榴上，叶片、枝条及果实均能受害（彩图22-30），叶片上正反两面均有发生（彩图22-31、彩图22-32）。严重时，造成叶片扭曲、脱落，树势生长衰弱（彩图22-33），甚至枝条枯死。同时，虫体的大量蜜露状排泄物污染叶面、果面，易诱使煤烟病发生，影响光合作用及果实外观品质。

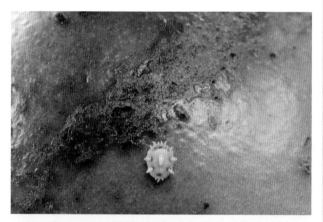

彩图22-30　日本龟蜡蚧在石榴果实上为害

彩图22-31　日本龟蜡蚧在叶片正面刺吸为害

彩图22-32　日本龟蜡蚧在叶片背面刺吸为害

彩图22-33　日本龟蜡蚧严重为害状

【形态特征】雌成虫体长2.2～4毫米，扁椭圆形，近产卵时半球形，虫体紫红色，背覆白色蜡状介壳；足3对，细小，腹部末端有产卵孔和排泄孔；介壳扁椭圆形，长4～5毫米，中央突起，表面有龟甲状纹，末端有一排泄孔（彩图22-34）。雄成虫体长1.5毫米，淡红色，有翅1对，透明，具明显的两大主脉。卵椭圆形，长约0.2毫米，产于雌虫介壳下，初产时淡橙黄色，近孵化时紫红色。初孵若虫体较小，扁平椭圆形，紫褐色，固定为害后开始分泌蜡丝，7～10天形成蜡壳；蜡壳周围有13个排列均匀的蜡芒，呈星芒状，头部蜡芒较大，尾部蜡芒较小（彩图22-35）；3龄后雌若虫介壳上出现龟形纹，雄若虫介壳为长椭圆形。

彩图22-34　日本龟蜡蚧雌成虫介壳

彩图22-35　日本龟蜡蚧若虫介壳

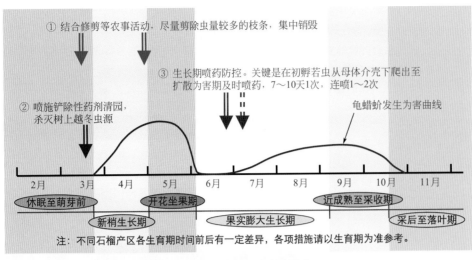

① 结合修剪等农事活动，尽量剪除虫量较多的枝条，集中销毁

③ 生长期喷药防控。关键是在初孵若虫从母体介壳下爬出至扩散为害及时喷药，7～10天1次，连喷1～2次

② 喷施铲除性药剂清园，杀灭树上越冬虫源

龟蜡蚧发生为害曲线

2月　3月　4月　5月　6月　7月　8月　9月　10月　11月

休眠至萌芽前　　开花坐果期　　近成熟至采收期

新梢生长期　　果实膨大生长期　　采后至落叶期

注：不同石榴产区各生育期时间前后有一定差异，各项措施请以生育期为准参考。

图22-5　日本龟蜡蚧防控技术模式图

【发生规律】日本龟蜡蚧1年发生1代，以受精雌成虫在1～2年生枝条上越冬。翌年树体萌芽期开始刺吸为害，虫体逐渐膨大，成熟后产卵于腹下（介壳下）。5月底～6月初开始产卵，每雌虫产卵1200～2000粒。产卵后母体收缩，干死在介壳内。卵期20～30天。6月底～7月初为孵化盛期。初孵若虫从介壳下爬出后分散至叶片、小枝及果实上为害，常有相对"群集性"，固定为害后开始分泌蜡质，未披蜡的若虫可被风吹传播，约14天后形成较完整的星芒状蜡质介壳。8月下旬～9月上旬雄成虫开始羽化，9月中下旬为羽化盛期，雄成虫寿命3天左右，有多次交尾习性。雌雄交尾后雄虫死亡，雌虫继续为害一段时间后从叶片或果实上转移到枝条上越冬。

【防控技术】日本龟蜡蚧防控技术模式如图22-5所示。

1.剪除虫枝　结合修剪等农事活动，尽量剪除虫量较多的枝条，集中带到园外销毁，减少园内虫源。

2.发芽前药剂清园　石榴萌芽初期，全园喷施1次铲除性药剂清园，杀灭树上越冬虫源。效果较好的药剂如：3～5波美度石硫合剂、45%石硫合剂晶体50～70倍液、97%矿物油乳剂100～150倍液等。

3.生长期喷药防控　关键是在初孵若虫从母体介壳下爬出至扩散为害期及时喷药，7～10天1次，连喷1～2次。常用有效药剂如：22%氟啶虫胺腈悬浮剂4000～5000倍液、22.4%螺虫乙酯悬浮剂2500～3000倍液、25%噻嗪酮可湿性粉剂1000～1200倍液、25%噻虫嗪水分散粒剂2000～3000倍液、2%甲氨基阿维菌素苯甲酸盐乳油2000～3000倍液、50克/升高效氯氟氰菊酯乳油2500～3000倍液、20%甲氰菊酯乳油1500～2000倍液、33%氯氟·吡虫啉悬浮剂3000～4000倍液等。

石榴绒蚧

【分布与为害】石榴绒蚧（*Eriococcus lagerostroemiae* Kuwana）又称榴绒粉蚧、紫薇绒蚧、石榴毡蚧，属同翅目绒蚧科，在我国除新疆、西藏、甘肃未见报道外其他各省

市均有发生，主要为害石榴、紫薇，以成虫、若虫刺吸汁液为害。在石榴上幼芽、嫩枝、叶片及果实均可受害。受害较重时，枝条衰弱，叶片易变黄脱落；同时，虫体分泌排泄的蜜露污染叶面、果面，易诱使煤烟病发生，影响叶片光合作用及果实外观质量（彩图22-36）。

【形态特征】雌成虫卵圆形，体棕红色，长1.8～2.2毫米，体背隆起，体表具白色卵圆形伪介壳，由毡绒状蜡毛织成，背面纵向隆起（彩图22-37）。雄成虫紫褐色至红色，体长约1毫米，前翅半透明，后翅退化为平衡棒，腹末有2条细长的白色蜡质尾丝。卵椭圆形，长约0.3毫米，初产时淡粉红色，后变紫红色。若虫椭圆形，体扁平，初孵时淡黄褐色，渐变为淡紫色（彩图22-38）。

彩图22-36　果实表面有煤烟病发生

彩图22-37　石榴绒蚧成虫

彩图22-38　石榴绒蚧若虫

【发生规律】石榴绒蚧1年发生3～4代，以末龄若虫在2～3年生的枝条皮缝内、芽鳞处或老皮下越冬。翌年石榴发芽后出蛰为害，吸食嫩芽、幼叶汁液，而后逐渐转移至枝条表面为害。5月上旬雌成虫开始产卵，卵产于伪介壳内，每雌产卵100～150粒，卵期10～20天。若虫孵化后从介壳中爬出，寻找适宜场所刺吸为害。第1代若虫发生在6月上中旬，第2代若虫多从7月中旬开始发生，第3代若虫多从8月下旬～9月初开始发生，但中后期世代重叠严重。10月初若虫陆续开始越冬。

【防控技术】参照"日本龟蜡蚧"防控技术。

第二十三章
花椒害虫

棉蚜

【分布与为害】棉蚜（*Aphis gossypii* Glover）属同翅目蚜科，又称花椒蚜虫、棉长管蚜、瓜蚜，俗称"腻虫"、"蜜虫"、"油旱"，在我国各省市均有发生，是一种世界性害虫，寄主范围非常广泛，可为害花椒、石榴、木槿、鼠李、棉花、瓜类等多种植物。在花椒上以若蚜和成蚜群集在嫩叶、幼嫩枝梢、花序及幼果上刺吸汁液为害（彩图23-1～彩图23-3），造成叶片蜷缩（彩图23-4），引起落花落果；同时，棉蚜排泄的黏性蜜露易诱发煤烟病（彩图23-5），污染叶片及果实（彩图23-6），影响光合作用。

彩图23-3　棉蚜群集在花序上为害

彩图23-1　棉蚜群集在嫩叶背面为害

彩图23-4　受害叶片蜷缩

【形态特征】干母体长1.6毫米，茶褐色，触角5节，无翅。无翅胎生雌蚜体长1.5～1.9毫米，体色有黄、青、深绿、暗绿等色，触角长约为体长的一半，复眼暗红色，腹管较短、黑青色，尾片青色，两侧各具刚毛3根（彩图23-7）。有翅胎生雌蚜大小与无翅胎生雌蚜相近，体黄色、浅绿至深绿色，触角较体短，头胸部黑色，两对翅透明，中脉三岔（彩图23-8）。卵椭圆形，长0.5毫米，初产时橙黄色，后变漆黑色，有光泽。无翅若蚜共4龄，夏季黄色至黄绿色，春、秋季蓝灰色，复眼红色。有翅若蚜也分4龄，夏季黄色，秋季灰黄色，2龄后出现翅芽。

彩图23-2　棉蚜群集在嫩梢上为害

彩图23-5　棉蚜的为害状及排泄的蜜露

彩图23-6　果实表面附生有煤烟

彩图23-7　无翅胎生雌蚜

彩图23-8　有翅胎生雌蚜与无翅胎生雌蚜

【发生规律】棉蚜在我国北方地区1年发生10～20代，以卵在花椒、木槿、石榴等越冬寄主的芽痕及小枝分叉处越冬。翌年春季花椒树发芽后，越冬卵孵化为干母，孤雌生殖2～3代后，部分个体产生有翅胎生雌蚜，5月迁入棉田、瓜田，为害刚出土的棉苗、瓜苗，随之在棉田、瓜田繁殖，5～6月进入为害高峰期，6月下旬后蚜量减少，在干旱年份为害期多延长。10月中下旬产生有翅的性母，迁回越冬寄主，产生无翅有性雌蚜和有翅雄蚜。雌雄蚜交配后，在越冬寄主枝条分叉处或芽腋处产卵越冬。棉蚜在花椒树上的为害盛期是4月下旬～6月中下旬。棉蚜适应偏低的温度，气温高于27℃繁殖受抑制，虫口迅速降低。其发生适温为17～24℃，相对湿度低于70%。有翅蚜对黄色有趋性。

【防控技术】棉蚜防控技术模式如图23-1所示。

1.发芽前药剂清园　在花椒发芽前，全园喷施1次铲除性药剂清园，杀灭越冬虫卵。效果较好的药剂为：3～5波美度石硫合剂、45%石硫合剂晶体50～70倍液、97%矿物油乳剂100～150倍液等。

2.生长期及时喷药　花椒花序分离期至落花后是喷药防控关键期。一般从棉蚜发生为害初盛期开始喷药，10天左右1次，连喷2～4次。常用有效药剂有：10%吡虫啉可湿性粉剂1500～2000倍液、20%啶虫脒可溶性粉剂6000～8000倍液、10%烯啶虫胺水剂2000～3000倍液、22%氟啶虫胺腈悬浮剂4000～5000倍液、25%吡蚜酮可湿性粉剂3000～4000倍液、200克/升丁硫克百威乳油1500～2000倍液、50克/升高效氯氟氰菊酯乳油3000～4000倍液、4.5%高效氯氰菊酯乳油1500～2000倍液、20% S-氰戊菊酯乳油1500～2000倍液、1%烟碱乳油1000～1200倍液等。

3.保护和利用天敌　棉蚜的天敌种类很多，主要有瓢虫、草蛉、食蚜蝇、蚜茧蜂等，应尽量减少喷施广谱性杀虫剂的次数，以保护利用这些天敌（彩图23-9、彩图23-10）。

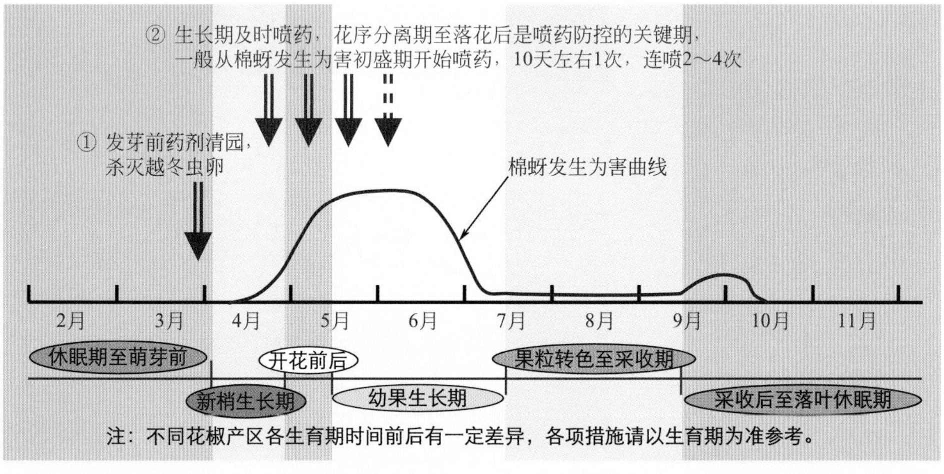

② 生长期及时喷药，花序分离期至落花后是喷药防控的关键期，一般从棉蚜发生为害初盛期开始喷药，10天左右1次，连喷2～4次

① 发芽前药剂清园，杀灭越冬虫卵

棉蚜发生为害曲线

| 2月 | 3月 | 4月 | 5月 | 6月 | 7月 | 8月 | 9月 | 10月 | 11月 |

休眠期至萌芽前　　开花前后　　果粒转色至采收期

新梢生长期　　幼果生长期　　采收后至落叶休眠期

注：不同花椒产区各生育期时间前后有一定差异，各项措施请以生育期为准参考。

图23-1　棉蚜防控技术模式图

彩图23-9　蚜虫天敌食蚜蝇幼虫

彩图23-10　蚜虫天敌瓢虫幼虫

斑衣蜡蝉

【分布与为害】斑衣蜡蝉［*Lycormadelicatula*（White）］属同翅目蜡蝉科，又称椿皮蜡蝉、斑蜡蝉，俗称"花姑娘"、"花大姐"等，在我国各地均有发生，可为害花椒、葡萄、梨树、桃树、李树等多种果树及椿树等林木。以成虫、若虫群集在叶片、嫩梢上刺吸汁液为害，受害叶片产生淡黄色斑点，严重时形成黑褐色坏死斑。嫩枝受害枝条多呈黑色，嫩梢萎缩畸形，严重时表皮枯裂，甚至死亡。若虫栖息时头部翘起，有时可见数十头群集在新梢上排列成一条直线。

【形态特征】成虫体长15～20毫米，翅展40～55毫米，翅上覆白色蜡粉；头向上翘；触角3节，刚毛状，红色，基部膨大；前翅革质，基部淡灰褐色，散布20个左右的黑点，端部黑色，脉纹色淡；后翅基部1/3红色，有8个左右的黑褐色斑点，中部白色半透明，端部黑色（彩图23-11、彩图23-12）。卵椭圆形，长约3毫米，褐色，形似麦粒，表面覆盖灰褐色蜡粉（彩图23-13、彩图23-14）。若虫似成虫，头尖、足长、身体扁平，初孵化时为白色，后变为黑色，体表有许多小白点（彩图23-15）；4龄若虫体背呈红色，具有黑白相间的斑点（彩图23-16）。

彩图23-11　斑衣蜡蝉成虫

彩图23-12　斑衣蜡蝉成虫展翅

彩图23-13　斑衣蜡蝉卵块

彩图23-14　斑衣蜡蝉卵块及卵粒

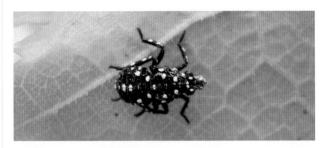

彩图23-15　斑衣蜡蝉低龄若虫

彩图 23-16　斑衣蜡蝉 4 龄若虫

彩图 23-17　花椒橘啮跳甲为害状

【发生规律】斑衣蜡蝉 1 年发生 1 代，以卵块在枝干或附近其他树木上越冬。翌年 5 月中下旬后陆续孵化为若虫，若虫为害嫩茎和叶片，受惊扰即跳跃逃避。6 月中旬后出现成虫，8 月成虫交尾产卵，直到 10 月下旬。虫卵多呈块状产于树枝阴面，卵粒排列整齐，每卵块有卵 40～50 粒，表面覆有蜡粉。成虫寿命长达 4 个月，为害至 10 月下旬后陆续死亡。8～9 月间为害最重。

【防控技术】

1.农业措施防控　花椒园内及其附近避免种植臭椿、苦楝等斑衣蜡蝉喜食树木，以减少虫源，降低为害。结合冬春修剪和果园管理，剪除有卵块的枝条或刷除卵块。利用成虫行动迟缓的特性，生长季节人工捕杀产卵成虫，能有效减少产卵数量，清晨气温较低时成虫容易捕捉。

2.适当喷药防控　斑衣蜡蝉多为零星发生，一般果园不需单独喷药。个别发生为害较重果园，在若虫和成虫发生初盛期喷药 1～2 次即可。效果较好的药剂有：50% 杀螟硫磷乳油 1200～1500 倍液、45% 马拉硫磷乳油 1200～1500 倍液、50 克/升高效氯氟氰菊酯乳油 3000～4000 倍液、4.5% 高效氯氰菊酯乳油 1500～2000 倍液、20% S-氰戊菊酯乳油 1500～2000 倍液、20% 甲氰菊酯乳油 1500～2000 倍液、2.5% 溴氰菊酯乳油 1500～2000 倍液等。

花椒橘啮跳甲

【分布与为害】花椒橘啮跳甲（*Clitea shlrahatai* Chujo）属鞘翅目叶甲科，又称花椒潜叶跳甲、花椒潜叶甲，俗称"花椒串叶虫"、"串椒牛"、"红猴子"，在我国山西、河北、河南、甘肃等省有发生的报道，专食、为害花椒叶片。成虫将叶片吃成缺刻状，但为害不重。主要以幼虫潜食叶肉，残留上下表皮（彩图 23-17），严重时叶片焦枯，导致花椒二次发芽。严重受害树树势衰弱，抗冻能力降低，产量和质量均受到较大影响。

【形态特征】成虫头、足黑色，全身赭红色，触角丝状、11 节，足 3 对、黑色，鞘翅覆盖臀部、有光泽（彩图 23-18）。卵扁圆形，长约 0.8 毫米，宽 0.4 毫米，乳白色，竖立排列成块状，上覆褐色网状胶质物。初孵幼虫为白色；老熟幼虫体长约 7 毫米，体扁，头、足褐黑色，体黄白色。蛹为裸蛹，初期白色，渐变为黄白色，最后成淡褐色。

彩图 23-18　花椒橘啮跳甲成虫〔张炳炎〕

【发生规律】花椒橘啮跳甲在华北地区 1 年发生 2 代，以成虫在树冠下 3～6 厘米的松土中及周围草丛、石缝中越冬。翌年 4 月下旬～5 月上旬（花椒开花期）越冬成虫出土上树，取食为害并交尾产卵，5 月中下旬～6 月上旬为交尾产卵盛期。卵期约 10 天。6 月下旬为第 1 代卵孵化盛期，幼虫期 15 天左右。老熟幼虫 6 月下旬～7 月中旬钻出叶面下树入土化蛹，蛹期约 12～18 天。7 月中旬为第 1 代成虫羽化盛期。7 月下旬第 2 代幼虫开始出现，8 月中下旬为幼虫出现高峰期即为害盛期，9 月上中旬为第 2 代成虫羽化盛期。成虫取食为害叶片至 10 月中下旬下树寻找适宜场所越冬。

成虫善跳跃，昼夜活动，具有假死性和补充营养习性。卵多产在叶背，一般 14～27 粒成块状，卵粒排列整齐，卵块上覆盖一层绿褐色硬胶状物，似半颗花椒皮扣在上面。每雌成虫平均产卵 20～30 粒。幼虫孵化后，多数从覆盖物下潜入叶肉为害，严重时 1 张叶片内有幼虫 10 多头。幼虫潜食叶肉残留上下表皮，食光后转叶为害。幼虫为害时，

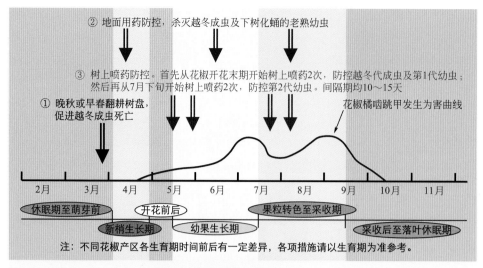

② 地面用药防控，杀灭越冬成虫及下树化蛹的老熟幼虫

③ 树上喷药防控。首先从花椒开花末期开始树上喷药2次，防控越冬代成虫及第1代幼虫；然后再从7月下旬开始树上喷药2次，防控第2代幼虫。间隔期均10～15天

① 晚秋或早春翻耕树盘，促进越冬成虫死亡

花椒橘啮跳甲发生为害曲线

2月 3月 4月 5月 6月 7月 8月 9月 10月 11月

休眠期至萌芽前
开花前后
果粒转色至采收期
新梢生长期
幼果生长期
采收后至落叶休眠期

注：不同花椒产区各生育期时间前后有一定差异，各项措施请以生育期为准参考。

图23-2　花椒橘啮跳甲防控技术模式图

尾部对准潜入口不动，头部左右摆动取食，边吃边向外排粪，粪便像黑丝线一样，吊在叶背面达5～15厘米长。

【防控技术】花椒橘啮跳甲防控技术模式如图23-2所示。

1.农业措施防控　晚秋或早春，结合施肥翻耕树盘，促使越冬成虫死亡。生长期结合园内农事操作，发现为害叶片及虫枝，及时剪除销毁，减少园内虫量。

2.地面用药防控　利用成虫在地下越冬和老熟幼虫在树下土中化蛹的习性，在越冬成出土前及老熟幼虫下树化蛹期地面用药，杀灭越冬成虫及老熟幼虫。即分别在4月上中旬越冬成虫出土前、6月中旬和8月上旬第1、2代老熟幼虫落地化蛹前地面用药。既可选用480克/升毒死蜱乳油500～600倍液或50%辛硫磷乳油300～500倍液喷洒地面，将表层土壤喷湿，然后耙松土表；也可使用5%毒死蜱颗粒剂每亩0.5～1千克或5%辛硫磷颗粒剂每亩4～5千克，与适量细干土或河沙混拌均匀后地面均匀撒施，然后浅锄土壤表层。

3.树上喷药防控　首先从花椒开花末期（5月中下旬）开始树上喷药2次，防控越冬代成虫及第1代幼虫，间隔期10～15天；然后再从7月下旬开始树上喷药2次，防控第2代幼虫。效果较好的药剂如：1.8%阿维菌素乳油2000～2500倍液、1%甲氨基阿维菌素苯甲酸盐乳油1500～2000倍液、50%杀螟硫磷乳油1200～1500倍液、45%马拉硫磷乳油1200～1500倍液、50克/升高效氯氟氰菊酯乳油3000～4000倍液、4.5%高效氯氰菊酯乳油1500～2000倍液、20% S-氰戊菊酯乳油1500～2000倍液等。

花椒凤蝶

【分布与为害】花椒凤蝶（*Papilio xuthus* Linnaeus）属鳞翅目凤蝶科，又称柑橘凤蝶、黄凤蝶、黄菠萝凤蝶，俗称"黑蝴蝶"、"伸角虫"，在我国许多省区均有发生，可为害花椒、山椒、柑橘等多种果树，以幼虫取食叶片为害。

低龄幼虫将叶片食成缺刻或大小不同的孔洞，3龄后幼虫食量大增，可将叶片全部吃光，仅残留叶柄和中脉。苗木、幼树受害较重，影响枝梢正常生长。

【形态特征】成虫分春型和夏型两种，春型体长21～24毫米，夏型体长27～30毫米。雄虫色彩较鲜艳，两型翅上斑纹相似，体淡黄绿色至暗黄色，体背中央有黑色纵带，两侧黄白色（彩图23-19）；前翅黑色、近三角形，近外缘有8个黄色月牙斑，翅中央从前缘至后缘有8个由小渐大的黄色斑，中室基半部有4条放射状黄色纵纹，端半部有2个黄色新月斑；后翅黑色，近外缘有6个新月形黄斑，基部有8个黄斑，臀角处有一橙黄色圆斑，斑中心为一黑点，有尾突。卵近球形，初产时黄白色（彩图23-20）。1龄幼虫黑色，刺毛多（彩图23-21）；2～4龄幼虫黑褐色，有白色斜带纹，虫体似鸟粪，体上肉状突起较多（彩图23-22）；老熟幼虫体长约45毫米，黄绿色，后胸背两侧有眼斑，后胸和第1腹节间有蓝黑色带状斑，腹部4节和5节两侧各有1条蓝黑色斜纹分别延伸至5节和6节背面相交，臭腺角橙黄色（彩图23-23）。蛹体长28～32毫米，纺锤形，浅绿色至褐色，体色常随环境而变化，前端有2个尖角（彩图23-24）。

彩图23-19　花椒凤蝶成虫

彩图23-20　花椒凤蝶卵

彩图23-21　花椒凤蝶卵和初孵诱虫

彩图23-22　花椒凤蝶低龄幼虫

彩图23-23　花椒凤蝶老龄幼虫

彩图23-24　花椒凤蝶蛹

【发生规律】花椒凤蝶在西北地区1年发生2～3代，以蛹附着在枝上、叶背等隐蔽处越冬。翌年4月羽化为成虫，田间有世代重叠现象。4～10月间可看到成虫、卵、幼虫和蛹。在陇南地区各代成虫出现期分别为4～5月、6～7月、8～9月。成虫白天活动交尾，善于飞翔，喜食花蜜，卵散产于嫩叶背面或叶尖。幼虫孵出后先吃掉卵壳，再取食嫩叶，一生取食5～6张叶片。幼虫遇惊时伸出臭角发出难闻气味以避敌害。幼虫共5龄，老熟后多在隐蔽处吐丝固定尾部，再吐一条细丝将身体挂在枝上化蛹。

【防控技术】

1.农业措施防控　生长季节，结合果园管理，人工捕捉幼虫，摘除虫卵和虫蛹。休眠季节，结合修剪等果园作业，消灭越冬虫蛹，减少越冬虫源。

2.生长期喷药防控　关键是在低龄幼虫期（3龄以前）及时喷药，一般果园每代喷药1次即可；发生期不整齐时，10天左右后可再喷药1次。效果较好的药剂有：25%灭幼脲悬浮剂1500～2000倍液、20%虫酰肼悬浮剂1500～2000倍液、240克/升甲氧虫酰肼悬浮剂3000～4000倍液、25%除虫脲可湿性粉剂1500～2000倍液、50克/升虱螨脲悬浮剂1500～2000倍液、35%氯虫苯甲酰胺水分散粒剂8000～10000倍液、10%氟苯虫酰胺悬浮剂1500～2000倍液、1%烟碱乳油1000～1500倍液、1.8%阿维菌素乳油2500～3000倍液、1%甲氨基阿维菌素苯甲酸盐乳油2000～2500倍液等。

樗蚕蛾

【分布与为害】樗蚕蛾（Philosamiac ynthia *Walker et Felder*）属鳞翅目天蚕蛾科，又称花椒樗蚕，在我国许多省区均有发生，可为害花椒、核桃、石榴、蓖麻、臭椿、乌柏、银杏等多种植物。以幼虫蚕食叶片和嫩芽进行为害，轻者将叶片食成缺刻或孔洞状，严重时常把叶片吃光，对树势及产量影响很大。

【形态特征】樗蚕蛾属大型蛾类，体长约30毫米，翅展127～130毫米，翅黄褐色，上有粉红色斑纹，翅顶宽圆突出，有一黑色圆斑，上方呈白色弧状；体青褐色，腹部背线、侧线和腹部末端均为灰白色（彩图23-25）。卵扁椭圆形，长1.5毫米左右，灰白色（彩图23-26）。老熟幼虫体长约75毫米，头部黄色，体黄绿色，表面附有白粉，各节均具有6个对称的刺状突起，突起之间有黑褐色斑点（彩图23-27）。蛹深褐色，长约30毫米，外被有坚韧的丝茧，分内外两层，外层较松薄，内层较坚厚硬实（彩图23-28、彩图23-29）。

彩图23-25　樗蚕蛾成虫

彩图23-26　樗蚕蛾卵

彩图23-27　樗蚕蛾幼虫

彩图23-28　樗蚕蛾茧

彩图23-29　樗蚕蛾茧中蛹

【发生规律】樗蚕蛾1年发生2代，以蛹在茧内越冬。翌年5月上中旬羽化为成虫，卵产在叶面上，不规则重叠交叉在一起。幼虫多从6月份开始发生为害，7月中下旬结茧化蛹，8月上中旬出现第1代成虫。第2代幼虫9月～10月下旬发生为害。成虫寿命6～10天，有趋光性，羽化后第二天深夜交尾产卵，每雌产卵360粒左右，卵成堆产在叶背面。低龄幼虫群集为害，3、4龄后逐渐分散为害，在枝叶

上由下而上昼夜取食，并可迁移。幼虫历期30天左右。幼虫蜕皮后常将所蜕之皮食尽或仅留少许。幼虫老熟后即在树上缀叶结茧化蛹，树上无叶时，则下树在地面被覆物上结褐色粗茧化蛹。

【防控技术】樗蚕蛾属偶发性害虫，一般年份虫量很低，不需进行单独防控，只有在大发生年份需采取一些防控措施。

1.人工捕杀　结合其他农事活动，人工捕杀成虫及集中为害的幼虫，并摘除虫茧。

2.灯光诱杀　利用成虫的趋光性，在成虫发生期内于花椒园中设置黑光灯或频振式诱虫灯，诱杀成虫。

3.适当喷药防控　在樗蚕蛾大发生年份，在幼虫为害初期及时进行喷药。常用有效药剂同"花椒凤蝶"树上喷药药剂。

大蓑蛾

【分布与为害】大蓑蛾（*Cryptothelea vaiegata* Snellen）属鳞翅目蓑蛾科，又称大袋蛾，俗称"避债蛾"、"大皮虫"、"大背袋虫"，在我国许多省区均有发生，可为害花椒、苹果、梨树、桃树、李树、板栗、核桃、柿树等多种果树，以幼虫取食叶片为害。幼虫吐丝缀叶成囊，并躲藏在囊中，头伸出囊外取食叶片、嫩梢或剥食枝干，严重时可将叶片吃光（彩图23-30）。

彩图23-30　囊袋内的大蓑蛾幼虫

【形态特征】成虫雌雄异型。雄成虫体长14～19.5毫米，翅展29～38毫米，体翅灰褐色，前翅近外缘有4～5个半透明斑。雌成虫体长17～22毫米，虫体肥大，淡黄色或乳白色，无翅，足、触角、口器、复眼均退化，头部小，淡赤褐色，胸部背中央有1条褐色隆基。卵近圆球形，直径0.7～1.0毫米，黄色，产在虫囊内。初孵幼虫体扁圆形。雌性老熟幼虫黑色，体粗大（彩图23-30）；雄性老熟幼虫黄色，较小。虫囊纺锤形，取食时囊的上端有1条柔软的颈圈（彩图23-31）。雄囊下部较细，雌囊较大。雌蛹体长22～30毫米，褐色，头胸附器均消失，枣红色。雄蛹体长17～20毫米，暗褐色。

【发生规律】大蓑蛾1年发生1代，以老熟幼虫在囊袋内越冬。翌年4月中旬～5月上旬化蛹，5月中下旬成虫羽化。雌成虫多在晚8～9时将尾部伸出袋口处，释放雌激

素，雄成虫飞抵雌虫袋口交尾。卵产于袋囊内，6月中下旬幼虫孵化，于袋囊内停留1～3天后在中午时分从囊袋口吐丝下垂降落叶面，吐丝织袋，负袋取食叶肉，袋随虫体增大而增大。7月下旬～8月上中旬为为害盛期，9月下旬～10月上旬老熟幼虫将袋固定在当年生枝条顶端越冬。该虫喜高温干旱环境，在高温干旱年份易猖獗为害，幼虫耐饥性较强。

【防控技术】

1.**人工防控**　结合修剪等农事活动，发现囊袋及时摘除销毁，杀灭袋内幼虫或虫蛹。

2.**适当喷药防控**　在大蓑蛾大发生年份，及时在低龄幼虫期喷药防控。有效药剂同"花椒凤蝶"树上喷药药剂。

彩图23-31　大蓑蛾囊袋（刘素云）

桑白蚧

【分布与为害】桑白蚧［*Pseudaulacaspis pentagona* (Targioni-Tozzetti)］属同翅目盾蚧科，又称桑白介壳虫、桑盾蚧、桃介壳虫，俗称"树虱子"，在我国许多省区均有发生，可为害花椒、桃树、杏树、李树、樱桃、柿树、核桃等多种果树，主要在枝干、枝条上刺吸汁液为害。成虫（雌虫）、若虫群集固着在枝干、枝条上吸食汁液，虫量大时枝干被虫体覆盖成灰白色（彩图23-32）。新生枝受害，常形成局部坏死斑。成熟枝受害，被害枝条生长不良，树势衰弱，严重时造成叶片脱落、枯枝、甚至死树。在高湿环境地区，受害枝干表面还常诱发膏药病菌的次生为害（彩图23-33）。

彩图23-32　桑白蚧在花椒枝干上的为害状

彩图23-33　桑白蚧诱发膏药病菌次生为害

【形态特征】成虫雌雄异型。雌成虫无翅，体长0.9～1.2毫米，淡黄色至橙黄色（彩图23-34）；介壳近圆形，直径2～2.5毫米，灰白色至黄褐色，背面有螺旋纹，中间稍隆起，壳点黄褐色、偏向一侧（彩图23-35）。雄成虫有翅，体长0.6～0.7毫米，翅展约1.8毫米，灰白色，只有1对前翅，后翅退化为平衡棒；介壳细长，长1.2～1.5毫米，白色（彩图23-36）。卵椭圆形，长0.25～0.3毫米，初产时粉红色，渐变为黄褐色，孵化前为橘红色。初孵若虫淡黄褐色，扁椭圆形，长约0.3毫米，眼、触角、足俱全，腹部末端有2根尾毛；2龄后触角、足、尾毛退化，并逐渐形成介壳。仅雄虫有蛹，长椭圆形，长约0.7毫米，橙黄色。

彩图23-34　桑白蚧雌成虫

彩图23-35　雌成虫介壳

彩图23-36　雄成虫介壳

【发生规律】桑白蚧在北方果区1年发生2代，以受精雌成虫在2年生以上的枝条上群集越冬。翌年花椒树萌芽时，越冬成虫开始吸食为害，虫体随之膨大。4月下旬开始于介壳下产卵，5月中旬为产卵盛期，每雌虫产卵250～300粒。卵期9～15天，5月上旬开始孵化，5月中下旬为孵化盛期。初孵若虫分散爬行至2～5生枝条上为害，7～10天后找到适宜位置即固定不动，并开始分泌蜡丝，逐渐形成介壳。第1代若虫40～50天，主要发生在5、6月份，7月上中旬为第1代成虫发生盛期，成虫继续产卵于介壳下，卵期10天左右。第2代若虫30～40天，主要发生在8月份，9月份出现雄成虫，雌雄交尾后雄虫死亡，雌虫继续为害至9月下旬，而后开始越冬。

【防控技术】桑白蚧防控技术模式如图23-3所示。

1.休眠期防控　枝干上越冬介壳虫较多时，花椒萌芽前可用硬毛刷或钢丝刷刷灭越冬雌虫。冬剪时，尽量剪除虫体较多的细小枝条，清除越冬雌虫。然后在花椒萌芽初期全园喷洒1次铲除性药剂清园，杀灭越冬虫源。效果较好的药剂为：3～5波美度石硫合剂、45%石硫合剂晶体50～70倍液、480克/升毒死蜱乳油600～800倍液、97%矿物油乳剂150～200倍液等。

2.生长期喷药防控　关键为喷药时期，初孵若虫开始分散至固定为害前喷药效果最好，北方花椒产区主要为5月中下旬，严重果园需连续喷药2次，间隔期7天左右。第1

代防控不好的果园8月份还须喷药1次，防控第2代若虫。效果较好的药剂有：97%矿物油乳剂200～300倍液、22%氟啶虫胺腈悬浮剂4000～5000倍液、25%噻嗪酮可湿性粉剂1000～1200倍液、25%噻虫嗪水分散粒剂2000～3000倍液、22.4%螺虫乙酯悬浮剂2500～3000倍液、2%甲氨基阿维菌素苯甲酸盐乳油2000～3000倍液、50克/升高效氯氟氰菊酯乳油2500～3000倍液、20%甲氰菊酯乳油1500～2000倍液、33%氯氟·吡虫啉悬浮剂3000～4000倍液等。喷药时必须均匀周到，淋洗式喷雾效果最好。

黄带球虎天牛

【分布与为害】黄带球虎天牛 [*Calloides magnificus* (Pic)] 属鞘翅目天牛科，又称黄带虎天牛，俗称"泌干虫"、"串皮虫"，是为害花椒树的一种毁灭性蛀干害虫，在我国河北、山西、陕西、甘肃等省均有发生，主要为害10年生以上的大树。以幼虫在1米以下的主干皮层内纵横蛀食，形成许多弯曲的隧道，造成皮层脱离（彩图23-37）。幼虫老熟后钻入木质部化蛹，造成树干中空。为害轻时树势衰弱，产量降低，严重时植株死亡。

彩图23-37　黄带球虎天牛为害状

【形态特征】成虫体长16～23毫米，体黑色，前胸背板前缘、后缘及侧缘、小盾片及体腹面大部分具浓密黄色绒毛；鞘翅上有黄色绒毛斑纹，每翅有3条黄色横带，分别位于鞘翅1/3处、2/3处及鞘翅端末（彩图23-38）。卵乳白色，形似大米粒，长约1.5毫米。老熟幼虫体长23～30毫米，乳白色，头小、黄褐色；前胸背板大而扁，上有4块黄褐色斑排成一列。蛹为裸蛹，长15～22毫米，初为黄白色，渐变为黄褐色。

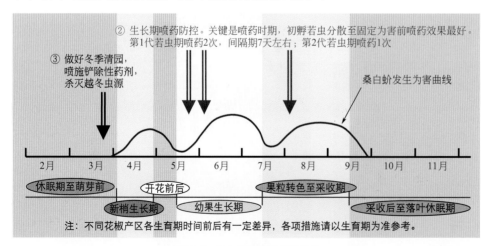

② 生长期喷药防控。关键是喷药时期，初孵若虫分散至固定为害前喷药效果最好。第1代若虫期喷药2次，间隔期7天左右；第2代若虫期喷药1次

③ 做好冬季清园，喷施铲除性药剂，杀灭越冬虫源

桑白蚧发生为害曲线

2月　3月　4月　5月　6月　7月　8月　9月　10月　11月

休眠期至萌芽前　　开花前后　　果粒转色至采收期

新梢生长期　　幼果生长期　　采收后至落叶休眠期

注：不同花椒产区各生育期时间前后有一定差异，各项措施请以生育期为准参考。

图23-3　桑白蚧防控技术模式图

彩图23-38　黄带球虎天牛成虫

【发生规律】黄带球虎天牛1年发生1代，以3、4龄幼虫在树干的韧皮部越冬。翌年3月中旬开始活动为害，老熟幼虫4月中旬开始钻入木质部化蛹，蛹期15～20天。5月下旬成虫开始羽化，羽化盛期在6月下旬，成虫羽化出孔后飞到花椒树上取食花椒叶片补充营养，成虫有轻微假死性，起飞较迟钝，寿命20～40天。7月上中旬为产卵盛期，卵多产在10年以上大树主干1米以下的裂缝、伤口、流胶等处的皮层下，每处3～5粒，多者8～9粒。幼虫期长达10个月。初孵幼虫在树皮内取食，被害处流出黄褐色树胶；2龄后随食量增大，幼虫在树皮下皮层内纵横钻蛀，造成皮层脱离；树上出现新的排粪孔，从孔处排出黄色木屑状虫粪。到10月份，幼虫活动逐渐减弱，11月份进入越冬阶段。

【防控技术】

1.人工措施防控　在成虫发生期的中午捕杀成虫。生长季节经常检查大树树干，发现被害状时用刀具挖出幼虫。因幼虫可在枯死枝干内继续蔓延为害，所以4月以前要将受害枯死枝干集中烧掉或劈碎杀灭幼虫。

2.药剂防控　在3～4月份和8～10月份，分别使用80%敌敌畏乳油20～30倍液涂抹被害树干，能有效杀死在树皮下为害的幼虫，但对钻入木质部的老熟幼虫和蛹无效。

第二十四章
草莓害虫

桃蚜

【分布与为害】桃蚜（*Myzus persicae* Sulzer）属同翅目蚜科，又称烟蚜、桃赤蚜，俗称"腻虫"、"蜜虫"，是一种世界性害虫，在我国各草莓产区（露地、保护地等）均有发生，可为害许多种植物。保护地栽培的全年均可为害，以初夏和秋初密度最大。露地栽培的4～5月份为害较重。桃蚜多群居在草莓的叶背、幼叶叶柄、嫩心、花序及花蕾上繁殖为害，刺吸草莓汁液，造成幼嫩组织萎缩，嫩叶皱缩、卷曲、畸形，不能正常展叶，严重时导致植株生长衰弱（彩图24-1）。同时，蚜虫不断分泌蜜露沉积在叶片及果实上，并诱使霉污病发生，影响叶片的光合作用及果实质量。另外，蚜虫还是一些病毒的传播媒介，吸食过感染病毒植株的汁液的蚜虫，再扩散到其他植株上为害时即可造成病毒的传播蔓延，导致病毒病的扩散为害。

彩图24-1　蚜虫为害植株状

【形态特征】无翅孤雌成蚜体长约2.0～2.6毫米，体绿色、黄绿色、橘红色乃至褐色；额瘤发达，向内倾斜；腹管长筒形，端部色深，中、后部膨大，末端有明显缢缩；尾片圆锥形，近端部缢缩，有侧毛3对。有翅孤雌成蚜头、胸黑色，腹部浅绿色，背面有淡黑色斑纹；额瘤、腹管同无翅孤雌成蚜。卵长约1.2毫米，长椭圆形，初淡绿色，后变漆黑色。若蚜与无翅蚜相似，淡红色或黄绿色。

【发生规律】华北地区1年发生十余代，长江流域1年发生20～30代。以成虫在塑料薄膜覆盖的草莓株茎及老叶下面越冬，也可在其他寄主植物的近地面主根间越冬，或以卵在果树枝、芽上越冬。春季气温达6℃以上开始活动，先在越冬寄主上繁殖2～3代，到4月底产生有翅蚜迁飞到露地繁殖为害，直到秋末冬初又产生有翅蚜迁飞到保护地内不断繁殖为害。在25℃左右的温度条件下，7天左右完成1代，世代重叠严重。一年内桃蚜有翅蚜迁飞3次，通过有翅蚜迁飞向远距离扩散。年份不同桃蚜发生量不同，主要受雨量、气温等气候因素影响。气温适中（16～22℃）条件下，降雨是蚜虫发生的限制因素。桃蚜的天敌有瓢虫、食蚜蝇、草蛉、烟蚜茧蜂、菜蚜茧蜂等。

【防控技术】桃蚜防控技术模式如图24-1所示。

1. 搞好果园卫生　早春及时清除田间及周边杂草，清除蚜虫越冬场所。草莓生长期注意及时摘除老叶，集中烧毁。

2. 物理措施防控　在草莓田间设置黄板诱杀蚜虫，一般每亩悬挂24厘米×30厘米黏虫黄板20块，黄板下端高于草莓顶部20厘米左右为宜（彩图24-2）。也可在草莓田内悬挂银灰色薄膜驱避蚜虫。保护地栽培的，注意在门口及通风口处设置尼龙网纱，阻止蚜虫进入棚室。

彩图24-2　悬挂黄板诱杀蚜虫

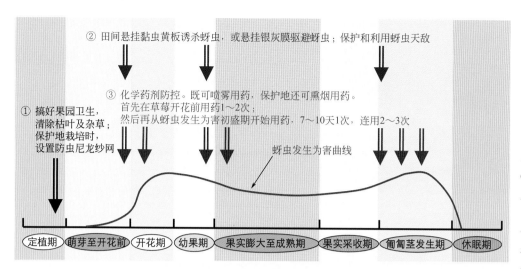

② 田间悬挂黏虫黄板诱杀蚜虫，或悬挂银灰膜驱避蚜虫；保护和利用蚜虫天敌

③ 化学药剂防控。既可喷雾用药，保护地还可熏烟用药。
首先在草莓开花前用药1～2次；
然后再从蚜虫发生为害初盛期开始用药，7～10天1次，连用2～3次。

① 搞好果园卫生，
清除枯叶及杂草；
保护地栽培时，
设置防虫尼龙纱网

蚜虫发生为害曲线

定植期　萌芽至开花前　开花期　幼果期　果实膨大至成熟期　果实采收期　匍匐茎发生期　休眠期

图24-1　桃蚜防控技术模式图

3.化学药剂防控　首先在草莓开花前喷药1～2次，防控蚜虫繁殖为害；然后从蚜虫为害盛发初期再次开始喷药，7～10天1次，连喷2～3次。效果较好的药剂有：20%呋虫胺可溶粒剂1500～2000倍液、25%吡蚜酮可湿性粉剂1500～2000倍液、70%吡虫啉水分散粒剂6000～8000倍液、5%啶虫脒乳油1500～2000倍液、33%氯氟·吡虫啉悬浮剂3000～4000倍液、50克/升高效氯氟氰菊酯乳油2000～3000倍液、2.5%联苯菊酯乳油1500～2000倍液、4.5%高效氯氰菊酯乳油1000～1500倍液等。喷药时注意喷洒叶片背面，果实采收前15天停止用药。建议不同类型药剂交替使用或混用，以延缓蚜虫产生抗药性。

保护地栽培的草莓，也可在棚室内用药剂熏烟灭虫，一般每亩使用20%异丙威烟剂200～300克或30%敌敌畏烟剂300～400克，在傍晚关闭棚室后点燃熏杀，第二天通风后再进棚农事操作。

4.保护和利用天敌　桃蚜的天敌种类很多，与麦田毗邻时，在麦黄期注意引导七星瓢虫等天敌迁入草莓田捕食蚜虫，并注意在天敌发生高峰期控制使用广谱性杀虫剂。

二斑叶螨

【分布与为害】二斑叶螨（*Tetranychus urticae* Koch）又称棉花红蜘蛛，俗称"白蜘蛛"，是一种世界性害螨，在我国的各草莓产区（露地、保护地等）均有发生，喜群集在草莓叶背主脉附近吐丝结网刺吸汁液为害。发生初期，叶螨首先在植株基部老叶的背面活动，被害叶片正面产生许多针尖大小的灰白色小点；随为害加重，小点数量增多，受害叶片逐渐成碎白色花纹状；严重时被害叶失绿、枯黄，甚至卷曲呈锈色，似火烧状。螨类盛发期，常群集为害（彩图24-3），甚至吐丝结成网状（彩图24-4），严重时植株不能正常结果（彩图24-5），甚至导致植株萎缩矮化（彩图24-6），对产量影响很大。二斑叶螨为害寄主的范围非常广泛，除为害草莓外，还可严重为害棉花、玉米、苹果、梨、桃、西瓜、甜瓜等多种作物。

【形态特征】雌螨体长0.4～0.5毫米，宽0.3毫米，背面观为椭圆形；夏秋活动时常为砖红色或黄绿色，深秋时多为橙红色，滞育越冬态体色为橙黄色。雄螨体长0.4毫米，宽0.2～0.3毫米，背面观略呈菱形，比雌螨小，淡黄色或淡黄绿色，活动较敏捷。卵直径0.1毫米，球形，有光泽，初产时乳白色半透明，3天后变为黄色，孵化前颜色较深，近孵化时出现2个红色眼点。幼螨半球形，淡黄色或黄绿色，足3对。若螨体椭圆形，足4对，静止期绿色或墨绿色。

彩图24-3　二斑叶螨群集危害

彩图24-4　吐丝结网为害状

彩图24-5　草莓幼嫩组织受害状

彩图24-6　受害植株萎缩矮化

【发生规律】北方地区1年发生12～15代，南方1年发生20代以上，但在草莓上定居为害的一般只有3～4代。以滞育雌成螨在植株基部、杂草丛中、土缝处及其他寄主植物上越冬，早春气温平均达5～6℃时越冬雌螨开始活动，6～7℃时开始产卵繁殖，卵期十余天。成螨开始产卵至第一代幼螨孵化盛期约需20～30天，以后世代重叠。随气温升高繁殖加快，6月中旬至7月中旬为猖獗为害期，10月后陆续开始越冬。温暖干燥时害螨繁殖快，以两性生殖为主，无雄螨时亦可孤雌生殖。未受精卵均孵化为雌螨。每雌螨可产卵50～110粒。雌成螨可在叶背拉丝躲藏，并有吐丝下垂、借风力扩散传播的习性。

【防控技术】二斑叶螨防控技术模式如图24-2所示。

1.加强田园管理　草莓发芽前彻底清除枯叶及杂草，集中深埋或烧毁，清除害螨越冬场所，减少虫源。生长期发现害螨中心及时清除，防止扩散蔓延。干旱季节及时灌水，增加草莓田湿度，创造不利于害螨发生的生态条件。

2.及时用药防控　从害螨发生为害初期开始喷药，半月左右1次，连喷2～3次。效果较好的杀螨剂有：1.8%阿维菌素乳油2000～3000倍液、43%联苯肼酯悬浮剂2000～3000倍液、110克/升乙螨唑悬浮剂4000～5000倍液、240克/升螺螨酯悬浮剂4000～5000倍液、5%噻螨酮乳油1000～1500倍液、73%克螨特乳油2000～3000倍液、15%哒螨灵乳油1500～2000倍液等。保护地栽培时，若草莓现蕾或开花后发现二斑叶螨为害，也可使用30%虫螨净烟剂进行熏蒸防控。

3.保护和利用天敌　注意保护和利用害螨天敌，有条件的也可在草莓园内释放捕食螨。

温室白粉虱

【分布与为害】温室白粉虱（*Trialeurodes vaporariorum* Westwood）属同翅目粉虱科，俗称白粉虱、小白蛾子，是我国北方地区为害草莓的一种重要害虫，除为害草莓外还常为害多种蔬菜作物。以成虫、若虫群集于叶片背面刺吸汁液为害（彩图24-7、彩图24-8），受害叶片生长受阻、甚至变黄，植株的正常生长发育受到影响。同时，成虫、若虫还不断分泌蜜露，沉积于叶面和果实上，并诱使发生霉污病（彩图24-9），严重影响叶片的光合作用及果实品质，严重时可造成叶片萎蔫、甚至植株枯死。

彩图24-7　白粉虱成虫群集叶背为害

【形态特征】成虫：体长1～1.5毫米，全身被覆白粉（彩图24-10）；具翅2对，停息时双翅在体上合成屋脊状，翅端半圆形，遮住整个腹部，沿翅外缘有一排小颗粒。卵：长椭圆形，长约0.2毫米，黏附于叶背；初产时淡绿色，覆有蜡粉，后渐变褐色，孵化前呈黑色。若虫：扁椭圆形，淡黄色，体背长有长短不齐的蜡丝。

【发生规律】在华北地区1年发生10代以上，7、8月份虫口密度增长最快，为害也最严重。成虫具有趋嫩性和集聚性，常数十头群集在幼嫩叶片背面刺吸

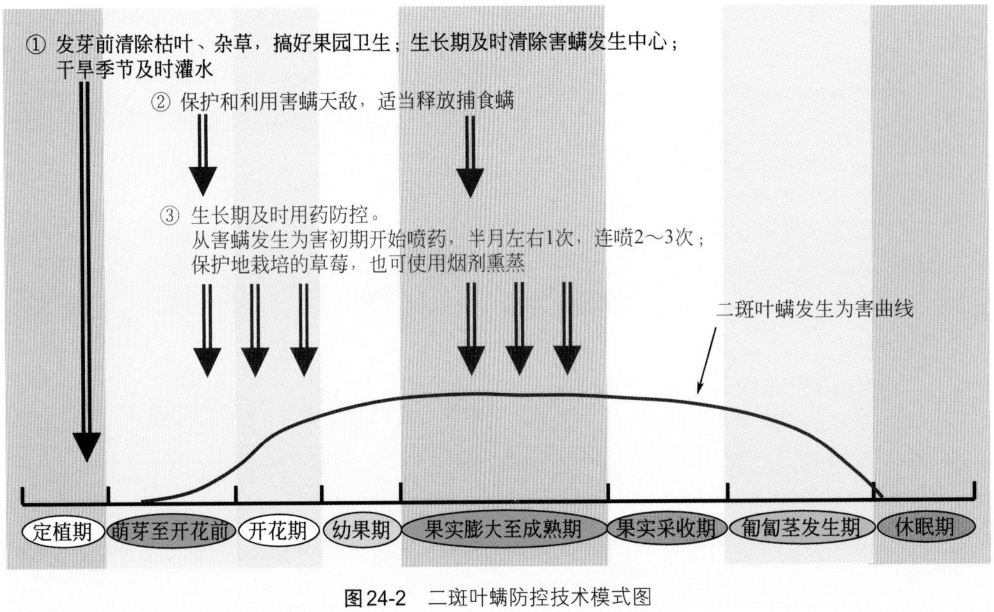

① 发芽前清除枯叶、杂草，搞好果园卫生；生长期及时清除害螨发生中心；干旱季节及时灌水

② 保护和利用害螨天敌，适当释放捕食螨

③ 生长期及时用药防控。
　从害螨发生为害初期开始喷药，半月左右1次，连喷2～3次；
　保护地栽培的草莓，也可使用烟剂熏蒸

二斑叶螨发生为害曲线

定植期　萌芽至开花前　开花期　幼果期　果实膨大至成熟期　果实采收期　匍匐茎发生期　休眠期

图24-2　二斑叶螨防控技术模式图

为害，并交尾、产卵。在一株草莓苗上，成熟叶片背面以若虫为害为主，幼嫩叶片背面多为成虫及卵。

【防控技术】草莓白粉虱防控技术模式如图24-3所示。

1. 搞好田园卫生
定植前彻底清除前茬作物的枯枝落叶残体及杂草。种苗带有虫源时注意消毒处理，一般使用25%噻嗪酮可湿性粉剂800～1000倍液浸苗3～5分钟。棚室栽培时，栽植前要对棚室进行消毒处理，一般使用硫黄点燃密闭熏蒸即可。

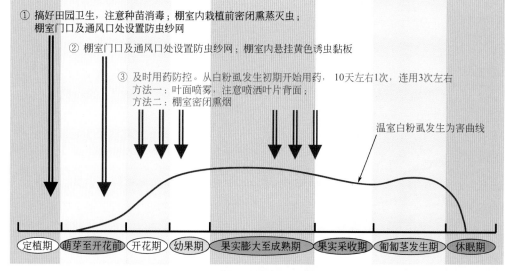

① 搞好田园卫生，注意种苗消毒；棚室内栽植前密闭熏蒸灭虫；棚室门口及通风口处设置防虫纱网

② 棚室门口及通风口处设置防虫纱网；棚室内悬挂黄色诱虫黏板

③ 及时用药防控。从白粉虱发生初期开始用药，10天左右1次，连用3次左右
方法一：叶面喷雾，注意喷洒叶片背面；
方法二：棚室密闭熏烟

温室白粉虱发生为害曲线

定植期　萌芽至开花前　开花期　幼果期　果实膨大至成熟期　果实采收期　匍匐茎发生期　休眠期

图24-3　草莓白粉虱防控技术模式图

2. 阻止和诱杀成虫　棚室栽培时，注意在门口及通风口处设置尼龙纱网，阻止外来粉虱进入棚室内。利用成虫的趋黄性，还可在棚室内设置黄色诱虫黏板，黏杀白粉虱成虫。

彩图24-8　白粉虱若虫群集叶背为害

彩图24-9　白粉虱蜜露诱使发生霉污病

3. 药剂防控　从白粉虱发生初期开始用药，10天左右1次，连用3次左右，既可叶面喷雾，棚室内还可使用烟剂熏蒸。叶面喷雾时，必须注意喷洒叶片背面，效果较好的药剂有：25%噻虫嗪可湿性粉剂4000～6000倍液、50%噻虫胺水分散粒剂4000～5000倍液、30%唑虫酰胺悬浮剂2000～3000倍液、2.5%联苯菊酯水乳剂1500～2000倍液、50克/升高效氯氟氰菊酯乳油3000～4000倍液等。棚室内熏烟时，一般每亩使用20%异丙威烟剂200～300克或30%敌敌畏烟剂300～400克，在傍晚关闭棚室后点燃熏杀，第二天通风后再进棚农事操作。

彩图24-10　白粉虱成虫

蛴螬

【分布与为害】蛴螬俗称地蚕，是鞘翅目金龟甲幼虫的统称，包括许多种类。在我国为害草莓的主要有华北大黑鳃金龟（*Holotrichia oblita* Falder.）、暗黑鳃金龟（*H.parallela* Motschu.）、白星金龟（*Potosia brevitarsis* Lewis）、铜绿丽金龟（*Anomala corpulenta* Motschu.）等几种金龟甲的幼虫。金龟甲成虫、幼虫均可为害草莓，成虫

主要为害草莓叶片及花器，一般发生较轻。幼虫主要在地下取食根茎（彩图24-11），为害相对较重，轻者损伤根系，导致植株生长衰弱，严重时致使植株萎蔫枯死（彩图24-12），造成缺苗断垄。

彩图24-11　根部被害状

彩图24-12　草莓植株被害状

【形态特征】蛴螬体肥大，体型弯曲呈"C"型，多为白色，少数为黄白色（彩图24-13）。体壁较柔软多皱，体表疏生细毛。头部黄褐色，圆而硬，生有左右对称的刚毛，刚毛数量多少因种类不同而异。如华北大黑鳃金龟的幼虫为3对，黄褐丽金龟的幼虫为5对。蛴螬胸足3对，后足一般较长；腹部10节，第10节称为臀节，臀节上生有刺毛，刺毛数目多少及排列方式是分种的重要特征。

【发生规律】蛴螬完成1代的时间因金龟甲种类和地区不同而异，多数蛴螬1～2年完成1代，以幼虫或成虫在土壤中越冬。成虫（金龟甲）多数白天潜藏土中，晚上出来取食、为害、交配。成虫交配后10～15天产卵，卵孵化后幼虫（蛴螬）在土壤中生存。幼虫（蛴螬）具有假死性，对未腐熟的粪肥有趋性，并经常取食为害植物根部。蛴螬为害作物根部以春秋两季最重。施用未经充分腐熟的有机肥是导致蛴螬较重发生的主要原因，前茬是马铃薯、甘薯及花生的地块蛴螬发生较重。

【防控技术】蛴螬防控技术模式如图24-4所示。

1.加强栽培管理　第一，尽量避免选用前茬为马铃薯、甘薯、花生、韭菜等作物的地块栽植草莓，如必须在上述地块栽植时，则需提前采取措施促进上述植物残体充分腐烂分解。第二，必须施用充分腐熟的有机肥料做底肥。第三，适当施用腐植酸铵、氨化过磷酸钙等肥料，利用该肥料释放出的氨气对蛴螬进行驱避，以减轻蛴螬为害。第四，草莓地适当秋灌，可有效减少土壤中蛴螬的发生数量。

彩图24-13　蛴螬虫体

2.适当药剂防控　蛴螬数量较多的地块，草莓栽植前土壤用药，毒杀地下害虫。一般每亩使用5%辛硫磷颗粒剂4～5千克，或10%辛硫磷颗粒剂2～2.5千克，或5%毒死蜱颗粒剂2.5～3千克，拌细干土25～30千克制成毒

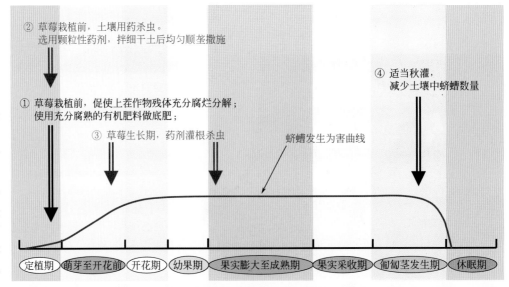

② 草莓栽植前，土壤用药杀虫。
选用颗粒性药剂，拌细干土后均匀顺垄撒施

① 草莓栽植前，促使上茬作物残体充分腐烂分解；
使用充分腐熟的有机肥料做底肥；

③ 草莓生长期，药剂灌根杀虫

④ 适当秋灌，
减少土壤中蛴螬数量

蛴螬发生为害曲线

定植期　萌芽至开花前　开花期　幼果期　果实膨大至成熟期　果实采收期　匍匐茎发生期　休眠期

图24-4　蛴螬防控技术模式图

土，均匀顺垄撒施，而后浅锄覆土。草莓栽植后，也可使用50%辛硫磷乳油1000倍液、或48%毒死蜱乳油1500倍液进行灌根，毒杀根际幼虫。

小地老虎

【分布与为害】小地老虎（*Agrotis ypsilon* Rottem.）属鳞翅目夜蛾科，是一种世界性害虫，在全国各地草莓产区均有发生。以幼虫啃食草莓近地面的嫩茎进行为害，咬断嫩茎后造成缺苗断垄，有时也可为害嫩心、幼叶、花序及果实（彩图24-14、彩图24-15）。该虫是一种杂食性害虫，除为害草莓外，还常为害各种蔬菜、玉米、马铃薯、葡萄等。

彩图24-14 小地老虎为害叶片

彩图24-15 小地老虎为害果实

【形态特征】成虫体长17～23毫米，翅展40～54毫米。头、胸背面暗褐色，足褐色，前足胫节、跗节外缘灰褐色，中后足各节末端有灰褐色环纹。前翅褐色，前缘区黑褐色，外缘以内多暗褐色；基线浅褐色，内横线双线黑色波浪形，黑色环纹内有一圆形灰斑，中横线暗褐色波浪形，外横线与亚外缘线间淡褐色，亚外缘线

以外黑褐色；后翅灰白色，纵脉及缘线褐色；腹部背面灰色。卵馒头形，直径约0.5毫米，高约0.3毫米，具纵横隆线；初产时乳白色，渐变黄色，孵化前顶端具黑点。蛹体长18～24毫米，宽6～7.5毫米，赤褐色有光。老熟幼虫体长37～50毫米，圆筒形；头部褐色，具黑褐色不规则网纹；体灰褐色至暗褐色，背线、亚背线及气门线均为黑褐色；前胸背板暗褐色，黄褐色臀板上有两条明显的深褐色纵带；胸足、腹足均为黄褐色。

【发生规律】小地老虎在全国各地1年发生2～7代不等，10月至第二年4月都有发生。无论年发生代数多少，均以第一代幼虫造成严重为害。南方地区越冬代成虫2月份出现，全国大部分地区羽化盛期在3月下旬至4月上中旬，宁夏、内蒙古为4月下旬。成虫多在下午3时至晚上10时羽化，白天潜伏于杂物及缝隙等处，黄昏后开始飞翔、觅食，3～4天后交配、产卵。卵散产于低矮叶密的杂草和幼苗上，少数产于枯叶、土缝中，近地面处落卵最多，每雌产卵800～1000粒、多的达2000粒。卵期约5天左右。幼虫6龄、少数7～8龄，幼虫期各地相差很大，但第一代约为30～40天。幼虫老熟后在深约5厘米土室中化蛹，蛹期约9～19天。成虫对黑光灯极为敏感，有强烈的趋化性，特别喜欢酸、甜、酒味和泡桐叶。地势低湿、雨量充沛的地方发生较多；上年秋雨多、土壤湿度大、杂草丛生有利于成虫产卵和幼虫取食活动，是第二年大发生的预兆；成虫产卵盛期土壤含水量为15%～20%的地区发生为害较重。

【防控技术】小地老虎防控技术模式如图24-5所示。

1.搞好果园卫生 草莓萌芽前，彻底清除老叶、枯叶及田内杂草，有效消灭叶背面及杂草上的卵和幼虫。草莓生长期，结合人工除草进行人工捕杀。

2.诱杀成虫 利用成虫的趋光性，在草莓园内设置黑光灯或频振式诱虫灯，有效诱杀成虫。也可利用成虫的趋化性设置糖醋液诱捕器，有效诱捕成虫。糖醋液一般按照酒：糖：醋：水＝1：2：3：4的比例配制，加入少量敌敌畏效果更好。

3.药剂防控 根据幼虫龄期不同，选择不同施药方法。幼虫3龄前时，既可喷雾用药，也可采用撒施毒土（砂）防控；幼虫3龄后，常使用毒饵或毒草进行诱杀。

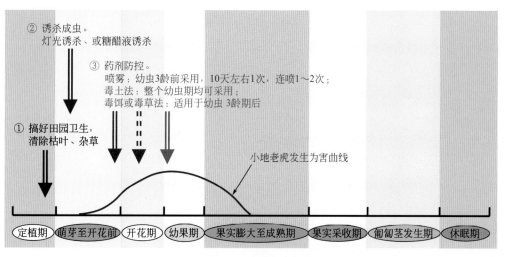

图24-5 小地老虎防控技术模式图

② 诱杀成虫。
灯光诱杀、或糖醋液诱杀

③ 药剂防控。
喷雾：幼虫3龄前采用，10天左右1次，连喷1～2次；
毒土法：整个幼虫期均可采用；
毒饵或毒草法：适用于幼虫3龄期后

① 搞好田园卫生，
清除枯叶、杂草

小地老虎发生为害曲线

定植期 | 萌芽至开花前 | 开花期 | 幼果期 | 果实膨大至成熟期 | 果实采收期 | 匍匐茎发生期 | 休眠期

（1）喷雾 从幼虫发生初期（3龄盛发前）开始喷药，10天左右1次，连喷1～2次，重点喷洒植株基部，并适当增加喷洒药液量。效果较好的药剂如：1.8%阿维菌素乳油2000～3000倍液、50克/升高效氯氟氰菊酯乳油2000～3000倍液、4.5%高效氯氰菊酯乳油1000～1500倍液、2.5%溴氰菊酯乳油1000～1500倍液、50%辛硫磷乳油1000～1200倍液等。

（2）毒土（砂） 选用2.5%溴氰菊酯乳油200～300毫升、或2.5%高效氯氟氰菊酯乳油200～300毫升、或50%辛硫磷乳油500～600毫升加适量水稀释，然后均匀喷拌细土50千克配成毒土，每亩使用20～25千克均匀顺垄撒施在幼苗根际附近。

（3）毒饵或毒草 虫龄较大后采用。选用90%敌百虫晶体0.5千克或50%辛硫磷乳油500毫升，加水2.5～5千克稀释后均匀喷洒在50千克碾碎炒香的棉籽饼、豆饼或麦麸上，然后在傍晚均匀撒放在草莓田间，每隔一定距离撒放一小堆，或在草莓根际附近围施，每亩撒用5千克。毒草法为使用90%敌百虫晶体0.5千克，均匀拌在铡碎的75～100千克鲜草上，然后分多点均匀撒放在草莓行间或基部，每亩使用15～20千克。

第二十五章

蓝莓害虫

果蝇

【分布与为害】果蝇（Drosophila melanogaster）属双翅目果蝇科，在我国分布范围很广，主要生活在腐烂水果周围。成虫产卵在成熟或近成熟的果实果皮下，卵孵化后，以幼虫取食汁液为害，幼虫老熟后咬破果皮脱果，果皮上呈现虫眼（彩图25-1）。被害果实果汁外溢，易腐烂脱落（彩图25-2）。

彩图25-1　老熟幼虫从蓝莓果中钻出

彩图25-2　蓝莓果受害状（后期）

【形态特征】果蝇体型较小，身长3～4毫米（彩图25-3）。近似种鉴定困难，主要特征是具有硕大的红色复眼。雌性体长2.5毫米，雄性略小。雄性有深色后肢，可以与雌性区别。雌果蝇体型较大，末端尖，背面环纹5节，无黑斑，腹片7节，第一对足跗节基部无性梳。雄果蝇体型较小，末端钝，背面环纹7节，延续到末端呈黑斑状，腹片5节，第一对足跗节基部有黑色鬃毛状性梳。幼虫蛆状，白色至黄白色，老熟后长约3毫米。

彩图25-3　果蝇成虫

【发生规律】果蝇为腐生性害虫，一年发生多代，以蛹越冬。在山东青岛地区蓝莓园采收期间有1～2次发生高峰。正常年份，蓝莓园区果蝇多在6月上中旬至8月中下旬出现，为害蓝莓鲜果。

【防控技术】果蝇防控技术模式如图25-1所示。

1.搞好果园卫生　生长期及落叶后至发芽前，及时清除落地烂果，集中销毁或深埋，消灭果内害虫。

2.适时采摘　根据果实成熟情况及时采摘，避免蓝莓果实过度成熟，以减轻对果蝇的引诱性，减轻为害。

3.诱杀成虫　多采用糖醋液诱杀，即将红糖、醋、白酒、清水按照1∶2∶2∶4的比例配成诱饵，然后分装于小矿泉水瓶中。在小矿泉水瓶的中上部一侧扎几个直径3毫米左右的孔洞，每瓶倒入约150毫升糖醋液，也可再滴加

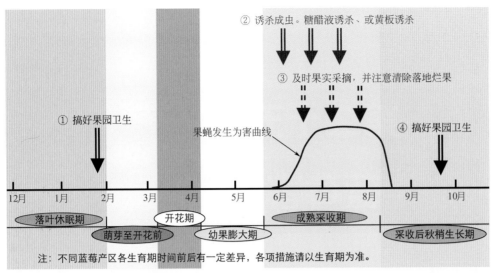

② 诱杀成虫。糖醋液诱杀、或黄板诱杀

③ 及时果实采摘，并注意清除落地烂果

① 搞好果园卫生

果蝇发生为害曲线

④ 搞好果园卫生

| 12月 | 1月 | 2月 | 3月 | 4月 | 5月 | 6月 | 7月 | 8月 | 9月 | 10月 |

落叶休眠期　　　开花期　　　成熟采收期

萌芽至开花前　　幼果膨大期　　　采收后秋梢生长期

注：不同蓝莓产区各生育期时间前后有一定差异，各项措施请以生育期为准。

图25-1　果蝇防控技术模式图（浙江露地）

【形态特征】蛴螬体型肥大，体弯曲呈"C"型，多为白色，少数为黄白色。头部褐色，上颚显著，腹部肥胀。体壁较柔软多皱，体表疏生细毛。头大而圆，多为黄褐色，生有左右对称的刚毛，刚毛数量的多少是分种的重要特征。蛴螬具胸足3对，一般后足较长。腹部10节，第10节称为臀节，臀节上生有刺毛，其数量多少和排列方式也是分种的重要特征（彩图25-10）。

3～4滴多杀霉素或除虫菊素，摇匀、盖紧瓶口，悬挂在健壮枝条上即可，每亩悬挂20瓶左右。落果或果蝇较多地块应适当增加。然后定期清除瓶内成虫，并注意每周添加或更换糖醋液。另外，也可使用黄板诱杀成虫，即在枝条上悬挂黏虫黄板，当黄板上虫量较多后注意及时更换。

金龟子

【分布与为害】金龟子是鞘翅目金龟甲总科昆虫的统称，种类众多分布非常广泛，是一类世界性害虫。在蓝莓上有多种金龟子为害，常见种类有墨绿彩丽金龟（*Mimela splendens* Gyllenhal）（彩图25-4）、小青花金龟（*Oxycetonia jucunda* Faldermann）、苹毛丽金龟（*Proagopertha lucidula* Faldermann）、琉璃弧丽金龟（*Popillia flavosellata* Fairmaire）等。成虫统称金龟子，主要取食蓝莓叶片及花序（彩图25-5、彩图25-6）；幼虫统称为蛴螬，取食蓝莓根系、嫩茎，根部受害植株生长衰弱（彩图25-7、彩图25-8），严重时导致植株逐渐枯死（彩图25-9）。受害植株枯死后可转移到周围植株上继续为害。同时，蛴螬为害造成的伤口还可导致一些病害发生，诱发次生为害。

彩图25-4　墨绿彩丽金龟成虫

彩图25-5　苹毛丽金龟为害叶片

彩图25-6　小青花金龟为害花序

【发生规律】幼虫（蛴螬）在土壤中生活，以土壤中有机物和植物根系为食，每年随土温升降而上下移动，地温20℃左右时，幼虫多在深10厘米以上处取食，咬食近地面的侧根、主根及茎部。成虫（金龟子）食性较复杂，有的以植物根茎叶为食，有的以腐败有机物为食，也有的以粪便为食，在荒坡地、原花生种植地、草炭堆放地、酒糟麦草覆盖地、施用未腐熟有机肥地等发生较多。植株健壮树龄长时抗性较强，幼树和小苗易受为害。成虫交配后10～15天产卵，卵产在松软湿润的土壤内，以水浇地最多，每头雌虫可产卵一百粒左右。每年发生代数因种类及地点不同而异。有的种类1年发生1代，有的2～3年发生1代，也有的5～6年发生1代。如小青花金龟、苹毛丽金龟、琉璃弧丽金龟、墨绿彩丽金龟1年1代，大黑鳃金龟2年1代等。幼虫（蛴螬）共3龄，1、2龄期较短，第3龄期最长。

彩图25-7 蛴螬为害蓝莓根部

彩图25-8
根部受害，植株生长衰弱

彩图25-9 严重受害株逐渐枯死

彩图25-10 金龟子幼虫-蛴螬

【防控技术】
1.农业防控 结合农事操作，人工捕杀金龟子成虫。结合虫情测报，在幼虫集中出土期和卵孵化期，利用辛硫磷、毒死蜱等化学药剂淋灌防控。使用充分高温腐熟后的有机肥料。

2.化学药剂防控 蓝莓定植前，在定植穴或定植沟内用药。一般每亩使用50%辛硫磷乳油400～500毫升，加水10倍喷于25～30千克细干土上拌匀制成毒土，然后均匀撒施于定植穴或定植沟内；或每亩使用5%辛硫磷颗粒剂2.5～3千克或1.5%毒死蜱颗粒剂2.5～3千克，均匀撒施于定植穴内或定植沟内。定植多年的田块，也可使用上述药剂顺垄条施，随即浅锄，或与有机肥混合施用。

3.物理及生物防控 有条件的地区或田块，在每年成虫发生初期设置黑光灯或频振式诱虫灯，诱杀成虫，以减少蛴螬的发生数量。也可利用金龟子黑土蜂、白僵菌等进行生物防控。

蚜虫

【分布与为害】蚜虫俗称"腻虫"、"蜜虫"，属同翅目蚜科，我国许多区域均有发生，在蓝莓上为害的常见种类为桃蚜[*Myzus persicae*（Sulzer）]。以成蚜、若蚜群集吸食叶片、嫩茎和果穗的汁液进行为害。叶片受害，向背面卷曲皱缩，新叶难以展开。嫩茎受害（彩图25-11），植株生长缓慢，严重时停止生长，甚至全株萎蔫枯死。果穗受害，影响果品质量，甚至停止生长，对产量和品质均造成损失（彩图25-12）。同时，蚜虫为害时排泄大量蜜露，散落在叶片及果实表面，诱使霉菌发生（彩图25-13），进一步影响果品质量。另外，蚜虫还可能传播病毒，导致树势衰弱。

【形态特征】成蚜体长1.5～2.1毫米，被有蜡粉，复眼大，腹部大于头部与胸部之和，前胸与腹部各节常有缘瘤；腹管管状，长大于宽，基部粗，向端部渐细；尾片圆锥形，尾板末端圆。有翅蚜触角通常6节；前翅中脉通常分为3支，少数分为2支，后翅通常有肘脉2支，翅脉有时镶黑边（彩图25-14）。

【发生规律】桃蚜寄主范围非常广泛，不同寄主间常有交叉传播。一年繁殖10～30代不等，世代重叠现象突出。北方温暖地区一年发生十余代，南方地区多发生数十代。越冬繁殖几代后产生有翅蚜，向周边转移，扩大为害。条件适宜时，雌性蚜虫多行孤雌繁殖。

蚜虫天敌种类很多，田间常见种类有中华草蛉、食蚜蝇、七星瓢虫等。

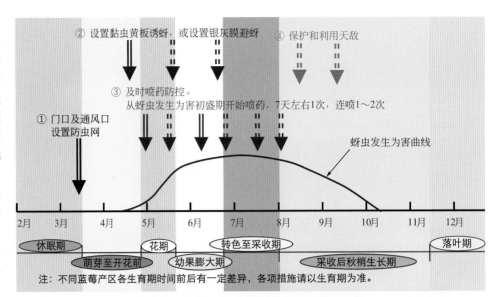

② 设置黏虫黄板诱蚜，或设置银灰膜避蚜　　④ 保护和利用天敌

③ 及时喷药防控。从蚜虫发生为害初盛期开始喷药，7天左右1次，连喷1～2次

① 门口及通风口设置防虫网

蚜虫发生为害曲线

2月　3月　4月　5月　6月　7月　8月　9月　10月　11月　12月

休眠期　　　　　花期　　　转色至采收期　　　　　　落叶期

萌芽至开花前　　幼果膨大期　　　　采收后秋梢生长期

注：不同蓝莓产区各生育期时间前后有一定差异，各项措施请以生育期为准。

图25-2　蚜虫防控技术模式图

彩图25-11　蚜虫群集在嫩茎上为害

彩图25-12　蚜虫在果穗上的为害状

彩图25-13　蚜虫在果穗上为害，并诱发霉菌

【防控技术】蚜虫防控技术模式如图25-2所示。

1.农业防控　在田间设置黏虫黄板，诱杀有翅蚜，并注意根据黏虫数量及时进行更换；也可设置银灰膜避蚜。保护地栽培时，门口及通风口处注意设置防虫网阻止蚜虫进入。

2.及时药剂防控　在蚜虫发生初盛期及时进行喷药，7天左右1次，连喷1～2次。常用有效药剂有：70%吡虫啉水分散粒剂6000～8000倍液、350克/升吡虫啉悬浮剂3000～4000倍液、5%啶虫脒乳油1500～2000倍液、25%吡蚜酮可湿性粉剂1500～2000倍液、25克/升高效氯氟氰菊酯乳油1200～1500倍液、33%氯氟·吡虫啉悬浮剂3000～4000倍液等。喷药时一定要均匀周到，叶片正反两面都要着药。

3.保护和利用天敌　果实采收后尽量减少喷药，以充分保护和利用天敌，促使天敌数量增加。

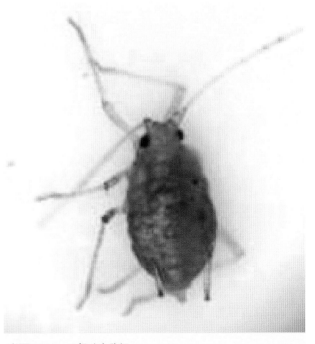

彩图25-14　无翅胎生雌蚜

蓟马

【分布与为害】蓟马（*Thrips* spp.）是缨翅目蓟马科的一类小型害虫，种类众多寄主广泛，在许多地区一年四季均可发生。春、夏、秋三季主要在露地为害，冬季主要发生在温室大棚中。蓟马个体很小，以成虫和若虫取食植株嫩叶、嫩枝梢及花器等幼嫩部位，造成嫩叶皱缩卷曲，甚至黄化、凋萎、干枯（彩图25-15、彩图25-16）。花器受害呈现白色小点或导致褐变，幼果被害后硬化，甚至造成落果，严重影响产量和品质。

【形态特征】蓟马体微小，体长0.5～2毫米，很少超过7毫米，黑色、褐色或黄色；头略呈后口式，口器锉吸式，能锉破植物表皮，吸允汁液；触角6～9节，线状，略呈念珠状，一些节上有感觉器；翅狭长，边缘有长而整齐的缘毛，脉纹最多有两条纵脉，足的末端有泡状中垫，爪退化；雌性腹部末端圆锥形，腹面有锯齿状产卵器（彩图25-17）。

彩图 25-16 蓟马对嫩枝梢为害状

彩图 25-17 叶片背面的蓟马

彩图 25-15 蓟马在幼嫩叶片背面为害状

【发生规律】蓟马繁殖速度较快，一年十几代。该虫主要为害植株幼嫩部位，多群集为害，对蓝色具有一定趋性。其适应性极强，易产生抗药性，同一类型药剂不能连续使用两次以上。可以通过风力、苗木运输或农事机具传播。

【防控技术】蓟马防控技术模式如图25-3所示。

1. 农业防控 落叶后至发芽前，彻底清除田间枯枝落叶及杂草，集中烧毁或深埋，消灭越冬虫源。加强肥水管理，促使植株生长健壮，减轻为害。

2. 药剂防控 根据田间调查，从蓟马为害初期开始喷药，5～7天1次，连喷3～4次。效果较好的药剂有：60克/升乙基多杀菌素悬浮剂1500～2000倍液、30%唑虫酰胺悬浮剂2000～3000倍液、5%阿维菌素乳油4000～5000倍液、2%甲氨基阿维菌素苯甲酸盐乳油2000～3000倍液、50克/升高效氯氟氰菊酯乳油2500～3000倍液、350克/升吡虫啉悬浮剂3000～4000倍液、5%

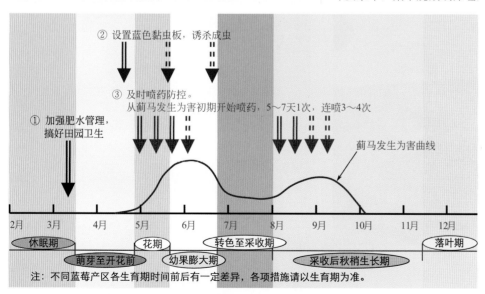

② 设置蓝色黏虫板，诱杀成虫

③ 及时喷药防控。
从蓟马发生为害初期开始喷药，5～7天1次，连喷3～4次

① 加强肥水管理，搞好田园卫生

蓟马发生为害曲线

2月　3月　4月　5月　6月　7月　8月　9月　10月　11月　12月

休眠期　　　　　　花期　　　转色至采收期　　　　　　　　　落叶期

萌芽至开花前　　幼果膨大期　　　　采收后秋梢生长期

注：不同蓝莓产区各生育期时间前后有一定差异，各项措施请以生育期为准。

图25-3 蓟马防控技术模式图

啶虫脒乳油1500～2000倍液、33%氯氟·吡虫啉悬浮剂3000～4000倍液等。具体喷药时,不同类型药剂最好混合使用,且相同有效成分的药剂不能连续使用,以避免蓟马产生抗药性。另外,喷药时一定要均匀周到,重点喷洒叶片背面及幼嫩组织部位。如果在药液中混加展着剂及适量红糖,能在一定程度上提高杀虫效果。

3.**物理防控** 利用蓟马对蓝色的趋性,在田间设置蓝色黏虫板,诱杀成虫,黏板高度与蓝莓高度持平。

刺蛾

【分布与为害】刺蛾是鳞翅目刺蛾科害虫的统称,其幼虫俗称"洋辣子",我国许多区域均有发生,蓝莓上常见种类有黄刺蛾(*Cnidocampa flavescens* Walker)(彩图25-18、彩图25-19)、褐边绿刺蛾(*Latoia consocia* Walker)(彩图25-20)、扁刺蛾(*Thosea sinensis* Walker)(彩图25-21)等,均以幼虫啃食叶片为害。低龄幼虫多群集在叶背啃食叶肉,使受害叶片呈筛网状(彩图25-22);稍大后分散为害,将叶片食成缺刻或孔洞状,严重时将叶片吃光(彩图25-23)。

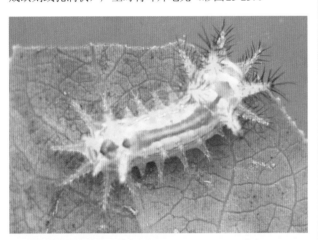

彩图25-18 黄刺蛾低龄幼虫

彩图25-19 黄刺蛾老龄幼虫

【形态特征】

黄刺蛾 成虫体长13～18毫米,翅展35～39毫米,体橙黄色。前翅黄色,端半部黄褐色,有两条暗褐色线自翅顶角分开斜向内后方,内面一条伸至中实下角,外面一条伸至后缘近臀角处,中室处有一大暗褐色圆点;后翅灰黄色。卵扁椭圆形,长1.4～1.5毫米,初淡黄绿色,后呈灰褐色。老熟幼虫体长21～26毫米,体粗大,黄绿色;头部黄褐色,隐藏于前胸下;体背有一条前后宽、中间细的哑铃型淡紫褐色大斑;自第二体节起,各体节有2对枝刺,以胸部2对和臀部1对特别大;腹足退化。蛹椭圆形,粗大,体长13～15毫米,淡黄褐色。茧椭圆形,坚硬,黑褐色,有灰白色不规则纵条纹。

彩图25-20 褐边绿刺蛾老熟幼虫

彩图25-21 扁刺蛾幼虫

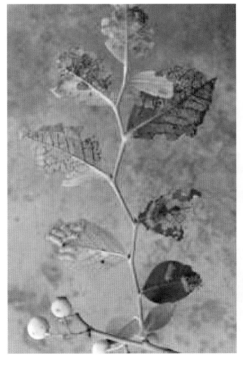

彩图25-22 低龄幼虫啃食为害叶片状

彩图 25-23
高龄幼虫将叶片
基本吃光

扁刺蛾 成虫体长13～18毫米，翅展28～35毫米，体暗灰褐色，腹面及足颜色更深；前翅灰褐色稍带紫色，中室外侧有一明显的暗褐色斜纹，自前缘近顶角处向后缘斜伸；中室上角有一黑点，雄蛾较明显；后翅暗灰褐色。卵扁平椭圆形，长1.1毫米，初产时淡黄绿色，孵化前呈灰褐色。老熟幼虫体长21～26毫米，宽16毫米，扁椭圆形，背部稍隆起，形似龟背，绿色或黄绿色，背线白色带蓝色边缘；体两侧各有10个瘤状突起，上生刺毛，各节背面有2小丛刺毛，第4节背面两侧各有1个红点。蛹体长10～15毫米，前端较肥大，近椭圆形，初乳白色，近羽化时变为黄褐色。茧长12～16毫米，椭圆形，暗褐色。

【发生规律】

黄刺蛾 北方地区1年发生1代，南方地区多发生2代，均以老熟幼虫在树枝杈处或小枝上结硬茧越冬。翌年5月中旬开始化蛹，5月下旬始见成虫，5月下旬至6月为第一代卵期，6～7月为幼虫期，6月下旬至8月中旬为蛹期，7月下旬至8月为成虫期，第二代幼虫8月上旬发生，10月份结茧越冬。成虫多在傍晚羽化，昼伏夜出，趋光性不强。卵多产在叶背，散产或数粒在一起。幼虫7龄，低龄幼虫多在叶背啃食叶肉，高龄后分散为害，将叶片食成缺刻或孔洞状。老熟后在树枝上吐丝结茧。

扁刺蛾 北方地区1年发生1代，南方地区多发生2代，均以老熟幼虫在树下3～6厘米土层内结茧越冬。1代区5月中旬开始化蛹，6月上旬开始羽化、产卵，发生期很不整齐，6月中旬至8月上旬均可见初孵幼虫，8月份为害最重，8月下旬开始陆续老熟入土结茧越冬。2代区4月中旬开始化蛹，5月中旬至6月上旬羽化，第1代幼虫发生期为5月下旬至7月中旬，第2代幼虫发生期为7月下旬至9月中旬，第2代幼虫老熟后入土结茧越冬。成虫多在黄昏羽化出土，昼伏夜出，羽化后即可交配，2天后产卵，卵多散产于叶面。卵期7天左右。幼虫共8龄，老熟后多夜间下树入土结茧。

【防控技术】

1.人工捕杀 首先，结合修剪，尽量剪除越冬虫茧，集中销毁或食用，减少越冬虫源。其次，利用低龄幼虫群集为害的特性，及时剪除带虫叶片，集中销毁，消灭幼虫。

2.药剂防控 在幼虫为害初期进行喷药，一般每代喷药1次即可，重点喷洒叶片背面。常用有效药剂有：

25%灭幼脲悬浮剂1500～2000倍液、20%除虫脲悬浮剂1500～2000倍液、24%虫酰肼悬浮剂1500～2000倍液、35%氯虫苯甲酰胺水分散粒剂5000～7000倍液、20%氟苯虫酰胺水分散粒剂2000～3000倍液、2%阿维菌素乳油2000～2500倍液、1.5%甲氨基阿维菌素苯甲酸盐乳油2000～2500倍液、50克/升高效氯氟氰菊酯乳油2500～3000倍液、4.5%高效氯氰菊酯乳油1500～2000倍液等。

3.诱杀成虫 利用成虫的趋光性，在成虫发生期设置黑光灯或频振式诱虫灯，诱杀成虫。

4.保护和利用天敌 刺蛾类害虫的天敌种类很多，如赤眼蜂、黑小蜂、姬蜂、螳螂等，尽量避免使用广谱性杀虫药剂，以保护和利用天敌。

食叶毛虫类

【分布与为害】食叶毛虫类是指幼虫带有毛刺、主要在叶片上为害的一类害虫，均属于鳞翅目，在我国许多区域均有不同种类发生，蓝莓上的常见种类有：金毛虫（*Porthesia similis xanthocampa* Dyar，属鳞翅目毒蛾科）（彩图25-24）、盗毒蛾［*Porthesia similis*（Fueszly），属鳞翅目毒蛾科］（彩图25-25）、美国白蛾［*Hyphantria cunea*（Drury），属鳞翅目灯蛾科］（彩图25-26、彩图25-27）、栎黄枯叶蛾（*Trabala vishnou giganina* Yang，属鳞翅目枯叶蛾科）（彩图25-28、彩图25-29）、绿尾大蚕蛾（*Actias selene ningpoana* Felder，属鳞翅目大蚕蛾科）（彩图25-30、彩图25-31）等。均主要以幼虫取食蓝莓叶片，严重时将叶片吃光。不同种类为害特性不同，有的低龄幼虫期群集为害，高龄后分散为害，还有的可以结网幕为害。如美国白蛾，初孵幼虫群集吐丝结白色网幕，1～4龄群集在网幕内取食，仅啃食叶肉，残留叶脉；随龄期逐渐增大，网幕不断扩大，4龄以后分散为害；5龄后食量增加，6～7龄不仅蚕食叶肉，也食叶脉，虫量大时，短时间可将整株树的叶片食光，仅残留叶柄。

彩图 25-24　金毛虫低龄幼虫为害叶片状

彩图 25-25　盗毒蛾幼虫

彩图 25-26　美国白蛾幼虫结网幕为害状

彩图 25-27　美国白蛾幼虫在叶背群集为害

彩图 25-28　栎黄枯叶蛾大龄幼虫

彩图 25-29　栎黄枯叶蛾成虫

彩图 25-30　绿尾大蚕蛾幼虫

彩图 25-31　绿尾大蚕蛾成虫

【形态特征】不同种类形态特征差异很大，特别是成虫，但其幼虫均为带有毛刺的柔软圆筒状。

美国白蛾　成虫体白色，雌蛾体长9～15毫米，翅展30～42毫米；雄蛾体长9～14毫米，翅展25～37毫米。雌蛾触角锯齿状，前翅纯白色；雄蛾触角双栉状，前翅上有几个褐色斑点。成虫前足基节及腿节端部为橘黄色，颈节及跗节大部分为黑色。卵球形，排列成单层块状。老熟幼虫头黑色具光泽，体色为黄绿至灰黑色，背部有1条黑色或深褐色宽纵带，黑色毛疣发达，毛丛白色，混杂有黑色或棕色长毛。幼虫体色差异很大，根据头部色泽分为红头型和黑头型两类。蛹长纺锤形，暗红褐色。茧褐色或暗红色，由稀疏的丝混杂幼虫体毛组成。

【发生规律】美国白蛾1年发生2～3代，均以蛹在地面枯枝落叶下、砖石块下及表土层内越冬。翌年4月下旬至5月下旬陆续羽化出越冬代成虫。成虫昼伏夜出，有趋光性，交尾后即开始产卵，卵多产于叶背，排列成单层块状。卵期15天左右。初孵幼虫群集吐丝结网，在网幕内为害，4龄后分散为害，食量增加，为害加重。4龄前为最佳防治时期。3代发生区各代4龄前的发生时期大致为5月中下旬、7月中上旬和9月中上旬。末代幼虫老熟后下树寻找隐蔽场所结茧化蛹越冬。

【防控技术】

1.人工防控　结合农事操作，及时捕杀幼虫，特别是低龄幼虫分散为害前。

2.及时喷药防控　在幼虫发生为害初期及时进行喷药，每代喷药1次即可有效控制为害，但需注意不同种类的不同发生时期。效果较好的药剂有：25%灭幼脲悬浮剂1500～2000倍液、20%除虫脲悬浮剂1500～2000倍液、240克/升甲氧虫酰肼悬浮剂2500～3000倍液、10%虱螨脲悬浮剂2000～2500倍液、35%氯虫苯甲酰胺水分散粒剂5000～7000倍液、20%氟苯虫酰胺水分散粒剂2000～3000倍液、5%阿维菌素乳油5000～6000倍液、2%甲氨基阿维菌素苯甲酸盐乳油3000～4000倍液、50克/升高效氯氟氰菊酯乳油2500～3000倍液、4.5%高效氯氰菊酯乳油1500～2000倍液等。

3.灯光诱杀　利用成虫的趋光性，在成虫发生期内设置黑光灯或频振式诱虫灯，诱杀成虫，有效保护天敌。

叶甲类

【分布与为害】叶甲类是指主要为害叶片的一类甲虫，属于鞘翅目叶甲科（彩图25-32）。该类害虫包括许多种类，其中多种在我国发生较广泛。均主要以成虫取食叶片、嫩茎及花器，将叶片食成缺刻或孔洞状（彩图25-33、彩图25-34），嫩茎被害成缺刻或折断，花器受害成孔洞状或不能开花结果，严重时叶片受害仅残留叶脉，对产量影响很大。其幼虫均生活在土壤中，为害植物根部，一般影响较小，但虫量大时亦可造成植株生长衰弱。

【形态特征】多数成虫体短宽，长约5～6毫米，宽约5毫米，体色因种类不同差异较大，有青铜色、蓝色、绿

色、蓝紫色、蓝黑色、紫铜色等颜色。卵长约1毫米，长圆形。幼虫体长9～10毫米，黄白色，头部浅黄褐色，体粗短，呈圆筒状，全体密布细毛。裸蛹长5～7毫米，初化蛹时白色，后变黄白色，短椭圆形。

彩图25-32　某叶甲成虫

彩图25-33　叶甲成虫食害叶片

彩图25-34　叶片受叶甲食害状

【发生规律】多数种类1年发生1代，以幼虫在土层下15～25厘米处越冬，浙江地区有的以当年羽化成虫在石缝或枯枝落叶下越冬。翌年5月下旬幼虫开始化蛹，6月中旬进入盛期，6月下旬成虫为害严重，7月上中旬交尾产卵。成虫羽化后先在土室内生活几天，后出土为害，雨后2～3天出土最多，10时和16～18时为害最烈，中午隐蔽在土缝或枝叶下。成虫有假死性，寿命34至54天不等，产卵期约21天。卵期约9天，幼虫期约10个月，蛹期15天左右。土

温低于20℃后幼虫钻入土层深处造室越冬。

【防控技术】

1. 农业防控 及时清洁田园，防止成虫产卵。利用成虫的假死性，在早、晚成虫栖息时振动树体，将成虫震落，集中消灭。

2. 适当喷药防控 虫体数量较少时对蓝莓树体为害不大，不需喷药防控。当虫体数量大、为害集中时，应及时进行喷药。效果较好的药剂如：50克/升高效氯氟氰菊酯乳油2000～3000倍液、4.5%高效氯氰菊酯乳油1000～1500倍液、20%甲氰菊酯乳油1500～2000倍液、50%辛硫磷乳油1000～1200倍液、33%氯氟·吡虫啉悬浮剂4000～5000倍液等。

卷叶蛾类

【分布与为害】卷叶蛾类是指对蓝莓叶片及嫩梢进行卷叶为害的一类鳞翅目害虫，种类较多，分布广泛。主要以幼虫咬食新芽、嫩叶和花蕾，啃食叶片叶肉，使残留表皮呈网孔状（彩图25-35），并使叶片纵卷干枯、新梢枯死（彩图25-36），对植株生长影响很大。

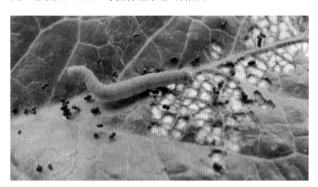

彩图25-35　卷叶蛾幼虫为害叶片呈网孔状

彩图25-36　卷叶蛾为害导致新梢枯死

【形态特征】不同种类卷叶蛾形态差异很大，特别是成虫形态。幼虫体型相似，均为蠕虫状，但大小、色泽及毛片有很大差异。

【发生规律】卷叶蛾种类不同，越冬场所及形态、年发生代数等不尽相同，均以幼虫进行为害，但幼虫均主要发生在春梢及夏梢快速生长期。多数成虫昼伏夜出，具有趋光性和趋化性。

【防控技术】

1. 人工防控 结合田间农事活动，及时剪除卷叶虫苞，集中销毁，杀灭卷叶内幼虫。

2. 适当喷药防控 虫量较少时对蓝莓树体影响不大，人工摘除卷叶即可；若虫量发生较多，则需及时进行喷药，效果较好的药剂同"食叶毛虫类"防控。

3. 诱杀成虫 利用成虫的趋光性和趋化性，在田园内设置黑光灯或频振式诱虫灯及糖醋液诱捕器，诱杀成虫。有条件的果园，也可在成虫发生期内悬挂性诱剂诱捕器或性诱剂迷向丝，诱捕雄蛾或使雄蛾迷向，进而影响其交尾活动，控制其产卵及繁殖后代。

豹纹木蠹蛾

【分布与为害】豹纹木蠹蛾（*Zeuzera coffeae* Niether）又称咖啡木蠹蛾，属鳞翅目木蠹蛾科，在我国广泛分布。以幼虫在枝干木质部内蛀食为害（彩图25-37），从蛀孔处向外排出木屑状虫粪（彩图25-38）。幼虫蛀入枝干木质部后由下向上蛀食，逐渐导致受害枝干生长衰弱，甚至枯死（彩图25-39）。

彩图25-37　幼虫在枝干木质部内为害状

彩图25-38　幼虫蛀干为害，排泄物落满一地

彩图25-39　枝干受害，生长衰弱甚至枯死

【形态特征】成虫体灰白色，雌蛾体长20～38毫米，雄蛾体长17～30毫米，前胸背面有6个蓝黑色斑，前翅散生大小不等的青蓝色斑点，腹部各节背面有3条蓝黑色纵带，两侧各有1个圆斑。卵为圆形，淡黄色。老龄幼虫体长约30毫米，头部黑褐色，体紫红色或深红色，尾部色淡，各节有多个粒状小突起，均着生1根白毛（彩图25-40）。蛹长椭圆形，红褐色，长14～27毫米，背面有锯齿状横带，尾端具12根短刺。

彩图25-40　豹纹木蠹蛾幼虫

【发生规律】豹纹木蠹蛾1年发生1～2代，以幼虫在树干内越冬。翌年为害一段时间后在树干内化蛹，蛹期16～30天。成虫多在傍晚或夜间羽化，寿命3～6天，羽化后1～2天内交尾产卵，卵多产在树皮裂缝、伤口或天牛为害的坑道口边沿。成虫昼伏夜出，有趋光性。幼虫活动期为3～10月，成虫多在4～7月出现，最晚可至10月。幼虫多从伤口处侵入为害，逐渐向木质部内钻蛀，在木质部内完成幼虫发育。为害至10月中下旬后幼虫在枝干内越冬。

【防控技术】以加强果园管理和诱杀成虫为主。首先，结合农事操作，发现受害枝干后及时从排粪孔下端剪除，带到园外烧毁，消灭枝干内幼虫。其次，在成虫发生期内（多从5月中旬开始），于果园内设置黑光灯或频振式诱虫灯，诱杀成虫。

星天牛

【分布与为害】星天牛（*Anoplophora chinensis* Förster）属鞘翅目天牛科，在我国分布非常广泛。主要以幼虫在枝干木质部内蛀食为害，在木质部内蛀食成隧道，将木屑状虫粪从排粪孔排到株外（彩图25-41）。幼虫在枝干内逐渐向根部蛀食（彩图25-42），影响水分、养分的输送及树体的生长发育，导致树势衰弱。严重时，枝干内虫道密布，枝干容易折断，甚至整株枯死。

彩图25-41　星天牛为害，排到株外的虫粪

彩图25-42　星天牛向根部蛀食为害的虫道

【形态特征】雌虫体长约32毫米，雄虫体长约21毫米，全体漆黑色，头部中央有一纵凹槽，前胸背板左右各有1枚白点；鞘翅基部散生多个黑色小颗粒，鞘翅上散生许多白点，白点大小因个体差异颇大（彩图25-43）。卵长椭圆形，长约5毫米，黄色。老熟幼虫体长约45毫米，乳白色至淡黄色，头褐色，长方形，前胸背板上有2个黄褐色飞鸟形纹（彩图25-44）。蛹纺锤形，裸蛹，长30～38毫米，淡黄色，羽化前变为黄褐色至黑色。

彩图25-43　星天牛成虫

彩图25-44 星天牛幼虫

【发生规律】星天牛1～2年完成1代，以幼虫在树干虫道内越冬。翌年春天在虫道内化蛹，蛹期18～45天，5～6月为羽化盛期。成虫白天活动，高温强光时有午休特性，交配后10～15天开始产卵，卵期9～15天。初龄幼虫最初在树皮下取食，粪屑积于虫道内；待龄期增大后蛀入木质部为害，并向外蛀一通气排粪孔，向外排泄粪屑，排出粪屑多堆积于树干基部。幼虫蛀入木质部后，逐渐向下钻蛀，危害全株，严重时导致全株枯死。进入11月份后，幼虫陆续越冬。

【防控技术】以人工防控为主。结合农事操作，及时捕杀成虫；并注意检查树体，发现有新鲜虫粪时，及时从排粪孔下端剪除受害枝条，带到园外烧毁，消灭幼虫。也可用注射器向蛀孔内注射药液，毒杀幼虫，有效药剂如辛硫磷、敌敌畏、毒死蜱等。

日本龟蜡蚧

【分布与为害】日本龟蜡蚧（*Ceroplastes japonicas* Guaind）属同翅目蜡蚧科，俗称"树虱子"，在我国分布非常广泛。主要以若虫和雌成虫刺吸叶片、枝条和果实汁液进行为害（彩图25-45、彩图25-46），影响植株生长发育，导致树势衰弱，严重时造成枝条凋萎、甚至全株死亡。同时，虫体排泄大量蜜露于植株表面，既影响叶片光合作用及果实品质，又诱使霉污病发生，加重次生为害。

彩图25-45 日本龟蜡蚧若虫在叶片上刺吸为害

彩图25-46 日本龟蜡蚧雌成虫在枝条上刺吸为害

【形态特征】雌成虫体长4～5毫米，体淡褐色至紫红色，被有较厚的椭圆形白色蜡壳，蜡壳背面呈半球形隆起，具龟甲状凹纹（彩图25-47）。雄成虫体长1～1.4毫米，淡红色至紫红色，触角丝状；翅1对，白色透明，具2条粗脉；腹末略细，性刺色淡。卵椭圆形，长0.2～0.3毫米，初淡橙黄色后变紫红色。初孵若虫体长0.4毫米，椭圆形，淡红褐色，触角和足发达，腹末有1对长毛，周边有12～15个蜡角；后期蜡壳加厚，雌雄形态分化，雄蜡壳长椭圆形，周围有13个蜡角似星芒状。蛹长1毫米，梭形，棕色，性刺笔尖状。

彩图25-47 日本龟蜡蚧雌成虫及介壳

【发生规律】日本龟蜡蚧1年发生1代，以受精雌虫在枝条上越冬。翌年春季树体发芽时开始为害，虫体及介壳快速增大，成熟后产卵于腹下。产卵盛期约为5～6月份，卵期10～24天。若虫孵化后从介壳下爬出，分散到嫩枝、叶柄、叶片及果实上固着为害。雄虫成熟后化蛹，蛹期8～20天。雄成虫寿命1～5天，交配后即死亡。雌虫受精后陆续转移至枝条上固着为害，秋后逐渐休眠越冬。

【防控技术】日本龟蜡蚧防控技术模式如图25-4所示。

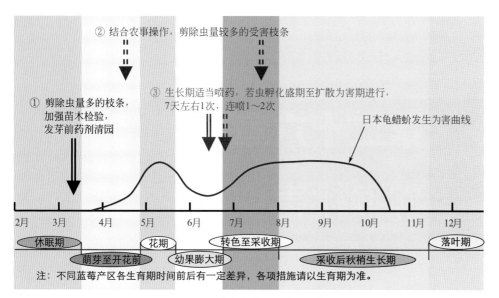

② 结合农事操作，剪除虫量较多的受害枝条

① 剪除虫量多的枝条，
   加强苗木检验，
   发芽前药剂清园

③ 生长期适当喷药，若虫孵化盛期至扩散为害期进行，
   7天左右1次，连喷1～2次

日本龟蜡蚧发生为害曲线

| 2月 | 3月 | 4月 | 5月 | 6月 | 7月 | 8月 | 9月 | 10月 | 11月 | 12月 |

休眠期
萌芽至开花前
花期
幼果膨大期
转色至采收期
采收后秋梢生长期
落叶期

注：不同蓝莓产区各生育期时间前后有一定差异，各项措施请以生育期为准。

图25-4　日本龟蜡蚧防控技术模式图

1. 人工防控　结合修剪，尽量剪除虫口密度大的枝条，集中销毁。调运苗木时加强检验，防止苗木带虫传播扩散。

2. 发芽前药剂清园　结合其他害虫防控，在蓝莓发芽前喷施铲除性药剂清园，杀灭越冬虫源。有效药剂有：3～5波美度石硫合剂、45%石硫合剂晶体50～70倍液、480克/升毒死蜱乳油500～600倍液、5%柴油乳剂等。

3. 生长期适当喷药　一般果园不需生长期喷药，若虫量较多，若虫孵化盛期至扩散为害期是喷药防控的关键，7天左右1次，连喷1～2次，淋洗式喷雾效果最好。常用有效药剂如：480克/升毒死蜱乳油1200～1500倍液、25%噻虫嗪水分散粒剂4000～5000倍液、25%噻嗪酮可湿性粉剂1000～1500倍液、20%甲氰菊酯乳油1200～1500倍液、52.25%氯氰·毒死蜱乳油1500～2000倍液、33%氯氟·吡虫啉悬浮剂4000～5000倍液等。

第二十六章

猕猴桃害虫

▦ 柑橘始叶螨 ▦

【分布与为害】柑橘始叶螨（*Eotetranychus kankitus* Ehran）属蛛形纲蜱螨目叶满科，又称六点黄蜘蛛、四斑黄蜘蛛，俗称"黄蜘蛛"，可为害猕猴桃、柑橘等果树，在我国猕猴桃与柑橘混合种植区发生为害较多，以成螨、若螨、幼螨聚集在叶面刺吸汁液为害。受害叶片叶肉皱缩，叶面凹凸不平，较重时叶缘向上卷缩，对叶片光合作用影响很大（彩图26-1、彩图26-2）。

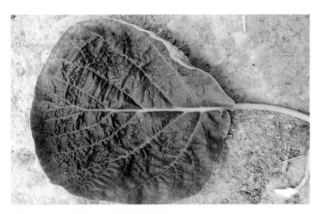

彩图26-1 受害叶片叶面凹凸不平

彩图26-2 受害叶片叶缘向上卷缩

【形态特征】雌成螨长椭圆形，长0.35～0.42毫米，体前端较小、后端肥大，足4对，体淡黄色至橘黄色，体背有4个多角形黑斑和7条横列的白色刚毛（彩图26-3）。雄成螨较狭长，尾部尖削，足较长。卵圆球形，初产时淡黄色渐变为橙黄色，上有1根丝状卵柄。幼螨淡黄色，近圆形，足3对，约1天后雌体背面可见4个黑斑；若螨足4对，前期似若螨、后期似成螨，体色较深。

彩图26-3 柑橘始叶螨（叶面上的小黄点）

【发生规律】柑橘始叶螨在南方猕猴桃产区1年约发生12～16代，世代重叠严重，在猕猴桃上可能以卵和成螨在芽鳞内越冬。翌年随猕猴桃发芽开始出蛰为害，春梢叶片受害较重。夏季高温季节螨量急剧减少、为害减轻，秋末开始螨量逐渐回升，为害至落叶前开始越冬。该螨生长发育适温为20～25℃，其中14～15℃时繁殖最快。

【防控技术】柑橘始叶螨防控技术模式如图26-1所示。

1.加强果园管理 落叶后至发芽前，彻底清除果园内的落叶、杂草及修剪下来的枯枝，集中清到园外销毁，减少害螨越冬场所。春梢生长期及时修剪，促使果园通风透光良好。

2.发芽前药剂清园 猕猴桃萌芽初期，全园喷施1次铲除性药剂清园，杀灭树体上的越冬螨源。效果较好的药剂如：3～4波美度石硫合剂、45%石硫合剂晶体50～70倍

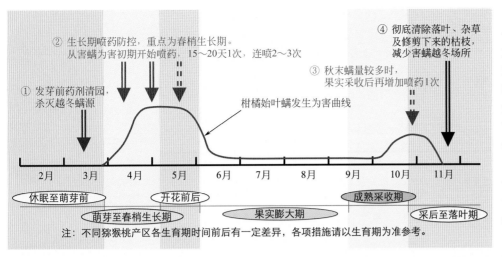

② 生长期喷药防控，重点为春梢生长期。
从害螨为害初期开始喷药，15～20天1次，连喷2～3次

④ 彻底清除落叶、杂草
及修剪下来的枯枝，
减少害螨越冬场所

① 发芽前药剂清园，
杀灭越冬螨源

③ 秋末螨量较多时，
果实采收后再增加喷药1次

柑橘始叶螨发生为害曲线

| 2月 | 3月 | 4月 | 5月 | 6月 | 7月 | 8月 | 9月 | 10月 | 11月 |

休眠至萌芽前　　开花前后　　　　　　成熟采收期

萌芽至春梢生长期　　　　果实膨大期　　　　采后至落叶期

注：不同猕猴桃产区各生育期时间前后有一定差异，各项措施请以生育期为准参考。

图26-1　柑橘始叶螨防控技术模式图

液、97%矿物油乳剂100～150倍液等。

3.生长期喷药防控　重点防控时期为春梢生长期，一般从害螨发生为害初期开始喷药，15～20天1次，连喷2～3次；若秋末螨量较多，果实采收后再增加喷药1次。常用有效药剂有：1.8%阿维菌素乳油2000～3000倍液、240克/升螺螨酯悬浮剂4000～5000倍液、110克/升乙螨唑悬浮剂4000～5000倍液、5%唑螨酯悬浮剂1000～1500倍液、43%联苯肼酯悬浮剂3000～4000倍液、20%四螨嗪悬浮剂1500～2000倍液、20%阿维·螺螨酯悬浮剂4000～5000倍液等。

小绿叶蝉

【分布与为害】小绿叶蝉［*Empoasca flavescens*（Fab.）］属同翅目叶蝉科，又称桃叶蝉、桃小叶蝉、桃小绿叶蝉，在我国许多省区均有发生，可为害猕猴桃、桃树、杏树、李树、樱桃、葡萄等多种果树，以成虫、若虫刺吸汁液为害，猕猴桃上叶片受害最重。受害叶片初期叶面产生许多黄白色小斑点（彩图26-4），后斑点逐渐连片，使受害叶片呈苍白色，严重时早期脱落。

彩图26-4　小绿叶蝉为害状

【形态特征】成虫体长3.3～3.7毫米，淡黄绿色至绿色，头部前突，复眼褐色，触角刚毛状；前胸背板、小盾片淡鲜绿色，常有白色斑点；前翅半透明，略呈革质，淡黄白色；后翅膜质透明；各足胫节端部以下淡青绿色（彩图26-5）。卵长椭圆形，稍弯曲，长约0.6毫米，乳白色。若虫与成虫体相似，无翅，体长2.5～3.5毫米。

【发生规律】小绿叶蝉1年发生4～6代，以成虫在落叶、树皮缝隙、杂草或低矮绿色植物上越冬。翌年猕猴桃发芽后开始出蛰刺吸为害，经取食汁液后交尾产卵，卵多产在新梢或叶片主脉内。卵期5～20天，若虫期10～20天，非越冬成虫寿命30天，完成1个世代40～50天，世代重叠严重。5～6月份虫口数量增加，8～9月份达为害盛期。秋后以末代成虫越冬。成虫、若虫喜白天活动，在叶背刺吸汁液为害或栖息。成虫善跳跃，可借风力扩散。

【防控技术】小绿叶蝉防控技术模式如图26-2所示。

彩图26-5　小绿叶蝉成虫

1.搞好果园卫生　猕猴桃发芽前，彻底清除果园内的枯枝、落叶、杂草等，集中深埋或销毁，消灭害虫越冬场所，减少越冬虫源。

2.生长期适当喷药防控　从小绿叶蝉发生为害初盛期开始喷药，半月左右1次，连喷2～4次，注意喷洒叶片背面。效果较好的药剂有：25%噻嗪酮可湿性粉剂1000～1500倍液、25%噻虫嗪水分散粒剂1500～2000倍液、50%吡蚜酮水分散粒剂3000～4000倍液、350克/升吡虫啉悬浮剂4000～5000倍液、5%啶虫脒乳油1500～2000倍液、1.8%阿维菌素乳油2000～3000倍液、1%甲氨基阿维菌素苯甲酸盐乳油2000～2500倍液、50克/升高效氯

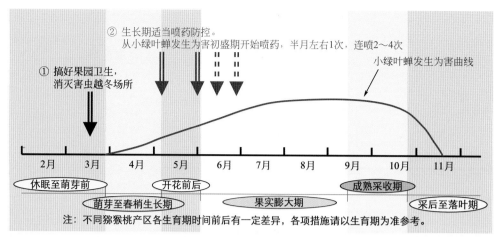

② 生长期适当喷药防控。
从小绿叶蝉发生为害初盛期开始喷药，半月左右1次，连喷2～4次

① 搞好果园卫生，
消灭害虫越冬场所

小绿叶蝉发生为害曲线

2月　3月　4月　5月　6月　7月　8月　9月　10月　11月

休眠至萌芽前
萌芽至春梢生长期
开花前后
果实膨大期
成熟采收期
采后至落叶期

注：不同猕猴桃产区各生育期时间前后有一定差异，各项措施请以生育期为准参考。

图26-2　小绿叶蝉防控技术模式图

氟氰菊酯乳油3000～4000倍液、4.5%高效氯氰菊酯乳油1500～2000倍液、20% S-氰戊菊酯乳油1500～2000倍液等。

绿盲蝽

【分布与为害】绿盲蝽（*Lygus lucorum* Meyer-Dur）属半翅目盲蝽科，又称绿盲蝽象，在我国许多省区均有发生，可为害猕猴桃、葡萄、枣树、桃树、李树、杏树、梨树等多种果树，主要以成虫、若虫刺吸嫩叶汁液进行为害。初期，嫩叶上出现褐色至深褐色小斑点，随嫩叶生长，斑点逐渐扩大为孔洞，孔洞边缘呈黄绿色至淡褐色（彩图26-6）；后期，孔洞发展为边缘不整齐的支离破碎状（彩图26-7）。一张叶片上常有许多斑点或孔洞，严重时嫩叶不能长大。

【形态特征】成虫长卵圆形，长约5毫米，宽约2.5毫米，黄绿色或浅绿色；头部略呈三角形、黄绿色，复眼突出、黑褐色；触角4节，短于体长，第2节为第3、4节之和；前胸背板深绿色，与头相连处有1个领状脊棱；小盾片黄绿色，三角形；前翅基部革质、绿色，端部膜质半透明、灰色（彩图26-8）。卵长形稍弯曲，长约1.4毫米，绿色，有瓶口状卵盖。若虫5龄，与成虫体相似，绿色或黄绿色，单眼桃红色，3龄后出现翅芽，翅芽端部黑色（彩图26-9）。

彩图26-6　绿盲蝽为害叶片，开始形成孔洞

【发生规律】绿盲蝽1年发生4～5代，以卵在果树枝条的芽鳞内及其他寄主植物上越冬。翌年猕猴桃发芽时开始孵化，初孵若虫在嫩芽及嫩叶上刺吸为害。北方果区约5月上中旬出现第1代成虫，成虫寿命长，产卵期持续35天左右。第1代发生相对整齐，第2～5代世代重叠严重。若虫、成虫多白天潜伏，清晨和傍晚在芽及嫩梢上为害。成虫善于飞翔和跳跃，若虫爬行迅速，稍受惊动立即逃逸，不易被发现。该虫主要为害幼嫩组织，叶片稍老化后即不再受害。绿盲蝽食性很杂，为害范围非常广泛，当猕猴桃嫩梢基本停止生长后，则转移到其他寄主植物上为害。秋季，部分成虫又回到果树上产卵越冬。

彩图26-7　绿盲蝽为害叶片后期，支离破碎

彩图26-8　绿盲蝽成虫

彩图26-9　绿盲蝽若虫

【防控技术】

1.搞好果园卫生 猕猴桃萌芽前，彻底清除果园内及其周边的杂草、落叶，集中烧毁或深埋，有效减少绿盲蝽越冬虫量。

2.生长期喷药防控 萌芽至嫩梢生长期是喷药防控绿盲蝽的关键期。根据上年绿盲蝽发生为害轻重及当年嫩芽受害情况或园内虫量多少确定具体喷药时间及次数。一般果园喷药2～3次即可，间隔期10天左右，以早、晚喷药效果较好。常用有效药剂有：33%氯氟·吡虫啉悬浮剂3000～4000倍液、50克/升高效氯氟氰菊酯乳油3000～4000倍液、4.5%高效氯氰菊酯乳油1500～2000倍液、20% S-氰戊菊酯乳油1500～2000倍液、70%吡虫啉水分散粒剂7000～8000倍液、5%啶虫脒乳油2000～2500倍液、25%吡蚜酮可湿性粉剂2000～2500倍液、1.8%阿维菌素乳油2000～3000倍液、1%甲氨基阿维菌素苯甲酸盐乳油2000～2500倍液等。

黑额光叶甲

【分布与为害】黑额光叶甲［Smaragdina nigrifrons (Hope)］属鞘翅目肖叶甲科，在我国许多省区均有发生，可为害猕猴桃、枣树、栗树等多种果树及玉米等作物，主要以成虫为害叶片。常把叶片食成孔洞或缺刻状，一般先啃食叶面部分叶肉，然后再将其余部分吃掉。虫量多时，叶片上残留许多孔洞。

【形态特征】成虫体长方形至长卵形，体长6.5～7毫米，宽3毫米，头漆黑色，前胸红褐色至黄褐色、有光亮，触角细短；小盾片、鞘翅黄褐色至红褐色，鞘翅基部和中部各有1条黑色宽横带（彩图26-10）；雄虫腹面红褐色，雌虫腹面大部分为暗褐色至黑色；足基节、转节黄褐色，其余黑色。

彩图26-10 黑额光叶甲（吕佩珂）

【发生规律】黑额光叶甲仅以成虫迁入猕猴桃园为害叶片，不在园中产卵繁殖。成虫有假死性，喜在阴天或早晚取食。

【防控技术】黑额光叶甲多为零星发生害虫，一般果园结合其他害虫防控兼防即可。个别果园虫量发生较多时，可及时喷药1～2次，间隔期10天左右。效果较好的药剂如：4.5%高效氯氰菊酯乳油1500～2000倍液、25克/升高效氯氟氰菊酯乳油1500～2000倍液、20% S-氰戊菊酯乳油1500～2000倍液、2.5%溴氰菊酯乳油1500～2000倍液等。

金龟子

【分布与为害】金龟子是多种鞘翅目害虫成虫的俗称，常见的在猕猴桃上为害的金龟子主要有黑绒鳃金龟（Maladera orientalis Motschulsky）、铜绿丽金龟（Anomala corpulenta Motschulsky）、四纹丽金龟（Popillia quadriguttata Fabricius）等，前者属鳃金龟科，后两者均属丽金龟科，均主要以成虫食害叶片。将叶片食成缺刻或孔洞状，造成叶片残缺不全，严重时可将全树叶片吃光，幼树受害较重（彩图26-11）。幼虫为害性不强，仅在土中取食一些根系，地上部没有明显异常。

彩图26-11 猕猴桃叶片受金龟子为害状

【形态特征】

黑绒鳃金龟 成虫卵圆形，体长7～8毫米，宽4.5～5.0毫米，体黑色至黑紫色，密被天鹅绒状灰黑色短绒毛；鞘翅具9条隆起的线，外缘具稀疏刺毛；前足胫节外缘具两齿，后足胫节两侧各具一刺（彩图26-12）。

彩图26-12 黑绒鳃金龟成虫

铜绿丽金龟 成虫长椭圆形，体长19～21毫米，触角鳃叶状，前胸背板及鞘翅铜绿色具闪光，上有细密刻点；额及前胸背板两侧边缘黄色，虫体腹面及足均为黄褐色（彩图26-13）。

彩图26-13　铜绿丽金龟成虫

彩图26-14　四纹丽金龟成虫

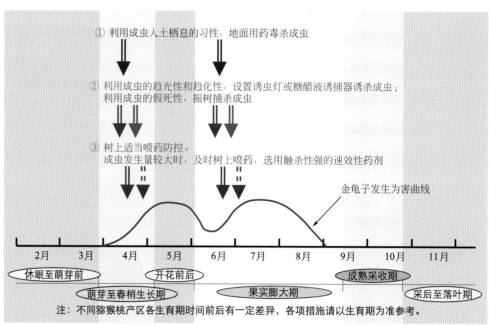

① 利用成虫入土栖息的习性，地面用药毒杀成虫

② 利用成虫的趋光性和趋化性，设置诱虫灯或糖醋液诱捕器诱杀成虫；利用成虫的假死性，振树捕杀成虫

③ 树上适当喷药防控。
成虫发生量较大时，及时树上喷药，选用触杀性强的速效性药剂

金龟子发生为害曲线

| 2月 | 3月 | 4月 | 5月 | 6月 | 7月 | 8月 | 9月 | 10月 | 11月 |

休眠至萌芽前　　　开花前后　　　成熟采收期

萌芽至春梢生长期　　　果实膨大期　　　采后至落叶期

注：不同猕猴桃产区各生育期时间前后有一定差异，各项措施请以生育期为准参考。

图26-13　金龟子防控技术模式图

四纹丽金龟　成虫椭圆形，体长7.5～12毫米，宽4.5～6.5毫米，体色多为深铜绿色，头小，触角鳃叶状；鞘翅宽短略扁平，后方窄缩，鞘翅浅褐色至草黄色，四周深褐色至墨绿色；臀板基部具2个白色毛斑，腹部1～5节腹板两侧各具1个白色毛斑（彩图26-14）。

【发生规律】

黑绒鳃金龟　1年发生1代，以成虫在土壤中越冬。翌年4月上中旬出蛰，4月末～6月上旬为发生盛期。成虫有假死性和趋光性，多在傍晚或晚间出土活动，白天在土缝中潜伏。成虫在土壤中产卵，幼虫在土壤中取食腐殖质及植物嫩根，老熟后在土中化蛹，成虫羽化后在化蛹处越冬。

铜绿丽金龟　1年发生1代，以3龄幼虫在土壤中越冬。翌年春季越冬幼虫取食为害一段时间植物根部后老熟，然后作土室化蛹。6月初成虫开始出土，严重为害期在6月～7月上旬。成虫有趋光性和假死性，昼伏夜出，多在傍晚后取食为害叶片，直至凌晨3～4时入土潜伏，潜入深度多为7厘米左右。成虫在土壤内产卵，幼虫取食植物根部，秋后在土壤中越冬。

四纹丽金龟　1年发生1代，多以3龄幼虫在土壤内越冬。翌年春季继续在土壤内为害，6月幼虫老熟后化蛹、羽化，7月份是为害盛期。成虫飞行力强，具假死性，白天活动，晚间入土潜伏，无趋光性，寿命18～30天。成虫在土壤中产卵，幼虫孵化后在土壤中生活，秋末于土壤中越冬。

【防控技术】金龟子防控技术模式如图26-3所示。

1.地面用药防控　利用成虫入土栖息的习性，在成虫发生期内于地面撒施药剂。一般使用480克/升毒死蜱乳油500～600倍液、或50%辛硫磷乳油300～500倍液喷洒树盘，将土壤表层喷湿；或每亩均匀撒施5%辛硫磷颗粒剂5千克、或15%毒死蜱颗粒剂1～1.5千克，然后浅锄或耙松土表，对成虫杀灭效果很好。

2.振树捕杀成虫　利用成虫的假死性，在成虫上树为

害时段内振动枝蔓，将成虫振落，树下铺设塑料薄膜或床单，集中捕杀成虫。

3.诱杀成虫　利用成虫的趋光性和趋化性，在成虫发生期内，于果园中悬挂糖醋液诱捕器、黑光灯或频振式诱虫灯，诱杀成虫。糖醋液配方为红糖5份、醋20份、白酒2份、水80份。

4.树上适当喷药防控　成虫发生量较大时，也可树上喷药防控，以选用触杀性强的速效性药剂较好。有效药剂如：50克/升高效氯氟氰菊酯乳油3000～4000倍液、4.5%高效氯氰菊酯乳油1500～2000倍液、20% S-氰戊菊酯乳油1500～2000倍液、2.5%溴氰菊酯乳油1500～2000倍液、45%马拉硫磷乳油1200～1500倍液等。

■■■ 八点广翅蜡蝉 ■■■

【分布与为害】八点广翅蜡蝉（*Ricania speculum* Walker）属同翅目蜡蝉科，又称八点蜡蝉、八斑蜡蝉，在我国许多省区均有发生，可为害猕猴桃、柿树、核桃、桃树、李树等多种果树。主要以雌成虫产卵为害，其次成虫、若虫还可刺吸嫩枝、叶片的汁液进行为害。雌成虫产卵时用产卵器刺伤嫩枝或叶脉，在伤口内产卵，破坏枝条或叶脉组织（彩图26-15、彩图26-16），被产卵枝轻则叶片变黄、长势衰弱，重则枝条枯死，受害叶片易变黄衰弱。

【形态特征】成虫体长6～7.5毫米，翅展18～27毫米，头、胸部黑褐色至烟褐色，触角刚毛状；前翅宽大，略呈三角形，革质，密布纵横网络脉纹，翅面被稀薄白色蜡粉，有5～6个灰白色透明斑（彩图26-17）；后翅半透明，翅脉黑褐色，中室端有一白色透明斑。卵长卵圆形，长1.2～1.4毫米，乳白色（彩图26-18、彩图26-19）。低

彩图26-15　八点广翅蜡蝉在枝蔓上的产卵为害状　　　彩图26-16　八点广翅蜡蝉在叶脉上的产卵为害状　　　彩图26-17　八点广翅蜡蝉成虫

彩图26-18　产卵处表面有白色绵毛状蜡丝

彩图26-19　八点广翅蜡蝉枝蔓内的卵粒

龄若虫乳白色；老龄若虫黄褐色，体长5～6毫米，体略呈钝菱形，腹部末端有4束白色绵毛状蜡丝，呈扇状伸出，中间1对略长，蜡丝覆于体背似孔雀开屏状，向上直立或伸向后方。

【发生规律】八点广翅蜡蝉1年发生1代，主要以卵在当年生枝条内越冬，也可在叶脉上越冬。翌年5月中下旬～6月上中旬孵化出若虫，低龄若虫常数头排列在同一嫩枝上刺吸汁液，4龄后分散到枝梢和叶片上，爬行迅速，善于跳跃。若虫期40～50天，7月上旬羽化出成虫。成虫飞行能力较强且迅速，寿命50～70天，产卵期30～40天。成虫主要在当年生嫩枝上产卵，产卵时先用产卵器刺伤枝条皮层，再将卵产于木质部内，产卵孔排成一列，表面覆有白色絮状蜡丝，极易发现与识别。虫量大时，被害枝条上刺满产卵痕迹。

【防控技术】

1.人工措施防控　结合冬剪，彻底剪除被产卵的枯死枝条，集中烧毁，消灭越冬虫卵。生长季节，发现被产卵枝条或叶片及时剪除，集中深埋或销毁，减少越冬卵量。落叶后至发芽前，彻底清除枯枝、落叶，集中销毁。

2.适当喷药防控　八点广翅蜡蝉多为零星发生，一般不需单独进行喷药。个别发生较重果园，在若虫发生期内喷药1～2次即可。效果较好的药剂同"小绿叶蝉"树上喷药药剂。

猕猴桃透翅蛾

【分布与为害】猕猴桃透翅蛾（*Paranthrene actinidiae* Yang et Wang）又称猕猴桃准透翅蛾，属鳞翅目透翅蛾科，

在贵州、福建有报道发生，目前发现仅为害猕猴桃，以幼虫蛀食嫩梢、侧枝为害。可将枝蔓髓部蛀空，粪屑排出隧道，堆积挂在孔外（彩图26-20）。嫩枝受害，易形成枯梢（彩图26-21）；老熟枝蔓受害，造成枝蔓衰弱或断枝。

彩图26-20　猕猴桃透翅蛾为害枝蔓外的虫粪（韩礼星）

彩图26-21　猕猴桃透翅蛾为害嫩梢状（吴增军）

【形态特征】成虫体长17～22毫米，翅展33～38毫米，全体黑褐色（彩图26-22）。雌虫头部黑色，额中部黄色，胸部背面黑色，前、中胸两侧各有1个黄斑，后胸腹面具一大黄斑；前翅黄褐色、不透明，后翅透明，略显浅黄烟色；腹部具光泽，第1、2、6节背后缘具黄色带，第5、7节两侧生有黄色毛簇。雄成虫前翅大部分烟黄色、透明，后翅微显烟黄色、透明；腹部黑色具光泽，第1、2、7节后缘隐现黄带，第6腹节黄色，第4、6腹节两侧生有黄毛簇。幼虫乳黄色，体长28～32毫米，头部黑色，前胸黑褐色，胸背中部有1根长刚毛，两侧前缘各有1个三角形（彩图26-23）。

彩图26-22　猕猴桃透翅蛾成虫（吴增军）

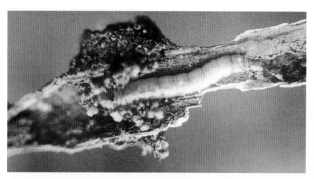

彩图26-23　猕猴桃透翅蛾幼虫（吕佩珂）

【发生规律】猕猴桃透翅蛾1年发生1代，以老龄幼虫在为害枝蔓内越冬。在贵州剑河4月下旬～5月上旬化蛹，5月下旬开始羽化，蛹期22～35天。成虫阴天全日活动，晴天以上午和日落后较活泼，卵散产在当年生嫩枝叶柄基部的茎上或老枝条阴面裂皮缝中。卵期10～12天，6月中下旬为孵化盛期。幼虫孵化后即蛀入枝蔓髓部为害，向下蛀食，蛀孔外堆挂黑褐色粪屑。小枝受害容易枯死，大枝受害较轻，愈合后形成膨大伤疤。秋后，幼虫在为害枝内越冬。

【防控技术】
1.人工措施防控　结合冬季修剪或夏剪，根据害虫为害特点辨识、剪除带虫枝条，集中销毁，杀灭幼虫。对于受害老枝条，根据蛀孔外堆挂虫粪的特点寻找蛀入孔，然后向蛀道内注射80%敌敌畏乳油5～10倍液，注药后封堵蛀孔，熏杀枝蔓内幼虫。
2.适当喷药防控　猕猴桃透翅蛾多为零星发生，结合

其他害虫防控兼防即可。个别该虫发生为害较重果园，叶蝉类为害盛期正是透翅蛾卵孵化期，与叶蝉类害虫一起防控即可，须注意将药液喷洒到枝蔓及嫩枝表面。效果较好的药剂如：50克/升高效氯氟氰菊酯乳油3000～4000倍液、4.5%高效氯氰菊酯乳油1500～2000倍液、20% S-氰戊菊酯乳油1500～2000倍液等。

桑白蚧

【分布与为害】桑白蚧［*Pseudaulacaspis pentagona* (Targioni-Tozzetti)］属同翅目盾蚧科，又称桑白介壳虫、桑盾蚧、桃介壳虫，在我国许多省区均有发生，可为害猕猴桃、桃树、杏树、李树、樱桃、石榴、柿树、核桃等多种果树。主要以雌成虫和若虫群集固着在枝蔓上吸食汁液为害（彩图26-24），也可为害果实和叶片，虫量大时灰白色介壳密集重叠。当年生枝蔓受害，表面凹凸不平，严重时形成褐色坏死斑，甚至枝蔓枯死；成熟枝蔓受害，导致树势衰弱，严重时叶片早落，甚至枝干枯死。

彩图26-24　桑白蚧在枝蔓上的为害状

【形态特征】雌成虫橙黄色或橙红色，体扁平卵圆形，长约1毫米；雌虫介壳圆形，直径2～2.5毫米，灰白色至灰褐色，壳点黄褐色（彩图26-25）。雄成虫橙黄色至橙红色，体长0.6～0.7毫米，仅有翅1对；雄虫介壳细长，白色，长约1毫米，背面有3条纵脊，壳点橙黄色，位于介壳前端（彩图26-26）。卵椭圆形，长0.25～0.3毫米，初产时淡粉红色，孵化前变为橙红色。初孵若虫淡黄褐色，扁椭圆形，长0.3毫米左右，有触角、复眼和足，能爬行，腹部末端具2根尾毛；2龄后若虫眼、触角、足、尾毛均退化或消失，开始分泌蜡质形成介壳。

彩图26-25　桑白蚧雌虫介壳及雌成虫

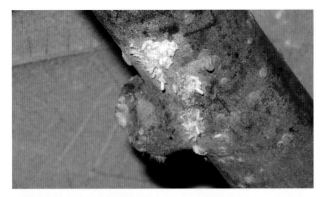

彩图26-26　桑白蚧雄虫介壳

【发生规律】桑白蚧在南方地区1年发生3～4代，以受精雌虫在枝蔓上越冬。翌年猕猴桃萌芽时，越冬雌虫开始吸食树液，虫体迅速发育膨大，4月上旬左右在介壳内产卵，每雌产卵50～120余粒。卵期10天左右。4月中下旬为卵孵化始盛期，若虫孵化后从介壳底部爬出，分散到枝条等部位上进行为害，枝杈处和阴面居多。5～7天后开始分泌出白色蜡粉覆盖于体上。若虫期2龄，雌若虫第2次脱皮后发育为雌成虫，雄若虫第2次脱皮后变为"前蛹"，再经蜕皮为"蛹"，最后羽化出雄成虫。雄成虫寿命仅1天左右，交尾后不久死亡。第1代若虫发生较整齐，以后世代重叠，10月上中旬后逐渐开始越冬。

【防控技术】桑白蚧防控技术模式如图26-4所示。

1.消灭越冬虫源　猕猴桃发芽前，全园喷施1次铲除性药剂清园，杀灭越冬虫源。效果较好的药剂有：3～4波美度石硫合剂、45%石硫合剂晶体50～60倍液、97%矿物油乳剂100～150倍液等。

2.生长期喷药防控　关键是喷药时期。初孵若虫从母体介壳下爬出至扩散为害期是树上喷药防控的关键时期，每代喷药1～2次，间隔期7～10天，其中防控第1代若虫最为重要。常用有效药剂如：22%氟啶虫胺腈悬浮剂4000～5000倍液、22.4%螺虫乙酯悬浮剂2500～3000倍液、25%噻嗪酮可湿性粉剂1000～1200倍液、25%噻虫嗪水分散粒剂2000～3000倍液、2%甲氨基阿维菌素苯甲酸盐乳油2000～3000倍液、50克/升高效氯氟氰菊酯乳油2500～3000倍液、20%甲氰菊酯乳油1500～2000倍液、33%氯氟·吡虫啉悬浮剂3000～4000倍液等。

考氏白盾蚧

【分布与为害】考氏白盾蚧［*Pseudaulacaspis cockerelli*（Cooley）］属同翅目盾蚧科，又称广菲盾蚧、白桑盾蚧、贝形白盾蚧、考氏齐盾蚧，在我国许多省区均有发生，可为害猕猴桃、柑橘、芒果等多种果树，以成虫、若虫刺吸汁液为害，分为食干型和食叶型两类。叶片受害后出现黄斑，虫量多时白色介壳布满叶面，导致叶片早期脱落。枝干受害后枯萎，严重时表面布满白色介壳，导致树势衰弱。同时，介壳虫的排泄物易诱发煤污病，影响叶片光合作用及植株生长。

【形态特征】雌成虫纺锤形，体长1.1～1.4毫米，橄榄黄色或橙黄色，前胸、中胸膨大，后部多狭，中胸至腹部第8腹节每节各有一腺刺，臀叶2对发达；雌成虫介壳梨形或卵圆形，表面光滑，雪白色，微隆起，壳点2个、黄褐色、突出于头端（彩图26-27）。雄成虫，腹末具长的交配器；雄成虫介壳长形，表面粗糙，白色，表面具一浅中脊，只有1个壳点、黄褐色。卵长椭圆形，初产时淡黄色，渐变橘黄色。初孵若虫淡黄色，扁椭圆形，眼、触角、足均有，腹末有2根长尾毛，分泌蜡丝覆盖身体；2龄若虫椭圆形，长0.5～0.8毫米，橙黄色，眼、触角、足及尾毛均退化。雄蛹长椭圆形，橙黄色。

彩图26-27　考氏白盾蚧

【发生规律】考氏白盾蚧在长江流域1年发生2～3代，主要以受精雌成虫在枝条上越冬。翌年3月下旬雌成虫开始产卵，4月中旬若虫开始孵化，4月下旬～5月上旬为若虫孵化盛期，5月中下旬雄虫化蛹，6月上旬成虫羽化。6月下旬开始出现第2代卵，7月上中旬为第2代若虫孵化盛期，7月下旬雄虫化蛹，8月上旬出现第2代成虫。8月下旬～9月上旬出现第3代卵，9月下旬～10月上旬为第3代若虫孵化盛期，10月下旬出现成虫并进入越冬期。非越冬代雌成虫寿命1.5个月左右，每雌平均产卵50余粒。

【防控技术】参照"桑白蚧"防控技术。

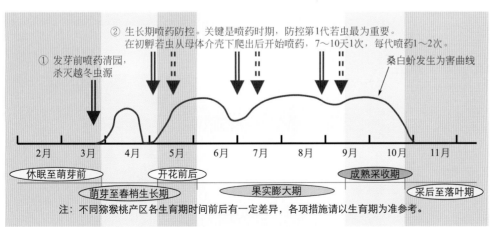

① 发芽前喷药清园，杀灭越冬虫源

② 生长期喷药防控。关键是喷药时期，防控第1代若虫最为重要。在初孵若虫从母体介壳下爬出后开始喷药，7～10天1次，每代喷药1～2次。

桑白蚧发生为害曲线

2月　3月　4月　5月　6月　7月　8月　9月　10月　11月

休眠至萌芽前　　开花前后　　　成熟采收期

萌芽至春梢生长期　　果实膨大期　　采后至落叶期

注：不同猕猴桃产区各生育期时间前后有一定差异，各项措施请以生育期为准参考。

图26-4　桑白蚧防控技术模式图

第二十七章

枸杞害虫

枸杞蚜虫

【分布与为害】枸杞蚜虫（*Aphis* sp）属同翅目蚜科，俗称"蜜虫"、"腻虫"、"油汗"，在我国枸杞种植区均有发生，是枸杞生产中的一种重要害虫。以成蚜、若蚜群集刺吸汁液为害，可为害嫩枝、嫩叶、花器、果实等部位。严重时，新芽萎缩，新梢干枯，叶片扭曲，不能开花结果，甚至果实脱落（彩图27-1～彩图27-3）。同时，蚜虫不断排泄分泌物污染叶片、果实等，诱使霉污病发生，影响光合作用，加重落花、落果及落叶。蚜虫害导致树势衰弱，枝条发育不良，不能正常开花坐果，产量降低，较重果园减产30%～50%。

【形态特征】有翅胎生雌蚜体长1.9毫米，黑褐色，头部黑色，眼瘤不明显，触角6节，第1、2两节深褐色；前胸狭长、与头等宽，中后胸较宽、黑色；足浅黄褐色；腹部褐色，腹管黑色圆筒形，腹末尾片两侧各具2～3根刚毛（彩图27-4）。无翅胎生雌蚜体较有翅蚜肥大，体色淡黄至浓绿色，有的为橘红色，体长1.5～1.9毫米，腹末尾片两侧各具2～3根刚毛（彩图27-5）。

彩图27-2　叶片扭曲畸形

彩图27-3　结果枝严重受害状

彩图27-1　蚜虫聚集在果实上为害

彩图27-4　有翅胎生雌蚜

彩图27-5 无翅胎生雌蚜

【发生规律】枸杞蚜虫一年发生多代，以卵在枝条腋芽及粗糙处越冬。翌年4月下旬孵化为"干母"，孤雌胎生2～3代，5月下旬产生大量有翅蚜，于田间繁殖迁飞，扩散为害；5月中旬～7月中旬蚜虫密度最大，6月份是为害高峰。在日平均温度18℃～28℃下，温度越高、降雨越少时，蚜虫繁殖越快，借风力传播或自行迁飞、爬走传播；7月下旬气候炎热，虫口略有下降，8月下旬又开始回升。至10月上旬产生性蚜，开始产卵，10月中下旬为产卵盛期，11月上旬为末期，以卵越冬。

【防控技术】枸杞蚜虫防控技术模式如图27-1所示。

1.农业措施防控 结合秋冬季修剪，将剪下的枝条集中带到园外烧毁，消灭越冬虫卵。生长季节，及时剪除徒长枝及虫量较大的枝条，集中带到园外销毁，降低田间虫口密度。

2.发芽前药剂清园 上年蚜虫为害较重的果园，在枸杞萌芽前喷洒铲除性药剂清园，杀灭越冬虫卵。常用有效药剂如：3～5波美度石硫合剂、45%石硫合剂晶体50～70倍液、25克/升高效氯氟氰菊酯乳油800～1000倍液等。

3.生长期喷药防控 关键是在蚜虫为害始盛期开始喷药，7～10天1次，每次蚜虫为害周期喷药2次左右。常

用有效药剂有：70%吡虫啉水分散粒剂6000～8000倍液、5%啶虫脒乳油1500～2000倍液、25%吡蚜酮可湿性粉剂2000～2500倍液、4.5%高效氯氰菊酯乳油1500～2000倍液、20% S-氰戊菊酯乳油1500～2000倍液、50克/升高效氯氟氰菊酯乳油3000～4000倍液、22%氟啶虫胺腈悬浮剂3000～5000倍液等。枸杞蚜虫易产生抗药性，具体喷药时注意不同类型药剂交替使用或混用。

枸杞木虱

【分布与为害】枸杞木虱（*Poratrioza sinica* Yang & Li）属同翅目木虱科，俗称"猪嘴蜜"、"黄疸"，是为害枸杞的重要害虫之一，在我国各枸杞产区均有发生，主要为害叶片，以成虫、若虫刺吸汁液为害，叶片正、反两面均有发生（彩图27-6、彩图27-7）。导致叶黄枝瘦，树势衰弱，浆果发育受抑制，品质下降；严重时，叶片变褐、皱缩、干枯（彩图27-8），易造成枝条干枯死亡。另外，成虫、若虫在食害枸杞过程中，一边吸食汁液一边分泌蜜露于下层叶面、果面，诱使煤烟病发生（彩图27-9），进一步影响光合作用和浆果品质。

【形态特征】成虫全体黄褐色至黑褐色，具橙黄色斑纹（彩图27-10）；复眼大，赤褐色；触角基节、末节黑色，其余黄色，额前具乳头状颊突1对；前胸背板黄褐色至黑褐色，小盾片黄褐色；腹部背面褐色，近基部具一蜡白色横带，十分醒目，是识别该虫的重要特征之一；翅透明，脉纹简单，黄褐色。卵长椭圆形，长0.3毫米，橙黄色，具一细丝状柄，固着在叶上（彩图27-11）。若虫扁平，固着在叶片表面，似介壳虫。初孵若虫黄色，背上具2对褐色斑，有的可见红色眼点，体缘具白色缨毛（彩图27-12）；若虫长大后，翅芽显露，覆盖在身体前半部，末龄若虫体长3毫米，宽1.5毫米（彩图27-13）。

【发生规律】枸杞木虱在北方地区1年发生3～4代，以成虫在枸杞周围土缝、枯枝落叶下及枝杈处越冬。翌年4月上旬越冬成虫开始出蛰活动，在枸杞芽叶上刺吸取食，抽吸汁液时常摆动身体。4月下旬枸杞开始抽芽开花时，成虫开始寻找合适的叶片大量产卵，卵散产于叶背或叶面，卵期约1个月。产卵时先抽丝成柄，卵悬于柄的顶端，一粒粒橙黄色的卵粒犹如一层黄粉，故有"黄疸"之称。若虫可爬动，但不活泼，孵出后即在原叶片上或附近枝叶的叶面或叶背刺吸为害。若虫自5月上旬开始活动，此时为害常不明显。7月上旬

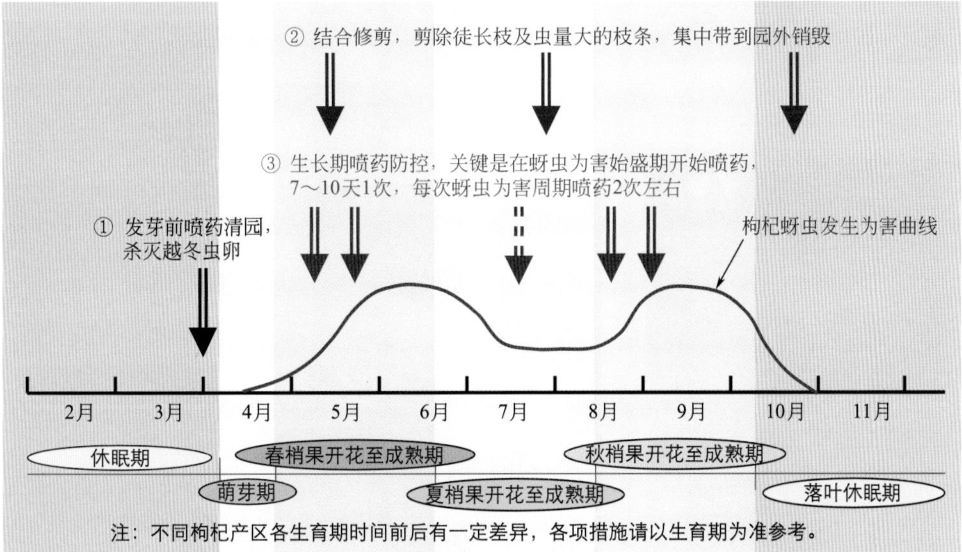

② 结合修剪，剪除徒长枝及虫量大的枝条，集中带到园外销毁

③ 生长期喷药防控，关键是在蚜虫为害始盛期开始喷药，7～10天1次，每次蚜虫为害周期喷药2次左右

① 发芽前喷药清园，杀灭越冬虫卵

枸杞蚜虫发生为害曲线

2月　3月　4月　5月　6月　7月　8月　9月　10月　11月

休眠期　　春梢果开花至成熟期　　秋梢果开花至成熟期

萌芽期　　　夏梢果开花至成熟期　　　落叶休眠期

注：不同枸杞产区各生育期时间前后有一定差异，各项措施请以生育期为准参考。

图27-1 枸杞蚜虫防控技术模式图

开始出现第2代，大量成虫聚集产卵，8、9月份为枸杞木虱爆发时期。成虫、若虫在取食过程中，边吸食汁液边分泌蜜露于下层叶面、果面，导致发生煤烟病。

彩图27-6　若虫在叶片背面为害

彩图27-7　若虫在叶片正面为害

彩图27-8　枸杞木虱严重为害状

彩图27-9　枸杞木虱分泌蜜露，诱使煤烟病发生

彩图27-10　枸杞木虱成虫、若虫

彩图27-11　枸杞木虱卵

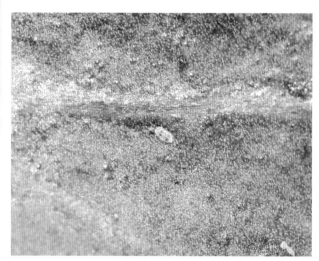

彩图27-12　枸杞木虱初孵若虫

彩图27-13　枸杞木虱高龄若虫

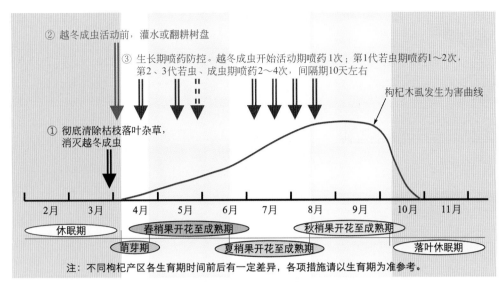

② 越冬成虫活动前，灌水或翻耕树盘

③ 生长期喷药防控。越冬成虫开始活动期喷药1次；第1代若虫期喷药1～2次，第2、3代若虫、成虫期喷药2～4次，间隔期10天左右

枸杞木虱发生为害曲线

① 彻底清除枯枝落叶杂草，消灭越冬成虫

| 2月 | 3月 | 4月 | 5月 | 6月 | 7月 | 8月 | 9月 | 10月 | 11月 |

休眠期

萌芽期

春梢果开花至成熟期

夏梢果开花至成熟期

秋梢果开花至成熟期

落叶休眠期

注：不同枸杞产区各生育期时间前后有一定差异，各项措施请以生育期为准参考。

图27-2　枸杞木虱防控技术模式图

【防控技术】枸杞木虱防控技术模式如图27-2所示。

1.搞好田间卫生　落叶后至发芽前，彻底清除果园内及其周边的枯枝、落叶、杂草，集中销毁，破坏害虫越冬场所，消灭越冬成虫。春季成虫开始活动前，进行灌水或翻耕树盘，消灭部分残余越冬成虫。

2.生长期喷药防控　首先在4月上中旬越冬成虫开始活动期及时喷药1次，杀灭残余越冬成虫。对成虫效果好的药剂如：97%矿物油乳油100～150倍液、20% S-氰戊菊酯乳油1500～2000倍液、4.5%高效氯氰菊酯乳油1500～2000倍液、25克/升高效氯氟氰菊酯乳油1500～2000倍液、20%甲氰菊酯乳油1500～2000倍液、33%氯氟·吡虫啉悬浮剂4000～5000倍液、3%阿维·高氯乳油1200～1500倍液等。然后从5月中旬左右开始喷药1～2次，有效防控第1代若虫，间隔期10天左右；再从7月上中旬开始喷药2～4次，防控第2、3代若虫及成虫，间隔期10天左右。对若虫效果好的药剂除上述防控成虫的药剂外，还可选用：22.4%螺虫乙酯悬浮剂4000～5000倍液、1.8%阿维菌素乳油2000～2500倍液、3%甲氨基阿维菌素苯甲酸盐乳油5000～6000倍液、70%吡虫啉水分散粒剂6000～8000倍液、350克/升吡虫啉悬浮剂3000～4000倍液、5%啶虫脒乳油2500～3000倍液、25%吡蚜酮可湿性粉剂2000～2500倍液等。

枸杞瘿螨

【分布与为害】枸杞瘿螨（*Aceria pallida* Kefer）属蛛形纲蜱螨目瘿螨科，是为害枸杞的一种重要害虫，在我国各枸杞主产区均有发生，以成螨、若螨刺吸叶片、花蕾及嫩梢的汁液进行为害。为害初期，受害部位表面产生小米粒大小的泡状虫瘿，黄绿色（彩图27-14、彩图27-15）；后虫瘿逐渐扩大至直径1～7毫米，呈紫褐色至紫黑色、痣状，虫瘿外缘紫色，中间黄绿色（彩图27-16）。后期，虫瘿突起中央开始塌陷（彩图27-17），逐渐发展为整个塌陷、

开裂，仅边缘稍有突起，最后形成灰白色至淡褐色枯斑（彩图27-18、彩图27-19）。叶片受害，虫瘿在叶片正反两面均可形成，多沿叶脉分布，中脉基部和侧脉中部分布最密，严重时叶片上有虫瘿数十个，导致叶片扭曲畸形（彩图27-20），后期变褐、枯死、提前脱落，形成秃顶枝，枝条停止生长，不能正常开花结果（彩图27-21），对枸杞子产量和质量造成严重影响。花蕾受害，花器组织扭曲畸形（彩图27-22），多不能结果。嫩梢受害，枝梢扭曲畸形（彩图27-23），影响枝条生长及开花结果。

彩图27-14　叶面上的初期虫瘿

彩图27-15　叶背面的初期虫瘿

彩图27-16　虫瘿渐变为紫色

彩图27-17 后期，虫瘿中央开始塌陷

彩图27-18 后期，虫瘿枯死塌陷（叶面）

彩图27-19 后期，虫瘿枯死塌陷（叶背）

彩图27-20 严重受害叶片，扭曲畸形

彩图27-21 叶片严重受害，枝条不能开花结果

彩图27-22 花器组织受害状

彩图27-23 嫩梢受害状

【形态特征】成虫体长约0.3毫米，橙黄色，长圆锥形，全身略向下弯曲成弓形，前端较粗，有足2对（彩图27-24）；头胸宽短，向前突出，下颚须1对；足5节，末端有一羽状爪；腹部有环纹约53个，形成狭长环节；腹部背面前端有背刚毛1对，侧面有侧刚毛1对，腹面有腹刚毛3对，尾端有吸附器及刚毛1对。若螨形如成螨，只是体长较成螨短，浅白色至浅黄色，半透明。

彩图27-24 枸杞瘿螨

【发生规律】枸杞瘿螨1年发生6～7代，有明显的世代重叠现象，以雌成螨在枸杞当年生枝条及2年生枝条的越冬芽、鳞片及枝条的缝隙内越冬，也可附随在枸杞木虱的越冬成虫体上越冬。翌年4月中下旬枸杞枝条展叶时，越冬雌螨开始出蛰活动，从越冬场所迁移到叶片上产卵。若螨

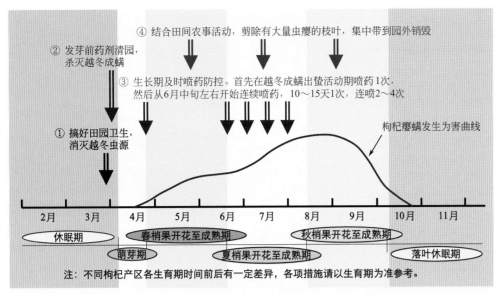

② 发芽前药剂清园，杀灭越冬成螨

④ 结合田间农事活动，剪除有大量虫瘿的枝叶，集中带到园外销毁

③ 生长期及时喷药防控。首先在越冬成螨出蛰活动期喷药1次，然后从6月中旬左右开始连续喷药，10～15天1次，连喷2～4次

① 搞好田园卫生，消灭越冬虫源

枸杞瘿螨发生为害曲线

| 2月 | 3月 | 4月 | 5月 | 6月 | 7月 | 8月 | 9月 | 10月 | 11月 |

休眠期　　萌芽期　　春梢果开花至成熟期　　夏梢果开花至成熟期　　秋梢果开花至成熟期　　落叶休眠期

注：不同枸杞产区各生育期时间前后有一定差异，各项措施请以生育期为准参考。

图27-3　枸杞瘿螨防控技术模式图

孵化后为害枸杞幼嫩组织形成虫瘿，5月上旬田间出现虫瘿，到6月下旬迅速扩散蔓延，7月初田间普遍发生，8月上旬～9月中旬达到为害高峰，成螨在虫瘿外爬行活跃；9月份成螨繁殖力下降，螨量随之减少，至10月中下旬后越冬。在南方地区，枸杞作为多年生蔬菜，终年都有种植，瘿螨可在田间辗转为害，不存在越冬现象。

【防控技术】枸杞瘿螨防控技术模式如图27-3所示。

1.农业措施防控　扦插育苗时，选择生长健壮、无病虫的枝条。枸杞落叶后至发芽前，彻底清除修剪下来的枝条及枯枝、落叶、杂草，集中清到园外烧毁，消灭越冬虫源。生长期结合田间管理，发现有大量虫瘿的枝叶及时剪除，集中带到园外销毁，减少园内虫源中心。

2.发芽前药剂清园　在枸杞发芽前，全园喷施1次铲除性药剂清园，杀灭越冬成螨。效果较好的药剂如：3～5波美度石硫合剂、45%石硫合剂晶体50～70倍液、50%硫黄悬浮剂200～300倍液等。

3.生长期及时喷药防控　首先在越冬成螨出蛰活动期喷药1次，然后从6月中旬左右开始连续喷药，10～15天1次，连喷2～4次。效果较好的药剂有：50%硫黄悬浮剂500～600倍液、1.8%阿维菌素乳油2000～3000倍液、240克/升螺螨酯悬浮剂4000～5000倍液、110克/升乙螨唑悬浮剂4000～5000倍液、5%唑螨酯悬浮剂2500～3000倍液、20%甲氰菊酯乳油1500～2000倍液等。

斑须蝽

【分布与为害】斑须蝽 [*Dolycoris baccarum*（Linnaeus）] 属半翅目蝽科，俗称"细毛蝽"、"臭大姐"，在我国许多地区均有发生，除为害枸杞外还可为害苹果、梨树、山楂、石榴等果树及多种蔬菜。在枸杞上主要以成虫和若虫刺吸嫩叶、果实及嫩梢的汁液进行为害，受害部位生长点和幼嫩组织出现水浸状斑点，严重时造成叶片卷曲，甚至坏死、焦枯。

【形态特征】成虫椭圆形，黄褐色或紫色，体表密布白色绒毛和黑色小点，复眼红褐色；前胸背板前侧缘稍向上卷，呈浅黄色，后部常带暗红色；前翅革片淡褐色或暗红色，膜片黄褐色、透明，超过腹部末端；侧接缘外露，黄黑相间；足黄褐色至褐色，腿节、胫节密布黑色刻点（彩图27-25）。3龄若虫体长3.6～3.8毫米，宽2.4毫米，中胸背板后缘中央和后缘向后稍伸出；4龄若虫头、胸浅黑色，腹部淡黄褐色至暗灰褐色；5龄若虫黄褐色至暗灰色，椭圆形，全身密布白色绒毛和黑色刻点，复眼红色，触角黑色，节间黄白色，足黄褐色。

彩图27-25　斑须蝽成虫（吕佩珂）

【发生规律】斑须蝽在吉林1年发生1代，辽宁、内蒙古、宁夏1年发生2代，江西1年发生3～4代，均以成虫在田间杂草、枯枝落叶、树洞等避风向阳的隐蔽处越冬。在2代发生区，翌年4月初越冬成虫开始出蛰活动，4月中旬交尾产卵，4月末～5月初卵孵化。第1代成虫6月初羽化，6月中旬为产卵盛期；第2代卵6月下旬～7月上旬孵化，8月中旬成虫羽化，10月上中旬陆续越冬。斑须蝽成虫必须吸食植物花蜜等营养物质，才能正常产卵繁殖。

【防控技术】

1.搞好田园卫生　落叶后至发芽前，彻底清除修剪下的枝条及落叶、杂草，集中清到园外烧毁，破坏害虫越冬场所，减少越冬虫源基数。

2.及时喷药防控　关键是在枸杞开花期进行喷药，7～10天1次，每期喷药1～2次，以选用击倒力强的触杀性药剂效果较好。有效药剂如：20% S-氰戊菊酯乳油1500～2000倍液、2.5%溴氰菊酯乳油1500～2000倍液、25克/升高效氯氟氰菊酯乳油1500～2000倍液、4.5%高效氯氰菊酯乳油1500～2000倍液、100克/升联苯菊酯乳油4000～5000倍液等。

枸杞负泥虫

【分布与为害】枸杞负泥虫[*Lema decempunctata Gebler*]属鞘翅目叶甲科，又称四点叶甲，俗称"背粪虫"、"稀屎蜜"，在我国许多省区均有发生，是我国西北干旱和半干旱地区枸杞上的一种重要食叶害虫。该虫食性单一，暴食性强，以成虫、幼虫蚕食枸杞叶片，幼虫为害比成虫严重，特别是3龄以上幼虫为害最重。幼虫蚕食叶片造成不规则缺刻或孔洞，严重时将叶全部吃光，仅剩主脉，并在被害枝叶上到处排泄粪便。早春越冬代成虫大量聚集在嫩芽上为害，严重时导致枸杞不能正常抽枝发芽。

【形态特征】成虫体长5～6毫米，前胸背板及小盾片蓝黑色，具明显金属光泽，触角11节、黑色棒状，复眼硕大突出于两侧，头黑色；鞘翅黄褐色或红褐色，近基部稍宽，鞘端圆形，刻点粗大纵列，每鞘翅上有5个左右近圆形黑斑，该黑斑的数量及大小差异甚大，有时全部消失；足黄褐色或红褐色，基节、腿节端部及胫节基部黑色（彩图27-26）。卵橙黄色，常十余粒呈"人"字形排列于叶面（彩图27-27）。老熟幼虫体长约7毫米，体污黄褐色，头黑色，腹部肥大，各节腹面有1对吸盘，背面常黏附墨绿色糊状粪便，有腥臭味，故名"负泥虫"。蛹长约5毫米，淡黄色，腹端有尾刺2根，为裸蛹，在树根周围土内结茧化蛹。

彩图27-26　枸杞负泥虫成虫（桂柄中）

彩图27-27　枸杞负泥虫卵、幼虫及为害状（桂柄中）

【发生规律】枸杞负泥虫1年发生3～5代，主要以成虫在枸杞根际附近的土下5厘米处越冬。翌年4月下旬枸杞发芽展叶时成虫开始出蛰，5月中旬为成虫出土盛期。成虫出土后便开始取食、交尾和产卵，成虫寿命和产卵期均较长，发生期不整齐，有明显的世代重叠现象。5月中旬始见幼虫，6月上旬～9月下旬在田间可见各种虫态。成虫具假死性，不善飞行，寿命50～90天，产卵期达40天左右。卵产于叶面或叶背，呈"人"字形排列。初孵幼虫为害较轻，多群集于叶背为害，取食下表皮和叶肉，形成圆形或不规则形凹斑；2龄以后逐渐分散，蚕食嫩叶；3龄幼虫老熟后下树入土，吐丝黏结土粒成椭圆形茧，于茧内化蛹，越冬代成虫羽化后即于茧内越冬。7月初～8月底为枸杞负泥虫暴发期，常造成枸杞树二次发芽，对树势影响很大。

【防控技术】枸杞负泥虫防控技术模式如图27-4所示。

1. 农业措施防控　春季越冬成虫出蛰前，结合田间管理，灌溉、松土，破坏其越冬的生态环境，促使越冬成虫死亡。害虫发生初期，结合田间农事操作，人工挑除负泥虫幼虫、成虫和卵，并剪除受害较重的枝条集中销毁，降低虫口数量。

2. 生长期喷药防控　首先在越冬成虫开始活动时地面喷药，一般使用40%辛硫磷乳油300～500倍液、或480克/升毒死蜱乳油500～600倍液喷洒地面，将表层土壤喷湿，然后浅耕，杀灭部分越冬成虫。然后从幼虫发生初期（5月中旬）开始树上喷药，7～10天1次，每代喷药1～2次。树上喷施效果较好的药剂有：3%甲氨基阿维菌素苯甲酸盐乳油4000～5000倍液、1.8%阿维菌素乳油2000～2500倍液、4.5%高效氯氰菊酯乳油1500～2000倍液、50克/升高效氯氟氰菊酯乳油3000～4000倍液、2.5%

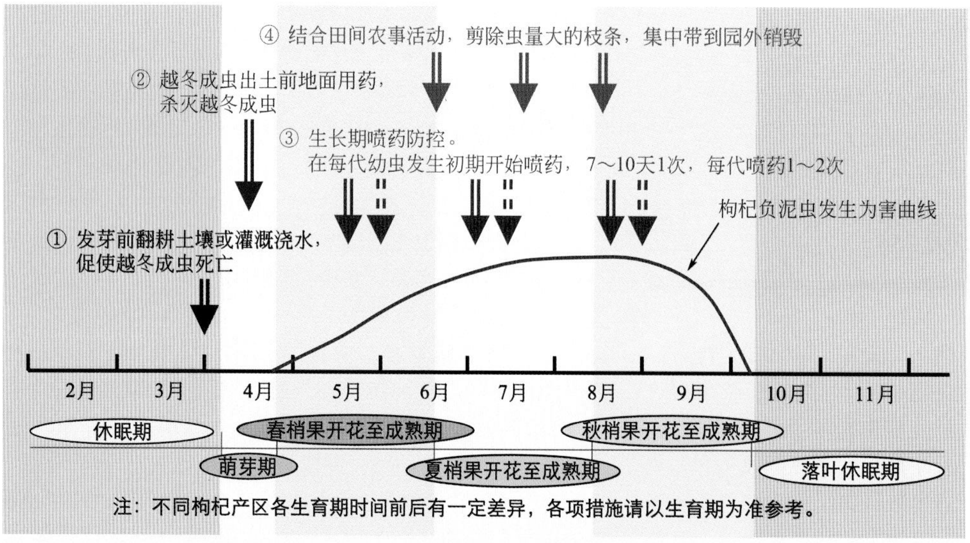

④ 结合田间农事活动，剪除虫量大的枝条，集中带到园外销毁

② 越冬成虫出土前地面用药，杀灭越冬成虫

③ 生长期喷药防控。
在每代幼虫发生初期开始喷药，7～10天1次，每代喷药1～2次

① 发芽前翻耕土壤或灌溉浇水，促使越冬成虫死亡

枸杞负泥虫发生为害曲线

| 2月 | 3月 | 4月 | 5月 | 6月 | 7月 | 8月 | 9月 | 10月 | 11月 |

休眠期　　　春梢果开花至成熟期　　　秋梢果开花至成熟期

萌芽期　　　夏梢果开花至成熟期　　　落叶休眠期

注：不同枸杞产区各生育期时间前后有一定差异，各项措施请以生育期为准参考。

图27-4　枸杞负泥虫防控技术模式图

溴氰菊酯乳油1500～2000倍液、20% S-氰戊菊酯乳油1500～2000倍液、110克/升联苯菊酯乳油4000～5000倍液等。

二十八星瓢虫

【分布与为害】二十八星瓢虫分为茄二十八星瓢虫[Henosepilachna vigintioctopunctata（Fabricius）]和马铃薯二十八星瓢虫[H.vigintioctomaculata（Motschulsky）]两种，均属鞘翅目瓢甲科，其中茄二十八星瓢虫在我国许多省区均有发生，马铃薯二十八星瓢虫主要发生于华北、西北、东北等地，两者均可对枸杞造成严重为害。它们均主要以成虫、幼虫在叶片表面啃食叶肉，仅残留表皮，形成许多不规则的半透明细凹纹，似如箩底（彩图27-28）。严重时受害叶片卷曲、变褐、干枯，甚至导致枝条枯死（彩图27-29）。果实受害，被啃食处常常破裂，组织变僵，粗糙、有苦味，不能食用。

彩图27-28 马铃薯二十八星瓢虫成虫及为害状（宋萍）

彩图27-29 马铃薯二十八星瓢虫的严重为害状（宋萍）

【形态特征】二十八星瓢虫成虫呈半球形，红褐色，全体密生黄褐色细毛，每鞘翅上有14个黑斑。茄二十八星瓢虫成虫体略小，前胸背板多具6个黑点，两鞘翅合缝处黑斑不相连，鞘翅基部第二列的4个黑斑基本在一条线上，幼虫体节枝刺毛为白色（彩图27-30、彩图27-31）。马铃薯二十八星瓢虫成虫体略大，前胸背板中央有1个大的黑色剑

状斑纹，两鞘翅合缝处有1～2对黑斑相连，鞘翅基部第二列的4个黑斑不在一条线上，幼虫体节枝刺均为黑色。卵炮弹形，初产时淡黄色，后变黄褐色。老熟幼虫淡黄色，纺锤形，背面隆起，体背各节生有整齐的枝刺，前胸及腹部第8～9节各有枝刺4根，其余各节为6根。蛹淡黄色，椭圆形，尾端包着末龄幼虫的蜕皮，背面有淡黑色斑纹。

彩图27-30 茄二十八星瓢虫成虫和卵

彩图27-31 茄二十八星瓢虫幼虫及为害状

【发生规律】马铃薯二十八星瓢虫在东北、华北等地1年发生1～2代，江苏3代，以成虫群集在背风向阳的石块下、土穴内、杂草间及各种缝隙内越冬。翌年5月开始活动，先在越冬场所附近的杂草、小树上栖息，经5～6天恢复飞翔能力后，再迁到枸杞等寄主植物上取食为害。6月下旬～7月上旬为第1代幼虫为害高峰期，8月中旬～9月上旬为第2代幼虫为害高峰期。马铃薯二十八星瓢虫成虫早晚蛰伏，白天取食、迁移、飞翔、交配和产卵，多将卵产于叶背面，每卵块有卵20～30粒。初孵幼虫多群集在叶背面取食，2龄后分散为害，老熟后在叶背、茎上或植株基部化蛹。成虫有假死性和食卵习性，幼虫亦有食卵习性。马铃薯二十八星瓢虫一生必须全部或部分取食马铃薯才能正常发育和产卵，所以无马铃薯栽培的地区或只有种植夏收马铃薯的地区，枸杞上马铃薯二十八星瓢虫的发生受到限制。

茄二十八星瓢虫的发生规律与马铃薯二十八星瓢虫近似，但越冬群集现象不明显，成虫昼夜取食，有相互残杀和食卵、食蛹的习性。每卵块有卵15～40粒。成虫和幼虫畏强光，常在叶背和其他隐蔽处为害。

【防控技术】

1.**农业措施防控** 落叶后至发芽前，彻底清除田园内

的枯枝落叶杂草，集中烧毁，消灭害虫越冬场所，促进越冬害虫死亡。早春及时翻耕行间树盘，破坏害虫越冬场所，促进害虫死亡。生长期结合其他农事活动，及时摘除卵块，剪除集中为害虫枝，捕杀成虫、幼虫等，减少园内虫量。

2.生长期适当喷药防控 根据害虫为害特点，在害虫发生为害初期及时进行喷药，是有效防控二十八星瓢虫为害的关键。10天左右喷药1次，一般需喷药2次左右。效果较好的药剂同"枸杞负泥虫"生长期树上喷药药剂。

枸杞实蝇

【分布与为害】枸杞实蝇[*Neoceratitis asiatica*（Becker）]属双翅目实蝇科，俗称"果蛆"、"白蛆"，在我国宁夏、青海、新疆、西藏、内蒙古等地已有发生。成虫在幼果皮内产卵，幼虫孵化后在果内取食为害。受害果早期没有明显症状，后期果皮表面呈现极易识别的白色弯曲斑纹，果肉被吃空并布满虫粪，几乎不能食用或药用，失去经济价值，严重时减产22%～55%。

【形态特征】成虫体长4.5～5.0毫米，头部橙黄色，复眼翠绿色，有黑纹；胸背漆黑色有光泽，中间有2条纵列白纹，有的个体在纵纹两侧还有2条横列白色短纹，与前纹相连呈"北"字形；小盾片白色，周缘黑色；翅上有深褐色斑纹4条，1条沿前缘分布，其余3条由前缘斑纹分出斜达翅的后缘；亚前缘脉尖端转向前缘成直角，在直角内方有一小圆圈。腹部背面有3条白色横纹，第一、二条被中线分割；雌成虫产卵管突出。卵白色，长椭圆形。末龄幼虫体长5～6毫米，圆锥形，口钩黑色，前气门扇形，上有乳突10个，后气门上有2列呼吸裂孔，每列6个（彩图27-32）。蛹长4～5毫米，浅黄色或赤褐色，椭圆形，一端稍尖。

【发生规律】枸杞实蝇在宁夏1年发生2～3代，以蛹在土内5～10厘米处越冬。翌年5月中旬开始羽化出土，繁殖为害。第1代幼虫在5月中旬～6月中旬发生，第2代在7月上旬～8月上旬发生，第3代在8月中旬～9月中旬发生，9月中旬以后以蛹蛰伏在5～10厘米深的土中越冬。成虫无趋光性，飞翔力弱，早晚温度较低时行动迟缓，中午温度升高后转为活泼。成虫羽化后2～5天内交尾，受精雌虫2～5天开始产卵，把卵产在幼果皮内，一般每果一卵。幼虫孵化后蛀食果肉，老熟后在近果柄处钻一圆孔脱出落地，钻入松软的土面或缝隙内化蛹。

【防控技术】

1.农业措施防控 秋末冬初，在土壤封冻前，深翻枸杞行间土壤20～30厘米深，将越冬虫蛹翻到地面使其冻死或被禽鸟啄食；若深翻土壤7天内浇灌一次封冻水，杀虫效果更加理想。上年枸杞实蝇为害严重的枸杞园，在翌年春季越冬成虫出土前用地膜覆盖枸杞行间，能显著降低枸杞实蝇出土数量，在一定程度上减轻生长期为害。生长期结合果实采收，尽量挑除虫果，集中销毁，减少田间虫量。

2.适当药剂防控 首先在4月底5月初越冬成虫出土前，每亩使用5%辛硫磷颗粒剂2.5～3千克、或5%毒死蜱颗粒剂0.5～1千克，加5倍细干土混拌均匀，撒施在土壤表面，然后浅锄土壤表层，消灭越冬虫蛹及初羽化成虫。其次，在成虫出土后，使用90%敌百虫晶体或6%乙基多杀菌素悬浮剂1000倍液，混加3%红糖制成毒饵液，喷洒在树冠浓密荫蔽处，诱杀成虫。

彩图27-32　枸杞实蝇幼虫（吕佩珂）

参考文献

[1] 北京农业大学，华南农业大学等.果树昆虫学.北京：中国农业出版社，1999.

[2] 北京农业大学，华南农业大学，福建农学院等.果树昆虫学（下册）.北京：农业出版社，1990.

[3] 浙江农业大学，四川农业大学，河北农业大学等.果树病理学.北京：农业出版社，1992.

[4] 张中义，冷怀琼，张志铭等.植物病原真菌学.成都：四川科学技术出版社，1988.

[5] 吕佩珂，庞震，刘文珍等.中国果树病虫原色图谱.北京：华夏出版社，1993.

[6] 张玉聚，李洪连，张振臣等.中国果树病虫害原色图解.北京：中国农业科学技术出版社，2010.

[7] 张巍巍，李元胜.中国昆虫生态大图鉴.重庆：重庆大学出版社，2011.

[8] 高日霞，陈景耀.中国果树病虫原色图谱（南方卷）.北京：中国农业出版社，2011.

[9] 伊建平，贺杰.常见植物病害防治原理与诊治.北京：中国农业大学出版社，2012.

[10] 侯保林.果树病害防治技术.北京：中国农业大学出版社，1998.

[11] 王绪捷.河北森林昆虫图册.石家庄：河北科学技术出版社，1985.

[12] 王江柱，仇贵生.苹果病虫害诊断与防治原色图鉴.北京：化学工业出版社，2014.

[13] 王江柱，王勤英.苹果病虫害诊断与防治图谱.北京：金盾出版社，2015.

[14] 汪景彦，朱奇，窦连登.苹果看图治虫.北京：中国农业出版社，1996.

[15] 窦连登，汪景彦.苹果病虫防治第一书.北京：中国农业出版社，2012.

[16] 冯明祥，王国平.苹果梨山楂病虫害诊断与防治原色图谱.北京：金盾出版社，2006.

[17] 王江柱，仇贵生.梨病虫害诊断与防治原色图鉴.北京：化学工业出版社，2014.

[18] 王江柱，王勤英.梨病虫害诊断与防治图谱.北京：金盾出版社，2015.

[19] 张青文，刘小侠.梨园害虫综合防控技术.北京：中国农业大学出版社，2015.

[20] 赵奎华.葡萄病虫害原色图鉴.北京：中国农业出版社，2006.

[21] 张一萍.葡萄病虫害诊断与防治原色图谱.北京：金盾出版社，2005.

[22] 李知行.葡萄病虫害防治.北京：金盾出版社，1992.

[23] 王江柱，侯保林.葡萄病害原色图说.北京：中国农业大学出版社，2000.

[24] 王江柱，仇贵生.葡萄病虫害诊断与防治原色图鉴.北京：化学工业出版社，2014.

[25] 冯明祥，王国平.桃杏李樱桃病虫害诊断与防治原色图谱.北京：金盾出版社，2008.

[26] 王江柱，席常辉.桃李杏病虫害诊断与防治原色图鉴.北京：化学工业出版社，2014.

[27] 冯玉增，胡清波.图说李杏病虫害防治关键技术.北京：中国农业出版社，2011.

[28] 郝保春，杨莉.草莓病虫害诊断与防治原色图谱.北京：金盾出版社，2014.

[29] 冯玉增，宋梅亭.枣病虫害诊治原色图谱.北京：科学技术文献出版社，2010.

[30] 王江柱，姜奎年.枣病虫害诊断与防治原色图鉴.北京：化学工业出版社，2014.

[31] 任国兰.枣树病虫害防治.北京：金盾出版社，1995.

[32] 陈贻金.枣树病虫及其防治.北京：中国科学技术出版社，1993.

[33] 杨丰年.新编枣树栽培与病虫害防治.北京：中国农业出版社，1996.

[34] 冯明祥，窦连登.板栗病虫害防治.北京：金盾出版社，1997.

[35] 吕佩珂，苏慧兰，高振江.板栗核桃病虫害防治原色图鉴.北京：化学工业出版社，2014.

[36] 王江柱.板栗核桃柿病虫害诊断与防治原色图鉴.北京：化学工业出版社，2014.

[37] 孙益知，孙广东，庞红喜等.核桃病虫害防治新技术.北京：金盾出版社，2010.

[38] 夏声广，徐苏君.柿树病虫害防治原色生态图谱.北京：中国农业出版社，2008.

[39] 邱强.原色枣•山楂•板栗•柿•核桃•石榴病虫图谱.北京：中国科学技术出版社，1996.

[40] 冯玉增，李永成.山楂病虫害诊治原色图谱.北京：科学技术文献出版社，2010.

[41] 冯玉增，张存立.石榴病虫草害鉴别与无公害防治.北京：科学技术文献出版社，2009.

[42] 韩礼星，黄贞光.猕猴桃优质丰产栽培技术彩色图说.北京：中国农业出版社，2002.

[43] 吕佩珂，苏慧兰，高振江.猕猴桃枸杞无花果病虫害防治原色图鉴.北京：化学工业出版社，2014.

[44] 张炳炎.花椒病虫害诊断与防治原色图谱.北京：金盾出版社，2006.

[45] 蔡明段，易干军，彭成绩.柑橘病虫害原色图谱.北京：中国农业出版社，2011.

[46] 丁万隆.药用植物病虫害防治彩色图谱.北京：中国农业出版社，2002.

[47] 王江柱.农民欢迎的200种农药（第二版）.北京：中国农业出版社，2015.

[48] 刘京涛，常慧红等.枣黑斑病防治药剂筛选试验.中国果树[J]，2006，（2）：31-32.

[49] 刘俊展，刘京涛等.冬枣溃疡病调查鉴定初报.中国植保导刊[J]，2005，25（4）：22-24.

[50] 张路生，刘俊展等.冬枣溃疡病药剂防治研究.中国森林病虫[J]，2007，26（2）：34-36.

[51] 姜玉松，姜奎年，刘硖等.枣树绿盲蝽的生物学特性及综合防治技术.落叶果树[J]，2006，38（3）：35-37.

[52] 姜奎年，孙连才，张治刚等.枣豹蠹蛾生物学特性及综合防治.中国森林病虫[J]，2001，20（4）：14-16.

[53] 徐成楠，王亚南等.蓝莓炭疽病病原菌鉴定及致病性测定.中国农业科学[J]，2014，47（20）：3992-3998.

[54] 秦元霞，夏长秀等.橘园蓟马的种类、发生规律及防治研究.昆虫知识[J]，2010，47（06）：1212-1216.

[55] 王成信，郭谋子，李志龙.甘肃景泰杏芽瘿发生规律研究初报.甘肃林业科技[J]，2008，33（1）：37-39.

[56] 猪崎政敏.板栗病虫害（一）.河北农业大学学报[J]，1983，6（3）：125-149.

[57] 姜奎年，孙泽信，曾娟等.河北沧州美国白蛾的生活规律观察及综合防治措施.中国植保导刊[J]，2008，28（11）：29-30.

[58] 席勇.枣大球蚧的发生和综合防治.植物检疫[J]，1997，11（6）:340-341.

[59] 赵文珊，刘兵，陆明贤.山楂花象甲研究初报.中国果树[J]，1983，（2）：28-33.

[60] 赵文珊，刘兵.山楂上白小食心虫生活史及习性的初步观察.中国果树[J]，1981，（04）：33-35.

[61] 孙力华，李燕杰，王海英.山楂喀木虱的初步研究.植物保护[J]，1991,17（03）：9-10.

[62] 王维翊，王维中.山楂喀木虱综合防治技术.辽宁林业科技[J]，1998，（03）：61.

[63] 陈修会，李昌怀，廉宝等.山楂小食心虫研究初报.中国果树[J]，1992，（03）：29-30.

[64] 刘兵，王洪平，赵文珊等.山楂新害虫超小卷叶蛾(*Pammene* sp.)的研究.沈阳农业大学学报[J]，1992，23（03）：192-195.